Die Orchideen der Türkei

Beschreibung
Ökologie
Verbreitung
Gefährdung
Schutz

C. A. J. Kreutz

CIP-GEGEVENS KONINKLIJKE BIBLIOTHEEK, DEN HAAG

Kreutz C. A. J.

Die Orchideen der Türkei
(Beschreibung, Ökologie, Verbreitung,
Gefährdung, Schutz)

Mit Farbaufnahmen vom Autor und Anderen

Landgraaf: © Selbstverlag - ill., foto's

Mit Inhaltsverzeichnis, Literaturübersicht
ISBN: 90-9011307-X
Stichw.: Orchideen; Türkei

NUGI: 824

AUSGABE: Selbstverlag H. F. A. Boymans, Landgraaf,
A. W. Karel, Raalte
C. A. J. Kreutz, Landgraaf
B. J. Seckel, Raalte
DISTRIBUTION: B. J. Seckel, Langkampweg 1, NL-8101 AR Raalte

Landgraaf/Raalte 1998

Printed in the Netherlands

Inhalt

ALLGEMEINER TEIL

SPEZIELLER TEIL

Standort von *Gymnadenia conopsea*, Ardahan-Şavşat (Artvin), 22.6.1996, C. A. J. Kreutz

Vorwort

Seit 1973 beschäftigt sich der Autor speziell mit den Orchideen Europas und des Vorderen Orients. Er hat in diesen Jahren auf zahlreichen Reisen fast alle Arten, Unterarten und Varietäten dieser schönen Pflanzenfamilie mit ihren wunderschönen und zum Teil geheimnisvollen Blüten an den natürlichen Standorten gefunden, sie untersucht und fotografiert. Die Ergebnisse dieser Studien wurden in zahlreichen Artikeln in niederländischen und in deutschen botanischen Zeitschriften veröffentlicht, außerdem wurden zwei Bücher über die Orchideen der Niederlande verfaßt. Vor allem in den Niederlanden und in Deutschland wurden in Zusammenarbeit mit den Naturschutzbehörden viele Standorte unter Naturschutz gestellt. Darüberhinaus wurde vom Autor ein Buch über alle mittel- und nordeuropäischen *Orobanche*-Arten publiziert, in dem jede Art mit mehreren Farbaufnahmen, Zeichnungen und Verbreitungskarten dargestellt wurde.
Seit 1988 wurde die Türkei vielfach besucht, um speziell die dortigen Orchideenflora zu studieren, wobei besonders Material über die Verbreitung und Ökologie der Arten zusammengetragen wurde. Dabei wurden viele neue Standorte entdeckt und auch bisher unbekannte Sippen gefunden und neu beschrieben. Während dieser Reisen wurden alle Orchideenarten, die in der Türkei vorkommen, durch etwa 60.000 Lichtbilder belegt. Es wurden dabei etwa 70.000 km zurückgelegt. Besondere Anstrengung wurde zur Erforschung einiger seltener Arten aufgewandt, wie zum Beispiel *Epipactis condensata*, *Ophrys isaura*, *Ophrys khuzestanica* aber auch einer vermeintlich so gewöhnlichen Art wie *Platanthera bifolia*.
Zweifellos hat die verkehrstechnische Erschließung der Türkei dazu beigetragen, daß dieses Land in den letzten Jahren von vielen Botanikern und Orchideenspezialisten verstärkt besucht wurde. Dadurch konnten viele neue türkische Orchideenarten nachgewiesen oder erstmals für die Türkei belegt werden, von anderen Arten wurden viele neue Standorte gefunden. Leider mußte auch immer wieder festgestellt werden, daß durch das Ausgraben von Orchideenknollen in erheblichem Umfang zur Salepgewinnung viele Orchideenstandorte vernichtet beziehungsweise stark geschädigt werden. Die Standorte sind dadurch oft sehr arten- und besonders sehr individuenarm.
An dieser Stelle sollte auch erwähnt werden, daß die türkische Bevölkerung auf all diesen Reisen meistens sehr gastfreundlich und behilflich war. Viele Türken sprechen deutsch oder englisch, so daß auch die Verständigung keine allzugroßen Schwierigkeiten bereitet.
Dieses Buch wäre ohne die Mitwirkung vieler Orchideenfreunde nicht möglich gewesen (siehe Danksagung). Besonderen Dank schulde ich den Herren Dr. H. Kretzschmar (Bad Hersfeld) für die Konvertierung der Fundortdaten und die unermüdliche Unterstützung zu seinem EDV-Kartierungsprogramm INKA, G. Taubenheim (Erkelenz) für die Überlassung seiner kompletten Standort- und Artenangaben der Türkei (bis einschließlich 1984) und seines Fotoarchivs, und dem Ehepaar D. & U. Rückbrodt (Lampertheim) für Standortangaben, Fotomaterial und viele wertvolle Anregungen.
Das vorliegende Buch soll nicht nur dem Orchideen-Spezialisten eine umfassende Darstellung der Arten der Türkei bieten, sondern es auch dem interessierten Laien ermöglichen, die Orchideenflora der Türkei kennenzulernen. Es ist daher bewußt in vielen Teilen sehr ausführlich und allgemeinverständlich geschrieben, wodurch der sachliche Inhalt aber nicht gemindert wird.
Der Autor hofft einen wesentlichen Beitrag zur Kenntnis und einen Überblick über die Orchideen der Türkei geliefert zu haben und würde sich über Anregungen und weitere Fundortangaben sehr freuen.

Landgraaf, im April 1998.

Ararat (Ağri), 16.5.1988, C. A. J. Kreutz

ALLGEMEINER TEIL

Einleitung

Die Türkei, ein Land zwischen Okzident und Orient, und zum größten Teil in Kleinasien gelegen, hat sich in den letzten Jahren zu einem touristisch bemerkenswerten, beliebten Reiseland entwikkelt. Bemerkenswert ist sein großer Reichtum an antiken Stätten und Badestränden entlang der Mittelmeerküste und in der Ägäis. Aber auch weiter im Landesinneren liegen viele schöne, sehenswerte, historische und geologische Sehenswürdigkeiten, wie der Nemrut Dağı bei Kahta, die Burg İshakpaşa Sarayı bei Doğubayazıt und die kappadokische Tufflandschaft westlich von Kayseri.

Die Türkei ist ein wunderschönes und faszinierendes Land mit starken Kontrasten hinsichtlich der Landschaft und des Klimas und bildet in vielfacher Hinsicht die Brücke zwischen Europa und dem Vorderen Orient. Es ist ein weiträumiges Land mit großen zusammenhängenden Gebirgszügen und ausgedehnten Hochländern, das vom Mittelmeer im Süden, der Ägais im Westen und dem Marmarameer und dem Schwarzen Meer im Norden umgrenzt wird und sich östlich bis an den Ararat (Ağrı Dağı) erstreckt. Das europäisch-vorderasiatische Land liegt im Bereich verschiedener Florenregionen und zeichnet sich daher durch seinen Artenreichtum allgemein und durch das Vorkommen einer Vielzahl endemischer Sippen aus.

In den neunziger Jahren wurde die verkehrstechnische Erschließung weiter stark verbessert. Waren in den achtziger Jahren die Straßen noch in schlechtem Zustand und schmal, sind diese heute zum größten Teil stark verbreitert und neu asphaltiert. Außerdem wurden viele neue Straßen angelegt, darunter auch Autobahnen, wie die von İstanbul nach Ankara im Norden und von Mersin nach Gaziantep im Süden. Durch diese verkehrstechnische Erschließung hat besonders in den Großstädten die Luftverschmutzung stark zugenommen, dies hauptsächlich infolge von Autoabgasen (verstärkt durch sehr alte und viele Lastkraftwagen), Industrieemmissionen und im Winter durch die mit Braunkohle beheizten Öfen.
In einem so großen Land mit einer so reichhaltigen Pflanzenwelt wachsen fast zwangsläufig sehr viele Orchideenarten, von denen *Comperia comperiana, Orchis punctulata* und *Steveniella satyrioides* nicht nur zu den seltensten, sondern auch zu den schönsten und bemerkenswertesten Arten gehören. Beispielhaft werden hier einige wichtige Orchideengebiete etwas ausführlicher dargestellt.
In den Buchenwäldern entlang der Schwarzmeerküste wachsen viele mitteleuropäische und orientalische Orchideenarten, so unter anderen *Cephalanthera longifolia, Cephalanthera kotschyana, Cephalanthera rubra, Epipactis helleborine, Epipactis microphylla, Epipactis persica, Listera ovata, Neottia nidus-avis, Platanthera bifolia, Platanthera chlorantha* und die seltene *Epipactis pontica*, die erst zur Fruchtzeit von *Neottia nidus-avis* auszutreiben beginnt. Äußerst selten findet man hier auch *Corallorrhiza trifida, Epipactis condensata, Epipogium aphyllum, Goodyera repens* und *Listera cordata*.
Viele Arten findet man im Südwesten des Landes, wobei in der Mittelmeer-Region, der Ägäis und insbesondere in der Provinz Muğla die meisten Arten vorkommen. Aber auch die Haselnußpflanzungen in den nordöstlichen Provinzen, die weitläufigen Kiefernwälder in der Umgebung von Akseki (Antalya), das Gebirge nördlich von Mersin (Arslanköy-Gözne; İçel), die Ränder von Eichengebüschen im Ziyaretgebirge südlich Antakya (Hatay), sowie die Umgebung von Lice und Kulp (nördlich Diyarbakır) bieten noch sehr reiche Orchideenvorkommen.
Die lockeren Kiefernwälder um Akseki sind auch heute noch sehr reich an Orchideen. Vermutlich ist dies darauf zurückzuführen, daß große Teile der Wälder nicht mehr beweidet werden dürfen und daß das Ausgraben von Orchideenknollen erfreulicherweise noch weit weniger üblich ist wie in anderen Gebieten. So ist zum Beispiel *Comperia comperiana* in den Kiefernwäldern und im Eichengebüsch nicht einmal selten. Weitere, wichtige Arten, die in diesem Gebiet immer wieder einzeln aber manchmal auch in Gruppen vorkommen, sind *Cephalanthera kurdica, Himantoglossum montis-tauri, Ophrys antalyensis, Ophrys cilicica, Ophrys lucis, Ophrys straussii* und deren Varietät *leucotaenia, Orchis coriophora, Orchis elegans, Orchis papilionacea* subsp. *schirwanica* und *Orchis pinetorum*. Von großer botanischer Bedeutung in dieser Region ist der Friedhof von Akseki mit seinen außergewöhnlich vielen und individuenreichen Orchideenarten.
Das Gebiet nördlich von Mersin ist vor allem interessant wegen des Vorkommens von drei großblütigen *Ophrys*-Arten, nämlich von *Ophrys amanensis, Ophrys episcopalis* und *Ophrys phrygia*.
Eines der wichtigsten Orchideengebiete der Türkei ist zweifellos das Ziyaretgebirge südlich von Antakya in der Provinz Hatay. In diesem Gebiet wachsen viele seltene *Ophrys*-Arten, von denen einige fast ausschießlich in diesem Gebiet vorkommen, andere vermutlich auch noch im angrenzenden Syrien. Es sind dies *Ophrys antiochiana, Ophrys bornmuelleri, Ophrys cilicica, Ophrys israelitica, Ophrys hittitica, Ophrys lapethica, Ophrys levantina, Ophrys schulzei, Ophrys transhyrcana* und *Ophrys ziyaretiana*. Viele der Pflanzen sind allerdings schwer zu identifizieren, wie zum Beispiel die Arten aus dem *Ophrys bornmuelleri*-Komplex, weil sie oft Übergangsformen bilden. Im Gegensatz zu den Biotopen um Lice-Kulp sind hier die Flächen und damit auch die Orchideen durch die intensive landwirtschaftliche Nutzung (einschließlich der Überweidung der Wiesen) und das Ausgraben von Orchideenknollen stark gefährdet.
Das Gebiet um Lice-Kulp wird relativ stark landwirtschaftlich genutzt. Allerdings ist die Beweidung durch Schafe und Ziegen noch nicht übermäßig und das Ausgraben von Orchideenknollen zur Salepgewinnung nicht so extrem wie im Südwesten des Landes. Vor allem auf mäßig feuchten Magerwiesen, die mit Gebüschinseln bestanden sind, wachsen sehr viele Orchideen, insbesondere *Ophrys*- und *Orchis*-Arten und deren Hybriden. Leider sind diese äußerst interessanten Standorte aus militärischen Gründen seit geraumer Zeit nicht mehr zu bereisen.

Viele Arten sind in der Türkei durch übermäßige Beweidung der Flächen und durch das Sammeln der Orchideenknollen stark gefährdet und stellenweise bereits verschwunden. Viele Pflanzen können daher nur zur Blüte gelangen, wenn sie inmitten von Eichengebüschen wachsen und so den Gefahren der intensiven Beweidung durch die großen Herden der seßhaften und nomadisierenden Hirten entgehen. Nach Landessitte werden die Orchideen nur auf Friedhöfen (wenigstens in weiten Gebieten des Landes) vollständig unberührt gelassen, so daß diese für viele Orchideen ein natürliches Refugium darstellen (Taubenheim, 1980). In letzter Zeit wurden leider viele Friedhöfe völlig abgeholzt, wodurch die Orchideen an vielen Stellen fast total verschwunden sind. Außerdem wurde schon mehrmals beobachtet, daß auch hier die Orchideen ausgegraben wurden. Eine weitere Ver-

1

2

3

4

5

6

7

1 *Ophrys antiochiana*
Harbiye (Hatay), 22.5.1995, C. A. J. Kreutz

2 *Ophrys bornmuelleri*
Senköy (Hatay), 13.4.1996, C. A. J. Kreutz

3 *Ophrys cilicica*
Sofular (Hatay), 14.4.1996, C. A. . Kreutz

4 *Ophrys hittitica*
Reyhanlı (Hatay), 1.4.1997, C. A. J. Kreutz

5 *Ophrys schulzei*
Senköy (Hatay), 22.5.1997, C. A. J. Kreutz

6 *Ophrys transhyrcana*
Reyhanlı (Hatay), 1.4.1997, C. A. J. Kreutz

7 *Ophrys ziyaretiana*
Senköy (Hatay), 13.4.1996, C. A. J. Kreutz

Kaunos bei Dalyan (Muğla), 15.4.1997, C. A. J. Kreutz

İstanbul (İstanbul), 25.5.1988, C. A. J. Kreutz

unstaltung erleiden größere Teile der Wälder und der Macchie durch die dauernde ungeregelte Entnahme von Brennholz (Vöth, 1973). Wo in Griechenland an vielen Standorten hunderte, ja tausende von Orchideen wachsen, sind die Vorkommen in der Türkei meistens sehr arten- und individuenarm. An vielen potentiellen Wuchsorten sind, wenn überhaupt, kaum mehr als einige Pflanzen zu finden. Größere Populationen sind eigentlich nur bei den Arten der Gattung *Dactylorhiza* festzustellen.

Verschiedene Orchideenarten der Ägäischen Inseln konnten in der Türkei noch nicht festgestellt werden. Bei weiteren intensiven Kartierungsarbeiten ist jedoch damit zu rechnen, daß demnächst einige dieser Arten auch an der türkischen West- und Südküste entdeckt werden. Andere der ansonsten auf den östlichen und zentralen Ägäischen Inseln vorkommenden Orchideen sind in letzter Zeit schon an verschiedenen Stellen des türkischen Festlandes nachgewiesen worden (*Ophrys attaviria, Ophrys blitopertha, Ophrys cinereophila, Ophrys bucephala, Ophrys calypsus, Ophrys homeri, Ophrys lesbis, Ophrys leucadica, Ophrys lucis, Ophrys minoa, Ophrys minutula, Ophrys phryganae, Ophrys sitiaca*). Es ist anzunehmen, daß diese Arten in der Türkei noch an weiteren Plätzen zu finden sind, zumal es sich bei den genannten Arten um Sippen handelt, die erst in den letzten Jahren beschrieben oder von anderen Arten abgetrennt wurden. Außerdem dürfte es bisher auch häufig zu Verwechslungen mit anderen Sippen gekommen sein.

Einführung

Über die Orchideen der Türkei wurde bereits viel veröffentlicht. Wichtige und vor allem neuere Werke stammen unter anderem von Renz & Taubenheim (1984), Sezik (1984) und Rückbrodt & Hansen (1992). Inzwischen sind viele neue Erkenntnisse hinzugekommen. Es wurden viele neue Wuchsorte entdeckt und eine große Menge an Daten zusammengetragen. Außerdem wurden viele neue Arten aus der Türkei beschrieben und andere Arten, die nur von den vorgelagerten Inseln der Ägäis bekannt waren, auch auf dem türkischen Festland nachgewiesen.

Bis jetzt fehlt aber ein Buch, in dem alle Orchideen und die wichtigsten Hybriden der Türkei beschrieben, umfassend durch mehrere Farbfotografien dokumentiert werden und ihre Verbreitung im UTM-10 km Rasterverbreitungskarten dargestellt wird. Das vorliegende Buch soll mit den Erkenntnissen bis einschließlich Mitte 1998 dazu beitragen, diese Lücke zu füllen.

Im vorliegenden Buch werden alle Arten, Unterarten und die wichtigsten Varietäten und Hybriden der Türkei behandelt und ihre Verbreitung bis einschließlich Mitte 1998 im UTM-10 km Raster gezeigt. In diesem Raster entspricht jeder Punkt einer Fläche von 100 km^2 (blauer Punkt bis 1984 und bezieht sich auf die Angaben früherer Orchideenforscher, einschließlich Renz &

TAUBENHEIM; roter Punkt ab 1985 und betrifft die neueren Arbeiten, wie zum Beispiel von BAUMANN & KÜNKELE und Standortangaben vieler befreundeter Orchideenforscher). Am Ende des Buches findet sich eine Reihe von Fundortangaben, die die Ergebnisse von 13 Türkei-Reisen des Autors seit 1988 beinhalten. Weitere wichtige Übersichten von Fundortangaben findet man bei RENZ & TAUBENHEIM (1984) und RÜCKBRODT & HANSEN (1992). Von jeder Sippe werden 4 bis 10 Farbfotografien abgebildet, die Biotop, Habitus, Blütenstand, Teile des Blütenstands und Einzelblüten der Pflanze zeigen.

Die Orchideenarten werden in diesem Buch in alphabetischer Reihenfolge behandelt mit Ausnahme von nahe verwandten Arten und Unterarten (vor allem bei der Gattung *Ophrys* und *Orchis*). Diese werden als Formenkreis behandelt, wodurch die Unterschiede der nahe verwandten Arten erkennbar bleiben. Mit Hilfe des Inhaltsverzeichnis ist aber ein alphabetischer Zugriff zum Nachschlagen leicht möglich.

Die Taxononie und Nomenklatur richtet sich in erster Linie nach BUTTLER (1986), weiter nach BAUMANN & KÜNKELE (1988a) und DELFORGE (1994). Bei Taxa, die von diesen Autoren in ihren Werken nicht berücksichtigt wurden (zum Beispiel *Orchis sezikiana*), oder die beim Erscheinen des Buches von DELFORGE noch nicht beschrieben waren, wird von diesem Vorgehen abgewichen. DELFORGE hat die meisten Unterarten in den Artrang erhoben. In diesem Buch wurde dies weitgehend übernommen, obwohl dieses Verfahren nicht immer mit der eigenen Überzeugung übereinstimmt. Es bietet aber den Vorteil, die verschiedenen Varianten und Sippen dieses großen Landes übersichtlich zu dokumentieren.

Die Beschreibung der Sippen ist in folgende Rubriken unterteilt: Beschreibung der Sippe, Variabilität, Abgrenzung zu ähnlichen Arten, Standort, Blütezeit, Höhenverbreitung, Gesamtverbreitung (bezieht sich nur auf Europa und Vorderasien), Verbreitung in der Türkei, Notizen zu einigen Fundorten, Gefährdung, Hybriden und Bemerkungen zu der Verbreitungskarte. Gegebenenfalls werden zusätzlich wichtige Erkenntnisse in den Rubriken 'Bemerkungen' und 'Problematik' erläutert. Die Beschreibung der Arten ist meist kurz gehalten, da diese ohnehin in vielen Bestimmungsbüchern (BAUMANN & KÜNKELE, 1982a, 1988a; BUTTLER, 1986 und DELFORGE, 1994) bereits ausführlich dargestellt sind. Eine umfassende Beschreibung wurde lediglich für jene Arten vorgenommen, die leicht mit anderen Arten verwechselt werden können oder die besondere Merkmale aufweisen, so zum Beispiel einige *Epipactis*-, *Ophrys*- und *Serapias*-Sippen. Um auch Laien das Lesen zu erleichtern, wurden im Sinne einer Vereinheitlichung viele Fachausdrücke zu den Artenbeschreibungen den Büchern von BAUMANN & KÜNKELE (1982a, 1988a) und BUTTLER (1986) entnommen. Die Angaben über die Höhenverbreitung basieren in erster Linie auf RENZ & TAUBENHEIM (1984). Sie wurden durch Angaben aus Fundlisten vieler Orchideenfreunde und durch eigene Beobachtungen ergänzt.

Andere Rubriken wie 'Standort', 'Blütezeit', 'Gesamtverbreitung' und 'Verbreitung in der Türkei' berücksichtigen die Angaben von RENZ & TAUBENHEIM (1984), BAUMANN & KÜNKELE (1982a, 1988a), BUTTLER (1986), RÜCKBRODT & HANSEN (1992), DELFORGE (1994) und vieler anderer Literaturquellen und natürlich die eigenen Aufzeichnungen. In der Rubrik 'Notizen zu einigen Fundorten' werden jeweils besonders typische, bemerkenswerte und vorwiegend aktuelle Standorte beschrieben, die vor allem vom Autor selbst besucht wurden. Eine ausführliche Fundliste von allen Standorten, die der Autor während seiner Reisen (1988 - 1998) gesehen hat, findet sich zusätzlich am Ende des Buches. Wichtige oder bemerkenswerte Angaben anderer Orchideenforscher werden in dieser Rubrik ebenfalls besprochen und mit den Namen der Informanten belegt.

In der Rubrik 'Hybriden' wurden nur die Hybriden aufgelistet, die der Autor selbst nachweisen konnte oder wenn fotografisch belegte Angaben anderer Finder vorlagen. Schwer zu bestimmende Bastarde, wie zum Beispiel *Orchis laxiflora* x *Orchis palustris* oder Bastarde verschiedener *Ophrys*- und *Serapias*-Arten wurden mit gewisser Vorsicht behandelt und im Zweifelsfalle nicht berücksichtigt. Die Auflistung kann daher nicht vollständig sein. Der Inhalt der Rubriken Variabilität, Abgrenzung zu ähnlichen Arten, Hybriden, Standort, Blütezeit und Höhenverbreitung bezieht sich ausschließlich auf türkische Pflanzen und Daten. Manchmal werden bei 'Abgrenzung zu ähnlichen Arten' auch Arten genannt, deren Vorkommen in der Türkei zu erwarten ist. Um den Gebrauch des Werkes nicht unnötig durch ständige Querverweise zu erschweren, werden bei nahe verwandten Arten wichtige Tatsachen wiederholt und unter dem Abschnitt 'Notizen zu einigen Fundorten' die Begleitorchideen der betreffenden Fundorte jeweils aufgelistet. Die Wiederholung der Begleitorchideen

Die Türkei mit den wichstigsten Straßen und Ortsnamen aus WASLANDER & HOMAN (1993), "Turkye, hoş geldiniz!" (Uitgeverij Edu'Actief b.v., Meppel)

Die Türkei mit Angabe der Provinzen

Diese Karte wurde von Hürriyet (Siyasi Türkiye Haritası, 1996) herausgegeben und wurde freundlicherweise von Hürriyet (Frankfurt, D) zur Verfügung gestellt.

Die Nummern der Provinzen stellen die Beziksnummern dar.

01 Adana
02 Adıyaman
03 Afyon
04 Ağrı
68 Aksaray
05 Amasya
06 Ankara
07 Antalya
75 Ardahan
08 Artvin
09 Aydın
10 Balıkesir
74 Bartın
72 Batman
69 Bayburt
11 Bilecık
12 Bingöl
13 Bitlis
14 Bolu
15 Burdur
16 Bursa
17 Çanakkale
18 Çankırı
19 Çorum
20 Denizli
21 Diyarbakır
22 Edirne
23 Elazığ

24 Erzincan
25 Erzurum
26 Eskişehir
27 Gaziantep
28 Giresun
29 Gümüshane
30 Hakkâri
31 Hatay
33 İçel
76 Iğdır
32 Isparta
34 İstanbul-I (Trak)
34 İstanbul-II (And)
35 İzmir

46 Kahramanmaraş
77 Karabük
70 Karaman
36 Kars
37 Kastamonu
38 Kayseri
78 Kilis
71 Kırıkkale
39 Kırklareli
40 Kırşehir
41 Kocaeli
42 Konya
43 Kütahya
44 Malatya

45 Manisa
47 Mardin
48 Muğla
49 Muş
50 Nevşehir
51 Niğde
52 Ordu
53 Rize
54 Sakarya
55 Samsun
63 Şanlıurfa
56 Siirt
57 Sinop
58 Sivas

73 Şırnak
59 Tekirdağ
60 Tokat
61 Trabzon
62 Tunceli
64 Uşak
65 Van
79 Yalova
66 Yozgat
67 Zonguldak

erscheint auch insofern notwendig, als sie wichtige Hinweise auf die Art des betreffenden Biotops geben.
Einige neue Arten sind in der niederländischen Zeitschrift 'Eurorchis' beschrieben worden. Da diese Publikationen für Ausländer weniger zugänglich sind, wurden die wichtigsten Teile der Neubeschreibungen in das vorliegende Buch übernommen.

Die Geographie der Türkei

Das Gebiet der Türkei ist auf zwei Kontinente - Asien und Europa - verteilt und liegt bei einer durchschnittlichen Ausdehnung von 1.600 km Länge und 600 km Breite in Form eines breitparallelen, langgezogenen Rechtecks etwa zwischen dem 26. und dem 45. Grad östlicher Länge und dem 36. und dem 42. Grad nördlicher Breite. Der asiatische Teil, auch Anatolien genannt, erstreckt sich mit einer Fläche von etwa 790.200 km^2 über die gesamte westasiatische Halbinsel Kleinasien, während der europäische Teil (Thrakien) mit einer Fläche von 24.378 km^2 nur etwa 3 % der gesamten Landesfläche ausmacht. Die Türkei (814.000 km^2) ist also mehr als doppelt so groß wie die heutige Bundesrepublik Deutschland (357.000 km^2). Die Grenze zwischen Europa und Asien bilden im Westen die Dardanellen, das Marmarameer im Zentrum und der Bosporus. Die Entfernung von Edirne im Nordwesten bis nach Hâkkari im Südosten beträgt etwa 2.500 km.

Der europäische Teil der Türkei grenzt im Nordwesten an Bulgarien (269 km) und Griechenland (212 km), der asiatische Teil im Nordosten an Georgien und Armenien (610 km), weiter südlich davon an Iran (454 km), im Süden an Syrien (877 km) und Irak (331 km). Die gesamte Länge der Landesgrenze beträgt damit 2.753 km. Zusätzlich wird das Land im Norden vom Schwarzen Meer (Kara Deniz) begrenzt, im Westen vom Marmarameer (Marmara Denizi) und der Ägäis (Ege Deniz) und im Süden vom Mittelmeer (Ak Deniz), wobei die gesamte Küstenlänge über 8.300 km beträgt. Die Türkei ist in 80 Provinzen eingeteilt. Die der Südwestküste vorgelagerten Inseln, wie zum Beispiel Lesbos, Kos, Chios, Samos und Rhodos gehören zu Griechenland.

Die naturräumliche Gliederung der Türkei

Infolge des stark gegliederten Reliefs der Landschaft und der vorwiegend dadurch bedingten unterschiedlichen klimatischen Verhältnisse, kann die Türkei in sieben verschiedene biogeographische Regionen unterteilt werden (nach Erol, 1983): Marmara-Region, Ägäis-Region, Schwarzmeer-Region, Mittelmeer-Region, Inneranatolische Region, Ostanatolische Region und Südostanatolische Region.

Marmara-Region
Nördliche Marmara-Subregion
Südliche Marmara-Subregion
Ägäis-Region
Ägäische Küsten-Subregion
Innere Westanatolische Subregion
Mittelmeer-Region
Westliche Mittelmeer-Subregion
Östliche Mittelmeer-Subregion
Inneranatolische Region
Obere Sakarya-Subregion
Konya-Subregion
Mittlere Kızılırmak-Subregion
Obere Kızılırmak-Subregion
Schwarzmeer-Region
Westliche Schwarzmeer-Subregion
Mittlere Schwarzmeer-Subregion
Östliche Schwarzmeer-Subregion
Ostanatolische Region
Obere Euphrat-Subregion
Östliche Subregion
Südostanatolische Region
Westliche Südostanatolische Subregion
Östliche Südostanatolische Subregion

Asagikolbaşi (Muş), 15.5.1988, C. A. J. Kreutz

Marmara-Region (Marmara Bölgesi)

Die Marmara-Region liegt im Nordwesten der Türkei und umfaßt das Marmarameer, den gesamten europäischen Teil der Türkei und den nordwestlichen Teil Anatoliens. Sie ist ein Übergangsgebiet zwischen der sommertrockenen Mittelmeer-Region und der kühleren, sommerfeuchten Schwarzmeer-Region. Die Temperaturen sind im allgemeinen etwas höher als in der Schwarzmeerregion, jedoch niedriger als in der Ägäis. Die Niederschlagsmenge ist bedeutend niedriger als im Schwarzmeergebiet und beträgt jährlich etwa 600 mm. Der sommerlich kühle Charakter wird durch die dominanten Nordwestwinde bestimmt, wobei auch öfter kurze Regenperioden auftreten (EROL, 1983). In den höheren Lagen (zum Beispiel auf dem Uludağ) setzen ab Oktober die ersten Schneefälle ein.

Das große tektonisch angelegte Becken des Marmara-Meeres teilt die Region in eine nördliche und eine südliche Marmara-Subregion ein, wobei erstere stärker vom Schwarzen Meer, letztere mehr vom Marmara-Meer beeinflußt wird (EROL, 1983).

Das Gebiet nördlich und westlich des Marmarameeres, das sogenannte Tkrakien, gehört zum europäischen Teil des Landes. Im Zentrum liegt das Marmarameer, ein Binnenmeer, das über den Bosporus mit dem Schwarzen Meer und über die Dardanellen mit dem Mittelmeer verbunden ist. Seine Küste ist über 1.000 km lang. In der nördlichen Marmara-Region findet sich als wichtigster Gebirgszug die Istranca Dağliari. Die höchste Erhebung in der südlichen Marmara-Region ist der Uludağ (2.543 m) bei Bursa, heute ein wichtiges Erholungsgebiet und Wintersportzentrum.

Früher war die Marmara-Region mit großen Waldgebieten bedeckt. Heute jedoch weist nur noch der nördliche Teil Thrakiens ausgedehnte Wälder auf, während in den zentralen und trockenen Teilen Steppenformationen vorherrschen. Die Region wird landwirtschaftlich sehr intensiv genutzt.

Ägäis-Region (Ege Bölgesi)

Die Ägäis-Region, die im Haupteinflußbereich des echten Mittelmeerklimas liegt, schließt südlich an die Marmara-Region an, wird im Osten durch die Inneranatolische Region begrenzt und im Süden durch die Mittelmeer-Region. Diese Region erstreckt sich von der Ägäis bis zum westlichen Teil Inneranatoliens. Der westliche Teil dieser Region ist durch zahlreiche Buchten, vorspringende felsige Halbinseln, flache Hügel und mittelhohe Bergzonen, die sich mit ausgedehnten Schwemmebenen abwechseln, stark aufgelockert (KÜRSCHNER, et al., 1995). Im Gegensatz zur Mittelmeer-Region, wo die Gebirgsketten parallel zur Küste verlaufen, wird die Ägäis-Region von leicht überquerbaren Gebirgsschwellen und Tälern durchzogen, wodurch ein tiefes Eindringen der feuchten Meereswinde ins Landesinnere ermöglicht wird und dadurch die Klimaeinflüsse des Mittelmeeres hier weit ins Binnenland reichen.

Die Ägäis-Region unterscheidet sich von der Mittelmeer-Region durch ihre Exposition nach Nordwesten, durch etwas kühlere, feuchtere Sommer und kältere Winter und eine sehr breite Übergangszone zur Inneranatolischen Region (EROL, 1983). Außerdem ist das Klima feuchter und die jährliche Niederschläge erreichen in den niedrigen Lagen durchschnittlich zwischen 400 und 800 mm, in den höheren Lagen zwischen 800 und 1.500 mm. Vegetationsgeografisch liegt die gesamte Region im Verbreitungsbereich von Waldformationen. Die Feuchtwälder der Marmara-Region treten hier stark zurück zugunsten einer mediterranen Vegetation mit winterharten Trockenwäldern (KASPAREK, 1990).

Große Teile der Ägäis-Region sind heute mit Strauchgesellschaften, Phrygana und Macchien, einem Buschwald aus immergrünen Pflanzen, bedeckt. Die ursprungliche Vegetation war hier wohl Wald und wurde hauptsächlich von den Griechen und Römern zerstört. Besonders in den Tälern und an den Flüssen wird die ursprüngliche mediterrane Vegetation durch Anbau von Kulturpflanzen, wie zum Beispiel Baumwolle, Weintrauben und Oliven, verdrängt. Weitere typische Produkte der Ägäis-Region sind auch Sultaninen und Feigen.

Die Ägäis-Region wird in zwei Subregionen unterteilt, nämlich in die Subregion der Ägäischen Küste und in die Subregion Inneres Westanatolien. Erstere ist ein stark mediterran geprägtes Gebiet mit etwas kühlerem Klima, letztere bildet einen großen Übergangsraum zwischen mediterranen, vom Mittelmeer beeinflußten Bereichen und kontinentalen, zentralen Teilen (EROL, 1983). Die Küsten der türkischen Ägäis ist über 2.800 km lang.

Mittelmeer-Region (Akdeniz Bölgesi)

Die im mittleren Süden der Türkei liegende Region wird besonders durch das Taurusgebirge geprägt, das parallel zur Küste verläuft und dessen Gipfel bis zu 3.000 m emporragen. Der Küste sind seit zwei Jahrtausenden als Weizenkammern bekannte Tieflandbuchtebenen vorgelagert: eine im Westen bei Antalya und die Kilikische Ebene im Osten bei Adana (RÜCKBRODT & HANSEN, 1992). Die günstigen klimatischen Voraussetzungen ermöglichen hier, neben dem Anbau von Weizen, die Produktion von Baumwolle und Bananen. Diese Region ist wie die Ägäis-Region durch das Mittelmeerklima gekennzeichnet, unterscheidet sich jedoch von dieser sehr stark im geologischen Bau und in den geomorphologischen Gegebenheiten (EROL 1983). Im Nordwesten dieser Region liegen einige Seen.

Das alpidisch gefaltete Taurusgebirge unterliegt einer starken Verkarstung mit Formen, die oft lehrbuchhaften Charakter haben. Während die äußere Gebirgskette an die Mittelmeerküste grenzt, stößt die innere an das zentralanatolische Hochland mit Höhen von etwa 1.000 m. Das Gebirge stellt somit eine Klimabarriere zum inneranatolischen Kontinentalklima dar (KASPAREK, 1990). Im Winter und Frühjahr sind die Niederschlagsmengen relativ hoch und erreichen über 2.000 mm jährlich in den Hochlagen des Taurusgebirges bis 800 mm in den tiefen Lagen. Die Winter sind mild und meist frostfrei, die Sommer sehr heiß.

Die Vegetation ist hauptsächlich durch Phrygana, Macchien und mediterrane Kieferntrockenwälder vertreten, in denen oft viele Orchideen wachsen. In den mittleren Lagen dominieren meist nur Kiefernwälder und Eichengebüsche, die über 1.000 m Höhe von Zedern-Tannenwäldern abgelöst werden. Diese Zedern-Tannen-Gebirgswälder bilden heute nur noch an wenigen Stellen größere Bestände.

Zwei Subregionen werden unterschieden, nämlich die Westliche Mittelmeer-Subregion und die Östliche Mittelmeer-Subregion, die etwa mit dem West- und dem Mitteltaurus übereinstimmen. In der Östlichen Mittelmeer-Subregion liegt auch das botanisch sehr interessante Gebiet südlich von Antakya (Ziyaretgebirge). Die Küstenlänge des Mittelmeeres beträgt 1.577 km.

Inneranatolische Region/Inneranatolien (Iç Anadolu Bölgesi)

Diese Region, in der die wenigsten Orchideen vorkommen, wird durch die Schwarzmeer-, die Marmara-, die Ägäis-, die Mittelmeer- und die Ostanatolische Region eingeschlossen.

Inneranatolien kann durch zwei Landschaftstypen charakterisiert werden: die tafelartigen neogenen Becken, die durch flache Schwellen oder Stufen voneinander getrennt sind, und die Berg- und Hügelketten. Diese liegen meist im Randbereich und orientieren sich an der Verlaufsrichtung des Taurus oder des Pontischen Gebirges. Dazu tritt aber eine nicht unerhebliche Anzahl meist iso-

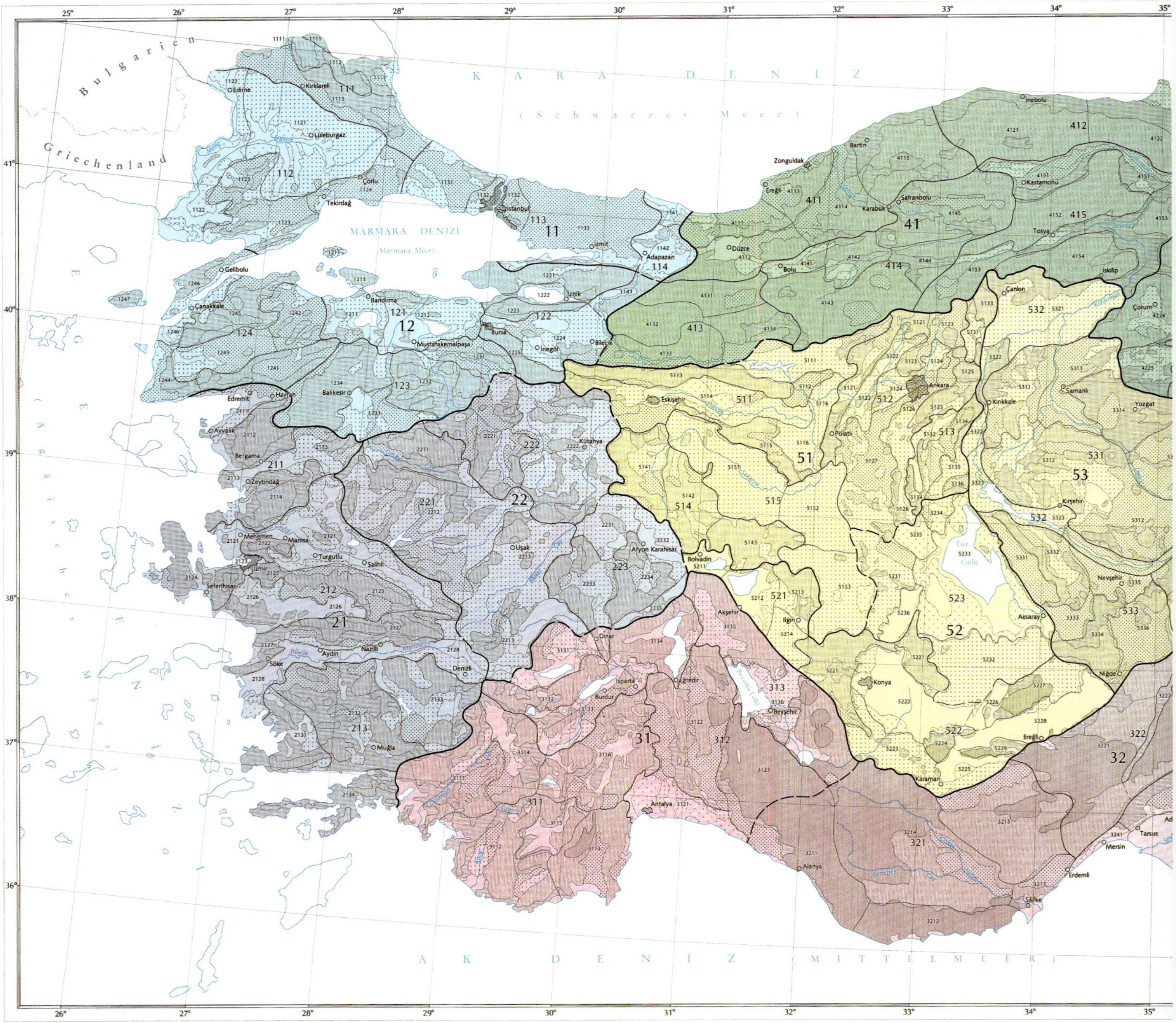

A. Regionen/Regions

- Marmara-Region / Marmara region
- Ägäis-Region / Aegean region
- Mittelmeer-Region / Mediterranean region
- Schwarzmeer-Region / Black Sea region
- Inneranatolische Region / Inner Anatolian region
- Ostanatolische Region / East Anatolian region
- Südostanatolische Region / South-East Anatolian region

B. Grenzen/Boundaries

- Einheiten 1. Ordnung (Regionen) / first-order units (regions)
- Einheiten 2. Ordnung (Subregionen) / second-order units (subregions)
- Einheiten 3. Ordnung (Haupteinheiten) / third-order units (districts)
- Einheiten 4. Ordnung (Untereinheiten) / fourth-order units (environs)
- Grenzen mit unbestimmtem Verlauf / less decisive boundaries

C. Morphographische Einheiten/Morphographical units

- Ova-Becken, unzerschnitten / Ova basin, not dissected
- Ova-Becken, terrassiert / Ova basin, terraced
- Plateaus, wenig zerschnitten (50-150 m): Aufschüttungs- und Erosionsflächen auf und in neogenen Formationen / plateaux, little dissected (50-150 m): Accumulation and erosion surfaces above and within Neogene formations
- Plateaus, tief zerschnitten (100-200 m): Erosionsflächen auf älteren Formationen / plateaux, deeply dissected (100-200 m): Erosion surfaces on older formations
- Hügelland, flach bis kuppenförmig; mit Hochflächenresten und Riedeln / hill land, flat to undulating; with plateau relics and ridges
- Hügelland, relativ steil, stark zerschnitten / hill land, relatively steep, deeply dissected
- Bergland, flach bis kuppenförmig; häufig mit Hochflächenresten / mountain areas, flat to undulating; often with plateau relics
- Bergland, hoch und steil / mountain areas, high and steep

D. Sonstiges/Other elements

- Staatsgrenze / international border
- städtisch überbautes Gebiet / built-up urban area
- sonstiger Ort / other settlement
- Fluß / river
- See / lake

Tavo A VII 2 Türkei. Naturräumliche Gliederung
Die naturräumliche Gliederung der Türkei in sieben biogeographischen Regionen (nach Erol, 1982).

Herausgegeben vom Sonderforschungsbereich 19
"Tübinger Atlas des Vorderen Orients (TAVO)" der Universität Tübingen

Autor: Oğuz Erol. Kartograph: Volker Stöhr. Kartographische Gesamtleitung: Wolfgang Denk
Schriftsatz und Druck: Offizin Chr. Scheufele Stuttgart
Entwurf abgeschlossen: juni 1980. Erschienen: juni 1982

Hergestellt mit Mitteln der Deutschen Forschungsgemeinschaft

3-88226-660-0

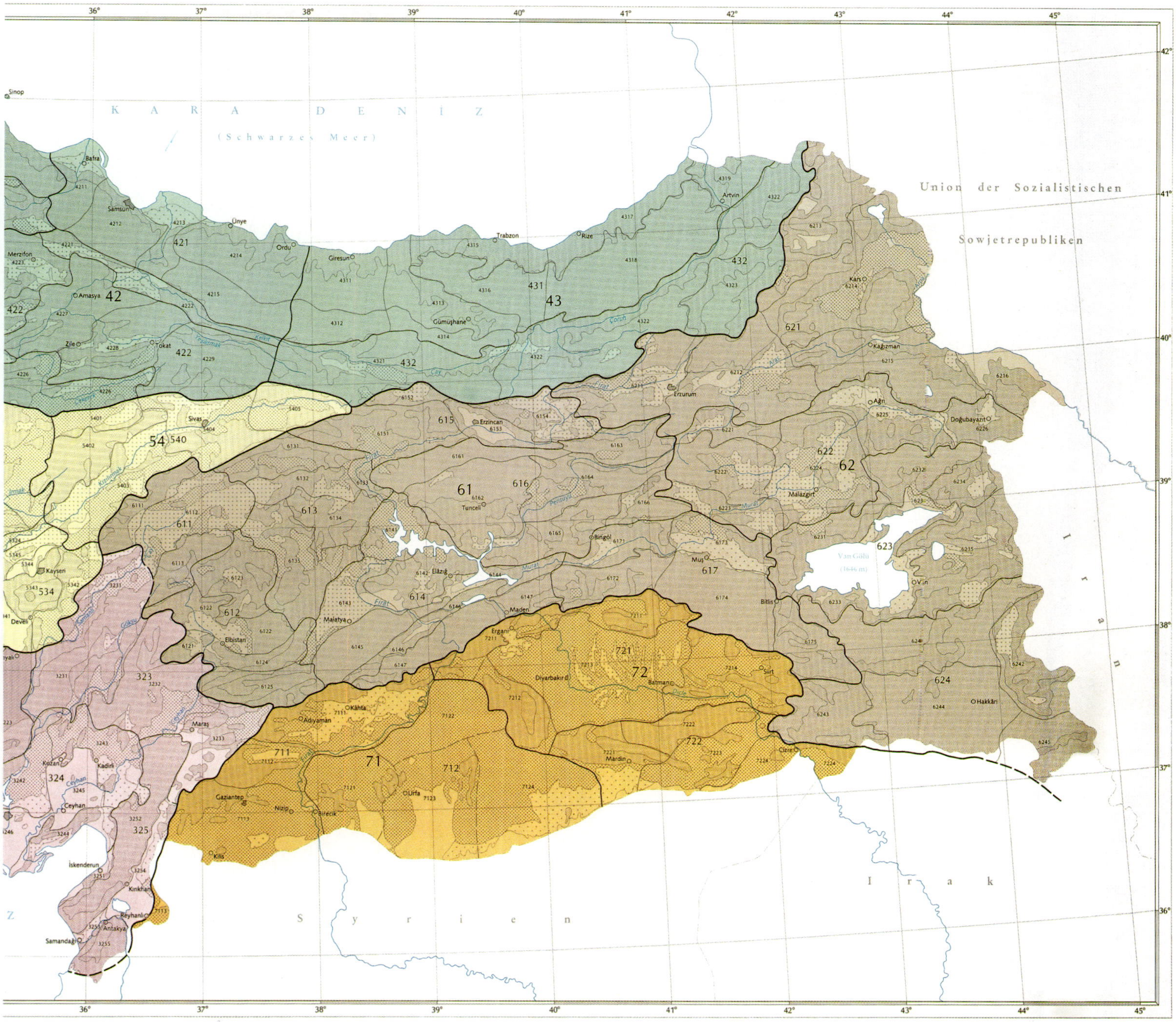

17

E. Naturräumliche Einheiten/Natural Regions

1 Marmara-Region/Marmara region
11 Nördliche Marmara-Subregion northern Marmara subregion
111 Nördliches Thrakien (Istranca-Gebiet)/ northern Thrace (Istranca area)
112 Südliches Thrakien/southern Thrace
113 Çatalca-Kocaeli-Plateaus/Çatalca-Kocaeli plateaus
114 Unteres Sakarya-Gebiet/lower Sakarya area
12 Südliche Marmara-Subregion southern Marmara subregion
121 Marmara-Seengebiet/Marmara lake district
122 Berge und Becken von Bursa und Iznik/ mountains and basins of Bursa and Iznik
123 Berge und Plateaus von Orhaneli und Balikesir/mountains and plateaus of Orhaneli and Balikesir
124 Halbinseln Biga und Gelibolu/Biga and Gelibolu peninsulae

2 Ägäis-Region/Aegean region
21 Ägäische Küsten-Subregion Aegean coastal subregion
211 Berge und Becken von Edremit und Bergama/ mountains and basins of Edremit and Bergama
212 Nördliches Menderes-Massiv/northern Menderes massive
213 Menteşe-Bergland/Menteşe mountains
22 Innere Westanatolien-Subregion/inner west Anatolia subregion
221 Berge und Becken von Uşak und Simav/ mountains and basins of Uşak and Simav
222 Berge und Plateaus von Kütahya und Tavşanli/mountains and plateaus of Kütahya and Tavşanli
223 Berge und Plateaus von Afyon Karahisar/ mountains and plateaus of Afyon Karahisar

3 Mittelmeer-Region/Mediterranean region
31 Westliche Mittelmeer-Subregion western Mediterranean subregion
311 Teke-Bergland/Teke mountains
312 Antalya-Gebiet/Antalya area
313 Westtaurisches Seengebiet/west Taurus lake district
32 Östliche Mittelmeer-Subregion eastern Mediterranean subregion
321 Taşeli-Bergland/Taşeli mountains
322 Hohe Tauruskettén/high Taurus range
323 Oberes-Seyhan-Ceyhan-Gebiet/ upper Seyhan-Ceyhan area
324 Çukurova/Çukurova
325 Hatay-Gebiet/Hatay area

4 Schwarzmeer-Region/Black Sea region
41 Westliche Schwarzmeer-Subregion western Black Sea subregion
411 Akçakoca-Zonguldak-Küstengebiet/ Akçakoca-Zonguldak coastal area
412 Küre Dağlari/Küre Dağlari
413 Mittleres Sakarya-Gebiet/central Sakarya area
414 Oberes Yenice-Gebiet (Filyos)/upper Yenice area (Filyos)
415 Unteres Kizihrmak-Gebiet/lower Kizihrmak area
42 Mittlere Schwarzmeer-Subregion central Black Sea subregion
421 Mittleres Schwarzmeer-Küstengebiet/central Black Sea coastal area
422 Oberes Yeşihrmak-Gebiet/upper Yeşihrmak area
43 Östliche Schwarzmeer-Subregion eastern Black Sea subregion
431 Äußerer Ostpontus/outer east Pontus
432 Innerer Ostpontus/inner east Pontus

5 Inneranatolische Region/Inner Anatolian region
51 Obere Sakarya-Subregion upper Sakarya subregion
511 Porsuk-Sakarya-Gebiet/Porsuk-Sakarya area
512 Westliches Ankara-Gebiet/western Ankara area
513 Östliches Ankara-Gebiet/eastern Ankara area
514 Emir Dağlari-Gebiet/Emir Dağlari area
515 Obere Sakarya-Senke/upper Sakarya depression
52 Konya-Subregion Konya subregion
521 Akşehir-Ilgin-Senke/Akşehir-Ilgin depression
522 Konya-Ereğli-Senke/Konya-Ereğli depression
523 Tuz Gölü-Gebiet/Tuz Gülö area
53 Mittlere Kizihrmak-Subregion central Kizihrmak subregion
531 Bozok-Gebiet/Bozok area
532 Mittleres Kizihrmak-Tal/central Kizihrmak valley
533 Niğde-Nevşehir-Gebiet/Niğde-Nevşehir area
534 Kayseri-Gebiet/Kayseri area
54 Obere Kizihrmak-Subregion upper Kizihrmak subregion

6 Ostanatolische Region/East Anatolian region
61 Obere Euphrat-Subregion upper Euphrates subregion
611 Uzunyayla-Gebiet/Uzunyayla area
612 Elbistan-Gebiet/Elbistan area
613 Divriği-Hekimhan-Gebiet/Divriği-Hekimhan area
614 Malatya-Elâziğ-Gebiet/Malatya-Elâziğ area
615 Erzincan-Refahiye-Gebiet/Erzincan-Refahiye area
616 Tunceli-Gebiet/Tunceli area
617 Muş-Bitlis-Gebiet/Muş-Bitlis area
62 Östliche Subregion eastern subregion
621 Erzurum-Kars-Gebiet/Erzurum-Kars area
622 Oberes Murat Gebiet/upper Murat area
623 Van-Gebiet/Van area
624 Hakkâri Dağlari/Hakkâri Dağlari

7 Südostanatolische Region/South-east Anatolian region
71 Westliche Subregion western subregion
711 Gaziantep-Hügelland/Gaziantep hills
712 Urfa-Plateaus/Urfa plateaus
72 Östliche Subregion eastern subregion
721 Oberes Tigris-Gebiet/upper Tigris area
722 Mardin-Schwelle/Mardin ridge

Corallorhiza trifida, Ilgaz-Paß (Kastamonu), 21.6.1996, C. A. J. Kreutz

Epipogium aphyllum, Ilgaz-Paß (Kastamonu), 11.8.1996, C. A. J. Kreutz

Goodyera repens, Akkaya (Kastamonu), 22.6.1996, C. A. J. Kreutz

Listera cordata, Ilgaz-Paß (Kastamonu), 29.6.1996, C. A. J. Kreutz

liert stehender Berge vulkanischen Ursprungs auf. Die Hochebenen liegen meist auf 800 bis 1.000 m Meereshöhe (KASPAREK, 1990). Die höchsten Berge dieser Region sind der Karadağ, Karacadağ, Hasandağ und der erloschene Vulkankegel Erciyes bei Kayseri (3.917 m). Das Klima wird durch kalte Winter und sehr heiße Sommer geprägt, in denen die Temperatur bis über 40°C ansteigen kann. Durch die hohe Lufttrockenheit sind diese hohen Sommertemperaturen erträglich. Die Niederschläge sind mit durchschnittlich 350 mm jährlich sehr gering, die Sommer sind durch extremen Wassermangel geprägt. Die Vegetation besteht hauptsächlich aus Steppen, früher auch aus ausgedehnten Wäldern (Kiefern und Flaumeichen), die heute fast restlos durch Kahlschlag verschwunden sind.
Die Inneranatolische Region läßt sich in vier Subregionen gliedern, primär in einen westlichen und einen östlichen Teilraum (auf Grund quergestellter Gebirgsrücken mit Waldbedeckung). Der westliche Teilraum wird wiederum in eine nördliche (Obere Sakarya-Subregion) und eine südliche Subregion (Konya-Subregion) geteilt, der östliche Teilraum ebenfalls aufgrund eines quergestellten Gebirgsrücken in eine westliche (Mittlere Kızılırmak-Subregion) und eine östliche (Obere Kızılırmak-Subregion) Subregion.

Schwarzmeer-Region/Pontus (Karadeniz Bölgesi)

Das Pontische Gebirge mit Gipfeln von fast 4.000 m Höhe bildet einen ununterbrochenen, parallel zur Schwarzmeerküste verlaufenden Wall, der die Schwarzmeer-Region von Inner- und Ostanatolien trennt und damit als eine Barriere zwischen dem feuchtwarmen Schwarzmeerklima und dem Kontinentalklima der Inneranatolischen und Ostanatolischen Region fungiert. Der Übergangbereich zu Inner- und Ostanatolien jenseits der Gebirgskämme ist besonders interessant. Die Laubmischwälder werden dort abrupt durch Trockenwälder und Steppen abgelöst. Die Schwarzmeer-Region gehört zu den niederschlagsreichsten Gebieten der Türkei, wobei in der Westlichen Schwarzmeer-Subregion jährlich über 1500 mm und in der Östlichen über 2.000 mm Niederschlag fällt. Die Nordwestwinde, die sich über dem Schwarzen Meer mit Feuchtigkeit aufladen, regnen sich beim Aufprall und Aufstieg auf das Gebirge ab (KASPAREK, 1990). Die Niederschläge sind meist gleichmäßig über das ganze Jahr verteilt. Im Osten werden die höchsten Niederschlagsmengen gemessen, was in den niedrigen Lagen den Teeanbau begünstigt. Weiter westlich wird der Tee von Haselnußkulturen abgelöst, in denen viele Orchideen wachsen. Vor allem im östlichen Teil gibt es genau wie in den mitteleuropäischen Alpen ausgedehnte Almwiesen, die floristisch von großer Bedeutung sind. Ferner sind große Teile der Schwarzmeer-Region mit sommergrünen Laubwäldern bestanden. In den höheren Lagen herrschen Buchen- und Kiefernwälder vor, die am Rande oft von *Rhododendron*-Gebüschen durchsetzt sind. Vor allem in der Umgebung von Kastamonu und Artvin bilden sich in den höheren Gebirgslagen Fichten- und Tannenwälder, in denen auch mitteleuropäische Orchideenarten wie *Corallorrhiza trifida, Epipogium aphyllum, Goodyera repens* und *Listera cordata* vorkommen. So wurden am Ilgaz-Paß an der Straße Tosya - Kastamonu in einem Fichtenwald auf einer Fläche von etwa einem Quadratmeter jeweils 7, 19, 6 und 45 Exemplaren der genannten 4 Arten gefunden.
Die Schwarzmeer-Region wird in drei Subregionen aufgegliedert, in eine Westliche und eine Östliche Schwarzmeer-Subregion, die hauptsächlich von WSW nach ENE ziehenden Gebirgsteilen beherrscht werden, und eine Mittlere Schwarzmeer-Subregion in der die geografische Anordnung der Gebirge von NNW nach SSE abknickt (EROL, 1983). Die Küstenlänge des Schwarzen Meeres beträgt 1.595 km.

Ostanatolische Region/Ostanatolien (Doğu Anadolu Bölgesi)

Die Ostanatolische Region, die sehr abrupt in die östliche Schwarzmeer-Region übergeht, wird durch hohe Gebirgsketten und tief eingeschnittene Täler charakterisiert. In diesen Tälern haben sich zahlreiche Seen gebildet. So zum Beispiel der Vansee, der mit einer Fläche von 3.764 km² der größte See der Türkei ist. Der höchste Berg der Türkei, der Ararat mit einer Höhe von 5.165 m, auf dem angeblich Noah mit seiner Arche gelandet sein soll, liegt ebenfalls hier im Osten des Landes. Die ausgedehnten Hochebenen zwischen den Gebirgsketten liegen im Westen auf einer Höhe von etwa 1.200 m, im Osten auf ca. 2.000 m Höhe.
Das Klima der Ostanatolischen Region ist kontinental und wird im Norden und Süden stellenweise vom Schwarzmeer-, beziehungsweise vom Mittelmeerklima beeinflußt. Während die Schwarzmeer-Region durch hohe Niederschlagsmengen geprägt ist, regnet es in Ostanatolien nur sehr spärlich. Im Gegensatz zu Inneranatolien sind die Niederschläge hier gleichmäßig über das Jahr verteilt und betragen etwa um die 500 mm jährlich. Im Winter fallen sie durchweg als Schnee und bilden in den Bergen eine große Wasserreserve (RÜCKBRODT & HANSEN, 1992). Entlang der Flüsse und in Tälern bilden sich viele ausgedehnte Feuchtwiesen mit zum Teil großen Beständen von *Dactylorhiza*-Arten.
Große Flächen werden intensiv landwirtschaftlich genutzt und von der ursprünglichen Vegetation (Laubwälder, Eichengebüsche und Hochsteppen) ist infolgedessen nur noch sehr wenig erhalten geblieben. Außerdem wird die Region sehr stark mit Ziegen und Schafen überweidet. Für die restlich verbliebenen Waldgebiete besteht daher keine Möglichkeit, sich wieder zu regenerieren.
Auf Grund des west-östlichen Klimawandels und die durch die Strukturlinien des Reliefs gegebenen Nord-Süd-Unterschiede im

***Rhododendron* bei Karkasör (Artvin), 28.5.1997,** B. J. SECKEL

Sivrikaya (Erzurum), 25.6.1996, C. A. J. KREUTZ

Sivrikaya (Erzurum), 25.6.1996, C. A. J. KREUTZ

meso- und mikroklimatischen Bereich sowie der Modifikationen durch die großen Höhenunterschiede, wird zwischen einer Westlichen Subregion (Obere Euphrat-Subregion) und einer Östlichen Subregion unterschieden.

Südostanatolische Region/Südostanatolien (Güneydoğu Anadolu Bölgesi)

Die Südostanatolische Region umfaßt eine tiefgelegene Hügel- und Plateaulandschaft, die im Norden durch den östlichen Taurusbogen abgeschirmt ist. Dieser iranide Ast des Taurus geht im Südosten in das Zagrosgebirge des Iran über. Nach Süden öffnen sich diese semi-ariden bis ariden Landschaftsräume nahtlos zur irakisch-syrischen Steppen- und Wüstenlandschaft (KÜRSCHNER, et al., 1995). Die Niederschläge sind vor allem im Winter und im Frühling zu erwarten und betragen durchschnittlich um 450 mm, der Sommer ist sehr heiß und trocken. Die Temperaturen können weit über 40°C ansteigen, die Winter sind relativ kalt.
Große Flächen der Südostanatolischen Region werden von Steppen eingenommen, die auf irakischer Seite in eine Halbwüste übergehen. In den höheren Regionen findet man Eichenwälder und Eichengebüsche, in denen viele seltene *Ophrys*-Arten vorkommen. Das Gebiet wird im Norden intensiv landwirtschaftlich genutzt. Es wird von den beiden großen Flüssen Euphrat und Tigris durchquert, die unter anderem für den Ackerbau von großer Bedeutung sind.
Die Südostanatolische Region wird auf Grund der vom Westen her schwächer werdenden maritimen Witterungseinflüsse, sowie auf Grund geologisch-geomorphologischer Faktoren (EROL, 1983), in eine westliche und eine östliche Subregion untergliedert. In dieser Region sind die Orchideen fast ausschließlich im östlichen Teil verbreitet.

Das Klima der Türkei

Die Türkei wird durch vier mehr oder weniger klar unterscheidbare Klimatypen (in verschiedener Ausprägung und Abstufung) gekennzeichnet: das Schwarzmeerklima, das Mittelmeerklima, das Inneranatolische Klima und das Ostanatolische Klima.

Schwarzmeerklima (Pontisches Klima, euxinisches Buchen-Tannenwald-Klima)

Das Klima in der Schwarzmeer-Region ist durch eine ziemlich konstante, ganzjährig hohe Niederschlagsmenge charakterisiert. Eine sommerliche Trockenperiode fehlt. Im Winter fällt dennoch mehr Niederschlag als im Sommer und im Westen ist die Niederschlagsmenge geringer als im Osten. Im Osten steigt sie ab Trabzon bis über 2.000 mm im Jahr an. Das Gebiet gehört damit zu den niederschlagreichsten Gegenden der Türkei. Die Winter, mit Temperaturen die kaum den Gefrierpunkt erreichen, sind sehr mild, die Sommer feuchtwarm aber nicht heiß (jährliches Temperaturmittel um 14°C). Die Nordwestwinde, die sich auf ihrem langen Weg über das Schwarze Meer mit Feuchtigkeit aufladen, bringen ergiebige Regenfälle in das Pontusgebirge.

Mittelmeerklima (mediterranes Hartlaubklima)

Das Mittelmeerklima der Ägäis-Region und der Mittelmeerküste zeichnet sich durch milde und feuchte Winter und ziemlich hei-

ße und trockene Sommer aus. Im Winter fällt die Temperatur nur ausnahmsweise unter 0°C, im Sommer kann sie allerdings bis 40°C ansteigen. Das Maximum der Niederschläge liegt im Winter und Frühjahr. Durchschnittlich werden jährlich 600 - 1.000 mm Niederschlag, in den höheren Gebirgslagen des Taurus bis über 2.000 mm erreicht. In den Sommermonaten Juli und August fehlt der Regen fast völlig.
Bedingt durch die ausgeprägte Sommerdürre in dieser Region bestimmen unter anderem xerophytische Hartlaubwälder und immergrüne Trockenwälder das Landschaftsbild.

Inneranatolisches Klima (kontinentales Steppenklima)

Die Inneranatolische Region hat ein ausgeprägtes Kontinentalklima. Die Winter sind lang und sehr kalt, die Temperatur sinkt weit unter den Gefrierpunkt bis minus 30°C ab. Die Sommer sind sehr heiß mit maximalen Temperaturen bis über 40°C. Außerdem wird das Inneranatolische Klima durch große Temperaturunterschiede zwischen Tag und Nacht gekennzeichnet. Die Niederschläge sind sehr gering und betragen meist weniger als 300 mm im Jahr. Regen fällt hauptsächlich im Winterhalbjahr ab Dezember, erreicht ein kleines Maximum im Frühjahr und ist nur noch im höhergelegenen Randbereich dieser Region für Baumwuchs ausreichend. Von Anfang Juni bis Mitte Oktober herrscht Sommerdürre, die die hier vorkommenden Pflanzen nur durch besondere xerophytische Anpassungen und Lebensformen überstehen können (KÜRSCHNER, et al., 1995).

Ostanatolisches Klima (kontinentales Hochsteppen- und Steppenwaldklima)

Das Klima ist extrem rauh und wird durch sehr kalte Winter und sehr heiße Sommer gekennzeichnet. Die Temperaturen sinken im Winter oft bis 40°C unter den Gefrierpunkt, im Sommer dagegen können sie bis 40°C ansteigen, wobei die täglichen Temperaturunterschiede extrem sein können. Die Winter sind sehr schneereich und über etwa zwei Monate hinweg liegt eine geschlossene Schneedecke über der Landschaft. Die Gipfel der Hochgebirge sind das ganze Jahr über mit Schnee bedeckt. Im Frühjahr ist mit etwa 400 - 600 mm Niederschlag pro Jahr zu rechnen. Im Sommer bleiben die Niederschläge fast völlig aus.

Die Vegetation der Türkei

Die Türkei, ein Land mit extremen klimatischen Gegensätzen, setzt sich aus Elementen verschiedener Florenregionen zusammen, wobei die Boden- und Klimaverhältnisse den Orchideen potentiell gute Lebensbedingungen bieten. Die Orchideen sind dann auch durch viele Arten und zahlreiche Unterarten und Varietäten vertreten. Von diesen Arten sind jedoch nur relativ wenige endemisch (SUNDERMANN & TAUBENHEIM, 1978).
Die große Artenvielfalt von Flora und Fauna wurde im Verlauf der Jahrtausende vor allem durch Einwirkungen des Menschen stark reduziert. Die einst den Großteil des Landes bedeckenden Wälder wurden abgeholzt, um Bau- und Brennmaterial, vor allem Holzkohle, zu gewinnen. Auf den kahlen Flächen verhinderten Schafe und Ziegen den natürlichen Nachwuchs. Auf übernutzten, kargen Ackerböden und überweidetem Grasland kommt es durch Wind und Wasser zu Erosionsschäden (BOCKHORNI, 1995).
Die Türkei ist ein in floristischer Hinsicht besonders bemerkenswertes Land, weil es mit einer Ost-Westausdehnung von ca. 1.500 km zwei verschiedenen Florenregionen angehört. Während die westlichen Gebiete noch zum großen Komplex der makaronesisch-mediterranen Florenregion gehören, liegt das Landesinnere sowie fast der gesamte östliche Teil in der orientalisch-turanischen Region. Es treten daher vielfach europäische, kaukasische und orientalische Pflanzenarten nebeneinander auf. Bemerkenswert sind auch die erheblichen klimatischen Gegensätze innerhalb dieses Landes. So gibt es einerseits Zonen mit extremem Meeresklima (besonders im Norden), andererseits weisen weite Gebiete in Zentral- und Ostanatolien ein Steppenklima auf. Die Vegetation wird

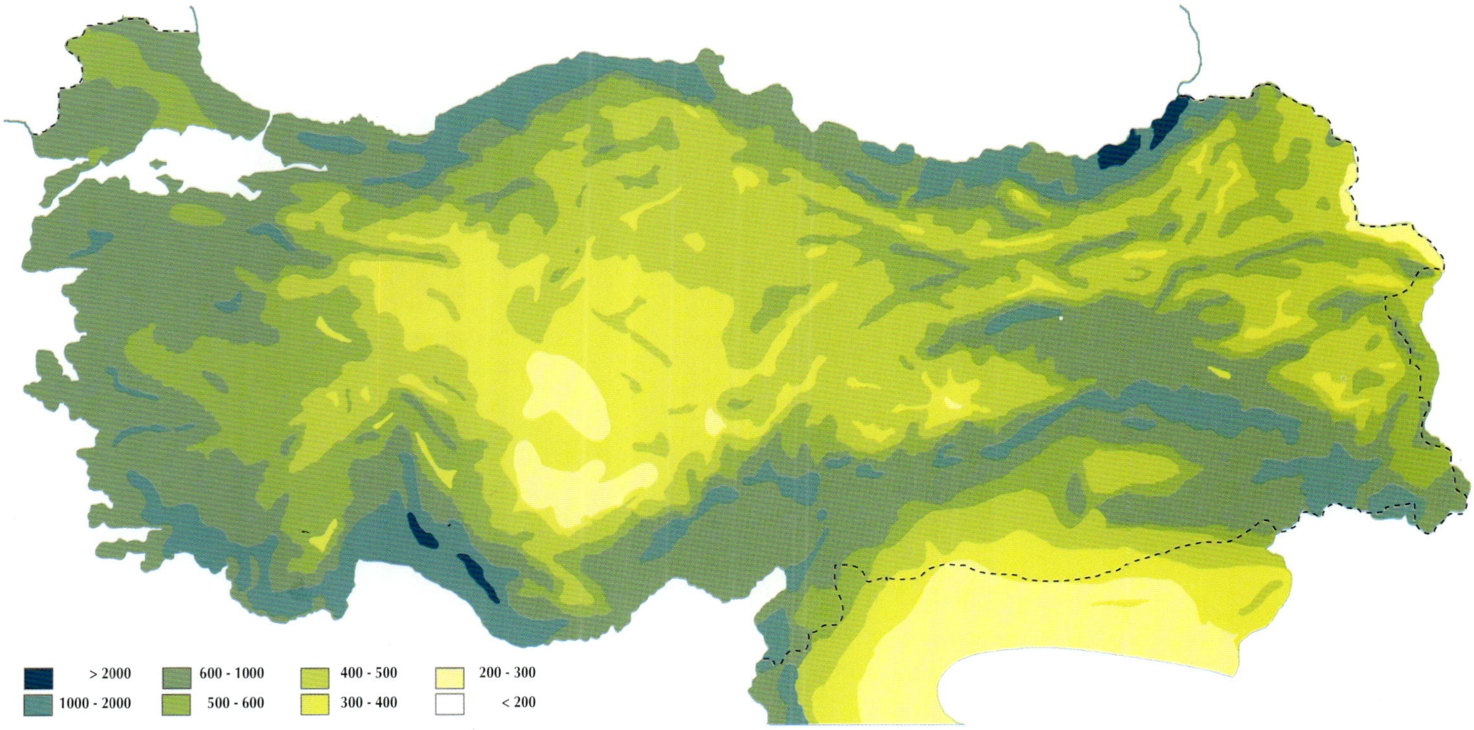

Die mittlere Verteilung der Niederschläge (verändert) aus HÜTTEROTH (1982), "Türkei, Wissenschaftliche Länderkunden", Band 21 (Wissenschaftliche Buchgesellschaft Darmstadt)

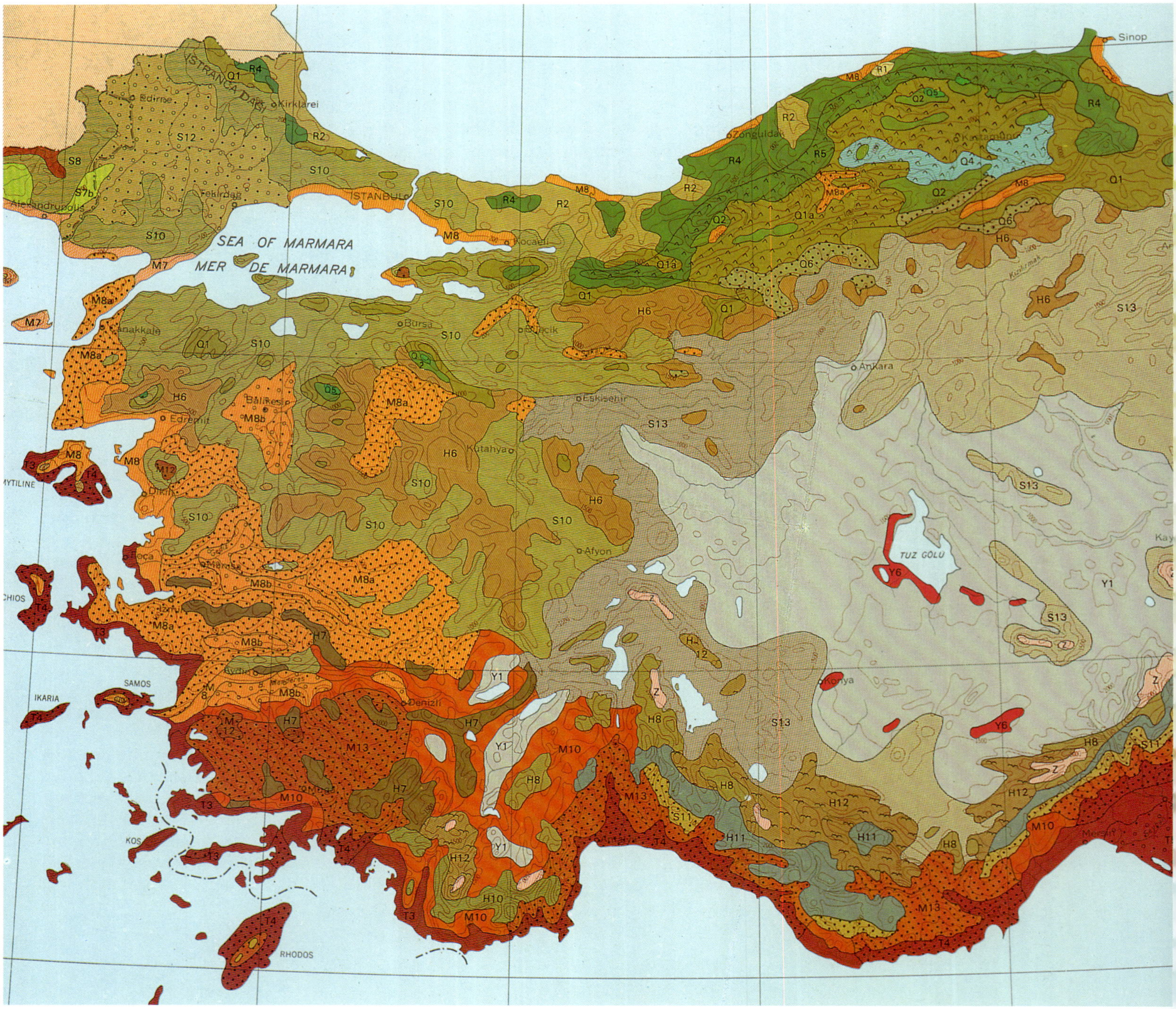

Euxinische Vegetation

- R1 Pimpernuß-Buchsbaumwald auf Kalk
- R2 Eichen-Hainbuchenwald
- R3 Eichen-Kastanienwald
- R4 Buchenwald mit Rhododendron
- R5 Buchen-Tannenwald
- R6 Montane Buchenwälder
- R7 Buchen-Fichtenwald
- 5 Schwemmlandebene mit azonaler Vegetation

Subeuxinische Vegetation

- Q1 Eichen-Hainbuchenwald
- Q2+3 Buchenwälder
- Q4 Eichen-Nadelholzmischwald
- Q5 *Abies bornmuelleriana*-Wald
- Q6 *Pinus sylvestris*-Wald
- Q7 *Abies nordmanniana*-Wald
- Q8 Subalpine Tannen-Kiefernwälder
- W Alpin-euxinische Zone

Mediterrane Vegetation

- T3 Eumediterrane Hartlaubzone
- T4 *Pinus brutia*-Wald
- T5 Küstenebenen mit Eichenwald
- M7 Hellenischer *Quercus ilex*-Wald
- M8 Anatolischer *Quercus ilex*-Wald
- M10 *Quercus calliprinos*-Wald
- M12 Natürliche *Pinus pinea*-Vorkommen
- M13 Natürliche *Pinus brutia*-Vorkommen

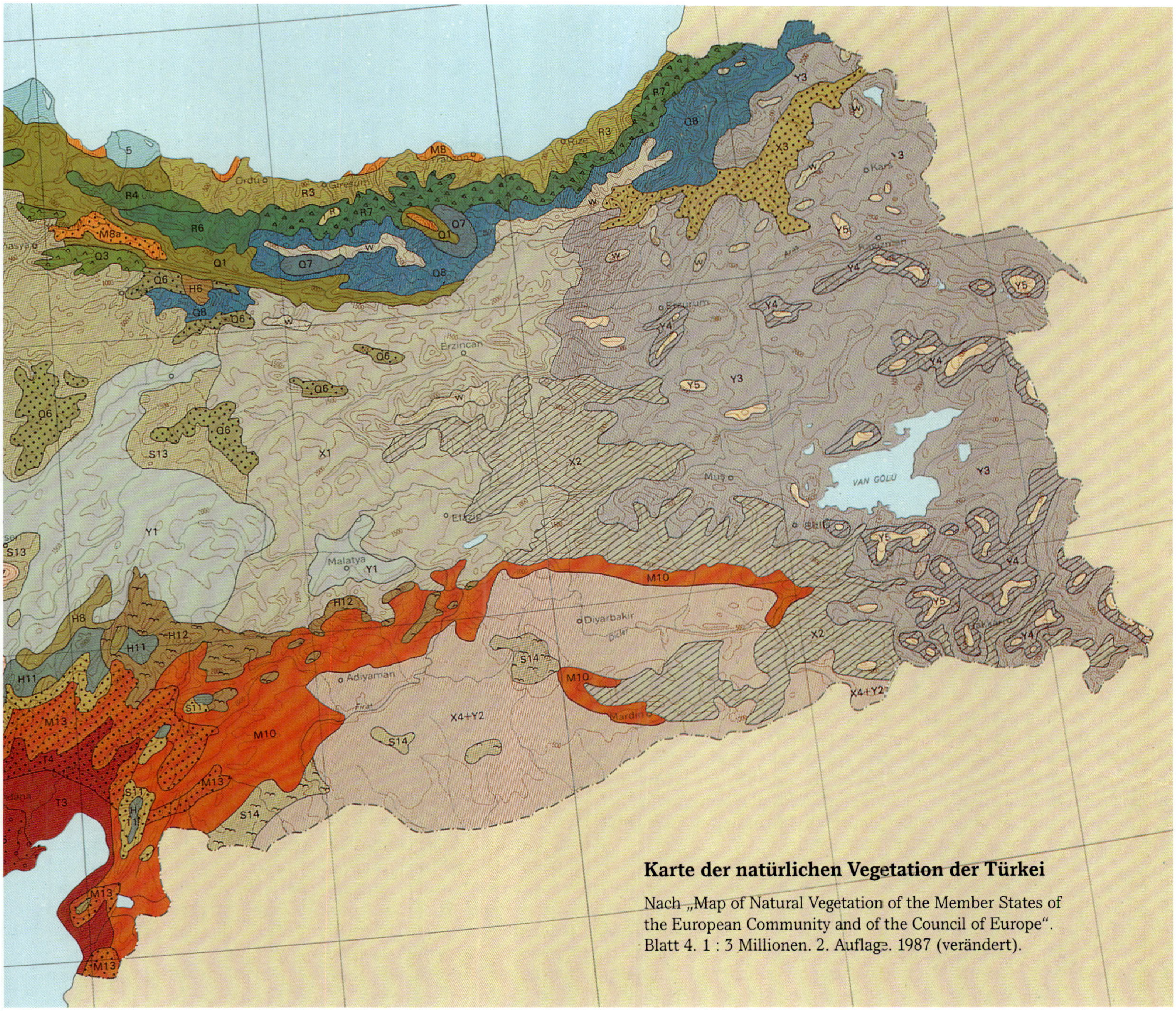

Karte der natürlichen Vegetation der Türkei

Nach „Map of Natural Vegetation of the Member States of the European Community and of the Council of Europe". Blatt 4. 1 : 3 Millionen. 2. Auflage. 1987 (verändert).

Supramediterrane Vegetation

- S7b *Ostrya-Carpinus orientalis*-Wald
- S10 *Quercus frainetto*-Wald
- S11 *Ostrya-Carpinus-Pinus brutia*-Wald
- S12 *Quercus pubescens*-Waldsteppe
- S13 *Quercus anatolica*-Waldsteppe
- S14 Wacholder-Eichen-Waldsteppe
- Z Alpin-mediterrane Zone

Oromediterrane Vegetation

- H6 NW-anatol. *Pinus nigra ssp. pallasiana*-Wälder
- H7 Ägäische *Pinus nigra ssp. pallasiana*-Wälder
- H8 Taurus *Pinus nigra ssp. pallasiana*-Wälder
- H10 Zedernwälder des Taurus
- H11 Zedern-Tannen-Wälder des Taurus
- H12 Subalpine Wacholder-Waldsteppe

- X3 *Pinus sylvestris*-Wald NE-Anatoliens

Waldsteppen- und Steppen-Vegetation

- X1 *Quercus brantii*-Waldsteppe (feucht)
- X2 *Quercus brantii*-Waldsteppe (trocken)
- Y1 Zentralanatolische *Artemisia fragans*-Steppe
- Y2 Irano-turanische *Artemisia herba-alba*-Steppe
- Y3 Subalpine Grassteppen
- Y4 Subalpine Dornpolstersteppen
- Y5 Alpine Hochgebirgsvegetation
- Y6 Salzsteppen

mit 24,3 % der Fläche des Landes als Wald angegeben, wovon nur etwa die Hälfte als Hochwald anzusehen ist. Die Waldvorkommen liegen fast ausschließlich im Norden, Westen und Süden des Landes, während das Zentrum und der Osten weitgehend baumlos sind. Die Wälder bestehen zu 54 % aus Nadelhölzern (19 Arten, im wesentlichen *Pinus* und *Abies*) und zu 46 % aus Laubhölzern (74 Arten, vorwiegend *Quercus*-Arten und *Fagus orientalis*). Diese Wälder kommen aber nur zu einem sehr geringen Teil als Wuchsorte für Orchideen in Frage, weil fast der gesamte Unterwuchs durch intensive Beweidung vernichtet wird. Man kann hier von einer exzessiven Nutzung sprechen, die durch über 50 Millionen Schafe und Ziegen bedingt ist. Erst in neuerer Zeit wurde ein Forstministerium geschaffen, um die Zerstörung der Wälder und andere Folgen dieser verheerenden Mißwirtschaft zurückzudrängen. Günstigere Verhältnisse finden sich in den Wäldern der regenreichen Schwarzmeerküste; hier hat die Bevölkerung durch Anbau von Tee und Haselnüssen bessere Erwerbsmöglichkeiten (TAUBENHEIM & SUNDERMANN, 1974).
Eine floristische Besonderheit sind die Buchenwälder entlang der Schwarzmeerküste. Diese vermitteln zunächst einen recht mitteleuropäischen Eindruck. Die Fremdartigkeit ergibt sich erst durch die eigenartige Strauchschicht mit einigen charakteristischen immergrünen Sträuchern. Trotz der hier ziemlich ausgeprägten Sommerhitze in Juli und August ist die Luftfeuchtigkeit infolge der Nähe des Meeres so hoch, daß viele Bäume in den Schluchten mit Moosen und Flechten bedeckt sind. Hinzu kommen die fast allnächtlich vom Meer heranziehenden Nebelschwaden mit ihren hohen Taumengen. Die meisten Buchenwälder sind hier bei geschlossener Krone unterwuchsarm, jede hellere Zone wird sofort mit *Rhododendron* überwuchert, der alle andere Pflanzen der Krautschicht erdrückt. In den lichtarmen Zonen findet man im Frühjahr regelmäßig *Monotropa hypopitys* und *Neottia nidus-avis*, Pflanzen, die eine gut entwickelte Humusschicht benötigen (TAUBENHEIM, 1975b). Dieser Buchengürtel entlang der Schwarzmeerküste wird allgemein als Euxine Florenprovinz bezeichnet und ist durch hohe Niederschläge ohne jahreszeitlich ausgeprägte Schwerpunkte gekennzeichnet.

Aus einem Zeitungsbericht (siehe Abbildung) geht hervor, daß die Hälfte der Türkei sich in Wüste veränderen kann, falls nicht umgehend Maßnahmen dagegen ergriffen werden. Große Teile des Landes könnten dann der Erosion zum Opfer fallen. Jedes Jahr siedeln etwa 1,2 Millionen Türken von intensiv landwirtschaftlich genutzten und von Erosion befallenen Gebieten in andere, derzeit noch nicht so extrem genutzte Gegenden um.

Half of Turkey has turned into desert

Turkish Daily News

ANKARA- Hayrettin Karaca, the chairman of the Turkish Foundation for Reforestation, the Protection of Natural Habitats and the Combatting of Soil Erosion (TEMA), said half of the Turkish countryside had turned into desert because the government had failed to take serious measures to combat soil erosion.

Karaca made his claim at a meeting organized by the Bandirma Industrialists' and Businessmen's Association, the Anatolia news agency reported.

Karaca said that every year 1.2 million people migrated from the areas where they used to live because of the infertility of the land, and that 97 percent of the land surface of Turkey faced the danger of soil erosion.

"While our country is facing a threat from soil erosion, the government takes no measures to combat erosion. That's why half of Turkey has become desert," Karaca said, adding: "Wheat will be an important trade weapon in the future all over the world. If we overlook the decrease in the fertility of the land and don't combat erosion, Turkey will have great problems in wheat production. Turkey will become a country that doesn't use wheat as a weapon but a country that imports wheat."

Karaca said that according to the 1995 report of the State Institute of Statistics, in the last seven years agricultural production has decreased by 39 percent when compared to the population. Karaca indicated that the Turkish land had entered its final decade unless it was protected against erosion.

Zeitungsbericht aus der 'Turkish Scene' vom 1. Juli 1996

Die Türkei in floristischer Hinsicht

In der Türkei kommen etwa 8.500 - 9.000 Arten höherer Pflanzen vor, die sich auf etwa 1.200 Gattungen und 157 Familien verteilen. Etwa ein Drittel, 2.800 bis 3.000 Arten davon, sind endemisch, d. h. sie sind auf das Gebiet der Türkei beschränkt. Ursache für die hohe Artendiversität ist der gekammerte Gebirgscharakter des Landes, durch den unübersehbar viele Kombinationen abiotischer Standortfaktoren ein immenses Potential unterschiedlicher Habitate schaffen, sowie das Aufeinandertreffen florengenetisch sehr unterschiedlicher Regionen und Florenelemente. Dies hat sich stimulierend und diversifizierend auf die Vegetation und Flora ausgewirkt (KÜRSCHNER, et al., 1995). EKIM (1997) berichtet, daß die Zahl endemischer Arten näher bei 3.000 als bei 2.000 liegen dürfte, da in den letzten Jahren viele neue Arten von türkischen Botanikern beschrieben wurden. Viele dieser endemischen Arten sind stark bedroht, unter anderem wegen ihres Vorkommens in der Umgebung großer Siedlungen. Der Druck auf ihre meist nur noch kleinen Verbreitungsgebiete durch die stetig wachsende Bevölkerung stellt ein weiteres großes Gefährdungspotential dar. Türkische Botaniker versuchen nun in einem von der türkischen Regierung geförderten Projekt (Seed Collection Projekt of Turkish Endemics), einen Großteil der endemischen Pflanzen über Samen zu vermehren. Wegen kleinerer und größerer Probleme (zum Beispiel wegen der schwierigen Erreichbarkeit Ost- und Südostanatoliens), sind über dieses Projekt vermutlich aber nur etwa 75% der endemischen Pflanzen zu erfassen.
Das wichtigste in der Neuzeit erschienene Werk über die Pflanzenarten der Türkei ist die 'Flora of Turkey and the East Aegean Islands', herausgegeben von P. H. DAVIS. Dieses Werk umfaßt die meisten der 8.500 Arten höheren Pflanzen der gesamten Türkei mit Bestimmungsschlüsseln, ausführlichen Artbeschreibungen und Verbreitungskarten. Der erste Band dieses Werks erschien bereits 1965. Der 8. Band dieser Flora, in dem auch die Orchideen behandelt werden, erschien 1984. Der 10. und letzte Band wurde 1988 herausgegeben. Weiter gibt es noch eine ganze Reihe anderer floristischer Werke von denen 'Pflanzen der Türkei - Ägäis, Taurus, Inneranatolien' (KÜRSCHNER, et al., 1995) und 'Blumen der Türkei' (SPETA & FORSTER, 1994) zuletzt erschienen. Von KASPAREK (1990) wurde der 'Reiseführer Natur' über die Türkei verfaßt. Er ist mit zahlreichen Fotos versehen und gibt wichtige Informationen über die bedeutendsten Naturregionen der Türkei.

Die Türkei ist floristisch gesehen eine Übergangsregion zwischen Europa und dem Nahen Osten, in der Einflüsse aus den Konti-

◀ **Karte der natürlichen Vegetation der Türkei** aus HESSELBARTH, et al. (1995), "Die Tagfalter der Türkei" (Selbstverlag, S. WAGENER, Bocholt).

nenten Afrika, Asien und Europa zusammentreffen. Als Folge davon hat sich hier unter anderem eine reichhaltige Pflanzenwelt entwickelt. Diese Reichhaltigkeit ist auch bei den wildwachsenden Orchideen der Türkei mit ihren derzeit 24 Gattungen und 148 Taxa zu beobachten, deren Zahl sich jedoch durch die auch in Zukunft zu erwartende Beschreibung neuer Arten noch erhöhen dürfte. Etwa 10 % der Orchideen sind endemisch.

Erforschung der türkischen Orchideen

Die Erforschung der türkischen Orchideen hat erst relativ spät eingesetzt. Dies ist sicherlich darauf zurückzuführen, daß das Land früher kaum zu bereisen war. Zudem war Ost- und Südostanatolien lange Zeit Sperrgebiet, in das man nur mit einer Sondergenehmigung Zugang hatte.
Zu den Botanikern, die die Türkei schon verhältnismäßig früh erforschten, zählen beispielsweise AZNAVOUR, BORNMÜLLER, BOISSIER, DEMIRIZ, FLEISCHMANN, GREUTER, HANDEL-MAZETTI, HAYEK, KOCH, KOTSCHY, KRAUSE, RECHINGER, REESE, SCHLIEMANN, SCHWARZ, SINTENIS und YOUNG. Viele Angaben, in Form von kurzen Artikeln und Berichten, und viele Herbarbelege stammen von Ihnen. Die betreffenden Fundortangaben wurden in den Verbreitungskarten dieses Buches berücksichtigt.
Später besuchten weitere Orchideenforscher das Land und berichteten zum Teil sehr ausführlich darüber. NELSON hielt sich in den dreißiger Jahren in der Türkei auf. Die Ergebnisse seiner Forschungen fanden in den drei Bänden über die Gattungen *Ophrys* (1962), *Serapias, Aceras, Loroglossum, Barlia* (1968) und *Dactylorhiza* (1976) ihren Niederschlag. VÖTH (1967, 1970) berichtet von verschiedenen Reisen in den sechziger Jahren in der Türkei, bei denen er viele Arten, darunter auch einige neue, nachweisen konnte. Im gleichen Zeitraum wurden die türkischen Orchideen auch von BAYTOP und SORGER studiert.
SUNDERMANN (1969ab) verfaßte zwei Artikel über Orchideenfunde in der Westtürkei, wobei er mehrere neue Arten für die Türkei nachweisen konnte.
VAN BODEGOM (1974) verfaßte einen Reisebericht in der niederländischen Zeitschrift Orchideeën, brachte aber keine wesentlichen, neuen Erkenntnisse.

Vor dem Theater von Aspendos (Antalya), 16.4.1971.
Von links: Dr. GUMPRECHT, Dr. HOFFMANN, Frau HOFFMANN-LOEWER, Prof. SUNDERMANN, Frau HAHN und Herr TAUBENHEIM

Forest fires in Muğla extinguished

Turkish Daily News

ANKARA- Five hectares of red pine forest have burned down near the village of Kızılağaç in Muğla, the Anatolia news agency reported. Forestry officials said that the fire started at noon on Saturday and was extinguished at 6 p.m. The cause of the fire is unknown.
Meanwhile, the fires at the villages of Gökçeköy in Ula, Güneşli in Fethiye and Kavaklıdere in Çamyayla have been put out. A total of 50 hectares of forest have been damaged.

Fires destroy 67 hectares of forest in Muğla

The forest fire that started on Sunday night in Fethiye and Bodrum were extinguished yesterday after damaging 17.3 hectares of land, the Anatolia news agency reported. Investigators have discovered that the fire at Fethiye started when a picnic fire set by Metin Mete, Ercan Gül and Özlem Yıldırım spread to the nearby trees. The three were taken into custody. The six fires in Muğla damaged a total of 67.3 hectares over the weekend.

Zeitungsberichte aus den 'Turkish Scene' vom 1. und 2. Juli, 1996

Weitere Beiträge zur Erforschung der Orchideenflora der Türkei leisteten NIESCHALK & NIESCHALK (1975, 1976, 1977, 1983) und BUTTLER & NIESCHALK (1979).
Wichtige Arbeiten zur Erforschung der türkischen Orchideen stammen von RENZ, TAUBENHEIM und SUNDERMANN. In ihren interessanten Artikeln haben sie viele Arten mit Verbreitungskarten erstmals vorgestellt oder neu beschrieben, wie *Cephalanthera kotschyana, Epipactis pontica, Ophrys bornmuelleri* subsp. *carduchorum, Ophrys holosericea* subsp. *heterochila, Ophrys isaura, Ophrys lycia, Ophrys reinholdii* subsp. *leucotaenia* und *Ophrys umbilicata* subsp. *khuzestanica* (RENZ & TAUBENHEIM, 1980ab, 1981, 1983ab; SUNDERMANN, 1969ab, 1972abc, 1973ab, 1976; SUNDERMANN & TAUBENHEIM, 1978, 1981ab, 1982; TAUBENHEIM 1975ab, 1977, 1979, 1980 und TAUBENHEIM & SUNDERMANN 1974).
Die wichtigste und umfangreichste Arbeit haben aber RENZ & TAUBENHEIM (1984) im achten Band der 'Flora of Turkey' (DAVIS) geleistet. In diesem Buch wurden erstmals alle zu diesem Zeitpunkt bekannten Orchideen der Türkei beschrieben und mit Interims-Verbreitungskarten vorgestellt. Anzumerken ist, daß die beiden Autoren bei ihren Exkursionen in die Türkei zuweilen von GUMPRECHT, MANGOLD und PASCHE begleitet wurden.
SEZIK hat in mehreren kritischen Artikeln (1967ab, 1969, 1982, 1988, 1989, 1990) über das Sammeln von Orchideenknollen zur Salepgewinnung in der Türkei berichtet und gleichzeitig auf die damit zusammenhängenden verheerenden Auswirkungen auf die Ochideenpopulationen hingewiesen. Als weitere Publikation hat er 1984 ein Buch über die türkischen Orchideen herausgegeben.
Von ALTAN & HOFFMANN (1986) stammt einer der ersten Beiträge zur Kartierung der Orchideen in der Südosttürkei.
BAUMANN (1983ab, 1987, 1991), BAUMANN & KÜNKELE (1981a, 1982b,

Termessos (Antalya), 18.5.1997, C. A. J. Kreutz

Uludağ (Bursa), 7.8.1996, C. A. J. Kreutz

Ilgaz (Kastamonu), 11.8.1996, C. A. J. Kreutz

1983, 1986, 1988ab, 1989) haben wichtige Beiträge zur Taxonomie orientalischer Orchideenarten veröffentlicht, wobei Baumann *Dactylorhiza bithynica* und *Orchis sezikiana*, Baumann & Künkele *Dactylorhiza nieschalkiorum, Serapias feldwegiana, Serapias levantina* und *Serapias orientalis* subsp. *carica* neu beschrieben haben.

Rückbrodt & Hansen (1992) haben in einem ausführlichen Bericht über die Orchideen der Türkei mit Fundlisten in UTM-Angaben (Genauigkeit 1 km) und Interims-Verbreitungskarten im UTM-50 km Raster veröffentlicht. Dabei wurden die Geographie, die regionale Gliederung, der Naturschutz und die vorkommenden Orchideenarten kurz kommentiert.

Peter (1992, 1994) lieferte wichtige neue Erkenntnisse über die Arten *Ophrys antiochiana, Ophrys reinholdii* und *Ophrys straussii*.

In den letzten Jahren haben Robatsch (1991), Rückbrodt (1996), Kreutz (1997ac) und Kreutz & Peter (1997) weitere neue türkische Arten beschrieben: *Epipactis bithynica* Robatsch, *Ophrys phaseliana* D. & U. Rückbrodt, *Dactylorhiza ilgazica* C. A. J. Kreutz, *Epipactis turcica* C. A. J. Kreutz, *Himantoglossum montis-tauri* C. A. J. Kreutz & W. Lüders, *Ophrys hygrophila* E. Gügel, C. A. J. Kreutz & D. & U. Rückbrodt, *Ophrys labiosa* C. A. J. Kreutz, *Ophrys hittitica* C. A. J. Kreutz & R. Peter, *Ophrys ziyaretiana* C. A. J. Kreutz & R. Peter und *Ophrys antalyensis* C. A. J. Kreutz & B. J. Seckel (siehe Seite 752).

Weiterhin haben die Bestimmungsbücher von Baumann & Künkele (1982a, 1988a), Buttler (1986) und Delforge (1994) einen wesentlichen Beitrag zur Kenntnis der Orchideenflora Europas und Vorderasiens gebracht.

Das Interesse an den türkischen Orchideen ist nach wie vor ungebrochen. Zahlreiche Orchideenfreunde haben in letzter Zeit das Land aufgesucht und dabei neue und zum Teil wichtige Erkenntnisse gewonnen, was den vielen Reiseberichten und Fundmeldungen zu entnehmen ist. Alle diese aktuellen Angaben sind in diesem Buch soweit wie möglich verarbeitet (siehe Danksagung).

Gefährdung und Schutz der türkischen Orchideen

Naturschutzgebiete wie sie in Deutschland oder in den Niederlanden existieren, gibt es in der Türkei nicht. In der Türkei bestehen aber Nationalparks, sogenannte 'Milli Parkı', die hauptsächlich im Westen des Landes verbreitet sind. Nach Kündig-Steiner (1974) gibt es in der Türkei 13 dieser Nationalparks, nach Kasparek (1990) bereits 19. In diesen 19 Nationalparks, von denen der erste 1958 ausgewiesen wurde, steht neben dem Schutzgedanken vor allem der Erholungsgedanke im Mittelpunkt. So sind manche Parks mit Naherholungsgebieten vergleichbar und oft werden solche Parks zur Förderung des Tourismus eingerichtet. Andere Gebiete wiederum sind zum Schutz einer historisch wichtigen Stätte als Nationalpark ausgewiesen (Kasparek, 1990). Die Nationalparks werden von den Einheimischen vorwiegend sonntags besucht und als Camping- oder Rastplatz genutzt. Dabei wird an vielen Stellen dieser 'Milli Parks', völlig legal, inmitten von ausgedehnten trockenen Kiefernwäldern auf offenen Feuerstellen gegrillt. Welche Auswirkungen dies haben kann, zeigt ein Zeitungsausschnitt (siehe Abbildung, Seite 25), der von einem Großbrand Anfang Juli 1996 aus der Provinz Muğla berichtet, bei dem etwa 67 ha Wald vernichtet wurden. Sehr deutlich ist daraus ersichtlich, daß manche der türkischen Nationalparks internationalen Maßstäben, die bei solchen Einrichtungen anzulegen sind, nicht entsprechen.

In den Milli Parks, bei denen die Erhaltung als Erholungsgebiet oder der Schutz historischer Stätten im Vordergrund steht, sind die Orchideen genau wie außerhalb dieser Nationalparks kaum geschützt. Auch hier findet eine starke landwirtschaftliche Nutzung des Bodens statt, werden die Orchideen weiterhin ausgegraben und die noch vorhandenen Biotope stark überweidet.

In manchen Milli Parks wachsen einige der besonders seltenen Orchideen, wie zum Beispiel *Epipactis condensata* am Kazıkbeli-Paß (Honaz Dağı) bei Denizli, *Epipactis bithynica* am Uludağ bei Bursa und *Himantoglossum montis-tauri* bei Termessos nordwestlich von Antalya. Es ist frustrierend, mit ansehen zu müssen, daß nicht nur Orchideen, sondern auch viele andere Wildpflanzen von den Parkbesuchern restlos abgepflückt werden. Was nicht abgepflückt oder niedergetrampelt wird, wird von Schafen, Ziegen und Rindern abgeweidet. Nach dem Verlassen der Parks am Abend gleichen die Flächen einer Müllkippe. Überall liegen Papier, Plastik und Lebensmittelreste herum. Zudem

werden in diesen 'Nationalparks' keinerlei Maßnahmen zum Schutz der Pflanzen und Tiere vorgenommen. Lediglich in einigen sind Tafeln mit dem Hinweis aufgestellt, daß das Pflücken und Ausgraben von Pflanzen verboten ist, was aber kaum beachtet wird.
Erst seit 1987 gibt es einen Schutzstatus, der dem deutschen Naturschutzgebiet entspricht (Tabiatı Koruma Alanı). Damit sollen Gebiete ausschließlich für den Schutz bedrohter Tier- und Pflanzenarten reserviert und jeglicher anderer Nutzung entzogen werden. Inzwischen wurden 18 solcher Gebiete mit insgesamt über 25.000 ha so geschützt (Kasparek, 1990).

Nationalparks der Türkei (nach Kasparek, 1990)

Name	Provinz	Größe (ha)
Yozgat Çamlığı	Yozgat	264
Karatepe-Aslantaş	Adana	7715
Soğuksu (Kızılcahaman)	Ankara	1050
Kuşenneti (Manyas Gölü)	Balıkesir	64
Uludağ	Bursa	11338
Yedigöller	Zonguldak	2019
DilekYarımadası (Samsun Dağı)	Aydın	10985
Sipil Dağı	Manisa	5505
Kızıldağ	Isparta	550
Termessos	Antalya	6702
Kovada Gölü	Isparta	6534
Munzur Vadisi	Tunceli	42000
Olimpos-Beydağları	Antalya	69800
Gelibolu Yarımadası	Çanakkale	33000
Köprülü Kanyon	Antalya	36614
Ilgaz Dağı	Kastamonu	1088
Başkomutan	Ayfon-Kütahya	35500
Göreme (Kappadokien)	Nevşehir	9572
Maçka-Altındere (Sumela-Kloster)	Trabzon	4800

In einem so großen Land wie der Türkei mit einer großen Fülle von Arten sollte man eigentlich davon ausgehen können, daß die Orchideen überhaupt nicht gefährdet sind, sofern es keine Arten mit einer sehr eng begrenzten Verbreitung betrifft, wie zum Beispiel *Ophrys amanensis*, *Ophrys climacis*, *Ophrys hittitica*, *Ophrys antalyensis*, *Ophrys isaura*, *Ophrys lesbis* und *Ophrys lycia*.
Leider aber sind die Orchideen in der Türkei sehr stark gefährdet und viele Arten sogar vom Aussterben bedroht durch:
a) die Auswirkung der stark wachsenden Bevölkerung,
b) das Ausgraben der Knollen zur Salep-Gewinnung,
c) die intensive landwirtschaftliche Nutzung.

So schrieben Renz & Taubenheim (1980b): "Trotzdem finden sich in der südöstlichen Türkei noch erstaunlich reichhaltige *Ophrys*-Populationen, sofern diese Lebensräume nicht durch übermäßige Beweidung oder durch das Ausgraben der Knollen zur Salep-Gewinnung für den Orchideen-Nachwuchs äußerst gefährdet, wenn nicht schon weitgehend durch Menschenhand zerstört worden sind. Die Standorte konzentrieren sich deshalb auf die meist buschartig entwickelten Formationen laubabwerfender Eichen, welche sich nur an besonders geschützten oder abgelegenen Stellen sowie auf Friedhöfen zu waldartigen Inseln mit oft mächtigen Bäumen entwickeln können". Sundermann (1969b): "Wie in allen Mittelmeerländern findet man in den Küstenbereichen der Türkei auf geeigneten Böden, sofern sie nicht landwirtschaftlich genutzt oder intensiv beweidet werden, eine reichhaltige Orchideenflora. Allerdings muß man sich beeilen, denn in diesem Lande gibt es eine Unsitte. Sobald die Pflanzen voll erblüht sind, erscheinen die 'Orchideenhacker'. Für die Landbevölkerung sind die Knollen eine Bereicherung der Speisekarte. An fast allen Wuchsorten fanden wir - besonders bei einem zweiten Besuch - nur noch Grablöcher und daneben liegend die blühenden, inzwischen vertrockneten Pflanzen mit der alten (vorjährigen) Knolle. Die junge Knolle fehlte, sie war offenbar in einem Suppentopf oder in einer Salatschüssel gelandet. Zunächst glaubten wir, dies sei eine regionale Erscheinung, die vielleicht nur an den Zugstraßen der Nomaden auftritt. Im Laufe von drei Wochen stellte sich jedoch heraus, daß dieses 'Verfahren' in allen von uns bereisten Gebieten Kariens angewendet wird. Besonders schmerzlich berührte uns diese Erfahrung, als wir sehr seltene Arten, von denen wir nur einige Exemplare vorgefunden hatten, wie *Orchis punctulata* oder die Subspezies *regis-ferdinandii* von *Ophrys speculum*, nach einigen Tagen fast restlos vernichtet vorfanden. Wenngleich die Orchideen - wohl hauptsächlich aus diesem Grunde - stellenweise dünn gesät sind, so weist das westliche und südliche Kleinasien doch eine stattliche Anzahl von Orchideensippen auf".
Bei Hágsater & Dumont (1996) werden für einige Orchideen der Türkei Angaben zur Gefährdung gemacht. Ihrer Ansicht nach sind die meisten Arten weniger gefährdet als behauptet wird, da sie angeblich durch ihr großes Verbreitungsgebiet noch an vielen Stellen vorkommen. Leider entspricht dies nicht mehr dem aktuellen Stand. Es sind zwar Orchideen noch an vielen Stellen anzutreffen, jedoch in der Regel jeweils nur in wenigen Exemplaren.
Akeroyd (1996) schreibt, daß viele botanisch wichtige Biotope rapide vernichtet werden.
Sanddünen und andere Küstenbiotope sind durch den Massentourismus stark gefährdet, während die Feuchtwiesen durch Entwässerung und die Steppenheiden durch landwirtschaftliche Nutzung massiv bedroht sind. Viele Biotope werden zu Beginn des nächsten Jahrhunderts verschwunden sein und mit ihnen viele der auf ihnen vorkommenden seltenen, beziehungsweise endemischen Pflanzen.

Gevaş (Van), 15.5.1988, C. A. J. Kreutz

1

2

Vergleicht man die Türkei mit anderen Mittelmeerländern, so ist festzustellen, daß beispielsweise in Italien, Griechenland, Israel oder in Zypern fast überall, wo die ökologischen Bedingungen für Orchideen günstig sind, meist viele Arten in unterschiedlich reicher Individuenzahl vorkommen. In der Türkei dagegen sind an den allermeisten vergleichbaren Stellen (abgesehen von einigen größeren, noch intakten *Dactylorhiza*-Biotopen) erst nach längerem Suchen vielleicht 10 bis 20 Exemplare zu finden, oft aber auch kaum mehr als eine einzige Pflanze. Lediglich auf den alten ummauerten Friedhöfen mit ihren alten Baumbeständen, die meist in natürlicher Umgebung gelagert sind, sind die Orchideen noch weitgehend vor Beweidung und Salepgewinnung geschützt, obwohl auch hier in letzter Zeit zunehmend Orchideenknollen ausgegraben werden.

Die Auswirkung der stark wachsenden Bevölkerung

In den letzten 20 Jahren hat sich die Einwohnerzahl der meisten Städte mehr als verdoppelt. Massenweise werden neue Häuser gebaut, von denen viele leer stehen. Vor allem an der Ägäischen- und der Mittelmeerküste wurden oder werden riesige Hotelanlagen errichtet, so zum Beispiel in der weiteren Umgebung von Kuşadaşi südlich von İzmir, wo der Küstenstreifen über Kilometerlänge mit neuen Hotels und Ferienanlagen zubetoniert worden ist. Wie bereits Rückbrodt & Hansen (1992) berichteten, hat der ungezügelte Bau von Anlagen für den Fremdenverkehr, besonders an der West- und Südküste, der Landschaft schon unermeßlichen Schaden zugefügt. Ein Ende der Bautätigkeit ist noch nicht absehbar.
Im Zuge der Verbesserung der Verkehrsverbindungen wurden in den letzten 10 Jahren neben zahlreichen bisher unbefestigten oder schlechten (z.T. unbefahrbaren) Straßen, vor allem die größeren Verbindungsstraßen ausgebaut, verbessert oder erneuert. Zwischen İstanbul und Ankara und Mersin und Gaziantep wurden sechsspurige Autobahnen angelegt.
Die verkehrstechnische Erschließung des Landes ist zweifellos wichtig, hat aber viele alte Orchideen-Fundorte in unmittelbarer Nähe der Staßen vernichtet.

Das Ausgraben der Knollen zur Salep-Gewinnung

Salepknollen sind schon seit der Antike (unter anderen von Theophrast und Dioskurides erwähnt) als Nahrungs- und Heilmittel bekannt. Wie bei einigen anderen Drogen schloß man aus der Ähnlichkeit der unterirdischen Speicherorgane mit dem Hoden auf eine spezifische Wirkung als Aphrodisiakum. Auch ihr Name, der sich vom arabischen 'Chusjata ssalab' (nach Karsten, Weber & Stahl, 1956) herleitet, was übersetzt 'Hoden des Fuchses' bedeutet, weist in diese Richtung.
Noch in der 6. Ausgabe des Deutschen Arzneibuches (DAB6) wird Tubera Salep aufgeführt und wie folgt definiert: "Die zur Blütezeit gesammelten, in siedendem Wasser gebrühten, getrockneten Tochterknollen verschiedener Arten der *Orchidaceae* aus der Gruppe der *Ophrydinae*. Das gesamte, von verhältnismäßig wenigen, dünnen Gefäßbündeln durchzogene Grundgewebe der Knolle besteht aus dünnwandigem Parenchym. Die meisten Zellen enthalten Stärke in allen Graden der Verkleisterung, meist Kleisterklumpen; zwischen ihnen liegen zahlreiche, größere Zellen, die Schleim und darin kleine Raphidenbündel führen".
Aus dieser Droge wird ein jeweils frisch zur Anwendung zu be-

1 Beweidung durch Schafe, Daday (Kastamonu), 11.8.1996, C. A. J. KREUTZ

2 Beweidung durch Rinder, İnebolu (Kastamonu), 11.8.1996, C. A. J. KREUTZ

3 Frische Grablöcher von Ophrys regis-ferdinandii, einer der seltensten Orchideen der Türkei und von Orchis fragrans, bei Çeşme (İzmir).

4 Austreibende Comperia comperiana bei Kavaklıdere (Muğla), 7.4.1996, C. A. J. KREUTZ

5 Die gleiche Pflanze etwa einen Monat später. Deutlich ist zu sehen, wie die Pflanze ausgegraben und die neue Knolle abgetrennt wurde. Die bereits blühende Pflanze liegt neben dem Grabloch, Kavaklıdere (Muğla), 13.5.1996, C. A. J. KREUTZ

3

4

5

reitender Mucilago Salep (Salep-Schleim) im DAB6 definiert, der hauptsächlich als (verdickende) Grundlage anderer Medikamente diente. Als Eigenschaft wird eine reizmildernde Wirkung bei Reizhusten oder auch als Schleimhautschutz bei Einläufen beschrieben. Der in den Knollen in großen Mengen enthaltende Schleim spaltet sich hydrolytisch in Mannose und Glukose, die Knollen sind also sehr nahrhaft.

In Deutschland sind 'arabische Orchideenknollen' ab Ende des 15. Jahrhunderts als Droge bekannt, aber erst im 18. Jahrhundert stellte man fest, daß die Knollen der einheimischen Orchideen gleichwertig verwendbar waren. So wurden zum Beispiel noch Mitte des 19. Jahrhunderts auch in der Rhön, im Taunus und im Westerwald in Deutschland jährlich bis zu sieben Tonnen getrocknete Orchideenknollen gesammelt (KÜMPEL, 1996).

In Mitteleuropa spielen heute Orchideenknollen als Aphrodisiakum und als allgemeines Stärkungsmittel auch im Volksglauben keine Rolle mehr, in der medizinischen Verwendung wurde die Schleimdroge durch synthetische Produkte ersetzt.

Leider werden in der Türkei die nahrhaften Knollen der Orchideen weiterhin in sehr großer Anzahl zur Salep-Gewinnung ausgegraben. Mit großen Hacken werden die Pflanzen zusammen mit beiden Knollen aus dem Boden gehoben. Die neue hellere Knolle, aus der normalerweise die nächste Generation der Orchidee entsteht, wird zur Salepgewinnung entnommen. Die diesjährige alte Knolle mit der meist schon blühenden Pflanze wird achtlos beiseite geworfen. An vielen Standorten findet man neben den Grablöchern solche vertrocknete Pflanzen. Würde man die Pflanzen wieder einsetzen, könnten sie, wie Versuche gezeigt haben, trotzdem noch Samen produzieren und in den meisten Fällen könnte auch aus den Reservetriebspitzen der alten Knolle ein

Angebot von Salep in Taşköprü (Kastamonu), (links Prof. Dr. E. SEZIK (Ankara), der sehr viel zum Schutz der Orchideen der Türkei beigetragen hat), 29.6.1996, C. A. J. KREUTZ

Notaustrieb das Überleben der Pflanze sichern. Schon mehrmals konnte beobachtet werden, daß an verschiedenen Standorten nur etwa die Hälfte der Pflanzen ausgegraben wurde. Wahrscheinlich will man sich auf diese Weise die Salepgewinnung auch für die nächsten Jahre sichern. Häufiger trifft man allerdings auf Standorte, an denen die Orchideen bis auf den letzten Rest ausgegraben wurden.

Zur Salep-Gewinnung werden vorwiegend *Orchis*- und *Ophrys*-Knollen verwendet, wobei eine besondere Vorliebe für *Orchis fragrans* und *Orchis sancta* zu bestehen scheint. Außerdem werden auch die Knollen von *Anacamptis pyramidalis*, *Serapias bergonii*, *Serapias orientalis* subsp. *carica* und *Spiranthes spiralis* verstärkt gesammelt. Auffallend ist, daß in großen Gebieten der Türkei bevorzugt *Orchis fragrans* ausgegraben wird. Bei Bodrum (Muğla) sind davon hauptsächlich *Serapias orientalis* subsp. *carica* und *Serapias bergonii* betroffen. In der Umgebung von Olympos (Antalya) konnte das Entnehmen einer großen Zahl von *Orchis sancta* beobachtet werden. Wie Einheimische erzählten, verwenden sie die Knollen der genannten Orchidee für die Zubereitung von Kaffee und Tee.

Vor allem SEZIK hat durch zahlreiche Publikationen auf die Gefahr der Ausrottung der in der Türkei vorkommenden Orchideen hingewiesen. Besonders in seinem Buch 'Orkidelerimiz' (SEZIK, 1984) hat er ausführlich darüber berichtet. Er hat auch (SEZIK, 1989) eine Liste zusammengestellt, aus der hervorgeht, daß in der Türkei fast alle *Orchis*- und *Ophrys*-Arten, dazu auch *Aceras anthropophorum*, *Anacamptis pyramidalis*, *Barlia robertiana*, *Comperia comperiana*, *Dactylorhiza iberica*, *Dactylorhiza romana*, *Dactylorhiza osmanica*, *Himantoglossum affine*, *Himantoglossum caprinum*, *Neotinea maculata* und *Serapias bergonii* zur Herstellung von Salep gebraucht werden. Die Knollen von *Dactylorhiza osmanica* und *Orchis palustris* liefern aber eine minderwertige Salep-Qualität (Çayir Salebi) (SEZIK & BAYKAL, 1991).

Da *Dactylorhiza*-, *Cephalanthera*- und *Epipactis*-Arten für die Salepgewinnung kaum von Bedeutung sind, besteht für diese Arten durch das Ausgraben keine akute Gefährdung. *Dactylorhiza*-Arten bilden hauptsächlich in der Osttürkei noch große Populationen, wobei anzumerken ist, daß ihre Biotope (vorwiegend Feuchtwiesen) vielfach zu früh gemäht werden und die Pflanzen dadurch nicht zur Samenbildung gelangen. Die *Epipactis*-Arten werden zwar nicht ausgegraben, häufig aber abgeweidet oder von den Einheimischen abgepflückt.

Zu der Verwendung von Salep-Knollen als Nahrungsmittel konnte in der Umgebung von Bodrum folgendes Rezept erfahren werden. Zur Bereitung werden die Knollen vorher geschält, dann in heißem Wasser gekocht, getrocknet und danach zu einem geruchlosen, weißlichen bis gelbichen Pulver gemahlen. Man benötigt 25-30 Gramm Salep, 300 Gramm Zucker, 3 Liter Milch und 2 Liter Wasser. Wasser, Zucker und Salep vermischen, die Milch zufügen und unter ständigem Rühren zum Kochen bringen. Als Gewürz fügt man Zimt hinzu. Dieses Getränk wird besonders im Winter getrunken. Eine weitere Verwendung für Salep-Pulver ist sein Zusatz zum Speiseeis (Maraş), wodurch dieses länger die gewünschte Konsistenz behält (mündl. Mittlg. SEZIK, 1996, SALKOWSKI, 1988). Das Eis schmilzt genauso schnell, durch die Quelldroge bleibt es aber dick. Man könnte für diesen Effekt jede andere quellfähige Substanz wie zum Beispiel Stärke nehmen.

So schrieb STEWART (1992): "The popularity of wild orchid tubers in Salep in many parts of eastern Europe is still so great that there is surely a need for further pharmacological investigation. Such studies might provide an acceptable synthetic substitute whose use, instead of wild orchid tubers, would surely benefit the remaining natural populations".

HÁGSATER & DUMONT (1996) schätzen, daß in der Türkei jährlich 45 Tonnen Salep produziert, davon bis zu 15 Tonnen exportiert werden. Zur Bereitung von 1 Kilo Salep werden etwa 1.000 bis

4.000 Knollen benötigt (SEZIK, 1984, 1990). Damit liegt das Gewicht einer getrockneten Knolle von 1,0 bis 0,25 Gramm an und kommt man auf etwa 45 bis 180 Millionen ausgegrabene Pflanzen, wobei diese Zahl früher, wie zum Beispiel SUNDERMANN (1973a) berichtet, noch ganz erheblich höher gelegen haben dürfte.

SEZIK hat vier Ansichtskarten herausgegeben, auf denen er *Ophrys apifera, Ophrys straussii* var. *leucotaenia, Ophrys tenthredinifera* und *Orchis anatolica* abbildet. Diese Ansichtskarten wurden mit dem folgenden Text versehen: "This beautiful plant is one of the tuberous orchids growing in Türkiye. The tubers of this orchid are used to prepare icecream and salep (a hot drink prepared with milk and the tubers). Every year around thirty million orchids are sacrified for this purpose. Let's stop the destruction of turkish Orchids".

Vom türkischen Kocatepe Rotary-Club wurde ein Faltblatt herausgegeben, auf dem viele schöne Orchideen in Farbe abgebildet sind. Im Textteil wird ausführlich berichtet, daß in der Türkei (von Thrakien bis Van) viele verschiedene Orchideen wachsen, und daß diese durch das Ausgraben ihrer Knollen für Salep stark bedroht sind. Weiter wird angegeben (durch eine Berechnung), daß jedes Jahr etwa 30 Millionen Orchideenknollen (15.000 kg) ausgehackt werden. Dabei wird für eine Knolle ein durchschnittliches Gewicht von 0,5 Gramm angegeben, wobei 2.000 Knollen dann für einen Kilo benötigt sind. Es wird stark darauf gedrängt, alle Orchideen zu schützen und eine Alternative für Salep zu finden.

Die vorstehenden Zahlen sind allerdings mit einer gewissen Vorsicht zu betrachten, da das durchschnittliche Gewicht einer Knolle vermutlich mehr als 0,5 Gramm beträgt und es in der Türkei mit seinen nur noch relativ spärlichen Orchideenvorkommen schwierig sein dürfte, jährlich mehrere Millionen von Knollen zu sammeln.

Die FFPS (the Fauna and Flora Preservation Society), die älteste Internationale Naturschutz-Organisation, hat 1994 (ANONYMUS, 1994) zur Mitarbeit aufgerufen und Spenden zum Schutz der Orchideen der Türkei gesammelt. Es wurde darauf hingewiesen, daß jedes Jahr viele Millionen Knollen von seltenen und endemischen Orchideen für die Bereitung von Salep benötigt werden. Untersuchungen der FFPS und von türkischen Wissenschaftlern haben ergeben, daß jedes Jahr mindestens 16 Millionen Orchideen ausgegraben werden, die von mindestens 38 verschiedene Arten stammen. Die FFPS will versuchen, einen Ersatz für Salep herzustellen, der mit dieser tausendjährigen traditionellen Verwendung in Einklang zu bringen ist.

Während eines Besuchs 1996 in Taşköprü (Kastamonu) wurden in einigen Geschäften insgesamt etwa 600 Kilo Salep zum Verkauf angeboten. Allein dies entspricht etwa, je nach Gewicht einer Knolle, 600.000 (1,0 Gramm), 1.200.000 (0,5 Gramm) oder 2.400.000 (0,25 Gramm) Orchideenknollen. In den weitläufigen Kiefernwäldern in der Umgebung Tasköprüs wurden dann auch fast keine Orchideen mehr gefunden.

In einer kleinen Krämerei in Çamlık (Karaova) in der Provinz Bodrum wurden erst kürzlich (April 1997) deutschen Orchideenfreunden an Schnüren aufgereihte Orchideenknollen und in Plastikbeuteln verpacktes Salepmehl zum Kauf angeboten. Mindestens 30 Beutel zu je einem Kilo waren in dieser kleinen Krämerei vorrätig und der Krämer versuchte mit drastischen Gesten, von der stark potenzfördernden Wirkung des 'Mittels' zu überzeugen. Es ist kaum vorstellbar, welche Mengen von Salep verbraucht werden, wenn schon in einem so kleinen Dorfgeschäft ca. 30 kg Salep lagern. Der Laden befindet sich genau gegenüber dem Dorffriedhof mit einem reichen Vorkommen an *Ophrys heterochila, Ophrys reinholdii, Serapias bergonii* und *Serapias carica* (briefl. Mittlg. WAGNER, 1997).

Der größte Teil der Salep-Produktion wird in der Türkei konsumiert, aber ein stets wachsender Anteil wird, trotz internationaler und türkischer Gesetzgebung, auch in andere Länder exportiert, wie zum Beispiel nach England und Frankreich. BOURNERIAS (1997) berichtet, daß Salep auch noch heute in Frankreich zu kaufen ist, und weist darauf hin, daß die Anwendung von Salep eine starke Gefährdung der türkischen Orchideen darstellt.

Salep kann man in vielen Geschäften in der Türkei und auch in türkischen Handlungen Mitteleuropas kaufen. Der Handel mit Salep bringt satte Gewinne für jeden daran Beteiligten. Es ist dadurch äußerst schwierig, Salep durch künstliche Produkte zu ersetzen.

Nach RÜCKBRODT & HANSEN (1992) ist die Gefahr für die Orchideen durch das Ausgraben der Knollen steigend, da professionelle Händler, begünstigt durch die sich ständig verbessernden Verkehrsverhältnisse, den Ankauf des Saleps übernommen haben und besonders die stark wachsende ärmere Bevölkerung hier ein willkommenes Zubrot findet. Die Situation stellt sich in Nordzypern vergleichbar dar. In letzter Zeit werden die Orchideenknollen auch verstärkt im Iran ausgegraben. In diesem Land ist der Preis von Salep niedriger als in der Türkei, weil in Iran die Orchideen noch größere Vorkommen haben. Von Syrien ist bekannt, daß jedes Jahr etwa 1,5 Millionen Knollen ausgegraben werden (ARNOLD & ARNOLD, 1985).

Die Knollen werden von Ziegenhirten, Schäfern, Kindern und Frauen gesammelt und an Kaufleute weiter verkauft. Sie werden teilweise auch als frische Ware (noch lebend) auf den Wochenmärkten verkauft (SUNDERMANN, 1973a). So hat de Wit aus Wageningen (Niederlande) vor langer Zeit auf einem Markt Orchideenknollen gekauft, die er im Botanischen Garten in Wageningen auspflanzte. Die Pflanzen sind daraufhin viele Jahre hintereinander zur Blüte gelangt.

Um den katastrophalen Rückgang der Orchideen zu verhindern ist es wichtig, daß es zu einem generellen Verbot der Gewinnung

***Comperia comperiana*, Akseki (Antalya), 23.5.1996,** B. J. SECKEL

Angebot von Salep in Taşköprü (Kastamonu), 29.6.1996, C. A. J. Kreutz

Angebot von Salep in Taşköprü (Kastamonu), 29.6.1996, C. A. J. Kreutz

Angebot von Salep in Taşköprü (Kastamonu), 29.6.1996, C. A. J. Kreutz

Angebot von Salep in Taşköprü (Kastamonu), 29.6.1996, C. A. J. Kreutz

Schälen von Orchideenknollen, Cavuş (Antalya), 14.4.1995, D. Rückbrodt

Salepbeutel beim Dorfkrämer in Çamlık (Muğla), 5.4.1997, M. Wagner

Telma Salep in einem Gewürzladen in Genève (Schweiz), M. Bournerias

Salep in einem Gewürzladen in Kaş (Antalya), 9.4.1996, C. A. J. Kreutz

Nemrut Dağı bei Kahta (Adıyaman), 13.5.1988, C. A. J. Kreutz

von und des Handels mit Salep kommt. Im Jahre 1974 wurde zumindestens erreicht, daß das Ministerium für Agriculture and Foresty der Türkei ein Exportverbot für Salep verfügt hat, das leider kaum eingehalten wird.

Die wenigen sicher geschützten Standorte befinden sich in der Türkei auf den Friedhöfen, wo die Orchideen nach Landessitte (aus religiösen Gründen) unberührt gelassen werden (zumindest in großen Teilen des Landes). Diese Friedhöfe mit ihrem natürlichen Bewuchs sind meist mit einer Steinmauer umgrenzt und so wirksam vor Beweidung geschützt. Die Orchideen werden hier, von wenigen Ausnahmen abgesehen, kaum ausgegraben. Es kommt vor, daß Gruppen von Orchideen direkt auf Gräbern zu finden sind. Wahrscheinlich werden sie dort wegen ihrer attraktiven Erscheinung eingepflanzt. Diese Vermutung liegt nahe aufgrund von Funden dieser Art auf relativ neu angelegten Gräbern (siehe auch Hahn & Passin, 1997). Auch in Friedhöfen in der Umgebung von Akseki waren frische Gräber mit *Comperia comperiana* bepflanzt. Auf einem Grab wurde 1995 eine Gruppe von sechs Exemplaren beobachtet. Im Friedhof von Ağullu sind auf einigen Gräbern sogar Gruppen der seltenen *Ophrys lycia* zu finden (briefl. Mittlg. Wagner, 1997).

In Deutschland gibt es ähnliche Friedhöfe, die nicht umgestaltet oder neu belegt werden und dem ewigen Ruherecht dienen. Es sind vorwiegend kleinflächige jüdische Friedhöfe und nach jüdischer Überzeugung heiliger Boden. Um mögliche Störungen der unbegrenzten Totenruhe auszuschließen, gehört zu diesen jüdischen Ruhestätten, genau wie bei den islamischen Friedhöfen der Türkei auch, eine Einzäunung oder Ummauerung mit verschließbarem Tor. Und ebenso wie die türkischen Friedhöfe stellen sie oft einen schlichten, harmonisch in die Landschaft eingefügten naturnahen Lebensraum dar (Birken, 1994). Auch auf solchen deutschen Friedhöfen kommen viele seltene Orchideen vor. Als Beispiel diene hier der jüdische Friedhof in Lengerich (Nordrhein-Westfalen), wo *Cephalanthera damasonium, Dactylorhiza maculata, Epipactis helleborine, Listera ovata, Neottia nidus-avis, Orchis mascula, Platanthera bifolia* und *Platanthera chlorantha* vorkommen, und der Friedhof bei Kaufering (Landsberg), wo neben anderen *Epipactis palustris, Gymnadenia conopsea, Herminium monorchis, Ophrys apifera, Ophrys holoserica, Orchis coriophora* und *Orchis ustulata* wachsen.

Als Beispiel einer möglicherweise noch zunehmenden Bedrohung der türkischen Orchideen wird folgender Artikel aus der Zeitschrift der Turkish Airlines 'Skylife' (6/1997) abgedruckt:

Mado Maraş-Eiskrem (Lalehan Uysal)

Auf meinem Balkon steht ein Blumentopf mit einer Orchidee, deren Knospen sich gerade zum Blühen öffnen. Ich fand sie im Frühling auf einer Bergweide des Ahır-Dağı in der Nähe der Stadt Maraş. Die wildwachsende Pflanze hat viele stärkehaltige Knollen, die für die Herstellung von Salep bestens geeignet sind.

Ich weiß: Diese Orchidee wird mir nie verzeihen können, daß ich sie aus ihrer natürlichen Umgebung gerissen habe. Ich habe ihr damit die Möglichkeit genommen, daß sie das vorzügliche Aroma und die besonders geschätzte Konsistenz ihrer Knollen an Maraş-Eiskrem weitergeben kann. Für mich jedoch wurde die Orchidee das Symbol einer langen Liebesgeschichte. In Maraş hat nämlich alles eine Geschichte: der Ahır-Dağı, auf dem ich als Kind herumtollte, den Blick in die Ferne gerichtet um das Meer zu sehen, der Göksu-Fluß der in den Ceyhan und dann in das Mit-

İshakpaşa Sarayı bei Doğubayazıt (Ağri), 25.6.1996, C. A. J. KREUTZ

telmeer mündet, der Gavursee der im Sommer austrocknet, die Maraş-Burg oder jeder einzelne Bewohner von Maraş. Manche Geschichten wurden erlebt, manche weitererzählt und viele niedergeschrieben.
Meine Geschichte handelt von Maraş-Eiskrem. Sie begann vor vier Generationen, hat sich seither in viele andere Städte verbreitet und ist nun weit über die türkischen Grenzen hinaus bekannt.
Ihr Held ist Mehmet Sait Kambur, der so zu erzählen beginnt: "Es war einmal vor langer Zeit...." und dann bedächtig fortfährt "ein Vorfahre, der begann in den Bergen aus Höhlen und Grotten Schnee zu sammeln. Als er genug gesammelt hatte, deckte er ihn mit Reisig zu, damit er nicht schmelze. Im darauffolgenden Sommer mischte er den Schnee mit dem Saft von heimischen Früchten, vor allem mit Traubensaft und brachte das Gemisch mit einem Esel in die Stadt Maraş, um daraus erfrischendes Eis zu bereiten."
Seither bekannt als Karsambaç, war diese erfrischende Süßigkeit eine Vorgängerin der Maraş-Eiskrem.
Ein anderer Vorgänger könnte Salep gewesen sein, ein heißes nahrhaftes Wintergetränk aus Milch und gemahlenen Orchideenknollen. Reichlich Milch, eingedickt mit Salep, Zucker zum Süßen, Schnee zum Kühlen und nicht zuletzt Erfahrung und Können. Das Ergebnis war die köstliche, heute so berühmte Eiskrem.
Wie jede Geschichte hat auch diese Geschichte entscheidende Details:

- *Die Milch muß von Ziegen sein, die auf den Almwiesen des Ahır-Dağı weiden.*
- *Salbei, Milch, Wicke und Orchideen liefern das Aroma und die feste Konsistenz.*
- *Salep muß von feinster Qualität sein - gewonnen aus Orchideenknollen, die auf dem fruchtbaren Boden und in der reinen Luft der Berge gewachsen sind.*
- *Die Knollen werden gesammelt, an Schnüren aufgefädelt und zum Trocknen aufgehängt.*
- *Anschließend werden sie mit Milch gekocht, erneut getrocknet und zwar so lange, bis die mandelgroßen Knollen hart und zum Mahlen geeignet sind.*

Ein genaues Rezept gibt es nach Eiskrem-Hersteller Mehmet Sait Kambur jedoch nicht. Wichtig ist vor allem beurteilen zu können, wieviel Salep man unter Berücksichtigung der sehr unterschiedlichen Intensität seines Aromas benötigt. Dasselbe gilt auch für die in Farbe und Geschmack stark variierende Ziegenmilch. Die Milch wird mit gemahlenem Salep und Zukker gemischt und solange gekocht, bis die richtige Konsistenz erreicht ist. Anschließend wird das Ganze für eine Weile beiseitegestellt und schließlich längere Zeit kremig geschlagen. Wieviel Zeit genau für jeden Abschnitt benötigt wird, ist immer wieder ein Test von Wissen und Erfahrung. Die Maraş-Eiskrem-Hersteller hüten ihr geheimes Herstellungsverfahren sehr sorgfältig und geben es von Generation zu Generation weiter.
Mehmet Bey hat es sich zur Lebensaufgabe gemacht, alle Menschen in der Türkei und darüberhinaus in der ganzen Welt vom unübertroffenen Geschmack und der unvergleichlichen Qualität der echten Maraş-Eiskrem zu überzeugen. Im festen Glauben an seine Mission befand er: "Wenn McDonald von Amerika nach İstanbul kommen konnte, gibt es keinen vernünftigen Grund, nicht auch seine Maraş-Eiskrem auf die Reise nach İstanbul zu schicken."
Seine Firma 'Mado' hat daraufhin ihre ersten Maraş-Eiskrem-Geschäfte in İstanbul eröffnet und sich dann auf viele andere Städte des Landes ausgebreitet. Maraş-Eiskrem ist damit von einer regionalen zu einer überregionalen Spezialität geworden.
Nicht ohne Bedauern hat die Firma inzwischen die Herstellung des Eises mit traditionell gefertigten Kupferpfannen und Handwerkzeugen eingestellt. Sie mußte erkennen, daß nur moderne Maschinen und Geräte der Weg nach vorne sein können. Mehmet Bey hat auf italienische Eismaschinen umgestellt, die er den speziellen Erfordernissen der Produktion von Maraş-Eiskrem angepaßt hat.

Pamukkale bei Denizli (Denizli), 19.4.1996, C. A. J. Kreutz

Sämtliche Mado's-Eiskrems werden in der eigenen Fabrik in Maraş hergestellt und in eigenen Geschäften verkauft. Mado produziert mit seinem Markenzeichen auch Eistüten und Eis am Stiel.
Die Produkte werden mit Kühlwagen in fast alle Provinzen des Landes transportiert.
Mehmet Bey beabsichtigt nun als nächsten großen Schritt, in Deutschland, Österreich, USA und in Saudi-Arabien Niederlassungen zu eröffnen.
Traditionell wird die echte Maraş-Eiskrem auf verzinnten Kupfertellern zusammen mit süßem Gebäck und Pistazien serviert und mit Messer und Gabel gegessen. Die gleicherweise traditionellen Eiskremverkäufer mit ihrer bunten Tracht und den großen Schürzen, die ihre Eiskrem an den Straßen aus Kühlbehältern verkaufen, sind unzertrennbar mit dieser Eiskrem verbunden. Trotz moderner Produktionstechniken bewahren sie als Mahner einer alten Tradition die vor langer Zeit erworbenen Sachkenntnisse, für die Mado ein Symbol ist.
(Übersetzung aus dem Englischen: M. Wagner)

Die starke landwirtschaftliche Nutzung der Türkei

In der Türkei werden fast alle einigermaßen fruchtbaren Böden intensiv landwirtschaftlich genutzt. Flächen, auf denen vor wenigen Jahren noch reichhaltige Orchideenpopulationen zu finden waren, wurden inzwischen trockengelegt oder in Ackerland umgewandelt. Die Orchideen sind aus solchen Flächen restlos verschwunden. Lediglich an den Rändern der bewirtschafteten Grundstücke sind noch einige Exemplare zu finden. Das ist dem Umstand zu verdanken, daß sich hier, vermutlich aus Kostengründen, die Anwendung von Mineraldünger und Spritzmitteln noch in Grenzen hält.
Die größte Gefahr für die Orchideen geht, bedingt durch die stark anwachsende Bevölkerung, von den immer stärker anwachsenden Schaf- und Ziegenherden aus. Wo sie ständig durchziehen, gedeihen bald nur noch Pflanzen, die auch von diesen Tieren nicht verwertet werden können. In den Winterquartieren der Nomaden an der Küste sind große Gebiete restlos kahlgefressen (Rückbrodt & Hansen, 1992). Vor allem südlich Antakya im Ziyaretgebirge, einer Region, wo viele sehr seltene Orchideenarten vorkommen, sind die wenigen noch vorhandenen Standorte fast jedes Jahr zur Hauptblütezeit restlos abgeweidet. Nur nach längerer Suche und mit viel Glück findet man dort noch wenige Exemplare.
Im östlichen Pontusgebirge waren die Orchideen bis in die achtziger Jahre noch nicht gefährdet und viele *Orchis*- und *Ophrys*-Arten waren hier neben zahlreichen *Steveniella satyrioides* anzutreffen. Leider werden auch diese Gebiete in letzter Zeit zunehmend intensiv landwirtschaftlich genutzt und stark überweidet. So sind beispielsweise in den ehemals orchideenreichen Haselnußplantagen in der Regel nur noch wenige Pflanzen zu finden und sind die Standorte von *Orchis stevenii* fast völlig erloschen. Diese Haselnußkulturen erstrecken sich entlang der türkischen Schwarzmeerküste, oft bis tief in das Hinterland und weit nach Osten, bis sie bei Rize von Teekulturen abgelöst werden. Diese Haselnußkulturen mit ihren je nach Alter schattigen oder halbschattigen, je nach Lage trockenen oder feuchten Bereichen, stellen ideale Standorte für zahlreiche Pflanzen, so auch Orchideen, dar. Während die Sträucher noch in vielen Gegenden mit Stalldung gedüngt werden, setzt sich die im meist steilen Gelände einfacher zu handhabende Kunstdüngung immer mehr durch. Das muß sich bei maßvoller Anwendung nicht

unbedingt schädlich auf die Begleitflora auswirken. Allerdings kann in vielen Kulturen erhebliche Überdüngung festgestellt werden (mitunter bis mehrere Millimeter dicke Kunstdüngerlagen um die Sträucher). Der Unterbewuchs ähnelt dann unseren Fettwiesen. In vielen Fällen dominieren bereits Brennesseln (*Urtica dioica*), die dann mit Herbiziden gespritzt werden. Dies ist nicht nur ein trauriger Anblick, sondern auch das sichere Aus für die Orchideen (SCHÖNFELDER & SCHÖNFELDER, 1998). Vor allem konnte dieses Vorgehen in den Haselnußkulturen an der Straße von Giresun nach Dereli (Giresun) beobachtet werden. In vielen Haselnußkulturen war nur noch eine ruderale Vegetation vorhanden. Dabei kommt noch die Tatsache, daß vor allem südlich von Maçka (Trabzon) die Haselnußkulturen intensiv beweidet werden. Positiv anzumerken ist, daß in der Nordosttürkei Orchideen bisher nur selten ausgegraben werden.
Auf den Almwiesen im Pontusgebirge sind viele Orchideen durch eine zu frühe Mahd der Vegetation ziemlich stark bedroht. Diese bilden zwar stellenweise noch Massenvorkommen, die Samen der Pflanzen können aber kaum reifen.

Ausblick

Werden die Orchideen in der Türkei in absehbarer Zeit nicht nachhaltig geschützt, ist damit zu rechnen, daß ihre Vorkommen allgemein stark zurückgehen, seltene und endemische Arten mit ihren meist wenigen Standorten aber ganz verschwinden. Äußerst beunruhigend ist dabei die Tatsache, daß die Türkei das Washingtoner Artenschutz-Abkommen (CITES) bis heute nicht anerkennt. Immer noch werden Orchideenknollen traditionell in großem Stil gesammelt, das daraus gewonnene Salep in großen Mengen konsumiert und ein Teil davon exportiert. Eine wirkungsvolle Kontrolle der Ernte, des Konsums und des Exports von Orchideenknollen und Salep gibt es offensichtlich nicht.

Didyma bei Yenihisar (Aydın), 5.5.1988, C. A. J. KREUTZ

Die Verbreitungskarten

Verbreitungskarten von derzeit allen bekannten Orchideenarten der Türkei wurden erstmals von RENZ & TAUBENHEIM in der Flora of Turkey and the East Aegaen Islands (1984) veröffentlicht. Vorher wurden schon Verbreitungskarten einiger Arten publiziert (RENZ & TAUBENHEIM, 1980ab, 1983a; SUNDERMANN & TAUBENHEIM, 1978, 1981ab, 1982 und TAUBENHEIM 1975b, 1977, 1979, 1980). Als Grundlage dieser Karten in der Flora of Turkey and the East Aegaen Islands (1984) diente ein für diese Flora entworfenes Netzsystem, das die Landesoberfläche der Türkei in 19 Bänder (vom 26. bis zum 45. Grad) und sieben Zonen (vom 36. bis zum 42. Grad) gliederte. Dadurch wurde die Türkei in 133 Felder aufgeteilt. Diese Felder wurden dann wieder weiter unterteilt, nämlich von West nach Ost in 14 und von Süd nach Nord in 18 Teile, so daß jedes der 133 Felder in 252 weitere Felder aufgegliedert wird, wobei jedes Feld etwa eine Fläche von 55 km² abdeckt. In der Flora of Turkey (1984) jedoch deckt ein Rasterpunkt eine Fläche von etwa 350 km² ab.
Alle Standortangaben von RENZ & TAUBENHEIM, sowie alle Angaben von früheren Orchideenforschern der Türkei, einschließlich Literaturangaben, bis Ende 1984, wurden von TAUBENHEIM auf Dateikarten freundlicherweise zur Verfügung gestellt. Diese Koordinaten wurden mittels eines Konvertierungsprogramms in UTM-Koordinaten umgewandelt und in die vorliegenden Verbreitungskarten übertragen. Durch das relativ grobe Erhebungsraster von RENZ & TAUBENHEIM sind theoretisch Abweichungen der errechneten Koordinaten von maximal 4 km möglich. Ferner wurden im vorliegenden Buch alle eigene Angaben und diejenigen anderer Orchideenforscher und Botaniker, sofern diese zur Vefügung standen, bei der Erstellung der Verbreitungskarten berücksichtigt. Alle bekannten Fundpunkte werden in einem UTM-10 km Raster dargestellt, wodurch jeder Punkt eine Fläche von 100 km² repräsentiert. Durch diese Größenordnung bleiben die Verbreitungsangaben übersichtlich und ausreichend detailliert. In der letzten veröffentlichten Verbreitungs-Übersicht von RÜCKBRODT & HANSEN (1992) wurde noch ein UTM-50 km Raster verwendet, wobei jeder Punkt ein Fläche von 2.500 km² darstellt.
In letzter Zeit ist die Kartierung wesentlich einfacher geworden. Durch die Verfügbarkeit von GPS-Peilern (GPS = Global Positioning System) kann die Standortlage im günstigsten Fall bis auf 25 Meter genau ermittelt werden. Das 'Global Positioning System' besteht aus mehreren Satelliten, die in ca. 19.000 km Höhe präzise Zeit- und Positionssignale aussenden. Diese Signale werden vom GPS-Empfänger zur Berechnung der aktuellen Position verwendet. Er kann überall auf der Welt, Tag und Nacht, bei Wind und Wetter und gebührenfrei die exakte Position des Benutzers errechnen. Ursprünglich für militärische Zwecke entwickelt, steht das GPS System heute jedem zur Verfügung (Konrad Katalog, 1997).
Die Erstellung einer exakten und vollständigen Verbreitungsübersicht über die Orchideen der Türkei ist wegen der auch bisher nur lückenhaften Kartierung derzeit nicht möglich und wird auch in absehbarer Zukunft nicht möglich sein. Die Türkei ist ein riesiges Land und wurde im Gegensatz zu anderen Gebieten (z.B. Griechenland oder die Ägäischen Inseln, die der türkischen West- und Südküste vorgelagert sind) erst von verhältnismäßig wenigen Orchideenforschern bearbeitet. Hinzu kommt, daß der Südosten des Landes aus militärischen Gründen seit geraumer Zeit für Ausländer nicht mehr zugänglich ist. Zudem ist die einheimische Bevölkerung, von wenigen Ausnahmen abgesehen, kaum botanisch interessiert. Aus allen genannten Gründen kön-

Ayvalık (Aydın), 3.5.1988, C. A. J. KREUTZ

nen die in diesem Buch enthaltenen Verbreitungsübersichten nicht vollständig sein und sind als Interims-Karten zu werten. Sie geben den Kenntnisstand bis einschließlich 1-1-1998 wieder. Genau wie bei RÜCKBRODT & HANSEN (1992) war die Kartengrundlage für diese Verbreitungskarten die Jet Navigation Chart 1:2.000.000 (JNC, BLATT 22), auf die das UTM-Raster von der Tactical Pilotage Chart 1:500.000 (TPC, Blätter F-3C, F-3D, F-4C, F-4D, G-4A, G-3B, G-4B, G-4D) übertragen wurde. Weiter wurden die beiden türkischen Shell Eurokarten ('Türkei, Westlicher und mittlerer Teil' und 'Türkiye' 1:750.000) verwendet. Die beiden Shell Eurokarten wurden vor allem zur Orientierung gebraucht. Es wurde die Zone/Band AAxx.yy (100 x 100 km-Grundfeld, 10 x 10 km Feld, 1 x 1 km Feld) UTM Schreibweise verwendet.

Als Grundlage für diese Verbreitungskarten dienten:

- die Standortangaben und Flächen-Verbreitungskarten in den Arbeiten von SUNDERMANN & TAUBENHEIM (1978, 1981ab, 1982), RENZ & TAUBENHEIM (1980b, 1983a) und TAUBENHEIM (1975b, 1977, 1979, 1980);
- die Standortangaben aus der Literatur und von Herbarbelegen von unter anderem BAYTOP, AZNAVOUR, VAN BODEGOM, BOISSIER, BORNMÜLLER, BUTTLER, DAVIS, DEMIRIZ, FLEISCHMANN, GREUTER, GUMPRECHT, HANDEL-MAZETTI, HAYEK, KOCH, KOTSCHY, KRAUSE, MANGOLD, PASCHE, RECHINGER, REESE, SCHLIEMANN, SCHWARZ, SEZIK, SINTENIS, SORGER, SUNDERMANN und YOUNG;
- alle Standorte, die in irgendeiner Form in der Literaturübersicht aufgelistet wurden, wie zum Beispiel die Angaben von BUTTLER & NIESCHALK (1979) und ALTAN & HOFFMANN (1986);
- die Standortangaben und Interims-Verbreitungskarten mit Fundpunkten in RENZ & TAUBENHEIM (1984);
- die Standortangaben von RENZ & TAUBENHEIM (1961 - 1984), die mir freundlicherweise von G. TAUBENHEIM (Erkelenz) zur Verfügung gestellt wurden, wobei die Angaben von 1980 bis Ende 1984 noch nicht veröffentlicht wurden;
- die Standortangaben von Orchideenforschern und Botanikern bis Ende 1984, die von TAUBENHEIM ausgewertet wurden und mir zur Verfügung gestellt wurden;
- die Standortangaben auf UTM-1 km Quadranten von RÜCKBRODT & HANSEN (1992);
- alle Standortangaben von den Orchideenfreunden, die in der Danksagung aufgelistet sind und
- alle Funde des Verfassers während 13 Türkeireisen.

Die (Flächen)Verbreitungskarten von NELSON (1962, 1968, 1976), BAUMANN & KÜNKELE (1982a), SEZIK (1984) und BUTTLER (1986) konnten wegen ihrer Ungenauigkeit nicht verwendet werden. Außerdem würden sie keine zusätzlichen Informationen liefern, da sie schon in den verschiedenen Standortangaben dieses Buches berücksichtigt sind.

Bei Angaben vor 1985, unter anderem alle Angaben in RENZ & TAUBENHEIM (einschließlich der Angaben aus der Literatur), VÖTH, SUNDERMANN, GUMPRECHT, BUTTLER und NIESCHALK & NIESCHALK, wurde ein blauer Punkt verwendet. Wie auch schon RÜCKBRODT & HANSEN (1992) angemerkt haben, können, bedingt durch relative Ungenauigkeit der Standortangaben und die Übertragung dieser Angaben in die Verbreitungskarten, Fehler nicht ausgeschlossen werden, da schon eine Abweichung von einem km über die Zugehörigkeit zum einen oder zum anderen Feld entscheidet. Besonders das Übernehmen der Daten von RENZ & TAUBENHEIM in die elektronische Datenverarbeitung war sehr arbeitsaufwendig, da etwa 5.000 Dateikarten manuell erfaßt werden mußten.

Ein roter Punkt wurde für Angaben ab 1985 verwendet. Dies betrifft unter anderem die neueren Arbeiten von ALTAN & HOFFMANN (1986) und BAUMANN (1991) und die große Fülle von Standortangaben von Orchideenforschern (siehe Danksagung).

Bemerkungen zum Witterungsverlauf und zur Orchideenblüte in den Jahren ab 1988

(Stichwortartig nach Aufzeichnungen von Kreutz und Peter)

1988: Winter und Frühjahr normal. Blütezeit deshalb durchschnittlich. Bei Maçka (Trabzon) sogar etwas verspätet. Im Süden der Türkei (Mittelmeerbereich) sehr wenig Orchideen, im Osten und Norden größere Bestände als in einem normalen Jahr. Vor allem bei Lice-Kulp (Diyarbakır) viele Arten und eine große Individuenzahl.

1989: Winter und Frühjahr bis auf die Schwarzmeer-Region trokken und warm, wobei die südlichen und mittleren Regionen sieben Monate keinen Regen hatten. Blütezeit deshalb sehr früh (*Himantoglossum affine* blühte vor Mitte Mai), nur wenige Orchideen, unterhalb 700 bis 800 m Höhe wurde fast nichts gefunden. So waren bei Lice-Kulp (Diyarbakır) fast keine Orchideen zu finden. Bei Tayfur war die Vegetation etwa zwei bis drei Wochen verfrüht.

1990: Winter und Frühjahr extrem trocken, von Januar bis März praktisch kein Regen, die Niederschläge im April kamen für die meisten Orchideen zu spät. Das zeigte sich an vielen Standorten im unmittelbaren Bereich der Küste, man fand oft erst nach stundenlangem Suchen wenige oder auch gar keine Orchideen, zum Beispiel südlich Antakya (Hatay).

1991: Winter und Frühjahr ziemlich normal, daher Blütezeit nicht früher oder verspätet. Orchideen weniger als sonst, vermutlich noch wegen der Trockenheit des Jahres 1989.

1992: Winter und Frühjahr kalt und schneereich, selbst Mitte Mai schneite es noch in den Bergen oberhalb Akseki (Antalya). Blüte der Orchideen ca. 14 Tage verspätet, dafür aber sehr gute Funde (Arten- und Individuenzahl).

1993: Winter und Frühjahr kalt und schneereich. Anfang April lag noch Schnee bis auf ca. 1.700 m Höhe. Blütezeit 14 Tage verspätet (*Ophrys speculum* Anfang April auch in tiefen Lagen erst am Aufblühen; *Orchis collina* in Hochblüte), oberhalb ca. 300 m Höhe fast ausschließlich Funde von Rosetten, noch keine Blütentriebe sichtbar. *Cephalanthera kurdica* oberhalb Manavgat (Antalya) noch nicht sichtbar. Arten- und Individuenzahl sonst gut.

1994: Witterungsverlauf normal, im Norden vielleicht eine Woche früher. Dort auch viele Orchideen. Vor allem im Pontusgebirge waren die Orchideen reichlich vorhanden, groß und kräftig. Auch *Traunsteinera sphaerica* war an vielen Standorten reichlich vertreten.

1995: Das Frühjahr wurde durch einen relativ feuchten und etwas längeren Winter geprägt, außerdem gab es Anfang Mai zwei kühle Wochen. Dadurch waren die Orchideen an allen Standorten außer am Schwarzen Meer etwas weiter zurück als normal. Dagegen war die Individuenzahl meist höher als in anderen Jahren, einige Arten fanden sich sogar in großer Zahl, zum Beispiel *Himantoglossum affine, Ophrys straussii* und *Ophrys straussii* var. *leucotaenia* in der Umgebung von Akseki (Antalya) und bei Belören/Yeniköy (Konya) und *Comperia comperiana* (Antalya); andere Arten eher spärlich, wie *Ophrys phrygia*. *Ophrys isaura* mit fast 20 Exemplaren (İçel). Die Arten südlich Maçka (Trabzon) waren alle etwa zwei Wochen früher. Südlich Antakya (Hatay) schöne Populationen von *Ophrys antiochiana*.

Euromos bei Milas (Muğla), 5.5.1988, C. A. J. KREUTZ

1996: Winter und Frühjahr ziemlich kalt und schneereich. Im März und April viel Regen, feucht und warm, dafür aber sehr gute Funde (hohe Arten- und Individuenzahl). Bei Bodrum (Muğla) blühten die frühen Arten schon Mitte März, die späteren etwa Anfang April (*Ophrys reinholdii* und *Ophrys minoa* in der ersten April-Woche schon in Hochblüte). Südlich Antakya (Hatay) im Ziyaretgebirge sehr viele Orchideen und hohe Individuenzahl (*Ophrys bornmuelleri* schon Mitte April aufblühend). Bei Karatepe (Adana) blühte *Ophrys apifera* auch schon Mitte April.

1997: Winter in manchen Gebieten sehr kalt und niederschlagsreich. In Antalya hat es sogar im Januar geschneit und entlang der Mittelmeerküste hat es gefroren. Der Frühling war sehr regenreich. Im April hat es fast jeden Tag mindestens einmal kräftig geregnet, sogar die erste Maihälfte war sehr feucht. Die Orchideen blühten durch den kalten und relativ langen Winter etwa zwei Wochen später als normal, aber durch den sehr regenreichen Frühling waren die Standorte nach türkischen Verhältnissen oft sehr gut besetzt. Vor allem an einem Standort nördlich von Mersin (İçel), wo *Ophrys amanensis, Ophrys episcopalis* und *Ophrys phrygia* in schönster Blüte standen.

1998: Im Winter und Frühjahr relativ viel Regen. Im Süden (Muğla und Antalya) Anfang März bis 25 Grad warm. Dadurch blühen die Orchideen etwa zwei Wochen früher als normal. *Ophrys lesbis* bei Bodrum blüht schon Anfang März, *Ophrys speculum* bei Oymapinar schon Ende Februar.

Standort von *Orchis elegans*, Bakaran (Antalya/Konya), 1.6.1997, C. A. J. KREUTZ

Fundort von *Orchis punctulata*, Karatepe (Adana), 15.4.1996, C. A. J. KREUTZ

Standort von *Ophrys lucis*, Demircili (Içel), 31.3.1997, C. A. J. Kreutz

Ophrys pseudomammosa, Tayakadin (İstanbul), 29.4.1997, C. A. J. Kreutz

Ophrys isaura, Kuyuçak (Antalya), 18.5.1998, C. A. J. Kreutz

Ophrys regis-ferdinandii, Çesme (Izmir), 31.3.1996, C. A. J. Kreutz

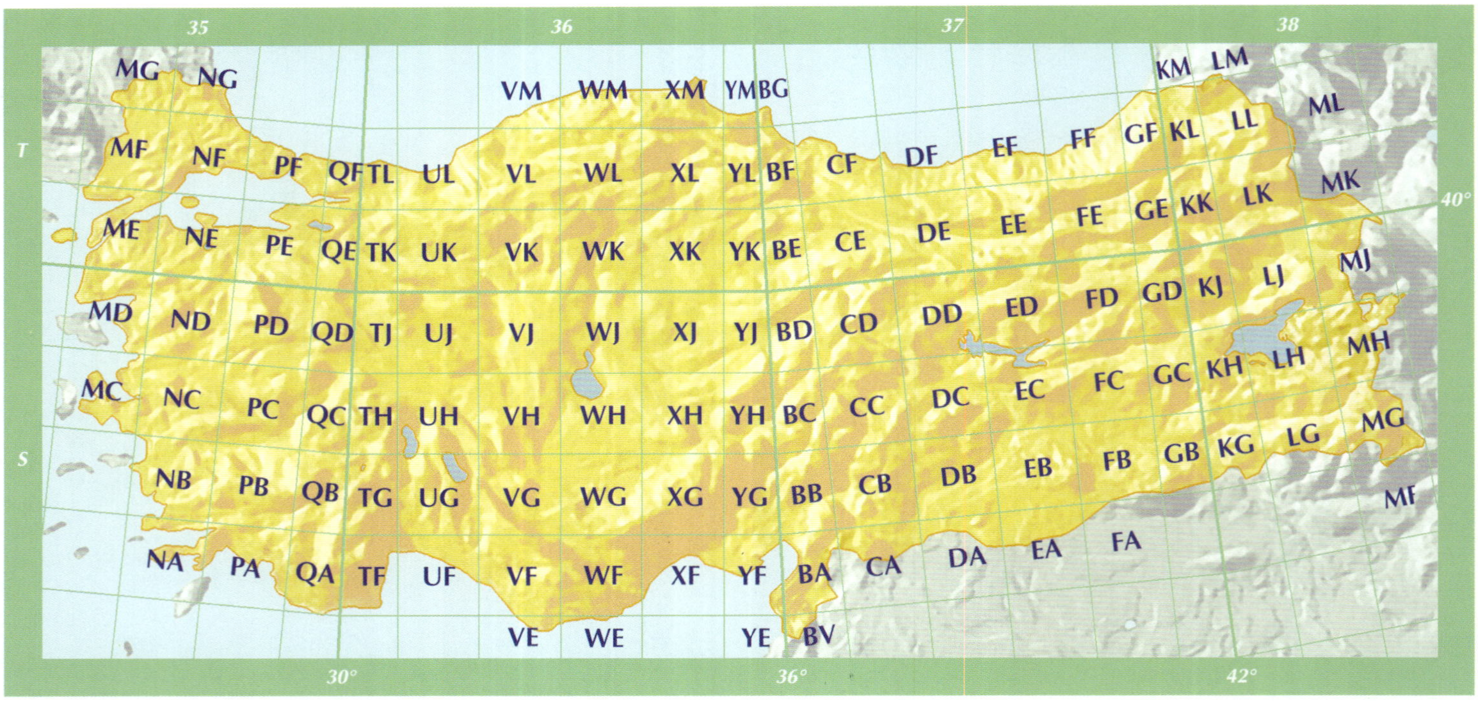

Karte der Türkei mit den UTM-Quadranten auf 100 km Basis

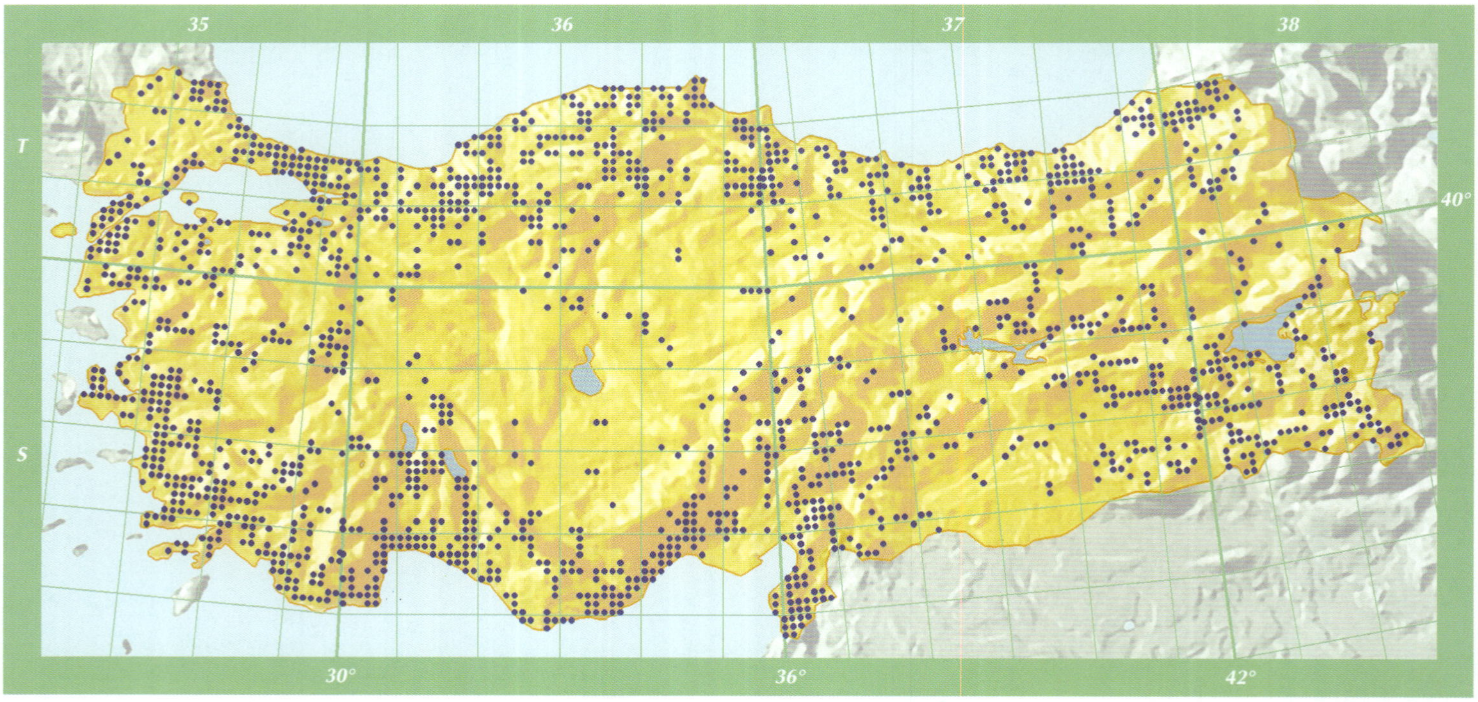

Verbreitungsübersicht im UTM-10 km Rasterfeld im Zeitraum 1700 - 1984 (Stand 1.1.1985)

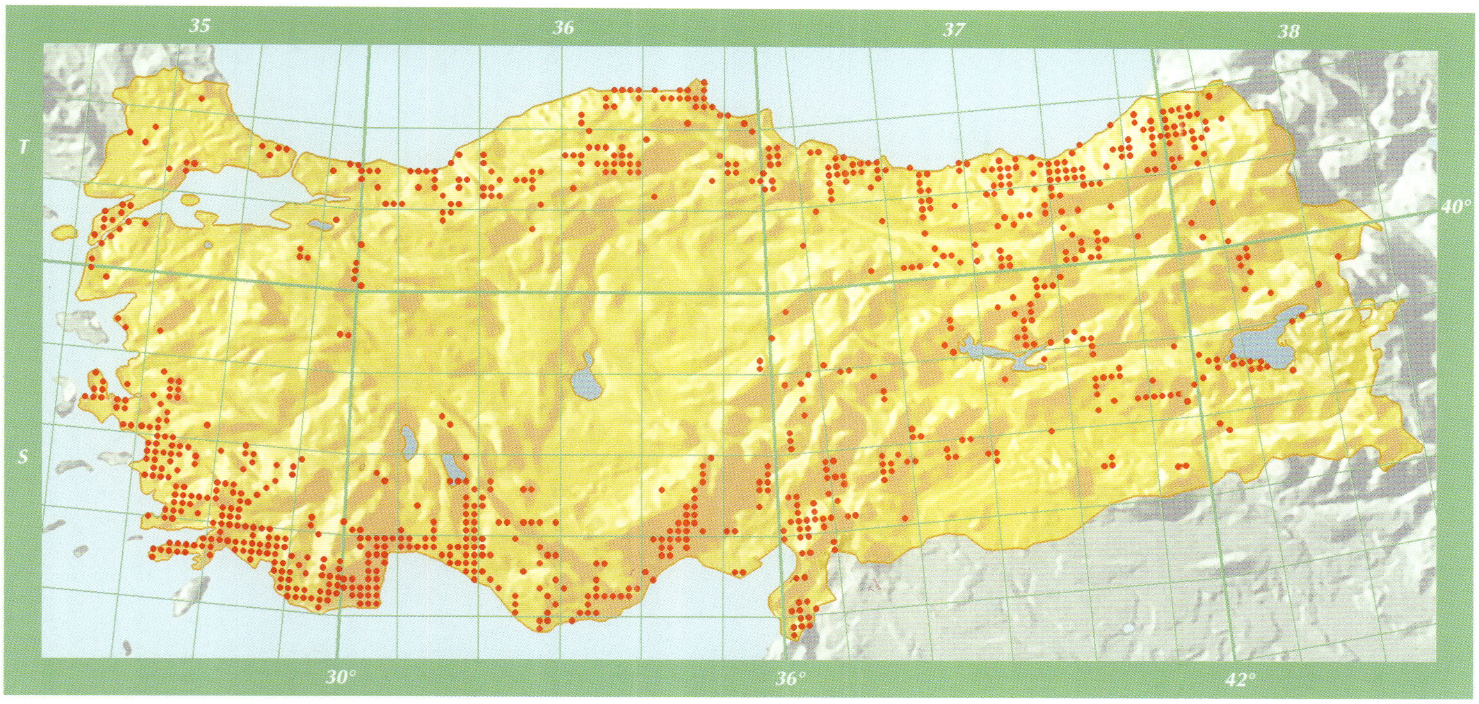

Verbreitungsübersicht im UTM-10 km Rasterfeld im Zeitraum 1985 - 1997 (Stand Mitte 1998)

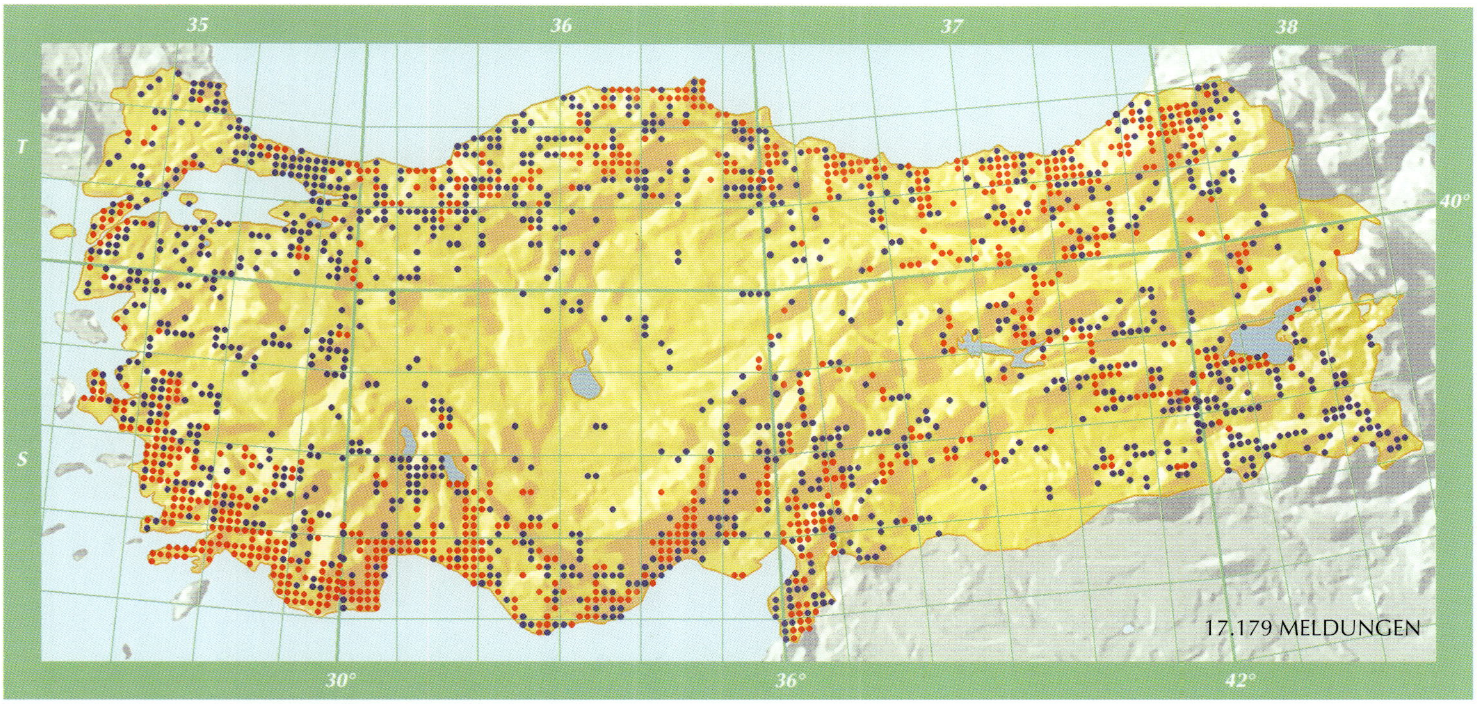

Verbreitungsübersicht im UTM-10 km Rasterfeld im Zeitraum 1700 - 1997 (alle Nachweise) (Stand Mitte 1998)

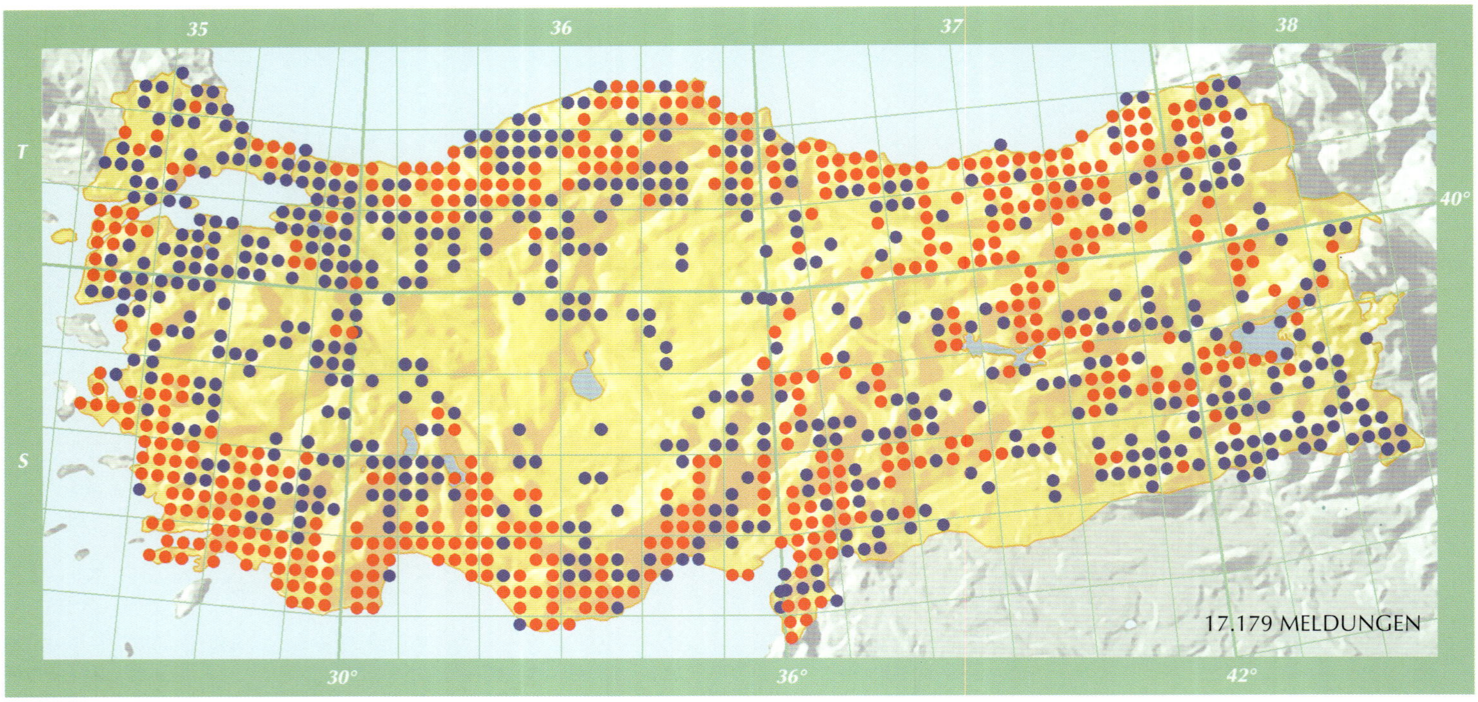

Verbreitungsübersicht im UTM-20 km Rasterfeld im Zeitraum 1700 - 1997 (alle Nachweise) (Stand Mitte 1998)

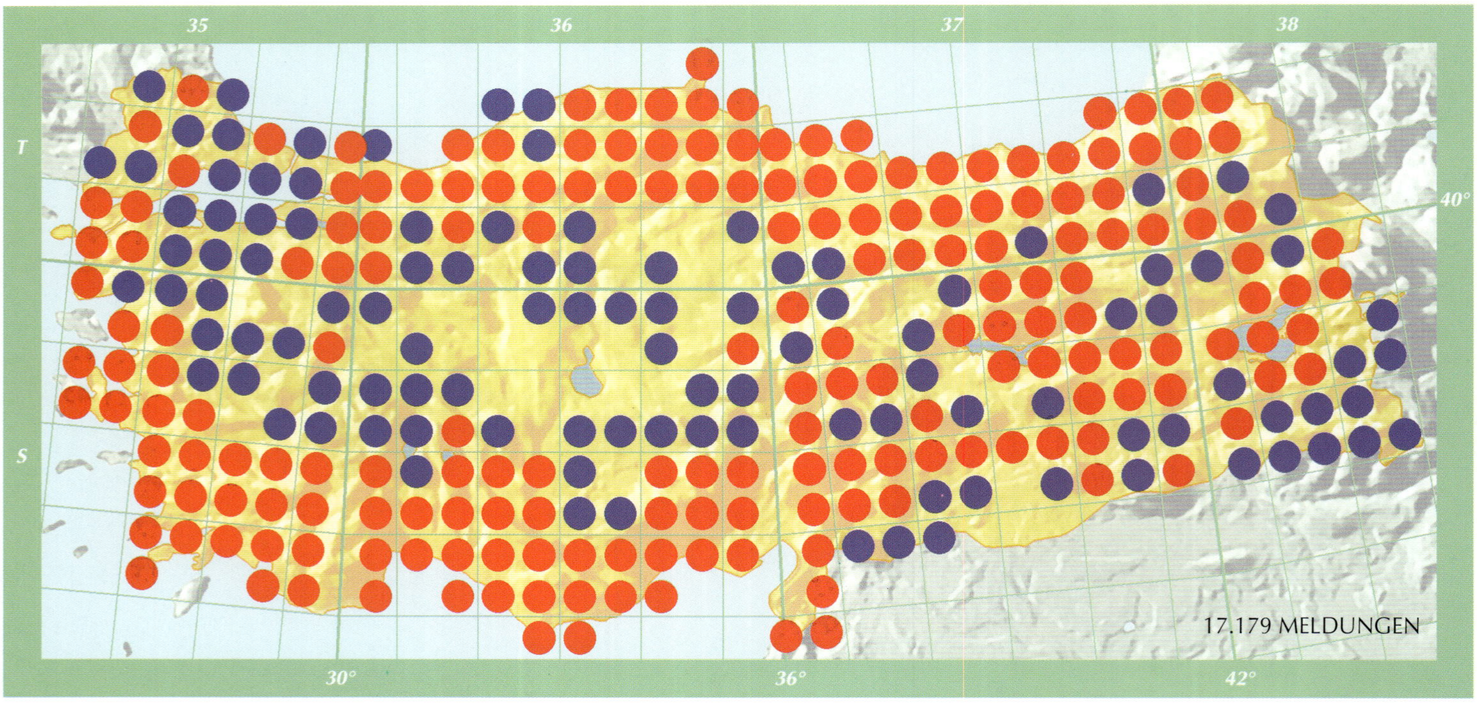

Verbreitungsübersicht im UTM-50 km Rasterfeld im Zeitraum 1700 - 1997 (alle Nachweise) (Stand Mitte 1998)

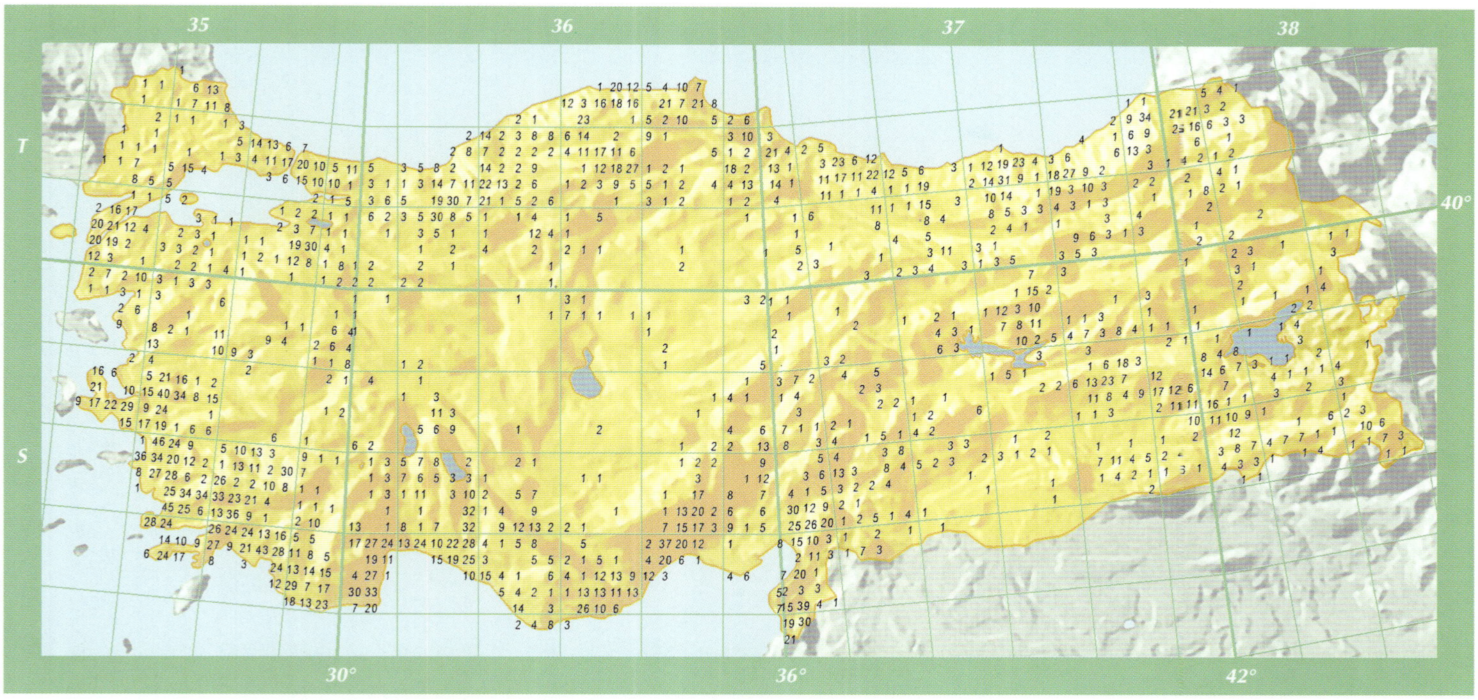

Übersichtskarte mit den Artenzahlen im UTM-20 km Rasterfeld im Zeitraum 1700 - 1997 (alle Nachweise) (Stand Mitte 1998)

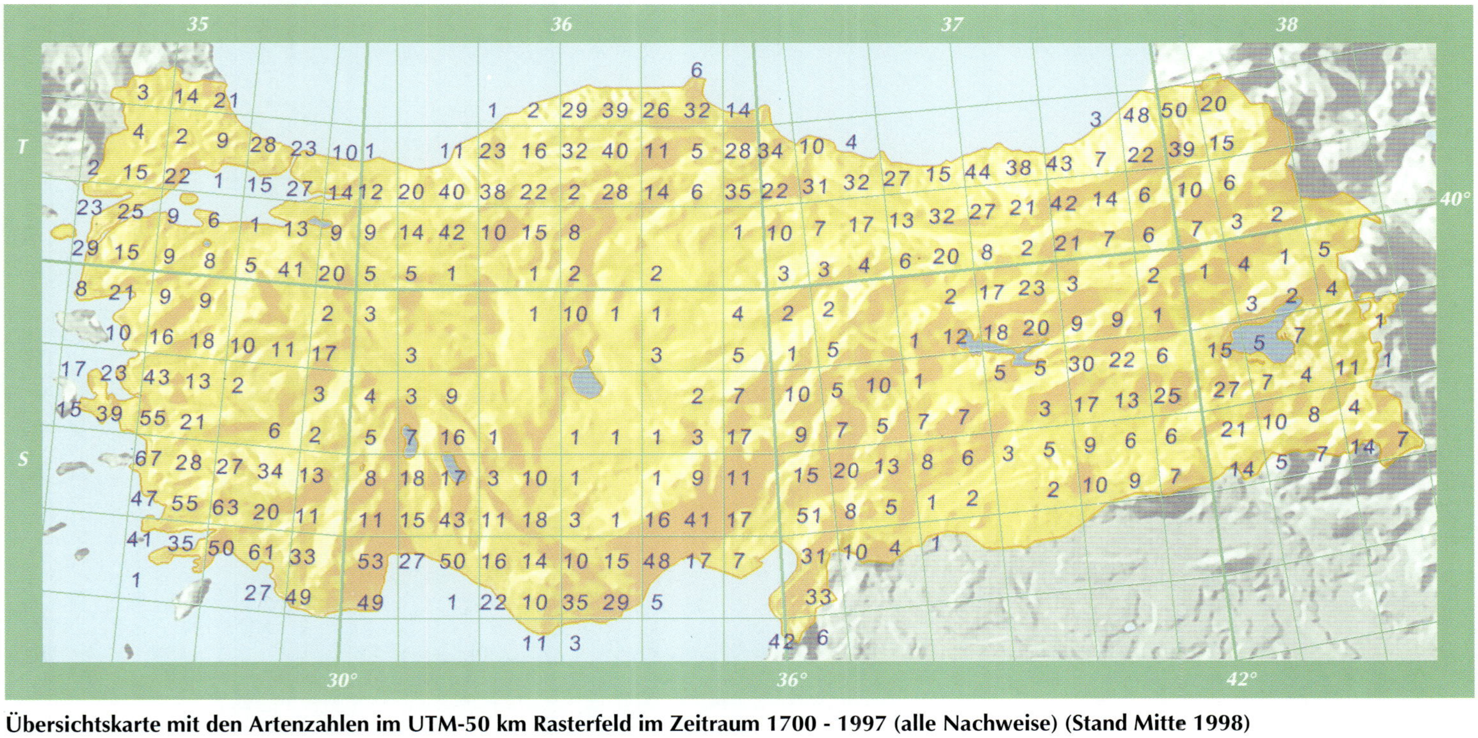

Übersichtskarte mit den Artenzahlen im UTM-50 km Rasterfeld im Zeitraum 1700 - 1997 (alle Nachweise) (Stand Mitte 1998)

Aus diesen Übersichtskarten geht deutlich hervor, wie sehr der Kenntnisstand über die Verbreitung der Orchideen in der Türkei in den letzten Jahren vertieft wurde.

Nemrut Dağı bei Kahta (Adıyaman), 13.5.1988, C. A. J. Kreutz

SPEZIELLER TEIL

Taxonomie und Nomenklatur, sowie problematische Sippen

In der Türkei ist eine zweifelsfreie Zuordnung vieler Orchideen, insbesondere der aus der Gattung *Ophrys* sehr problematisch. So klar wie die Arten dieser Gattung beispielsweise auf Zypern abgegrenzt sind und kaum Schwierigkeiten bei der Bestimmung bereiten, so problematisch sind sie in der Türkei einzuordnen. Um hier alle fraglichen Sippen taxonomisch einwandfrei bewerten zu können, müßten wahrscheinlich noch 50 weitere Arten beschrieben werden. Bei der Beschreibung neuer Arten sollte allerdings äußerste Zurückhaltung geboten sein. In letzter Zeit sind nämlich so viele Arten neu beschrieben worden, daß selbst für einen guten Orchideenkenner eine klare Orientierung kaum mehr möglich ist. Als Beispiel sei hier Frankreich erwähnt, wo ab 1980 aus Zentral- und Südfrankreich und Korsika eine fast schon unübersichtlich große Anzahl neuer Arten bekannt geworden ist. Wäre die Türkei hinsichtlich der Orchideen so gut durchforscht wie Frankreich und würden bei der Beschreibung der Arten ähnliche Maßstäbe angelegt wie dort, müßte vermutlich die Zahl der hier vorkommenden Orchideenarten mit über 200 angenommen werden.
Zu Fragen der Artabgrenzung können aber unterschiedliche Positionen bezogen werden ohne daß man erwarten kann, unter allen Experten akzeptiert zu werden. Letztlich können nur neue Daten und Fakten die eine oder andere taxonomische und nomenklatorische Anschauung bestätigen.

In letzter Zeit wurden auch für die Türkei einige Arten neu nachgewiesen, nämlich *Ophrys bucephala, Ophrys calypsus, Ophrys homeri, Ophrys lapethica, Ophrys lesbis, Ophrys minoa, Ophrys minutula, Ophrys phryganae* und *Orchis elegans*, sowie sieben neue *Ophrys*-Arten aus dem *Ophrys fusca*-Formenkreis (*Ophrys attaviria, Ophrys blitopertha, Ophrys cinereophila, Ophrys fusca, Ophrys leucadica* und *Ophrys sitiaca*; siehe auch Rückbrodt, 1996). Im Jahre 1997 wurden neu beschrieben: *Dactylorhiza ilgazica, Epipactis turcica, Himantoglossum montis-tauri, Ophrys hygrophila* und *Ophrys labiosa* (Kreutz, 1997ac), *Ophrys hittitica* und *Ophrys ziyaretiana* (Kreutz & Peter, 1997); 1998 *Ophrys karadenizensis* (Schönfelder & Schönfelder, 1998), *Ophrys climacis* (Heimeier & Perschke, 1998) und *Ophrys antalyensis* (Siehe Seite 752). *Ophrys pseudomammosa, Ophrys sintenisii* und *Serapias politisii*, Arten die hauptsächlich eine ostägäische oder orientalische Verbreitung haben und bislang nur geringen taxonomischen Wert und Beachtung fanden, kommen auch in der Türkei vor und werden in diesem Buch ausführlich dargestellt.
Außerdem wurde versucht, möglichst viele taxonomische und nomenklatorische Fragen zu lösen. Manche Probleme, wie beispielsweise die Gliederung verschiedener Sippen aus dem *Ophrys fusca*-Komplex sind noch offen. Insbesondere Paulus & Gack versuchen hier nach wie vor sehr intensiv, vor allem über die Bestäuber zu einer befriedigenden Lösung zu kommen. Auch Rückbrodt (1996) hat sich eingehend mit der *Ophrys fusca*-Materie befaßt und viel zur Schaffung von mehr Klarheit in diesem Komplex beigetragen. Devillers & Devillers-Terschuren haben vorwiegend vom westlichen und mittleren Mittelmeergebiet mehrere neue, jedoch vielfach kaum voneinander unterscheidbare Arten aus dem *Ophrys fusca*-Kreis beschrieben.

In diesem Buch sind *Orchis coriophora, Orchis fragrans* und *Orchis sancta* als selbständige Arten der *Orchis coriophora*-Gruppe aufgeführt, obwohl hinsichtlich dieser Gruppe verschiedene taxonomische Auffassungen bestehen. Während manche Autoren *Orchis fragrans* in die Synonomie von *Orchis coriophora* stellen, behandeln Strack, Busch & Klein (1989) *Orchis coriophora, Orchis fragrans* und *Orchis sancta* als Arten der neuen Gattung *Anteriorchis*.
Während mehrerer Aufenthalte in der Türkei in den Jahren 1996/1997 wurde *Orchis coriophora* an mehreren höhergelegenen Standorten nachgewiesen. Sie unterscheidet sich unter anderem eindeutig von *Orchis fragrans* durch kleinere und dunkelbraun bis rotbraun gefärbte Blüten, einen robusten Habitus, einen dichten und reichblütigen Blütenstand und kommt zudem nur in Feucht- und Bergwiesen vor. Auch Delforge (1994) ist der Auffassung, daß *Orchis fragrans* eine eigene Art der *Ophrys coriophora*-Gruppe darstellt.

Die Gattung *Ophrys* ist auf das europäische und westasiatische Gebiet beschränkt. In der Türkei findet man Pflanzen dieser Gattung vor allem in den küstennahen Gebieten wie am Schwarzen Meer, in einem sehr breiten Streifen in der Ägäis, an den Südhängen des Taurusgebirges, und auch im Amanusgebirge. Die östlichsten Fundorte liegen in den westiranischen Gebirgen (Rückbrodt, 1976). Sie hat im östlichen Mediterrangebiet (Griechenland und der Türkei) einen Schwerpunkt in ihrer Entwicklung erfahren; mit größerer Entfernung vom Mittelmeer gegen die südöstliche Türkei ist aber eine rasche Abnahme der Artenzahl festzustellen. Die Grenze ihrer Verbreitung liegt dann im Zagrosgebirge des südwestlichen Irans und an der südöstlichen Flanke des Kaspischen Florengebietes (Renz, 1973).
Die gegenüber dem Mediterran-Klima deutlich niedrigen Wintertemperaturen, mit nordwärts zunehmenden Frosttagen beziehungsweise längerer Schneedeckung, sind eine natürliche Grenze für viele weit verbreitete mediterrane *Ophrys*-Arten, wie etwa *Ophrys sicula, Ophrys fusca* s.l., *Ophrys iricolor* und *Ophrys speculum*. Trotzdem finden sich in der südöstlichen Türkei noch erstaunlich reichhaltige *Ophrys*-Populationen, sofern diese Lebensräume nicht durch anthropogene Einflüsse (siehe Gefährdung und Schutz der türkischen Orchideen) teilweise bereits zerstört wurden. Die Standorte konzentrieren sich deshalb auf die meist buschartig entwickelten Formationen laubabwerfender Eichen, welche sich nur an besonders geschützten oder abgelegenen Stellen, sowie auf Friedhöfen zu waldartigen Inseln mit oft mächtigen Bäumen entwickeln konnten (Renz & Taubenheim, 1980b). Auch in Gebüschinseln in Getreideäckern, in denen zur Blütezeit der Orchideen keine Schafe oder Ziegen weiden, sowie in den Wiesen, die zur Heugewinning dienen (zum Beispiel bei Lice - Kulp) sind noch viele Standorte vorhanden.
Auffallend ist das Fehlen der Arten *Ophrys elegans* (Renz) H. Baumann & Künkele, *Ophrys flavomarginata* (Renz) H. Baumann & Künkele, *Ophrys kotschyi* H. Fleischmann & Soó und *Ophrys rhodia* (H. Baumann & Künkele) P. Delforge, Arten die in (Nord-) Zypern oder auf Rhodos ziemlich häufig vorkommen, für die Türkei aber bislang noch nicht nachgewiesen wurden.
Der Komplex von *Ophrys reinholdii, Ophrys straussii, Ophrys straussii* var. *leucotaenia* und *Ophrys antiochiana* lieferte die schwierigsten Artabgrenzungsprobleme der Türkei. Auch nach der Gesamtbearbeitung der türkischen Orchideenflora durch Renz & Taubenheim (1984) blieb die Abgrenzung und systematische Stellung, sowie das Verbreitungsgebiet dieser verschiedenen Sippen umstritten.
So hat Nelson (1962) *Ophrys straussii* als *Ophrys reinholdii* H. Fleischmann subsp. *straussii* (H. Fleischmann & Bornmüller) E. Nelson umkombiniert, wobei seine Abbildungen hauptsächlich Blüten von *Ophrys straussii* var. *leucotaenia* zeigen.
Renz (1978) bildet eine Pflanze von *Ophrys straussii* (*Ophrys reinholdii* subsp. *straussii*) aus den Iran ab, die in den Merkmalen mit den Pflanzen aus dem mittleren Süden der Türkei (Antalya bis Kahramanmaraş, Taurusgebirge) übereinstimmt. Sie wird in diesem Buch unter dem Namen *Ophrys straussii* geführt.

Ilgaz-Paß (Kastamonu), 11.8.1996, C. A. J. KREUTZ

In BAUMANN & KÜNKELE (1982a) ist eine typische *Ophrys straussii* (mit einem leichten Einfluß der Varietät *'leucotaenia'*) auf Seite 277 abgebildet, in deren Feldführer vom Jahre 1988 (BAUMANN & KÜNKELE, 1988a) wird auf Seite 106 links unten *Ophrys antiochiana* und auf Seite 108 links oben *Ophrys straussii* var. *leucotaenia* gezeigt. In beiden Feldführern wurde als Verbreitungsgebiet von *Ophrys straussii* das Gebiet südlich Antakya und der östliche Teil der Türkei sowie Nordirak und Westiran angegeben. In der taxonomischen Arbeit der Gattung *Ophrys* von BAUMANN & KÜNKELE (1986) wird auf Seite 653 mitte rechts eine typische *Ophrys antiochiana* gezeigt.
BUTTLER (1986) bildet auf Seite 189 mitte links und rechts *Ophrys straussii* var. *leucotaenia* ab; links unten auf der gleichen Seite *Ophrys straussii* und rechts unten *Ophrys antiochiana*.
DELFORGE (1994) bildet auf Seite 374 links und rechts unten *Ophrys straussii* ab und links oben *Ophrys antiochiana*.
Populationsstatistische Untersuchungen haben gezeigt, daß der Komplex von *Ophrys reinholdii* und *Ophrys straussii* sich in drei gut unterscheidbare Arten gliedert, nämlich: *Ophrys reinholdii* H. FLEISCHMANN, *Ophrys straussii* H. FLEISCHMANN & BORNMÜLLER und *Ophrys antiochiana* H. BAUMANN & KÜNKELE (pro hybr.). Dabei wurde festgestellt, daß sich die Areale der drei Arten kaum überschneiden. Nur im Gebiet westlich von Antalya (unter anderem bei Termessos) wurden gemeinsame Vorkommen von *Ophrys reinholdii* und *Ophrys straussii* gemeldet (RÜCKBRODT & HANSEN, 1992) und vom Verfasser an mehreren Stellen in dieser Umgebung nachgewiesen. In diesem Gebiet wurden auch Pflanzen beobachtet, die Merkmale beider Arten aufweisen. *Ophrys reinholdii* H. FLEISCHMANN subsp. *leucotaenia* RENZ & TAUBENHEIM ist nur eine auffällige Variante von *Ophrys straussii* und wurde deshalb bei *Ophrys straussii* eingeordnet: *Ophrys straussii* var. *leucotaenia* (RENZ & TAUBENHEIM) R. PETER (PETER, 1992). Während vieler Reisen in der Türkei hat sich bestätigt, daß die klare Abgrenzung der oben genannten Sippen durch PETER aufgrund seiner Untersuchungen (PETER, 1992, 1994) eindeutig gerechtfertigt ist. Alle diesbezüglichen taxonomischen und nomenklatorischen Änderungen wurden daher in diesem Buch übernommen.
Bei Belören (Konya) wächst auf einem Friedhof eine ziemlich große Population, die möglicherweise Übergangsformen zwischen *Ophrys reinholdii* und/oder *Ophrys straussii* var. *leucotaenia* und einer weiteren *Ophrys*-Art darstellt. Weitere Untersuchungen sind erforderlich um festzustellen, ob es sich hier um eine durch Hybridisierung entstandene Sippe handelt und diese möglicherweise eine Parallelentwicklung zu *Ophrys antiochiana* ist (PETER, 1992).
Zusammenfassend: *Ophrys straussii* kommt in der mittleren Südtürkei (Antalya bis Kahramanmaraş), sowie im Südosten der Türkei vor (sie fehlt im Gebiet südlich von Antakya); *Ophrys straussii* var. *leucotaenia* besiedelt fast das gleiche Areal wie *Ophrys straussii*, nämlich den mittleren Süden (Taurusgebirge bis Kahramanmaraş), kommt auch in Ostanatolien bei Silvan (Siirt) vor und hat ein isoliertes Vorkommen nördlich Tunceli. *Ophrys antiochiana* kommt, soweit jetzt bekannt, ausschließlich südlich Antakya (Hatay) vor, und typische *Ophrys reinholdii* wachsen nur in der Südwesttürkei.

Auch der Komplex *Ophrys bornmuelleri*, *Ophrys carduchorum*, *Ophrys levantina* und *Ophrys ziyaretiana* bereitet in der Türkei bei der Bestimmung Schwierigkeiten. Ferner gibt es zwischen diesen vier Arten viele Übergangs- und abweichende Populationen, deren Bestimmung viele Probleme bereitet. Hier sind sicher noch weitere Untersuchungen notwendig.
Während *Ophrys levantina* und *Ophrys bornmuelleri* in Israel und auf Zypern klar voneinander getrennt und zu unterscheiden sind, sind sie in der mittleren Südtürkei und in der Südosttürkei oft schwierig gegeneinander abzugrenzen. Außerdem sind die Pflanzen von *Ophrys bornmuelleri* in ihren Merkmalen nicht ganz mit denen aus Zypern zu vergleichen. Die Blüten sind sehr klein und die Perigonblätter sind meist rosa gefärbt. Die Typisierung von *Ophrys bornmuelleri* bereitet ohnehin erhebliche Schwierigkeiten, da der Typusbogen aus mehreren Pflanzen besteht, die verschiedene Merkmale zeigen.
Ophrys levantina kommt an mehreren Stellen in der Türkei vor, so bei Karatepe (Adana), im Friedhof bei Demircili (İçel) und nördlich Erdemli (İçel). Diese Pflanzen sind sehr typisch und stimmen mit denen von Zypern überein.
Südlich Antakya (Hatay), aber auch im Amanusgebirge wächst eine kleinblütige Form von *Ophrys levantina*, die als *Ophrys ziyaretiana* beschrieben wurde.
Ophrys carduchorum findet man im Osten der Türkei.

Viele Pflanzen aus dem Komplex *Ophrys candica, Ophrys calypsus, Ophrys episcopalis, Ophrys holoserica, Ophrys homeri, Ophrys heterochila* und *Ophrys minoa* sind gleichfalls schwierig einzuordnen. So ist *Ophrys candica* mit *Ophrys minoa* und *Ophrys holoserica* mit *Ophrys episcopalis* durch viele Übergangsformen verbunden. *Ophrys heterochila* ist eine ziemlich problematische Sippe, bei der vor allem die Lippenform und die Malzeichnung äußerst variabel gestaltet ist. Typische Merkmale sind ihre sehr frühe Blütezeit (blüht zusammen mit *Orchis syriaca* und *Ophrys ferrum-equinum*) und die Lippengröße (Länge etwa 7 bis 10 mm und Breite 10 bis 13,5 mm). In Ostanatolien, zum Beispiel in der Umgebung von Lice, wächst eine weitere Sippe mit kleineren Blüten. Sie zeigt einige Übereinstimmung mit *Ophrys carduchorum*, etwa bezüglich der Blütengröße, weicht aber unter anderem im Habitus deutlich ab (KREUTZ & PETER, 1997). Auch bereitet eine kleinblütige Variante von *Ophrys holoserica* aus dem Südosten der Türkei Bestimmungsprobleme. Diese Sippe wächst unter anderem im Gebiet um Lice/Kulp (Diyarbakır), sowie südlich Antakya (Hatay). *Ophrys calypsus* (HIRTH & SPAETH, 1994) und *Ophrys homeri* (HIRTH & SPAETH, 1997) wurden von einigen Ägäischen Inseln beschrieben. Inzwischen wurden beide Arten auch im westlichen Teil der Türkei nachgewiesen. Beide Arten sind meist schwierig zu identifizieren, weil sie Merkmale von *Ophrys candica, Ophrys minoa, Ophrys holoserica* und *Ophrys episcopalis* aufweisen.

Auch der Komplex von *Ophrys oestrifera* (*Ophrys cornuta*), *Ophrys bremifera* und *Ophrys lapethica*, sowie die neu beschriebenen Arten *Ophrys hygrophila* und *Ophrys karadenizensis*, bereiten in der Türkei machmal Probleme, weil sie oft schwierig von einander zu unterscheiden sind. Außerdem ist über die Verbreitung dieser Arten in der Türkei noch zu wenig bekannt. Dadurch sind einzelne Pflanzen oft nur schwer einer der Sippen zuzuordnen. Hinzu kommt, daß diese beiden Arten durch zahlreiche fließende Übergänge miteinander verbunden sind.
So gibt es beispielsweise nördlich von Akseki (Antalya) große Vorkommen einer Sippe mit etwas kleineren Blüten, die fast mit unseren mitteleuropäischen *Ophrys scolopax* übereinstimmen und lediglich in einigen, aber wichtigen Merkmalen von ihr abweichen. Außerdem hat sie eine eigenständige Ökologie. Sie wurde im vorliegenden Buch als *Ophrys hygrophila* besprochen und von Gügel, Kreutz & Rückbrodt (Kreutz 1997c) beschrieben. Darüberhinaus wurde von Schönfelder & Schönfelder (1998) eine weitere Art aus diesem Komplex beschrieben, nämlich *Ophrys karadenizensis*, die sich vor allem durch ihre langen Petalen, die kurzen Seitenlappenhöcker, die schmalen, dunklen Lippen sowie ihre Vielblütigkeit unterscheidet.
Paulus & Gack (1990a) unterscheiden zwei Varianten von *Ophrys oestrifera*, nämlich eine kleinblütige und frühblühende Sippe, die vor allem auf der Peloponnes (Griechenland) vorkommt und eine großblütige und spätblühende Variante, die hauptsächlich in Nordgriechenland vorkommt. Oft kommen diese beiden früh- und spätblühenden Varianten aber auch im gleichen Gebiet vor. Auch in der Türkei kommen beide Sippen gemeinsam vor. Während vorwiegend im Süden des Landes meist als *Ophrys oestrifera* bezeichnete kleinblütige Pflanzen auftreten, ist entlang der Schwarzmeerküste zumeist die großblütige Sippe zu finden. Nachdem beide Sippen auch zahlreiche schwer zu bestimmende Übergangspopulationen bilden, werden sie in diesem Buch einheitlich unter der Bezeichnung *Ophrys oestrifera* geführt, weil die überwiegende Zahl der Populationen von der Schwarzmeerküste bis weit in das Landesinnere typischen *Ophrys oestrifera* entspricht. Diese Pflanzen zeigen große Übereinstimmung (unter anderem Lippengröße und -färbung) mit den entsprechenden Pflanzen in Nordgriechenland. Pflanzen mit kleineren Blüten und stumpfen Höckern (die manchmal etwas verlängert oder nur noch als Ansatzstelle erkennbar sind) wurden als *Ophrys bremifera* bestimmt. Dieser Eingliederung wurde auch von Baumann & Künkele (1982ab, 1988a), Buttler (1986) und Delforge (1994) gefolgt. Weitere Untersuchungen sind erforderlich, um den endgültigen Status beider Arten zu klären.
Von *Ophrys lapethica* sind wenige Funde aus der Türkei bekannt, nämlich nördlich von Manavgat (Antalya) und bei Antakya (Hatay). Ob es sich hier um typische Pflanzen dieser Art handelt, ist schwierig festzustellen, es könnte sich auch um Hybriden oder Übergangsformen mit anderen *Ophrys*-Arten (mit *Ophrys oestrifera* oder *Ophrys bremifera*) handeln. Nach Reinhard (briefl. Mittlg., 1996) sind die Pflanzen von Rückbrodts anhand von Bildmaterial von Antakya eindeutig zu *Ophrys lapethica* zu stellen.

In der Türkei wurden an einigen Standorten *Ophrys*-Pflanzen gefunden, die schwer den geläufigen Arten zuzuordnen sind. Möglicherweise handelt es sich hier um Hybriden oder um neue hybridogen entstandene Ophrys-Sippen. Zwei wichtige Sippen werden hier kurz beschrieben.

Ophrys reinholdii x *Ophrys straussii* var. *leucotaenia*? "Sippe Belören"

Auf einem Friedhof bei Belören (Yeniköy, Konya) wächst eine ziemlich große und variabele *Ophrys*-Population in einem Wald aus laubwerfenden Eichen. Auffällig sind die meist langen Sepalen, die kleine Lippe, sowie der starke Farbkontrast zwischen den weißlich, rosa oder purpurn gefärbten Perigonblättern und der schwarzen bis purpurnen Lippe. Das Mal ist vielfach auf zwei Punkte

"Sippe Belören", Belören (Konya), 19.5.1995, C. A. J. Kreutz

"Sippe Belören", Belören (Konya), 19.5.1995, C. A. J. Kreutz

"Sippe Belören", Belören (Konya), 19.5.1995, C. A. J. Kreutz

"Sippe Belören", Belören (Konya), 19.5.1995, C. A. J. KREUTZ

"Sippe Belören", Belören (Konya), 19.5.1995, C. A. J. KREUTZ

"Sippe Belören", Belören (Konya), 19.5.1995, C. A. J. KREUTZ

"Sippe Belören", Belören (Konya), 19.5.1995, C. A. J. KREUTZ

reduziert, Lippe und Säule zeigen Ähnlichkeiten zu *Ophrys straussii* und *Ophrys antiochiana* (PETER, 1992). Weitere Untersuchungen sind erforderlich um festzustellen ob diese Population eine Parallentwicklung zu *Ophrys antiochiana*, d.h. eine durch Hybridisierung entstandene Sippe mit Beteiligung von *Ophrys straussii* und/oder *Ophrys reinholdii* und einer weiteren *Ophrys*-Art ist.
Die Population auf dem Friedhof ist sehr gefährdet. Die Pflanzen sind vor allem an schattige Regionen gebunden und wachsen dort an mäßig feuchten Stellen im Eichenwald. Leider war der Eichenwald 1995 zum größten Teil gerodet und voraussichtlich wird er in den nächsten Jahren ganz verschwunden sein. Dadurch werden die Pflanzen vermutlich aussterben. In der weiteren Umgebung hat diese Sippe keine Überlebenschance, da fast das ganze Gebiet aus Äckern besteht und die Wiesen besonders stark überweidet werden.

Ophrys amanensis x *Ophrys transhyrcana*? "Sippe Soğuçak"

Auf dem Friedhof in Soğuçak, an der Strecke Mersin - Gözne - Arslanköy, und bei Yeniköy (İçel) kommt eine sehr variable *Ophrys*-Population vor. Diese Pflanzen, die gleichzeitig mit *Ophrys episcopalis* zur Blüte kommen, wurden in den Fundlisten (KREUTZ 1988; PETER 1989; HERTEL 1995 und anderen) jeweils verschiedenen Arten zugewiesen, wie *Ophrys mammosa*, *Ophrys transhyrcana*, *Ophrys amanensis* oder *Ophrys caucasica* oder als Übergangsform zwischen diesen Arten betrachtet. Zurückzuführen ist diese Beurteilung vermutlich auf die bei der Beschreibung der Art angeführten Ähnlichkeiten mit anderen Arten. So weist z.B. DELFORGE (1994) auf die Verwechslungsmöglichkeit mit *Ophrys spruneri* und *Ophrys mammosa* hin, wobei er zusätzlich anmerkt, daß die Berührungspunkte mit *Ophrys mammosa*, *Ophrys sintenisii* und vielleicht *Ophrys transhyrcana* nicht ausreichend untersucht sind. Zudem sind zum Beispiel bei NELSON (1962, Tafel XXI) und LANDWEHR (1977) Zeichnungen von *Ophrys amanensis* abgebildet, die große Ähnlichkeiten mit *Ophrys transhyrcana* aufweisen.
In Kenntnis der zur Zeit als typisch angesehenen Population von *Ophrys amanensis* auf dem Standort bei Gözne (İçel), die oberflächlich betrachtet stark an *Ophrys spruneri* erinnert, haben GÜGEL & ZAISS (Fundliste 1995) die Population in Soğuçak zu *Ophrys transhyrcana* gestellt. WAGNER (Fundliste 1996) differenzierte mit Fragezeichen wegen der unterschiedlichsten Erscheinungsformen der Pflanzen so:

- *Ophrys amanensis* (Exemplare entsprechend der Abbildung bei DELFORGE, 1994; lediglich eine Pflanze!)
- *Ophrys mammosa* (Exemplare mit ausgebreiteter, ungeteilter Lippe und sehr kurzem Konnektivfortsatz; viele Pflanzen)
- *Ophrys transhyrcana* (Exemplare mit dreilappigem, konvexem Mittellappen und langem Konnektivfortsatz; viele Pflanzen).

Im Jahre 1997 wurde diese Sippe an einem weiteren Standort in der Umgebung von Soğuçak gefunden, nämlich südlich von Yeniköy (İçel). In einem lockeren Kiefernwald mit feuchten Stellen, der zur Zeit leider als Picknickplatz genutzt wird, blühen Ende Mai viele kräftige Exemplare. Die Pflanzen an diesem Standort stimmen völlig mit denen im Friedhof von Soğuçak überein. Weil die Pflanzen an beiden Standorten so extrem spät blühen, meist erst Anfang Juni, und in gewissen Merkmalen mit *Ophrys caucasica* aus der Nordtürkei übereinstimmen, haben KREUTZ & PETER (1997) einen statistischen Vergleich vorgenommen, wobei sich die Sippendifferenz als überraschend klein herausgestellt hat. Die Blüten dieser Pflanzen sind klein bis mittelgroß, die Lippe ist dunkel- bis schwarzbraun gefärbt, oft ganzrandig aber auch deutlich dreilappig und der Konnektivfortsatz ist kurz bis sehr lang. Nach weiteren eingehenden Untersuchungen der Population gehören die betreffenden Pflanzen nach KREUTZ & PETER (1997) weder zu *Ophrys transhyrcana* noch zu *Ophrys mammosa* und

"Sippe Soğuçak", Soğuçak (İçel), 10.5.1988, C. A. J. KREUTZ

"Sippe Soğuçak", Soğuçak (İçel), 10.5.1988, C. A. J. KREUTZ

"Sippe Soğuçak", Yeniköy (İçel), 21.5.1997, C. A. J. Kreutz

"Sippe Soğuçak", Soğuçak (İçel), 10.5.1988, C. A. J. Kreutz

"Sippe Soğuçak", Yeniköy (İçel), 21.5.1997, C. A. J. Kreutz

"Sippe Soğuçak", Soğuçak (İçel), 21.5.1995, C. A. J. Kreutz

auch nicht zu *Ophrys amanensis*. Sie kommen zu dem Ergebnis, daß es sich hier wahrscheinlich um eine Übergangspopulation zwischen der im Süden der Türkei vorkommenden *Ophrys transhyrcana* und der *Ophrys caucasica* aus dem Nordosten der Türkei handelt. Allerdings kann nicht ausgeschlossen werden, daß *Ophrys amanensis* statt *Ophrys caucasica* beteiligt ist, wobei außerdem *Ophrys amanensis* im Süden der Türkei, unweit der beiden Standorte Yeniköy und Soğuçak, vorkommt.

Der Ophrys fusca-Komplex

Der *Ophrys fusca*-Komplex ist bis jetzt nur unvollständig und unbefriedigend 'enträtselt'. Zwar liegen inzwischen zahlreiche Untersuchungsergebnisse über die Bestäubungs-Biologie innerhalb der Gattung *Ophrys*, insbesondere des Formenkreises von *Ophrys fusca*, vor (Paulus, 1988, 1998; Paulus & Gack, 1980, 1981, 1983, 1986, 1990abcd, 1992, 1994, 1995; Paulus & Alibertis, 1990), doch ist es trotz wortreicher Beschreibungen, insbesondere etwa durch Devillers & Devillers-Terschuren (1994), nicht gelungen, bis heute eine brauchbare, feldtaugliche, adäquate morphologische Differentialdiagnose zu geben. Die oft kaum unterscheidbaren Abbildungen der zahlreichen alten und neuen Taxa des aufgesplitterten Komplexes helfen auch nicht immer weiter (Gölz & Reinhard, 1995).
Die Verhältnisse im Komplex von *Ophrys fusca* sind für viele Gebiete vielfach noch ungeklärt. Eine natürliche Ordnung in die große Vielfalt dieser Gruppe zu bringen ist schwierig, weil die Unterschiede zwischen den einzelnen Taxa auf nur wenigen Merkmalen beruhen (ähnlich wie zum Beispiel bei der Gattung *Serapias*). Die Bestäuber spielen eine sehr große Rolle nach dem Biospezies-Konzept, sie sind aber nur schwer zu beobachten und zu bestimmen. Die alten Beschreibungen sind oft sehr mangel-

haft und eine nachträgliche Identifikation ist oftmals kaum möglich. Außerdem ist eine genaue Zuordnung von Herbarmaterial oftmals sehr problematisch, weil oft mehrere Arten sympatrisch sind (im gleichen Gebiet vorkommend) und sich hauptsächlich durch unterschiedliche Blütezeiten und weniger deutlich durch morphologische Merkmale unterscheiden lassen.

Nach Delforge (1994) kommt *Ophrys fusca* nicht in der Türkei vor, sondern die nahe verwandten Arten *Ophrys attaviria*, *Ophrys bilunulata* Risso und *Ophrys funerea* Viviani. Nach D. & U. Rückbrodt (1996) kommen in der Türkei neun Arten/Sippen aus dem Komplex *Ophrys fusca* vor. Es sind: *Ophrys iricolor* (westliche Türkei und Provinz Hatay), *Ophrys israelitica* (Antalya, Adana, Hatay und İçel), *Ophrys omegaifera* (Antalya und Muğla), *Ophrys sitiaca* (Südwesttürkei), *Ophrys attaviria* (Muğla und Antalya), *Ophrys phaseliana* (Antalya), *Ophrys cinereophila* (Antalya, Aydın und Muğla), *Ophrys leucadica* (Antalya, Aydın und Muğla) und *Ophrys blitopertha* (Aydın, İzmir und Muğla). Im Nordwesten der Türkei (vor allem im europäischen Teil und in der Provinz Çanakkale) kommt noch eine weitere Art aus dem *Ophrys fusca*-Komplex vor, die die von Link im Jahre 1800 beschriebene *Ophrys fusca* darstellt.

Paulus & Gack (u.a. 1981, 1983, 1986, 1990abc, 1995) und Paulus (1998) haben in verschiedenen Studien und durch viele Bestäubungsuntersuchungen gezeigt, daß die als *Ophrys fusca* bezeichnete Sippe aus einem Konglomerat von vielen, durch jeweils spezifische Bestäuber reproduktiv isolierten und daher eigenständigen Arten besteht. Bezüglich der Nomenklatur der *Ophrys fusca*-Sippen muß darauf hingewiesen werden, daß die Bestäubernamen lange Zeit als Präfix vor *Ophrys fusca* der zahlreichen in der Synonymie befindlichen Namen lediglich nur Kennzeichnungen und keine gültigen Namen waren. Bei einer Angabe wie zum Beispiel bei *Ophrys* 'cinereophila-*fusca*' handelte es sich also um einen Arbeitsnamen und nicht um eine gültige Benennung. Paulus (1998) hat inzwischen die mit Arbeitsnamen belegten Sippen *Ophrys* 'cinereophila-*fusca*' und *Ophrys* 'Blitopertha-*fusca*' als *Ophrys cinereophila* und *Ophrys blitopertha* neu beschrieben. *Ophrys* 'flavipes-*fusca*' wurde dabei in die Synonymie von *Ophrys leucadica* gestellt. *Ophrys leucadica* wurde von Renz 1928 als vermeintliche Hybride zwischen einer Form von *Ophrys lutea* s. l. und *Ophrys fusca* s. l. aus Korfu, Leukas, Kephallinia und Zante beschrieben. In diesem Buch wurden diese drei neuen Namen bereits verwendet. Ansonsten werden die taxonomischen und nomenklatorischen Eingliederungen von Paulus & Gack (1990abc, 1995) und von D. & U. Rückbrodt (1996) beibehalten.

Delforge vertritt allerdings die Meinung, daß die westliche *Ophrys* 'flavipes-*fusca*' (= *Ophrys leucadica* Renz pro hybr.) *Ophrys bilunulata* Risso heißen soll. Nach Überprüfung der Risso'schen Originalbeschreibung durch Paulus (briefl. Mittlg., 1996) ist dies jedoch falsch. Risso beschreibt aus der Umgebung von Nizza ausdrücklich eine sehr kleinblütige Form mit weit nach unten geschlagenen Lippenseitenrändern. Dies alles trifft auf *Ophrys leucadica* nicht zu. Diese Sippe wurde von den früheren Autoren (zum Beispiel Barla 1868, Camus *et al.*, 1908) stets als *Ophrys funerea* (oder *Ophrys fusca* subsp. *funerea*) bezeichnet. Die kleinblütige *Ophrys funerea* ist aber eine gut abgrenzbare eigene Art, die nur auf Korsika und Sardinien vorkommt (Paulus & Gack, 1995).

Alle Angaben aus dem *Ophrys fusca*-Formenkreis, die bis heute nicht mit Sicherheit zu den Arten *Ophrys attaviria*, *Ophrys blitopertha*, *Ophrys cinereophila*, *Ophrys fusca*, *Ophrys iricolor*, *Ophrys israelitica*, *Ophrys leucadica*, *Ophrys omegaifera*, *Ophrys phaseliana* oder *Ophrys sitiaca* gestellt werden konnten, wurden bis Ergebnisse weiterer Untersuchungen vorliegen, in einer separaten Verbreitungskarte aufgenommen. Im vorliegenden Buch wurden diese Angaben unter *Ophrys fusca* s. l. aufgeführt.

Es ist bemerkenswert, daß auf der Halbinsel Çeşme so viele *Ophrys fusca*-Sippen vorkommen, nämlich *Ophrys attaviria*, *Ophrys blitopertha*, *Ophrys cinereophila*, *Ophrys iricolor* und *Ophrys sitiaca*.

***Ophrys iricolor*, Selçuk (İzmir), 3.4.1996,** C. A. J. Kreutz

***Ophrys omegaifera*, Karaova (Muğla), 4.4.1996,** C. A. J. Kreutz

Ophrys cinereophila, Çesme (İzmir), 31.3.1996, C. A. J. Kreutz

Ophrys fusca, Tayfur (Çanakkale), 26.4.1997, C. A. J. Kreutz

Ophrys attaviria, Yağcılar (İzmir), 2.4.1996, C. A. J. Kreutz

Ophrys israelitica, Harbiye (Hatay), 1.4.1997, C. A. J. Kreutz

Ophrys leucadica, Yatağan-Kavaklıdere (Muğla), 15.4.1997, C. A. J. Kreutz

Ophrys blitopertha, Güllük (Muğla), 5.4.1996, C. A. J. Kreutz

Ophrys phaseliana, Olympos (Antalya), 19.4.1997, C. A. J. Kreutz

Ophrys sitiaca, Kalkan (Antalya), 8.4.1996, C. A. J. Kreutz

Gattungsschlüssel, Bau von Orchideenblüten

Schlüssel zu den in der Türkei vorkommenden Orchideengattungen

1a Pflanze ohne grüne Laubblätter >> *2*
b Pflanze mit wenigstens einem grünen Laubblatt >> *5*

2a Blüten ohne Sporn >> *3*
b Blüten mit Sporn >> *4*

3a Blüten weißlich mit roter Zeichnung; Lippe an der Spitze abgerundet >> ***Corallorrhiza***
b Pflanze und Blüte bräunlich, ohne Zeichnung; Lippe 2-spaltig >> ***Neottia***

4a Pflanze < 25 cm hoch; Lippe und Sporn aufwärts gerichtet; Lippe dreilappig, Seitenlappen aufgerichtet >> ***Epipogium***
b Pflanze > 25 cm hoch; Lippe und Sporn abwärts gerichtet, Stengel violett >> ***Limodorum***

5a Pflanze mit 1 basalem, mehr oder weniger braunviolettem Laubblatt; Sporn an seinem Ende geteilt >> ***Steveniella***
b Pflanze mit mehr als einem Laubblatt; Sporn - wenn vorhanden - ungeteilt >> *6*

6a Im unteren Viertel des Stengels zwei (selten mehr) gegenständigen, abstehenden Laubblättern; Lippe zweispaltig >> ***Listera***
b Blätter anders angeordnet >> *7*

7a Lippe mit wenigstens 20 mm lang ausgezogenen Zipfeln >> *8*
b Lippenzipfel - wenn vorhanden - kürzer >> *9*

8a Lippe dreiteilig mit sehr langem, eingeschnittenem und oft geschraubtem Mittellappen >> ***Himantoglossum***
b Lippe mit 4 langen, fadenförmigen Zipfeln >> ***Comperia***

9a Lippe quer zur Länge in zwei ungleiche Abschnitte (Hypochil [basaler Teil] und Epichil [endstandiger Teil]) gegliedert >> *10*
b Lippe nicht über die Breite geteilt >> *12*

10a Hypochil mit aufgerichteten Seitenlappen, größtenteils im geschlossenen Perigonhelm verborgen. Epichil herabhängend, zungenförmig. Tragblätter auffällig geadert >> ***Serapias***
b Blüten anders >> *11*

11a Blüten abstehend bis hängend; Sepalen grünlich bis trübrotbraun; Hypochil schüsselförmig, innen dunkler, glänzend durch Nektar >> ***Epipactis***
b Blüten meist wenig geöffnet, aufgerichtet; Sepalen weiß oder hellrot; Epichil mit Längsleisten >> ***Cephalanthera***

12a Lippe samtartig behaart mit meistens auffälliger Malzeichnung, oft stark gewölbt und insektenähnlich >> ***Ophrys***
b Lippe anders >> *13*

13a Blüten weiß bis grün- oder gelblich; Lippe ungeteilt, zungenförmig, lang gespornt >> ***Platanthera***
b Lippe nicht zungenförmig >> *14*

14a Blütenstand kugelig; Sepalen mit verlängerten, keulenförmig verdickten Spitzen >> ***Traunsteinera***
b Sepalen nicht keulenförmig zugespitzt >> *15*

15a Lippe an der Basis mit 2 senkrechten Längsleisten; Blütenstand pyramiden- bis eiförmig >> ***Anacamptis***
b Lippenbasis ohne Längsleisten >> *16*

16a Blüten klein, weißlich, mehr oder weniger spiralig angeordnet oder einseitswendig >> *17*
b Blüten nicht spiralig oder einseitswendig angeordnet >> *18*

17a Laubblätter netzartig geadert; Blüten einseitswendig; Petalen und Sepalen an der Außenseite drüsig behaart >> ***Goodyera***
b Laubblätter parallelnervig; Blüten spiralig angeordnet, nicht drüsig behaart >> ***Spiranthes***

18a Sepalen und Petalen helmförmig zusammenneigend >> *19*
b Sepalen und Petalen abstehend >> *21*

19a Blütenlippe breit, Mittellappen geteilt, Pflanze sehr kräftig >> ***Barlia***
b Blütenlippe schlank >> *20*

20a Blütenlippe seicht 2-lappig mit einem kleinen Zähnchen zwischen den Lappen; Sporn sackförmig >> ***Coeloglossum***
b Blütenlippe 3-lappig, insgesamt 4-zipflig ('menschenförmig'); Sporn fehlt >> ***Aceras***

21a Blütenstand dichtblütig; seitliche Sepalen waagrecht abstehend; Sporn lang >> ***Gymnadenia***
b Seitliche Sepalen nicht waagrecht abstehend >> *22*

22a Laubblätter (manchmal violett) gefleckt; Blütenstand sehr dicht; Blüten sehr klein, weiß bis rosa, ohne Zeichnung, kurzgespornt, unauffällig >> ***Neotinea***
b Pflanzen und/oder Blüten anders, meist sehr auffällig >> *23*

23a Laubblätter oft in einer Rosette angeordnet, Blütenstand bis zum Aufblühen durch die Laubblätter umhüllt; Tragblätter häutig, meist kaum länger als die Fruchtknoten; Lippen oft 'menschenförmig' >> ***Orchis***
b Laubblätter meistens am Stengel verteilt, junger Blütenstand nicht durch Laubblätter umhüllt; Tragblätter kräutig, im unteren Teil des Blütenstandes meist beträchtlich länger als die Fruchtknoten und öfters violett überlaufen >> ***Dactylorhiza***

Blüte der Gattung *Aceras*

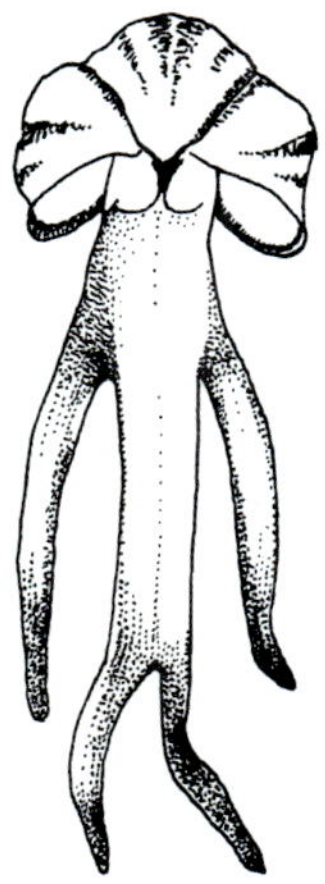

Blüte der Gattung *Anacamptis*

Blüte der Gattung *Barlia*

Blüte der Gattung *Cephalanthera*

Blüte der Gattung *Coeloglossum*

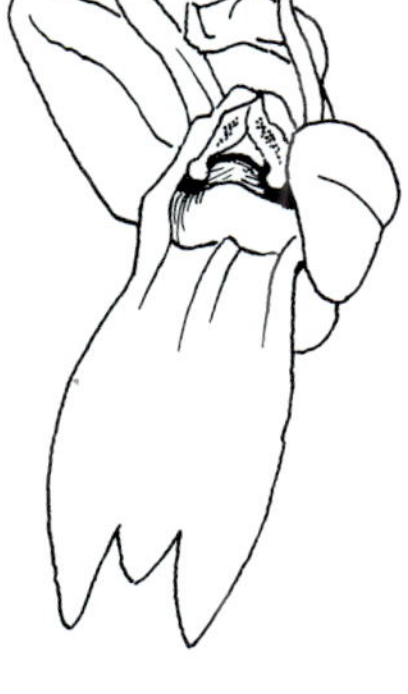

Blüte der Gattung *Comperia*

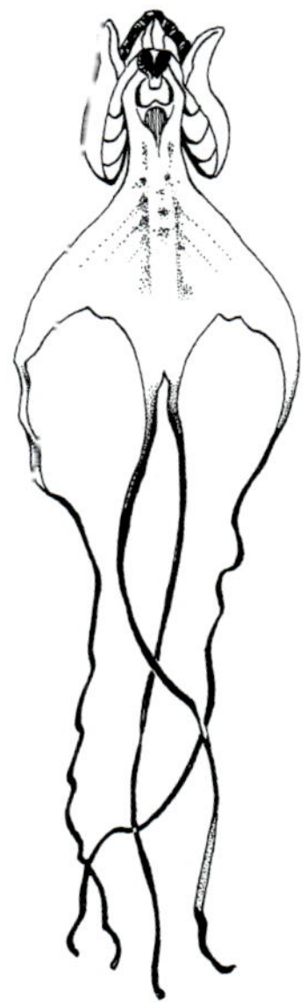

Blüte der Gattung *Corallorrhiza*

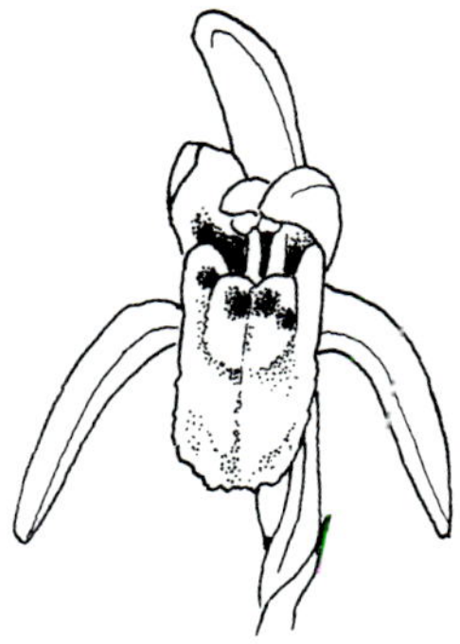

Blüte der Gattung *Dactylorhiza*

1 Tragblatt
2 Fruchtknoten
3 Mittleres Sepalblatt
4 Seitliche Sepalen
5 Petalen
6 Lippe
7 Mittellappen
8 Seitenlappen
9 Lippenzeichnung
10 Sporn
11 Narbe
12 Anthere
13 Sporneingang

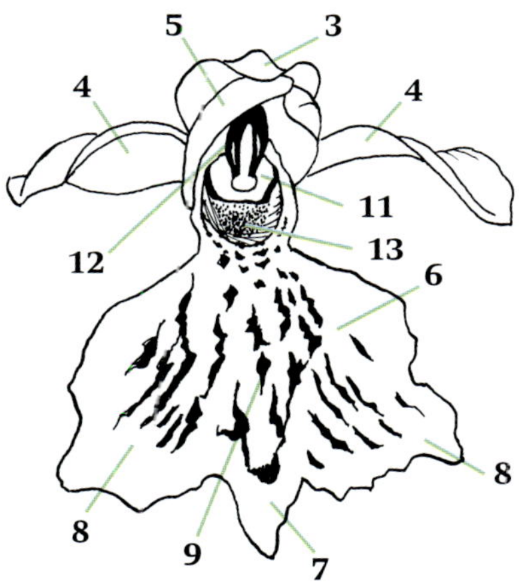

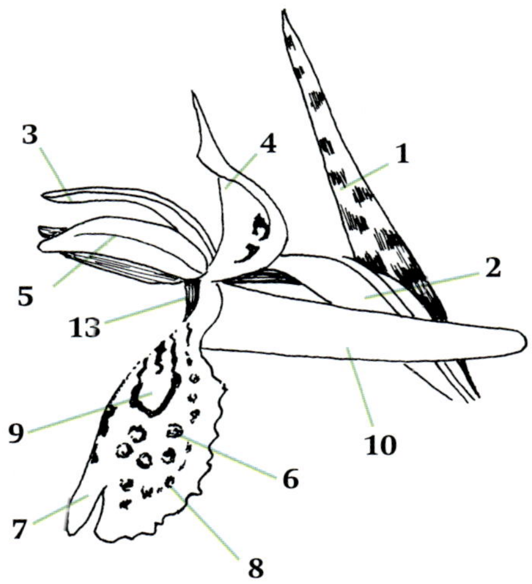

Blüte der Gattung *Epipactis*

1 Mittleres Sepalblatt
2 Seitliche Sepalen
3 Petalen
4 Anthere
5 Rostellum
6 Narbe
7 Hypochil
8 Epichil
9 Lippenhöcker

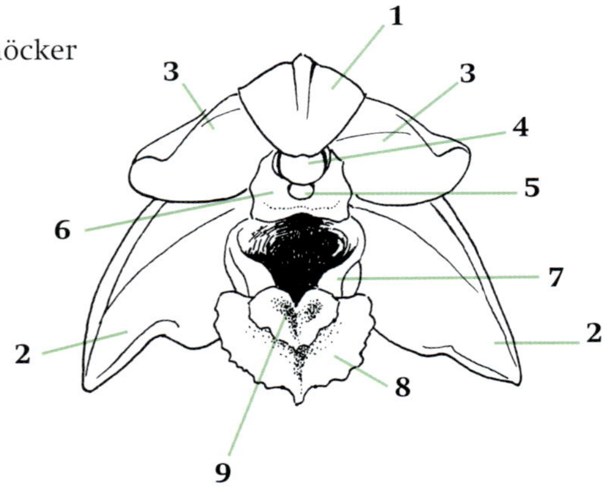

Blüte der Gattung *Epipogium*

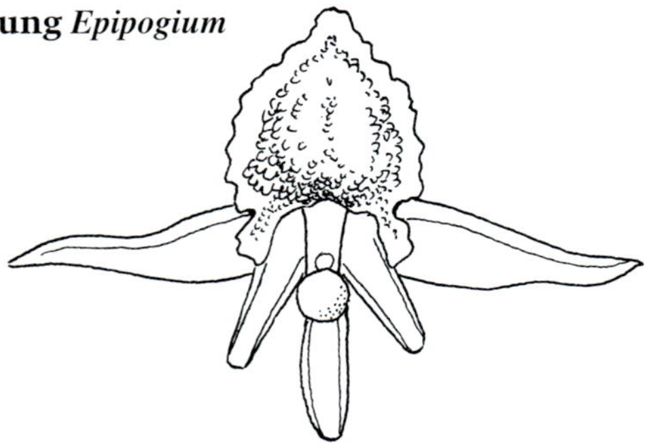

Blüte der Gattung *Goodyera*

Blüte der Gattung *Gymnadenia*

Blüte der Gattung *Himantoglossum*

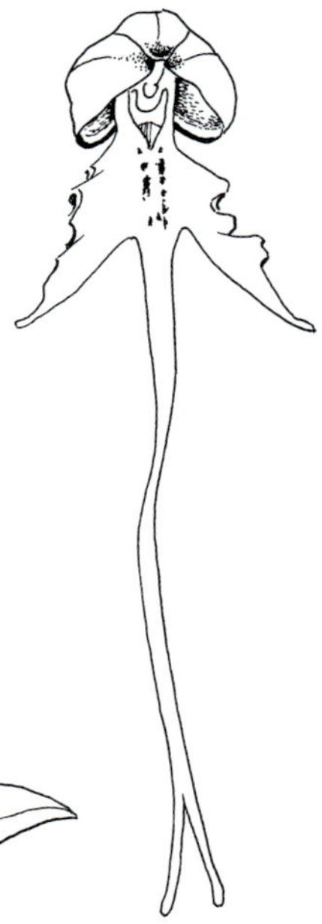

Blüte der Gattung *Limodorum*

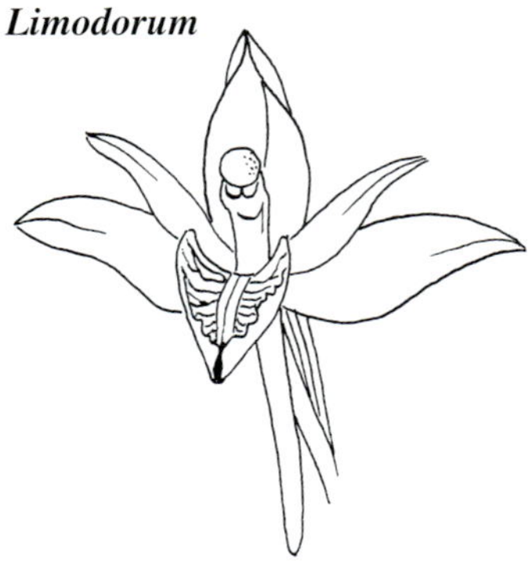

Blüte der Gattung *Listera*

Blüte der Gattung *Neotinea*

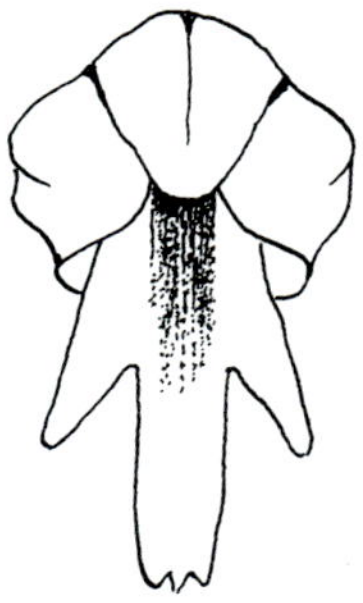

Blüte der Gattung *Neottia*

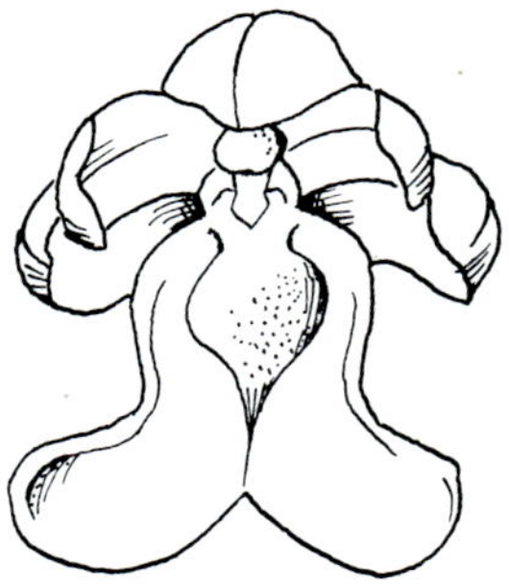

Blüte der Gattung *Ophrys*

1 Mittleres Sepalblatt
2 Seitliche Sepalen
3 Petalen
4 Säule
5 Konnektivfortsatz
6 Narbe
7 Basalfeld
8 Malzeichnung
9 Lippenhöcker
10 Seitenlappen
11 Mittellappen
12 Anhängsel
13 Anthere

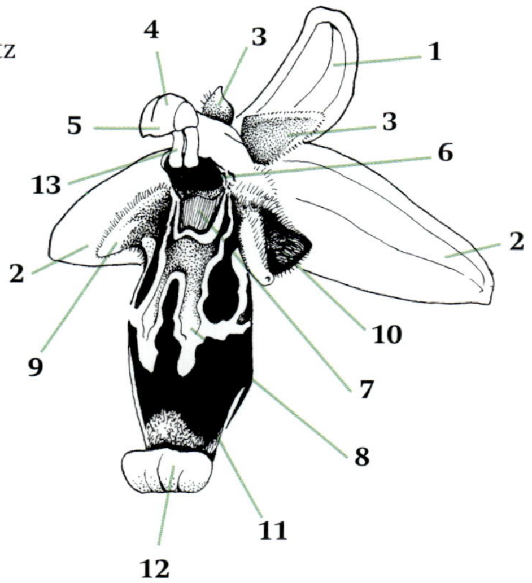

Blüte der Gattung *Serapias*

1 Tragblatt
2 Fruchtknoten
3 Perigonhelm (Sepalen und Petalen)
4 Hypochil
5 Epichil
6 Behaarung

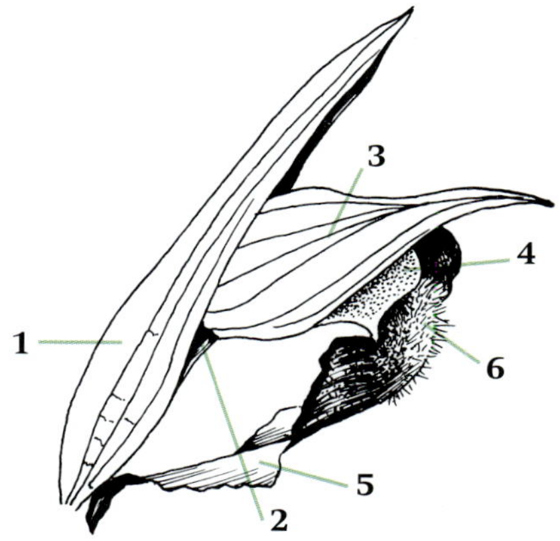

Blüte der Gattung *Orchis*

1 Tragblatt
2 Fruchtknoten
3 Mittleres Sepalblatt
4 Seitliche Sepalen
5 Petalen
6 Lippe
7 Lippenzeichnung
8 Seitenlappen
9 Mittellappen
10 Sporneingang
11 Sporn
12 Anthere
13 Narbe

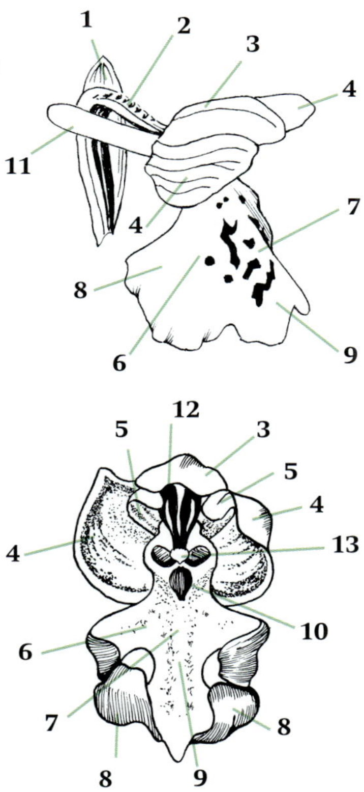

Blüte der Gattung *Spiranthes*

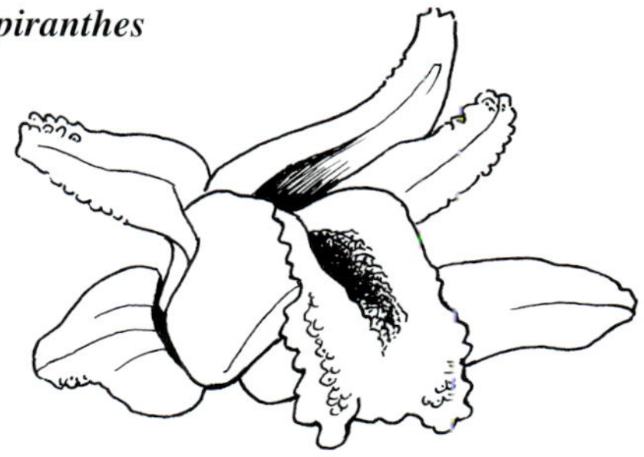

Blüte der Gattung *Steveniella*

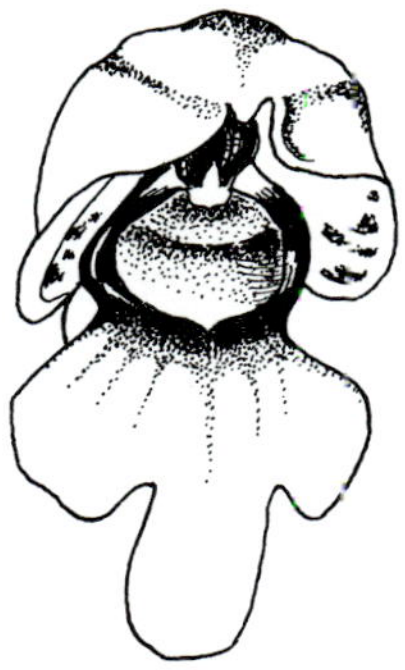

Blüte der Gattung *Platanthera*

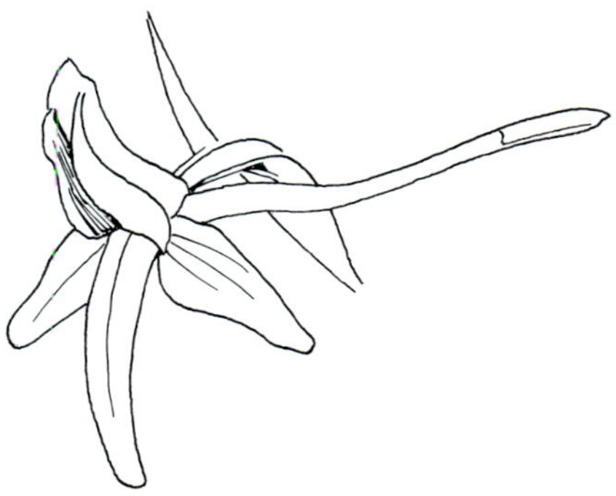

Blüte der Gattung *Traunsteinera*

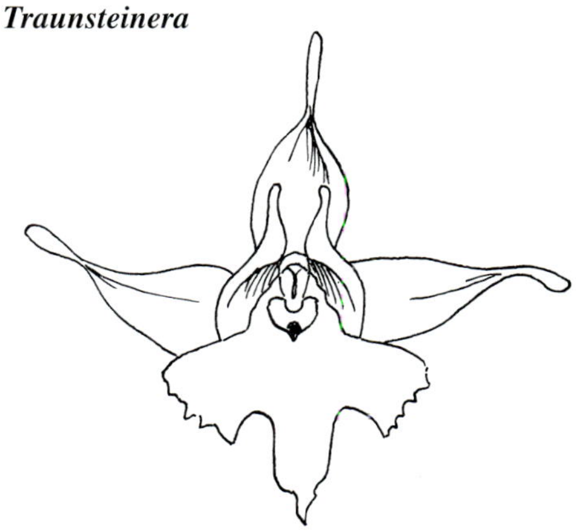

Pergamon bei Bergama (İzmir), 3.5.1988, C. A. J. KREUTZ

Ephesus bei Selçuk (İzmir), 4.5.1988, C. A. J. KREUTZ

Kritische Arten

(Orchideenarten, die früher irrtümlicherweise für die Türkei angegeben wurden, oder deren Vorkommen in der Türkei nicht ausgeschlossen werden kann)

Dactylorhiza cruenta

(O. F. MÜLLER) SOÓ
Blutrotes Knabenkraut
(Nom. Nov. Gen. *Dactylorhiza* 4, 1962)

BASIONYM
Orchis cruenta O. F. MÜLLER (Fl. Dan.: 876, 1782).
SYNONYME
Orchis incarnata L. subsp. *cruenta* (O. F. MÜLLER) ASCHERSON & GRÄBNER, *Dactylorhiza incarnata* L. subsp. *cruenta* (O. F. MÜLLER) P. D. SELL.

Das Verbreitungsgebiet von *Dactylorhiza cruenta* umfaßt hauptsächlich die Gebirge Mitteleuropas und Skandinaviens.
Aus der Türkei (Ostanatolien) sind im Laufe der Zeit verschiedene Funde dieser Art aus den Provinzen Erzincan, Erzurum und Van gemeldet worden (RENZ & TAUBENHEIM, 1984). Es hat sich jedoch herausgestellt, daß diese Funde mit Varianten von *Dactylorhiza umbrosa* mit beidseitig gefleckten Blättern übereinstimmen. Auch nach BAUMANN (1983a) sind diese ostanatolischen Pflanzen mit beidseitig gefleckten Laubblättern zu dieser Art zu stellen. Häufig werden diese Pflanzen mit ein- oder beidseitig gefleckten Laubblättern als *Dactylorhiza umbrosa* var. *chuhensis* bestimmt (siehe dazu die Beschreibung von *Dactylorhiza umbrosa*) (*Dactylorhiza chuhensis* RENZ & TAUBENHEIM; Synonym: *Dactylorhiza renzii* AVERYANOV). Sie sind selten und kommen zerstreut in Populationen mit ungefleckten Exemplaren von *Dactylorhiza umbrosa* vor.

1 Grödner Joch (Dolomiten), 20.7.1987, C. A. J. KREUTZ
2 Passo di Falzarego (Dolomiten), 26.7.1979, C. A. J. KREUTZ

Epipactis atrorubens

(G. F. HOFFMANN ex BERNHARDI) BESSER
Braunrote Stendelwurz
(Prim. Fl. Gall. 2: 220, 1809)

BASIONYM
Serapias latifolia atrorubens G. F. HOFFMANN (Deutschl. Fl. ed. 2, 2: 182, 1804).
SYNONYM
Epipactis rubiginosa (CRANTZ) W. KOCH, *Helleborine atropurpurea* (RAFINESQUE) SCHINZ & THELLUNG.

1

2

3

Mehrfach wurde die Art aus der Türkei gemeldet. Dort sind nämlich Pflanzen mit ausgesprochen bunten Blüten zu finden, vorwiegend mit hellrosa gefärbtem Perigon und breitovalen, weißlichen oder rötlichen Lippen mit ungewöhnlich starken Höckern. Diese und noch andere vermeintlich *Epipactis atrorubens*-typische Merkmale haben vermutlich dazu beigetragen, daß für Kleinasien zahlreiche Herbarstücke früherer Sammler vorliegen, die *Epipactis atrorubens* zugeordnet wurden. Genauere Untersuchungen haben damals ergeben, daß es sich bei diesen Belegen ausnahmslos um *Epipactis helleborine* handelt, obwohl einzelne Exemplare durch ihre runzelige Lippe, die rote Farbe und den behaarten Fruchtknoten *Epipactis atrorubens* ähneln (TAUBENHEIM, 1977; RENZ & TAUBENHEIM, 1984).
Auch NIESCHALK & NIESCHALK (1976) berichten von Pflanzen mit mehr oder weniger atypisch ausgebildeten Merkmalen, die einen *Epipactis atrorubens*-ähnlichen Habitus aufweisen, der zur Verwechslung beider Arten führen kann. Aber auch ihrer Auffassung nach kommt *Epipactis atrorubens* in der Türkei nicht vor. Nach weiteren eingehenden Untersuchungen wurden diese Pflanzen nunmehr als *Epipactis turcica* beschrieben (KREUTZ, 1997a).
Das große Areal von *Epipactis atrorubens* umfaßt vor allem den westlichen Teil Europas. Sie kommt aber nördlich bis Nordskandinavien und südlich bis zum nördlichsten Teil Griechenlands vor. Ostwärts bis Zentralsibirien, selten auch im Kaukasus (GROSSHEIM, 1940, 1949; AVERYANOV, 1995).

3 Nismes (Belgien), 16.7.1988, C. A. J. KREUTZ
4 Kayl (Luxemburg), 26.6.1988, C. A. J. KREUTZ

Epipactis troodi

H. LINDBERG fil.
Zyprische Stendelwurz
(Soc. Sci. Fenn., Arsbok. 20B (7): 5, 1942)

SYNONYME
Epipactis helleborine subsp. *troodi* (H. LINDBERG fil.) SUNDERMANN.

Epipactis troodi ist nach dem derzeitigen Kenntnisstand nur von Zypern bekannt. Sie hat gewisse Ähnlichkeit mit *Epipactis persica*, unterscheidet sich jedoch von dieser Art unter anderem durch ihre 2 bis 3 oval-lanzettlichen Laubblätter, die violett überlaufen sind, die größeren Dimensionen der Laubblätter und Brakteen, die weit geöffneten Blüten und ihre rotgrünen, mehr oder weniger rückwärts gebogenen Petalen. Außerdem ist das Hypochil von *Epipactis troodi* außen rötlich und das Epichil schmal-länglich-dreieckig, rot mit

einem grünen Mittelstreifen und mit zwei kleinen, glatten Höckern versehen (ROBATSCH, 1980b; RENZ & TAUBENHEIM, 1984).
ROBATSCH (1980b) schreibt, daß TAUBENHEIM (mündl. Mittlg.) *Epipactis troodi* 1976 in den Wäldern oberhalb von Kumluça in der Provinz Antalya gefunden habe, an diesem Standort von *Epipactis microphylla* und *Epipactis condensata* begleitet. RENZ & TAUBENHEIM (1984) erwähnen, daß die Pflanzen von Kumluça zwar gewisse Merkmale von *Epipactis troodi* aufweisen, vor allem in Form und Stellung der Laubblätter, aber doch deutlich durch ihre mattgrüne Farbe von ihr abweichen. Außerdem sind die Blütenteile mehr oder weniger zu *Epipactis persica* zu stellen. RENZ & TAUBENHEIM (1984) berichten von einer weiteren Pflanze bei Pozantı (Adana), die ebenfalls gewisse Merkmale von *Epipactis troodi* aufwies. Damit ist nicht eindeutich geklärt ob diese *Epipactis troodi*-ähnlichen Pflanzen im Amanusgebirge (Südtürkei) zu *Epipactis troodi* gehören.
Weil *Epipactis troodi* sicher sehr nahe verwandt mit *Epipactis persica* ist, sind Funde beider Arten an der türkischen Südküste nicht ausgeschlossen. Ob *Epipactis troodi* nicht letztlich sogar *Epipactis persica* zugeordnet werden muß, kann erst nach weiteren Studien über die Verbreitung der Arten im Areal von *Epipactis persica* entschieden werden (ROBATSCH, 1980b).

5 **Troodos (Zypern), 5.7.1991,** K. MORSCHEK

Ophrys argolica

H. FLEISCHMANN
Argolische Ragwurz
(Verh. Zool. Bot. Ges. Wien 69: 295, 1920 ('1919'))

SYNONYM
Ophrys ferrum-equinum subsp. *argolica* (H. FLEISCHMANN) SOÓ.

Das Areal von *Ophrys argolica* ist heute auf das Südgriechische Festland (endemische Art des Peloponnes und des Golfes von Korinth) beschränkt (BAUMANN & KÜNKELE, 1988a; DELFORGE, 1994).
Bis 1984 waren aus dem Aggregat von *Ophrys argolica* nur zwei Arten beschrieben worden, nämlich *Ophrys argolica* und *Ophrys elegans*, wobei *Ophrys argolica* im südlichen griechischen Festland, dem Peloponnes, auf Karpathos, Lesbos und Rhodos gefunden wurde und *Ophrys elegans* auf Zypern und fraglich in der Provinz Hatay in der Südtürkei. Spätere Untersuchungen von GÖLZ, KALTEISEN und REINHARD haben ergeben, daß die ägäischen Formen von *Ophrys argolica* mehrere Arten darstellen. So wurde von Karpathos *Ophrys aegaea*

4

5

6

subsp. *aegaea* beschrieben, von Rhodos *Ophrys aegaea* subsp. *lucis*, von Lesbos *Ophrys lesbis* und von der Südwesttürkei *Ophrys climacis*. Inzwischen wurden diese Arten, mit Ausnahme von *Ophrys aegaea* subsp. *aegaea* auch auf andern Inseln der Ägäis und in der Türkei nachgewiesen.
Das Aggregat von *Ophrys argolica* besteht heute aus mehreren Arten mit kleiner Verbreitung, wobei die einzelnen Areale sich fast vollständig ausschließen (KREUTZ & PETER, 1997). Bevor 1987 *Ophrys aegaea* subsp. *aegaea* und *Ophrys aegaea* subsp. *lucis* von KALTEISEN & REINHARD beschrieben wurden, sind Funde von *Ophrys argolica* und *Ophrys elegans*-ähnlichen Pflanzen aus dem Süden der Türkei immer wieder berichtet und als eine dieser Arten bestimmt worden. So wurden bei SUNDERMANN & TAUBENHEIM (1978) alle Funde unter *Ophrys argolica* subsp. *elegans* aufgeführt; bei RENZ & TAUBENHEIM (1984) unter *Ophrys argolica* subsp. *argolica*.
Weitere Untersuchungen haben ergeben, daß *Ophrys argolica* in der Türkei nicht vorkommt und daß diese Pflanzen zu *Ophrys lucis*, *Ophrys lesbis*, *Ophrys climacis* oder eventuell zu *Ophrys labiosa* zu stellen sind, vier Arten die später von KALTEISEN & REINHARD (1987), GÖLZ & REINHARD (1989), HEIMEIER & PERSCHKE (1998) beziehungsweise von KREUTZ (1997) beschrieben wurden. RÜCKBRODT & HANSEN (1992) berichten über Hinweise auf abweichende Exemplare von *Ophrys argolica*, wobei sie annehmen, daß diese in allen Fällen zu *Ophrys lucis* gehören. Bei RÜCKBRODT & HANSEN (1992) wurden deshalb alle früheren Angaben von *Ophrys argolica* zu *Ophrys lucis* gestellt.

6 **Melitsa (Peloponnes), 14.4.1983,** C. A. J. KREUTZ
7 **Sparta (Peloponnes), 10.4.1997,** H. KRETZSCHMAR

Ophrys elegans

(RENZ) H. BAUMANN & KÜNKELE
Zierliche Ragwurz
(Mitt. Bl. Arbeitskr. Heim. Orch. Baden-Württ. 13 (3): 350, 1981)

BASIONYM
Ophrys gottfriediana subsp. *elegans* RENZ (Feddes Repert. 27: 206, 1929).
SYNONYME
Ophrys argolica subsp. *elegans* (RENZ) E. NELSON.

Ophrys elegans ist eine endemische Art der Insel Zypern.
Sie wächst dort in lichten Kiefernwäldern, in Zypressenbeständen und in Phrygana, selten auf Ödland oder im Gebüsch auf kalkreichem Boden. Die Art blüht sehr früh, schon ab Anfang März. SUNDERMANN & TAUBENHEIM (1978) geben einige Fundorte von

Ophrys argolica subsp. *elegans* für die Provinzen İçel und Hatay an. VÖTH (1967) beobachtete einige Pflanzen in Südanatolien (İçel), die er als *Ophrys argolica* subsp. *elegans* bestimmte. Bei BAUMANN & KÜNKELE (1982a, 1988a) wird sie für Zypern und den mittleren Süden der Türkei (İçel, Adana und Hatay) angegeben. BUTTLER (1986) gibt als Areal Zypern an und erwähnt das Vorkommen von ähnlichen Pflanzen in Südanatolien (İçel und Hatay). DELFORGE (1994) gibt als Verbreitungsgebiet Zypern und Südanatolien (İçel und Hatay) an.
Weitere Untersuchungen haben ergeben, daß die Pflanzen, die in der Südtürkei als *Ophrys elegans* angegeben wurden, entweder zu *Ophrys lucis*, *Ophrys climacis* oder zu *Ophrys lesbis* zu stellen sind. Erstgenannte Art wurde 1987 von KALTEISEN & REINHARD beschrieben, die zweite 1989 von GÖLZ & REINHARD. Außerdem liegen von typischen *Ophrys elegans*-Pflanzen, wie sie auf Zypern vorkommen, keine weiteren Fundmeldungen vor (RÜCKBRODT & HANSEN, 1992). Auch heute fehlt für *Ophrys elegans* ein sicherer Nachweis. Ein Vorkommen in der Südtürkei kann aber aufgrund der geografischen Nähe zu Zypern nicht ausgeschlossen werden. Inzwischen wurde die Art vermutlich auf Rhodos gefunden (TERPE, briefl. Mittlg., 1997). Anhand fotografischer Belege konnten die typischen Merkmalen dieser Pflanzen bestätigt werden. Somit wäre der endemische Status dieser Art nicht mehr zu halten und Funde in der Südtürkei sind daher wahrscheinlich.

8 **Akrotiri (Zypern), 10.2.1995,** H. KRETZSCHMAR
9 **Kophinou (Zypern), 18.3.1984,** C. A. J. KREUTZ

Ophrys fleischmannii

HAYEK
FLEISCHMANNS Ragwurz
(Feddes Repert. 22: 388, 1926)

SYNONYME
Ophrys funerea subsp. *fleischmannii* SOÓ, *Ophrys fusca* subsp. *fleischmannii* (SOÓ) SOÓ, *Ophrys omegaifera* subsp. *fleischmannii* (HAYEK) DEL PRETE.

Das Areal von *Ophrys fleischmannii* umfaßt soweit jetzt bekannt, Kreta, Hydra, Paros und Attika (Griechenland). In größeren Populationen ist sie nur auf Kreta verbreitet. Auf dem griechischen Festland (Attika) wurde sie bisher nur wenig beobachtet.
KALTEISEN (Fundliste, 1989) berichtet über einen Fund dieser südägäischen Art im Gebiet der Halbinsel Resadiye (Muğla) im Südwesten der Türkei. Ende März 1989 hat er einige dieser Pflanzen in einem steinigen, steilen Phryganahang mit Affodil im abblühenden Zustand gefunden, zusammen mit *Barlia robertiana*, *Neotinea maculata*, *Ophrys fusca* s. l., *Ophrys heterochila*, *Ophrys iricolor*, *Ophrys sicula*, *Ophrys mammosa*, *Ophrys omegaifera*, *Ophrys speculum*, *Orchis anatolica*, *Orchis italica*, *Orchis papilionacea* subsp. *heroica*, *Serapias bergonii* und *Serapias orientalis* subsp. *carica*. Die Tatsache, daß am gleichen Standort auch *Ophrys omegaifera* vorkommt, läßt vermuten, daß es sich hier um eine *Ophrys omegaifera*-Pflanze mit stark behaarter Lippe gehandelt haben könnte. Ähnliche Pflanzen kommen auch bei Karaova (Muğla) vor, die sicher zu *Ophrys omegaifera* gehören. Inzwischen haben fotografische Belege von KALTEISEN tatsächlich gezeigt, daß die von ihm gefundenen Pflanzen weder Merkmale von *Ophrys fleischmannii* oder *Ophrys omegaifera* sondern von *Ophrys sitiaca* aufweisen und möglicherweise mit dieser Art übereinstimmen. Inzwischen hat KALTEISEN auch berichtet (briefl. Mittlg., 1996), daß der Fund von *Ophrys fleischmannii* tatsächlich *Ophrys sitiaca* betrifft.
Ophrys fleischmannii ist nicht immer leicht von *Ophrys omegaifera* zu unterscheiden. Im Durchschnitt sind die Pflanzen kleiner, tragen aber mehr Blüten. Die Lippe ist ziemlich klein und nicht so stark gebogen wie bei *Ophrys omegaifera*. Die Färbung der Lippe von *Ophrys fleischmannii* ist braunviolett und nicht kastanienbraun wie bei *Ophrys omegaifera*. Außerdem ist die Lippe von *Ophrys fleischmannii* am Rande dicht weißlich behaart und ihre Malzeichnung 'omega'-förmig, bleigrau und hell umrandet.
Ein Vorkommen dieser Art in der Südwesttürkei bleibt aber möglich, wobei es sich dann um ein disjunktes Vorkommen handeln könnte; vielleicht aber besteht von dem kretischen Hauptverbreitungsgebiet eine Verbindung zum möglichen türkischen Teilareal.

10 **Anatoli (Kreta), 1.4.1989,** C. A. J. KREUTZ

Ophrys heldreichii

SCHLECHTER
Heldreichs Ragwurz
(Feddes Repert. 19: 46, 1923)

SYNONYME
Ophrys scolopax subsp. *heldreichii* (SCHLECHTER) E. G. CAMUS, *Ophrys cornuta* subsp. *heldreichii* (SCHLECHTER) RENZ.

Das Areal von *Ophrys heldreichii* umfaßt nach BAUMANN & KÜNKELE (1982a) Griechenland, die südlichen Ägäischen Inseln und die Türkei (Südanatolien).
RENZ & TAUBENHEIM (1984) beschreiben einen Fundort westlich von İstanbul, zweifeln aber

an ihrer Bestimmung. Buttler (1986) gibt als Verbreitungsgebiet die Ägäis und die südliche Balkanhalbinsel an, wobei er berichtet, daß die Art auf Kreta charakteristisch ausgeprägt und dort ohne andere Arten oder Unterarten des *Ophrys scolopax*-Komplexes vorkommt. Baumann & Künkele (1988a) geben das ostmediterrane Gebiet (Kreta) an, Delforge (1994) Griechenland und die Ägäischen Inseln einschließlich Kreta.
Aus der Türkei wurden bis jetzt nur wenige Funde von *Ophrys heldreichii* gemeldet. Diese Meldungen sind höchstwahrscheinlich Verwechslungen mit *Ophrys phrygia*, *Ophrys oestrifera* oder *Ophrys bremifera*. Auch Rückbrodt & Hansen (1992) kommen zu dieser Schlußfolgerung. Es ist aber nicht auszuschließen, daß *Ophrys heldreichii* in der näheren Zukunft in der Westtürkei gefunden wird, weil diese Art auf verschiedenen Inseln, die der türkischen West- und Südküste vorgelagert sind, vorkommt. Auch besteht die Möglichkeit, daß frühere Funde von *Ophrys heldreichii* mit *Ophrys calypsus* oder *Ophrys homeri* übereinstimmen, die beziehungsweise 1994 und 1997 von Hirth & Spaeth beschrieben wurden.
Gegenüber *Ophrys heldreichii* sind *Ophrys oestrifera* und *Ophrys bremifera* arealökologisch und morphologisch gut abgetrennt. *Ophrys heldreichii* unterscheidet sich von diesen beiden Arten durch die größeren Blüten, durch die in der Regel dikkeren Höcker, durch den 'bauchigen' (länglich-elliptischen) Mittellappen der Lippe und durch das große, meist dreizähnige Anhängsel (Baumann & Künkele, 1982a).

11 **Anatoli (Kreta),**
1.4.1989, C. A. J. Kreutz
12 **Anatoli (Kreta),**
1.4.1989, C. A. J. Kreutz

Ophrys rhodia

(H. Baumann & Künkele) P. Delforge
Rhodische Ragwurz
(Natural. belges 71 (3) 125, 1990)

Basionym
Ophrys umbilicata subsp. *rhodia* H. Baumann & Künkele (Mitt. Bl. Arbeitskr. Heim. Orch. Baden-Württ. 18 (3): 388, 1986).

Diese Art, die auf mehreren Ägäischen Inseln (vor allem auf Rhodos und Karpathos) und auf Zypern vorkommt, könnte durchaus auch an der türkischen Südkuste gefunden werden, zumal sie auf der Insel Rhodos stellenweise häufig ist. Sie wurde auch in Israel (Kreutz, 1997b) gefunden.
Ophrys rhodia hat gewisse Ähnlichkeit mit *Ophrys umbilicata* (buntes Perigon) und *Ophrys attica* (grünes Perigon), unterscheidet sich aber von diesen beiden Arten durch eine abweichende Petalform, die Stellung des mittleren Sepals, die Lippenform, die Malausdehnung und die Säulenhöhe. Charakteristisch sind die nach unten gezogenen seitlichen Sepalen, die reich gegliederte, bis zum Lippenende reichende Malzeichnung, die dreieckigen, kurzen Petalen und das aufrechte mittlere Sepal (Baumann & Künkele, 1986). Die Art unterscheidet sich besonders durch die späte Blütezeit. Trotz umfangreicher und intensiver Suche im Jahre 1997 südlich von Marmaris (Muğla) konnte *Ophrys rhodia* nicht für die Türkei nachgewiesen werden.

10

11

12

13 **Faliraki (Rhodos),**
5.4.1998, C. A. J. Kreutz
14 **Agios Isidorus (Rhodos),**
10.4.1998, C. A. J. Kreutz

Orchis adenocheilae

Czerniakovska
Drüsenlippiges Knabenkraut
(Not. Syst. Herb. Hort. Petro. 5: 173, 1924)

Das Areal von *Orchis adenocheilae* umfaßt das Gebiet zwischen Nordiran und Turkmenien (Renz, 1978). Weil ihr Verbreitungsgebiet nahe der türkischen Grenze liegt, sind Funde im ostanatolischen Grenzgebiet nicht ausgeschlossen. Von Rückbrodt et al. (1997) liegen aktuelle Fundorte der Art aus Aserbaidschan vor.
Baumann (1982) berichtet von einem Fund dieser Art in der Gegend von Refahiye zwischen Erzincan und Sivas, verweist sie später allerdings in die Synonymie von *Orchis caucasica* (Baumann, 1987). Renz hat dann nochmals ausdrücklich darauf hingewiesen, daß er *Orchis adenocheilae* in mehreren größeren Populationen beobachten konnte und daß die cremefarbene, mit weinroten Saftmalen besetzte Lippe ein ganz charakteristisches, unverwechselbares Merkmal dieser nordpersischen Waldorchideen-Art darstellt (Baumann & Künkele, 1988b).
In der Flora Iranica (Renz, 1978) wurde *Orchis adenocheilae* irrtümlicherweise in die Synonymie von *Orchis stevenii* gestellt und dort auch als *Orchis stevenii* abgebildet (Tab. 42, 43, 44, 46). Auf Tab. 45 wurde irrtümlicherweise *Orchis adenocheilae* abgebildet und nicht wie angegeben *Orchis stevenii*.
Gügel, Rückbrodt & Zaiss (Fundliste 1994) haben an der Straße von Artvin nach Kafkasör (Artvin) Pflanzen gesehen, die Merkmale von *Orchis adenocheilae*, sowie von *Orchis schelkownikowii* aufweisen.
1997 konnten die Fundstellen von Rückbrodt, Gügel & Zaiss (Fundliste 1994) zwischen Artvin und Kafkasör überprüft werden. Dabei stellte sich heraus, daß die dortigen Pflanzen eindeutig als *Orchis punctulata* zu identifizieren sind. Obwohl deren Blüten etwas blasser und kleiner sind, passen sie problemlos in die Variationsbreite der Art. Im gleichen Gebiet wurden

13

14

15

von Rückbrodt, Gügel & Zaiss (Fundliste 1994), sowie von Sundermann, Gumprecht & Taubenheim (Fundliste 1971) auch einige Hybriden zwischen *Orchis punctulata* und *Orchis caucasica* beobachtet, die aber während eines Besuches vom Autor nicht mehr gefunden wurden. Diese Pflanzen sollte man nicht mit den heller gefärbten und kleineren Blüten der dort vorkommenden *Orchis punctulata* verwechseln.
Orchis schelkownikowii Woronow, die östliche Ausprägung von *Orchis punctulata*, wurde von Grossheim (1909) beschrieben und stellte die Art in die nähere Verwantschaft von *Orchis stevenii*. Leider ist von dieser Art (vom *locus classicus*) kein fotografisches Bildmaterial vorhanden, wodurch eine einwandfreie Bestimmung problematisch ist. Renz (1978), der den Isotypus von *Orchis schelkownikowii* aus Transkaukasien im Herbar Haussknecht in Jena gesehen hat, ist übrigens überzeugt, daß *Orchis schelkownikowii* mit *Orchis punctulata* übereinstimmt. Inzwischen wurde *Orchis schelkownikowii* vermutlich von Rückbrodt et al. (1997) in Aserbaidschan gefunden. Diese Pflanzen weichen in der Form und Farbe der Lippe kaum ab von *Orchis punctulata* und die kleinblütigen, in den Lippenabmessungen sehr schmalen und in der Lippenmitte nach vorne durchgebogenen Formen gehören in der Variationsbreite von *Orchis punctulata*.
Die abgebildete Pflanze in Rückbrodt et al. (1997) mit den rötlichbraun gefärbten Lippenseitenlappen stellt vermutlich eine Hybride zwischen *Orchis schelkownikowii* und *Orchis stevenii* dar (mündl. Mittlg., Gügel, 1997). Aber auch Rückbrodt et al. (1997) können nicht ausschließen, daß es sich bei diesen Pflanzen um einen Bastard zwischen *Orchis punctulata* und *Orchis stevenii* handelt. Sie sind aber der Meinung, daß *Orchis schelkownikowii* nicht in die Synonymie von *Orchis punctulata* gestellt werden darf.

Orchis adenocheilae
15 **Lerik (Aserbaidschan), 3.5.1997,** D. Rückbrodt
16 **Lerik (Aserbaidschan), 3.5.1997,** D. Rückbrodt

Orchis schelkownikowii
17 **Gabala (Aserbaidschan), 7.5.1997,** E. Gügel

Orchis galilaea
(Bornmüller & M. Schulze) Schlechter
Galiläisches Knabenkraut
(Feddes Repert. 19: 47, 1923)

BASIONYM
Orchis punctulata var. *galilaea* Bornmüller & M. Schulze (Bornmüller: Verh. Zool.-Bot. Ges. Wien 48: 634, 1898).

16

17

18

Das Verbreitungsgebiet von *Orchis galilaea* umfaßt einen breiten Küstenstreifen von der Südtürkei (Hatay) über Syrien und Libanon bis nach Israel (BAUMANN & KÜNKELE (1982a, 1988a; SUNDERMANN, 1969a; KREUTZ, 1993ab). Aus der Türkei liegen jedoch keine Fundmeldungen vor (RENZ & TAUBENHEIM, 1984; RÜCKBRODT & HANSEN, 1992).
Fundortangaben aus der mittleren Südtürkei (Hatay) von dieser seltenen orientalischen Art sind wahrscheinlich nicht zu erwarten, da geeignete Biotope in dieser Gegend heute weitgehend fehlen. Die Art bevorzugt humose, mäßig feuchte und schattige Standorte, sowie lichte Nadelwälder und grasige Stellen am Rande von Kiefernwäldern oder Gebüsch. Diese Lebensräume wurden durch menschliche Einflüsse in der Provinz Hatay (unter anderem im Ziyaretgebirge) durch starke landwirtschaftliche Nutzung weitgehend zerstört. Außerdem wurde dieses Gebiet bereits von vielen Botanikern intensiv untersucht, wobei die Art niemals nachgewiesen wurde.
Orchis galilaea könnte mit *Orchis adenocheilae* (Areal: Nordiran bis nach Turkmenien) und *Orchis punctulata* verwechselt werden, unterscheidet sich aber von diesen beiden Arten unter anderem durch den Blütenstand, der genau wie bei *Orchis simia, Orchis israelitica* und *Orchis boryi* von oben nach unten aufblüht.

18 **Karmel (Israel), 24.3.1992,** C. A. J. KREUTZ
19 **Karmel (Israel), 24.3.1992,** C. A. J. KREUTZ

19

Orchis longicornu
POIRET
Langsporniges Knabenkraut
(Voy. Barb. 2: 247, 1789)

Das Verbreitungsgebiet von *Orchis longicornu* reicht von den Balearen über Korsika und Sardinien nach Sizilien und im westlichen Teil von Italien. Außerdem kommt sie in Nordafrika vor.
Bei RENZ & TAUBENHEIM (1984) werden irrtümlich zwei Angaben von *Orchis longicornu* aus den Provinzen Çanakkale und Antalya angegeben. Sie sind eindeutig zu *Orchis morio* subsp. *picta* (LOISELEUR) K. RICHTER zu stellen.

20 **Orient (Mallorca), 9.4.1988,** C. A. J. KREUTZ

20

Orchis militaris
L.
Helm-Knabenkraut
(Spec. Plant. 2: 941, 1753)

SYNONYME
Orchis rivinii GOUAN, *Orchis cinerea* SCHRANK, *Orchis galeata* POIRET.

21

Das Areal von *Orchis militaris* reicht von Südengland bis Osteuropa.
RENZ und TAUBENHEIM berichten von einem Herbarexemplar aus der Nähe von Kocaeli bei İzmit. Es weist intermediäre Merkmale zwischen *Orchis stevenii* und *Orchis militaris* auf. Sie schließen nicht aus, daß es sich dabei um einen Bastard zwischen beiden Arten handeln könnte.
Die Fundortangaben für den europäischen Teil der Türkei werden allgemein als unsicher eingestuft, obwohl *Orchis militaris* im angrenzenden Bulgarien vorkommt.
Von ihren östlichsten Vorkommen im Kaukasus (AVERYANOV, 1995) sind Ausstrahlungen in das Grenzgebiet der Türkei zu Georgien möglich, aber noch nicht nachgewiesen (BAUMANN, 1987; RÜCKBRODT & HANSEN, 1992). Eine Verwechslung in diesen Gebieten mit der nahe verwandten *Orchis stevenii* ist in Betracht zu ziehen.
Das Vorkommen von *Orchis militaris* in der Türkei und im Kaukasus (BAUMANN, 1982) bleibt deshalb auf Grund fehlender Beweise umstritten.

21 **Wijlre (Niederlande), 16.5.1993,** C. A. J. KREUTZ

Orchis pauciflora
TENORE
Wenigblütiges Knabenkraut
(Prod. Fl. Neap.: 52, 1811)

SYNONYM
Orchis provincialis subsp. *pauciflora* (TENORE) E. G. CAMUS.

Orchis pauciflora kommt vor allem in Italien, auf Korsika, auf der Balkanhalbinsel und in der Ägäis vor.
Aus dem Südwesten der Türkei wurden mehrmals Funde von *Orchis pauciflora* gemeldet. Die Angaben aus der Umgebung von İzmir und Muğla konnten nach Untersuchung des Herbarmaterials einwandfrei zu *Orchis provincialis* gestellt werden. Funde von den ostägäischen Inseln Samos und Lesbos sind fraglich (GÖLZ & REINHARD, 1981), gehören höchstwahrscheinlich auch zu *Orchis provincialis*. Die östlichsten Vorkommen von *Orchis pauciflora* liegen in Ostgriechenland und auf Kreta. Ein Vorkommen von *Orchis pauciflora* in der Südwesttürkei oder im Nordwesten ist jedoch nicht auszuschließen.

22 **Kara-Paß (Kreta), 4.4.1989,** C. A. J. KREUTZ
23 **Kara-Paß (Kreta), 4.4.1989,** C. A. J. KREUTZ

Orchis robusta
(STEPHENSON) GÖLZ & H. R. REINHARD
Kräftiges Sumpf-Knabenkraut
(Ber. Schweiz. Bot. Ges. 85 (4): 288, 1975)

BASIONYM

Orchis palustris var. *robusta* STEPHENSON in J. of Botany (London) 69: 179, 1931.

SYNONYME

Orchis palustris subsp. *robusta* (STEPHENSON) SUNDERMANN.

Orchis robusta kommt, soweit jetzt bekannt, nur im westlichen Mittelmeerraum vor, nämlich in Nordafrika (Algerien und Marokko) und auf Mallorca (Albufeira; KREUTZ, 1989b). Ein Vorkommen in der Türkei ist also nicht wahrscheinlich. Von Funden dieser Art in der Türkei wurde aber mehrmals berichtet.

Orchis palustris var. *robusta* wurde von STEPHENSON 1931 aus Algerien beschrieben. Im Jahre 1975 wurde sie von GÖLZ & REINHARD als *Orchis robusta* in den Artrang erhoben und 1977 (GÖLZ & REINHARD, 1977b) ausführlich mit statistischen Analysen begründet.

Orchis robusta ist eine sehr kräftige, schlanke und sehr hochwüchsige Pflanze, durchschnittlich 70 bis 90 cm, manchmal auch bis 130 cm hoch. Ihre Laubblätter sind schmal-lanzettlich, die unteren tief rinnig, schräg aufgerichtet, ungefleckt, oft länger als 30 cm und 3 bis 4 cm breit. Der Blütenstand ist anfangs zylindrisch, später langgestreckt (oft 30 bis 40 cm lang), ziemlich dicht- und reichblütig, selten armblütig, und durch lange und breite Brakteen überragt. Die Blüten sind groß, rotviolett oder rötlich bis rosa gefärbt. Die Sepalen eiförmig-lanzettlich, die beiden seitlichen senkrecht seitwärts gerichtet oder weit zurückgeschlagen, das mittlere über die beiden Petalen gebogen, stumpf. Die Petalen lanzettlich, zusammengeneigt. Die Lippe im unteren Teil dreilappig, die Seitenlappen flach ausgebreitet oder schwach zurückgeschlagen und etwas kürzer als der Mittellappen, violett, rötlich bis rosa gefärbt, die weißliche Lippenbasis mit vielen dunkelvioletten Punkten und Längsstrichen besetzt, 13 bis 20 mm lang und 16 bis 23 mm breit. Der Sporn ist zylindrisch bis konisch, meist waagrecht, selten aufwärts gebogen, halb bis 3/5 x so lang wie die Fruchtknoten (etwa 10 bis 15 mm lang).

Orchis robusta könnte mit *Orchis palustris* verwechselt werden, unterscheidet sich aber von dieser Art durch einen robusteren Wuchs, größere Laubblätter, einen verlängerten Blütenstand, die riesigen Blüten und durch die langen, grünen Brakteen.

LÜDERS (Fundliste 1991) berichtet von Funden von *Orchis robusta* Mitte Mai 1990 in einem ausgedehnten Sumpfgebiet bei Balaban, südöstlich Darende (Malatya). Es handelt sich hier um eine große Population mit kräftigen, hochwüchsigen Pflanzen. Die Blüten sind sehr groß; die Ränder der Seitenlappen sind ziemlich stark gekerbt und gewellt. Während eines Besuches im Jahre 1997 konnte festgestellt werden, daß die Population bei Balaban Übergangsformen zwischen *Orchis palustris* und *Orchis pseudolaxiflora* darstellt, daß aber auch typische Exemplare der beiden Arten hier vorkommen.

22

23

24

Der andere Standort mit *Orchis robusta* sollte sich am Suğlasee bei Ortakaraören zwischen Seydişehir und Bozkır (Konya) befinden. Am Rande dieses Salzmeeres wachsen viele Exemplare im Schilfgürtel (briefl. Mittlg., LÜDERS, 1996). Diese Pflanzen erinnern stark an *Orchis robusta*, unterscheiden sich aber von dieser Art durch den dünnen, langen, aufwärts gerichteten Sporn. Möglich ist hier *Orchis elegans* eingekreuzt, die ebenfalls in dieser Umgebung vorkommt.

Bei GÖLZ & REINHARD (1986) und DELFORGE (1994) wird *Orchis robusta* als separate Art aufgeführt, während BAUMANN & KÜNKELE (1982a, 1988a) und BUTTLER (1986) *Orchis robusta* in die Synonymie von *Orchis palustris* stellen. Weil *Orchis robusta* morphologisch *Orchis palustris* sehr nahe steht, ist eine Bewertung als Unterart dieser Art vielleicht angebracht (*Orchis palustris* subsp. *robusta* (STEPHENSON) SUNDERMANN).

Orchis robusta ist nur in küstennahen Sumpfgebieten mit Salzwasserzugang zu finden. Mit Vorliebe wächst die salzverträgliche Art auf basenreichen Böden in sehr nassen, offenen und mit einem Schilfgürtel umgebenen Wiesen am Rande von Wasserflächen. Ihre Blütezeit liegt zwischen Anfang und Ende Mai, ihre Höhenverbreitung meist auf Meereshöhe.

In Europa ist *Orchis robusta* durch Trokkenlegung ihrer Feuchtbiotope stark bedroht. Nur auf Mallorca wurden Schutzmaßnahmen getroffen, um die Art, die heute nur noch in wenigen Exemplaren in den ausgedehnten Sumpfgebieten im Nordosten der Insel vorkommt, zu schützen.

24 La Puebla (Mallorca), 11.4.1988, C. A. J. KREUTZ

25 La Puebla (Mallorca), 11.4.1988, C. A. J. KREUTZ

Serapias

L.

(Spec. Plant. 2: 949, 1753)

Die Arten der Gattung *Serapias* zählen zu den am schwierigsten gegeneinander abzugrenzenden Orchideenarten Europas, wobei vor allem im östlichen Mittelmeer die Abgrenzung der Arten und ihrer Konglomerate von Übergangsformen Probleme aufwirft.

MORSCHEK (1996) macht darauf aufmerksam, daß bei der Bestimmung von Orchideen kaum berücksichtigt wird, daß kleine, zierliche Pflanzen meist keine eigene Art repräsentieren, sondern Jungpflanzen sind, die erst in einigen Jahren ihre normale Größe erreichen. Deshalb bilden individuenreiche Populationen immer wieder ein buntes Bild großer und kleiner, robusterer und zierlicherer Pflanzen. Dies trifft im besonderen Maße für die Gattung *Serapias* zu. SUNDERMANN & TAUBENHEIM (1981a) schreiben: "So klar die Gattung selbst zu definieren ist, so schwierig und unscharf sind die artlichen Grenzen zu ziehen".

NELSON (1968) hat erstmals versucht, die östlichen Sippen zu gliedern. Die diesbezüglichen Probleme sind jedoch bis heute nicht annähernd gelöst, auch nicht die der türkischen *Serapias*-Arten.

Wichtige taxonomische und nomenklatorische Arbeiten stammen von BAUMANN & KÜNKELE (1989) und GÖLZ & REINHARD (1977a, 1980, 1993, 1994b). In der Türkei wurde die Gattung *Serapias* unter anderem von NELSON (1968); SUNDERMANN & TAUBENHEIM (1981ab), RENZ & TAUBENHEIM (1984) und BAUMANN & KÜNKELE (1989) untersucht. Von NELSON wurden für die Türkei *Serapias vomeracea, Serapias parviflora* subsp. *laxiflora* (*Serapias bergonii*), *Serapias parviflora* subsp. *parviflora* (*Serapias parviflora*) und *Serapias cordigera* angegeben; bei SUNDERMANN & TAUBENHEIM (1981ab) *Serapias cordigera* subsp. *cordigera* (*Serapias cordigera*), *Serapias cordigera* subsp. *orientalis* (Serapias *orientalis* subsp. *carica*), *Serapias cordigera* subsp. *laxiflora* (*Serapias bergonii*) und *Serapias cordigera* subsp. *vomeracea* (*Serapias vomeracea*), wobei das Vorkommen der letzten Art angezweifelt wird, aber nicht ausgeschlossen werden kann; bei RENZ & TAUBENHEIM (1984) *Serapias cordigera, Serapias vomeracea* subsp *orientalis* (*Serapias orientalis* subsp. *carica*) und *Serapias vomeracea* subsp. *laxiflora* (*Serapias bergonii*); bei BUTTLER (1986) *Serapias cordigera, Serapias vomeracea* subsp. *orientalis* (*Serapias orientalis* subsp. *carica*) und *Serapias vomeracea* subsp. *laxiflora* (*Serapias bergonii*); bei BAUMANN & KÜNKELE (1989) *Serapias bergonii, Serapias cordigera, Serapias feldwegiana, Serapias levantina* und *Serapias orientalis* subsp. *carica*; bei DELFORGE (1994) *Serapias bergonii, Serapias levantina, Serapias feldwegiana, Serapias orientalis, Serapias carica* (*Serapias orientalis* subsp. *carica*) und *Serapias cordigera*.

RÜCKBRODT & HANSEN (1992) unterscheiden für die Türkei nur *Serapias cordigera, Serapias vomeracea* subsp. *laxiflora* (*Serapias bergonii*) und *Serapias vomeracea* subsp. *orientalis* (*Serapias orientalis* subsp. *carica*). Sie begründen dies mit der Tatsache, daß die veröffentlichten statistischen Daten nur minimale Merkmalsdifferenzen ergeben. Die Sippendifferenz (GÖLZ & REINHARD, 1994b) beträgt zwischen *Serapias orientalis* und *Serapias orientalis* subsp. *carica* nur 3,05, zwischen *Serapias orientalis* und *Serapias feldwegiana* 8,45 und zwischen *Serapias feldwegiana* und *Serapias levantina* 8,78.

25

26

27

Durch weitere Untersuchungen (unter anderem von SUNDERMANN & TAUBENHEIM (1981ab), RENZ & TAUBENHEIM (1984), BAUMANN & KÜNKELE (1989) und DELFORGE (1994) hat sich inzwischen herausgestellt, daß *Serapias vomeracea, Serapias parviflora* und *Serapias orientalis* subsp. *orientalis* nach dem derzeitigen Kenntnisstand in der Türkei nicht vorkommen.

Das Areal von *Serapias parviflora* reicht von der Iberischen Halbinsel bis zu den Ägäischen Inseln (Rhodos, Kos, Samos).

Serapias orientalis, die bei SUNDERMANN & TAUBENHEIM (1981a) und bei RENZ & TAUBENHEIM (1984) von der Schwarzmeerküste, von der Südwesttürkei (İzmir und Muğla) und aus der Provinz Hatay aufgelistet wurde, wurde von BAUMANN & KÜNKELE (1989) in *Serapias feldwegiana, Serapias orientalis* subsp. *carica* und *Serapias levantina* aufgeteilt.

Nach dem heutigen Kenntnisstand hat *Serapias orientalis* subsp. *orientalis* eine ostmediterrane Verbreitung (von Südgriechenland bis Kreta).

In diesem Buch richtet sich die taxonomische Gliederung der Gattung *Serapias* weitgehend nach BAUMANN & KÜNKELE (1989). Von *Serapias lingua, Serapias orientalis* und von *Serapias parviflora* werden Pflanzen aus dem benachbarten Ostägäischen Raum abgebildet; von *Serapias vomeracea* aus dem Zentralen Mittelmeerraum, weil in diesem Gebiet die meist typischen Pflanzen vorkommen. Außerdem wurden zwei Pflanzen aus der Türkei abgebildet, die einige typische Merkmale von *Serapias vomeracea* zeigen.

Serapias lingua

L.

Echter Zungenständel

(Spec. Plant. 2: 950, 1753)

SYNONYME

Serapias excavata SCHLECHTER.

Soweit jetzt bekannt ist, hat *Serapias lingua* eine west- und zentral-mediterrane Verbreitung (von Portugal bis Kreta).

Vorkommen von *Serapias lingua* wurden früher mehrmals für die Türkei aus der Umgebung von İstanbul (TCHIHATCHEFF, 1860; GRIESEBACH, 1843), Bursa und Trabzon (Thirke) und Antalya (SPRATT & FORBES, 1847) angegeben. Es liegen jedoch keine Herbarbelege vor. Danach ist die Pflanze offenbar nie wieder gesammelt worden und später wurde bezweifelt, ob die Art überhaupt in der Türkei vorkommt (SOÓ, 1929; NELSON, 1968). Auch SUNDERMANN & TAUBEN-

HEIM (1981a) und RENZ & TAUBENHEIM (1984) haben sie nie in der Türkei gesehen. Bis heute wurde sie nicht mehr nachgewiesen.

26 **Kissi Kambos (Kreta), 12.4.1989,** C. A. J. KREUTZ
27 **Kissi Kambos (Kreta), 12.4.1989,** C. A. J. KREUTZ

Serapias orientalis
(W. GREUTER) H. BAUMANN & KÜNKELE
Orientalischer Zungenständel
(Mitt. Bl. Arbeitskr. Heim. Orch. Baden-Württ. 20 (3): 636, 1988)

BASIONYM
Serapias vomeracea subsp. *orientalis* W. GREUTER (Flor. Rep. Cretan Area: 19, 1972).

Nach BAUMANN & KÜNKELE (1989) hat *Serapias orientalis* subsp. *orientalis* eine ostmediterrane Verbreitung (von Südgriechenland bis Kreta) und kommt nicht in der Türkei vor, wird dort aber durch *Serapias feldwegiana* und *Serapias orientalis* subsp. *carica* ersetzt. Das Areal von *Serapias feldwegiana* erstreckt sich entlang der Schwarzmeerküste von Bolu im Westen bis in den Nordosten der Türkei; das Verbreitungsgebiet von *Serapias orientalis* subsp. *carica* ist auf den Südwesten beschränkt, wo sie in einer schmalen Randzone von Bodrum bis Fethiye vorkommt.
Serapias orientalis subsp. *orientalis*, die bei SUNDERMANN & TAUBENHEIM (1981a) und bei RENZ & TAUBENHEIM (1984) von der Schwarzmeerküste, der Südwesttürkei (İzmir und Muğla) und aus der Provinz Hatay angegeben ist, wurde von BAUMANN & KÜNKELE (1989) in *Serapias feldwegiana*, *Serapias orientalis* subsp. *carica* und *Serapias levantina* aufgeteilt.
Nach GÖLZ & REINHARD (1994b) weist der gesamte *Serapias vomeracea-orientalis-levantina*-Komplex ausgesprochen verworrene Strukturen auf, die jeden Versuch einer eindeutigen und allgemein Zustimmung findenden Wertung und Ordnung scheitern lassen.

28 **Anatoli (Kreta), 1.4.1989,** C. A. J. KREUTZ
29 **Agia Thriada (Kreta), 3.4.1989,** C. A. J. KREUTZ

Serapias parviflora
PARLATORE
Kleinblütiger Zungenständel
(Giorn. Sci. Lett. Arti. Sicilia 59 (175): 66, 1837)

SYNONYME
Serapias occultata J. GAY ex CAVALIER, *Serapias elongata* TODARO.

Das Verbreitungsgebiet von *Serapias parviflora* umfaßt fast das ganze Mittelmeergebiet, nämlich von der Iberischen Halbinsel bis zu den Ägäischen Inseln. Die Art is auf Kreta im Küstenbereich häufig, auf Rhodos selten, und erst in jüngerer Zeit wurde sie auch für Zypern nachgewiesen. Nach BIEL (1998) kommt *Serapias parviflora* auch auf Lesbos an zwei Standorten vor.
Funde an der türkischen Südküste sind also möglich, wurden aber trotz intensiver und gezielter Nachsuche (speziell im Südwesten) noch nicht für das türkische Festland nachgewiesen (SUNDERMANN & TAUBENHEIM, 1981b). Auch trotz intensiver Suche vom Verfasser im Jahre 1997 südlich von Marmaris (Muğla) war *Serapias parviflora* nicht festzustellen.
In letzter Zeit haben eine ganze Reihe von Autoren und Orchideenforschern immer wieder von kleinblütigen *Serapias*-Pflanzen berichtet, die im Südwesten der Türkei gefunden wurden. So berichtet JANSEN (briefl. Mittlg., 1996) von mehreren Standorten in der Gegend zwischen Kumluca und Antalya, vor allem an der Straße von Olympos nach Yenice und beim Ausgrabungsgelände Olympos (Antalya). Für dieses Gebiet gibt er *Serapias parviflora* an, die in den weitläufigen Kiefernwäldern zahlreich vorkommen soll.
RÜCKBRODT berichtet von Funden einer anderen Sippe und hat diese Pflanzen in seinen Standortangaben den Arbeitsnamen 'Serapias parvilax' gegeben. Untersuchungen in diesem Gebiet, bei denen diese Sippe an vielen neuen Standorten nachgewiesen wurde, haben ergeben, daß es sich hier um eine kleinblütige *Serapias*-Art handelt, die höchstwahrscheinlich eine intermediäre Stellung zwischen *Serapias parviflora* und *Serapias bergonii* einnimmt. Diese kleinblütige *Serapias*-Art wurde von RENZ als *Serapias politisii* beschrieben (Feddes Repert. 25: 239, 1928 - pro hybr.), die auf Korfu und in der Ägäis vorkommt. Die Originalbeschreibung von *Serapias politisii* lautet: "*Serapias Politisii* RENZ (*laxiflora* x *parviflora*) hybr. n.; Pflanzen fein gebaut, in der Tracht einer *parviflora* ähnlich (nicht der var. *eu-parviflora* oder der var. *laxiflora*), Ähre locker und wenigblütig, Blüten klein, Hypochil ziemlich in der Perigonhülle versteckt, Epichil lang und sehr schmal (13 mm lang, 4-5 mm breit), mit langer, oft etwas gedrehter Spitze, Konnektiv ca. 2 mm lang".
BAUMANN & KÜNKELE (1989) weisen auf die Autogamie der Sippe hin, KAPTEYN DEN BOUMEESTER & WILLING (1988) auf die Allogamie. Nach Beobachtungen von RÜCKBRODT (briefl. Mittlg., 1997) und vom Verfasser sind die Pflanzen in der Türkei allogam, weshalb sie auch nicht zu *Serapias parviflora* gestellt wurden. Auch BAUMANN & KÜNKELE (1989) schreiben, daß *Serapias politisii* eine gut charakterisierte Art darstellt, und daß es sich ihrer Meinung nach

28

29

30

um eine völlig stabilisierte Hybridsippe zwischen *Serapias bergonii* und *Serapias parviflora* handelt. In diesem Buch wird die Art unter *Serapias politisii* geführt.
Aus dem kleinblütigen Segment von *Serapias bergonii* wurden von verschiedenen Autoren weitere eigenständige Taxa aus dem östlichen mediterranen Gebiet beschrieben, wie *Serapias hellenica* RENZ (Feddes Repert. 25: 230, 1928) und *Serapias aphroditae* DELFORGE (Natural. Belges 71 (3): 113, 1990), die sich nach GÖLZ & REINHARD (1994b) offensichtlich ausgesprochen nahe stehen und kaum auseinandergehalten werden können. Bei BAUMANN & KÜNKELE (1989) wird *Serapias hellenica* als Synonym zu *Serapias bergonii* gestellt.
Serapias parviflora ist besonders an ihrer kurzen und lockerblütigen Infloreszenz zu erkennen, wobei die Blüten sehr klein sind, der Blütenachse mehr oder weniger anliegen und steil aufwärts gerichtet sind, und die sehr kurze, stark zurückgeschlagene Vorderlippe, die der Hinterlippe anliegt. Wichtigstes Merkmal von *Serapias parviflora* ist die Autogamie der Art. Bereits im Knospenstadium ist der Fruchtknoten deutlich angeschwollen.

30 **Malia (Kreta), 13.4.1989,** C. A. J. KREUTZ
31 **Lahania (Rhodos), 12.4.1998,** C. A. J. KREUTZ

Serapias vomeracea

(N. L. BURMAN) BRIQUET
Pflugschar-Zungenständel
(Prodr. fl. Corse 1: 378, 1910)

BASIONYM
Orchis vomeracea N. L. BURMAN (Nova Acta Acad. Leop. Carol 4, app.: 237, 1770).
SYNOMYME
Helleborine longipetala TENORE, *Serapias lancifera* ST. AMAND, *Serapias pseudocordigera* (SEBASTIANI) MORICAND, *Serapias longipetala* (TENORE) POLLINI, *Serapias cordigera* subsp. *vomeracea* (N. L. BURMAN) SUNDERMANN, *Serapias vomeracea* subsp. *longipetala* (TENORE) H. BAUMANN & KÜNKELE.

Serapias vomeracea besitzt eine westliche und mittlere mediterrane Verbreitung (Portugal bis Griechenland).
HAHN & PASSIN (1997) berichten über zwei Standorte an der Straße von Köyceğiz nach Fethiye, nördlich von Göcek, an denen sie *Serapias bergonii* und an einem dieser beiden Standorte *Serapias orientalis* (entspricht vermutlich *Serapias orientalis* subsp. *carica*) gefunden haben. An diesen beiden Standorten fanden sie eine weitere *Serapias*-Sippe, die sich morphologisch deutlich abhob. Bedingt durch den, im Verhältnis zu *Serapias bergonii*, kräftigeren Habitus und die größeren Blütendimensionen wurden diese Pflanzen als *Serapias vomeracea* bestimmt. HAHN & PASSIN (1997) listen außerdem einige Unterscheidungsmerkmale auf, vor allem im Blütenbereich. Aufgrund dieser Merkmale könnte es sich tatsächlich um *Serapias vomeracea* handeln. Trotzdem ist nicht sicher, ob es sich hier tatsächlich um *Serapias vomeracea* handelt, nachdem an beiden Standorten auch Übergänge zwischen *Serapias vomeracea* und *Serapias bergonii* vorkommen sollen.
In der Umgebung von Ortaca (Muğla), wo HAHN & PASSIN (1997) ihre angeblichen *Serapias vomeracea* fanden, kommen in einer ausgedehnten Feuchtwiesenfläche tatsächlich Pflanzen vor, die gewisse Merkmale dieser Art aufweisen. Die Pflanzen besitzen einen kräftigeren Habitus und haben größere Blütendimensionen. Am gleichen Standort wachsen aber auch Exemplare, die Merkmale von *Serapias bergonii* zeigen.
ZAISS & GÜGEL (Fundliste 1995) berichten von Funden an der Straße Antakya - Yayladağı unweit der syrischen Grenze und in der Umgebung von Altınözü, beide Standorte in der Provinz Hatay. Beide Angaben beziehen sich höchstwahrscheinlich auf die im gleichen Gebiet vorkommende *Serapias levantina*, die hier gewisse Ähnlichkeit mit *Serapias vomeracea* aufweist. Weitere Untersuchungen sind jedoch erforderlich, um die genaue Artzugehörigkeit zu klären.
Zwei Angaben liegen von LINKER (Fundliste 1995) vor. Er fand im Milli Park von Marmaris (Muğla) einige Exemplare dieser im ostmediterranen Gebiet schwierig zu bestimmenden Art. An diesem Standort sind außerdem noch *Serapias politisii* und *Serapias bergonii* zu finden. Der Fund von *Serapias vomeracea* erscheint daher fraglich. Der zweite Fundort liegt im weitläufigen Gelände beiderseits der Straße nach Meryemana (Haus der Maria) bei Selçuk (İzmir). Nachdem hier ebenfalls *Serapias bergonii* anzutreffen ist, scheint auch an diesem Standort das Vorkommen von *Serapias vomeracea* zweifelhaft zu sein.
Das Vorkommen von *Serapias vomeracea* in der Türkei bleibt umstritten. NELSON gibt für die Türkei auch *Serapias vomeracea* an, bildet aber keine Pflanzen aus diesem Land ab, wodurch eine einwandfreie Bestimmung nicht möglich ist. Von SUNDERMANN & TAUBENHEIM (1981ab) wird das Vorkommen von *Serapias vomeracea* angezweifelt, aber nicht ausgeschlossen. Eine nur annähernd einheitlich ausgeprägte und eine größere Anzahl umfassende Gruppe, die sich zweifelsfrei als *Serapias vomeracea* s. str. identifizieren läßt, konnte aber niemals nachgewiesen werden (SUNDERMANN & TAUBENHEIM, 1981b). RENZ & TAUBENHEIM (1984) schreiben, daß *Serapias vomeracea* noch nicht in der Türkei nachgewiesen wurde, obwohl einige Bestände

34

35

36

in Westanatolien dieser Art nahestehen. RÜCKBRODT & HANSEN (1992), sowie BAUMANN & KÜNKELE (1982a, 1988a, 1989), BUTTLER (1986) und DELFORGE (1994) geben *Serapias vomeracea* ebenfalls nicht für die Türkei an. GÖLZ & REINHARD gehen in ihren diversen und umfangreichen Arbeiten über die *Serapias*-Arten ebenfalls nicht auf ein eventuelles Vorkommen von *Serapias vomeracea* s. str. in der Türkei ein.

32 **Cornia (Ligurien), 4.5.1990,** C. A. J. KREUTZ
33 **Bocca del Oru (Korsika), 18.4.1990,** C. A. J. KREUTZ
34 **Ortaca (Muğla), 16.4.1997,** C. A. J. KREUTZ
35 **Ortaca (Muğla), 16.4.1997,** C. A. J. KREUTZ

Spiranthes aestivalis

(POIRET) L. C. M. RICHARD
Sommer-Drehwurz
(Orch. Eur. Annot. 36, 1817)

BASIONYM
Ophrys aestivalis POIRET (in LAMARCK: Encycl. méth. Bot. 4: 567, 1798).

Die Art besiedelt ein großes Areal, sie kommt fast in ganz Europa vor mit Ausnahme von Nordengland, die Beneluxländer und Skandinavien (wohl aber in Dänemark).
Diese Art wurde für die Türkei von WIEDEMANN von den Yıldız-Dağları (Tokat/Gümüşhane) und von DUPARQUET von Domouzdere (İstanbul, Belgrad forest) angegeben (BOISSIER: Fl. Orient. 5: 90-91, 1882). Untersuchungen haben ergeben, daß der Herbarbeleg aus der Provinz Tokat/Gümüşhane Teile von *Dactylorhiza iberica* zeigt, während vom Standort Domouzdere kein Material vorhanden ist. Nachdem die Art nach 1882 nicht mehr in der Türkei nachgewiesen wurde, ist ihr Vorkommen in Nordanatolien äußerst fraglich (RENZ & TAUBENHEIM, (1984).

36 **Berchtesgaden (Bayern), 26.7.1989,** C. A. J. KREUTZ

Traunsteinera globosa

(L.) REICHENBACH
Rote Kugelorchis
(Fl. Saxon.: 87, 1842)

BASIONYM
Orchis globosa L. (Syst. Nat., ed. 10, 2: 1242, 1759).
SYNONYM
Orchis broteroana RIVAS GODAY & BELLOT.

Die Art besiedelt den Gebirgen Mitteleuropas, von den Pyrenäen bis zum Kaukasus.

37

Die mittel- bis südeuropäische *Traunsteinera globosa* mit ihren rosa Blüten und der mit roten Punkten übersäten Lippe wurde aus der Türkei vom Gebiet östlich Trabzon bis zur Çoruh-Mündung bei Batumı gemeldet (TAUBENHEIM, 1979), wobei TAUBENHEIM KOCH zitiert und Fundpunkte (offene Kreise) laut GROSSHEIM angibt.
TAUBENHEIM hat *Traunsteineri globosa* nie in der Türkei gesehen. Die östlichsten Vorkommen von *Traunsteinera globosa* liegen im Kaukasus (KOMAROV, 1935; AVERYANOV, 1995), die westlichsten in den Alpen. Im Kaukasus ist die Art sehr selten und auf den westlichen Bereich beschränkt. Nach den Verbreitungskarten zu urteilen (GROSSHEIM (1940, 1949) kommt sie an einigen Stellen gemeinsam mit *Traunsteinera sphaerica* vor (RÜCKBRODT *et al.*, 1997). BAUMANN & KÜNKELE (1982a) geben für diese Art auch den nordöstlichsten Teil der Türkei an.
Vom Uludağ (Bithynischer Olymp) bei Bursa liegt ein Beleg von *Traunsteinera globosa* vor. Die Bestimmung konnte aber von TAUBENHEIM nicht einwandfrei bestätigt werden. Weitere Untersuchungen am Uludağ blieben erfolglos.
Das Vorkommen dieser Art im nordöstlichen Teil der Türkei ist aber nicht auszuschließen!

37 **Coll d'Allimas (Vercors), 29.5.1990,** C. A. J. KREUTZ

Troja bei İntepe (Çanakkale), 3.5.1988, C. A. J. Kreutz

İstanbul (İstanbul), 25.5.1988, C. A. J. Kreutz

Standort von *Ophrys sicula*, Taşağıl (Antalya), 14.3.1998, C. A. J. Kreutz

Kappadokische Tufflandschaft bei Kayseri (Kayseri), 25.6.1994, C. A. J. Kreutz

Endemische Orchideenarten

In der Türkei waren trotz der vielen Arten und der zahlreichen Unterarten und Varietäten zunächst nur wenige endemische Sippen bekannt. So fand es Taubenheim (1975b) als erwähnenswert, daß die beiden orientalischen Vertreter aus der Gattung *Epipactis* - *Epipactis pontica* und *Epipactis condensata* - als endemische Arten der Türkei angesehen werden können, obwohl seiner Meinung nach die türkische Orchideenflora nur wenige Endemismen kennt. Es hat sich allerdings herausgestellt daß die beiden Arten keine Endemiten sind, da sie inzwischen auch in anderen Ländern nachgewiesen wurden (*Epipactis pontica* in mehreren Mittel- und Osteuropäischen Ländern, *Epipactis condensata* in Westsyrien, in Libanon und auf Zypern).

Nieschalk & Nieschalk (1976) sind bezüglich des Vorkommens von Endemiten anderer Meinung. Sie merken an: "Das europäisch-vorderasiatische Land liegt im Bereich verschiedener Florenregionen und zeichnet sich daher durch seinen Artenreichtum allgemein und durch das Vorkommen einer Vielzahl endemischer Sippen aus".

Derzeit sind folgende türkische Orchideen-Endemiten bekannt: *Dactylorhiza bithynica, Dactylorhiza ilgazica, Dactylorhiza nieschalkiorum, Epipactis bithynica, Ophrys amanensis, Ophrys antiochiana* (könnte aber auch noch im angrenzenden Syrien vorkommen), *Ophrys carduchorum, Ophrys climacis, Ophrys hittitica, Ophrys hygrophyla, Ophrys isaura, Ophrys karadenizensis, Ophrys labiosa, Ophrys lycia, Ophrys phaseliana* und *Ophrys straussii* var. *leucotaenia*. Nach Stewart (1992) sind auch *Dactylorhiza osmanica* und *Epipactis pontica* endemische Arten der Türkei. *Dactylorhiza osmanica* kommt jedoch auch im angrenzenden Teil Syriens vor.

Andererseits haben einige Arten und Varietäten in der Türkei ein relativ eng begrenztes Verbreitungsareal, nämlich *Aceras anthropophorum, Corallorrhiza trifida, Dactylorhiza bithynica, Dactylorhiza ilgazica, Dactylorhiza incarnata, Dactylorhiza nieschalkiorum, Epipactis bithynica, Epipactis condensata, Epipactis palustris, Epipactis pontica, Himantoglossum montis-tauri, Ophrys amanensis, Ophrys antiochiana, Ophrys attaviria, Ophrys bornmuelleri, Ophrys bucephala, Ophrys calypsus, Ophrys homeri, Ophrys hittitica, Ophrys hygrophila, Ophrys isaura, Ophrys karadenizensis, Ophrys khuzestanica, Ophrys lapethica, Ophrys lesbis, Ophrys levantina, Ophrys lycia, Ophrys minutula, Ophrys omegaifera, Ophrys phryganae, Ophrys regis-ferdinandii, Ophrys sintenisii, Ophrys sitiaca, Ophrys transhyrcana, Ophrys ziyaretiana, Orchis dinsmorei, Orchis papilionacea* subsp. *schirwanica, Orchis stevenii, Platanthera holmboei, Serapias cordigera, Serapias levantina* und *Traunsteinera sphaerica*.

Gefärdungs- und Seltenheitsstufe der Orchideen der Türkei

Gefährdungs-Definitionen

1 **Vom Aussterben bedroht** sind die Arten, von denen nur ein Einzelvorkommen bekannt ist, oder die in wenigen, isolierten und kleinen bis sehr kleinen Populationen auftreten, und Arten, deren Bestände durch anhaltenden starken Rückgang auf eine bedrohliche bis kritische Größe zusammengeschmolzen sind.

2 **Stark gefährdet** sind Arten mit kleinen Beständen oder Arten, deren Bestände im gesamten Verbreitungsgebiet zurückgehen oder die regional verschwunden sind.

3 **Gefährdet** sind Arten bei denen die Gefährdung in großen Teilen des Verbreitungsgebietes besteht.

4 **Potentiell gefährdet** sind Arten, die im Gebiet nur wenige und kleine Vorkommen besitzen, und Arten die in kleinen Populationen am Rande ihres Areals leben. Auch wenn eine aktuelle Gefährdung heute nicht besteht, können solche Arten wegen ihrer Seltenheit durch unvorhergesehene lokale Eingriffe schlagartig ausgerottet werden (Kohns, et al., 1990).

5 **Nicht oder kaum gefährdet.**

Seltenheitsstufe

0 **verschollen**
1 **äußerst selten**
2 **sehr selten**
3 **selten**
4 **ziemlich selten**
5 **nicht häufig**
6 **ziemlich häufig**
7 **häufig**

Diese Angaben (Gefährdung und Seltenheitsstufe) beziehen sich auf das Verbreitungsgebiet in der Türkei (großes oder beschränktes Areal) und/oder die Populationsgröße. Ein Beispiel: Wenn eine Art ein beschränktes Areal in der Türkei besitzt, dort aber in vielen Exemplaren vorkommt, dann ist sie sehr selten im Sinne ihres kleinen Verbreitungsgebiets, relativ selten im Sinne der Populationsgröße. Die Angaben vom IUCN, soweit angegeben, beziehen sich auf Stanislawa & Zurka (1991).

Taxon	Gefährdung	Seltenheitsstufe	IUCN
Aceras anthropophorum	3	2	
Anacamptis pyramidalis	5	5	
Barlia robertiana	2	2	
Cephalanthera damasonium	4	3	
Cephalanthera epipactoides	4	4	
Cephalanthera kotschyana	2	3	
Cephalanthera kurdica	4	5	
Cephalanthera longifolia	3	5	
Cephalanthera rubra	4	4	
Coeloglossum viride	3	3	
Comperia comperiana	2	3	
Corallorrhiza trifida	3	3	
Dactylorhiza bithynica	3	3	
Dactylorhiza euxina	4	5	
Dactylorhiza flavescens	3	3	
Dactylorhiza iberica	5	5	
Dactylorhiza ilgazica	3	3	
Dactylorhiza incarnata	2	3	
Dactylorhiza nieschalkiorum	2	3	3
Dactylorhiza osmanica	4	5	
Dactylorhiza romana	3	6	
Dactylorhiza saccifera	2	2	
Dactylorhiza umbrosa	4	4	
Dactylorhiza urvilleana	5	5	
Epipactis bithynica	4	2	
Epipactis condensata	3	1	
Epipactis helleborine	4	5	
Epipactis microphylla	5	4	
Epipactis palustris	2	2	
Epipactis persica	4	3	
Epipactis pontica	4	3	
Epipactis turcica	3	2	
Epipactis veratrifolia	2	2	
Epipogium aphyllum	4	3	
Goodyera repens	4	2	
Gymnadenia conopsea	4	4	
Himantoglossum affine	2	3	
Himantoglossum caprinum	3	3	3
Himantoglossum montis-tauri	2	2	
Limodorum abortivum	5	5	
Limodorum abortivum var. *rubrum*	3	2	
Listera cordata	4	2	
Listera ovata	3	3	
Neotinea maculata	5	4	
Neottia nidus-avis	5	4	
Ophrys amanensis	2	2	3
Ophrys antalyensis	2	2	
Ophrys antiochiana	2	3	
Ophrys apifera	4	4	
Ophrys attaviria	3	2	
Ophrys attica	3	1	
Ophrys blitopertha	2	1	
Ophrys bombyliflora	3	2	
Ophrys bornmuelleri	2	2	
Ophrys bremifera	2	3	
Ophrys bucephala	4	2	
Ophrys calypsus	2	1	
Ophrys candica	2	3	
Ophrys carduchorum	2	2	1
Ophrys caucasica	3	4	
Ophrys cilicica	2	2	
Ophrys cinereophila	4	3	
Ophrys climacis	3	2	
Ophrys episcopalis	3	3	
Ophrys ferrum-equinum	5	3	
Ophrys fusca	4	3	
Ophrys heterochila	4	4	1
Ophrys hittitica	2	1	
Ophrys holoserica	3	3	
Ophrys homeri	2	2	
Ophrys hygrophila	2	2	
Ophrys iricolor	5	3	
Ophrys isaura	1	1	1
Ophrys israelitica	3	3	
Ophrys karadenizensis	5	4	
Ophrys khuzestanica	2	2	
Ophrys labiosa	2	2	
Ophrys lapethica	1	1	
Ophrys lesbis	2	2	
Ophrys leucadica	4	2	
Ophrys levantina	2	1	
Ophrys lucis	2	2	

Taxon	Gefährdung	Seltenheitsstufe	IUCN
Ophrys lycia	1	1	1
Ophrys mammosa	4	3	
Ophrys minoa	4	4	
Ophrys minutula	2	2	
Ophrys oestrifera	4	4	
Ophrys omegaifera	2	2	
Ophrys phaseliana	2	2	
Ophrys phryganae	1	1	
Ophrys phrygia	3	3	3
Ophrys pseudomammosa	2	2	
Ophrys regis-ferdinandii	1	2	
Ophrys reinholdii	2	3	
Ophrys schulzei	2	3	
Ophrys sicula	5	6	
Ophrys sintenisii	3	3	
Ophrys sitiaca	1	2	
Ophrys speculum	4	4	
Ophrys straussii	4	4	
Ophrys straussii var. *leucotaenia*	3	2	1
Ophrys tenthredinifera	3	2	
Ophrys transhyrcana	2	2	
Ophrys umbilicata	5	4	
Ophrys ziyaretiana	1	1	
Orchis anatolica	5	5	
Orchis caucasica	2	3	
Orchis collina	1	2	
Orchis coriophora	5	4	
Orchis dinsmorei	1	1	
Orchis elegans	1	2	
Orchis fragrans	5	5	
Orchis italica	5	4	
Orchis lactea	2	2	
Orchis laxiflora	4	4	

Taxon	Gefährdung	Seltenheitsstufe	IUCN
Orchis mascula	2	2	
Orchis morio subsp. *morio*	3	3	
Orchis morio subsp. *picta*	4	4	
Orchis pallens	4	3	
Orchis palustris	5	3	
Orchis papilionacea subsp. *papilionacea*	4	2	
Orchis papilionacea subsp. *heroica*	4	5	
Orchis papilionacea subsp. *schirwanica*	1	1	
Orchis pinetorum	4	4	
Orchis provincialis	4	3	
Orchis pseudolaxiflora	5	5	
Orchis punctulata	3	3	
Orchis purpurea	3	3	
Orchis quadripunctata	1	1	
Orchis sancta	5	5	
Orchis sezikiana	4	4	
Orchis simia	5	5	
Orchis spitzelii	2	2	
Orchis stevenii	2	2	
Orchis syriaca	4	3	
Orchis tridentata	5	6	
Platanthera bifolia	2	2	
Platanthera chlorantha	5	4	
Platanthera holmboei	1	1	
Serapias bergonii	5	4	
Serapias cordigera	2	2	
Serapias feldwegiana	4	4	
Serapias levantina	3	3	
Serapias orientalis subsp. *carica*	3	3	
Serapias politisii	4	3	
Spiranthes spiralis	5	4	
Steveniella satyrioides	2	3	
Traunsteinera sphaerica	4	3	

Pamukkale bei Denizli (Denizli), 19.4.1996, C. A. J. Kreutz

Die Taxa

Die Autorennamen richten sich weitgehend nach BRUMMITT & POWELL (1992).
Öfter existieren für eine Art mehrere deutschsprachige Namen (siehe unter anderem BUTTLER (1986)). Im vorliegenden Buch wurde nur einer dieser zur Verfügung stehenden Namen verwendet. Dieses Verfahren wurde auch in BAUMANN & KÜNKELE (1982a, 1988a) angewendet. Deutschprachige Namen, die noch nicht existierten, wurden neu gewählt. Diese deutschprachigen Namen werden nur bei den Artbeschreibung erwähnt.
Die nahe verwandten Arten wurden nach Formenkreis gegliedert.

1 *Aceras anthropophorum* (L.) W. T. AITON

2 *Anacamptis pyramidalis* (L.) L. C. M. RICHARD

3 *Barlia robertiana* (LOISELEUR) W. GREUTER

4 *Cephalanthera damasonium* (MILLER) DRUCE
5 *Cephalanthera kotschyana* RENZ & TAUBENHEIM
6 *Cephalanthera longifolia* (L.) K. FRITSCH
7 *Cephalanthera rubra* (L.) L. C. M. RICHARD

8 *Cephalanthera epipactoides* FISCHER & C. A. MEYER
9 *Cephalanthera kurdica* BORNMÜLLER

10 *Coeloglossum viride* (L.) HARTMAN

11 *Comperia comperiana* (STEVEN) ASCHERSON & GRÄBNER

12 *Corallorrhiza trifida* CHÂTELAIN

13 *Dactylorhiza bithynica* H. BAUMANN
14 *Dactylorhiza saccifera* (BRONGNIART) SOÓ

15 *Dactylorhiza euxina* (NEVSKI) CZEREPANOV

16 *Dactylorhiza ilgazica* C. A. J. KREUTZ
17 *Dactylorhiza nieschalkiorum* H. BAUMANN & KÜNKELE
18 *Dactylorhiza urvilleana* (STEUDEL) H. BAUMANN & KÜNKELE

19 *Dactylorhiza flavescens* (C. KOCH) HOLUB
20 *Dactylorhiza romana* (SEBASTIANI) SOÓ

21 *Dactylorhiza iberica* (M. F. A. VON BIEBERSTEIN ex WILLDENOW) SOÓ

22 *Dactylorhiza incarnata* (L.) SOÓ

23 *Dactylorhiza osmanica* (KLINGE) SOÓ
24 *Dactylorhiza umbrosa* (KARELIN & KIRILOW) NEVSKI

25 *Epipactis bithynica* K. ROBATSCH
26 *Epipactis condensata* BOISSIER ex D. P. YOUNG
27 *Epipactis helleborine* (L.) CRANTZ
28 *Epipactis turcica* C. A. J. KREUTZ

29 *Epipactis microphylla* (EHRHART) SWARTZ

30 *Epipactis palustris* (L.) CRANTZ

31 *Epipactis persica* (SOÓ) NANNFELDT
32 *Epipactis pontica* TAUBENHEIM

33 *Epipactis veratrifolia* BOISSIER & HOHENACKER

***Himantoglossum montis-tauri*, Termessos (Antalya), 26.5.1989**, H. LÄPPLE

34 *Epipogium aphyllum* SWARTZ

35 *Goodyera repens* (L.) R. BROWN

36 *Gymnadenia conopsea* (L.) R. BROWN

37 *Himantoglossum affine* (BOISSIER) SCHLECHTER
38 *Himantoglossum caprinum* (M. F. A. VON BIEBERSTEIN) SPRENGEL
39 *Himantoglossum montis-tauri* C. A. J. KREUTZ & W. LÜDERS

40 *Limodorum abortivum* (L.) SWARTZ
41 *Limodorum abortivum* (L.) SWARTZ
var. *rubrum* SUNDERMANN ex C. A. J. KREUTZ

42 *Listera cordata* (L.) R. BROWN
43 *Listera ovata* (L.) R. BROWN

44 *Neotinea maculata* (DESFONTAINES) STEARN

45 *Neottia nidus-avis* (L.) L. C. M. RICHARD

46 *Ophrys amanensis* (E. NELSON ex RENZ & TAUBENHEIM) P. DELFORGE
47 *Ophrys antalyensis* C. A. J. KREUTZ & B. J. SECKEL
48 *Ophrys caucasica* WORONOW ex GROSSHEIM
49 *Ophrys hittitica* C. A. J. KREUTZ & R. PETER
50 *Ophrys mammosa* DESFONTAINES
51 *Ophrys pseudomammosa* RENZ (pro hybr.)
52 *Ophrys sintensii* H. FLEISCHMANN & BORNMÜLLER
53 *Ophrys transhyrcana* CZERNIAKOVSKA

54 *Ophrys antiochiana* H. BAUMANN & KÜNKELE (pro hybr.)
55 *Ophrys reinholdii* H. FLEISCHMANN
56 *Ophrys straussii* H. FLEISCHMANN & BORNMÜLLER
57 *Ophrys straussii* H. FLEISCHMANN & BORNMÜLLER
var. *leucotaenia* (RENZ & TAUBENHEIM) R. PETER

58 *Ophrys apifera* Hudson

59 *Ophrys attica* (Boissier & Orphanides) B. D. Jackson
60 *Ophrys bucephala* Gölz & H. R. Reinhard
61 *Ophrys khuzestanica* (Renz & Taubenheim) P. Delforge
62 *Ophrys umbilicata* Desfontaines

63 *Ophrys bombyliflora* Link

64 *Ophrys bornmuelleri* M. Schulze
65 *Ophrys carduchorum* (Renz & Taubenheim) P. Delforge
66 *Ophrys levantina* Gölz & H. R. Reinhard
67 *Ophrys ziyaretiana* C. A. J. Kreutz & R. Peter

68 *Ophrys bremifera* Steven
69 *Ophrys hygrophila* E. Gügel, C. A. J. Kreutz & D. & U. Rückbrodt
70 *Ophrys isaura* Renz & Taubenheim
71 *Ophrys karadenizensis* M. & H. Schönfelder
72 *Ophrys lapethica* Gölz & H. R. Reinhard
73 *Ophrys oestrifera* M. F. A. von Bieberstein
74 *Ophrys phrygia* H. Fleischmann & Bornmüller

75 *Ophrys calypsus* Hirth & Spaeth
76 *Ophrys candica* W. Greuter, Matthäs & Risse
77 *Ophrys episcopalis* Poiret
78 *Ophrys holoserica* (N. L. Burman) W. Greuter
79 *Ophrys homeri* Hirth & Spaeth
80 *Ophrys minoa* (C. & A. Alibertis) P. Delforge

81 *Ophrys heterochila* (Renz & Taubenheim) P. Delforge
82 *Ophrys minutula* Gölz & H. R. Reinhard

83 *Ophrys cilicica* Schlechter

84 *Ophrys ferrum-equinum* Desfontaines
85 *Ophrys labiosa* C. A. J. Kreutz

86 *Ophrys fusca* Link
87 *Ophrys attaviria* D. & U. Rückbrodt & D. & S. Wenker
88 *Ophrys blitopertha* H. F. Paulus & C. Gack
89 *Ophrys cinereophila* H. F. Paulus & C. Gack
90 *Ophrys iricolor* Desfontaines
91 *Ophrys israelitica* H. Baumann & Künkele
92 *Ophrys leucadica* Renz (pro hybr.)
93 *Ophrys omegaifera* H. Fleischmann
94 *Ophrys phaseliana* D. & U. Rückbrodt
95 *Ophrys sitiaca* H. F. Paulus & C. & A. Alibertis

96 *Ophrys phryganae* J. & P. Devillers-Terschuren
97 *Ophrys sicula* Tineo

98 *Ophrys climacis* Heimeier & Perschke
99 *Ophrys lesbis* Gölz & H. R. Reinhard
100 *Ophrys lucis* (Kalteisen & H. R. Reinhard) H. F. Paulus & Gack
101 *Ophrys lycia* Renz & Taubenheim

102 *Ophrys schulzei* Bornmüller & H. Fleischmann

103 *Ophrys speculum* Link
104 *Ophrys regis-ferdinandii* (Renz) Buttler

105 *Ophrys tenthredinifera* Willdenow

106 *Orchis anatolica* Boissier
107 *Orchis quadripunctata* Cirillo ex Tenore
108 *Orchis sezikiana* B. & H. Baumann (pro hybr.)
109 *Orchis caucasica* Regel
110 *Orchis purpurea* Hudson

111 *Orchis collina* Banks & Solander

112 *Orchis spitzelii* Sauter ex W. D. J. Koch

113 *Orchis coriophora* L.
114 *Orchis fragrans* Pollini
115 *Orchis sancta* L.

116 *Orchis dinsmorei* (Schlechter) H. Baumann & Dafni
117 *Orchis elegans* Heuffel
118 *Orchis laxiflora* Lamarck
119 *Orchis palustris* Jacquin
120 *Orchis pseudolaxiflora* Czerniakovska

121 *Orchis italica* Poiret
122 *Orchis lactea* Poiret
123 *Orchis tridentata* Scopoli

124 *Orchis mascula* (L.) L.
125 *Orchis pinetorum* Boissier & Kotschy

126 *Orchis morio* L.
subsp. *morio*
127 *Orchis morio* L.
subsp. *picta* (Loiseleur) K. Richter
128 *Orchis syriaca* Boissier ex H. Baumann & Künkele

129 *Orchis pallens* L.
130 *Orchis provincialis* Balbis ex Lamarck & de Candolle

131 *Orchis punctulata* Steven ex Lindley

132 *Orchis papilionacea* L.
subsp. *papilionacea*
133 *Orchis papilionacea* L.
subsp. *heroica* (E. D. Clarke) H. Baumann
134 *Orchis papilionacea* L.
subsp. *schirwanica* (Woronow) Soó

135 *Orchis simia* Lamarck
136 *Orchis stevenii* Reichenbach fil.

137 *Platanthera bifolia* (L.) L. C. M. Richard
138 *Platanthera chlorantha* (Custer) Reichenbach
139 *Platanthera holmboei* H. Lindberg

140 *Serapias bergonii* E. G. Camus (pro hybr.)
141 *Serapias politisii* Renz (pro hybr.)

142 *Serapias cordigera* L.

143 *Serapias feldwegiana* H. Baumann & Künkele
144 *Serapias levantina* H. Baumann & Künkele
145 *Serapias orientalis* (Greuter) H. Baumann & Künkele
subsp. *carica* H. Baumann & Künkele

146 *Spiranthes spiralis* (L.) Chevallier

147 *Steveniella satyrioides* (Sprengel) Schlechter

148 *Traunsteinera sphaerica* (M. F. A. von Bieberstein) Schlechter

Ophrys climacis, Kuzdere (Antalya), 8.3.1998, C. A. J. Kreutz

Ophrys lesbis, Torba (Muğla), 12.3.1998, C. A. J. Kreutz

Ophrys lucis, Bucakkişla (Antalya), 17.4.1996, C. A. J. Kreutz

Ophrys lycia, Ağullu (Antalya), 9.4.1997, C. A. J. Kreutz

1 Aceras anthropophorum (L.) W. T. Aiton

Ohnsporn (Epit. Hort. Kew.: 191, 1813)

BASIONYM

Ophrys anthropophora L. (Spec. Plant. 2: 948, 1753)

SYNOMYM

Aceras anthropophora W. T. Aiton

BESCHREIBUNG

Mittelgroße Pflanze mit reich beblättertem Stengel; die unteren Laubblätter rosettig genähert. Laubblätter ungefleckt. Blütenstand locker- bis dichtblütig mit bis zu 60 Blüten, meist langgestreckt. Blüten ziemlich klein, gelb bis grünlichgelb gefärbt und meist an den Rändern rötlich überlaufen. Perigonblätter einen geschlossenen Helm bildend. Sepalen eiförmig-lanzettlich, an den Rändern rötlichbraun getönt. Petalen etwas kürzer als die Sepalen. Lippe lang und schmal, tief dreilappig, der Mittellappen im unteren Teil in zwei Zipfel gespalten, diese etwa gleich lang wie die Seitenlappen, grünlichgelb oder gelb, oft rotbraun oder rötlich überlaufen, ohne Sporn.

ABGRENZUNG ZU ÄHNLICHEN ARTEN

Unverwechselbar.

STANDORT

Lockere Kiefernwälder, lichte Gebüsche, Macchien und Phrygana, rasige Weidenflächen und trockene Magerwiesen; bevorzugt basische und kalkreiche Böden.

BLÜTEZEIT

Ende März bis Ende April.

HÖHENVERBREITUNG

Von der Küste bis 800 m.

GESAMTVERBREITUNG

Vor allem im westlichen Teil Mitteleuropas (nördlich bis Südengland, die Niederlande und Zentraldeutschland) und im ganzen Mittelmeergebiet (östlich bis Kleinasien und Zypern). Auch in Nordafrika.

VERBREITUNG IN DER TÜRKEI

Von İzmir bis Fethiye (Muğla). Ein isoliertes Vorkommen nördlich Mersin bei Arslanköy (İçel).

NOTIZEN ZU EINIGEN FUNDORTEN

Aceras anthropophorum gehört in der Türkei zu den seltenen Orchideenarten und ist mit Ausnahme eines isolierten Vorkommens bei Mersin auf den südwestlichen Teil beschränkt. In der Türkei sind nur wenige Standorte mit meist kleinen Populationen bekannt.

Renz & Taubenheim (1984) beschreiben nur Standorte aus den Provinzen İzmir, Aydın und Muğla.

Bei Rückbrodt & Hansen (1992) werden drei Standorte aufgelistet, zwei an der Straße von Milas nach Yatagan (Muğla), wo sie in lockerem Kiefernwald zusammen mit *Anacamptis pyramidalis, Limodorum abortivum, Neotinea maculata, Ophrys ferrum-equinum, Ophrys fusca* s. l., *Ophrys heterochila, Ophrys iricolor, Ophrys sicula, Ophrys reinholdii, Orchis anatolica, Orchis italica, Orchis provincialis, Orchis simia* und *Spiranthes spiralis* vorkommt. Der dritte Standort befindet sich in einem lockeren Kiefernwald an der Straße von Karaböğürtlen nach Ula, dort begleitet von *Barlia robertiana, Comperia comperiana, Neotinea maculata, Ophrys cinereophila, Ophrys mammosa, Ophrys reinholdii, Orchis anatolica, Orchis italica, Orchis morio* subsp. *morio, Orchis provincialis, Orchis tridentata* und *Serapias bergonii*.

Kalteisen (Fundliste 1989) berichtet von einem weiteren Fund an der Straße von Marmaris nach Datça (Muğla).

Im Tal des Dalaman-Flußes, nordöstlich von Ortaca (Muğla) wurde von Hahn & Passin (1997) der östlichste Standort des südwestlichen Areals dieser Art in der Türkei nachgewiesen. Hertel (briefl. Mittlg., 1996) berichtet über einen weiteren Fund im Dilek Nationalpark, südwestlich von Söke (Aydın), wo *Aceras anthropophorum* in einigen Exemplaren in der Umgebung einer kleinen Weidefläche, angrenzend an einen locke-

◄ **Yeniköy (İçel), 21.5.1997,** C. A. J. Kreutz

Yatağan (Muğla), 5.4.1996, C. A. J. Kreutz

Yeniköy (İçel), 21.5.1997, C. A. J. Kreutz

Yatağan (Muğla), 5.4.1996, C. A. J. Kreutz

ren Kiefernwald, mit vielen anderen Orchideenarten vorkommt.

Weitere aktuelle Vorkommen von *Aceras anthropophorum* konnten 1996 an folgenden Stellen bestätigt werden: südlich Urla auf der Halbinsel Çeşme (İzmir) und an der Straße von Milas nach Yatağan (Muğla), jeweils in lockeren Kiefernwäldern. Ebenso konnte Wagner (Fundliste 1997) die Art in einem Kiefernwald bei Çamlık zwischen Bodrum und Karaova nachweisen.

Die südöstlichsten Vorkommen in der Türkei liegen jedoch nördlich von Mersin an der Straße Arslanköy - Mersin (İçel). Der Erstnachweis stammt von Gügel & Zaiss (Fundliste 1995). Sie fanden vier Exemplare in einem Kiefernwald bei Yeniköy.

BEMERKUNGEN

Die Art ist, mit Ausnahme der Blütenfärbung, wenig variabel.

HYBRIDEN

Sie bildet mit einigen *Orchis*-Arten Naturhybriden (vor allem in Frankreich), die an einigen Stellen in individuenreichen Schwärmen auftreten. Aus der Türkei, wo auch *Orchis simia*, *Orchis purpurea* und *Orchis italica* vorkommen, liegen überraschenderweise noch keine Angaben von intergenerischen Hybriden vor.

Yatağan (Muğla), 5.4.1996, C. A. J. Kreutz

Urla (İzmir), 2.4.1996, C. A. J. Kreutz

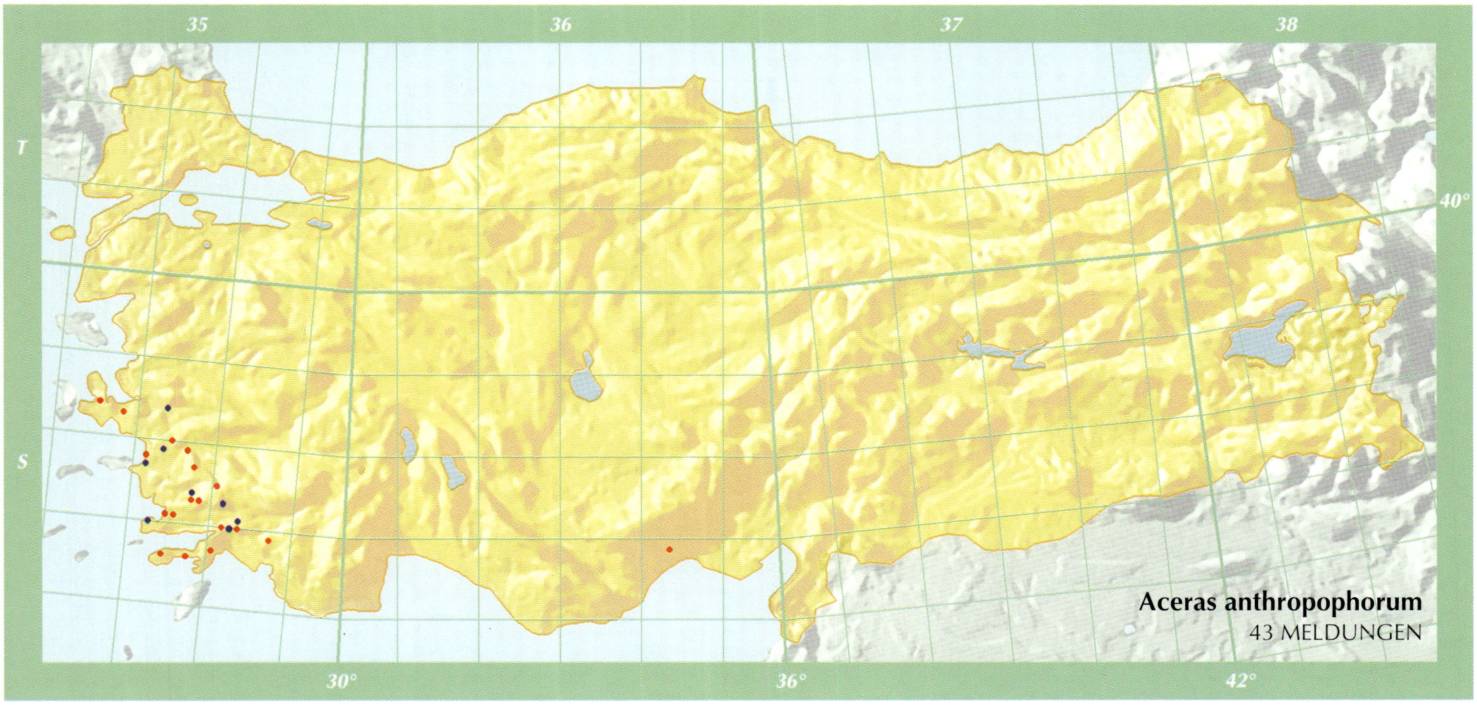

2. Anacamptis pyramidalis (L.) L. C. M. RICHARD

Pyramidenorchis (Orchid. Eur. Annot.: 33, 1817)

BASIONYM

Orchis pyramidalis L. (Spec. Plant. 2: 940, 1753)

BESCHREIBUNG

Ziemlich kräftige, hochwüchsige und schlanke Pflanze. Laubblätter schmal-lanzettlich bis lanzettlich, schräg abstehend. Blütenstand anfangs pyramidenförmig, später kegel- bis eiförmig. Blüten klein bis mittelgroß, (hell)rosa, rot bis dunkelrot oder weißlich gefärbt. Sepalen lanzettlich, waagrecht abstehend, das mittlere leicht nach vorne gebogen. Petalen eiförmig-lanzettlich, helmförmig zusammenneigend. Lippe tief dreilappig mit zwei Längsleisten an der Basis, die beiden Seitenlappen etwa so lang wie oder etwas kürzer als der Mittellappen. Sporn sehr dünn, abwärts gerichtet.

VARIABILITÄT

Mehrere Varietäten wurden beschrieben, von denen *Anacamptis pyramidalis* var. *brachystachys* (D'Urville) BOISSIER auch in der Türkei vorkommt. Sie unterscheidet sich von der Nominatform vor allem durch ihre kleineren, heller gefärbten Blüten und einen aufgelockerten Blütenstand.

In den Gebirgen an der Schwarzmeerküste (besonders im östlichen Pontus) bei İnebolu, Kümbet, Trabzon und Samsun blüht in Halbtrockenrasen höherer Gebirgslagen eine intensiv dunkelrot gefärbte Form. Diese Pflanzen sind vergleichbar mit *Anacamptis pyramidalis* var. *tanayensis* CHENEVARD, einer Varietät die aus der Schweiz (Wallis, Fribourg) und aus Frankreich (Haute Savoie) beschrieben wurde (KREUTZ, 1994a). Diese Varietät mit ihrer außergewöhnlich dunkelroten Blütenfarbe wurde Mitte Juli auch nördlich von Mengen (Bolu) in zum Teil stark überweidetem Wiesenland (WEYLAND, 1987) und von SUNDERMANN & TAUBENHEIM (1982) im Pontus südlich Yavuzkemal (Giresun) beobachtet. Vor allem bei Yavuzkemal, südlich von Dereli, an der Straße von Giresun nach Şebinkarahisar (Giresun) wächst diese besonders kräftig dunkelrot gefärbte Varietät. Viele Exemplare kommen auch auf einer trockenen Bergwiese ca. 35 - 40 km südlich von Giresun vor. Wegen ihrer sehr dunkelroten Blütenfarbe gehört sie zu den schönsten Orchideen Europas und Vorderasiens.

Wie im gesamten Mittelmeergebiet findet man auch in der Türkei stellenweise rein weißblühende Exemplare.

ABGRENZUNG ZU ÄHNLICHEN ARTEN

Die Art ist unverwechselbar. Sie ist leicht an ihrem anfangs pyramidenförmigen, dunkelroten Blütenstand zu erkennen, der sich während der Anthese weitgehend streckt. Die Blütenfarbe wird dann heller, nämlich lila, rosa bis weißlich.

STANDORT

Lichte Wälder, Gebüsche, Ödland, Straßenböschungen, Macchien, Phrygana und Olivenhaine; auf trockenen, selten feuchten, kalkhaltigen Böden. In höheren Gebirgslagen meist in frischen Bergwiesen.

BLÜTEZEIT

Anfang April in der Mittelmeer-Region bis Mitte Juli im Pontusgebirge. Sie blüht etwa einen Monat später als die meisten *Orchis*- und *Ophrys*-Arten, aber deutlich früher als zum Beispiel die Arten der Gattung *Epipactis*.

HÖHENVERBREITUNG

Von der Küste bis etwa 1.800 m.

GESAMTVERBREITUNG

Anacamptis pyramidalis besiedelt außerhalb der Türkei fast ganz Europa; nördlich geht sie bis Öland und Gotland. Im Kaukasusgebiet ist sie nicht selten (AVERYANOV, 1995). Auch in Iran und in Irak (RENZ, 1978).

VERBREITUNG IN DER TÜRKEI

Hauptsächlich in der Ägäis-Region, der Mittelmeer-Region, in den Gebirgslagen der Schwarzmeerküste und in Ostanatolien verbreitet. Selten in der Marmara-Region. Fehlt in Inneranatolien und Südostanatolien.

NOTIZEN ZU EINIGEN FUNDORTEN

Anacamptis pyramidalis gehört zu den Arten, die in der Türkei weit verbreitet sind. Sie ist nicht so häufig wie zum Beispiel *Orchis tridentata*, aber sie gehört im Südwesten zu den häufigsten Orchideen. Vor allem auf der Halbinsel Çeşme und in den weitläufigen, lockeren Kiefernwäldern in der Umgebung von Bodrum und Yatağan (Muğla) ist sie immer wieder zu finden. Oft wird sie hier von vielen anderen Orchideenarten begleitet, unter anderem von *Neotinea maculata, Ophrys blitopertha, Ophrys iricolor, Ophrys omegaifera, Ophrys sicula, Orchis collina, Orchis morio* subsp. *picta, Orchis papilionacea* subsp. *heroica, Serapias orientalis* subsp. *carica* und *Serapias bergonii*. Am Standort nordwestlich von Çeşme (İzmir) blüht *Anacamptis pyramidalis* schon Mitte April, vielfach in der rosa bis weißblütigen Form. Leider sind ihre Standorte (Phryganaflächen und Magerrasen), stark durch den Bau von neuen Wohnhäusern und Hotels gefährdet.

Im Süden der Türkei ist sie vor allem auf alten, verlassenen Friedhöfen zu finden. Auf dem Friedhof in Akseki (Antalya) blühen zum Beispiel Ende Mai viele Exemplare in grasigen Flächen, in Eichengebüsch oder im lockeren Kiefernwald. Dort begleitet von *Cephalanthera damasonium, Cephalanthera kurdica, Comperia comperiana, Epipactis microphylla, Ophrys phrygia, Ophrys*

◄ **Yatağan-Kavaklıdere (Muğla), 13.5.1996,** C. A. J. KREUTZ

Gözne (İçel), 10.5.1988, C. A. J. KREUTZ

Akseki (Antalya), 19.5.1997, C. A. J. Kreutz

Çesme (İzmir), 12.4.1997, C. A. J. Kreutz

Kümbet (Giresun), 27.6.1994, C. A. J. Kreutz

Çesme (İzmir), 12.4.1997, C. A. J. Kreutz

Abant (Bolu), 23.6.1994, C. A. J. Kreutz

Sofular (Hatay) 22.5.1995, C. A. J. Kreutz

straussii, Ophrys straussii var. *leucotaenia* und *Orchis anatolica*. Die Art ist auch im östlichen Pontus weit verbreitet, wie zum Beispiel in den Haselnußpflanzungen und Kalkmagerrasen südlich von Maçka (Trabzon).

Ein schöner Standort von Pflanzen mit dunkelroten Blüten befindet sich an der Auffahrt zum Abantsee. In einer Magerwiese und am Rande von Eichengebüsch wachsen im Juni viele Exemplare zusammen mit *Himantoglossum caprinum*.

BEMERKUNGEN

Im gesamten Mittelmeergebiet gehört *Anacamptis pyramidalis* zu den häufigsten Orchideen. Auch in der Türkei ist diese Art nicht selten. Dort befinden sich die meisten Standorte im Südwesten. Die Art ist daher kaum gefährdet, abgesehen von der Tatsache, daß sie an vielen Stellen ausgegraben wird.

HYBRIDEN

Nicht nachgewiesen.

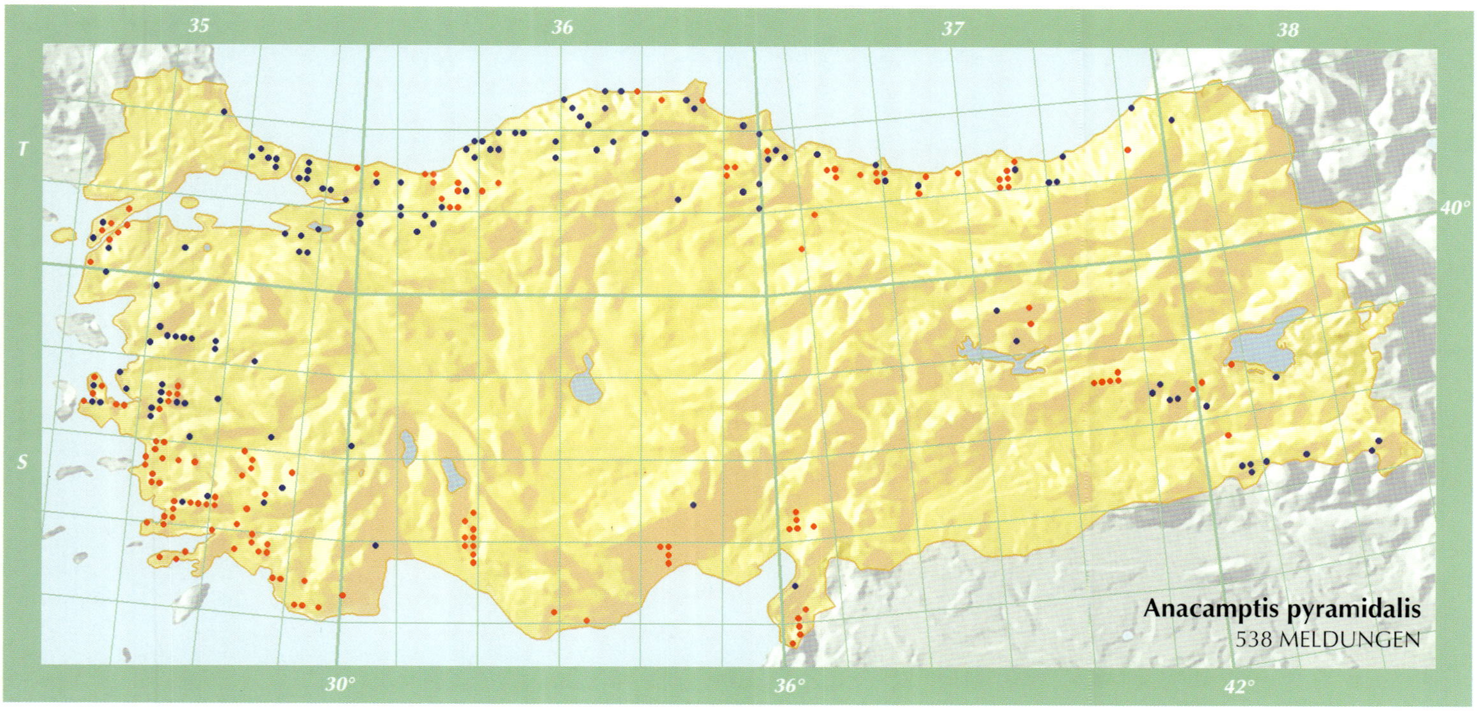

3 Barlia robertiana (LOISELEUR) W. GREUTER

Roberts Mastorchis

(Boissiera 13: 192, 1967)

BASIONYM

Orchis robertiana LOISELEUR (Fl. Gallica ed. 1,2: 606, 1807 ('1806'))

SYNONYME

Orchis longibracteata BIVONA-BERNARDI, *Barlia longibracteata* (BIVONA) PARLATORE, *Himantoglossum longibracteatum* (BIVONA) SCHLECHTER, *Loroglossum longibracteatum* (BIVONA) MORIS, *Aceras longibracteatum* (BIVONA) REICHENBACH fil.

BESCHREIBUNG

Sehr kräftige und hochwüchsige Pflanze (bis 80 cm hoch). Laubblätter breit-lanzettlich bis eiförmig, glänzend, ungefleckt und am Grunde rosettig gehäuft. Blütenstand zylindrisch, dicht- und reichblütig. Blüten groß, von schmutzig weißer Grundfärbung, oft mit braunroter, grüner und brauner Tönung. Die Perigonblätter bilden einen lockeren Helm. Sepalen und Petalen eiförmig, die Petalen sind deutlich kürzer als die Sepalen. Lippe stark dreilappig, der Mittellappen fast doppelt so lang wie die beiden Seitenlappen; er ist im unteren Teil nochmals zweigeteilt. Sporn kegelförmig, kurz und abwärts gerichtet.

VARIABILITÄT

Die Art ist mit Ausnahme der Blütenfärbung kaum variabel.

ABGRENZUNG ZU ÄHNLICHEN ARTEN

Unverwechselbar.

STANDORT

Lockere Kiefern- und Eichenwälder, Affodillfluren, Macchien, Phrygana, Olivenhaine, beweidetes Ödland und Magerrasen; auf trockenen bis mäßig feuchten, basenreichen Böden.

BLÜTEZEIT

Eine sehr frühblühende Art, von Mitte Februar bis Mitte April, stellenweise schon ab Januar.

HÖHENVERBREITUNG

Von der Küste bis etwa 700 m.

GESAMTVERBREITUNG

Im ganzen Mittelmeergebiet verbreitet, von Portugal bis Kleinasien. Auch in Nordafrika.

VERBREITUNG IN DER TÜRKEI

Die Standorte von *Barlia robertiana* sind auf den Westen und Südwesten (Provinzen İzmir, Aydın, Muğla und Antalya) beschränkt.

NOTIZEN ZU EINIGEN FUNDORTEN

Mehrmals wurde *Barlia robertiana* auch auf der Halbinsel Çeşme (İzmir) beobachtet, dort meist in relativ dichter Phrygana, wo sie vor Schafen und Ziegen gut geschützt ist.

HAHN & PASSIN (1997) berichten von drei weiteren Funden in der Provinz Muğla, nämlich bei Sarıgerme, Köyceğiz und Göcek.

HERTEL (briefl. Mittlg., 1996) berichtet von Funden im Ausgrabungsgelände von Priene (Aydın), wo er ein Exemplar in den grasigen Stellen zwischen den Ruinen gefunden hat.

An der Straße von Bodrum nach Karaova (Muğla) liegen einige Fundstellen in lockeren Kiefernwäldern, in Gebüschen und auf einem Friedhof. Vor allem auf dem Friedhof bei Karaova blüht die Art Mitte März reichlich.

Weitere Funde liegen an der Straße von Milas nach Bodrum (Muğla), wo sie in grasigen Hangflächen mit Olivenbäumen wächst, dort zusammen mit *Ophrys cinereophila*, *Ophrys iricolor*, *Ophrys mammosa*, *Ophrys sicula*, *Ophrys speculum*, *Ophrys tenthredinifera*, *Ophrys umbilicata*, *Orchis fragrans*,

Çesme (İzmir), 31.3.1996, C. A. J. KREUTZ

Bafasee (Aydın), 8.4.1997, C. A. J. KREUTZ

◄ **Agla (Muğla), 16.4.1997,** C. A. J. KREUTZ

Bafasee (Aydın), 8.4.1997, C. A. J. Kreutz

Çesme (İzmir), 31.3.1996, C. A. J. Kreutz

Orchis italica, *Orchis morio* subsp. *morio* und *Orchis papilionacea* subsp. *heroica*.
In dem botanisch sehr interessanten Gebiet bei Karaböğürtlen (Muğla) ist *Barlia robertiana* mehrmals zu finden. Auf einem Friedhof in der Ortslage von Çiçekli wurden Mitte April 1997 etwa 30 Exemplare gefunden, allerdings schon verblüht.
Mehrere Standorte liegen an der Straße Kaş - Fethiye (Antalya), westlich Antalya, wo sie hauptsächlich in lichten Kiefernwäldern und auf alten Friedhöfen vorkommt.
Auch nahe der Ausgrabungsstätte Olympos (Antalya) ist *Barlia robertiana* nicht selten. Hauptsächlich auf Friedhöfen, manchmal vereinzelt auch außerhalb, lassen sich immer wieder mehrere Exemplare finden. Ihre Blütezeit liegt in diesem Gebiet durchschnittlich Anfang bis Mitte März.
Nördlich Karacasu (Aydın) befindet sich wahrscheinlich der am weitesten im Landesinneren gelegene Standort. Lediglich ein Exemplar wurde hier 1996 gefunden.

BEMERKUNGEN

Barlia robertiana besiedelt in der Türkei nur den Südwesten, wo sie weitaus seltener ist als in anderen Bereichen des Mittelmeergebiets. Das Vorkommen in der Türkei wird in der älteren Literatur nicht erwähnt. Erste Meldungen sind von Sezik (1967b) und Sundermann (1972b) publiziert worden (Sundermann & Taubenheim, 1982). Inzwischen wurde *Barlia robertiana* auch an vielen Stellen im Süden der Türkei von Ortaklar bis Antalya nachgewiesen.

HYBRIDEN

Nicht nachgewiesen.

Çesme (İzmir), 31.3.1996, C. A. J. KREUTZ

Çesme (İzmir), 31.3.1996, C. A. J. KREUTZ

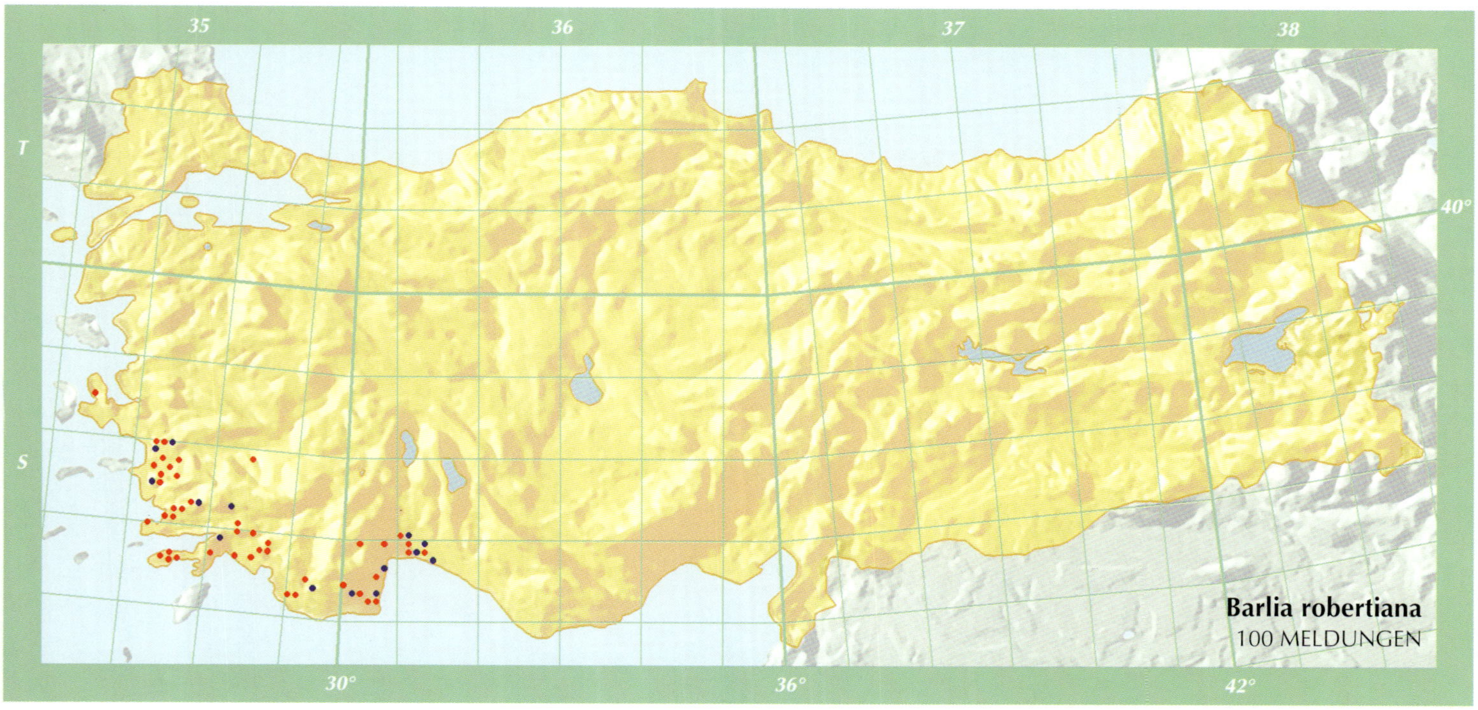

4 Cephalanthera damasonium

(MILLER) DRUCE

Weißes Waldvögelein

(Ann. Scott. Nat. Hist. 60: 225, 1906)

BASIONYM

Serapias damasonium MILLER (Gard. Dict. ed. 8 (2), 1768)

SYNONYME

Cephalanthera alba (CRANTZ) SIMONKAI, *Cephalanthera grandiflora* S. F. GRAY, *Cephalanthera pallens* L. C. M. RICHARD, *Cephalanthera latifolia* (MILLER) JANCHEN

BESCHREIBUNG

Ziemlich kräftige und schlanke Pflanze. Laubblätter eiförmig-lanzettlich bis oval, waagrecht abstehend bis schwach aufwärts gerichtet, im Bereich des Blütenstandes in Tragblätter übergehend. Blütenstand ziemlich locker, mit bis zu 20 Blüten. Blüten mittelgroß, dem Blütenstand anliegend (dieser deshalb schmal erscheinend), weiß bis gelblich gefärbt, meist geschlossen bleibend oder wenig geöffnet. Perigonblätter eiförmig-lanzettlich, stumpf, Petalen etwas kürzer als die Sepalen. Lippe zweigliedrig. Hypochil mit abgerundeten Seitenlappen, die Säule umhüllend, weiß und am Grunde mit einem gelben Fleck. Epichil herzförmig mit schwach hochgebogenen Rändern, weiß mit 3 bis 5 orangegelben Längsleisten. Sporn fehlt.

VARIABILITÄT

In der Provinz Trabzon bei Maçka kommen auch chlorotische Exemplare vor. Zusammen mit dreißig Exemplaren der Nominatform hat WAGNER (Fundliste 1997) einige derartige Pflanzen gefunden.

ABGRENZUNG ZU ÄHNLICHEN ARTEN

Sie ähnelt *Cephalanthera kotschyana* am meisten, unterscheidet sich aber von dieser durch folgende Merkmale: Fruchtknoten aufrecht-abstehend, mit der Blütenstandsachse einen Winkel von etwa 30 Grad bildend, die Blüten geschlossen bleibend oder wenig geöffnet und in Verlängerung des Fruchtknotens orientiert. Blütenstand daher von schmalem und lockerem Aussehen, Kelchblätter bis 20 mm lang (BUTTLER, 1986).

STANDORT

Trockene bis mäßig feuchte Stellen in lichten Buchen-, Nadel- und Mischwäldern, selten an offenen, ungeschützten Stellen, in den höheren Lagen hauptsächlich auf frischen, basischen bis kalkhaltigen Böden.

BLÜTEZEIT

Mitte Mai bis Mitte Juli.

HÖHENVERBREITUNG

Von der Küste bis etwa 1.800 m.

GESAMTVERBREITUNG

Europa; nördlich bis Südengland, Dänemark, Gotland; östlich bis Vorderasien (Kaukasus bis Nordiran). Im Mittelmeergebiet selten und in einigen Gebieten ganz fehlend (wie im westlichen Teil der Iberischen Halbinsel, Süditalien, Kreta und Zypern).

VERBREITUNG IN DER TÜRKEI

Weit verbreitet, mit Ausnahme des südöstlichen Teils. Dort wird sie durch *Cephalanthera kotschyana* ersetzt. Auch in der Inneranatolischen Region.

NOTIZEN ZU EINIGEN FUNDORTEN

Cephalanthera damasonium ist in der Türkei weit verbreitet und stellenweise häufig. Vor allem auf alten, bewaldeten Friedhöfen bildet sie größere Bestände.

In der Umgebung von Akseki, Cevizli (Antalya) und Belören (Konya) wachsen viele Pflanzen im Halbschatten am Rande von Gebüschen oder an grasigen Stellen, dort zusammen mit

◀ **Maçka (Trabzon), 26.5.1995,** C. A. J. KREUTZ

Maçka (Trabzon), 26.5.1995, C. A. J. KREUTZ

Maçka (Trabzon), 26.5.1995, C. A. J. KREUTZ

Akseki (Antalya), 19.5.1997, C. A. J. Kreutz

Maçka (Trabzon), 26.5.1995, C. A. J. Kreutz

Anacamptis pyramidalis, Cephalanthera kotschyana, Cephalanthera kurdica, Epipactis microphylla und *Orchis anatolica*. Auf dem Friedhof am Stadtrand von Akseki ist *Cephalanthera damasonium* reichlich vertreten. Die Pflanzen wachsen an schattigen Stellen in den Gebüschinseln. Es kommen dort auch sehr viele *Cephalanthera kurdica* vor, aber Hybriden der beiden Arten wurden hier noch nicht gefunden.

In den ausgedehnten, lichten Kiefernwäldern im Küstenbereich des Mittelmeeres und in Straßengräben ist *Cephalanthera damasonium* häufig anzutreffen, dort meist zusammen mit vielen anderen Orchideenarten.

Entlang der Schwarzmeerküste im Pontusgebirge gehört *Cephalanthera damasonium* zu den weit verbreiteten Arten. In der Provinz Kastamonu und Trabzon wächst sie an mäßig feuchten Stellen in Buchen- und Kiefernwäldern und der Haselnußpflanzungen. Auch in höheren Lagen, wie zum Beispiel nördlich des Zigana-Passes (Trabzon) kommt sie auf alpinen Wiesen und an Waldrändern vor, dort meist mit *Coeloglossum viride, Dactylorhiza flavescens* und *Orchis pallens*. In der Provinz Artvin siedelt sie bevorzugt an Straßenböschungen und in Magerwiesen, manchmal mit *Cephalanthera kurdica* und *Cephalanthera longifolia* vergesellschaftet.

BEMERKUNGEN ZU DER VERBREITUNGSKARTE

Die Angaben aus Ostanatolien betreffen wahrscheinlich *Cephalanthera kotschyana*.

HYBRIDEN

An verschiedenen Standorten wächst *Cephalanthera damasonium* zusammen mit *Cephalanthera kotschyana*. An solchen Standorten bildet sie manchmal Bastarde (*Cephalanthera* x *taubenheimii*), deren Bestimmung oft schwierig ist. Die Art bildet auch Hybriden mit *Cephalanthera epipactoides* und *Cephalanthera longifolia*.

Akseki (Antalya), 19.5.1997, C. A. J. Kreutz

Akseki (Antalya), 19.5.1997, C. A. J. Kreutz

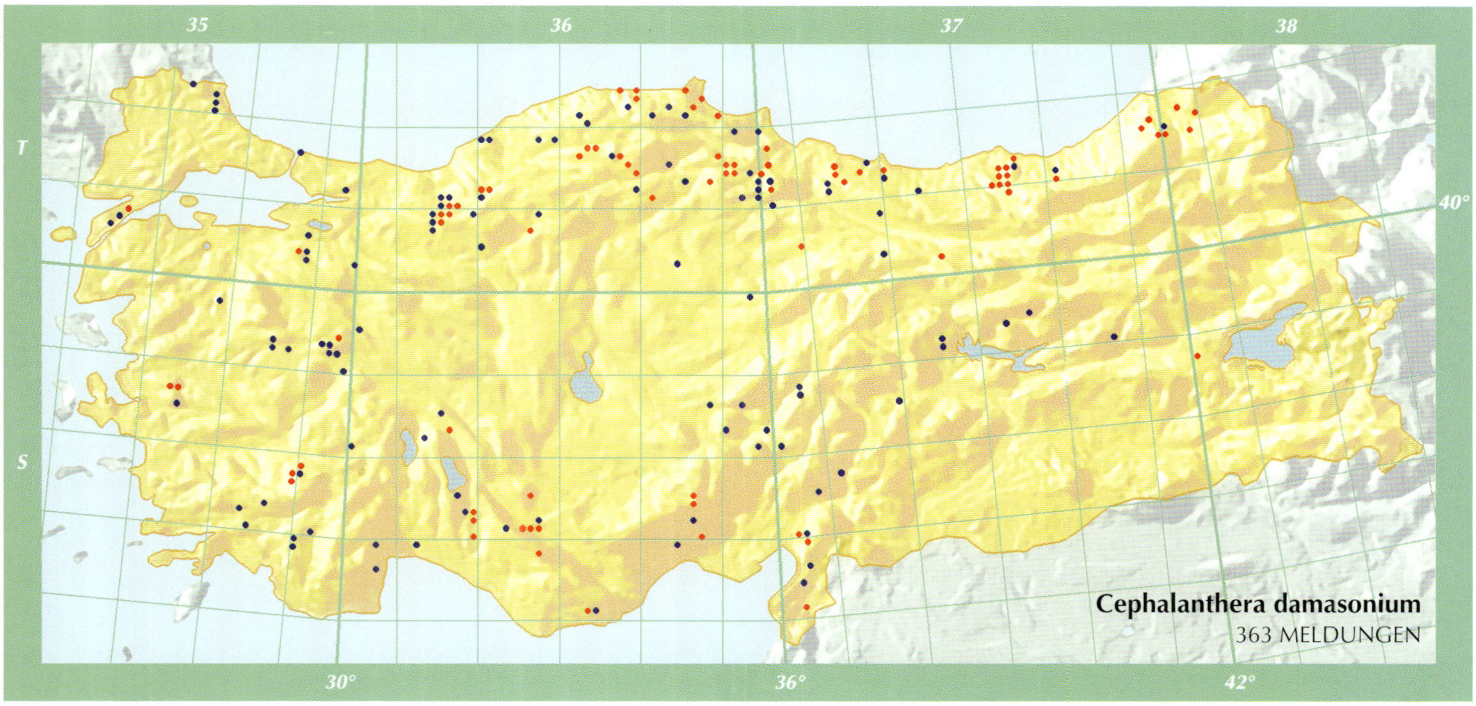

5 Cephalanthera kotschyana

RENZ & TAUBENHEIM

Kotschys Waldvögelein

(Notes Roy. Bot. Gard. Edinburgh 38 (1): 97, 1980)

SYNONYM

Cephalanthera damasonium subsp. *kotschyana* (RENZ & TAUBENHEIM) SUNDERMANN

BESCHREIBUNG

Mittelgroße, kräftige bis robuste Pflanze, bis 60 cm hoch. Laubblätter eiförmig-lanzettlich bis oval, zugespitzt, grün gefärbt, die unteren meist waagrecht abstehend, die oberen aufwärts gerichtet. Blütenstand locker- oder dichtblütig, langgestreckt, mit durchschnittlich 6-20 Blüten. Blüten groß, mit der Blütenstandsachse einen Winkel von etwa 45 Grad bildend, weiß und meist weit geöffnet. Perigonblätter elliptisch-lanzettlich, zugespitzt, Petalen etwas kürzer als die Sepalen, stumpf. Lippe zweigliedrig. Hypochil mit aufgerichteten Seitenlappen, die die Säule einschließen, weiß und am Grunde gelb gefärbt (BAUMANN & KÜNKELE, 1982a). Epichil breit-herzförmig mit leicht gewellten Rändern, weiß mit 3 goldgelben Längsleisten. Sporn fehlt.

ABGRENZUNG ZU ÄHNLICHEN ARTEN

Von *Cephalanthera damasonium* unterscheidet sich *Cephalanthera kotschyana* durch folgende Merkmale: Fruchtknoten schräg-abstehend, mit der Blütenstandsachse einen Winkel von etwa 45 Grad bildend, Blüten weit geöffnet und nach außen geneigt, Blütenstand daher von breitem und dichtem Aussehen, die Kelchblätter sind länger als 20 mm (BUTTLER, 1986). Außerdem hat *Cephalanthera kotschyana* meist eine dichte und vielblütige Infloreszenz.

STANDORT

Eichenwälder, Macchien, Phrygana und sommergrüne Laubwälder in Zentral- und Ostanatolien; schattige, mäßig feuchte und humose Stellen in der montanen Stufe und in Buchenwäldern im Norden der Türkei; auf basischen und kalkhaltigen Böden.

BLÜTEZEIT

Anfang Mai bis Ende Juni, je nach Höhenlage, Standortlage und Witterungsverhältnissen; in den montanen Gebieten manchmal bis Mitte Juli.

HÖHENVERBREITUNG

Von 400 bis 1.800 m.

GESAMTVERBREITUNG

Türkei, Kaukasus.

VERBREITUNG IN DER TÜRKEI

In der östlichen Mittelmeer-Region, in Ostanatolien und an der Schwarzmeerküste in den Provinzen Samsun und Ordu verbreitet.

NOTIZEN ZU EINIGEN FUNDORTEN

Cephalanthera kotschyana ist eine seltene Pflanze. An ihren Standorten tritt sie fast immer zerstreut auf, größere Gruppen sind selten.

Schöne Bestände gibt es auf beiden Friedhöfen östlich und südwestlich Belören (Konya), wo sie gemeinsam mit *Cephalanthera damasonium*, *Cephalanthera longifolia* und *Cephalanthera kurdica* vorkommt und vor allem mit *Cephalanthera damasonium* Bastarde bildet. *Cephalanthera kotschyana* wächst hier im lockeren Eichenwald, weiter mit *Comperia comperiana*, *Epipactis condensata*, *Epipactis helleborine*, *Himantoglossum affine*, *Ophrys phrygia* und einer Variante von *Ophrys straussii* ('Sippe Belören').

In der mittleren Schwarzmeer-Region bei Akkuş (Ordu), etwa 60 km von der Schwarzmeerküste entfernt, wächst sie fast ausschließlich in ausgedehnten Buchenwäldern zusammen mit *Cephalanthera rubra*, *Epipactis persica* und *Neottia nidus-avis*. *Cephalanthera kotschyana* kommt in der Provinz Ordu an der Straße Ünye - Akkuş, in einem Kalkbuchenwald bei Tekkiraz und in einer Haselnußkultur bei Çaybaşı auch schon an Standorten bei 400 bis 500 m Höhe vor (SCHÖNFELDER & SCHÖNFELDER, 1998).

In Ostanatolien ist *Cephalanthera kotschyana* selten. Ein reichhaltiger Standort befindet sich entlang des Vansees in einem ziemlich steilen Buschwald nahe Resadiye (Bitlis). Dort wurden Ende Mai 1989 etwa 50 blühende Exemplare beobachtet,

◀ **Övledik-Paß (Elazığ), 26.5.1997,** C. A. J. KREUTZ

Övledik-Paß (Elazığ), 26.5.1997, C. A. J. KREUTZ

Güneköy (Elazığ), 26.5.1997, C. A. J. Kreutz

Akarsu (Erzincan), 23.6.1996, C. A. J. Kreutz

Akkuş (Ordu), 12.6.1994, C. A. J. Kreutz

Övledik-Paß (Elazığ), 26.5.1997, C. A. J. Kreutz

zusammen mit *Anacamptis pyramidalis, Dactylorhiza flavescens, Orchis pinetorum* und *Orchis tridentata*.
An der Straße Tatvan - Bashan - Muş, nördlich des Dorfes Asagi Kölbaşı, kommt *Cephalanthera kotschyana* ebenfalls vor. Nach Birkedal et al. (Fundliste, 1990) sogar ein ausgezeichneter Standort dieser Art.
Ein weiterer Verbreitungsschwerpunkt dieser Art liegt westlich Refahiye (Erzincan) an der Straße Sivas - Erzincan und nördlich Pülümür (Tunceli), wo sie an zahlreichen Stellen in lichten Kiefernwäldern und am Rande von Eichengebüschen ziemlich große Populationen bildet. Die Pflanzen sind dort auffallend kräftig und sehr typisch ausgeprägt. Die Hauptblütezeit liegt in diesem Gebiet reichlich spät, nämlich von Mitte bis Ende Juni. Begleitet wird sie hier von *Cephalanthera damasonium, Cephalanthera rubra, Epipactis helleborine, Orchis caucasica, Orchis pinetorum* und *Platanthera chlorantha*.
In der Provinz Elazığ ist *Cephalanthera kotschyana* nicht selten. Stellenweise bildet sie dort sehr große Populationen. Ein wunderschöner Standort liegt am Övledik-Paß bei Arapkir. Im Schutze der vielen Eichengebüschinseln bildet sie hier besonders schöne, kräftige und sehr reichblütige Exemplare. Es wurden hier Planzen mit Blütenständen von etwa 40 cm Länge mit mehr als 70 Blüten beobachtet. An diesem interessanten Standort kommen auch noch viele Exemplare von *Orchis punctulata* vor, die allerdings während der Blütezeit von *Cephalanthera kotschyana* schon weitgehend verblüht sind.

BEMERKUNGEN

Cephalanthera kotschyana wurde erst 1980 von Renz & Taubenheim beschrieben (Renz & Taubenheim, 1980a); sie gehört mit *Cephalanthera damasonium, Cephalanthera longifolia* und *Cephalanthera rubra* zu den *Cephalanthera*-Arten mit ungespornten Blüten.

BEMERKUNGEN ZU DER VERBREITUNGSKARTE

Auf der Verbreitungskarte bei Renz & Taubenheim (1980a) war die Art nur an wenigen Standorten angegeben, schon bei Rückbrodt & Hansen (1992) hat sich das Areal deutlich erweitert, besonders in Ostanatolien und in der Mittelmeer-Region.

HYBRIDEN

Wo *Cephalanthera kotschyana* zusammen mit *Cephalanthera longifolia* und *Cephalanthera damasonium* vorkommt, wie im mittleren Süden der Türkei und in Ostanatolien, bilden sich gewöhnlich Bastarde, deren Bestimmung manchmal nicht einfach ist. So wächst *Cephalanthera kotschyana* bei Pülümür in der Provinz Erzincan und in den Eichengebüschen der Munzur-Dağları zusammen mit *Cephalanthera longifolia* und den Bastarden beider Arten. Hybriden zwischen *Cephalanthera kotschyana* und *Cephalanthera damasonium* sind dagegen in der Umgebung von Belören (Konya) zu finden.

Pülümür (Tunceli), 21.5.1988, C. A. J. Kreutz

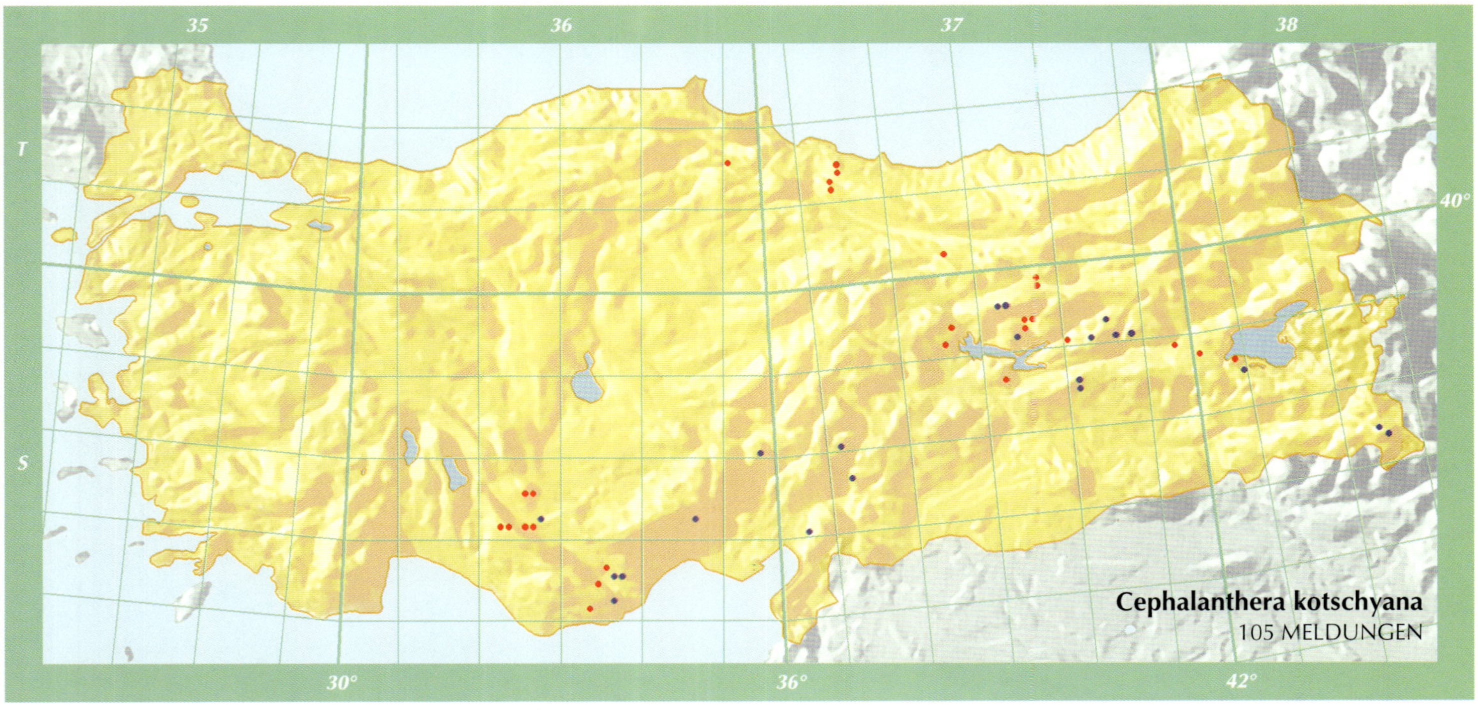

6 Cephalanthera longifolia (L.) K. FRITSCH

Schwertblättriges Waldvögelein (Österr. Bot. Zeitschr. 38: 81, 1888)

BASIONYM

Serapias helleborine var. *longifolia* L. (Spec. Plant. 2: 950, 1753)

SYNONYME

Cephalanthera ensifolia (MURR) L. C. M. RICHARD, *Cephalanthera xiphophyllum* REICHENBACH fil., *Cephalanthera angustifolia* SIMONKAI

BESCHREIBUNG

Schlanke, mittelgroße Pflanze mit dicht beblättertem Stengel. Laubblätter schmal-lanzettlich bis lanzettlich, aufwärts gerichtet bis überhängend, meist rinnig gefaltet. Tragblätter bei den 2 bis 3 unteren Blüten lang, bei den oberen sehr kurz. Blütenstand locker, langgestreckt und bis zu 30 Blüten tragend. Blüten mittelgroß, weiß und meist halb geöffnet. Perigonblätter lanzettlich, spitz; Petalen etwas kürzer als die Sepalen. Lippe zweigliedrig. Hypochil mit aufgerichteten Seitenlappen, weiß, am Grunde mit einem goldgelben Fleck versehen. Epichil herzförmig, weiß mit 4 bis 7 orangegelben Längsleisten und goldgelber Spitze. Sporn fehlt.

ABGRENZUNG ZU ÄHNLICHEN ARTEN

Verwechslungen sind möglich mit *Cephalanthera damasonium* oder *Cephalanthera kotschyana*, sie unterscheidet sich von diesen beiden Arten durch den dicht beblätterten Stengel mit den meist rinnig gefalteten Laubblättern, die sehr kurzen Tragblätter, den langgestreckten und verlängerten Blütenstand und die halb geöffneten Blüten.

STANDORT

Lichte Nadel- und Laubwälder, Waldränder und Magerwiesen (dort aber meist in der Nähe von Gebüschen); auf trockenen bis mäßig feuchten, basenreichen Böden.

BLÜTEZEIT

Anfang Mai bis Ende Juni, in den montanen Lagen oft noch bis Anfang Juli. *Cephalanthera longifolia* blüht etwa zwei Wochen vor *Cephalanthera damasonium*.

HÖHENVERBREITUNG

Von 200 bis etwa 2.000 m.

GESAMTVERBREITUNG

Fast ganz Europa, mit Ausnahme vom mittleren und nördlichen Teil Skandinaviens, klingt im kontinentalen Osteuropa aus. Nicht auf Kreta und Zypern. Östlich bis Vorderasien (Levante, Kaukasus), Iran bis zum Westhimalaya. Auch in Nordafrika.

VERBREITUNG IN DER TÜRKEI

Im ganzen Land weit verbreitet, aber selten. Sehr selten in der Inneranatolischen Region. Fehlt in der Südostanatolischen Region.

NOTIZEN ZU EINIGEN FUNDORTEN

Wie viele andere Orchideenarten der Türkei, die auch in Mitteleuropa vorkommen, besitzt auch *Cephalanthera longifolia* einen Verbreitungsschwerpunkt südlich von Maçka (Trabzon), wo sie im Değirmental am Südabfall des Zigana-Passes stellenweise größere Populationen bildet. Vor allem in den Gebirgslagen zwischen 600 m und 1.000 m Höhe wachsen viele Pflanzen an frischen Stellen in Haselnußkulturen und auf Kalkmagerrasen, wo sie an mehreren Stellen meist von vielen anderen Orchideenarten begleitet werden.

In der weiteren Umgebung des Abantsees ist *Cephalanthera longifolia* weit verbreitet. In den ausgedehnten Buchen- und Kiefernwäldern finden sich viele Exemplare auf Nordhängen oder in gebüschreichen Waldrändern. In dieser Vegetation fin-

Belören-Yeniköy (Konya), 19.5.1995, C. A. J. KREUTZ

Yayladağı (Hatay), 13.4.1996, C. A. J. KREUTZ

◀ **Kemalpaşa (İzmir), 4.5.1988,** C. A. J. KREUTZ

Yayladağı (Hatay), 13.4.1996, C. A. J. Kreutz

Maçka (Trabzon), 16.5.1995, C. A. J. Kreutz

det man sie oft zusammen mit *Cephalanthera damasonium, Neottia nidus-avis, Orchis mascula, Orchis purpurea* und *Orchis spitzelii*.

In den Ilgaz-Dağları (Kastamonu) ist *Cephalanthera longifolia* fast in jedem lockeren Kiefernwald vertreten und bildet dort besonders schöne Populationen. Ihre Blütezeit liegt hier etwa Mitte bis Ende Mai. In diesem Gebiet blühen zur gleichen Zeit viele auch in Mitteleuropa weit verbreitete Orchideenarten (unter anderem *Cephalanthera damasonium, Cephalanthera rubra, Limodorum abortivum, Listera ovata, Neottia nidus-avis, Orchis purpurea, Orchis simia* und *Platanthera chlorantha*).

Der südlichste türkische Standort von *Cephalanthera longifolia* befindet sich südlich Yayladağı (Hatay). In diesem Gebiet kommt sie in den ausgedehnten Kiefernwäldern ziemlich reichlich vor und bildet dort schöne Bestände mit typischen Exemplaren.

In Ostanatolien, wie zum Beispiel in der Umgebung von Lice und Kulp (Diyarbakır), ist *Cephalanthera longifolia* stellenweise verbreitet aber selten. Hier findet man sie in und am Rande von Eichengebüschen und auf mäßig feuchten Wiesenflächen, zusammen mit vielen anderen Orchideen.

BEMERKUNGEN

Cephalanthera longifolia ist in der Türkei selten, die meisten Standorte befinden sich in den montanen Lagen entlang der Schwarzmeerküste, wo sie häufig mit *Cephalanthera damasonium* vorkommt.

HYBRIDEN

Nachgewiesen mit *Cephalanthera damasonium, Cephalanthera epipactoides* und *Cephalanthera kotschyana*.

Yayladağı (Hatay), 13.4.1996, C. A. J. Kreutz

Yayladağı (Hatay), 13.4.1996, C. A. J. Kreutz

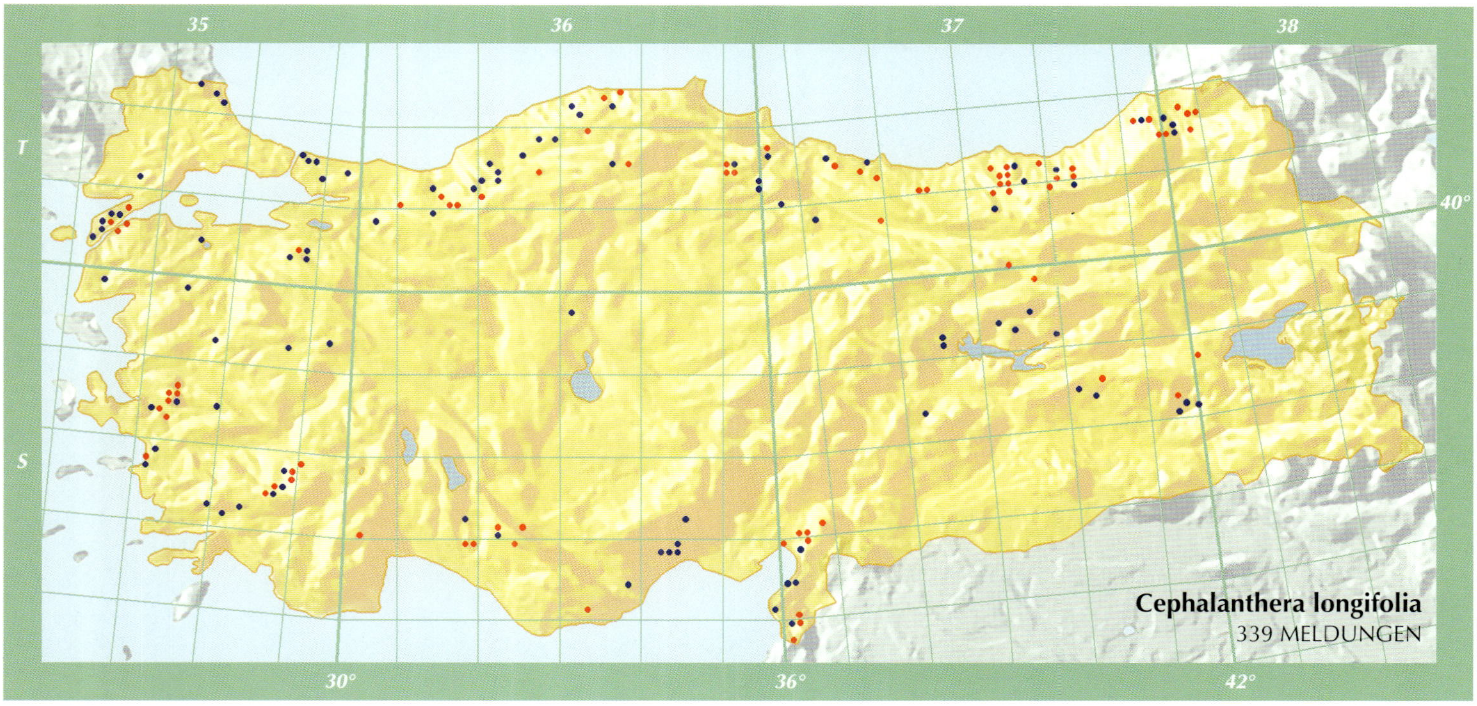

7 Cephalanthera rubra (L.) L. C. M. Richard

Rotes Waldvögelein (Orchid. Eur. Annot. 38; 1817)

BASIONYM

Serapias rubra L. (Syst. Nat. ed. 12, 2: 594, 1767)

BESCHREIBUNG

Schlanke und zierliche Pflanze, Stengel im oberen Teil drüsig behaart. Laubblätter lanzettlich bis lineal-lanzettlich, waagrecht bis aufwärts gerichtet. Blütenstand sehr locker und meist mit nur wenigen Blüten. Diese relativ groß, hellrosa bis kräftig rotlila gefärbt, weit geöffnet. Perigonblätter eiförmig-lanzettlich bis länglich-lanzettlich, zugespitzt, die beiden seitlichen Sepalen abstehend, das mittlere vornübergeneigt, die Petalen etwas kürzer als die Sepalen. Lippe zweigliedrig. Hypochil mit aufgerichteten Seitenlappen, weiß. Epichil eiförmig-lanzettlich, weißlich mit mehreren gelbbraunen Längsleisten. Sporn fehlt.

ABGRENZUNG ZU ÄHNLICHEN ARTEN

Ähnelt *Cephalanthera kurdica*, unterscheidet sich aber von dieser Art durch den schlankeren und zierlichen Wuchs, den drüsig behaarten Blütenstengel, die sehr lockere und armblütige Infloreszenz und die ungespornten, weit geöffneten Blüten.

STANDORT

Lichte Nadel- und Laubwälder (bevorzugt Buchenwälder), Phrygana und Eichengebüsch; im Halbschatten auf kalkreichem Boden.

BLÜTEZEIT

Mitte Mai bis Ende Juli.

HÖHENVERBREITUNG

Von der Küste bis etwa 2.000 m.

GESAMTVERBREITUNG

Europa mit Ausnahme des westlichen Teils der Iberischen Halbinsel, Mittel- und Nordengland, Irland und des nördlichen Teils von Skandinavien. Östlich bis Zentralsibirien, die Kaukasusländer bis nach Iran. Auch in Nordafrika.

VERBREITUNG IN DER TÜRKEI

Weit verbreitet. Die Art fehlt in der Inner-, Südostanatolischen und Ostanatolischen Region.

NOTIZEN ZU EINIGEN FUNDORTEN

In der Provinz Kastamonu ist sie vielerorts an lichten Stellen der Buchenwälder meistens zusammen mit *Cephalanthera damasonium*, *Limodorum abortivum*, *Listera ovata*, *Neottia nidus-avis* und *Platanthera chlorantha* zu finden und bildet hier besonders schöne Exemplare mit dunkelrot gefärbten Blüten.

In der Provinz Zonguldak findet man nördlich des Dorukhan-Passes an Waldrändern der weitläufigen Buchenwälder an der Straße Mengen - Devrek (Zonguldak) immer wieder einzelne Pflanzen von *Cephalanthera rubra*.

Bei Akkuş (Ordu) ist sie meist an Staßenböschungen in Begleitung von *Cephalanthera kotschyana* anzutreffen.

In der weiteren Umgebung von Refahiye (Erzincan) bildet sie schöne Populationen mit kräftig gefärbten Blüten, dort auch meist zusammen mit *Cephalanthera kotschyana*.

Im mittleren Teil der Südtürkei bildet *Cephalanthera rubra* stellenweise größere Populationen. An trockenen Standorten in Phrygana, Eichen- und Kiefernwäldern, auf sehr kalkreichem, mergeligem Boden steht sie etwa Mitte Mai in Hochblüte. Solche Standorte liegen zum Beispiel bei Gülnar (İçel), wo sie zusammen mit *Ophrys isaura* vorkommt.

BEMERKUNGEN

Cephalanthera rubra ist mit *Cephalanthera damasonium* und *Cephalanthera longifolia* die am weitesten verbreitete *Cephalan-*

◀ **Gökçesu-Mengen (Bolu), 20.6.1996,** C. A. J. Kreutz

Gökçesu-Mengen (Bolu), 20.6.1996, C. A. J. Kreutz

Akarsu (Erzincan), 29.6.1996, C. A. J. Kreutz

Akarsu (Erzincan), 29.6.1996, C. A. J. Kreutz

Gökçesu-Mengen (Bolu), 20.6.1996, C. A. J. Kreutz

Gülnar (İçel), 20-5-1995, C. A. J. Kreutz

Gülnar (İçel), 9-5-1988, C. A. J. Kreutz

thera-Art in der Türkei. *Cephalanthera rubra* tritt immer nur in wenigen Exemplaren auf und ist deswegen fast überall selten. Die Art besiedelt vor allem Buchenwälder der montanen Stufen des Pontusgebirges.

BEMERKUNGEN ZU DER VERBREITUNGSKARTE

Die beiden Fundpunkte in der Inner- und Ostanatolischen Region sind zu überprüfen, vermutlich gehören diese Pflanzen zu einer anderen Art der Gattung *Cephalanthera*.

HYBRIDEN

Im Süden kommt *Cephalanthera rubra* öfter zusammen mit *Cephalanthera kurdica* vor. Bei Gülnar (İçel) und südlich Pozantı (Adana), wo beide Arten in unmittelbarer Nähe vorkommen, wurden 1988 und 1997 mehrere Hybriden der beiden Arten beobachtet (siehe auch Kajan, et al., 1992).

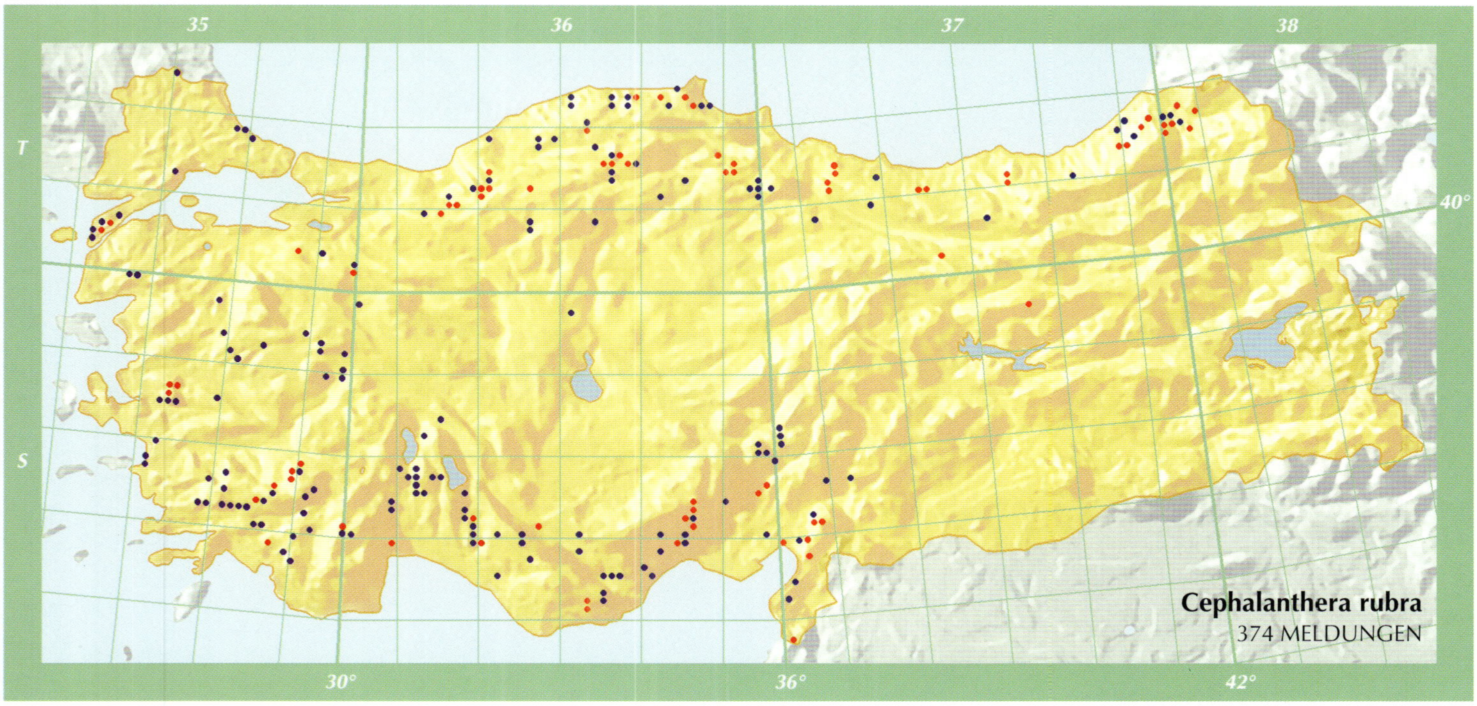

8 Cephalanthera epipactoides

Fischer & C. A. Meyer

Weißgesporntes Waldvögelein

(Ann. Sci. Nat. Bot. ser. 4,1: 30, 1854)

SYNONYM

Cephalanthera cucullata subsp. *epipactoides* (Fischer & C. A. Meyer) Sundermann

BESCHREIBUNG

Kräftige und stattliche Pflanze, die bis zu einem Meter hoch werden kann. Die stengelumfassenden unteren Laubblätter sind kurz und eiförmig, die oberen lanzettlich und spitz. Blütenstand etwa zwei Drittel der gesamten Pflanze einnehmend, dicht- bis lockerblütig, vielblütig. Blüten meist weit geöffnet, weiß bis grünlichgelb. Sepalen eiförmig-lanzettlich bis breitlanzettlich. Petalen länglich-eiförmig, etwas kürzer als die Sepalen. Lippe zweigliedrig. Hypochil mit hochgeschlagenen Seitenlappen, weiß bis grünlichgelb. Epichil herzförmig bis dreieckig-lanzettlich, weißlich mit mehreren braungelben Längsleisten. Sporn etwa 4 mm lang, abwärts gerichtet.

ABGRENZUNG ZU ÄHNLICHEN ARTEN

Cephalanthera epipactoides ist nahe mit *Cephalanthera kurdica* verwandt, unterscheidet sich jedoch von dieser durch ihre weißlich-cremefarbenen bis (grün)gelblich gefärbten Blüten. Außerdem sind ihre Blüten größer als bei *Cephalanthera kurdica*, die Vorderlippe ist dreieckig-lanzettlich. *Cephalanthera epipactoides* kann aber leicht mit weißblühenden Exemplaren von *Cephalanthera kurdica* verwechselt werden.
Cephalanthera epipactoides ähnelt der mitteleuropäischen *Cephalanthera longifolia*, hat aber sehr kurze Laubblätter und eine deutlich gespornte Blüte.

STANDORT

Schattige Stellen; lichte Nadel- und Eichenwälder, Macchien, Phrygana; auf basenreichen oder kalkreichen Böden.

BLÜTEZEIT

Mitte März bis Anfang Juni. Am Standort bei Karacasu (Aydın) waren die ersten Exemplare schon Anfang April in Blüte.

HÖHENVERBREITUNG

Von der Küste bis 1.200 m.

GESAMTVERBREITUNG

Beschränkt auf die Ägäischen Inseln (Rhodos, Kos, Samos, Chios und Lesbos), die Türkei und Thrakien (Griechenland).

VERBREITUNG IN DER TÜRKEI

Hauptsächlich im Westen (Marmara-Region, Ägäis-Region) und im westlichen und mittleren Schwarzmeergebiet verbreitet. Fehlt im Osten, sie wird dort durch *Cephalanthera kurdica* ersetzt. Das Hauptverbreitungsgebiet befindet sich im Südwesten, wo sie je nach Witterung von Mitte April bis Anfang Mai in voller Blüte steht.

NOTIZEN ZU EINIGEN FUNDORTEN

Im Westen und Südwesten der Türkei ist *Cephalanthera epipactoides* nicht selten. Dort bilden sich an vielen Stellen größere Gruppen, die meist aus einem Rhizom entstanden sind.
Besonders in den Provinzen Çanakkale und Muğla ist sie weit verbreitet und wächst dort vielfach zusammen mit *Cephalanthera longifolia, Epipactis helleborine, Limodorum abortivum, Ophrys apifera, Ophrys fusca* s. l., *Ophrys holoserica, Orchis italica* und *Serapias bergonii*.
Nördlich Karacasu (Aydın) wächst *Cephalanthera epipactoides* in sehr großen Beständen und blüht dort schon ab Anfang April. Sie wird hier von *Anacamptis pyramidalis, Barlia robertiana, Limodorum abortivum, Ophrys cinereophila, Ophrys leucadica, Ophrys mammosa, Ophrys speculum, Ophrys tenthredinifera, Orchis italica* und *Orchis simia* begleitet.
An der Straße von Yatağan nach Kavaklıdere (Muğla) besitzt *Cephalanthera epipactoides* mehrere reichbesetzte Standorte. Vor allem an einem reichbesetzten Standort von *Comperia comperiana* wachsen einige hundert Exemplare in einem Hangwald mit Kiefern, der von der Straße durch ein kleines Tälchen mit Kermeseichen abgetrennt ist.
Viele Vorkommen befinden sich auch in der Nordwesttürkei, vor allem in der Provinz Bolu. In lichten Kiefern- und Eichenwäldern wächst sie dort öfter zusammen mit *Himantoglossum caprinum, Ophrys apifera* und *Platanthera chlorantha*.
Im mittleren Schwarzmeergebiet, wo sie allmählich seltener wird, wurden mehrere Exemplare in einem Waldgebiet, zusammen mit *Dactylorhiza bithynica, Ophrys sintenisii* und *Orchis pinetorum* gefunden. Auch an einem sehr östlich gelegenen Standort bei İnebolu (Kastamonu) wurden viele Exemplare in einem aufgelassenen Weinberg nachgewiesen. Außerdem fand sich hier auch der seltene Bastard mit *Cephalanthera damasonium*. Aktuelle Angaben liegen auch aus der Umgebung von Gerze (Sinop) vor, wo sie in einer Magerwiese

◄ **Kale (Muğla), 13.5.1996,** C. A. J. Kreutz

Kemalpaşa (İzmir), 4.5.1988, C. A. J. Kreutz

Araç (Kastamonu), 17.5.1996, C. A. J. Kreutz

Araç (Kastamonu), 17.5.1996, C. A. J. Kreutz

Ula (Muğla), 6.5.1988, C. A. J. Kreutz

Kemalpaşa (İzmir), 4.5.1988, C. A. J. Kreutz

zusammen mit *Orchis purpurea* und *Ophrys sintenisii* vorkommt. Ein anderer Standort befindet sich in der Umgebung des Stausees bei Kolay, südlich von Bafra (Samsun). Dieses Gebiet, das mit lockerem Gebüsch mit einzelnen Kiefern bestanden ist, ist sehr reich an Orchideen. Außer *Cephalanthera epipactoides* kommen hier auch noch *Ophrys sintenisii, Orchis morio* subsp. *morio, Orchis provincialis, Orchis punctulata, Orchis purpurea* und *Orchis tridentata* vor. Weiter östlich befinden sich weitere Standorte von *Cephalanthera epipactoides*. So liegen einige Angaben vor aus dem Gebiet Fatsa - Kocaman - Övencik - Çamaş, sowie im Tal von Ordu/Uluybey - Gölköy (Ordu). Vielleicht stellen diese die östlichsten Fundstellen der Türkei dar. Die Art kommt dort vor allem in Haselnußpflanzungen vor, manchmal gemeinsam mit *Cephalanthera damasonium, Cephalanthera longifolia, Limodorum abortivum, Listera ovata, Ophrys karadenizensis, Ophrys oestrifera, Orchis tridentata* und *Serapias feldwegiana* und sehr selten sogar mit *Steveniella satyrioides*.

BEMERKUNGEN

Immer wieder wird von mehreren Orchideenforschern behauptet, daß *Cephalanthera epipactoides* auch in den Kiefernwäldern entlang der Straße Manavgat - Beyşehir (Antalya), sowie entlang der Straße von Akseki nach Ibrâdı beziehungsweise Aydınkent (Antalya) vorkommt. Wagner (briefl. Mittlg., 1997) und der Autor haben trotz gründlicher Untersuchung des betreffenden Gebietes nördlich von Antalya die Art dort nicht feststellen können, während *Cephalanthera kurdica* in fast jedem Kiefernwald reichlich anzutreffen war. Es konnte jedoch festgestellt werden, daß viele Blüten dieser Pflanzen während der Aufblühphase ein weißes oder gelbliches Perigon aufwiesen, was vermutlich zu Verwechslungen mit *Cephalanthera epipactoides* geführt hat. Im Stadium der Hochblüte färbten sich die Blüten rosa bis rot aus und waren dann ausnahmslos und zweifelsfrei als *Cephalanthera kurdica* zu bestimmen. Es ist somit davon auszugehen, daß zumindest in diesem östlichen Bereich *Cephalanthera epipactoides* nicht vorkommt.

BEMERKUNGEN ZU DER VERBREITUNGSKARTE

Bei den südöstlichen Funden (nordwestlich Antalya und nördlich Mersin) wäre zu überprüfen, ob es sich hier nicht um Verwechslungen mit sehr hellblütigen, fast weißen *Cephalanthera kurdica* oder mit aufblühenden Pflanzen dieser Art gehandelt haben könnte. Auf der Verbreitungskarte wurden diese Funde nicht übernommen, sie wurden zu *Cephalanthera kurdica* gestellt.

Kemalpaşa (İzmir), 4.5.1988, C. A. J. Kreutz

HYBRIDEN

Mit *Cephalanthera damasonium, Cephalanthera longifolia* und *Cephalanthera kurdica*.

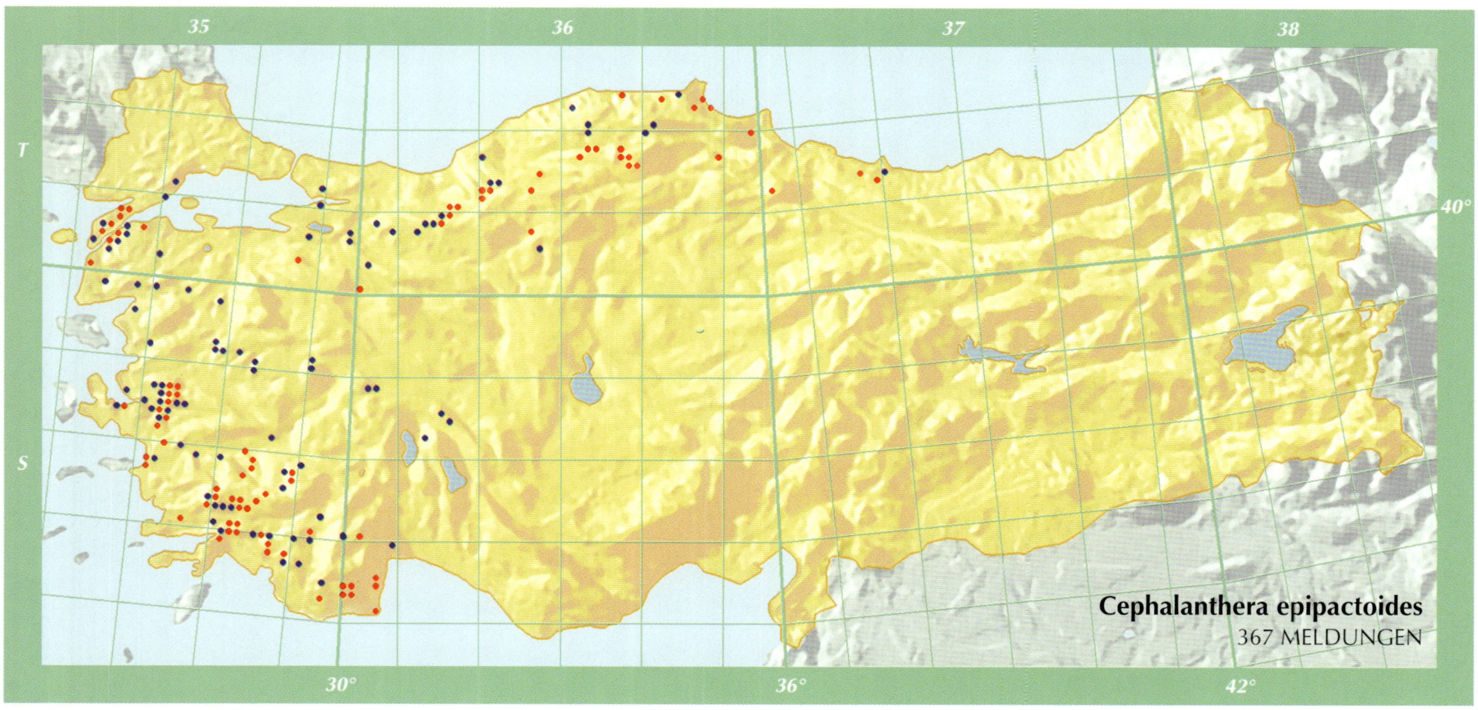

9 Cephalanthera kurdica

Bornmüller

Kurdisches Waldvögelein

(Bull. Herb. Boissier 3: 143, 1895)

SYNONYME

Cephalanthera cucullata subsp. *kurdica* (Bornmüller) Sundermann, *Cephalanthera andrusi* G. Post, *Cephalanthera floribunda* Woronow, *Cephalanthera cucullata* subsp. *floribunda* (Woronow) Sundermann, *Limodorum turkestanicum* Litwinow

BESCHREIBUNG

Sehr kräftige und stattliche Pflanze. Stengel mit einigen Schuppenblättern am Grunde besetzt, nach oben in Tragblätter übergehend. Blütenstand sehr langgestreckt und locker, meistens so lang wie zwei Drittel der gesamten Pflanze. Blüten hellrosa bis rötlich, selten weißlich, halb oder ganz geöffnet. Sepalen länglich-lanzettlich bis eiförmig-lanzettlich. Petalen eiförmig-lanzettlich, etwas kürzer als die Sepalen. Lippe zweigliedrig. Hypochil mit dreieckigen, aufrechten Seitenlappen, rosa bis rötlich gefärbt. Epichil rundlich-eiförmig, weißlich bis weißlichgelb mit mehreren braungelben Lamellen. Sporn etwa 4 mm lang, abwärts gerichtet.

VARIABILITÄT

Im Südwesten der Türkei kommen manchmal auch apochrome Varianten vor. Die apochromen Pflanzen variieren stark in der Färbung. Es gibt Exemplare, bei denen die gesamte Pflanze gelblich gefärbt ist, sowie Exemplare mit grünlichgelben Stengeln und Laubblättern und mit rosa gefärbten Blüten.

Ferner sind an einigen Stellen Pflanzen mit weißen Blüten zu finden, so unter anderem an einem Holzlagerplatz bei Gülnar (İçel) und auf dem Friedhof von Akseki (Antalya).

ABGRENZUNG ZU ÄHNLICHEN ARTEN

Ähnelt *Cephalanthera epipactoides*, unterscheidet sich aber von dieser Art durch die rosa bis rötlich gefärbten, kleineren Blüten und die rundlich-eiförmige Vorderlippe. Weißblühende Pflanzen, sogenannte Albinos, werden zuweilen mit *Cephalanthera epipactoides* verwechselt.

STANDORT

Lichte Kiefernwälder (dort vielfach zerstreut oder in kleinen Gruppen), Eichenbuschwälder und Phrygana; auf leicht sauren, basenreichen oder kalkhaltigen Böden.

BLÜTEZEIT

Anfang April bis Ende Mai, in höheren Lagen manchmal auch noch Anfang Juni.

HÖHENVERBREITUNG

Von Meereshöhe bis etwa 1.500 m.

GESAMTVERBREITUNG

Südwestasien (Türkei, Nordwestsyrien, Nordlibanon, Nordirak bis Westiran).

VERBREITUNG IN DER TÜRKEI

Hauptsächlich im Süden verbreitet, von Antalya in der Mittelmeer-Region bis Hakkâri in der Ostanatolischen Region. Auch in der Nordosttürkei, unter anderem bei Artvin. Das Areal schließt östlich an das von *Cephalanthera epipactoides* an; die beiden Arten sind geografische Vikarianten (Buttler, 1986).

NOTIZEN ZU EINIGEN FUNDORTEN

Cephalanthera kurdica ist in der Umgebung von Akseki weit verbreitet. In den ausgedehnten Kiefernwäldern ist sie an vielen Standorten sehr zahlreich vertreten und bildet zuweilen größere Populationen. Auch westlich von Akseki an der Straße nach Ibrâdı (Aydınkent) und vor allem auf dem Friedhof von Akseki ist sie sehr häufig. Hier wachsen mehrere hundert Exemplare an grasigen Stellen, im lichten Kiefernwald und im Eichengebüsch, vorwiegend jedoch an schattigen Standorten. Auch weißblühende Pflanzen kommen vor. Mitte Mai 1996 wurden hier fast 800 blühende Pflanzen von *Cephalanthera kurdica* gefunden, darunter auch einige chlorotische Exemplare.

An der Straße von Gülnar nach Silifke wurde 1988 eine große Gruppe von 12 Exemplaren beobachtet, die sich alle aus einem Rhizom entwickelt hatten (Kajan, et al., 1992).

In der Umgebung von Yeniköy (İçel) bildet *Cephalanthera kurdica* ebenfalls größere Gruppen blühender Pflanzen. Sie wächst hier an Straßenböschungen und in lockeren Kiefernwäldern, zusammen mit *Limodorum abortivum*, *Ophrys phrygia* und *Ophrys straussii* var. *leucotaenia*.

Auch im Südosten der Türkei kommt *Cephalanthera kurdica*

◀ **Gülnar-Silifke (İçel), 9.5.1988,** C. A. J. Kreutz

Akseki (Antalya), 16.5.1996, H. Jansen

Akseki (Antalya), 19.5.1997, C. A. J. Kreutz

Mezra (Artvin), 28.5.1997, C. A. J. Kreutz

Cevizli (Antalya), 8.5.1988, C. A. J. Kreutz

Murtıcı (Antalya), 18.5.1995, C. A. J. Kreutz

Akseki (Antalya), 19.5.1997, C. A. J. Kreutz

Akseki (Antalya), 19.5.1997, C. A. J. Kreutz

Gülnar (İçel), 9.5.1988, C. A. J. Kreutz

vor. Aktuelle Angaben liegen vor von SCHÖNFELDER (Fundliste, 1996), der diese Art bei Düziçi (Adana) an mehreren Stellen nachweisen konnte.

In der Nordosttürkei besitzt *Cephalanthera kurdica* ein kleines, isoliertes Areal. Sichere Standorte gibt es in diesem Gebiet an der Straße von Ardanuç zum Yalnızçam-Paß, sowie an der Straße von Artvin nach Taşlıca, beziehungsweise nach Kafkasör. Im Eichengebüsch oder in lichten Kiefernwäldern, manchmal direkt an der Straßenböschung, wachsen dort Einzelexemplare und kleinere Gruppen, hier begleitet von drei anderen Arten der gleichen Gattung (*Cephalanthera damasonium, Cephalanthera longifolia, Cephalanthera rubra*), *Epipactis turcica* und *Orchis caucasica*, selten mit *Steveniella satyrioides* und *Limodorum abortivum*. Am Standort bei Kafkasör blüht *Cephalanthera kurdica* Ende Mai. Sie wächst hier bevorzugt an Waldrändern, im Eichengebüsch und in den Phryganarestflächen. In diesem Gebiet wurden auch weißblühende Exemplare beobachtet.

Auf dem Holzlagerplatz bei Gülnar (HERTEL, Fundliste 1995), auf dem Friefhof von Akseki (JANSEN, Fundliste 1996), auf dem Friedhof von Emirasiklar Köyü westlich Akseki (Antalya), sowie in einem lockeren Kiefernwald an der Straße von Manavgat nach Beyşehir (WAGNER, Fundliste 1996) wurden auch chlorotische Exemplare beobachtet. SCHÖNFELDER (Fundliste 1996) fand an dem Standort bei Düziçi (Adana) eine chlorophyllfreie Pflanze mit gelbem Stengel und gelben Laubblättern und intensiv purpurn gefärbten Blüten.

BEMERKUNGEN

Cephalanthera kurdica ist eine sehr kräftige Pflanze, die unter günstigen Bedingungen bis zu 80 cm hoch werden kann. Sie gehört mit *Cephalanthera epipactoides* zu den schönsten *Cephalanthera*-Arten der Türkei. Vor allem im Taurusgebirge ist sie stellenweise häufig, bildet aber selten Massenpopulationen. Große Bestände gibt es eigentlich nur in lichten Kiefernwäldern bei Akseki (Antalya), wo sie oft zusammen mit *Epipactis helleborine* und *Epipctis microphylla* anzutreffen ist, und in der Umgebung von Gülnar (İçel). Auf Friedhöfen im Süden des Landes ist sie fast immer vertreten; an einigen Standorten zusammen mit den seltenen Arten *Comperia comperiana* und *Himantoglossum affine*.

HYBRIDEN

Cephalanthera kurdica bildet sehr selten Bastarde mit

Murtıcı (Antalya), 18.5.1995, B. J. SECKEL

Cephalanthera epipactoides und *Cephalanthera rubra* (KAJAN, et al., 1992). Hybriden mit *Cephalanthera epipactoides* kann man bei Antalya, wo sich die Areale beider Arten überschneiden, erwarten.

Hybriden mit *Cephalanthera rubra* wurden an der Straße von Tarsus nach Pozantı (İçel/Adana) und bei Gülnar (İçel) angegeben.

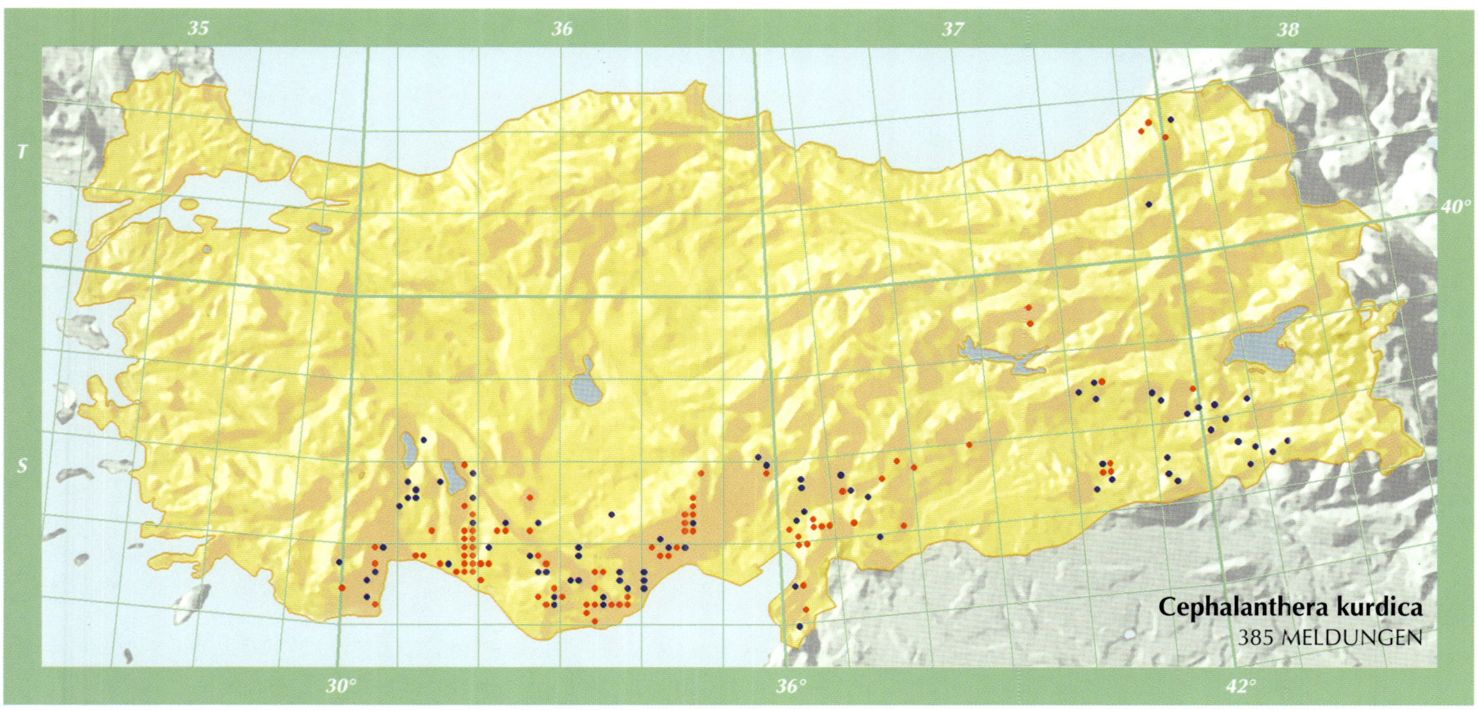

10 Coeloglossum viride (L.) HARTMAN

Grüne Hohlzunge

(Handb. Skand. Fl (1): 329, 1820)

BASIONYM

Satyrium viride L. (Spec. Plant. 2: 944, 1753)

SYNONYME

Orchis viridis CRANTZ, *Habenaria viridis* R. BROWN, *Coeloglossum alpinum* SCHUR

BESCHREIBUNG

Kleine, gedrungene Pflanze (selten schlank und hochwüchsig). Untere Laubblätter oval bis eiförmig, obere lanzettlich und schräg aufrecht. Blütenstand zylindrisch, dicht- und vielblütig. Blüten klein, grün bis gelblich gefärbt. Perigonblätter einen halbkugeligen Helm bildend, grün, bisweilen braunrot überlaufen. Sepalen eiförmig. Petalen schmallanzettlich. Lippe zungenförmig, im unteren Teil wenig verbreitert, dreilappig, die beiden Seitenlappen länger als der Mittellappen, abwärts gerichtet oder zurückgeschlagen. Sporn kurz und sackförmig.

VARIABILITÄT

In der Türkei weist *Coeloglossum viride* eine ziemlich große Variabilität auf. So wachsen bei Artvin besonders kräftige Pflanzen, bei denen die Farbe der Blüten von grün bis rot variiert; in anderen Gebieten sind die Exemplare sehr kleinwüchsig und die Lippe der Blüten fast ausschließlich hellgrün gefärbt.

ABGRENZUNG ZU ÄHNLICHEN ARTEN

Unverwechselbar.

STANDORT

Feuchte bis mäßig trockene Magerwiesen, grasige Hänge, selten in lichten Wäldern, in den montanen Lagen in Bergmatten; überwiegend auf sauren, mäßig feuchten Böden.

BLÜTEZEIT

Anfang Juni bis Ende Juli.

HÖHENVERBREITUNG

Von 600 bis 2.900 m.

GESAMTVERBREITUNG

Zentrales und nördliches Europa. Auch in den südlichen Teilen des Kaukasus und der Türkei. Fehlt in den südlichen Teilen der Mittelmeerländer.

VERBREITUNG IN DER TÜRKEI

Beschränkt auf den nördlichen Teil, dort nur in der Schwarzmeer- und Marmara-Region.

NOTIZEN ZU EINIGEN FUNDORTEN

Coeloglossum viride ist in der Türkei selten. Verbreitungsschwerpunkte befinden sich in der Provinz Bolu und in Nordostanatolien.

Am Abantsee (Bolu) wächst sie zahlreich am Nordufer des Abantsees in 1.300 m Höhe auf offenen, grasigen Fluren, seltener an halbschattigen Stellen, teils auf trockenen, teils auf mäßig frischen, lehmigen Böden über Kalk (NIESCHALK & NIESCHALK, 1976). Auch 1996 wurden am Abantsee mehrere Standorte nachgewiesen. Dort vor allem in mäßig feuchten Uferwiesen, wo sie reichlich mit *Orchis coriophora* vorkommt und an trockenen Stellen am Waldrand.

An mehreren Stellen im Değirmental südlich von Maçka (Trabzon) kommt sie zerstreut an mäßig feuchten Standorten in Magerrasen in Haselnußkulturen mit vielen anderen Orchideenarten vor. In den höheren Lagen, wie zum Beispiel nördlich des Zigana-Passes (Trabzon) wächst *Coeloglossum viride* auf alpinen Wiesen und an den Waldrändern zusam-

Sivrikaya (Erzurum), 25.6.1996, C. A. J. KREUTZ

Sivrikaya (Erzurum), 25.6.1996, C. A. J. KREUTZ

◀ Abantsee (Bolu), 19.6.1996, C. A. J. KREUTZ

Sivrikaya (Erzurum), 25.6.1996, C. A. J. KREUTZ

Kafkasör (Artvin), 28.5.1997, C. A. J. KREUTZ

men mit *Cephalanthera damasonium, Dactylorhiza flavescens* und *Orchis pallens*.

Auch in den montanen Lagen im östlichen Pontus ist *Coeloglossum viride* weit verbreitet, wie beispielsweise am Ovitdağı-Paß bei Sivrikaya (Erzurum), wo sie in den weitläufigen Almwiesen mit *Rhododendron*-Gebüsch an vielen Stellen größere Populationen bildet. Leider werden diese Wiesen sehr intensiv von Rindern beweidet, sodaß die Orchideen nur noch an unzugänglichen Stellen zu finden sind. In diesem Gebiet wächst *Coeloglossum viride* fast immer zusammen mit *Gymnadenia conopsea, Orchis mascula* und *Traunsteinera sphaerica*.

Nördlich von Artvin, an der Straße nach Kafkasör, ist *Coeloglossum viride* eine recht häufige Erscheinung. Sie kommt hier in den kurzrasigen Bergwiesen zu Hunderten vor. Ihre Blüten sind von hellgrün bis rötlichgrün gefärbt. An vielen Standorten wird sie hier von *Cephalanthera damasonium, Cephalanthera longifolia, Dactylorhiza flavescens, Dactylorhiza urvilleana, Orchis caucasica, Orchis mascula* und *Orchis morio* subsp. *morio* begleitet.

Weitere Standorte befinden sich unter anderem in den Ilgaz-Dağları in der Provinz Kastamonu.

Auch am Uludağ (Bithynischer Olymp bei Bursa) wurde sie zusammen mit *Gymnadenia conopsea* nachgewiesen (TAUBENHEIM, 1979).

HYBRIDEN

Nicht nachgewiesen.

Abantsee (Bolu), 19.6.1996, C. A. J. KREUTZ

Sivrikaya (Erzurum), 25.6.1996, C. A. J. KREUTZ

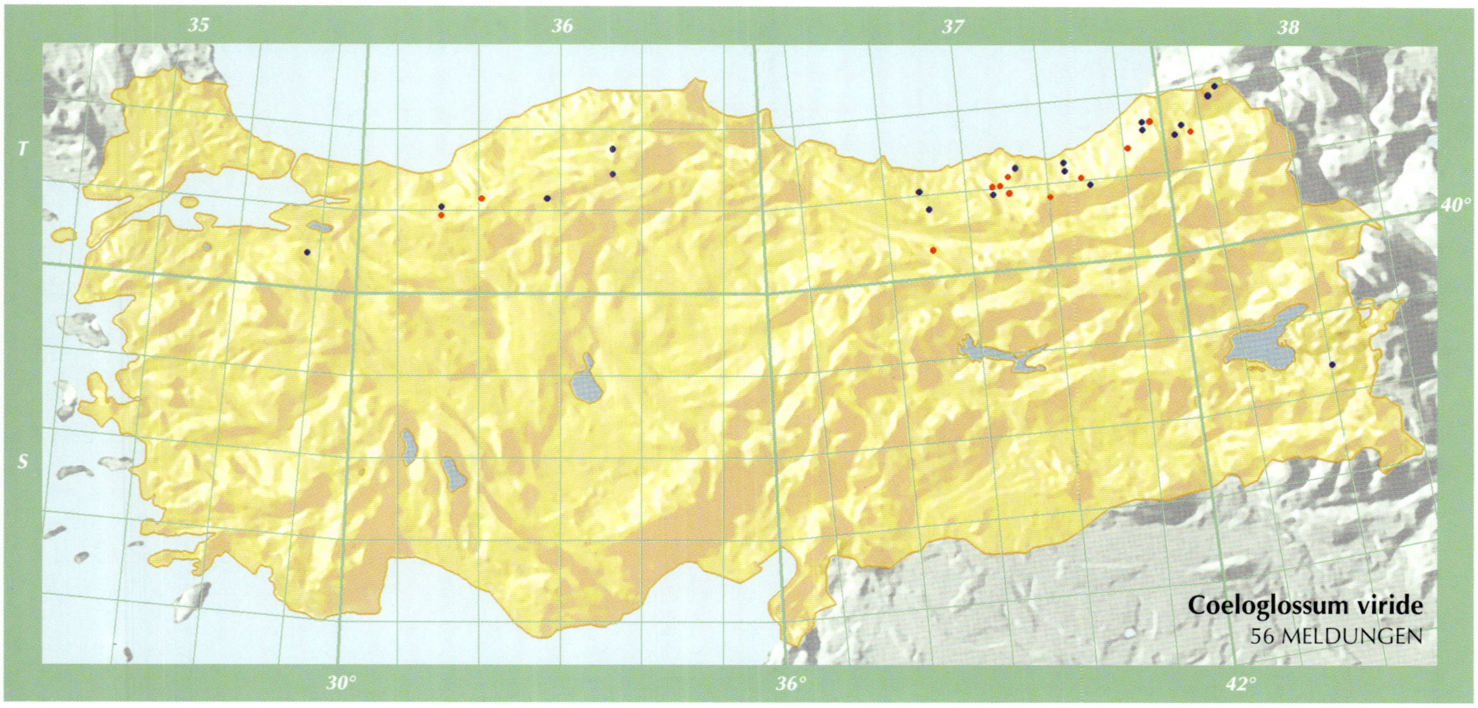

11 Comperia comperiana

(STEVEN) ASCHERSON & GRÄBNER

Fadenförmige Bartorchis

(Syn. Mitteleur. Fl. 3: 620, 1907)

BASIONYM

Orchis comperiana STEVEN (Mém. Soc. Nat. Moscou 8: 259, 1829)

SYNONYME

Comperia taurica C. KOCH, *Comperia karduchorum* BORNMÜLLER & KRÄNZLIN

BESCHREIBUNG

Kräftige und stattliche Pflanze (bis zu 70 cm hoch). Untere Laubblätter rosettig gedrängt, eiförmig-lanzettlich. Blütenstand langgestreckt, locker und vielblütig. Blüten groß, braunrot gefärbt. Perigonblätter helmförmig zusammenneigend, grünlich bis olivgrün, mit rosa oder braunrötlicher Tönung, stark genervt. Sepalen eiförmig-lanzettlich bis länglich-eiförmig, zugespitzt. Petalen schmal-lanzettlich mit spitzen Zähnen. Lippe im unteren Teil dreilappig, (hell)rosa bis weißlich mit rötlichen Flecken. Seitenlappen und Mittellappen in fadenförmige, bis zu 10 cm lange Zipfel ausgezogen. Sporn etwa so lang wie der Fruchtknoten, abwärts gebogen.

ABGRENZUNG ZU ÄHNLICHEN ARTEN

Durch ihre eigentümliche Blütenform mit den bis zu 10 cm lang ausgezogenen Lippenzipfeln nicht mit anderen Orchideenarten zu verwechseln.

STANDORT

Lichte Kiefern-, Eichen-, Zedern- und Mischwälder (in der südlichen Osttürkei vorwiegend in Eichengebüschen) der montanen bis subalpinen Stufe; auf kalkreichen Böden.

BLÜTEZEIT

Relativ spät, von Mitte Mai (selten Anfang Mai) bis Mitte Juli, je nach Höhenlage; Hauptblütezeit in der westlichen Mittelmeer-Region in der zweiten Maihälfte.

HÖHENVERBREITUNG

Von 500 bis etwa 1.800 m.

GESAMTVERBREITUNG

Die Hauptverbreitung liegt in Kleinasien; von den ostägäischen Inseln (Lesbos, Samos?, Kos?, Rhodos), dem Südwesten, Norden und Süden der Türkei über Nordirak bis zum westlichen Teil des Irans. Auch auf der Krim, in Westsyrien und Libanon.

VERBREITUNG IN DER TÜRKEI

Ägäis-, Mittelmeer-, Südostanatolische- und Ostanatolische Region und an der Schwarzmeerküste (Bolu, Sinop und Samsun).

NOTIZEN ZU EINIGEN FUNDORTEN

Comperia comperiana gehört zu den schönsten, seltensten und geheimnisvollsten Orchideen der Türkei. Die meisten Standorte besitzt *Comperia comperiana* im Südwesten des Landes. Sie wächst zerstreut in den ausgedehnten und bewaldeten Bergmassiven im Küstenbereich des Mittelmeeres, dort bevorzugt in lichten Kiefernwäldern und in Straßengräben, oft zusammen mit *Cephalanthera damasonium, Cephalanthera kurdica, Dactylorhiza romana, Epipactis microphylla, Himantoglossum affine, Limodorum abortivum, Neotinea maculata, Ophrys holoserica, Ophrys phrygia, Ophrys straussii, Orchis anatolica, Orchis italica, Orchis morio* subsp. *picta, Orchis provincialis, Orchis simia* und *Orchis tridentata*. An der Straße von Yatağan nach Kavaklıdere (Muğla) besitzt diese Art mehrere Standorte. An einem dieser Fundorte, etwa 2 km ab der Straße Muğla - Aydın in Richtung Kavaklıdere, konnten am 7. April 1996 viele austreibende Pflanzen gefunden werden, die während eines weiteren Besuches am 13. Mai 1996 jedoch restlos ausgegraben waren.

Insbesondere in der Umgebung von Akseki und Cevizli (Antalya) sind noch relativ viele gute Standorte erhalten geblieben. So ist *Comperia comperiana* zum Beispiel auf dem Friedhof in Akseki, wo bisher erfreulicherweise keinerlei Ausgrabungen beobachtet wurden, noch sehr zahlreich vertreten. Sie wächst dort im Halbschatten am Rande von Gebüschen, sowie in den lichten Kiefernwäldern oder an grasigen, offenen Stellen mit *Anacamptis pyramidalis, Cephalanthera damasonium, Cephalanthera kurdica, Epipactis microphylla, Ophrys phrygia, Ophrys straussii* und *Orchis anatolica*. Mitte Mai 1996 wurden dort viele sehr schöne und kräftige Pflanzen beobachtet, insgesamt 153 Exemplare in Hochblüte. Im Jahre 1997 hatte sich die Blütezeit von *Comperia comperiana*,

◄ **Ibrâdı (Antalya), 19.5.1997,** C. A. J. KREUTZ

Akseki (Antalya), 19.5.1997, C. A. J. KREUTZ

Akseki (Antalya), 19.5.1997, C. A. J. Kreutz

Kavaklıdere (Muğla), 5.5.1988, C. A. J. Kreutz

vermutlich verursacht durch den strengen Winter, um etwa eine Woche verzögert. Dadurch wurde nur etwa die Hälfte an blühenden Pflanzen gezählt. Auch auf einem Friedhof einige Kilometer südlich von Akseki wurden 1996 etwa 20 blühende Pflanzen gefunden.

Auch im botanisch sehr wertvollen Gebiet südlich Antakya kommt *Comperia comperiana* vor. Ebbens (Fundliste 1988) berichtet von einigen Exemplaren auf einem steinigen Hang mit Eichengebüsch, hier zusammen mit *Ophrys bornmuelleri, Ophrys straussii, Ophrys transhyrcana, Orchis simia* und *Orchis tridentata*. Auch Davies & Norman (Fundliste 1987) und Lüders (Fundliste 1991) wiesen in diesem Gebiet einige Pflanzen nach.

In Ostanatolien ist *Comperia comperiana* selten. Sie besiedelt hier vor allem grasiges Brachland und Eichengebüsch, wie zum Beispiel an der Straße Diyarbakır - Elazığ, wo sie zusammen mit *Cephalanthera kotschyana, Himantoglossum affine* und *Limodorum abortivum* vorkommt. An der Straße von Tatvan nach Resadiye (Bitlis) kommt *Comperia comperiana* in Eichengebüschen mehrmals vor, dort vergesellschaftet mit *Anacamptis pyramidalis* und *Cephalanthera kotschyana*.

Die westlichsten Standorte von *Comperia comperiana* in der Türkei liegen im Milli Parkı südlich von Manisa (Manisa/İzmir). Die Art wurde dort 1996 von Schönfelder (Fundliste 1996) an mehreren Standorten beobachtet. *Comperia comperiana* kommt hier vor allem im sonnig-trockenen Gelände vor. Sie wächst hier mehrfach zusammen mit *Anacamptis pyramidalis, Cephalanthera damasonium, Cephalanthera epipactoides, Cephalanthera rubra, Ophrys oestrifera, Orchis purpurea, Orchis spitzelii* und sehr selten mit *Ophrys phrygia*, die hier auch ihr westlichstes Vorkommen in der Türkei hat.

In der weiteren Umgebung von Vizirköprü (Samsun) an der Schwarzmeerküste wurde *Comperia comperiana* an zwei Stellen gefunden (Schönfelder, Fundliste 1997).

Ibrâdı (Antalya), 19.5.1997, C. A. J. Kreutz

Güneköy (Elazığ), 26.5.1997, C. A. J. Kreutz

Akseki (Antalya), 19.5.1997, C. A. J. Kreutz

Akseki (Antalya), 19.5.1997 (mit *Cephalanthera kurdica*), C. A. J. Kreutz

BEMERKUNGEN

Die isolierten Vorkommen an der Schwarzmeerküste, wo *Comperia comperiana* in den Eichenwäldern alter, verlassener Friedhöfe wächst, sind wahrscheinlich durch eine Verbindung über die Provinz Kütahya mit den südöstlichen Vorkommen entstanden und das Vorkommen auf der Krim möglicherweise durch eine Verbindung mit Samsun und Sinop (Taubenheim, 1980).

GEFÄHRDUNG

Leider ist die ehemalig weitverbreitete Art durch Ausgraben der Knollen, Überweidung und landwirtschaftliche Nutzung der Standorte stark gefährdet. Daher findet man die meisten Exemplare nur noch auf alten Friedhöfen. In letzter Zeit werden leider auch dort schon zunehmend Pflanzen ausgehackt. Im Jahre 1988 konnte beobachtet werden, wie vier halbwüchsige Jungen mit großen Hacken die Orchideen aus dem Boden schlugen und ihnen ihre neuen, helleren Knollen entnahmen, die als Speicherorgane den Pflanzen der nächsten Generation dienen sollten. Auch Wagner (Fundliste 1996) berichtet, daß auf einem Friedhof im Ort Emiraşiklar Köyü (Antalya) die dort angegebenen *Comperia comperiana* und die *Ophrys phrygia*-Bestände vollständig ausgegraben waren. Außer den vielen frischen Grablöchern war nichts mehr zu finden. Diese katastrophale Entwicklung und die Tatsache, daß *Comperia comperiana* fast nur noch auf alten verlassenen Friedhöfen vorkommt, wird auch von Hágsater & Dumont (1996) beschrieben.

HYBRIDEN

Nicht nachgewiesen.

Akseki (Antalya), 19.5.1997, C. A. J. KREUTZ

Antakya (Hatay), 15.5.1991, W. LÜDERS

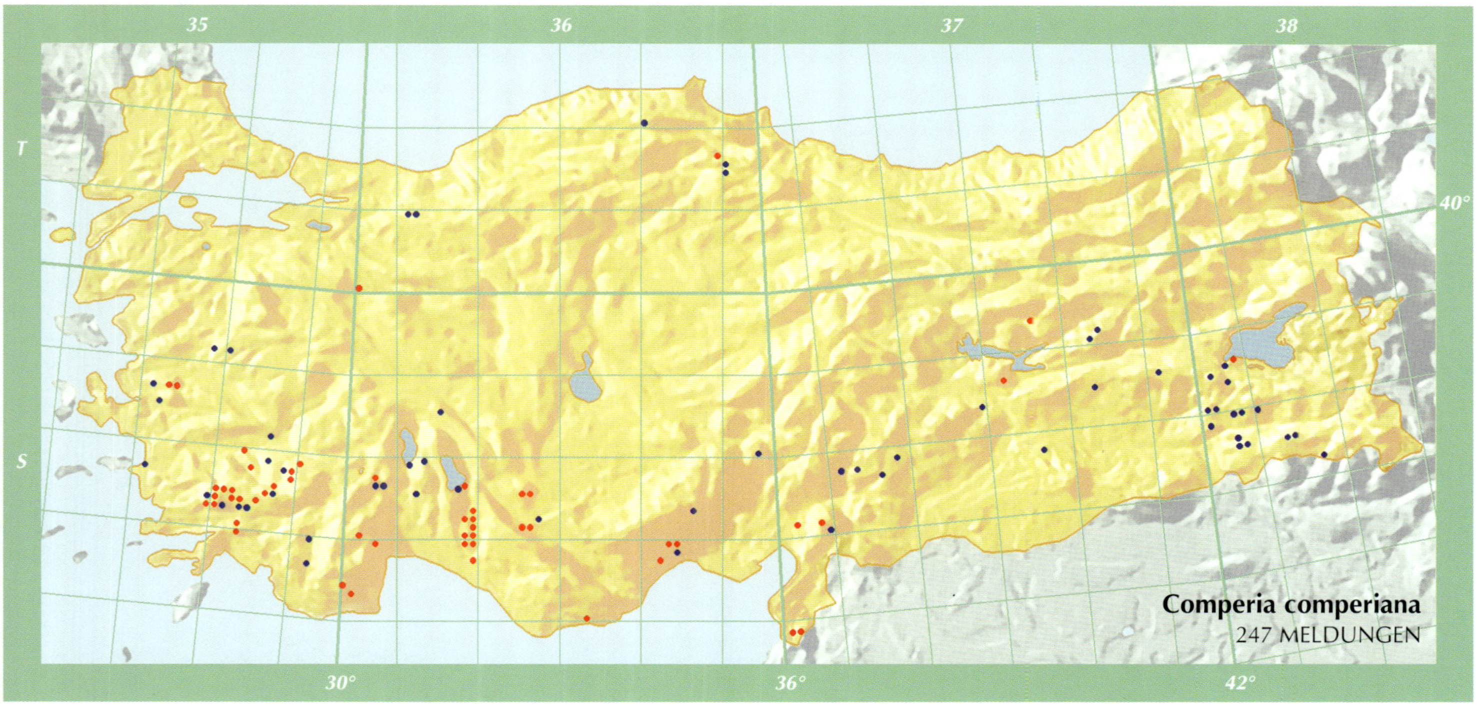

12. Corallorrhiza trifida CHÂTELAIN

Korallenwurz (Spec. Inaug. Corall.: 8/12, 1760)

BASIONYM
Ophrys corallorrhiza L. (Spec. Plant. 2: 945, 1753)
SYNONYME
Corallorrhiza intacta CHAMISSO, *Corallorrhiza innata* R. BROWN

BESCHREIBUNG
Sehr kleine, schlanke und zierliche Pflanze, ohne Laubblätter. Stengel ziemlich dünn und im unteren Teil mit wenigen scheidigen Schuppenblättern umhüllt (sonst blattlos), gelblichgrün bis bräunlich gefärbt. Blütenstand zylindrisch, locker- und armblütig. Blüten sehr klein, schräg abstehend. Petalen und das mittlere Sepal einen lockeren Helm bildend. Sepalen schmal-lanzettlich bis oval-lanzettlich, grün bis gelblichgrün gefärbt, bisweilen violett überlaufen oder rötlich gefleckt, die beiden seitlichen Sepalen abstehend. Petalen schmal-lanzettlich, wie die Sepalen gefärbt. Lippe zungenförmig, weißlich und an der Basis mit roten Punkten besetzt. Ein spornähnliches Gebilde als ein dem Fruchtknoten anliegender Wulst vorhanden.
ABGRENZUNG ZU ÄHNLICHEN ARTEN
Unverwechselbar.
STANDORT
Moosige, humose, schattige Kiefern-, Tannen- und Fichtenwälder; auf schwach saurem Boden.
BLÜTEZEIT
Anfang Juni bis Mitte Juli.
HÖHENVERBREITUNG
Von etwa 1.400 bis 2.000 m.
GESAMTVERBREITUNG
In Nord- und Mitteleuropa weit verbreitet, dort vor allem in den montanen Lagen; westlich bis zu den Pyrenäen, südlich bis in die Gebirge Nordgriechenlands vordringend. Auch in Vorderasien und im Kaukasus.
VERBREITUNG IN DER TÜRKEI
Nur im Pontusgebirge in der Nordtürkei, vom Ilgaz-Gebirge (Kastamonu) bis Ardahan (Ardahan). Gebirgspflanze.
NOTIZEN ZU EINIGEN FUNDORTEN
Corallorrhiza trifida wurde in der Türkei wenig beobachtet. RENZ & TAUBENHEIM (1984) beschreiben sieben Standorte, nämlich aus den Provinzen Kastamonu (Ilgaz-Paß), Artvin (an der Straße Karmış - Iskilip), Sivas/Ordu (südlich Koyulhisar), Giresun (südlich Dereli), Artvin (Alaca Dağı und Nordhänge des Yalnızçam-Passes) und von Kars (westlich von Ardahan). Ferner beobachtete SEZIK (briefl. Mittlg., 1996) *Corallorrhiza trifida* am Işikdağ in der Provinz Çankırı, in einem Kiefernwald zwischen Arpaçay und Soğuksu in den Ilgaz-Dağları (Kastamonu) und an der Straße Daday - Azdavay in der Umgebung vom Ballıdağ-Paß (Kastamonu).
Eine aktuelle Standortangabe liegt von HERTEL (briefl. Mittlg., 1996) vor. Er fand *Corallorrhiza trifida* Anfang Juli 1990 am Ilgaz-Paß, südlich Kastamonu. Nur ein Exemplar wurde an einem Waldrand auf einem nordexponierten Hang gefunden. Trotz längerer Suche wurden keine weiteren Pflanzen mehr beobachtet.
Während einer Türkei-Reise im Juni 1996 wurde *Corallorrhiza trifida* an vier Standorten nachgewiesen. Nördlich des Ilgaz-Passes an der Straße von Ilgaz nach Kastamonu in der Provinz Kastamonu wurden in einem ausgedehnten Fichtenwald etwa 20 Exemplare in Hochblüte gefunden, einige in kleineren Gruppen, andere vereinzelt. In der direkten Umgebung

◄ **Ilgaz-Tosya (Kastamonu), 29-6-1996,** C. A. J. KREUTZ

Ilgaz-Kastamonu (Kastamonu), 21-6-1996, C. A. J. KREUTZ

Ilgaz-Kastamonu (Kastamonu), 21-6-1996, C. A. J. KREUTZ

Ilgaz-Kastamonu (Kastamonu), 21-6-1996, C. A. J. Kreutz

Ilgaz-Paß (Kastamonu), 11.8.1996 (mit *Epipogium aphyllum*), C. A. J. Kreutz

waren noch *Dactylorhiza romana, Neottia nidus-avis, Orchis pallens, Orchis pinetorum* und *Platanthera chlorantha* vorhanden. An einer anderen Stelle, etwa 2 km nördlich, auch in einem Fichtenwald, wurden nochmals 59 Exemplare gefunden. Im Juli 1996 wurden dann weitere zwei Standorte im Ilgazgebirge entdeckt. An diesem Standort wird *Corallorrhiza trifida* oft von *Epipogium aphyllum* begleitet.

Gügel & Neumayr (Fundliste 1985) konnten zwei Standorte von *Corallorrhiza trifida* im Nordosten der Türkei nachweisen, nämlich in einem Fichtenwald an der Straße Ardanuç - Ardahan (Artvin), sowie im Bereich des Sumela-Klosters, südlich Maçka (Trabzon). In den ausgedehnten Fichtenwäldern im Bereich des Yalnızçam-Passes (Artvin) wurden 10 Exemplare zusammen mit *Cephalanthera longifolia, Neottia nidus-avis* und *Platanthera chlorantha* beobachtet. In der Umgebung des Sumela-Klosters wurden einige Exemplare nahe der Paßhöhe in einem Fichtenwald entdeckt. *Corallorrhiza trifida* wird hier von *Platanthera chlorantha* und *Neottia nidus-avis* vergesellschaftet.

BEMERKUNGEN

Corallorrhiza trifida gehört mit *Epipogium aphyllum, Goodyera repens* und *Listera cordata* zu den äußerst seltenen Orchideenarten des Pontusgebirges. Wegen der Unscheinbarkeit dieser Pflanzen dürfte sie oft übersehen werden, so daß in der Zukunft mit der Entdeckung weiterer Fundorte zu rechnen ist.

Die Art wurde erstmals am Işik Dağ in der Provinz Çankırı (1600 - 1800 m) gefunden (Akman & Sezik, 1976). Später wiesen Renz & Taubenheim (1984) mehrere Fundorte im Norden der Türkei nach.

HYBRIDEN

Nicht bekannt.

Ilgaz-Kastamonu (Kastamonu), 21-6-1996, C. A. J. Kreutz

Ilgaz-Kastamonu (Kastamonu), 21-6-1996, C. A. J. Kreutz

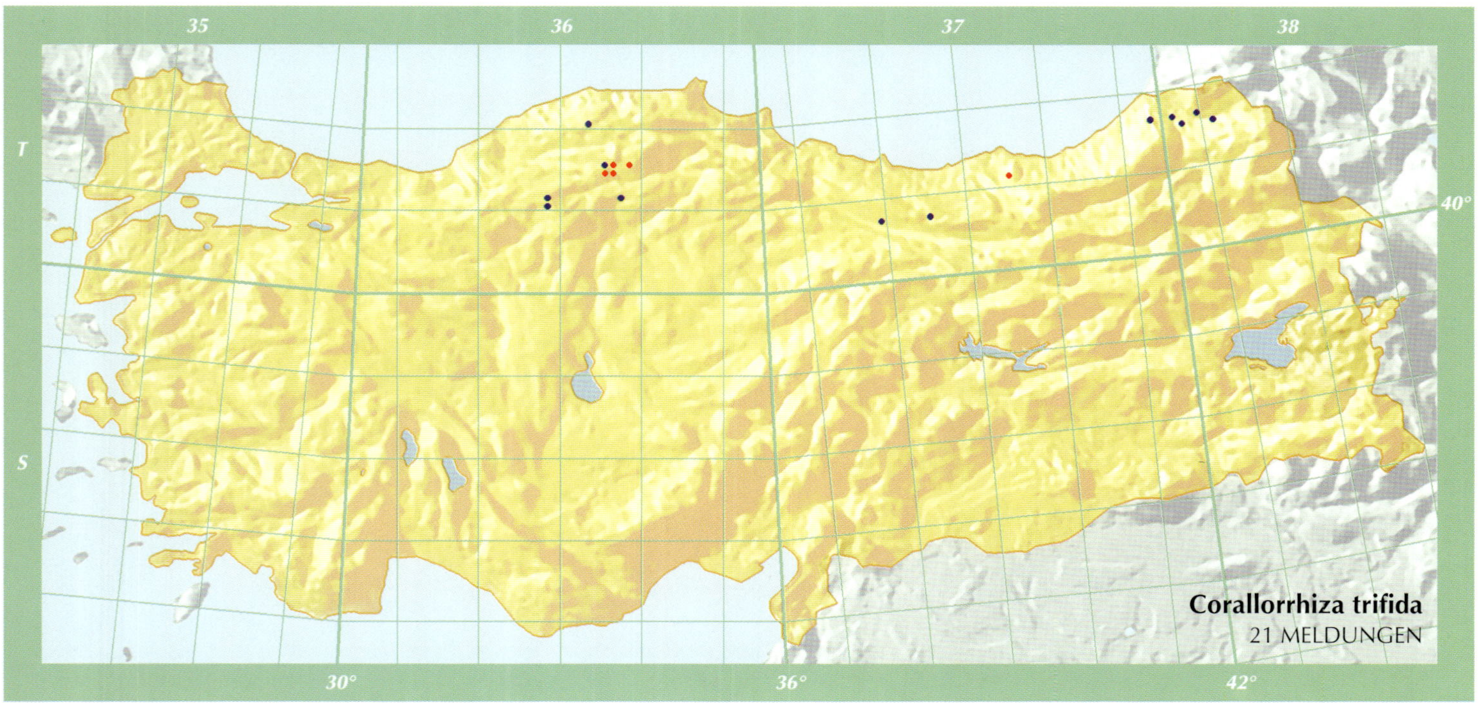

13 Dactylorhiza bithynica

H. BAUMANN

Bithynisches Knabenkraut

(Mitt. Bl. Arbeitskr. Heim. Orch. Baden-Württ. 15 (1): 68, 1983)

BESCHREIBUNG

Schlanke und mittelgroße Pflanze. Untere Laubblätter breitlanzettlich (das unterste eiförmig-lanzettlich), die oberen schmal-lanzettlich, schräg bis steil aufwärts gerichtet, zugespitzt, gefleckt. Blütenstand zylindrisch bis verlängert, locker- und vielblütig. Blüten mittelgroß bis groß, weißlich bis rosa gefärbt, die Perigonblätter bisweilen rosa überlaufen. Sepalen eiförmig-lanzettlich bis lanzettlich, die beiden seitlichen abstehend, das mittlere vornübergeneigt. Petalen lanzettlich, mit dem mittleren Sepal zusammenneigend. Lippe tief dreilappig mit vorgezogenem Mittellappen, dieser fast so lang wie die beiden Seitenlappen. Blütenzeichnung aus dunklen Linien und Punkten bestehend. Sporn ziemlich dick, konisch, waagrecht abstehend.

ABGRENZUNG ZU ÄHNLICHEN ARTEN

Ähnelt *Dactylorhiza saccifera*. *Dactylorhiza bithynica* besitzt deutlich größere Blüten, wobei vor allem die Abmessungen der Perigonblätter, der Lippe und des Sporns im Vergleich zu typischen Exemplaren von *Dactylorhiza saccifera* auffällig sind. Der Blütenstand ist lockerer als bei *Dactylorhiza saccifera*, außerdem sind die Tragblätter viel kürzer. Die Blütenzeichnung besteht aus dunklen Linien und Punkten und hat viel Ähnlichkeit mit der der mitteleuropäischen *Dactylorhiza fuchsii*, die aber in der Türkei nicht vorkommt (BAUMANN, 1983a).

STANDORT

Lichte Kiefernwälder, Straßengräben, Waldhangquellmoore, feuchte Schutthänge, Feuchtstellen; auf frischen bis mäßig feuchten Böden.

BLÜTEZEIT

Mitte Juni bis Mitte Juli.

HÖHENVERBREITUNG

von 800 bis 1.200 m.

GESAMTVERBREITUNG

Türkischer Endemit.

VERBREITUNG IN DER TÜRKEI

Soweit bekannt, ist das Areal dieser Art auf die Türkei beschränkt und umfaßt die Umgebung von Kastamonu (Kastamonu) und des Abantsees (Bolu). Außerdem an einigen Stellen im Nordwesten des Landes.

NOTIZEN ZU EINIGEN FUNDORTEN

Besonders an der Auffahrt zum Abantsee findet man an feuchten Stellen in Straßengräben immer wieder vereinzelte Pflanzen, öfter in Begleitung von *Neottia nidus-avis* und *Steveniella satyrioides*. In dieser Gegend wurden aber auch Exemplare an trockenen Standorten beobachtet.

Einen weiteren Schwerpunkt besitzt *Dactylorhiza bithynica* in den ausgedehnten Mischwäldern südlich Kastamonu. Viele Exemplare wachsen in diesem Gebiet in Straßengräben, an Feuchtstellen an Waldrändern, sowie in Kiefern- und Fichtenwäldern, die manchmal mit Eichengebüsch durchsetzt sind. Vor allem an der alten Verbindungsstraße von Tosya nach Kastamonu und an den Straßenböschungen am Ilgaz-Paß an der Straße Ilgaz - Kastamonu ist sie nicht selten. Meist wächst *Dactylorhiza bithynica* hier in Begleitung von *Cephalanthera damasonium*, *Cephalanthera epipactoides*, *Cephalanthera longifolia*, *Cephalanthera rubra*, *Dactylorhiza romana*, *Epipactis pontica*, *Goodyera repens*, *Neottia nidus-avis*, *Orchis pinetorum*, *Orchis purpurea* und *Platanthera chlorantha*.

◄ **Abant (Bolu), 22.6.1994,** C. A. J. KREUTZ

Abant (Bolu), 22.6.1994, C. A. J. KREUTZ

Abant (Bolu), 22.6.1994, C. A. J. KREUTZ

Ilgaz-Paß (Kastamonu), 22.5.1988, C. A. J. Kreutz

Tosya-Kastamonu (Kastamonu), 29.6.1996, C. A. J. Kreutz

BEMERKUNGEN

Wie schon lange bekannt, wachsen in der Nordwesttürkei Pflanzen, die Merkmale sowohl von *Dactylorhiza saccifera* als auch von *Dactylorhiza fuchsii* aufweisen, in der Blütenform und im vegetativen Bereich jedoch stark von diesen beiden Arten abweichen. Baumann (1983a) hat diese Pflanzen von *Dactylorhiza saccifera* abgetrennt und sie als *Dactylorhiza bithynica* beschrieben.

Von einigen Autoren, vor allem von Buttler (1986), Rückbrodt & Hansen (1992) und Delforge (1994) wird *Dactylorhiza bithynica* als Synonym zu *Dactylorhiza saccifera* gestellt. Die osttürkischen Pflanzen, die zu *Dactylorhiza saccifera* gehören, weichen aber deutlich von *Dactylorhiza bithynica* ab. Nähere Untersuchungen sind erforderlich, um den Status von *Dactylorhiza bithynica* endgültig zu klären.

Wie Baumann (1983a) bei der Beschreibung von *Dactylorhiza bithynica* berichtete, waren zum damaligen Zeitpunkt in der ihm bekannten Literatur über die Orchideenflora der Türkei praktisch keine gesicherten Hinweise auf ein Vorkommen von *Dactylorhiza saccifera* in der Türkei bekannt. Die Art wurde jedoch 1988 einwandfrei für die Türkei nachgewiesen (Kajan, *et al.*, 1992).

BEMERKUNGEN ZU DER VERBREITUNGSKARTE

Die Verbreitungskarte enthält nur die sicheren Angaben aus den Provinzen Bolu und Kastamonu, sowie die im Nordwesten des Landes. Weitere Untersuchungen sind erforderlich um festzustellen, ob *Dactylorhiza bithynica* eventuell noch weiter östlich in der Türkei verbreitet ist.

HYBRIDEN

Nachgewiesen mit *Dactylorhiza ilgazica* und *Dactylorhiza nieschalkiorum*.

Abant (Bolu), 22.6.1994, C. A. J. KREUTZ

Abant (Bolu), 22.6.1994, C. A. J. KREUTZ

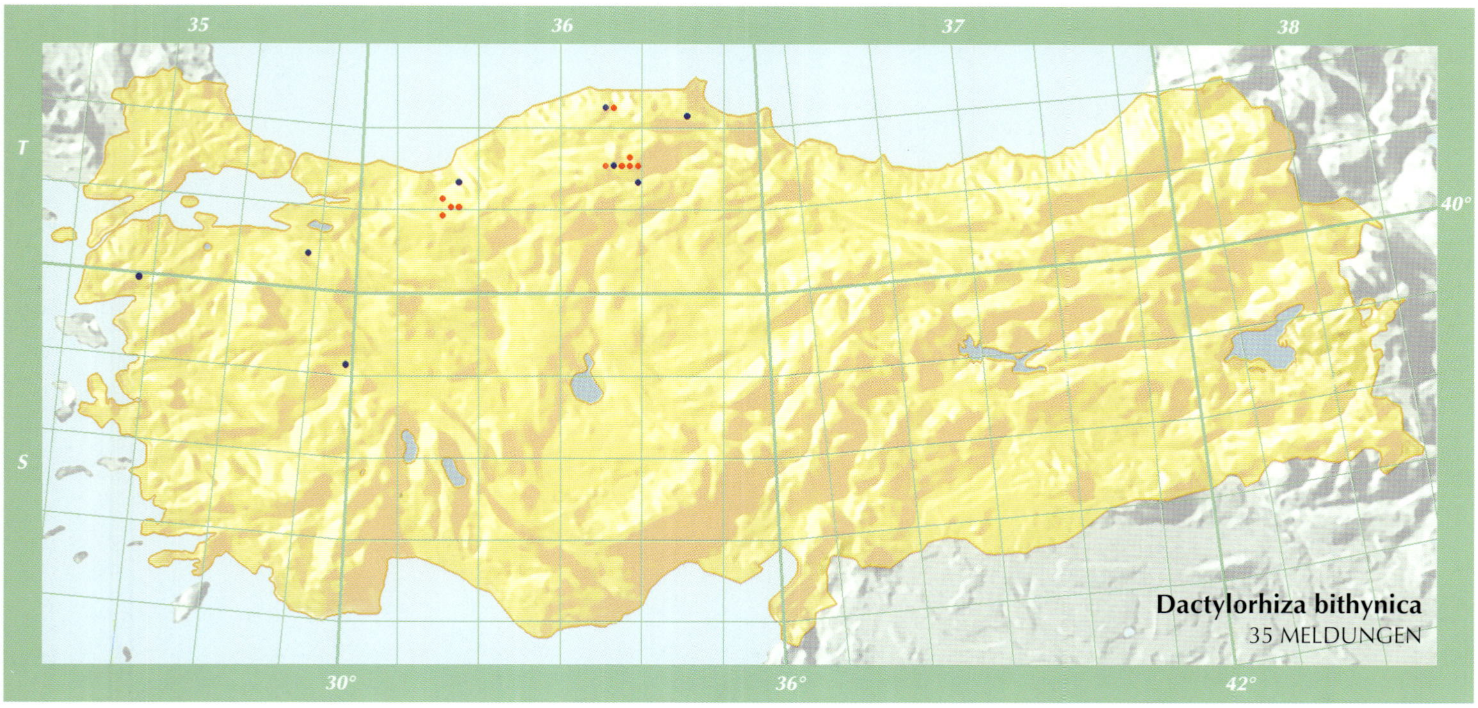

14 Dactylorhiza saccifera (Brongniart) Soó

Sackförmiges Knabenkraut (Nom. Nov. Gen. Dactylorhiza 8, 1962)

BASIONYM

Orchis saccifera Brongniart (in Bory Expéd. scient. Morée 3: 259, 1832)

SYNONYM

Orchis macrostachys Tineo, *Orchis comosa* Schur, *Orchis maculata* subsp. *saccifera* (Brongniart) K. Richter, *Orchis maculata* subsp. *macrostachys* (Tineo) Rohlena, *Dactylorhiza maculata* subsp. *saccifera* (Brongniart) Diklić

BESCHREIBUNG

Kräftige bis sehr kräftige Pflanze, bis zu 80 cm hoch. Untere Laubblätter breit- bis eiförmig-lanzettlich (das unterste kurz und eiförmig), abstehend bis zurückgebogen; die oberen schmal-lanzettlich, ziemlich gedrängt, schräg aufwärts gerichtet und in Tragblätter übergehend, meist stark gefleckt. Blütenstand breit-zylindrisch bis verlängert, dicht- und vielblütig. Blüten mittelgroß bis groß, weißlich bis purpurviolett gefärbt, die Perigonblätter meist einheitlich purpurn gefärbt. Sepalen eiförmig-lanzettlich bis lanzettlich, die beiden seitlichen abstehend bis nach vorne gerichtet, das mittlere vornübergebogen und mit den beiden Petalen zusammenneigend. Petalen lanzettlich. Lippe tief dreilappig mit vorgezogenem Mittellappen, dieser deutlich länger als die beiden Seitenlappen. Malzeichnung aus dunklen Linien, Strichen und Punkten bestehend. Sporn dick, konisch, waagrecht abstehend bis schräg abwärts gerichtet.

ABGRENZUNG ZU ÄHNLICHEN ARTEN

Ähnelt *Dactylorhiza bithynica*, die aber deutlich größere Blüten besitzt, wobei besonders die Abmessungen der Perigonblätter, der Lippe und des Sporns im Vergleich zu typischen Exemplaren von *Dactylorhiza saccifera* auffällig sind. Ferner ist der Blütenstand von *Dactylorhiza bithynica* lockerer als bei *Dactylorhiza saccifera*. Ein wichtiges Merkmal von *Dactylorhiza saccifera* sind ihre Tragblätter, die den unteren Teil des Blütenstandes weit überragen; außerdem ist die Lippe tief dreilappig und der Sporn breit zylindrisch.

STANDORT

Die Art bevorzugt die gleichen Biotope wie *Dactylorhiza bithynica*, nämlich feuchte Stellen in Schutthängen und Straßengräben, humide Wälder und Waldhangquellmoore. Vor allem an Flußufern und Quellen ist sie häufig zu finden.

BLÜTEZEIT

Mitte Mai bis Mitte Juli.

HÖHENVERBREITUNG

Von etwa 800 bis 1.700 m.

GESAMTVERBREITUNG

Östliches und zentrales Mittelmeergebiet (Griechenland, Albanien, Bulgarien, Rumänien, Kroatien, Bosnien-Herzegowina, Jugoslawien, Mazedonien und die Türkei).

VERBREITUNG IN DER TÜRKEI

Hauptsächlich auf den nordöstlichen Teil beschränkt. Sie kommt aber auch vereinzelt in der Mittelmeer-Region und in Ostanatolien vor. Das Verbreitungsgebiet ist noch nicht vollständig bekannt, weil Verwechslungen mit *Dactylorhiza bithynica* vorliegen.

NOTIZEN ZU EINIGEN FUNDORTEN

In der Umgebung von İkizdere in der Nordosttürkei wurden an einer feuchten Stelle in einer Straßenböschung einige Exemplare gefunden. Direkt oberhalb dieser Böschung schließt sich eine blumenreiche Hangwiese an, wo weitere Pflanzen

◄ **İkizdere (Rize), 18.5.1988,** C. A. J. Kreutz

İkizdere (Rize), 18.5.1988, C. A. J. Kreutz

İkizdere (Rize), 18.5.1988, C. A. J. Kreutz

İkizdere (Rize), 18.5.1988, C. A. J. Kreutz

Ardahan-Şavşat (Artvin), 4.7.1993, E. Gügel

von *Dactylorhiza saccifera* vorkommen sowie etwa 500 Exemplare von *Dactylorhiza urvilleana* und Hybriden zwischen beiden Arten. In solchen Biotopen wachsen außerdem besonders viele und seltene Pflanzenarten in großer Individuenzahl.

Südlich İkizdere (Rize) wurde *Dactylorhiza saccifera* 1996 in einer Feuchtwiese gefunden (mündl. Mittlg., Schönfelder, 1996). An diesem Standort sind keine weiteren *Dactylorhiza*-Arten eingekreuzt, die Pflanzen stellen sehr typische Exemplare dar. In der weiteren Umgebung von İkizdere (Rize) kommt *Dactylorhiza saccifera* mehrfach vor. Sie bildet hier an einigen Stellen auch Hybriden mit *Dactylorhiza urvilleana*.

Bei Rückbrodt & Hansen (1992) werden zwei weitere Angaben aus Nordostanatolien erwähnt, nämlich östlich Of (Trabzon), wo *Dactylorhiza saccifera* in einem feuchten Straßenrand gefunden wurde und südlich Of, an der Straße zum Soğanlı-Paß (Trabzon/Bayburt), im grasigen Straßenrand. Die Art wurde auch oberhalb Artvin nachgewiesen.

Chambers (Fundliste 1995, 1996) hat *Dactylorhiza saccifera* in der Umgebung von Aşkale (Erzurum) gefunden, zusammen mit anderen *Dactylorhiza*-Arten. Diese Pflanzen hatten aber ungefleckte Blätter. In der direkten Umgebung wurden noch *Dactylorhiza osmanica, Dactylorhiza umbrosa, Orchis coriophora* und *Orchis pseudolaxiflora* gefunden.

Problematik

Bei Renz & Taubenheim wird eine ganze Reihe von Fundorten aufgelistet, die sich hauptsächlich im Pontusgebirge befinden, aber auch weiter südlich, wie zum Beispiel in den Provinzen Konya, Hatay, Adana und Siirt. Es ist zu überprüfen, ob diese Funde *Dactylorhiza saccifera* oder *Dactylorhiza bithynica* zuzuordnen sind. Die zuletzt genannte Art wurde erst 1983 durch Baumann (1983a) abgetrennt, da seiner Ansicht nach die türkischen Pflanzen nicht mit denen von Griechenland übereinstimmen.

Bemerkungen zu der Verbreitungskarte

Die Verbreitungskarte enthält vermutlich auch einige Funde von *Dactylorhiza bithynica*, da diese vor 1983 *Dactylorhiza saccifera* zugeordnet wurde. Auf der Verbreitungskarte von *Dactylorhiza bithynica* wurden nur die sicheren Funde letztgenannter Art eingezeichnet.

Hybriden

Nachgewiesen mit *Dactylorhiza euxina, Dactylorhiza iberica* und *Dactylorhiza urvilleana*.

İkizdere (Rize), 18.5.1988, C. A. J. Kreutz

İkizdere (Rize), 18.5.1988, C. A. J. Kreutz

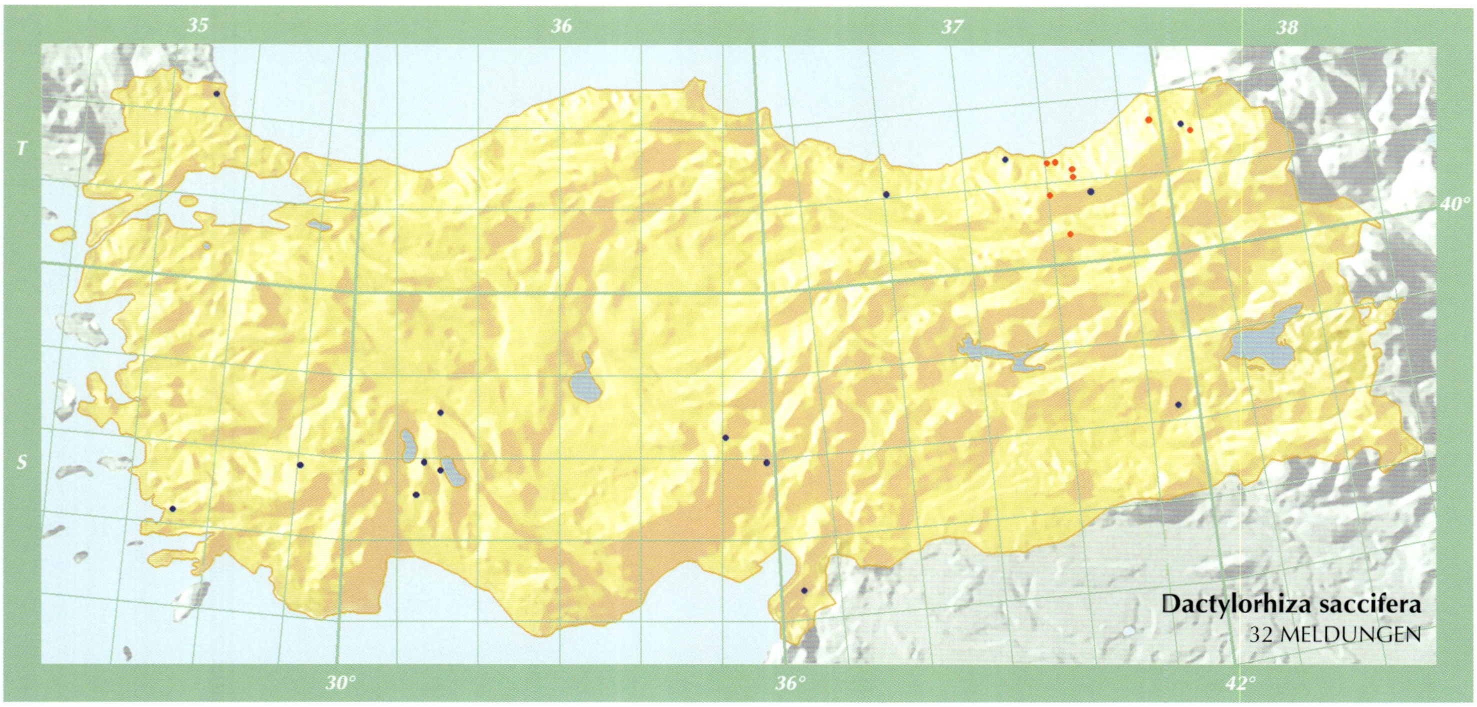

15 Dactylorhiza euxina (NEVSKI) CZEREPANOV

Schwarzmeer-Knabenkraut

(Sosud. Rast. URSS: 308, 1981)

BASIONYM

Orchis euxina NEVSKI (Kom., Fl. SSSR 4: 709, 1935)

SYNONYME

Orchis monticola subsp. *caucasica* (LIPSKY) KLINGE, *Orchis caucasica* (LIPSKY) LIPSKY, *Orchis caucasica* var. *alpina* SCHLECHTER, *Orchis caucasica* (KLINGE) MEDWEDEV, *Dactylorhiza caucasica* (LIPSKY) SOÓ, *Dactylorhiza majalis* subsp. *caucasica* (LIPSKY) SUNDERMANN, *Orchis caucasica* var. *markowitschii* SOÓ, *Dactylorhiza euxina* var. *markowitschii* (SOÓ) RENZ & TAUBENHEIM, *Dactylorhiza markowitschii* (SOÓ) AVERYANOV, *Dactylorhiza euxina* (NEVSKI) H. BAUMANN & KÜNKELE, *Orchis caucasica* var. *markowitschii* SOÓ.

BESCHREIBUNG

Relativ kleine Pflanze mit gedrungenem Wuchs. Laubblätter eiförmig-lanzettlich, stumpf, aufrecht bis abstehend, meist stark gefleckt (wobei manchmal große Blattpartien nahezu einheitlich trüb-purpurviolett gefärbt sind), selten ungefleckt. Blütenstand dicht und kurz. Blüten intensiv dunkelpurpurn gefärbt. Sepalen eiförmig-lanzettlich, kräftig purpurn, die seitlichen abstehend, das mittlere mit den beiden Petalen helmförmig zusammenneigend. Petalen schmal-lanzettlich. Lippe ungeteilt, rundlich bis herzförmig (manchmal schwach dreilappig), mit grob gezähntem, aufgebogenem Rand. Lippenzeichnung aus purpurnen Strichen, Punkten oder Linien bestehend. Tragblätter, vor allem im unteren Teil des Blütenstandes, die Blüten weit überragend. Sporn kurz, dick, zylindrisch und sackförmig, schräg abwärts gerichtet.

ABGRENZUNG ZU ÄHNLICHEN ARTEN

Unverwechselbar. Manchmal aber ist eine einwandfreie Identifikation problematisch, weil oft andere *Dactylorhiza*-Arten eingekreuzt sind. Häufig ist dies *Dactylorhiza urvilleana*.

VARIABILITÄT

Im Jahre 1926 wurde die Sippe *markowitschii* SOÓ (Notizbl. Bot. Garten u. Mus. Berlin-Dahlem 9 (89): 909) als Varietät von *Orchis caucasica* beschrieben (*Orchis caucasica* var. *markowitschii* SOÓ). Später, 1983, wurde diese Varietät von RENZ & TAUBENHEIM (Notes Roy. Bot. Garden Edinb. 41: 270, 1983a) als Varietät zu *Dactylorhiza euxina* gestellt (*Dactylorhiza euxina* var. *markowitschii* (SOÓ) RENZ & TAUBENHEIM).

Die Pflanzen von *Dactylorhiza euxina* var. *markowitschii* sind gedrungener und ihre vielfach ungefleckten Laubblätter erreichen oder überragen den Blütenstand. Die Lippe ist meist breiter als lang. Wie *Dactylorhiza euxina* var. *euxina* besiedelt diese Sippe das gleiche Areal und wächst vielfach mit der Nominatform zusammen.

STANDORT

Feuchte Stellen und Naßwiesen in der Nähe von Bächen und Quellen. Seltener in kurzrasigen Naß- und Almwiesen.

BLÜTEZEIT

Relativ früh, ab Ende Mai in niedrigen Lagen, bis Mitte Juli in höheren Lagen des Pontusgebirges.

HÖHENVERBREITUNG

Von 500 bis 2.900 m. *Dactylorhiza euxina* ist, anders als oft behauptet, keine reine Hochgebirgspflanze. Sie wurde von GÜGEL, RÜCKBRODT & ZAISS 1994 (briefl. Mittlg., 1996) an mehreren Standorten ab 500 m Höhe nachgewiesen, wo sie allerdings schon im Mai blüht.

GESAMTVERBREITUNG

Das Areal reicht von der Türkei bis in die Kaukasusländer und Nordwestiran.

◄ **İkizdere (Rize), 18.5.1988,** C. A. J. KREUTZ

VERBREITUNG IN DER TÜRKEI

Nordostanatolien.

NOTIZEN ZU EINIGEN FUNDORTEN

Dactylorhiza euxina ist eine attraktive Pflanze, die in der oberen montanen und alpinen Stufe des Pontusgebirges an vielen Stellen Massenpopulationen bildet, dort öfter begleitet von *Dactylorhiza urvilleana* und sehr selten von *Traunsteinera sphaerica*.

Besonders in der Umgebung von Tamdere in der Provinz Giresun findet man große Bestände in Quellmooren entlang der Straße. An einige Standorten kommt sie hier zusammen mit *Dactylorhiza urvilleana* vor, mit der sie gerne bastardiert. Auch in der weiteren Umgebung von Kümbet (Giresun) ist *Dactylorhiza euxina* stellenweise häufig. An Feuchtstellen in den kurzrasigen Bergwiesen oder an quellig-nassen Stellen in ziemlich hochwüchsiger Vegetation ist sie immer wieder zu finden, hier meist von *Dactylorhiza urvilleana* und der schlanken *Traunsteinera sphaerica* begleitet.

Stellenweise häufig ist sie auch am Ovitdağı-Paß bei Sivrikaya (Erzurum), wo sie in feuchten Almwiesen vorkommt, die teils mit *Rhododendron*-Gebüschen durchsetzt sind. Hier wächst sie in und am Rande von Quellmooren, in der direkten Um-

İkizdere (Rize), 18.5.1988, C. A. J. KREUTZ

İkizdere (Rize), 18.5.1988, C. A. J. Kreutz

Tamdere (Giresun), 28.6.1994, C. A. J. Kreutz

Tamdere (Giresun), 28.6.1994, C. A. J. Kreutz

Dactylorhiza euxina var. *markowitschii*, Pazaryola (Erzurum), 25.6.1996, C. A. J. Kreutz

Dactylorhiza euxina* var. *markowitschii
Posof (Ardahan), 24.6.1996, C. A. J. Kreutz

Dactylorhiza euxina* var. *markowitschii
Pazaryola (Erzurum), 25.6.1996, C. A. J. Kreutz

gebung begleitet von *Dactylorhiza urvilleana* und *Traunsteinera sphaerica*.

Südlich İkizdere (Rize) wurde *Dactylorhiza euxina* 1988 in einer kleinen Feuchtwiese gefunden (Kajan, et al., 1992). Die Pflanzen stellen an diesem Standort sehr typische Exemplare dar und blühen schon ab Mitte Mai. An weiteren Orchideen kommen hier noch *Dactylorhiza saccifera, Dactylorhiza urvilleana, Listera ovata* und *Orchis mascula* vor.

Dactylorhiza euxina var. *markowitschii* wurde 1996 an drei Standorten nachgewiesen, nämlich am Ovitdağı-Paß bei Sivrikaya (Erzurum), wo sie in einem Quellmoor zusammen mit der Nominatform vorkommt; an der Straße Ovitdağı-Paß - Pazaryola (Erzurum), wo sie große Populationen in einer Feuchtwiese und in einer bachbegleitenden Staudenflur bildet und an zwei Stellen bei Damal an der Straße von Ardahan in Richtung Posof (Ardahan), wo in den Feuchtwiesen noch viele Exemplare vorkommen (die Population ist hier durch Trockenlegung stark gefährdet).

BEMERKUNGEN

Die Pflanzen gehören der mitteleuropäischen *Dactylorhiza majalis*-Gruppe an.

Pflanzen aus der Gegend von Folköy, südlich Trabzon, wurden früher als *Orchis aristata* bestimmt (Handel-Mazzetti, 1909). Diese Pflanzen gehören vermutlich zu *Dactylorhiza euxina* (Rückbrodt & Hansen, 1992).

PROBLEMATIK

An vielen Stellen wächst *Dactylorhiza euxina* zusammen mit *Dactylorhiza urvilleana*, wobei Übergangspopulationen häufig zu finden sind, was die Bestimmung erschwert.

GEFÄHRDUNG

In letzter Zeit sind die Standorte von *Dactylorhiza euxina* vielerorts bedroht. So wurden in den letzten Jahren viele neue Straßen gebaut, andere stark verbreitert. Viele Standorte wurden dadurch verschüttet. Eine andere Bedrohung ist die frühe Mahd auf den Almwiesen und mancherorts (zum Beispiel bei Uzungöl, Rize) die Düngung.

HYBRIDEN

Nachgewiesen mit *Dactylorhiza iberica, Dactylorhiza saccifera, Dactylorhiza umbrosa* und *Dactylorhiza urvilleana*.

Dactylorhiza euxina var. *markowitschii*
Pazaryola (Erzurum), 25.6.1996, C. A. J. Kreutz

Dactylorhiza euxina var. *markowitschii*
Posof (Ardahan), 24.6.1996, C. A. J. Kreutz

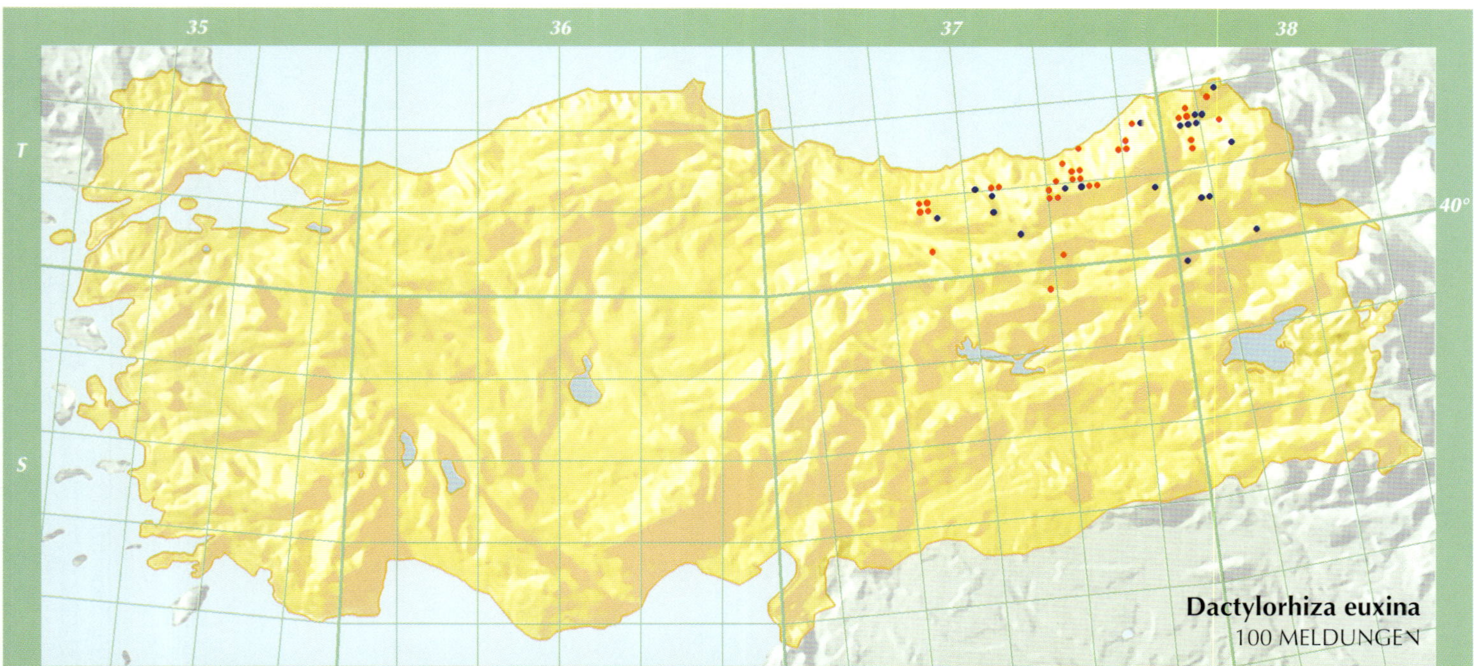

16

Dactylorhiza ilgazica

C. A. J. KREUTZ

Pontisches Knabenkraut

(Eurorchis 9: 49, 1997)

BESCHREIBUNG

Pflanze klein bis mittelgroß, schlank, etwa 20 bis 50 hoch. Stengel aufrecht, ziemlich kräftig, im oberen Teil leicht kantig und hellgrün (selten schwach purpurn überlaufen). Die stengelumfassenden Laubblätter gleichmäßig über den Stengel verteilt, schräg aufwärts gerichtet, mittelstark gefleckt (selten ungefleckt), Flecken unregelmäßig gestaltet. Die oberen Laubblätter erreichen gerade den Blütenstand. Blütenstand kurz-eiförmig, relativ dichtblütig. Untere Brakteen schmal-lanzettlich, spitz; die Blüten deutlich überragend, die oberen dreieckig-lanzettlich, spitz. Blüten mittelgroß, hellrosa bis rosa gefärbt. Sepalen eiförmig-lanzettlich, teils gefleckt, teils einfarbig, schräg aufwärts gerichtet, das mittlere mit den Petalen zusammenneigend. Petalen eiförmig-lanzettlich bis lanzettlich, kürzer als die Sepalen. Lippe flach ausgebreitet, breitoval bis rundlich, am Rande unregelmäßig gezähnelt. Lippenzeichnung sehr einheitlich und überwiegend aus dunkelrosafarbenen Strichen und Linien bestehend. Sporn kegelförmig, ziemlich dick, waagrecht bis sehr leicht abwärts gerichtet, etwa so lang wie der Fruchtknoten.

ABGRENZUNG ZU ÄHNLICHEN ARTEN

Dactylorhiza ilgazica gehört in den Formenkreis von *Dactylorhiza nieschalkiorum* und *Dactylorhiza urvilleana*. *Dactylorhiza ilgazica* unterscheidet sich von *Dactylorhiza nieschalkiorum* vor allem durch den zierlichen und niedrigen Wuchs, die mittelstark gefleckten Laubblätter, die kleineren und heller gefärbten Blüten, den relativ kurzen, eiförmigen Blütenstand, die flach ausgebreitete Lippe ohne vorgezogenen Mittellappen und die hellrosa bis rosa gefärbten Blüten. Außerdem blüht sie etwa einen Monat früher. *Dactylorhiza nieschalkiorum* hat vor allem viel größere, rot gefärbte Blüten (fast doppelt so groß) und ist viel kräftiger, außerdem ist ihr Blütenstand sehr lang, dicht- und vielblütig.

Dactylorhiza ilgazica unterscheidet sich von *Dactylorhiza urvilleana* vor allem durch den grünen Stengel, den relativ kurzen, eiförmigen Blütenstand, die flach ausgebreitete Lippe ohne vorgezogenen Mittellappen und die hellrosa bis rosa gefärbten Blüten.

STANDORT

Quellhänge und Naßstellen mit ruderaler Vegetation, gern am Rande lichter Mischwälder; auf sauren bis basenreichen Böden. Bevorzugt wächst sie an Feuchtstellen an steilen Straßenböschungen.

BLÜTEZEIT

Die Art hat eine lange Blütezeit. Die Pflanzen an den niedrigen Standorten blühen bereits Ende Mai, die in den höheren Lagen bis Mitte August.

HÖHENVERBREITUNG

Meereshöhe bis etwa 1.800 m.

GESAMTVERBREITUNG

Endemische Art der Türkei.

VERBREITUNG IN DER TÜRKEI

Das Areal ist, soweit jetzt bekannt, auf einen kleinen Teil der mittleren Türkei beschränkt, nämlich westlich bis zum Ilgaz-Paß (Kastamonu), östlich bis Perşembe (Ordu) und Dereli (Giresun), südöstlich bis Kemaliye (Malatya).

NOTIZEN ZU EINIGEN FUNDORTEN

Ein Standort mit relativ vielen Pflanzen befindet sich an der Straße von Küre nach İnebolu (Kastamonu). Oberhalb der Straße in einer steilen, feuchten Böschung im Eichenbuchenwald blüht *Dactylorhiza ilgazica* bereits Ende Mai in einer Höhe von etwa 300 m. In diesem Wald stößt man immer wieder auf weitere, vereinzelte Vorkommen dieser Art.

Weitere Populationen besitzt sie südlich Kastamonu an Feuchtstellen nahe Quellen, an Feuchtstellen in den ausgedehnten Mischwäldern oder an deren Rändern. Besonders am Ilgaz-Paß, sowohl an der Straße von Kastamonu nach Ilgaz als nach Tosya blühen ab Mitte Juni viele kleinere Gruppen der Pflanzen. Sogar Mitte August blühen in den höheren Gebirgslagen vereinzelt noch einige Exemplare, zusammen mit den spätblühenden Arten *Salvia glutinosa* und *Parnassia palustris*. Größere Populationen wurden jedoch noch nicht beobachtet. In den angrenzenden Wäldern, oft von Fichten oder Buchen bestanden, wachsen oft verschiedene in der Türkei seltene Orchideenarten, wie *Corallorrhiza trifida*, *Epipogium aphyllum*, *Goodyera repens* und *Listera cordata*, aber auch *Neottia nidus-avis* und *Orchis pinetorum* kommen hier vor.

In den ausgedehnten Sumpfwiesen am Ladiksee (Samsun) besitzt *Dactylorhiza ilgazica* reichhaltige Vorkommen. Vor allem im hinteren Teil der Feuchtwiesen wachsen viele stattliche Exemplare. Auch GÜGEL (mündliche Mittlg., 1996) sowie LÜDERS (Fundliste 1989) fanden diese Art hier. Die Pflanzen blühen in diesem Gebiet Mitte bis Ende Mai.

Weitere Standorte befinden sich etwa 20 km nordwestlich von Perşembe (Ordu). RÜCKBRODT (mündl. Mittlg., 1996) fand hier (Fundlisten 1974, 1993) direkt an der Küste eine unbekannte *Dactylorhiza*-Sippe, die sich jetzt einwandfrei als *Dactylorhiza ilgazica* bestimmen ließ.

GÜGEL (mündl. Mittlg., 1996) hat *Dactylorhiza ilgazica* in der Umgebung von Akkuş (Ordu) gefunden. Die Art bevorzugt hier ähnliche Biotope wie in der Provinz Kastamonu. In diesem Gebiet sind die Pflanzen aber meist dunkler gefärbt als in der Umgebung von Kastamonu und die Hauptblütezeit liegt etwa bei Anfang bis Mitte Juli.

Ferner haben GÜGEL & ZAISS (Fundliste 1993) *Dactylorhiza ilgazica* an drei Stellen an der Straße von Ünye nach Niksar (Ordu) gefunden, nämlich an einer Feuchtstelle im Ort

◀ **Dumantepe (Ordu), 30.5.1997,** C. A. J. KREUTZ

Dumantepe (Ordu), 30.5.1997, C. A. J. KREUTZ

Tosya-Kastamonu (Kastamonu), 29.6.1996, C. A. J. Kreutz

Küre (Kastamonu), 27.5.1996, C. A. J. Kreutz

Tosya-Kastamonu (Kastamonu), 29.6.1996, C. A. J. Kreutz

Dumantepe (Ordu), 30.5.1997, C. A. J. Kreutz

Kabakulak, in einer leicht feuchten Böschung vor dem Ortseingang von Dumantepe (Ordu) und im Ort Dumantepe selbst in einer Feuchtrinne und in einer Wiese. In ihrer Fundortliste wurde die unbekannte *Dactylorhiza*-Art noch mit Fragezeichen versehen und im Text wurde bemerkt, daß diese Sippe mit gefleckten, teilweise ungefleckten Blättern mit einem dicken, langen und sackförmigen Sporn ausgestattet ist. Diese Angaben konnten 1997 vom Verfasser bestätigt werden. In diesem Gebiet bildet *Dactylorhiza ilgazica* in feuchten Straßenböschungen, in kleineren Feuchtwiesen und an Bachrändern kleine Populationen. Ihre Hauptblütezeit liegt hier etwa Mitte Juni. Die nordöstlichsten Fundstellen liegen bei Yavuzkemal, südlich von Dereli, an der Straße von Giresun nach Şebinkarahisar (Giresun). Ca. 35 - 40 km südlich Giresun und südlich der Paßhöhe wachsen in 1.200 m Höhenlage in einer trockenen Bergwiese viele Exemplare von *Dactylorhiza ilgazica*. An anderen Orchideenarten kommen hier auch noch *Anacamptis pyramidalis, Cephalanthera longifolia, Cephalanthera rubra, Ophrys caucasica, Ophrys oestrifera, Orchis tridentata* und *Steveniella satyrioides* vor.
Während einer Türkei-Reise im Jahre 1997 wurde ein neuer Standort dieser Art bei Kemaliye (Malatya) entdeckt. In einem Feuchtstreifen am Bachrand blühten Ende Mai drei Exemplare. Die Pflanzen sind sehr einheitlich in der Blütenform und Blütenfarbe und stimmen mit denen vom Pontusgebirge überein. Mit dem Standort bei Kemaliye hat sich das Verbreitungsgebiet dieser Art erheblich nach Südosten der Türkei erweitert.

Tosya-Kastamonu (Kastamonu), 29.6.1996, C. A. J. KREUTZ

BEMERKUNGEN

Dactylorhiza ilgazica ist eine mittelgroße, zierliche Pflanze, die zertreut im nördlichen Teil der Türkei, vor allem im Pontusgebirge, vorkommt. Die Standorte von *Dactylorhiza ilgazica* sind oft nur mit wenigen Pflanzen besetzt. Die Pflanzen sind relativ einheitlich in ihren Merkmalen und leicht von den nahe verwandten Arten *Dactylorhiza nieschalkiorum* und *Dactylorhiza urvilleana* zu unterscheiden. Im allgemeinen ist der Stengel dieser Art im oberen Teil grün, nur in wenigen Ausnahmen ist dieser ganz schwach purpurn überlaufen. Die stengelumfassenden Laubblätter sind meistens gleichmäßig über den Stengel verteilt oder an der Basis gehäuft. Im allgemeinen sind die Laubblätter schwach bis mittelstark gefleckt, breitlanzettlich- bis lanzettlich. Es kommen auch Pflanzen mit ungefleckten Laubblättern vor. Die oberen Laubblätter erreichen manchmal gerade den Blütenstand. Der Blütenstand ist durchschnittlich kurz-eiförmig bis eiförmig-lanzettlich gestaltet (walzenförmig) und ziemlich dichtblütig. Es gibt jedoch auch wenigblütige Exemplare, deren Blüten locker am Stengel verteilt sind. Die Lippe ist meist flach ausgebreitet. Bei einigen Pflanzen sind abweichend davon die Seitenlappen leicht zurückgeschlagen oder nach vorne gekrümmt. Die Art trägt häufig helle Blüten.

HYBRIDEN

Nachgewiesen mit *Dactylorhiza bithynica*.

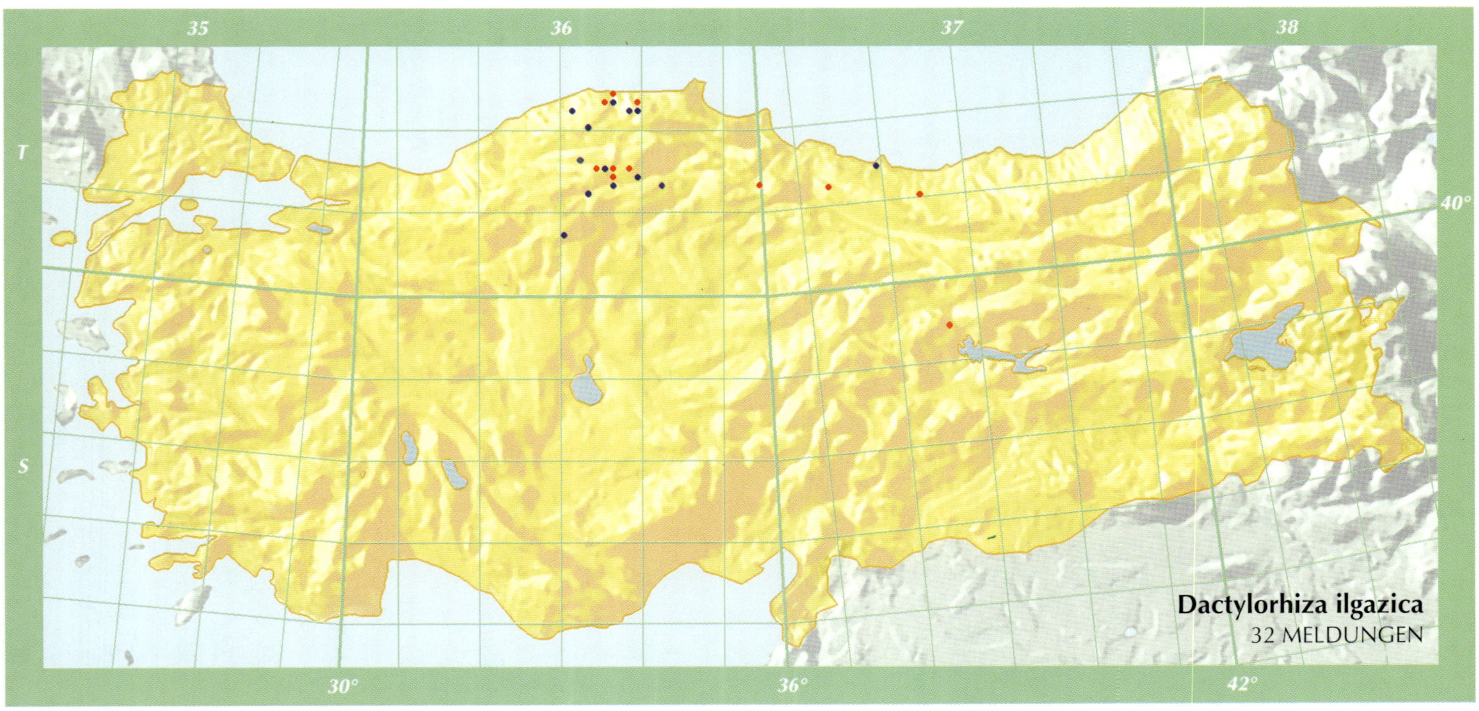

17

Dactylorhiza nieschalkiorum

H. BAUMANN & KÜNKELE

Nieschalks Knabenkraut

(Mitt. Bl. Arbeitskr. Heim. Orch. Baden-Württ. 13 (2): 259, 1981)

SYNONYME

Dactylorhiza maculata subsp. *osmanica* (KLINGE) SUNDERMANN

BESCHREIBUNG

Kräftige bis sehr kräftige Pflanze. Untere Laubblätter breitlanzettlich bis eiförmig-lanzettlich, obere lanzettlich und in brakteenähnliche Blätter übergehend. Blütenstand zylindrisch, dicht- und vielblütig. Blüten sehr groß, rosa bis rötlich gefärbt. Perigonblätter rötlich, meist mit dunkelpurpurnen Linien oder Strichen versehen. Sepalen breit-eiförmig, die seitlichen abstehend bis aufwärts gerichtet, das mittlere mit den beiden Petalen helmförmig zusammenneigend. Petalen etwas schmaler und kürzer. Lippe groß, breiter als lang, flach ausgebreitet, dreilappig, die beiden Seitenlappen größer als der vorgezogene Mittellappen. Lippenzeichnung aus dunkelpurpurnen Linien oder Strichen bestehend. Sporn dick, fast waagrecht bis abwärts gerichtet.

ABGRENZUNG ZU ÄHNLICHEN ARTEN

Dactylorhiza nieschalkiorum gehört zu den kräftigsten *Dactylorhiza*-Arten. Ihr Blütenstand ist dicht- und vielblütig. Die Art ist leicht an ihren großen Blüten (Lippe 18 - 23 mm breit und 10 - 20 mm lang) zu erkennen, die fast doppelt so groß sind wie die sämtlicher europäischer und türkischer *Dactylorhiza*-Arten. Nach der Blütenform gehört sie in der Verwandtschaft von *Dactylorhiza ilgazica* und *Dactylorhiza urvilleana*, unterscheidet sich jedoch von diesen eindeutig durch größere Abmessungen der Planzenhöhe, der Blattlänge, der Blütenstandslänge, der Perigonblätter und der Lippe (BAUMANN, 1983a). Durch diese Merkmale ist sie gut von allen anderen *Dactylorhiza*-Arten abgetrennt.

STANDORT

Offene Feucht- und Sumpfwiesen (oft nahe Quellen und Flüssen), Sumpfwiesen an Seeufern, selten nasse Hangwiesen und feuchte Übergangszonen zwischen See und Sumpfwiesen; auf kalkreichen oder basenreichen Böden.

BLÜTEZEIT

Mitte Juni am Abantsee und von Mitte bis Ende Juli in den Küstengebirgen des Schwarzen Meeres.

HÖHENVERBREITUNG

Von 1.000 bis 1.800 m.

GESAMTVERBREITUNG

Endemische Art der Türkei.

VERBREITUNG IN DER TÜRKEI

Ihr Verbreitungsgebiet ist klein und ist nur auf einen kleinen Teil der Nordwesttürkei beschränkt.

NOTIZEN ZU EINIGEN FUNDORTEN

Eines der Hauptvorkommen dieser Art befindet sich in den ausgedehnten Sumpfwiesen am Abantsee (Bolu), einem Bergsee, der von bewaldeten Kalkbergen umgeben ist. Hier wächst sie zusammen mit Massenbeständen von *Dactylorhiza iberica, Dactylorhiza incarnata*, dem Bastard *Dactylorhiza* x*abantiana* (*Dactylorhiza iberica* x *Dactylorhiza nieschalkiorum*) und *Epipactis palustris*. Leider sind diese so beeindruckenden Feuchtwiesen am Abantsee stark bedroht. So wurden in unmittelbarer Nähe des Ufers einige neue Hotels gebaut und an verschiedenen Stellen wurde der Bauschutt in den Sumpfwiesen abgelagert. Die Wiesen werden fast jedes Jahr zu früh gemäht und während der Blütezeit von *Dactylorhiza*-Arten relativ intensiv durch Pferde und Rinder beweidet. An den Wochenenden wird das Gelände um den See von der einhei-

Abantsee (Bolu), 21.6.1994, C. A. J. KREUTZ

Abantsee (Bolu), 29.6.1996, C. A. J. KREUTZ

◀ Abantsee (Bolu), 21.6.1994, C. A. J. KREUTZ

Abantsee (Bolu), 21.6.1994, C. A. J. KREUTZ

Abantsee (Bolu), 21.6.1994, C. A. J. KREUTZ

mischen Bevölkerung stark besucht, wobei der Natur große Schäden zugefügt werden. Wegen des großen Naturwertes ist es absolut erforderlich, diese Feuchtwiesen unter Naturschutz zu stellen.

Weitere Vorkommen dieser Art liegen im südöstlichen Teil der Marmara-Region.

Die südlichsten Vorkommen dürften sich in Feuchtstellen in den ausgedehnten Buchenwäldern am Kocayayla-Paß bei Domaniç (Bursa/Kütahya) befinden.

BEMERKUNGEN

Die Art wurde von A. & C. NIESCHALK entdeckt (NIESCHALK & NIESCHALK, 1975) und von BAUMANN & KÜNKELE im Jahre 1981 beschrieben (BAUMANN & KÜNKELE, 1981a).

In der mittleren Nordtürkei entlang der Schwarzmeerküste, wie zum Beispiel in der Umgebung von Kastamonu, wachsen an verschiedenen Stellen Pflanzen, die früher als *Dactylorhiza nieschalkiorum* bestimmt wurden, aber doch deutlich von ihr abweichen. Diese Pflanzen wurden als *Dactylorhiza ilgazica* (KREUTZ, 1997a) beschrieben.

PROBLEMATIK

Am Uludağ bei Bursa und an feuchten Stellen an Bächen und Quellen in den ausgedehnten Buchenwäldern am Kocayayla-Paß bei Domaniç (Bursa/Kütahya) wachsen Pflanzen, die möglicherweise Hybriden zwischen *Dactylorhiza nieschalkiorum* und einer noch zu klärenden *Dactylorhiza*-Art darstellen.

HYBRIDEN

Mit *Dactylorhiza bithynica, Dactylorhiza iberica* und *Dactylorhiza incarnata* nachgewiesen.

Abantsee (Bolu), 21.6.1994, C. A. J. KREUTZ

Abantsee (Bolu), 21.6.1994, C. A. J. KREUTZ

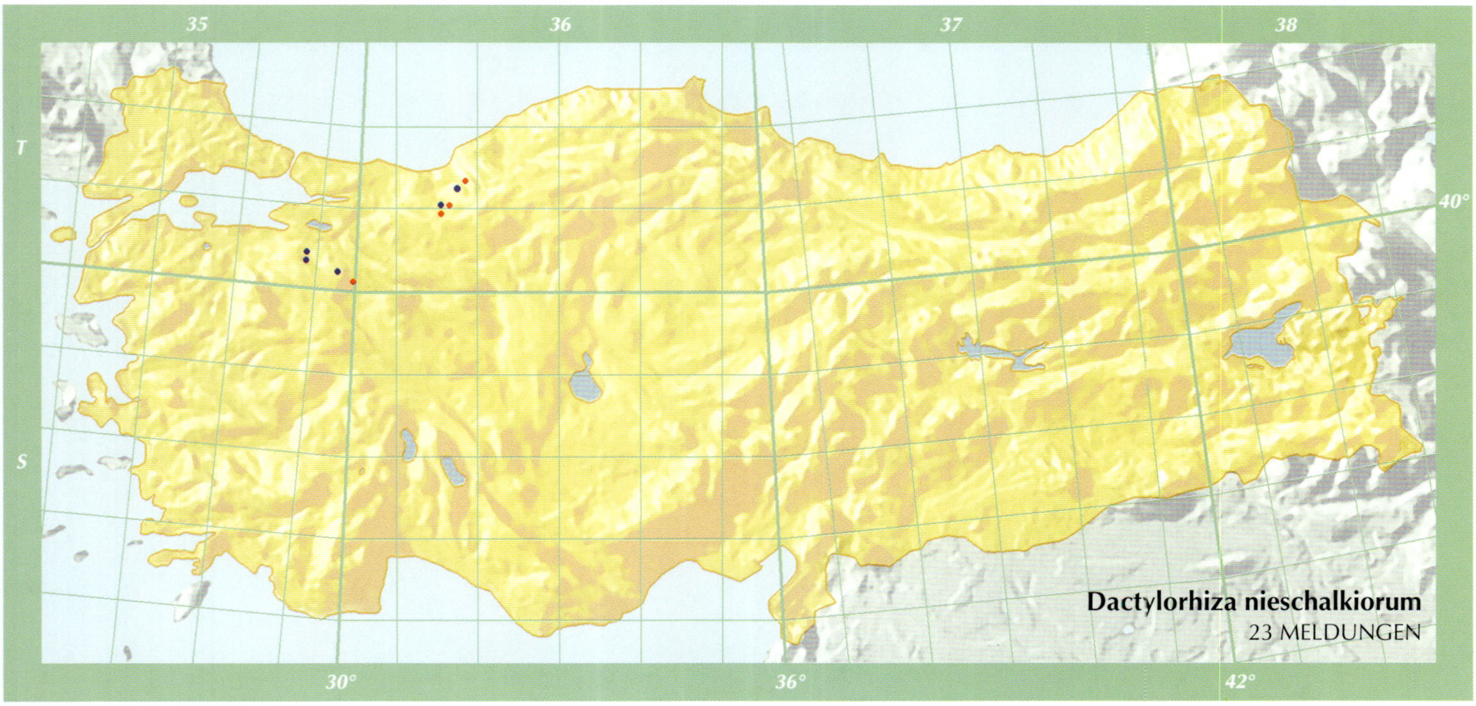

18

Dactylorhiza urvilleana

(STEUDEL) H. BAUMANN & KÜNKELE

D'Urvilles Knabenkraut

(Mitt. Bl. Arbeitskr. Heim. Orch. Baden-Württ. 13 (2): 240, 1981)

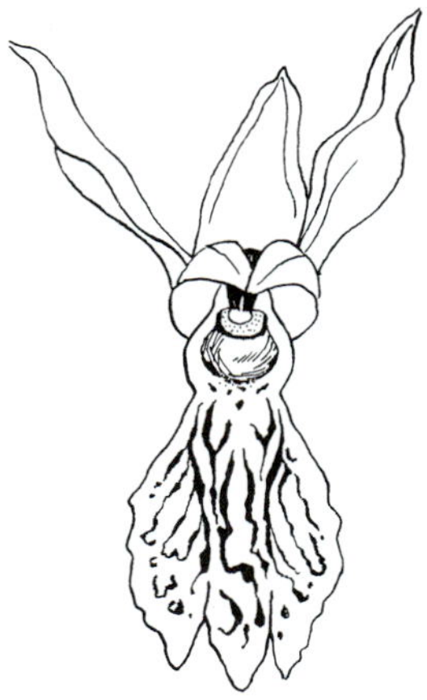

BASIONYM

Orchis urvilleana STEUDEL (in Nomencl. bot. ed. 2,2: 225, 1841)

SYNONYME

Orchis lancibracteata C. KOCH, *Orchis triphylla* C. KOCH, *Orchis cartaliniae* (KLINGE) LIPSKY, *Orchis amblyoloba* NEVSKI, *Dactylorhiza triphylla* (C. KOCH) CZEREPANOV, *Dactylorhiza maculata* subsp. *triphylla* (C. KOCH) SUNDERMANN, *Orchis affinis* C. KOCH, *Orchis pontica* H. FLEISCHMANN & HANDEL-MAZZETTI

BESCHREIBUNG

Schlanker, meist kräftiger Habitus. Untere Laubblätter breit-lanzettlich, obere lanzettlich, meist stark gefleckt. Der Blütenstand ist zylindrisch, locker- bis dichtblütig, arm- bis reichblütig. Blüten mittelgroß, rotviolett bis purpurn, selten rosa gefärbt. Sepalen eiförmig-lanzettlich bis lanzettlich, die seitlichen abstehend oder zurückgeschlagen, das mittlere mit den beiden Petalen helmförmig zusammenneigend. Petalen lanzettlich bis breit-lanzettlich. Lippe umgekehrt trapezförmig bis rundlich, meist breiter als lang, im unteren Teil dreilappig, Mittellappen kleiner als die beiden Seitenlappen und schwach nach vorne gebogen, flach. Die beiden Seitenlappen manchmal zurückgebogen. Malzeichnung aus dunkelpurpurnen Linien und Punkten, bisweilen aus Strichen bestehend, die kräftig ausgeprägt sind. Die unteren Brakteen meist doppelt so lang wie die Blüten. Sporn auffällig dick, lang und horizontal abstehend, fast so lang wie der Fruchtknoten.

ABGRENZUNG ZU ÄHNLICHEN ARTEN

Dactylorhiza urvilleana gehört zu den am schwierigsten zu identifizierenden *Dactylorhiza*-Arten. Außerdem bildet sie mit vielen anderen *Dactylorhiza*-Arten leicht Bastarde. Sie gehört in den Formenkreis von *Dactylorhiza ilgazica* und *Dactylorhiza nieschalkiorum*.

STANDORT

Hauptsächlich auf nassen bis feuchten Wiesen, bevorzugt an steilen Hängen (sowie in Staßengräben), an Rändern kleiner Wasserläufe, in Gebüschen und in Laub- und Nadelwäldern; auf lehmigen Böden. Sie wurde aber auch mehrmals an ziemlich trockenen Standorten beobachtet.

BLÜTEZEIT

Mitte Mai bis Ende Juli.

HÖHENVERBREITUNG

Von Meereshöhe bis in die höheren Lagen des Pontusgebirges (bis 2.700 m) verbreitet.

GESAMTVERBREITUNG

Von der Nordosttürkei über die Kaukaususländer bis nach Nordwestiran.

VERBREITUNG IN DER TÜRKEI

Mittleres und Östliches Schwarzmeergebiet; südlich bis Sivas, Erzincan, Erzurum und Kars. Nach NIESCHALK & NIESCHALK (1976) reicht ihr Verbreitungsgebiet von der Provinz Kastamonu bis in den östlichen Pontus am Nordabfall des Gebirges und von niedrigen Lagen an der Küste des Schwarzen Meeres bis in den Bereich der oberen Waldgrenze. Die Hauptverbreitung der Art befindet sich zwischen der Laubwaldzone um 600 m Höhe und der Buchen-Tannenzone um 1.300 m. Nahe der oberen Waldgrenze wird sie niedrigwüchsiger und nimmt gedrungenere Formen an.

NOTIZEN ZU EINIGEN FUNDORTEN

Vor allem in der Umgebung von Maçka, im Değirmental, und oberhalb dieses Ortes entlang der alten Straße zum Zigana-Paß (Trabzon) findet man *Dactylorhiza urvilleana* immer wieder an feuchten Stellen, oft sogar in den Haselnußpflanzungen.

Am Soğanlı Dagi (Bayburt) und bei Kümbet (Giresun) wächst sie mit *Traunsteinera sphaerica* in den felsigen Hängen und in Almwiesen in der Nähe kleiner Quellen.

Größere Bestände bildet sie in den Hangmooren und Feuchtwiesen an der Straße von Rize zum Ovitdagi-Paß (Erzurum), wo sie oft zusammen mit *Dactylorhiza euxina* vorkommt. Hier

◀ **Tamdere (Giresun), 28.6.1994,** C. A. J. KREUTZ

Ardahan-Şavşat (Artvin), 22.6.1996, C. A. J. KREUTZ

Mezra (Artvin), 28.5.1997, C. A. J. Kreutz

İkizdere (Rize), 18.5.1988, C. A. J. Kreutz

Tamdere (Giresun), 28.6.1994, C. A. J. Kreutz

Tamdere (Giresun), 28.6.1994, C. A. J. Kreutz

befindet sich ein schöner Standort einige Kilometer vor der Paßhöhe. Viele Exemplare sind auch in den ausgedehnten Feuchtwiesen und bachbegleitenden Staudenfluren in einer Höhe von 1.800 m zu finden, hier begleitet von *Dactylorhiza euxina, Dactylorhiza euxina* var. *markowitschii* und der seltenen *Traunsteinera sphaerica*.
Viele Standorte besitzt die Art auch im Nordosten der Türkei. Am Çam-Paß an der Straße Ardahan - Şavşat (Artvin) wächst *Dactylorhiza urvilleana* in vielen Exemplaren an feuchten Stellen in den Almwiesen, sowie an Quellhängen oder in trockenen, ruderalen Hangwiesen. In diesen typisch ausgeprägten und wunderschönen Almwiesen bildet sie besonders schöne und stattliche Exemplare. Im gleichen Biotop kommt auch eine ganze Reihe anderer Orchideenarten vor, nämlich *Dactylorhiza euxina, Gymnadenia conopsea, Orchis coriophora, Orchis pseudolaxiflora* und *Platanthera chlorantha*. Hybriden zwischen *Dactylorhiza urvilleana* und *Dactylorhiza euxina* wurden hier auch beobachtet.
Die nördlichsten Vorkommen liegen vermutlich am Gül Dağı bei Murgul (Artvin) und nordwestlich von Artvin an der Straße nach Kafkasör (Artvin). In ungedüngten Feuchtwiesen und in Quellhängen ist sie hier stellenweise sehr häufig und bildet zusammen mit *Serapias feldwegiana* große Populationen.

BEMERKUNGEN

Dactylorhiza urvilleana ist ein orientalischer Vertreter aus dem *Dactylorhiza maculata*-Komplex und gehört in den Formenkreis von *Dactylorhiza ilgazica* und *Dactylorhiza nieschalkiorum*. Sie zeichnet sich besonders im habituellen Bereich durch eine beträchtliche Variabilität aus, die sich durch unterschiedliche standortliche Faktoren (Höhenlage und Biotop) gut erklären läßt (Baumann & Künkele, 1981a).
H. Fleischmann & Handel-Mazzetti (1909) und Sezik (1967b) meldeten *Dactylorhiza aristata* (Fischer ex Lindley) Soó (Nom. Nov. Gen. Dactylorhiza 5, 1962) aus der Provinz Trabzon. An verschiedenen Stellen wachsen in dieser Umgebung sehr zierliche Exemplare von *Dactylorhiza urvilleana*. Durch die obengenannten Autoren sind diese Pflanzen irrtümlich als *Dactylorhiza aristata* bestimmt worden, eine Art die in Ostasien und Alaska vorkommt.
Dactylorhiza urvilleana besiedelt of große Gebiete, in denen die Pflanzen zerstreut vorkommen. Sie tritt selten in großen Beständen auf.

Tamdere (Giresun), 28.6.1994, C. A. J. Kreutz

HYBRIDEN

Dactylorhiza urvilleana wächst oft zusammen mit *Dactylorhiza euxina* und bildet mit dieser Art viele Übergangspopulationen. Eine Identifizierung dieser Populationen ist oft sehr schwierig und mühsam. Außerdem sind Hybriden mit *Dactylorhiza flavescens, Dactylorhiza iberica, Dactylorhiza osmanica, Dactylorhiza umbrosa* und *Dactylorhiza saccifera* nachgewiesen.

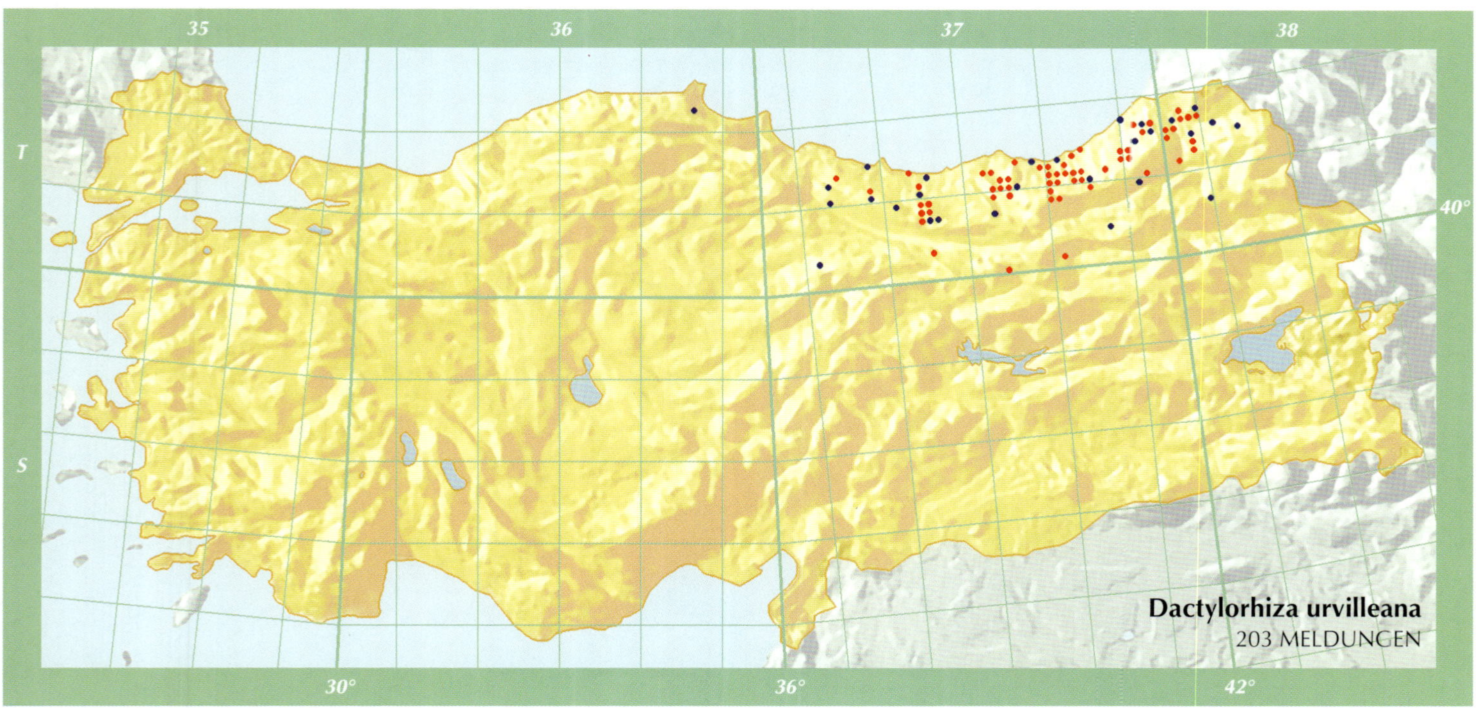

19

Dactylorhiza flavescens (C. KOCH) HOLUB

Gelbliches Knabenkraut (Folia Geobot. Phytotax. (Praha) 11 (1): 83, 1976)

BASIONYM

Orchis flavescens C. KOCH (Linnaea 22: 281, 1849)

SYNONYME

Orchis mediterranea subsp. *georgica* KLINGE, *Dactylorhiza ruprechtii* AVERYANOV, *Dactylorhiza romana* subsp. *georgica* (KLINGE) RENZ & TAUBENHEIM, *Orchis tenuifolia* C. KOCH, *Orchis georgica* (KLINGE) LIPSKY, *Dactylorhiza sambucina* subsp. *georgica* (KLINGE) SUNDERMANN

BESCHREIBUNG

Schlanke, mittelgroße Pflanze. Laubblätter schmal-lanzettlich, die unteren am Grunde rosettig gehäuft, die oberen schräg aufwärts gerichtet. Blütenstand eiförmig bis kurz zylindrisch, arm- bis reichblütig, dichtblütig. Blüten klein, (hell)gelb bis schwefelgelb bis weißlich oder rosa bis violett gefärbt. Sepalen eiförmig bis eiförmig-lanzettlich, die seitlichen zurückgeschlagen bis aufwärts gerichtet, das mittlere mit den beiden Petalen helmförmig zusammenneigend. Petalen schmal eiförmig bis eiförmig-lanzettlich. Lippe länger als breit, rundlich bis trapezförmig, im unteren Teil dreilappig, ohne Zeichnung. Sporn kürzer als der Fruchtknoten, schwach oder kaum aufwärts gebogen.

VARIABILITÄT

Farbvarianten kommen vor, wobei die Farbe der Blüten von gelb in rot übergeht.

ABGRENZUNG ZU ÄHNLICHEN ARTEN

Die charakteristischen Unterschiede von *Dactylorhiza flavescens* im Vergleich zu *Dactylorhiza romana* liegen vor allem in den Blüten und dem Sporn. Bei *Dactylorhiza romana* ist der Sporn länger als der Fruchtknoten und meist steil aufgerichtet. Bei *Dactylorhiza flavescens* sind die Blüten kleiner (kleinere Lippe), wobei die Lippe normalerweise länger als breit ist. Der Sporn ist kürzer als der Fruchtknoten (nur wenig länger als die Lippe), nicht steil aufgerichtet, sondern nur schwach oder kaum aufwärts gebogen. Außerdem sind bei *Dactylorhiza flavescens* die gelbblühenden Pflanzen häufiger. Genau wie bei *Dactylorhiza romana* sind die Blüten ohne Malzeichnung.

STANDORT

Bevorzugt schattige Standorte (lichte Kiefern- und Tannenwälder, Eichengebüsche), auch auf Bergwiesen; auf trockenen bis mäßig feuchten Böden.

BLÜTEZEIT

Die Art blüht früh, von Ende März bis Ende Mai, selten noch Anfang Juni.

HÖHENVERBREITUNG

Von der mittleren Bergzone bis 2.100 m.

GESAMTVERBREITUNG

Von der Türkei östlich bis in den Kaukasus, Nordirak, Nord- und Westiran bis nach Turkmenien.

VERBREITUNG IN DER TÜRKEI

Östlicher Teil der Türkei, wo sie hauptsächlich in montanen Lagen im Pontischen Gebirge vorkommt, in Ostanatolien in der weiteren Umgebung des Vansees und in der Provinz Hâkkari.

NOTIZEN ZU EINIGEN FUNDORTEN

In der Nähe des Zigana-Passes (Gümüşhane) ist *Dactylorhiza flavescens* relativ häufig. Die Pflanzen wachsen hier vereinzelt an verschiedenen Stellen in den Kiefernwäldern, meist an mäßig feuchten Stellen und oft von *Orchis pallens* und *Orchis pinetorum* begleitet. In dieser Umgebung wurde *Dactylorhiza flavescens* mehrmals auch in *Rhododendron*- und in *Cyclamen*-Vegetationen am Rande lichter Kiefernwälder beobachtet. Am Zigana-Paß sind beide Farbvarianten vertreten, wobei die rote Form hier seltener ist. Überweidung der Standorte am Zigana-Paß ist für *Dactylorhiza flavescens* eine Bedrohung. Außerdem werden an einigen Stellen die Knollen ausgegraben.

Dactylorhiza flavescens wächst auch in den höheren Lagen an der Straße von İkizdere nach İspir (Erzurum). In Magerrasen und in Feuchtwiesen bildet sie hier große Populationen, meist mit *Dactylorhiza urvilleana* vergesellschaftet.

Weiter östlich in der Provinz Artvin ist *Dactylorhiza flavescens* in Nadelwäldern und Almwiesen weit verbreitet. Vor allem an der Paßstraße von Ardanuç nach Ardahan gibt es mehrere größere Bestände, so auch nördlich Artvin an der Straße nach Kafkasör. In diesem Gebiet ist *Dactylorhiza flavescens* sehr häufig und in allen Farbvarianten in den weitläufigen Magerrasen vertreten. An vielen Standorten wird sie hier unter anderem von *Cephalanthera damasonium, Cephalanthera longifolia, Coeloglossum viride, Dactylorhiza urvilleana, Orchis caucasica, Orchis mascula* und *Orchis morio* subsp. *morio* begleitet.

Schöne Bestände wurden nördlich Bitlis auf einer Hochebene (1.750 m) bei Güroymak (Bitlis) beobachtet. Einige gelbblühende Exemplare wachsen hier zerstreut in weiträumigen, mit Eichengebüsch und niedrigen Bäumen locker bestandenen Arealen. Im gleichen Biotop sind auch noch *Cephalanthera damasonium, Cephalanthera kotschyana* und *Epipactis helleborine* zu finden. GÜGEL & NEUMAYR (Fundliste 1985) berichten von einem westlichen Fund dieser Art bei Erzincan (Erzincan). In einem Kiefernhochwald wurden 1985 2 rot- und 50 gelbblühende Exemplare gefunden, zusammen mit *Orchis pinetorum* und *Platanthera chlorantha*.

BEMERKUNGEN

Die taxonomische und nomenklatorische Stellung dieser Art war lange Zeit unklar. So betrachtete NELSON (1976) sie nach dem ihm bekannt gewordenen Material lediglich als eine

◄ **Güroymak (Bitlis), 15.5.1988,** C. A. J. KREUTZ

Güroymak (Bitlis), 15.5.1988, C. A. J. KREUTZ

Mezra (Artvin), 28.5.1997, C. A. J. Kreutz

Zigana-Paß (Trabzon), 26.5.1995, C. A. J. Kreutz

Zigana-Paß (Trabzon), 26.5.1995, C. A. J. Kreutz

Zigana-Paß (Trabzon), 26.5.1995, C. A. J. Kreutz

Zigana-Paß (Trabzon), 26.5.1995, C. A. J. Kreutz

Güroymak (Bitlis), 15.5.1988, C. A. J. Kreutz

Varietät von *Dactylorhiza romana*. Weitere Untersuchungen, vor allem von Baumann & Künkele (1981a) und Renz & Taubenheim (1983a) konnten den Status dieser Sippe klären.
Im östlichen Schwarzmeergebirge wachsen gelb- und rotblütige Exemplare meist zusammen, in Ostanatolien ist die gelbe Farbvariante häufiger.

PROBLEMATIK

Manche Populationen in der mittleren Nordtürkei stellen vermutlich Übergangsformen zwischen *Dactylorhiza flavescens* und *Dactylorhiza romana* dar. Diese Pflanzen sind sehr schwierig zu bestimmen.
Es ist zu überprüfen, ob die westlichsten Angaben aus den Provinzen Sinop und Samsun sich auf diese Art beziehen. Möglicherweise sind diese Populationen zu *Dactylorhiza romana* zu stellen.

HYBRIDEN

Nachgewiesen mit *Dactylorhiza urvilleana*.

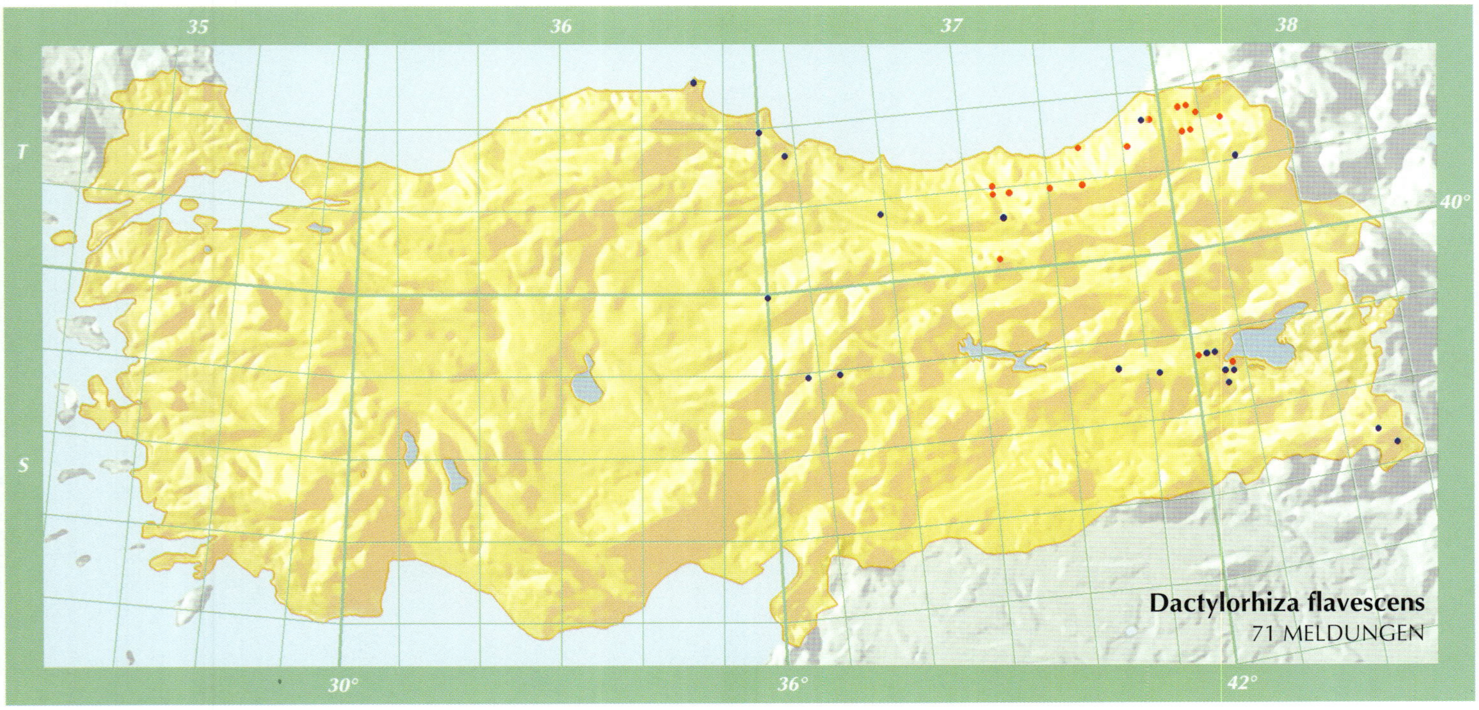

20 Dactylorhiza romana (SEBASTIANI) SOÓ

Römisches Knabenkraut (Nom. Nov. Gen. Dactylorhiza 3, 1962)

BASIONYM

Orchis romana SEBASTIANI (Roman. Pl., fasc. 1: 12, 1813)

SYNONYME

Orchis mediterranea KLINGE, *Orchis mediterranea* subsp. *pseudosambucina* (TENORE) KLINGE, *Dactylorhiza sulphurea* FRANCO, *Dactylorhiza sulphurea* subsp. *pseudosambucina* (TENORE) FRANCO, *Dactylorhiza sambucina* subsp. *pseudosambucina* (TENORE) SUNDERMANN, *Orchis pseudosambucina* TENORE, *Orchis lucana* SPRENGEL

BESCHREIBUNG

Schlanke, mittelgroße Pflanze. Laubblätter schmal-lanzettlich, die unteren am Grunde rosettig gehäuft, die wenigen oberen schräg aufwärts gerichtet. Blütenstand eiförmig bis kurz zylindrisch, arm- bis reichblütig, selten dichtblütig. Blüten mittelgroß, (hell)gelb bis schwefelgelb, weißlich, rosa oder rötlich bis violett gefärbt. Sepalen breit-eiförmig bis eiförmig-lanzettlich, die seitlichen zurückgeschlagen bis aufwärts gerichtet, das mittlere mit den beiden Petalen helmförmig zusammenneigend. Petalen schmal- bis breit-eiförmig. Lippe breit, rundlich, flach ausgebreitet, oder die beiden Seitenlappen zurückgeschlagen, im unteren Teil dreilappig, ohne Malzeichnung. Sporn länger als der Fruchtknoten, zylindrisch, steil aufwärts gerichtet.

VARIABILITÄT

Farbvarianten kommen vor, wobei die Farbe der Blüten von gelb in rot übergeht. Diese Farbvarianten (f. *sulphurea* C. K. SPRENGEL, f. *incarnata* E. G. CAMUS und f. *bicolor* G. Keller) sind besonders häufig in den lockeren Kiefernwäldern um Kastamonu anzutreffen, obwohl sie hier besonders viel ausgegraben werden. Im Osten der Türkei ist die gelbblütige Farbvariante häufiger.

ABGRENZUNG ZU ÄHNLICHEN ARTEN

Die charakteristischen Merkmale von *Dactylorhiza romana* im Vergleich zu *Dactylorhiza flavescens* sind vor allem in den Blüten und dem Sporn gelegen. Bei *Dactylorhiza flavescens* sind die Blüten kleiner (kleinere Lippe), wobei die Lippe normalerweise länger als breit ist. Der Sporn ist kürzer als der Fruchtknoten (nur wenig länger als die Lippe), nicht steil aufgerichtet, sondern nur schwach oder kaum aufwärts gebogen. Bei *Dactylorhiza romana* ist der Sporn länger als der Fruchtknoten und meist steil aufgerichtet.

STANDORT

Trockene bis mäßig feuchte Stellen in Buchen- und Kiefernwäldern und Eichengebüschen. In Südanatolien vor allem an Kalkhängen in der Phrygana. Auf schwach sauren bis basischen Böden.

BLÜTEZEIT

Anfang April im Mittelmeerraum bis Ende Mai im Pontusgebirge.

HÖHENVERBREITUNG

Von der Küste bis etwa 2.000 m.

GESAMTVERBREITUNG

Mittleres und östliches Mittelmeergebiet, südlich bis Sizilien, Kreta, Türkei, Zypern und Israel. In Italien bildet sie stellenweise Massenpopulationen und in einigen Gebieten, wie auf Zypern, findet man nur die gelbe Form.

VERBREITUNG IN DER TÜRKEI

Vor allem in der westlichen Hälfte des Landes verbreitet. Die östliche Verbreitungsgrenze erreicht sie im mittleren Schwarzmeergebiet und in der Provinz Hatay. Die Angaben im Nordosten stellen vermutlich Verwechslungen mit *Dactylorhiza flavescens* dar.

NOTIZEN ZU EINIGEN FUNDORTEN

In Waldgebieten der mediterranen Region Westanatoliens wird überwiegend die gelbblütige Form bis in Höhenlagen um 800 m gefunden. An diesen Standorten wächst sie oft zusammen mit *Orchis anatolica, Orchis pinetorum* und *Orchis syriaca*.
In Nordanatolien dagegen kommt sie in gemischten Populationen gelb- und rötlichblühender Pflanzen zerstreut in lichten, trockenen Kiefernwäldern vor, wie zum Beispiel am Südabfall der Ilgaz-Dağları um 1.500 bis 1.600 m Höhe (NIESCHALK & NIESCHALK, 1976). Besonders in den augedehnten Kiefernwäldern südlich und westlich von Kastamonu wurde sie an vielen Stellen nachgewiesen. Die Pflanzen wachsen hier aber sehr vereinzelt und sind selten, meist zusammen mit *Orchis pinetorum, Limodorum abortivum* und *Platanthera chlorantha*.
Beide Farbvarianten, sowie farbige Übergangsformen (Mischtypen) wurden in großer Zahl südwestlich Selçuk an der Auffahrt nach Meryemana (İzmir) gefunden. Die Pflanzen wachsen hier in der Phrygana auf mäßig trockenen, sauren Böden, in der direkten Umgebung von *Orchis provincialis* begleitet.
In der Provinz Hatay liegen die südöstlichsten Fundstellen der Türkei. Vom Verfasser wurden 1997 etwa 20 gelbblühende Exemplare in einem Phryganahang östlich von Samandağı nachgewiesen. Gleichzeitig blühte dort auch *Orchis syriaca*. In dieser Umgebung sind wahrscheinlich noch weitere Standorte vorhanden. Einer der südöstlichsten Standorte befindet sich wahrscheinlich bei Zorkun (Hatay), wo sie in allen Farbvarianten in einem Kiefernwald vorkommt.
Im europäischen Teil der Türkei ist *Dactylorhiza romana* sehr selten. Zwischen den Orten Barbaros und Yeniköy (Tekirdağ) wurden 1997 viele Exemplare in einem Magerrasen und im angrenzenden Phryganastreifen gefunden. Die Blüten variierten von schwefelgelb, weiß bis rot. Nach der Verbreitungskarte ist dieser Fundort der einzig bekannte Standort in diesen Teil der Türkei.

BEMERKUNGEN

Der Formenkreis *Dactylorhiza romana* ist in der Türkei durch zwei Sippen vertreten, nämlich *Dactylorhiza romana*, die vor allem in Westanatolien verbreitet ist, und *Dactylorhiza flavescens*, die Nordost- und Ostanatolien besiedelt.

◀ **Samandağı (Hatay), 1.4.1997,** C. A. J. KREUTZ

Selçuk (Aydın), 3.4.1996, C. A. J. KREUTZ

Selçuk (Aydın), 3.4.1996, C. A. J. Kreutz

Kuyuçak (Antalya), 8.5.1988, C. A. J. Kreutz

Barbaros (Tekirdağ), 26.4.1997, C. A. J. Kreutz

Daday (Kastamonu), 16.5.1996, C. A. J. Kreutz

Selçuk (Aydın), 3.4.1996, C. A. J. Kreutz

Selçuk (Aydın), 3.4.1996, C. A. J. Kreutz

Es ist auffallend, wie selten *Dactylorhiza romana* in der Türkei vorkommt (mit Ausnahme der Umgebung von Kastamonu). Während sie in den anderen Ländern am Mittelmeer manchmal flächendeckend auftritt, findet man in der Türkei an fast allen Standorten erst nach längerer und intensiver Suche meist nur wenige blühende Exemplare.

PROBLEMATIK

Möglicherweise kommen in der mittleren Nordtürkei Übergangsformen zwischen *Dactylorhiza flavescens* und *Dactylorhiza romana* vor. Diese Pflanzen sind sehr schwierig zu bestimmen.

BEMERKUNGEN ZU DER VERBREITUNGSKARTE

Die Angaben in Nordostanatolien stellen vermutlich Verwechslungen mit *Dactylorhiza flavescens* dar.

HYBRIDEN

Keine Nachweise bekannt.

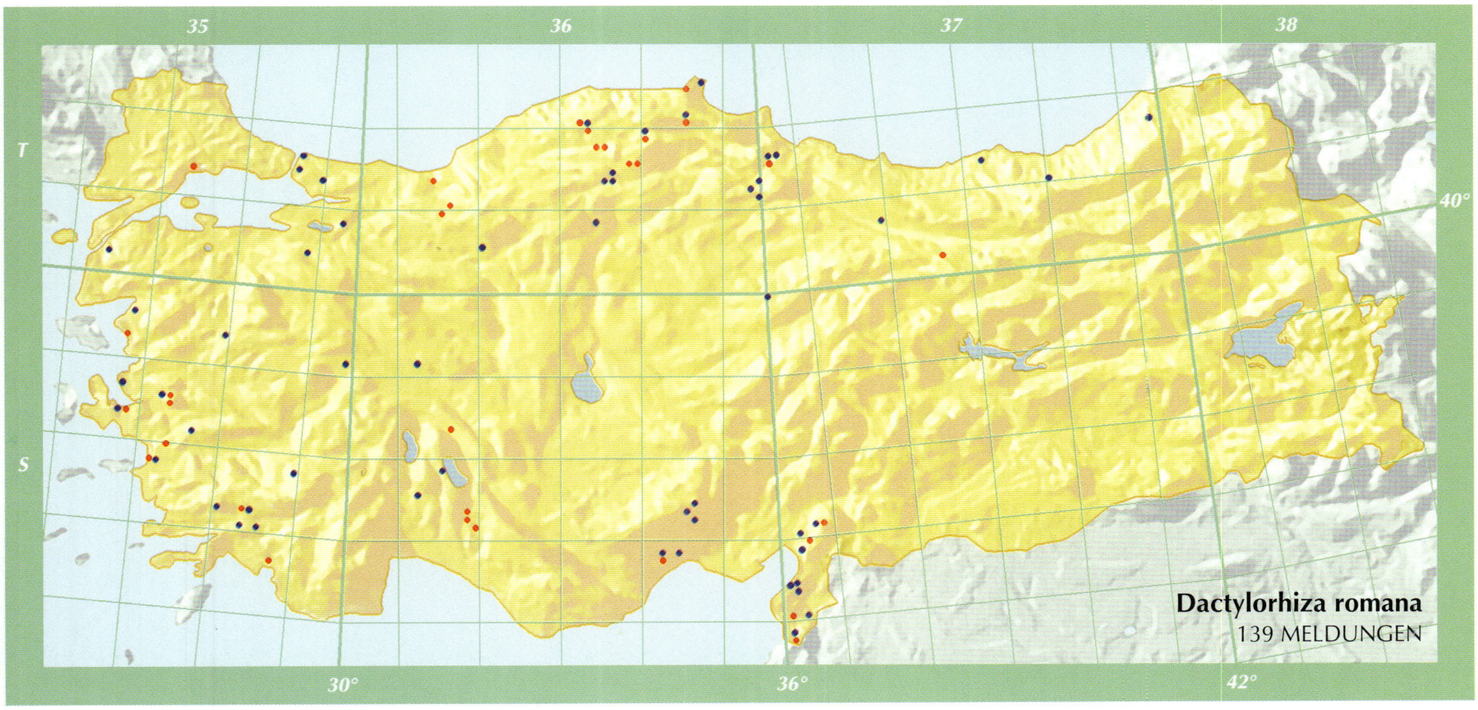

21 Dactylorhiza iberica

(M. F. A. von Bieberstein ex Willdenow) Soó

Krim-Knabenkraut

(Nom. Nov. Gen. Dactylorhiza 3, 1962)

BASIONYM

Orchis iberica Willdenow (Spec. Plant. 4: 25 , 1805)

SYNONYME

Orchis angustifolia M. F. A. von Bieberstein, *Orchis leptophylla* C. Koch, *Orchis anatolica* Fischer & Meyer

BESCHREIBUNG

Zierliche und mittelgroße Pflanze mit dünnem Stengel. Laubblätter lineal-lanzettlich, schräg aufgerichtet, ungefleckt. Blütenstand zylindrisch, locker- und vielblütig. Blüten klein bis mittelgroß, hellrosa bis dunkelrosa gefärbt. Perigonblätter einen lockeren, nur selten geschlossenen Helm bildend. Sepalen eiförmig-lanzettlich bis breit-lanzettlich, stumpf. Petalen eiförmig-lanzettlich. Lippe breit-eiförmig bis rundlich, flach ausgebreitet, im unteren Teil dreilappig mit zahnförmigem Mittellappen, rosa bis weißlich, an den Rändern meist purpurn gefärbt. Lippenzeichnung mit rosafarbenen bis purpurnen Punkten oder Strichen besetzt. Sporn ziemlich dünn, zylindrisch, abwärts gerichtet.

VARIABILITÄT

Die Lippenzeichnung ist variabel. In der Türkei wurden Pflanzen beobachtet mit rosa gefärbten Lippen, besetzt mit purpurnen Punkten, einheitlich dunkelrot gefärbten Lippen und (in der Nähe von Erzincan) Pflanzen mit fast weißer Blütenfarbe und rosa Zeichnung.

ABGRENZUNG ZU ÄHNLICHEN ARTEN

Dactylorhiza iberica ist eine zierliche Pflanze, die durch ihre ungefleckten, grasartigen Blätter, ihren dünnen Stengel und ihren lockeren, vielblütigen und zylindrischen Blütenstand leicht von allen anderen *Dactylorhiza*-Arten zu unterscheiden ist.

STANDORT

Kalkquellsümpfe, an See- und Flußufern, Naßwiesen; auf kalkreichen Böden. Besonders im nördlichen Teil des Landes wächst sie in ausgedehnten Naß- und Feuchtwiesen.

BLÜTEZEIT

Spät; blüht als letzte aller *Dactylorhiza*-Arten in der Türkei, nämlich von Ende Juni bis Ende Juli. In den höheren Gebirgszügen des Pontischen Gebirges blüht sie noch Anfang August.

HÖHENVERBREITUNG

Von 800 bis 2.500 m.

GESAMTVERBREITUNG

Von Südosteuropa (Griechenland, Bulgarien) über Vorderasien (Türkei, Zypern, Nordirak, Libanon, Syrien, Israel), die Krim und die Kaukasusländer bis nach Nord- und Westiran.

VERBREITUNG IN DER TÜRKEI

Fast im ganzen Land verbreitet. Im Westen sehr selten. Fehlt in Südostanatolien.

NOTIZEN ZU EINIGEN FUNDORTEN

Von allen türkischen *Dactylorhiza*-Arten ist *Dactylorhiza iberica* am weitesten verbreitet. Wahrscheinlich ist sie auch von allen *Dactylorhiza*-Arten in der Türkei die Art mit den zahlenmäßig größten Populationen. Massenbestände wurden zum Beispiel in der Nähe vom Sakaltutan-Paß bei Erzincan (Erzincan), am Kızıldağ-Paß westlich von Refahiye (Erzincan) und am Abantsee (Bolu) beobachtet. Vor allem beim Sakaltutan-Paß findet man sie immer wieder in den ausgedehnten Kalkquellsümpfen, die von mehreren kleinen Wasserläufen durchzogen sind.

Dagegen wurde *Dactylorhiza iberica* auch mehrmals in kleinen Beständen auf quellig-nassen Stellen in der Umgebung von Kastamonu gefunden, wo die meisten Pflanzen Ende Juni noch knospig waren.

Sehr reiche Bestände bildet die Art am Abantsee (Bolu). Besonders in den ausgedehten feuchten Uferwiesen, sowie in den feuchten Übergangszonen zwischen See und Sumpfwiesen, wo des öfteren auf einem Quadratmeter bis zu Hundert Pflanzen wachsen. *Dactylorhiza iberica* wächst in die-

Abantsee (Bolu), 21.6.1994, C. A. J. Kreutz

Kızıldağ-Paß (Erzincan), 28.6.1994, C. A. J. Kreutz

◀ **Abantsee (Bolu), 21.6.1994,** C. A. J. Kreutz

Yenicaga (Bolu), 19.6.1996, C. A. J. Kreutz

Yenicaga (Bolu), 19.6.1996, C. A. J. Kreutz

Kızıldağ-Paß (Erzincan), 22.5.1988, C. A. J. Kreutz

sen Sumpfwiesen zusammen mit *Dactylorhiza incarnata* und *Dactylorhiza nieschalkiorum*, mit denen sie viele Hybriden bildet. Darüberhinaus kommt *Dactylorhiza iberica* auch nördlich des Abantsees an der Straße Bolu - Yenicaga (Bolu) immer wieder an feuchten Stellen vor, wie zum Beispiel in Straßengräben, Feuchtwiesen und kleineren Sümpfen. Die Pflanzen erreichen hier eine stattliche Höhe und die Blüten sind besonders schön gefärbt.

Auch weiter östlich am Ladiksee (Samsun) wachsen tausende von Pflanzen in den Sumpfwiesen, hier mit *Dactylorhiza incarnata, Dactylorhiza osmanica, Orchis laxiflora* und *Orchis palustris* vergesellschaftet. Mit den anderen *Dactylorhiza*-Arten bildet sie auch hier vielfach Hybriden.

Der südwestlichste Standort liegt vermulich am Kazıkbeli-Paß (Denizli). In einer ziemlich kleinen Sumpfwiese, direkt unterhalb der Paßhöhe, blühen im Juli viele Pflanzen. Diese Fundstelle war auch schon TAUBENHEIM bekannt (RENZ & TAUBENHEIM, 1984).

BEMERKUNGEN

Dactylorhiza iberica bildet unterirdische Ausläufer, wodurch sie fast immer in dichten Beständen wächst, oft in zehntausenden Exemplaren.

In nichtblühendem Zustand ist sie leicht zu übersehen.

Vorkommen von *Dactylorhiza iberica* dürften in der Türkei häufiger sein; sie wird aber durch ihre späte Blütezeit weniger beobachtet.

An vielen Standorten wächst *Dactylorhiza iberica* ohne andere *Dactylorhiza*-Arten, vermutlich weil sie gerne in homogenen Sumpfwiesen und Seggensümpfen vorkommt, die während eines großen Teils des Jahres teilweise überflutet sind. An solchen Standorten wachsen andere *Dactylorhiza*-Arten nur selten.

HYBRIDEN

Viele *Dactylorhiza*-Arten in der Türkei hybridisieren leicht untereinander, so besonders auch *Dactylorhiza iberica*, die mit *Dactylorhiza nieschalkiorum* (*Dactylorhiza* x*abantiana*), *Dactylorhiza osmanica*, *Dactylorhiza urvilleana* (*Dactylorhiza* x*balabaniana*), *Dactylorhiza umbrosa* (*Dactylorhiza* x*kopdagiana*), *Dactylorhiza saccifera* (*Dactylorhiza* x*sultandagi*), *Dactylorhiza incarnata* (*Dactylorhiza* x*vogtiana*) und mit *Dactylorhiza euxina* viele Bastarde mit intermediären morphologischen Merkmalen bildet.

Yenicaga (Bolu), 19.6.1996, C. A. J. KREUTZ

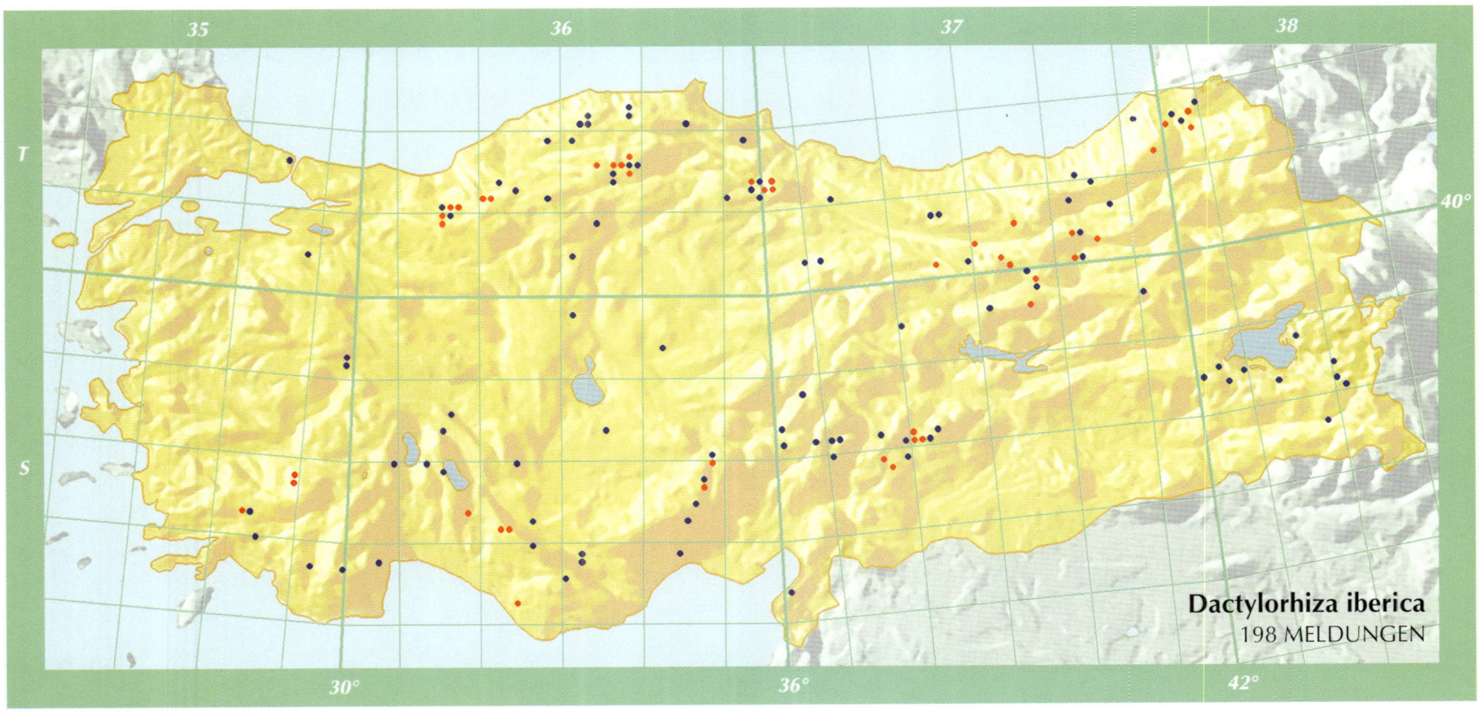

22 Dactylorhiza incarnata (L.) Soó

Fleischfarbenes Knabenkraut

(Nom. Nov. Gen. Dactylorhiza 3, 1962)

BASIONYM

Orchis incarnata L. (Fl. Suec. ed. 2: 312, 1755)

SYNONYME

Orchis latifolia L. sensu Pugsley, *Orchis strictifolia* Opiz, *Orchis impudica* Crantz, *Orchis gemmana* (Pugsley) Averyanov, *Dactylorhiza strictifolia* (Opiz) Rauschert

BESCHREIBUNG

Kräftige und schlanke Pflanze. Laubblätter schmal-lanzettlich bis lanzettlich, schräg aufrecht, ungefleckt, an der Spitze kapuzenförmig. Blütenstand zylindrisch bis langgestreckt, dicht- und vielblütig. Blüten ziemlich klein, rosa bis hellviolett (fleischfarben) gefärbt. Sepalen eiförmig-lanzettlich, die seitlichen zurückgeschlagen bis aufwärts gerichtet, das mittlere mit den beiden Petalen helmförmig zusammenneigend, oft mit dunkelpurpurnen Ringen oder Flecken. Petalen schmal-eiförmig bis eiförmig-lanzettlich. Lippe ziemlich schmal, meist flach ausgebreitet oder an den Rändern zurückgeschlagen, undeutlich dreilappig, mit gezähnelten Rändern. Lippenzeichnung im hellen Mittelteil mit einem Schleifenmuster versehen. Sporn konisch, waagrecht bis leicht abwärts gerichtet.

ABGRENZUNG ZU ÄHNLICHEN ARTEN

Unverwechselbar. *Dactylorhiza incarnata* ist eine konstante Art, die vor allem an ihren ungefleckten Laubblättern, die steil aufrecht stehen, und den kleinen Blüten zu erkennen ist.

STANDORT

Naß- und Feuchtwiesen, seltener in der Nähe von Quellen; auf kalkreichen Böden.

BLÜTEZEIT

Anfang Juni bis Ende Juli.

HÖHENVERBREITUNG

Von 600 bis 1.400 m.

GESAMTVERBREITUNG

Das Areal von *Dactylorhiza incarnata* umfaßt den größten Teil Europas und Teile Vorderasiens (die Türkei, Kaukasusländer), wo sie immer sehr selten ist. Darüber hinaus in Sibirien; östlich bis China und die Mongolei. Im Mittelmeerraum ist sie äußerst selten und nur von wenigen Standorten bekannt.

VERBREITUNG IN DER TÜRKEI

Nur im Nordwesten verbreitet; westlich bis İstanbul, östlich bis Amasya (Ladiksee).

NOTIZEN ZU EINIGEN FUNDORTEN

Einer der wichtigsten Fundorte dieser Art befindet sich in den ausgedehnten Feucht- und Uferwiesen am Abantsee (Bolu). Sie kommt dort zusammen mit *Dactylorhiza iberica* und *Dactylorhiza nieschalkiorum* vor. *Dactylorhiza incarnata* blüht hier in einer Höhe von etwa 1.300 m etwa Anfang bis Mitte Juni. In dieser Umgebung wurden Hybriden mit *Dactylorhiza ilgazica* und *Dactylorhiza nieschalkiorum* nachgewiesen. In der letzten Zeit sind diese Uferwiesen am Abantsee stark bedroht durch die Errichtung einiger neuer Hotels, durch die viel zu frühe Mahd der Sumpfwiesen und die starke Beweidung durch Rinder und Pferde.

Auch bei Yeniçaga (Bolu), worüber schon Nieschalk & Nieschalk 1976 berichteten, wächst sie zahlreich an vielen Standorten an quelligen Stellen flach geneigter Weidetriften auf tonig-lehmigen Böden. *Dactylorhiza incarnata* bildet hier besonders schöne und reichblütige Pflanzen und wird dort des öfteren von *Coeloglossum viride* und *Orchis palustris* begleitet, die zur gleichen Zeit blühen, und mit *Dactylorhiza iberica*, die an diesem Standort etwa einen Monat später blüht. In diesem Gebiet liegen weitere Vorkommen am Yeniçağasee (Bolu), wo sehr kräftige Exemplare von *Dactylorhiza incarnata* mit tausenden Pflanzen von *Orchis palustris* stehen. Ein anderer interessanter Standort liegt in einer Talwiese an einem Bachlauf bei Bostan an den Ilgaz-Dagları (Kastamonu), wo wenige Pflanzen zusammen mit *Orchis coriophora* vorkommen.

Der östlichste Standort liegt vermutlich am Ladiksee (Samsun) an der Straße von Ladik nach Taşova. Gügel & Neumayr (Fundliste 1985) wiesen in einer Feuchtwiese am Seeufer einige Exemplare dieser Art nach. Im Jahre 1997 konnte das Vorkommen von *Dactylorhiza incarnata* am Ladiksee bestätigt werden. In mehreren südlich gelegenen Uferwiesen (am Rande oft mit *Iris palustris* vergesellschaftet) wachsen vereinzelt sehr stattliche Exemplare. Die Pflanzen sind hier sehr typisch. Sie weisen keinen Einfluß anderer *Dactylorhiza*-Arten auf und sind nicht von den westeuropäischen Pflanzen zu unterscheiden. Die Blütezeit liegt in diesem Gebiet etwa Mitte Juni. An weiteren Orchideen kommen dort außerdem noch *Dactylorhiza iberica*, *Dactylorhiza osmanica*, *Orchis laxiflora* und *Orchis palustris* vor.

BEMERKUNGEN

Es ist eine außergewöhnliche Erscheinung, wenn man *Dactylorhiza incarnata* in einem Sumpfgebiet in der Türkei findet. Genau wie in Griechenland, wo sie im Norden in der Umgebung von Chrissi in einigen Exemplaren zusammen mit *Dactylorhiza saccifera*, *Orchis coriophora*, *Orchis laxiflora*

◄ **Yenicaga (Bolu), 19.6.1996,** C. A. J. Kreutz

Abantsee (Bolu), 19.6.1996, C. A. J. Kreutz

Abantsee (Bolu), 19.6.1996, C. A. J. Kreutz

Ladiksee (Samsun), 31.5.1997, C. A. J. Kreutz

Abantsee (Bolu), 19.6.1996, C. A. J. Kreutz

Yenicaga (Bolu), 19.6.1996, C. A. J. Kreutz

Abantsee (Bolu), 19.6.1996, C. A. J. Kreutz

und *Orchis* x*parvifolia* (*Orchis coriophora* x *Orchis laxiflora*) wächst (Kreutz, 1994b), ist sie auch in der Türkei auf wenige Standorte beschränkt. Trotz ihres weiträumigen Verbreitungsgebiets ist *Dactylorhiza incarnata* in all ihren Merkmalen eine konstante Art und auch die türkischen Pflanzen stimmen mit denen aus Mitteleuropa gut überein.

GEFÄHRDUNG

Dactylorhiza incarnata ist in der Türkei ziemlich gefährdet. Ihre Vorkommen sind nur auf wenige Standorte beschränkt und bei diesen handelt es sich meist um kleine Restbiotope. Außerdem sind diese Standorte durch Trockenlegung stark bedroht.

HYBRIDEN

Nachgewiesen mit *Dactylorhiza iberica*, *Dactylorhiza nieschalkiorum* und *Dactylorhiza osmanica*.

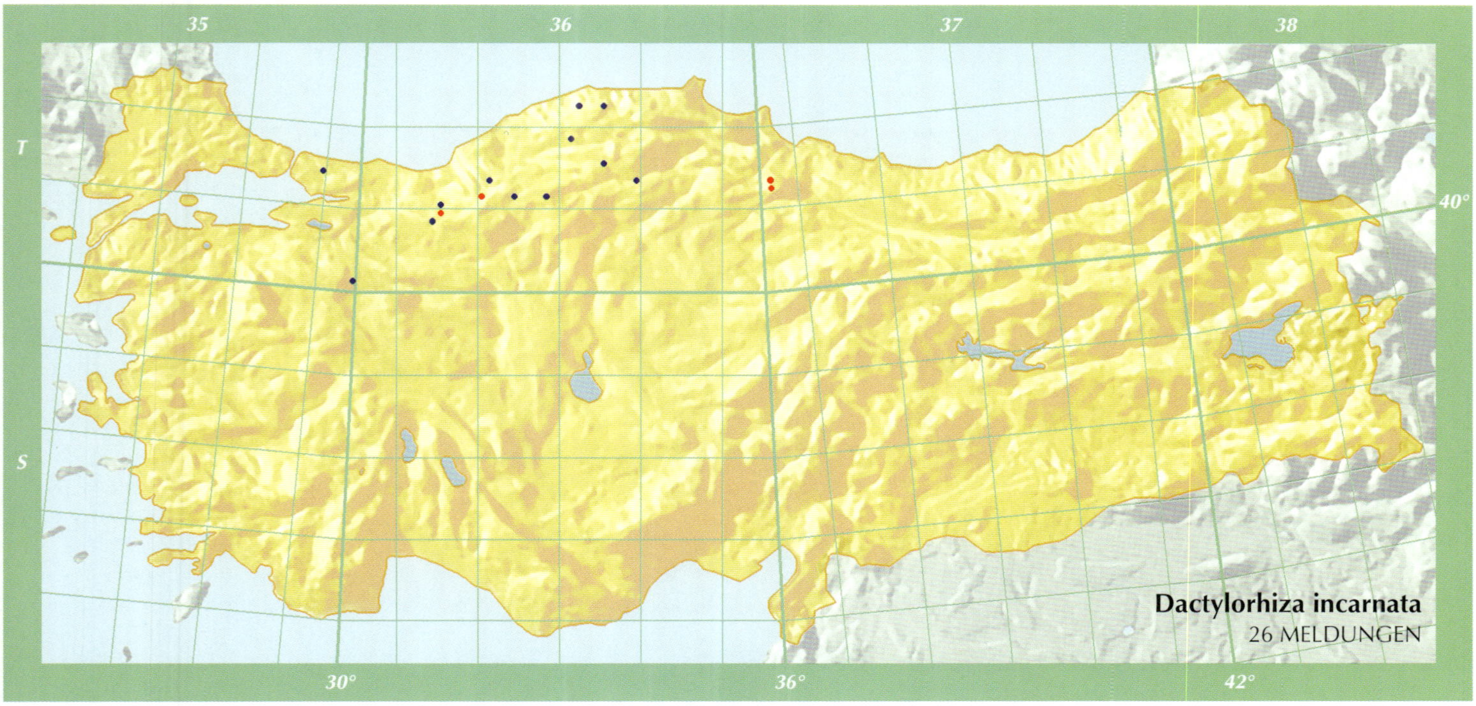

23 Dactylorhiza osmanica (KLINGE) SOÓ

Osmanisches Knabenkraut

(Nom. Nov. Gen. Dactylorhiza 4, 1962)

BASIONYM

Orchis orientalis subsp. *osmanica* KLINGE in Acta Horti Petrop. 17 (1): 157, 188, 1898

SYNONYME

Orchis orientalis subsp. *cilicica* KLINGE, *Orchis cataonica* H. FLEISCHMANN, *Dactylorhiza elata* subsp. *anatolica* E. NELSON, *Dactylorhiza incarnata* var. *olocheilos* BOISSIER, *Dactylorhiza olocheilos* (BOISSIER) AVERYANOV, *Orchis osmanica* (KLINGE) LIPSKY, *Orchis cilicica* (KLINGE) SCHLECHTER, *Dactylorhiza cataonica* (H. FLEISCHMANN) HOLUB, *Dactylorhiza cilicica* (KLINGE) SOÓ, *Dactylorhiza incarnata* subsp. *cilicica* (KLINGE) SUNDERMANN, *Dactylorhiza osmanica* var. *anatolica* (E. NELSON) RENZ & TAUBENHEIM

BESCHREIBUNG

Sehr kräftige Pflanze mit dickem Stengel. Untere Laubblätter breit-lanzettlich, stumpf, obere eiförmig-lanzettlich, spitz, schräg bis steil aufgerichtet, ungefleckt. Blütenstand sehr reich- und dichtblütig, zylindrisch, manchmal so lang wie die Hälfte der gesamten Pflanze. Blüten mittelgroß bis groß, rosa bis purpurrot gefärbt. Sepalen eiförmig-lanzettlich, die beiden seitlichen senkrecht bis schräg aufwärts gerichtet, das mittlere (manchmal auch die beiden seitlichen) mit den beiden Petalen helmförmig zusammenneigend. Petalen schwach schmal-lanzettlich. Lippe groß, trapezförmig oder rundlich, ungeteilt oder schwach dreilappig, flach ausgebreitet, rosa bis purpurn gefärbt, an der Basis weißlich. Lippe mit einem Schleifenmuster versehen. Sporn konisch, waagrecht bis leicht abwärts gerichtet, etwa halb bis zwei Drittel so lang wie der Fruchtknoten.

VARIABILITÄT

Von *Dactylorhiza osmanica* wurde die Varietät *anatolica* (E. NELSON) RENZ & TAUBENHEIM in Notes Roy. Bot. Garden Edinb. 41: 271 (1983a) beschrieben. Sie unterscheidet sich von der var. *osmanica* durch den sehr kräftigen Wuchs (60-120 cm) mit 8-10 Blättern und einem sehr dichten, langen Blütenstand mit purpurnen Blüten. Da diese Merkmale im Variationsbereich der Art liegen und beide Varietäten lückenlos ineinander übergehen, ist diese taxonomische Trennung nicht zu rechtfertigen.

ABGRENZUNG ZU ÄHNLICHEN ARTEN

Zusammen mit *Dactylorhiza nieschalkiorum* gehört *Dactylorhiza osmanica* zu den kräftigsten *Dactylorhiza*-Arten der Türkei. *Dactylorhiza osmanica* kann an manchen Standorten eine Gesamthöhe von mehr als einen Meter erreichen. Die Art ist vor allem an ihrer reichen Beblätterung des Stengels, den ungefleckten und ungleichförmig gestalteten Laubblättern und ihren sehr langen, dichtbesetzten und vielblütigen Blütenstand, der fast die Hälfte der Gesamtlänge der Pflanze einnimmt, zu erkennen. Mit diesen Merkmalen ist sie deutlich von den anderen türkischen *Dactylorhiza*-Arten abgegrenzt. Sie ähnelt am meisten *Dactylorhiza nieschalkiorum*, die aber nicht im Verbreitungsgebiet von *Dactylorhiza osmanica* vorkommt.

STANDORT

Bachbegleitende Staudenfluren, Flüsse und Quellen, seltener in Sumpfwiesen; auf kalkreichen und basischen Böden.

NIESCHALK & NIESCHALK (1975) berichten von *Dactylorhiza osmanica*, daß sie in der Gesamtverbreitung an Waldzonen gebunden ist, während die einzelnen Vorkommen in offenem Gelände liegen. Sie wächst auf quellig-nassen Stellen, wie sie an Quellhorizonten auf Hanglagen oder auch in eben gelegenen Quellfluren gegeben sind, an denen der lockere und wasserzügige Untergrund mit einer lehmigen oder auch lehmig-tonigen Bodenschicht bedeckt ist.

BLÜTEZEIT

Ende Mai bis Mitte Juli.

HÖHENVERBREITUNG

Von 500 bis 2.400 m.

GESAMTVERBREITUNG

Türkei und Nordwestsyrien.

VERBREITUNG IN DER TÜRKEI

Mittlerer und östlicher Teil.

NOTIZEN ZU EINIGEN FUNDORTEN

Die Art ist im östlichen Teil der Türkei nicht selten und bildet dort in ausgedehnten Feuchtwiesen Massenpopulationen. Die westlichsten, aktuellen Standorte befinden sich vermutlich südlich von Gülnar (İçel). In einer schwer zugänglichen Schlucht kommen an einem ständig überrieselten Quellhang und an einer kleinen Feuchtstelle am Fuße der Schlucht insgesamt etwa 60 Exemplare der Art vor. Der Fundort wurde zufällig bei der Suche nach *Ophrys isaura* entdeckt (AULINGER, BREU, SCHEFBÖCK und K. WAGNER, Fundliste 1988). Auch GÜGEL & ZAISS (Fundliste 1995) konnten *Dactylorhiza osmanica* hier feststellen. Im übrigen sind in der Umgebung des Schluchteingangs neben anderen Orchideen auch einige der äußerst seltenen *Ophrys isaura* zu finden. Vor einigen Jahren war diese kleine isolierte Population, infolge ihrer exponierten Lage (Steilhang), vor landwirtschaftlichen Eingriffen gut geschützt. Heute sind an beiden Standorten nur noch wenige, stark gefährdete Pflanzen vorhanden. Sie stellen nur noch sehr kleine Restflächen dar, inmitten landwirtschaftlich stark genutzter Ländereien. Bei Ausbreitung dieser Nutzflächen wird die Art hier innerhalb absehbarer Zeit verschwunden sein.

Reichhaltige Vorkommen besitzt diese Art an vielen Stellen südlich Pozantı (Adana) und entlang des Flusses an der Straße von Pozantı in Richtung Tarsus (İçel). An Quellhängen, Feuchtwiesen und in feuchten Straßengräben kann man diese Art in vielen tausend Exemplaren beobachten. Einen schö-

Refahiye (Erzincan), 24.6.1994, C. A. J. KREUTZ

◀ Refahiye (Erzincan), 28.6.1994, C. A. J. KREUTZ

Pozanti (Adana), 21.5.1997, C. A. J. Kreutz

Yedioluk (Kayseri), 24.5.1997, C. A. J. Kreutz

Refahiye (Erzincan), 28.6.1994, C. A. J. Kreutz

Gülnar (İçel), 20.5.1997, C. A. J. Kreutz

nen Standort gibt es südlich Pozantı (Adana), wo *Dactylorhiza osmanica* in etwa hundert Exemplaren an einem Quellhang mit Baumbewuchs vorkommt. Es wachsen dort besonders kräftige Exemplare, die schon Mitte Mai in Hochblüte sind. Nördlich Çamardı (Niğde) bildet sie in einem großen Kalksumpf weitere reichhaltige Populationen mit kräftigen, reichblütigen Exemplaren (Taubenheim, Diaarchiv).

Ein reichbesetzter Standort befindet sich ferner am Kızıldağ-Paß, östlich Sivas, in der Provinz Erzincan. An einem Quellhang am Straßenrand, direkt hinter der Paßhöhe, wachsen viele Exemplare von *Dactylorhiza osmanica* und *Dactylorhiza iberica*. In der direkten Umgebung des Passes sind noch viele Feucht- und Quellwiesen vorhanden, in denen beide Arten vorkommen.

Im Nordosten der Türkei ist *Dactylorhiza osmanica* selten. Läpple (Fundliste 1994), sowie Lünsmann (Fundliste 1997) wiesen diese Art an mehreren Feuchtstellen am Yalnızçam-Paß und am Çam-Paß (Artvin) nach. Im gleichen Gebiet wächst auch *Dactylorhiza umbrosa*, mit der *Dactylorhiza osmanica* viele Bastarde bildet.

Besonders kräftige, hochwüschsige und reichblutige Pflanzen wurden an einem Bachrand südlich Pülümür (Tunceli) gefunden, wo die Pflanzen schon Ende Mai zur Blüte kommen.

Auch Lüders (Fundliste 1990) konnte großwüchsige Exemplare zwischen Gürün und Pınarbaşı bei Kaynarca (Sivas) und westlich Darende bei Inşeçu (Kahramanmaraş) nachweisen. Mehrere hunderte von Exemplaren wurden dort beobachtet. Diese Angaben konnten 1997 bestätigt werden. Entlang der Straße Kahramanmaraş - Pınarbaşı - Malatya hat *Dactylorhiza osmanica* viele Vorkommen. Bevorzugt wächst sie dort in feuchten Straßengräben und an Bachrändern.

BEMERKUNGEN

Dactylorhiza osmanica ähnelt in manchen Merkmalen der westeuropäischen *Dactylorhiza elata* (Poiret) Soó subsp. *sesquipedalis* (Willdenow) Soó (Renz & Taubenheim, 1984).

Dactylorhiza osmanica wächst sehr oft ohne andere Arten der Gattung *Dactylorhiza*. Eine Ausnahme ist *Dactylorhiza umbrosa*, von der sie im Nordosten der Türkei öfters begleitet wird. An einigen Standorten wurde sie zusammen mit *Dactylorhiza iberica* beobachtet.

HYBRIDEN

Genau wie *Dactylorhiza nieschalkiorum* bastardiert auch

Askale (Erzurum), 29.6.1994, C. A. J. Kreutz

Dactylorhiza osmanica mit einigen orientalischen *Dactylorhiza*-Arten, vor allem mit *Dactylorhiza umbrosa* (*Dactylorhiza xnevskii*) in der Nordosttürkei, wo sich die Areale beider Arten überschneiden. Diese Hybriden sind besonders an der Verlängerung des Sporns und der keilförmigen Lippe erkennbar (Baumann, 1983a). Ferner hybridisiert sie mit *Dactylorhiza iberica*, *Dactylorhiza incarnata* und *Dactylorhiza urvilleana* (*Dactylorhiza xbreviceras*).

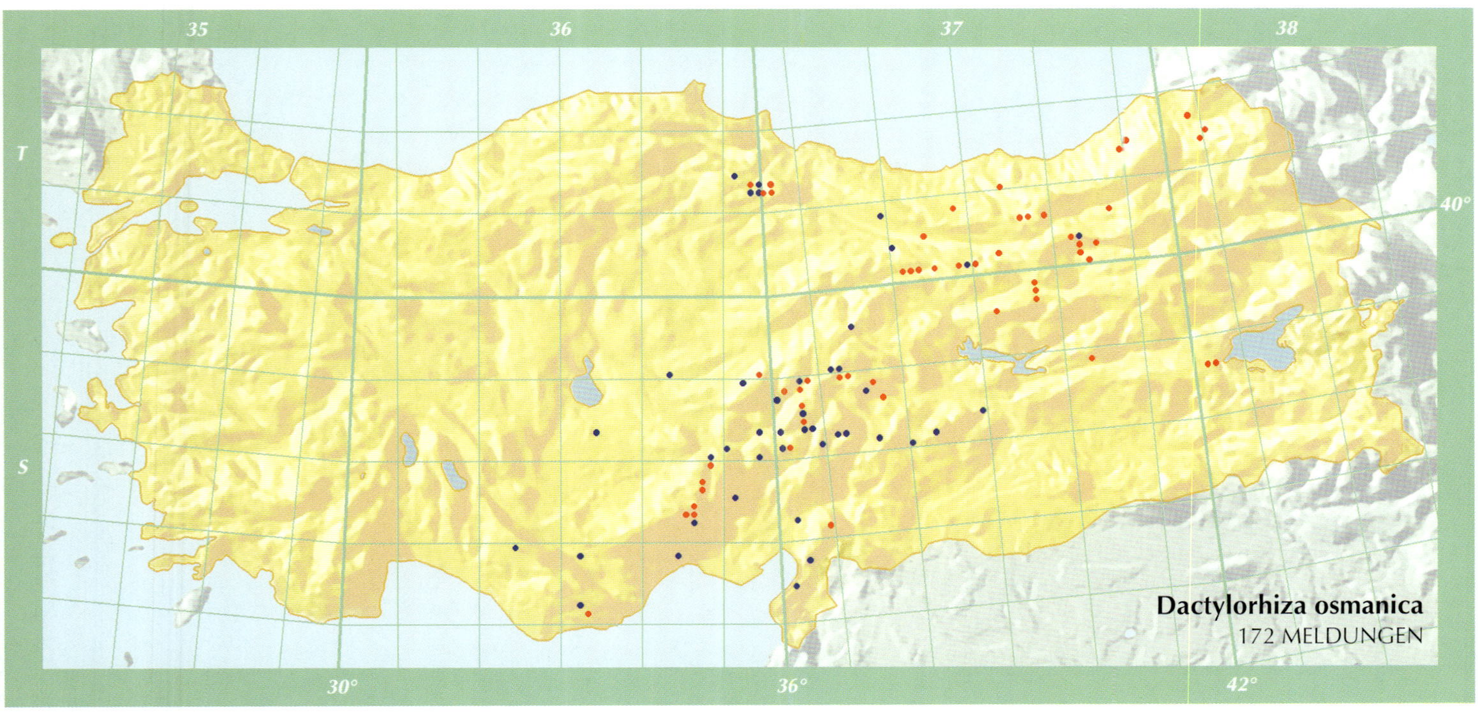

24 Dactylorhiza umbrosa (KARELIN & KIRILOW) NEVSKI

Persisches Knabenkraut (Acta Inst. Bot. Acad. Sci. URSS, ser. 1,4: 332, 1937)

BASIONYM

Orchis umbrosa KARELIN & KIRILOW (in Bull. Soc. Nat. Moscou 15: 504, 1842)

SYNONYME

Orchis turcestanica (KLINGE) KLINGE, *Orchis sanasunitensis* H. FLEISCHMANN, *Dactylorhiza sanasunitensis* (H. FLEISCHMANN) AVERYANOV, *Dactylorhiza vanensis* E. NELSON, *Orchis persica* SCHLECHTER, *Dactylorhiza persica* (SCHLECHTER) SOÓ, *Dactylorhiza chuhensis* RENZ & TAUBENHEIM, *Orchis merovensis* GROSSHEIM, *Dactylorhiza merovensis* (GROSSHEIM) AVERYANOV, *Dactylorhiza renzii* AVERYANOV

BESCHREIBUNG

Mittelgroße und kräftige Pflanze (durchschnittlich zwischen 30 und 40 cm hoch). Laubblätter breit lanzettlich bis eiförmig-lanzettlich, die unteren rosettig angeordnet, die oberen schräg aufrecht, zugespitzt, meist ungefleckt, selten (beidseitig) gefleckt (*Dactylorhiza chuhensis*). Blütenstand zylindrisch bis kurz, dicht- und reichblütig. Blüten mittelgroß, purpurn oder rötlich gefärbt. Sepalen eiförmig-lanzettlich, die seitlichen schräg aufwärts gerichtet, das mittlere mit den beiden Petalen helmförmig zusammenneigend. Petalen schmal-lanzettlich. Lippe ziemlich schmal bis rundlich, oft länger als breit, flach, ungeteilt oder schwach dreilappig mit vorgezogenem Mittellappen. Malzeichnung meist aus dunkelpurpurnen Linien oder Strichen bestehend, besonders auf der hellen Lippenbasis. Sporn zylindrisch, dick, abwärts gebogen, etwas kürzer als oder so lang wie der Fruchtknoten.

VARIABILITÄT

Es kommen auch Pflanzen mit ein- oder beidseitig gefleckten Laubblättern vor, die als *Dactylorhiza chuhensis* RENZ & TAUBENHEIM (1984) beschrieben wurden. Die Blüten dieser Pflanzen sind außerdem kräftiger gefärbt, haben eine stärkere Lippenzeichnung und schmalere Laubblätter. Sie sind selten und kommen zerstreut in Populationen von Pflanzen mit ungefleckten Laubblättern vor. So berichtet BAUMANN (1983a) auch von Pflanzen mit beidseitig gefleckten Blättern, wobei die Laubblätter etwas kürzer und schmaler sind, der Blütenstand außerdem kürzer. Diese Merkmalsabweichungen in der Blattfärbung sind auch bei anderen *Dactylorhiza*-Arten zu beobachteten, wobei diese Unterschiede jedoch keine Trennung oder Benennung einer neuen Art rechtfertigen. Diese Sippe wird dann auch von NIESCHALK & NIESCHALK (1983), BUTTLER (1986) und RÜCKBRODT & HANSEN (1992) zu *Dactylorhiza umbrosa* gestellt. Bei AVERYANOV (1995) wird sie als separate Art geführt und er berichtet, daß diese Sippe auch in Südtranskaukasien gefunden wurde.

Die Variante mit beidseitig gefleckten Blättern von *Dactylorhiza umbrosa* (*Dactylorhiza chuhensis*) wurde öfter mit *Dactylorhiza cruenta* verwechselt, obwohl *Dactylorhiza cruenta* eine ganz andere Art ist. Auch nach BAUMANN (1983a) sind die ostanatolischen Pflanzen mit beidseitig gefleckten Laubblättern zu *Dactylorhiza umbrosa* und nicht zu *Dactylorhiza cruenta* zu stellen. Die Sippe *Dactylorhiza chuhensis* ist daher besser als eine Varietät von *Dactylorhiza umbrosa* zu bewerten: *Dactylorhiza umbrosa* var. *chuhensis* (RENZ & TAUBENHEIM) C. A. J. KREUTZ comb. et stat. nov. **Basionym**: *Dactylorhiza chuhensis* RENZ & TAUBENHEIM, Fl. Turkey 8: 564 (1984).

An einem Fundort bei Aşkale (Erzurum) kommen besonders viele Farbvarianten von *Dactylorhiza umbrosa* vor (briefl. Mittlg., WAGNER 1997). Von Pflanzen mit rein weißen Blüten, über weiße Blüten mit rotem Sporneingang, weiße Blüten mit rosa Malzeichnung, Pflanzen mit lachsfarbenen Blüten bis hin zu Pflanzen mit tiefroten Blüten ist hier alles zu finden. Auch mehrere Exemplare der Varietät *chuhensis* wachsen hier. An keinem anderen Fundort wurde eine derartige Farbenvielfalt angetroffen, außer einigen lachsfarbenen Exemplaren, die aber gelegentlich auch bei anderen *Dactylorhiza*-Arten auftreten.

Auch am Vansee und westlich von Erzurum wurden weißblütige Exemplare beobachtet.

ABGRENZUNG ZU ÄHNLICHEN ARTEN

Kaum verwechselbar. In der Blütenform gleicht sie der nordwesteuropäischen *Dactylorhiza praetermissa*.

STANDORT

Ausgedehnte Feuchtwiesen und Quellmoore, auch in Weiden- und Tamariskengebüschen an Flüssen und bei Quellen (RÜCKBRODT & HANSEN, 1992).

BLÜTEZEIT

Mitte Mai bis Anfang Juli.

HÖHENVERBREITUNG

Von 1.300 bis 3.300 m.

GESAMTVERBREITUNG

Von der Türkei nach Nordirak und Transkaukasien durch Iran, Afghanistan bis Mittelasien (Kasachstan) (BUTTLER, 1986).

VERBREITUNG IN DER TÜRKEI

Genau wie *Dactylorhiza euxina*, *Dactylorhiza flavescens* und *Dactylorhiza urvilleana* ist auch *Dactylorhiza umbrosa* auf den östlichen Teil der Türkei beschränkt.

NOTIZEN ZU EINIGEN FUNDORTEN

Dactylorhiza umbrosa ist in der Türkei nicht selten und besonders in der Umgebung des Vansees wachsen Ende Mai in den ausgedehnten Naßwiesen viele tausende Exemplare.

Die westlichsten Vorkommen findet man bis in den Provinzen Kayseri und Sivas. Dort wächst *Dactylorhiza umbrosa* hauptsächlich in kleineren Feuchtwiesen direkt an der Straße, die von Kulturland umgeben sind. Bei Kaynarca und bei Zıyarettepesi an der Straße von Kayseri über Pınarbaşı nach Malatya bildet die Art reichhaltige Bestände. Während der Blütezeit sind einige Wiesen durch die vielen Exemplare rot gefärbt.

In der Provinz Erzincan wächst sie vor allem an Bachufern. Nördlich von Erzincan (WAGNER, Fundliste 1979) an der Strecke zwischen Erzincan und Kelkit (Gümüşhane) bildet *Dactylorhiza umbrosa* an mehreren Standorten größere Populationen.

In der Umgebung von Erzurum wurde sie mehrmals zusammen mit *Dactylorhiza osmanica* und *Orchis pseudolaxiflora* beobachtet. In vielen Feuchtwiesen bildet sie hier besonders reichhaltige Populationen, die durchschnittlich Mitte bis Ende Mai zur Blüte kommen. Vor allem an der Hauptstraße zwischen Erzincan und Erzurum befinden sich nördlich und südlich der Straße auf mehreren Kilometer Länge ausgedehnte Feuchtwiesen, in denen Millionen Exemplare zusammen mit *Orchis pseudolaxiflora* zur Blüte kommen. Im Nordosten der Türkei ist *Dactylorhiza umbrosa* selten. In diesem Gebiet findet man vor allem *Dactylorhiza urvilleana*, *Dactylorhiza euxina* oder deren Hybriden. LÄPPLE (Fundliste 1994), sowie LÜNSMANN (Fundliste 1997) konnten diese Art an mehreren Stellen am Yalnızçam-Paß und am Çam-Paß (Artvin) nachweisen. Im gleichen Gebiet wächst auch *Dactylorhiza osmanica*, mit der *Dactylorhiza umbrosa* viele Bastarde bildet.

In Ostanatolien bei Yüksekova (Hâkkari) kommt *Dactylorhiza umbrosa* in den ausgedehnten Feuchtwiesen zahlreich vor.

Standorte von *Dactylorhiza umbrosa* var. *chuhensis* befinden sich an der Straße von Tatvan nach Van (Bitlis), an der Straße von Van nach Ağrı östlich Tutak (Ağrı); östlich Tercan (Erzurum), nördlich Erzincan an der straße nach Kelkit (Gümüşhane), am Kop-Paß

◀ **Doğubayazıt (Ağri), 25.6.1996,** C. A. J. KREUTZ

Zıyarettepesi (Sivas), 24.5.1997, C. A. J. Kreutz

Gevaş (Van), 15.5.1988, C. A. J. Kreutz

Gevaş (Van), 15.5.1988, C. A. J. Kreutz

Kaynarca (Sivas), 24.5.1997, C. A. J. Kreutz

Gevaş (Van), 15.5.1988, C. A. J. Kreutz

Jüksekova (Hâkkari), 31.5.1982, G. Taubenheim

Refahiye (Erzincan), 21.5.1988, C. A. J. Kreutz

Dactylorhiza umbrosa var. *chuhensis*,
Doğubayazıt (Ağri), 25.6.1996, C. A. J. Kreutz

Dactylorhiza umbrosa var. *chuhensis*,
Doğubayazıt (Ağri), 25.6.1996, C. A. J. Kreutz

(Kopdağı) an der Straße Aşkale - Bayburt (Erzurum) und südöstlich Doğubayazıt (Ağri). Vor allem am Standort bei Doğubayazıt, unweit der historischen Burg İshakpaşa Sarayı gibt es besonders schöne Exemplare inmitten vieler Pflanzen der Nominatform.

BEMERKUNGEN

Im Habitus gleicht dieses orientalisches Knabenkraut der atlantischen *Dactylorhiza purpurella* und in der Form der Blüten *Dactylorhiza praetermissa*. Es ist bemerkenswert, daß auch inmitten Populationen der nordwesteuropäischen ungefleckten *Dactylorhiza praetermissa* Pflanzen mit einseitig gefleckten Laubblättern vorkommen, die als *Dactylorhiza praetermissa* var. *junialis* (VERMEULEN) SENGHAS (*Dactylorhiza pardalina* PUGSLEY) beschrieben wurden. NELSON (1976) beschrieb die Pflanzen vom Vansee als *Dactylorhiza vanensis*, wobei er schon feststellte, daß die Laubblätter typischerweise ungefleckt sind, daß aber ganz vereinzelt im Verbreitungsgebiet von *Dactylorhiza umbrosa* auch Individuen vorkommen, deren Laubblätter ein- oder doppelseitig gefleckt, beziehungsweise oberseits spärlich mit blassen Punkten besetzt sind. Später hat sich herausgestellt, daß *Dactylorhiza vanensis* mit *Dactylorhiza umbrosa* übereinstimmt.

PROBLEMATIK

WAGNER (briefl. Mittl., 1997) konnte feststellen, daß die Spornlänge, wie sie von BAUMANN & KÜNKELE (1983a, 1988a) und von DELFORGE (1994) für *Dactylorhiza umbrosa* angegeben wurde (Sporn so lang wie die Fruchtknoten), zumindest bei den Pflanzen der mehr im Norden gelegenen Standorte mit ihren zum Teil großen Populationen (bei Şavşat; zwischen Erzurum und Refahiye; nördlich Aşkale; nördlich Erzincan) nicht zutrifft. Bei nur einem kleinen Teil von *Dactylorhiza umbrosa* erreicht hier der Sporn die Länge des Fruchtknotens. Meistens ist er wesentlich kürzer, bei vielen nur etwa halb so lang wie der Fruchtknoten. Es stellt sich daher die Frage, ob die Populationen bei den nördlicher gelegenen Fundorten von anderen *Dactylorhiza*-Arten beeinflußt sind, oder ob das Kriterium für *Dactylorhiza umbrosa* 'Sporn so lang wie der Fruchtknoten' nach neueren Erkenntnissen nicht mehr zutreffend ist und daher die Bestimmung der Art nur erschwert.

GEFÄHRDUNG

Am Standort bei Aşkale (Erzurum) mit den auffallend vielen Farbvarianten von *Dactylorhiza umbrosa* konnte WAGNER (briefl. Mittlg., 1997) Bauern bei der Ausbringung von reichlich Mineraldünger beobachten. Daraus geht hervor, daß nun auch offensichtlich die ausgedehnten wunderschönen *Dactylorhiza*-Biotope zwischen Erzurum und Refahiye zunehmend intensiver landwirtschaftlich genutzt werden und damit akut gefährdet sind. Ob die Farbvarianten erste Anzeichen einer schleichenden Zerstörung der Biotope durch Überdüngung sind?

HYBRIDEN

Hybridisiert leicht mit *Dactylorhiza osmanica* (*Dactylorhiza* x*nevskii*). Außerdem mit *Dactylorhiza euxina*, *Dactylorhiza iberica* und *Dactylorhiza urvilleana*.

Gevaş (Van), 15.5.1988, C. A. J. KREUTZ

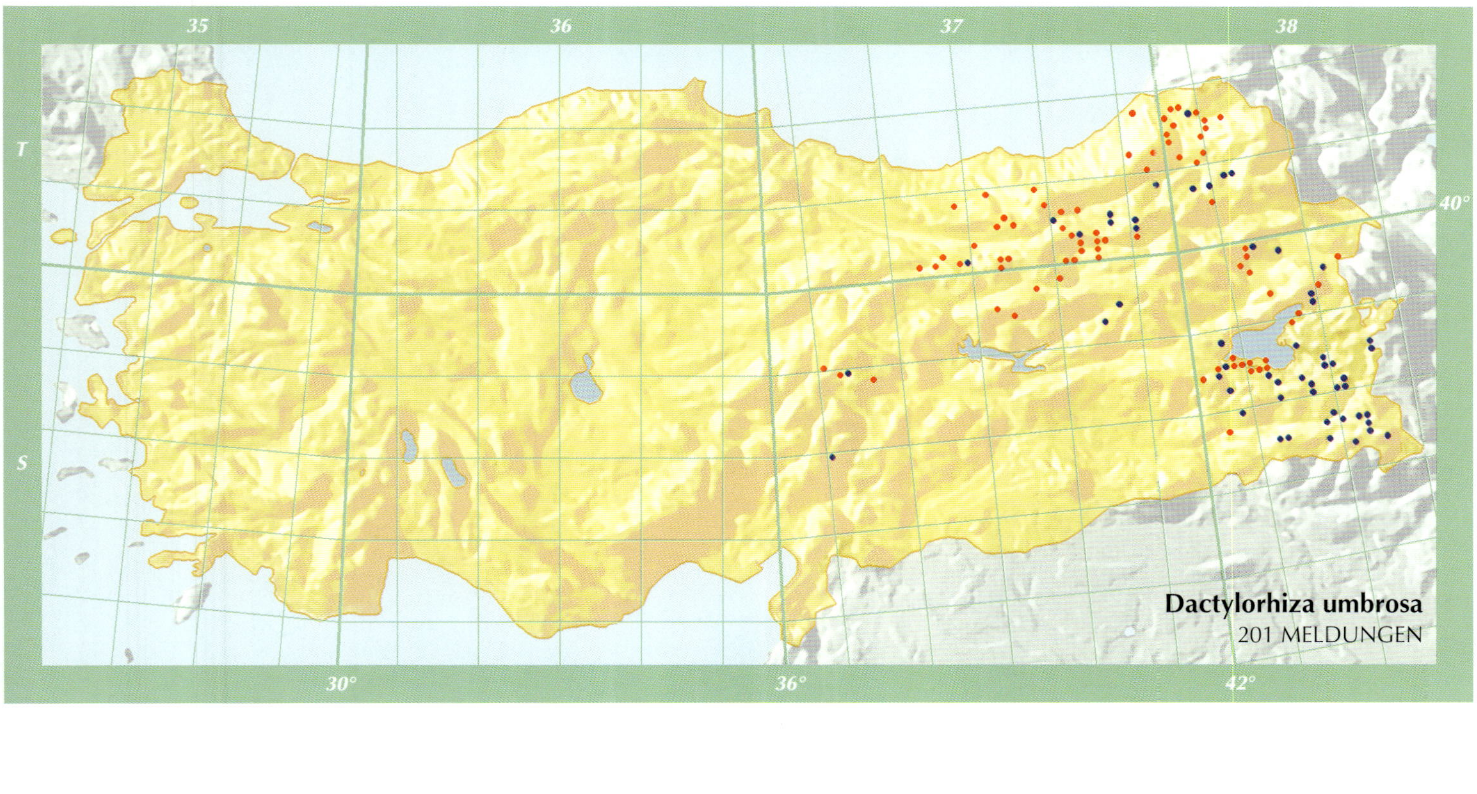

25

Epipactis bithynica

K. ROBATSCH

Bithynische Stendelwurz

(Ber. Arbeitskrs. Heim. Orchid. 8 (1): 61, 1991)

BESCHREIBUNG

Kräftige und hochwüchsige Pflanze, oft mit mehreren, dichtstehenden Blütentrieben. Stengel sehr dick, an der Basis rosa bis rötlich, im oberen Teil grün gefärbt. Laubblätter breitrundlich, oval bis lanzettlich, am Ansatz und an der Spitze unterseits und oberseits rotviolett überlaufen. Blütenstand ziemlich dicht- und reichblütig mit großen, weit geöffneten Blüten. Blüten abstehend, fast einseitswendig orientiert. Perigonblätter glockenförmig zusammenneigend. Sepalen eiförmig-lanzettlich, grün bis rötlich, das mittlere vornübergeneigt. Petalen stark gekielt, rosa bis rot. Lippe zweigliedrig. Hypochil extrem breit, halbkugelig, bräunlichrot, nektarführend. Epichil herzförmig und grünlichweiß bis rötlich mit zwei schmalen, gefurchten Höckern. Rostellum gut entwikkelt mit einer großen, mehrere Tage funktionierenden Drüse (allogam).

VARIABILITÄT

Epipactis bithynica ist sehr variabel. ROBATSCH (1991) schreibt, daß die weit offenen Blüten an *Epipactis condensata* und *Epipactis purpurata* erinnern, andere Populationen zeigen eine Affinität zu *Epipactis persica* und *Epipactis helleborine*, aber der besondere Habitus, der hohe Wuchs und die großen Blüten verweisen schon bei flüchtiger Betrachtung auf die Eigenständigkeit dieser Art.

ABGRENZUNG ZU ÄHNLICHEN ARTEN

Die Art könnte mit *Epipactis helleborine* verwechselt werden, unterscheidet sich aber von dieser durch ihr büscheliges Auftreten, durch den dicken und roten Stengel, die kleinen, rotviolett getönten Laubblätter und die großen, weit offenen Blüten (ROBATSCH, 1991).

STANDORT

Lichte und humose Nadelwälder, dort oft an feuchten Stellen an Quellen und Bachufern.

BLÜTEZEIT

In niedrigen Lagen schon ab Anfang bis Mitte Juli, in den höheren Gebieten bis Mitte August.

HÖHENVERBREITUNG

Von 1.300 bis 1.800 m.

GESAMTVERBREITUNG

Endemische Art in der Türkei.

VERBREITUNG IN DER TÜRKEI

Der *locus classicus* befindet sich am Uludağ (Bursa), wo die Art lange Zeit die einzig bekannten Vorkommen hatte. Inzwischen sind auch einige Vorkommen im Norden, im Westen und vor allem im Süden bekannt geworden, von denen einige aber weiterer Überprüfung bedürfen. Wahrscheinlich dürfte die Art weiter verbreitet sein und im gesamten Pontus vorkommen.

NOTIZEN ZU EINIGEN FUNDORTEN

An den Standorten am Uludağ bei Bursa (dem bithynischen Olymp) wächst sie nur in den höheren Lagen. Die niedrigsten Standorte befinden sich an der Straße nach Sogukpınar/Keles in einer Höhe von etwa 1.300 m. Besonders in den Straßengräben und den weitläufigen Kiefernwäldern blühen Mitte Juli viele Exemplare, einzeln aber auch in kleineren Gruppen. In einer Höhe von etwa 1.500 m, kurz hinter der Mautstelle des 'Milli-Parks Uludağ', wachsen viele Pflanzen in den Farnfeldern der Kiefernwälder. Vor allem rechts der Straße bildet *Epipactis bithynica* schöne und große Gruppen, manchmal bis zu 30 oder 40 Exemplare in einem Büschel. Das Vorkommen von *Epipactis bithynica* setzt sich dann weiter bergauf bis auf 1.800 m Höhe fort, wobei an einigen Standorten bis zu Hundert Pflanzen vorkommen. In der direkten Umgebung der Fundstellen von *Epipactis bithynica* wachsen auch *Cephalanthera damasonium, Cephalanthera rubra, Dactylorhiza nieschalkiorum, Epipactis helleborine, Epipactis persica, Limodorum abortivum, Limodorum abortivum* var. *rubrum*, sehr kräftige und reichblütige Exemplare von *Epipactis microphylla* und sehr selten auch noch *Epipogium aphyllum*.

Nach den Angaben von ZAISS & GÜGEL (Fundliste 1993) kommt *Epipactis bithynica* auch im Norden der Türkei vor. Fundorte wurden in einem Buchenmischwald an der Straße Ünye - Akkuş (Ordu) und in einem Buchenwald mit vielen Feuchtstellen in der Provinz Ordu beobachtet. Diese Biotope entsprechen denen am *locus classicus* am Bithynischen Olymp bei Bursa.

Weiter wurde *Epipactis bithynica* in einem Nadelwald an der alten Verbindungsstraße Tosya - Kastamonu nachgewiesen. Dieses Gebiet ist botanisch besonders interessant, weil hier auch Arten wie *Goodyera repens* und *Epipogium aphyllum* vorkommen.

Wahrscheinlich kommt *Epipactis bithynica* auch in der Umge-

◀ **Uludağ (Bursa), 3.7.1994,** C. A. J. KREUTZ

Uludağ (Bursa), 3.7.1994, C. A. J. KREUTZ

Uludağ (Bursa), 3.7.1994, C. A. J. Kreutz

Uludağ (Bursa), 3.7.1994, C. A. J. Kreutz

Uludağ (Bursa), 3.7.1994, C. A. J. Kreutz

Uludağ (Bursa), 7.8.1996, C. A. J. Kreutz

bung von Yarpuz, Bozkır (Konya) und Akseki (Antalya) vor. In diesen Gebieten wachsen vor allem auf alten Friedhöfen, wo die Pflanzen weitgehend vor Ausgrabung und übermäßiger Beweidung geschützt sind, große Populationen einer *Epipactis*-Art. Die stattlichen Pflanzen mit ihren großen, runden und rot überlaufenen Laubblättern und dem ziemlich dicken, an der Basis rosa gefärbten Stengel stimmen in diesen Merkmalen mit *Epipactis bithynica* überein. So gibt es bei Belören (Konya) einen großen Friedhof mit einem alten Kiefernbestand, in denen diese Pflanzen in großer Zahl vorkommen, zusammen mit *Cephalanthera kotschyana, Cephalanthera kurdica, Comperia comperiana* und hunderten von Exemplaren von *Himantoglossum affine*. Auch auf dem Friedhof an der Straße von Akseki nach Ibrâdı (Aydınkent), dem *locus classicus* von *Ophrys straussii* var. *leucotaenia*, sind ähnliche Pflanzen zahlreich zu finden. Auch Gügel und Zaiss (Fundliste 1995) berichten von einem möglichen Vorkommen der Art auf einem Friedhof zwischen Akseki und Ibrâdı (Aydınkent). Obwohl bisher an den Stellen bei Yarpuz, Bozkır und Akseki noch keine blühenden Pflanzen beobachtet werden konnten, dürften sie doch höchstwahrscheinlich mit *Epipactis bithynica* übereinstimmen. Vermutlich kommt *Epipactis bithynica* auch im Milli Parkı, südlich von Manisa (Manisa/İzmir) vor. Schönfelder (Fundliste 1996) berichtet von mehreren Standorten wo büschelweise *Epipactis*-Pflanzen vorkommen, die rotüberlaufene (ähnlich wie *Epipactis purpurata*) Stengel und Laubblätter besitzen. Außerdem sind die Laubblätter an den Rändern gewellt und eiförmig gestaltet, die Blüten nickend.

Uludağ (Bursa), 3.7.1994, C. A. J. Kreutz

BEMERKUNGEN

Morphologisch hat *Epipactis bithynica* eine gewisse Ähnlichkeit mit der mitteleuropäischen *Epipactis purpurata*. Außerdem bildet sie genau wie diese mehrere dichtstehende Blütentriebe; die Blüten zeigen Ähnlichkeiten mit *Epipactis helleborine*.

GEFÄHRDUNG

Der *locus classicus* von *Epipactis bithynica* am Uludağ (Bursa) ist auf ein kleines Areal beschränkt, ist aber durch die ausgedehnten Nadelwälder geschützt. Leider wird der Uludağ besonders an den Wochenenden von hunderten Einheimischen besucht, die dann in den Wäldern Picknick machen, wobei viele Pflanzen abgepflückt oder ausgegraben werden. Auch viele andere Orchideen werden gesammelt. Es ist daher absolut erforderlich, daß diese Kiefernwälder unter Naturschutz gestellt werden, nicht zuletzt wegen des Vorkommens anderer seltener Pflanzenarten.

HYBRIDEN

Am Uludağ wurden auch Pflanzen beobachtet, zum Beispiel von Robatsch (briefl. Mittlg., 1993), die möglicherweise Übergangsformen zu *Epipactis helleborine* darstellen.

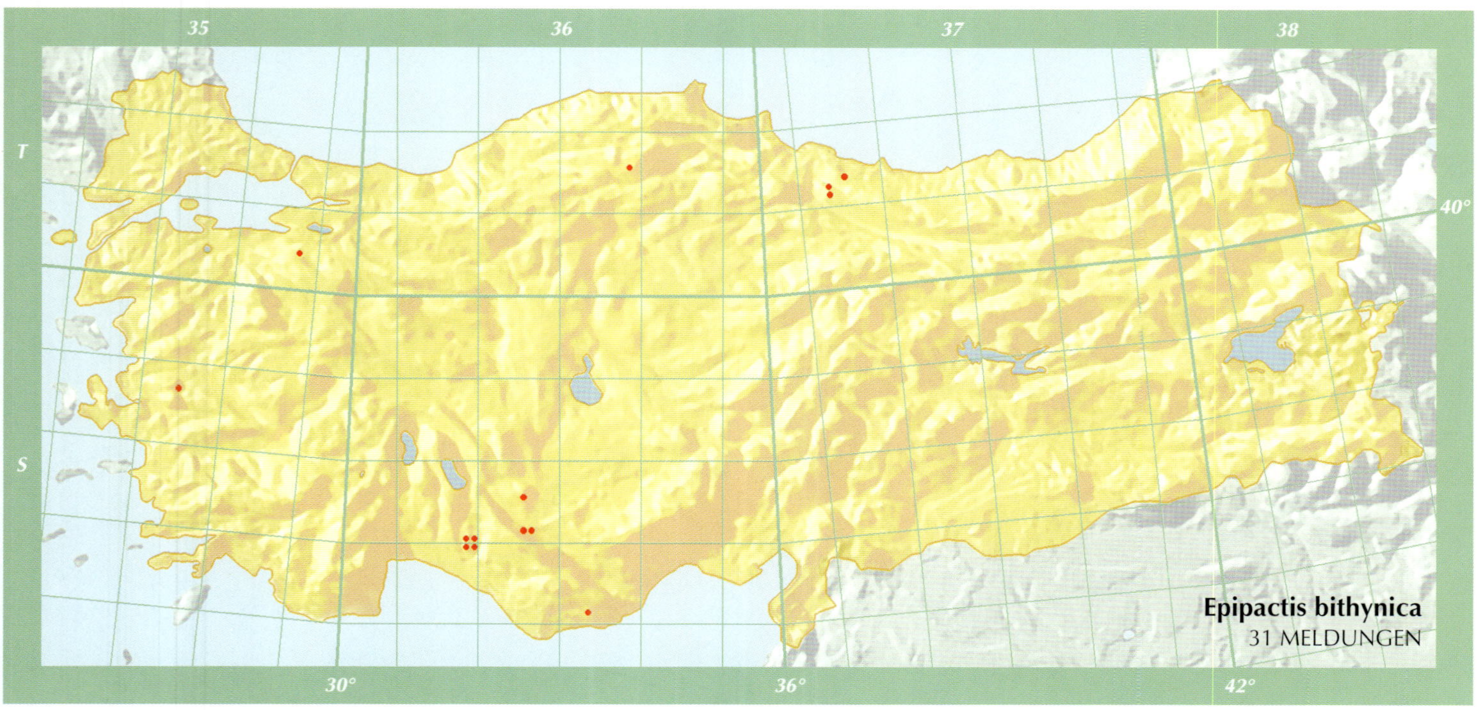

26 Epipactis condensata

BOISSIER ex D. P. YOUNG

Dichtblütige Stendelwurz

(Jahresb. Naturwiss. Ver. Wuppertal 23: 106, 1970)

SYNONYME

Epipactis helleborine subsp. *condensata* (BOISSIER ex. D. P. YOUNG) SUNDERMANN

BESCHREIBUNG

Kräftige und meist hochwüchsige Pflanze, oft mit mehreren dichtstehenden Blütentrieben (büschelweise). Stengel dick, ziemlich reich beblättert, auffallend hellgrün gefärbt. Untere Laubblätter eiförmig, kurz und klein, die oberen lanzettlich, hell- bis gelblichgrün oder bräunlichgelbgrün, nur gelegentlich purpurn überlaufen. Blütenstand dicht- und reichblütig, manchmal auch lockerblütig. Blüten weit geöffnet, abstehend bis leicht herabhängend. Perigonblätter glockenförmig zusammenneigend. Sepalen eiförmig-lanzettlich, zugespitzt, hellgrün gefärbt mit grünen Nerven, das mittlere vornübergeneigt. Petalen kürzer als die Sepalen, hellgrün oder zartrosa, in der Mitte weißlich und an der Spitze gelblich. Lippe zweigliedrig. Hypochil halbkugelig, außen grünlichweiß, innen tiefschwarz, nektarführend. Epichil breit dreieckig bis herzförmig, weißlich, an der Basis kräftig rötlich mit zwei großen, rosa bis roten, gefurchten Höckern. Rostellum gut entwickelt und wirksam (allogam).

ABGRENZUNG ZU ÄHNLICHEN ARTEN

Ähnelt vor allem *Epipactis turcica*, von denen sie sich durch den ziemlich reich beblätterten, auffallend hellgrün gefärbten Stengel mit den kleinen, eiförmigen Laubblättern unterscheidet. Außerdem sind die Blüten anders gestaltet und *Epipactis condensata* bildet meist dichtstehende Blütentrieben.

In einigen Merkmalen kommt sie *Epipactis bithynica* nahe, die sich aber wegen des hohen Wuchses, die sehr dicken Stengel (die an der Basis rosa bis rötlich und im oberen Teil grün gefärbt sind) und an ihren breitrundlichen, ovalen bis lanzettlichen Laubblättern von *Epipactis condensata* unterscheidet. Außerdem sind die Blüten von *Epipactis condensata* anders gefärbt.

Epipactis condensata ähnelt am meisten der mitteleuropäischen *Epipactis purpurata*, unterscheidet sich jedoch von dieser unter anderem durch die auffallend hellgelbgrüne Beblätterung (schon beim Austreiben) und die dichte braungelbliche Behaarung. Wie bei *Epipactis purpurata* stehen die dicken, steif aufrechten Stengel gerne in dichten Büscheln. Die Blüten von *Epipactis condensata* sind auch anders gefärbt und kleiner (YOUNG, 1970; TAUBENHEIM, 1977).

STANDORT

Hauptsächlich auf offenen besonnten Flächen der montanen Stufe, dort bevorzugt an felsigen Stellen, selten in lichten Kiefernwäldern und im Gebüsch auf kalkreichen bis mergeligen Böden. Ihr tiefabsteigendes Rhizom (bis 80 cm!) mit starker Bewurzelung verlangt tiefgründigen Boden auf kalkreicher Unterlage (TAUBENHEIM, 1977).

BLÜTEZEIT

Mitte Juni bis August, etwa zwei bis drei Wochen früher als *Epipactis helleborine* und etwa gleichzeitig wie *Epipactis microphylla*, zwei Arten die oft an den gleichen Standorten vorkommen.

HÖHENVERBREITUNG

Von 600 bis 1.600 m.

GESAMTVERBREITUNG

Orientalische Art (Türkei, Westsyrien, Libanon und Zypern). Auch im Kaukasus. Wahrscheinlich auch auf Samos.

◄ **Honazdağ (Denizli), 4.7.1996,** C. A. J. KREUTZ

VERBREITUNG IN DER TÜRKEI

Epipactis condensata ist in der Türkei ausgesprochen selten. Ihre Hauptverbreitung liegt im Süden des Landes (Denizli bis Adana). Auch kommt sie im nordanatolischen Küstengebirge vor, allerdings sehr selten, und in Ostanatolien, wo sie fast ausschließlich in der Provinz Tunceli nachgewiesen wurde.

NOTIZEN ZU EINIGEN FUNDORTEN

Epipactis condensata gehört zu den seltenen türkischen *Epipactis*-Arten.

Am Honazdağ (Denizli) ist *Epipactis condensata* gelegentlich nicht selten. Sie besiedelt hier vereinzelt kleineren Kiefernwälder unterhalb der Mattenregion, zwischen 1.200 und 1.500 m. In diesem Gebiet kommen noch viele andere Orchideen vor, wie zum Beispiel die zierliche *Comperia comperiana*, die in diesem Gebiet noch in stattlicher Zahl vorhanden ist (TAUBENHEIM, 1975a). Diese Angaben wurden 1996 bestätigt. Nach stundenlanger Suche wurden in den weitläufigen, steinigen Kiefernwäldern mehrere Pflanzen von *Epipactis condensata* gefunden (11 abgepflückt, 2 abblühend, 18 verblüht) sowie viele Exemplare von *Epipactis helleborine* (aufblühend) und *Epipactis microphyila* (verblüht). Leider stellte sich heraus, daß viele Pflanzen von *Epipactis condensata* den Höhepunkt ihrer Blütezeit bereits überschritten hatten. Das stimmt auch mit den Beobachtungen von RENZ & TAUBENHEIM (1984) überein, die festgestellt haben, daß *Epipactis condensata* etwa drei Wochen vor *Epipactis helleborine* blüht. An weiteren Arten wurden noch *Comperia comperiana* (etwa 10 cm von *Epipactis condensata* entfernt), *Cephalanthera epipactoides* und *Cephalanthera rubra* nachgewiesen. Im gleichen Jahr, in dem die Beobachtung von *Epipactis condensata* am Honazdağ stattfand, lag Ende April noch viel Schnee am Standort. Es ist erstaunlich, daß nach so kurzer Zeit, nämlich schon Mitte Juni, *Epipactis condensata* in Hochblüte stand.

Honazdağ (Denizli), 4.7.1996, C. A. J. KREUTZ

Honazdağ (Denizli), 4.7.1996, C. A. J. Kreutz

Honazdağ (Denizli), 4.7.1996, C. A. J. Kreutz

Korkuteli (Antalya), 30.6.1976, G. Taubenheim

Honazdağ (Denizli), 4.7.1996, C. A. J. Kreutz

Bei Sülekler (Antalya) an der Straße von Korkuteli nach Denizli wachsen einige Exemplare in lichten Kiefernwäldern und im Gebüsch. Der mergelige Boden ist dort sehr trocken, aber weil *Epipactis condensata* sehr tief wurzelt, kann sie im heißen und trockenen Sommer überleben. Andere Arten, die hier in ihrer direkten Umgebung vorkommen, sind *Cephalanthera rubra, Epipactis helleborine, Limodorum abortivum, Orchis pinetorum* und *Orchis syriaca.*
Viele Standorte befinden sich südlich von Gülnar (İçel), wo sie in felsigem Gelände in halbschattigen Hanglagen, aber auch an sonnigen Standorten wächst. Einer davon ist ein Steilhang (Kalkfelsen), der mit Eichengebüsch, Perückensträuchern und vereinzelten Kiefern durchsetzt ist.
GÜGEL (Fundliste 1983) hat *Epipactis condensata* auch an einigen Stellen in der Türkei gefunden, wie an der Abzweigung nach Çamlıyayla (Adana) auf dem Weg zur Kilikische Pforte, dort zusammen mit *Himantoglossum affine* und *Ophrys phrygia.*
In der Schwarzmeer-Region sind mehrere Standorte von *Epipactis condensata* bekannt. Dort wächst sie gelegentlich zusammen mit *Epipactis helleborine, Epipactis turcica* und *Epipactis microphylla.* SEZIK (briefl. Mittlg., 1996) beschreibt einen Standort in der Nähe von Araç in den Ilgaz-Dağları (Kastamonu). Während einer Reise im Juni 1996 wurde im Pontusgebirge ein weiterer Standort dieser Art entdeckt. Südlich Küre (Kastamonu) wurde eine Gruppe von sieben Pflanzen (aus einem Rhizom) in einer offenen, besonnten Fläche am Rande eines Kiefernwaldes beobachtet.

BEMERKUNGEN

Epipactis condensata wurde 1859 von BOISSIER nicht gültig beschrieben. YOUNG hat sie dann 1970 ausführlich als neue Art dargestellt. Ein Bestimmungsschlüssel der damals bekannten kleinasiatischen *Epipactis*-Arten wurde von TAUBENHEIM (1975b) veröffentlicht.

PROBLEMATIK

An der Straße von Tunceli nach Pülümür (Tunceli), als auch an zwei Stellen südlich Maçka im Değirmental (Trabzon), wurden von KRETZSCHMAR, GEMBARDT & BAUMGARTNER (Fundliste 1988) mehrere Standorte entdeckt. Es bleibt zu Überprüfen, ob es sich hier tatsächlich um *Epipactis condensata* handelt, weil die Pflanzen nur in austreibendem Zustand beobachtet wurden. In diesem Vegetationszustand ist sie leicht mit *Epipactis turcica, Epipactis helleborine* oder mit *Epipactis microphylla* zu verwechseln.
CHAMBERS (Fundliste 1995, 1996) gibt eine aktuelle Angabe von *Epipactis condensata* auf einem Friedhof bei Akseki (Antalya) an. Möglicherweise handelt es sich hier um *Epipactis bithynica.*

Honazdağ (Denizli), 22.6.1975, G. TAUBENHEIM

GEFÄHRDUNG

Epipactis condensata ist am Honazdağ (Denizli) gefährdet. Viele Pflanzen werden in den Wochenenden während Picknickveranstaltungen zertreten, abgepflückt oder ausgegraben.

HYBRIDEN

Mit *Epipactis helleborine* nachgewiesen.

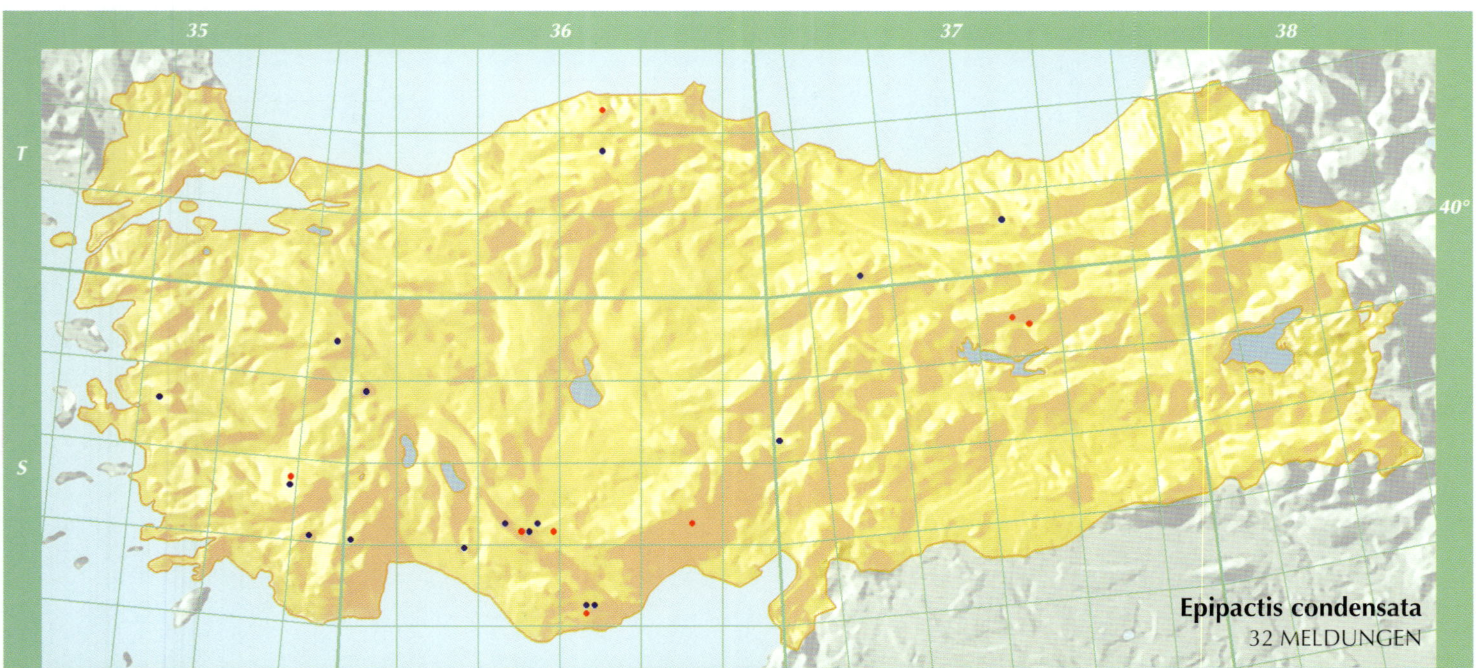

27

Epipactis helleborine (L.) CRANTZ

Breitblättrige Stendelwurz

(Stirp. Austr. ed. 2, 2: 467, 1769)

BASIONYM

Serapias helleborine L. (Spec. Plant. 2: 949, 1753)

SYNONYM

Epipactis latifolia (L.) ALLIONI, *Helleborine latifolia* (L.) MOENCH

BESCHREIBUNG

Schlanke und meist hochwüchsige, robuste Pflanze. Stengel relativ dünn und im unteren Teil reich beblättert. Laubblätter zahlreich, breitoval, waagrecht ausgebreitet, grün bis dunkelgrün gefärbt, abstehend. Untere Laubblätter breiteiförmig bis lanzettlich und groß, die oberen lanzettlich und in Tragblätter übergehend. Blütenstand lang, ziemlich lokker- und reichblütig, manchmal auch dichtblütig. Blüten weit geöffnet, abstehend bis leicht herabhängend. Perigonblätter glockenförmig zusammenneigend, später weit abstehend. Sepalen eiförmig-lanzettlich, zugespitzt, hellgrün bis grün, meist violett überlaufen, das mittlere vornübergeneigt. Petalen kürzer als die Sepalen, hellgrün oder violett. Lippe zweigliedrig. Hypochil halbkugelig, außen grün, innen oliv- bis dunkelbraun, nektarführend. Epichil breit dreieckig bis herzförmig, an der Basis kräftig violett gefärbt mit zwei Höckern. Rostellum gut entwickelt und wirksam (allogam).

VARIABILITÄT

Die Art ist sehr vielgestaltig. In der Türkei findet man vielfach Pflanzen mit ausgesprochen bunten Blüten. Vorherrschend sind hellrosa gefärbte Perigone und breitovale, weißliche oder rötliche Lippen mit ungewöhnlich starken Höckern (TAUBENHEIM, 1977). Diese Pflanzen wurden als *Epipactis turcica* (KREUTZ, 1997a) beschrieben.

In der Türkei wachsen noch viele andere *Epipactis*-Populationen, die weiterer Beobachtungen bedürfen.

ABGRENZUNG ZU ÄHNLICHEN ARTEN

Epipactis helleborine kann mit *Epipactis turcica* verwechselt werden. *Epipactis turcica* unterscheidet sich jedoch von *Epipactis helleborine* durch den schlanken und ziemlich zierlichen Wuchs, den steifen Stengel, die gewellten Laubblätter, die meist nach einer Seite gerichteten Blüten und die Form und Farbe der Blüte. Außerdem blüht *Epipactis turcica* zwei bis drei Wochen früher als *Epipactis helleborine* und bevorzugt offene Stellen in der Sonne.

Weiter könnte die Art mit *Epipactis condensata* verwechselt werden. *Epipactis helleborine* unterscheidet sich aber von dieser Art durch den dünneren und grünen Stengel und die größeren, eiförmigen bis lanzettlichen, grünen Laubblätter. Darüberhinaus sind die Blüten von *Epipactis helleborine* nicht ganz so weit geöffnet, anders gestaltet und werden fast ausschließlich Einzelexemplare gebildet.

STANDORT

Zerstreut in Trockenrasen, Eichengebüschformationen, Laub- und Nadelwäldern und Buchen-Tannenwäldern; auf nährstoffreichen, kalkreichen und basischen Böden. Selten in größeren Populationen.

BLÜTEZEIT

Ende Mai in der Südtürkei, bis Ende August in den höheren Lagen des Schwarzmeergebirges.

HÖHENVERBREITUNG

Von der Küste bis 1.800 m, meist aber in den höheren Gebirgslagen.

GESAMTVERBREITUNG

Fast ganz Europa, mit Ausnahme vom nördlichen Teil Skandinaviens und Kreta. Auch in Nordafrika, Kleinasien und in den Kaukasusländern und in Kanada.

VERBREITUNG IN DER TÜRKEI

Weit verbreitet, stellenweise schwerpunktmäßig in der Mittelmeer- und der Schwarzmeer-Region. *Epipactis helleborine* ist besonders im Westen und im Süden, im Taurus, im Antitaurus und Amanus verbreitet. Mit *Epipactis microphylla* ist sie die häufigste *Epipactis*-Art in der Türkei. In den inneranatolischen und östlichen Steppengebieten ist sie sehr selten. Dort kommt sie hauptsächlich in Eichengebüschen vor. Fehlt in Südostanatolien.

NOTIZEN ZU EINIGEN FUNDORTEN

Epipactis helleborine ist in der Türkei eine weit verbreitete Art, besiedelt ähnliche Biotope wie in Mitteleuropa und stimmt völlig mit den mitteleuropäischen Pflanzen überein.

◄ **Sülekler (Antalya), 7.8.1996,** C. A. J. KREUTZ

Zorkun (Hatay), 23.5.1997, C. A. J. KREUTZ

Daday (Kastamonu), 11.8.1996, C. A. J. Kreutz

Yayladağı (Hatay), 22.5.1997, C. A. J. Kreutz

Sülekler (Antalya), 7.8.1996, C. A. J. Kreutz

Sülekler (Antalya), 7.8.1996, C. A. J. Kreutz

Vor allem entlang der Schwarzmeerküste ist sie in feuchten Laubwäldern häufig vertreten, wo sie bevorzugt an Waldsäumen, in Gebüschen aber auch an Sekundärstandorten, zum Beispiel in Haselnußkulturen, vorkommt (TAUBENHEIM, 1977). So ist sie in der Umgebung von Daday-Azdavay, wie zum Beispiel am Ballıdağ-Paß (Kastamonu) immer wieder vereinzelt anzutreffen. Sie wächst in diesem Gebiet gerne in Fichten- und Kiefernwäldern oder am Rande einzelner Gebüschinseln. Sie wird hier häufig von Arten wie *Cephalanthera rubra, Epipactis persica* und *Neottia nidus-avis* begleitet. *Epipactis helleborine* kommt in dieser Region manchmal zusammen mit *Epipactis turcica* vor.
Am Uludağ (Bursa) kommt *Epipactis helleborine* vielfach zusammen mit *Epipactis bithynica* vor, mit der sie des öfteren bastardiert.
Im Soğuksu Milli Park bei Kizilcahamam, nördlich Ankara (Ankara) ist *Epipactis helleborine* vor allem im Südwesten des Parks weit verbreitet. Sie wächst hier im Schutz von Eichengebüsch und blüht etwa zwei bis drei Wochen später als *Epipactis turcica*, die dort an trockenen, offenen Stellen ebenfalls vorkommt.
Auf der Suche nach einem Standort von *Epipactis condensata* bei Efendiköprüsü (Kütahya), der bereits von RENZ & TAUBENHEIM (1984) angegeben wurde, konnten in einem lockeren Kiefernwald in der direkten Umgebung dieses Dorfes mehrere typische Exemplare von *Epipactis helleborine* nachgewiesen werden. *Epipactis condensata* wurde leider nicht gefunden.
Bei Akarsu an der Straße Erzincan - Sivas (Erzincan), wo auch die relativ seltene *Orchis caucasica* vorkommt, ist *Epipactis helleborine* in den Kiefernwäldern stellenweise reichlich vorhanden. Sie blüht hier Mitte bis Ende Juli.
Auch im Süden der Türkei kommt *Epipactis helleborine* vor, zum Beispiel südlich Yayladağı (Hatay) in einem weitläufigen Kiefernwald und bei Zorkun (Hatay) in einem lockeren Kiefernwald mit Phryganaunterwuchs, an beiden Standorten zusammen mit *Platanthera holmboei*.

PROBLEMATIK

Bei RENZ & TAUBENHEIM (1984) sind viele Standorte von *Epipactis helleborine* erwähnt, die möglicherweise *Epipactis turcica*, beziehungsweise *Epipactis bithynica* betreffen. Diese Angaben können aber nur durch Bild- oder Herbarmaterial bestätigt werden.

Zorkun (Hatay), 23.5.1997, C. A. J. KREUTZ

BEMERKUNGEN ZU DER VERBREITUNGSKARTE

Auf der Verbreitungskarte sind alle Standorte von *Epipactis helleborine* s. l. eingetragen. Nach der Neubeschreibung von *Epipactis turcica* sind wahrscheinlich mehrere Rasterpunkte zu dieser Art zu stellen.

HYBRIDEN

Mit *Epipactis bithynica, Epipactis condensata, Epipactis persica* und *Epipactis turcica* nachgewiesen.

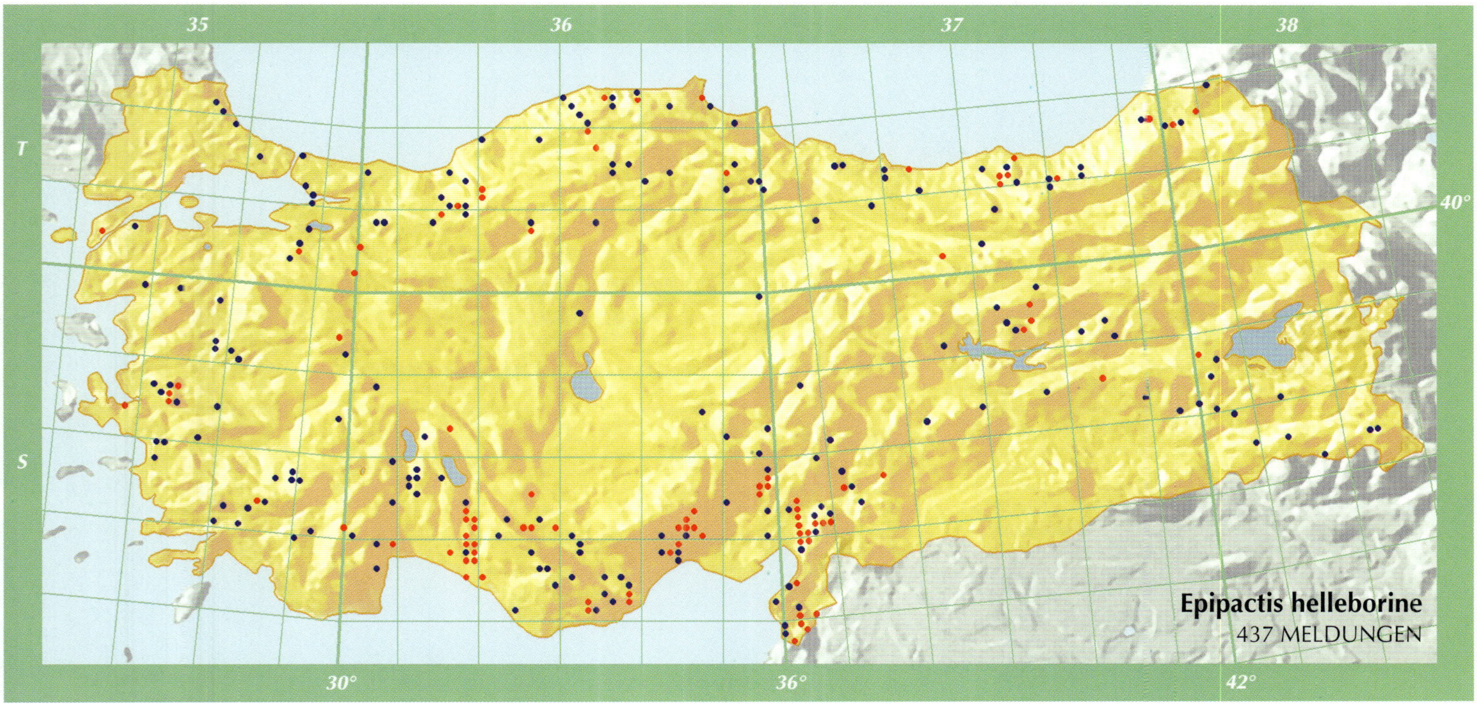

28

Epipactis turcica

C. A. J. Kreutz

Anatolische Stendelwurz

(Eurorchis 9: 61, 1997)

BESCHREIBUNG

Pflanze aufrecht, schlank. Stengel hellgrün, im unteren Teil reichlich beblättert, im oberen Teil etwas hin- und hergebogen. Laubblätter hell- bis dunkelgrün, am Grunde stengelumfassend, die mittleren rundlich bis breit-eiförmig-lanzettlich, zugespitzt, abstehend bis schräg aufgerichtet, leicht gefaltet, an den Rändern ziemlich stark gewellt. Blütenstand locker und langgestreckt, reichblütig, fast einseitswendig orientiert. Blüten mittelgroß, mäßig, selten weit geöffnet, nickend. Perigonblätter glockig zusammenneigend. Seitliche Sepalen breit- bis eirund-lanzettlich, zugespitzt, olivgrün, das mittlere vornübergeneigt. Petalen kurz eiförmig-lanzettlich, hellgrün, kürzer als die Sepalen, an den Rändern meist rötlich überlaufen. Lippe zweigliedrig. Hinterlippe schüsselförmig, innen dunkel glänzend. Vorderlippe herzförmig, am Rande gezähnelt, am Grunde mit zwei runzligen Höckern, rötlich bis gelblich, am Rande weißlich bis gelblich. Rostellum bei frisch geöffneten Blüten vorhanden und voll funktionstüchtig.

ABGRENZUNG ZU ÄHNLICHEN ARTEN

Epipactis turcica gehört in den Formenkreis von *Epipactis helleborine*, *Epipactis bithynica* und *Epipactis condensata*. Von diesen Arten ist sie klar zu unterscheiden.

Epipactis bithynica unterscheidet sich von *Epipactis turcica* vor allem durch ihr büscheliges Auftreten, durch den dicken und roten Stengel, die kleinen, rotviolett getönten Laubblätter und die großen, weit offenen Blüten (Kreutz, 1997a).

Epipactis turcica unterscheidet sich von *Epipactis helleborine* durch den schlanken und ziemlich zierlichen Wuchs, den steifen Stengel, die gewellten und eiförmigen Laubblätter, den meist einseitswendigen Blütenstand und die Form und Farbe der Blüte. Außerdem blüht *Epipactis turcica* zwei bis drei Wochen vor *Epipactis helleborine* und sie bevorzugt sonnige, steinige Stellen.

Epipactis condensata unterscheidet sich von *Epipactis turcica* unter anderem durch ihre auffallend hellgelbgrüne Beblätterung (schon beim Austreiben), ihre dicken, steif aufrecht und oft büschelig stehenden Stengel, eine dichte braungelbliche Behaarung und durch ihre Blüten, die ziemlich klein und grün gefärbt sind. Außerdem sind die Laubblätter von *Epipactis condensata* sehr kurz und eiförmig bis eiförmig-lanzettlich gestaltet.

STANDORT

Trockenrasen, lichte Kiefernwälder, Phrygana, Eichengebüschformationen, Ödland, Schutthänge, Haselnußkulturen; auf kalkreichen, selten auf basischen Böden. Die Art bildet selten größere Populationen, man findet meist vereinzelte Exemplare.

BLÜTEZEIT

Mitte Mai im Süden des Landes bis Mitte Juli an der Schwarzmeerküste.

HÖHENVERBREITUNG

Von 300 m bis etwa 1.500 m Höhe, meist in mittleren Gebirslagen.

GESAMTVERBREITUNG

Nach dem derzeitigen Kenntnisstand nur aus der Türkei und von Lesbos bekannt. Vermutlich auch auf Samos (Hirth & Spaeth, 1989) und in Aserbeidschan (Rückbrodt, et al, 1997).

VERBREITUNG IN DER TÜRKEI

Westliche, mittlere und östliche Schwarzmeer-Region, sowie im Süden (bis jetzt bekannt von Denizli bis Antakya). Verbreitungsschwerpunkte östlich Bolu, nördlich Ankara und südlich Maçka (Trabzon).

◀ **Kizilcahamam (Ankara), 20.6.1996,** C. A. J. Kreutz

NOTIZEN ZU EINIGEN FUNDORTEN

Im Norden der Türkei ist *Epipactis turcica* ziemlich verbreitet. Im Soğuksu Milli Park bei Kizilcahamam, nördlich Ankara ist *Epipactis turcica* vor allem im Südwestlichen Teil verbreitet. Sie wächst hier in einem Schutthang mit einer ganz besonderen und interessanten Flora an trockenen, offenen Stellen. An weiteren Orchideen wurden hier *Cephalanthera damasonium*, *Cephalanthera epipactoides*, *Cephalanthera rubra*, *Epipactis microphylla*, *Himantoglossum caprinum* und *Ophrys apifera* beobachtet. *Epipactis helleborine*, die dort ebenfalls vorkommt, blüht etwa zwei bis drei Wochen später in dichtem Eichengebüsch.

Auf einem Trockenrasenhang, mit Wacholdern durchsetzt, und am Rande von Eichengebüsch bei Mengen (Bolu), kommen viele Pflanzen vor, die Anfang Juli zur Blüte kommen. In diesem Gebiet, eingeschlossen durch Bolu, Mengen und Yeniçağa, kommt *Epipactis turcica* an vielen Stellen zusammen mit *Cephalanthera damasonium*, *Cephalanthera epipactoides*, *Cephalanthera rubra*, *Epipactis microphylla*, *Himantoglossum caprinum* und *Ophrys apifera* vor.

Am Ilgaz-Paß an der Straße Tosya - Kastamonu (Kastamonu), sowie südlich Küre (Kastamonu) ist *Epipactis turcica* zwar selten aber immer wieder an den Straßenböschungen zu finden. An einigen Stellen kommt sie dort gemeinsam mit *Epipactis condensata* vor.

In Nordostanatolien ist *Epipactis turcica* selten. Südlich Maçka (Trabzon) ist sie an mehreren Stellen gefunden worden. Sie wächst dort gern in Trockenrasenflächen und in der Phrygana auf Kalk, manchmal auch im Schatten am Rande von Gebüschinseln. Selten findet man auch einige Exemplare in Haselnußkulturen und in Fettwiesen. Eine schöne Gruppe wurde 1988 (Kajan, et al., 1992) an einem Steilhang am südlichen Ortsende von Maçka (Trabzon) beobachtet. Einige Jahre später war die Vegetation des ganzen Hangs restlos durch Schafe und Ziegen abgefressen worden, wodurch diese Population verlorenging und nicht weiter untersucht werden konnte. Wagner (Fundliste 1997) hat mehrere Pflanzen am Rande des *Orchis stevenii*-Standortes vor Bagişli (Trabzon) gefunden, wo einige Pflanzen mitten im kahlen Kalkschotter in Knospe standen. Andere Exemplare wurden etwas hangaufwärts im Schatten am Rande einer Gebüschinsel beobachtet. Auch Zaiss & Gügel (Fundliste 1994) haben *Epipactis turcica* an mehreren Stellen im Değirmental bei Maçka und an der Straße von Ardanuç nach Ardahan (Artvin) beobachtet. *Epipactis turcica* wird an ihren Fundstellen an der Schwarzmeerküste oft von vielen anderen Orchideen begleitet, wie *Cephalanthera damasonium*, *Cephalanthera longifolia*, *Dactylorhiza urvilleana*, *Gymnadenia conopsea*, *Limodorum abortivum*, *Ophrys apifera*, *Ophrys caucasica*, *Ophrys oestrifera*, *Orchis caucasica*, *Orchis simia*, *Orchis stevenii* und *Orchis tridentata*.

Im Süden der Türkei kommt *Epipactis turcica* auch vor. Sehr typische Exemplare blühen Mitte Juli am Honazdağ (Denizli). In diesem Gebiet kommt in der direkten Umgebung gelegentlich auch *Epipactis condensata* vor. Anfang Juli 1996 wurden in diesem weitläufigen Waldgebiet viele aufblühende Exemplare von *Epipactis helleborine* gefunden. Zu dieser Zeit war *Epipactis microphylla* bereits völlig verblüht und *Epipactis condensata* im Abblühen.

Gügel & Zaiss (Fundliste 1995) berichten von einem Standort bei Gazipaşa (Antalya), an der Straße von Alanya nach Anamur. Auf einem alten Friedhof mit Eichen, Erdbeerbäumen und Zistrosen fanden sie über 50 aufblühende Exemplare, die sie damals als *Epipactis helleborine* (*tremolsii*?) bestimmten. Auch

Kizilcahamam (Ankara), 20.6.1996, C. A. J. Kreutz

Maçka (Trabzon), 30.6.1994, C. A. J. Kreutz

Jansen hat diese Pflanzen dort beobachtet und sie als *Epipactis turcica* bestimmt. Während meines Besuchs im Jahre 1997 waren große Teile des Kiefernwaldes leider gerodet, so daß nur noch wenige Pflanzen von *Epipactis turcica* vorhanden waren. Diese Pflanzen stellen sehr typische Exemplare dar. Die Hauptblütezeit liegt hier (im Süden) etwa Ende Mai. An weiteren Orchideen wurden hier noch einige Exemplare von *Limodorum abortivum* gefunden.

Sehr schöne, kräftige und reichblütige Exemplare wachsen auf einem alten und verlassenen Friedhof südlich Antakya (Hatay). Im Gestrüpp und auf kleinen Wiesenflächen blühen schon Mitte Mai viele typische Pflanzen.

Im Dia-Archiv von Taubenheim befinden sich von der Auffahrt zum Gülekboğazı, südlich Pozantı (Adana), einige Bilder, die *Epipactis turcica* zeigen. Diese Pflanzen wurden dort Mitte Juni 1973 fotografiert und bei Sezik (1984) auf Seite 61 (unten rechts) abgebildet. Mit Sicherheit befinden sich in der Türkei viele weitere Standorte dieser Art, weil die Pflanzen vor der Neubeschreibung von *Epipactis turcica* zu *Epipactis helleborine* gestellt wurden. Außerdem wurde sie an vielen Stellen mit *Epipactis condensata* verwechselt und früher sogar mit *Epipactis atrorubens*.

Bemerkungen

Epipactis turcica erinnert morphologisch an *Epipactis tremolsii*, eine Art die auf der Iberischen Halbinsel, in Südfrankreich und Nordafrika vorkommt. Auch Nieschalk & Nieschalk (1976) berichten von *Epipactis*-Pflanzen aus der Türkei, die taxonomisch problematisch einzuordnen sind und vergleichen einige Populationen mit denen aus der Sierre de Monchique in Portugal, die 1988 als *Epipactis lusitanica* (Tyteca, 1988) beschrieben wurden, oder mit Pflanzen aus Nordostspanien, die heute als *Epipactis tremolsii* bekannt sind. Nach Nieschalk & Nieschalk (1976) besitzen diese türkischen Pflanzen mit mehr oder weniger atypisch ausgebildeten Merkmalen einen *Epipactis atrorubens*-ähnlichen Habitus, wodurch Anlaß zur Verwechslung dieser beiden Arten gegeben ist. Nach ihrer Auffassung kommt *Epipactis atrorubens* in der Türkei jedoch nicht vor. Taubenheim (1977) schreibt: "Abweichend von den in Mitteleuropa vorherrschenden Pflanzen mit schmutzig-grünviolettem Perigon und rötlicher Lippe findet man in der Türkei solche mit ausgesprochen bunten Blüten. Vorherrschend sind hellrosa gefärbte Perigone und breitovale, weißliche oder rötliche Lippen mit ungewöhnlich starken Höckern. Diese starke Runzeligkeit des Epichils in Verbindung mit einem recht häufig anzutreffenden, deutlich behaarten Fruchtknoten und Pflanzen mit ausgesprochen bunten Blüten oder rötlichen Lippen mit ungewöhnlich starken Höckern haben sicherlich viel dazu beige-

Mengen (Bolu), 23.6.1994, C. A. J. Kreutz

Kizilcahamam (Ankara), 20.6.1996, C. A. J. Kreutz

Honazdağ (Denizli), 4.7.1996, C. A. J. Kreutz

Kizilcahamam (Ankara), 20.6.1996, C. A. J. Kreutz

tragen, daß für Kleinasien zahlreiche Herbarstücke früherer Sammler vorliegen, die als *Epipactis atrorubens* bezeichnet sind. Bei genaueren Untersuchungen haben diese sich alle als zu *Epipactis helleborine* gehörend bezeichnet, obwohl einzelne Exemplare durch ihre runzelige Lippe, rote Farbe und den behaarten Fruchtknoten *Epipactis atrorubens* ähneln". Es hat sich dann herausgestellt, daß diese Pflanzen mit *Epipactis turcica* übereinstimmen.

Im Soğuksu Milli Park bei Kizilcahamam (Ankara) kommt *Epipactis turcica* zusammen mit *Epipactis helleborine* vor. Die Unterschiede zwischen beiden Arten sind an diesem Standort deutlich zu beobachten. Renz & Taubenheim (1984) berichten von einem Fundort von *Epipactis condensata*, gefunden von A. & C. Nieschalk, im Soğuksu Milli Park bei Kizilcahamam (Ankara). Diese Pflanzen sind höchstwahrscheinlich mit *Epipactis turcica* verwechselt worden, die *Epipactis condensata* in verschiedenen Merkmalen nahesteht. Außerdem wurde in diesem Landschaftspark keine *Epipactis condensata* nachgewiesen.

Inzwischen wurde *Epipactis turcica* auch auf Lesbos gefunden. Biel (1998) berichtet, daß die eigenen Funde und Analysen der verschiedenen Populationen eine große Variationsbreite zeigen, die eine eindeutige Zuordnung zum *Epipactis helleborine*-Komplex oft nicht zulassen. Genau wie frühere Funde in der Türkei wurden diese Pflanzen an lichten, trokkenen Standorten, mit relativ kleinen, intensiv purpurrot gefärbten Blüten und purpur überlaufenem Stengel mehrmals zu *Epipactis atrorubens* gestellt (Candargy, 1897). Genau wie in der Türkei lassen sich auch auf Lesbos zumindest zwei optisch gut unterscheidbare Arten trennen, nämlich Populationen, die *Epipactis helleborine* zuzuordnen sind und überwiegend in den Kastanienwäldern der höheren Berglagen zu finden sind und Populationen, die meist in trockenen Kiefernwäldern oder auf Kalkverwitterungsböden wachsen ('thermophilen' und ein wenig an *Epipactis tremolsii* erinnerende Pflanzen) und die zu *Epipactis turcica* gehören.

PROBLEMATIK

Bei Renz & Taubenheim (1984) sind viele Standorte von *Epipactis helleborine* erwähnt, die möglicherweise *Epipactis turcica* zuzuordnen sind. Dies kann aber nur durch Überprüfung des Bild- und Herbarmaterials bestätigt werden.

BEMERKUNGEN ZU DER VERBREITUNGSKARTE

Auf der Verbreitungskarte sind nur die Rasterpunkte aufgenommen, bei denen mit Sicherheit nachgewiesen wurde, daß es sich an diesen Standorten um typische Exemplare von *Epipactis turcica* handelt.

HYBRIDEN

Mit *Epipactis helleborine*.

Gülekboğazı (Adana), 20.6.1973, G. Taubenheim

Gazipaşa (Antalya), 20.5.1997, C. A. J. Kreutz

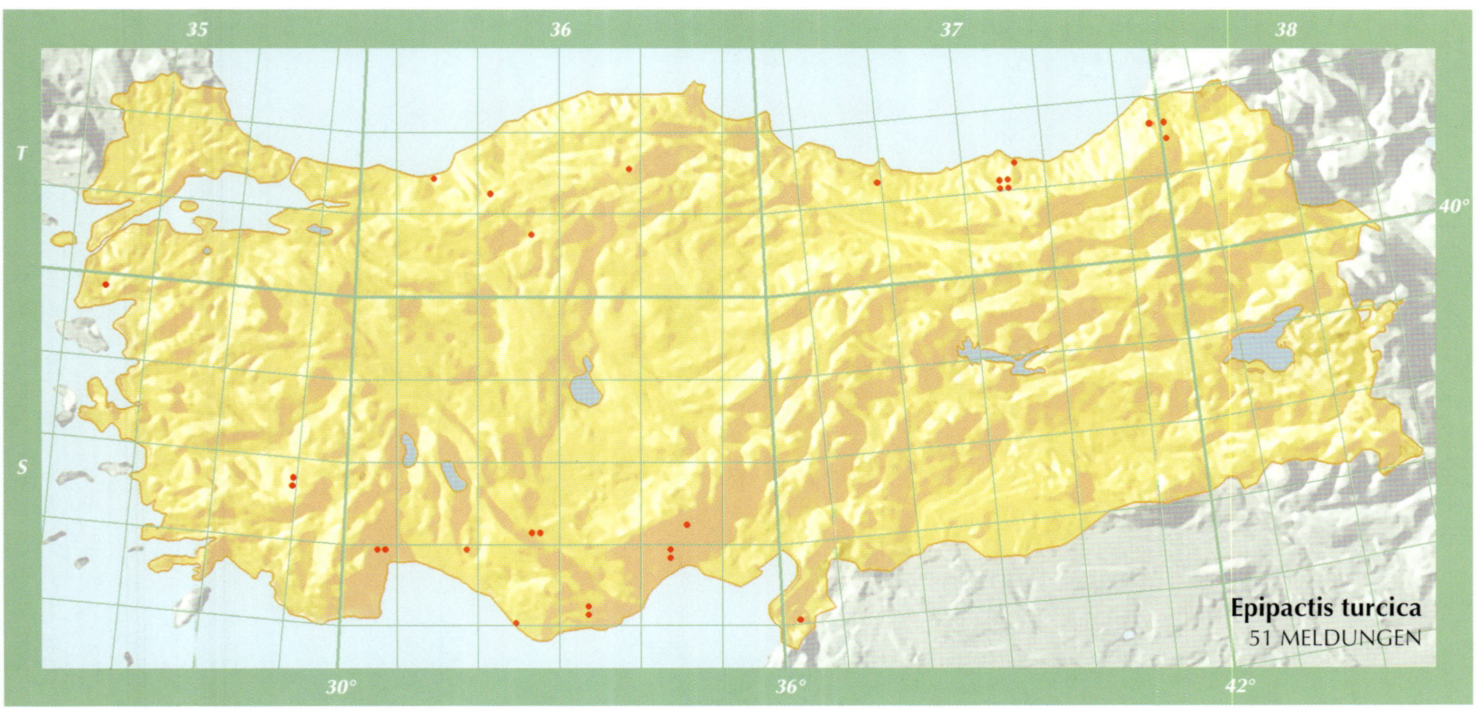

29 Epipactis microphylla (Ehrhart) Swartz

Kleinblättrige Stendelwurz (Kongl. Svenska Vetensk. Acad. Nya Handl. ser 21: 232, 1800)

BASIONYM

Serapias microphylla Ehrhart (Beitr. Naturk. 4: 42, 1789)

SYNONYM

Helleborine microphylla (Ehrhart) Schinz & Thellung

BESCHREIBUNG

Schlanke, mittelgroße Pflanze, manchmal mit mehreren dichtstehenden Blütentrieben aus einem Rhizom. Stengel relativ dünn, dicht filzig behaart, im oberen Teil meist nur schwach behaart, am Grunde mit zwei bis drei Schuppenblättern. Laubblätter sehr klein, grün bis dunkelgrün gefärbt, bisweilen stark violett überlaufen. Untere Laubblätter schmal-lanzettlich bis eiförmig und klein, die oberen schmal-lanzettlich, abstehend und in Tragblätter übergehend. Blütenstand locker- und armblütig, manchmal auch reichblütig, fast einseitswendig orientiert. Blüten wenig geöffnet, abstehend bis leicht herabhängend (nickend), duftend. Perigonblätter glockenförmig zusammenneigend. Sepalen eiförmig-lanzettlich, zugespitzt, grünlich bis rötlich, oft rotviolett überlaufen, das mittlere vornübergeneigt. Petalen in Form und Länge den Sepalen ähnlich, hellgrün bis dunkelgrün oder violett gefärbt. Lippe zweigliedrig. Hypochil halbkugelig bis eiförmig, außen grünlich bis grünlichbraun, innen schwach rosa. Epichil dreieckig bis herzförmig, grünlich bis rötlichweiß, selten violett überlaufen mit zwei stark gekrausten Höckern und einer länglichen Mittelleiste. Rostellum zwar vorhanden, aber wenig wirksam (autogam).

VARIABILITÄT

An vielen Standorten, wie zum Beispiel auf dem Friedhof in Akseki (Antalya), wurde beobachtet, daß die gesamte Pflanze (Stengel und Laubblätter) während des Austreibens vollständig violett überlaufen ist. In diesem Zustand weist sie gewisse Ähnlichkeiten mit *Epipactis troodi* H. Lindberg fil., manchmal auch mit *Epipactis bithynica* auf. Diese Pflanzen, die in allen Teilen auch während der Blüte intensiv violett sind, wurden auch im lichten Kiefernwald bei Murtiçi (Antalya), sowie in den lichten Kiefernwäldern an der Straße von Karaböğürtlen nach Ula (Muğla) und am Honazdağ, südwestlich Denizli (Denizli), und auf einem Friedhof bei Belören beobachtet.

ABGRENZUNG ZU ÄHNLICHEN ARTEN

Unverwechselbar.

STANDORT

Schattige Laubwälder, Eichenbuschwälder, lichte kraut- und unterholzarme Kiefernwälder, Buchenwälder, selten in Tannenwäldern und Haselnußpflanzungen; auf frischen, kalkreichen Böden.

BLÜTEZEIT

Mitte Juni bis Ende Juli, etwa drei Wochen früher als *Epipactis persica*. Am Honazdağ (Denizli) blüht *Epipactis microphylla* zur gleichen Zeit wie *Epipactis condensata*, nämlich von Ende Juni bis Anfang Juli.

HÖHENVERBREITUNG

Von 200 bis 1.700 m.

GESAMTVERBREITUNG

Hauptsächlich Mittel- und Südeuropa, westlich bis Mittelspanien und östlich bis Kleinasien. Außerdem in Transkaukasien, der Krim und Nordiran.

VERBREITUNG IN DER TÜRKEI

Schwerpunktmäßig in der Mittelmeer- und Schwarzmeer-Region, sehr selten in der Ägäis- und der Südostanatolischen Region.

NOTIZEN ZU EINIGEN FUNDORTEN

In der Türkei kommen an einigen Stellen besonders schöne und hochwüchsige Exemplare vor. Diese sind meist auch ziemlich dicht- und reichblütig, wie am Uludağ bei Bursa, wo viele Pflanzen zerstreut in den ausgedehnten Kiefernwäldern wachsen.

Epipactis microphylla wächst oft zusammen mit *Epipactis persica*. Als Beispiel dient hier nochmals der Uludağ, wo beide Arten in den ausgedehnten Kiefernwäldern mit Farnunterwuchs vorkommen. Darüberhinaus kommt *Epipactis microphylla* auch mit *Epipactis helleborine* und *Epipactis turcica* vor, sehr selten aber mit *Epipactis condensata*.

In Nordanatolien ist *Epipactis microphylla* ziemlich selten. Die Standorte sind dort meist nur mit wenigen Exemplaren

Gökçesu-Mengen (Bolu), 20.6.1996, C. A. J. Kreutz

◀ **Uludağ (Bursa), 3.7.1994,** C. A. J. Kreutz

Gökçesu-Mengen (Bolu), 20.6.1996, C. A. J. KREUTZ

Uludağ (Bursa), 3.7.1994, C. A. J. KREUTZ

besetzt, während die Art in der mediterranen Region Südanatoliens stärker verbreitet ist und dort auch größere Bestände bildet.

An der Straße von Gökçesu nach Mengen (Bolu) ist *Epipactis microphylla* nicht selten. Sie bildet hier in lockeren Kiefernwäldern immer wieder größere Populationen, zusammen mit *Cephalanthera damasonium, Cephalanthera epipactoides, Cephalanthera rubra, Epipactis turcica, Himantoglossum caprinum* und *Ophrys apifera*.

Im Taurusgebirge ist *Epipactis microphylla* in lichten Kiefernwäldern stellenweise häufig, hier meist zusammen mit *Anacamptis pyramidalis, Cephalanthera damasonium, Cephalanthera kurdica, Limodorum abortivum, Orchis anatolica* und *Orchis tridentata*, selten mit *Comperia comperiana* und *Himantoglossum affine*.

PETER (briefl. Mittlg., 1997) hat aktuelle Vorkommen (Fundlisten 1989, 1991) von *Epipactis microphylla* in der Südosttürkei bei Mardin gefunden.

BEMERKUNGEN

Epipactis microphylla ist in der Türkei weniger dicht behaart als in Mitteleuropa. Außerdem stellen die durchschnittlich breiteren und tütenförmig ausgebildeten Laubblätter eine bedeutende Abweichung dar (TAUBENHEIM & SUNDERMANN, 1974). In der Türkei findet man neben großblütigen Formen mit glockig geöffnetem Perigon auch häufig kleistogam bleibende Pflanzen (TAUBENHEIM, 1977).

Epipactis microphylla ist an den im Taurus gelegenen Standorten stark graufilzig behaart. An diesen Pflanzen wurde ferner nicht nur ein starker nelkenartiger Blütenduft bemerkt, sondern auch festgestellt, daß im Hypochil Nektar vorhanden ist.

Epipactis microphylla findet man vorwiegend als Einzelpflanze. Sie bildet aber nicht selten größere Populationen, wobei mehrere blühende Stengel aus einem Rhizom büschelartig zusammenwachsen.

HYBRIDEN

Nicht nachgewiesen.

Uludağ (Bursa), 3.7.1994, C. A. J. Kreutz

Honazdağ (Denizli), 21.6.1975, G. Taubenheim

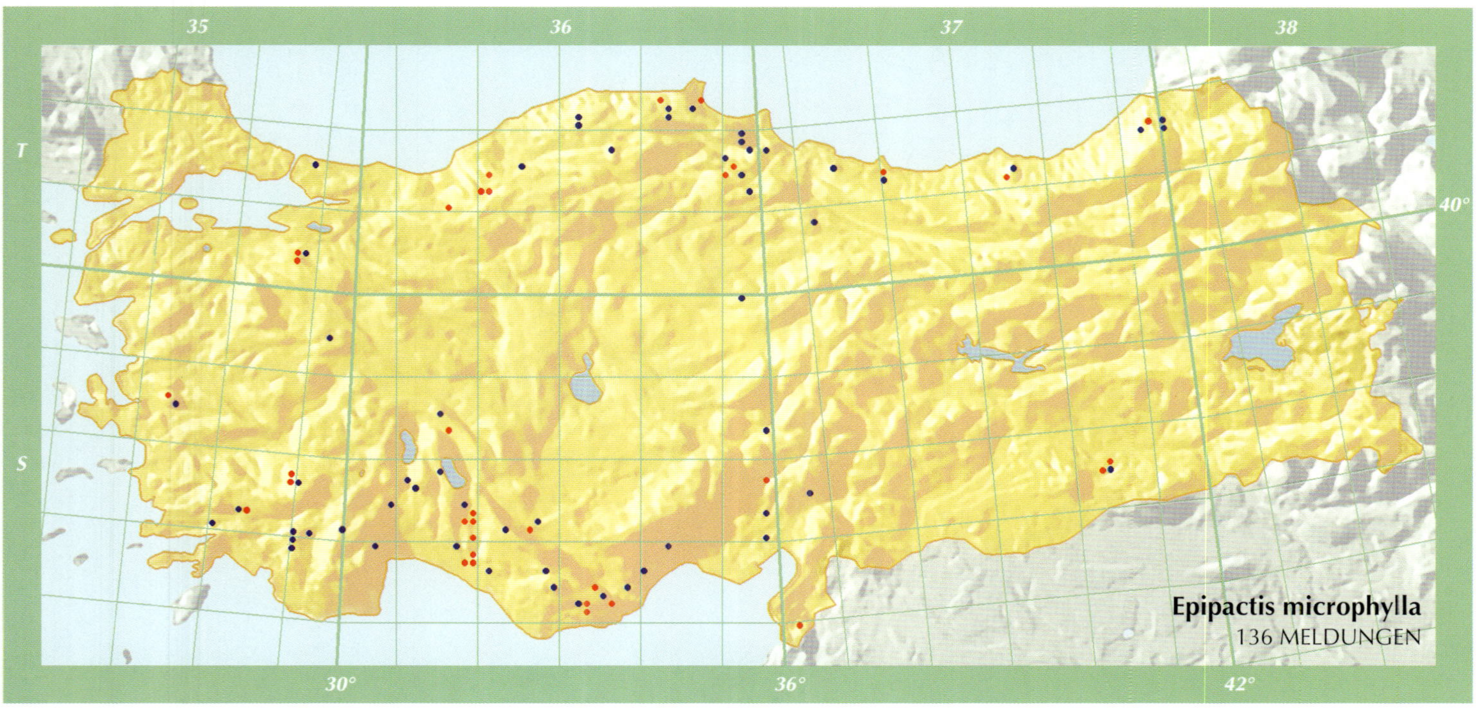

30 Epipactis palustris (L.) CRANTZ

Sumpf-Stendelwurz

(Stirp. Austr. ed. 2, 2: 462, 1769)

BASIONYM

Serapias helleborine var. *palustris* L. (Spec. Plant. 2: 950, 1753)

SYNONYM

Helleborine palustris (L.) CRANTZ

BESCHREIBUNG

Schlanke und meist hochwüchsige Pflanze. Stengel relativ dünn und im unteren Teil reich beblättert. Laubblätter rinnig, grün bis dunkelgrün gefärbt, aufrecht bis abstehend. Untere Laubblätter länglich-eiförmig bis lanzettlich, die oberen lanzettlich, lang zugespitzt. Blütenstand locker- und reichblütig. Blüten weit geöffnet, groß, leicht herabhängend bis überhängend. Perigonblätter bei beginnender Blüte glokkenförmig zusammenneigend, später ziemlich abstehend. Sepalen eiförmig-lanzettlich, zugespitzt, außen hellgrün und (vor allem an der Basis) stark rötlichviolett überlaufen, innen meist rotviolett, in der Mitte gelblich, das mittlere vornübergeneigt. Petalen kürzer als die Sepalen, länglich-eiförmig, weißlich mit rötlichem Grund. Lippe zweigliedrig. Hypochil flach schüsselförmig, weißlich mit roten Adern und am Grunde orange gefärbt. Epichil rundlich, weiß, am Rande wellig gezähnelt, am Grunde mit zwei hellgelben Längsleisten. Rostellum gut entwickelt und funktionsfähig (allogam).

ABGRENZUNG ZU ÄHNLICHEN ARTEN

Unverwechselbar.

STANDORT

Feuchtgebiete und Seeufer, Quellhänge, Naßwiesen und sumpfige Stellen; auf nassen bis wechselfeuchten, basen- oder kalkreichen Böden.

BLÜTEZEIT

Von Anfang Juli bis Anfang August.

HÖHENVERBREITUNG

Von der Küste bis etwa 2.000 m.

GESAMTVERBREITUNG

Fast ganz Europa bis Zentralsibirien mit Ausnahme des südlichen Teiles der Iberischen Halbinsel, Sardinien, Mittel- und Süditalien und Südgriechenland. Nördlich bis Südskandinavien. Ostwärts über die Türkei, Nordirak, die Kaukasusländer, Westiran bis nach Kasachstan, Nordchina und die Westmongolei.

VERBREITUNG IN DER TÜRKEI

Von Thrakien im Nordwesten über die Schwarzmeer-Region bis nach Ostanatolien. Die meisten Standorte befinden sich entlang der Schwarzmeerküste.

NOTIZEN ZU EINIGEN FUNDORTEN

Aktuelle Fundmeldungen von *Epipactis palustris* liegen nur aus dem Bereich des Abantsees (RÜCKBRODT & HANSEN, 1992) und dem Bereich des Yalnızçam-Passes (Artvin) vor.

Am Abantsee (Bolu) befindet sich eines der Hauptvorkommen dieser Art. Sie wächst hier in den ausgedehnten Sumpfwiesen dieses Bergsees, der von bewaldeten Kalkbergen umgeben ist. Hier ist sie unter anderem zusammen mit Massenbeständen von *Dactylorhiza iberica*, *Dactylorhiza incarnata* und dem Bastard *Dactylorhiza xabantiana* (*Dactylorhiza iberica* x *Dactylorhiza nieschalkiorum*) zu finden. *Epipactis palustris* ist nur von wenigen Stellen am Abantsee bekannt. Der Standort, eine Feuchtwiese in der die meisten Pflanzen vorkommen, wird leider zur Blütezeit dieser Art relativ intensiv durch Pferde und Rinder beweidet, außerdem frühzeitig gemäht. Werden die Pflanzen an diesem Standort ausnahmsweise nicht abgeweidet oder gemäht, umfaßt die Population bis zu 50 blühende Exemplare.

Ein weiterer Standort in der Umgebung des Abantsees befindet sich in einem ziemlich großen Sumpfgebiet an der Straße von Mudurnu nach Bolu (Bolu). Viele Pflanzen blühen hier Ende Juni zusammen mit *Dactylorhiza iberica* und *Orchis laxiflora*.

TAUBENHEIM (1977) beschreibt einen Standort im westlichen Pontus bei Mengen (Bolu), wo zahlreiche Exemplare in einer mit Pappeln bepflanzten Sumpfwiese in 600 m Höhe, zusammen mit *Dactylorhiza incarnata*, *Dactylorhiza iberica* und

Yalnızçam-Paß (Artvin), 8.7.1994, N. SISCHKA

Abantsee (Bolu), 5.7.1996, C. A. J. KREUTZ

◀ **Mudurnu (Bolu), 19.6.1996,** C. A. J. KREUTZ

Mudurnu (Bolu), 19.6.1996, C. A. J. Kreutz

Abantsee (Bolu), 13.7.1990, S. Hertel

Abantsee (Bolu), 19.6.1996, C. A. J. Kreutz

Orchis palustris gefunden wurden. Leider konnte diese Angabe 1996 nicht mehr bestätigt werden, da die Sumpfwiese inzwischen trockengelegt worden war.
Auch von der direkten Umgebung von Küre (Kastamonu) wurde *Epipactis palustris* von Taubenheim beschrieben. In einer Sumpfstelle unweit der Straße von Küre nach Kastamonu wurden 1974 viele austreibende Exemplare festgestellt. Leider war auch dieser Standort 1996 verschwunden. In der direkten Umgebung wurden nur noch *Anacamptis pyramidalis* und *Ophrys oestrifera* beobachtet.
Sischka (Fundliste 1994) konnte *Epipactis palustris* am Yalnızçam-Paß (Artvin) nachweisen. Insgesamt 50 blühende Pflanzen wurden auf halbem Weg zwischen Ardanuç und dem Yalnızçam-Paß in einer Sumpfwiese in einer Höhe von 1.500 m gefunden. An weiteren Orchideen fand Sischka *Cephalanthera rubra, Dactylorhiza iberica, Dactylorhiza osmanica, Dactylorhiza urvilleana, Gymnadenia conopsea, Orchis pseudolaxiflora* und *Traunsteinera sphaerica*.
Von Zaiss & Gügel (Fundliste 1993) liegt eine relativ aktuelle Angabe aus der Provinz Bursa vor. In einer schönen Feuchtwiese am Rande eines Buchenwaldes wurden an der Straße İnegöl - Tavşanlı einige Pflanzen in nichtblühendem Zustand beobachtet.

BEMERKUNGEN

Epipactis palustris gehört in der Türkei zu den seltensten *Epipactis*-Arten. Als eurosibirisches Florenelement ist sie in ihrer Verbreitung hauptsächlich auf einen schmalen Saum entlang der Schwarzmeerküste beschränkt. Es besteht eine lückenlose Verbindung zwischen ihren Vorkommen in Thrakien und dem Kaukasus. Bereits in der extremen sommertrockenen ausgedörrten Nordanatolischen Florenprovinz vermag sie nicht mehr zu existieren. Einen vorgeschobenen Standort in dieser Zone hat sie bei Tunceli in fast 2.000 m Höhe (Taubenheim, 1977).

GEFÄHRDUNG

In der Türkei ist *Epipactis palustris* stark gefährdet. Durch Trockenlegungen und starke landwirtschaftliche Nutzung sind viele ihrer Standorte erloschen. Aktuelle Fundmeldungen liegen nur aus dem Bereich des Abantsees, bei İnegöl und dem Yalnızçam-Paß vor.

HYBRIDEN

Nicht nachgewiesen.

Abantsee (Bolu), 22.7.1982, D. Rückbrodt

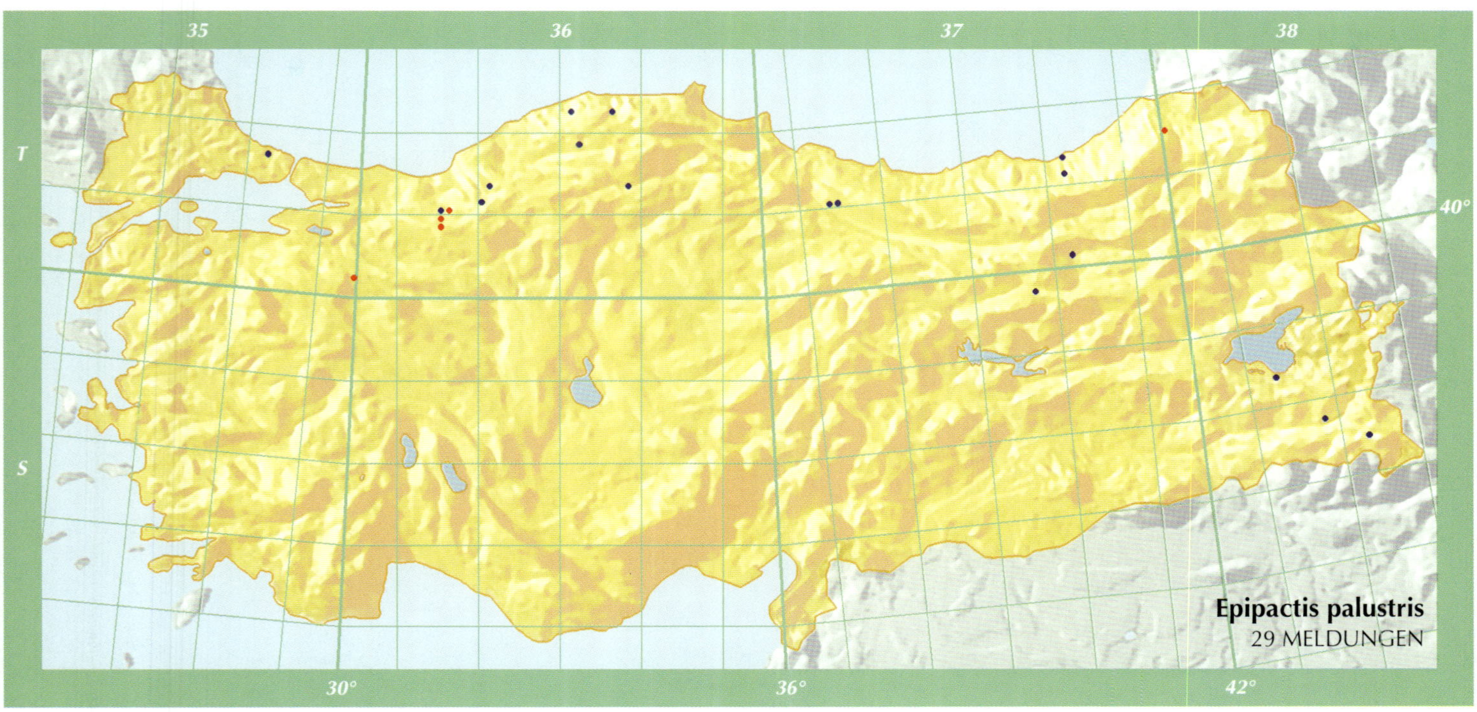

31 Epipactis persica (Soó) Nannfeldt

Persische Stendelwurz

(Bot. Not. (Lund) 1946: 11/21, 1946)

BASIONYM

Helleborine persica Soó (Feddes Repert. 24: 36, 1927)

SYNONYM

Epipactis helleborine subsp. *persica* (Soó) Sundermann

BESCHREIBUNG

Schlanke, mittelgroße Pflanze, bis 40 cm hoch (oft mit mehr als 30 Blüten) oder ziemlich klein und gedrungen (mit 2 bis 4 Blüten). Stengel dünn, über dem Boden mit wenig Schuppenblättern, vor allem im mittleren Teil beblättert. Laubblätter eiförmig (-lanzettlich), zugespitzt und ziemlich klein, grün bis hellgrün gefärbt, horizontal abstehend. Blütenstand lockerblütig, meist armblütig, selten dicht- und reichblütig. Blüten ziemlich klein, wenig geöffnet, leicht nickend, die älteren herabhängend. Perigonblätter glockenförmig zusammenneigend. Sepalen eiförmig-lanzettlich, zugespitzt, hellgrün bis weißlichgrün, selten schwach rötlich überlaufen, das mittlere vornübergeneigt. Petalen kürzer als die Sepalen, hellgrün. Lippe zweigliedrig. Hypochil halbkugelig, außen olivgrün, innen braunrot, nektarführend. Epichil breit dreieckig bis rundlich, weißlich bis hellgrün, an der Basis oft rötlich überlaufen. Rostellum vorhanden, aber funktionsuntüchtig (autogam). Jede Pflanze zeigt vollen Fruchtansatz.

VARIABILITÄT

Epipactis persica weist eine große Variabilität auf, wobei Höhe der Pflanze und Längen-Breiten-Verhältnis der Laubblätter beträchtlich schwanken. Auffallend sind die oftmals extrem breiten unteren Brakteen und der grazile, dünne Stengel, der eine lockere, bis 30-blütige Ähre trägt (Taubenheim, 1977).

ABGRENZUNG ZU ÄHNLICHEN ARTEN

Die Art könnte mit *Epipactis pontica* verwechselt werden, mit der sie häufig zusammen vorkommt. *Epipactis persica* ist aber durch ihre nur drei bis vier ovale, erdfern angesetzte Laubblätter und durch die lockere Blütenähre mit kahler Rhachis klar von dieser zu unterscheiden (Taubenheim, 1977). Außerdem ist die Lippe von *Epipactis persica* schwach rötlich überlaufen.

STANDORT

Lichte Kiefern-, Tannen-, Buchen, und Eichenwälder, Gebüschformationen und Haselnußkulturen; auf frischen, mäßig feuchten, basenreichen Böden.

BLÜTEZEIT

Ende Juni bis Mitte August. Sie blüht meist etwa drei Wochen nach *Epipactis microphylla* und zwei bis drei Wochen vor *Epipactis helleborine*. An einigen Standorten (Domaniç, Kütahya/ Bursa) blüht sie jedoch deutlich später als *Epipactis helleborine*.

HÖHENVERBREITUNG

Von etwa 200 bis 1.700 m.

GESAMTVERBREITUNG

Orientalische Art, vor allem in Gebirgslagen der Türkei, Nordiran, Afghanistan und Westpakistan. In letzter Zeit auch in Nordgriechenland und Italien gefunden. Auch in Georgien (Rückbrodt, et al., 1997).

VERBREITUNG IN DER TÜRKEI

Vor allem in der Schwarzmeer-Region, wo sie weit verbreitet, aber selten ist, auch in der östlichen Mittelmeer-Region (Adana und Hatay) und in Ostanatolien.

NOTIZEN ZU EINIGEN FUNDORTEN

Während einiger Reisen in die Schwarzmeer-Region wurden viele bekannte Standorte dieser Art aufgesucht. Nur an wenigen Stellen waren blühende Pflanzen zu finden, so zum Beispiel an der Straße von Bilecık nach Gölpazarı (Bilecık), wo 1996 viele Exemplare in einem sehr lockeren Kiefernwald beobachtet wurden. Leider waren zur Blütezeit viele Exemplare durch eine extreme Hitzewelle von über 40 °C vertrocknet. An diesem Standort war auch *Epipactis helleborine* zu finden.

In den ausgedehnten Buchenwäldern am Kocayayla-Paß bei Domaniç (Bursa/Kütahya) wachsen viele Exemplare von *Epipactis persica*. Die meisten findet man in der Nähe von Bächen und Quellen, aber auch an trockenen, höher gelegenen Stellen ist sie reichlich vertreten. Genau wie bei *Epipactis pontica* findet man große, stattliche Pflanzen mit vielen Blüten und sehr kleine, zierliche Exemplare mit sehr wenig Blüten.

Auch nördlich vom Dorukhan-Paß an der Straße Mengen - Devrek (Zonguldak) ist *Epipactis persica* in den Buchenmischwäldern weit verbreitet. Man findet sie hier fast immer zusammen mit *Epipactis pontica*.

In der Provinz Kastamonu ist sie an vielen Stellen in den dunklen Buchenwäldern festzustellen, dort meist begleitet von *Cephalanthera damasonium, Cephalanthera rubra, Limodorum abortivum, Listera ovata, Neottia nidus-avis* und *Platanthera chlorantha*.

Einige blühende Pflanzen wurden 1996 in einem Fichtenwald am Ballıdağ-Paß nordwestlich Daday (Kastamonu) beobachtet, dort zusammen mit *Epipactis helleborine*.

Bei Akkuş (Ordu) ist *Epipactis persica* noch relativ häufig. Sie besiedelt hier ausgedehnte Buchenwälder, zusammen mit *Cephalanthera kotschyana, Cephalanthera rubra* und *Neottia nidus-avis*.

In Nordostanatolien bildet *Epipactis persica* größere Bestände in den Haselnußpflanzungen. In letzter Zeit sind dort viele Standorte durch landwirtschaftliche Nutzung oder durch übermäßige Beweidung und Düngung erloschen.

BEMERKUNGEN

Epipactis persica hat in der Nordtürkei (Pontus), die durch hohe

◄ **Domaniç (Kütahya), 8.8.1996,** C. A. J. Kreutz

Çatalzeytin-Devrekâni (Kastamonu), 23.6.1994, C. A. J. Kreutz

Domaniç (Kütahya), 8.8.1996, C. A. J. Kreutz

Domaniç (Kütahya), 8.8.1996, C. A. J. Kreutz

Ballıdağ-Paß (Kastamonu), 11.8.1996, C. A. J. Kreutz

Domaniç (Kütahya), 8.8.1996, C. A. J. Kreutz

Domaniç (Kütahya), 8.8.1996, C. A. J. KREUTZ

Domaniç (Kütahya), 8.8.1996, C. A. J. KREUTZ

Niederschläge gekennzeichnet ist, ihren Verbreitungsschwerpunkt. Nach TAUBENHEIM (1977) ist sie hier mit Abstand die häufigste *Epipactis*-Art.

Die Art hat eine sehr kurze Blütezeit. Die einzelnen Blüten sind meist nur wenige Stunden geöffnet.

PROBLEMATIK

Im Değirmental südlich Maçka (Trabzon) wachsen an einem Trockenhang mit Wacholdern Pflanzen, die in Habitus zwar wie *Epipactis persica* aussehen, doch in einigen Merkmalen deutlich von ihr abweichen. Die Pflanzen sind sehr klein (bis etwa 12 cm hoch) und die Blüten verfügen über ein funktionstüchtiges Rostellum (allogam). Die Blütezeit liegt vor der von *Epipactis helleborine*.

HYBRIDEN

Mit *Epipactis helleborine* und möglicherweise mit *Epipactis pontica*.

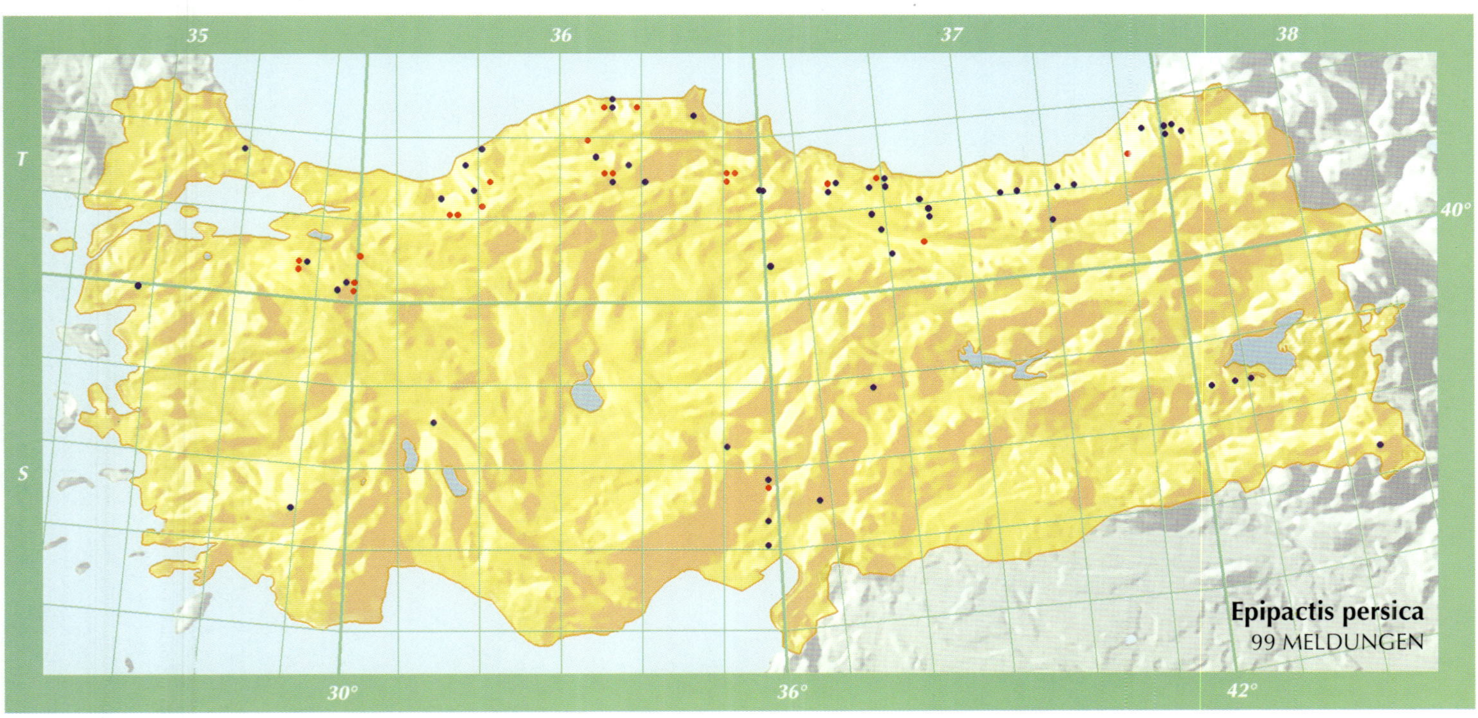

32 Epipactis pontica

TAUBENHEIM

Pontische Stendelwurz

(Die Orchidee 26 (2): 68, 1975)

SYNONYM

Epipactis helleborine subsp. *pontica* (TAUBENHEIM) SUNDERMANN

BESCHREIBUNG

Schlanke und meist niedrige, zierliche Pflanze. Stengel dünn, über dem Boden mit wenigen Schuppenblättern, besonders im mittleren Teil beblättert. Laubblätter hellgrün bis dunkelgrün gefärbt, abstehend bis schräg aufrecht, ausgebreitet bis rinnig, an den Rändern leicht wellig, die oberen in brakteenartige Laubblätter übergehend. Untere Laubblätter oval und tütenförmig, stumpf, die oberen zunehmend länglich bis lanzettlich, spitz. Blütenstand lockerblütig, kurz und armblütig. Blüten klein, glockig bis ausgebreitet geöffnet, abstehend bis leicht hängend, allseitsorientiert bis schwach einseitswendig. Perigonblätter glockenförmig zusammenneigend. Sepalen länglich-oval bis oval, zugespitzt, grünlich, genervt, das mittlere vornübergeneigt. Petalen wenig kleiner als die Sepalen, gelblich mit kräftigem, an der Außenseite hervortretendem Mittelnerv. Lippe zweigliedrig. Hypochil undeutlich längsoval, außen grünlichweiß, innen olivgrün bis bräunlich, nektarlos. Epichil queroval bis rundlich, weißlich bis hellgrün, an der Basis mit zwei undeutlichen, glatten Aufwölbungen, die bräunlich oder grünlich angehaucht sind. Rostellum vorhanden, jedoch unwirksam (autogam). Jede Pflanze zeigt stets vollen Fruchtansatz.

ABGRENZUNG ZU ÄHNLICHEN ARTEN

Epipactis pontica kann mit *Epipactis persica* verwechselt werden, einer Art, die oft im gleichen Gebiet vorkommt, unterscheidet sich aber von dieser durch ihre Zartheit (ca. 25 cm hoch), die vier bis sechs lanzettlichen Laubblätter, die behaarte Rhachis mit nur wenigen Blüten und das annähernd kreisrunde, weiße Epichil mit seiner ausgeprägten Taille. Außerdem sind die Blüten von *Epipactis pontica* fast vollständig grün ohne Rottöne auf der Lippe (TAUBENHEIM, 1975b).

STANDORT

Feuchte und schattige Buchenhochwälder (manchmal mit einzelnen Kiefern bestanden) entlang der Schwarzmeerküste. Dieser Buchengürtel wird allgemein als Euxine Florenprovinz bezeichnet und ist durch hohe Niederschläge ohne jahreszeitlich ausgeprägte Schwerpunkte gekennzeichnet.

BLÜTEZEIT

Spät, von Mitte Juli bis Ende August, gleichzeitig mit *Epipogium aphyllum*. Sie löst *Epipactis persica* in der Blütezeit ab. Während der Blütezeit von *Epipactis pontica* ist *Epipactis helleborine* bereits voll fruchtend.

HÖHENVERBREITUNG

Von 200 bis 1.200 m.

GESAMTVERBREITUNG

Bis 1989 war die Art nur aus der Türkei bekannt. Später wurde sie auch in Österreich und Slowenien (Umgebung von Maribor) gefunden (FREIDINGER & ROBATSCH, 1989). Es sind auch mindestens 10 Standorte in der Slowakei bekannt (VLČKO, 1995). Schließlich wurde die Art auch in Ungarn nachgewiesen (SULYOK & MOLNÁR, 1996). Vermutlich auch in Georgien (RÜCKBRODT, et al., 1997).

VERBREITUNG IN DER TÜRKEI

Nur von einem schmalen Küstenstreifen entlang der Schwarzmeerküste und von einigen Standorten südlich und südöstlich des Marmara-Meeres bekannt.

NOTIZEN ZU EINIGEN FUNDORTEN

Epipactis pontica wurde 1975 von TAUBENHEIM (1975b) aus dem Bereich des Dorukhan-Passes (Bolu) an der Straße von Mengen nach Devrek beschrieben. Sie bildet hier größere Bestände an schattigen Stellen und Einschnitten in einem orchideenreichen Buchen-Schluchtwald in einer Höhe von 800 bis 900 m. Sie blüht hier Anfang August. In den letzten Jahren hat der Bestand hier aber stark abgenommen.

Weitere Standorte befinden sich in der Provinz Zoguldak, wo sie an zahlreichen Stellen in den Buchenwäldern vorkommt und am Babadağ-Paß an der Straße von Devrek nach Ereğli, südlich İnebolu (Kastamonu). Ferner südlich İkizdere (Rize), wo sie in einem Mischwald wächst. An beiden letztgenannten Standorten ist sie oft zusammen mit *Epipactis persica* anzutreffen.

Am Kocayayla-Paß bei Domaniç (Bursa/Kütahya) befinden sich ausgedehnte Buchenhochwälder, die mit einzelnen Kiefern durchsetzt sind. In diesen herrlichen Wäldern sind *Epipactis pontica* und *Epipactis persica* an vielen Stellen reichlich vertreten. *Epipactis pontica* bildet hier größere Gruppen, und ist in diesem Gebiet stellenweise häufig. Es ist bemerkenswert, daß an manchen Stellen große Pflanzen mit vielen Blüten wachsen, an anderen sehr zierliche und niedrige Pflanzen mit durchschnittlich nur vier Blüten. Gelegentlich findet man in diesen Wäldern auch noch *Epipogium aphyllum*.

BEMERKUNGEN

Epipactis pontica besiedelt hauptsächlich dunkle und feuchte Buchenwälder entlang der türkischen Schwarzmeerküste, wo sie zerstreut vorkommt. Größere Bestände sind selten, meist werden Einzelexemplare gefunden. An einigen Standorten wächst sie zusammen mit *Epipactis microphylla* und *Epipactis persica*. Zur Blütezeit ist sie teilweise aspektbeherrschend und trotz ihrer Klein- und Zartheit recht auffallend, da kaum andere Blütenpflanzen vorhanden sind. Die Art hat eine sehr kurze Blütezeit. Die einzelnen Blüten sind meist nur einen Tag geöffnet.

Zwischen den türkischen und den in Österreich (und vermutlich auch den in Slowenien in der Umgebung von Maribor und den in der Slowakei) gefundenen Pflanzen sind nach FREIDINGER & ROBATSCH (1989) einige Unterschiede aufzuzeigen. So können die österreichischen Pflanzen bis zu 50 cm hoch werden (in der Türkei maximal 40 cm), deren Stengel und Laubblätter dementsprechend stärker dimensioniert sind. Der Blütenstand kann 40 Blüten tragen (in der Türkei 14 Blüten). Die Behaarung der Rhachis ist weniger

◀ **Domaniç (Bursa/Kütahya), 8.8.1996,** C. A. J. KREUTZ

Kocayayla-Paß (Bursa/Kütahya), 8.8.1996, C. A. J. KREUTZ

Domaniç (Bursa/Kütahya), 8.8.1996, C. A. J. Kreutz

Domaniç (Bursa/Kütahya), 8.8.1996, C. A. J. Kreutz

Domaniç (Bursa/Kütahya), 8.8.1996, C. A. J. Kreutz

Ereğli (Zonguldak), 9.8.1996, C. A. J. Kreutz

Devrek-Ereğli (Zonguldak), 9.8.1996, C. A. J. Kreutz

Devrek-Ereğli (Zonguldak), 9.8.1996, C. A. J. Kreutz

dicht und das unterste Laubblatt ist bodennäher angeheftet als als bei den türkischen Pflanzen. Inzwischen hat sich jedoch herausgestellt, daß ebenso wie in Österreich, auch in der Türkei zwei verschiedene Pflanzentypen der Art vorkommen und zwar ein kleiner niedriger Typ mit etwa zwei bis sechs Blüten und ein etwa bis zu 45 cm hoher Typ mit 30 bis 40 Blüten.

GEFÄHRDUNG

An einigen Stellen sind die Populationen gefährdet, zum Beispiel in den Buchenwäldern südlich Zonguldak. Durch Waldrodung sind viele dieser Buchenwälder in Maisfelder verwandelt worden. Außerdem werden die Restwälder periodisch zur Brennholzgewinnung niedergeschlagen. Nur an steilen Hanglagen und Schluchten besitzt *Epipactis pontica* noch reich besetzte Fundorte.

HYBRIDEN

Möglicherweise mit *Epipactis persica*.

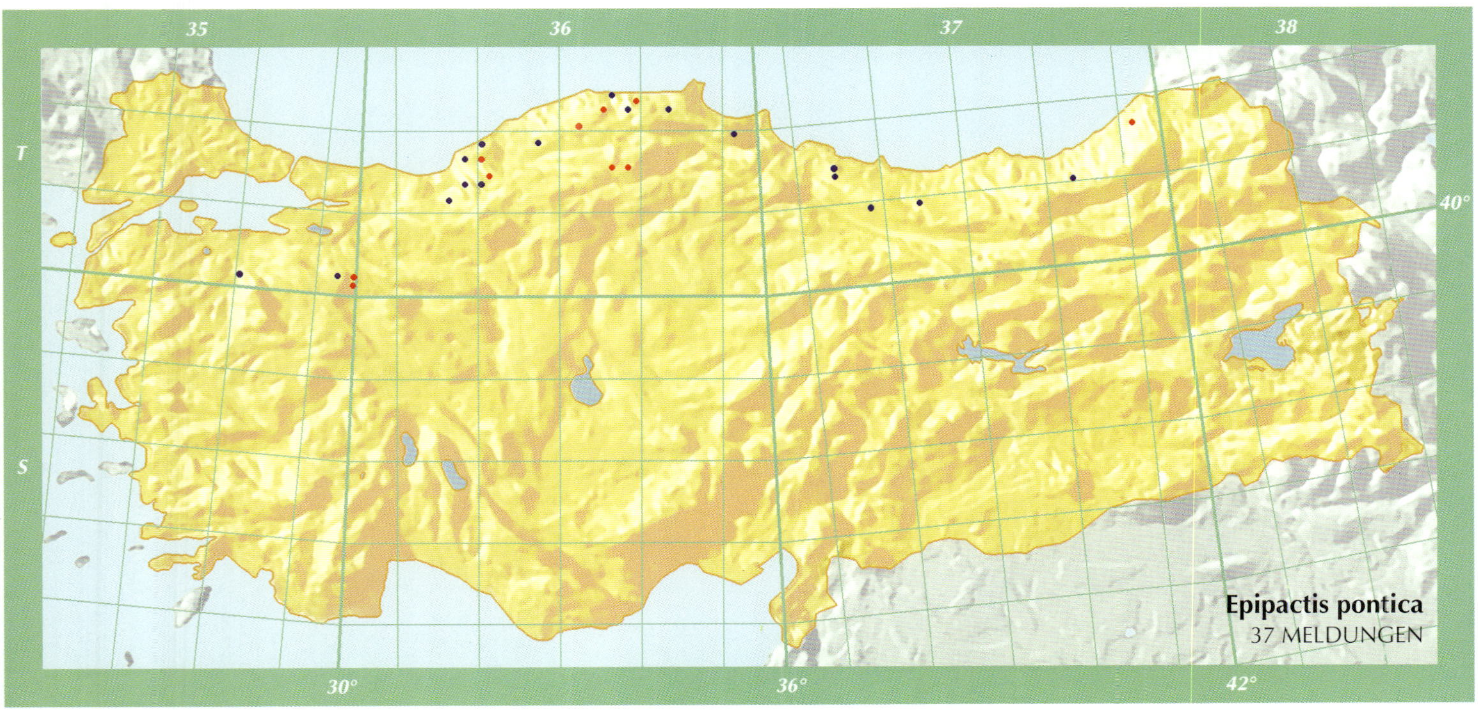

Epipactis pontica
37 MELDUNGEN

33 Epipactis veratrifolia

Boissier & Hohenacker

Germerblättrige Stendelwurz

(in Boissier: Diagn. Pl. Or. Nov. vol. 2 (13): 11, 1853)

SYNONYM

Epipactis somaliensis Rolfe, *Epipactis consimilis* Hooker fil., *Epipactis abyssinica* Pax

BESCHREIBUNG

Robuste und hochwüchsige, bis zu 120 cm hohe Pflanze. Stengel dick, im unteren Teil reich beblättert. Laubblätter grün bis dunkelgrün gefärbt, aufrecht bis abstehend. Untere Laubblätter breitoval bis lanzettlich, groß und lang zugespitzt, die oberen schmal lanzettlich, lang zugespitzt und nach oben in Tragblätter übergehend. Blütenstand ziemlich locker- und meist reichblütig, fast einseitswendig orientiert. Blüten weit geöffnet, groß, abstehend bis nickend. Perigonblätter bei beginnender Blüte glockenförmig zusammenneigend, später abstehend. Sepalen eiförmig-lanzettlich, zugespitzt, grünlichgelb und an den Rändern stark rötlich bis braunrot überlaufen, das mittlere vornübergeneigt. Petalen kürzer als die Sepalen, eiförmig, grünlichgelb und wie die Sepalen an den Rändern stark rötlich bis braunrot überlaufen. Lippe zweigliedrig. Hypochil länglich kahnförmig, an der Basis mit zwei aufgerichteten Seitenlappen, rötlich bis purpurn gefärbt. Epichil lanzettlich (am Grunde eiförmig) mit aufgerichteten Seitenlappen, weiß bis rötlich gefärbt mit rötlichgelbem Querband und weißer Spitze. Rostellum gut entwickelt und funktionsfähig (allogam).

ABGRENZUNG ZU ÄHNLICHEN ARTEN

Unverwechselbar.

STANDORT

Steile, völlig durchnäßte, ständig überrieselte Quell- und Felshänge mit starker Kalkaussinterung, Flußufer und Quellfluren oder an Ufersäumen kleiner Bergbäche und Naßwiesen; auf basen- oder kalkreichen Böden.

BLÜTEZEIT

Mitte Mai bis Mitte Juli. Die Population südlich Artvin blüht länger als einen Monat, nämlich von Mitte Mai bis Ende Juni.

HÖHENVERBREITUNG

Von 200 bis etwa 1.500 m.

GESAMTVERBREITUNG

Orientalische und kaukasische Art. Vorderasien, von der Türkei entlang der Levante bis zur Sinaihalbinsel. Auch auf Zypern. Außerdem ostwärts über die Kaukasusländer durch Irak, Iran, Afghanistan und Pakistan bis Nepal, sowie isoliert in Ostafrika (Somalien) (Buttler, 1986). Erreicht in der Türkei ihre Westgrenze.

VERBREITUNG IN DER TÜRKEI

Die Art besitzt in der Türkei drei Verbreitungsgebiete, nämlich westlich von Anamur (İçel) bis östlich in der Provinz Adıyaman, dem südlichen Teil von Ostanatolien und den Nordosten.

NOTIZEN ZU EINIGEN FUNDORTEN

Ein reich besetzter Standort befindet sich einige Kilometer östlich von Adıyaman (Adıyaman), wo viele Exemplare auf einem sehr steilen, nordexponierten, überrieselten, mit Binsen und Venushaar bestandenen Kalksinterhang wachsen. Die Blütezeit liegt hier je nach Witterung von Mitte Mai bis in die erste Juni-Hälfte. Dieser Standort wurde vom Autor 1988 und 1997 besucht. Während des zweiten Besuches stellte sich heraus, daß der steile Kalksinterhang sich um etwa die Hälfte reduziert hatte. Es wurden noch etwa 100 bis 120 Pflanzen gefunden. Erfreulicherweise wird diese Straße (Adıyaman -

◀ **Adıyaman (Adıyaman), 25.5.1997,** C. A. J. Kreutz

Yusefeli (Artvin), 17.5.1988, C. A. J. Kreutz

Adıyaman (Adıyaman), 25.5.1997, C. A. J. Kreutz

Yusefeli (Artvin), 27.6.1996, C. A. J. KREUTZ

Adıyaman (Adıyaman), 25.5.1997, C. A. J. KREUTZ

Diyarbakır), an der der Standort liegt, nicht verbreitert werden, weil sie durch den Bau des Atatürk- Staudammes unterbrochen ist.
In der Umgebung von Kahramanmaraş befinden sich noch weitere Fundorte dieser sehr eindrucksvollen Art. Dort wächst sie vor allem in überrieselten, mit Feigenbäumen bestandenen Quellhängen (KRETZSCHMAR, GEMBARDT & BAUMGARTNER, Fundliste 1988). DAVIES & NORMAN (Fundliste 1987) berichten von einer Population an einem steilen Quellhang am Rande eines Flußbettes an der Straße von Kahramanmaraş nach Göksun. Auch BINDER, MEYER & ZAISS (Fundliste 1986) berichten von diesem Standort. Leider sind durch den Bau einer zum Teil neuen Verbindungsstraße, sowie durch die Verbreiterung der alten Straße viele Fundstellen verschwunden. Während eines Besuches 1997 war keiner dieser Standorte mehr vorhanden.
An der Straße Diyarbakır - Tatvan ist *Epipactis veratrifolia* an mehreren Stellen zu finden, wie zum Beispiel einige Kilometer vor Bitlis (Bitlis), wo viele Pflanzen an einem überrieselten Quellhang, sowie einem sehr steilen Böschungshang über dem Quellwasser austritt, wachsen.
In der Nordosttürkei ist *Epipactis veratrifolia* selten und nur von wenigen Stellen bekannt. So befinden sich mehrere reichbesetzte Standorte an der Straße von Yusufeli nach Artvin (Artvin), wo die Art büschelweise an steilen Kalksinterhängen, die mit Binsen bestanden sind, vorkommt. An einer Fundstelle kommen bis zu 800 blühende Exemplare vor. Die Blütezeit liegt hier von Mitte Mai bis Ende Juni.

BEMERKUNGEN

Epipactis veratrifolia gehört zu den schönsten und seltensten Orchideen Vorderasiens. Sie ist in ihren Standortansprüchen sehr spezialisiert. Man findet sie (auch in der Dürreperiode) an ständig überrieselten Quellhängen auf extrem kalkhaltigem Substrat, seltener an Flußufern. Sie bevorzugt steile bis überhängende Lagen, wo sie wegen ihrer vegetativen Vermehrung große Horste bildet. Durch ihre Spezialisierung sind ihre Standorte natürlicherweise beschränkt (TAUBENHEIM, 1977).

GEFÄHRDUNG

Leider sind ihre Bestände an einigen Stellen relativ stark bedroht da die fließenden Gewässer in Bewässerungs- und Wasserversorgungsanlagen abgeleitet werden und dadurch völlig austrocknen.

HYBRIDEN

Nicht nachgewiesen.

Yusefeli (Artvin), 17.5.1988, C. A. J. Kreutz

Adıyaman (Adıyaman), 25.5.1997, C. A. J. Kreutz

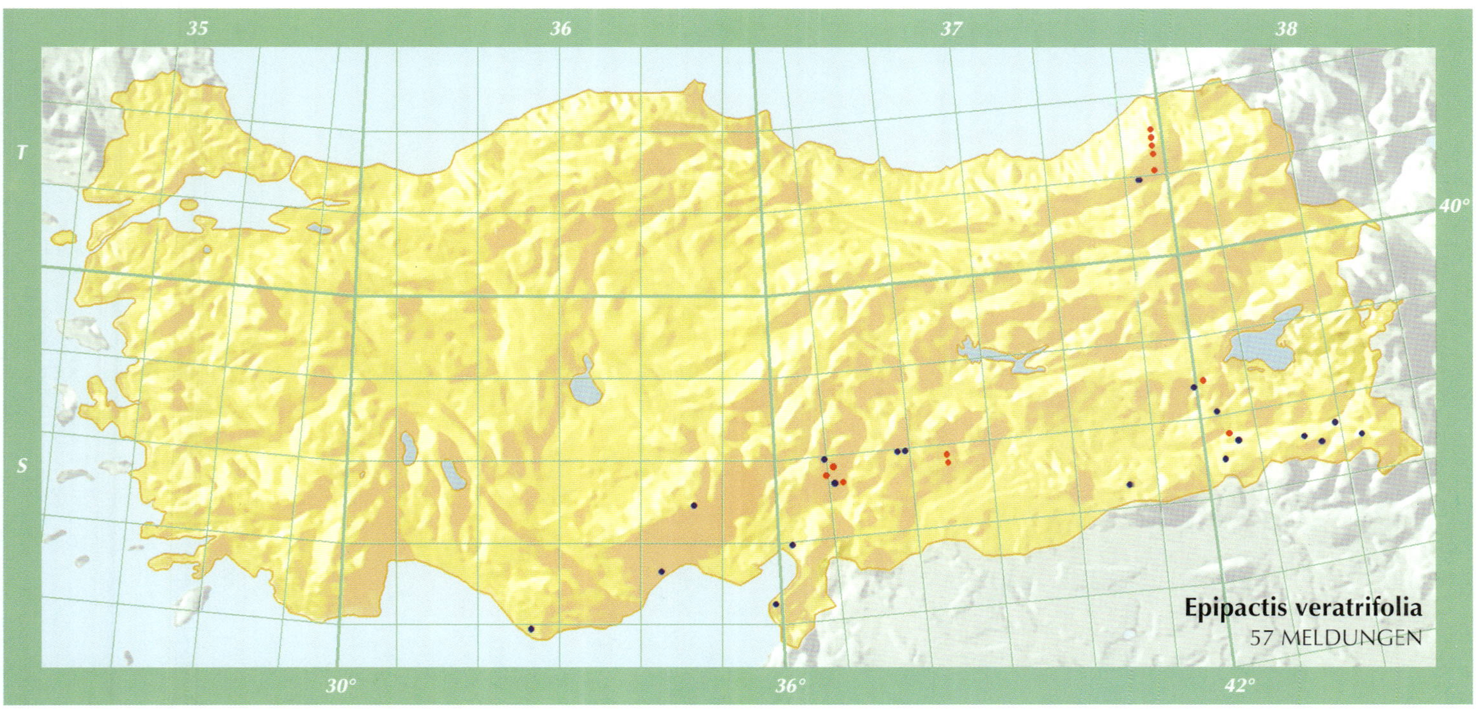

34 Epipogium aphyllum SWARTZ

Widerbart

(Summa Veg. Scand.: 32, 1814)

BASIONYM

Satyrium epipogium L. (Spec. Plant. 2: 945, 1753)

SYNONYME

Epipogium gmelini L. C. M. RICHARD

BESCHREIBUNG

Kleine Pflanze (12 bis 35 cm hoch) ohne Laubblätter und Blattgrün. Stengel dick und kräftig, mit braunen Schuppenblättern, im oberen Teil violett überlaufen. Blütenstand zylindrisch und kurz, mit durchschnittlich 2 bis 5 Blüten, selten langgestreckt mit vielen locker angeordneten Blüten. Blüten groß, die Lippe nach oben gerichtet. Perigonblätter nach unten gerichtet, schmal-lanzettlich bis eiförmig-lanzettlich, blaßgelb, weißlich bis rötlich gefärbt. Lippe weißlich, (hell)rosa überlaufen, zweigliedrig. Hypochil mit zwei breiten dreieckigen Seitenlappen. Epichil herzförmig, konkav und auf der Oberseite mit 4 bis 6 Papillenreihen, oft rot gefleckt oder überlaufen (BUTTLER, 1986). Sporn sehr dick, blaßgelb, nach oben gerichtet.

ABGRENZUNG ZU ÄHNLICHEN ARTEN

Unverwechselbar.

STANDORT

Hauptsächlich in schattigen Buchenwäldern, Kiefern-, Fichten- und Tannenwäldern der montanen Stufe; auf mäßig feuchten, humosen, kalkreichen Böden. Die Pflanzen wachsen in der Türkei fast ausschließlich an Nordhängen.

BLÜTEZEIT

Spät, von Mitte Juli bis Ende August.

HÖHENVERBREITUNG

Von 900 bis 1.900 m.

GESAMTVERBREITUNG

In weiten Teilen Europas verbreitet, hier vor allem in Mittel- und Hochgebirgen. Das Areal reicht von den Pyrenäen in Südwesteuropa bis Ostasien. Auch in der Türkei und den Kaukasusländern. Die Art ist überall selten, in vielen Gebieten sogar äußerst selten und vom Aussterben bedroht.

VERBREITUNG IN DER TÜRKEI

Nur von einem schmalen Küstenstreifen entlang des Schwarzen Meeres und von wenigen Stellen in der Marmara-Region bekannt.

NOTIZEN ZU EINIGEN FUNDORTEN

Epipogium aphyllum ist nur von wenigen Standorten in der Türkei bekannt. RENZ & TAUBENHEIM (1984) beschreiben einige Standorte in der mittleren Nordtürkei, vom Aladağ bei Bolu (Bolu), vom Ilgaz Dağı nördlich Ilgaz (Kastamonu), von den Nordhängen des Ahmetusta-Passes (Zonguldak), der Umgebung des Dıranaz-Passes südlich Kabalı (Sinop) und nördlich Ladik (Samsun). In Nordostanatolien wurde sie nur zweimal gefunden, nämlich östlich Ardanuç (Artvin). Auch in der Marmara-Region wurde *Epipogium aphyllum* nur an einer Stelle gefunden und zwar im Kaz Dağı (Balıkesir).

Relativ aktuelle Standortangaben lagen bisher nur von DAVIES & NORMAN (Fundliste 1987) und RÜCKBRODT & HANSEN (1992) vor, wobei RÜCKBRODT diese Art 1983 an der Straße von Tosya nach Kastamonu in der Umgebung von Akkaya an zwei Stellen fand, beide Standorte ungefähr 7 km voneinander entfernt. Am Standort von RÜCKBRODT wurde *Epipogium aphyllum* in einer Höhe von 1.500 m in einem Fichtenwald zusammen mit *Cephalanthera rubra, Dactylorhiza iberica, Dactylorhiza bithynica, Epipactis helleborine, Goodyera repens, Neottia nidus-avis* und *Platanthera bifolia* gefunden. Der Standort, der von DAVIES & NORMAN beobachtet wurde, befindet sich an der Straße von Kastamonu nach Ilgaz, etwa 10 km südlich Besdeğirmenler in einem Buchenwald, dort begleitet von *Cephalanthera rubra, Epipactis persica* und *Neottia nidus-avis*.

Während einer Türkei-Reise im August 1996 wurde *Epipogium aphyllum* an sechs Stellen beobachtet, nämlich an vier Standorten im Ilgazgebirge (drei an der Straße Ilgaz - Kastamonu und einer an der Straße Tosya - Kastamonu), am Uludağ bei Bursa (Bursa) und bei Domaniç (Kütahya). An diesen Stellen ist auch fast immer *Monotropa hypopitys* zu finden.

Im Ilgazgebirge an der Straße von Ilgaz nach Kastamonu wurde diese seltene Art an mehreren Stellen nachgewiesen. Besonders in den Fichtenwäldern in der Nähe der Paßhöhe tritt sie an vielen Standorten häufig auf und bildet dort Gruppen mit bis zu 20 Exemplaren. Am gleichen Standort findet man

◀ **Ilgaz-Paß (Kastamonu), 11.8.1996,** C. A. J. KREUTZ

Ilgaz-Paß (Kastamonu), 11.8.1996, C. A. J. KREUTZ

Akkaya (Kastamonu), 10.8.1996, C. A. J. Kreutz

Domaniç (Kütahya), 8.8.1996, C. A. J. Kreutz

oft auch *Corallorrhiza trifida, Goodyera repens* und *Neottia nidus-avis*. Es hat sich herausgestellt, daß der ganze Bereich nördlich der Ilgaz-Paßhöhe außerordentlich reich an *Epipogium aphyllum* ist.
An der östlichen Zufahrtsstraße nach Kastamonu von Tosya her wächst *Epipogium aphyllum* in mehreren tausenden Exemplaren. Hier wurden Gruppen bis zu 30 Stück gefunden, wobei viele Pflanzen mit sieben bis acht Blüten ausgestattet waren. Ein wunderschöner Standort!
Eine neue Fundstelle wurde am Uludağ bei Bursa entdeckt. An einem Bachrand blühten dort Anfang August 5 Exemplare. Im Gegensatz zu den Pflanzen am Ilgaz-Paß sind diese sehr klein und tragen nur zwei bis drei Blüten.
Ein weiterer Standort wurde in den ausgedehnten Buchenwäldern am Kocayayla-Paß bei Domaniç (Bursa/Kütahya) gefunden. Etwa ein Dutzend Pflanzen mit durchschnittlich 5 Blüten wurden hier in einem dunklen Buchenwald nachgewiesen.

BEMERKUNGEN

Epipogium aphyllum ist eine kleine Pflanze, die leicht übersehen wird. Oftmals blüht sie mehrere Jahre hintereinander nicht.
Epipogium aphyllum ist sehr anspruchsvoll hinsichtlich seiner Biotope. Dies geht auch aus der Tatsache hervor, daß nach stundenlanger Suche an den Nordhängen des Ballıdağ-Passes, nordwestlich Daday (Kastamonu) sowie an weiteren geeigneten Stellen in der Umgebung von Kastamonu, wo der Biotop mit dem vom Ilgaz-Paß zu vergleichen ist, nicht eine einzige Pflanze gefunden wurde.
In der Türkei gibt es mit Sicherheit viele weitere Standorte. Wegen des unauffälligen Erscheinungsbildes der Art und ihrer späten Blütezeit wurde sie bis jetzt allerdings nur relativ selten beobachtet.

HYBRIDEN

Nicht nachgewiesen.

Uludağ (Bursa), 7.8.1996, C. A. J. KREUTZ

Ilgaz-Paß (Kastamonu), 11.8.1996, C. A. J. KREUTZ

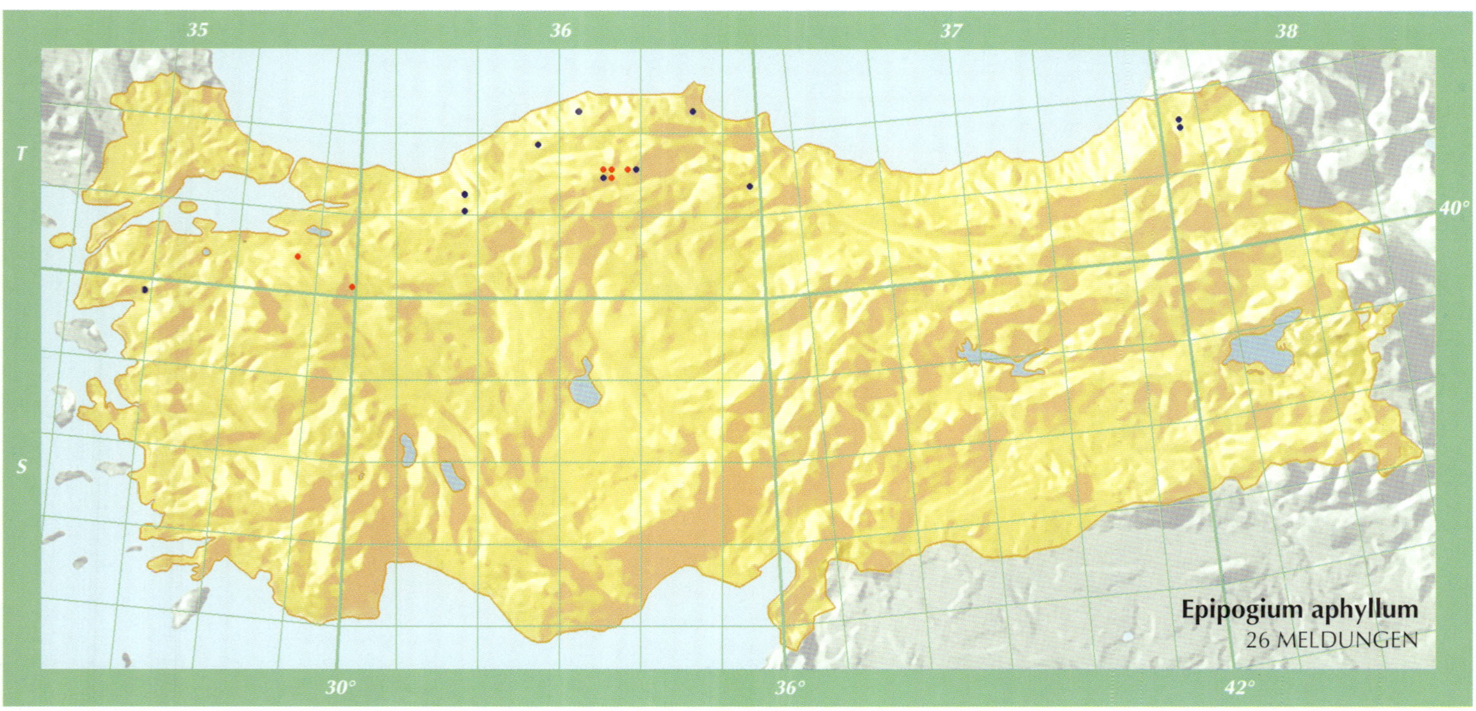

35 Goodyera repens

(L.) R. Brown

Kriechendes Netzblatt

(in W. T. Aiton: Hort. Kew. ed. 2, 5: 198, 1813)

BASIONYM

Satyrium repens L. (Spec. Plant. 2: 945, 1753)

SYNONYME

Goodyera repens var. *ophioides* Fernald, *Epipactis repens* (L.) Crantz

BESCHREIBUNG

Schlanke, ziemlich zarte Pflanze, etwa 10 bis 35 cm hoch. Stengel relativ steif und im oberen Teil dicht behaart. Untere Laubblätter in einer grundständigen Rosette angeordnet, herzförmig bis breit eiförmig, mit (weißen) Nerven versehen, wodurch die Art leicht zu erkennen ist. Rhizom kriechend. Blütenstand locker- bis dichtblütig, mit vielen kleinen, weißen bis cremefarbenen Blüten. Seitliche Sepalen breit-eiförmig, weißlich. Petalen etwas schmaler, wie die Sepalen gefärbt; das mittlere Sepal mit den beiden Petalen glockig zusammenneigend. Perigonblätter an der Außenseite dicht mit Drüsenhaaren bedeckt. Lippe zweigliedrig, ungespornt. Hypochil halbkugelig und weiß. Epichil zungenförmig bis dreieckig, nach unten gerichtet und weiß.

ABGRENZUNG ZU ÄHNLICHEN ARTEN

Kaum verwechselbar.

STANDORT

Hauptsächlich in Nadelwäldern (Kiefern-, Tannen- und Fichtenwäldern) in subalpinen bis alpinen Lagen; auf trockenen bis mäßig feuchten, humosen, basischen Böden.

BLÜTEZEIT

Spät, von Mitte Juni bis Mitte August.

HÖHENVERBREITUNG

Von 1.300 bis etwa 1.900 m.

GESAMTVERBREITUNG

Hauptsächlich in Mittel- und Nordeuropa, südlich bis zu den Pyrenäen, den Apenninen und bis Bulgarien. Östlich bis Zentralsibirien. Auch auf der Krim, in der Türkei, den Kaukasusländern und im Iran.

VERBREITUNG IN DER TÜRKEI

Nur von einem schmalen Randstreifen entlang der Schwarzmeerküste bekannt, mit Verbreitungsschwerpunkten in der Umgebung von Kastamonu, Sinop und Artvin.

NOTIZEN ZU EINIGEN FUNDORTEN

Goodyera repens ist in der Türkei äußerst selten. Sie wurde nur wenig beobachtet. Nur Renz & Taubenheim (1984) beschreiben mehrere Standorte, nämlich von den Nordhängen des Ilgaz-Passes (Kastamonu), südwestlich von Çatalzeytin (Kastamonu), südlich Sinop (Sinop), südlich Kulakkaya (Giresun), an der Straße von Dereköy nach Sivrikaya (Rize), westlich von Artvin (Artvin) und von den Nordhängen des Yalnızçam-Passes (Artvin).

Standortangaben liegen vor von Rückbrodt & Hansen (1992), die *Goodyera repens* 1983 an zwei Stellen in der Umgebung von Akkaya an der Straße von Tosya nach Kastamonu beobachteten. Zusammen mit *Cephalanthera rubra, Dactylorhiza bithynica, Dactylorhiza iberica, Epipactis helleborine, Epipogium aphyllum, Neottia nidus-avis* und *Platanthera bifolia* wurde *Goodyera repens* dort in einer Höhe von 1.500 m in einem Fichtenwald gefunden. Zaiss & Gügel haben dieses Gebiet 1993 besucht und dort *Goodyera repens* an neuen Standorten nachgewiesen. Die Angaben bei Akkaya konnten 1996 vom Verfasser bestätigt werden. Etwa 100 Exemplare mit sehr vielen Rosetten wurden an der alten Straße zwischen Tosya und Kas-

Akkaya (Kastamonu), 22.6.1996, C. A. J. Kreutz

Akkaya (Kastamonu), 22.6.1996, C. A. J. Kreutz

◀ **Akkaya (Kastamonu), 22.6.1996,** C. A. J. Kreutz

Akkaya (Kastamonu), 22.6.1996, C. A. J. Kreutz

Ilgaz-Paß (Kastamonu), 22.6.1996, C. A. J. Kreutz

tamonu (Kastamonu) in einem Fichtenwald mit einzelnen Kiefern und Eichengebüsch Ende Juni gefunden. An weiteren Orchideen wurden *Cephalanthera longifolia, Cephalanthera rubra, Dactylorhiza bithynica, Dactylorhiza romana, Epipactis pontica, Neottia nidus-avis, Orchis pinetorum* und *Platanthera chlorantha* festgestellt. An einem weiteren Standort von *Goodyera repens*, einige Kilometer entfernt, noch *Cephalanthera damasonium, Cephalanthera epipactoides, Neotinea maculata* und *Orchis purpurea*. In dieser Umgebung waren im gleichen Jahr noch weitere Stellen mit *Goodyera repens* zu finden, in einem Wald sogar zusammen mit *Corallorrhiza trifida, Epipogium aphyllum* und *Listera cordata*.

Auch an der westlichen Zufahrtsstraße nach Kastamonu wurde *Goodyera repens* entdeckt. In der Umgebung der Paßhöhe standen mehrere Pflanzen, zusammen mit *Corallorrhiza trifida, Epipogium aphyllum* und *Neottia nidus-avis* in Hochblüte.

BEMERKUNGEN

Goodyera repens bildet oberirdische Ausläufer, wodurch sie oft größere Populationen bildet. Die neue Rosette mit den geaderten Blättern erscheint bereits im Herbst, sodaß die Art auch in der vegetativen Phase leicht zu erkennen ist.

HYBRIDEN

Nicht nachgewiesen.

Ilgaz-Paß (Kastamonu), 22.6.1996, C. A. J. KREUTZ

Ilgaz-Paß (Kastamonu), 22.6.1996, C. A. J. KREUTZ

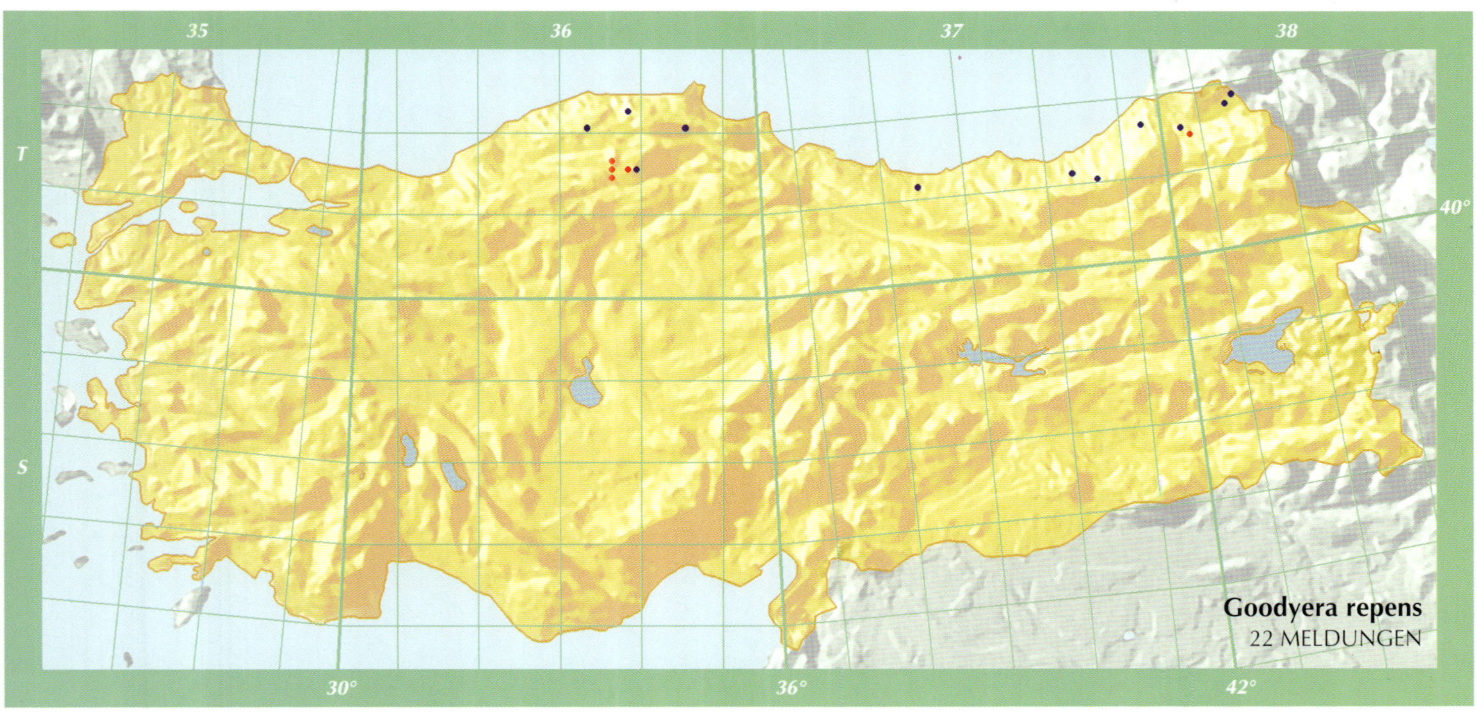

36

Gymnadenia conopsea (L.) R. Brown

Mücken-Händelwurz (in W. T. Aiton: Hort. Kew. ed. 2, 5: 191, 1813)

BASIONYM

Orchis conopsea L. (Spec. Plant. 2: 942, 1753)

SYNONYM

Gymnadenia pyrenaica Giraudias

BESCHREIBUNG

Kräftige und meist hochwüchsige Pflanze, durchschnittlich 40 bis 70 cm hoch. Untere Laubblätter schmal-lanzettlich und dicht gedrängt, die oberen linealisch-lanzettlich und im Bereich der Infloreszenz in Tragblätter übergehend, grün bis bläulichgrün, aufgerichtet bis schräg abstehend. Blütenstand gestreckt, zylindrisch, dicht- und vielblütig. Blüten ziemlich klein, rosa bis violett gefärbt, manchmal kommen auch weißblühende Exemplare vor. Seitliche Sepalen breit-lanzettlich und stumpf, horizontal abstehend, das mittlere Sepal mit den Petalen helmförmig zusammenneigend. Petalen kürzer als die Sepalen, eiförmig. Lippe breit-eiförmig, dreilappig. Seitenlappen etwas kürzer als der Mittellappen. Mittellappen ohne Zeichnung, aber mit weißlichem Grund. Sporn viel länger als der Fruchtknoten, abwärts gerichtet.

VARIABILITÄT

In der Türkei kommen auch sehr kräftige Pflanzen mit sehr breiten Laubblättern vor (bis 70 cm hoch), die eine sehr dichte und reichblütige Infloreszenz besitzen. Außerdem duften sie intensiver nach Vanille. Diese Pflanzen sind allgemein unter dem Namen *Gymnadenia conopsea* var. *densiflora* (Wahlenberg) Lindley bekannt.

ABGRENZUNG ZU ÄHNLICHEN ARTEN

Kaum verwechselbar.

STANDORT

Montane, frische Bergwiesen und Waldlichtungen; auf mäßig feuchten, basischen Böden.

BLÜTEZEIT

Ende Juni bis Anfang August.

HÖHENVERBREITUNG

Von 900 bis 2.800 m.

GESAMTVERBREITUNG

Fast ganz Europa, mit Ausnahme des südlichen mediterranen Florenbereichs, östlich bis in den Kaukasus, Nordiran bis zum Himalayagebirge.

VERBREITUNG IN DER TÜRKEI

Fast ausschließlich auf den nordöstlichen Teil beschränkt. Auch wurde sie vom Uludağ (Bithynischer Olymp) bei Bursa nachgewiesen (Taubenheim, 1979). Außerdem bei İstanbul.

NOTIZEN ZU EINIGEN FUNDORTEN

An mehreren Stellen im Değirmental südlich Maçka (Trabzon) kommt sie in alpinen und subalpinen Wiesen häufig vor, meist an mäßig feuchten Stellen, zusammen mit anderen Orchideenarten. Am Zigana-Paß in einer Höhe von etwa 2.000 m wachsen mehrere tausend Exemplare zusammen mit *Dactylorhiza euxina, Dactylorhiza urvilleana* und *Traunsteinera sphaerica.* Auch in höheren Lagen, wie zum Beispiel am Ovitdağı-Paß (Erzurum) wächst *Gymnadenia conopsea* auf Almwiesen und an Waldrändern in 2.000 bis 2.500 m Höhe, zusammen mit *Coeloglossum viride, Dactylorhiza euxina, Dactylorhiza urvilleana, Orchis mascula* und *Traunsteinera sphaerica.* Während einer Türkeireise im Juni 1996 wurde dort auch eine wohlriechende Pflanze mit extrem kurzem Sporn beobachtet, die aber höchstwahrscheinlich auch zu *Gymnadenia conopsea* gehört.

Direkt unterhalb des Soğanlı-Passes (Bayburt) in einer Höhe von 2.200 m, nördlich Bayburt, ist sie relativ häufig. Sie besiedelt hier vor allem grasige, felsige Bergwiesen und staudenreiche Mähwiesen in südwestexponierten Hanglagen, öfter in der Nähe von Bächen und Quellen. Sie wächst hier zusammen mit *Dactylorhiza euxina, Dactylorhiza urvilleana* und *Traunsteinera sphaerica.*

Weiterhin bildet sie auch schöne Bestände am Çam-Paß (Artvin). In diesen wunderschönen Almwiesen wächst sie in kräuterreichen Vegetationen mit vielen Liliengewächsen, meist nur von wenigen anderen Orchideen begleitet, unter anderem von *Platanthera chlorantha.*

In den niedrigen Lagen besiedelt *Gymnadenia conopsea* frische Mähwiesen und Trockenrasen, begleitet von *Ophrys apifera, Ophrys caucasica, Orchis stevenii* und *Orchis tridentata.*

HYBRIDEN

Nicht nachgewiesen.

◀ Ardahan-Şavşat (Artvin), 22.6.1996, C. A. J. Kreutz

Ardahan-Şavşat (Artvin), 22.6.1996, C. A. J. Kreutz

Ardahan-Şavşat (Artvin), 22.6.1996, C. A. J. Kreutz

Zigana-Paß (Trabzon), 1.7.1994, C. A. J. Kreutz

Ardahan-Şavşat (Artvin), 22.6.1996, C. A. J. Kreutz

Ardahan-Şavşat (Artvin), 22.6.1996, C. A. J. KREUTZ

Maçka (Trabzon), 30.6.94, C. A. J. KREUTZ

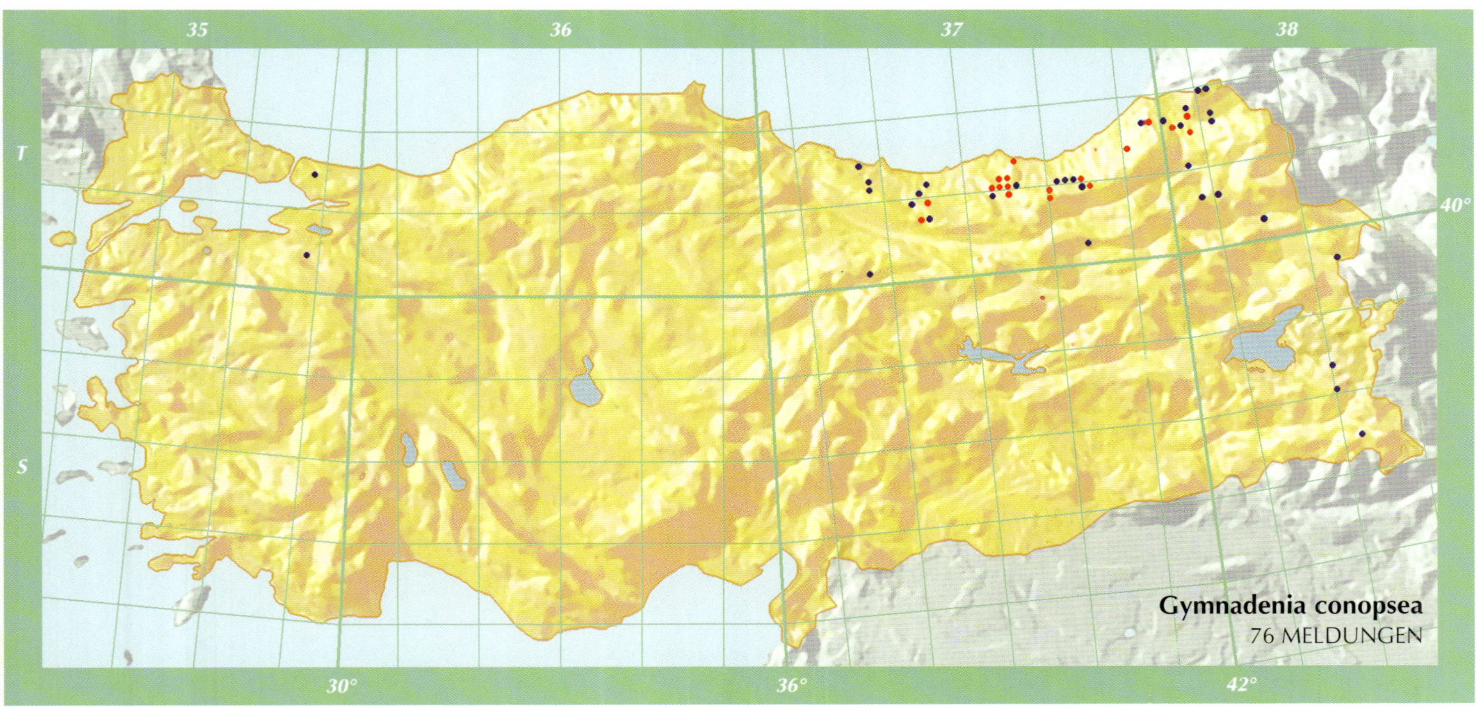

37 Himantoglossum affine (BOISSIER) SCHLECHTER

Orientalische Riemenzunge

(Feddes Repert. 15: 287, 1918)

BASIONYM

Aceras affinis BOISSIER (Fl. Orient. 5: 56, 1882)

SYNONYME

Loroglossum affine E. G. CAMUS, BERGON & A. CAMUS, *Himantoglossum bolleanum* (SIEHE) SCHLECHTER, *Himantoglossum hircinum* subsp. *affine* (BOISSIER) SUNDERMANN

BESCHREIBUNG

Kräftige, relativ schlanke Pflanze, bis etwa 80 cm hoch. Untere Laubblätter eiförmig-lanzettlich, die oberen lanzettlich und deutlich kleiner. Blütenstand sehr locker- und vielblütig, durchschnittlich 10 bis 30 Blüten. Blüten waagrecht bis schräg abstehend und locker angeordnet. Perigonblätter weißlichgrün (hellgrün) bis schmutzigbraun gefärbt, die Lippe meist grün und rötlich überlaufen, an der Basis weiß. Perigonblätter helmförmig zusammenneigend. Sepalen eiförmig bis eiförmig-lanzettlich. Petalen linealisch-lanzettlich. Lippe stark dreilappig, die beiden Seitenlappen am Rande wellig, der Mittellappen etwa 3 bis 5-mal so lang wie die Seitenlappen, gedreht; die Lippenbasis weiß, ohne Malzeichnung, die Ränder der beiden Seitenlappen rötlichbraun, der Mittellappen grünlich bis bräunlich. Sporn kegelförmig, schräg abwärts gerichtet, etwa 4 bis 5 mm lang.

ABGRENZUNG ZU ÄHNLICHEN ARTEN

Ähnelt *Himantoglossum caprinum* und *Himantoglossum montis-tauri*. *Himantoglossum affine* unterscheidet sich von *Himantoglossum caprinum* durch den sehr lockeren und langgestreckten Blütenstand und die hellgrün bis rötlich gefärbten, fast waagerecht abstehenden Blüten.

Himantoglossum montis-tauri unterscheidet sich von *Himantoglossum affine* durch den weniger lockeren bis langgestreckten Blütenstand und die mehr oder weniger olivgrün bis braun(rot) gefärbten Blüten; außerdem durch die roten Papillen auf der Lippe, sowie die sehr breiten Seitenlappen.

STANDORT

Lichte Eichen- und Laubwälder, Phrygana, Ödland; meist auf trockenen, felsigen, kalkreichen Böden.

BLÜTEZEIT

Anfang Mai in der Mittelmeer-Region bis Ende Juli in Zentralanatolien.

HÖHENVERBREITUNG

Von 50 m in der kollinen bis zur unteren montanen Stufe in etwa 1.300 m Höhe (BUTTLER, 1986).

GESAMTVERBREITUNG

Von der Peloponnes über einige Süd-Ägäische Inseln, über die Südtürkei bis in den nördlichen Teil von Israel (KREUTZ, 1993a). Auch in Irak und im Iran. Nach ALIBERTIS (1989b) kommt *Himantoglossum affine* auch auf Kreta vor, wo sie in den Weißen Bergen oberhalb von Anapolis gefunden wurde. Ob *Himantoglossum affine* tatsächlich in Kreta vorkommt, ist fraglich, weil in der gleichen Umgebung auch *Himantoglossum caprinum* und *Himantoglossum samariensis* Ch. & Ant. ALIBERTIS anzutreffen sind, zwei Arten, die sich nicht immer einwandfrei von *Himantoglossum affine* unterscheiden lassen, wobei *Himantoglossum caprinum* von Kreta vermutlich auch zu *Himantoglossum samariensis* gehört. Die Angabe von RÜCKBRODT (1987), in der er einen möglichen Fund von *Himantoglossum affine* für Kreta angibt, bezieht sich auf *Himantoglossum samariensis*. Vermutlich auch auf Lesbos (briefl. Mittlg. REINHARD, 1997).

VERBREITUNG IN DER TÜRKEI

Südtürkei, von İzmir bis Siirt. Auch bekannt von der Schwarzmeerküste bei Samsun und Eskişehir im Westen des Landes.

NOTIZEN ZU EINIGEN FUNDORTEN

Ein schöner Standort befindet sich in der Umgebung der antiken Stätte Aspendos (Antalya). Sehr typische und kräftige Exemplare wachsen hier in der Phrygana an trockenen Stellen.

Im Süden der Türkei, wie zum Beispiel auf den Friedhöfen in der Umgebung von Belören und auf dem Friedhof bei Karasinir (Konya) wachsen sehr viele Exemplare dieser stattlichen Art. Vor allem auf dem Friedhof bei Karasinir wachsen viele hunderte von Pflanzen.

Interessante und bekannte Standorte gibt es bei Gözne (İçel), wo die Art auf einem Friedhof mit vielen anderen Orchideen zusammen vorkommt.

Während eines Besuchs im Jahre 1997 wurde *Himantoglossum affine* an der Straße Diyarbakır - Elazığ an mehreren neuen Fundorten nachgewiesen. Sie wächst hier gerne in dichtem Eichengebüsch, manchmal auch am Rande davon. Öfter wird sie hier von *Cephalanthera kotschyana*, sehr selten auch von *Comperia comperiana* begleitet. Die Pflanzen stellen typische Exemplare dar und blühen ab Ende Mai. Weitere potentielle Biotope, in denen die Art vorkommen könnte, befinden sich südöstlich der Stadt Elazığ (Elazığ), nördlich der Straße Elazığ-Diyarbakır gegenüber dem Hazarsee.

◀ **Aspendos (Antalya), 7.5.1988,** W. LÜDERS

Belören (Konya), 19.5.1995, C. A. J. KREUTZ

Kulp (Diyarbakır), 9.5.1989, H.-W. Zaiss

Güneköy (Elazığ), 26.5.1997, C. A. J. Kreutz

Güneköy (Elazığ), 26.5.1997, C. A. J. Kreutz

Vezirköpru (Samsun), 24.6.1994, C. A. J. Kreutz

Typische Pflanzen wachsen im botanisch sehr wertvollen Gebiet um Lice-Kulp (Diyarbakır). In und am Rande von Eichengebüsch ist diese schlanke und zierliche Orchidee nicht selten. Leider wird der Bestand hier durch das Ausgraben der Knollen und Überbeweidung stark geschädigt.

An der Schwarzmeerküste bei Vezirköpru (Samsun) besitzt *Himantoglossum affine* ein isoliertes und eines ihrer nördlichsten Vorkommen. Auf verschiedenen alten und verlassenen Friedhöfen wachsen hier einige Exemplare im Schatten von Eichengebüsch, zusammen mit *Anacamptis pyramidalis* und *Epipactis persica*. *Himantoglossum affine* wurde 1997 (Schönfelder, Fundliste) auch westlich von Vizirköprü (Samsun) gefunden, hier von *Cephalanthera damasonium, Cephalanthera epipactoides, Cephalanthera rubra* und *Comperia comperiana* begleitet. Auch südlich von Samsun, an der Straße Çayırkent - Kavak (Samsun), wurden auf einem alten, verlassenen Friedhof etwa 10 Exemplare dieser Art gefunden. Auch auf einem Friedhof in der Umgebung von Ladik kommt *Himantoglossum affine* vor, dort unter anderem mit *Comperia comperiana* (Gügel & Neumayr, Fundliste 1985).

BEMERKUNGEN

Himantoglossum affine ist in der Türkei selten, aber weit verbreitet. Sie ist stark bedroht, da viele ihrer Standorte intensiv beweidet und ihre Knollen oft ausgegraben werden. Hauptsächlich im Schutz von Eichengebüsch können viele Planzen überleben. Typische Exemplare von *Himantoglossum affine* findet man jedoch in Zentral- und Südanatolien.

PROBLEMATIK

Besonders in Nordanatolien kommen Pflanzen vor, die schwer *Himantoglossum affine* oder *Himantoglossum caprinum* zuzuordnen sind. Diese Pflanzen stellen höchstwahrscheinlich eine neue Sippe dar oder sind zu *Himantoglossum calcaratum* zu stellen.

Wood (1984) berichtet auch von Pflanzen aus dem Irak, die weder bei *Himantoglossun caprinum* noch bei *Himantoglossum affine* einzuordnen sind. Er beschreibt deshalb eine neue Varietät, nämlich *Himantoglossum hircinum* subsp. *affine* (Boissier) Sundermann var. *pseudocaprinum* J. J. Wood ('*Himantoglossum affine* var. *pseudocaprinum*'). Nach Wood (1984) unterscheidet sich diese Varietät von *Himantoglossum affine* und *Himantoglossum caprinum* durch ihren 45-50 mm langen und den 15 mm tief gespaltenen Mittellappen und die 1-2 mm breiten Seitenlappen. Die irakischen Pflanzen blühen schon im April. Vermutlich kommen diese Pflanzen auch im Südosten der Türkei vor. Weitere Untersuchungen, sowie statistische Messungen sind erforderlich um festzustellen, welche Sippen neben *Himantoglossum affine*, *Himantoglossum caprinum* und *Himantoglossum montis-tauri* in der Türkei vorkommen.

HYBRIDEN

Siehe Problematik.

Gözne (İçel), 10.5.1988, C. A. J. Kreutz

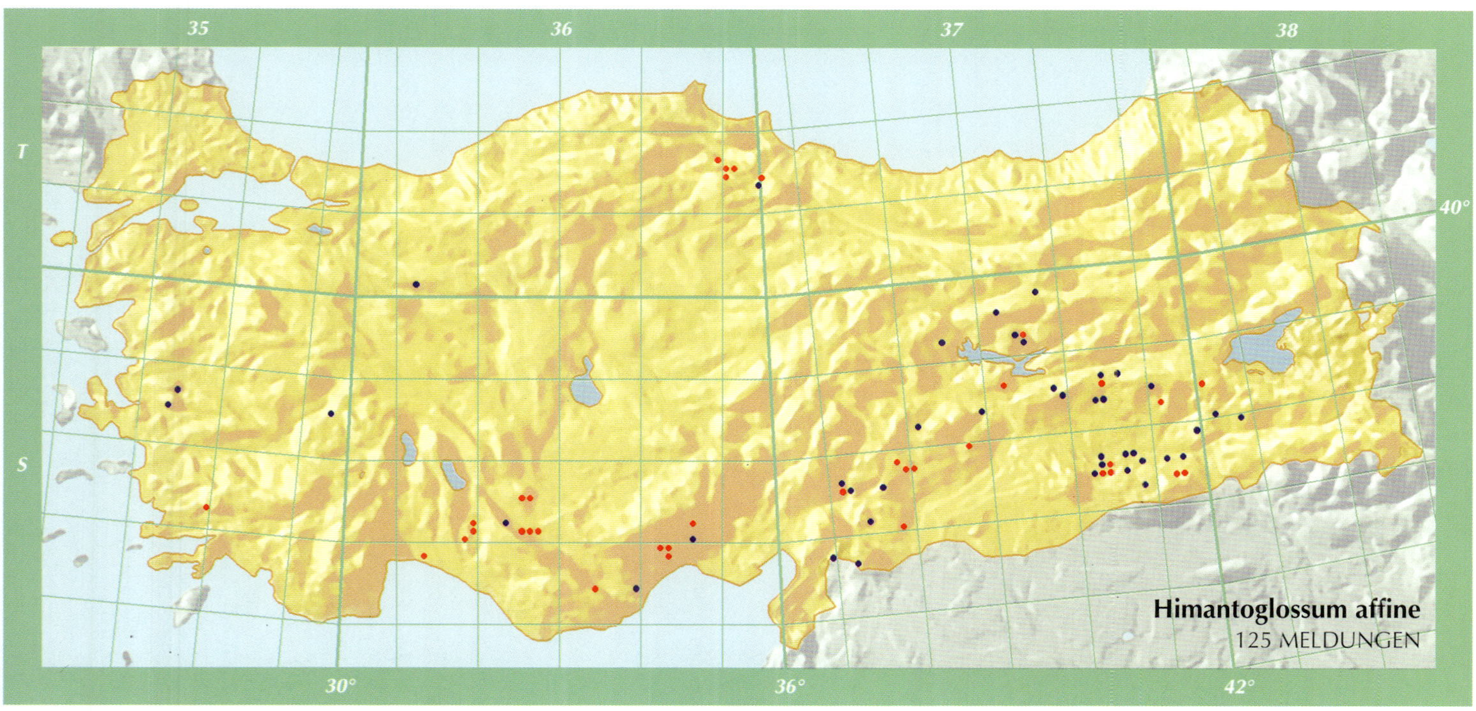

38 Himantoglossum caprinum (M. F. A. von Bieberstein) Sprengel

Ziegen-Riemenzunge (Syst. Veg., ed. 16 (3): 694, 1826)

BASIONYM

Orchis caprina M. F. A. von Bieberstein (Fl. Taur.- Cauc. 3: 602, 1819)

SYNONYM

Himantoglossum hircinum subsp. *caprinum* (M. F. A. von Bieberstein) Sundermann

BESCHREIBUNG

Kräftige bis sehr kräftige Pflanze, bis 90 cm hoch. Untere Laubblätter eiförmig-lanzettlich bis schmal-lanzettlich, die oberen schmal-lanzettlich, aufwärts gerichtet. Blütenstand langgestreckt, vielblütig, meist zwei Drittel der gesamten Pflanze einnehmend mit durchschnittlich 20 bis 50 Blüten. Blüten schräg abstehend, locker am Stengel angeordnet. Perigonblätter grünlichweiß und stark rötlich überlaufen oder braunrot geadert, bisweilen rotbraun bis leuchtend dunkelrot gefärbt; die Lippe an der Basis grünlichweiß bis weiß und mit dunkelroten Punkten besetzt, die beiden Seitenlappen und der Mittellappen rotbraun bis rötlich. Perigonblätter helmförmig zusammenneigend. Sepalen eiförmig bis eiförmig-lanzettlich. Petalen schmal-lanzettlich. Lippe stark dreilappig, die beiden Seitenlappen am Rande wellig bis gezähnelt, der Mittellappen etwa 3 bis 6-mal so lang wie die Seitenlappen, schwach gedreht. Sporn lang, kegelförmig, schräg abwärts gerichtet, durchschnittlich 5 mm lang.

ABGRENZUNG ZU ÄHNLICHEN ARTEN

Ähnelt *Himantoglossum affine* und *Himantoglossum montis-tauri*. *Himantoglossum caprinum* unterscheidet sich aber von *Himantoglossum affine* unter anderem durch den kräftigeren Wuchs, einen dichteren Blütenstand, die schräg abstehenden Blüten und die dunkelrote Blütenfarbe.

Himantoglossum montis-tauri unterscheidet sich von *Himantoglossum caprinum* durch den sehr lockeren Blütenstand und die weniger olivgrün bis braun(rot) gefärbten Blüten; außerdem durch die roten Papillen auf der Lippe und die sehr breiten Seitenlappen.

STANDORT

Eichengebüsch, am Rande landwirtschaftlich genutzter Wiesen und in lichten Eichen- und Nadelwäldern; auf trockenen, kalkreichen Böden.

BLÜTEZEIT

Mitte Juni bis etwa Ende Juli.

HÖHENVERBREITUNG

Von 200 bis etwa 1.500 m.

GESAMTVERBREITUNG

Balkanhalbinsel (nördlich bis zur Slowakei), die nördlichen Ägäischen Inseln, von Kreta (?) über die Türkei bis in die kaukasische Region. Auch auf der Krim. Die Angaben für Kreta beziehen sich nach Alibertis (1989b) höchstwahrscheinlich alle auf *Himantoglossum samariensis*. *Himantoglossum caprinum* kommt vermutlich auch auf Lesbos (Gölz & Reinhard, 1989a; Krey, et al., 1989; Biel 1998) vor.

VERBREITUNG IN DER TÜRKEI

Vor allem auf den nordwestlichen Teil des Landes beschränkt.

NOTIZEN ZU EINIGEN FUNDORTEN

Himantoglossum caprinum ist in der Türkei sehr selten. Viele ihrer Standorte sind durch übermäßige Beweidung und eine zu frühe Mahd stark bedroht. Im Schutz der Eichengebüsche können aber Pflanzen überleben. *Himantoglossum caprinum* bildet an der Straße zum Abantsee schöne Bestände. Inmitten von Eichengebüsch wachsen vereinzelt mehrere Exemplare dieser wunderschönen und stattlichen Art, wo sie vor Schafen und Ziegen geschützt sind.

In den ausgedehnten Weidegebieten um Bolu und Mengen (Bolu), wo früher viele Pflanzen gefunden wurden, ist sie durch übermäßige Beweidung stark bedroht. In dieser Gegend sind aber noch immer vereinzelt Exemplare zu finden, vor allem an grasigen Stellen im Schutze von Kiefern und Wacholdern an der Straße von Bolu nach Mengen. Die Blüten dieser Pflanzen sind sehr kräftig und dunkelrot bis dunkelpurpurn gefärbt und blühen etwa Ende Juni.

Überraschend war der Fund dieser Art im Soğuksu Milli Park bei Kizilcahamam (Ankara). Im Eichengebüsch und im Ödland mit einer besonders schönen und seltenen Flora wurden Anfang Juli 1996 einige Exemplare, zusammen mit *Cephalanthera epipactoides, Cephalanthera damasonium, Epipactis helleborine, Epipactis turcica* und *Limodorum abortivum* nachgewiesen.

Auch auf dem Friedhof südlich Kabalı (Sinop), der zu dieser Zeit noch nicht beweidet war, wachsen durchschnittlich etwa 10 Exemplare inmitten von hunderten Pflanzen von *Anacamptis pyramidalis*.

In einer Wiese am Rande eines Kiefernwaldes bei Kandıra (Kocaeli) hat Taubenheim (Diaarchiv) ein außerordentlich reichblütiges Exemplar fotografiert. Die Pflanze war etwa einen Meter hoch und trug ca. 200 Blüten, wobei die Lippen mindestens 10 cm lang und stark gedreht waren.

PROBLEMATIK

Es bleibt zu klären, ob die türkischen Pflanzen mit denen aus Griechenland (Kreutz, 1994b), Bulgarien, Rumänien und der Krim übereinstimmen. Vor allem die Pflanzen in Nordgriechenland sind arm- und lockerblütiger. Die Pflanzen im Schwarzmeergebiet zeigen Merkmale von *Himantoglossum calcaratum*. Besonders im Gebiet zwischen Bolu und Samsun, in der Nähe des Abantsees und in der Gegend von Mengen, sowie auf dem Friedhof bei Kabalı (Sinop) kommen Pflanzen vor, die schwer *Himantoglossum caprinum* zuzuordnen sind. Die Pflanzen sind sehr kräftig und der Blütenstand ist ziemlich dicht und vielblütig. Die Blüten sind leuchtend dunkelrot und ihre Mittellappen sind oft mehr als 90 mm lang. Diese Pflanzen tendieren deutlich zu *Himantoglossum calcaratum*, einer Art, die in Bosnien-Herzegowina, Montenegro und im nördlichen Mazedonien vorkommt. Der Sporn ist jedoch durchschnittlich sehr kurz, etwa 5 mm lang, breitkonisch, leicht gebogen und etwas zugespitzt, wie er charakteristisch für *Himantoglossum caprinum* ist. Auch Vöth (1970), Nieschalk & Nieschalk (1976), Sundermann (1980), Weyland (1987), Rückbrodt & Hansen (1992) weisen auf die Problematik dieser Gattung in der Türkei hin. Daher bedarf der Komplex *Himantoglossum* in der Türkei noch weiterer Untersuchungen. Genau wie Rückbrodt & Hansen im Jahre 1992 berichten, könnte es sich bei den Pflanzen zwischen Bolu und Samsun um eine eigenständige Sippe handeln. Bis zur endgültigen Klärung dieses taxonomischen Problems werden die Funde aus diesem Gebiet, die möglicherweise eine Übergangsform zwischen *Himantoglossum caprinum* und *Himantoglossum calcaratum* darstellen, zur erstgenannten Art gestellt.

Diese Pflanzen stimmen nicht mit der Varietät, die von Wood 1984 aus dem Irak beschrieben wurde, überein (*Himanto-*

◀ **Abant (Bolu), 23.6.1994,** C. A. J. Kreutz

Kabalı (Sinop), 23.6.1994, C. A. J. Kreutz

Abant (Bolu), 23.6.1994, C. A. J. Kreutz

Kabalı (Sinop), 23.6.1994, C. A. J. Kreutz

Abant (Bolu), 23.6.1994, C. A. J. Kreutz

Abant (Bolu), 23.6.1994, C. A. J. Kreutz

Kabalı (Sinop), 23.6.1994, C. A. J. KREUTZ

Mengen (Bolu), 5.7.1996, C. A. J. KREUTZ

glossum hircinum subsp. *affine* (BOISSIER) SUNDERMANN var. *pseudocaprinum* J. J. WOOD ('*Himantoglossum affine* var. *pseudocaprinum*')). Diese Pflanzen sind außerdem nicht zu verwechseln mit *Himantoglossum montis-tauri*, die aus der Provinz Antalya beschrieben wurde.

GÖLZ & REINHARD (1984) haben den Komplex von *Himantoglossum caprinum/calcaratum* auf der Balkanhalbinsel untersucht und sind zum Ergebnis gekommen, daß zwischen denjenigen Pflanzen, die als *Himantoglossum caprinum* und denjenigen, die als *Himantoglossum calcaratum* bezeichnet werden, außer der Sporndimension, kein einziger signifikanter Unterschied besteht. Außerdem streut diese Spornlänge auch innerhalb 'reiner' *calcaratum*-Populationen erheblich in dem Sinne, daß kurze Sporne aus *calcaratum*- etwa gleichlang wie die längeren aus *caprinum*-Populationen sind. Außerdem haben GÖLZ & REINHARD (1984) festgestellt, daß beide Sippen unglaublich variabel sind, wobei die auffälligen Merkmale (Lippenlänge, Seitenlappenlänge, Spornlänge) paarweise nicht oder höchstens unbedeutend korreliert sind.

HYBRIDEN

Siehe Problematik.

Abant (Bolu), 23.6.1994, C. A. J. Kreutz

Gerede (Bolu), 19.6.1996, C. A. J. Kreutz

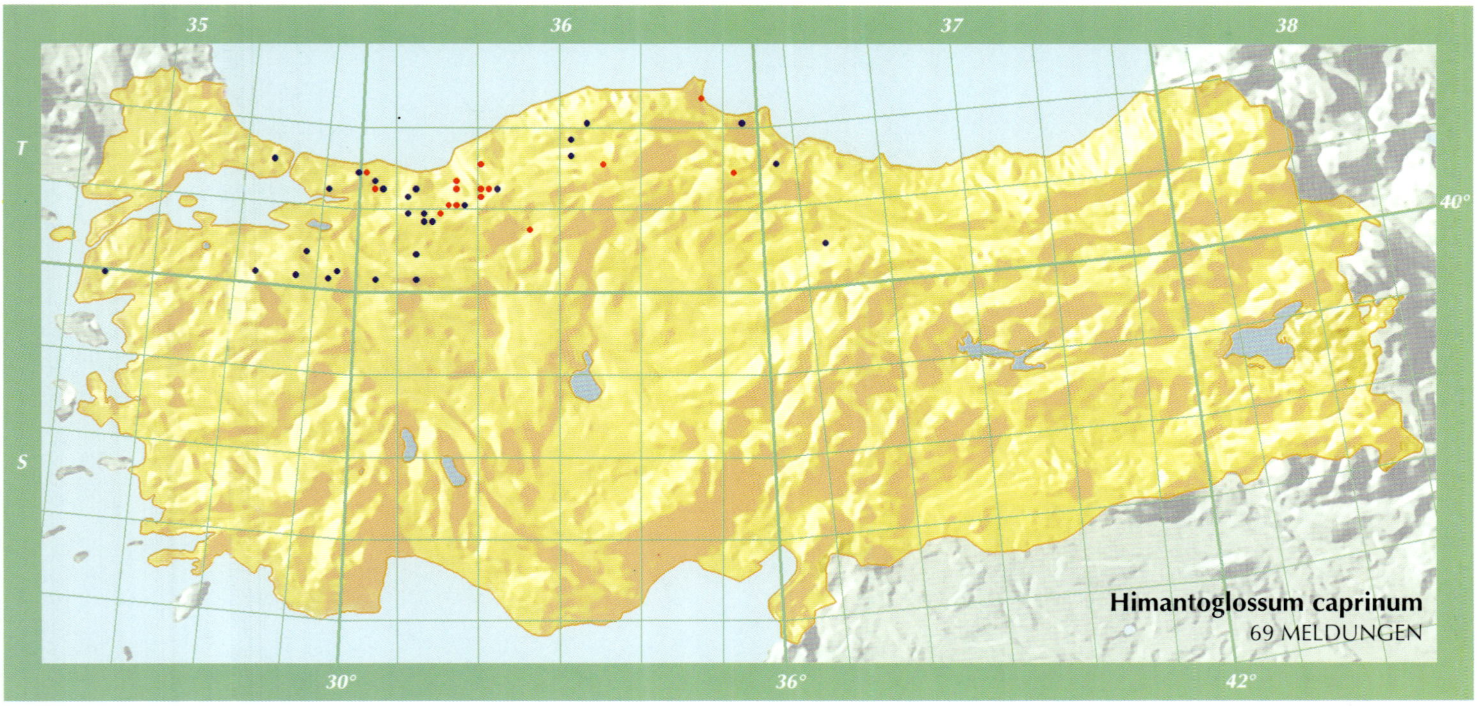

39 Himantoglossum montis-tauri

C. A. J. KREUTZ & W. LÜDERS

Taurus-Riemenzunge

(Jour. Eur. Orch. 29 (4): 655, 1997)

BESCHREIBUNG

Mittelgroße bis sehr kräftige Pflanze, etwa 20 bis 90 cm hoch. Untere Laubblätter überwiegend grundständig, eiförmig-lanzettlich, die oberen kleiner werdend, lanzettlich. Blütenstand langgestreckt, meist etwa zwei Drittel der gesamten Pflanze einnehmend, durchschnittlich 8 bis 30 Blüten. Blüten schräg bis waagrecht abstehend, locker am Stengel angeordnet. Tragblätter etwa doppelt so lang wie die Fruchtknoten. Perigonblätter eiförmig (die Petalen schmal-lanzettlich, die beiden seitlichen Sepalen breit-eiförmig) und einen großen Helm bildend, an der Außenseite grün, bisweilen rotbraun überlaufen, innen braunrot geadert mit braunroten Punkten. Lippe stark dreilappig, leicht gewölbt, olivgrün (selten braungrün) mit roten Papillen auf der hellen (weißen) Fläche an der Basis; Mittellappen 40 bis 70 mm lang und ca. 20 mm tief gespalten, etwa 4 bis 7-mal so lang wie die beiden Seitenlappen, wenig gedreht; die beiden Seitenlappen etwa 7 bis 10 mm lang und 8 bis 11 mm breit (dreieckig und sehr breit), am Rande wellig bis gezähnelt, olivgrün. Sporn sackförmig, nach unten gerichtet, etwa 3 bis 4 mm lang. Schwach duftend.

ABGRENZUNG ZU ÄHNLICHEN ARTEN

Verwechslungen mit *Himantoglossum caprinum* und *Himantoglossum affine* sind möglich.

Himantoglossum caprinum unterscheidet sich von *Himantoglossum montis-tauri* unter anderem durch den kräftigeren Wuchs, den dichteren Blütenstand, schräg abstehende Blüten und die dunkelrote Blütenfarbe.

Himantoglossum montis-tauri unterscheidet sich von *Himantoglossum affine* durch andere Blütendimensionen, den ziemlich lockeren bis langgestreckten Blütenstand und die mehr oder weniger olivgrün bis braun(rot) gefärbten Blüten; außerdem durch die roten Papillen auf der Lippe und die sehr breiten Seitenlappen.

STANDORT

Eichengebüsche, grasige Wiesenflächen und lichte Eichen- und Nadelwälder; auf trockenen, kalkreichen Böden.

BLÜTEZEIT

Mitte Mai bis etwa Ende Juni. Blüht früher als *Himantoglossum affine* und *Himantoglossum caprinum*.

HÖHENVERBREITUNG

Von 800 bis etwa 1.200 m.

GESAMTVERBREITUNG

In der Südwesttürkei und auf Lesbos.

VERBREITUNG IN DER TÜRKEI

Nur aus der Umgebung von Akseki, Ibrâdı, Cevizli, Kuyuçak und Termessos (Antalya) bekannt.

NOTIZEN ZU EINIGEN FUNDORTEN

Himantoglossum montis-tauri ist in der Türkei sehr selten und nur von wenigen Fundstellen bekannt, von denen heute noch vier existieren.

Ein kleiner lokaler Bestand mit etwa 30 blühenden Exemplaren befindet sich vor allem im offenen Gelände, aber auch in den lokkeren Kiefernwäldern an der Straße von Akseki nach Ibrâdı (Aydınkent). LÜDERS hat diese Pflanzen hier erstmals 1989 gesehen. Einige Jahre später hatte sich der Bestand vergrößert, weil inzwischen die Weidewirtschaft in diesem Gebiet verboten war. Leider wurden an diesem Standort 1996 sehr viele Pflanzen ausgegraben. Im Jahre 1997 wurden an diesem Standort etwa 15 blühende Pflanzen gezählt. Die Blütezeit fängt hier Mitte Mai an und endet Mitte Juni. Etwa zwei Wochen früher blüht an diesem Standort außerdem die seltene und zierliche *Comperia comperiana*.

Ein anderer Standort befindet sich in den Wäldern nördlich Cevizli. In den Jahren 1995 und 1997 wurde *Himantoglossum montis-tauri* an dieser Fundstelle beobachtet. Es handelt sich hier um ein isoliertes Vorkommen mit nur wenigen Pflanzen. Trotz längerer Suche in der weiteren Umgebung wurden keine Pflanzen mehr gefunden. Die Blütezeit liegt hier Mitte Juni. An der gleichen Fundstelle kommen auch noch *Cephalanthera damasonium*, *Cephalanthera rubra*, *Comperia comperiana*, *Epipactis microphylla*, *Ophrys straussii*, *Orchis anatolica* und *Orchis tridentata* vor.

Weiter nördlich an der Straße von Cevizli nach Beyşehir (Antalya) befindet sich noch ein Standort. In der weiteren Umgebung vom Holzlagerplatz, beim Abzweig nach Kuyuçak kommt *Himantoglossum montis-tauri* vereinzelt vor. Sie wächst hier in den lokkeren Kiefernwäldern, in Begleitung von *Dactylorhiza romana*, *Ophrys cilicica*, *Orchis anatolica*, *Orchis pinetorum*, *Orchis syriaca* und *Orchis tridentata*. Wegen der Höhenlage liegt ihre Blütezeit in diesem Gebiet erst Ende Juni.

JANSEN (mündl. Mittlg., 1996) hat *Himantoglossum montis-tauri* auch im Ausgrabungsgelände von Termessos (Antalya) gesehen. Diese Angabe konnte 1997 vom Verfasser bestätigt werden. In der weiteren Umgebung der fünf Wasserzisternen wuchsen etwa 10 Pflanzen, die etwa Ende Mai zur Blüte kommen. Obwohl am Eingang von Termessos eine große Hinweistafel steht, daß es verboten ist Pflanzen zu pflücken oder auszugraben, konnte gerade noch verhindert werden, daß der gesamte Bestand ausgehackt wurde. Auch LÄPPLE (briefl. Mittlg., 1979) hat die Pflanzen bei Termessos gefunden. Seine Bilder zeigen eindeutig *Himantoglossum montis-tauri*. In der direkten Umgebung kom-

◀ **Ibrâdı (Antalya), 1.6.1997,** C. A. J. KREUTZ

Ibrâdı (Antalya), 1.6.1997, C. A. J. KREUTZ

Ibrâdı (Antalya), 1.6.1997, C. A. J. Kreutz

Cevizli (Antalya), 1.6.1997, C. A. J. Kreutz

Ibrâdı (Antalya), 1.6.1997, C. A. J. Kreutz

Cevizli (Antalya), 1.6.1997, C. A. J. Kreutz

men außerdem noch *Ophrys labiosa, Ophrys minoa, Ophrys reinholdii, Ophrys straussii* und deren Übergangsformen vor. Schließlich gibt SUNDERMANN (Fundliste 1976) *Himantoglossum montis-tauri* vom Friedhof östlich des Dorfes Emiraşiklar Köyü, an der Straße von Akseki nach Ibrâdı (Aydınkent) unter dem Namen *Himantoglossum affine*? an. Hieraus geht hervor, daß auch SUNDERMANN damals schon Probleme hatte, diese Pflanzen zu bestimmen. In letzter Zeit wurde dieser Friedhof von vielen Orchideenfreunden besucht, aber Funde dieser Art konnten nicht mehr bestätigt werden.

BEMERKUNGEN

LÜDERS (briefl. Mittlg., 1995) berichtet zum ersten Mal über Pflanzen aus der Umgebung von Akseki (Antalya), die weder *Himantoglossum caprinum* noch *Himantoglossum affine* zuzuordnen sind. Bei diesen Pflanzen ist der Blütenstand sehr locker und die Stellung der Blüten etwa intermediär zwischen denjenigen von *Himantoglossum affine* und *Himantoglossum caprinum*. Ferner sind die Blüten weniger intensiv rötlich gefärbt. Auffallend sind die roten Papillen auf der Lippe. LÜDERS fand diese Pflanzen bereits im Jahre 1988.

Die Zuordnung der auf Lesbos (GÖLZ & REINHARD, 1989a; KREY et al., 1989; BIEL, 1998) gefundenen Pflanzen zu *Himantoglossum affine* oder zu *Himantoglossum caprinum* ist problematisch. Hier kommen, wie in der Türkei auch, sowohl typische *Himantoglossum affine* als auch Pflanzen vor, die entweder zu *Himantoglossum caprinum* oder zu *Himantoglossum affine* gehören und die möglicherweise Übergangsformen oder Hybriden zwischen den beiden Arten darstellen. REINHARD (briefl. Mittlg., 1997) berichtet von zwei *Himantoglossum*-Standorten auf Lesbos. An einem kommt seiner Ansicht nach *Himantoglossum affine* vor, während er auf dem anderen Pflanzen vorfand, die nicht eindeutig einer Art zuzuordnen sind. Nach eingehendem Studium von Bild- und Herbarmaterial hat sich herausgestellt, daß diese Pflanzen mit *Himantoglossum montis-tauri* übereinstimmen. Auch nach PETER (briefl. Mittlg., 1997) stimmen die betreffenden Pflanzen von Lesbos mit *Himantoglossum montis-tauri* von der Türkei überein. Auf Lesbos sind inzwischen acht Standorte von *Himantoglossum* bekannt geworden, die sich alle in den höheren lagen des Olympos-Massivs (Megalohori) befinden. Die Pflanzen wachsen dort in lockeren Kiefernwäldern, im Eichengebüsch und in grasigen Terrassen auf Schiefer- und Kalkverwitterungsböden. An allen derzeit bekannten Standorten kommen nur ganz wenige Pflanzen vor. Ob diese Pflanzen zu *Himantoglossum affine* oder zu *Himantoglossum montis-tauri* gehören, muß noch weiter untersucht werden. Leider wurde der überwiegende Teil der gemeldeten Standorte durch den verheerenden Waldbrand vom August 1994 vernichtet (BIEL, 1998).

Himantoglossum montis-tauri ist nicht mit *Himantoglossum samariensis* zu verwechseln. Die zuletzt genannte Art hat eine viel schmalere, schräg abstehende rotviolette Lippe mit heller Basis (ohne rote Papillen), wobei der 10 bis 13 mm tief gespaltene Mittellappen 30 bis 55 mm lang ist und die Länge der gleichfalls rotvioletten Seitenlappen 9 bis 15 mm beträgt (RÜCKBRODT, 1987). Die Seitenlappen von *Himantoglossum samariensis* sind damit viel schmaler und kleiner und nicht so groß und dreieckig wie bei *Himantoglossum montis-tauri*. Darüberhinaus sind die Tragblätter von *Himantoglossum samariensis* wesentlich länger.

Himantoglossum montis-tauri ist jedenfalls auch nicht mit *Himantoglossum hircinum* subsp. *affine* (BOISSIER) SUNDERMANN var. *pseudocaprinum* ('*Himantoglossum affine* var. *pseudocaprinum*') zu verwechseln, die von WOOD 1984 aus dem Irak beschrieben wurde.

Die von SIEHE (1898) beschriebene *Aceras bolleana*, die von SCHLECHTER 1918 als *Himantoglossum bolleanum* (SIEHE) SCHLECHTER zu der Gattung *Himantoglossum* gestellt wurde, ist *Himantoglossum affine* zuzuordnen.

Ob die türkischen Pflanzen und die Zwischenformen von Lesbos als hybridogen oder als Entwicklungsstufen (Übergangsformen) zu betrachten sind, bleibt nach Meinung von REINHARD (briefl. Mittlg., 1997) umstritten. Jedoch wurden in der Vergangenheit schon mehrere derartige Übergangsformen als Arten beschrieben.

Genau wie die erst kürzlich beschriebene hybridogen entstandene *Orchis*-Sippe (*Orchis sezikiana*) zwischen *Orchis anatolica* und *Orchis quadripunctata* (B. & H. BAUMANN, 1991) oder die durch Hybridisierung von *Ophrys amanensis* mit *Ophrys straussii* entstandene *Ophrys antiochiana* (PETER, 1992), ist wahrscheinlich auch *Himantoglossum montis-tauri* zu betrachten. Wie unter anderem *Ophrys homeri* und *Ophrys lesbis* ist auch *Himantoglossum montis-tauri* eine auf der Südostägäis beschränke Sippe mit einer sehr eng begrenzten Verbreitung.

HYBRIDEN

Keine Nachweise bekannt.

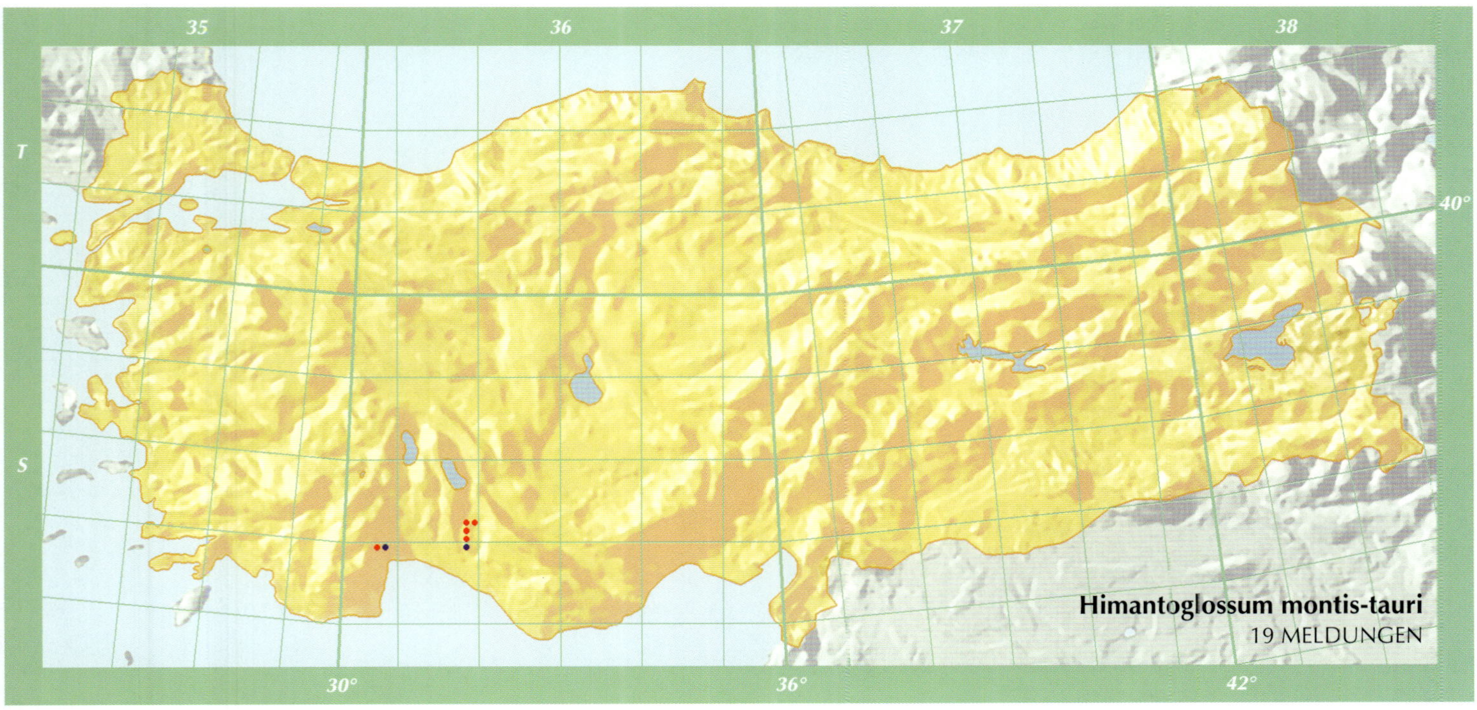

40 Limodorum abortivum (L.) SWARTZ

Violetter Dingel

(Nova Acta Reg. Soc. Sci. Uppsal. 6: 80, 1799)

Güneköy (Elazığ), 26.5.1997, C. A. J. KREUTZ

Kumluca (Antalya), 5.4.1997, C. A. J. KREUTZ

BASIONYM

Orchis abortiva L. (Spec. Plant. 2: 943, 1753)

BESCHREIBUNG

Robuste und hochwüchsige Pflanze ohne Laubblätter, aber mit zahlreichen, kurzen, scheidenförmigen Blattschuppen. Stengel und Blattschuppen bläulich bis violett gefärbt. Blütenstand gestreckt, viel- und lockerblütig. Blüten groß und purpurviolett. Petalen länglich-eiförmig, die seitlichen abstehend bis zurückgeschlagen, das mittlere stark nach vorne gebogen. Petalen schmal-lanzettlich, abstehend bis zurückgeschlagen und kürzer als die Sepalen. Manchmal bilden die Perigonblätter einen lockeren Helm. Lippe aus zwei Teilen bestehend. Hypochil schmal mit hochstehenden Rändern, hellviolett. Epichil oval, wobei die Ränder nach oben gekrümmt sind, weißlich bis hellviolett mit dunkelvioletten Längslinien. Sporn etwa so lang wie der Fruchtknoten und abwärts gerichtet.

VARIABILITÄT

LINKER (Fundliste 1995) berichtet von fast rein weißblütigen *Limodorum abortivum*-Pflanzen mit zierlichen, weißgrünen Stengeln aus der Umgebung von Marmaris (Muğla). Es handelt sich hier nicht um *Limodorum abortivum* subsp. *gracile*, die von B. & E. WILLING aus der Umgebung von Megalopolis (Peloponnes, Griechenland) beschrieben wurde. Bildmaterial von LINKER bestätigt dies.

ABGRENZUNG ZUR ANDEREN UNTERART

Ähnelt *Limodorum abortivum* var. *rubrum*. Dieser unterscheidet sich durch die purpurviolette Blütenfarbe und die meist gelbliche Farbe des mittleren Teils des Epichils.

STANDORT

Macchien, Phrygana, Gebüschränder, lichte Kiefern-, Eichen- und Mischwälder; auf basenreichen oder kalkhaltigen Böden.

BLÜTEZEIT

Mitte April in küstennahen Gebieten bis Mitte Juli in montanen Lagen.

HÖHENVERBREITUNG

Von der Küste bis 2.300 m.

GESAMTVERBREITUNG

Mitteleuropa und Mittelmeergebiet; nördlich bis Südbelgien und Luxemburg, Zentraldeutschland, Österreich und Rumänien; östlich bis in die Kaukasusländer und den Nordiran, südlich bis Nordafrika, Kreta, Zypern und Israel.

VERBREITUNG IN DER TÜRKEI

Weit verbreitet im ganzen Land, selten in der Inneranatolischen und Südostanatolischen Region.

NOTIZEN ZU EINIGEN FUNDORTEN

Limodorum abortivum ist besonders in der Ägäis- und der Mittelmeer-Region weit verbreitet und stellenweise häufig. Dies hängt natürlich auch damit zusammen, daß diese Art in der Türkei nicht ausgegraben wird, weil sie keine Knollen hat. An vielen Stellen bildet sie in lichten Kiefernwäldern große Populationen.

Besonders im Südwesten ist die Art nicht selten. Zerstreut wächst sie dort an vielen Stellen in lichten Kiefernwäldern in der Umgebung von Muğla und Karaböğürtlen (Muğla). An vielen Standorten wird sie oft begleitet von anderen Orchideenarten, wie zum Beispiel von *Anacamptis pyramidalis*, *Cephalanthera epipactoides*, *Neotinea maculata*, *Orchis anatolica*, *Orchis italica*, *Orchis morio* subsp. *picta*, *Orchis*

◄ Yayladağı (Hatay), 11.5.1988, C. A. J. KREUTZ

Güneköy (Elazığ), 26.5.1997, C. A. J. Kreutz

Güneköy (Elazığ), 26.5.1997, C. A. J. Kreutz

provincialis, Orchis simia, Orchis tridentata, Serapias bergonii und *Serapias orientalis* subsp. *carica*.

Zahlreiche große, sehr gut entwickelte Pflanzen wachsen in den Kiefernwäldern, wie in den ausgedehnten Kiefernwäldern an der Straße von Yatağan nach Kavaklıdere (Muğla), im Ausgrabungsgelände von Phaselis (Antalya) und an den Rändern und an offenen Stellen in der Umgebung von Gülnar (İçel). Einige Kilometer südlich von Pozantı (Adana) wachsen riesige Exemplare in einem lichten Kiefernwald. Es sind besonders schön violettgefärbte Pflanzen, die inmitten einer Population von rötlichen *Cephalanthera kurdica* stehen.

In der Schwarzmeer-Region ist sie seltener. Dort wächst sie an ziemlich feuchten, humosen Stellen in Buchenwäldern, oft zusammen mit *Cephalanthera-* und *Epipactis*-Arten, *Listera ovata, Neottia nidus-avis* und *Platanthera chlorantha*.

In Ostanatolien ist *Limodorum abortivum* seltener. Sie besiedelt hier vor allem grasiges Brachland, Eichengebüsche und lichte Kiefernwälder. Ein reichbesetzter Standort wurde zum Beispiel an der Straße Diyarbakır - Elazığ (Elazığ) gefunden, wo sie zusammen mit *Cephalanthera kotschyana, Comperia comperiana* und *Himantoglossum affine* vorkommt.

HYBRIDEN

Nicht nachgewiesen.

Uludağ (Bursa), 20.6.1994, C. A. J. Kreutz

Güneköy (Elazığ), 26.5.1997, C. A. J. Kreutz

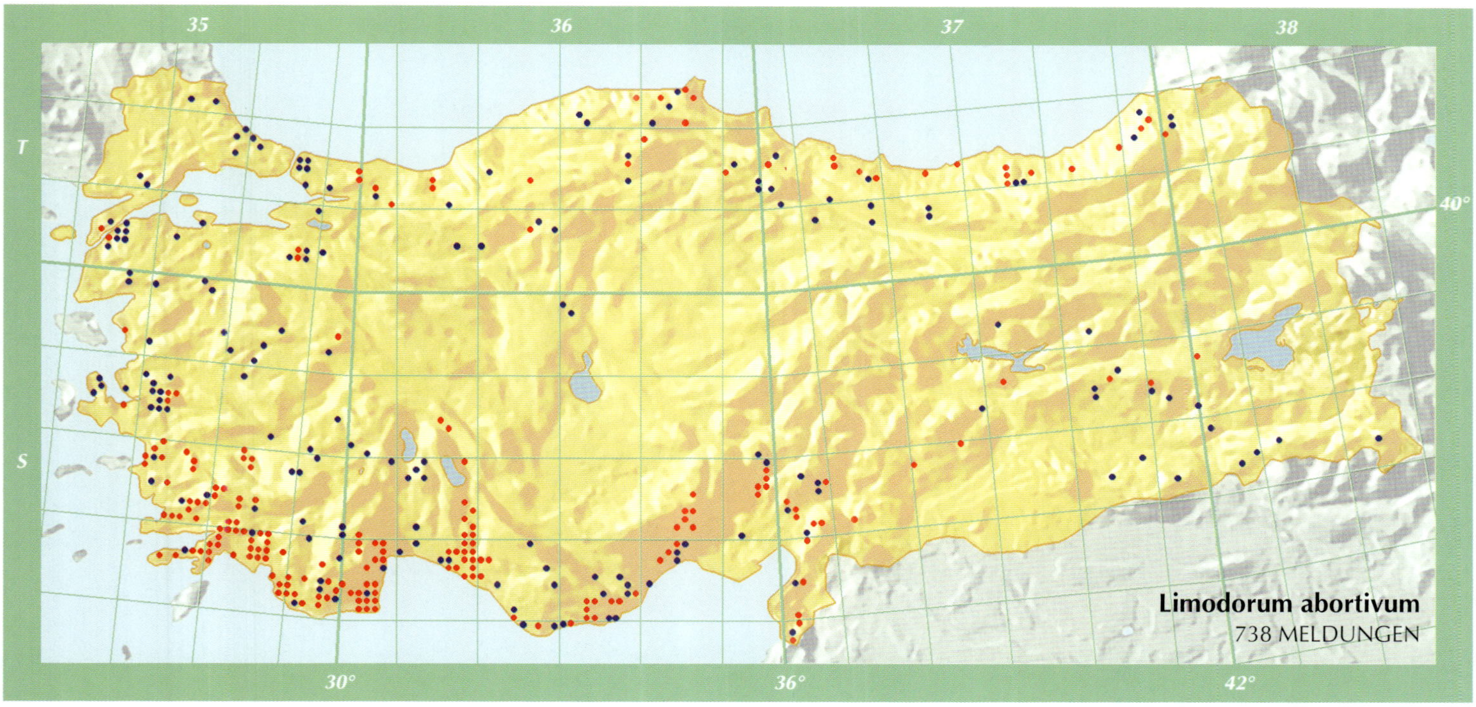

41 Limodorum abortivum (L.) SWARTZ var. rubrum SUNDERMANN ex C. A. J. KREUTZ

Roter Dingel

(Eurorchis 9: 72, 1997)

BESCHREIBUNG

Robuste und hochwüchsige Pflanze ohne Laubblätter, aber mit zahlreichen, kurzen, scheidenförmigen Blattschuppen. Stengel und Blattschuppen violett bis rötlich gefärbt. Blütenstand gestreckt, viel- und lockerblütig. Blüten groß und karminrot. Petalen länglich-eiförmig, die seitlichen abstehend bis zurückgeschlagen, das mittlere stark nach vorne gebogen. Petalen schmal-lanzettlich, abstehend bis zurückgeschlagen, kürzer als die Sepalen. Manchmal bilden die Perigonblätter einen lockeren Helm. Lippe aus zwei Teilen bestehend. Hypochil schmal mit hochstehenden Rändern, rötlich gefärbt. Epichil oval, die Ränder nach oben gekrümmt, gelblich bis weißlich mit dunkelroten Längslinien. Sporn etwa so lang wie der Fruchtknoten und abwärts gerichtet.

ABGRENZUNG ZUR ANDEREN UNTERART

Limodorum abortivum unterscheidet sich von der Nominatform durch die rötliche (karminrote) Blütenfarbe und die meist gelbliche Farbe des mittleren Teils des Epichils.

STANDORT

Lichte Kiefern-, Eichen- und Mischwälder, Macchien, Phrygana, Gebüschränder; auf basenreichen oder kalkhaltigen Böden.

BLÜTEZEIT

Ende April nahe der Syrischen Grenze (Hatay) bis Ende Juni in höheren Lagen.

HÖHENVERBREITUNG

Von 100 bis etwa 1.200 m.

GESAMTVERBREITUNG

Türkei und nach MEIKLE (1985) auch auf Zypern. Im Jahre 1994 im westlichen Teil des Profitis Ilias auf Rhodos gefunden (TAUSCH, 1995). Ferner wurde sie 1995 an drei weiteren Stellen auf Rhodos angetroffen (persönl. Mittlg., KRETZSCHMAR, 1996). Auch auf Lesbos (BIEL, 1998).

VERBREITUNG IN DER TÜRKEI

Nur von wenigen Standorten in den Provinzen Adana, Antalya, Bursa, İçel, Hatay, Kahramanmaraş, Kocaeli, Konya und Muğla bekannt.

NOTIZEN ZU EINIGEN FUNDORTEN

Soweit bekannt wurde *Limodorum abortivum* var. *rubrum* in der Türkei in zehn Gebieten nachgewiesen. Wegen der besonderen Erscheinung dieser Farbvariante werden die wichtigsten Standorte kurz beschrieben.

In der Provinz Kocaeli ist ein Fundort südlich Kandıra bekannt, wo die Pflanze in der Phrygana zusammen mit *Orchis tridentata* vorkommt. Anscheinend wurde sie hier 1983 das letzte Mal beobachtet (briefl. Mittlg., PETER, 1996).

Am Uludağ bei Bursa wachsen viele rotblühende Exemplare, zusammen mit der Nominatform, zerstreut in den Kiefernwäldern. Zur Zeit findet man hier auch größere Populationen, wobei die purpurvioletten Exemplare dicht neben der rotblühenden Farbvariante wachsen. In diesen ausgedehnten Kiefernwäldern kommen weiter *Cephalanthera damasonium, Cephalanthera rubra, Epipactis bithynica, Epipactis microphylla, Epipactis persica, Orchis pinetorum* und *Platanthera chlorantha* vor.

LINKER (Fundliste 1995) fand die rotblühende Varietät an einer Böschung bei Marmaris (Muğla).

In der Peripherie des Dalaman-Flußtales (Muğla) wurde *Limodorum abortivum* var. *rubrum* an sieben neuen Standorten nachgewiesen (HAHN & PASSIN, 1997). In den lockeren Kiefernwäldern wurden insgesamt 133 Exemplare dieser roten Farbvariante gefunden. Bis auf einen Fundort wuchs die optisch sehr ansprechende Varietät zusammen mit der Nominatform.

Ein weiterer Standort existiert in der Provinz Konya, wo wenige Exemplare südlich Akşehir in den Sultan-Dağları in einem Eichenwald mit Gestrüpp-Unterwuchs in 1.200 m Höhe zusammen mit *Cephalanthera damasonium, Epipactis microphylla* und *Orchis spitzelii* vorkommen (PETER, briefl. Mittlg., 1996).

In der Provinz Adana wächst die Varietät entlang der Straße von Kozan nach Feke mit etwa 10 Exemplaren in einem Steilhang der mit Kiefern durchsetzt ist, zusammen mit *Cephalanthera rubra* und *Epipactis helleborine.*

Weitere zwei Standorte befinden sich entlang der Straße von Antakya nach Yayladagi (Hatay), kurz vor Yayladagi und unmittelbar vor der syrischen Grenze. Sie wurde hier 1971 von GUMPRECHT, SUNDERMANN & TAUBENHEIM entdeckt. Hier wächst *Limodorum abortivum* var. *rubrum* in den weitläufigen Kiefernwäldern, zusammen mit der Nominatform und *Cephalanthera longifolia, Dactylorhiza romana, Epipactis helleborine, Ophrys apifera, Platanthera holmboei* und *Serapias levantina.*

◄ **Yayladağı (Hatay), 11.5.1988,** C. A. J. KREUTZ

Uludağ (Bursa), 20.6.1994, C. A. J. KREUTZ

Uludağ (Bursa), 20.6.1994, C. A. J. Kreutz

Yayladağı (Hatay), 11.5.1988, C. A. J. Kreutz

Nach Rückbrodt & Hansen (1992) wurde sie auch in der Provinz Kahramanmaraş an der Straße von Kahramanmaraş nach Andırın und westlich İnegöl in der Provinz Bursa gefunden, wo auch die Nominatform und *Cephalanthera rubra* vorkommen.

Schließlich hat Chambers (Fundliste 1995, 1996) ein Exemplar in einem Kiefernwald an der Straße Beyşehir - Manavgat bei Murtiçi (Antalya) gefunden.

Bemerkungen

Wegen der außergewöhnlichen Blütenfarbe und der Tatsache, daß diese Farbvarietät eine immer weitere Verbreitung zeigt, wurde sie in diesem Buch separat aufgenommen. Auch Rückbrodt & Hansen (1992) haben eine eigene separate Verbreitungskarte dieser Farbvarietät veröffentlicht.

Das Taxon '*rubrum*' war bisher nur ungültig beschrieben, da kein Holotypus hinterlegt worden war und vermutlich auch keiner existiert. Nachdem von dieser Farbvarietät eine immer größere Verbreitung bekannt wird, sie außerdem eine sehr auffällige und wunderschöne Blütenvariante darstellt, wurde sie nunmehr von Kreutz (1997a) gültig beschrieben, wobei der Name '*rubrum*' beibehalten wurde.

Hybriden

Nicht nachgewiesen.

Uludağ (Bursa), 20.6.1994, C. A. J. KREUTZ

Yayladağı (Hatay), 18.5.1995, H.-W. ZAISS

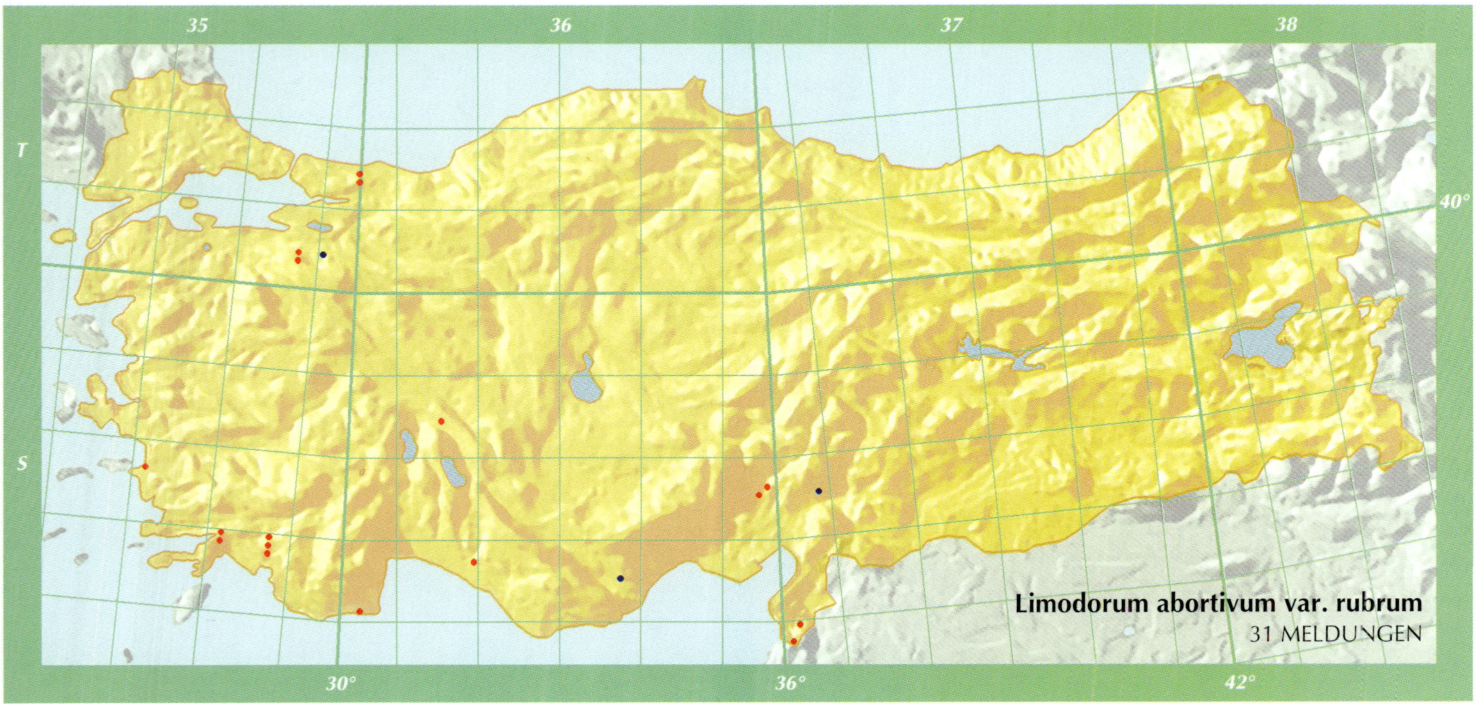

42 Listera cordata (L.) R. Brown

Herzblättriges Zweiblatt

(in W. T. Aiton: Hort. Kew. ed. 2,5: 201, 1813)

BASIONYM

Ophrys cordata L. (Spec. Plant. 2: 946, 1753)

BESCHREIBUNG

Sehr kleine, zarte, unscheinbare Pflanze. Stengel sehr dünn, etwa 10 bis 20 cm hoch, oft rotbraun überlaufen, am Grunde mit 2, fast gegenständigen, waagrecht abstehenden, sehr kleinen, breit-herzförmigen Laubblättern, oberseits glänzend grün bis hellgrün. Blütenstand zylindrisch und ziemlich locker. Blüten sehr klein, fast waagrecht abstehend, grünlich, bräunlich bis rötlich gefärbt. Sepalen elliptisch-lanzettlich, grün bis hellgrün und braunrot überlaufen. Petalen auch elliptisch-lanzettlich, zumeist etwas lanzettlicher, fast genau so lang wie die Sepalen und oft etwas rötlicher. Lippe keilförmig, etwa bis zur Hälfte zweispaltig mit spitzen, spreizenden Zipfeln, am Grunde beiderseits mit einem hornförmigen Zahn versehen.

ABGRENZUNG ZU ÄHNLICHEN ARTEN

Unterscheidet sich von *Listera ovata* durch den sehr zarten Habitus, die sehr kleinen, breit-herzförmigen Laubblätter und eine Lippe, die am Grunde beiderseitig mit einem hornförmigen Zahn versehen ist.

STANDORT

Humose oder feuchte Nadelwälder; auf sauren, nährstoffarmen Böden; besiedelt montane Lagen.

BLÜTEZEIT

Anfang Juni bis Ende August.

HÖHENVERBREITUNG

Von 1.600 bis 2.200 m.

GESAMTVERBREITUNG

Europa, Kleinasien und im Kaukasus. Verbreitungsschwerpunkt in Skandinavien und angrenzenden Ländern. Weiter zerstreut durch fast ganz Mittel- und Osteuropa, dort hauptsächlich in den Mittel- und Hochgebirgen.

VERBREITUNG IN DER TÜRKEI

Nur in der Schwarzmeer-Region, dort im mittleren und östlichen Teil.

NOTIZEN ZU EINIGEN FUNDORTEN

Renz & Taubenheim (1984) beschreiben drei Standorte, nämlich im Bereich vom Ilgaz-Paß (Kastamonu), Pontus lazicus oberhalb Djimil (Rize) und etwa 20 km westlich von Artvin (Artvin). Bei Rückbrodt & Hansen (1992) sind keine neueren Fundmeldungen mehr bekannt geworden.

Sezik (briefl. Mittlg., 1996) untersuchte Vorkommen von *Listera cordata* bei Soğuksu am Ilgaz-Paß (Kastamonu), wo sie etwa Mitte Juni blüht, außerdem in der Umgebung von Taşköprü (Kastamonu), beziehungsweise bei Köçekli und Halisaray, wo sie Anfang Juni blüht.

Während einer Türkeireise im Juni 1996 wurde *Listera cordata* in einem Fichtenwald nördlich vom Ilgaz-Paß an der Straße Tosya - Kastamonu, in einer Vegetation von *Monotropa hypopitys, Moneses uniflora, Pyrola rotundifolia, Pyrola minor* und *Rhytidiadelphus triquetrus*, in vielen Exemplaren gefunden. An diesem sehr besonderen und interessanten Standort wurden auch noch die in der Türkei sehr seltenen Arten *Corallorrhiza trifida, Epipogium aphyllum* und *Goodyera repens* beobachtet. Dieser Fichtenwald ist sehr ausgedehnt und an geeigneten feuchten Stellen sind wahrscheinlich noch mehr Standorte zu finden.

Eine weitere aktuelle Angabe liegt von 1990 vor (briefl. Mitteil. Hertel, 1996). Mitte Juni wurden fünf blühende Exemplare an den Nordhängen der Kaçkar-Dağları, südlich Ayder (Rize) unterhalb des Kara Deniz Sees in *Rhododendron*-Gebüschen in etwa 2.400 Höhe gefunden.

Im östlichen Pontus sind wahrscheinlich noch viele andere Standorte dieser Art zu finden, aber wegen der späten Blütezeit und der Unscheinbarkeit der Pflanzen sind neue Standorte schwierig zu entdecken.

BEMERKUNGEN

Listera cordata ist in der Türkei sehr selten und wurde bislang nur wenige Male gefunden. Ihre Standorte liegen in alpinen Lagen, wo sie meist größere Bestände bildet. Wegen der geringen Abmessungen und der grünbräunlichen Farbe ist sie schwierig zu erkennen.

BEMERKUNGEN ZU DER VERBREITUNGSKARTE

Die Angabe aus der Umgebung von Taşköprü (Kastamonu) wurde nicht auf der Verbreitungskarte aufgenommen, weil es sich während eines Besuches 1997 herausgestellt hat, daß es sich an diesem Standort vermutlich um *Listera ovata* handelt. Außerdem wurden auch die beiden obengenannten Standorte bei Köçekli und Halisaray wegen der Ungenauigkeit nicht in der Karte eingetragen.

HYBRIDEN

Nicht nachgewiesen.

Ilgaz-Tosya (Kastamonu), 29.6.1996, C. A. J. Kreutz

◄ Ilgaz-Tosya (Kastamonu), 29.6.1996, C. A. J. Kreutz

Ilgaz-Tosya (Kastamonu), 29.6.1996, C. A. J. Kreutz

Ilgaz-Tosya (Kastamonu), 29.6.1996, C. A. J. Kreutz

Ilgaz-Tosya (Kastamonu), 22.6.1996, C. A. J. Kreutz

Artvin (Artvin), 17.7.1976, G. Taubenheim

Ilgaz-Tosya (Kastamonu), 29.6.1996, C. A. J. Kreutz

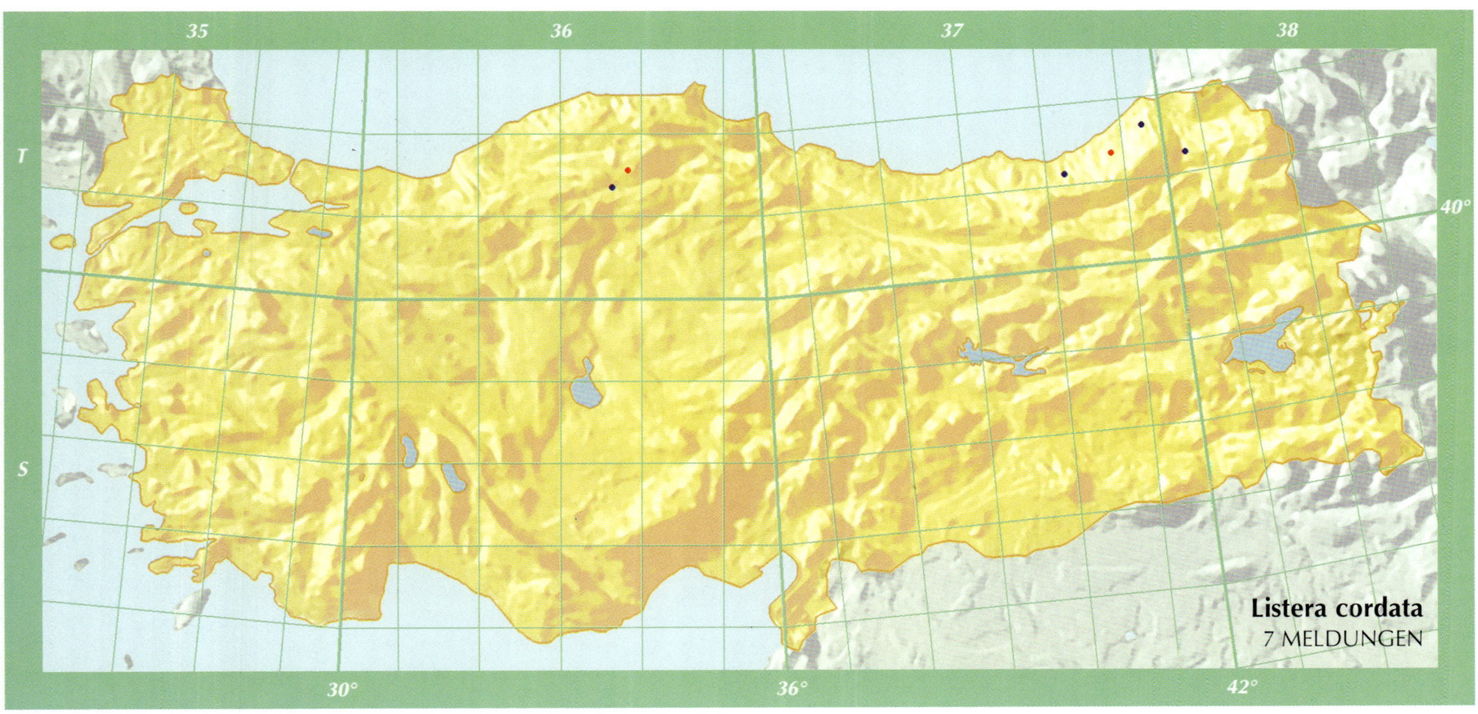

Maçka (Trabzon), 26.5.1995, C. A. J. KREUTZ

ten Almwiesen an der Straße Ardanuç - Ardahan (Artvin). In ihrer Umgebung sind *Dactylorhiza umbrosa*, *Dactylorhiza urvilleana*, *Gymnadenia conopsea*, *Orchis coriophora* und *Orchis pseudolaxiflora* nicht selten.

GEFÄHRDUNG

Durch übermäßige Beweidung, Düngung und frühzeitiges Mähen sind die Standorte in den Haselnußkulturen stark zurückgegangen. Auch in den Buchenwäldern wird sie allmählich seltener. Hier wächst *Listera ovata* an mäßig feuchten, humosen Stellen, oft zusammen mit *Cephalanthera*- und *Epipactis*-Arten, *Neottia nidus-avis* und *Platanthera chlorantha*.

HYBRIDEN

Nicht nachgewiesen.

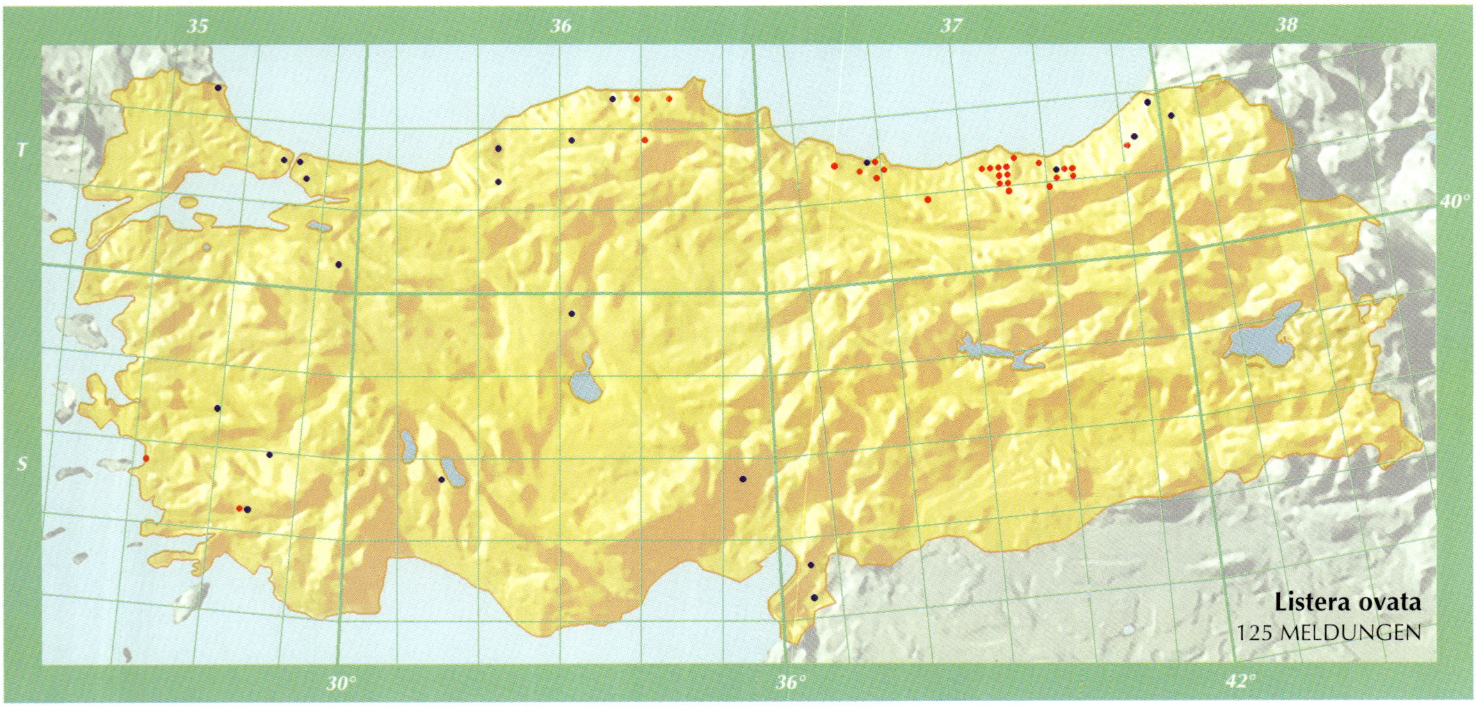

44 Neotinea maculata

(DESFONTAINES) STEARN

Gefleckte Waldwurz

(Ann. Mus. Goulandris 2: 79, 1974)

BASIONYM

Satyrium maculatum DESFONTAINES (Fl. Atl. 2: 319, 1799)

SYNONYME

Orchis intacta LINK, *Neotinea intacta* (LINK) REICHENBACH fil., *Aceras densiflora* BOISSIER, *Aceras intacta* REICHENBACH fil.

BESCHREIBUNG

Kleine, zarte und schlanke Pflanze. Untere Laubblätter rosettig gehäuft, blaugrün, meistens schwarzbraun gefleckt oder rötlich-bräunlich angelaufen. Blütenstand breit- bis schmal-zylindrisch, dicht und vielblütig. Blüten sehr klein, von (grün)weißlicher Grundfarbe, oft rosa bis purpurn überlaufen. Perigonblätter helmförmig zusammenneigend, grün, weißlich bis hellgelb oder rötlich bis purpurn. Sepalen lanzettlich bis eiförmig-lanzettlich. Petalen lanzettlich bis schmal-lanzettlich. Lippe stark dreilappig, die beiden Seitenlappen kürzer als der Mittellappen, Mittellappen an der Spitze meist dreizähnig, schräg nach unten gerichtet. Sporn konisch, abwärts gerichtet.

ABGRENZUNG ZU ÄHNLICHEN ARTEN

Unverwechselbar.

STANDORT

Lichte und unterwuchsarme Nadelwälder, Gebüschränder, rasige Stellen, Ödland, Macchien, Phrygana; auf trockenen bis frischen Böden. Hinsichtlich der Bodenbeschaffenheit ist sie wenig anspruchsvoll und an keinem bestimmten Bodentyp gebunden (TAUBENHEIM, 1980).

BLÜTEZEIT

Die Art blüht früh, von Ende März in den niederen Lagen bis Ende Mai in der montanen Stufe.

HÖHENVERBREITUNG

Von der Küste bis 1.300 m.

GESAMTVERBREITUNG

Mittelmeergebiet; von den Kanarischen Inseln, Madeira bis Vorderasien (Türkei, Libanon, Israel und Zypern). Auch in Südwestirland und auf der Isle of Man (England).

VERBREITUNG IN DER TÜRKEI

Hauptsächlich im Südwesten verbreitet. Sehr selten in der westlichen und mittleren Schwarzmeer-Region, wie auch in der Marmara-Region. Isolierte Vorkommen bei Yayladağı (Hatay) und Çamlıyayla (İçel).

NOTIZEN ZU EINIGEN FUNDORTEN

Viele Standorte befinden sich in den weitläufigen Kiefernwäldern in der Ägäis-Region. An einigen Stellen, besonders in Nadelwäldern, ist sie häufig (SUNDERMANN, 1969a). An geschützten Stellen wächst *Neotinea maculata* in dieser Gegend auf trockenen, humosen Böden, vielfach zusammen mit *Limodorum abortivum*, *Ophrys fusca* s. l., *Orchis anatolica*, *Orchis italica*, *Orchis morio* subsp. *picta*, *Orchis provincialis*, *Orchis simia*, *Orchis tridentata*, *Serapias bergonii* und *Serapias orientalis* subsp. *carica*.

Exemplare mit sehr schön gefärbten Bluten wurden in der Umgebung südlich Urla auf der Halbinsel Çeşme (İzmir) gefunden. Die Farbe der Blüten variiert hier von rein weiß und zartrosa bis purpurn.

Auch an der Straße von Yatağan nach Kavaklıdere (Muğla) ist *Neotinea maculata* nicht selten und tritt dort an vielen Stellen in größeren Beständen auf.

Weitere interessante, aktuelle Standorte mit Pflanzen mit besonders schön gefärbten Blüten liegen unter anderem vor vom Honaz Dağı (Denizli), der Umgebung um Bodrum - Karaova (Muğla) und westlich Kuşadaşı im Dilek Nationalpark (Aydın). Besonders in der Umgebung von Bodrum ist sie nicht selten und bildet dort des öfteren größere Populationen.

Bei Cevizli (Antalya) liegen verschiedene ihrer höchstgelegenen Standorte in der Türkei, wo sie erst Mitte bis Ende Mai blüht. Sie wächst hier zerstreut und in wenigen Exemplaren in lichten Nadelwäldern auf frischem, mäßig feuchtem, basischem Boden.

Sehr selten wird *Neotinea maculata* auch an der Schwarzmeerküste gefunden. Eine aktuelle Angabe liegt aus der Umgebung von Akkaya an der Straße Tosya - Kastamonu (Kastamonu) vor, wo sie vom Verfasser 1996 an einem Standort in einem Kiefernwald, durchsetzt mit Eichen-Gebüsch, beobachtet wurde. Sie wächst hier in Begleitung von *Cephalanthera damasonium*, *Cephalanthera epipactoides*, *Cephalanthera longifolia*, *Cephalanthera rubra*, *Dactylorhiza bithynica*, *Dactylorhiza romana*, *Neottia nidus-avis*, *Orchis purpurea* und *Platanthera chlorantha*.

BEMERKUNGEN

Neotinea maculata ist eine kleine, zarte Pflanze, die wegen ihres unauffälligen Erscheinungsbildes häufig übersehen wird. Als Pflanze mit zirkummediterraner Verbreitung besiedelt sie in der Türkei nur mehr oder weniger küstennahe Gebiete mit mediterranem Vegetationsbild. Während an der Südküste dieser Streifen teilweise extrem schmal ist, ergibt sich im Westen und im Nordwesten ein breites Gebiet, in dem wechselseitige Einflüsse mit der Euro-Sibirischen und der Irano-Turanischen Florenregion wirksam werden (TAUBENHEIM, 1980).

HYBRIDEN

Nicht nachgewiesen.

◄ Kavaklıdere (Muğla), 7.4.1996, C. A. J. KREUTZ

Akkaya (Kastamonu), 22.6.1996, C. A. J. KREUTZ

Urla (İzmir), 2.4.1996, C. A. J. Kreutz

Urla (İzmir), 2.4.1996, C. A. J. Kreutz

Urla (İzmir), 2.4.1996, C. A. J. Kreutz

Göçek (Muğla), 6.4.1997, C. A. J. Kreutz

Urla (İzmir), 2.4.1996, C. A. J. Kreutz

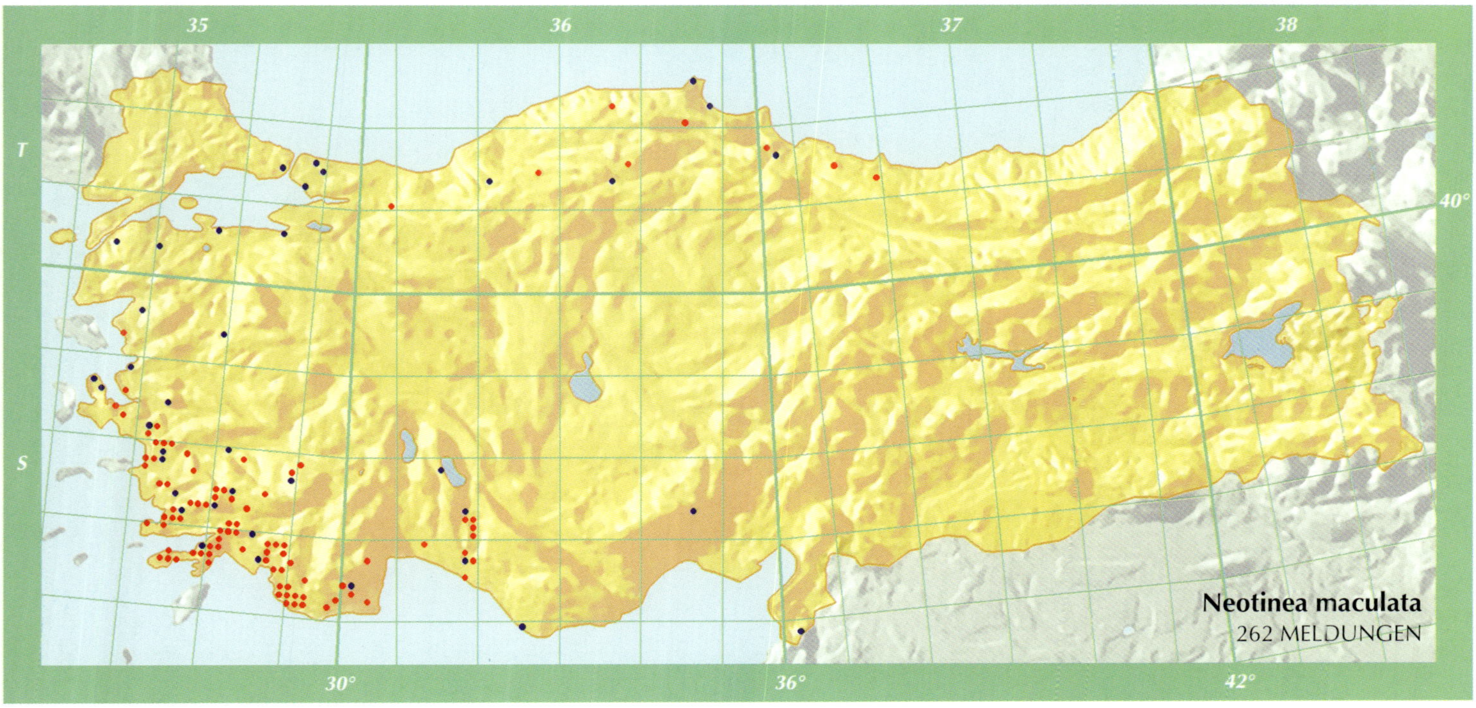

45 Neottia nidus-avis

(L.) L. C. M. RICHARD

Vogel-Nestwurz

(Orchid. Eur. Annot. 37, 1817)

BASIONYM

Ophrys nidus-avis L. (Spec. Plant. 2: 945, 1753)

BESCHREIBUNG

Mittelgroße Pflanze, ohne Laubblätter. Stengel dick, mit wenigen lanzettlichen, scheidigen Schuppenblättern, gelblichbraun bis dunkelbraun gefärbt. Blütenstand zylindrisch, lokker bis dichtblütig, reichblütig, am Grunde oft sehr locker. Blüten mittelgroß, gelblichbraun bis hell- oder dunkelbraun. Perigonblätter einen lockeren Helm bildend. Sepalen und Petalen umgekehrt eiförmig bis umgekehrt eiförmiglanzettlich. Lippe an der Spitze tief zweilappig, mit zwei seitlichen abgerundeten, spreizenden Lappen, schräg abstehend.

ABGRENZUNG ZU ÄHNLICHEN ARTEN

Unverwechselbar.

STANDORT

Hauptsächlich an schattigen Stellen in Buchenwäldern, auch in Kiefern- und Mischwäldern und an Gebüschrändern; auf humosen, kalk- oder basenreichen Böden.

BLÜTEZEIT

Anfang Mai bis Ende Juli.

HÖHENVERBREITUNG

Von etwa 200 bis 2.000 m.

GESAMTVERBREITUNG

Fast ganz Europa mit Ausnahme vom südwestlichen Teil der Iberischen Halbinsel und Mittel- und Nordskandinavien. Nicht auf Kreta und Zypern. Östlich bis Zentralsibirien, Kleinasien, die Kaukasusländer und Nordiran. Auch in Nordafrika.

VERBREITUNG IN DER TÜRKEI

Beschränkt auf einen breiten Küstenstreifen entlang der Schwarzmeerküste (Pontusgebirge) und von einigen Stellen in der Marmara-Region bekannt.

NOTIZEN ZU EINIGEN FUNDORTEN

Neottia nidus-avis ist in der Türkei nicht selten und bildet an vielen Standorten größere Populationen. Sie besiedelt vor allem Buchenwälder in montanen Lagen des Pontusgebirges.

In der weiteren Umgebung des Abantsees ist *Neottia nidus-avis* weit verbreitet. In den ausgedehnten Buchen- und Buchen-Kiefernwäldern finden sich viele Exemplare auf Nordhängen oder in gebüschreichen Waldrändern. Bevorzugt wächst sie hier an Bachrändern. In dieser Vegetation findet man sie meist zusammen mit *Cephalanthera damasonium, Cephalanthera longifolia, Orchis mascula, Orchis purpurea* und *Orchis spitzelii*.

Weitere reich besetzte Standorte befinden sich am Kocayayla-Paß bei Domaniç (Kütahya). In den orchideenreichen Buchenwäldern ist sie immer wieder vereinzelt anzutreffen, wobei *Cephalanthera rubra, Epipactis helleborine, Epipactis persica* und *Epipactis pontica* immer in ihrer Nähe zu finden sind.

In der Provinz Kastamonu ist sie an vielen Stellen in lockeren Buchenwäldern zu finden, dort meist zusammen mit mehreren *Cephalanthera*-Arten, *Limodorum abortivum, Listera ovata* und *Platanthera chlorantha*. Standorte mit vielen Exemplaren liegen zum Beispiel am Ballıdağ-Paß, wo sie im Fichtenwald zusammen mit *Cephalanthera rubra, Epipactis helleborine* und *Epipactis persica*, und bei Karamanlar, wo sie in Waldlichtungen im Buchenhochwald mit *Cephalanthera damasonium, Cephalanthera rubra, Epipactis helleborine, Limodorum abortivum, Orchis pinetorum* und *Orchis purpurea* vorkommt.

Çatalzeytin (Kastamonu), 18.5.1996, C. A. J. KREUTZ

Abant (Bolu), 21.5.1996, C. A. J. KREUTZ

◄ **Karamanlar (Kastamonu), 18.5.1996,** C. A. J. KREUTZ

Abant (Bolu), 21.5.1996, C. A. J. Kreutz

Karamanlar (Kastamonu), 18.5.1996, C. A. J. Kreutz

In der Provinz Ordu bei Akkuş, etwa 60 km von der Schwarzmeerküste entfernt, wächst sie in den ausgedehnten Buchenwäldern zusammen mit *Cephalanthera kotschyana, Cephalanthera rubra* und *Epipactis persica*.

BEMERKUNGEN

Neottia nidus-avis ist in der Türkei in der Schwarzmeer-Region an vielen Stellen recht häufig und kommt dort hauptsächlich in den lichtarmen Zonen dunkler, feuchter Buchenwälder vor. Die Art benötigt eine gut entwickelte Humusschicht. Diese Buchenwälder machen zunächst einen recht mitteleuropäischen Eindruck. Trotz der hier ziemlich ausgeprägten Sommerhitze im Juli und August ist die Luftfeuchtigkeit infolge der Nähe des Meeres so hoch, daß viele Bäume in den Schluchten mit Moosen und Flechten bedeckt sind. Hinzu kommen die fast allnächtlich vom Meer heranziehenden Nebelschwaden mit ihren hohen Taumengen (Taubenheim, 1975b).

HYBRIDEN

Nicht nachgewiesen.

Abant (Bolu), 21.5.1996, C. A. J. Kreutz

Karamanlar (Kastamonu), 18.5.1996, C. A. J. Kreutz

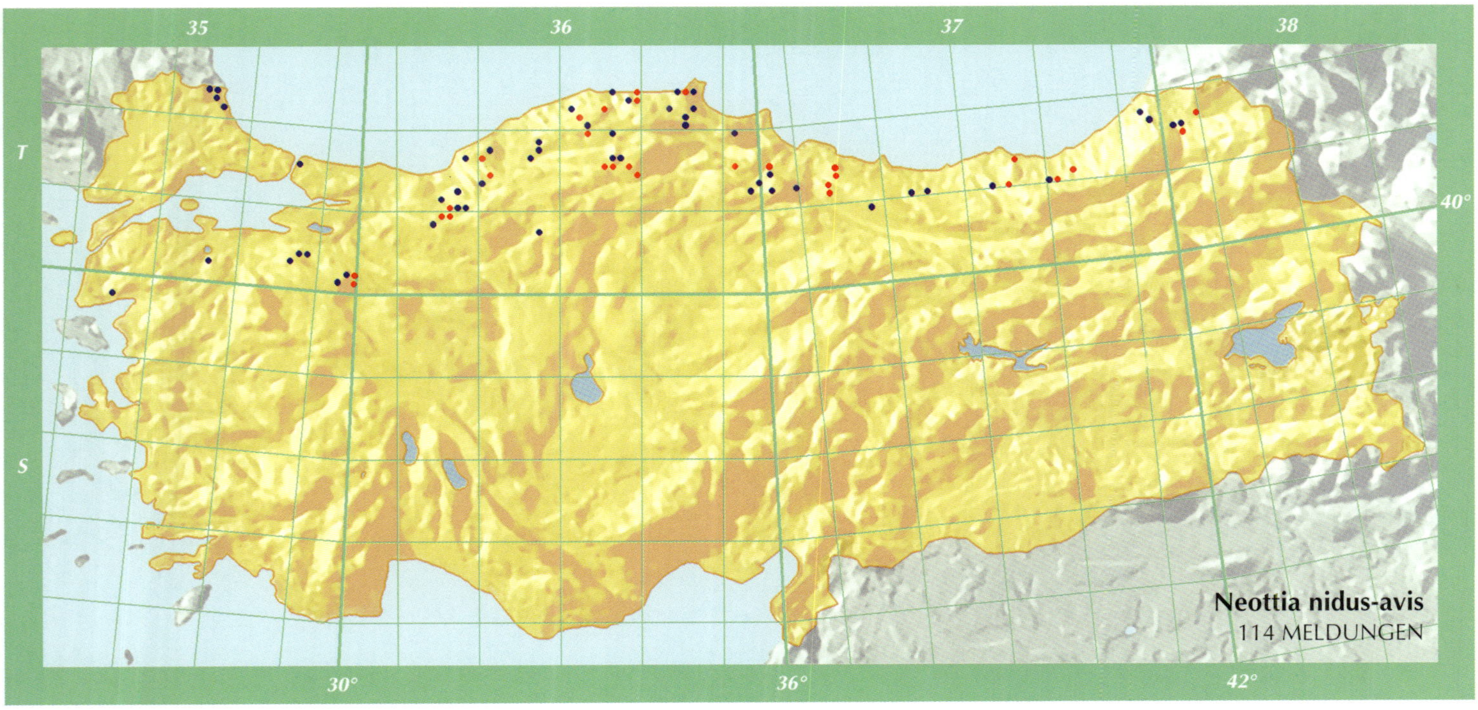

46 Ophrys amanensis

(E. NELSON ex RENZ & TAUBENHEIM) P. DELFORGE

Amanus-Ragwurz

(Natural. belges, 72 (3): 101, 1991)

BASIONYM

Ophrys transhyrcana subsp. *amanensis* E. NELSON ex RENZ & TAUBENHEIM (in Notes Roy. Bot. Garden Edinb. 41 (2): 271, 1983)

SYNONYME

Ophrys sphegodes subsp. *amanensis* E. NELSON

BESCHREIBUNG

Kräftige und hochwüchsige Pflanze. Blütenstand langgestreckt und sehr locker, die Blüten fast über eine Länge von zwei Drittel am Stengel verteilt. Blütenstand manchmal bis zu 20 sehr große Blüten tragend. Sepalen weißlich bis weißlichgrün, rosa bis hellpurpurn gefärbt, basale Hälfte der seitlichen Sepalen rot überlaufen, aufrecht bis rückwärts gerichtet, eiförmig-lanzettlich bis lanzettlich; seitliche Sepalen auffallend lang. Petalen eiförmig-lanzettlich, grünlich bis purpurn. Lippe groß, dreieckig bis rund, ziemlich flach und stark dreilappig, schwarzviolett, dunkelbraun bis rötlichbraun. Seitenlappen sehr groß und abstehend, Hökker stumpf, an der Innenseite kahl, an der Außenseite behaart. Mal aus zwei parallelen Streifen bestehend, die meist im basalen Teil der Lippe miteinander verbunden sind, selten mit zusätzlichen Querverbindungen, bläulich bis purpurn gefärbt und mit einem helleren Rand umgeben. Anhängsel klein und spitz. Konnektivfortsatz stark verlängert.

ABGRENZUNG ZU ÄHNLICHEN ARTEN

Ähnelt *Ophrys antalyensis* und *Ophrys transhyrcana*.

Ophrys antalyensis ist durch ihre schmale und ziemlich lange Lippe, eine anders gestaltete Malzeichnung, die extrem ausgeprägten Höcker und eine stark gewölbte Lippe deutlich von *Ophrys amanensis* zu unterscheiden.

Ophrys amanensis unterscheidet sich von *Ophrys transhyrcana* durch die weiß oder rosa gefärbten Sepalen, die dunkel- bis schwarzbraune und dreieckige (runde), ziemlich flache, dreilappige, sehr große Lippe. Außerdem blüht *Ophrys amanensis* fast einen Monat später als *Ophrys transhyrcana*.

Ophrys amanensis weist starke Ähnlichkeit mit *Ophrys spruneri* NYMAN auf, die vor allem in Griechenland vorkommt. Unter anderem sind die Blüten von *Ophrys amanensis* größer.

STANDORT

Ophrys amanensis wächst an sehr trockenen Standorten, wie auf grasigen Wiesenflächen, in lichten Kiefernwäldern, Macchien und Phrygana; auf basischen bis kalkreichen Böden.

BLÜTEZEIT

Ungewöhnlich spät, von Mitte Mai bis Mitte Juni, je nach Höhenlage. Machmal schon Anfang Mai in tiefen Lagen.

HÖHENVERBREITUNG

Von der Ebene bis etwa 900 m.

GESAMTVERBREITUNG

Mittlerer Süden der Türkei und wahrscheinlich auch im westlichen Teil Syriens.

VERBREITUNG IN DER TÜRKEI

Ophrys amanensis ist eine sehr seltene *Ophrys*-Art mit einem sehr kleinen Verbreitungsgebiet. Fundorte liegen bisher nur von der mittleren Südtürkei (İçel, Adana und Hatay) vor.

NOTIZEN ZU EINIGEN FUNDORTEN

Ophrys amanensis ist in der mittleren Südtürkei sehr selten und bildet meist kleine Gruppen blühender Pflanzen.

In der Umgebung nördlich von Mersin (İçel) ist sie nur noch an wenigen Stellen vorhanden, meist begleitet von *Ophrys phrygia*. Sie blüht hier, aber nicht jedes Jahr, von Mitte bis Ende Mai. Die Populationen bestehen aus je etwa 30 Exemplaren. Am Standort beim 'Hochspannungsmast' kommen sehr typische und kräftige Pflanzen vor. Es ist ein sehr schöner Standort, wo drei großblütige *Ophrys*-Arten zu finden sind, nämlich *Ophrys amanensis, Ophrys episcopalis* und *Ophrys phrygia*. *Ophrys amanensis* wächst hier hauptsächlich in grasigen Wiesenflächen oder im Eichengebüsch. Die Pflanzen erreichen eine Höhe von 70 bis 80 cm. Dieser Standort ist von Ländereien umgeben, die landwirtschaftlich stark genutzt werden. Er ist daher stark bedroht und sollte unbedingt unter Naturschutz gestellt werden. An weiteren Orchideenarten kommen hier noch *Ophrys apifera* var. *trollii, Ophrys episcopalis* x *Ophrys phrygia* und *Orchis anatolica* vor. Im Jahre 1988 wurde in dieser Umgebung noch ein weiterer Standort gefunden. Die Pflanzen wurden damals als *Ophrys spruneri* identifiziert. HERTEL (Fundliste 1990) hat *Ophrys amanensis* in diesem Gebiet noch an anderen Stellen entdeckt, nämlich an der Straße nach Fındıkpınarı in einem eingezäunten Gelände mit Macchia und Phrygana, weiter am Ortsanfang von Fındıkpınarı, wo *Ophrys amanensis* an einem Quellhorizont Ende Mai einen Massenbestand bildet (dort begleitet von *Comperia comperiana, Dactylorhiza romana, Ophrys straussii, Orchis anatolica, Orchis syriaca* und *Spiranthes spiralis*) und in einer feuchten Rinne mit Büschen und grasigen Stellen an der Straße von Yeniköy bis zur Einmündung der Straße von Gözne (hier auch *Ophrys episcopalis* und *Ophrys phrygia*). In diesem Bereich befinden sich vermutlich noch weitere Standorte von *Ophrys amanensis*.

Ein weiterer Standort befindet sich südlich Karatepe (Adana) an einer mäßig feuchten, grasigen Stelle an einer Böschung, die mit Phrygana und lichten Kiefernwald bestanden ist. Auch in diesem Gebiet ist *Ophrys amanensis* sehr selten; hier blüht sie erst Mitte Mai. Im ganzen Gebiet, wo für türkische Verhältnisse noch viele Orchideen vorkommen, wachsen diese Pflanzen nur an einer kleinen Stelle, nahezu direkt entlang der Straße von Osmaniye nach Karatepe. Die Pflanzen blühen an diesem Standort nicht jedes Jahr, so auch nicht im Jahre 1997. Fährt man diese Straße in nördlicher Richtung weiter gelangt man in ein Tal mit vielen recht dichtstehenden Büschen. An lichteren Stellen

◄ **Yeniköy (İçel), 21.5.1997,** C. A. J. KREUTZ

Karatepe (Adana), 22.5.1992, R. PETER

Yeniköy (İçel), 21.5.1997, C. A. J. KREUTZ

Yeniköy (İçel), 14.5.1996, M. WAGNER

Yeniköy (İçel), 21.5.1997, C. A. J. Kreutz

Zorgun (Hatay), 23.5.1997, C. A. J. Kreutz

Yeniköy (İçel), 21.5.1997, C. A. J. Kreutz

Yeniköy (İçel), 21.5.1997, C. A. J. Kreutz

Yeniköy (İçel), 21.5.1997, C. A. J. Kreutz

Zorgun (Hatay), 23.5.1997, C. A. J. Kreutz

Yeniköy (İçel), 21.5.1997, C. A. J. Kreutz

Yeniköy (İçel), 21.5.1997, C. A. J. Kreutz

im Gebüsch und im freien, offenen Gelände lassen sich immer wieder einzelne Exemplare von *Ophrys amanensis* finden.
Der *locus classicus* von *Ophrys amanensis* existiert heute noch. Wenige Kilometer südöstlich von Osmaniye in der Umgebung von Zorkun (Hatay) wachsen auch heute noch einige Exemplare in einem Kiefernwald mit Macchia-Unterwuchs. Im Jahre 1997 wurden hier nach längerer Suche nur zwei Exemplare gefunden, die erst in der dritten Mai-Woche aufblühten. Mit Sicherheit lassen sich in der weiteren Umgebung noch mehr Pflanzen finden, da das ganze Gebiet für *Ophrys amanensis* geeignet ist. An weiteren Orchideen kommen hier noch *Epipactis helleborine, Ophrys episcopalis* und *Orchis tridentata* vor.
Ein weiterer Standort befindet sich an der Straße Kozan - Feke, wo *Ophrys amanensis*, zusammen mit *Ophrys straussii,* auf einem alten Friedhof südlich des Ortes Çullusaği (Adana) vorkommt.
Die westlichste Angabe stammt vermutlich von Uslu, der einen Standort bei Silifke (İçel) entdeckte. Die Pflanzen wurden von Renz 1977 bestimmt (Taubenheim, Archiv).
Der südlichste Standort befindet sich angeblich in der Provinz Hatay, wo etwa 2 km nördlich İskenderun (Richtung Belen) in einem Kiefernwald mit Affodil Mitte April 1980 einige Pflanzen gefunden wurden (Taubenheim, archiv). Hier liegt vermutlich eine Verwechslung mit *Ophrys antiochiana* vor, da die Blütezeit mit der von *Ophrys amanensis* nicht übereinstimmt. Peter (briefl. Mittlg., 1997) meint, daß es sich hier auch um *Ophrys hittitica* handeln könnte, weil er Herbarbelege dieser Art bei Renz gesehen hat.

BEMERKUNGEN

Ophrys amanensis gehört zum Formenkreis von *Ophrys mammosa*, *Ophrys antalyensis* und *Ophrys transhyrcana*. *Ophrys transhyrcana* ist im östlichen Mittelmeergebiet weit verbreitet und stellenweise häufig. *Ophrys mammosa* kommt hauptsächlich im Westen der Türkei vor. Sie wird östlich von Antalya durch *Ophrys antalyensis* und *Ophrys transhyrcana* ersetzt, während die Funde von *Ophrys transhyrcana* im Westen der Türkei meist Verwechslungen mit *Ophrys antalyensis* darstellen. *Ophrys amanensis* hat dagegen eine orientalische Verbreitung und ist sehr selten.
An verschiedenen Stellen, wie in der Umgebung von Karatepe (Adana), kommen beide Arten zusammen vor. *Ophrys transhyrcana* blüht in dieser Gegend Anfang April während *Ophrys amanensis* erst Mitte bis Ende Mai zur Blüte kommt.
Die Angaben aus der mittleren Südwesttürkei beziehen sich auf *Ophrys antalyensis*.
Ophrys amanensis wurde erstmals von Nelson (1962) als *Ophrys sphecodes* subsp. *amanensis* beschrieben (ungültig). Nelson gibt dabei eine Blütezeit von Anfang bis Mitte Mai an (gleichzeitig mit *Ophrys holoserica*). Als Areal nennt Nelson die Südtürkei (Adana und den nördlichen Teil von Hatay). Von Renz & Taubenheim (1983a) wurde sie als Unterart von *Ophrys transhyrcana* eingestuft. Schließlich haben sie Delforge et al. (1991) in den Artrang erhoben.
Ophrys amanensis blüht nicht jedes Jahr, da sie meist in trockenen Biotopen wächst und deshalb stark unter ungünstigem Witterungsverlauf leiden kann (Kreutz & Peter, 1997).
Im Ziyaretgebirge, südlich Antakya, wurden lange Zeit abweichende Formen von *Ophrys straussii* als Bastarde mit *Ophrys amanensis* bestimmt. Diese Pflanzen wurden von H. Baumann & Künkele (1986) als *Ophrys* x*antiochiana* (*Ophrys straussii* x *Ophrys transhyrcana*) beschrieben. Peter (1992) sieht in ihr eine eigenständige Sippe hybridogenen Ursprungs.

PROBLEMATIK

Die Population auf dem Friedhof bei Soğucak nördlich von Mersin in Richtung Gözne/Arslanköy und die bei Yeniköy (İçel) sind nicht zu *Ophrys amanensis, Ophrys mammosa, Ophrys transhyrcana* oder *Ophrys caucasica* zu stellen. Auch Peter (briefl. Mittlg., 1996) vertritt diese Auffassung. Wagner (mündl. Mittlg., 1996) ist der Meinung, daß zumindest *Ophrys amanensis* hier nicht vorkommt. Gügel & Zaiss (Fundliste 1996) sind der Meinung, daß es sich hier um *Ophrys transhyrcana* handelt. Nach Kreutz & Peter (1997) gehören diese Pflanzen weder zu *Ophrys transhyrcana* noch zu *Ophrys caucasica* oder zu *Ophrys amanensis*. Wahrscheinlich handelt es sich hier um eine Übergangspopulation zwischen *Ophrys transhyrcana* und *Ophrys amanensis*, die beide im Süden der Türkei vorkommen.

BEMERKUNGEN ZU DER VERBREITUNGSKARTE

Der Standort nördlich von İskenderun (Hatay) wurde nicht auf der Verbreitungskarte eingezeichnet, da die Pflanzen an diesem Standort vermutlich eine Verwechslung mit *Ophrys antiochiana* oder *Ophrys hittitica* darstellen.

HYBRIDEN

Mit *Ophrys straussii*; die Hybride wurde als *Ophrys* x*antiochiana* beschrieben und von Peter (1992) als eigenständige Sippe hybridogenen Ursprungs bestimmt.

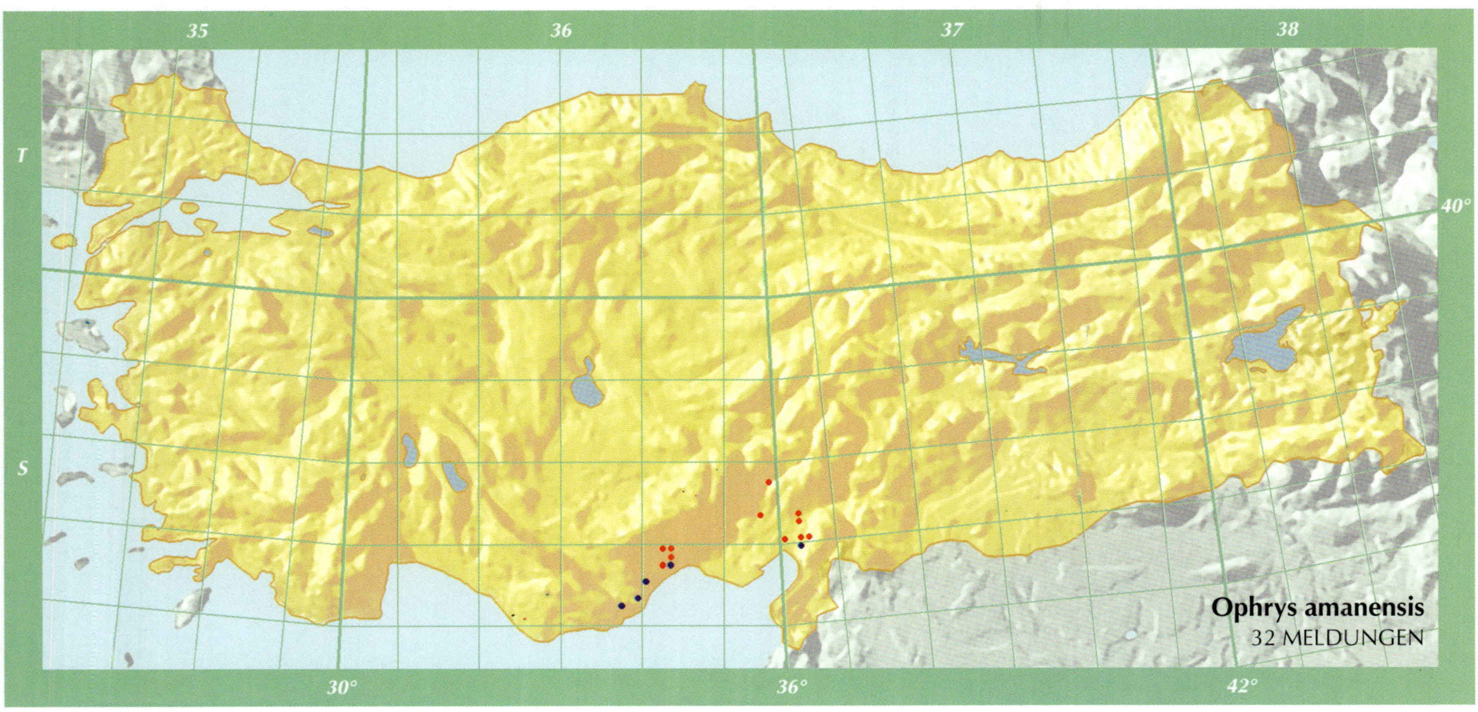

47 Ophrys antalyensis

C. A. J. Kreutz & B. J. Seckel

Antalya-Ragwurz

(Die Orchideen der Türkei: 752, 1998)

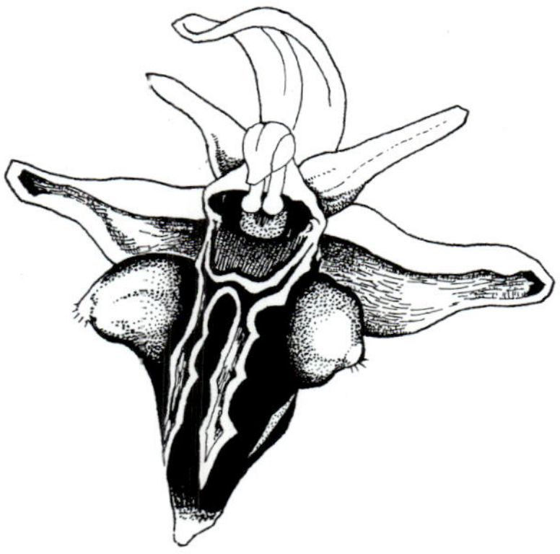

BESCHREIBUNG

Schlanke, hochwüchsige Pflanze. Blütenstand locker und relativ reichblütig, mit durchschnittlich 4 bis 8 (10) großen Blüten, deutlich größer als die von *Ophrys mammosa*. Sepalen weißlich, weißlichgrün, hellrosa bis dunkelpurpurn oder zweifarbig (obere Hälfte grünlich bis weißlichgrün oder weißlich, untere Hälfte rötlich bis purpurn überlaufen), abstehend, das mittlere leicht nach vorne gebogen, eiförmig-lanzettlich. Petalen verlängert-dreieckig, rosa bis purpurn, am Rande meist schwach gewellt, etwa zwei Drittel so lang wie die Sepalen. Lippe schmal bis länglich-oval, ungeteilt, sehr stark gewölbt mit zurückgeschlagenen Rändern, stark gehöckert (Höcker innen kahl, außen behaart und mit der Spitze nach außen gerichtet), dunkelrotbraun bis rötlichbraun gefärbt. Mal aus zwei parallelen Streifen bestehend und oft durch apikale Verbindungen und laterale Elemente erweitert, diese bläulich bis purpurn gefärbt und meist durch einen hellen (weißen) Rand umgeben. Anhängsel ziemlich klein, gelb oder bräunlich, leicht vorwärts gerichtet.

ABGRENZUNG ZU ÄHNLICHEN ARTEN

Die Art kann mit *Ophrys amanensis* und *Ophrys mammosa* verwechselt werden, ist aber durch ihre schmale, ziemlich lange und stark gewölbte Lippe, eine anders gestaltete Malzeichnung und die extrem ausgeprägten Höcker deutlich von diesen zwei Arten zu unterscheiden. *Ophrys antalyensis* blüht etwa zur gleichen Zeit wie *Ophrys amanenis*, die aber nicht im Areal von *Ophrys antalyensis* vorkommt.

STANDORT

Gebüschränder, Magerwiesen und lichte Eichen- und Kiefernwälder; auf meist trockenen, frischen, kalkhaltigen Böden.

BLÜTEZEIT

Mitte Mai bis Anfang Juni, etwa sieben Wochen später als die Übergangsformen zwischen *Ophrys transhyrcana* und *Ophrys mammosa*, die im gleichen Gebiet vorkommen und dort Anfang März bis Anfang April blühen.

HÖHENVERBREITUNG

Von Meereshöhe bis 800 m.

GESAMTVERBREITUNG

Im Südwesten der Türkei.

VERBREITUNG IN DER TÜRKEI

Das Verbreitungsgebiet von *Ophrys antalyensis* umfaßt den Südwesten (Antalya); westwärts kommt sie bis in die Gegend von Kaş-Finike, nördlich bis in die Umgebung südlich von Akseki und östlich bis Demirtaş bei Alanya vor.

NOTIZEN ZU EINIGEN FUNDORTEN

Der Erstnachweis dieser Art stammt von Kretzschmar, Gembardt & Baumgartner (Fundliste 1988). Sie fanden *Ophrys antalyensis* am westlichsten Standort der Türkei, nämlich an der Straße Finike - Elmalı, etwa 20 km nördlich Finike, zusammen mit *Anacamptis pyramidalis, Cephalanthera epipactoides, Ophrys holoserica, Ophrys sicula, Ophrys reinholdii, Orchis anatolica, Orchis fragrans* und *Orchis sancta*.
Einige Jahre später konnte Jansen (Fundlisten 1995, 1996) *Ophrys antalyensis* an mehreren Stellen nordwestlich Antalya nachweisen und dadurch das Areal dieser sehr schönen, großblütigen Art nach Osten erweitern. Zwei dieser Standorte befinden sich an der Straße von Manavgat nach Akseki (bei Gençler und bei Geriş), wo viele Pflanzen auf aufgelassenen Friedhöfen und im Gebüsch in deren Umgebung vorkommen. Vor allem am Standort bei Gençler wachsen Pflanzen mit besonders schönen und großen Blüten in und am Rande der

◄ **Gençler (Antalya), 18.5.1997,** C. A. J. Kreutz

Demirtaş (Antalya), 20.5.1997, C. A. J. Kreutz

Demirtaş (Antalya), 20.5.1997, C. A. J. Kreutz

Gençler (Antalya), 18.5.1997, C. A. J. Kreutz

Kaş (Antalya), 7.5.1988, H. Kretzschmar

Demirtaş (Antalya), 20.5.1997, C. A. J. Kreutz

lockeren Kiefernwälder. Die Pflanzen blühen an diesem Standort etwa Mitte bis Ende Mai, gleichzeitig mit *Ophrys phrygia*. *Limodorum abortivum* zeigt dann schon vollen Fruchtansatz. Weiter östlich fand JANSEN einen weiteren Standort nördlich von Demirtaş (nördlich der Straße Alanya - Gazipaşa). Auch an diesem Standort sind die Pflanzen reichlich vorhanden und blühen hier gleichzeitig mit *Ophrys phrygia* und *Ophrys minoa*. Leider wird ein Teil des Kiefernwaldes als Müllkippe genutzt. In dieser Umgebung lassen sich bestimmt weitere Standorte von *Ophrys antalyensis* nachweisen.

BEMERKUNGEN

Genau wie in Griechenland kommt in der Türkei neben der Nominatform von *Ophrys mammosa* eine großblütige Variante vor, die auch hier etwa sieben Wochen später blüht. Genau wie WILLING (1985) damals für Griechenland feststellen konnte, handelt es sich bei *Ophrys antalyensis* nicht um ein extremes Erscheinungsbild im Rahmen der normalen Variation der Art, sondern um eine konstante, deutlich von *Ophrys mammosa* unterscheidbare Sippe. Genau wie in Griechenland bildet *Ophrys antalyensis* auch in der Türkei ziemlich große Populationen und aufgrund der intensiven Malzeichnung und der Lippen- und Sepalfärbung sind ihre Blüten insgesamt farbiger als bei *Ophrys mammosa*. Die spätblühende nordwestgriechische Form von *Ophrys mammosa* wurde von B. & E. WILLING (1985) als *Ophrys mammosa* subsp. *serotina* beschrieben und von KREUTZ & PETER (1997) in den Artrang erhoben. Der Name *Ophrys serotina* wurde bereits für kleinblütige und spätblühende Pflanzen von *Ophrys holoserica* vom Gardasee verwendet. Diese Pflanzen gehören vermutlich in den *Ophrys elatior/gracilis*-Formenkreis (PAULUS, 1996). Der Name *Ophrys serotina* Rolli ex Cortesi 1910 ist jedoch invalid. Um dieses Problem zu umgehen, wurde der Name *Ophrys hystera* gewählt. DELFORGE (1994) bildet auf Seite 392 links oben eine *Ophrys hystera* ab (in diesem Feldführer als '*serotina*' bei *Ophrys mammosa*).

Von KREUTZ & PETER (1997) wurde berichtet, daß die türkischen Pflanzen mit denen von Nordwestgriechenland weitgehend übereinstimmten. Weitere Untersuchungen, sowie Diskussionen mit U. & D. RÜCKBRODT, haben aber ergeben, daß die Pflanzen in der mittleren Südtürkei doch erheblich von den griechischen Pflanzen abweichen. Die türkischen Pflanzen sind vor allem durch ihre dunkelrote Lippenfarbe und ihre besonders großen Lippen von den griechischen Pflanzen zu unterscheiden und erinnern dann an *Ophrys spruneri*. *Ophrys antalyensis* stellt deshalb eine spätblühende Sippe mit konstanten Merkmalen dar.

Vermutlich gehören alle Funde von *Ophrys amanensis* aus dem Südwesten der Türkei zu *Ophrys antalyensis*.

Demirtaş (Antalya), 20.5.1997, C. A. J. KREUTZ

HYBRIDEN

Möglicherweise mit *Ophrys minoa*.

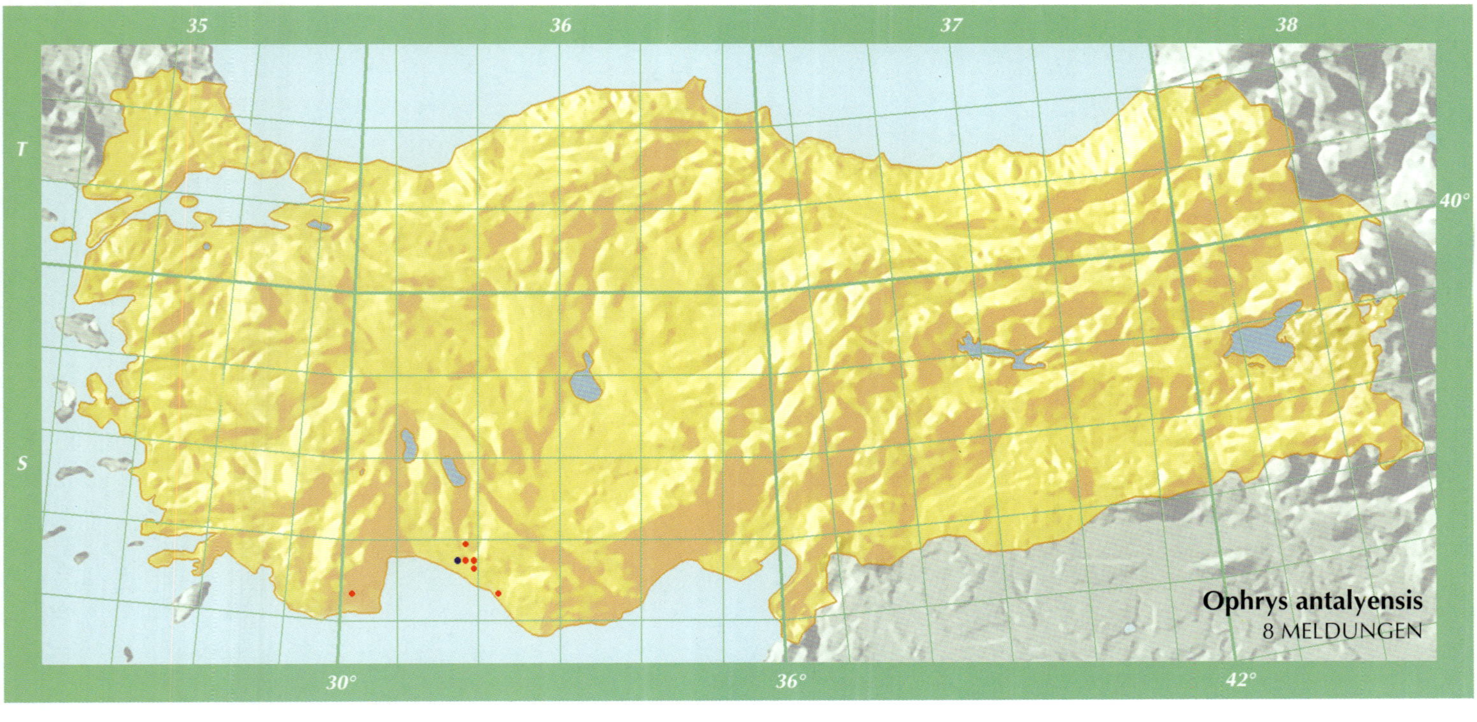

48 Ophrys caucasica

WORONOW ex GROSSHEIM

Kaukasus-Ragwurz

(Fl. Kavkaza 1: 261, 1928)

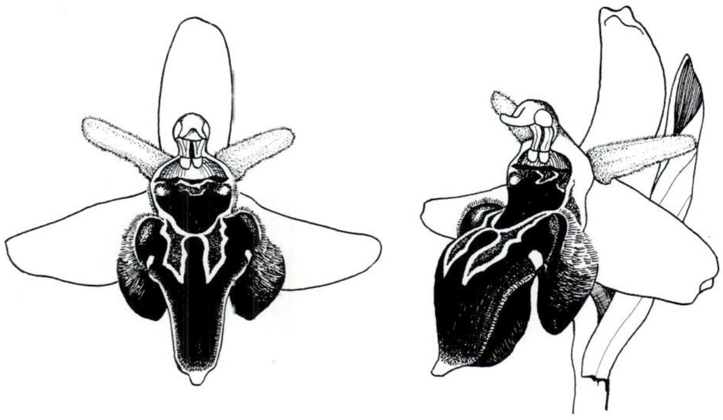

SYNONYME

Ophrys sphegodes subsp. *caucasica* (WORONOW ex GROSSHEIM) SOÓ, *Ophrys mammosa* subsp. *caucasica* (WORONOW ex GROSSHEIM) SOÓ

BESCHREIBUNG

Schlanke, hochwüchsige Pflanze mit einem vielblütigen und verlängerten Blütenstand mit etwa 7 bis 15 Blüten. Blüten relativ klein und locker am Stengel verteilt. Sepalen oliv- bis gelblichgrün oder (hell)rosa, an den Rändern zurückgerollt, die untere Hälfte der seitlichen Sepalen purpurn gefleckt, länglich-eiförmig, abstehend, das mittlere leicht vorwärtsgekrümmt. Petalen lanzettlich, halb so lang wie die Sepalen, gelblich bis hellbraun. Lippe eiförmig, im oberen Teil tief dreilappig, schwach gehöckert, bauchig gewölbt, bräunlich bis rötlichbraun, Seitenlappen außen stark silberbraun behaart. Mal von H-förmiger Gestalt oder aus zwei parallelen Streifen bestehend, die mehrmals miteinander verbunden sind, stahlblau bis purpurviolett. Anhängsel klein und nach vorne gebogen.

ABGRENZUNG ZU ÄHNLICHEN ARTEN

Ähnelt besonders *Ophrys pseudomammosa* und *Ophrys sintenisii*, von der sie durch den schlanken und dichtblütigen Blütenstand deutlich abweicht. Außerdem sind die Blüten von *Ophrys caucasica* kleiner, ihre Lippe ovaler und dreilappiger und das Anhängsel klein. Ferner sind die Perigonblätter von *Ophrys caucasica* gelblichgrün bis (hell)rosa.

STANDORT

Ophrys caucasica besiedelt grasige, mäßig feuchte Stellen, sowie Kalkmagerrasen, Gebüschränder, offene bis schattige Stellen in kurzrasigen Haselnußkulturen, selten in lichten Wäldern; auf basischen oder kalkreichen Böden.

BLÜTEZEIT

Relativ spät, von Anfang bis Ende Mai, manchmal auch noch Anfang Juni.

HÖHENVERBREITUNG

Von 300 bis 900 m.

GESAMTVERBREITUNG

Kaukasischer (und pontischer) Endemit. Sie gilt als ein typisch kaukasisches Florenelement. Ihr Areal umfaßt das südliche und östliche Kaukasusvorland bis zur mittleren Gebirgsregion und reicht von der Küste des Schwarzen Meeres bis zum Kaspischen Meer (KÜMPEL, 1980). Inzwischen wurde sie auch an vielen Standorten in der nordöstlichen Türkei nachgewiesen.

VERBREITUNG IN DER TÜRKEI

Nur in der nordöstlichen Schwarzmeer-Region (Ordu, Giresun, Trabzon).

NOTIZEN ZU EINIGEN FUNDORTEN

Der westlichste Standort liegt vermutlich in der Provinz Ordu, wo die Art von SCHÖNFELDER (Fundliste, 1997) an mehreren Stellen beobachtet wurde.

Bei Dereli an der Straße von Giresun nach Sebinkarahisar wurden in einer Haselnußplanzung Ende Mai 1997 12 Pflanzen gefunden. In der weiteren Umgebung lassen sich bestimmt weitere Standorte dieses kaukasischen Endemiten finden.

Südlich Maçka (Trabzon) ist *Ophrys caucasica* im Değirmental am Südabfall des Zigana-Passes weit verbreitet. Vor allem in den Gebirgslagen um 600 m Höhe wächst sie an frischen Stellen in Haselnußkulturen und Kalkmagerrasen. In nord- und nordwestexponierten Hanglagen ist sie an mehreren Stellen zahlreich und meist von vielen anderen Orchideenarten begleitet. So zum Beispiel von *Cephalanthera damasonium, Cephalanthera longifolia, Gymnadenia conopsea, Listera ovata, Orchis caucasica, Orchis simia, Orchis tridentata* und *Steveniella satyrioides*, selten von *Orchis stevenii*.

Besonders bei Bagişli, an der alten Straße von Maçka zum Zigana-Paß (Trabzon), befindet sich ein besonders reichhalti-

◀ **Maçka (Trabzon), 19.5.1996,** C. A. J. KREUTZ

Maçka (Trabzon), 19.5.1996, C. A. J. KREUTZ

Bagisli (Trabzon), 26.5.1995, C. A. J. Kreutz

Maçka (Trabzon), 19.5.1996, C. A. J. Kreutz

ger Standort von *Ophrys caucasica*. In einer südwestexponierten Hangwiese wachsen besonders viele Exemplare zusammen mit *Gymnadenia conopsea, Ophrys apifera, Listera ovata, Orchis stevenii* und *Orchis tridentata*. An diesem Standort bildet sie mit *Ophrys oestrifera* viele Hybriden. In diesem Gebiet befinden sich weitere schöne Biotope mit der anspruchsvollen *Ophrys caucasica*. Einer davon liegt oberhalb Maçka in einer Höhe von etwa 400 m. Die Pflanzen wachsen hier an relativ feuchten und grasigen Stellen in einer eingezäunten Haselnußpflanzung. Leider hat sich die Anzahl der Pflanzen an diesem Standort in den letzten Jahren stark verringert, da die Fläche in letzter Zeit gedüngt und beweidet wird. So wurde hier *Steveniella satyrioides* seit einigen Jahren nicht mehr beobachtet. An diesem Standort wachsen ferner noch *Anacamptis pyramidalis, Cephalanthera damasonium, Cephalanthera longifolia, Orchis caucasica, Orchis simia* und *Orchis tridentata*.

BEMERKUNGEN

Früher wurden die Funde aus der östlichen Schwarzmeer-Region noch unter *Ophrys sphegodes* aufgeführt (unter anderen Baumann & Künkele, 1982a; Buttler, 1986).

Renz & Taubenheim (1984) haben diese Pflanzen als *Ophrys mammosa* bestimmt, schreiben aber, daß die Lippe schwach gehöckert und verlängert ist und die Perigonblätter rosa gefleckt sind. Ferner schreiben sie, daß weitere Untersuchungen erforderlich sind, um den Status dieser Sippe zu klären. Inzwischen haben Baumann & Künkele (1988a) und Delforge (1994) diese Pflanzen zu *Ophrys caucasica* gestellt.

Ophrys caucasica wurde von Kümpel (1980) ausführlich vorgestellt, wobei er die besonderen, charakteristischen Merkmale (wie die fein purpurn gespritzten paarigen Sepalen, die behaarten Petalen und die tief dreilappige, optisch sehr schmale Lippe) ausführlich beschreibt. Bergel (1987) beschreibt die Art aus Transkaukasien (zwischen Schwarzem Meer und Kaspischem Meer), das an das Areal von *Ophrys caucasica* in der Nordosttürkei anschließt. Weitere Standorte aus dem Kaukasus werden von Averyanov (1995) beschrieben. Die Art ist dort weit verbreitet.

GEFÄHRDUNG

Leider sind die Standorte durch übermäßige Beweidung und Düngung stark bedroht. So waren 1988 noch viele Standorte in der Umgebung von Maçka vorhanden, 1995 nur noch wenige. Besonders viele Standorte in Haselnußkulturen sind durch frühzeitiges Mähen und durch Düngung erloschen.

HYBRIDEN

Mit *Ophrys oestrifera*.

Maçka (Trabzon), 19.5.1996, C. A. J. KREUTZ

Bagisli (Trabzon), 26.5.1995, C. A. J. KREUTZ

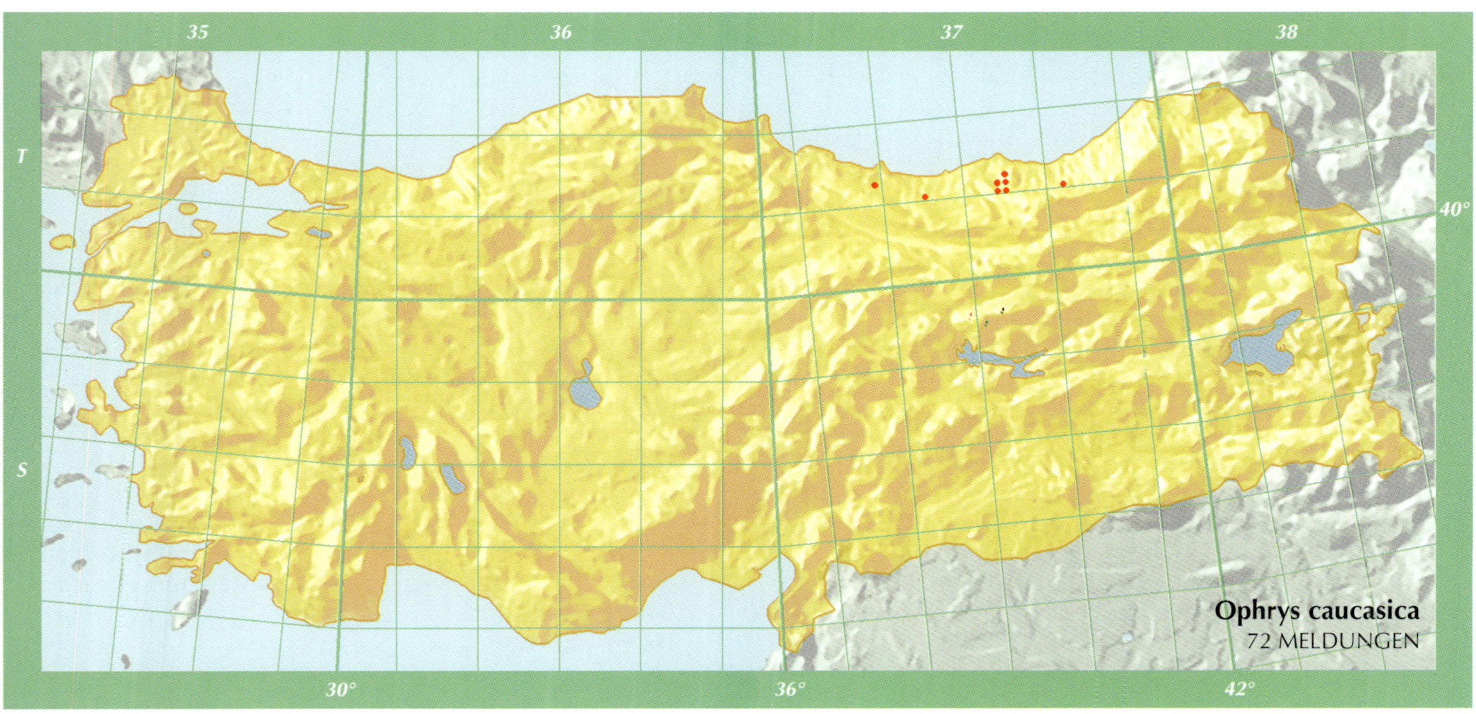

Ophrys caucasica
72 MELDUNGEN

49

Ophrys hittitica

C. A. J. KREUTZ & R. PETER

Hittitische Ragwurz

(Jour. Eur. Orch. 30 (1): 128,132, 1998; Vorausabdruck: 30.9.1997)

BESCHREIBUNG

Schlanke, ziemlich kleine Pflanze. Laubblätter länglich-eiförmig. Blütenstand langgestreckt und sehr locker, 3- bis 7-blütig. Blüten sehr klein. Sepalen meist zweifarbig: Grundfarbe weißlich, rosa oder grün, labelloskope Hälfte meist rosa überlaufen, abstehend bis leicht zurückgeschlagen, das mittlere aufrecht, länglich-oval, an den Rändern zurückgebogen. Petalen eiförmig-lanzettlich bis lanzettlich, weißlich, grünlich, oliv oder rosa (selten rot), oftmals hellgelb, am Rande leicht gewellt, kurz behaart. Lippe klein, rundlich mit ausgezogener Spitze, schwach gewölbt, schwach dreilappig oder ungeteilt, hellbraun bis rötlichbraun, an den Schultern bis zur Mitte der Lippe dicht (weißlichrot) behaart; Seitenränder stark zurückgeschlagen, wodurch die Lippe von oben dreieckig erscheint. Höcker fehlend oder schwach ausgebildet. Mal aus zwei parallelen Streifen bestehend, die in der oberen Hälfte der Lippe miteinander verbunden sind, stahlblau oder rotblau, oft mit einem schmalen hellen Rand. Anhängsel sehr klein, gelblich bis gelblichbraun und spitz, nach unten gerichtet. Konnektivfortsatz ziemlich lang und zugespitzt, aber auch sehr kurz.

ABGRENZUNG ZU ÄHNLICHEN ARTEN

Ophrys hittitica unterscheidet sich durch die kleinen bis sehr kleinen Blüten augenfällig von der im gleichen Gebiet vorkommenden *Ophrys transhyrcana*. Die Blüten von *Ophrys hittitica* sind nicht größer als die der kleinblütigen, westlichen *Ophrys araneola* REICHENBACH. Die Sepalen sind weißlich oder rosa gefärbt. Zudem blüht sie ca. zwei Wochen vor *Ophrys transhyrcana*. Sie unterscheidet sich damit deutlich von allen anderen im gleichen Gebiet vorkommenden Arten aus dem Komplex von *Ophrys mammosa*/*Ophrys transhyrcana* (KREUTZ & PETER, 1997).

STANDORT

Phryganaflächen, grasige Macchien, lichte Kiefernwälder, Gebüsch; auf trockenen, kalkreichen Böden.

BLÜTEZEIT

Früh, Mitte März bis Mitte April in tiefen Lagen; etwa zwei bis drei Wochen früher als *Ophrys transhyrcana*, in höheren Lagen bis Mitte Mai. Blüht gleichzeitig mit *Ophrys israelitica* und *Orchis collina*.

HÖHENVERBREITUNG

Von der Küste bis etwa 650 m.

GESAMTVERBREITUNG

Die mittlere Südtürkei. Wahrscheinlich auch auf Karpathos (mündl. Mittlg., PAULUS, 1997).

VERBREITUNG IN DER TÜRKEI

Nur von einigen Stellen im Amanusgebirge bekannt, Umgebung von Kozan-Feke und Karatepe, beide in der Provinz Adana und bei Antakya (Hatay).

NOTIZEN ZU EINIGEN FUNDORTEN

Der *locus classicus* befindet sich südöstlich von Antakya an der Straße von Antakya nach Altınözü (Hatay). In dieser Umgebung liegen zwischen Feldern mehrere ziemlich große, hügelige Phryganaflächen, auf denen die Art zu finden ist. Diese Pflanzen sind hier leider durch intensive Beweidung durch Schafe und Ziegen stark bedroht. Anfang April 1996 waren fast alle Pflanzen restlos abgeweidet, andere sogar ausgegraben. Im Jahre 1997 wurde der Standort etwa zwei Wochen früher besucht. Zu dieser Zeit waren noch einige Pflanzen in Hochblüte, andere waren schon weitgehend verblüht.

◄ **Reyhanlı (Hatay), 1.4.1997,** C. A. J. KREUTZ

Reyhanlı (Hatay), 1.4.1997, C. A. J. KREUTZ

Reyhanlı (Hatay), 31.3.1993, R. PETER

Reyhanlı (Hatay), 1.4.1997, C. A. J. Kreutz

Karatepe (Adana), 3.4.1997, C. A. J. Kreutz

Insgesamt wurden 17 Pflanzen gezählt, die zwischen den großen Steinen und im Gebüsch oft schwierig zu finden waren. Die Fundstelle ist wegen der ungünstigen topografischen Lage (Steilhang) mit Ausnahme von Beweidung vor landwirtschaftlicher Nutzung geschützt. Am gleichen Standort kommen auch noch *Cephalanthera longifolia, Epipactis helleborine, Ophrys bornmuelleri, Ophrys iricolor, Ophrys israelitica, Ophrys levantina, Ophrys sicula, Ophrys speculum, Orchis anatolica, Orchis fragrans, Orchis syriaca* und *Orchis tridentata* vor. Weitere Vorkommen von *Ophrys hittitica* sind mit Sicherheit in dieser Umgebung zu finden.

Weiter nördlich wurde *Ophrys hittitica* auch südlich Karatepe (Adana) gefunden. Sie wächst hier in einem Kiefernwald mit Phryganaunterwuchs zusammen mit *Ophrys apifera, Ophrys amanensis, Ophrys transhyrcana* und *Ophrys ziyaretiana*. An diesem Standort kommen nur wenige Pflanzen vor. 1997 waren nur zwei blühende Exemplare vorhanden.

An der Straße von Kozan nach Feke, etwa 25 km nördlich Kozan, wurden in einem lockeren Kiefernwald auch noch zwei Exemplare dieser seltenen Art nachgewiesen.

HYBRIDEN

Mit *Ophrys transhyrcana*.

Reyhanlı (Hatay), 1.4.1997, C. A. J. Kreutz

Reyhanlı (Hatay), 1.4.1997, C. A. J. Kreutz

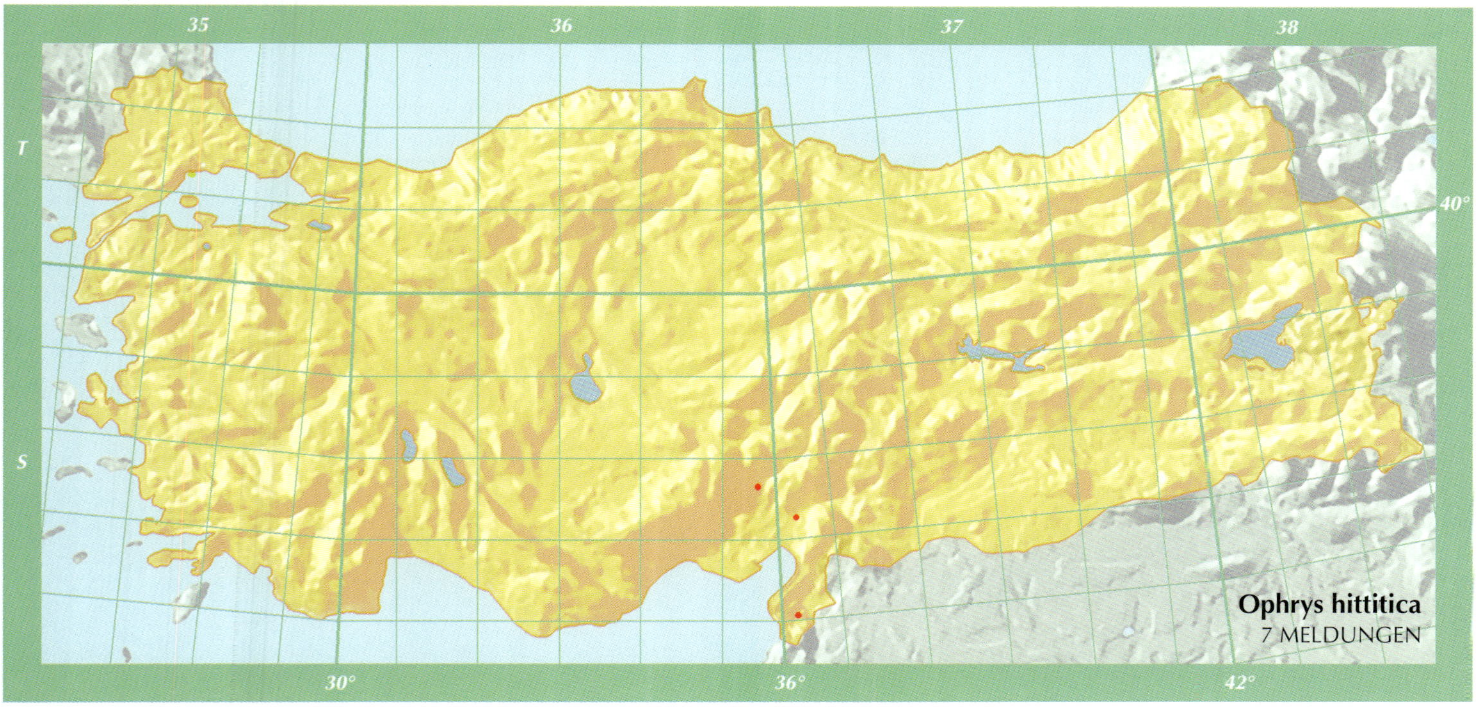

50 Ophrys mammosa

DESFONTAINES

Busen-Ragwurz

(Ann. Mus. Nat. Hist. (Paris) 10: 222, 1807)

SYNONYME

Ophrys sphegodes subsp. *mammosa* (DESFONTAINES) E. NELSON, *Ophrys sphegodes* subsp. *mammosa* (DESFONTAINES) SOÓ, *Ophrys aranifera* var. *taurica* AGGEENKO, *Ophrys taurica* (AGGEENKO) NEVSKI

BESCHREIBUNG

Schlanke und hochwüchsige Pflanze. Blütenstand verlängert und ziemlich locker, durchschnittlich mit 4 bis 8 mittelgroße bis großen Blüten. Sepalen in der Grundfarbe grün, selten weißlich, labelloskope Hälfte rot überlaufen, aufrecht bis abstehend, eiförmig-lanzettlich. Petalen eiförmig-lanzettlich, gelblichgrün bis purpurn, am Rande meist schwach gewellt. Lippe eiförmig bis oval, ungeteilt, stark gewölbt, flach ausgebreitet mit meist zurückgeschlagenen Rändern, im oberen Teil stark gehöckert (Höcker innen kahl, außen behaart), hellbraun bis rötlichbraun gefärbt. Mal aus zwei parallelen Streifen bestehend oder in der Form einer H-Zeichnung, meistens bläulich bis purpurn. Anhängsel sehr klein, gelb oder braun, leicht vorwärts gerichtet.

ABGRENZUNG ZU ÄHNLICHEN ARTEN

Ähnelt *Ophrys amanensis, Ophrys antalyensis* und *Ophrys transhyrcana*, unterscheidet sich von *Ophrys amanensis* und *Ophrys transhyrcana* durch die eiförmige bis ovale, ungeteilte, stark gewölbte Lippe, die im oberen Teil stark gehöckert (innen kahl, außen stark behaart) ist und durch den viel kürzeren Konnektivfortsatz.

Ophrys antalyensis, ihre spätblühende Schwesterart, ist durch die schmale, längere und stark gewölbte Lippe, die größeren Blüten, eine anders gestaltete Malzeichnung und die extrem ausgeprägten Höcker deutlich von *Ophrys mammosa* zu unterscheiden. Außerdem blüht *Ophrys antalyensis* etwa sieben Wochen später als *Ophrys mammosa*.

STANDORT

Eichen- und sommergrüne Laubwälder, Lichte Nadel- und Eichenwälder, in und am Rande von Gebüschen, Waldrändern, Straßengräben, Ödland, Magerrasen, Macchien und Phrygana; auf trockenen bis mäßig feuchten, kalkreichen Böden.

BLÜTEZEIT

Ophrys mammosa ist eine frühblühende Art. Sie blüht von Mitte März bis Mitte April, im europäischen teil der Türkei bis Mitte Mai.

HÖHENVERBREITUNG

Von der Küste bis etwa 1.300 m.

GESAMTVERBREITUNG

Das Areal von *Ophrys mammosa* umfaßt das östliche Mittelmeergebiet, nämlich die Balkanhalbinsel (Montenegro, Mazedonien, Bulgarien, Albanien, Griechenland), Kleinasien (Türkei, Nordsyrien, die Krim und Zypern) und Aserbaidschan (RÜCKBRODT et al., 1997), wo sie vermutlich ihre östliche Verbreitungsgrenze erreicht.

VERBREITUNG IN DER TÜRKEI

Hauptsächlich im Westen und Süden verbreitet (Marmara-, Ägäis- und Mittelmeer-Region).

NOTIZEN ZU EINIGEN FUNDORTEN

In der West- und Südwesttürkei findet man diese Art in typischer Ausprägung.

Im Nordwesten, vor allem im europäischen Teil (Edirne, Kırklareli, Tikirdağ, İstanbul) ist *Ophrys mammosa* häufig. In vielen Kalkmagerrasen bildet sie größere Gruppen von Pflanzen, die kräftig und reichblütig sind. Die Hauptblütezeit liegt in diesem Teil der Türkei, je nach Witterung, Anfang Mai. Die Pflanzen blühen gleichzeitig mit zehntausenden Exemplaren von *Muscari comosum* und an vielen Stellen wächst *Ophrys mammosa* sogar in größeren Gruppen zwischen diesen Pflanzen.

Vor allem in der Provinz Kırklareli bei Pınarhisar bildet *Ophrys mammosa* schöne Bestände in Wiesenflächen direkt entlang der Straße, dort von *Orchis morio* subsp. *morio, Orchis purpurea* und *Platanthera chlorantha* begleitet.

In der Ägäis-Region ist *Ophrys mammosa* nicht selten. Sie wächst hier vielfach an grasigen Stellen in weitläufigen, lichten Kiefernwäldern zusammen mit vielen anderen Orchideenarten, wie zum Beispiel mit *Cephalanthera epipactoides* und der seltenen *Orchis punctulata*. An grasigen Stellen in der Phrygana, Wiesenflächen und in lichten Kiefernwäldern findet man sie oft zusammen mit *Cephalanthera epipactoides, Ophrys fusca* s. l., *Ophrys sicula, Ophrys oestrifera, Ophrys speculum, Orchis fragrans, Orchis punctulata* und *Orchis tridentata*.

Sehr schöne und typische Exemplare findet man auf der Halbinsel Çeşme und südöstlich von İzmir (İzmir), wo viele Pflanzen in der Phrygana, stellenweise auch an Waldrändern und in Kiefernwäldern, vorkommen.

Südöstlich İzmir bei Dağkızılca (İzmir) bildet *Ophrys mammosa* schöne und kräftige Populationen. Der Kiefernwald in dem die Art vorkommt, ist sehr reich an anderen Orchideenarten. Es kommen dort noch *Cephalanthera epipactoides, Cephalanthera longifolia, Epipactis helleborine, Limodorum abortivum, Ophrys apifera, Ophrys fusca* s. l., *Ophrys iricolor, Ophrys sicula, Ophrys speculum, Ophrys umbilicata, Orchis italica* und *Serapias bergonii* vor.

An der Auffahrt zum Haus der Maria bei Selçuk (Aydın) ist *Ophrys mammosa* häufig. Sie wächst hier in grasigen, felsigen Wiesenflächen, sowie in lockerem Kiefernwald und in der Phrygana. In diesem Gebiet wurde auch die Hybride mit *Ophrys regis-ferdinandii* gefunden.

BEMERKUNGEN

Die Pflanzen im mittleren und östlichen Norden der Türkei gehören nicht zu *Ophrys mammosa*, sondern zu *Ophrys pseudomammosa, Ophrys sintenisii*, beziehungsweise zu *Ophrys caucasica. Ophrys pseudomammosa* kommt im westlichen Teil der Türkei zusammen mit *Ophrys mammosa* vor. DELFORGE (1994) hat diese Pflanzen zu *Ophrys grammica* gestellt.

Bei SUNDERMANN & TAUBENHEIM (1978) sind die angeblichen Funde von *Ophrys sphegodes* im Norden der Türkei als *Ophrys mammosa* aufgeführt, obwohl sie dazu bemerken, daß manche Exemplare in ihrem Erscheinungsbild *Ophrys sphegodes* sehr nahestehen.

PROBLEMATIK

Im Überschneidungsgebiet (Zypern, Israel und der mittleren südlichen Türkei) kommen Übergangsformen zwischen *Ophrys mammosa* und *Ophrys transhyrcana* vor. Diese Übergänge sind vor allem auf Zypern häufig und manchmal schwierig zu bestimmen. Die zyprischen Pflanzen wurden von anderen Autoren zu *Ophrys sintenisii* H. Fleischmann & Bornmüller gestellt.

Nach KREUTZ & PETER (1997) sind die Areale von *Ophrys transhyrcana* und *Ophrys mammosa* in der Türkei weitgehend getrennt. Zwischen beiden Arealen wurden vom Verfasser

◄ **Barbaros (Tekirdağ), 26.4.1997**, C. A. J. KREUTZ

Pınarhisar (Kırklareli), 28.4.1997, C. A. J. Kreutz

Pınarhisar (Kırklareli), 28.4.1997, C. A. J. Kreutz

Çesme (İzmir), 31.3.1996, C. A. J. Kreutz

Barbaros (Tekirdağ), 26.4.1997, C. A. J. Kreutz

Pınarhisar (Kırklareli), 28.4.1997, C. A. J. Kreutz

Pınarhisar (Kırklareli), 28.4.1997, C. A. J. Kreutz

Selçuk (İzmir), 3.4.1996, C. A. J. Kreutz

Bucakşeyhler (Antalya), 9.3.1998, C. A. J. Kreutz

Bucakşeyhler (Antalya), 9.3.1998, C. A. J. Kreutz

Bucakşeyhler (Antalya), 9.3.1998, C. A. J. Kreutz

Oymapınar (Antalya), 28.4.1997, C. A. J. Kreutz

Bucakşeyhler (Antalya), 9.3.1998, C. A. J. Kreutz

Bucakşeyhler (Antalya), 9.3.1998, C. A. J. Kreutz

1998 an einigen Stellen Übergänge zwischen *Ophrys mammosa* und *Ophrys transhyrcana* beobachtet. Bei Oymapinar, bei Murtici und an anderen Stellen an der Straße Manavgat - Akseki (Antalya) wachsen diese Übergänge unter anderem in jungem, dichtem, felsigem Kiefernwald und an Straßenböschungen. Diese Pflanzen blühen hier etwa von Mitte März bis Mitte April. Etwa sieben Wochen später findet man in dieser Gegend die spätblühende *Ophrys antalyensis*.

HYBRIDEN

Mit *Ophrys regis-ferdinandii*. Übergänge mit *Ophrys transhyrcana* wurden im Gebiet zwischen Antalya und Alanya beobachtet.

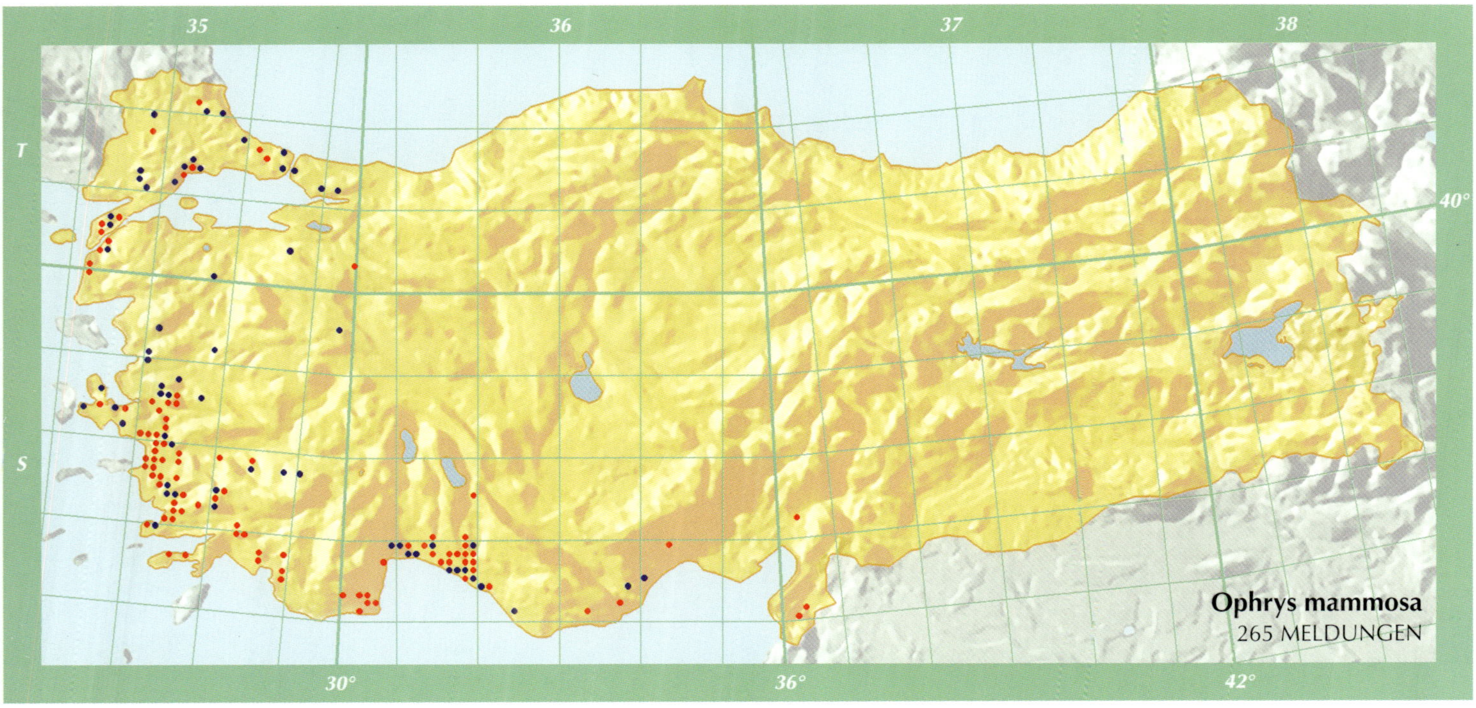

51 Ophrys pseudomammosa

Renz (pro hybr.)

Unechte Busen-Ragwurz

(Feddes Repert. 25: 262, 1928)

BESCHREIBUNG

Schlanke, niedrige bis mittelgroße Pflanze mit einem ziemlich lockeren Blütenstand; dieser meist mit etwa 3 bis 8 Blüten. Blüten klein bis mittelgroß. Der Blütenstand nimmt etwa ein Drittel des gesamten Stengels ein. Sepalen länglich-eiförmig, (hell)grün bis gelblichgrün, die seitlichen meist leicht zurückgeschlagen, die untere Hälfte der Sepalen meist schwach rosa bis rötlich überlaufen oder rosa gefleckt. Mittleres Sepalblatt länglich, schmaler als die seitlichen Sepalen, aufgerichtet. Petalen lanzettlich, am Rande meist schwach gewellt, gelblichgrün bis schwach purpurn überlaufen. Lippe oval bis längsoval, ungeteilt, ganzrandig, schwach gehöckert, gewölbt, an den Rändern stark behaart, rötlichbraun, Seitenränder bisweilen heller (gelblich bis gelblichbraun) gefärbt. Höcker an der Innenseite kahl, an der Außenseite behaart. Mal von H-förmiger Gestalt oder aus zwei parallelen Linien bestehend, stahlblau bis purpurviolett, manchmal mit hellem, weißlichem Rand. Anhängsel gelblich und schwach entwickelt.

VARIABILITÄT

Ophrys pseudomammosa ist relativ vielgestaltig und durch ihre Verwandtschaft mit *Ophrys mammosa* kann sie mit dieser Art verwechselt werden.

ABGRENZUNG ZU ÄHNLICHEN ARTEN

Sieht vor allem *Ophrys caucasica*, *Ophrys antalyensis*, *Ophrys mammosa* und *Ophrys sintenisii* ähnlich, wobei *Ophrys mammosa* und *Ophrys sintenisii* im Areal von *Ophrys pseudomammosa* vorkommen.

Ophrys sintenisii ist eine kräftige, hochwüchsige und vielblütige Art. Sie hat eine mittelgroße bis große, ovale bis rundliche, ungeteilte bis schwach dreilappige, rötlichbraun gefärbte Lippe.

Ophrys caucasica zeigt einen ähnlichen Habitus wie *Ophrys pseudomammosa*, ist aber durch ihre kleinere, eiförmige Lippe, die im oberen Teil tief dreilappig ist, außerdem bauchig gewölbt, bräunlich bis rötlichbraun, während die Seitenlappen an der Außenseite stark silberbraun behaart sind, deutlich von *Ophrys pseudomammosa* zu unterscheiden.

Von *Ophrys mammosa* und *Ophrys antalyensis* ist *Ophrys pseudomammosa* klar abgegrenzt. Die beiden Arten haben eine viel größere und anders gestaltete Lippe. Die Areale von *Ophrys mammosa* und *Ophrys pseudomammosa* überschneiden sich im europäischen Teil der Türkei (vor allem auf der Gelibolu-Halbinsel und in den Provinzen Tekirdağ und İstanbul).

STANDORT

Lichte Misch- und Nadelwälder, Gebüschränder, Macchien, Phrygana, Magerrasen, Olivenhaine, Straßenböschungen; auf frischen bis mäßig trockenen, basischen bis leicht sauren Böden.

BLÜTEZEIT

Im Küstenbereich schon ab Mitte April; in den montanen Lagen später, dort noch bis Mitte Mai in Blüte.

HÖHENVERBREITUNG

Von der Küste bis etwa 800 m.

GESAMTVERBREITUNG

Wahrscheinlich von den Ionischen Inseln über Griechenland bis zum Norden der Türkei. Auch auf einigen Ägäischen Inseln. Fotografische Belege zeigen, daß *Ophrys pseudomammosa* wahrscheinlich auch in Nordzypern vorkommt (Kleynen, Fundliste 1996).

◀ **Tayakadın (İstanbul), 29.4.1997,** C. A. J. Kreutz

VERBREITUNG IN DER TÜRKEI

In der westlichen und mittleren Schwarzmeer-Region und in der Marmara-Region (europäischer Teil der Türkei und im westlichen und mittleren Pontusgebirge) verbreitet. Südlich bis zur Gelibolu-Halbinsel (Çanakkale). Einige Angaben aus der mittleren Schwarzmeer-Region gehören zu *Ophrys sintenisii*.

NOTIZEN ZU EINIGEN FUNDORTEN

Ophrys pseudomammosa gehört in der Türkei zu den seltenen Orchideen. Aktuelle Angaben liegen unter anderem aus der Provinz Kastamonu bei Araç, von der Gelibolu-Halbinsel (Çanakkale), sowie vom europäischen Teil der Türkei vor (Tekirdağ, İstanbul).

Bei Araç wachsen in einem Magerrasen auf kalkhaltigem Boden verschiedene Exemplare dieser Art. Einige Pflanzen ähneln in der Blütengröße unserer mitteleuropäischen *Ophrys araneola*, die auch sehr kleine Blüten besitzt und eine sehr früh Blütezeit aufweist. An weiteren Orchideen kommen hier noch *Cephalanthera epipactoides, Orchis pinetorum, Platanthera bifolia* und *Platanthera chlorantha* vor.

Lüders (Fundliste 1988, 1991) hat *Ophrys pseudomammosa* auf der Gelibolu Halbinsel (Çanakkale), sowie in der Ausgrabungsstätte von Troja und an der Straße von Çanakkale nach İntepe gefunden. Während eines Besuchs 1997 im europäischen Teil der Türkei konnten Funde von *Ophrys pseudomammosa* auf der Gelibolu Halbinsel bestätigt werden. Vor allem bei Tayfur (Çanakkale) ist sie stellenweise häufig und dort unter anderem mit *Ophrys apifera, Ophrys bucephala, Ophrys fusca, Ophrys sicula, Orchis punctulata, Orchis purpurea* und *Orchis tridentata* vergesellschaftet.

Während des Besuchs im Jahre 1997 stellte sich dann weiter heraus, daß *Ophrys pseudomammosa* im europäischen Teil (Tekirdağ und İstanbul) reichlich vorkommt und sich deutlich von *Ophrys mammosa* unterscheidet, die dort auch in großen Gruppen wächst. Beide Arten kommen nicht gemeinsam vor. *Ophrys pseudomammosa* findet man auf basisischen bis leicht sauren Böden, während *Ophrys mammosa* an kalkhaltigen Standorten vorkommt. Die Standorte, an denen *Ophrys pseudomammosa* vorkommt, sind vor allem Magerrasen, bestanden mit Eichengebüsch, selten auch noch mit Wacholdern. So wurden in der Provinz Tekirdağ bei Yenice vier blühende Pflanzen in einem Magerrasen mit Flaumeichengebüsch gefunden, in der Provinz İstanbul (europäischer Teil) bei Durusu sieben Pflanzen in einem Magerrasen mit Wacholdern und bei Tayakadın etwa 200 blühende Pflanzen zusammen mit *Ophrys sicula, Orchis laxiflora* und *Orchis purpurea*. Vor allem am letztgenannten Standort sind die Pflanzen sehr reichblütig und kräftig. Die Hauptblütezeit am Standort bei Tayakadın liegt Ende April bis Anfang Mai.

BEMERKUNGEN

Ophrys pseudomammosa wurde von Renz (1928) als Bastard zwischen *Ophrys sphegodes* und *Ophrys mammosa* von Korfu beschrieben und später nur wenig beobachtet. Die Orginalbeschreibung lautet: "*Ophrys pseudomammosa* Renz (*aranifera* x *mammosa*) hybr. nov. Tracht einer *Ophrys mammosa*. Lippe breit, flach, etwas blasser und bräunlicher bis bräunlich-violett als bei *Ophrys mammosa*, etwas stärker behaart, ohne Hökker oder mit ganz kleinen rundlichen. Unter den Eltern in der Flora von Korfu (südlich Benitze, Ende März). Der Bastard dieser beiden nahe verwandten Arten unterscheidet sich von *Ophrys aranifera* (= *Ophrys sphegodes*) durch die viel größe-

Tayakadın (İstanbul), 29.4.1997, C. A. J. Kreutz

Tayakadın (İstanbul), 29.4.1997, C. A. J. Kreutz

Araç (Kastamonu), 17.5.1996, C. A. J. Kreutz

Yenice (Tekirdağ), 26.4.1997, C. A. J. Kreutz

re und flachere Lippe, von *Ophrys mammosa* durch die stärkere Behaarung".

Bei Sundermann & Taubenheim (1978) wurden die Funde von *Ophrys sphegodes* im Pontus noch als *Ophrys mammosa* bestimmt, obwohl sie bemerken, daß manche Exemplare in ihrem Erscheinungsbild *Ophrys sphegodes* nahestehen.

Renz & Taubenheim (1984) berichten, daß die Pflanzen in Nordanatolien zu der vielblütigen *Ophrys mammosa* tendieren, schreiben aber, daß die Lippe schwach gehöckert und verlängert ist, die Perigonblätter rosa gefleckt sind und daß weitere Untersuchungen erforderlich sind, um den Status dieser Sippe zu klären.

Rückbrodt & Hansen (1992) haben die Funde aus dem *Ophrys sphegodes-mammosa*-Formenkreis der Schwarzmeer-Region (*Ophrys caucasica, Ophrys pseudomammosa* und *Ophrys sintenisii*) unter *Ophrys sphegodes* aufgeführt.

Die Pflanzen aus dem *Ophrys sphegodes-mammosa*-Formenkreis der östlichen Schwarzmeer-Region wurden früher bei *Ophrys sphegodes* (unter anderem von Baumann & Künkele, 1982a; Buttler, 1986, Rückbrodt & Hansen, 1992) eingegliedert. Diese wurden später zu *Ophrys caucasica* gestellt (Baumann & Künkele, 1988a; Delforge, 1994).

Nach Delforge (1994) kommt *Ophrys sphegodes* nicht in der Türkei vor, jedoch die nahe verwandte *Ophrys grammmica*. *Ophrys pseudomammosa* stellt er in die Synonymie von *Ophrys herae*, einer Art die von Hirth & Spaeth beschrieben wurde.

Reinhard (briefl. Mittlg., 1996) erwähnt, daß ihn die westtürkischen Pflanzen an *Ophrys pseudomammosa* Renz erinnern. Auch Peter (briefl. Mittlg., 1996) kommt zu der Überzeugung, daß die Pflanzen der türkischen Nördküste nicht zu *Ophrys sphegodes* gehören, aber möglicherweise zu der sehr unklaren *Ophrys pseudomammosa*.

Ophrys pseudommammosa ist sicherlich nicht zu verwechseln mit *Ophrys grammica* oder *Ophrys herae*. *Ophrys mammosa* subsp. *grammica* (*Ophrys grammica*) wurde von B. & E. Willing (1985) von Nordgriechenland beschrieben; sie kamen damals zu dem Ergebnis, daß es sich bei diesen Pflanzen um eine eigenständige, vermutlich hybridogene Sippe aus dem *Ophrys mammosa-sphegodes*-Komplex handelt. Die Art kommt in den Gebirgsregionen Nordgriechenlands (Mazedonien und Ioanina) vor. Wahrscheinlich auch in Mazedonien und in Albanien. *Ophrys grammica* ist eine zierliche, 25-35 cm hohe Pflanze mit weißlichgrünen (silbrigen) Laubblättern. *Ophrys herae* wurde von Hirth & Spaeth (1992) beschrieben. Es ist eine Art, die vor allem in Griechenland (Festland, Ionische und Ägäische Inseln) und vermutlich auch auf Zypern vorkommt (siehe auch Delforge, 1992, 1994). *Ophrys herae* blüht sehr früh (ab Februar) und ist ziemlich kleinblütig.

Bei Alibertis (1989b) sind in seinem Buch über die Orchideen von Kreta zwei Fotos abgebildet, die große Ähnlichkeit mit den türkischen Exemplaren aufweisen. Alibertis hat diese Pflanzen auch zu *Ophrys pseudomammosa* gestellt. Auch Gölz & Reinhard (1996) schreiben, daß sie ähnliche Pflanzen auf Kreta gesehen haben und daß diese Pflanzen, die in einheitlichen Populationen auf Korfu vorkommen, von Renz als *Ophrys pseudomammosa* beschrieben wurden. Auch von Kreutz (1990) wurde eine ziemlich große Population sehr hochwüchsiger und reichblütiger Pflanzen auf Kreta an einem sehr artenreichen Standort, südlich von Rodovani, gefunden. Diese Pflanzen haben große Ähnlichkeit mit denen in der Nordwesttürkei, die im vorliegenden Buch zu *Ophrys pseudomammosa* gestellt wurden.

Im vorliegenden Buch wurden die *Ophrys sphegodes-mammosa* ähnlichen Pflanzen aus der Nordwesttürkei zu *Ophrys pseudomammosa* gestellt, die großblütigen *Ophrys sphegodes*-ähnlichen Pflanzen aus der mittleren Nordtürkei zu *Ophrys sintenisii* und die kleinblütigen Pflanzen von Nordostanatolien zu *Ophrys caucasica*.

PROBLEMATIK

Es bleibt zu klären, ob die Pflanzen aus der Westtürkei und die von Kreta mit einer in Mazedonien vorkommenden Form, die zwischen *Ophrys sphegodes* und *Ophrys mammosa* steht, übereinstimmen. Sie wurde von H. Fleischmann beobachtet und 1926 von Soó als eine *Ophrys sphegodes*-Varietät beschrieben. 1929 hat sie Soó dann als eine *Ophrys sphegodes*-Subspecies eingestuft und 1994 wurde sie schließlich von J. & P. Devillers-Terschuren in den Artrang erhoben (*Ophrys macedonica* (H. Fleischmann ex Soó) J. & P. Devillers-Terschuren. Gölz & Reinhard haben die kretischen Pflanzen vorläufig auch bei *Ophrys pseudomammosa* eingestuft.

Der *Ophrys sphegodes*-Komplex bedarf in der Türkei sicherlich noch weiterer Untersuchungen.

HYBRIDEN

Nicht nachgewiesen. Möglicherweise gibt es Übergangsformen mit *Ophrys sintenisii*.

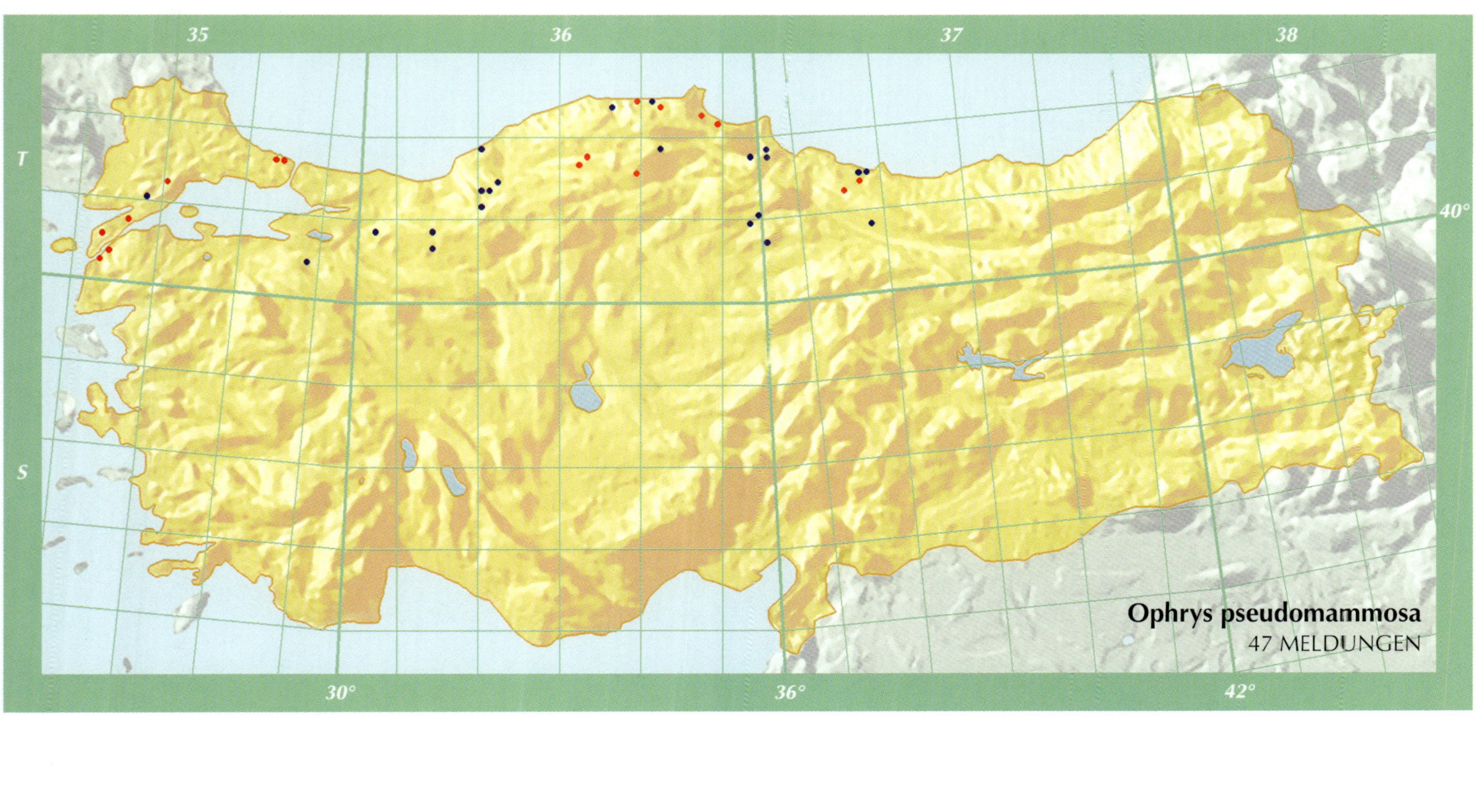

52 Ophrys sintenisii

H. FLEISCHMANN & BORNMÜLLER

Sintenis Ragwurz

(Ann. Naturhist. Mus. Wien 36: 10, 1923)

SYNONYME

Ophrys transcaspica H. FLEISCHMANN & BORNMÜLLER, *Ophrys sphegodes* subsp. *sintenisii* (H. FLEISCHMANN & BORNMÜLLER) E. NELSON

BESCHREIBUNG

Kräftige, schlanke, hochwüchsige Pflanze mit einem lockeren, langgestreckten, reichblütigen Blütenstand, dieser mit etwa 8 bis 12 (25) Blüten. Blüten groß, über die mittlere und obere Stengelhälfte verteilt. Sepalen länglich-eiförmig, abstehend, (hell)grün bis gelblichgrün oder rosa, manchmal in der Mitte rötlich überlaufen, die seitlichen meist leicht zurückgeschlagen oder schwach nach vorne gekrümmt, das mittlere etwas nach vorne gebogen. Petalen lanzettlich bis eiförmig-lanzettlich, am Rande gewellt, gelblichgrün (an der Basis oft schwach rötlich überlaufen) oder rosa. Lippe rundlich bis eiförmig, ungeteilt bis schwach dreilappig, schwach gehöckert, gewölbt, an den Rändern stark behaart, braun bis rötlichbraun. Mal von H-förmiger Gestaltung, stahlblau bis purpurviolett gefärbt, manchmal mit einem hellen, weißlichen Rand umgeben. Anhängsel gelblich und sehr schwach entwickelt.

VARIABILITÄT

Die Art variiert stark, vor allem in der Form der Lippe und der Lippenzeichnung.

ABGRENZUNG ZU ÄHNLICHEN ARTEN

Ähnelt *Ophrys caucasica*, die in Nordostanatolien vorkommt, *Ophrys transhyrcana*, die im Süden des Landes wächst und *Ophrys pseudomammosa*, die im Westen der Türkei vorkommt.

Ophrys sintenisii unterscheidet sich von *Ophrys caucasica* durch eine spätere Blütezeit, ihren hohen Wuchs und vor allem durch die viel größeren Blüten.

Die Abgrenzung zu *Ophrys transhyrcana* ist schwieriger, aber letztgenannte Art besitzt eine ziemlich lange bis breit-eiförmige, konvexe, gewölbte, leicht gehöckerte und nach vorne allmählich schmaler werdende Lippe. Außerdem ist der Konnektivfortsatz von *Ophrys transhyrcana* sehr lang und zugespitzt. Ferner blüht *Ophrys transhyrcana* in der Türkei (im Süden) fast einen Monat früher als *Ophrys sintenisii*.

Die Pflanzen von *Ophrys pseudomammosa* sind kleiner und die Blüten rundlicher. Ferner ist die Lippe schwarzbraun und nicht rötlichbraun gefärbt.

STANDORT

Gebüschränder, Phrygana, Olivenhaine, Straßenböschungen; auf frischen bis mäßig trockenen, kalkhaltigen Böden.

BLÜTEZEIT

Im Küstenbereich schon ab Anfang Mai; in den montanen Lagen später, dort noch bis Anfang Juni in Blüte.

HÖHENVERBREITUNG

Von der Küste bis etwa 1.100 m.

GESAMTVERBREITUNG

Türkei, Libanon, Israel, Syrien, Zypern und Iran. Ihr Verbreitungsgebiet ist unklar, weil sie oft mit anderen Arten aus ihrem Formenkreis verwechselt wurde.

VERBREITUNG IN DER TÜRKEI

Nur in der westlichen und mittleren Schwarzmeer-Region (Pontusgebirge) verbreitet.

NOTIZEN ZU EINIGEN FUNDORTEN

Ophrys sintenisii ist in der Türkei selten. Sie wird vor allem an mehreren Stellen zwischen Gerede und Bolu (Bolu) gefunden, dort öfter zusammen mit *Cephalanthera epipactoides, Himantoglossum caprinum, Orchis simia* und *Steveniella satyrioides*, sowie an verschiedenen Standorten in der Provinz Kastamonu und direkt an der Schwarzmeerküste zwischen İnebolu und Bafra (Sinop).

Aktuelle Standortangaben (1996) liegen von der mittleren Schwarzmeerküste vor.

Bei Araç (Kastamonu) kommen in einem Magerrasen, der mit einzelnen Kiefern bestanden ist, viele Exemplare dieser Art vor. Die Pflanzen sind an diesem Standort äußerst vielgestaltig. Außerdem wachsen hier relativ frühblühende Pflanzen, die einige Merkmale der typischen *Ophrys mammosa* aufweisen und dadurch gewisse Ähnlichkeit mit *Ophrys grammica* B. & E. WILLING (1985) haben, einer Art die in den Gebirgsregionen Nordgriechenlands (Mazedonien und Ioannina) vorkommt.

An einem sehr schönen Standort, direkt an der Küste bei Türkeli (Sinop) zwischen İnebolu und Sinop (siehe auch RÜCKBRODT & HANSEN, 1992), wurde eine Population mit sehr kräftigen, hochwüchigen und reichblütigen (bis zu 25 Blü-

◄ **Türkeli (Sinop), 18.5.1996,** C. A. J. KREUTZ

Ahmetoğlu (Sinop), 18.5.1996, C. A. J. KREUTZ

Türkeli (Sinop), 18.5.1996, C. A. J. Kreutz

Türkeli (Sinop), 18.5.1996, C. A. J. Kreutz

ten) Exemplaren gefunden. Die Pflanzen wachsen hier an grasigen Stellen, zwischen Meer und Straße und blühen Anfang bis Mitte Mai.

An der türkischen Nordküste bei Ahmetoğlu, zwischen Sinop und Bafra (Sinop), wurden an einer mit einzelnen Kiefern durchsetzten Straßenböschung viele Exemplare gefunden, hier zusammen mit *Cephalanthera damasonium, Ophrys oestrifera* und *Orchis tridentata*.

BEMERKUNGEN

Früher wurden alle Funde in der Schwarzmeer-Region zu *Ophrys sphegodes* (unter anderem Baumann & Künkele, 1982a; Buttler, 1986, Rückbrodt & Hansen, 1992) eingeordnet. Baumann & Künkele (1988a) und Delforge (1994) haben die Pflanzen der östlichen Schwarzmeer-Region später zu *Ophrys caucasica* gestellt, und die der mittleren Schwarzmeer-Region wurden von Delforge (1994) unter *Ophrys grammica* eingegliedert.

Bei Sundermann & Taubenheim (1978) wurden die Funde von *Ophrys sphegodes* im Norden der Türkei noch zu *Ophrys mammosa* gestellt, obwohl sie bemerken, daß manche Exemplare im Erscheinungsbild *Ophrys sphegodes* recht nahestehen.

Rückbrodt & Hansen (1992) haben die Funde aus der Schwarzmeer-Region aus dem *Ophrys sphegodes*-Formenkreis alle unter *Ophrys sphegodes* aufgeführt. Sie berichten aber von Pflanzen aus der Gegend zwischen Sinop und İnebolu (direkt an der Küste), von denen die größte ca. 60 cm hoch war und 23 Blüten trug, die sicherlich nicht mit der mitteleuropäischen *Ophrys sphegodes* identisch sind und daß diese Pflanzen zudem auch Merkmale von *Ophrys mammosa* aufweisen (hier sind die Pflanzen bei Türkeli gemeint, siehe oben).

Die Pflanzen im Norden der Türkei (Schwarzmeer-Region) gehören mit Sicherheit nicht zu *Ophrys sphegodes*. Im vorliegenden Buch wurden diese zu drei Arten gestellt, nämlich zu *Ophrys pseudomammosa, Ophrys sintenisii* und *Ophrys caucasica*.

PROBLEMATIK

Die Komplexe von *Ophrys sphegodes* und *Ophrys mammosa* in der Türkei bedürfen sicherlich noch weiterer Untersuchungen und es bleibt unklar, ob die Pflanzen in der mittleren Nordtürkei zu *Ophrys sintenisii* gehören. Im vorliegenden Buch wurden diese Pflanzen, bis weitere Untersuchungen vorliegen, zu dieser Art gestellt.

HYBRIDEN

Bei Araç gibt es vermutlich Übergangsformen zwischen *Ophrys sintenisii* und *Ophrys pseudomammosa*. Weil die taxonomische Gliederung beider Eltern-Arten teilweise noch ungeklärt ist, wurden diese Pflanzen aber nicht als Bastarde aufgeführt.

Türkeli (Sinop), 18.5.1996, C. A. J. Kreutz

Türkeli (Sinop), 18.5.1996, C. A. J. Kreutz

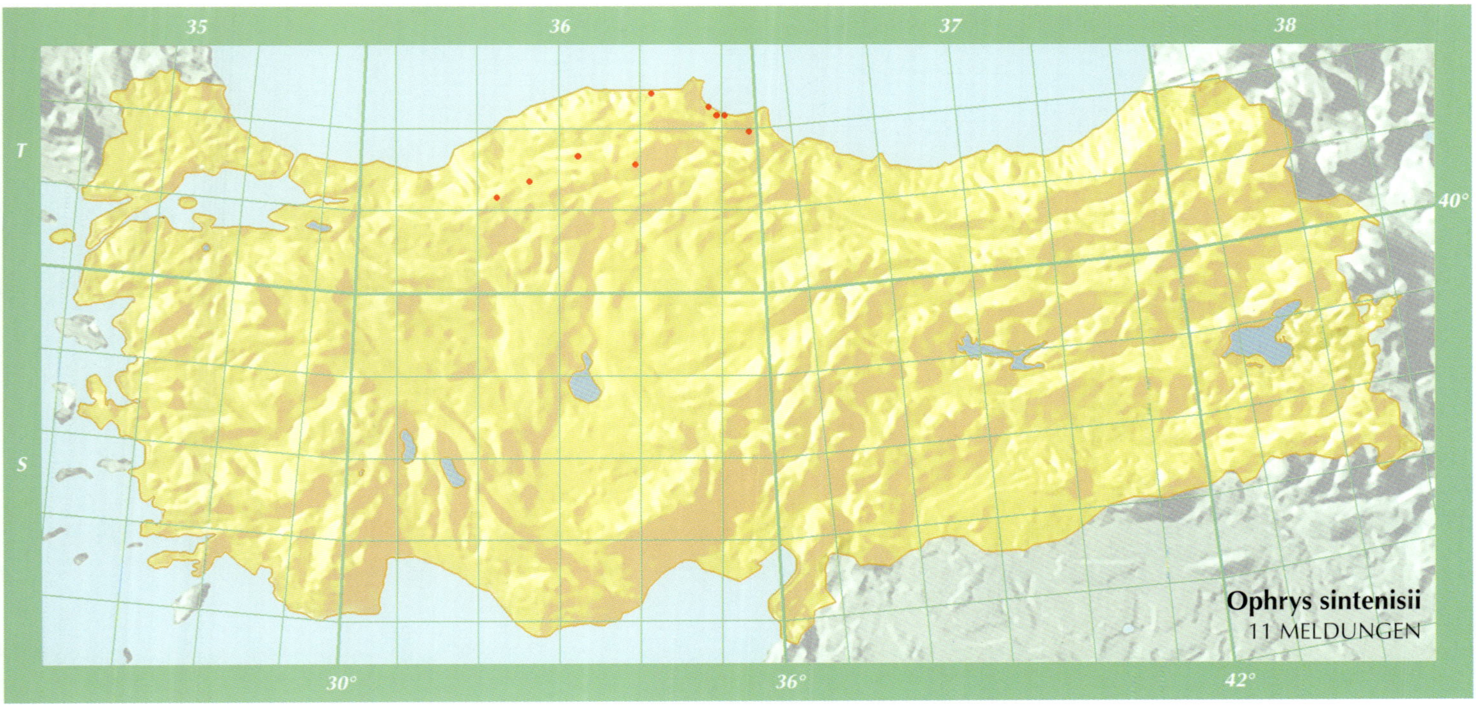

53 Ophrys transhyrcana

CZERNIAKOVSKA

Kaspische Ragwurz

(Not. Syst. Herb. Horti Bot. Petrop. 4: 1, 1923)

SYNONYME

Ophrys adonidis A. CAMUS & GOMBAULT, *Ophrys sphegodes* subsp. *transhyrcana* (CZERNIAKOVSKA) SOÓ, *Ophrys mammosa* subsp. *transhyrcana* (CZERNIAKOVSKA) BUTTLER

BESCHREIBUNG

Kräftige und hochwüchsige Pflanze. Blütenstand langgestreckt und sehr locker, 8 bis 20-blütig, die Blüten fast über eine Länge von zwei Dritteln am Stengel verteilt. Seitliche Sepalen zweifarbig, im oberen Teil grünlich, im unteren Teil rötlich bis purpurn gefärbt, abstehend bis rückwärts gerichtet, lanzettlich. Petalen eiförmig-lanzettlich bis lang dreieckig, grünlich bis purpurn, am Rande leicht gewellt. Lippe ziemlich lang bis breit-eiförmig, schwach dreilappig, konvex gewölbt, schwach oder nicht gehöckert, nach vorne allmählich schmaler werdend, dunkelbraun bis rötlichbraun. Mal aus zwei parallelen Streifen bestehend oder H-förmig, diese Streifen meistens bläulich bis purpurn. Anhängsel klein und spitz. Konnektivfortsatz sehr lang und zugespitzt.

ABGRENZUNG ZU ÄHNLICHEN ARTEN

Ähnelt vor allem *Ophrys amanensis* und *Ophrys sintenisii*. Sie unterscheidet sich von *Ophrys amanensis* durch die ziemlich lange bis breit-eiförmige, konvex gewölbte, leicht gehöckerte und nach vorne allmählich schmaler werdende Lippe. Außerdem ist die Malzeichnung im basalen Teil der Lippe öfter verbunden und die seitlichen Sepalen sind nicht immer zweifarbig. Ferner blüht *Ophrys transhyrcana* mindestens einen Monat früher als *Ophrys amanenis* und hat kleinere Blüten.
Von *Ophrys sintenisii* vor allem durch eine ziemlich lange bis breit-eiförmige, konvex gewölbte, leicht gehöckerte und nach vorne allmählich schmaler werdende Lippe zu unterscheiden. Außerdem ist der Konnektivfortsatz von *Ophrys transhyrcana* länger.

STANDORT

Lichte Nadelwälder, sommergrüne Laubwälder, Magerrasen, Macchien und Phrygana; auf trockenen bis mäßig feuchten, kalkreichen Böden.

BLÜTEZEIT

Relativ früh, von Mitte März bis Ende April in tiefen Lagen, selten noch Anfang Mai.

HÖHENVERBREITUNG

Von der Küste bis etwa 1.000 m.

GESAMTVERBREITUNG

Ophrys transhyrcana hat eine orientalische (südliche Türkei, Nordirak, Iran, Turkmenistan, Westsyrien, Libanon, Israel und Zypern) und kaukasische Verbreitung (BERGEL, 1987).

VERBREITUNG IN DER TÜRKEI

Ophrys transhyrcana ist in der Türkei im Südosten verbreitet (von der Provinz İçel bis Şirnak). Die Angaben aus der Provinz Antalya stellen Übergänge mit *Ophrys mammosa* dar.

NOTIZEN ZU EINIGEN FUNDORTEN

Ophrys transhyrcana bildet an verschiedenen Standorten größere Populationen. Vor allem im Küstenbereich und am Südabhang des Taurus zwischen Mersin und Antakya, sowie in Südost- und Ostanatolien ist sie an vielen Stellen vorhanden. Bei Yeniköy (İçel) erreicht *Ophrys transhyrcana* vermutlich ihre westliche Verbreitungsgrenze. GÜGEL (briefl. Mittlg., 1997) konnte die Art in diesem Gebiet über mehrere Jahren nachweisen. Fotografische Belege zeigen deutlich die typische Merkmale dieser Art. In der Umgebung von Karatepe (Adana) und südlich Antakya im Ziyaretgebirge (Hatay) wächst sie vielfach in Straßengräben oder in den ausgedehnten Macchien. Die Art ist hier in ihren Merkmalen sehr typisch und Einflüsse von *Ophrys mammosa*, wie es diese auf Zypern gibt, sind nicht zu erkennen.

◀ **Reyhanlı (Hatay), 1.4.1997,** C. A. J. KREUTZ

Adana (Adana), 29.3.1993, R. PETER

Reyhanlı (Hatay), 14.4.1996, C. A. J. KREUTZ

Karatepe (Adana), 3.4.1997, C. A. J. KREUTZ

Adana (Adana), 29.3.1993, R. PETER

Reyhanlı (Hatay), 1.4.1997, C. A. J. KREUTZ

Bei Karatepe und auch innerhalb des Milli Parks in der direkten Umgebung der antiken Stätte findet man immer wieder Exemplare im lockeren Kiefernwald und in grasigen Wiesenflächen. An weiteren Orchideen kommen hier noch *Limodorum abortivum, Ophrys bornmuelleri, Ophrys episcopalis, Ophrys israelitica, Ophrys levantina, Orchis syriaca* und *Orchis tridentata* vor.

Die schönsten und typischsten Exemplare wurden 1996 und 1997 in der Provinz Hatay, südlich Antakya, gefunden, wie zum Beispiel südlich der Straße Antakya - Reyhanlı in der Umgebung von Altınözü. Mehrere Exemplare blühten hier Anfang April in Olivenhainen und auf Phryganaflächen. Leider ist auch hier *Ophrys transhyrcana* an vielen Stellen durch übermäßige Beweidung stark bedroht. Dagegen sind die Standorte bei Karatepe weitgehend geschützt, weil die Art dort in den Kiefernwäldern und Böschungen eines Milli Parks vorkommt. Dieses Gelände wird nicht beweidet und viele Orchideen wachsen hier noch in großer Zahl. Weitere Vorkommen besitzt *Ophrys transhyrcana* in der Provinz Hatay bei Samandağı und auf einem Friedhof bei Sofular, einige Kilometer südlich Antakya. An beiden Standorten kommen meist nur wenige Exemplare vor.

BEMERKUNGEN

Nach Kreutz & Peter (1997) sind die Areale von *Ophrys transhyrcana* und *Ophrys mammosa* in der Türkei weitgehend getrennt. Östlich von Antalya in der Umgebung von Oymapinar und östlich von Manavgat an der Straße nach Akseki kommen an einigen Stellen Übergangsformen zwischen beiden Arten vor. Auch auf Zypern und in Israel besitzen beide Arten gemeinsame Vorkommen.

Aus Iran (Asterabad) wurde 1923 von H. Fleischmann & Bornmüller *Ophrys sintenisii* beschrieben, eine Sippe die nach dem derzeitigen Kenntnisstand auch in der mittleren Nordtürkei vorkommt. *Ophrys sintenisii* weist gemeinsame Merkmale von *Ophrys transhyrcana, Ophrys amanensis* und *Ophrys mammosa* auf. Nach Delforge (1994) kommt *Ophrys sintenisii* in der Türkei, im Libanon, Syrien und auf Zypern vor. Sie unterscheidet sich von *Ophrys mammosa* und *Ophrys transhyrcana* durch geringe blütenmorphologische Differenzen und einen anderen Bestäuber. Nelson (1962) schreibt, daß *Ophrys sintenisii* wesentlich früher als *Ophrys amanensis* blüht. Außerdem grenzen die Areale der beiden Arten zwar unmittelbar aneinander, sie scheinen sich aber trotzdem gegenseitig vollkommen auszuschließen.

Reyhanlı (Hatay), 14.4.1996, C. A. J. Kreutz

PROBLEMATIK

Die Angaben aus den Kaukasusländern sind zu überprüfen, diese gehören wahrscheinlich zu *Ophrys sintenisii* oder zu *Ophrys caucasica*.

HYBRIDEN

Nur mit *Ophrys hittitica*. Übergänge mit *Ophrys mammosa* wurden im Gebiet zwischen Antalya und Alanya beobachtet.

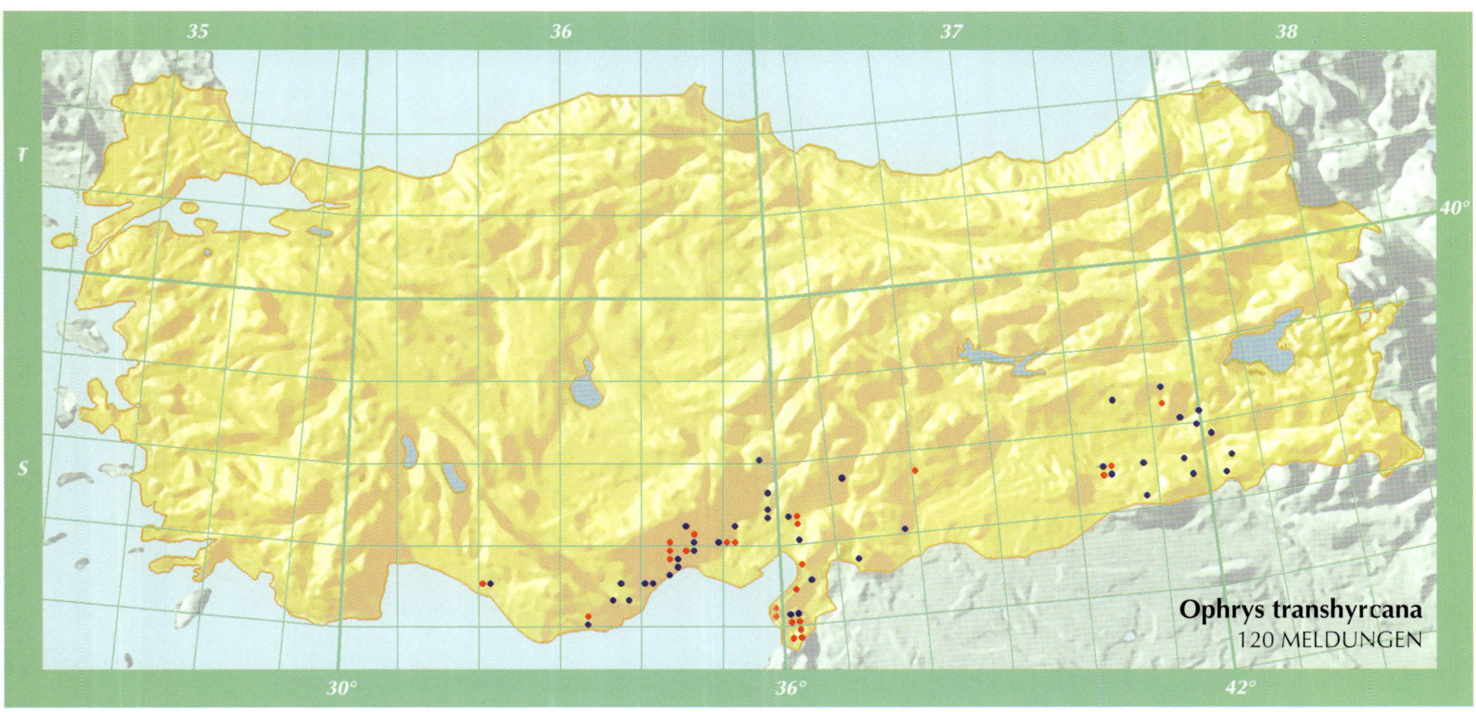

54 Ophrys antiochiana

H. BAUMANN & KÜNKELE (pro hybr.)

Antiochische Ragwurz

(Mitt. Bl. Arbeitskr. Heim. Orch. Baden-Württ. 24 (4): 582, 1992)

BASIONYM

Ophrys xantiochiana H. BAUMANN & KÜNKELE (Mitt. Bl. Arbeitskr. Heim. Orch. Baden-Württ. 18 (3): 527, 1986)

BESCHREIBUNG

Kräftige und hochwüchsige Pflanze. Blütenstand ziemlich lang und mit 3 bis 6 mittelgroßen, locker angeordneten Blüten besetzt. Sepalen rosa oder purpurn, meist einfarbig, das mittlere meist über die Säule nach vorn gebogen. Petalen schmal-lanzettlich mit grünem Mittelnerv, rötlich gefärbt. Lippe dunkelbraunpurpurn bis schwarzpurpurn, im oberen Teil tief dreilappig. Seitenlappen schmal und lang (bis über die Mitte der Lippe reichend), grau oder rötlichbraun behaart. Mittellappen meist stark gewölbt, oft mit hufeisenförmiger, grauweißer oder purpurner, oft mehrfarbiger Zeichnung (manchmal auf zwei längliche Flecken reduziert). Anhängsel bräunlich, klein und abwärts gerichtet.

VARIABILITÄT

Die Art ist von hybridogenem Ursprung und ist daher recht variabel in ihrer Erscheinungsform. Die Lippe ist zum Beispiel stark dreilappig bis ungeteilt und von verschiedener Farbe.

ABGRENZUNG ZU ÄHNLICHEN ARTEN

Ähnelt *Ophrys straussii*. *Ophrys antiochiana* unterscheidet sich von dieser Art durch einen kräftigeren Wuchs, eine dunkler gefärbte Lippe (violett bis schwarzviolett) und schmalere Seitenlappen (bis über die Mitte der Lippe reichend), die grau oder rötlichbraun behaart sind. Außerdem ist der Mittellappen von *Ophrys antiochiana* meist stärker gewölbt, und mit hufeisenförmiger oder zu zwei länglichen Flecken reduzierter Zeichnung.

STANDORT

Grasige, offene Standorte, Magerwiesen, manchmal auch im Halbschatten von Gebüschrändern, an trockenen bis mäßig feuchten Stellen; auf frischen, kalkhaltigen Böden.

BLÜTEZEIT

Relativ spät, von Mitte bis Ende Mai. Damit blüht sie im Gebiet zur gleichen Zeit wie *Ophrys cilicica* und *Ophrys schulzei*. *Ophrys bornmuelleri*, die in diesem Gebiet auch vorkommt, ist dann schon längst verblüht.

HÖHENVERBREITUNG

Von 500 bis 900 m.

GESAMTVERBREITUNG

Die mittlere Südtürkei. Nur ein sehr kleines Areal im Ziyaretgebirge, südlich Antakya. Funde von *Ophrys straussii* aus dem benachbarten Syrien konnten noch nicht untersucht werden, vermutlich gehören diese auch zu *Ophrys antiochiana*.

VERBREITUNG IN DER TÜRKEI

Ophrys antiochiana ist vermutlich eine endemische Art der mittleren südlichen Türkei. Soweit jetzt bekannt wurde sie nur im südlichen Teil der Provinz Hatay (Ziyaretgebirge), zwischen Antakya und Yayladağı, gefunden.

NOTIZEN ZU EINIGEN FUNDORTEN

Ophrys antiochiana ist im Ziyaretgebirge weit verbreitet und populationsbildend, doch sind ihre Standorte durch übermäßige Beweidung und landwirtschaftliche Nutzung stark bedroht. In den weitläufigen Steineichen-Felsfluren findet man an geschützten Stellen nur noch wenige Pflanzen. Südlich Harbiye wurde *Ophrys antiochiana* an einem Standort zwar in größerer Zahl gefunden, aber einen Tag später war die ganze Population durch Schafe und Ziegen abgefressen. Im Jahre 1997 war dieser Standort noch vorhanden, aber mit wenigen Pflanzen besetzt. Im gleichen Jahr wurde *Ophrys antiochiana* an weiteren neuen Fundstellen im Ziyaretgebirge nachgewiesen. Sie waren allerdings nur mit wenigen Pflanzen besetzt. Auffallend war aber, daß *Ophrys schulzei*, die in diesem Gebiet meist nur in wenigen Exemplare vorkommt, in diesem Jahr reichlich vertreten war.

KRETZSCHMAR, GEMBARDT & BAUMGARTNER (Fundliste 1988) wiesen an vier Stellen in dieser Umgebung gelbblütige Exemplare nach. Weitere Angaben außerhalb des Ziyaretgebirges liegen bis heute nicht vor.

BEMERKUNGEN

Lange Zeit wurde über abweichende Formen von *Ophrys straussii* südlich Antakya im Ziyaretgebirge berichtet. Manchmal wurden diese Pflanzen als Bastarde mit *Ophrys amanensis* bestimmt (KAJAN, et al. 1992; KRETZSCHMAR, GEMBARDT & BAUMGARTNER, Fundliste 1988). Diese Pflanzen wurden als *Ophrys xantiochiana* beschrieben (BAUMANN & KÜNKELE, 1986; Abb. 41, Seite 653). Durch statistische Untersuchungen hat sich ergeben, daß die Pflanzen südlich Antakya durch Hybridisierung von *Ophrys amanensis* mit *Ophrys straussii* entstanden sind. Im Jahre 1992 erhob PETER (1992) diese Sippe in den Artrang.

PROBLEMATIK

Bei Belören (Konya) wächst auf einem Friedhof eine ziemlich große Population, die wahrscheinlich eine Übergangsform zwischen *Ophrys reinholdii* und/oder *Ophrys straussii* var. *leucotaenia* und einer weiteren *Ophrys*-Art darstellt. Weitere Untersuchungen sind erforderlich um festzustellen, ob es sich hier um eine durch Hybridisierung entstandene Sippe handelt, die möglicherweise auch eine Parallelentwicklung zu *Ophrys antiochiana* ist (PETER, 1992).

GEFÄHRDUNG

Wegen des kleinen Verbreitungsgebiets und der intensiven landwirtschaftlichen Nutzung des Ziyaretgebirges ist die Art stark bedroht. Ihre Vorkommen sollten unbedingt unter Schutz gestellt werden.

HYBRIDEN

Nicht nachgewiesen.

Antakya-Senköy (Hatay), 11.5.1988, C. A. J. KREUTZ

◄ Senköy (Hatay), 22.5.1997, C. A. J. KREUTZ

Senköy (Hatay), 22.5.1997, C. A. J. Kreutz

Harbiye (Hatay), 22.5.1995, C. A. J. Kreutz

Harbiye (Hatay), 22.5.1995, C. A. J. Kreutz

Harbiye (Hatay), 22.5.1995, C. A. J. KREUTZ

Antakya-Şenköy (Hatay), 30.5.1981, H. BAUMANN

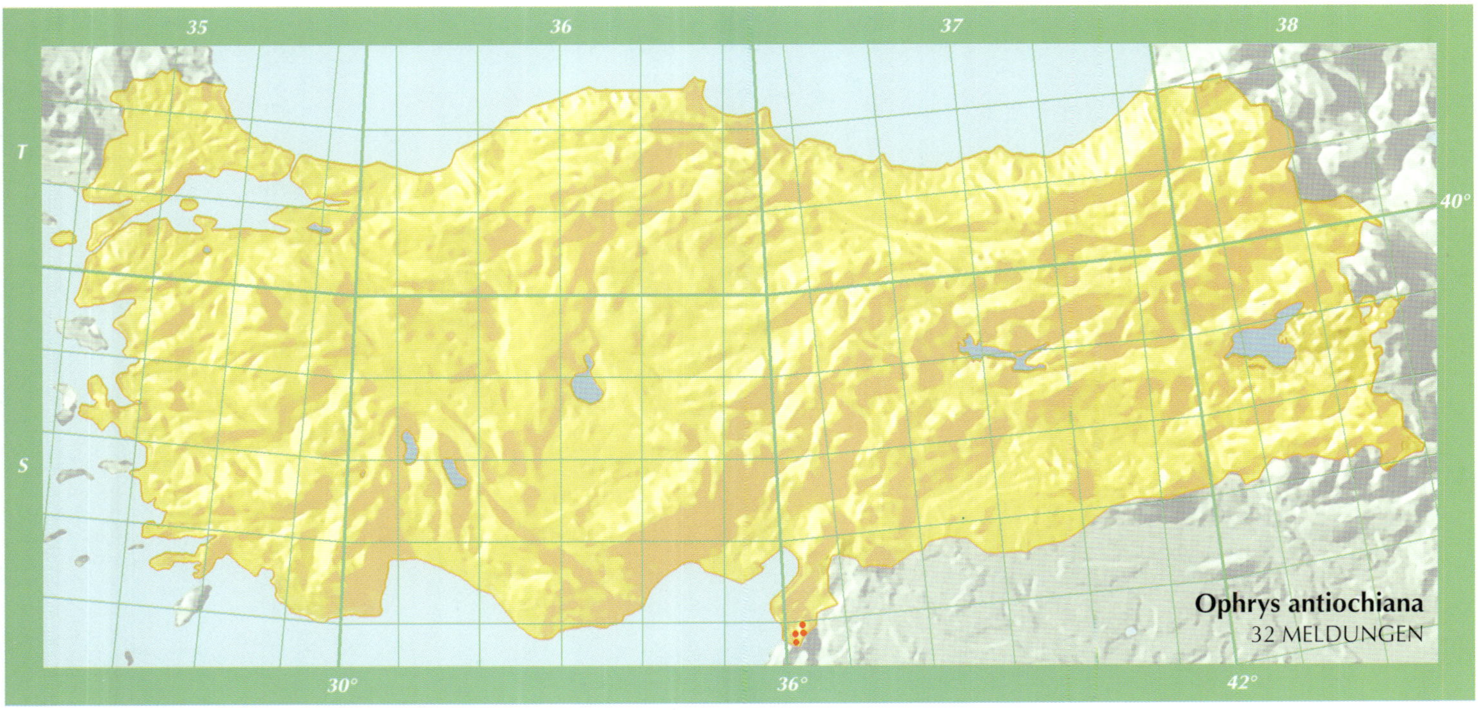

55 Ophrys reinholdii

H. Fleischmann

Reinholds Ragwurz

(Österr. Bot. Zeitschr. 57: 5, 74, 1907)

SYNONYM

Ophrys mimnolea O. Schwarz

BESCHREIBUNG

Ziemlich schlanke oder kräftige, meist mittelhohe Pflanze. Blütenstand kurz, selten verlängert, lockerblütig, meist mit 3 bis 8 mittelgroßen Blüten. Sepalen eiförmig-lanzettlich bis lanzettlich, die beiden seitlichen abstehend bis zurückgeschlagen, das mittlere oft weiter zurückgeschlagen, rosaviolett, selten grünlichweiß gefärbt mit grünem Mittelnerv. Petalen schmal-lanzettlich bis lanzettlich, stumpf, gelblich bis gelblichbraun oder violett, oft auch mit einem grünen Mittelnerv. Lippe im oberen Teil tief dreilappig, dunkelbraun bis rötlichbraun gefärbt; Seitenlappen lang bis sehr lang, graubraun, rotbraun oder violettbraun behaart; Mittellappen oft wenig gewölbt und breit mit variabler Zeichnung (Flecken oft mit Querverbindung, mehrfarbig, selten rein weiß). Anhängsel schmal, dreieckig, weißlich bis rötlich (gelblich), abwärts bis leicht aufwärts gerichtet.

ABGRENZUNG ZU ÄHNLICHEN ARTEN

Ophrys reinholdii gehört zum Formenkreis von *Ophrys straussii*. Nach Peter (1992, 1994) unterscheidet sich *Ophrys reinholdii* von *Ophrys straussii* in den folgenden Merkmalen: "Petalen schwach geöhrt; Mittellappen fächerförmig, nur seitlich zurückgebogen; Mal in der Grundform mit zwei seitlich aus der Basis des Mittellappens gegen dessen Mitte gerichteten Flecken mit einer basalen dünnen Querverbindung und mit je einem Fortsatz gegen die Mittellappenmitte (nie mit Fortsätzen gegen Lippenbasis); Seitenlappen breit, abgerundet, nicht über die Mitte der Lippe reichend; Anhängsel groß, gegliedert, abwärts bis leicht aufwärts gerichtet; Basalschwielen vorhanden, meist deutlich ausgebildet; Konnektivfortsatz kurz bis mittellang".

STANDORT

Lichte Kiefernwälder, Macchien, Phrygana und Eichengebüsche; auf mäßig trockenen, oft steinigen Kalkböden.

BLÜTEZEIT

Früh, von Ende März bis Ende April.

HÖHENVERBREITUNG

Von der Küste bis etwa 1.000 m.

GESAMTVERBREITUNG

Beschränkt auf Südalbanien, Montenegro, Mazedonien, Griechenland, die Ionischen Inseln, die südlichen Ägäischen Inseln (nicht auf Kreta) und den Südwesten der Türkei. Vor allem auf Rhodos ist die Art nicht selten, sie gehört dort zu den häufigsten und verbreitetsten Orchideen.

VERBREITUNG IN DER TÜRKEI

Nur in der Ägäis- und Mittelmeer-Region verbreitet, östlich bis Antalya.

NOTIZEN ZU EINIGEN FUNDORTEN

Ein besonders schöner Standort von *Ophrys reinholdii* wurde etwa 10 km östlich von Bodrum (Muğla) in einem steinigen Kiefernwald gefunden. Es ist nur eine kleine Population von etwa 25 Pflanzen auf engstem Raum. In der weiteren Umgebung wurden nur noch wenige Einzelpflanzen beobachtet. Die Pflanzen waren dort Anfang April 1996 schon in Hochblüte, während sie hier normalerweise nicht vor Mitte April zur Blüte kommen. Am gleichen Standort wurden auch noch *Limodorum abortivum, Neotinea maculata, Ophrys bombyliflora, Ophrys heterochila, Ophrys oestrifera, Ophrys omegaifera, Ophrys sicula, Ophrys umbilicata* und *Orchis provincialis* gefunden.

Lüders hat *Ophrys reinholdii* in einem Waldstück beim Dorf Yukarıkızılca (İzmir) entdeckt, hier mit vielen Exemplaren von anderen Orchideenarten.

Hahn & Passin (1997) wiesen 35 Exemplare von *Ophrys reinholdii* auf einem Friedhof an der Straße von Karaböğürtlen nach Ula (Muğla) nach. Diese Angabe konnte 1997 bestätigt werden. Auf diesem Friedhof und im südlich anschließenden Kiefernwald wurden viele Pflanzen dieser Art gefunden. Die Pflanzen kommen an diesem Standort in typischer Form vor; sie blühen etwa Mitte April.

Weiter kommt *Ophrys reinholdii* auf einem Friedhof an der Straße von Yatağan nach Kavaklıdere (Muğla) vor mit *Comperia comperiana, Neotinea maculata, Ophrys heterochila* und der seltenen *Ophrys tenthredinifera*.

Auch Sundermann (1969b) meldet Funde einer größeren Anzahl sehr typischer Exemplare von zwei Stellen bei Milas (Muğla).

Ein besonders reichbesetzter Standort liegt genau gegenüber der Ortschaft Incirköy (Muğla) wo *Ophrys reinholdii* in einem terrassierten Weiderasen vorkommt. Die Pflanzen sind hier durch einen hohen Zaun gegen Beweidung geschützt.

Auch in der Umgebung von Ağullu und bei Yeşilköy, beide in der Provinz Antalya gelegen, kommt *Ophrys reinholdii* an verschiedenen Stellen an Gebüschrändern, auf Wiesen-Terrassen und in lichten Kiefernwäldern vor.

Die östlichsten Fundorte typischer Pflanzen dürften auf ei-

◀ **Karaova (Muğla), 4.4.1996,** C. A. J. Kreutz

Karaova (Muğla), 4.4.1996, C. A. J. Kreutz

Karaova (Muğla), 4.4.1996, C. A. J. Kreutz

Göçek (Muğla), 17.4.1997, C. A. J. Kreutz

Kavaklıdere (Muğla), 15.4.1997, C. A. J. Kreutz

Karaova (Muğla), 4.4.1996, C. A. J. Kreutz

nem Friedhof bei Davaslar an der Straße von Kaş nach Antalya, etwa 25 km östlich Ağullu, liegen.

Weitere aktuelle Angaben liegen vor von RÜCKBRODT & HANSEN (1992), HERTEL (briefl. Mittlg., 1996), PETER (briefl. Mittlg., 1996) und LÜDERS (briefl. Mittlg., 1996). Diese Fundmeldungen stammen hauptsächlich aus der Umgebung von Bodrum, Milas, Yatağan, Muğla, Marmaris (Muğla) und Kaş (Antalya).

BEMERKUNGEN

In der mittleren Südwesttürkei bei Antalya wird *Ophrys reinholdii* durch *Ophrys straussii* ersetzt. Wo beide Areale sich überlappen, bilden sie Übergangsformen. Dies ist im Ausgrabungsgelände von Termessos (Antalya) gut zu sehen, wo Übergangsformen zu der östlich verbreiteten *Ophrys straussii* vorkommen.

PROBLEMATIK

In der Türkei hat die Abgrenzung von *Ophrys reinholdii* und *Ophrys straussii* früher ziemlich große Probleme bereitet und die systematische Stellung war daher lange Zeit umstritten (SUNDERMANN, 1987).

Nach BAUMANN kommen typische *Ophrys reinholdii* nur auf den Ionischen Inseln, im südlichen Balkan (Albanien, Montenegro, Mazedonien, griechischen Festland) und auf dem Peloponnes vor. Nach BAUMANN sind die *Ophrys reinholdii*-ähnlichen Pflanzen aus der Ägäis möglicherweise durch *Ophrys ferrum-equinum* introgressiv beeinflußte *Ophrys reinholdii* und stellen folglich keine typischen *Ophrys reinholdii* dar, sondern sind mit *Ophrys reinholdii* subsp. *leucotaenia* identisch (PETER, 1994). Populationsstatistische Untersuchungen haben inzwischen gezeigt, daß beide Arten (*Ophrys reinholdii* und *Ophrys straussii*) klar von einander zu unterscheiden sind (PETER, 1992, 1994) und daß *Ophrys reinholdii* subsp. *leucotaenia* als Varietät von *Ophrys straussii* zu bewerten ist.

PETER (1994) berichtet weiter, daß *Ophrys reinholdii* von den Ionischen Inseln bis in die östliche Agäis und die Südwesttürkei vorkommt. Eine Unterscheidung zwischen Pflanzen aus dem westlichen und aus dem östlichen Teilareal ist nicht möglich. Außerdem wurde der gleiche Bestäuber von *Ophrys reinholdii* in beiden Arealteilen festgestellt. Weiter schreibt er, daß es keine Hinweise gibt, daß *Ophrys reinholdii* im östlichen Arealteil von *Ophrys ferrum-equinum* introgressiv beeinflußt wurde. Er begründet dies anhand von Typusmaterial, Originaldiagnosen, Bildern in der Literatur und von Felduntersuchungen.

Karaova (Muğla), 4.4.1996, C. A. J. KREUTZ

Von SCHWARZ wurde 1934 *Ophrys mimnolea* aus der Südwesttürkei beschrieben. Statistische Untersuchungen (PETER, 1994) haben ergeben, daß diese Art in die Synonymie von *Ophrys reinholdii* gehört.

HYBRIDEN

Nachgewiesen mit *Ophrys ferrum-equinum*, *Ophrys lesbis* und *Ophrys straussii*.

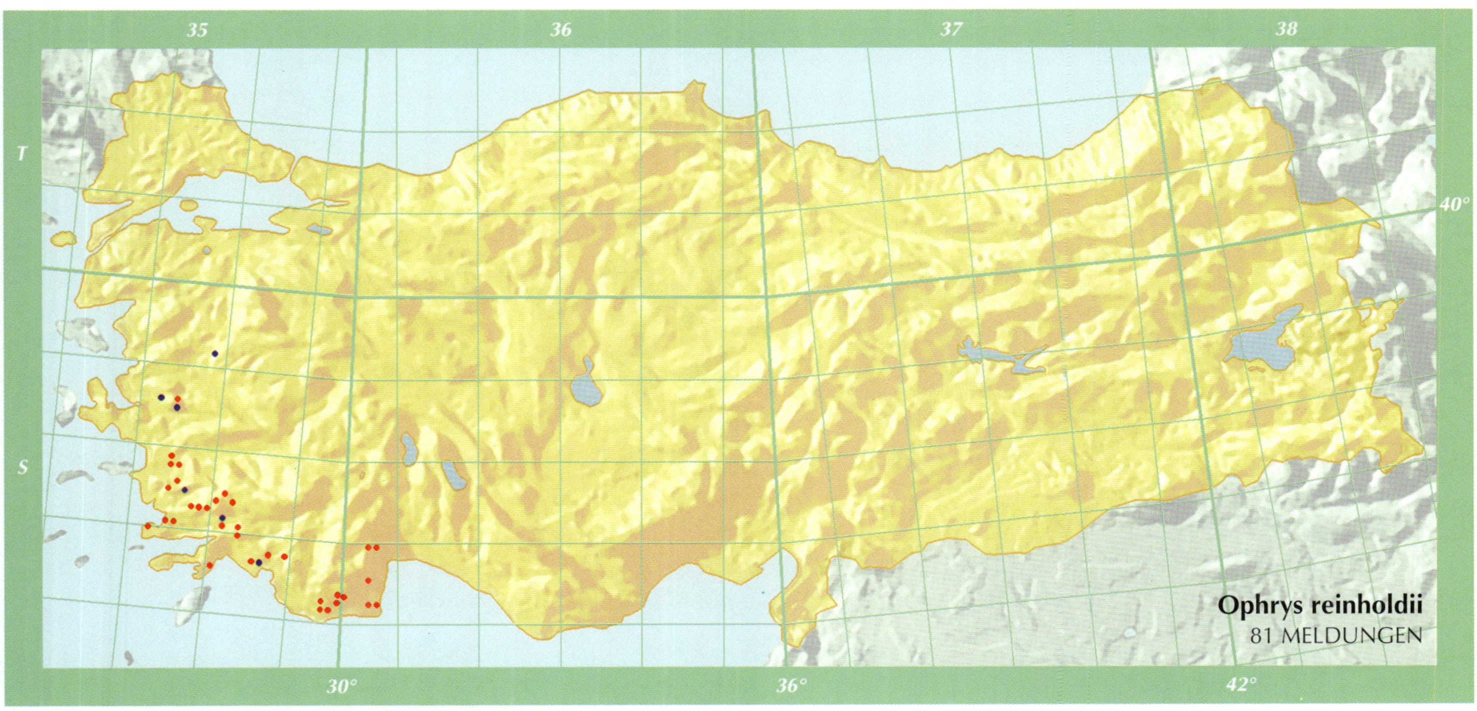

56 Ophrys straussii

H. FLEISCHMANN & BORNMÜLLER

Strauss-Ragwurz

(Ann. Naturhist. Mus. Wien 36: 13, 1923)

SYNONYM

Ophrys reinholdii subsp. *straussii* (H. FLEISCHMANN & BORNMÜLLER) E. NELSON.

BESCHREIBUNG

Schlanke und hochwüchsige Pflanze. Blütenstand ziemlich lang und mit 3 bis 10 kleinen, locker angeordneten Blüten besetzt. Sepalen eiförmig-lanzettlich bis lanzettlich, abstehend oder zurückgeschlagen, das mittlere manchmal schwach nach vorne gebogen, rosa oder purpurn, selten grünlichweiß oder grün mit grünem Mittelnerv. Petalen ziemlich klein, dreieckig-lanzettlich, stumpf, rötlich, dunkelbraun oder violett gefärbt. Lippe im oberen Teil tief dreilappig, dunkelbraun bis dunkelpurpurbraun; Seitenlappen ziemlich lang und weißlichgrau oder weißlichbraun behaart; Mittellappen oft stark gewölbt mit variabler Zeichnung (meist aus zwei tropfenförmigen Flecken bestehend, die oft miteinander verbunden sind; rein weiß oder mehrfarbig). Anhängsel gelblich bis grünlichgelb, kaum abgesetzt, klein, nach vorne gerichtet.

VARIABILITÄT

Das Mal von *Ophrys straussii* ist äußerst vielgestaltig.

ABGRENZUNG ZU ÄHNLICHEN ARTEN

Nach PETER (1992, 1994) unterscheidet sich *Ophrys straussii* von *Ophrys reinholdii* in den folgenden Merkmalen: Petalen nicht geöhrt; Mittellappen schuhförmig, allseitig zurückgebogen; Mal in der Grundform aus zwei in der Mitte des Mittellappens liegenden Bogenstücken bestehend mit oben breiter Verbindung mit Fortsätzen gegen die Lippenbasis und gegen die Einschnitte zwischen Seiten- und Mittellappen, im Extremfall ein breites weißes Band bildend; Seitenlappen aus breiter Basis nach vorne zugespitzt, über die Mitte der Lippe reichend; Anhängsel klein, kaum von der Lippe abgesetzt, ungegliedert; Basalschwielen fehlend; Konnektivfortsatz lang bis sehr lang.

STANDORT

Kiefernwälder mit Unterwuchs aus laubwerfenden Gebüscharten. Bevorzugt frische und schattige Stellen; auf basenreichen oder kalkhaltigen Böden.

BLÜTEZEIT

Ende April bis Ende Mai, manchmal noch Anfang Juni.

HÖHENVERBREITUNG

Von 200 bis 1.500 m.

GESAMTVERBREITUNG

Das Areal von *Ophrys straussii* umfaßt Süd-, Ost- und Südostanatolien, ostwärts bis Irak und Iran. Im Jahre 1995 wurde *Ophrys straussii* auch auf Zypern in der Umgebung von Larnaca gefunden (VAN DER CINGEL, 1997).

VERBREITUNG IN DER TÜRKEI

In der Türkei hat die Art zwei Verbreitungsschwerpunkte, nämlich im mittleren Süden (Antalya bis Kahramanmaraş) und in Ostanatolien. Darüberhinaus ist sie sehr selten in der Südostanatolischer Region.

NOTIZEN ZU EINIGEN FUNDORTEN

Reiche Bestände findet man vor allem bei Ibrâdı (Aydınkent) und in der Umgebung von Akseki (Antalya). Hier wachsen mehrere Populationen an grasigen Stellen in den lockeren Kiefernwäldern. *Ophrys straussii* bildet in diesem Gebiet fließende Übergänge mit *Ophrys strausssii* var. *leucotaenia*.
Weitere Fundstellen dieser Art befinden sich in der Phrygana und in den lockeren Kiefernwäldern des Friedhofs von Akseki, wo 1997 etwa 50 blühende Exemplare beobachtet wurden.
Auch auf dem Friedhof bei Geriş (Antalya) ist *Ophrys straussii* reichlich vorhanden, dort vor allem mit der Varietät *leucotaenia* und mit *Ophrys phrygia* vergesellschaftet.
Bei Cevizli (Antalya) wachsen schöne Bestände in den weitläufigen, lockeren Kiefernwäldern. Auch hier bilden viele Pflanzen fließende Übergänge zu *Ophrys straussii* var. *leucotaenia*. An vielen Stellen wachsen die Pflanzen in diesem Gebiet zerstreut und vereinzelt oder in kleineren Gruppen zusammen mit *Cephalanthera damasonium, Comperia comperiana, Epipactis microphylla, Himantoglossum montistauri, Orchis anatolica* und *Orchis tridentata*.
Auch im botanisch sehr interessanten Gebiet um Arslanköy (İçel) kommen *Ophrys straussii* und die Varietät *leucotaenia* vor, wenn auch sehr selten. Beide Sippen wachsen südlich des Ortes Yeniköy gemeinsam mit *Anacamptis pyramidalis, Ophrys episcopalis, Orchis anatolica, Orchis laxiflora* und *Orchis syriaca*.

Ibrâdı (Antalya), 18.5.1995, C. A. J. KREUTZ

◄ **Ibrâdı (Antalya), 18.5.1995,** C. A. J. KREUTZ

Akseki (Antalya), 19.5.1997, C. A. J. Kreutz

Yeniköy (İçel), 21.5.1997, C. A. J. Kreutz

Ibrâdı (Antalya), 8.5.1988, C. A. J. Kreutz

Sason (Siirt), 10.5.1990, R. Peter

Im Gebiet südlich Antakya ist *Ophrys straussii* äußerst selten, weil das Gebiet intensiv landwirtschaftlich genutzt wird, außerdem durch viele Schafe und Ziegen restlos abgeweidet wird. Nur an den nicht beweideten Rändern von Weizenfeldern lassen sich vereinzelt sehr wenige Exemplare finden. *Ophrys straussii* wird in diesem Gebiet durch die widerstandsfähigere *Ophrys antiochiana* ersetzt, die vor allem in Kalkmagerrasen und an grasigen Stellen in den Felsfluren, die mit Steineichengebüsch durchsetzt sind, vorkommt.
In Ostanatolien ist *Ophrys straussii* weit verbreitet. Bei Mardin haben Taubenheim (Diaarchiv) und Peter (Fundliste 1989) diese Art an vielen Standorten nachgewiesen. Die Pflanzen sind morphologisch zu denen aus der mittleren Südtürkei zu stellen.

BEMERKUNGEN

Die systematische und taxonomische Stellung von *Ophrys straussii* und *Ophrys reinholdii* in der Türkei war lange Zeit umstritten. Von Sundermann (1987) wurden die Unterscheidungsmerkmale ausführlich aufgelistet, wobei er feststellte, daß sich beide Arten nicht effektiv unterscheiden lassen. Populationsstatistische Untersuchungen haben aber gezeigt, daß beide Arten doch klar voneinander zu unterscheiden sind (Peter, 1992).
Nach Baumann & Künkele (1988b) findet man typische *Ophrys straussii* nur südlich von Antakya (Ziyaretgebirge) und weiter östlich in der Türkei bis in den Iran. Es hat sich aber herausgestellt, daß die Pflanzen südlich Antakya hauptsächlich zu *Ophrys antiochiana* (Peter, 1992) gehören. Die Populationen in der mittleren Südtürkei und im Osten des Landes gehören alle zu *Ophrys straussii*.
Ophrys straussii ist ein Vertreter der Flora des östlichen Mittelmeergebiets, der tief in das vom kontinentalen Klima geprägte Inneranatolien vordringt, während *Ophrys reinholdii* eine charakteristische Art der küstennahen Standorte im mediterranen Gebiet darstellt (Renz & Taubenheim, 1980b).
Im Feldführer von Baumann & Künkele (1982a) wurde eine typische *Ophrys straussii* (mit einem leichten Einfluß der Varietät '*leucotaenia*') abgebildet; in ihrem Feldführer vom Jahre 1988 wurde statt *Ophrys straussii Ophrys antiochiana* gezeigt (Baumann & Künkele, 1988a). Renz (1978) bildet eine typische *Ophrys straussii*-Pflanze aus dem Iran ab. Buttler (1986) bildet in seinem Feldführer auf Seite 189 mitte links und rechts *Ophrys straussii* var. *leucotaenia* ab; links unten *Ophrys straussii* und rechts unten *Ophrys antiochiana*. Im Feldführer von Delforge (1994) wird auf Seite 374 links und rechts unten *Ophrys straussii* abgebildet und links oben *Ophrys antiochiana*.

Yeniköy (İçel), 21.5.1997, C. A. J. Kreutz

BEMERKUNGEN ZU DER VERBREITUNGSKARTE

Die Funde im Gebiet südlich von Antakya (Hatay) gehören höchstwahrscheinlich alle zu *Ophrys antiochiana*.

HYBRIDEN

Nachweise bekannt mit *Ophrys reinholdii*.

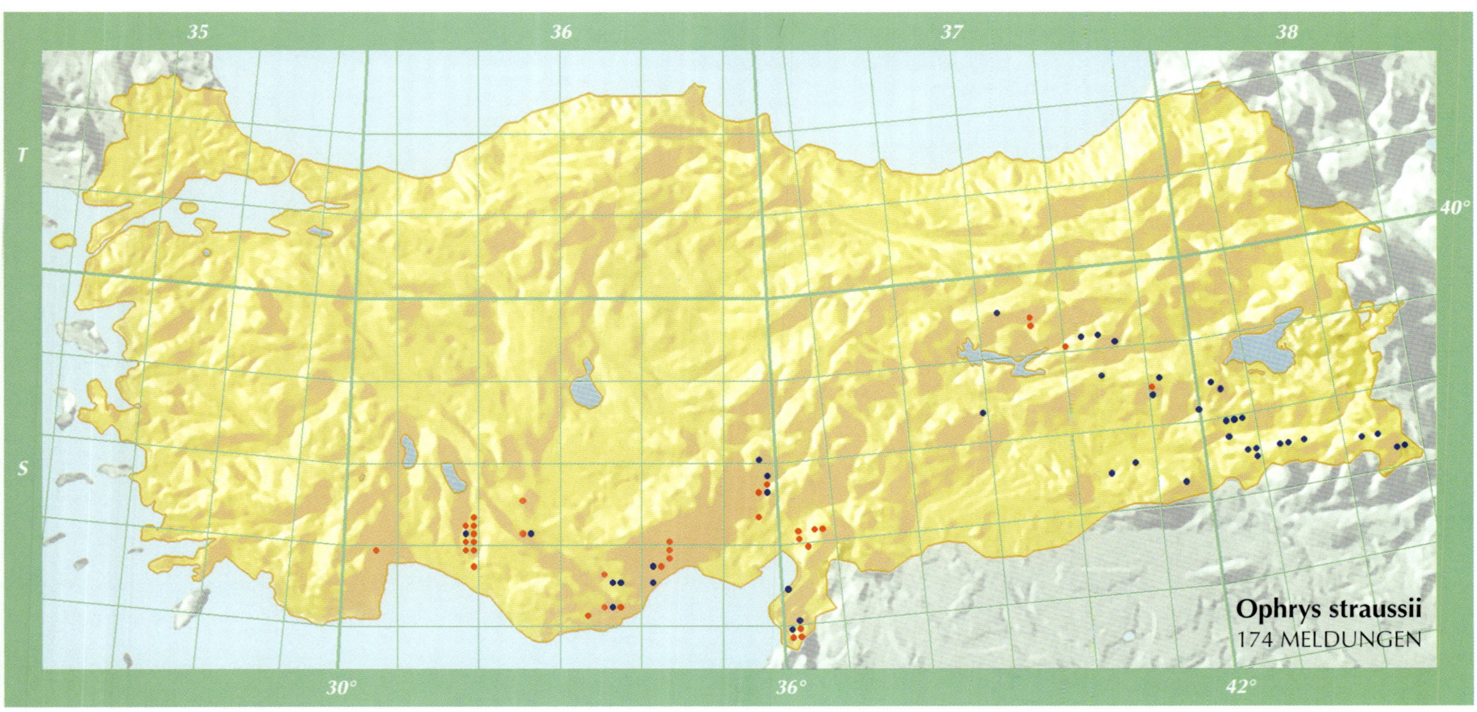

57

Ophrys straussii H. Fleischmann & Bornmüller var. leucotaenia (Renz & Taubenheim) R. Peter

Weißgebänderte Strauss-Ragwurz (Mitt. Bl. Arbeitskr. Heim. Orch. Baden-Württ. 24 (4): 575, 1992)

BASIONYM

Ophrys reinholdii H. Fleischmann subsp. *leucotaenia* Renz & Taubenheim in Die Orchidee 31 (6): 238-239, 1980

BESCHREIBUNG

Schlanke, hochwüchsige Pflanze. Blütenstand ziemlich lang und mit 3 bis 10 mittelgroßen, locker angeordneten Blüten besetzt. Sepalen eiförmig-lanzettlich bis lanzettlich, abstehend oder zurückgeschlagen, das mittlere manchmal schwach nach vorne gebogen, meist weißlich gefärbt, selten grünlichweiß oder grün mit grünem Mittelnerv. Petalen ziemlich klein, dreieckig-lanzettlich, stumpf, rötlich, dunkelbraun oder violett. Lippe im oberen Teil tief dreilappig, dunkelbraun bis dunkelbraunpurpurn; Seitenlappen ziemlich lang und oberwärts dicht weißlich behaart; Mittellappen oft stark gewölbt mit einem auffälligen, ausgedehnten und vielfach rein weißen Mal, der als ein Band vorhanden ist. Anhängsel gelblich bis grünlichgelb, nach vorne gerichtet.

VARIABILITÄT

Zwischen *Ophrys straussii* und *Ophrys straussii* var. *leucotaenia* findet man bezüglich Malzeichnung und Schulterbehaarung alle möglichen Zwischenformen.

ABGRENZUNG ZUR NOMIMATFORM

Durch das auffällige, ausgedehnte und vielfach rein weiße Mal, die oberwärts dicht weißlich behaarten Seitenlappen der Lippe und die meist weißlich gefärbten Sepalen unterscheidet sich die Varietät *leucotaenia* von *Ophrys straussii*.

STANDORT

Kiefernwälder mit Unterwuchs aus laubwerfenden Gebüscharten. Bevorzugt frische und schattige Stellen; auf basenreichen oder kalkhaltigen Böden.

BLÜTEZEIT

Anfang bis Ende Mai, manchmal noch bis Mitte Juni.

HÖHENVERBREITUNG

Von 500 bis etwa 1.000 m.

GESAMTVERBREITUNG

Endemische Varietät der Türkei:

VERBREITUNG IN DER TÜRKEI

Ophrys straussii var. *leucotaenia* ist eine endemische Sippe aus dem südlichen Randgebiet des anatolischen Hochlandes. Das Verbreitungsgebiet ist fast identisch mit dem von *Ophrys straussii*, nämlich dem mittleren Süden (Taurusgebirge bis Kahramanmaraş) und Ostanatolien. Ein isoliertes Vorkommen existiert nördlich von Tunceli. Der Verbreitungsschwerpunkt liegt im Taurusgebirge um Akseki (Antalya). In letzter Zeit wurde die Varietät an mehreren neuen Standorten entdeckt, fast immer zusammen mit der Nominatform.

NOTIZEN ZU EINIGEN FUNDORTEN

Schöne und typische Pflanzen findet man vor allem an der Straße von Akseki nach Ibrâdı (Antalya), wo mehrere Gruppen an grasigen Stellen in lockeren Kiefernwäldern, zusammen mit *Cephalanthera kurdica*, wachsen.

Schöne Bestände gibt es auch in den weitläufigen, lockeren Kiefernwäldern bei Cevizli (Antalya), die wahrscheinlich alle zu *Ophrys straussii* var. *leucotaenia* gehören.

Auch auf dem Friedhof in Akseki wurde 1996 ein Exemplar dieser Varietät entdeckt (mündl. Mittlg. Seckel, 1996) und 1997 sogar viele blühende Pflanzen.

Weiter östlich hat diese Varietät weitere Vorkommen, wie zum Beispiel in der Gegend westlich von Gözne (İçel). Hier wächst

Ibrâdı (Antalya), 18.5.1995, C. A. J. Kreutz

Gözne (İçel), 10.5.1988, C. A. J. Kreutz

◀ **Ibrâdı (Antalya), 8.5.1988,** C. A. J. Kreutz

Yeniköy (İçel), 21.5.1997, C. A. J. KREUTZ

Ibrâdı (Antalya), 18.5.1995, C. A. J. KREUTZ

sie zusammen mit der Nominatform an der Straße von Arslanköy über Yeniköy nach Mersin in lichten Kiefernwäldern mit grasigem Untergrund.

Die östlichsten Standorte liegen in den Provinzen Diyarbakır und Tunceli und zwar zwischen Lice und Kulp und nördlich Tunceli in und am Rande von Eichengebüsch. KRETZSCHMAR, GEMBARDT & BAUMGARTNER (Fundliste 1988) haben *Ophrys straussii* var. *leucotaenia* an der Straße von Tunceli nach Pülümür gesehen. Es handelt sich hier wahrscheinlich um das nördlichste Vorkommen dieser Varietät. In der direkten Umgebung wurden auch noch *Cephalanthera kotschyana, Cephalanthera kurdica, Comperia comperiana, Epipactis condensata, Ophrys oestrifera, Ophrys speculum, Ophrys straussii* und *Orchis punctulata* nachgewiesen.

BEMERKUNGEN

Im Jahre 1980 haben RENZ & TAUBENHEIM *Ophrys reinholdii* subsp. *leucotaenia* beschrieben (RENZ & TAUBENHEIM, 1980b). Die Abgrenzung dieser Sippe hat lange Zeit viele Bestimmungsprobleme bereitet, auch weil sie durch viele Übergänge mit *Ophrys straussii* verbunden ist.

PETER (1992, 1994) konnte mit statistischen Methoden zeigen, daß das Taxon *leucotaenia* nur eine auffällige Form von *Ophrys straussii* ist, wobei die Sippe *leucotaenia* nur drei Unterschiede zeigt, nämlich das auffällige, ausgedehnte und vielfach rein weiße Mal, die oberwärts dicht weißlich behaarten Seitenlappen der Lippe und die meist weißlich gefärbten Sepalen. PETER (1992) hat sie deshalb als eine Varietät von *Ophrys straussii* umkombiniert (*Ophrys straussii* var. *leucotaenia*).

Nach BAUMANN ist *Ophrys straussii* subsp. *leucotaenia* (*Ophrys reinholdii* subsp. *leucotaenia*) identisch mit der in der Südwesttürkei vorkommenden *Ophrys reinholdii* (PETER, 1994). *Ophrys reinholdii* ist aber blütenmorphologisch deutlich von *Ophrys straussii* subsp. *leucotaenia* getrennt. Außerdem kommt *Ophrys straussii* subsp. *leucotaenia* in ihrer typischen Form in der Südwesttürkei (Muğla) nicht vor.

PROBLEMATIK

Bei Belören (Konya) wächst auf einem Friedhof eine ziemlich große Population von Pflanzen, die möglicherweise Übergangsformen zwischen *Ophrys reinholdii* und/oder *Ophrys straussii* var. *leucotaenia* und einer weiteren *Ophrys*-Art darstellen. Weitere Untersuchungen sind hier erforderlich um den Status dieser Pflanzen zu klären.

HYBRIDEN

Vermutlich mit *Ophrys cilicica*.

Ibrâdı (Antalya), 19.5.1994, W. Lüders

Ibrâdı (Antalya), 18.5.1995, C. A. J. Kreutz

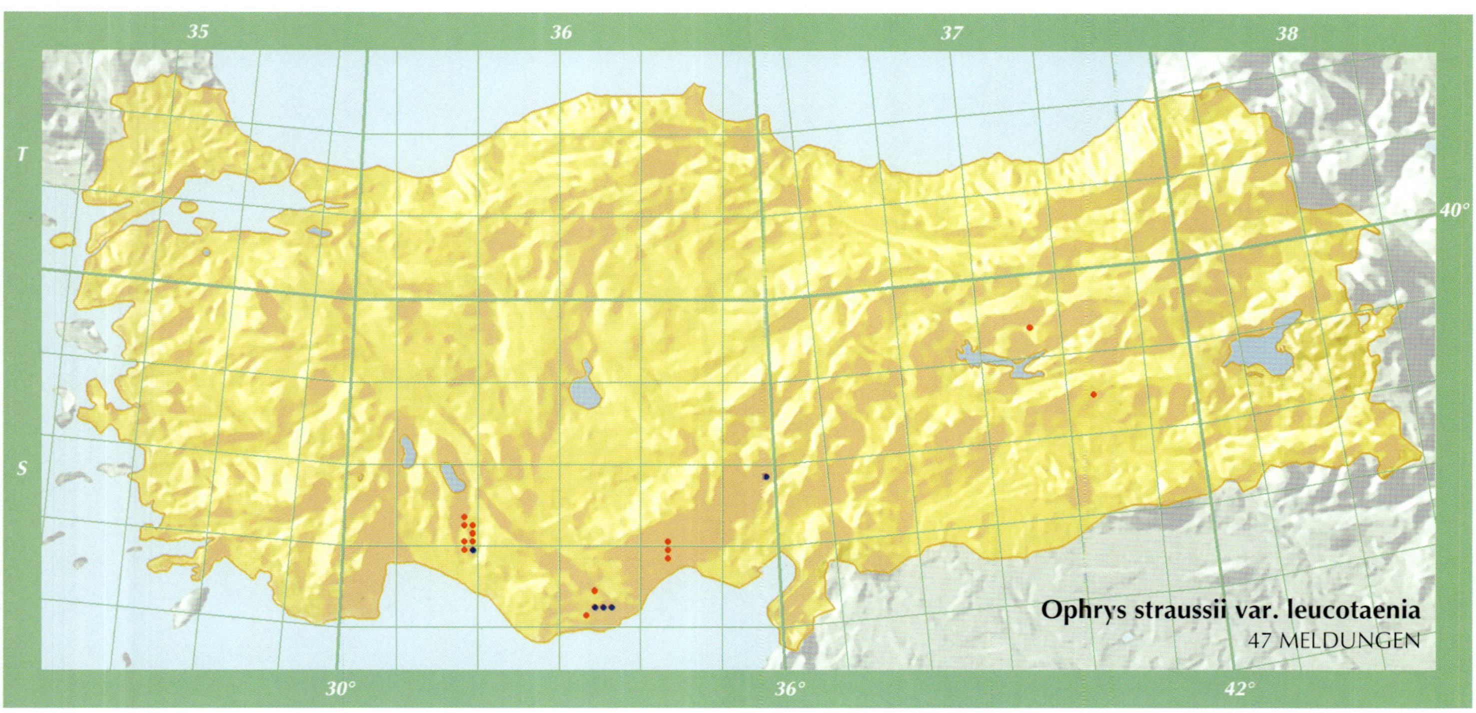

Ophrys straussii var. leucotaenia
47 MELDUNGEN

58 Ophrys apifera

HUDSON

Bienen-Ragwurz

(Fl. Angl.: 340, 1762)

SYNONYME

Ophrys arachnitis MILLER, *Ophrys ripaensis* PORTA

BESCHREIBUNG

Schlanke Pflanze mit etwa 2 bis 18 Blüten. Blütenstand locker und langgestreckt. Blüten mittelgroß, schräg abstehend. Sepalen rosa bis dunkelrot gefärbt, abstehend bis zurückgeschlagen, eiförmig-lanzettlich. Petalen sehr klein bis verlängert, meist grün (Nominatform). Lippe am Grunde tief dreilappig. Mittellappen kastanienbraun, stark gewölbt mit zurückgeschlagenen Rändern. Seitenlappen gehöckert, außen dicht behaart. Malzeichnung fast das ganze Basalfeld umfassend, braun mit weißlicher Umrandung. Anhängsel groß, abwärts gerichtet.

Bei *Ophrys apifera* tritt Selbstbestäubung auf, wodurch Varianten in Blütenbau und Malzeichnung sich wie die Nominatform vermehren und häufig sind. Durch diese Selbstbestäubung werden nur die eigenen Gene vererbt, und deshalb tritt keine Variabilität auf. Durch Inzucht werden aber auch Defekte vererbt, die zu Mißbildungen führen können.

VARIABILITÄT

Von *Ophrys apifera* sind mehrere Unterarten und Varietäten beschrieben worden, von denen einige auch in der Türkei vorkommen, nämlich *Ophrys apifera* var. *trollii* (HEGETSCHWEILER) REICHENBACH fil., *Ophrys apifera* var. *flavescens* ROSBACH, *Ophrys apifera* var. *bicolor* (NAEGELI) E. NELSON, *Ophrys apifera* var. *chlorantha* (HEGETSCHWEILER) K. RICHTER und *Ophrys apifera* var. *aurita* MOGGRIDGE.

ABGRENZUNG ZU ÄHNLICHEN ARTEN

Ophrys apifera ist kaum mit anderen Arten verwechselbar; in der Türkei können höchstens Bestimmungsprobleme mit *Ophrys phrygia* auftreten. Diese Art unterscheidet sich von *Ophrys apifera* durch ihre sehr lockere und gestreckte Infloreszenz, die viel größeren Blüten, die gerade vorgestreckte Lippe mit einem lanzettlichen Mittellappen und die spätere Blütezeit. Auch ist die Malzeichnung anders gestaltet.

STANDORT

Bevorzugt Halbtrockenrasen, Macchien, Phrygana, Ödland, ungedüngte Fettwiesen, Gebüschränder und lichte Kiefern- und Laubwälder; auf trockenen bis feuchten, basenreichen Böden.

BLÜTEZEIT

Mitte April in der Ägäis bis Ende Mai (Anfang Juni) im Pontusgebirge.

HÖHENVERBREITUNG

Von der Küste bis 800 m.

◀ ***Ophrys apifera* var. *flavescens*, Karatepe (Adana), 15.4.1996,** C. A. J. KREUTZ

GESAMTVERBREITUNG

Ophrys apifera ist in Europa von der meridionalen bis zur temperaten Zone verbreitet; das Areal reicht von Irland bis Vorderasien (Türkei, Syrien, Israel), südlich bis Nordafrika, nördlich bis Nordengland, die Niederlande und Norddeutschland. Auch im Kaukasus, Nordirak und Nordiran.

VERBREITUNG IN DER TÜRKEI

Hauptsächlich im Norden, von Thrakien bis Rize. Außerdem im Südwesten bis in der Provinz Hatay.

NOTIZEN ZU EINIGEN FUNDORTEN

Ophrys apifera ist in der Türkei weit verbreitet und stellenweise ziemlich häufig, wie zum Beispiel in der Provinz Bolu und bei Kemalpaşa (İzmir). In der Umgebung des Abantsees und an der Straße Bolu - Yeniçağa (Bolu) sind immer wieder vereinzelt Exemplare am Rande von Eichengebüsch und in ungedüngten Fettwiesen zu finden.

Bei Kemalpaşa (İzmir) ist sie vereinzelt in der humosen Krautschicht der hier außerordentlich orchideenreichen Kiefernwälder anzutreffen, während sie im Nordosten bei Maçka vorwiegend in Haselnußkulturen und in Halbtrockenrasen vorkommt.

In der Ägäis-Region wächst sie vor allem in der Phrygana und in lichten Kiefernwäldern.

Im Südosten, wie zum Beispiel bei Karatepe (Adana) bevorzugt in Phrygana- und auf Wiesenflächen, aber auch Gebüschrändern, hier manchmal zusammen mit *Ophrys amanensis* und *Ophrys phrygia*.

In der Umgebung von Karatepe (Adana) kommen neben der Nominatform auch drei Varianten der Art vor, wie unter anderem *Ophrys apifera* var. *trollii*. Sie wächst dort an mehreren Stel-

***Ophrys apifera* var. *bicolor*, Marmaris (Muğla), 11.4.1997,** C. A. J. KREUTZ

Ophrys apifera var. *apifera*, Yukarıkızılca (İzmir), 14.5.1996, C. A. J. Kreutz

Ophrys apifera var. *trollii*, Karatepe (Adana), 15.4.1996, C. A. J. Kreutz

Ophrys apifera var. *apifera*, Gerede (Bolu), 19.6.1996, C. A. J. Kreutz

Ophrys apifera var. *apifera*, Yukarıkızılca (İzmir), 14.5.1996, C. A. J. Kreutz

***Ophrys apifera* var. *apifera*, Maçka (Trabzon), 19.5.1988,** C. A. J. Kreutz

***Ophrys apifera* var. *apifera*, Çetibeli (Muğla), 11.4.1997,** C. A. J. Kreutz

len zusammen mit *Ophrys amanensis, Ophrys bornmuelleri, Ophrys episcopalis, Ophrys holoserica, Ophrys israelitica, Ophrys levantina, Ophrys phrygia* und *Ophrys transhyrcana*. Bei Karatepe wachsen etwa 30 Exemplare dieser bemerkenswerten Varietät.
Ophrys apifera var. *flavescens* wurde auch in der Umgebung von Karatepe (Adana) nachgewiesen. Von Ende April bis Mitte Mai blühen hier viele Exemplare inmitten von *Ophrys apifera* var. *trollii*. Das Betreten dieses Standortes ist gefährlich, nachdem es hier vor kurzem einen Erdrutsch gegeben hat.
Darüberhinaus wurden bei der antiken Stätte von Karatepe (Adana) in einer Kiefernaufforstung und an einem Quellhang auf mergeligen Böden ebenfalls viele Exemplare von *Ophrys apifera* var. *flavescens* und gelbblütige Pflanzen von *Ophrys apifera* var. *trollii* gefunden. Die ersten Pflanzen waren schon Mitte April 1996 am Aufblühen. Am gleichen Standort kommt auch *Orchis punctulata* in vielen Exemplaren vor.
Ein weiterer Standort von *Ophrys apifera* var. *trollii* mit ca. 5 bis 10 Exemplaren befindet sich bei Arslanköy westlich von Gözne (İçel), wo unter anderem auch die großblütige *Ophrys amanensis* zu finden ist. Das Vorkommen dieser Varietät in der Türkei ist insofern bemerkenswert, als die meisten ihrer bekannten Standorte im Westen Europas liegen.
Ophrys apifera var. *chlorantha* ist aus der Ägäis-Region durch zwei Fundortangaben bekannt.
Ophrys apifera var. *aurita* wächst in der Umgebung von Trabzon inmitten der Nominatform. Außerdem wurde diese Varietät an der Straße Ünye - Tekkiraz in der Provinz Ordu gefunden (Schönfelder, Fundliste 1997). Hier konnten in einem kleinen Wäldchen in der Nähe eines Steinbruchs sechs Exemplare nachgewiesen werden.
Gügel & Neumayr (Fundliste 1985) haben eine auffällige *Ophrys apifera*-Variante am Schwarzen Meer an der Küstenstraße Sile - Karasu bei Agra (İstanbul) nordöstlich von İstanbul entdeckt. Sie hat eine gewisse Ähnlichkeit mit *Ophrys apifera* var. *bicolor*. Die Lippen dieser Pflanzen sind in der basalen Hälfte gelb gefärbt, die untere Hälfte ist braun gesprenkelt. An diesem Standort ist auch die in der Türkei sehr seltene *Ophrys bombyliflora* anzutreffen. Weitere Angaben über *Ophrys apifera* var. *bicolor* gibt es vom Milli Park bei Marmaris (Muğla), wo sie zusammen mit der Nominatform wächst (Linker, Fundliste 1995). Diese Angabe konnte anhand fotografischer Belege zweifelsfrei bestätigt werden. Außerdem konnte der Autor dann 1997 an diesem Standort die Varietät, neben *Limodorum abortivum, Ophrys apifera, Orchis laxiflora, Serapias bergonii* und *Serapias politisii*, selber beobachten.

HYBRIDEN

Mit *Ophrys oestrifera* nachgewiesen.

Ophrys apifera var. *flavescens*, Karatepe (Adana), 15.4.1996, C. A. J. Kreutz

Ophrys apifera var. *apifera*, Gerede (Bolu), 19.6.1996, C. A. J. Kreutz

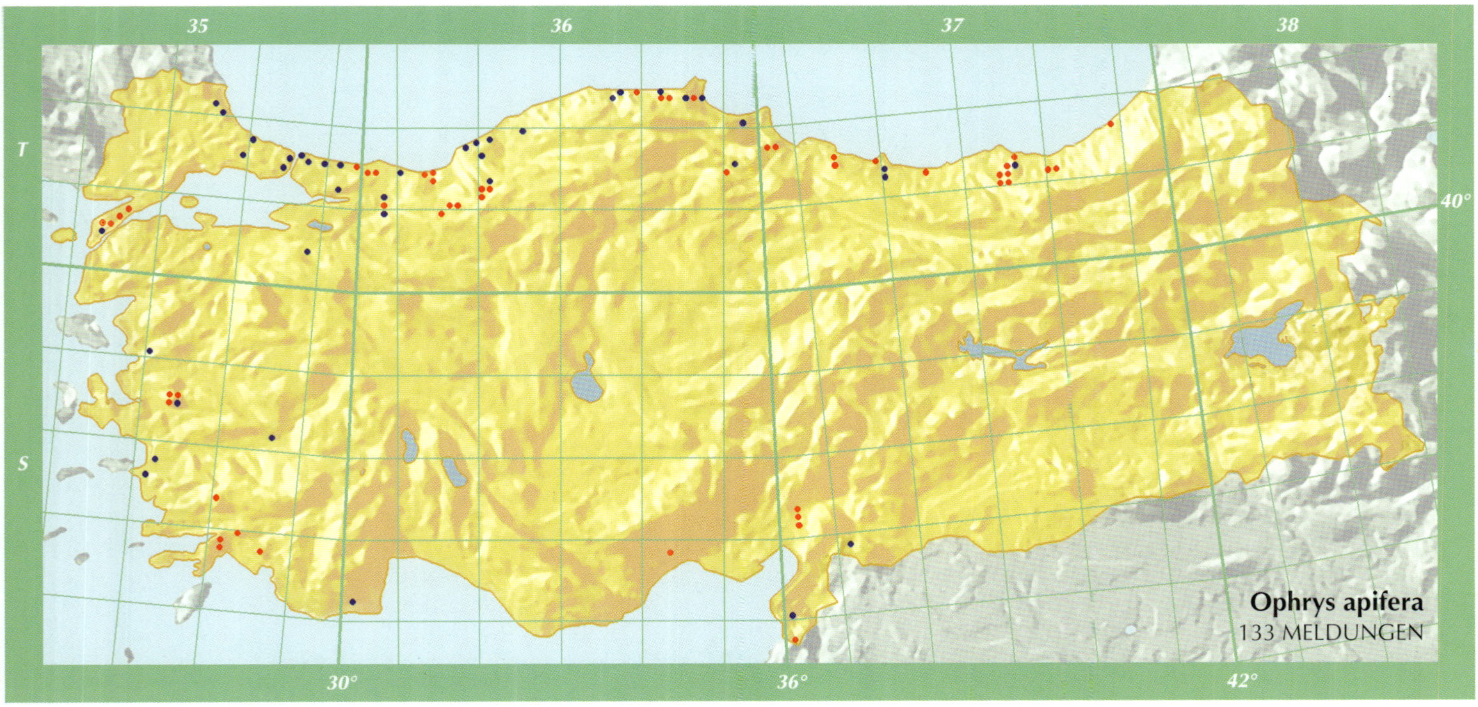

59 Ophrys attica

(Boissier & Orphanides) B. D. Jackson

Attische Ragwurz

(Index Kew. 2: 354, 1894)

BASIONYM

Ophrys arachnites var. *attica* Boissier & Orphanides (in Boissier, Diagn. pl. nov. orient., ser. 2, 4: 91, 1859)

SYNONYME

Ophrys carmeli subsp. *attica* (Boissier & Orphanides) Renz, *Ophrys umbilicata* subsp. *attica* (Boissier & Orphanides) J. J. Wood, *Ophrys scolopax* subsp. *attica* (Boissier & Orphanides) E. Nelson

BESCHREIBUNG

Kräftige, gedrungene Pflanze. Blütenstand gedrängt, breit-zylindrisch, 3 bis 14-blütig. Blüten relativ klein, schräg von der Blütenstandsachse abstehend. Perigonblätter grün, oft mit dunkelgrünen Mittelnerven. Sepalen breit-eiförmig bis eiförmig-lanzettlich, die beiden seitlichen abstehend, das mittlere Sepal stark nach vorne gekrümmt. Petalen dreieckig-lanzettlich bis lanzettlich, ziemlich kurz, spitz, am Rande schwach gewellt, meist intensiver als die Sepalen gefärbt (oft mit einem leichten gelbton), oberseits und am Rande (ziemlich) dicht behaart. Lippe ziemlich klein bis mittelgroß, im oberen Teil tief dreilappig, rundlich, nach oben in Höcker verlängert, die außen dicht behaart sind; Mittellappen längsoval bis rundlich, gewölbt, bräunlich bis rötlichbraun gefärbt. Lippenzeichnung großflächig und ringförmig, bräunlich-lila bis gelblichbraun mit weißem oder gelblichem Rand. Anhängsel breit, gelblichgrün, aufwärts gerichtet.

ABGRENZUNG ZU ÄHNLICHEN ARTEN

Ophrys attica ist vor allem durch den stets gedrungenen Wuchs, die breite, zylindrische Blütenähre, die etwas größeren Blüten und das stets grüne Perigon charakterisiert. Durch diese in Südgriechenland konstante Merkmalskombination bleibt *Ophrys attica* gegenüber *Ophrys umbilicata* gut abgegrenzt (Baumann & Künkele, 1981b).
Auch *Ophrys bucephala* und *Ophrys rhodia* zeigen Merkmale von *Ophrys attica*. Von *Ophrys bucephala* unterscheidet *Ophrys attica* sich vor allem durch die kleineren und schmaleren Blüten. *Ophrys rhodia* unterscheidet sich durch eine abweichende Petalform, die Stellung des mittleren Sepals, die Lippenform, die Malausdehnung und die Säulenhöhe. Charakteristisch für *Ophrys rhodia* sind die nach unten gezogenen seitlichen Sepalen, die reich gegliederte, bis zum Lippenende reichende Malzeichnung, die dreieckigen, kurzen Petalen und das rückwärts gekrümmte mittlere Sepal (Baumann & Künkele, 1986). *Ophrys rhodia* könnte in der näheren Zukunft auch in der Türkei entdeckt werden.

STANDORT

Phrygana, lichte Kiefernwälder, Macchien und Gebüsche, an diesen Standorten bevorzugt auf grasigen Flächen; auf trokkenen, kalkreichen Böden.

BLÜTEZEIT

Mitte März bis Ende April.

HÖHENVERBREITUNG

Von der Küste bis etwa 300 m.

GESAMTVERBREITUNG

Griechenland mit seinen Inseln (nicht auf Rhodos) und die Südtürkei.

VERBREITUNG IN DER TÜRKEI

In den Provinzen Antalya, Adana und Hatay nachgewiesen.

NOTIZEN ZU EINIGEN FUNDORTEN

Sundermann & Taubenheim (1978) geben *Ophrys attica* von Eceabat (Çanakkale), Kuşadaşı (İzmir), Priene (Aydın), Serik (Antalya), Karaisali (Adana), Baslanar (İçel) und Reyhanlı (Hatay) an. Bei den Pflanzen bei Eceabat und Kuşadaşı handelt es sich um *Ophrys bucephala*, bei allen anderen Funden höchstwahrscheinlich um *Ophrys attica*. Bemerkenswert ist, daß Renz & Taubenheim (1984) für diese Art nur einen Standort angeben, nämlich bei Serik (Antalya).
Einen sicheren aktuellen Nachweis gibt es von Schönfelder (briefl. Mittlg., 1997). Er fand viele typische Exemplare von *Ophrys attica* bei Çardak an der Straße von Osmaniye nach Gaziantep (Adana). Die Pflanzen wachsen im Flaumeichengebüsch auf kalkhaltigem Boden. Der Standort ist ein nordexponierter, sehr feuchter, grasiger Hang in etwa 300 m Höhe. Hier kommen auch noch *Ophrys holoserica, Ophrys levantina* und *Orchis tridentata* vor. Außerdem konnte er sie in dieser Umgebung noch an mehreren Stellen nachweisen, wo größere Gruppen gesellig an grasigen Stellen in lichten Kiefernwäldern und Phrygana wachsen. In diesem Gebiet liegt ihre Hauptblütezeit um den 20. April.
Im Jahre 1997 konnten diese Angaben bestätigt werden. Darüberhinaus wurde *Ophrys attica* auch auf einem Friedhof an der Straße von Osmaniye in Richtung Karatepe (Adana) gefunden. An diesem Standort blühten Anfang April etwa 10 Exemplare.

BEMERKUNGEN

Bei Baumann & Künkele (1982a) wird *Ophrys attica* als separate Art geführt, in ihrem Feldführer von 1988 (Baumann & Künkele,

◀ **Osmaniye (Adana), 3.4.1997,** C. A. J. Kreutz

Osmaniye (Adana), 3.4.1997, C. A. J. Kreutz

Osmaniye (Adana), 3.4.1997, C. A. J. Kreutz

Osmaniye (Adana), 3.4.1997, C. A. J. Kreutz

1988a) wird sie als Unterart zu *Ophrys umbilicata* gestellt. Bei Buttler (1986) wird *Ophrys attica* in die Synonymie von *Ophrys umbilicata* verwiesen und dort nur als Variante aufgeführt, wobei die Merkmale dieser Sippe kaum ausreichend wären, um sie als Unterart einzustufen. Bei Delforge (1994) wird *Ophrys attica* als Art geführt und er schließt sie in das türkische Areal mit ein.

Sundermann & Taubenheim (1978) schreiben: "Die beiden Subspecies (*Ophrys attica* und *Ophrys umbilicata*) sind in der Türkei (wie auch auf Zypern) oft nicht sicher zu trennen. Neben Pflanzen mit rein grünen Sepalen (*attica*) kommen solche mit weißlich- oder rosagrünen Sepalen vor, die zu *orientalis* (*umbilicata*) überleiten. In Habitus und Größe bestehen nur geringe Unterschiede zwischen beiden Sippen".

So berichtet Dafni (Dafni, et al., 1987), daß in israelischen Populationen Pflanzen mit grünem oder farbigem Perigon vorkommen. Zwischenzeitlich hat sich herausgestellt, daß einige israelische Populationen nur aus Pflanzen mit grünem Perigon bestehen, bei denen unter anderem die seitlichen Sepalen nach unten gezogen sind und die reich gegliederte Malzeichnung bis zum Lippenende reicht. Diese Pflanzen gehören höchstwahrscheinlich zu *Ophrys rhodia* (Kreutz, 1997b).

Nach Reinhard (briefl. Mittlg., 1992) kommen sowohl auf den Ägäischen Inseln als auch auf Zypern Pflanzen mit grünem oder farbigem Perigon im gleichen Biotop vor. Statistische Untersuchungen haben ergeben, daß beide Sippen nur in der Farbe der Perigonblätter zu unterscheiden sind; bei *Ophrys umbilicata* variiert diese von weiß bis rosa und bei *Ophrys attica* sind diese grün. Ferner ist *Ophrys attica* hauptsächlich im mittleren und *Ophrys umbilicata* im östlichen Mittelmeerraum verbreitet.

Bei Rückbrodt & Hansen (1992) wurden Angaben von *Ophrys attica* zu *Ophrys umbilicata* gestellt.

Genau wie *Ophrys bucephala* und *Ophrys khuzestanica* ist *Ophrys attica* in diesem Buch als separate Art aufgenommen. Weitere Untersuchungen sind erforderlich um festzustellen, welchen taxonomischen Status diese drei Sippen verdienen.

Bemerkungen zu der Verbreitungskarte

Die Angaben von Sundermann & Taubenheim (1978) von Priene (Aydın), Karaisali (Adana), Baslanar (İçel) und Reyhanlı (Hatay) wurden nicht auf der Verbreitungskarte eingezeichnet, da diese Funde vermutlich nicht zu *Ophrys attica* gehören. In Renz & Taubenheim (1984) wurden diese Rasterpunkte auch nicht mehr angegeben.

Hybriden

Nicht bekannt, siehe Bemerkungen.

Osmaniye (Adana), 3.4.1997, C. A. J. KREUTZ

Osmaniye (Adana), 19.4.1996, M. SCHÖNFELDER

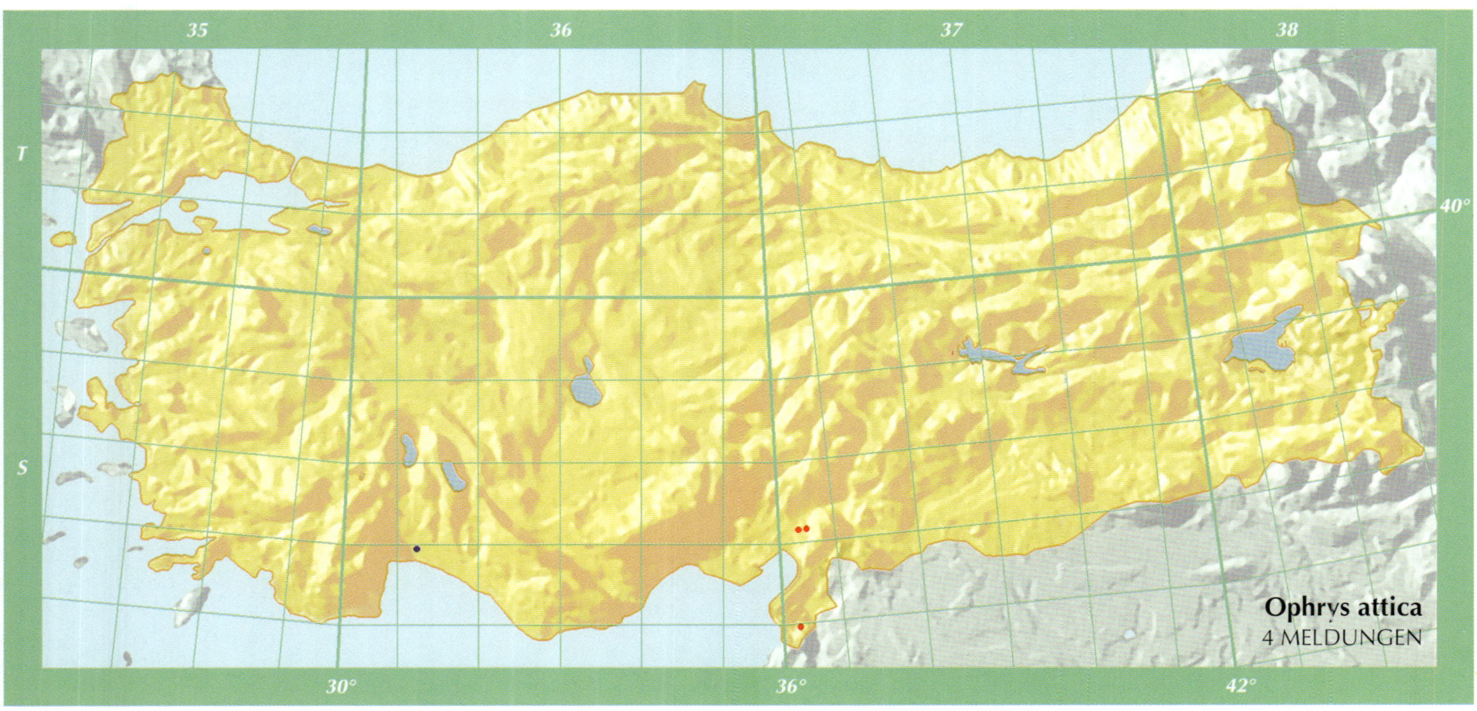

60 Ophrys bucephala

GÖLZ & H. R. REINHARD

Großblütige Nabel-Ragwurz

(Mitt. Bl. Arbeitskr. Heim. Orch. Baden-Württ. 21 (1): 13, 1989)

Tayfur (Çanakkale), 26.4.1997, C. A. J. KREUTZ

BESCHREIBUNG

Pflanzen klein und gedrungen, etwa 10 bis 20 cm hoch mit etwa 2 bis 7 Blüten. Sepalen ausgesprochen lang eiförmig, manchmal spitzlich, grün, selten weißlichgrün, mittleres Sepal weit über die Säule herabgeneigt. Petalen oft kräftig geöhrt, lang und schmal dreieckig, die Randzone deutlich behaart, grün. Lippe groß, länglich bis elliptisch, breit, dreilappig, im unteren Teil und an den Rändern dunkelbraun gefärbt. Mittellappen gerundet trapezförmig bis fächerförmig, kräftig konvex gewölbt, seitliche Partien schwach behaart, nur gelegentlich mit schmaler, gelblich-kahler, kaum aufwärts gebogener Randzone. Seitenlappen kräftig gehöckert, zottig behaart, an der Außenseite dunkelbraun; Höcker aus breiter Basis relativ lang und spitz mit kahler Innenfläche. Mal kompliziert gestaltet, variabel, weiß umrandet, einen großen Teil der Lippenfläche bedeckend. Anhängsel meist ein-, selten dreigliedrig, breit fleischig, vorwärts gerichtet.

ABGRENZUNG ZU ÄHNLICHEN ARTEN

Ophrys bucephala gehört zum *Ophrys umbilicata-attica-flavomarginata-rhodia*-Komplex. *Ophrys umbilicata* und *Ophrys attica* unterscheiden sich unter anderem von dieser Art durch die kleineren Blüten, *Ophrys umbilicata* durch das meist weißlichrosa Perigon. *Ophrys flavomarginata* ist nur auf Zypern und in Israel verbreitet, und besitzt anders gestaltete Blüten mit einer breiten gelblichen Randzone. *Ophrys flavomarginata* könnte in der näheren Zukunft auch in der Türkei gefunden werden. *Ophrys rhodia* unterscheidet sich durch eine abweichende Petalform, die Stellung des mittleren Sepals, die Lippenform, die Malausdehnung und die Säulenhöhe.

STANDORT

Macchien, Phrygana, grasige Hänge, Olivenhaine, Affodilfluren, Straßenböschungen und Wiesenflächen; auf frischen, mäßig trockenen bis feuchten, basenreichen oder kalkhaltigen Böden.

BLÜTEZEIT

Anfang bis Ende April.

HÖHENVERBREITUNG

Von der Küste bis 400 m.

GESAMTVERBREITUNG

Bis jetzt nur vom südlichen und vom westlichen Teil der Insel Lesbos, sowie von der Westtürkei bekannt. Mit großer Wahrscheinlichkeit dürfte *Ophrys bucephala* auch noch auf anderen Inseln der östlichen und zentralen Ägäis vorkommen.

VERBREITUNG IN DER TÜRKEI

Westtürkei, bisher nur aus der Umgebung von Kuşadası (Aydın, İzmir), Troja, der Gelibolu Halbinsel (Çanakkale) und vom europäischen Teil (Tekirdağ, İstanbul) bekannt.

NOTIZEN ZU EINIGEN FUNDORTEN

LÜDERS (Fundliste 1988) hat *Ophrys bucephala* erstmals in der Türkei nachgewiesen. Nördlich Lesbos auf der Gelibolu Halbinsel wurde diese Art Ende April in Hochblüte gefunden. Der Fundort befindet sich in der Umgebung von Tayfur (Çanakkale) in einem sehr weitläufigen Gebiet, das mit Phrygana, Magerrasenflächen, Eichenbewuchs und Ackerbaustreifen bestanden ist. An diesem Standort, wo *Ophrys bucephala* in mehreren hundert Exemplaren vorkommt, wachsen noch viele andere Orchideenarten, nämlich *Anacamptis pyramidalis, Cephalanthera longifolia, Ophrys apifera, Ophrys fusca, Ophrys oestrifera, Ophrys pseudomammosa, Ophrys sicula, Ophrys speculum, Orchis punctulata, Orchis purpurea* und *Orchis tridentata*. Die-

Tayfur (Çanakkale), 26.4.1997, C. A. J. KREUTZ

◀ İnecik (Tekirdağ), 30.4.1997, C. A. J. KREUTZ

İnecik (Tekirdağ), 30.4.1997, C. A. J. Kreutz

İnecik (Tekirdağ), 30.4.1997, C. A. J. Kreutz

ser Standort bietet viele Orchideen in großer Anzahl und sollte unbedingt unter Naturschutz gestellt werden.

Etwa 40 km in südlicher Richtung, in den Wiesen im westlichen Teil des Ruinengeländes von Troja, wurden weitere Exemplare beobachtet. An diesem Standort kommt *Ophrys bucephala* zusammen mit *Ophrys pseudomammosa* und *Ophrys tenthredinifera* vor. Auch an diesem Standort ist *Ophrys bucephala* nicht selten. Wegen des kalten und schlechten Wetters im Frühling 1997 waren an dieser Fundstelle nur wenige Exemplare zur Blüte gekommen.

Ophrys bucephala kommt auch im europäischen Teil der Türkei vor. Ende April 1997 wurden in den Provinzen Tekirdağ und İstanbul einige Fundstellen dieser seltenen Orchidee nachgewiesen. Die Art wächst in diesem Teil der Türkei in Kalkmagerrasen, die mit Wacholdern durchsetzt sind. An einem Standort wurde sie in vielen hunderten von Exemplaren beobachtet, zusammen mit *Orchis purpurea*.

Ein anderer Standort befindet sich südwestlich Kuşadaşı (Aydın). In einer Wiese am Rande eines lockeren Kiefernwaldes und eines Olivenhains blühen Anfang April mehrere Pflanzen. In der direkten Umgebung wachsen noch *Ophrys mammosa, Ophrys umbilicata, Ophrys sicula, Orchis morio* subsp. *picta* und äußerst schöne und kräftige Exemplare von *Orchis punctulata* mit zitronengelben Blüten.

PROBLEMATIK

Die Population, die in der Türkei bei Kuşudaşi gefunden wurde, weist eindeutige Merkmale von *Ophrys bucephala* (ziemlich große Blüten und grün gefärbte Perigonblätter) aber auch von *Ophrys umbilicata* (Lippenzeichnung) auf. Vermutlich handelt es sich hier um Übergangsformen beider Arten.

Im Südwesten der Türkei ist es manchmal schwierig, *Ophrys bucephala* von *Ophrys attica* (die auf dem griechischen Festland, den Ägäischen Inseln und im Süden der Türkei vorkommt) oder von *Ophrys umbilicata* (die im östlichen Mittelmeergebiet verbreitet ist) zu unterscheiden. Im Nordwesten stimmen die Pflanzen mit den Merkmalen von *Ophrys bucephala* völlig überein.

GEFÄHRDUNG

Der Standort bei Kuşudaşi ist durch den Bau einer neuen Straße und durch intensive Beweidung durch Schafe und Ziegen bedroht.

HYBRIDEN

Nicht nachgewiesen.

Soğuçak (Aydın), 2.4.1996, C. A. J. Kreutz

Tayfur (Çanakkale), 26.4.1997, C. A. J. Kreutz

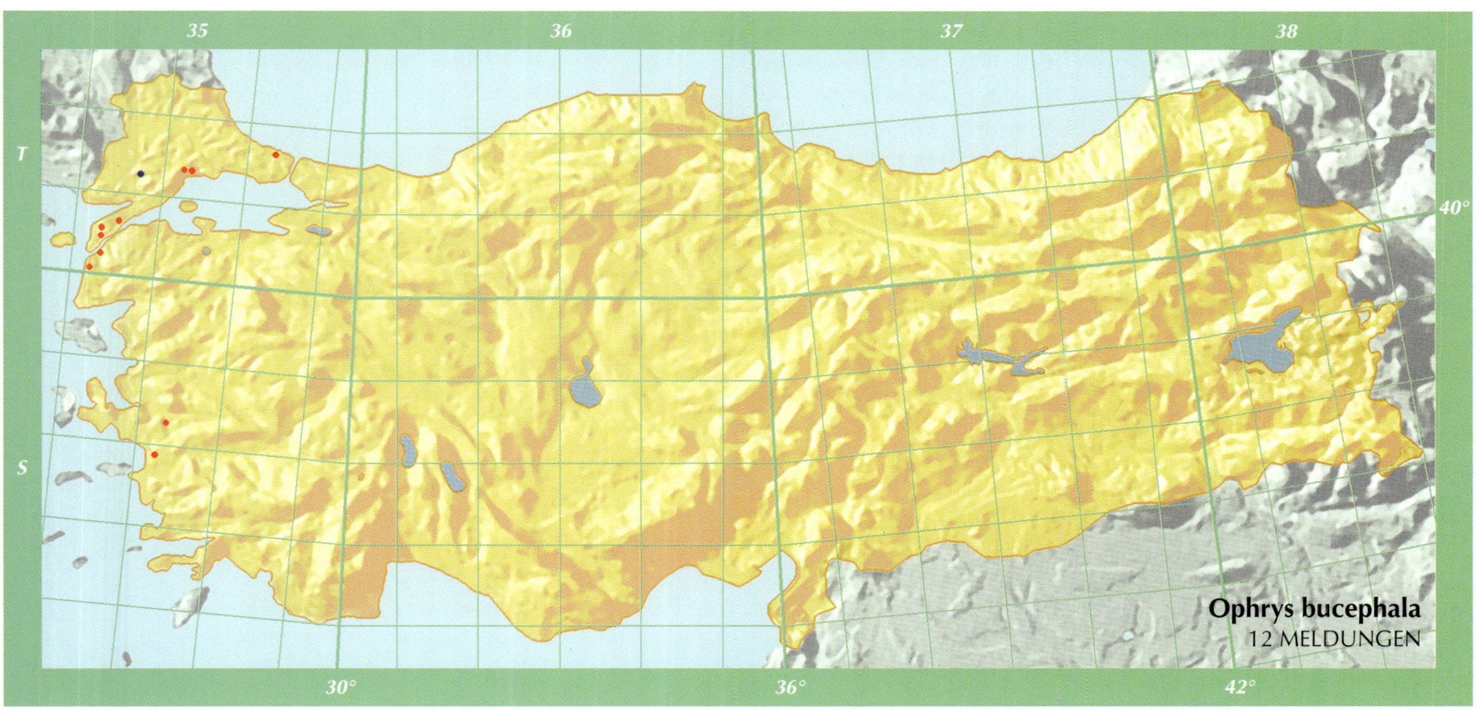

61 Ophrys khuzestanica (Renz & Taubenheim) P. Delforge

Iranische Ragwurz

(Natural. Belges 71 (3): 127, 1990)

BASIONYM

Ophrys umbilicata subsp. *khuzestanica* Renz & Taubenheim (Notes Roy. Bot. Garden Edinb. 41 (2): 273, 1983)

BESCHREIBUNG

Schlanke Pflanze, die etwa 20 bis 60 cm hoch werden kann. Blütenstand langgestreckt und locker, mit 4 bis 12 Blüten; diese klein und ziemlich variabel in der Form, Größe und Malzeichnung. Sepalen eiförmig bis eiförmig-lanzettlich, die beiden seitlichen abstehend bis zurückgeschlagen, das mittlere Sepal aufgerichtet bis stark nach vorne gekrümmt. Petalen lanzettlich bis dreieckig, ziemlich klein. Perigonblätter meist hellgrün, manchmal auch rosa bis rötlich gefärbt. Lippe ziemlich klein, tief dreilappig und kurz gehöckert, der Mittellappen längsoval bis rundlich, stark nach vorne gewölbt, bräunlich. Lippenzeichnung großflächig und ringförmig, bräunlich mit weißem oder gelblichem Rand. Anhängsel gelblichgrün, groß, aufwärts gerichtet.

ABGRENZUNG ZU ÄHNLICHEN ARTEN

Ophrys khuzestanica könnte mit *Ophrys umbilicata* verwechselt werden, unterscheidet sich von dieser Art durch den höheren Wuchs, eine langgestreckte und vielblütige Infloreszenz, wobei die untersten Blüten oft weit voneinander entfernt stehen, die kleinen Blüten, die überwiegend hellgrün gefärbten Sepalen und ein aufgerichtetes dorsales Sepal. Außerdem überlappen sich beide Verbreitungsgebiete nicht. *Ophrys umbilicata* ist in der Ägäis- , Mittelmeer- und Marmara-Region verbreitet, während *Ophrys khuzestanica* nur in Ost- und Südostanatolien vorkommt.

STANDORT

Ophrys khuzestanica wächst in und am Rande von Eichengebüschen und -wäldern, sowie in Phrygana und auf Wiesenflächen; auf trockenen bis feuchten, überwiegend kalkreichen Böden.

BLÜTEZEIT

Anfang bis Ende Mai.

HÖHENVERBREITUNG

Von 400 bis 600 m.

GESAMTVERBREITUNG

Ostanatolien (Türkei) über den Norden von Irak bis in den Südwesten von Iran (Provinzen Khuzestan und Fars), die südöstliche Verbreitungsgrenze der Gattung *Ophrys*.

VERBREITUNG IN DER TÜRKEI

Ost- und Südostanatolien (Şanlıurfa, Diyarbakır, Batman, Şirnak und Siirt).

NOTIZEN ZU EINIGEN FUNDORTEN

Einer der schönsten Standorte von *Ophrys khuzestanica* liegt bei Lice (Diyarbakır). Die Art wächst hier an schattigen Stellen im Eichengebüsch und in feuchten Wiesenflächen, zusammen mit *Anacamptis pyramidalis, Cephalanthera kurdica, Cephalanthera longifolia, Epipactis helleborine, Himantoglossum affine, Ophrys carduchorum, Ophrys cilicica, Ophrys holoserica, Ophrys phrygia, Ophrys schulzei, Orchis anatolica, Orchis coriophora* und *Orchis pseudolaxiflora*. *Ophrys khuzestanica* ist hier sehr selten, nur wenige Exemplare kommen vor. In diesem Gebiet findet man an einigen Stellen auch Bastarde zwischen den obengenannten *Ophrys*-Arten (Renz & Taubenheim, 1983a; Kajan, et al., 1992, Kretzschmar, Gembardt & Baumgartner, Fundliste 1988). Das Gebiet besteht aus einem Hang, der als Getreideacker genutzt wird und mit Eichengebüsch (laubabwerfende Arten) durchsetzt ist. Diese Gebüschbiotope sind reich an seltenen Orchideenarten und sollten unter Schutz gestellt werden, obwohl die Beweidung des Hanges jeweils erst nach der Getreideernte erfolgt und damit bereits ein relativer Schutz der Orchideen gegeben ist. Fredriks & Mulder (Fundliste 1989), sowie Peter (Fundliste 1989) besuchten den Standort ein Jahr später und fanden, verursacht durch eine vorausgegangene extreme Trockenheit, lediglich einige Exemplare von *Cephalanthera longifolia, Himantoglossum affine* und *Ophrys cilicica*. Ein oder zwei Jahre später waren hier wieder viele Pflanzen zu finden. 1997 ist leider ein Versuch gescheitert, den interessanten Standort nochmals aufzusuchen. Etwa 20 km vor dem Standort war das gesamte Gebiet aus militärischen Gründen gesperrt.

Weitere interessante Standorte liegen in der Umgebung von Baggöze (Siirt), Birecik (Şanlıurfa) und Cizre (Şirnak) (Renz & Taubenheim, 1984). Am Standort bei Baggöze, einem verlassenen Friedhof mit alten Eichen, kommen sehr reichblütige Exemplare vor (Taubenheim, Diaarchiv). *Ophrys carduchorum* wurde von diesem Standort beschrieben.

BEMERKUNGEN

Ophrys khuzestanica, die der Verwandtschaft von *Ophrys umbilicata* angehört, wurde erst 1983 von Renz & Taubenheim (1983a) beschrieben. Delforge (1994) schreibt, daß diese Art möglicherweise ein Bastard zwischen *Ophrys umbilicata* und *Ophrys bornmuelleri* ist.

Bei Renz (1978) wird die Art unter *Ophrys carmeli* subsp.

◄ **Lice (Diyarbakır), 14.5.1988,** C. A. J. Kreutz

Lice (Diyarbakır), 18.5.1988, H. Kretzschmar

Lice (Diyarbakır), 14.5.1988, C. A. J. KREUTZ

Lice (Diyarbakır), 9.5.1990, R. PETER

Lice (Diyarbakır), 14.5.1988, C. A. J. KREUTZ

Lice (Diyarbakır), 14.5.1988, C. A. J. KREUTZ

Lice (Diyarbakır), 14.5.1988, C. A. J. Kreutz

Lice (Diyarbakır), 18.5.1988, H. Kretzschmar

carmeli Fleischmann & Bornmüller (Ann. Nat. Hofmus. Wien 36: 7, 1923) geführt.

Bei Renz & Taubenheim (1984) werden im Verbreitungsgebiet von *Ophrys khuzestanica* (Siirt) zwei Fundpunkte für *Ophrys umbilicata* angegeben, werden aber nicht im Text erwähnt. Diese Angaben beziehen sich höchstwahrscheinlich auf *Ophrys khuzestanica*. Sie wurden im vorliegenden Buch in die Verbreitungskarte dieser Art aufgenommen.

PROBLEMATIK

Schönfelder hat in der Umgebung von Osmaniye Pflanzen gefunden, die möglicherweise Übergangsformen zwischen *Ophrys umbilicata* und *Ophrys khuzestanica* sind.

HYBRIDEN

Mit *Ophrys bornmuelleri* und *Ophrys carduchorum*.

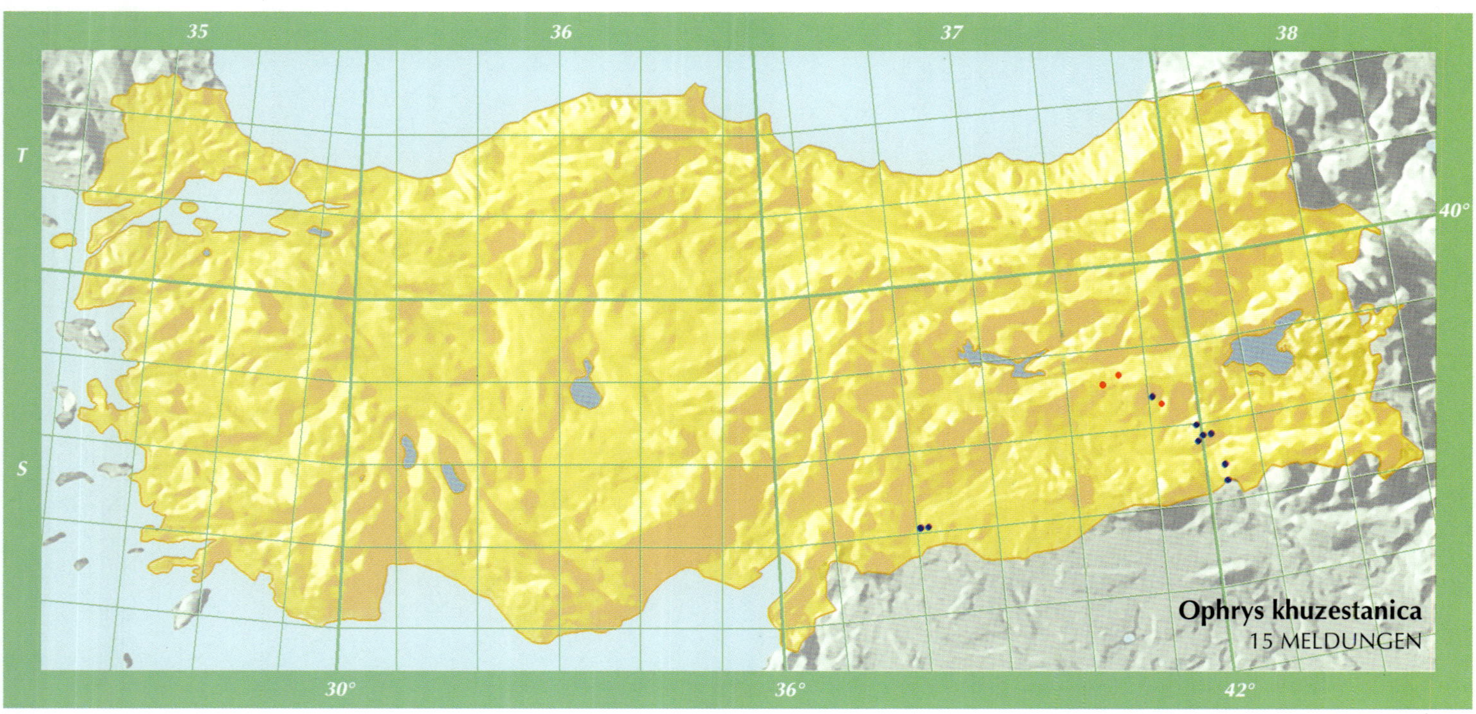

62

Ophrys umbilicata

DESFONTAINES

Nabel-Ragwurz

(Ann. Mus. Nat. Hist. (Paris) 10: 227, 1807)

SYNONYME

Ophrys carmeli H. FLEISCHMANN & BORNMÜLLER, *Ophrys dinsmorei* SCHLECHTER, *Ophrys orientalis* (RENZ) SOÓ, *Ophrys umbilicata* subsp. *carmeli* (H. FLEISCHMANN & BORNMÜLLER) J. J. WOOD, *Ophrys carmeli* subsp. *orientalis* (RENZ) SOÓ, *Ophrys scolopax* subsp. *orientalis* (RENZ) E. NELSON, *Ophrys cornuta* subsp. *orientalis* RENZ

BESCHREIBUNG

Kräftige niederwüchsige Pflanze. Blütenstand gedrängt, zylindrisch, 2 bis 8-blütig. Blüten relativ klein, schräg von der Blütenstandsachse abstehend. Perigonblätter überwiegend rosa, rötlich- bis grünlichweiß gefärbt, oft mit grünem Mittelnerv. Sepalen eiförmig bis eiförmig-lanzettlich, die beiden seitlichen abstehend bis leicht zurückgeschlagen, das mittlere Sepal aufgerichtet bis stark nach vorne gekrümmt. Petalen dreieckig-lanzettlich, ziemlich kurz, spitz, meist dunkler als die Sepalen gefärbt. Lippe relativ klein, im oberen Teil tief dreilappig, rundlich und kurz gehöckert; Mittellappen längsoval bis rundlich, bräunlich bis rötlichbraun. Lippenzeichnung großflächig und ringförmig, bräunlichlila bis gelblichbraun mit weißem oder gelblichem Rand. Anhängsel ziemlich klein, gelblichgrün, aufwärts gerichtet.

ABGRENZUNG ZU ÄHNLICHEN ARTEN

Ophrys umbilicata kann mit *Ophrys khuzestanica* oder *Ophrys bucephala* verwechselt werden, unterscheidet sich aber von diesen zwei Arten durch den dichten und relativ gedrängten Blütenstand (vor allem am Blühbeginn), die überwiegend rosa gefärbten Perigonblätter und außerdem noch von *Ophrys khuzestanica* durch die größeren Blüten.

Ophrys attica, eine Art, die von vielen Autoren bei *Ophrys umbilicata* eingegliedert wird, ist vor allem charakterisiert durch den stets gedrungenen Wuchs, die breite, zylindrische Blütenähre, die etwas größeren Blüten und das stets grüne Perigon (BAUMANN & KÜNKELE, 1981b).

STANDORT

Lichte Kiefern- und Eichenwälder, Ödland, Magerwiesen, Macchien und Phrygana; auf trockenen bis mäßig feuchten, kalkreichen Böden.

BLÜTEZEIT

Ende März bis Anfang Mai.

HÖHENVERBREITUNG

Von der Küste bis etwa 450 m.

GESAMTVERBREITUNG

Östlicher Mittelmeerraum; Ägäische Inseln, Türkei, Westsyrien, Libanon, Israel und Zypern.

VERBREITUNG IN DER TÜRKEI

Ägäis- und Mittelmeergebiet, sowie in der Marmara-Region; von İstanbul bis Gaziantep.

NOTIZEN ZU EINIGEN FUNDORTEN

Ophrys umbilicata ist im Südwesten der Türkei weit verbreitet. Besonders in den Provinzen İzmir und Çanakkale ist sie nicht selten und blüht hier im April in der Phrygana und in lockeren Kiefernwäldern und ist meist von vielen anderen Orchideen begleitet, wie von *Anacamptis pyramidalis, Cephalanthera epipactoides, Dactylorhiza romana, Limodorum abortivum, Neotinea maculata, Ophrys ferrum-equinum, Ophrys fusca* s. l., *Ophrys iricolor, Ophrys sicula, Ophrys mammosa, Ophrys oestrifera, Ophrys speculum, Orchis fragrans, Orchis italica, Orchis morio* subsp. *morio* und *Orchis tridentata*, selten auch von *Orchis punctulata* und *Ophrys heterochila*.

Çesme (İzmir), 31.3.1996, C. A. J. KREUTZ

Çesme (İzmir), 31.3.1996, C. A. J. KREUTZ

◄ Çesme (İzmir), 31.3.1996, C. A. J. KREUTZ

Osmaniye (Adana), 3.4.1997, C. A. J. Kreutz

Torba (Muğla), 12.3.1998, C. A. J. Kreutz

Besonders auf der Halbinsel Çeşme wächst *Ophrys umbilicata* mit Vorliebe in grasigen Wiesenflächen in der Phrygana. An fast jedem Standort ist sie dort zu finden. Ihre Blütezeit fängt hier Ende März an und dauert bis ca. Mitte bis Ende April.
Viele hundert Exemplare wachsen auf einem Friedhof an der Straße von Bodrum nach Karaova (Muğla). Mitte März bis Anfang April blüht die Art hier in den grasigen Wiesenflächen, zusammen mit *Ophrys tenthredinifera* und inmitten großer Populationen von *Ophrys bombyliflora*. Sie blüht hier recht früh und 1996 waren die meisten Exemplare bereits Anfang April völlig verblüht.
Im mittleren Süden und nach Osten zu wird sie allmählich seltener. Im Süden der Türkei reicht ihr Areal bis Gaziantep.

BEMERKUNGEN

Ophrys umbilicata ist eine kräftige Pflanze mit steil nach oben gerichteten Rosettenblättern und der direkt darüber beginnenden, breiten Blütenähre (Baumann & Künkele, 1981b).
Bei Rückbrodt & Hansen (1992) wurde *Ophrys attica* mit *Ophrys umbilicata* vereinigt, da außer der Angabe von Renz & Taubenheim (1984) keine weiteren Fundmeldungen vorlagen. Rückbrodt & Hansen (briefl. Mittlg., 1997) haben sie aber immer als zwei Arten betrachtet.
Bei Sundermann & Taubenheim (1978) und Renz & Taubenheim (1984) sind beide Sippen getrennt angegeben und *Ophrys attica* ist von einem Standort in der Südtürkei (Antalya) erwähnt.
Nach Baumann & Künkele (1981b) umfaßt das Verbreitungsgebiet von *Ophrys attica* das griechische Festland und die Ägäischen Inseln. Daß die Angabe von Renz & Taubenheim glaubhaft ist, hat der aktuelle Fund in der mittleren Südtürkei gezeigt. Viele Exemplare wurden dort Mitte April 1996 bei Osmaniye (Adana) gefunden (briefl. Mittlg., Schönfelder, 1997) und diese Angaben konnten 1997 bestätigt werden.
Die Areale von *Ophrys umbilicata* und *Ophrys khuzestanica* überlappen sich nicht. Während *Ophrys umbilicata* hauptsächlich in der Ägäis- und Mittelmeer-Region verbreitet ist, kommt *Ophrys khuzestanica* nur in Südost- und Ostanatolien vor.

BEMERKUNGEN ZU DER VERBREITUNGSKARTE

Bei Renz & Taubenheim (1984) werden im Verbreitungsgebiet von *Ophrys khuzestanica* (Siirt) zwei Fundpunkte für *Ophrys umbilicata* angegeben, werden aber nicht im Text erwähnt. Diese Angaben beziehen sich höchstwahrscheinlich auf *Ophrys khuzestanica*, und wurden deshalb nicht in die Verbreitungskarte im vorliegenden Buch übernommen.

HYBRIDEN

Mit *Ophrys bombyliflora* bekannt.

Çesme (İzmir), 31.3.1996, C. A. J. Kreutz

Çesme (İzmir), 31.3.1996, C. A. J. Kreutz

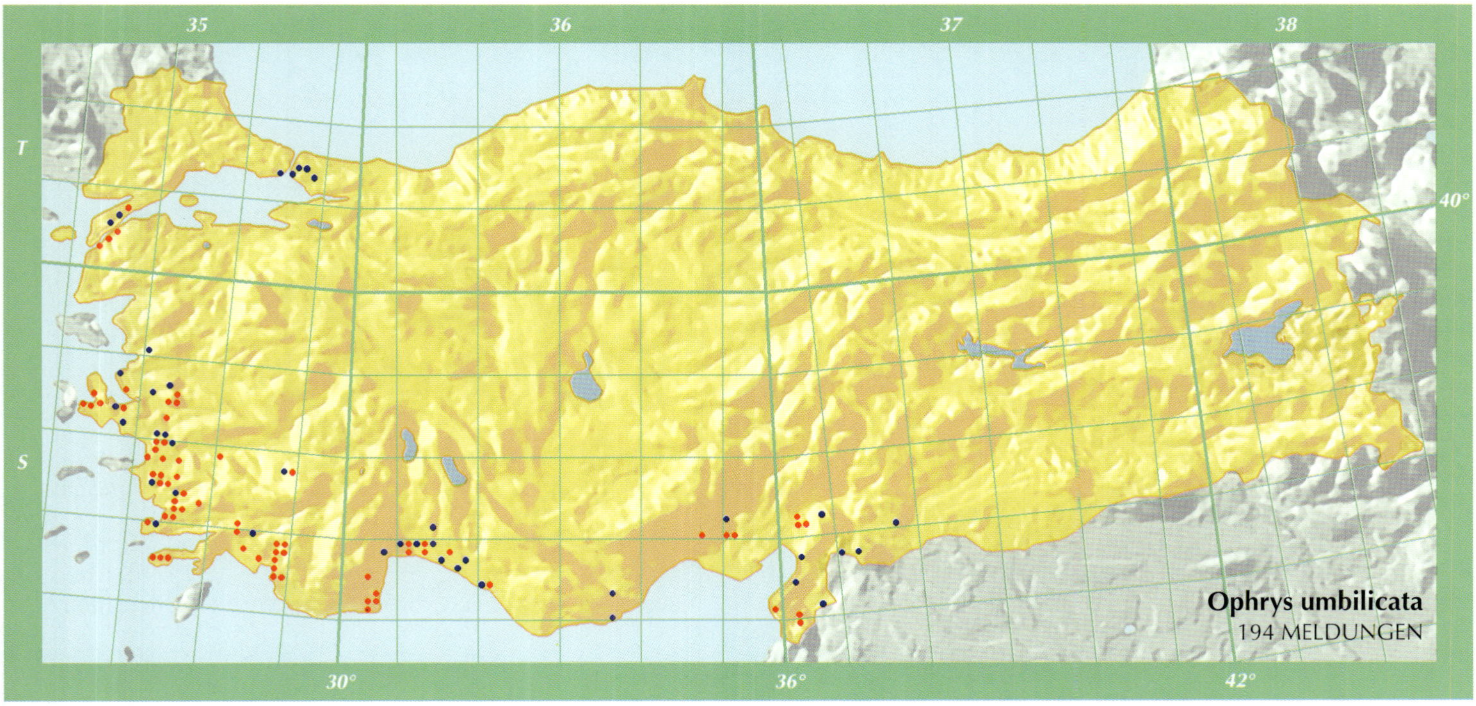

63

Ophrys bombyliflora

Link

Drohnen-Ragwurz

(in Schrader: Jour. für die Bot., 1799 (2): 325, 1800)

Göçek (Muğla), 6.4.1997, C. A. J. Kreutz

Karaova (Muğla), 4.4.1996, C. A. J. Kreutz

SYNONYME

Ophrys tabanifera Willdenow, *Ophrys distoma* Bivona-Bern, *Ophrys hiulca* Mauri, *Ophrys canaliculata* Viviani

BESCHREIBUNG

Kleine, gedrungene Pflanze mit einem kurzen, gedrängten Blütenstand. Der Blütenstand trägt wenige, sehr kleine Blüten. Sepalen (hell)grün bis gelblichgrün gefärbt, eiförmig, schwach genervt, meist etwas rückwärts gerichtet, die seitlichen Sepalen breiter und länger als das mittlere. Petalen klein und dreieckig, hellgrün bis gelblichgrün, behaart. Lippe rundlich bis länglich eiförmig, in der oberen Hälfte tief dreilappig, dunkelbraun und an den Rändern stark behaart. Seitenlappen nach unten gebogen und an der Basis mit behaarten Höckern. Ränder des Mittellappens stark zurückgeschlagen. Malzeichnung bläulich- bis schwarzviolett, klein, unauffällig und auf die obere Lippenhälfte beschränkt. Anhängsel sehr klein, zurückgeschlagen.

ABGRENZUNG ZU ÄHNLICHEN ARTEN

Unverwechselbar.

STANDORT

Grasige, mäßig feuchte Wiesenflächen, lichte Kiefernwälder, Macchien, Phrygana, Olivenhaine, Ödland und Affodillfluren; auf basen- oder kalkreichen Böden.

BLÜTEZEIT

Relativ früh, von Mitte März bis Mitte Mai.

HÖHENVERBREITUNG

Von der Küste bis etwa 700 m.

GESAMTVERBREITUNG

Mittelmeergebiet, von Portugal und Spanien über Südfrankreich, Italien, dem schmalen Küstenstreifen entlang der Balkanhalbinsel, Griechenland, die Ägäischen Inseln bis in die Türkei. Auch auf den Kanarischen Inseln und in Nordafrika.

VERBREITUNG IN DER TÜRKEI

Nur im Südwesten und von der Provinz İstanbul am Schwarzen Meer bekannt.

NOTIZEN ZU EINIGEN FUNDORTEN

Ophrys bombyliflora ist in der Türkei selten. Diese unscheinbare *Ophrys*-Art besiedelt nur die Ägäis- und die südwestliche Mittelmeer-Region. Außerhalb dieses Gebiets ist die Art nur noch aus der Provinz İstanbul bekannt, wo sie unter anderem an der Küste in der Umgebung von Sile und bei Nakkaş gefunden wurde.

Der Standort bei Sile liegt im asiatischen Teil der Türkei, wo die Pflanzen in der Phrygana vorkommen, zusammen mit *Anacamptis pyramidalis, Ophrys apifera, Ophrys oestrifera, Orchis fragrans, Platanthera chlorantha* und *Serapias cordigera*. Auch Sundermann & Taubenheim (1978) erwähnen diesen Standort.

Bei Nakkaş im europäischen Teil ist *Ophrys bombyliflora* sehr häufig vertreten. Der Standort, an dem die Art vorkommt, ist ein Kalkmagerrasen mit Gebüsch auf kalkreichem Boden, der ganz durch Landwirtschaftsgebiet eingeschlossen ist. Der Hang ist ziemlich groß und für Landmaschinen sehr schwierig zugänglich, wodurch die Population von *Ophrys bombyliflora* hier noch nicht gefährdet ist. Dieser Standort ist weiter von großer botanischer Bedeutung wegen des Vorkommens von *Ophrys bucephala, Ophrys speculum* und *Orchis papilionacea* subsp. *papilionacea*.

Bei Kemalpasa (İzmir) gehört *Ophrys bombyliflora* zu den früh-

◄ **Nakkaş (İstanbul), 28.4.1997,** C. A. J. Kreutz

Karaova (Muğla), 4.4.1996, C. A. J. Kreutz

Nakkaş (İstanbul), 28.4.1997, C. A. J. Kreutz

blühenden Arten. In diesem Gebiet wachsen mehrere hundert Exemplare auf engem Raum zusammen unter anderem mit *Ophrys candica*, *Ophrys fusca* s. l., *Ophrys holoserica*, *Ophrys heterochila*, *Ophrys mammosa* und *Ophrys bremifera*. Ein weiterer Standort befindet sich südlich İzmir im Kiefernwald, wo sie von *Anacamptis pyramidalis*, *Cephalanthera epipactoides*, *Cephalanthera longifolia*, *Limodorum abortivum*, *Ophrys fusca* s. l., *Ophrys iricolor*, *Ophrys sicula*, *Ophrys mammosa*, *Ophrys oestrifera*, *Ophrys speculum*, *Orchis anatolica*, *Orchis fragrans*, *Orchis italica*, *Orchis lactea* und *Serapias bergonii* begleitet wird. An diesem Standort wurde vermutlich das erste Exemplar dieser Art in der Türkei nachgewiesen. Sundermann (1969b) berichtete damals von nur einer Pflanze an einem sehr reichhaltigen Orchideenstandort südlich İzmir.

In der Provinz Muğla kommt *Ophrys bombyliflora* an einigen Stellen vor. So wächst sie auf grasigen Wiesenflächen in der Phrygana und an Gebüschrändern mit vielen anderen Orchideenarten an der Straße von Karaova nach Dörttepe. Vor allem auf einem Friedhof an der Straße von Bodrum nach Karaova blüht sie Anfang April in den grasigen, mäßig feuchten Wiesenflächen reichlich. Auch auf einem Friedhof in der Nähe von Kadıköy (Muğla) blüht *Ophrys bombyliflora* in vielen Exemplaren im einem lichten Kiefernwald.

Nordöstlich von Ortaca und östlich des Dalaman-Flußtales (Muğla) wurden von Hahn & Passin (1997) zwei nicht weit voneinander entfernte neue Fundorte dieser Art entdeckt. Diese Fundorte sind die bisher östlichsten Vorkommen in der Türkei. Die Pflanzen standen in einem grasigen Olivenhain, in Weideterrassen sowie in der angrenzenden Phrygana. An einer Stelle wurde eine relativ stark besetzte Population mit etwa 150 Pflanzen beobachtet. Diese Population wurde 1997 auch vom Verfasser gesehen; die Pflanzen waren Anfang April in Hochblüte. Es handelt sich um einen sehr orchideenreichen Standort. Viele Arten kommen hier in großer Anzahl vor.

HYBRIDEN

Mit *Ophrys umbilicata* nachgewiesen.

Nakkaş (İstanbul), 28.4.1997, C. A. J. Kreutz

Karaova (Muğla), 4.4.1996, C. A. J. Kreutz

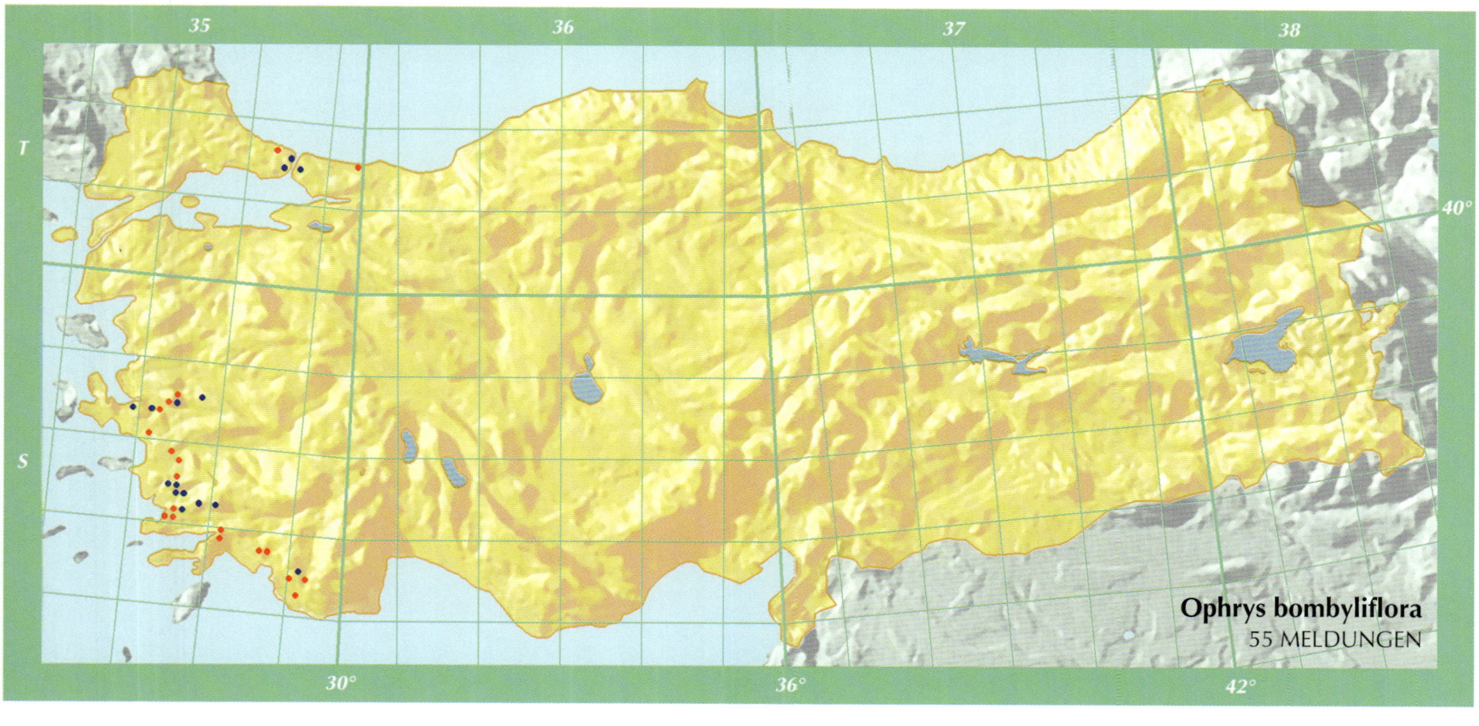

64 Ophrys bornmuelleri M. Schulze

Bornmüllers Ragwurz (Verh. Zool. Bot. Ges. Wien 48: 635, 1898 (descr.); Mitt. Thür. Bot. Ver., N. F. 13-14: 127, 1899 (nom., 'bornmuelleri'))

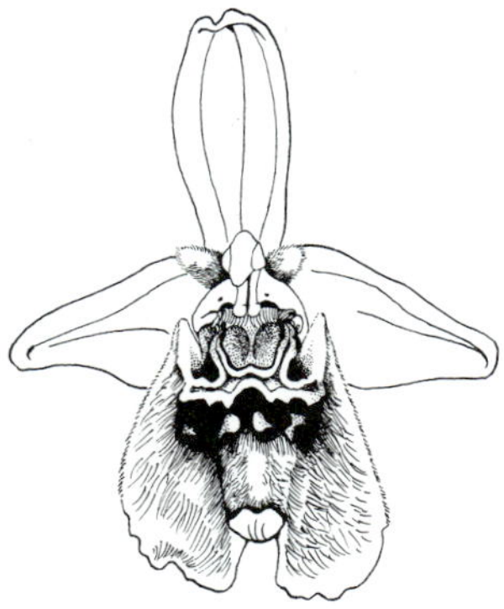

SYNONYME

Ophrys fuciflora subsp. *bornmuelleri* (M. Schulze) B. & E. Willing, *Ophrys holoserica* subsp. *bornmuelleri* (M. Schulze) Sundermann

BESCHREIBUNG

Schlanke Pflanze mit gestreckem, lockerem Blütenstand, mit durchschnittlich 6 bis 9 ziemlich kleinen Blüten. Sepalen breit eiförmig, grünlich, rosa oder weißlich; die seitlichen abstehend (das mittlere etwas nach vorne geneigt), lang und zugespitzt. Petalen sehr klein, dreieckig, rosa bis rötlich gefärbt. Lippe relativ breit, trapezförmig, ungeteilt, fast horizontal von der Blütenstandsachse abstehend, an den Rändern stark silbrig bis violett behaart und aufgewölbt (Mittelgrat der Höcker sehr spitz), kräftig gehöckert, bräunlich bis rötlichbraun. Malzeichnung besonders im oberen Teil der Lippe, meistens H-förmig mit Verzweigungen oder aus rundlichen Streifen bestehend, stahlblau bis blauviolett, nach außen öfter gelblich gefärbt oder mit gelbem Rand. Anhängsel groß, gelblich und nach vorne gerichtet.

ABGRENZUNG ZU ÄHNLICHEN ARTEN

Ähnelt *Ophrys carduchorum*, *Ophrys levantina* und *Ophrys ziyaretiana*. Von *Ophrys carduchorum* unterscheidet sie sich durch die größeren Blüten, die locker am Blütenstand angeordnet sind; die leicht gewölbte, quadratische bis trapezförmige Lippe und eine andere Malzeichnung.

Von *Ophrys levantina* unterscheidet sie sich unter anderem durch einen sehr langgestreckten Blütenstand und die kleineren Blüten, die fast horizontal von der Blütenstandsachse abstehen und eine andere Malzeichnung. Darüberhinaus ist die Lippe von *Ophrys levantina* ziemlich breit, rundlich oder abgerundet quadratisch bis leicht trapezförmig und vertikal abwärts gerichtet.

Ophrys bornmuelleri hat eine trapezförmige Lippenform, während die von *Ophrys ziyaretiana* rechteckig bis quadratisch ist. Außerdem hat die Lippe von *Ophrys bornmuelleri* einen aufgebogenen Rand und einen Mittelgrat auf der Lippe. Ferner ist das Mal von *Ophrys ziyaretiana* einfacher und ihre Sepalen sind breiter als bei *Ophrys bornmuelleri*.

STANDORT

Lichte Kiefern- und Eichenwälder, Phrygana, Macchien, Eichengebüsche und an Böschungen; auf trockenen bis mäßig feuchten, basen- oder kalkreichen Böden.

BLÜTEZEIT

Anfang April bis Ende April. Blüht etwa zwei Wochen später als *Ophrys levantina*.

HÖHENVERBREITUNG

Von der Küste bis 1.400 m.

GESAMTVERBREITUNG

Östliches Mittelmeergebiet: Türkei, Westsyrien, Libanon, Israel, Nordirak und Zypern. Mit Ausnahme von Zypern und Israel ist die Art ziemlich selten und tritt zerstreut auf.

VERBREITUNG IN DER TÜRKEI

Östliche Mittelmeer- und Ostanatolische Region.

NOTIZEN ZU EINIGEN FUNDORTEN

Ophrys bornmuelleri gehört in der Türkei zu den seltensten Orchideen. Verschiedene Standorte hat diese Art in den Provinzen Adana, Hatay, Diyarbakır, Siirt und Şirnak.

Vor allem in der Umgebung von Karatepe (Adana) kommt *Ophrys bornmuelleri* an mehreren Stellen vor. Dort wächst sie vereinzelt oder in kleineren Gruppen in lockeren Kiefernwäldern, oft zusammen mit *Anacamptis pyramidalis, Epipactis*

◄ **Senköy (Hatay), 13.4.1996,** C. A. J. Kreutz

Senköy (Hatay), 13.4.1996, C. A. J. Kreutz

Senköy (Hatay), 13.4.1996, C. A. J. Kreutz

Senköy (Hatay), 13.4.1996, C. A. J. Kreutz

helleborine, Limodorum abortivum, Ophrys amanensis, Ophrys apifera, Ophrys holoserica, Orchis punctulata und *Orchis syriaca*.

In der Provinz Hatay findet man sie vor allem südlich Antakya im Ziyaretgebirge, dort öfter zusammen mit *Ophrys antiochiana, Ophrys israelitica*, selten mit *Ophrys ziyaretiana* und anderen *Ophrys*- und *Orchis*-Arten. Ein Standort mit vielen Pflanzen liegt südöstlich Antakya an der Straße nach Altınözü. In einem Hang der größtenteils mit Phrygana bestanden ist, kommt *Ophrys bornmuelleri* zusammen mit der nahe verwandten *Ophrys levantina* vor. *Ophrys bornmuelleri* blüht hier etwa Mitte April, *Ophrys levantina* etwa zwei Wochen früher. Dieser Standort ist besonders interessant, weil hier unter anderem auch noch die seltenen *Ophrys hittitica* und *Ophrys iricolor* vorkommen.

In Ostanatolien, westlich von Siirt, wächst *Ophrys bornmuelleri* zusammen mit *Ophrys carduchorum, Ophrys holoserica* (wobei die Arten nicht immer leicht voneinander zu unterscheiden sind) und *Ophrys phrygia*.

Bemerkungen

Nach Sundermann & Taubenheim (1978) löst *Ophrys bornmuelleri Ophrys holoserica* mit Übergangsformen nach Osten hin ab. Dies trifft aber nicht immer zu, denn in Ostanatolien kommen beide Arten an vielen Standorten gemeinsam vor.

In der Türkei kommen vier Sippen aus diesem Komplex vor, nämlich Pflanzen die mit denen aus Zypern übereinstimmen (*Ophrys bornmuelleri* und *Ophrys levantina*) und eine kleinblütige Sippe mit weißen oder rosa Perigonblättern mit einer ziemlich rundlichen oder abgerundeten, quadratischen bis leicht trapezförmigen Lippe, die im Amanus und im Gebiet südlich Antakya wächst (=*Ophrys ziyaretiana*). Außerdem noch *Ophrys carduchorum*, die im Südosten der Türkei vorkommt.

Problematik

Die Pflanzen in der Umgebung von Karatepe (Adana) sind nicht immer einwandfrei zu *Ophrys bornmuelleri* zu stellen. Wie Sundermann & Taubenheim (1978) schon bemerkt haben, bildet die Art dort viele Übergänge zu *Ophrys holoserica*.

Bemerkungen zu der Verbreitungskarte

Die Möglichkeit besteht, daß einige Funde aus den östlichen Provinzen zu *Ophrys carduchorum* gehören, da diese Art erst 1980 (Renz & Taubenheim, 1980b) von *Ophrys bornmuelleri* abgetrennt wurde.

Hybriden

Mit *Ophrys khuzestanica* und *Ophrys ziyaretiana* nachgewiesen.

Senköy-Yayladağı (Hatay), 13.4.1996, C. A. J. Kreutz

Senköy-Yayladağı (Hatay), 13.4.1996, C. A. J. Kreutz

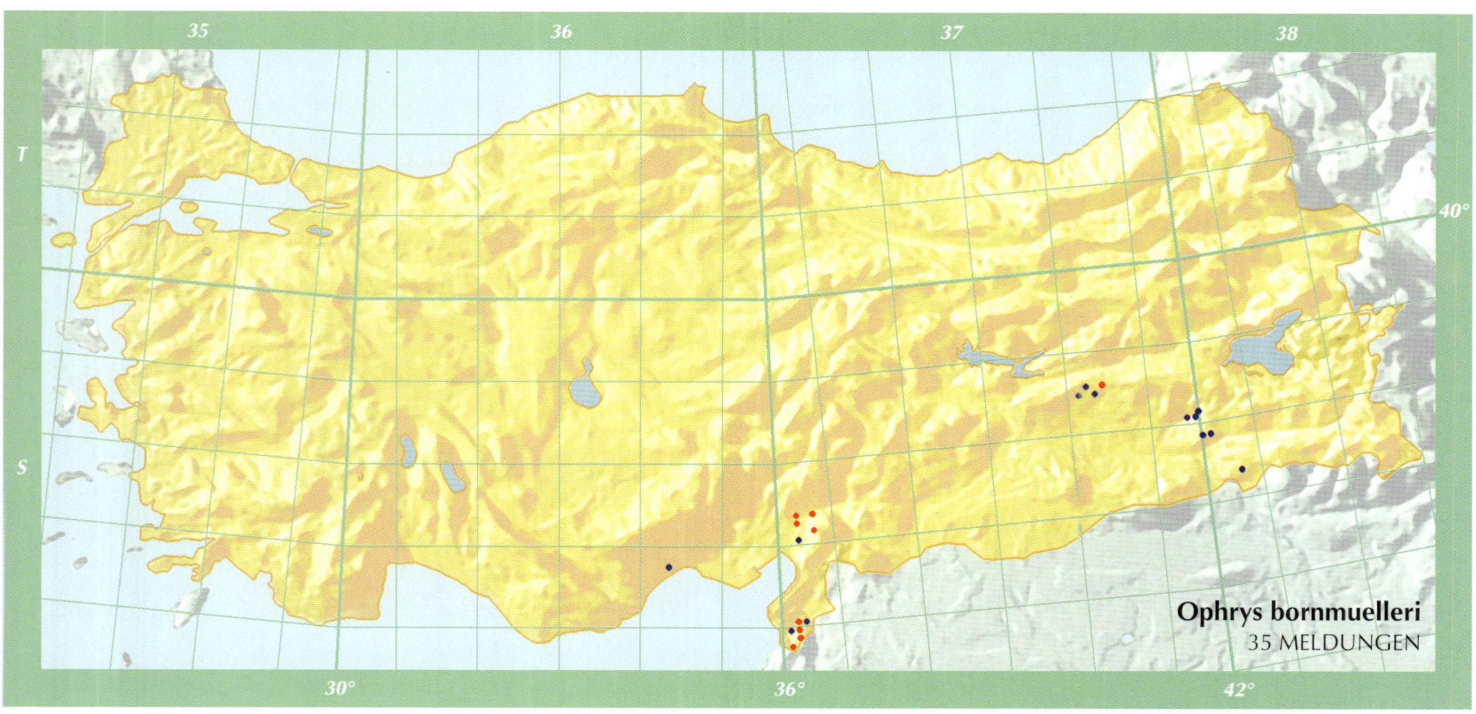

65 Ophrys carduchorum

(Renz & Taubenheim) P. Delforge

Kurden-Ragwurz

(Natural. Belges 71 (3): 127, 1990)

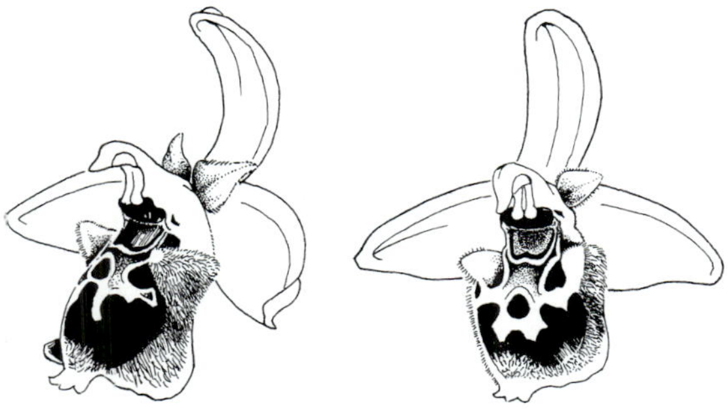

Lice (Diyarbakır), 14.5.1988, C. A. J. Kreutz

BASIONYM

Ophrys bornmuelleri (M. Schulze) subsp. *carduchorum* Renz & Taubenheim in Die Orchidee 31 (6): 242, 1980

BESCHREIBUNG

Pflanze schlank und hochwüchsig. Blütenstand verlängert, mit durchschnittlich 2 bis 8 Blüten. Blüten sehr klein und in großen Abständen am langgestreckten Blütenstand angeordnet. Sepalen breiteiförmig, kurz und abgerundet, grünlich oder weißlich, meist rosa überlaufen, die seitlichen abstehend bis zurückgeschlagen, das mittlere etwas nach vorne geneigt. Petalen sehr klein, dreieckig und rosa bis rötlich gefärbt. Lippe ziemlich breit, rechteckig bis leicht trapezförmig, ungeteilt, an den Rändern stark silbrig behaart, stark und gleichmäßig gewölbt mit kleinen, stumpfen Höckern, bräunlich bis rötlichbraun. Seitenränder herab- bis rückwärts geschlagen. Malzeichnung vor allem auf den basalen Teil der Lippe beschränkt, meistens aus zwei parallelen Linien bestehend, die in der Lippenmitte miteinander verbunden sind, bläulich bis blauviolett, nach außen öfter gelblich gefärbt oder mit einem gelben Rand versehen. Anhängsel ziemlich groß, gelblich, nach vorne gerichtet.

ABGRENZUNG ZU ÄHNLICHEN ARTEN

Ähnelt vor allem *Ophrys bornmuelleri*, unterscheidet sich aber von dieser Art durch die kleineren Blüten, die in größeren Abständen am langgestreckten Blütenstand angeordnet sind (insbesondere die unteren); die stark entwickelten, die Blüten weit überragenden Brakteen; die gewölbten Lippen mit den herab- bis zurückgeschlagenen Seitenrändern und die sehr vereinfachte Malzeichnung, die schon sehr stark derjenigen von *Ophrys tenthredinifera* ähnlich ist (Renz & Taubenheim, 1980b).

STANDORT

Hauptsächlich in Eichenwäldern und Gebüsch; an trockenen bis mäßig feuchten Stellen und in feuchten Wiesen, dort auf kalkreichen Böden.

BLÜTEZEIT

Mitte April bis Ende Mai. In der Umgebung von Lice-Kulp liegt die Hauptblütezeit etwa in der dritten Maiwoche.

HÖHENVERBREITUNG

In höheren Lagen; von 600 bis etwa 1.000 m.

GESAMTVERBREITUNG

Endemische türkische Art (Ostanatolien).

VERBREITUNG IN DER TÜRKEI

Nur in der Ostanatolischen Region und einem Standort in der Südostanatolischen Region (Diyarbakır, Batman, Siirt und Şirnak). Über ihre vollständige Verbreitung ist noch wenig bekannt, weil Ostanatolien heute nicht oder nur schwer zugänglich ist.

NOTIZEN ZU EINIGEN FUNDORTEN

Ophrys carduchorum gehört zu den seltensten Orchideenarten der Türkei.

◀ Lice (Diyarbakır), 14.5.1988, C. A. J. Kreutz

Lice (Diyarbakır), 14.5.1988, C. A. J. Kreutz

Lice (Diyarbakır), 14.5.1988, C. A. J. Kreutz

Haberli (Şirnak), 10.5.1982, G. Taubenheim

Zwischen Lice und Kulp wächst sie an verschiedenen Standorten auf hügeligen Hängen in Eichengebüsch in relativ großer Anzahl, dort zusammen mit anderen *Ophrys*-Arten wie *Ophrys cilicica, Ophrys khuzestanica, Ophrys phrygia* und *Ophrys schulzei* (Kajan et al., 1992). Dieses Gebiet ist außerordentlich reich an Orchideen, und es ist schade, daß diese Standorte heute nicht mehr zu bereisen sind. In manchen Jahren, wie im Jahre 1988, wurden hier große Populationen stattlicher Pflanzen gefunden, die hauptsächlich an feuchten, schattigen Stellen wuchsen. Im Jahre 1989 dagegen war im ganzen Gebiet wegen extremer Trockenheit kein einziges Exemplar zu finden. In anderen Jahren wiederum konnten wegen übermäßiger Beweidung die Pflanzen nicht zur Blüte gelangen. *Ophrys carduchorum* bildet in diesem Gebiet öfter Hybriden mit anderen *Ophrys*-Arten.

Die Art wurde von Renz & Taubenheim von einem Friedhof an der Straße Siirt - Eruh (Siirt) östlich Kurtalan beschrieben. Schmidt (Fundliste 1984) hat später diesen Standort besucht und fand neben vielen Exemplaren von *Ophrys carduchorum* auch noch *Ophrys khuzestanica*.

Weitere Standorte befinden sich südwestlich von Harberli (Şirnak) unweit der syrischen Grenze und südlich Sason in der Provinz Siirt (Renz & Taubenheim, 1984; Taubenheim, Diaarchiv).

Bemerkungen

In größeren Populationen entwickeln sich diese Pflanzen an schattigen, grasigen Stellen unter hohen Eichen sehr üppig und in recht ansehnlicher Größe (Renz & Taubenheim, 1980b). *Ophrys carduchorum* kommt im Verbreitungsgebiet von *Ophrys bornmuelleri* vor. Da *Ophrys carduchorum* erst 1980 von *Ophrys bornmuelleri* abgetrennt wurde (Renz & Taubenheim, 1980b), besteht die Möglichkeit, daß einige Funde, die als *Ophrys bornmuelleri* bestimmt wurden, zu *Ophrys carduchorum* gehören. Außerdem hat *Ophrys bornmuelleri* gewisse Ähnlichkeit mit *Ophrys carduchorum*. Verwechslungen mit dieser Art sind dadurch nicht auszuschließen.

Problematik

Ophrys carduchorum findet man im Osten der Türkei. Diese Art ist manchmal durch fließende Übergänge mit anderen Arten aus dem *Ophrys bornmuelleri*-Komplex verbunden, wodurch die Bestimmung manchmal viele Probleme bereitet.

Gefährdung

Die Biotope sind durch Überweidung und übermäßigen Holzeinschlag stark bedroht.

Hybriden

Selten mit *Ophrys holoserica, Ophrys khuzestanica, Ophrys phrygia* und *Ophrys schulzei*.

Lice (Diyarbakır), 14.5.1988, C. A. J. KREUTZ

Lice (Diyarbakır), 14.5.1988, C. A. J. KREUTZ

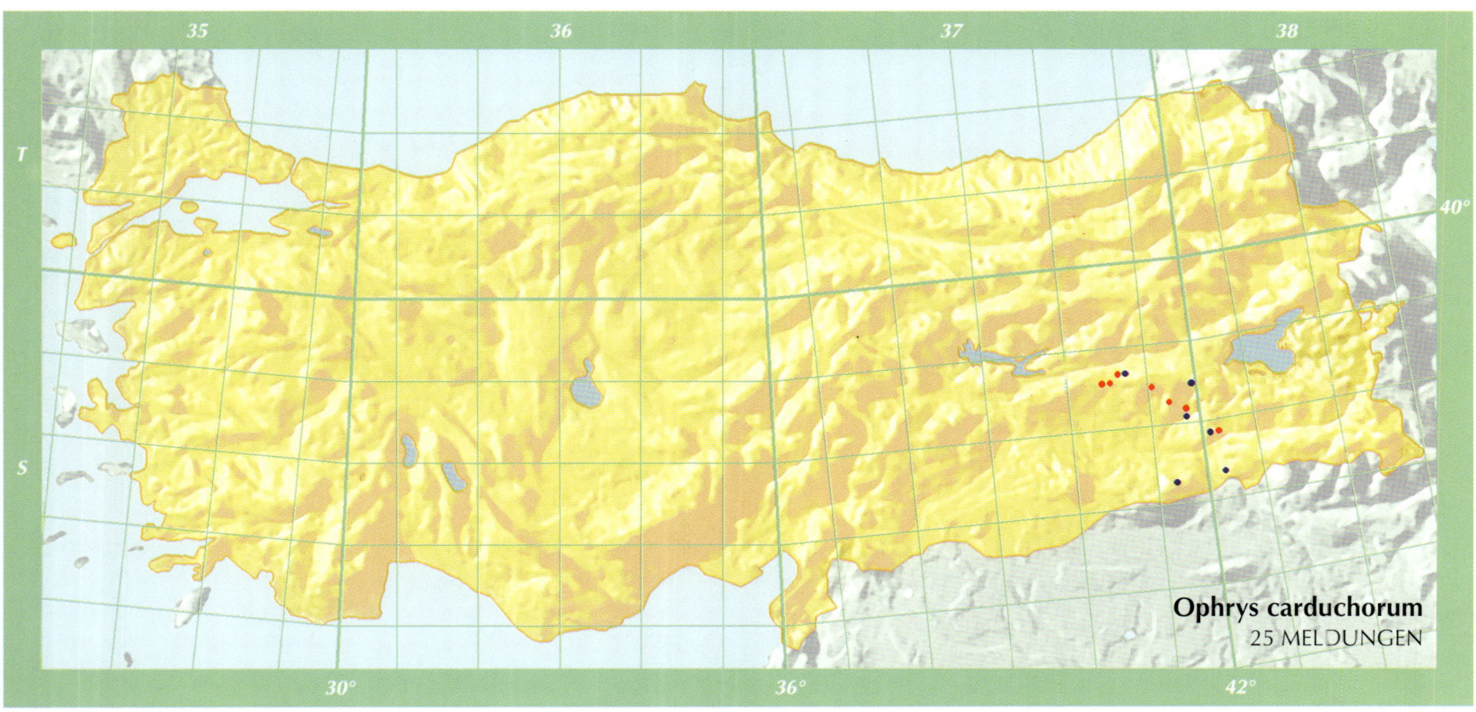

66 Ophrys levantina

GÖLZ & H. R. REINHARD

Levante-Ragwurz

(Mitt. Bl. Arbeitskr. Heim. Orch. Baden-Württ. 17 (3): 461, 1985)

SYNONYME

Ophrys bornmuelleri f. *grandiflora* H. FLEISCHMANN & SOÓ, *Ophrys bornmuelleri* subsp. *grandiflora* (H. FLEISCHMANN & SOÓ) RENZ & TAUBENHEIM, *Ophrys fuciflora* subsp. *bornmuelleri* var. *grandiflora* (H. FLEISCHMANN & SOÓ) B. & E. WILLING, *Ophrys holososerica* subsp. *bornmuelleri* var. *grandiflora* (H. FLEISCHMANN & SOÓ) LANDWEHR

BESCHREIBUNG

Kräftige Pflanze mit einem lockeren Blütenstand, der durchschnittlich 5 bis 10 Blüten trägt. Blüten mittelgroß bis groß, ziemlich locker angeordnet. Sepalen breit eiförmig, kurz, abgerundet, grünlichweiß gefärbt mit grünen Adern, die seitlichen abstehend, das mittlere aufrecht. Petalen sehr klein, dreieckig, weißlichgrün oder rosa bis rötlich. Lippe ziemlich breit, rundlich oder abgerundet quadratisch bis leicht trapezförmig, ungeteilt, vertikal abwärts gerichtet, schwach gleichmäßig gewölbt, kräftig gehöckert (Höcker groß und stumpf), hell bis dunkelbraun oder olivbraun gefärbt, an den Rändern stark bräunlich, grau bis violett behaart. Malzeichnung isoliert, das Basalfeld nicht umfassend, meist H-förmig oder reduziert, dunkelbraun, und hell umrandet. Anhängsel groß, gelblich und nach vorne gerichtet.

ABGRENZUNG ZU ÄHNLICHEN ARTEN

Ähnelt *Ophrys bornmuelleri, Ophrys carduchorum* und *Ophrys ziyaretiana*, unterscheidet sich vor allem von diesen drei Arten durch den kürzeren und dichteren Blütenstand, größere und anders gestaltete Blüten, die vertikal abwärts gerichtet sind, durch eine reduzierte Malzeichnung und die frühere Blütezeit. *Ophrys ziyaretiana* unterscheidet sich außerdem von *Ophrys levantina* durch ihre sehr kleinen Blüten, schmalere Lippe und eine andere Malgestaltung. Außerdem blüht *Ophrys ziyaretiana* etwa zwei Wochen später als *Ophrys levantina*.

STANDORT

Macchien, Phrygana, mäßig feuchte Wiesenflächen, Straßenböschungen und in lichten Nadelwäldern; auf kalkreichem Böden.

BLÜTEZEIT

Mitte März bis Mitte April. Blüht etwa zwei Wochen früher als *Ophrys bornmuelleri*.

HÖHENVERBREITUNG

Von der Küste bis etwa 900 m.

GESAMTVERBREITUNG

Orientalische Art: Rhodos, Zypern, westlicher Teil von Syrien, Libanon, Israel und in der Türkei.

VERBREITUNG IN DER TÜRKEI

Im Süden verbreitet, wie zum Beispiel in der Umgebung von Erdemli und Demircili (İçel), bei Karatepe und Osmaniye (Adana) und bei Altınözü und Senköy (Hatay). Außerdem in Ostanatolien (unter anderem in den Provinzen Siirt und Şırnak). Die Angabe aus der Provinz Antalya ist fraglich.

NOTIZEN ZU EINIGEN FUNDORTEN

Ophrys levantina ist in der Türkei äußerst selten. Funde dieser Art wurden von RENZ & TAUBENHEIM (1984) in den Provinzen Antalya, İçel, Siirt und Şırnak nachgewiesen.

Aktuelle Angaben liegen vor aus der Umgebung von Erdemli und bei Demircili (İçel). Der Standort von Erdemli liegt genau gegenüber Zypern, wo *Ophrys levantina* ihre Hauptvorkommen hat. Südwestlich Erdemli, bei Kocahasanlı, wachsen etwa 30 Pflanzen in einem eingezäunten Gebiet, das mit Kiefern und dichter Phrygana durchsetzt ist. Die meisten Pflanzen wachsen im Gestrüpp und sind dort vor Ziegen und Schafen geschützt. Es ist zu hoffen, daß dieser Standort der äußerst seltenen Art erhalten bleibt. Genau wie auf Zypern blühen auch hier die Pflanzen sehr früh, nämlich von Mitte bis Ende März. Im Jahre 1997 war der Standort noch vorhanden, Ende März waren etwa 15 Pflanzen im Abblühen.

Auf dem südlichen Friedhof von Demircili (İçel) wurde *Ophrys levantina* 1997 neu nachgewiesen. An diesem Standort wachsen besonders schöne und reichblütige Exemplare in den grasigen, mäßig feuchten Wiesenflächen. Die Hauptblütezeit liegt hier Mitte März bis Anfang April, etwa eine Woche später als *Ophrys lucis*, die hier auch vorkommt.

Bei Karatepe (Adana) wurde 1996 ein neuer Fundort dieser Art entdeckt. Im Ausgrabungsgelände wurden in einem lokkeren Kiefernwald mehrere äußerst kräftige Exemplare nach-

◀ **Demircili (İçel), 31.3.1997,** C. A. J. KREUTZ

Kocahasanlı (İçel), 11.4.1996, C. A. J. KREUTZ

Karatepe (Adana), 11.4.1996, C. A. J. Kreutz

Demircili (İçel), 31.3.1997, C. A. J. Kreutz

Kocahasanlı (İçel), 31.3.1997, C. A. J. Kreutz

Karatepe (Adana), 11.4.1996, C. A. J. Kreutz

gewiesen. Die Pflanzen erreichten etwa eine Höhe von 60 cm und die Blüten waren fast 2 cm groß.

Lüders (briefl. Mittlg. 1996) beobachtete *Ophrys levantina* bei Şenköy (Hatay), zwischen Antakya und Yayladağı. Er fand dort nur wenige Pflanzen oberhalb der Straße in einer felsigen Eichenflur. An diesem Standort blüht einige Wochen später auch die nahverwandte *Ophrys bornmuelleri*. Im Jahre 1996 wurden bei Şenköy weitere Exemplare von *Ophrys levantina* beobachtet.

Bei Altinözu, südöstlich Antakya, an der Straße von Antakya nach Altınözü, wurden Anfang April 1997 etwa 20 Exemplare von *Ophrys levantina* gefunden. Die Pflanzen sind hier leider durch intensive Beweidung durch Schafe und Ziegen stark bedroht.

Schönfelder (mündl. Mittlg., 1996) fand auf seiner Türkei-Reise im Jahre 1996 einen sehr schönen Standort in der direkten Umgebung von Osmaniye (Adana). In einem lichten Kiefernwald wies er etwa 30 Exemplare, sowie einige Hybriden mit *Ophrys holoserica*, nach.

BEMERKUNGEN

Die taxonomische Stellung von *Ophrys levantina* war lange Zeit unklar. Im Jahre 1927 wurde sie von H. Fleischmann & Soó als *Ophrys bornmuelleri* forma *grandiflora* beschrieben, 1975 von B. & E. Willing als *Ophrys fuciflora* subsp. *bornmuelleri* var. *grandiflora*, von Renz & Taubenheim (1983a) als *Ophrys bornmuelleri* subsp. *grandiflora* und schließlich 1985 von Gölz & Reinhard als eigene Art (*Ophrys levantina*) umkombiniert. Ihre Untersuchungen haben inzwischen ergeben, daß *Ophrys levantina* in mehreren Merkmalen von *Ophrys bornmuelleri* abweicht und daß sie eine eigenständige Stellung im Formenkreis von *Ophrys holoserica* und *Ophrys bornmuelleri* einnimmt.

An einigen Standorten in der Türkei stimmen die Pflanzen mit denen von Zypern überein. Besonders bei Karatepe (Adana), nördlich Erdemli und bei Demircili (İçel) sind sie in typischer Ausprägung vorhanden.

Südlich Antakya (Hatay), aber auch im Amanusgebirge (Adana) wächst eine kleinblütige Form von *Ophrys levantina*, die als *Ophrys ziyaretiana* beschrieben wurde.

Renz & Taubenheim (1984) berichten, daß die südanatolischen Pflanzen überwiegend mit der früher blühenden zyprischen *Ophrys levantina* übereinstimmen, während einige Pflanzen aus den Provinzen Hatay und Şirnak in ihren Merkmalen weitaus mehr mit *Ophrys bornmuelleri* von Syrien und Israel übereinstimmen. Gemeint ist hier auch *Ophrys ziyaretiana*.

Demircili (İçel), 31.3.1997, C. A. J. Kreutz

PROBLEMATIK

Die Angaben von Renz & Taubenheim (1984) aus der Provinz Antalya bedürfen weiterer Überprüfung. Die betreffenden Pflanzen sind wahrscheinlich einer anderen Art zuzuordnen, da diese angeblichen Funde außerhalb des Verbreitungsgebiets liegen.

HYBRIDEN

Mit *Ophrys episcopalis*.

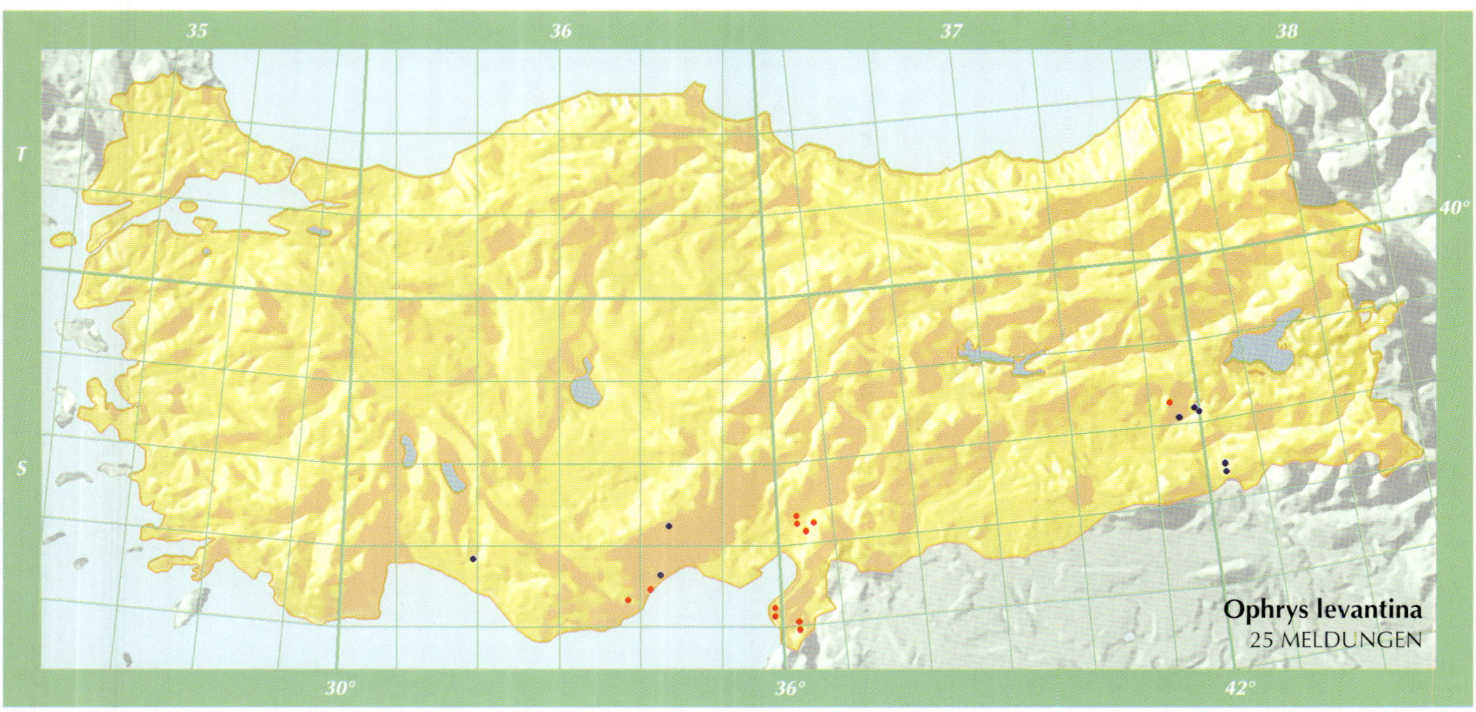

67

Ophrys ziyaretiana

C. A. J. KREUTZ & R. PETER

Ziyaret-Ragwurz

(Jour. Eur. Orch. 30 (1): 104, 1998; Vorausabdruck: 30.9.1997)

BESCHREIBUNG

Ziemlich kräftige, kleine bis mittelgroße, gedrungene Pflanze mit einem verlängerten Blütenstand. Blüten klein, ziemlich locker angeordnet. Zahl der Blüten 2 bis 5 (7). Sepalen breit bis länglich-eiförmig, stumpf, weiß, selten grünlichweiß oder rosa gefärbt mit grünem Mittelnerv, die seitlichen abstehend, das mittlere leicht nach vorne gebogen und meist etwas schmaler als die seitlichen Sepalen. Petalen sehr klein, dreieckig, weißlich oder rosa, selten rot, kurz behaart. Lippe klein und ziemlich schmal, rundlich oder abgerundet quadratisch bis leicht trapezförmig, ungeteilt, abwärts gerichtet, an den Rändern stark bräunlich behaart, schwach gewölbt bis flach und mit breiten, kräftigen, stumpfen Höckern, dunkelbraun oder olivbraun gefärbt, im unteren Teil meist gelblichbraun. Die beiden Höcker sind an der Innenseite kahl (gelblich), an der Außenseite dicht bräunlich behaart. Malzeichnung vor allem auf das Basalfeld der Lippe beschränkt, einfach H-förmig (selten mit seitlichen Verzweigungen), stahlblau mit hellerem blaugrauem oder gelbem Rand. Anhängsel groß und breit, gelblich und nach vorne gerichtet.

ABGRENZUNG ZU ÄHNLICHEN ARTEN

Die Art hat gewisse Ähnlichkeit mit *Ophrys bormuelleri, Ophrys carduchorum* und *Ophrys levantina*.

Bei *Ophrys bornmuelleri* ist die Lippe ganz anders gestaltet. Sie hat eine trapezförmige Lippenform, während die von *Ophrys ziyaretiana* rechteckig ist. Außerdem hat die Lippe von *Ophrys bornmuelleri* einen aufgebogenen Rand und einen Mittelgrat. Ferner ist das Mal von *Ophrys ziyaretiana* einfacher gestaltet als bei *Ophrys bornmuelleri* und die Sepalen von *Ophrys ziyaretiana* sind breiter.

Ophrys carduchorum hat kleinere, breitere Blüten, eine stärker gewölbte Lippe und eine vielgestaltige Malzeichnung. Außerdem ist *Ophrys carduchorum* hochwüchsiger und viel lockerblütiger.

Ophrys ziyaretiana unterscheidet sich von *Ophrys levantina* durch ihre sehr kleinen Blüten, schmalere Lippe und eine andere Malgestaltung. Außerdem blüht sie etwa zwei Wochen später.

STANDORT

Macchien, Phrygana, mäßig feuchte, felsige Wiesenflächen, an Gebüschrändern (Eichengestrüpp); auf kalkreichen Boden.

BLÜTEZEIT

Je nach Höhenlage von Mitte April bis Ende Mai. Blüht später als *Ophrys levantina* und vor *Ophrys bornmuelleri*.

HÖHENVERBREITUNG

Soweit bekannt von 300 bis etwa 1.100 m.

GESAMTVERBREITUNG

Von der mittleren Südtürkei bis Nordisrael.

◄ **Senköy (Hatay), 13.4.1996,** C. A. J. KREUTZ

VERBREITUNG IN DER TÜRKEI

Umgebung südlich von Antakya (Hatay), Karatepe (Adana) und nordöstlich bis Osmaniye (Adana).

NOTIZEN ZU EINIGEN FUNDORTEN

Ophrys ziyaretiana wurde 1996 von mehreren Standorten südlich Antakya (Hatay) nachgewiesen. Etwa 25 km nordöstlich Yayladağı wachsen viele Exemplare in einer kurzrasigen Wiese mit Gebüsch. Die ersten Blüten öffnen sich hier etwa Mitte April. An weiteren Arten wurden *Ophrys bornmuelleri, Ophrys sicula, Orchis anatolica* und *Orchis simia* festgestellt. Der zweite Standort befindet sich einige Kilometer südlich Senköy, wo Mitte Mai etwa sechs Exemplare im Eichengestrüpp gefunden wurden. Eine weitere Fundstelle befindet sich in einem Straßengraben in der direkten Umgebung von Senköy. An den beiden letzten Standorten waren die Pflanzen zur Fundzeit, Mitte Mai, bereits abblühend.

HERTEL (briefl. Mittlg., 1996) und WAGNER (Fundliste, 1996) beobachteten diese Art 1990 beziehungsweise 1996 an weiteren Stellen südlich von Antakya. So beobachtete WAGNER *Ophrys ziyaretiana* 1996 südlich Senköy an zwei Stellen in einem weitläufigen Gelände mit Magerrasen und Eichengestrüpp und in einer Steineichenflur zusammen mit *Orchis tridentata*. Inzwischen wurde diese neue Art auch noch von anderen Orchideenforschern festgestellt. So berichtet unter anderem KOHLMÜLLER (briefl. Mittlg., 1996) von zwei Standorten in der Umgebung von Harbiye und Senköy, südlich von Antakya. Mit Sicherheit lassen sich aber südlich von Antakya noch weitere Standorte nachweisen.

PETER (KREUTZ & PETER, 1997) fand außerdem noch ein Exemplar an der Straße von Osmaniye nach Karatepe (Adana). In einem Pinuswald mit Phrygana-Unterwuchs konnte er diese Art nachweisen. An diesem Standort wachsen weitere seltene Orchideen, wie zum Beispiel *Ophrys amanensis, Ophrys israelitica, Ophrys transhyrcana* und *Orchis punctulata*.

Ein weiteres Vorkommen besitzt diese Art in der Umgebung von Osmaniye (Adana), wo etwa 10 Exemplare bei der Abzweigung nach Hasanbeyli/Kaypak wachsen. Sie blühen hier in 500 bis 700 m Höhe erst Ende April bis Mitte Mai auf (KREUTZ & PETER, 1997).

BEMERKUNGEN

Die Umgebung südlich Antakya weist eine ganze Reihe besonderer Orchideenarten auf. In diesem relativ kleinen Gebiet kommen viele seltene *Ophrys*-Arten vor, nämlich *Ophrys antiochiana, Ophrys bornmuelleri, Ophrys cilicica, Ophrys hittitica, Ophrys israelitica, Ophrys levantina, Ophrys schulzei, Ophrys transhyrcana* und *Ophrys ziyaretiana*. Leider sind die Orchideen in diesem Gebiet durch übermäßige Beweidung und starke landwirtschaftliche Nutzung stark bedroht. Wegen der vorausgegangenen reichlichen Regenfälle waren die Jahre 1996 und 1997 in der Türkei außergewöhnlich gute Orchideenjahre. Das machte sich auch im ansonsten durch Trockenheit und Überweidung orchideenarmen Ziyaretgebirge bemerkbar, wo in diesen beiden Jahren zudem noch die Beweidung weniger intensiv betrieben wurde. Viele Orchideenarten waren deshalb hier zu finden, darunter auch an zwei Standorten mehrere Exemplare von *Ophrys ziyaretiana*.

KOHLMÜLLER (briefl. Mittlg., 1996) beobachtete die Art 1995 in Israel. Er fand damals fünf Exemplare unweit der Universät von Haifa. Im Durchschnitt waren diese Pflanzen kleiner als die in der Türkei. Diese Exemplare blühten ca. zwei Wochen

Senköy (Hatay), 13.4.1996, C. A. J. Kreutz

Senköy (Hatay), 13.4.1996, C. A. J. Kreutz

Reyhanlı (Hatay), 1.4.1997, C. A. J. Kreutz

Reyhanlı (Hatay), 1.4.1997, C. A. J. Kreutz

vor *Ophrys bornmuelleri* (Mitte März), die in der weiteren Umgebung auch vorkam und sie waren von dieser sehr gut zu unterscheiden. Mehrere Fotobelege dieser Pflanzen haben inzwischen gezeigt, daß es sich tatsächlich um *Ophrys ziyaretiana* handelt. Zudem bemerken auch Paulus & Gack (1990a), daß es in Israel zwei Formen aus dem *Ophrys bormuelleri*-Komplex gibt, nämlich die typische *Ophrys bornmuelleri* und eine kleinblütige Form von *Ophrys levantina*, die nicht mit der typischen Form identisch ist. Auch Reinhard (briefl. Mittlg., 1996), schreibt, daß es eine kleinblütige *Ophrys levantina* geben soll. Von Kreutz & Peter (1997) wurde diese kleinblütige Form von *Ophrys levantina* als *Ophrys ziyaretiana* beschrieben.

Baumann & Künkele haben *Ophrys ziyaretiana* in ihren beiden Feldführern abgebildet; 1982 noch als *Ophrys bornmuelleri* fotografiert, am 25. März 1978 am Mte. Carmel bei Haifa (Israel) und 1988 als *Ophrys bornmuelleri* subsp. *bornmuelleri*, auch bei Haifa am 20. März 1978 aufgenommen. Nelson (1962) gibt in seiner Monographie der Gattung *Ophrys* auf Tafel XLIV einen sehr guten Überblick der in Israel vorkommenden Formen aus dem *Ophrys bornmuelleri*-Komplex. Er bildet hier verschiedene Blüten von *Ophrys bornmuelleri, Ophrys levantina* und *Ophrys ziyaretiana* ab. Nummer 4 zeigt eine typische Blüte von *Ophrys ziyaretiana*. Dafni (1981) und Shifman (1989) jedoch bilden in ihren Feldführern von Israel auf den Seiten 57 und 75 typische Blüten von *Ophrys bornmuelleri* ab. Blüten von *Ophrys ziyaretiana* werden nicht angebildet.

Ophrys ziyaretiana erweckt den Eindruck einer hybridogenen Entstehung aus der Ostanatolischen *Ophrys holoserica* und einem Vertreter der Gruppe *Ophrys carduchorum, Ophrys bornmuelleri* und *Ophrys levantina*. Darauf weisen die wenig trapezförmigen Lippen mit der ausgeprägten hellen Randbehaarung und die sehr kleinen Petalen hin.

Rückbrodt & Hansen (1992) haben Pflanzen aus dem Gebiet östlich von Osmaniye als *Ophrys holoserica* subsp. *heterochila* in der Kartierung aufgenommen (Kreutz & Peter, 1997). Diese Pflanzen gehören höchstwahrscheinlich zu *Ophrys ziyaretiana*. *Ophrys heterochila* kommt so weit östlich nicht vor.

In der Türkei sind weitere Untersuchungen notwendig, um das ganze Areal dieser neuen Art festzustellen.

Senköy (Hatay), 13.4.1996, C. A. J. Kreutz

HYBRIDEN

Sowohl in der Umgebung von Osmaniye und Antakya wachsen Pflanzen mit intensiv rosa gefärbtem Perigon und mit einer Malzeichnung, die der von *Ophrys holoserica* ähnelt. Diese Pflanzen stellen höchstwahrscheinlich Übergangsformen von *Ophrys ziyaretiana* und *Ophrys holoserica* dar. Auch mit *Ophrys bornmuelleri* nachgewiesen.

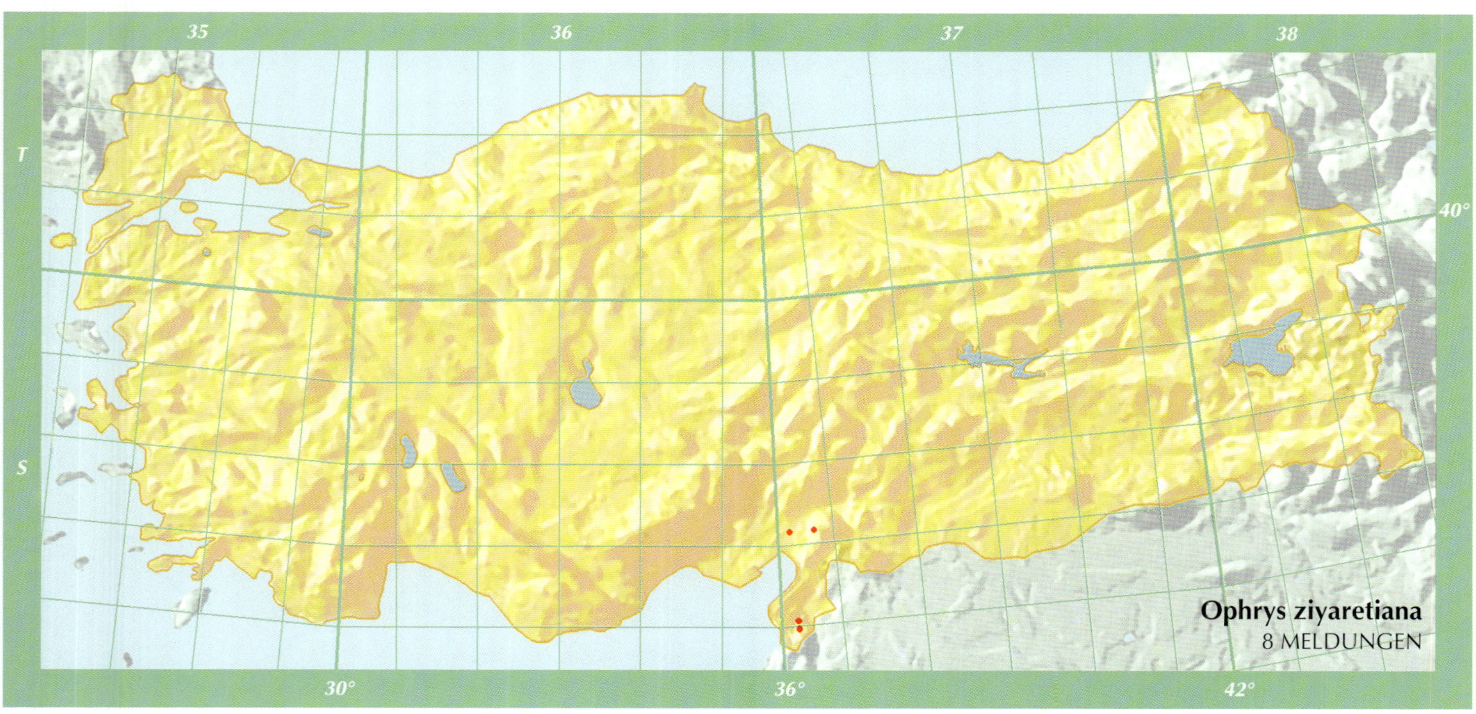

Ophrys ziyaretiana
8 MELDUNGEN

68 Ophrys bremifera

STEVEN

Gehöckerte Ragwurz

(in M. F. A. VON BIEBERSTEIN: Fl. Taur.- Cauc. 2: 370, 1808)

SYNONYM

Ophrys oestrifera subsp. *bremifera* (STEVEN) K. RICHTER, *Ophrys schlechteriana* (SOÓ) J. & P. DEVILLERS-TERSCHUREN

BESCHREIBUNG

Schlanke und hochwüchsige Pflanze mit einem verlängerten Blütenstand, der durchschnittlich 2 bis 12 Blüten trägt. Blüten ziemlich klein bis mittelgroß, von der Blütenstandsachse abstehend. Sepalen elliptisch bis eiförmig, hell bis dunkelrosa, selten grünlich oder weiß mit grünem Mittelnerv, die beiden seitlichen Sepalen abstehend, das mittlere leicht bis stark nach vorne gebogen. Petalen dreieckig, wie die Sepalen gefärbt oder etwas dunkler und am Rande meist dicht behaart. Lippe schmal, gewölbt und im oberen Teil tief dreilappig, dunkelbraun. Seitenlappen zurückgeschlagen, im oberen Teil in kurze stumpfe bis spitze Höcker verlängert, manchmal sind diese nur noch als Ansatzstelle erkennbar. Malzeichnung vor allem in der unteren Lippenhälfte ausgedehnt, bräunlichviolett mit weißem Rand. Anhängsel klein, gelblichgrün, aufwärts gerichtet.

ABGRENZUNG ZU ÄHNLICHEN ARTEN

Ähnelt vor allem *Ophrys oestrifera*, *Ophrys hygrophila* und *Ophrys karadenizensis*. *Ophrys bremifera* unterscheidet sich von *Ophrys oestrifera* durch die stumpfen Höcker, die manchmal etwas verlängert oder nur noch als Ansatzstelle erkennbar sind, und kleinere Blüten. Außerdem blüht *Ophrys bremifera* früher.

Ophrys hygrophila unterscheidet sich von *Ophrys bremifera* durch die kleineren Blüten, die meist stark zurückgeschlagenen Sepalen, eine andere Malzeichnung und das große und lange, nach vorne gebogene Anhängsel. Außerdem wächst *Ophrys hygrophila* nur an feuchten Stellen.

Ophrys karadenizensis besitzt grüne Perigonblätter, lange Petalen, kurze Seitenlappenhöcker, schmale dunkle Lippen sowie einen reich besetzten Blütenstand. *Ophrys phrygia* ist durch ihre sehr großen Blüten und die späte Blütezeit deutlich von *Ophrys bremifera* und *Ophrys oestrifera* abgetrennt.

STANDORT

Macchien, Phrygana, lichte Nadelwälder, Eichengebüsch, Straßenböschungen und Wiesenflächen; auf frischen, mäßig trokkenen bis feuchten, basenreichen oder kalkhaltigen Böden.

BLÜTEZEIT

Mitte April bis Anfang Juni.

HÖHENVERBREITUNG

Von der Küste bis 1.700 m.

GESAMTVERBREITUNG

Von Nordgriechenland über die Ägäischen Inseln bis in den Kaukasus. Das Areal ist nicht vollständig bekannt, da die Eigenständigkeit dieser Art erst kürzlich anerkannt wurde (siehe unter anderem BAUMANN & KÜNKELE, 1982a, 1988a; DELFORGE, 1994).

VERBREITUNG IN DER TÜRKEI

Hauptsächlich im Südwesten des Landes verbreitet. Oft gehören Funde an der nordöstlichen Schwarzmeerküste (Trabzon) zu *Ophrys oestrifera* oder sie sind Hybriden mit *Ophrys caucasica*. In der Ostanatolischen Region sehr selten.

NOTIZEN ZU EINIGEN FUNDORTEN

Ophrys bremifera ist in der Türkei viel seltener als *Ophrys oestrifera*. Ihre Hauptvorkommen liegen in der Agäis- und der westlichen Mittelmeer-Region.

Bei Kemalpasa (İzmir) bildet sie größere Populationen und kommt dort mit vielen anderen Orchideenarten vor. In diesem Gebiet ist eine klare Identifizierung sehr problematisch, da hier

Kulp (Diyarbakır), 14.5.1988, C. A. J. KREUTZ

Ortaca (Muğla), 16.4.1997, C. A. J. KREUTZ

◄ **Kulp (Diyarbakır), 14.5.1988,** C. A. J. KREUTZ

Maçka (Trabzon), 26.5.1995, C. A. J. Kreutz

Kulp (Diyarbakır), 14.5.1988, C. A. J. Kreutz

Mataracı (Trabzon), 19.5.1996, C. A. J. Kreutz

Olympos (Antalya), 10.3.1998, C. A. J. Kreutz

auch *Ophrys heterochila* vorkommt, mit der sie bastardiert.
In der Südwesttürkei bei Karaova (Muğla) wächst *Ophrys bremifera* in den weitläufigen Kiefernwäldern, hier ist sie oft mit *Ophrys reinholdii* vergesellschaftet.
Ein weiteres Vorkommen befindet sich an der Südküste bei Manavgat (Antalya). Im Mai wachsen hier sehr hohe und reichblütige Exemplare mit mittelgroßen Blüten. Ähnliche Pflanzen findet man auch auf der Peloponnes und auf einigen Ägäischen Inseln (KREUTZ & PETER, 1997).
Auch an der Schwarzmeerküste, unweit der Abzweigung nach Dikmen (Sinop) wurden 1996 in einer Straßenböschung, mit einzelnen Kiefern durchsetzt, einige Exemplare in beginnender Blüte gefunden.
Südlich Maçka ist *Ophrys bremifera* äußerst selten. In Populationen mit *Ophrys oestrifera* wachsen vereinzelt auch einige Exemplare von *Ophrys bremifera*. Auch DELFORGE (1994) bildet in seinem Feldführer eine solche Pflanze ab.

BEMERKUNGEN

Im östlichen Pontusgebirge südlich Maçka (Trabzon) werden oft Angaben dieser Art gemacht. Meistens sind es hier Übergangsformen zwischen *Ophrys oestrifera* und *Ophrys caucasica*.

PROBLEMATIK

Der Komplex von *Ophrys bremifera* und *Ophrys oestrifera* gehört zu den schwierigsten in der Türkei. In großen Gebieten kommen beide Arten (die gehöckerte und die gehörnte Sippe) gemeinsam vor und bilden dort Übergangsformen, wodurch die Bestimmung sehr schwierig ist. Außerdem werden beide Arten öfter auch noch mit *Ophrys heterochila, Ophrys lapethica* oder *Ophrys heldreichii* (die in der Türkei nicht vorkommt) verwechselt, vor allem aber mit *Ophrys heterochila*. Dabei kommt noch die Tatsache, daß *Ophrys oestrifera* in der Türkei zwei unterschiedliche Sippen bildet, nämlich kleinblütige und frühblühende, und großblütige und spätblühende Pflanzen. In diesem Buch wurden Funde beider Sippen zu *Ophrys oestrifera* gestellt.
So gibt es problematische Funde in einem Kiefernwald mit grasigen Stellen nördlich von Kumluca (Antalya) und auf dem Friedhof bei Sorgun, südlich Manavgat (Antalya). Ende März/Anfang April blühen an beiden Standorten wenige Pflanzen die auch Merkmale von *Ophrys bremifera* aufweisen. Diese Pflanzen stellen möglicherweise Übergangsformen zu *Ophrys heterochila* dar. Eine weitere problematische Sippe blüht nach dem Verblühen von *Ophrys oestrifera* Anfang Juni in der Umgebung von Tunceli.

Maçka (Trabzon), 20.5.1988, C. A. J. KREUTZ

Diese Pflanzen zeigen eine sehr großblütige *Ophrys bremifera*. Auch diese Pflanzen sind schwer einer Art zuzuordnen.
Auch im orchideenreichen Gebiet um Lice-Kulp (Diyarbakır) kommen Pflanzen vor, die *Ophrys bremifera* sehr nahestehen, doch deutlich von ihr abweichen.

HYBRIDEN

Mit *Ophrys phrygia*. Bildet Übergangsformen mit *Ophrys oestrifera*.

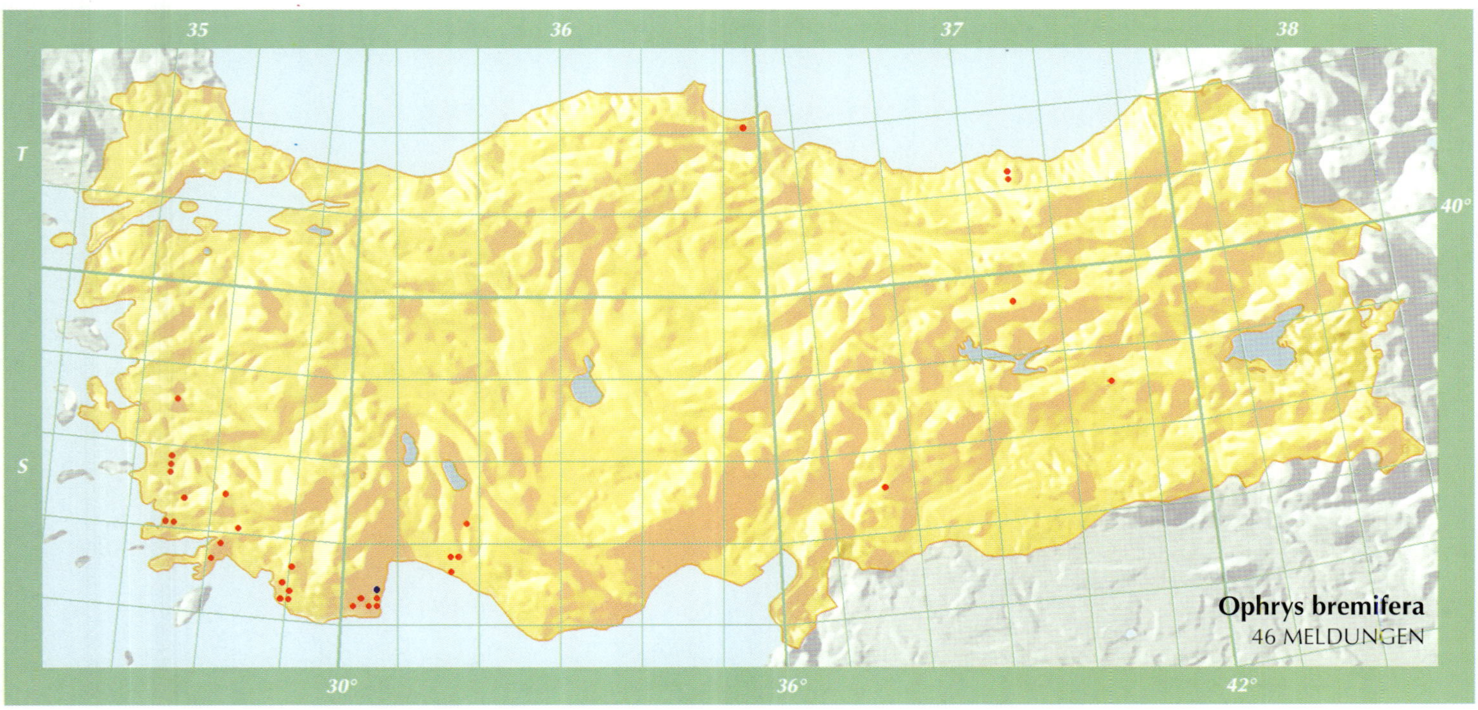

69 Ophrys hygrophila

E. Gügel, C. A. J. Kreutz & D. & U. Rückbrodt

Feuchtigkeitsliebende Ragwurz

(Jour. Eur. Orch. 29 (4): 671, 1997)

Beschreibung

Pflanzen kräftig, 10 bis 30 cm hoch, mit einem lockeren, relativ langgestreckten, reichblütigen Blütenstand mit durchschnittlich 3 bis 10 Blüten. Blüten klein, ziemlich locker angeordnet, von der Blütenstandsachse schräg abstehend. Sepalen elliptisch bis eiförmig, hellrosa (selten weiß oder grünlich) mit grünem Mittelnerv, am Ansatz manchmal deutlich eingeschnürt, die beiden seitlichen Sepalen abstehend oder zurückgeschlagen, das mittlere rechtwinklig nach hinten geschlagen, leicht bis stark nach vorne gebogen, meist aber sehr stark zurückgeschlagen. Petalen dreieckig bis dreieckig-lanzettlich, dunkler als die Sepalen gefärbt, am Rande meist dicht papillös behaart. Lippe dreilappig. Seitenlappen zurückgeschlagen, mehr oder weniger schwach gehöckert, Lippe kurz und breit erscheinend, machmal stark gewölbt, braun bis dunkelbraun. Malzeichnung meist auf die obere Lippenhälfte beschränkt, gelblich bis gelblichbraun. Anhängsel groß, dreizipfelig, gelblich bis gelblichgrün oder braun bis braunrötlich, nach vorn gebogen.

Abgrenzung zu ähnlichen Arten

Verwechselbar mit *Ophrys bremifera*, *Ophrys oestrifera* und *Ophrys karadenizensis*.

Von *Ophrys bremifera* unterscheidet sich *Ophrys hygrophila* durch die kleineren Blüten, die meist stark zurückgeschlagenen Sepalen, eine andere Malzeichnung und das große und lange, nach vorne gebogene Anhängsel. Außerdem wächst diese Art nur an feuchten Stellen.

Ophrys oestrifera unterscheidet sich durch die Höcker der Seitenlappen, die bei dieser Art in ein langes, zugespitztes, bis 12 mm langes Horn ausgezogen sind (Baumann & Künkele, 1982b) und die größeren Blüten. Außerdem blüht *Ophrys oestrifera* früher.

Ophrys karadenizensis besitzt grüne Perigonblätter, lange Petalen, kurze Seitenlappenhöcker, schmale dunkle Lippen und einen reich besetzten Blütenstand.

Verwechslungen mit *Ophrys phrygia* sind unwahrscheinlich; diese Art ist durch ihren sehr lockeren Blütenstand und ihre sehr großen Blüten deutlich von *Ophrys hygrophila* abgetrennt.

Standort

Ungedüngte Feuchtwiesen, nasse Wiesenflächen, Feuchtstellen in und am Rande von Eichengebüsch, bevorzugt Bachränder und Feuchtwiesen; auf frischen, basenreichen oder kalkhaltigen Böden.

Blütezeit

Mitte bis Ende Mai, manchmal auch noch Anfang Juni.

Höhenverbreitung

Von 1.100 m bis 1.400 m.

Gesamtverbreitung

Endemische Art der Türkei.

Verbreitung in der Türkei

Nach dem derzeitigen Kenntnisstand nur aus dem Gebiet zwischen Akseki und Beyşehir (Antalya und Konya) bekannt.

Notizen zu einigen Fundorten

Soweit bekannt, liegen die Standorte von *Ophrys hygrophila* an der Straße von Akseki nach Beyşehir, insbesondere in der Umgebung von Bademli.

An dieser Strecke sind inzwischen drei Standorte bekannt geworden. Im Jahre 1997 waren diese noch vorhanden.

Der Erstfund wurde von Gügel (Fundliste 1983) etwa 15 km nördlich von Cevizli (Antalya) in einer Wiese am Bachrand gemacht. Es wurden damals 12 blühende Exemplare beobachtet.

Ein Standort mit vielen Pflanzen befindet sich in der Umgebung von Sülemaniye (Antalya). In frischen, sehr feuchten Wiesen, die mit vielen Gebüschinseln bestanden sind, blühen Mitte Mai die ersten Pflanzen auf. Die Fläche dieses Standortes ist ziemlich klein und fast ganz von landwirtschaftlich genutzten Ländereien umgeben. Es ist damit zu rechnen, daß diese Fundstelle innerhalb weniger Jahre erloschen sein wird. In der weiteren Umgebung sind jedoch an einigen Stellen noch viele Exemplare zu finden, meist begleitet von *Orchis coriophora*.

Auch bei Bademli, etwa 41 km südlich von Beyşehir (Konya), kommen in einem südöstexponierten Hang noch viele Exemplare der Art vor. Vor allem an sehr feuchten, grasigen Stellen und im Schutze von Eichengebüsch blühen Mitte bis Ende Mai viele Pflanzen, auch an diesem Standort begleitet von *Orchis coriophora*. In diesem Gebiet ist sicherlich noch mit weiteren Vorkommen zu rechnen.

Bemerkungen

Gügel (Fundliste, 1983) brachte den Erstnachweis dieser Art. Später berichtete er (briefl. Mittlg., 1996) von einer Population aus dem südlichen Zentralanatolien, deren sehr kleinwüchsige und kleinblütige Pflanzen Merkmale von *Ophrys oestrifera* zeigen. Wichtige Merkmale dieser Sippe sind die relativ kleinen Pflanzen, die ziemlich kleinen Blüten und die weiß, rosa oder grünlich gefärbten und meist stark nach hinten geschlagenen Perigonblätter. Auffallend ist das große Anhängsel. Die Art hat eine eigenständige Ökologie. Die ersten Exemplare öffnen ihre Blüten etwa Mitte Mai. Hochblüte ist die dritte Mai-Woche.

◄ Bademli (Antalya), 1.6.1997, C. A. J. Kreutz

Sülemaniye (Antalya), 19.5.1997, C. A. J. Kreutz

Sülemaniye (Antalya), 26.5.1995, H. -W. Zaiss

Sülemaniye (Antalya), 19.5.1997, C. A. J. Kreutz

Sülemaniye (Antalya), 19.5.1997, C. A. J. Kreutz

Sülemaniye (Antalya), 19.5.1997, C. A. J. Kreutz

PROBLEMATIK

DELFORGE (1994, Abbildungen auf Seite 355) ist der Auffassung, daß es sich hier um die von H. FLEISCHMANN & BORNMÜLLER beschriebene echte *Ophrys phrygia* handelt (KREUTZ & PETER, 1997). Er stellt die heute geläufige Identifikation von *Ophrys phrygia* in Frage, wobei er zu Recht auf die Diskrepanz zwischen den Maßen in der Originalbeschreibung und den Maßen bei Pflanzen, die wir heute als die typische *Ophrys phrygia* betrachten, hinweist. Die von DELFORGE als eigentliche *Ophrys phrygia* bezeichnete Sippe wächst in den nördlichen Ausläufern des Taurusgebirges in den Provinzen Antalya und Konya. Sie blüht ungefähr zur gleichen Zeit wie die großblütige Sippe und ist kleinwüchsiger und kleinblütiger. Diese Sippe entspricht somit in der Größe viel eher den in der Originalbeschreibung angegebenen Maßen. Ob H. FLEISCHMANN & BORNMÜLLER tatsächlich in der Originalbeschreibung diese Sippe an der Straße Akseki - Bademli (Antalya) gemeint haben, erscheint heute kaum noch nachweisbar. Bei der Blütenanalyse im Originalmaterial handelt es sich mit großer Wahrscheinlichkeit um eine im Knospenstadium (oder sehr frühen Blühstadium) präparierte Blüte, welche die Größenangaben von H. FLEISCHMANN & BORNMÜLLER problematisch erscheinen läßt. Die Blütenanalysen stimmen ebenfalls nicht überein.

Ophrys phrygia geriet lange Zeit in Vergessenheit und erst 1982 machte BAUMANN (1982b) wieder auf sie aufmerksam. Dabei verband er den Namen von *Ophrys phrygia* mit der in Süd- und Ostanatolien weit verbreiteten, sehr hochwüchsigen, locker- und großblütigen Sippe. Der Interpretation von BAUMANN wird heute im allgemeinen gefolgt. Viele Hinweise sprechen dafür, daß die Interpretation von BAUMANN richtig ist und daß mit *Ophrys phrygia* die großblütige Sippe gemeint ist (KREUTZ & PETER, 1997). Ein weiteres Unterscheidungskriterium, das BAUMANN (1982b) nennt und das man auch bei dem Herbarbeleg von *Ophrys phrygia* festellen kann, ist die Stellung der Blüten. Auf dem Herbarbeleg stehen die Blüten fast waagrecht vom Stengel ab, was für die heute geläufige *Ophrys phrygia,* nicht aber für *Ophrys hygrophila* zutrifft. Deren Blüten bilden nur einen kleinen Winkel zwischen Blüten und Stengel. Außerdem ist die Wahrscheinlichkeit sehr klein, daß FLEISCHMANN oder BORNMÜLLER die bisher nur von drei Standorten (damals sehr schwer zugänglich) bekannte kleinblütige *Ophrys hygrophila* gefunden haben. Weitaus wahrscheinlicher ist, daß es sich bei ihren Funden um die im Küstenbereich häufig vorkommende großblütige *Ophrys phrygia* handelt.

Sülemaniye (Antalya), 19.5.1997, C. A. J. KREUTZ

GEFÄHRDUNG

Zur Zeit sind die meisten Standorte dieser Art noch nicht gefährdet, die Flächen werden nur mäßig beweidet und sind auch anderwertig nicht bedroht.

HYBRIDEN

Nicht bekannt.

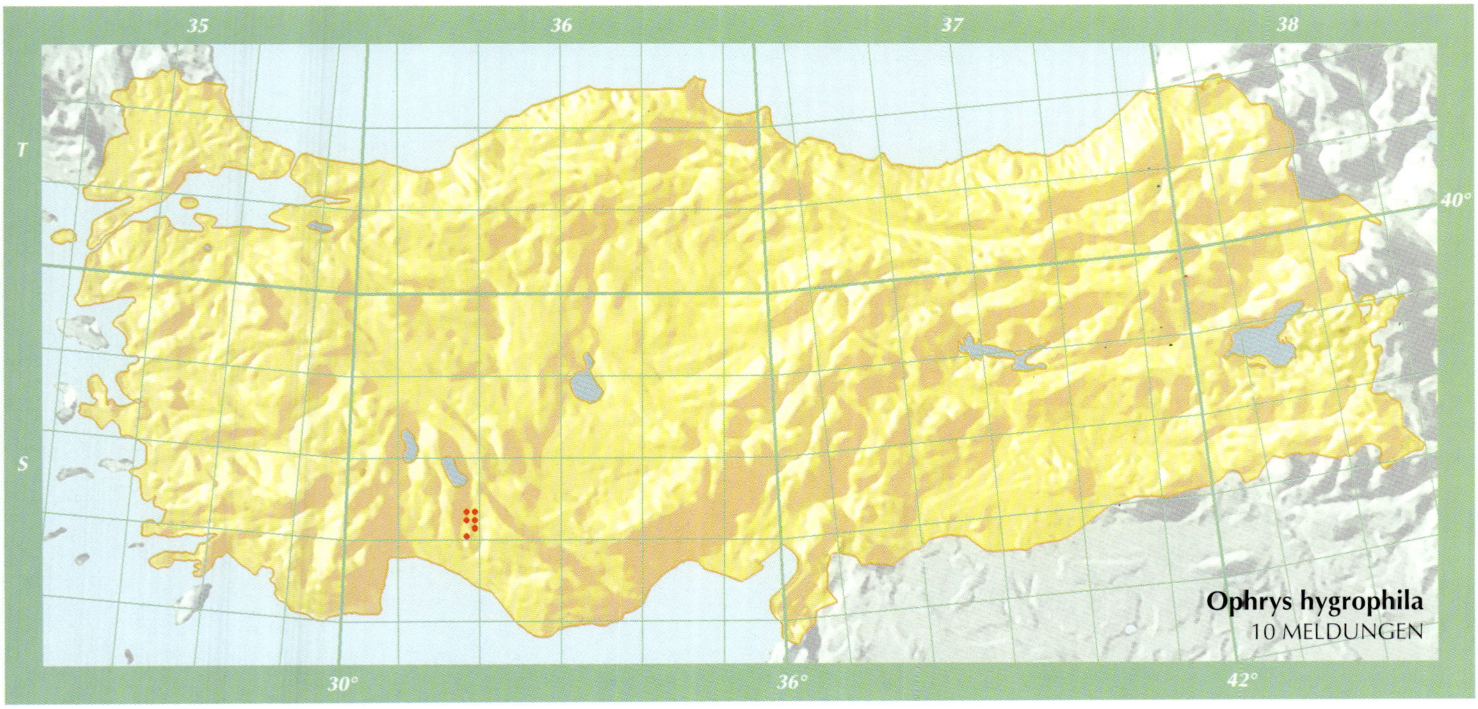

70

Ophrys isaura

RENZ & TAUBENHEIM

Isaurische Ragwurz

(Die Orchidee 31 (6): 240, 1980)

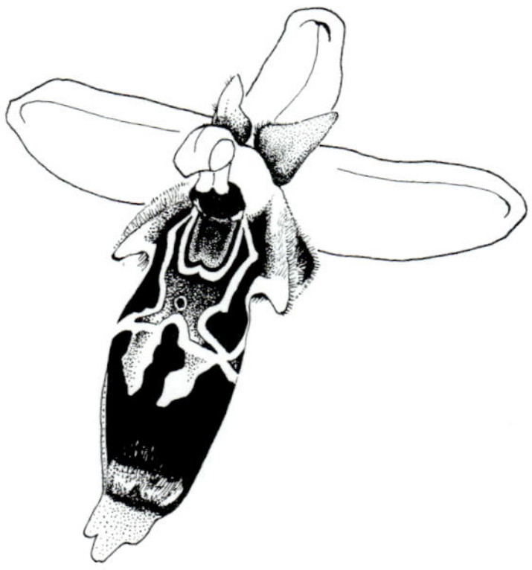

BESCHREIBUNG

Schlanke, mittelgroße Pflanze mit einem langgestreckten, lockeren Blütenstand. Blüten klein und fast horizontal von der Blütenstandsachse abstehend. Sepalen grünlich bis gelblichgrün oder bräunlichgrün, manchmal schwach rosa überlaufen, stark zurückgeschlagen. Petalen sehr klein, weißlich bis rosa oder hellgrün gefärbt. Lippe mittelgroß und schmal erscheinend, im oberen Teil dreilappig und mit abstehenden Höckern (diese an der Außenseite dicht braunrot behaart, an der Innenseite kahl und blaßgrün), wenig bauchig gewölbt, hell- bis dunkelbraun. Malzeichnung auf der basalen Lippenhälfte beschränkt, meist ausgedehnt, an den Rändern der Malzeichnung mit gelben Linien. Anhängsel auffällig groß, gelb, aufwärts bis vorwärts gerichtet.

ABGRENZUNG ZU ÄHNLICHEN ARTEN

Nicht mit anderen Arten zu verwechseln.

STANDORT

Phrygana, Eichenwälder, selten Kiefernwälder; auf sehr kalkreichem, mergeligem Boden. *Ophrys isaura* wächst bevorzugt an feuchten Stellen.

BLÜTEZEIT

Relativ spät, ab der zweiten Maiwoche, gleichzeitig mit *Cephalanthera damasonium*, *Cephalanthera kurdica*, *Cephalanthera rubra* und *Limodorum abortivum*, die meist auch in der Umgebung von *Ophrys isaura* vorkommen. Zur Blütezeit ist es im Fundgebiet bei Gülnar meistens sehr heiß und trocken. Bei Cevizli dagegen oft kühl und feucht.

HÖHENVERBREITUNG

Von 800 m bis 1.200 m.

GESAMTVERBREITUNG

Endemische Art der Türkei.

VERBREITUNG IN DER TÜRKEI

Die Standorte befinden sich in Südanatolien südlich Gülnar in der Provinz İçel und in der Umgebung von Cevizli (Antalya).

NOTIZEN ZU EINIGEN FUNDORTEN

Wahrscheinlich sind heute nur noch sehr wenige Standorte dieser sehr seltenen Art vorhanden.

Bei Gülnar liegen die meisten Standorte. Einer davon ist ein Steilhang (Kalkfelsen), der mit Eichengebüsch, Perückensträuchern und vereinzelten Kiefern bestanden ist. Fast jedes Jahr werden hier einige blühende Pflanzen gefunden, 1988 wurden hier auch Pflanzen ausgegraben. In der direkten Umgebung dieses Standorts fanden ZAISS & GÜGEL (Fundliste 1995) Mitte Mai 13 Pflanzen dieser Art in Hauptblüte.

Zwei Exemplare wurden etwa 200 m nördlich dieses Standortes in der Nähe einer gemauerten Zisterne festgestellt. Leider waren 1995 beide Exemplare zertrampelt. JANSEN (mündl. Mittlg., 1996) fand beide Pflanzen ein Jahr später wieder in Blüte. WAGNER (Fundliste 1996) beobachtete in der näheren Umgebung sechs weitere Exemplare im Gebüsch am Rande eines wasserführenden Grabens, inmitten intensiv landwirtschaftlich genutzter Flächen. Im Jahre 1997 war an diesem Standort *Ophrys isaura* nicht zu finden.

Ein anderer Standort liegt wenige Kilometer südlich von Gülnar, wo auf einem Holzlagerplatz durchschnittlich sechs Exemplare blühen. 1989 standen hier insgesamt 13 *Ophrys isaura*, 1995 neun und 1996 ein Dutzend in Blüte. 1997 konnte der Verfasser sechs blühende Pflanzen zählen. Der Standort ist ständig stark gefährdet, da die meisten Pflanzen in unmittelbarer Nähe des Arbeitsgeländes stehen. 1990 konnten hier mit Hilfe von türkischen Beamten gerade noch rechtzeitig vor der Planierung eines *Ophrys isaura*-Standorts 12 gefährdete Exemplare umgepflanzt werden (briefl. Mittlg.

◄ **Gülnar (İçel), 20.5.1995,** C. A. J. KREUTZ

Bozağaç (İçel), 8.5.1990, W. LÜDERS

Gülnar (İçel), 20.5.1997, C. A. J. Kreutz

Gülnar (İçel), 20.5.1997, C. A. J. Kreutz

Gülnar (İçel), 20.5.1995, C. A. J. Kreutz

Gülnar (İçel), 20.5.1995, C. A. J. Kreutz

Bozağaç (İçel), 8.5.1990, W. Lüders

Gülnar (İçel), 20.5.1995, C. A. J. Kreutz

Gülnar (İçel), 10.5.1989, W. Lüders

Gülnar (İçel), 20.5.1995, C. A. J. Kreutz

Kuyuçak (Antalya), 19.5.1997, G. Ferrari

Kuyuçak (Antalya), 18.5.1998, C. A. J. Kreutz

Kuyuçak (Antalya), 18.5.1998, C. A. J. Kreutz

Kuyuçak (Antalya), 18.5.1998, C. A. J. Kreutz

LÜDERS, 1995). 1996 wurde direkt am Standort dieser seltenen Orchideen Holz gelagert. Die Zerstörung des Biotops war erneut zu befürchten. Glücklicherweise war im folgenden Jahr die Stelle wieder frei. Das Holz wird inzwischen an einem anderen Platz gelagert. Die Gefährdung aber bleibt leider bestehen. An weiteren Orchideen wachsen hier unter anderem *Cephalanthera kurdica, Cephalanthera rubra, Cephalanthera kurdica* x *Cephalanthera rubra, Epipactis microphylla, Epipactis turcica* und *Limodorum abortivum.*

Ein weiterer Standort befindet sich bei einem Brunnen, etwa 2 km vom Holzlagerplatz entfent. Der Baumbestand an diesem Standort wurde 1995 weitgehend abgeholzt. Ob *Ophrys isaura* diesen Eingriff überstanden hat bleibt abzuwarten.

Weiter südlich, etwa 4 bis 5 km südlich von Gülnar entfernt, kommt diese seltene Art in einigen Exemplaren in der Phrygana in einer ziemlich tiefen Schlucht vor. Nicht weit entfernt von diesem Standort befindet sich ein Quellhang mit *Dactylorhiza osmanica*, einer Art, die in diesem Teil der Türkei einen vorgeschobenen, westlichen Posten besitzt.

CHAMBERS (Fundliste 1995, 1996) fand *Ophrys isaura* an zwei Stellen südlich von Gülnar, beide Standorte waren jedoch jeweils nur mit einem Exemplar besetzt.

Schließlich hat FERRARI (Fundliste 1997) die Art südlich von Gülnar in sechs Exemplaren, zusammen mit *Cephalanthera kurdica*, im Gebüsch auf einem kleinen Hügel in der Nähe eines Wassergrabens gefunden.

Es ist nicht ausgeschlossen, daß in der näheren Umgebung noch andere Fundstellen existieren, aber durch die steigende landwirtschaftliche Nutzung der letzten Jahre ist die Chance als sehr klein einzuschätzen.

Überraschend ist der Fund von *Ophrys isaura* bei Cevizli (Antalya), wo sie 1997 von FERRARI und WAKELY (briefl. Mittlg., 1997) gefunden wurde. Immerhin ist dies der erste 'neue' Standort dieser sehr seltenen Art außerhalb des etwa 200 km weit entfernten Hauptverbreitungsgebietes bei Gülnar. Der Standort befindet sich an der Nebenstrecke Kuyuçak - Bademli, wo in einer feuchten Niederung über 40 blühende Pflanzen gezählt wurden. Es sind sehr stattliche Pflanzen mit durchschnittlich fünf bis acht Blüten. Die Pflanzen wachsen direkt am Bachrand und in einer am Bach grenzenden Wiese. Dieser Standort wurde 1998 auch vom Verfasser besucht. Es wurden etwa 40 Exemplare gezählt. In der direkten Umgebung, vor allem im Kiefernwald lassen sich noch *Orchis fragrans* und *Orchis simia* finden.

BEMERKUNGEN

Ophrys isaura wurde von RENZ und TAUBENHEIM (1980b) beschrieben und seitdem nur an wenigen anderen Standorten gefunden. Alle liegen in unmittelbarer Nähe von Gülnar und wie der Fund im Jahre 1997 zeigt auch bei Cevizli. Es handelt sich um einen türkischen Endemiten mit einem äußerst kleinen Verbreitungsgebiet.

PROBLEMATIK

Ein sehr kleiner aber schöner Bestand schwierig einzuordnender *Ophrys*-Pflanzen wurde 1996 im Westen der Türkei an der Straße Kale - Muğla (Muğla) entdeckt. Trotz längerer Suche konnten nur vier Exemplare in einem Feuchtstreifen entlang der Straße beobachtet werden. Mitte Mai waren diese Pflanzen in Hochblüte. Ob diese Pflanzen zu *Ophrys isaura* gehören, konnte nicht mit Sicherheit festgestellt werden. Möglicherweise stellen diese Pflanzen Hybriden zwischen *Ophrys isaura* und einer anderen nicht zu bestimmenden *Ophrys*-Art dar.

GEFÄHRDUNG

Das Gebiet südlich von Gülnar, in dem *Ophrys isaura* vorkommt, wird stark landwirtschaftlich genutzt und es sind nur wenige Fundstellen mit einer geringen Anzahl blühender Pflanzen bekannt. An zwei Standorten wurden in den letzten Jahren keine blühenden Pflanzen mehr gefunden. Im Jahre 1995 wurde ein anderer Standort in einen Acker umgewandelt.

Der Standort bei Kuyuçak ist durch anthropogene Einflüsse stark gefährdet. 1998 wurde am Standort ein Wasserloch vorgefunden. Der Aushub lag am Rand des Wasserlaufs, dort wo auch *Ophrys isaura* wächst!

Ophrys isaura gehört zu den seltensten Orchideenarten Vorderasiens. Womöglich ist sie die seltenste *Ophrys*-Art überhaupt. Die gesamte Individuenzahl dürfte 150 Exemplare kaum übersteigen. Sie ist hochgradig gefährdet. Ihre Standorte sind akut bedroht und es ist leider nicht auszuschließen, daß sie in naher Zukunft vollständig verschwunden sein wird. Der aktuelle Fund bei Cevizli zeigt, daß Funde außerhalb des bekannten Verbreitungsgebietes möglich sind.

HYBRIDEN

Keine Nachweise bekannt.

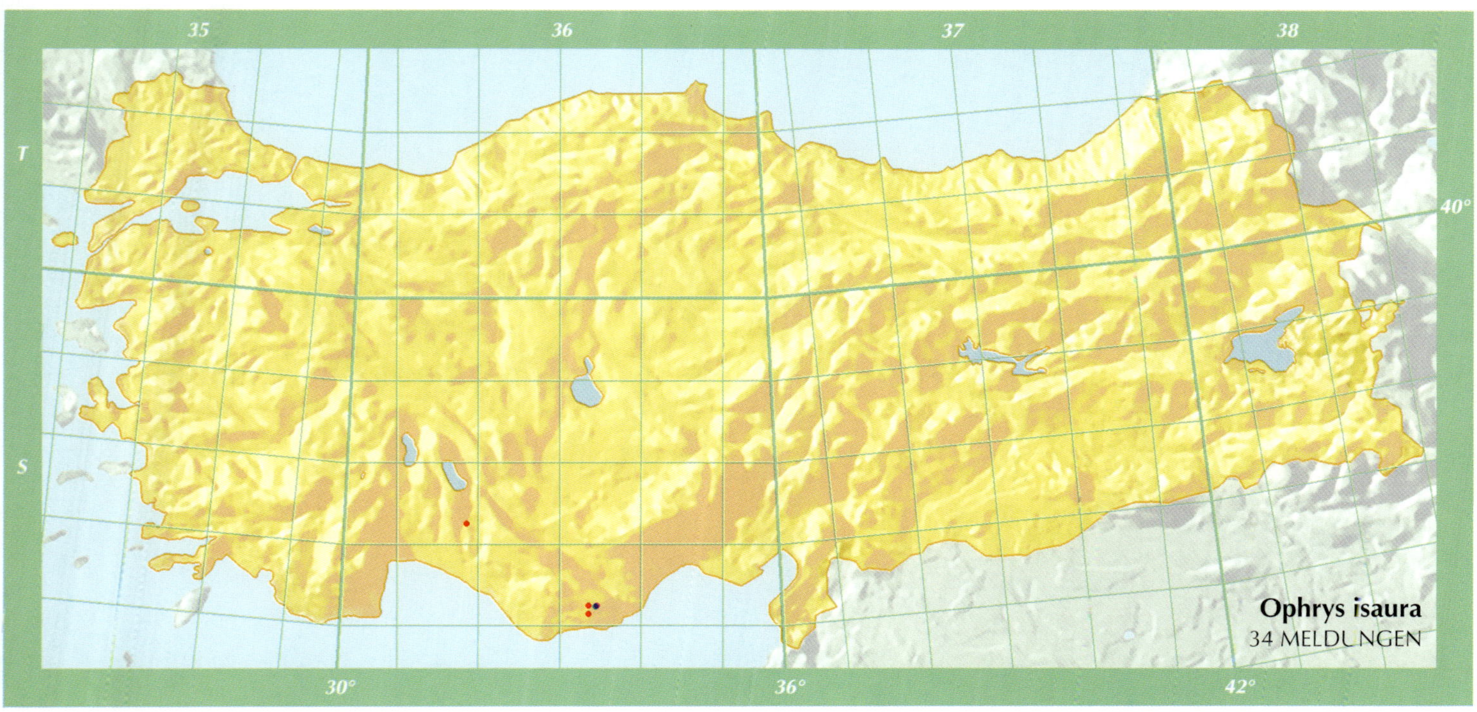

71 Ophrys karadenizensis

M. & H. Schönfelder

Schwarzmeer-Ragwurz

(Ber. Arbeitskrs. Heim. Orchid. 14 (2): 18-19, 1998)

BESCHREIBUNG

Schlanke, mittelgroße Pflanze mit einem kräftigen Blütenstand, der in der Regel bis zu 13 Blüten trägt. Blüten mittelgroß, ziemlich locker angeordnet, von der Blütenstandsachse schräg abstehend. Sepalen dreieckig bis oval, hellgrün, selten (grün)rot oder weiß, mit dunkelgrünem Mittelnerv, die beiden seitlichen Sepalen abstehend, das mittlere aufgerichtet oder stark zurückgeschlagen. Petalen dreieckig-lanzettlich, grün bis grünlichgelb gefärbt, bisweilen rötlich überlaufen oder bräunlich (selten), am Rande meist kurz behaart. Lippe im oberen Teil dreilappig, meist stark eingerollt und dadurch länglich schmal erscheinend, dunkelbraun. Seitenlappen zurückgeschlagen mit stumpfen Höckern, stark behaart. Malzeichnung vor allem in der mittleren Lippenhälfte ausgedehnt, bräunlich-violett bis gelblich mit weißem Rand. Anhängsel breit und ziemlich groß, gelb bis gelbbraun, nach vorne gebogen.

ABGRENZUNG ZU ÄHNLICHEN ARTEN

Diese Art könnte mit *Ophrys oestrifera, Ophrys bremifera* oder *Ophrys hygrophila* verwechselt werden. Nach Schönfelder & Schönfelder (1998) fällt *Ophrys karadenizensis* schon beim flüchtigen Hinsehen durch ihr meist grünes Perigon auf. Auffallend sind ihre langen Petalen, die kurzen Seitenlappenhöcker, die schmalen, dunklen Lippen sowie ihre Vielblütigkeit. Stattliche Exemplare weisen bis zu 9 Blüten auf.

STANDORT

Bevorzugt in halbschattigen Haselnußkulturen und schattenlosen Halbtrockenrasen; auf basenreichen oder kalkhaltigen Böden.

BLÜTEZEIT

Mitte April bis Ende Mai.

HÖHENVERBREITUNG

Von der Küste bis 540 m.

GESAMTVERBREITUNG

Endemische Art der Türkei.

VERBREITUNG IN DER TÜRKEI

Die Art ist in der Provinz Ordu weit verbreitet und nicht selten. Auch in der Provinz Giresun bei Dereli.

NOTIZEN ZU EINIGEN FUNDORTEN

Ophrys karadenizensis ist in den Kalkgebieten der Täler zwischen Ünye und Ordu (Ordu) die zahlenmäßig mit weitem Abstand dominierende *Ophrys*-Art.

Im Tal von Ünye nach Akkuş befinden sich viele Standorte dieser Art. Etwa 20 km südlich von Ünye kommt sie reichlich in Halbtrockenrasen, in Haselnußkulturen und in Wäldern vor. Weitere Arten die hier wachsen, sind *Anacamptis pyramidalis, Cephalanthera damasonium, Neottia nidus-avis, Ophrys oestrifera, Orchis pinetorum, Orchis tridentata, Platanthera bifolia, Serapias feldwegiana* und *Steveniella satyrioides*. Etwas weiter südlich, bei dem Ort Tekkiraz, kommt *Ophrys karadenizensis* in großer Anzahl in Halbtrockenrasen vor.

Im Tal von Fatsa nach Kumru kommt sie in Wiesen, Haselnußkulturen, Flußauen und in Magerwiesen vor, hier von *Orchis purpurea* (*Orchis caucasica*) und *Orchis tridentata* begleitet. Weitere Standorte befinden sich im Tal von Fatsa nach Resadiye, hier an verschiedenen Stellen bei der Abzweigung nach Çamas (vergesellschaftet mit *Cephalanthera damasonium, Cephalanthera epipactoides, Limodorum abortivum, Ophrys oestrifera* und *Orchis tridentata*) und im Tal von Ordu nach Gölköy, süd-

◄ Ünye-Akkuş (Ordu), 6.5.1997, M. Schönfelder

Çamas (Ordu), 10.5.1997, M. Schönfelder

Ünye-Akkuş (Ordu), 6.5.1997, M. Schönfelder

Kocaman (Ordu), 9.5.1997, M. Schönfelder

Ünye-Akkuş (Ordu), 6.5.1997, M. Schönfelder

lich Ulubey, wo sie vor allem in Trockenrasen und in Haselnußkulturen wächst, hier begleitet von *Anacamptis pyramidalis, Cephalanthera epipactoides, Cephalanthera longifolia, Limodorum abortivum, Listera ovata, Ophrys oestrifera, Orchis punctulata, Orchis stevenii, Orchis simia, Orchis tridentata* und *Steveniella satyrioides*.

Sie kommt auch in der angrenzenden Provinz Giresun vor. Am südlichen Ortsausgang von Dereli (Giresun) wurden 1997 vom Verfasser einige Pflanzen in einer Haselnußplantage gefunden.

BEMERKUNGEN

Im Artenkomplex *Ophrys oestrifera, Ophrys bremifera, Ophrys hygrophila* und *Ophrys karadenizensis* gibt es noch viele ungelöste Fragen und die Abgrenzung und Verbreitung der einzelnen Sippen ist in vielen Punkten noch nicht geklärt. Vor allem lokale Sonderentwicklungen lassen sich nur schwer in ein abgerundetes Gesamtbild einordnen (Kreutz & Peter, 1997).

Auch *Ophrys karadenizensis* gehört zu diesen Arten, deren Eigenständigkeit noch nicht vollständig geklärt ist. Bei dieser Art könnte es sich um eine durch Hybridisierung entstandene Sippe handeln. Auch Schönfelder & Schönfelder (1998) haben diese Möglichkeit untersucht und kommen zu der Schlußfolgerung, daß einige Merkmale durchaus für eine Hybridbildung sprechen, nämlich die meist grünen Sepalen (*Ophrys caucasica*), die kurzen Höcker und die kurz behaarten Petalen (*Ophrys oestrifera*); beide Arten, die im Verbreitungsgebiet von *Ophrys karadenizensis* vorkommen. Dagegen spricht eine Reihe von Punkten für eine stabile, eigene Art, nämlich die Tatsache, daß *Ophrys caucasica* und *Ophrys oestrifera* im Gebiet selten sind, während *Ophrys karadenizensis* reichlich vorkommt, die Pflanzen reichlich Fruchtansatz zeigen und daß die Art im Verbreitungsgebiet recht einheitlich ist.

HYBRIDEN

Eindeutige Hybriden wurden bisher noch nicht nachgewiesen.

Kocaman (Ordu), 9.5.1997, M. SCHÖNFELDER

Dereli (Giresun), 29.5.1997, C. A. J. KREUTZ

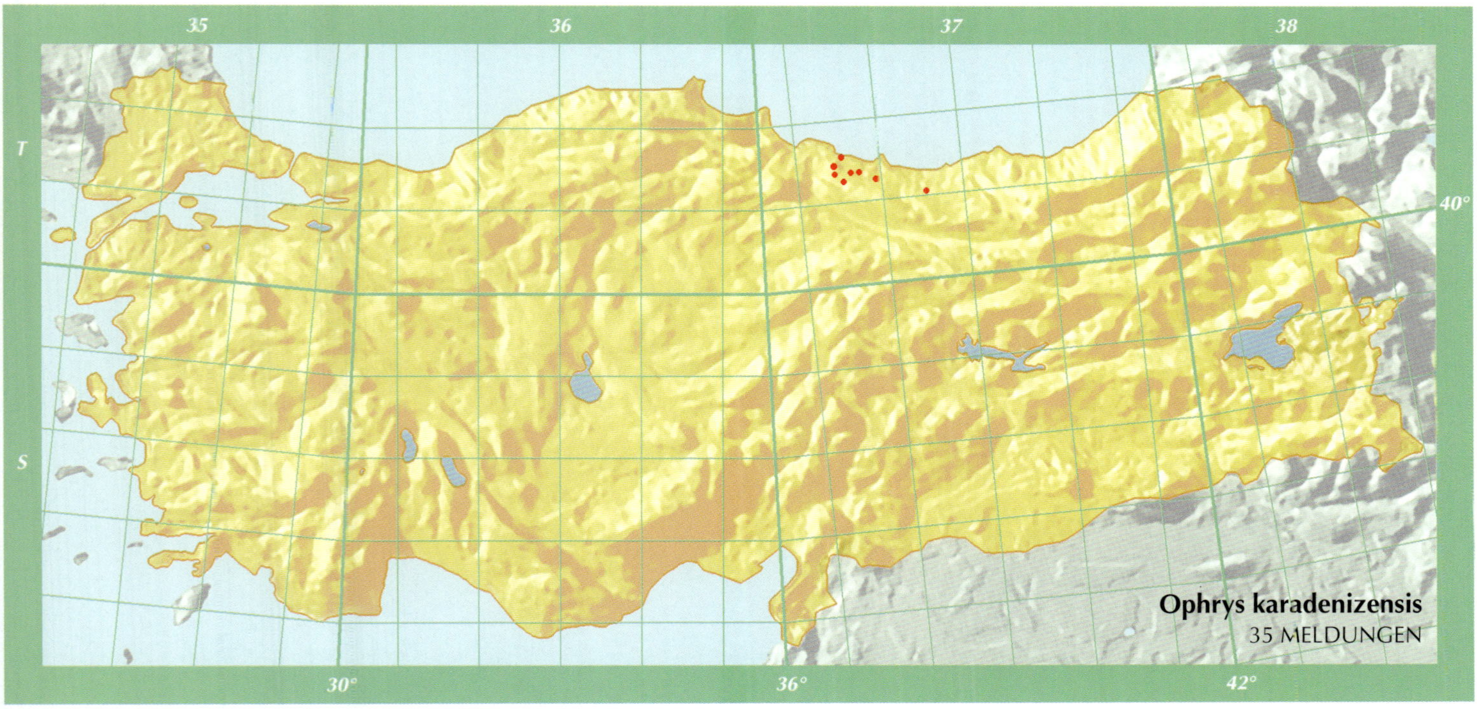

72 Ophrys lapethica

GÖLZ & H. R. REINHARD

Lapethos-Ragwurz

(Mitt. Bl. Arbeitskr. Heim. Orch. Baden-Württ. 21 (4): 1049, 1989)

Oymapınar (Antalya), 29.3.1997, C. A. J. KREUTZ

Oymapınar (Antalya), 29.3.1997, C. A. J. KREUTZ

BESCHREIBUNG

Pflanze mittelgroß. Blütenstand langgestreckt und lockerblütig, häufig mehr als die Hälfte der Pflanzenhöhe einnehmend, die unterste Blüte oft nur wenige cm über dem Boden. Blüten klein bis mittelgroß; Perigonblätter weiß bis intensiv rosaviolett gefärbt, oft mit grünem Mittelnerv. Sepalen eiförmig-lanzettlich, mittleres Sepal weit über die Säule geneigt. Petalen dreieckig, behaart, nicht oder nur schwach geöhrt. Lippe dreilappig mit stumpfen Höckern, braun bis rötlichbraun; Mittellappen ziemlich lang und schmal, seitliche Ränder stark zurückgebogen (berühren sich auf der Rückseite). Seitenlappenhöcker ausgesprochen kurz, gerundet stumpf. Mal H- bis X-förmig mit meist schildförmigem Zentrum, blauschwarz oder schwarzviolett mit elfenbeinfarbiger Umrandung. Anhängsel weit vorgezogen, vorwärts bis aufwärts gerichtet.

ABGRENZUNG ZU ÄHNLICHEN ARTEN

Ophrys lapethica zeigt gewisse Ähnlichkeiten mit *Ophrys bremifera, Ophrys umbilicata* und *Ophrys minutula*. Die typischen Merkmale von *Ophrys laphetica* sind: Mittleres Sepal leicht nach vorne geneigt, Perigonfarbe rosa oder weiß, Mittellappen der Lippe mit extrem stark zurückgeschlagenen Seitenrändern, die sich oft berühren, Mal meist einfach und schildförmig (KREUTZ & PETER, 1997).

STANDORT

Grasige Phrygana, Macchien, lockere Kiefernwälder, Wiesenflächen; auf trockenen bis mäßig feuchten, überwiegend kalkreichen Böden.

BLÜTEZEIT

Anfang April bis Ende Mai.

HÖHENVERBREITUNG

Von Meershöhe bis etwa 800 m.

GESAMTVERBREITUNG

Zypern und die mittlere Südtürkei, vermutlich weiter verbreitet als bislang bekannt.

VERBREITUNG IN DER TÜRKEI

Soweit jetzt bekannt nur an einem sicheren Standort, südlich Antakya (Hatay), nachgewiesen. Vermutlich auch nordöstlich von Antalya.

NOTIZEN ZU EINIGEN FUNDORTEN

Ophrys lapethica wurde im botanisch sehr interessanten Gebiet südlich von Antakya (Hatay) gefunden und damals von RÜCKBRODT (Fundliste 1974) als *Ophrys scolopax* bestimmt. Es konnten nur wenige Exemplare südöstlich Antakya festgestellt werden. Der Fundort befindet sich in der Phrygana südlich von Altınözü. Die Pflanzen waren Mitte Mai in Hochblüte. An weiteren Orchideen kommt nur *Orchis fragrans* vor. Ob die Pflanzen heute noch existieren, ist nicht bekannt.

Während eines Besuchs im Jahre 1997 wurden nordöstlich von Antalya an der Straße Manavgat - Oymapınar (Antalya) in einem lichten, eingezäunten Kiefernwald einige Exemplare gefunden, die vermutlich zu *Ophrys lapethica* gehören. Die Pflanzen waren Ende März schon weitgehend verblüht und deshalb schwierig zu bestimmen. Aber die relativ große Blüte und das leicht nach vorne geneigte mittlere Sepal und die dreilappige Lippe mit der stark zurückgeschlagenen Seitenrändern waren noch deutlich zu erkennen. Am gleichen Standort kommen auch noch *Ophrys blitopertha, Ophrys iricolor* und *Ophrys speculum* vor.

BEMERKUNGEN

Ophrys lapethica ist schon seit dem Beginn dieses Jahrhunderts

◀ Altınözü (Hatay), 10.5.1974, D. RÜCKBRODT

Altınözü (Hatay), 10.5.1974, D. RÜCKBRODT

Oymapınar (Antalya), 29.3.1997, C. A. J. KREUTZ

von Zypern bekannt und wurde bis zur Neubeschreibung von GÖLZ & REINHARD im Jahre 1989 meist als *Ophrys scolopax* kartiert.
KREUTZ & PETER (1997) berichten über fotografische Aufnahmen von *Ophrys lapethica* von BALTZINGER und von RÜCKBRODT aus der Südtürkei mit arttypischen Merkmalen. Diese Bestimmung wurde auch von REINHARD bestätigt.
Nachdem der Fund von *Ophrys lapethica* bei Antakya bestätigt wurde, ist sie entgegen der heute geläufigen Meinung kein zypriotischer Endemit (vergleiche unter anderem BAUMANN & KÜNKELE, 1994, DELFORGE, 1994).
Sichere Nachweise von *Ophrys laphetica* gibt es nur aus der Umgebung südlich Antakya (Hatay). Weitere Vorkommen dieser Art in der mittleren Südtürkei sind in der nahen Zukunft nicht auszuschließen.

PROBLEMATIK

Mit Ausnahme des Fundes südlich von Antakya sind weitere Vorkommen dieser Art in der Türkei umstritten. So wachsen an einigen Stellen in der Süd- und Südwesttürkei Populationen, die *Ophrys lapethica* ziemlich nahestehen, aber auch Merkmale von *Ophrys heterochila* aufweisen. Besonders in den lockeren Kiefernwäldern südlich Akseki sind solche Populationen anzutreffen.
Auf Zypern ist *Ophrys lapethica* meist klar von den anderen dort vorkommenden *Ophrys*-Arten abgegrenzt. Sie bildet an einigen Stellen fließende Übergänge mit *Ophrys umbilicata*.

HYBRIDEN

Keine sicheren Nachweise bekannt.

Senköy (Hatay), 22.5.1997, C. A. J. Kreutz

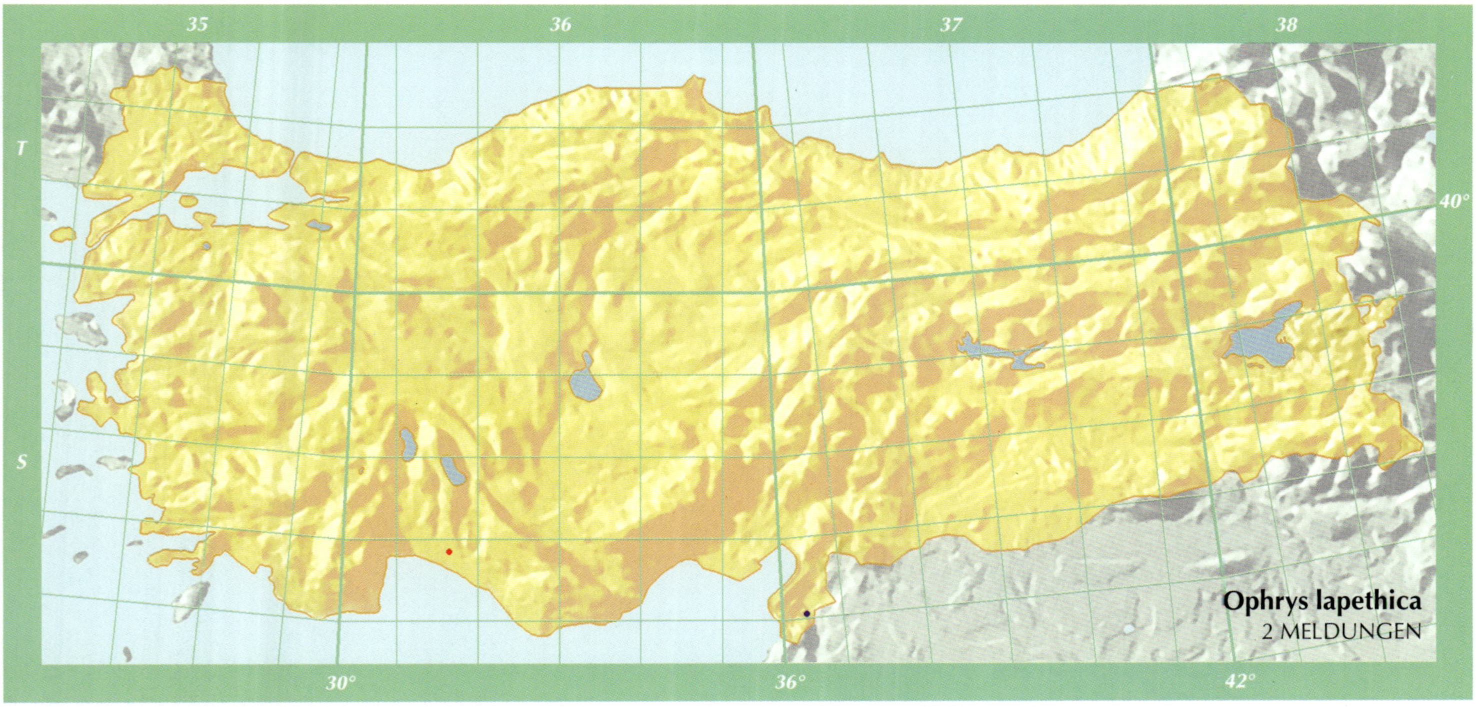

73 Ophrys oestrifera

M. F. A. VON BIEBERSTEIN

Gehörnte Ragwurz

(in M. F. A. VON BIEBERSTEIN: Fl. Taur.- Cauc. 2: 370, 1808)

SYNONYME

Ophrys scolopax subsp. *cornuta* (STEVEN) E. G. CAMUS, *Ophrys fuciflora* subsp. *cornuta* (STEVEN) SUNDERMANN, *Ophrys cornuta* STEVEN

BESCHREIBUNG

Schlanke und hochwüchsige Pflanze mit verlängertem Blütenstand, der durchschnittlich 3 bis 16 Blüten trägt. Diese klein bis mittelgroß, locker angeordnet, von der Blütenstandsachse abstehend. Sepalen elliptisch bis eiförmig, hell- bis dunkelrosa, selten grünlich oder weiß, mit grünem Mittelnerv, die beiden seitlichen Sepalen abstehend, das mittlere leicht nach vorne gebogen bis zurückgeschlagen. Petalen dreieckig, gleich dunkel oder etwas dunkler als die Sepalen, am Rande meist dicht behaart. Lippe ziemlich schmal, gewölbt, im oberen Teil tief dreilappig, dunkelbraun. Seitenlappen zurückgeschlagen, am Ende in ein langes, zugespitztes, bis 12 mm langes Horn ausgezogen. Malzeichnung vor allem in der hinteren Lippenhälfte ausgedehnt, bräunlich-violett bis gelblich mit weißem Rand. Anhängsel klein, gelblichgrün und aufwärts gerichtet.

ABGRENZUNG ZU ÄHNLICHEN ARTEN

Ähnelt *Ophrys bremifera, Ophrys hygrophila* und *Ophrys karadenizensis*.

Ophrys oestrifera unterscheidet sich von *Ophrys bremifera* durch die Höcker der Seitenlappen, die nach oben in ein langes, zugespitztes, bis 12 mm langes Horn ausgezogen sind (BAUMANN & KÜNKELE, 1982b) und die größeren Blüten. Außerdem blüht *Ophrys oestrifera* meist etwas später.

Ophrys hygrophila unterscheidet sich von *Ophrys oestrifera* durch die kleineren Blüten, die meist stark zurückgeschlagenen Sepalen, eine andere Malzeichnung und das große und lange, nach vorne gebogene Anhängsel. Außerdem wächst *Ophrys hygrophila* nur an feuchten Stellen.

Ophrys karadenizensis besitzt grüne Perigonblätter, lange Petalen, kurze Seitenlappenhöcker, schmale dunkle Lippen und einen reich besetzten Blütenstand.

Verwechslungen mit *Ophrys phrygia* sind unwahrscheinlich; diese Art ist durch ihre sehr großen Blüten, ihren gestreckten Blütenstand und die späte Blütezeit deutlich von *Ophrys bremifera, Ophrys hygrophila* und *Ophrys oestrifera* abgetrennt.

STANDORT

Lichte Nadelwälder, Eichengebüsch, Macchien, Phrygana und in Wiesenflächen; auf frischen, mäßig trockenen bis feuchten, basenreichen oder kalkhaltigen Böden.

BLÜTEZEIT

Mitte April bis Anfang Juni.

HÖHENVERBREITUNG

Von der Küste bis 1.700 m.

GESAMTVERBREITUNG

Italien (Mt. Gargano), Balkanhalbinsel (nördlich bis Ungarn), Ägäische Inseln, Türkei, Nordsyrien, Kaukasusländer, Krim, Nordirak und Iran.

VERBREITUNG IN DER TÜRKEI

Die Art ist in der Türkei weit verbreitet, besonders im Südwesten und in der westlichen, mittleren und östlichen Schwarzmeer-Region. Fehlt in der Inneranatolischen und Südostanatolischen Region.

NOTIZEN ZU EINIGEN FUNDORTEN

Ophrys oestrifera ist in der Türkei nicht selten. Viele Standorte liegen in der Ägäis-Region, wo sie mit vielen anderen Arten in lichten Kiefernwäldern und in der Phrygana vorkommt.

In der Umgebung des Abantsees (Bolu) sind einige Vorkommen auf südöstlich exponierten Hängen bekannt, dort meist auf Magerrasen, zusammen mit *Himantoglossum caprinum, Orchis tridentata* und sehr selten mit *Steveniella satyrioides*.

In der westlichen Schwarzmeer-Region, östlich İnebolu (Kastamonu), wachsen sehr viele Exemplare in Kalkmagerrasen (aufgelassene Weinberge). Die Pflanzen sind hier sehr kräftig. Außerdem wurden hier einige gelbblütige Exemplare nachgewiesen. Ebenfalls an der Straße von İnebolu nach Kastamonu, etwa bei Ersizledere wachsen sehr schöne und typische Exemplare auf einem Magerrasen mit Feuchtstellen zusammen mit *Orchis laxiflora* und *Orchis morio* subsp. *morio*.

Größere Vorkommen liegen jedoch in der östlichen Schwarzmeer-Region, wo sie südlich Maçka (Trabzon) im Değirmental am Südabfall des Zigana-Passes weit verbreitet ist. Besonders in den Gebirgslagen um 600 m Höhe wächst sie an frischen Stellen in Haselnußkulturen und Kalkmagerrasen und ist hier meist mit vielen anderen Orchideenarten vergesellschaftet. *Ophrys oestrifera* bildet hier manchmal auffallend kräftige und hochwüchsige Pflanzen mit einer verlängerten und vielblütigen Infloreszenz. Mit *Ophrys caucasica* bildet sie in diesem Gebiet oft schwierig zu bestimmende Bastarde, die Merkmale von *Ophrys bremifera* zeigen.

In Ostanatolien bei Dutluca (Erzincan) wurde *Ophrys oestrifera* in einem Feuchtstreifen entlang eines Bachs gefunden. Die Exemplare sind sehr typisch und hochwüchsig und blühen Ende Mai. *Ophrys oestrifera* ist an diesem Standort mit *Cephalanthera kotschyana* und *Orchis pseudolaxiflora* vergesellschaftet.

Im äußersten Nordwesten des kleinasiatischen Festlandes, zwischen Şile und Kandıra (İstanbul), kommt eine sehr kleinblütige Form von *Ophrys oestrifera* vor (GÜGEL briefl. Mittlg., 1997). GÜGEL & NEUMAYR (Fundliste 1985) haben diese

Ersizledere (Kastamonu), 17.5.1996, C. A. J. KREUTZ

◀ **Ersizledere (Kastamonu), 17.5.1996,** C. A. J. KREUTZ

İnebolu-Catalzeytin (Kastamonu), 18.5.1996, C. A. J. Kreutz

Maçka (Trabzon), 20.5.1988, C. A. J. Kreutz

Abant (Bolu), 23.5.1988, C. A. J. Kreutz

İnebolu-Catalzeytin (Kastamonu), 18.5.1996, C. A. J. Kreutz

Art dort an einer Feuchtstelle nahe der Küste in der Macchia zusammen mit anderen Orchideenarten gefunden. Blütezeit etwa Mitte bis Ende Mai.

BEMERKUNGEN

Ophrys oestrifera (die gehörnte Sippe) und *Ophrys bremifera* (die gehöckerte Sippe) gehören zu den am schwierigsten zu bestimmenden türkischen Orchideenarten. So gibt es in diesem Artenkomplex noch viele ungelöste Fragen. Die Abgrenzung und Verbreitung der einzelnen Sippen ist in vielen Punkten noch nicht geklärt. Vor allem lokale Sonderentwicklungen lassen sich nur schwer in ein abgerundetes Gesamtbild einordnen (Kreutz & Peter, 1997).

Mehrmals wurden beide Arten mit *Ophrys heldreichii* oder *Ophrys phrygia* verwechselt. Insoweit jetzt bekannt, kommen typische Exemplare von *Ophrys heldreichii* in der Türkei nicht vor. *Ophrys phrygia* unterscheidet sich übrigens einwandfrei von *Ophrys oestrifera* durch die spätere Blütezeit und die viel größeren, fast waagrecht abstehenden Blüten.

Bei Baumann & Künkele (1982ab, 1988a) wird *Ophrys oestrifera* unter *Ophrys oestrifera* subsp. *oestrifera* aufgenommen, bei Buttler (1986) unter *Ophrys scolopax* subsp. *oestrifera*. Delforge (1994) hat *Ophrys oestrifera* in die Synonymie von *Ophrys cornuta* gestellt.

Paulus & Gack (1990a) unterscheiden zwei Varianten von *Ophrys oestrifera*, nämlich eine kleinblütige und frühblühende, und eine großblütige und spätblühende Sippe, die hauptsächlich in Griechenland vorkommen. Oft kommen diese beiden früh- und spätblühenden Varianten im gleichen Gebiet vor. Die nordgriechische spätblühende Form hat aber größere Blüten als die türkischen Pflanzen (Kreutz, 1994b). Auch in der Türkei kommen beide Sippen vor, nämlich Pflanzen mit kleinen Blüten, die hauptsächlich im Süden des Landes vorkommen und großblütige Exemplare, die vor allem entlang der Schwarzmeerküste wachsen. Möglicherweise handelt es sich bei den kleinen und frühblühenden Pflanzen um eine separate Art. In diesem Buch wurden Funde beider Sippen zu *Ophrys oestrifera* gestellt.

Kümpel (1988b) hat *Ophrys oestrifera* subsp. *abchasica* beschrieben. Das Verbreitungsgebiet dieser Unterart umfaßt nach dem derzeitigen Kenntnisstand die kaukasische Schwarzmeerküste von den nördlichen Vororten Sotschis (Wardanije, Loo, Dagomys) bis zu den Ausläufern der Kodori-Kette weit südlich von Suchumi (Kümpel, 1988b). Damit wäre ein Vorkommen dieser Sippe in der nordöstlichen Türkei nicht auszuschließen.

Dutluca (Erzincan), 25.5.1997, C. A. J. Kreutz

HYBRIDEN

Ophrys oestrifera hybridisiert leicht mit vielen anderen *Ophrys*-Arten. Die Bestimmung dieser Bastarde ist meistens schwierig, weil die Merkmale beider Eltern schlecht zu erkennen sind. In der Türkei wurden Hybriden mit *Ophrys apifera, Ophrys candica, Ophrys caucasica, Ophrys heterochila* und *Ophrys holoserica* gefunden.

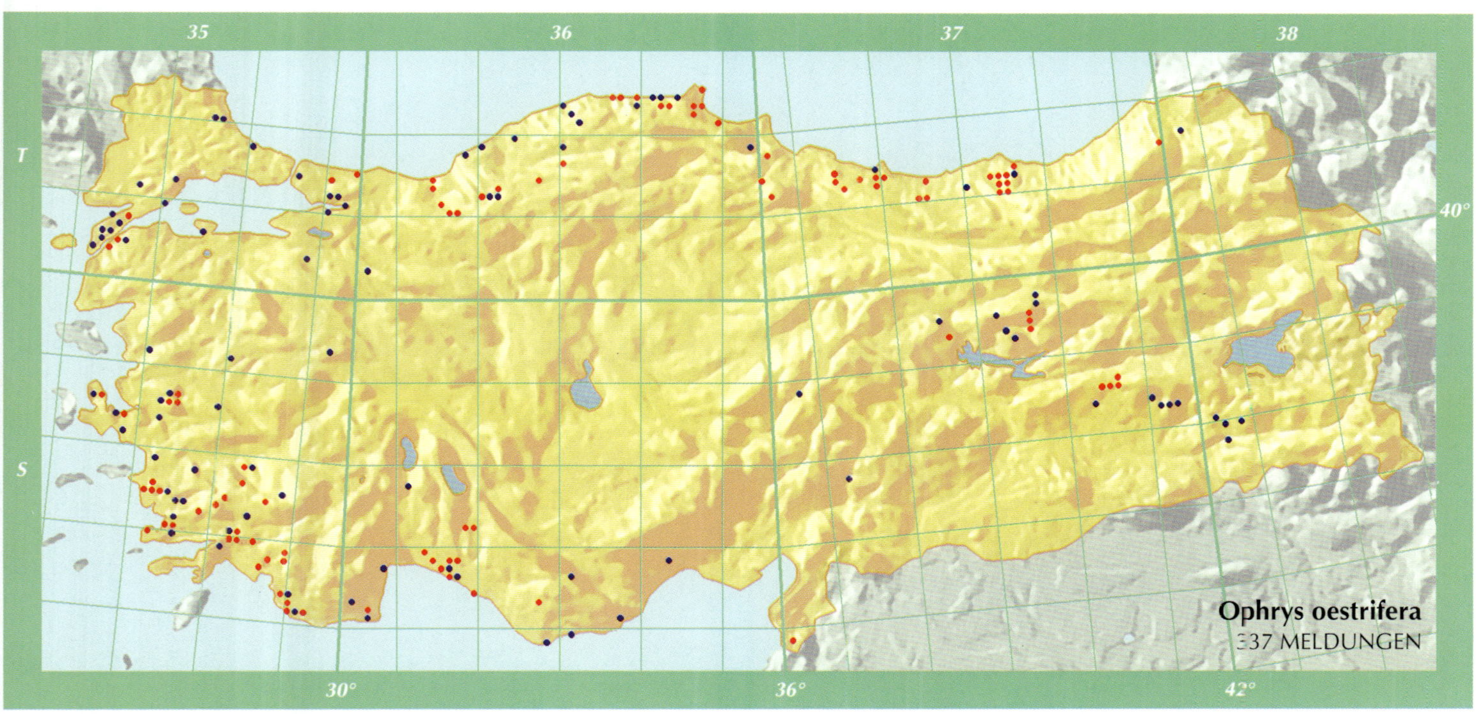

74 Ophrys phrygia

H. FLEISCHMANN & BORNMÜLLER

Phrygische Ragwurz

(Ann. Naturhist. Mus. Wien 36: 9, 1923)

BESCHREIBUNG

Kräftige und hochwüchsige (bis 80 cm) Pflanze. Blütenstand sehr locker und langgestreckt, mit 4 bis 12 Blüten, die fast waagrecht vom Stengel abstehen. Sepalen abstehend bis zurückgeschlagen, eiförmig-lanzettlich, rosa bis rötlich gefärbt mit einem grünen Mittelstreifen. Petalen sehr klein, rötlich, dreieckig. Lippe groß und dreilappig, mit zwei kleinen, spitzen Hökkern; Seitenlappen klein, abwärts gerichtet, innen kahl, außen dicht behaart; Mittellappen vorgestreckt, lanzettlich, stark bauchig gewölbt, dunkelbraun. Mal großflächig und kompliziert, fast über den ganzen Mittellappen verteilt, gelblichweiß mit einer auffälligen, breiten, elfenbeinfarbigen Umrandung. Anhängsel ziemlich groß, breit, nach vorne gerichtet.

VARIABILITÄT

Ophrys phrygia ist eine relativ constante Art. Sie variiert kaum in der Lippengröße und Blütenfarbe.

ABGRENZUNG ZU ÄHNLICHEN ARTEN

Ophrys phrygia hat gewisse Ähnlichkeit mit *Ophrys apifera, Ophrys heldreichii* und *Ophrys bremifera*, unterscheidet sich von diesen drei Arten unter anderem durch die sehr lockere und gestreckte Infloreszenz, die größeren Blüten, die gerade vorgestreckte Lippe mit einem lanzettlichen Mittellappen und die spätere Blütezeit. Außerdem ist die Malzeichnung anders gestaltet.

STANDORT

Ophrys phrygia wächst an schattigen Standorten, in lichten Kiefernwäldern, am Rande von Eichengebüsch und auf beschatteten Wiesenflächen, seltener in Macchien und Phrygana; auf humosen, mäßig trockenen bis feuchten, kalkhaltigen Böden.

BLÜTEZEIT

Ophrys phrygia blüht als eine der letzten *Ophrys*-Arten in der Türkei, nämlich von Mitte Mai bis Ende Juni, in Meereshöhe schon ab Anfang Mai.

HÖHENVERBREITUNG

Von Meereshöhe bis 1.700 m.

GESAMTVERBREITUNG

Bis zu dem Fund von *Ophrys phrygia* auf Chios (HIRTH & SPAETH, 1997) war sie eine endemische Art der Türkei (von der Ägäis bis Ostanatolien). Sie kommt vielleicht auch im benachbarten Syrien und Irak vor.

VERBREITUNG IN DER TÜRKEI

West- und Südtürkei, von İzmir bis Şirnak.

NOTIZEN ZU EINIGEN FUNDORTEN

Die Art ist ziemlich selten und zerstreut. Sie bildet kaum größere Populationen. Verbreitungsschwerpunkte liegen im Taurusgebirge (Antalya), wo sie vor allem auf alten Friedhöfen in lockeren bis dichten Kiefernwäldern vorkommt. Ferner bei Tarsus (İçel) in Kalkfelsen, Wiesenflächen und im Eichengestrüpp, dort manchmal zusammen mit *Ophrys cilicica;* bei Karatepe (Adana) in lockerem Kiefernwald mit Unterwuchs und in der Provinz Diyarbakır an feuchten Stellen, zusammen mit vielen anderen *Ophrys*-Arten, mit denen sie oft Bastarde bildet. Auf den Friedhöfen von Emiraşiklar Köyü und Akseki (Antalya) kommt *Ophrys phrygia* in typischer Ausprägung vor. Auf diesen beiden Friedhöfen blüht die Art etwa Ende Mai. In dieser Umgebung, nämlich bei Geriş (Antalya), soll ein Standort auf einem alten, verlassenen Friedhof nicht unerwähnt bleiben. Hochwüchsige Pflanzen mit einheitlich gestalteten Blüten kommen hier am Rande von Eichengebüsch in großer Anzahl vor. Auch die seltene *Ophrys straussii* und ihre Varietät *leucotaenia* bilden hier größere Gruppen blühender Pflanzen, die während der Blütezeit von *Ophrys phrygia* im Abblühen sind.

Ein relativ reich besetzter Standort ist der Friedhof bei Sorgun, südlich Manavgat (Antalya). *Ophrys phrygia* blüht hier etwa Mitte Mai. Die Pflanzen sind hier besonders hochwüchsig (bis 80 cm hoch). Es ist verwunderlich, daß die Blütenstände nicht abbrechen. Auf diesem Friedhof kommt auch eine auffällige Variante von *Ophrys bremifera* vor, mit der *Ophrys phrygia* gelegentlich bastardiert. Schöne und typische Exemplare wurden nördlich Erdemli an der Straße nach Güzeloluk (İçel) und auf einem Friedhof in Küstennähe bei Manavgat (Anatalya) beobachtet. Die Pflanzen bei Erdemli blühen erst Mitte Mai auf und sind besonders hochwüchsig, die Malzeichnung vielgestaltig mit wunderschöner gelber Farbe. Weitere Standorte befinden sich unter anderem nördlich Mersin (İçel), wo *Ophrys phrygia* in der Phrygana und in lichten Kiefernwäldern, mehrfach zusammen mit *Ophrys amanensis, Ophrys cilicica, Ophrys episcopalis* und *Orchis anatolica* vorkommt.

Bei Osmaniye an der Straße nach Karatepe (Adana) wurde eine schöne Gruppe von drei Exemplaren mit durchschnittlich 10 Blüten in einer kleinen Wiese gefunden. Die Pflanzen standen in unmittelbarer Nähe von *Orchis punctulata* und *Orchis tridentata.*

Der westlichste Standort von *Ophrys phrygia* in der Türkei liegt im Milli Parkı südlich von Manisa (Manisa/İzmir). Die Art wurde dort 1996 von SCHÖNFELDER (Fundliste 1996) beobachtet. Fotografische Abbildungen dieser Pflanzen zeigen tatsächlich typische Exemplare von *Ophrys phrygia*. Dieses Naturschutzgebiet ist sehr interessant, weil hier auch noch die seltenen Arten *Comperia comperiana, Orchis purpurea* und *Orchis spitzelii* wachsen.

BEMERKUNGEN

Bei BAUMANN & KÜNKELE (1982a) wurde die Art noch als Synonym zu *Ophrys oestrifera* subsp. *bremifera* (*Ophrys bremifera*) geführt. Im gleichen Jahr wurde *Ophrys phrygia* von BAUMANN & KÜNKELE (1982b) als eigene Sippe erkannt und mit der von H. FLEISCHMANN & BORNMÜLLER beschriebenen *Ophrys phrygia* in Verbindung gebracht. RENZ & TAUBENHEIM (1984) haben sich dann der Auffassung von BAUMANN & KÜNKELE angeschlossen.

Ophrys phrygia ist selten und wurde in letzter Zeit nur an we-

◄ **Sorgun (Antalya), 18.5.1997,** C. A. J. KREUTZ

Demirtaş (Antalya), 20.5.1997, C. A. J. KREUTZ

Geris (Antalya), 18.5.1997, C. A. J. KREUTZ

Sorgun (Antalya), 18.5.1997, C. A. J. KREUTZ

Sorgun (Antalya), 18.5.1997, C. A. J. KREUTZ

Soğuçak (İçel), 21.5.1995, C. A. J. KREUTZ

nigen Standorten beobachtet. RENZ & TAUBENHEIM dagegen haben die Art (RENZ & TAUBENHEIM, Fundlisten 1961 - 1984) an vielen Standorten in den Provinzen Ayfon, Antalya, Denizli, Elazığ, Hâkkari, Hatay, İçel, Isparta, Konya, Malatya, Siirt, Şirnak und Tunceli gefunden. *Ophrys phrygia* wurde von HIRTH & SPAETH (1997) von der Insel Chios nachgewiesen. Ende Mai fanden sie diese Art im nördlichen Teil der Insel am Rande eines Kiefernwaldes. Dieser Fund konnte durch fotografische Belege einwandfrei bestätigt werden. Damit ist der endemische Status dieser Art für die Türkei nicht mehr gegeben.

PROBLEMATIK

Ophrys phrygia wurde 1923 von H. FLEISCHMANN & BORNMÜLLER beschrieben. Der *locus classicus* liegt im südlichen Zentralanatolien in der Provinz Konya bei Akşehir (Sultandagh). Der Holotypus zeigt eine kleinwüchsige Pflanze mit kleinen, locker angeordneten Blüten.

Ophrys phrygia geriet lange Zeit in Vergessenheit und erst 1982 machte BAUMANN (1982b) wieder auf sie aufmerksam. Dabei verband er den Namen von *Ophrys phrygia* mit der in Süd- und Ostanatolien weit verbreiteten sehr hochwüchsigen, locker- und großblütigen Sippe. Der Interpretation von BAUMANN wird heute im allgemeinen gefolgt.

DELFORGE (1994) stellt die heute geläufige Identifikation von *Ophrys phrygia* in Frage, wobei er zu Recht auf die Diskrepanz zwischen den Maßen in der Originalbeschreibung und den Maßen bei Pflanzen, die wir heute als typische *Ophrys phrygia* betrachten, hinweist. Die von DELFORGE als eigentliche *Ophrys phrygia* bezeichnete Sippe (siehe Abbildingen in DELFORGE 1994, Seite 355) wächst in den nördlichen Ausläufern des Taurusgebirges in den Provinzen Antalya und Konya. Sie blüht ungefähr zur gleichen Zeit wie die großblütige Sippe und ist kleinwüchsiger und kleinblütiger. Diese Sippe entspricht somit in der Größe viel eher den in der Originalbeschreibung angegebenen Maßen. Ob H. FLEISCHMANN & BORNMÜLLER damit die Pflanzen an der Straße Akseki - Bademli (Antalya) gemeint haben, ist äußerst schwierig nachzuweisen. Bei der zum Originalmaterial gehörenden Blütenanalyse handelt es sich mit großer Wahrscheinlichkeit um eine im Knospenstadium (oder sehr frühem Blühstadium) präparierte Blüte, welche die Größenangaben von H. FLEISCHMANN & BORNMÜLLER problematisch erscheinen lassen. Damit ist nicht eindeutig klar, was *Ophrys phrygia* im Sinne von H. FLEISCHMANN & BORNMÜLLER ist. Es gibt aber Hinweise, daß die Interpretation von BAUMANN richtig ist und daß mit *Ophrys phrygia* die großblütige Sippe gemeint ist (KREUTZ & PETER, 1997). Außerdem kommt in diesem Gebiet die typische *Ophrys phrygia* ziemlich häufig vor. Die Pflanzen in der Umgebung von Bademli (Antalya) wurden inzwischen als *Ophrys hygrophila* beschrieben (KREUTZ, 1997c).

Yeniköy (İçel), 21.5.1997, C. A. J. KREUTZ

HYBRIDEN

Mit *Ophrys bremifera, Ophrys carduchorum, Ophrys cilicica, Ophrys episcopalis, Ophrys holoserica* und *Ophrys schulzei.*

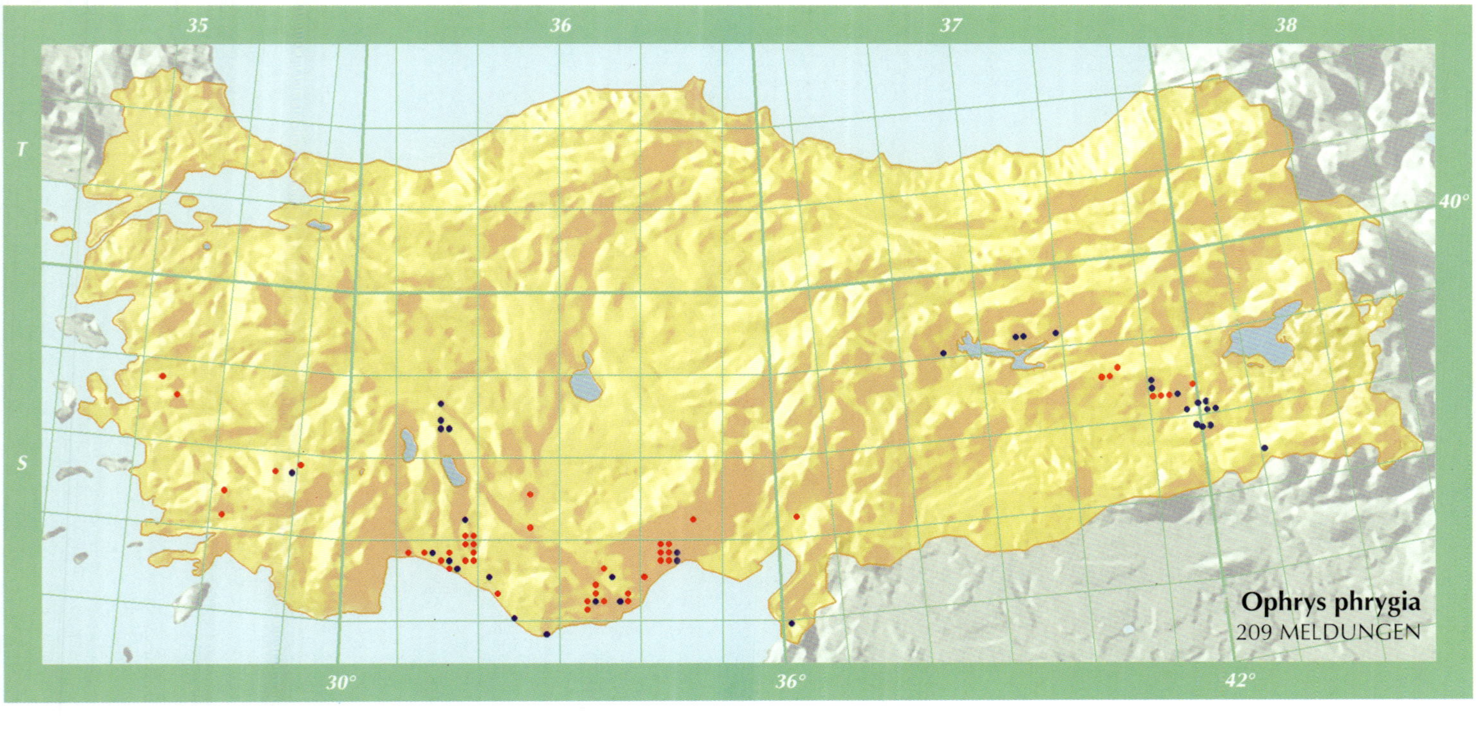

75 Ophrys calypsus

HIRTH & SPAETH

Kalypso-Ragwurz

(Jour. Eur. Orch. 26 (3/4): 432-433, 1994)

BESCHREIBUNG

Niedrige bis mittelgroße Pflanze, kräftig, meist armblütig. Blütenstand locker. Blüten mittelgroß bis groß. Perigonblätter hell- bis dunkelrosa. Sepalen mit grünem Mittelnerv, zurückgeschlagen wobei vor allem das mittlere Sepal stärker zurückgeschlagen ist. Petalen breit dreieckig bis länglich zungenförmig, an der Basis geöhrt. Lippe ganzrandig, selten angedeutet dreilappig, in der Mitte stark aufgewölbt, dadurch seitlich fast kugelig erscheinend, gehöckert, an der Außenseite der Höcker kräftig, an der Innenseite kurz behaart, dunkelbraunrot bis dunkelbraun gefärbt. Das schildförmige Mal befindet sich hauptsächlich in der oberen Hälfte der Lippe; das dunkelbraunrote Basalfeld durch einen breiten weißgelben Rand umgeben. Anhängsel mehrzipflig, hellgelb bis grünlichgelb, vorwärts bis schräg abwärts gerichtet.

ABGRENZUNG ZU ÄHNLICHEN ARTEN

Ophrys calypsus gehört mit *Ophrys homeri* zum *Ophrys heldreichii*-Formenkreis, außerdem bestehen Übergänge zu *Ophrys candica* und *Ophrys minoa*. *Ophrys calypsus* ist nicht immer leicht von diesen Arten zu unterscheiden. Sie ist eine ziemlich kräftige Pflanze mit mittelgroßen bis großen Blüten, einer breitovalen Lippenform und einer starken Lippenwölbung (kugelig wirkend). Das Mal besteht aus einem mehr oder weniger aufgelösten violettpurpurnen Schild, der durch weißlichgelbe, sich verzweigende Linien eingerahmt ist, die oft den größeren Teil der Lippe überziehen, häufig mit kreisförmigem Einschluß (HIRTH & SPAETH, 1994).

STANDORT

Lockere Kiefernwälder, Phrygana, Macchien, grasige Hänge, Olivenhaine, Straßenböschungen und Wiesenflächen; auf frischen, mäßig trockenen bis feuchten, basenreichen oder mergeligen bis kalkreichen Böden.

BLÜTEZEIT

Anfang bis Ende April.

HÖHENVERBREITUNG

Von der Küste bis 200 m.

GESAMTVERBREITUNG

Bis jetzt auf den meisten ostägäischen Inseln (zum Beispiel Leipsoi, Agathonisi, Pserimos, Kos) gefunden. Außerdem kommt die Art in der Südwesttürkei vor. Einige fotografische Belege von TERPE (briefl. Mittlg., 1997) zeigen, daß *Ophrys calypsus* auch auf Rhodos vorkommt. Dies wird auch von RIECHELMANN (1997) angegeben. Wahrscheinlich auch auf Naxos (HIRTH & SPAETH, 1994).

VERBREITUNG IN DER TÜRKEI

Südwesttürkei, bisher nur aus der Umgebung von Datça (Muğla) und Kuşadası (Aydın) bekannt. Nach SCHÖNFELDER (Fundliste 1997) auch in der Provinz İzmir bei Çesme.

NOTIZEN ZU EINIGEN FUNDORTEN

Ophrys calypsus wurde erstmals 1996 in der Türkei gefunden und zwar auf der Halbinsel Resadiye (Muğla). Somit schließt sich dieses Vorkommen an das bereits bekannte Verbreitungsgebiet in der Ostägäis an. SCHÖNFELDER (Fundliste 1996) brachte den Erstnachweis für die Türkei und fand *Ophrys calypsus* an zwei Stellen an der Straße von Marmaris nach Datça (Muğla). Inzwischen wurde *Ophrys calypsus* an vielen Stellen auf der Halbinsel Resadiye gefunden. Ein Standort befindet sich direkt an der Straße in der Phrygana auf weißen Kalkböden bei einem markanten Kalkfelsrücken. In der linken Fläche dieses Kalkfelsrückens konnten Anfang April 1997 nur zwei blühende Exemplare dieser Art beobachtet werden, vermutlich weil das ganze Gebiet zu diesem Zeitpunkt bereits stark beweidet worden war. An diesem Standort kommen auch noch *Barlia robertiana*, *Ophrys episcopalis* und *Serapias cordigera* vor.

Ein anderer Standort von *Ophrys calypsus* befindet sich einige Kilometer weiter in Richtung auf Datça. An diesem Standort wurden 1997 etwa 30 blühende Pflanzen beobachtet. Die Art wächst hier vor allem in Wegrändern und am Rande der Phrygana auf kalkreichem Boden. *Ophrys calypsus* blüht hier früh. Bereits in der zweiten April-Woche waren die meisten Pflanzen weitgehend verblüht.

◀ **Datça (Muğla), 9.4.1997,** C. A. J. KREUTZ

Datça (Muğla), 9.4.1997, C. A. J. KREUTZ

Datça (Muğla), 9.4.1997, C. A. J. Kreutz

Soğuçak (Aydın), 14.4.1997, C. A. J. Kreutz

Datça (Muğla), 9.4.1997, C. A. J. Kreutz

Datça (Muğla), 9.4.1997, C. A. J. Kreutz

Schließlich hat Schönfelder (Fundliste, 1997) diese Art auch ganz im Westen der Halbinsel Resadiye, an der Strecke von Datça nach Knidos (Muğla) gefunden. Auf der linken, steilen, nordabfallenden Straßenseite konnte er mehrere blühende Pflanzen in der Phrygana auf kalkhaltigem Boden nachweisen. An weiteren Orchideenarten wurden hier noch *Neotinea maculata, Limodorum abortivum, Ophrys blitopertha, Ophrys episcopalis, Ophrys ferrum-equinum, Ophrys sicula, Ophrys umbilicata, Orchis anatolica, Orchis provincialis* und *Serapias bergonii* gefunden. Der ganze Bereich von Datça bis Knidos ist hochinteressant, sowohl die Wald- als auch die Phryganabiotope.

Weiter nördlich wurde *Ophrys calypsus* auch noch bei Kuşadası (Aydın) gefunden. Mitte April blühten dort vier Exemplare. Leider wird dieser Standort durch Bauarbeiten verschwinden.

Vermutlich kommt *Ophrys calypsus* auch an der Strecke Çeşme - Palamutbükü (İzmir) vor. Schönfelder (Fundliste, 1997) fand in einem Olivenhain und in einem Phryganagelände Pflanzen, bei denen das Mal und die Lippenform zwar sehr variabel waren, vermutlich trotzdem zu dieser Art gehören.

BEMERKUNGEN

Hirth & Spaeth (1994) haben *Ophrys calypsus* von Leipsoi, einer ostägäischen Insel beschrieben. Hirth & Spaeth vergleichen die Art mit der italienischen *Ophrys apulica* (O. & E. Danesch) O. & E. Danesch, die aber stark trennende Elemente und eigenständige, unterscheidende Merkmale aufweist. Weiter berichten sie, daß manchmal eine Affinität zu *Ophrys heldreichii* beobachtet werden kann und außerdem das Basalfeld von *Ophrys calypsus* Anlaß zu einer weiteren Spekulation bietet, weil dies an das von *Ophrys candica* erinnert. Dies läßt zumindest die Möglichkeit zu, diese Art als Elternteil bei hybridogener Entstehung in Betracht zu ziehen.

Delforge (1995) hat *Ophrys calypsus* als eine Varietät von *Ophrys heldreichii* (*Ophrys calypsus* var. *heldreichii*) bewertet. Diese Bewertung ist aber zu niedrig für diese Sippe, sie sollte mindestens als eine Subspecies eingestuft werden. Typische *Ophrys heldreichii*, wie sie auf Kreta vorkommen, wurden in der Türkei noch nicht gefunden, obwohl einige Pflanzen in der Umgebung von Kemalpaşa (İzmir) dieser Art sehr nahe stehen.

Auf Naxos und Paros kommt neben *Ophrys calypsus* auch *Ophrys heldreichii* vor (Delforge, 1995b). In Populationen beider Arten kommen auch alle Übergänge von der relativ schmallippigen *Ophrys heldreichii* bis zur breitlippigen und stark gewölbten *Ophrys calypsus* nebeneinander vor (Kretzschmar, 1996).

Datça (Muğla), 9.4.1997, C. A. J. Kreutz

HYBRIDEN

Mit *Ophrys candica* und *Ophrys minoa*.

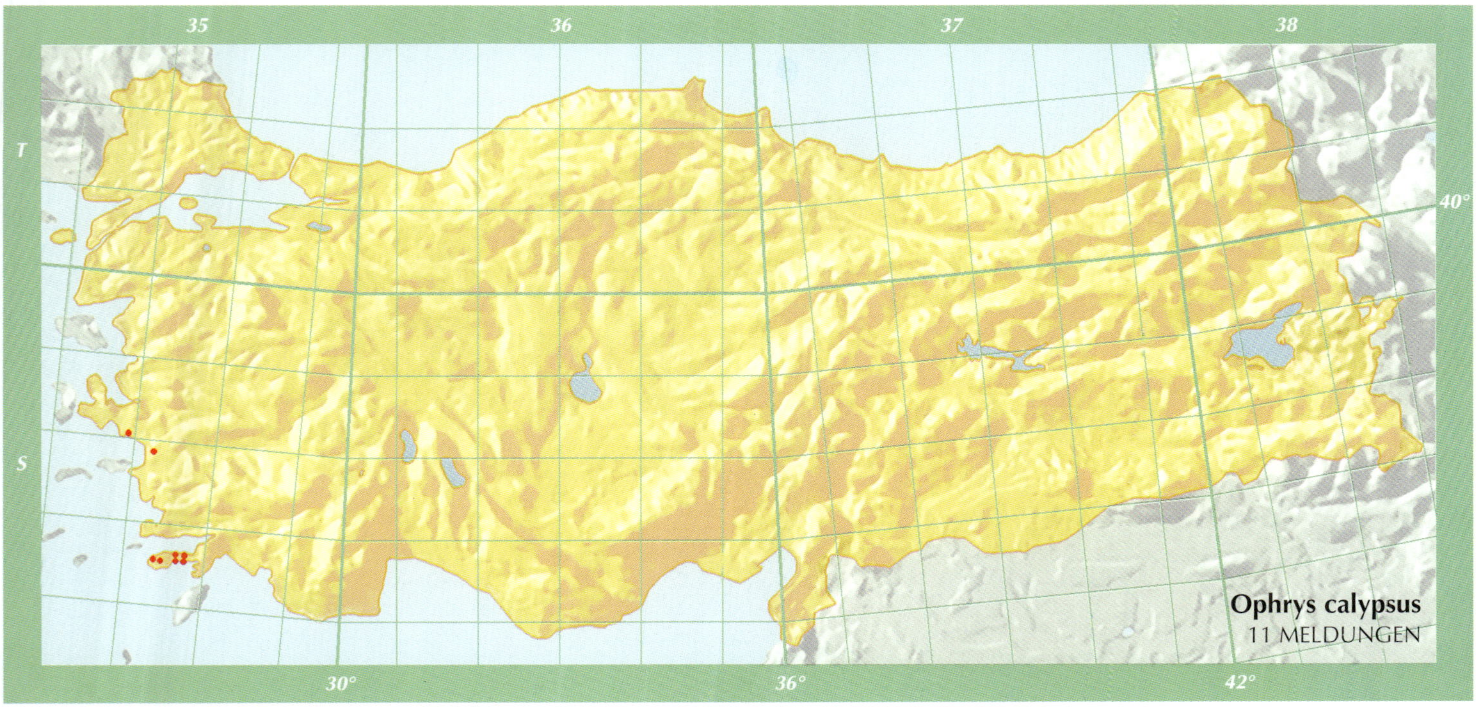

76 Ophrys candica

W. GREUTER, MATTHÄS & RISSE

Weißglanz-Ragwurz

(Willdenowia 15: 53, 1985)

Kemalpaşa (İzmir), 4.5.1988, C. A. J. KREUTZ

SYNONYME

Ophrys fuciflora subsp. *candica* E. NELSON, *Ophrys fuciflora* subsp. *candica* E. NELSON ex SOÓ, *Ophrys candica* (E. NELSON ex SOÓ) H. BAUMANN & KÜNKELE, *Ophrys fuciflora* var. *candica* SUNDERMANN, *Ophrys holoserica* subsp. *candica* RENZ & TAUBENHEIM

BESCHREIBUNG

Schlanke Pflanze mit einem lockeren Blütenstand, der 3 bis 7 Blüten trägt. Blüten mittelgroß bis groß. Sepalen weißlich, rosa oder rötlich mit grünem Mittelnerv, etwas zurückgeschlagen. Petalen kurz, dreieckig und dunkler als die Sepalen gefärbt. Lippenform ähnlich *Ophrys holoserica*, ziemlich ausgebreitet, flach, nicht gehöckert, dunkelbraun bis rötlichbraun, am Rande silbrig behaart. Die schildförmige Malzeichnung befindet sich hauptsächlich in der basalen Hälfte der Lippe; das braunviolette Basalfeld von einem breiten, weißen Rand umgeben. Anhängsel ziemlich groß, hellgelb bis grünlichgelb, aufwärts gerichtet.

ABGRENZUNG ZU ÄHNLICHEN ARTEN

Die Art kann mit *Ophrys holoserica* oder mit *Ophrys minoa* verwechselt werden, unterscheidet sich aber von diesen vor allem durch das schildförmige, braunviolette Basalfeld, das mit einem breiten weißen Rand umgeben ist. In bestimmten Populationen wo sie zusammen mit *Ophrys holoserica* vorkommt, sind die beiden Arten manchmal durch Zwischenformen miteinander verbunden.

Ophrys minoa hat kleinere Blüten und eine stark gehöckerte Lippe.

STANDORT

Lichte Kiefernwälder, Macchien, Phrygana, Magerrasen, Böschungen und grasige Wiesenflächen; auf kalkreichen Böden.

BLÜTEZEIT

(Mitte) Ende April bis Mitte Mai. *Ophrys candica* blüht im gesamten Verbreitungsgebiet meist relativ spät (etwa zwei Wochen später als *Ophrys holoserica*).

HÖHENVERBREITUNG

Von der Küste bis 900 m.

GESAMTVERBREITUNG

Östliches und zentrales Mittelmeergebiet. Beschränkt auf kleine Teilareale in Südeuropa (Apulien, Südpeloponnes, Südsizilien, Kreta, Rhodos, Samos und die Südwesttürkei). Sie ist in ihrem gesamten Verbreitungsgebiet selten.

VERBREITUNG IN DER TÜRKEI

Nur in der Agäis- und westlichen Mittelmeer-Region.

NOTIZEN ZU EINIGEN FUNDORTEN

Ophrys candica ist eine sehr variabele Art, die nur von wenigen Fundorten in der Südwesttürkei bekannt ist.

Sie wurde bis jetzt unter anderem in der Umgebung von Kemalpasa (İzmir), bei Söke (Aydın), bei Karaböğürtlen (Muğla), bei Yatağan (Muğla) und bei Kazıkbeli (Denizli) gefunden.

Einer der schönsten Standorte befindet sich südlich von Kemalpasa (İzmir). Hier wächst *Ophrys candica* in wenigen Exemplaren auf grasigen Wiesenflächen am Rande lichter Laub- und Kiefernwälder und in kleinen Kiefernwäldern, die sich mit Ackerflächen abwechseln.

An der Straße von Kuşadası nach Söke (Aydın) blüht *Ophrys candica* Ende April bis Mitte Mai in der lockeren Phrygana und in lichtem Kiefernwald zusammen mit *Ophrys heterochila*, *Ophrys holoserica*, *Orchis fragrans*, *Orchis sancta*, *Serapias bergonii* und der sehr seltenen *Ophrys regis-ferdinandii*.

◀ Söke (Aydın), 13.5.1996, C. A. J. KREUTZ

Söke (Aydın), 13.5.1996, C. A. J. KREUTZ

Manisa (İzmir), 4.5.1988, W. Lüders

Yukarıkızılca (İzmir), 14.5.1996, C. A. J. Kreutz

Leider ist dieser Standort durch starke Beweidung und dichter werdende Macchie besonders gefährdet.

Bei Karaböğürtlen findet man *Ophrys candica* vereinzelt in einem lichten Kiefernwald mit Unterwuchs, zusammen mit *Anacamptis pyramidalis, Cephalanthera epipactoides, Limodorum abortivum, Orchis morio* subsp. *picta* und *Serapias bergonii*.

BEMERKUNGEN

Die ersten Angaben aus der Türkei stammen wahrscheinlich von Sundermann & Taubenheim (1978). Sie schreiben, daß manche Exemplare eine breite weiße Begrenzung des Mals zeigen und daß diese Pflanzen sich der *Ophrys fuciflora* var. *candica* Sundermann nähern.

An vielen Standorten kommt *Ophrys candica* vereinzelt oder in größeren Populationen zerstreut und gemeinsam mit *Ophrys holoserica* vor.

Die taxonomische Stellung von *Ophrys candica* ist umstritten. Bei vielen Autoren wird sie als selbständige Art geführt (unter anderem von Buttler, 1986; Baumann & Künkele, 1982a, 1988a; Delforge, 1994), bei anderen als Unterart von *Ophrys fuciflora,* beziehungswiese von *Ophrys holoserica* (siehe Nelson, 1962; Renz & Taubenheim, 1984). Bei Sundermann (1980) wird sie sogar nur als eine Varietät von *Ophrys fuciflora* (*Ophrys holoserica*) bewertet. Nach Baumann & Künkele (1981b) ist es aber angemessen, diese morphologisch gut charakterisierte Sippe als separate Art zu betrachten.

HYBRIDEN

Mit *Ophrys calypsus, Ophrys episcopalis, Ophrys heterochila* und *Ophrys oestrifera* nachgewiesen.

Manisa (İzmir), 4.5.1988, W. LÜDERS

Kemalpaşa (İzmir), 4.5.1988, C. A. J. KREUTZ

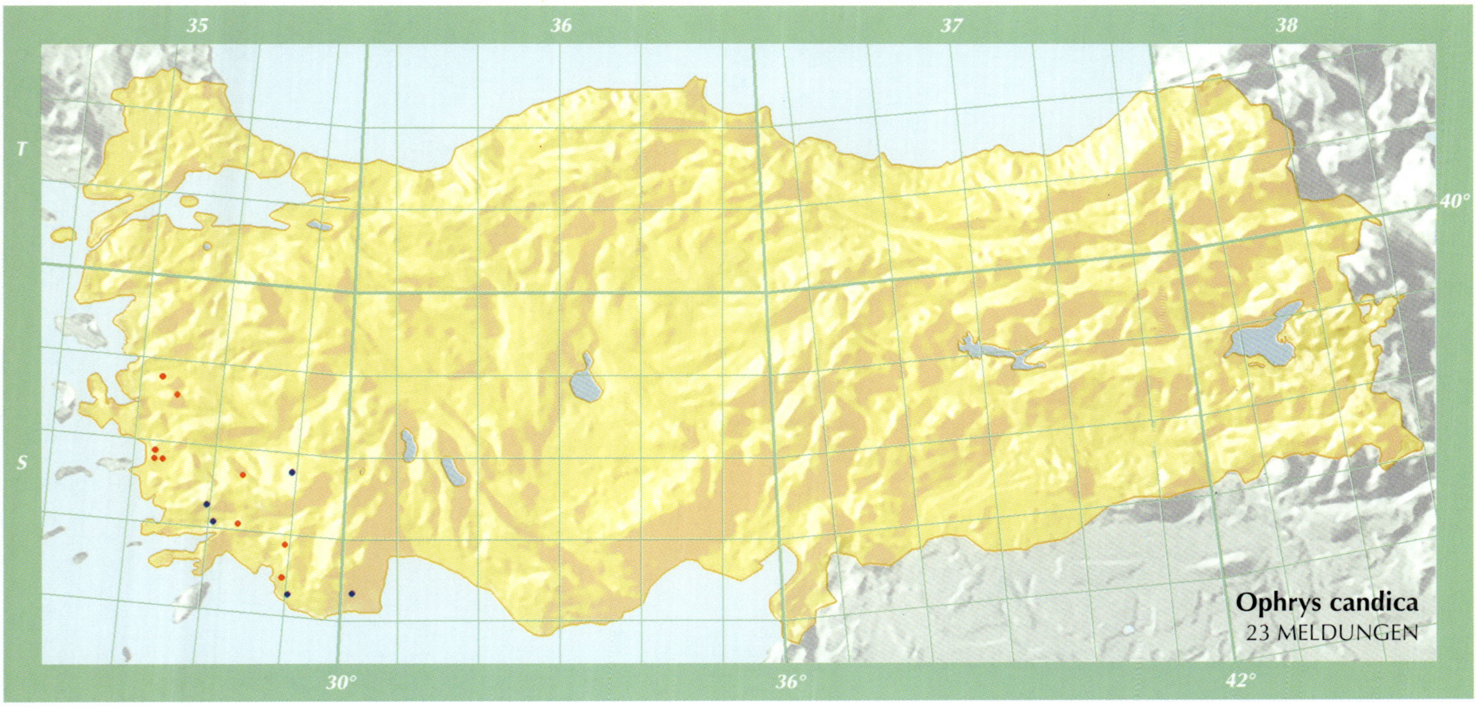

77

Ophrys episcopalis POIRET

Großblütige Ragwurz

(in LAMARCK: Encycl. méth. Bot. suppl. 4: 170, 1816)

SYNONYME

Ophrys fuciflora subsp. *maxima* (H. FLEISCHMANN) SOÓ, *Ophrys holoserica* subsp. *maxima* (H. FLEISCHMANN) W. GREUTER, *Ophrys fuciflora* var. *maxima* H. FLEISCHMANN

BESCHREIBUNG

Kräftige und hochwüchsige Pflanze mit einem lockeren Blütenstand mit etwa 4 bis 12 Blüten, diese sehr groß und meist ziemlich variabel in der Form und Farbe. Sepalen lanzettlich-eiförmig, weißlich, rosa oder rötlich gefärbt, aufrecht bis leicht zurückgeschlagen. Petalen dreieckig, ziemlich klein und meist intensiver als die Sepalen gefärbt. Lippe sehr groß, trapezförmig bis quadratisch, flach bis stark gewölbt, gehöckert, sehr selten schwach dreilappig, dunkel- bis gelblichbraun, an den Rändern meist dicht gelblich bis gelblichbraun behaart. Malzeichnung sehr variabel und meist über die ganze Lippe verteilt, bräunlich, gelblich bis violett, oft mit breiten und elfenbeinfarbigen Rändern umgeben. Anhängsel breit und groß, gelblichgrün, aufwärts gerichtet.

ABGRENZUNG ZU ÄHNLICHEN ARTEN

Ähnelt *Ophrys holoserica* und *Ophrys candica*. Sie unterscheidet sich von *Ophrys holoserica* durch den kräftigen Habitus, die größeren Blüten, die kleinen Petalen, die stark gewölbte Lippe mit gelblicher bis gelbbrauner, dichter und umfassender oder aber auch nur spärlicher Randbehaarung; ferner durch eine spätere Blütezeit. Von *Ophrys candica* neben der Blütengröße hauptsächlich durch die Malzeichnung unterschieden, die bei *Ophrys candica* schildförmig und mit einem breiten weißen Rand umgeben ist.

STANDORT

Macchien, Phrygana, Straßengräben, Magerrasen, Ödland, Gebüschsäume, lichte Kiefern- und Eichenwälder und Gebüsch; auf mäßig feuchten, kalkhaltigen Böden.

BLÜTEZEIT

Mitte April bis Mitte Juni, etwa zwei bis drei Wochen später als *Ophrys holoserica*.

HÖHENVERBREITUNG

Von der Küste bis etwa 1.600 m.

GESAMTVERBREITUNG

Besonders im östlichen mediterranen Gebiet verbreitet, nämlich in der Ägäis, auf Kreta, in der Türkei und in Israel. An vielen Stellen im gleichen Areal wie *Ophrys holoserica*.

VERBREITUNG IN DER TÜRKEI

Ägäis- und Mittelmeer-Region. Ob die Art auch in Ostanatolien vorkommt, ist nicht genau bekannt, weil Angaben aus diesem Gebiet meistens Arten der *Ophrys bornmuelleri*-Gruppe zugeordnet werden. Ferner besteht die Möglichkeit, daß *Ophrys episcopalis* irrtümlicherweise als *Ophrys holoserica* bestimmt wurde.

NOTIZEN ZU EINIGEN FUNDORTEN

Typische Exemplare von *Ophrys episcopalis* findet man auf einem alten Friedhof bei Gözne. Viele Pflanzen wachsen hier in einem lockeren Kiefernwald an grasigen, mäßig feuchten Stellen. Sie kommt hier zusammen mit *Ophrys holoserica* vor, die aber viel kleinere Blüten besitzt und etwa zwei Wochen früher blüht.

Ferner kommen sehr schöne und typische Exemplare von *Ophrys episcopalis* an zwei weiteren Fundstellen vor, nämlich bei Yeniköy (İçel) und bei Datça (Muğla). Am Standort bei Yeniköy wachsen besonders kräftige und großblütige Exempla-

Yayladağı (Hatay), 11.5.1988, C. A. J. KREUTZ

Yayladağı (Hatay), 22.5.1995, C. A. J. KREUTZ

◄ **Gözne (İçel), 10.5.1988,** C. A. J. KREUTZ

Yeniköy (İçel), 21.5.1997, C. A. J. Kreutz

Yeniköy (İçel), 21.5.1997, C. A. J. Kreutz

re in der Phrygana und in den Wiesenflächen. Die Pflanzen blühen hier etwa Ende Mai, unter anderem zusammen mit *Ophrys amanensis* und *Ophrys phrygia*. Mit *Ophrys phrygia* bildet sie häufig Hybriden. Bei Datça kommt sie am Standort von *Ophrys calypsus* vor und blüht hier schon Mitte April.
Westlich Marmaris, an der Straße nach Datça (Muğla) wurden 1996 in einem Kiefernwald mit grasigen Stellen und Randbereichen im Übergang zur Phrygana viele riesige Exemplare gefunden. Bei zwei aufblühenden Pflanzen betrug die Wuchshöhe bereits 70 cm, und sie hatten mehr als 10 Blüten.
Außerdem bei Yayladağı (Hatay) an verschiedenen Stellen. Hier vor allem an Straßenrändern, in Phryganaflächen, lichten Nadelwäldern und auf alten, verlassenen Friedhöfen. *Ophrys episcopalis* ist in diesem Gebiet besonders häufig auf einem alten Friedhof südlich Antakya. Sie blüht hier Mitte bis Ende Mai, zusammen mit *Anacamptis pyramidalis, Epipactis turcica* (Mitte Mai bereits aufgeblüht), *Ophrys holoserica, Ophrys transhyrcana* und *Orchis fragrans*. Dieser Friedhof ist ziemlich zugewachsen, aber es sind noch genügend offene Wiesenflächen vorhanden. Die Vegetation wird nicht beweidet oder gemäht, wodurch die Orchideen hier ungestört zur Blüte kommen können.

Bemerkungen

Paulus & Gack (1986) haben gezeigt, daß *Ophrys holoserica* und *Ophrys episcopalis* (damals noch *Ophrys holoserica* subsp. *maxima* (Fleischmann) W. Greuter) durch unterschiedliche Bestäuber reproduktiv isoliert sind und haben beide Formen als Biospezies eingeführt.

Problematik

An verschiedenen Stellen kommt *Ophrys episcopalis* zusammen mit *Ophrys holoserica*, selten auch mit *Ophrys candica* vor. An diesen Standorten treten häufig Übergangspopulationen auf, die Schwierigkeiten bei der Bestimmung bereiten, wie zum Beispiel bei Karatepe (Adana) und auf dem Friedhof bei Soğucak (İçel).

Hybriden

Ophrys episcopalis bildet mit *Ophrys holoserica* fließende Übergänge, die meist schwer zu bestimmen sind. Es wurden Bastarde mit *Ophrys candica, Ophrys heterochila, Ophrys levantina* und *Ophrys phrygia* nachgewiesen.

Yayladağı (Hatay), 11.5.1988, C. A. J. Kreutz

Yeniköy (İçel), 21.5.1997, C. A. J. Kreutz

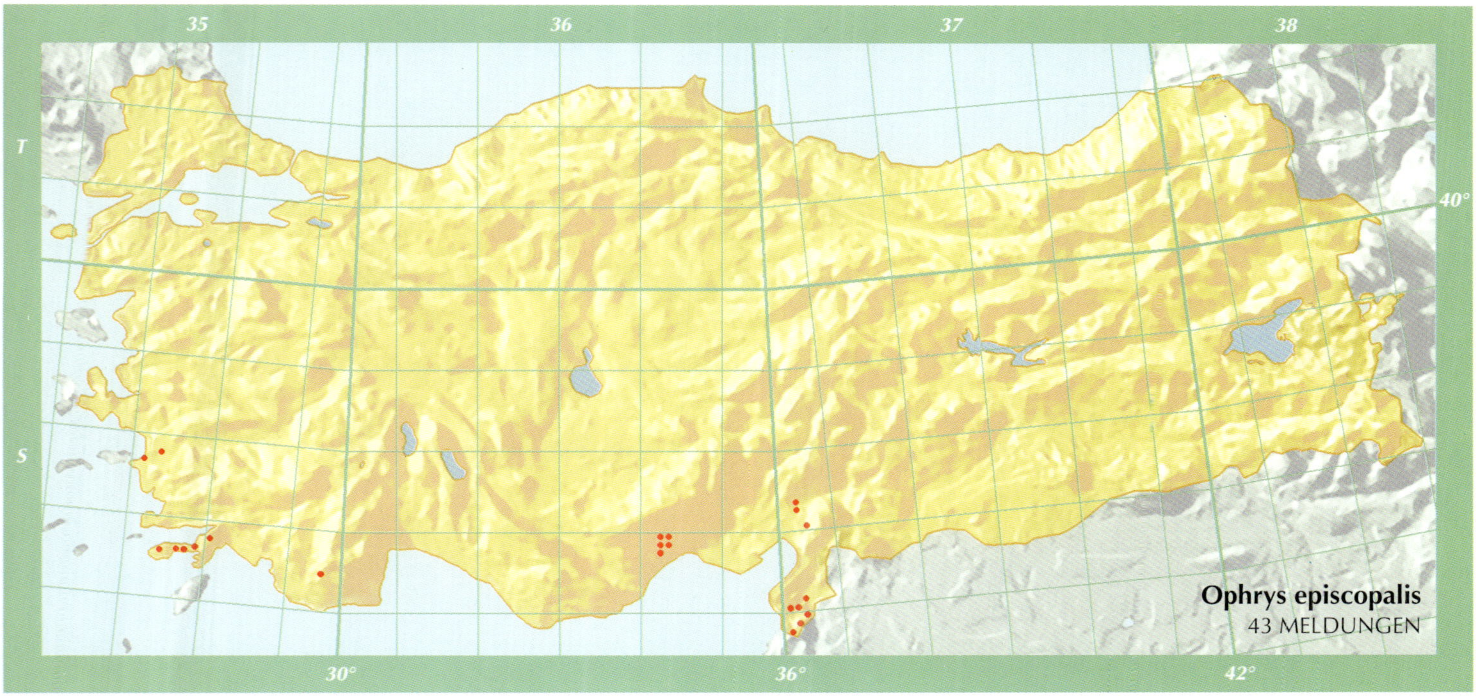

78

Ophrys holoserica (N. L. BURMAN) W. GREUTER

Hummel-Ragwurz (Boissiera 13: 185, 1967)

BASIONYM

Orchis holosericea N. L. BURMAN (in Nova Acta Acad. Leop. Carol. 4, app.: 237, 1770)

SYNONYME

Ophrys fuciflora (F. W. SCHMIDT) MÖNCH, *Ophrys fuciflora* CRANTZ, *Ophrys arachnitis* SCOPOLI, *Ophrys arachnitis* (SCOPOLI) REICHARD, *Arachnitis fuciflora* F. W. SCHMIDT, *Ophrys arachnoides* ANDREANSZKY, *Ophrys fuciflora* subsp. *linearis* MOGGRIDGE

BESCHREIBUNG

Schlanke Pflanze. Blütenstand locker mit etwa 2 bis 10 Blüten; diese mittelgroß, meist ziemlich variabel in der Größe, Form und Farbe. Sepalen länglich-eiförmig, weißlich, rosa oder rötlich gefärbt, aufrecht bis leicht zurückgeschlagen. Petalen dreieckig, dunkler als die Sepalen. Lippe oval bis trapezförmig, schwach konvex gewölbt, gehöckert, sehr selten schwach dreilappig, dunkelbraun, an den basalen Rändern oft dicht behaart. Malzeichnung sehr variabel, über die ganze Lippe verteilt oder auch nur einfach X-förmig, bräunlich bis violett, weiß umrandet. Anhängsel ziemlich breit, gelblichgrün, aufwärts gerichtet.

ABGRENZUNG ZU ÄHNLICHEN ARTEN

Ähnelt *Ophrys heterochila* und *Ophrys episcopalis*.

Im Vergleich zu *Ophrys heterochila* ist *Ophrys holoserica* durch ihre größeren Blüten und ihre große, flachere, fächerförmige-quadratische Lippe zu erkennen

Ophrys episcopalis hat einen viel kräftigeren Habitus, besitzt größere Blüten (fast doppelt so groß) und blüht etwa zwei Wochen später als *Ophrys holoserica*.

Ebenfalls verwechselbar mit *Ophrys candica*, *Ophrys homeri*, *Ophrys minoa* und *Ophrys calypsus*, die sich aber vor allem durch eine andere Malzeichnung und Lippenform von *Ophrys holoserica* unterscheiden. Außerdem sind die Blüten von *Ophrys minoa* und von *Ophrys calypsus* mit zwei kräftigen (spitzen) Höckern versehen.

STANDORT

Lichte Nadel- und Eichenwälder, Gebüsch, Macchien, Phrygana, Straßengräben, Magerrasen, Ödland und Gebüschsäume; auf trockenen bis schwach feuchten, kalkhaltigen Böden.

BLÜTEZEIT

Mitte April bis Ende Mai, etwa zwei Wochen früher als *Ophrys episcopalis*.

HÖHENVERBREITUNG

Von der Küste bis etwa 1.600 m.

GESAMTVERBREITUNG

Von England (Kent) über Mitteleuropa bis Vorderasien. Nicht in Spanien und Portugal. Selten in Südfrankreich. Im Mittelmeerraum wird *Ophrys holoserica* häufig durch andere Arten ersetzt, unter anderem durch *Ophrys minoa* oder Arten aus der *Ophrys bornmuelleri*-Gruppe.

VERBREITUNG IN DER TÜRKEI

Marmara-, Ägäis- und Mittelmeer-Region. Auch in Ostanatolien, wo eine kleinblütige Form von *Ophrys holoserica* vorkommt. Angaben von *Ophrys holoserica* aus Ostanatolien könnten dem *Ophrys bornmuelleri*-Formenkreis angehören.

NOTIZEN ZU EINIGEN FUNDORTEN

Ophrys holoserica ist in der Türkei weit verbreitet. Ihre Standorte sind aber meist nur mit wenigen blühenden Exemplaren besetzt.

In der weiteren Umgebung von Marmaris, Köyceğiz, Karabögürtlen und Ortaca (Muğla) kommt *Ophrys holoserica* an vielen Stellen vor, meist jedoch nur in wenigen Exemplaren. Man findet sie dort in unterwuchsreichen Kiefernwäldern und in wechselfeuchten Wiesen, begleitet von *Anacamptis pyramidalis*, *Limodorum abortivum*, *Ophrys bombyliflora*, *Ophrys blitopertha*, *Ophrys mammosa*, *Ophrys minoa*, *Orchis fragrans*, *Orchis italica* und *Orchis sancta*, in den feuchteren Gebieten auch von *Orchis laxiflora* und *Serapias bergonii*. *Ophrys holoserica* kommt in diesem Gebiet in typischer Ausprägung vor; die Hauptblütezeit liegt etwa Ende April.

Auf den beiden Friedhöfen von Demircili (İçel) kommt *Ophrys holoserica* auch vor. An diesen Standorten wachsen schöne Exemplare in den grasigen, mäßig feuchten Wiesenflächen. Die Hauptblütezeit liegt hier Ende Mai, etwa einen Monat später als die Blütezeit von *Ophrys levantina* und *Ophrys lucis*, die hier auch vorkommen.

Typische Exemplare wachsen auch bei Gözne (İçel), wo sie zusammen mit *Anacamptis pyramidalis*, *Himantoglossum affine*, *Ophrys episcopalis*, *Ophrys phrygia*, *Ophrys straussii*, *Orchis anatolica*, *Orchis fragrans*, *Orchis syriaca* und *Orchis triden-*

◄ **Kulp (Diyarbakır), 14.5.1988,** C. A. J. KREUTZ

Soğuçak (İçel), 21.5.1995, C. A. J. KREUTZ

Soğuçak (İçel), 21.5.1995, C. A. J. Kreutz

Karatepe (Adana), 21.5.1995, C. A. J. Kreutz

Ortaca (Muğla), 16.4.1997, C. A. J. Kreutz

Ortaca (Muğla), 16.4.1997, C. A. J. Kreutz

tata auf einem alten Friedhof vorkommt, der mit lockerem Kiefernwald und Wiesenflächen besetzt ist.
Auch einige Kilometer südlich Feke, an der Straße Kozan - Feke (Adana) kommt *Ophrys holoserica* in typischer Ausprägung vor (Taubenheim, Diaarchiv).
Im Ausgrabungsgelände von Karatepe (Adana), sowie südlich Antakya (Hatay) wachsen viele Exemplare von *Ophrys holoserica*. Diese Pflanzen weisen eine Affinität zu *Ophrys bornmuelleri* auf und könnten Übergangsformen zu dieser Art darstellen, die am gleichen Standort vorkommt.
In Ostanatolien kommt sie unter anderem an vielen Stellen an der Straße von Pervari nach Siirt (Siirt), sowie an feuchten Stellen in den weitläufigen Wiesen an der Straße von Lice nach Kulp (Diyarbakır) vor.

BEMERKUNGEN

Ophrys holoserica ist in der Türkei hauptsächlich auf den Westen und den Süden beschränkt, wo sie besonders in küstennahen Gebieten vorkommt.
In Ostanatolien ist sie weit, aber sporadisch verbreitet und dringt weit nach Osten bis in die Provinz Siirt vor, wo diese Pflanzen oft zu *Ophrys levantina* tendieren.
In der Provinz Diyarbakır sind typische Exemplare von *Ophrys holoserica* selten; diese Pflanzen sind meist sehr kleinblütig.
Im Norden (Pontus) fehlen Arten des *Ophrys holoserica*-Komplexes.
In der Türkei ist *Ophrys holoserica* vor allem in der Ägäis-Region durch fließende Übergänge mit *Ophrys oestrifera* verbunden, wie etwa in der Umgebung nördlich von Mersin (İçel) und südlich Antakya (Hatay) mit *Ophrys episcopalis*.
Renz & Taubenheim (1984) haben mit Ausnahme von *Ophrys candica* und *Ophrys heterochila* alle anderen Funde aus diesem Verwandschaftskreis (*Ophrys calypsus*, *Ophrys homeri*, *Ophrys minoa*, *Ophrys episcopalis*) unter *Ophrys holoserica* zusammengefaßt.

PROBLEMATIK

Ophrys holoserica ist in der Türkei sehr vielgestaltig und heterogen. Vergleiche mit Pflanzen aus benachbarten Gebieten und aus Mitteleuropa haben gezeigt, daß die Zuordnung bei *Ophrys holoserica* s. str. sehr zweifelhaft ist und weitere Untersuchungen erfordert (Kreutz & Peter, 1997). Besonders die Ostanatolischen Pflanzen, wie zum Beispiel aus dem Gebiet Lice-Kulp (Diyarbakır) weichen stark von den mitteleuropäischen ab. Sie sind unter anderem kleinwüchsiger und kleinblütiger. Auffällig sind die kleinen Sippendifferenzen der Ostanatolischen Form zu *Ophrys heterochila* und *Ophrys carduchorum*.

Kulp (Diyarbakır), 14.5.1988, C. A. J. Kreutz

HYBRIDEN

Mit *Ophrys carduchorum*, *Ophrys oestrifera*, *Ophrys heterochila*, *Ophrys phrygia*, *Ophrys schulzei* und *Ophrys ziyaretiana* festgestellt.

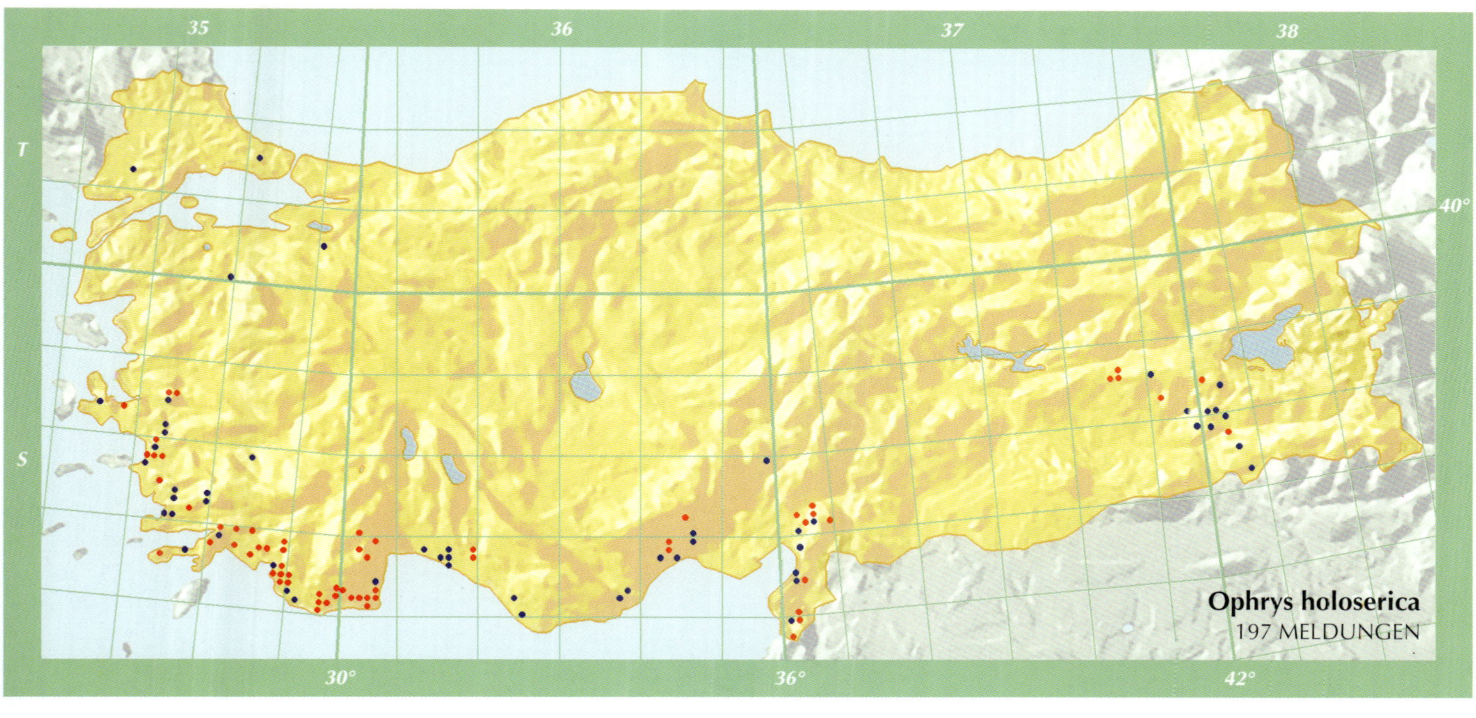

79 Ophrys homeri

Hirth & Spaeth

Homer-Ragwurz

(Jour. Eur. Orch. 30 (1): 9, 1998; Vorausabdruck: 30.9.1997)

BESCHREIBUNG

Mittelgroße, schlanke Pflanze, meist reichblütig. Blütenstand locker und relativ langgestreckt. Blüten mittelgroß bis groß. Perigonblätter hell- bis dunkelrosa. Sepalen mit grünem Mittelnerv, die seitlichen länglich eiförmig, das Mittelsepal in der Regel nach vorn geschlagen, an den Rändern nach hinten eingerollt. Petalen zungenförmig, stark geöhrt, papillös behaart, meist etwas dunkler als die Sepalen. Lippe ganzrandig oder schwach bis deutlich dreilappig, längsoval bis rundlich, konvex gewölbt, schwach gehöckert, dunkelbraunrot bis rotbraun gefärbt, häufig mit einem mehr oder weniger breiten gelben Rand, schwach behaart, im Schulterbereich stärker behaart. Mal glänzend in der Farbe der Lippe, ein langes Basalfeld umfassend, durch mehr oder weniger breite gelbe Bändchen eingefaßt, die sich oft seitlich verzweigen oder auch tropfenförmig enden, in der Form einer breit ausgezogenen H-Zeichnung mit häufig schildartig erweitertem Steg, Ausläufer der Längsstreifen eine Tendenz zum Kreiseinschluß zeigend. Anhängsel breit, drei- oder mehrzähnig, gelb, vorgestreckt bis aufwärts gebogen.

ABGRENZUNG ZU ÄHNLICHEN ARTEN

Ophrys homeri gehört mit *Ophrys calypsus* zum *Ophrys heldreichii*-Formenkreis, außerdem bestehen Übergänge zu *Ophrys candica* und *Ophrys minoa*. *Ophrys homeri* ist nicht immer leicht von diesen Arten zu unterscheiden. *Ophrys homeri* ist eine schlanke Pflanze mit ziemlich großen Blüten, einer längsovalen bis rundlichen Lippenform mit einer schwachen Lippenwölbung (die Blüten von *Ophrys calypsus* haben eine recht starke Lippenwölbung und wirken daher kugelig). Die Form der Lippe ist queroval bis rundlich, ganzrandig oder schwach bis deutlich dreilappig, konvex gewölbt (Hirth & Spaeth, 1997). Die Malzeichnung ist vielgestaltig und ähnelt oft der von *Ophrys holoserica, Ophrys candica, Ophrys phrygia* und *Ophrys oestrifera* oder Übergangformen dieser Arten.

STANDORT

Lichte Kiefernwälder, Phrygana, Macchien, grasige Hänge, Olivenhaine, Straßenböschungen und Wiesenflächen; auf frischen, mäßig trockenen bis feuchten, basen- oder kalkreichen Böden.

BLÜTEZEIT

Anfang April bis Mitte Mai.

HÖHENVERBREITUNG

Von 50 m bis 700 m.

GESAMTVERBREITUNG

Bis jetzt nur von einigen ostägäischen Inseln (Chios, Lesbos, Leipsoi und Kos) und der Südwesttürkei bekannt. Fotografische Belege von Terpe (briefl. Mittlg., 1997) zeigen, daß *Ophrys homeri* auch auf Rhodos vorkommt. Mit großer wahrscheinlichkeit dürfte *Ophrys homeri* auf weiteren Inseln in der Ägäis zu finden sein.

VERBREITUNG IN DER TÜRKEI

Südwesttürkei, bisher nur aus der Umgebung von Bodrum (Muğla) bekannt.

NOTIZEN ZU EINIGEN FUNDORTEN

Die Art wurde 1993 erstmals im Gebiet von Bodrum gefunden (mündl. Mittlg., Rückbrodt, 1997) und 1997 von Hirth & Spaeth als *Ophrys homeri* bestimmt. Somit schließt sich dieses Vorkommen an das bereits bekannte Verbreitungsgebiet in der Ostägäis an.

◀ **Torba (Muğla), 7.4.1997,** C. A. J. Kreutz

Torba (Muğla), 18.4.1996, D. Rückbrodt

Torba (Muğla), 18.4.1996, D. Rückbrodt

Torba (Muğla), 7.4.1997, C. A. J. Kreutz

Karaova (Muğla), 4.4.1996, C. A. J. Kreutz

Torba (Muğla), 7.4.1997, C. A. J. Kreutz

An der Straße von Bodrum nach Karaova (Muğla) wurde in einem lichten Kiefernwald, am gleichen Standort wo auch *Ophrys omegaifera* vorkommt, eine sehr schöne Gruppe von *Ophrys homeri* gefunden. Anfang April waren die Pflanzen bereits in Hochblüte. Sie waren anfangs schwierig zu bestimmen. Gölz hatte ähnliche Pflanzen in einem Vortrag über Kythira gezeigt. Nach Reinhard (briefl. Mittlg., 1996) stellen die Pflanzen sicherlich keine *Ophrys candica* oder *Ophrys minoa* dar, weil das Basalfeld zu groß und die Petalen zu lang sind. Diskussionen mit Rückbrodt, Gügel und Zaiss haben ergeben, daß es sich hier um *Ophrys homeri* handelt. Später wurde dieser Fund auch von Hirth (briefl. Mittlg., 1997) bestätigt. An weiteren Orchideen wurden hier noch *Anacamptis pyramidalis, Neotinea maculata, Ophrys blitopertha, Ophrys iricolor, Ophrys labiosa, Ophrys omegaifera, Ophrys sicula, Orchis collina, Orchis morio* subsp. *picta, Orchis papilionacea* subsp. *heroica, Serapias orientalis* subsp. *carica* und *Serapias bergonii* gefunden.

Ein zweiter Standort liegt nordwestlich von Bodrum (Muğla), wo über 50 Pflanzen vorkommen. Die Art wächst hier in einem Olivenhain mit grasigem Unterwuchs. Weitere Bestände gibt es einige hundert Meter weiter in der Nähe eines Phryganastreifens. *Ophrys homeri* blüht hier ab der zweiten Aprilwoche und bildet an einigen Stellen größere Populationen. Die Pflanzen sind ziemlich hochwüchsig und reichblütig. Auch im Jahre 1997 wurde dieser Standort vom Verfasser besucht und vermutlich wegen des sehr feuchten Frühlings hatte sich die Anzahl blühender Pflanzen auf etwa 120 erweitert. Es ist übrigens bemerkenswert, daß in der weiteren Umgebung, in der viele Olivenhaine mit grasigem Unterwuchs vorhanden sind, nicht eine Pflanze dieser Art gefunden wurde. Es handelt sich deshalb um eine ziemlich kleine, isolierte Population, für die Schutzmaßnahmen erforderlich sind. Das Gelände wird mit Rindern beweidet die viele Pflanzen zertrampeln. Dieser Standort ist besonders interessant, weil hier auch die seltene *Ophrys lesbis* wächst. In der Nähe der *Ophrys homeri*-Population wachsen Pflanzen, die Merkmale von *Ophrys heterochila* aufweisen. Möglicherweise stellen diese Übergangsformen zu dieser Art dar.

BEMERKUNGEN

Hirth & Spaeth (1997) haben *Ophrys homeri* von der ostägäischen Insel Chios (Umgebung von Vessa) beschrieben. Die Art weist große Ähnlichkeit mit *Ophrys calypsus, Ophrys candica, Ophrys minoa* und *Ophrys holoserica* auf. Die Bestimmung von *Ophrys homeri* ist nicht einfach, und die Art kann leicht mit einer der obengenannten Arten verwechselt werden.

Torba (Muğla), 7.4.1997, C. A. J. Kreutz

HYBRIDEN

Nachgewiesen mit *Ophrys heterochila*.

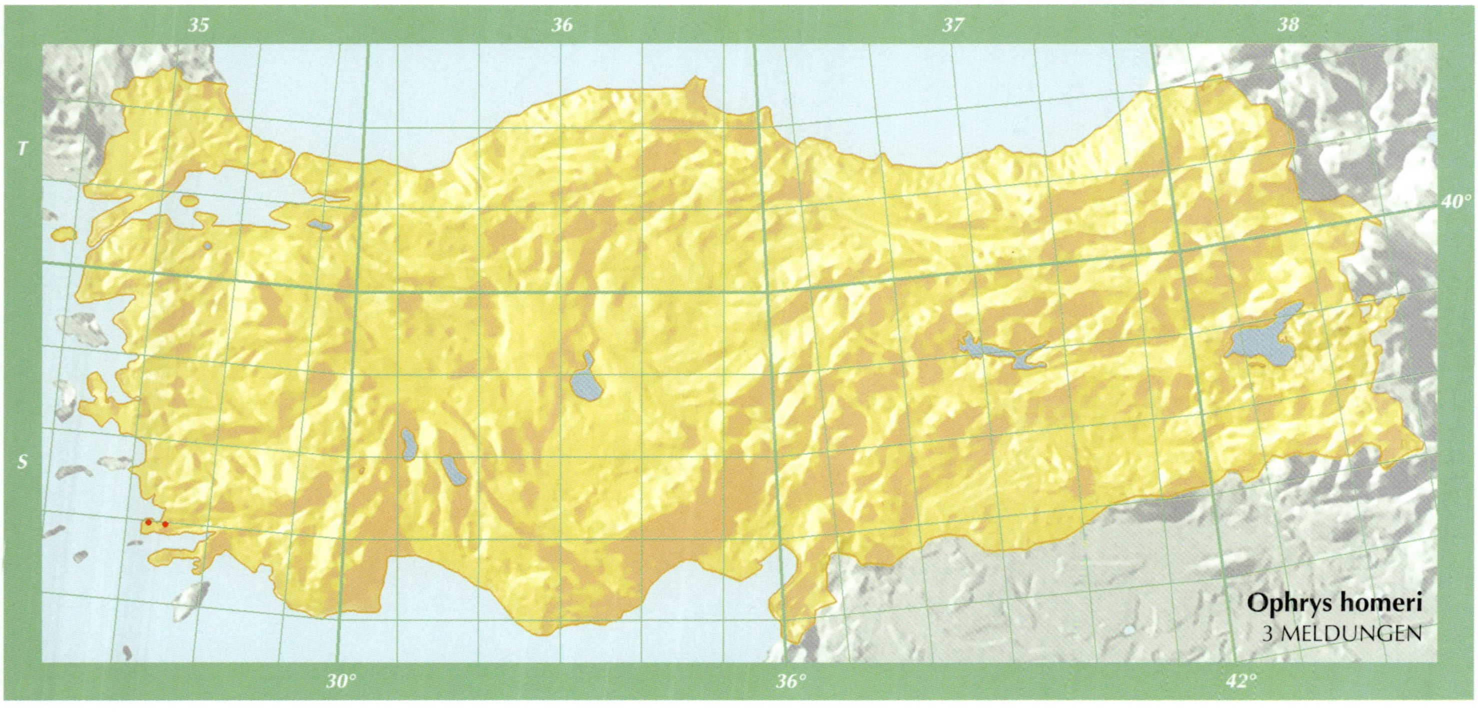

80 Ophrys minoa

(C. & A. ALIBERTIS) P. DELFORGE

Minoische Ragwurz

(Natural. belges, 72 (3): 101, 1991)

BASIONYM

Ophrys candica subsp. *minoa* C. & A. ALIBERTIS (L'Orchidophile 20 (87): 111-112, 1989)

BESCHREIBUNG

Relativ kräftige und robuste Pflanze mit einem lockeren Blütenstand, der etwa 4 bis 12 Blüten trägt. Blüten mittelgroß. Sepalen länglich-eiförmig, leicht zurückgeschlagen, weißlich, rosa oder rötlich mit grünem Mittelnerv. Petalen klein, dreieckig und dunkler als die Sepalen gefärbt. Lippenform ähnlich *Ophrys holoserica*, ziemlich ausgebreitet, flach und an den Seitenrändern zurückgeschlagen, deutlich mit zwei kräftigen (spitzen) Höckern versehen, dunkelbraun bis rötlichbraun, am Rande stark bis spärlich silbrig behaart. Malzeichnung hauptsächlich über den basalen und mittleren Teil der Lippe ausgebreitet, schildförmig, das braunviolette Basalfeld von einem breiten elfenbeinfarbigen Rand umgeben. Anhängsel ziemlich breit und kurz, gelbgrün, aufwärts gerichtet.

ABGRENZUNG ZU ÄHNLICHEN ARTEN

Ähnelt hauptsächlich *Ophrys candica*, unterscheidet sich von dieser Art durch kleinere Blüten und die stark gehöckerte Lippe. Außerdem ist die Malzeichnung vor allem auf den basalen und mittleren Teil der Lippe beschränkt. Ferner sind die Pflanzen kräftiger, schlanker und hochwüchsiger.

STANDORT

Lichte Kiefernwälder, Olivenhaine, Macchien, Phrygana und in Gebüsch; auf basen- oder kalkreichen Böden.

BLÜTEZEIT

Anfang April bis Mitte Mai.

HÖHENVERBREITUNG

Von der Küste bis 800 m.

GESAMTVERBREITUNG

Der Verbreitungsschwerpunkt befindet sich auf Kreta und in der Südwesttürkei. Nach DELFORGE (1992) kommt die Art auch auf dem griechischen Festland (Peloponnes) und auf weiteren Ägäischen Inseln vor; wahrscheinlich auch im Nahen Osten (Syrien, Libanon und Israel) und Nordafrika (Lybien). Angaben aus dem östlichen Teil des Balkans beziehen sich möglicherweise auch auf *Ophrys minoa*.

VERBREITUNG IN DER TÜRKEI

Ägäis- und Mittelmeer-Region, von Kuşadası (Aydın) bis Demirtaş (Antalya).

NOTIZEN ZU EINIGEN FUNDORTEN

In den letzten Jahren sind in der Türkei mehrere Standorte bekannt geworden. Die größten Vorkommen dieser Art befinden sich wahrscheinlich in der Umgebung von Ağullu (Antalya), wo auch die äußerst seltene *Ophrys lycia* wächst. In Weiden und Ackerbauflächen, die durch hohe und dichte Buschgruppen umgrenzt sind, ist *Ophrys minoa* nicht selten und sogar häufig anzutreffen. Sie blüht dort Anfang bis Mitte April. Leider wurde 1997 beobachtet, daß diese Weiden und Ackerbauflächen durch Bauarbeiten weitgehend zerstört waren.

Der nördlichste Standort von *Ophrys minoa* befindet sich südlich Kuşadası (Aydın), wo sie auch 1995 gefunden wurde. In einem lichten Kiefernwald und an grasigen Stellen in einem Olivenhain in der Umgebung von Davutlar Savulca wurden fünf blühende Exemplare nachgewiesen. *Ophrys minoa* wurde an diesem Standort zusammen mit *Ophrys candica, Ophrys fusca* s. l., *Ophrys heterochila, Ophrys holoserica, Ophrys mammosa, Orchis papilionacea* subsp. *heroica, Orchis sancta, Serapias bergonii* und *Spiranthes spiralis* gefunden (briefl. Mittlg., HERTEL, 1996).

JANSEN (briefl. Mittlg., 1996) hat *Ophrys minoa* westlich Antalya in der Umgebung der Ausgrabungsstätte Olympos gefunden. Er beobachtete sie auf zwei alten Friedhöfen, die mit lichten Kiefernwäldern bestanden sind. Auch im Jahre 1997 waren an der Fundstelle viele Pflanzen zu beobachten. In den lichten Kiefernwäldern in der Umgebung von Olympos kommt *Ophrys minoa* tatsächlich an mehreren Stellen vor. Sie bildet hier selten größere Gruppen.

RÜCKBRODT (briefl. Mittlg., 1996) beschreibt einen Standort im Ausgrabungsgelände von Phaselis, südlich Kemer (Antalya), wo eine blühende Pflanze Anfang April 1995 in einem lichten Kiefernwald gefunden wurde. Im Jahre 1996 wurden an diesem Standort vier und 1997 15 blühende Pflanzen nachgewiesen. Die Hauptblütezeit liegt an dieser Fundstelle um den 20. April. Hier wachsen weitere interessante Arten, wie *Cephalanthera epipactoides, Limodorum abortivum, Ophrys lucis, Orchis italica* und *Orchis syriaca*.

BEMERKUNGEN

Die Art wurde erst kürzlich von *Ophrys candica* abgetrennt und von Kreta von C. & A. ALIBERTIS (1989a) als *Ophrys candica* subsp. *minoa* beschrieben. Durch ihre Ähnlichkeit mit *Ophrys holoserica* und *Ophrys candica* wurde die Art vermutlich nicht früher erkannt. Sie ist im Südwesten der Türkei weit verbreitet, aber selten.

Ophrys minoa ist deutlich, vor allem in der Blütengröße, Pflanzenhöhe und die größere Höckerlänge von *Ophrys*

Ağullu (Antalya), 9.4.1996, C. A. J. KREUTZ

◀ Ağullu (Antalya), 9.4.1996, C. A. J. KREUTZ

Phaselis (Antalya), 19.4.1997, C. A. J. Kreutz

Ağullu (Antalya), 9.4.1996, C. A. J. Kreutz

Phaselis (Antalya), 10.4.1996, C. A. J. Kreutz

Phaselis (Antalya), 19.4.1997, C. A. J. Kreutz

Ağullu (Antalya), 9.4.1996, C. A. J. Kreutz

Ağullu (Antalya), 9.4.1996, C. A. J. Kreutz

holoserica, Ophrys candica und *Ophrys heterochila* zu unterscheiden. In einigen Gegenden ist diese Sippe sogar der einzige Vertreter aus dem *Ophrys holoserica*-Komplex. Im Süden der Türkei sind mit Sicherheit weitere Standorte zu finden.

Delforge (1992) gibt diese Art (eigene Beobachtungen und Literaturangaben) in der Türkei auch für den Nordwesten, den mittleren Süden, das Gebiet südlich Antakya und das Dreieck Diyarbakır-Bitlis-Van-Cirze an. Diese Angaben beziehen sich höchstwahrscheinlich jedoch auf *Ophrys episcopalis*, sowie Übergangspopulationen mit *Ophrys holoserica*. Auch die Abbildung in Delforge (1992), Seite 97, rechts unten, stellt eine etwas untypische *Ophrys episcopalis* oder eine Hybride von *Ophrys episcopalis* mit *Ophrys phrygia* dar.

HYBRIDEN

Mit *Ophrys lycia* und vermutlich auch mit *Ophrys antalyensis*.

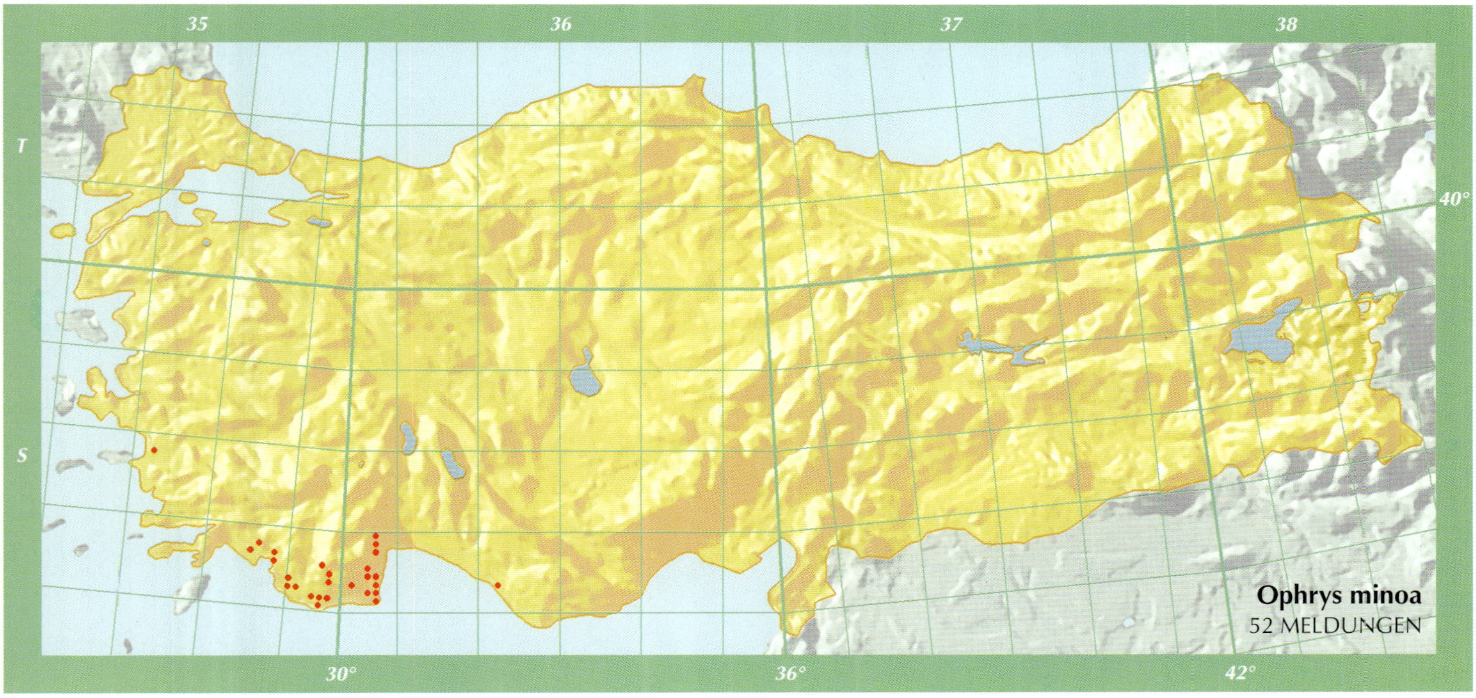

81 Ophrys heterochila

(RENZ & TAUBENHEIM) P. DELFORGE

Verschiedenlippige Ragwurz

(Natural. belges, 72 (3): 101, 1991)

BASIONYM
Ophrys holosericea subsp. *heterochila* RENZ & TAUBENHEIM (Die Orchidee 31 (6): 237, 1980)

SYNONYME
Ophrys fuciflora subsp. *heterochila* (RENZ & TAUBENHEIM) BLATT & WIRTH, *Ophrys heterochila* (RENZ & TAUBENHEIM) H. F. PAULUS & GACK

BESCHREIBUNG
Pflanzen zart, meist nicht höher als 25 cm, die meisten Exemplare viel niedriger. Blütenstand ziemlich locker, mit 3 bis 6 abstehenden, kleinen Blüten. Sepalen lanzettlich und stumpflich, rosa bis rosaviolett oder weißlich mit grünem Mittelnerv, die seitlichen stark zurückgeschlagen, das mittlere etwas nach vorne gekrümmt. Petalen dreieckig, meist etwas intensiver als die Sepalen getönt, stark zurückgeschlagen. Lippe ziemlich klein, stark gewölbt, ungeteilt bis schwach dreilappig, an der Basis mit kleinen Höckern, braun bis rötlichbraun oder braunpurpurn gefärbt. Malzeichnung sehr variabel und meist über zwei Drittel der ganzen Lippe (basaler Teil) verteilt. Anhängsel gelblichgrün, klein und aufwärts gerichtet.

VARIABILITÄT
Ophrys heterochila ist sehr variabel in der Gestaltung der Lippenform und -zeichnung. Ganzrandige und gelappte Lippen treten nebeneinander auf, das Mal kann sehr reduziert sein oder aber auch sehr großflächig und verzweigt. Besonders die Pflanzen auf Rhodos machen eine klare Umgrenzung der Sippe schwierig. Auch in der Türkei ist sie sehr vielgestaltig, und einige Populationen bereiten Identifikationsprobleme. Außerdem bildet die Art an verschiedenen Stellen, wie zum Beispiel südlich Akseki (Antalya), Übergangsformen mit *Ophrys bremifera*. Charakteristisches Merkmal aber sind die kleinen Blüten, die bei flüchtiger Betrachtung einer *Ophrys holoserica* ähneln.

ABGRENZUNG ZU ÄHNLICHEN ARTEN
Ähnelt *Ophrys oestrifera* und *Ophrys bremifera*, aber auch *Ophrys holoserica* und *Ophrys minutula*. Wie schon erwähnt, ist *Ophrys heterochila* schwierig zu bestimmen, außerdem ist sie äußerst variabel und bildet mit den obengenannten *Ophrys*-Arten oft Bastarde.

STANDORT
Macchien, Phrygana, lichte Kiefern- und Eichenwälder und in Gebüsch; auf kalkreichen Böden.

BLÜTEZEIT
Ophrys heterochila blüht relativ früh, nämlich von Ende Februar bis Mitte April in küstennahen Gebieten (Muğla und Hatay) und von Ende April bis Mitte Mai in höheren Lagen der Provinzen İzmir und Antalya.

HÖHENVERBREITUNG
Von der Küste bis 700 m.

GESAMTVERBREITUNG
Bisher nur aus der Türkei und von einigen ost- und zentralägäischen Inseln (Kalymnos, Leipsoi, Rhodos und Samos) bekannt.

VERBREITUNG IN DER TÜRKEI
In der Ägäis- und Mittelmeer-Region, dort vor allem in den Provinzen Muğla und Antalya.

NOTIZEN ZU EINIGEN FUNDORTEN
Schöne, kräftige und typische Exemplare dieser Art findet man in der Umgebung von Bodrum (Muğla). Südlich Güllük wächst sie dort in großer Zahl in grasigen Wiesenflächen an Gebüschrändern und in Olivenhainen an mäßig feuchten Stellen.
Am *locus classicus* bei Karaova (Muğla) ist *Ophrys heterochila* noch immer vorhanden. Die Blütezeit liegt an diesem Standort Mitte März. Leider ist dieser Standort durch Erweiterung eines großen Steinbruchs, der etwa 200 m vom Standort entfernt liegt, stark gefährdet.
Auch am Gökbel-Paß (Muğla) wurde *Ophrys heterochila* nachgewiesen. Sie wächst hier selten in steinigen, unterwuchsarmen Kiefernwäldern und wurde hier schon von TAUBENHEIM (RENZ & TAUBENHEIM, 1984) nachgewiesen.
In der Umgebung von Göçek in der Provinz Muğla ist *Ophrys heterochila* weit verbreitet und besonders vielgestaltig. Es kommen Pflanzen mit mittelgroßen und kleinen Blüten und einem sehr variabelen Mal vor.
Inzwischen wurde *Ophrys heterochila* auch an mehreren Standorten in der Umgebung von Olympos (Antalya) auf zwei verlassenen, stark verbuschten Friedhöfen gefunden, außerdem in den angrenzenden Kiefernwäldern, dort begleitet von *Limodorum abortivum, Ophrys cinereophila, Ophrys ferrum-equinum, Ophrys sicula, Orchis anatolica, Orchis sancta, Orchis syriaca* und *Spiranthes spiralis*. An diesen Standorten wurden bereits viele Orchideen von Salepsammlern ausgehackt (JANSEN, briefl. Mittlg., 1996).
In den lockeren Kiefernwäldern an der Straße von Manavgat nach Akseki ist *Ophrys heterochila* Mitte April ziemlich häufig anzutreffen. An verschiedenen Fundstellen bildet die Art größere Populationen und blüht hier gleichzeitig mit *Neotinea maculata, Ophrys mammosa, Orchis anatolica* und *Orchis simia*.

BEMERKUNGEN
Ophrys holoserica subsp. *heterochila* wurde von RENZ & TAUBENHEIM (1980b) als eine kleinblütige und frühblühende Hummelragwurz beschrieben. Sie wurde damals von RENZ und TAUBENHEIM in lichten Kiefernwäldern und in der Phrygana am Gökbel-Paß (Straße von Yatağan nach Çine, Muğla), zwischen Bodrum und Karaova (Muğla) und bei Murtiçi (Straße Manavgat - Akseki) in der Provinz Antalya gefunden. Das Typusexemplar stammt vom Standort bei Karaova (Muğla).
Im Jahre 1990 wurde sie von PAULUS & GACK in den Artrang erhoben (1990a), weil nach blütenmorphologischen Gegebenheiten und bestäubungsbiologischen Untersuchungen diese Sippe eine eigenständige Art darstellt. Im Jahre 1991 wurde diese Sippe auch von DELFORGE in den Artrang erhoben (DELFORGE et al., 1991). Bei DELFORGE (1994) wird sie dann auch als *Ophrys heterochila* (RENZ & TAUBENHEIM) DELFORGE aufgeführt. DELFORGE ist prioritätsberechtigt, da das Heft, in dem der Artikel von PAULUS & GACK publiziert wurde (Jahresber. Naturwiss. Ver. Wuppertal 43, 1990) erst am 30.1.1992 ausgeliefert wurde und 'Les Natural. belges' 72 (3) am 3.10.1991 erschienen ist.
Das isolierte Vorkommen am Nurdağı-Paß (Adana) und alle anderen gemeldeten Angaben aus der Provinz Adana gehören nicht zu *Ophrys heterochila* sondern zu *Ophrys ziyaretiana* oder zu *Ophrys holoserica* und deren Hybriden.

PROBLEMATIK
An einigen Standorten östlich von Bodrum (Muğla), bei Karaböğürtlen (Muğla) und in den lockeren Kiefernwäldern südlich von Akseki (Antalya) kommen Pflanzen vor, die schwer einzuordnen sind. Möglicherweise handelt es hier um Übergänge zu *Ophrys oestrifera* oder zu *Ophrys bremifera*.
Bei Kemalpaşa (İzmir) kommen *Ophrys heterochila*-ähnliche Pflanzen vor. In diesem Gebiet findet man Anfang Mai Pflanzen, die sehr schwierig einzuordnen sind. Außerdem zeigen diese Pflanzen Merkmale von *Ophrys bremifera, Ophrys candica* und *Ophrys holoserica*, drei Arten, die auch in diesem Gebiet

◀ **Kuzdere (Antalya), 8.3.1998,** C. A. J. KREUTZ

Göçek (Muğla), 6.4.1997, C. A. J. Kreutz

Murtıcı (Antalya), 17.4.1996, C. A. J. Kreutz

Güllük (Muğla), 5.4.1996, C. A. J. Kreutz

Murtıcı (Antalya), 17.4.1996, C. A. J. Kreutz

Göçek (Muğla), 6.4.1997, C. A. J. Kreutz

Karaova (Muğla), 4.4.1996, C. A. J. Kreutz

Kuzdere (Antalya), 8.3.1998, C. A. J. Kreutz

Sorgun (Antalya), 30.3.1997, C. A. J. Kreutz

Murtıcı (Antalya), 17.4.1996, C. A. J. Kreutz

Güllük (Muğla), 5.4.1996, C. A. J. Kreutz

Murtıcı (Antalya), 17.4.1996, C. A. J. Kreutz

Murtıcı (Antalya), 17.4.1996, C. A. J. Kreutz

Oymapınar (Antalya), 29.4.1997, C. A. J. Kreutz

Kuzdere (Antalya), 8.3.1998, C. A. J. Kreutz

vorkomen. Möglicherweise könnte es sich hier, wegen der späten Blütezeit, um *Ophrys minutula* handeln, aber durch ihre sehr variabele Gestaltung ist eine eindeutige Bestimmung schwierig.

GEFÄHRDUNG

Die Art ist ziemlich gefährdet, und die wenigen Vorkommen sind vor allem auf den Südwesten der Türkei beschränkt, wo sie meistens auf alten, verlassenen Friedhöfen wächst.

HYBRIDEN

Ophrys heterochila hybridisiert leicht mit anderen Arten aus dem Komplex von *Ophrys holoserica*. Da die Art sehr variabel in der Gestaltung der Lippenform und Lippenzeichnung ist, sind Bastarde meist schwierig zu erkennen. Es wurden Bastarde mit *Ophrys candica, Ophrys episcopalis, Ophrys ferrum-equinum, Ophrys holoserica, Ophrys homeri* und *Ophrys oestrifera* nachgewiesen.

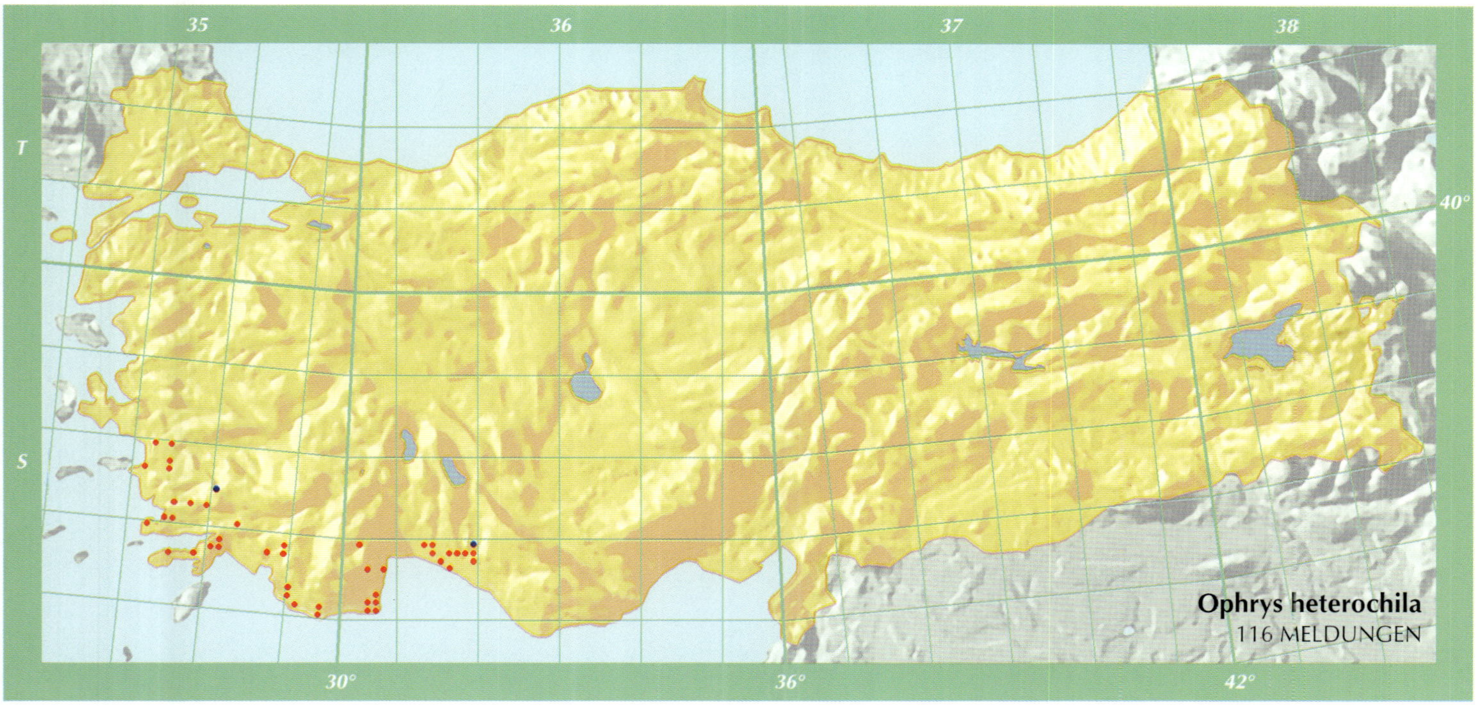

82. *Ophrys minutula*

GÖLZ & H. R. REINHARD

Kleinblütige Ragwurz

(Mitt. Bl. Arbeitskr. Heim. Orch. Baden-Württ. 21 (4): 1053, 1989)

BESCHREIBUNG

Pflanze 15 bis 35 cm hoch, schlank und zierlich. Blütenstand locker, etwa 6 bis 21 cm lang, mit durchschnittlich 5 bis 9 sehr kleinen Blüten. Perigonblätter weiß bis rosaviolett. Sepalen eiförmig-lanzettlich mit grünem Mittelnerv, mittleres Sepal aufrecht bis stark zurückgeschlagen. Petalen klein, dreieckig, selten geöhrt, behaart, dunkler als die Sepalen gefärbt. Lippe dreilappig, sehr klein und zierlich, 6,5 bis 9 mm lang; längsoval, im oberen Teil dreilappig, bräunlich bis braunviolett, nach oben zumeist in stumpfen bis spitzen Höckern verlängert, diese innen kahl, außen behaart, Ränder zurückgebogen. Malzeichnung hauptsächlich im basalen und mittleren Teil der Lippe ausgebreitet, einfach bis mehr oder weniger kompliziert gegliedert, dunkel braunpurpurn oder schwärzlich blau, gelblich-grünlich umrandet. Anhängsel vorgezogen, schräg abwärts bis aufwärts gebogen.

ABGRENZUNG ZU ÄHNLICHEN ARTEN

Diese Art steht *Ophrys heterochila* am nächsten. Durch die kleineren Blüten, bei denen die Lippe durchschnittlich 6,5 bis 9 mm lang ist, und die spätere Blütezeit unterscheidet sie sich am meisten von dieser Art. Außerdem sind beide Arten durch verschiedene Areale voneinander getrennt.

STANDORT

Lichte Kiefernwälder, Macchien, Phrygana und in Gebüsch; auf basen- oder kalkreichen Böden.

BLÜTEZEIT

Anfang bis Ende April.

HÖHENVERBREITUNG

Von der Küste bis 300 m.

GESAMTVERBREITUNG

Chios, Lesbos, Samos, Skyros und vermutlich auf weiteren Inseln der Ägäis. Außerdem in der Westtürkei.

VERBREITUNG IN DER TÜRKEI

Westtürkei (İzmir).

NOTIZEN ZU EINIGEN FUNDORTEN

Die beiden bislang bekannten Standorte von *Ophrys minutula* liegen im Westen der Türkei in der Nähe von Urla und bei Karaburun auf der Halbinsel Çeşme (İzmir). Das felsige Gelände, in dem *Ophrys minutula* bei Urla vorkommt, besteht zur Zeit aus Macchien und Phryganaflächen mit grasigen Stellen; in der direkten Umgebung befindet sich ein verlassener Steinbruch. Die Blütezeit von *Ophrys minutula* liegt, je nach Witterung, Anfang bis Mitte April. In der Nähe wurden noch *Neotinea maculata, Ophrys ferrum-equinum, Ophrys sicula, Orchis lactea* und *Orchis sezikiana* gefunden. Während eines Besuchs 1997 wurde versucht, weitere Fundstellen auf der Halbinsel Çeşme zu finden. Anscheinend ist diese Art besonders selten, denn sie wurde nur an einem einzigen Standort bei Karaburun in nur einem Exemplar nachgewiesen. Hier zusammen mit *Anacamptis pyramidalis, Ophrys attaviria* und *Ophrys oestrifera.*

SCHÖNFELDER (Fundliste, 1996) fand diese Art höchstwahrscheinlich auch in der Umgebung von Seferihisar (İzmir), bei Özdere (İzmir) und beim Dorf Gölova Köyü (İzmir). *Ophrys minutula* dürfte in der Westtürkei weiter verbreitet sein, wird aber möglicherweise mit *Ophrys heterochila* oder *Ophrys bremifera* verwechselt.

BEMERKUNGEN

Die Verhältnisse innerhalb des *Ophrys scolopax*-Komplexes in der Ostmediterraneis sind unklar und unübersichtlich. Die Bestimmung der einzelnen Arten bereitet daher nach wie vor erhebliche Schwierigkeiten. GÖLZ & REINHARD (1989b) und DELFORGE (1995b) haben einige dieser Probleme so gelöst, indem sie verschiedene neue Arten beschrieben haben. Dabei wurde unter anderem eine neue Art von Lesbos als *Ophrys minutula* beschrieben, die später auch in der Türkei auf der Halbinsel Çeşme (İzmir) nachgewiesen wurde. In einigen Merkmalen steht diese Art *Ophrys heterochila* sehr nah, die im Südwesten der Türkei vorkommt.

Die angeblichen Funde von *Ophrys minutula* aus Rhodos mit starker Lippenteilung und relativ starken Höckern sind wahrscheinlich alle zu *Ophrys heterochila* oder zu Übergangsformen mit *Ophrys oestrifera* zu stellen. *Ophrys minutula* kommt somit auf Rhodos nicht vor. Sie ist eine spätblühende Sippe der mittleren Ostägäischen Inseln (siehe auch RIECHELMANN, 1997). Nach KRETZSCHMAR (briefl. Mittlg., 1997) sind *Ophrys minutula* und *Ophrys heterochila* wohl nur über ihre unterschiedliche

◀ **Urla (İzmir), 2.4.1996,** C. A. J. KREUTZ

Urla (İzmir), 2.4.1996, C. A. J. KREUTZ

Urla (İzmir), 2.4.1996, C. A. J. KREUTZ

Urla (İzmir), 2.4.1996, C. A. J. KREUTZ

Urla (İzmir), 12.4.1997, C. A. J. KREUTZ

Urla (İzmir), 2.4.1996, C. A. J. KREUTZ

Blütezeit zu bestimmen. *Ophrys heterochila* blüht sehr früh ab Anfang März, während *Ophrys minutula* erst relativ spät ab Ende April/Anfang Mai ihre Blüten öffnet.
Inzwischen wurde die Art auch auf Chios (Hirth & Spaeth, 1997), Samos und Skyros nachgewiesen. Die Standorte auf Chios, die etwa 50 km entfernt von denen bei Urla in der Türkei liegen, sind über die ganze Insel verbreitet. *Ophrys minutula* blüht hier von März bis Mai. Im späten und ungünstigen Frühjahr 1997 wurde sie hier in den ersten Apriltagen in 600 m Höhe aufblühend beobachtet, aber auch Ende Mai war sie noch blühend anzutreffen. Nachdem das Erscheinungsbild der Art recht variabel ist, besteht Anlaß zu weiteren Beobachtungen und Untersuchungen.
Die Beobachtungen von Hirth & Spaeth (1997) auf der Insel Chios stimmen mit den Beobachtungen auf der Halbinsel Çeşme überein. Auch dort war *Ophrys minutula* während des kalten und späten Frühjahrs 1997 in Meereshöhe schon Anfang April am Aufblühen.
Mit großer Wahrscheinlichkeit dürfte die Art auch noch auf weiteren Inseln der östlichen und zentralen Ägäis zu finden sein. Nachdem diese Inseln der türkischen Westküste vorgelagert sind, ist *Ophrys minutula* in weiteren Gebieten der Westtürkei zu erwarten, wie entsprechende Funde bei Urla und bei Karaburun auf der Halbinsel Çeşme zeigen.
Kreutz & Peter (1997) berichten von einer kleinwüchsigen und kleinblütigen Sippe mit kurzen Lippenhöckern aus der West- und Südwesttürkei, die von Ende März an bis in den April hinein blüht. Ähnliche Formen sind auch auf Rhodos in den Wäldern des Profitis Ilias und in Ostanatolien bei Lice (Diyarbakır) zu finden. Alle diese Pflanzen haben eine gewisse Ähnlichkeit mit *Ophrys minutula*.
Wie bereits erwähnt, ist *Ophrys minutula* eine Art mit kleinen Blüten und einer langen Blütezeit. Nach Gölz & Reinhard (1989b) hat sie sogar die kleinsten Blüten aller bisher von ihnen vermessenen *Ophrys*-Arten.

PROBLEMATIK

Die auf der Halbinsel Çeşme gefundene Population weist eindeutig Merkmale von *Ophrys minutula* auf: kleine Blüten und relativ späte Blütezeit. Bei einigen Pflanzen sind aber auch Merkmale von *Ophrys heterochila* zu erkennen, einer in der Südwesttürkei vorkommenden sehr variablen Art. Reinhard (briefl. Mittlg., 1996) ist jedenfalls der Meinung, daß die Pflanzen aus der Umgebung von Urla höchstwahrscheinlich *Ophrys minutula* zuzuordnen sind. Das zahlreiche Vorkommen der Art mit der gleichen Blütezeit auf der gegenüberliegenden Insel Chios läßt durchaus darauf schließen, daß auch die Funde bei Seferihisar, bei Özdere und beim Dorf Gölova Köyü (İzmir) typische *Ophrys minutula* darstellen.

Urla (İzmir), 2.4.1996, C. A. J. Kreutz

HYBRIDEN

Nicht nachgewiesen.

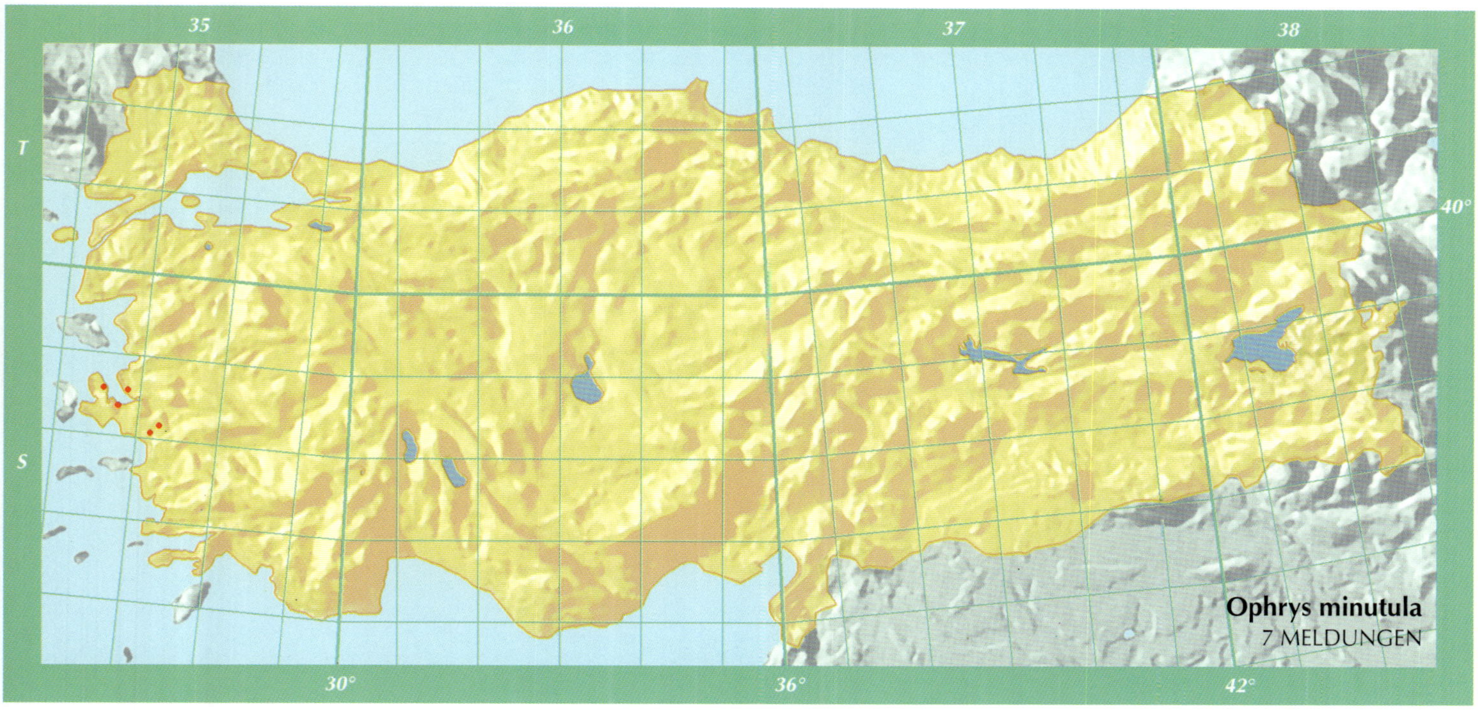

83 Ophrys cilicica

SCHLECHTER

Zilizische Ragwurz

(Feddes Repert. 19: 45, 1923)

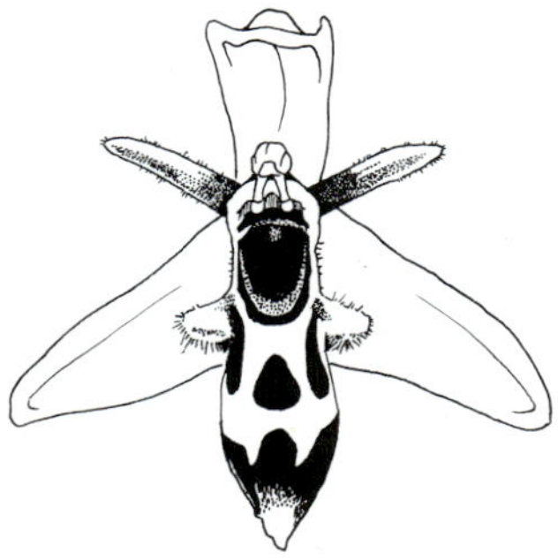

SYNONYME

Ophrys mammosa subsp. *boissieri* (Soó) Soó, *Ophrys kurdistanica* Renz, *Ophrys kurdica* D. & U. Rückbrodt, *Ophrys kurdica* subsp. *kurdistanica* (Renz) Soó

BESCHREIBUNG

Sehr schlanke und zierliche Pflanze. Blütenstand sehr locker und langgestreckt und meist mit 5 bis 10 Blüten. Blüten klein und schmal. Sepalen weißlich, gelblichgrün oder rosa bis rötlich überlaufen, breit-länglich bis schmal-lanzettlich, das mittlere Sepal etwas kürzer und vornübergeneigt bis leicht zurückgeschlagen. Petalen linealisch, stumpf, rötlich bis bräunlich gefärbt. Lippe schmal, eingerollt, meist dunkel- bis schwarzbraun mit schmalem, hellerem Rand, im oberen Teil stark dreilappig und an den Außenseiten behaart. Mittellappen schmal und lang. Seitenlappen abstehend, spitz gehöckert, meist bräunlich und behaart. Die weißlichgelbe Malzeichnung besteht aus zwei parallelen Längsstreifen mit einem oder zwei Querverbindungen. Anhängsel klein, abwärts gerichtet.

ABGRENZUNG ZU ÄHNLICHEN ARTEN

Ophrys cilicica ist mit keiner anderen *Ophrys*-Art zu verwechseln. Charakteristisch ist die Stellung der Sepalen, bei denen die seitlichen abwärts gerichtet sind.

STANDORT

Besiedelt hauptsächlich schattige Standorte, nämlich Gebüsch (bevorzugt Eichengebüsch), grasige, felsige Stellen, Magerwiesen und lichte Kiefern-, Misch- und Laubwälder; meist an trockenen, selten auch feuchten Stellen auf kalkhaltigen Böden.

BLÜTEZEIT

Mitte April bis Ende Mai, südlich Antakya schon ab Anfang April.

HÖHENVERBREITUNG

In der Türkei vor allem in montanen Lagen; von 500 bis 1.300 m.

GESAMTVERBREITUNG

Im Süden und Südosten der Türkei. Nach Baumann & Künkele (1982a) kommt sie auch im Norden von Syrien und im Iran vor. Die bekannten Vorkommen von *Ophrys cilicica* liegen weit voneinander entfernt, wodurch es sich vielleicht um Restpopulationen einer einst weiter verbreiteten Art handelt.

VERBREITUNG IN DER TÜRKEI

Ophrys cilicica ist eine Orchideenart Süd- und Ostanatoliens. Von der Provinz Antalya bis Siirt verbreitet.

NOTIZEN ZU EINIGEN FUNDORTEN

In der Türkei hat *Ophrys cilicica* vier Verbreitungsschwerpunkte, nämlich im Taurusgebirge (Antalya) in der Umgebung von Cevizli (Antalya), im mittleren Süden an den Ausläufern des Kırkpınar Dağı bei Gözne (İçel), im Ziyaretgebirge (Hatay) und in Ostanatolien, dort hauptsächlich in der Umgebung von Lice und Kulp (Diyarbakır).

Im Taurusgebirge besiedelt *Ophrys cilicica* felsige, schattige Standorte in montanen Mischwäldern; hier wurde sie 1976 erstmals von Sundermann entdeckt (Sundermann, 1976). Sie kommt hier selten und zerstreut vor. Ein schöner Standort befindet sich an einem Holzlagerplatz nördlich von Cevizli (Antalya). Im lockeren Kiefernwald und an Gebüschrändern wächst sie dort mit *Dactylorhiza romana, Himantoglossum montis-tauri, Orchis anatolica, Orchis pinetorum, Orchis syriaca* und *Orchis tridentata*. Auch 1997 wurden dort 20 Exemplare der Art beobachtet.

Von Seiz (briefl. Mittlg., 1998) wurde 1998 der bisher westlichste Fundort von *Ophrys cilicica* entdeckt. Der Standort liegt etwa 20 km nordwestlich von Antalya in der Güverschlucht (Antalya). Nur eine Pflanze wurde beobachtet.

Bei Gözne (İçel) ist *Ophrys cilicica* nur von wenigen Stellen bekannt. Sie blüht hier an Rändern von Eichengebüsch in felsigen ausgedehnten Macchien. Mehrere Gruppen von Pflanzen sind vorhanden, vielfach zusammen mit *Himantoglossum affine, Ophrys phrygia, Orchis anatolica* und *Orchis syriaca*. Die Standorte sind in dieser Umgebung durch übermäßige Beweidung stark gefährdet.

In der Provinz Hatay im Ziyaretgebirge, wo sie erstmals von Renz & Taubenheim (1984) gefunden wurde, ist *Ophrys cilicica* längere Zeit nicht mehr beobachtet worden. Im April 1996 konnte jedoch auf einem Friedhof, etwa 12 km südlich Antakya, wieder zwei Pflanzen gefunden werden. Auf diesem botanisch wertvollen Friedhof wachsen außerdem noch *Anacamptis pyramidalis, Epipactis turcica, Ophrys episcopalis, Ophrys holoserica, Ophrys mammosa, Orchis fragrans, Orchis italica, Orchis morio* subsp. *picta, Orchis syriaca* und *Orchis tridentata*.

Viele Standorte mit größeren Beständen liegen in Ostanatolien. Vor allem zwischen Lice und Kulp, nordöstlich Diyarbakır (Diyarbakır) findet man diese Art an trockenen Standorten in den hügeligen Hängen innerhalb von Eichengebüsch, aber auch an Feuchtstellen und in Wiesenflächen. Das Gebiet um

◄ **Lice (Diyarbakır), 14.5.1988,** C. A. J. Kreutz

Arslanköy (İçel), 22.5.1995, C. A. J. Kreutz

Lice (Diyarbakır), 14.5.1988, C. A. J. Kreutz

Kuyuçak (Antalya), 19.5.1997, C. A. J. Kreutz

Sofular (Hatay), 14.4.1996, C. A. J. Kreutz

Kuyuçak (Antalya), 19.5.1997, C. A. J. Kreutz

Arslanköy (İçel), 22.5.1995, C. A. J. Kreutz

Lice (Diyarbakır), 14.5.1988, C. A. J. Kreutz

Lice-Kulp ist sehr reich an Orchideen. An einigen Stellen wurden 13 Orchideenarten gefunden, unter ihnen *Himantoglossum affine, Ophrys carduchorum, Ophrys phrygia, Ophrys schulzei* und *Orchis punctulata*.

BEMERKUNGEN

Ophrys cilicica wurde von Schlechter im Jahre 1923 beschrieben und von Rückbrodt wiederentdeckt und als *Ophrys kurdica* (Rückbrodt, 1975) neu beschrieben. Schließlich wurde sie dann von Renz als *Ophrys kurdistanica* (Renz, 1978) veröffentlicht. Die Art ist wenig variabel und zeigt gewisse Ähnlichkeiten mit *Ophrys insectifera* in der Form, Größe und Stellung der Blüten und Perigonblätter.

HYBRIDEN

Ophrys cilicica bastardiert sehr selten; nur sehr wenige Hybriden wurden beobachtet, nämlich mit *Ophrys straussii* (var. *leucotaenia*) und *Ophrys phrygia*.

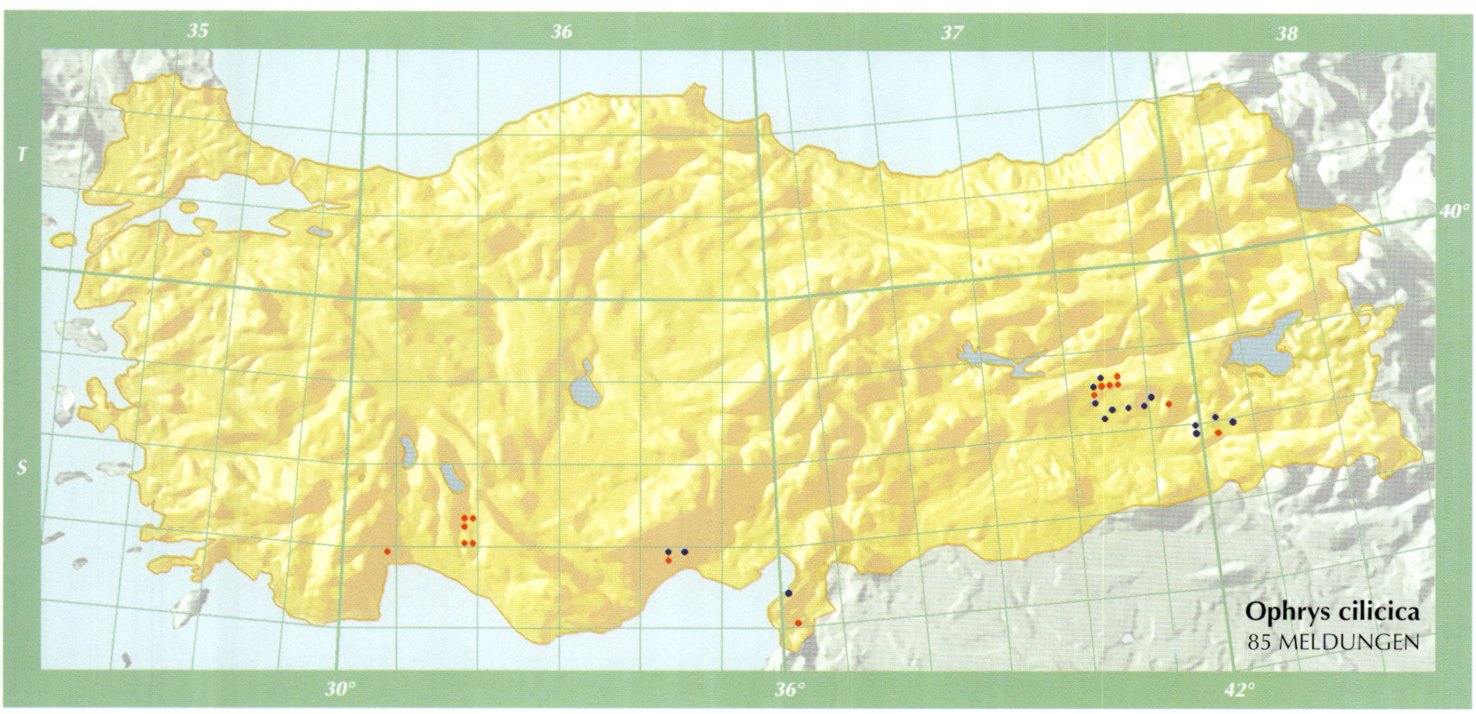

84 Ophrys ferrum-equinum DESFONTAINES

Hufeisen-Ragwurz (Ann. Mus. Nat. Hist. (Paris) 10: 226, 1807)

BESCHREIBUNG

Kleine, schlanke Pflanze, Laubblätter am Grunde rosettig gehäuft. Blütenstand mit etwa 3 bis 8 Blüten, diese mittelgroß und locker angeordnet. Sepalen lanzettlich, abstehend, rosa bis purpurviolett oder rötlichweiß (selten grün) gefärbt. Petalen schmal-lanzettlich bis schmal-dreieckig, meist dunkler als die Sepalen. Lippe mittelgroß, dunkelbraun oder purpurviolett, rundlich bis oval, ungeteilt oder selten leicht dreilappig, ungehöckert, an den Seitenrändern behaart. Mal auf den mittleren oder unteren Teil der Lippe konzentriert, hufeisenförmig oder aus zwei freien Flächen bestehend, bläulich, selten weiß umrandet. Anhängsel klein und spitz.

ABGRENZUNG ZU ÄHNLICHEN ARTEN

Ähnelt *Ophrys labiosa*. In Ausnahmefällen könnte sie auch mit *Ophrys lucis* verwechselt werden.

Ophrys labiosa hat viel größere Blüten als *Ophrys ferrum-equinum* und eine ganzrandige, bauchig gewölbte (ausgebreitete), sehr breite, im unteren Teil trapezförmige, dunkel- bis kastanienbraune, fast schwärzlich gefärbte Lippe, wobei die Lappen im unteren Teil der Lippe manchmal mit einem breiten, aufgebogenen rotbraunen Rand versehen sind.

Ophrys lucis unterscheidet sich von *Ophrys ferrum-equinum* unter anderem durch die große, dreilappige, hell orangebraune bis olivbraune, rundliche bis breit elliptische Lippe. Außerdem sind die Lippenschultern und Seitenlappen bei *Ophrys lucis* mehr oder weniger kräftig hell- bis dunkelpurpurbraun behaart.

STANDORT

Vor allem im Küstenbereich: In lichten Nadelwäldern, Phrygana und Macchien, Ödland, an felsigen Abhängen und auf grasigen Wiesenflächen, auf kalkreichen Böden.

BLÜTEZEIT

Die Art blüht früh, von Ende März in niederen Lagen bis Anfang Mai in der montanen Stufe.

HÖHENVERBREITUNG

Von der Ebene bis etwa 1.000 m.

GESAMTVERBREITUNG

Östliches Mittelmeergebiet: Griechenland (Festland, Ionische und Ägäische Inseln; fehlt aber merkwürdigerweise auf Kreta), südliches Albanien, West- und Südanatolien.

VERBREITUNG IN DER TÜRKEI

Ägäis- und Mittelmeer-Region, östlich bis Gaziantep.

NOTIZEN ZU EINIGEN FUNDORTEN

Nach SUNDERMANN & TAUBENHEIM (1978) ist *Ophrys ferrum-equinum* im Südwesten der Türkei nicht selten und strahlt nach Osten bis in die Provinz Adana aus.

In der Türkei ist sie noch an vielen Stellen vorhanden, wie in der weiteren Umgebung von Kuşadası, südlich İzmir (besonders in Ausgrabungsgeländen), bei Bodrum (Muğla) in lichten Kiefernwäldern und auf alten, verlassenen Friedhöfen, und in der Provinz Antalya an verschiedenen Standorten zwischen Kaş und Kemer auf Kalkhügeln und in der Phrygana.

Reichbesetzte Standorte gibt es auf der Halbinsel Çeşme (İzmir) und an der Straße von Pınara (Muğla) zur Ruinenstätte oberhalb des Dorfes in den weitläufigen Felsfluren, die mit Phrygana bewachsen sind.

Schöne und typische Vorkommen besitzt *Ophrys ferrum-equinum* weiter bei Tarsus in der Provinz İçel. Die Pflanzen sind hier mit denen aus der West- und Südwesttürkei zu vergleichen. Allerdings ist die Blütezeit hier um einige Wochen früher, nämlich Ende März.

BEMERKUNGEN

Der erste sichere Nachweis des Vorkommens von *Ophrys ferrum-equinum* in der Türkei stammt von SUNDERMANN (1969a), der sie in der Umgebung von Kuşadası an der türkischen Westküste, sowie nordöstlich von Adana fand. Er schreibt aber auch, daß diese Exemplare nicht genau mit den griechischen Pflanzen übereinstimmen, aber doch die wesentlichen Merkmale dieser Art aufweisen. Die abgebildete Pflanze zeigt jedenfalls eine typische *Ophrys ferrum-equinum*.

Ophrys ferrum-equinum wächst in der Türkei oft zusammen mit vielen anderen Orchideenarten wie zum Beispiel mit Vertretern aus dem *Ophrys fusca*-Formenkreis, *Ophrys mammosa, Ophrys sicula, Ophrys speculum, Ophrys tenthredinifera, Orchis anatolica, Orchis collina, Orchis fragrans, Orchis italica, Orchis papilionacea* subsp. *papilionacea, Orchis simia, Serapias bergonii*, selten auch mit *Ophrys regis-ferdinandii, Orchis punctulata* und *Orchis sancta*.

GEFÄHRDUNG

Durch das Ausgraben der Knollen, die starke landwirtschaftliche Nutzung und die übermäßige Beweidung der Standorte ist die Art in letzter Zeit sehr selten geworden. So konnten die Angaben von der mittleren Südtürkei (İçel, Hatay und Gaziantep) in letzter Zeit nicht mehr bestätigt werden.

Tarsus (İçel), 28.3.1993, R. PETER

◀ Selçuk (İzmir), 3.4.1996, C. A. J. KREUTZ

Selçuk (İzmir), 3.4.1996, C. A. J. Kreutz

Selçuk (İzmir), 3.4.1996, C. A. J. KREUTZ

Milas-Yatağan (Muğla), 5.4.1996, C. A. J. KREUTZ

BEMERKUNGEN ZU DER VERBREITUNGSKARTE

Nach HEIMEIER & PERSCHKE (1998) gehören die Funde der mittleren Osttürkei (Adana, Hatay, Kilis, Gaziantep) möglicherweise nicht zu *Ophrys ferrum-equinum*, sondern zu *Ophrys antiochiana*. Nachdem jedoch *Ophrys antiochiana* noch nie außerhalb ihres kleinen Areals südlich von Antakya (Hatay) gefunden wurde, sind diese Angaben in der Verbreitungskarte beibehalten worden. Bei HEIMEIER & PERSCHKE (1998) wurden diese Angaben als unsicher eingestuft und daher in ihrer Verbreitungskarte weggelassen.

Viele Angaben auf der Verbreitungskarte gehören zu *Ophrys labiosa*. Weil diese Art erst kürzlich beschrieben wurde (KREUTZ, 1997c), war eine Trenning zwischen den Arten *Ophrys ferrum-equinum* und *Ophrys labiosa* nicht möglich.

HYBRIDEN

Nachgewiesen mit *Ophrys heterochila* und *Ophrys reinholdii*.

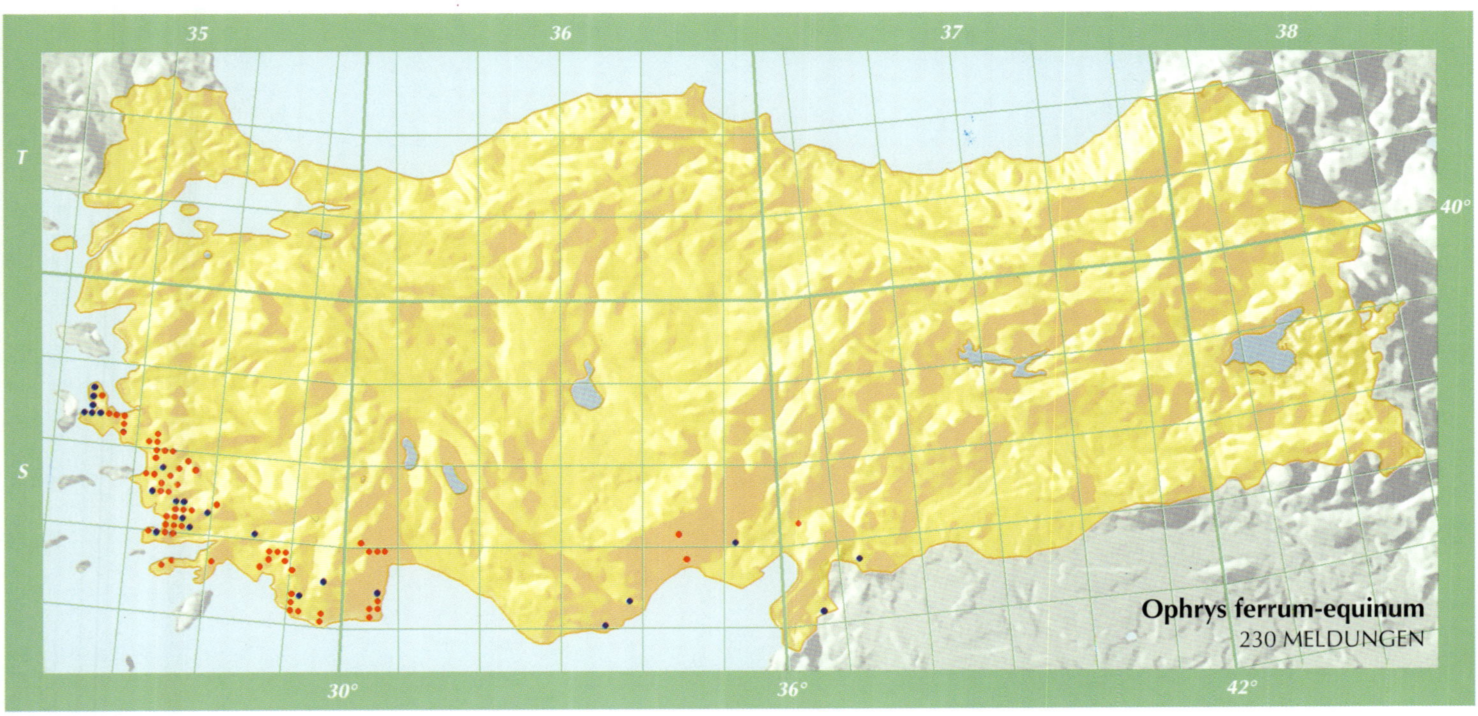

85 Ophrys labiosa

C. A. J. KREUTZ

Großblütige Hufeisen-Ragwurz

(Jour. Eur. Orch. 29 (4): 683, 1997)

BESCHREIBUNG

Schlanke, mittelgroße Pflanze. Blütenstand relativ armblütig, durchschnittlich 2- bis 6-blütig. Sepalen rosa oder rötlich gefärbt mit grünen Nerven, aufrecht bis leicht zurückgeschlagen. Petalen dunkelrosa, an den Rändern fein papillös behaart und gelblichgrün. Lippe sehr groß, ganzrandig, bauchig gewölbt (ausgebreitet), sehr breit, im unteren Teil trapezförmig, dunkel- bis kastanienbraun, fast schwärzlich gefärbt. Lippe mit Ausnahme der Mittelpartie mehr oder weniger dicht bräunlich behaart (die Schulterpartien gelegentlich stärker gefärbt und öfter etwas heller). Die Lappen im unteren Teil der Lippe manchmal mit breitem, aufgebogenem, rotbraunem Rand. Malgestaltung von der Lippenbasis abgelöst und aus zwei isolierten, manchmal durch einen Steg miteinander verbundenen Streifen, oder aus hufeisenförmigen, lila bis graublauen Flecken bestehend. Anhängsel sehr klein.

ABGRENZUNG ZU ÄHNLICHEN ARTEN

Die Art könnte mit *Ophrys ferrum-equinum*, manchmal auch mit *Ophrys lucis* verwechselt werden.

Bei *Ophrys ferrum-equinum* ist die viel kleinere, rundliche Lippe, die braunliche Lippenfärbung, die starke Einschnürung im hinteren Lippenbereich hervorzuheben, sowie das hufeisenförmige Mal. Außerdem sind die Lappen im unteren Teil nicht mit einem breiten, aufgebogenen Rand versehen (für *Ophrys ferrum-equinum* ist ein flacher Rand typisch).

Ophrys lucis unterscheidet sich von *Ophrys ferrum-equinum* und *Ophrys labiosa* unter anderem durch die große, dreilappige, hellorange- bis olivbraune, rundliche bis breit elliptische Lippe. Außerdem sind die Lippenschultern und Seitenlappen bei *Ophrys lucis* mehr oder weniger kräftig hell- bis dunkelpurpurbraun behaart.

STANDORT

Ophrys labiosa bevorzugt ziemlich feuchte Wiesenflächen, lichte Kiefern-, Eichen- und Mischwälder, Olivenhaine, Phrygana, Macchien, Gebüschränder und Ödland; auf kalkhaltigen Böden.

BLÜTEZEIT

Früh, von Anfang März bis Mitte April. *Ophrys labiosa* blüht etwa zwei bis drei Wochen früher als *Ophrys ferrum-equinum*.

HÖHENVERBREITUNG

Von Meereshöhe bis 1.000 m.

GESAMTVERBREITUNG

Endemische Art der Türkei.

VERBREITUNG IN DER TÜRKEI

Die Art ist auf ein kleines Gebiet im Südwesten (Muğla bis Antalya) beschränkt.

NOTIZEN ZU EINIGEN FUNDORTEN

An der Straße von Bodrum nach Karaova (Muğla) wurde 1996 in einem lichten Kiefernwald ein Exemplar dieser Sippe gefunden. Anfang April war die Pflanze schon im Verblühen. Nur noch die obere Blüte war für ein Foto geeignet. Bevor *Ophrys labiosa* beschrieben wurde, wurden diese Pflanzen noch als *Ophrys aegaea* oder als eine Kreuzung von *Ophrys lucis* und *Ophrys ferrum-equinum* bestimmt (briefl. Mittlg. PETER, 1996).

HAHN & PASSIN (1997) haben in der Umgebung der Ortschaft Göcek, nordöstlich von Dalaman (Muğla) und zwischen den Orten Incirköy und Üzümlü, nördlich von Fethiye (Muğla), Funde von *Ophrys aegaea* beschrieben. Am Fundort bei Göcek standen sechs Pflanzen der Art in einer feuchten Wiese und in einem grasigen Olivenhain und zwischen Incirköy und Üzümlü etwa 20 Exemplare in terrassierten Weiderasen. Sie merken dazu an, daß die Funde zwar *Ophrys ferrum-equinum* sehr nahestehen, blütenmorphologisch aber deutlich unterscheidbare Kriterien aufweisen.

Der Verfasser hat beide Standorte aufgesucht und festgestellt, daß die Pflanzen beider Populationen die gleichen Merkmale aufweisen wie *Ophrys labiosa* bei Bodrum und somit nicht als *Ophrys aegaea* angesehen werden können.

Am Standort bei Göcek blühten acht Exemplare. Der Standort gegenüber der Ortschaft Incirköy ist eingezäunt und so vor Beweidung geschützt. Infolgedessen sind hier noch viele Orchideen anzutreffen wie zum Beispiel *Neotinea maculata, Ophrys heterochila, Ophrys reinholdii* und *Orchis anatolica*.

Einige Kilometer nordwestlich von Antalya konnte in einem mit einer weißen Betonsteinmauer umgebenen Friedhof im lockeren Kiefernwald trotz intensiver Suche lediglich ein Exemplar von *Ophrys labiosa* entdeckt werden. Die Art erreicht hier ihre Hochblüte trotz der niedrigen Höhenlage erst Mitte April. An weiteren Orchideen wurden noch *Barlia robertiana, Limodorum abortivum* und *Orchis simia* beobachtet.

Ein weiterer Standort von *Ophrys labiosa* (JANSEN, Fundliste 1996) befindet sich im Ausgrabungsgelände von Termessos (Antalya). Diese Angabe konnte der Verfasser 1997 bestätigen. In der weiteren Umgebung der fünf Wasserzisternen wurden nur wenige Pflanzen festgestellt.

Auch auf einem Friedhof bei Olympos (Antalya) wurde 1997 zwar nur eine, aber sehr kräftige und typische Pflanze gefunden. Anfang März 1998 wurden dann in der weiteren Umgebung von Olympos noch zwei andere Pflanzen gefunden.

LÜDERS (briefl. Mittlg., 1996) hat *Ophrys labiosa* nordöstlich von Yatagan (Muğla) an einer steilen, feuchten Straßenböschung und im ansteigenden Kiefernwald zusammen mit *Ophrys mammosa, Ophrys oestrifera* und *Ophrys sicula* gefunden. Die Bestimmung konnte anhand von Fotomaterial zweifelsfrei bestätigt werden.

GÜGEL (briefl. Mittlg., 1997) hat *Ophrys labiosa* Anfang April südlich von Eşen gefunden. Die Abbildung zeigt deutlich die typische Merkmale dieser Art.

Auch CHAMBERS (Fundliste 1995, 1996) hat die Art an zwei Stellen nachgewiesen und kam zum Ergebnis, daß die betreffenden Pflanzen im Vergleich zu *Ophrys ferrum-equinum* sehr groß und vielblütig sind und die Blütenlippe anders gestaltet ist, was die Abtrennung seiner Überzeugung nach durchaus rechtfertigt.

BEMERKUNGEN

Vor der Beschreibung von *Ophrys labiosa* (1997) wurden Funde dieser Sippe vielfach unter *Ophrys argolica* oder *Ophrys elegans* aufgeführt. KALTEISEN & REINHARD haben 1987 *Ophrys aegaea* subsp. *aegaea* und *Ophrys aegaea* subsp. *lucis* beschrieben, was die Bestimmung der türkischen Sippen beträchtlich verunsicherte. Zahlreich sind in der Folgezeit dann auch die Angaben über das Vorkommen von *Ophrys aegaea* in der Türkei (unter anderem von RÜCKBRODT & HANSEN, 1992; HAHN & PASSIN, 1997) und in den vielen Fundortlisten der verschiedensten Botaniker. Auch REINHARD (briefl. Mittlg., 1996), dem Bildmaterial von türkischen *Ophrys aegaea*-ähnlichen Pflanzen vorgelegt wurde, hat Schwierigkeiten bei der Zuordnung und fragt sich, ob die Grenzen zwischen den beiden Arten in Anatolien eventuell verschwommen sein könnten.

Wiederholt wurden Funde von *Ophrys aegaea* zum Beispiel westlich und südlich von Akseki, vom Friedhof westlich von Büyükalan und von mehreren Standorten an der Straße von Akseki nach Ibrâdı (Aydınkent) gemeldet (siehe zum Beispiel

◄ **Incirköy (Muğla), 18.4.1997,** C. A. J. KREUTZ

Yatağan (Muğla), 5.4.1996, C. A. J. Kreutz

Göçek (Muğla), 6.4.1997, C. A. J. Kreutz

Olympos (Antalya), 10.3.1998, C. A. J. Kreutz

Olympos (Antalya), 10.3.1998, C. A. J. Kreutz

bei Rückbrodt & Hansen, 1992). Auch mehrere unveröffenlichte Fundlisten (unter anderem Gügel & Zaiss, Hertel, Peter) geben *Ophrys aegaea* aus der Umgebung von Akseki an. Inzwischen steht fest, daß diese Pflanzen nicht zu *Ophrys aegaea*, sondern zu *Ophrys lucis* gehören. Dieser Ansicht ist auch Peter (briefl. Mittlg., 1996). Mit der Beschreibung von *Ophrys labiosa* hat sich zumindest dieses Problem gelöst. Dabei hat sich herausgestellt, daß *Ophrys aegaea* nicht in der Türkei vorkommt und daß alle diesbezüglichen Funde entweder zu *Ophrys lucis* oder zu der neuen Art gehören. Auch Heimeier & Perschke (1998) haben *Ophrys aegaea* nie in der Türkei beobachtet und haben die ihnen bekannten Pflanzen alle zu *Ophrys lucis* gestellt.

Bevor *Ophrys labiosa* beschrieben wurde, teilte Paulus mit (briefl. Mittlg., 1997), daß die Funde von *Ophrys labiosa* vermutlich eine *Ophrys ferrum-equinum* darstellen, eine 'Variante' mit besonders kleinem Mal und sehr großen Blüten.

Ferner sind die Lippen der türkischen Pflanzen einheitlich dunkel gefärbt (bei *Ophrys aegaea* ist das Mittelfeld der Lippe in der Regel heller rotorangebraun), die Petalen höchstens schwach behaart (bei *Ophrys aegaea* stets kräftig behaart), die Lippenschultern sehr kurz behaart (bei *Ophrys aegaea*, ähnlich wie bei *Ophrys argolica*, sind diese deutlich länger behaart). Nach der Beschreibung von Kalteisen & Reinhard (1987) besitzt *Ophrys aegaea* eine große, ganzrandige, bauchig gewölbte, in ausgebreitetem Zustand breit elliptische bis rundliche, dunkel bis hell kastanienbraune Lippe mit ausgeprägtem, hellerem rot-orangebraunem Mittelfeld. Mit diesen Merkmalen unterscheidet sich *Ophrys aegaea* deutlich von *Ophrys labiosa*. Wie Hahn & Passin (1997) schon berichten, fehlt bei den türkischen Pflanzen das hellere orangebraune basale Zentrum, womit auch sie angeben, daß die Pflanzen aus der Türkei doch erheblich von *Ophrys aegaea* abweichen.

Ophrys aegaea subsp. *aegaea* wurde 1987 aus dem Ägäischen Archipel von Kalteisen & Reinhard beschrieben. Diese Art gehört zum Verwandtschaftskreis von *Ophrys argolica, Ophrys elegans, Ophrys ferrum-equinum, Ophrys labiosa, Ophrys climacis, Ophrys lesbis* und *Ophrys lucis*, von denen *Ophrys argolica* und *Ophrys elegans* nicht in der Türkei vorkommen. Wie Kalteisen & Reinhard in ihrer Erstbeschreibung der beiden Arten (*Ophrys aegaea* subsp. *aegaea* und *Ophrys aegaea* subsp. *lucis*) sehr detailliert und überzeugend darstellen, sind beide Arten trotz der nahen Verwandtschaft gut zu unterscheiden. Nach Reinhard (briefl. Mittlg., 1996) sind *Ophrys aegaea* von Karpathos und *Ophrys lucis* von Rhodos in ihrem Erscheinungsbild recht variabel, lassen sich aber doch klar auseinanderhalten. Bisher bekannt ist *Ophrys aegaea* auf zwei Ägäischen Inseln, nämlich Karpathos (Kalteisen & Reinhard, 1987; Baumann & Künkele, 1988b) und Kasos (Paulus & Gack, 1990a) verbreitet. *Ophrys aegaea* kommt nicht auf Rhodos vor, deshalb ist es unwahrscheinlich, daß diese Art im Süden der Türkei, nördlich von Rhodos, zu finden ist.

Ophrys aegaea und *Ophrys labiosa* blühen etwa zwei bis drei Wochen früher als *Ophrys ferrum-equinum* und sind während der Blütezeit von *Ophrys ferrum-equinum* fast völlig verblüht. *Ophrys labiosa* gehört in der Türkei zu den seltensten Arten. Soweit bekannt, liegen nur sehr wenige Angaben aus den Provinzen Antalya und Muğla vor. Die Art dürfte aber noch weitere Vorkommen haben, wird aber wegen der frühen Blütezeit oft nicht mehr erkannt. *Ophrys labiosa* kommt in der Türkei meist in niedrigen Höhenlagen unweit der Küste vor, während *Ophrys lucis* vor allem in höheren Lagen, wie zum Beispiel in der Umgebung von Akseki (Antalya) wächst. Aber wie so oft bestätigen Ausnahmen die Regel, denn *Ophrys lucis* wächst bei Phaselis (Antalya) und bei Oymapınar (Antalya) auf Meereshöhe.

Taubenheim (Diaarchiv) hat auf dem Friedhof westlich Büyükalan, wo *Ophrys lucis* vorkommt, eine Pflanze fotografiert, die große Ähnlichkeit mit *Ophrys argolica* aufweist. An dieser Stelle sei nochmals darauf hingewiesen, wie schwierig es ist, Orchideen aus dem *Ophrys argolica* Komplex (*Ophrys aegaea, Ophrys elegans, Ophrys climacis, Ophrys lesbis* und *Ophrys lucis*) klar voneinander zu unterscheiden. Wahrscheinlich kommen auch Übergangsformen zwischen diesen Arten vor, die dann *Ophrys argolica* ähneln.

Die Aufnahmen 19 und 21 im Journal Europäischer Orchideen (Kreutz, 1997c) stellen keine typische Pflanzen von *Ophrys labiosa* dar. Diese Pflanzen sind höchstwahrscheinlich durch Hybridisierung anderer *Ophrys*-Arten entstanden.

GEFÄHRDUNG

Ophrys labiosa ist in der Türkei nur von sehr wenigen Stellen bekannt. Für diese wenigen Standorte sind unbedingt Schutzmaßnahmen erforderlich.

HYBRIDEN

Eindeutige Hybriden wurden bisher noch nicht nachgewiesen.

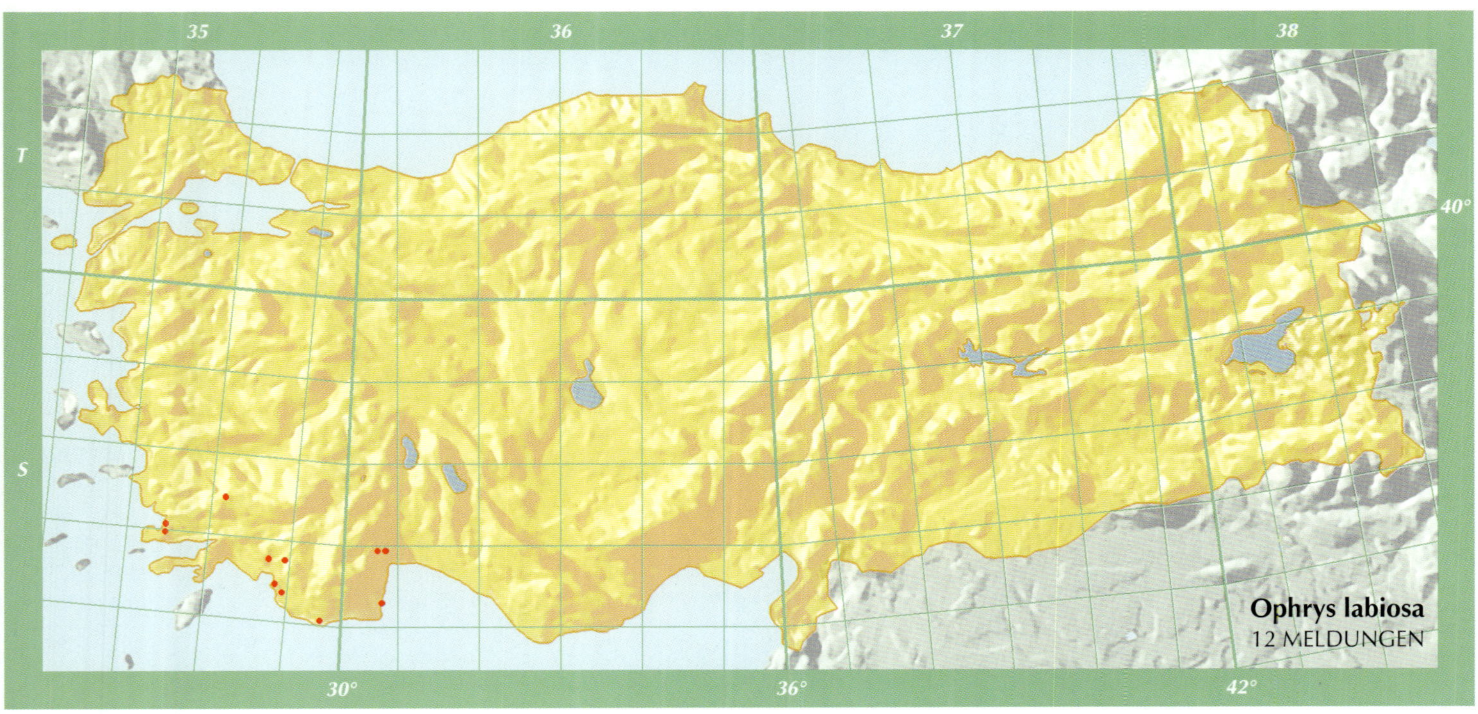

86 Ophrys fusca

LINK

Rotbraune Ragwurz

(in Schrader: Jour. für die Bot. 1799 (2): 324, 1800)

BESCHREIBUNG

Schlanke, kleine Pflanze. Blütenstand ziemlich locker und meist mit wenigen Blüten; diese mittelgroß bis groß. Sepalen eiförmig-lanzettlich bis breit-lanzettlich, hellgrün bis gelblichgrün gefärbt, das mittlere Sepalblatt stark vornübergebeugt und die beiden seitlichen nach vorne gebogen. Petalen länglich-lanzettlich, am Rande gewellt, gelblichgrün, am Rande meist gelblichbraun überlaufen. Petalen und das mittlere Sepal einen lockeren Helm bildend. Lippe dunkelbraun bis schwarzviolett, relativ flach, dreilappig, am Grunde eingekerbt (V-förmiger Einschnitt an der Lippenbasis), dicht behaart und ungehöckert. Mal vom Grunde ab aus zweigeteilten, eiförmigen Flächen bestehend, meist blau oder braun, im unteren Teil öfter silbrig.

ABGRENZUNG ZU ÄHNLICHEN ARTEN

Verwechslungen mit *Ophrys omegaifera* und *Ophrys israelitica*, sowie mit *Ophrys blitopertha, Ophrys cinereophila* und *Ophrys leucadica* sind möglich. *Ophrys fusca* unterscheidet sich von *Ophrys omegaifera* durch den Einschnitt der Lippenbasis, durch die flache und schmale Lippe und von *Ophrys israelitica* unter anderem durch eine andere Malzeichnung, die bei letztgenannter Art auf die basale Lippenhälfte beschränkt ist, 'omega'-förmig und bleigrau bis weißlich ist. Außerdem kommt *Ophrys fusca* zuweilen recht nahe an *Ophrys iricolor* heran. Die Blüten von *Ophrys iricolor* sind jedoch größer und ihre Lippenzeichnung ist intensiv leuchtend blau gefärbt (Lippenrückseite rötlich). Für die Unterscheidungsmerkmale zu *Ophrys blitopertha, Ophrys cinereophila* und *Ophrys leucadica* wird auf die Beschreibungen dieser Arten verwiesen.

STANDORT

Lichte Kiefernwälder, Macchien, Phrygana, Olivenhaine, Magerrasen, Affodilfluren und Ödland; auf kalkhaltigen Böden.

BLÜTEZEIT

Die Art blüht relativ spät, von Mitte April bis Anfang/Mitte Mai.

HÖHENVERBREITUNG

Von der Ebene bis etwa 300 m.

GESAMTVERBREITUNG

Das Verbreitungsgebiet von *Ophrys fusca* umfaßt große Teile des Mittelmeergebietes und Nordafrika. Im östlichen Mittelmeerraum ist sie in Griechenland und zumindest in der westlichen Ägäis bekannt (PAULUS & GACK, 1995).

VERBREITUNG IN DER TÜRKEI

Nach dem derzeitigen Kenntnisstand kommt *Ophrys fusca* im Nordwesten (vor allem im europäischen Teil) des Landes vor.

NOTIZEN ZU EINIGEN FUNDORTEN

In der Provinz Çanakkale und im europäischen Teil der Türkei ist dieser Vertreter des *Ophrys fusca*-Komplexes weit verbreitet und stellenweise nicht selten. Besonders in lockeren Kiefernwäldern und in Wiesenflächen ist sie immer wieder, wenn auch vereinzelt, zu finden. Standorte befinden sich vor allem in der Provinz Çanakkale, wie zum Beispiel bei Güzelyalı, İntepe, Tayfur und Gelibolu. Diese *Ophrys fusca*-Sippe wird hier von vielen anderen Orchideenarten begleitet, nämlich *Anacamptis pyramidalis, Cephalanthera epipactoides, Limodorum abortivum, Ophrys apifera, Ophrys mammosa, Ophrys oestrifera, Ophrys sicula, Ophrys speculum, Orchis fragrans, Orchis punctulata* und *Orchis tridentata*. Sie blüht in diesem Gebiet etwa Anfang Mai. Am Standort bei Tayfur kommt diese Sippe in großer Anzahl vor. Sie blüht dort relativ spät, nämlich erst Anfang Mai, gleichzeitig mit *Ophrys bucephala*.
Auch in der weiteren Umgebung von İstanbul, sowohl im europäischen als auch im asiatischen Teil, kommt dieser Vertreter aus dem *Ophrys fusca*-Formenkreis vor. Vor allem in einem Magerrasen mit kalkreichem Untergrund bei Nakkaş (İstanbul) ist sie reichlich vertreten und blüht dort Ende April bis Mitte Mai. Ob sie auch in den nördlichen und westlichen Teilen der europäischen Türkei vorkommt, nämlich in den Provinzen Edirne, Tekirdağ und Kırklareli ist nicht bekannt. Dort wurden noch keine Pflanzen nachgewiesen.

BEMERKUNGEN

Der Formenkreis von *Ophrys fusca* ist sehr vielgestaltig. PAULUS & GACK (1980, 1981, 1986, 1990a) haben gezeigt, daß *Ophrys fusca* s. str. aus einem Konglomerat von mehreren Biospezies besteht, deren artliche Trennung erst zum Teil eindeutig möglich ist (PAULUS, 1988). Diese Biospezies sind im östlichen Mittelmeerraum unter anderem durch *Ophrys blitopertha, Ophrys cinereophila* und *Ophrys leucadica* vertreten. Sie werden durch verschiedene spezifische Bestäuber angeflogen und sind durch phänologische, chorologische und meist auch blütenmorphologische Differenzen ausgezeichnet (PAULUS & GACK, 1990a). Das Vorkommen dieser Arten wurde von RÜCKBRODT (1996) erstmals für die Südwesttürkei (Muğla, Antalya) bestätigt.
Nach DELFORGE (1994), kommt *Ophrys fusca* nicht in der Türkei vor, sondern die nahe verwandten Arten *Ophrys attaviria, Ophrys bilunulata* RISSO und *Ophrys funerea* VIVIANI.

◀ **Tayfur (Çanakkale), 26.4.1997,** C. A. J. KREUTZ

Tayfur (Çanakkale), 26.4.1997, C. A. J. KREUTZ

Nakkaş (İstanbul), 28.4.1997, C. A. J. KREUTZ

Tayfur (Çanakkale), 26.4.1997, C. A. J. KREUTZ

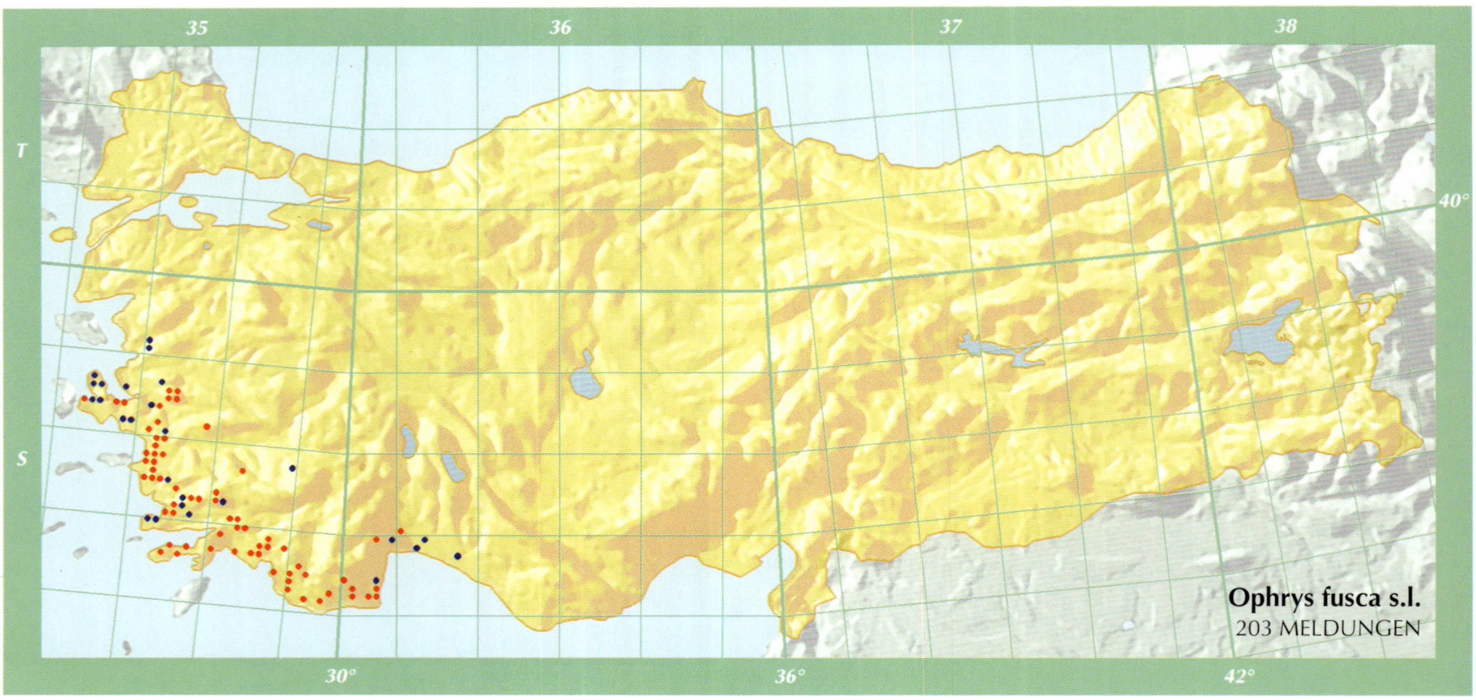

Nach RÜCKBRODT (1996) kommen in der Türkei neun Arten aus dem Komplex von *Ophrys fusca* vor, nämlich *Ophrys attaviria, Ophrys iricolor, Ophrys israelitica, Ophrys omegaifera, Ophrys sitiaca, Ophrys cinereophila, Ophrys leucadica, Ophrys blitopertha* und *Ophrys phaseliana*.
Der *Ophrys fusca*-Komplex wurde in der Türkei noch nicht völlständig untersucht. Trotzdem sind alle Sippen deutlich voneinander zu unterscheiden. In diesem Buch werden auch die schon seit längerer Zeit mit Arbeitsnamen belegten Sippen (*Ophrys* 'Blitopertha-*fusca*', *Ophrys* 'cinereophila-*fusca*' und *Ophrys* 'flavipes-*fusca*') separat aufgelistet und beibehalten. Zwei dieser drei Sippen wurden durch PAULUS & C. GACK (PAULUS, 1998) neu beschrieben: *Ophrys* 'cinereophila-*fusca*' als *Ophrys cinereophila* H.F. PAULUS & C. GACK und *Ophrys* 'Blitopertha-*fusca*' als *Ophrys blitopertha* H.F. PAULUS & C. GACK. *Ophrys* 'flavipes-*fusca*' wurde zu *Ophrys leucadica* RENZ (pro hybr.) gestellt.
PAULUS (briefl. Mittlg., 1996) hat fotografische Belege der *Ophrys fusca*-Pflanzen aus der europäischen Türkei gesehen und kommt auch zum Ergebnis, daß es sich hier um Pflanzen der von LINK beschriebenen *Ophrys fusca* handelt. Nach PAULUS (mündl. Mittlg., 1997) ist diese Sippe zu '*Ophrys* nigroaenea-*fusca*' zu stellen, die vor allem im westlichen Mittelmeergebiet weit verbreitet und oft sehr häufig ist.

BEMERKUNGEN

In den letzten 10 Jahren wurden von *Ophrys fusca*, unter anderem von PAULUS & GACK (1980, 1981, 1983, 1986, 1990abcd, 1992, 1994, 1995), PAULUS (1988, 1998), PAULUS & ALIBERTIS (1990) und DEVILLERS & DEVILLERS-TERSCHUREN (1994) viele neue Arten abgetrennt. Einige davon sind nur an ihren Bestäubern zu erkennen, andere unterscheiden sich morphologisch nur wenig von der Nominatform und sind schwierig einzuordnen.

BEMERKUNGEN ZU DEN VERBREITUNGSKARTEN

Alle Angaben aus dem *Ophrys fusca*-Formenkreis, die bis heute nicht mit Sicherheit zu den Arten *Ophrys attaviria, Ophrys blitopertha, Ophrys cinereophila, Ophrys fusca, Ophrys iricolor, Ophrys israelitica, Ophrys leucadica, Ophrys omegaifera, Ophrys phaseliana* oder *Ophrys sitiaca* gestellt werden konnten, wurden in einer separaten Verbreitungskarte aufgenommen. Im vorliegenden Buch und bei der Verbreitungskarte wurden diese Angaben unter *Ophrys fusca* s. l. aufgeführt.

HYBRIDEN

Nicht eindeutig nachgewiesen.

Nakkaş (İstanbul), 28.4.1997, C. A. J. KREUTZ

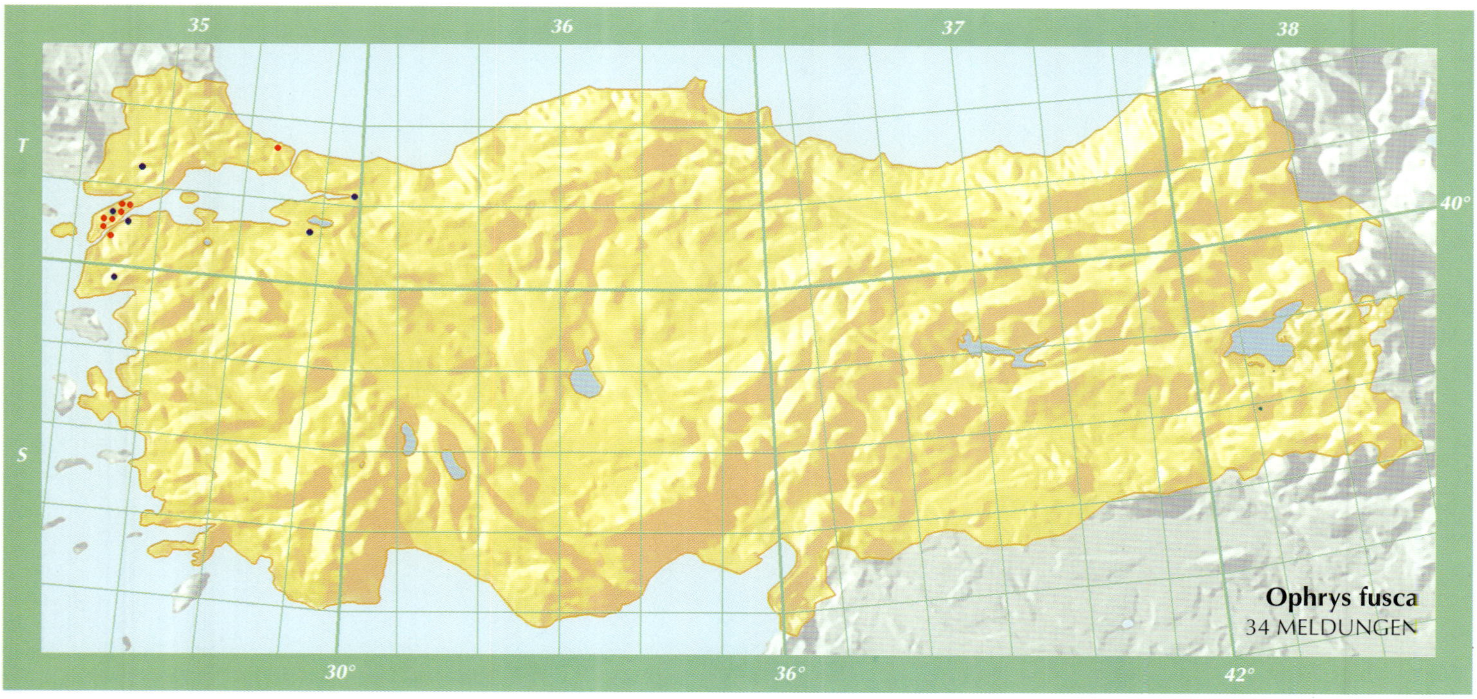

87 Ophrys attaviria

D. & U. Rückbrodt & D. & S. Wenker

Attavirische Ragwurz

(Ber. Arbeitskrs. Heim. Orchid. 7 (2): 10, 1990)

BESCHREIBUNG

Relativ kräftige, hochwüchsige, mittelgroße Pflanze. Blütenstand gedrängt, zylindrisch, 3- bis 10-blütig. Blüten mittelgroß, vor allem im oberen Teil des Blütenstandes angeordnet. Sepalen grün bis hellgrün, länglich-eiförmig bis elliptisch, mit einigen dunkelgrünen Mittelnerven, das mittlere Sepal weit über die Säule geneigt und kleiner als die beiden seitlichen Sepalen, grün. Petalen ziemlich lang und schmal, zungenförmig, am Rande deutlich gewellt, am Ende abgerundet, grün bis bräunlich, mit meist dunkler gefärbten Rändern. Lippe relativ groß und schmal, leicht geneigt bis fast waagerecht abstehend, dreilappig, am Rande gewölbt, schwarzbraun-samtig, deutlich behaart, unterseits grün; Mittellappen schmal trapezförmig bis verlängert, an der Basis relativ schmal und an der Spitze ausgerandet; Lippenbasis am Grunde mit tiefer, weiß-behaarter V-förmiger Längsfurche, Lippenzeichnung bläulich, glänzend, meist mit hellerem Rand, kurzhaarig.

ABGRENZUNG ZU ÄHNLICHEN ARTEN

Diese Art kann leicht mit anderen Sippen aus dem *Ophrys fusca*-Komplex verwechselt werden.

Die nahe verwandte *Ophrys sitiaca* ist durch kleinere Pflanzen und geringere Blütenzahl gekennzeichnet. Diese stehen, im Gegensatz zu denen von *Ophrys attaviria*, stark geneigt bis fast senkrecht. Das Mal ist marmoriert und der V-förmige Einschnitt an der Lippenbasis ist erheblich schwächer ausgebildet als bei *Ophrys attaviria*. Bei *Ophrys sitiaca* ist außerdem der Vorderrand des Mals in der Regel von einer weißlichen bis weißlich-bläulichen Omega-Zeichnung begrenzt (Rückbrodt, 1996).

Ophrys leucadica ist sowohl durch die frühere Blütezeit als auch durch die stark geneigte bis fast senkrecht stehende Lippe unterschieden.

Bei *Ophrys cinereophila* und *Ophrys blitopertha* kommen zu der früheren Blütezeit und die (vor allem bei *Ophrys cinereophila*) sehr kleinen Blüten als Unterscheidungsmerkmal hinzu.

Ophrys iricolor unterscheidet sich von *Ophrys attaviria* durch die rötliche Lippenunterseite.

Die Arten *Ophrys omegaifera* und *Ophrys israelitica* sind durch das Fehlen des V-förmigen Einschnittes an der Lippenbasis deutlich abgegrenzt (Rückbrodt & Wenker, 1990).

Ophrys attaviria unterscheidet sich von *Ophrys phaseliana* durch kleinere Blüten, den starken Knick der Lippe nahe der Lippenbasis und durch die Färbung der Lippenbehaarung.

STANDORT

Phrygana, lichte Kiefernwälder und Gebüsche; auf trockenen, kalkreichen Böden.

BLÜTEZEIT

Mitte März bis Ende April.

HÖHENVERBREITUNG

Von der Küste bis etwa 600 m.

GESAMTVERBREITUNG

Rhodos, Leipsoi, Samos, Lesbos und die Südwesttürkei. Auch auf Zypern.

VERBREITUNG IN DER TÜRKEI

Nachgewiesen in den Provinzen İzmir, Aydın, Muğla und Antalya.

NOTIZEN ZU EINIGEN FUNDORTEN

Die nördlichsten Vorkommen von *Ophrys attaviria* liegen höchstwahrscheinlich auf der Halbinsel Çeşme (İzmir). Die Art wurde hier 1996 an zwei Stellen und 1997 an weiteren drei Standorten beobachtet. Die Pflanzen wachsen in diesem Ge-

◄ **Yağcılar (İzmir), 2.4.1996,** C. A. J. Kreutz

Yağcılar (İzmir), 2.4.1996, C. A. J. Kreutz

Yağcılar (İzmir), 2.4.1996, C. A. J. Kreutz

Yağcılar (İzmir), 12.4.1997, C. A. J. Kreutz

Soğuçak (Aydın), 16.4.1997, C. A. J. Kreutz

biet häufig in kleineren Gruppen in lichten Kiefernwäldern und in Waldlichtungen. So wurden bei Yağcılar, etwa 6 km südwestlich Urla, einige sehr schöne und typische Exemplare zusammen mit *Ophrys sicula* gefunden. Ein weiterer Standort wurde etwa 2 km südwestlich Urla entdeckt. In diesem Kiefernwald wurden außerdem noch *Aceras anthropophorum, Neotinea maculata, Ophrys ferrum-equinum, Ophrys iricolor, Orchis anatolica, Orchis italica, Orchis papilionacea* subsp. *heroica* und die sehr seltene *Ophrys sitiaca* beobachtet. Auch in einem alten verlassenen Friedhof, an der Straße von Seferihisar - Yağcılar, ist *Ophrys attaviria* reichlich vertreten. Die Art blüht hier etwa Mitte bis Ende April. Fährt man von Urla nördlich nach Karaburun, lassen sich immer wieder einzelne Exemplare dieser Art finden. Vor allem etwa 20 km nordwestlich von Urla befindet sich westlich der Straße ein reich besetzter Standort, an dem sie mit *Anacamptis pyramidalis, Ophrys oestrifera* und *Ophrys minutula* vergesellschaftet ist. Weiter südlich in der Provinz Aydın wurde ein Standort mit sehr typischen Pflanzen von *Ophrys attaviria* nachgewiesen. In einem lockeren Kiefernwald bei Soğucak, sowie in einem Phryganastreifen entlang dieses Waldgebiets wurden Anfang April 1996 viele Exemplare gefunden, zusammen mit *Ophrys bucephala, Ophrys mammosa, Ophrys umbilicata, Ophrys sicula, Orchis morio* subsp. *picta* und sehr schöne, stattliche Exemplaren von *Orchis punctulata* mit zitronengelben Blüten.

Rückbrodt und Linker (Fundliste 1996) haben *Ophrys attaviria* erstmals an einigen Stellen in der Provinz Antalya festgestellt. Ebenso in einem Kiefernwald südlich Kemer, bei Çavuş an einem Straßenrand, bei Kasaba (nordöstlich Kaş) und in der Provinz Muğla in einem lichten Kiefernwald mit Freiflächen bei Tuzebat an der Straße Milas - Yatağan.

Hahn & Passin (Fundliste 1997) beobachteten die Art bei Pınara (Muğla). Die Pflanzen an diesem Standort sind sehr hochwüchsig und reichblütig.

Bemerkungen

Diese Art wurde erst kürzlich vom Süden der Insel Rhodos beschrieben und gehört zum *Ophrys fusca*-Komplex (Rückbrodt & Hansen, 1992). Nach Delforge (1994) kommt *Ophrys attaviria* auch in der Türkei vor, er belegt dies aber nicht mit Fundortangaben und fotografischen Belegen.

Hybriden

Nicht nachgewiesen.

Yağcılar (İzmir), 12.4.1997, C. A. J. Kreutz

Karaburun (İzmir), 12.4.1997, C. A. J. Kreutz

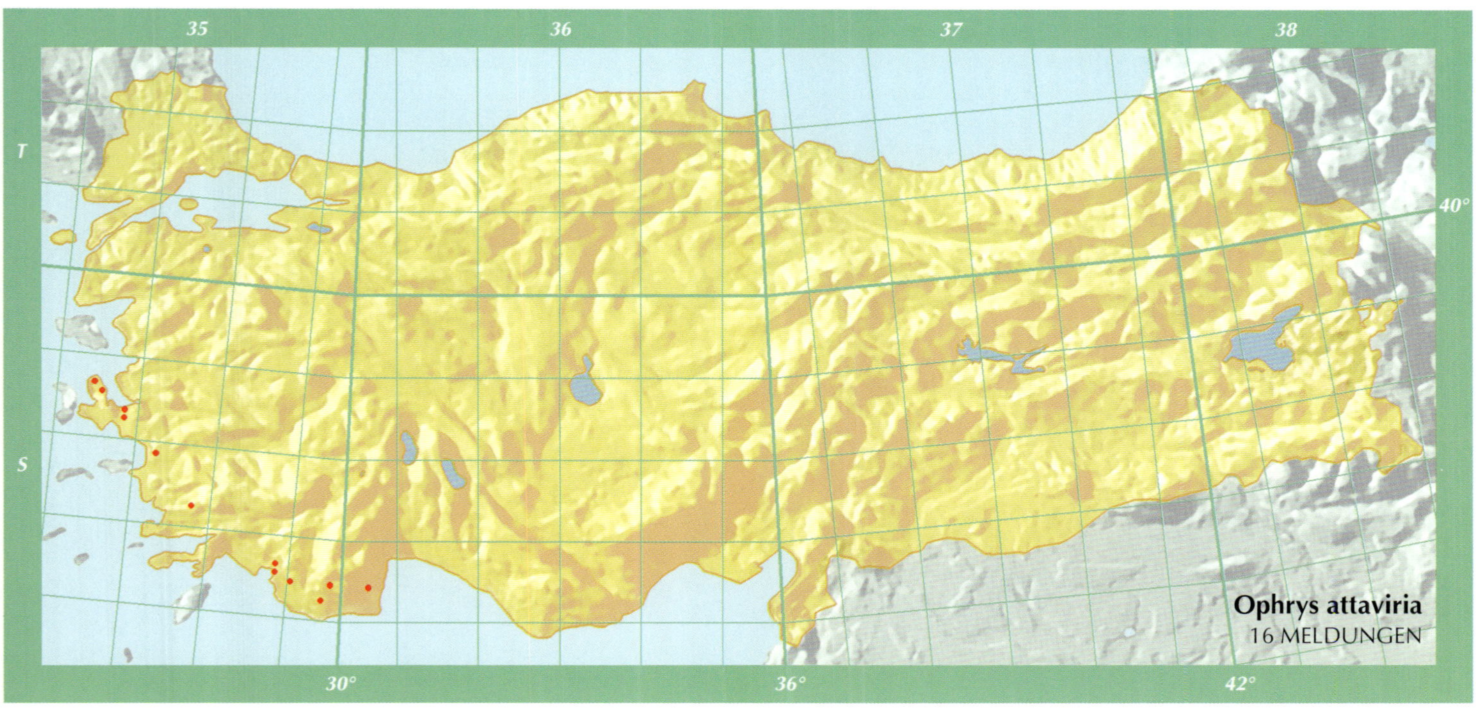

88 Ophrys blitopertha

H. F. PAULUS & C. GACK

Käfer-Ragwurz

(Jour. Eur. Orch. 30 (1): 181, 1998)

BESCHREIBUNG

Schlanke und niedrigwüchsige Pflanze. Blütenstand ziemlich locker mit durchschnittlich 2 bis 6 Blüten. Blüten relativ groß. Sepalen eiförmig-lanzettlich bis breit-eiförmig, gelblich bis gelblichgrün gefärbt, das mittlere Sepal stark vornübergebeugt, die beiden seitlichen abstehend bis leicht nach vorne gebogen. Petalen länglich-lanzettlich, gelblichgrün, am Rande gewellt und bräunlich überlaufen, nach vorne gebogen. Lippe sehr flach, dunkelbraun bis schwarzviolett, am Rande oft mit einem sehr breiten, hellgelben oder rotbraunen Saum umgeben, dreilappig, am Grunde eingekerbt (V-förmiger Einschnitt an der Lippenbasis), ziemlich dicht behaart und ungehöckert. Mal vom Grunde ab aus zwei geteilten, eiförmigen Flächen bestehend, intensiv dunkelblau bis grau gefärbt.

VARIABILITÄT

Besonders auf der Halbinsel Çeşme gibt es Pflanzen, deren Malzeichnung schwierig zu erkennen ist und bei denen der breite, gelbe Lippenrand fehlt.

ABGRENZUNG ZU ÄHNLICHEN ARTEN

Die charakteristischen Merkmale von *Ophrys blitopertha* sind ihre großen Blüten, die dunkel gefärbte, sehr flache Lippe, die oft mit einem sehr breiten, hellgelben oder rotbraunen Saum umgeben ist und ihr intensiv dunkelblau bis graublau gefärbtes Mal. Außerdem blüht diese Art relativ spät, nämlich erst im April.

STANDORT

Lockere Kiefernwälder, Macchien, Phrygana, Olivenhaine und Magerrasen; auf kalkhaltigen Böden.

BLÜTEZEIT

Ende März bis Mitte/Ende April.

HÖHENVERBREITUNG

Von Meereshöhe bis etwa 400 m.

GESAMTVERBREITUNG

In der mittleren und östlichen Ägäis weit verbreitet (zum Beispiel auf Naxos, Chios, Samos, Lesbos, Kos, Rhodos) und im südwestlichen Teil der Türkei.

VERBREITUNG IN DER TÜRKEI

West- und Südwesttürkei: İzmir, Aydın, Muğla und Antalya.

NOTIZEN ZU EINIGEN FUNDORTEN

Von KREUTZ (Fundliste 1988) liegt die erste Angabe vor. In einem Kiefernwald mit Unterwuchs an der Straße Karaböğürtlen - Ula (Muğla) wurden einige Exemplare gefunden. PETER (Fundliste 1993) hat diese Art an einem weiteren Standort in einem Kiefernwald, wenn auch nur in einem einzigen Exemplar, an der Straße von Fethiye nach Dalaman in der Umgebung der Göcek-Paßhöhe in der Provinz Muğla gefunden. Auch GÜGEL, RÜCKBRODT & ZAISS wiesen die Art 1993 in der Provinz Muğla nach (RÜCKBRODT, 1996). Inzwischen sind aber weitere Standorte dieser Art in der Türkei bekannt geworden.

An einem Standort von GÜGEL, RÜCKBRODT & ZAISS kommen viele typische Exemplare dieser *Ophrys fusca*-Sippe vor. Er befindet sich am östlichen Ortseingang von Güllük, einem kleinen Dorf, nordöstlich von Bodrum (Muğla). Der Standort, an dem die meisten Pflanzen wachsen, ist eine kleine, grasige Hangfläche mit einzelnen Olivenbäumen. Das ganze Gelände ist außerdem mit einzelnen Kiefern und Phryganastreifen durchsetzt. Hier kommen besonders viele Orchideenarten vor, nämlich *Barlia robertiana, Ophrys heterochila, Ophrys iricolor, Ophrys mammosa, Ophrys sicula, Ophrys speculum, Ophrys tenthredinifera, Ophrys umbilicata, Orchis fragrans, Orchis italica, Orchis morio* subsp. *morio, Orchis papilionacea* subsp. *heroica, Serapias orientalis* subsp. *carica, Serapias bergonii* und *Spiranthes spiralis*.

Im Südwesten, besonders in der Umgebung von Bodrum-Karaova (Muğla), ist *Ophrys blitopertha* nicht selten und an einigen Stellen sind reiche Vorkommen vorhanden. Während mehrerer Exkursionen in diesem Bereich konnten vor allem in der Provinz Muğla viele weitere Fundstellen nachgewiesen werden. So zum Beispiel bei Göcek, östlich von Datça, bei Dalaman, in den lockeren Kiefernwäldern an der Straße Bodrum - Karaova, bei Güllük und bei Ortaca.

◄ **Çesme (İzmir), 12.4.1997,** C. A. J. KREUTZ

Oymapınar (Antalya), 29.4.1997, C. A. J. KREUTZ

Çesme (İzmir), 12.4.1997, C. A. J. Kreutz

Urla (İzmir), 12.4.1997, C. A. J. Kreutz

Oymapınar (Antalya), 29.4.1997, C. A. J. Kreutz

Göçek (Muğla), 6.4.1997, C. A. J. Kreutz

In der Umgebung des Ruinendorfes Kaya, südlich Fethiye (Muğla) hat die Art weitere Vorkommen. Wagner (Fundliste 1997) konnte die Art in diesem Gebiet an mehreren Stellen nachweisen. *Ophrys blitopertha* blüht hier Anfang April an grasigen Stellen, die mit jungen Kiefern bestanden sind. Die Biotope sind leider durch Entbuschung des Kiefernwaldes stark beeinträchtigt. An weiteren Orchideen kommen hier noch *Neotinea maculata, Ophrys ferrum-equinum, Ophrys sicula, Ophrys umbilicata* und *Orchis sezikiana* vor.
Die östlichsten Vorkommen befinden sich wahrscheinlich in der Umgebung von Oymapınar (Antalya). 1997 wurden hier vom Verfasser sehr typische Exemplare gefunden.
Einen nördlich vorgeschobenen Posten besitzt *Ophrys blitopertha* auf der Halbinsel Çeşme, wo sie übrigens gemeinsam mit *Ophrys attaviria* vorkommt. *Ophrys blitopertha* ist in der Umgebung der Stadt Çeşme nicht selten und wächst dort vor allem in der Phrygana und an grasigen Stellen. Öfter bildet sie dort Gruppen mit bis zu 50 Exemplaren und wird meistens von vielen anderen Orchideenarten (*Ophrys iricolor, Ophrys mammosa, Ophrys sicula* und *Ophrys umbilicata*) begleitet.

BEMERKUNGEN

Nach Paulus & Gack (1990a) wird die Art hauptsächlich durch den Käfer *Blitopertha lineolata* bestäubt. Es ist aber nicht auszuschließen, daß als weiterer Bestäuber auch eine *Adrena*-Art auftritt.
Ophrys blitopertha wurde erstmals von Gölz & Reinhard (1981) von der Insel Chios gemeldet. Sie haben die wenigen damals gefundenen Pflanzen als Kreuzung von *Ophrys iricolor* und *Ophrys lutea* subsp. *minor* bestimmt.

PROBLEMATIK

Möglicherweise handelt es sich bei den von Schwarz (1934ab) gefundenen Hybriden zwischen *Ophrys fusca* und *Ophrys iricolor* in der Provinz İzmir (Bornova und Kosagaç) auch um *Ophrys blitopertha*. Diese Hybriden sollen vor allem bei Kosagaç häufig sein; Kreuzungen zwischen *Ophrys fusca* und *Ophrys iricolor* sind aber eher ungewöhnlich. Renz & Taubenheim (1984) haben die von Schwarz gefundenen Pflanzen als Hybriden von *Ophrys iricolor* und *Ophrys lutea* subsp. *minor* (= *Ophrys sicula*) interpretiert.

Güllük (Muğla), 5.4.1996, C. A. J. Kreutz

HYBRIDEN

Die angeblichen Hybriden zwischen *Ophrys iricolor* und *Ophrys fusca*, beziehungsweise *Ophrys sicula* (gefunden bei Bornova, İzmir) gehören möglicherweise zu *Ophrys blitopertha*. Dieser Bastard wurde deshalb nicht in das Hybridenverzeichnis aufgenommen.

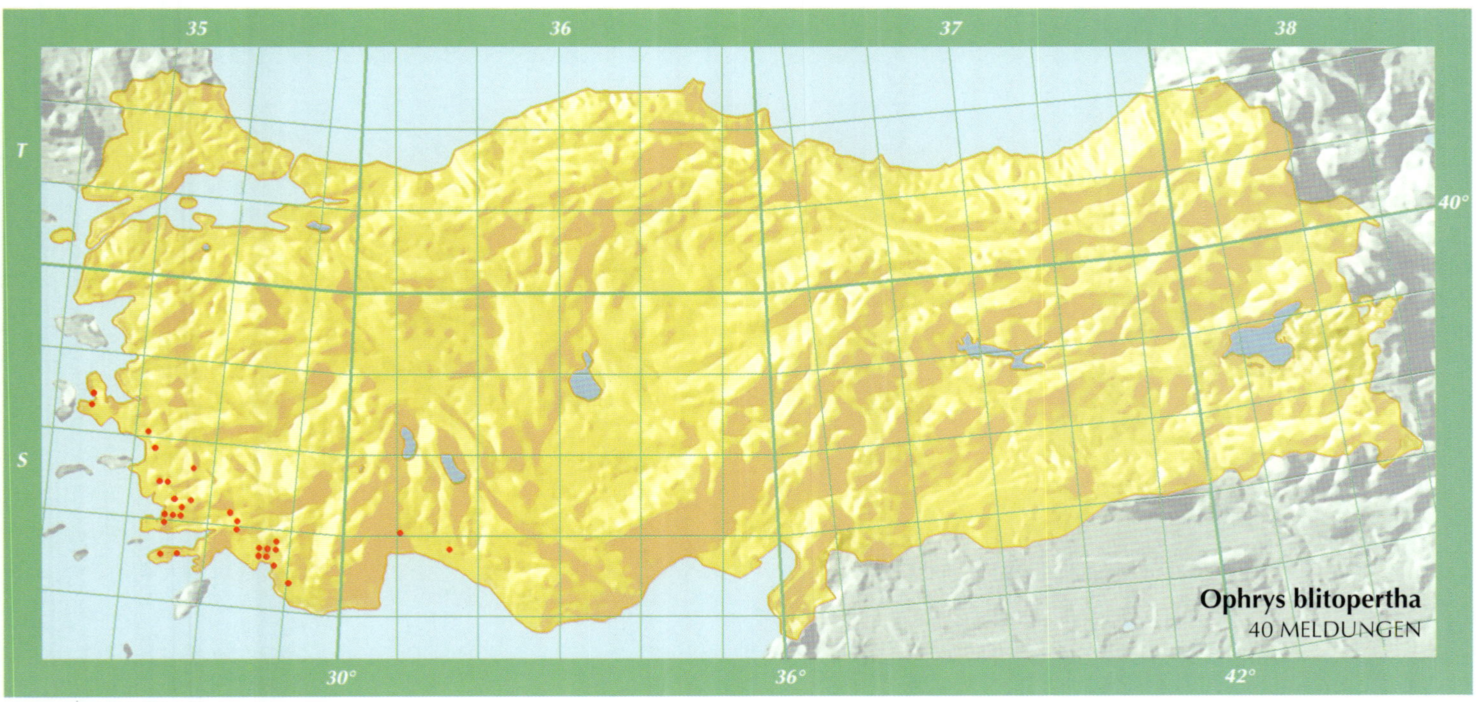

89 Ophrys cinereophila

H. F. PAULUS & C. GACK

Kleinblütige Braune Ragwurz

(Jour. Eur. Orch. 30 (1): 170, 1998)

BESCHREIBUNG

Schlanke, mittelgroße Pflanze. Blütenstand ziemlich locker, langgestreckt, durchschnittlich mit 5 bis 7, manchmal bis zu 10 sehr kleinen Blüten. Sepalen breit-eiförmig bis lanzettlich, gelblich bis gelblichgrün gefärbt, das mittlere Sepal stark vornübergebeugt. Petalen länglich-lanzettlich, am Rande gewellt, gelblichgrün, selten am Rande bräunlich überlaufen; Petalen und Sepalen einen ziemlich lockeren Helm bildend. Lippe sehr klein, dunkelbraun bis schwarzviolett, stark gebogen, dreilappig, am Rande mit einem schmalen hellgelben Saum umgeben, am Grunde eingekerbt (V-förmiger Einschnitt an der Lippenbasis), dicht behaart und ungehöckert. Mal vom Grunde aus zwei geteilten eiförmigen Flächen bestehend, meist (stahl)blau oder braun gefärbt, selten im unteren Teil mit einem hellen, weißlichen Rand umgeben.

ABGRENZUNG ZU ÄHNLICHEN ARTEN

Ophrys cinereophila kann mit anderen Arten aus dem *Ophrys fusca*-Komplex verwechselt werden, vor allem mit *Ophrys blitopertha* oder mit *Ophrys leucadica*. *Ophrys blithopherta* hat aber erheblich größere Blüten, die mit einem breiten hellgelben Saum umgeben sind. Die charakteristischen Merkmale von *Ophrys leucadica* sind die größeren Blüten und die spätere Blütezeit. Darüberhinaus ist *Ophrys cinereophila* viel kleinblütiger und ihre Lippe ist oft stark gebogen.

STANDORT

Macchien, Phrygana, lichte Kiefernwälder, Affodilfluren und auf Ödland; auf kalkhaltigen Böden.

BLÜTEZEIT

Anfang/Mitte März bis Mitte April.

HÖHENVERBREITUNG

Von der Ebene bis etwa 400 m.

GESAMTVERBREITUNG

Im östlichen Mittelmeerraum weit verbreitet. Zumindest im Süden Griechenlands (vermutlich in der gesamten Ägäis), auf einigen Ionischen Inseln, in West- und Süd-Anatolien und auf Zypern.

VERBREITUNG IN DER TÜRKEI

Ophrys cinereophila ist in der West- und Südwesttürkei (İzmir, Aydın, Muğla und Antalya) häufig, besonders in küstennahen, tief gelegenen Gebieten. Die Art kommt möglicherweise auch in der Provinz Hatay vor (ALTAN & HOFFMANN, 1986).

NOTIZEN ZU EINIGEN FUNDORTEN

Ophrys cinereophila ist, anders als auf den vorgelagerten Inseln Rhodos, Karpathos, Lesbos, Chios, Kos und Samos, in der Türkei ziemlich selten, aber wo sie vorkommt bildet sie große Populationen. Im Südwesten ist sie allerdings häufig und hier meist von vielen anderen Orchideen begleitet.

Auf der Halbinsel Çeşme (İzmir) wächst sie häufig in Macchien, auf beweidetem Ödland und im Gebüsch. Sie bildet dort oft größere Gruppen, die schon Ende März in voller Blüte stehen. In der direkten Umgebung wachsen zum Beispiel *Ophrys iricolor, Ophrys mammosa, Ophrys sicula, Ophrys umbilicata* und *Orchis anatolica*.

In der Provinz Muğla befinden sich einige Standorte an der Straße von Bodrum nach Karaova. Die Art ist hier nicht selten und an vielen Stellen in lichten Kiefernwäldern zu beobachten.

Im Gebiet Fethiye-Kaş-Finike (Muğla-Antalya) sind viele Standorte dieser Art bekannt (RÜCKBRODT, Fundliste 1996). So befindet sich ein schöner Standort auf einem alten Friedhof bei

Pınara (Muğla), 8.4.1996, C. A. J. KREUTZ

Çesme (İzmir), 31.3.1996, C. A. J. KREUTZ

◀ Olympos (Antalya), 10.3.1998, C. A. J. KREUTZ

Çesme (İzmir), 31.3.1996, C. A. J. Kreutz

Çesme (İzmir), 31.3.1996, C. A. J. Kreutz

Kadıköy (Muğla). Dieser Friedhof, der mit Kiefernwald und stellenweise mit Macchienunterwuchs bestanden ist, bietet für viele seltene türkische Orchideenarten, wie zum Biespiel *Barlia robertiana, Ophrys bombyliflora* und *Serapias politisii* einen sicheren Standort.
Auch in den weitläufigen Macchien und Kiefernwäldern in der Ruinenstätte Pınara, südöstlich Fethiye (Muğla) findet man *Ophrys cinereophila*, hier zusammen mit *Neotinea maculata, Limodorum abortivum, Ophrys ferrum-equinum, Ophrys holoserica, Ophrys sicula, Orchis italica* und *Orchis sezikiana*. In der Provinz Antalya ist sie weit verbreitet und stellenweise ebenfalls häufig. So wächst sie auch am *locus classicus* von *Ophrys phaseliana* bei Olympos. Vor allem auf alten Friedhöfen und in lichten Kiefernwäldern ist sie immer wieder vereinzelt anzutreffen, dort häufig zusammen mit *Ophrys heterochila, Ophrys minoa, Ophrys phaseliana, Ophrys sicula, Orchis syriaca, Orchis sancta* und *Serapias politisii*.
Weit im Landesinneren wächst sie auch in den lockeren, ausgedehnten Kiefernwäldern bei Karacasu (Aydın). Hier kommt auch *Ophrys leucadica* vor.

BEMERKUNGEN

Der Bestäuber, die entsprechend kleine *Andrena cinereophila*, wurde erstmals von Vöth (1985) in Südgriechenland und auf Aegina beobachtet. Weitere Bestäubungsnachweise wurden auf Kreta, sowie auf Rhodos, Lesbos, Karpathos und Zypern gebracht (Paulus & Gack, 1990a).

PROBLEMATIK

Die kleinblütige *Ophrys funerea* wurde öfter mit *Ophrys cinereophila* verwechselt. Nach Paulus & Gack (1995) ist *Ophrys funerea* eine gut abgrenzbare eigene Art, die nur auf Korsika und Sardinien vorkommt. Das Vereinen beider Arten (Delforge, 1994) ist nicht gerechtfertigt. Es handelt sich hier um zwei distinkte Arten.

BEMERKUNGEN ZU DER VERBREITUNGSKARTE

Die Angaben von Altan & Hofmann (1986) von der Provinz Hatay wurden nicht auf der Verbreitungskarte eingezeichnet, da es sich hier vermutlich um Verwechslungen mit *Ophrys israelitica* handelt.

HYBRIDEN

Nicht nachgewiesen.

Çesme (İzmir), 31.3.1996, C. A. J. Kreutz

Olympos (Antalya), 10.3.1998, C. A. J. Kreutz

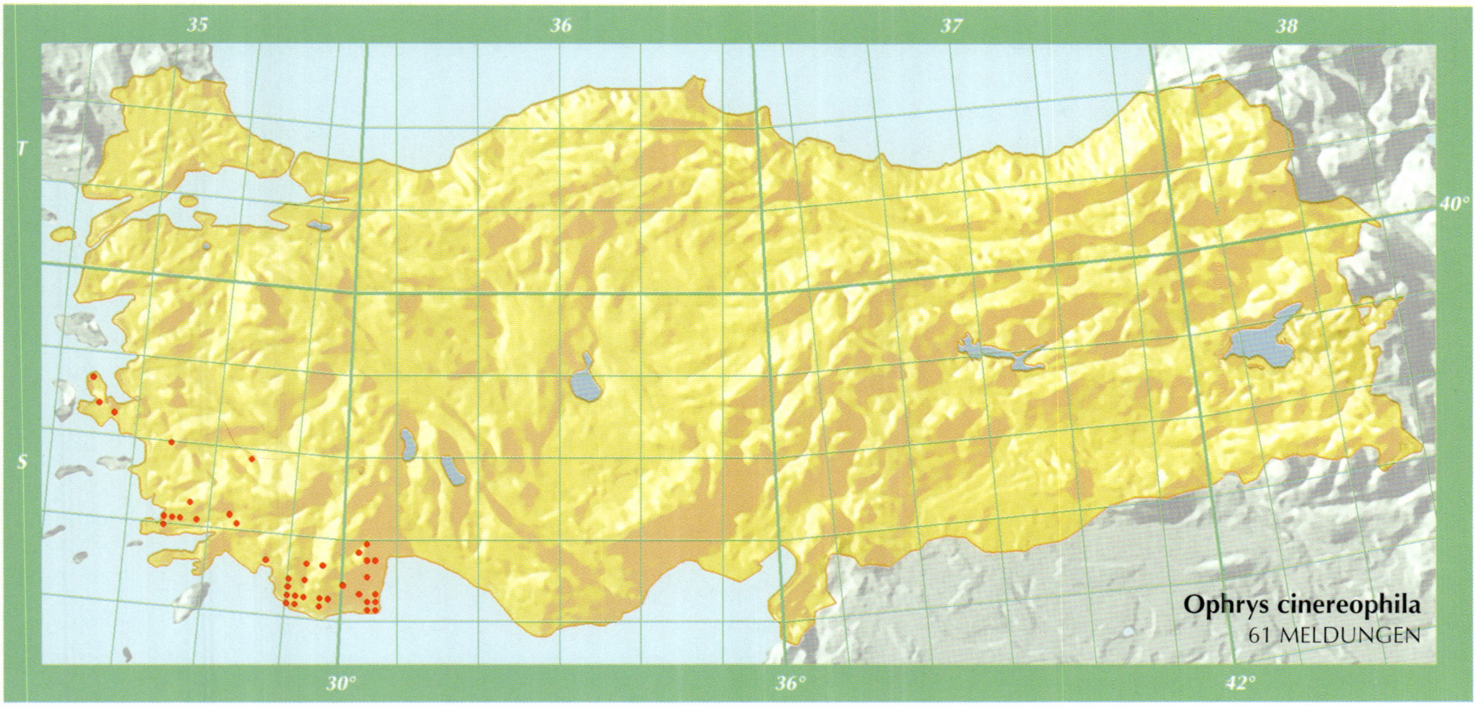

90 Ophrys iricolor

DESFONTAINES

Regenbogen-Ragwurz

(Ann. Mus. Nat. Hist. (Paris) 10: 224, 1807)

SYNONYM

Ophrys fusca subsp. *iricolor* (DESFONTAINES) K. RICHTER

BESCHREIBUNG

Pflanze relativ kräftig, klein bis mittelgroß. Laubblätter rosettig gehäuft, eiförmig-lanzettlich, die oberen schräg abstehend. Blütenstand relativ kurz und mit wenigen Blüten; diese groß bis sehr groß, schräg abstehend. Sepalen breit eiförmig bis eiförmig-lanzettlich, die beiden seitlichen etwas nach vorne gebogen oder leicht zurückgeschlagen, das mittlere vornübergebogen, hell- bis dunkelgrün gefärbt. Petalen schmal-lanzettlich, an den Rändern leicht gewellt, stumpf, braun bis rotbraun, an den Rändern meist grün oder bräunlich. Lippe groß, ziemlich lang, im apikalen Teil dreilappig, flach ausgebreitet, ohne Höcker, dunkelbraun bis schwarzviolett, die Seitenlappen stark dunkelbraun behaart. Lippenrückseite rötlich gefärbt. Malzeichnung in der Form von zwei eiförmigen, leuchtend blauen Flächen ausgebildet, die oberen zwei Drittel der gesamten Lippe einnehmend.

ABGRENZUNG ZU ÄHNLICHEN ARTEN

Verwechslungen sind eigentlich nur mit *Ophrys attaviria* möglich, von der *Ophrys iricolor* sich durch die größere Lippe und ein intensiv stahlblaues Mal unterscheidet. Gelegentlich kommen aber auch großblütige Formen von *Ophrys fusca* vor, die ebenfalls leicht mit *Ophrys iricolor* zu verwechseln sind. Ein sicheres Merkmal von *Ophrys iricolor* ist aber die Lippenrückseite, die immer rötlich gefärbt ist.

STANDORT

Macchien, Phrygana, Olivenhaine, Magerrasen, lichte Kiefernwälder und Ödland; auf steinigen, kalkhaltigen Böden.

BLÜTEZEIT

März bis Anfang Mai. Sie blüht meist etwa zwei bis drei Wochen später als einige andere Arten aus dem *Ophrys fusca*-Komplex. Wenn diese bereits verblüht sind, findet man *Ophrys iricolor* in voller Blüte.

HÖHENVERBREITUNG

Von der Ebene bis etwa 500 m.

GESAMTVERBREITUNG

Von Griechenland (Peloponnes, den Ionischen und den Ägäischen Inseln, Kreta) über die West- und Südtürkei bis nach Syrien, Libanon und Israel. Auch auf Zypern.

VERBREITUNG IN DER TÜRKEI

Marmara-, Ägäis- und Mittelmeer-Region bis in die Provinz Hatay, vor allem in tiefen Lagen.

NOTIZEN ZU EINIGEN FUNDORTEN

Auf der Halbinsel Çeşme (İzmir), ist sie recht häufig und hier an fast jedem Standort zu finden. Vor allem in der Umgebung der beiden Orte Urla und Çeşme wächst *Ophrys iricolor* an grasigen Stellen in der Phrygana. Größere Gruppen findet man hier eigentlich selten; in diesem Gebiet tritt sie immer vereinzelt auf. An einigen Stellen wächst sie zusammen mit *Ophrys regis-ferdinandii*.

Einen weiteren Verbreitungsschwerpunkt besitzt die Art in der Umgebung von Kemalpaşa (İzmir). In diesem Gebiet kommen sehr viele Orchideenarten vor.

In Südwesten des Landes liegen weitere Standorte dieser besonders großblütigen Art. Zum Beispiel bei Güllük (Muğla), wo sie in Wiesenflächen und in Phryganastreifen vorkommt, hier mit *Ophrys blitopertha, Ophrys heterochila, Ophrys mammosa, Ophrys sicula, Orchis fragrans, Orchis morio* subsp.

Reyhanlı (Hatay), 1.4.1997, C. A. J. KREUTZ

Çesme (İzmir), 31.3.1996, C. A. J. KREUTZ

◀ **Selçuk (İzmir), 3.4.1996,** C. A. J. KREUTZ

Selçuk (İzmir), 3.4.1996, C. A. J. Kreutz

Çesme (İzmir), 31.3.1996, C. A. J. Kreutz

picta, Serapias orientalis subsp. *carica, Serapias bergonii* und *Spiranthes spiralis* vergesellschaftet. Auch in der Umgebung von Kavaklıdere (Muğla) ist *Ophrys iricolor* nicht selten. In den Kiefernwäldern, die mit Eichenunterwuchs bestanden sind, ist sie immer wieder anzutreffen.

Auch in den weitläufigen Phryganaflächen an der Straße Manavgat - Akseki (Antalya) findet man immer wieder Exemplare von *Ophrys iricolor*. Sie blüht hier sehr früh, schon ab Mitte März. Vereinzelt kommen hier auch *Ophrys mammosa, Ophrys phrygia* und *Ophrys speculum* vor.

Die östlichsten Vorkommen hat *Ophrys iricolor* in der Provinz Hatay. Sie ist in diesem Gebiet ziemlich selten und meist nur in wenigen Exemplaren vorhanden. Unter anderem kommt sie am Standort von *Ophrys hittitica* zwischen Antakya und Altınözü vor. Die Pflanzen sind an dieser Fundstelle Ende März in Hochblüte und sind in Form und Größe der Lippe morphologisch identisch mit denen aus der Südwesttürkei.

BEMERKUNGEN

Ophrys iricolor gehört im Mittelmeerraum zu den schönsten und großblütigsten *Ophrys*-Arten und auch in der Türkei findet man oft sehr schöne Exemplare mit einem stahlblauen Mal. In der Türkei kommt sie hauptsächlich im Westen des Landes vor, besonders aber im Südwesten und in der Umgebung von Antalya, wo sie größere Populationen bildet. Sie ist in der Türkei deutlich seltener als andere Vertreter aus dem *Ophrys fusca*-Formenkreis. Sie bildet selten größere Bestände. *Ophrys iricolor* ist eine Art, die an fast jedem Standort in einzelnen, zerstreut wachsenden Exemplaren vorkommt. In Griechenland, auf den griechischen Inseln und auf Zypern ist sie häufiger.

Das Vorkommen von *Ophrys iricolor* in der Provinz Hatay wurde schon von Renz & Taubenheim (1984) angegeben. In den letzten 20 Jahren wurde das Gebiet um Antakya (Ziyaretgebirge und in den Nur-Dağları), wo viele seltene Orchideenarten vorkommen, intensiv von verschiedenen Orchideenforschern untersucht. Funde von *Ophrys iricolor* wurden dabei nicht bestätigt. Der Grund lag unter anderem in der Tatsache, daß die meisten Orchideen in diesem Gebiet durch übermäßige Beweidung und durch das Ausgraben der Knollen zur Salep-Gewinnung weitgehend verschwunden sind. Erst im Jahre 1993 wies Peter (Fundliste 1993) *Ophrys iricolor* wieder in diesem Gebiet nach. Einige Jahre später, während eines Besuchs durch den Verfasser, waren die Pflanzen noch vorhanden.

HYBRIDEN

Nicht nachgewiesen.

Bucakşeyhler (Antalya), 9.3.1998, C. A. J. Kreutz

Reyhanlı (Hatay), 1.4.1997, C. A. J. Kreutz

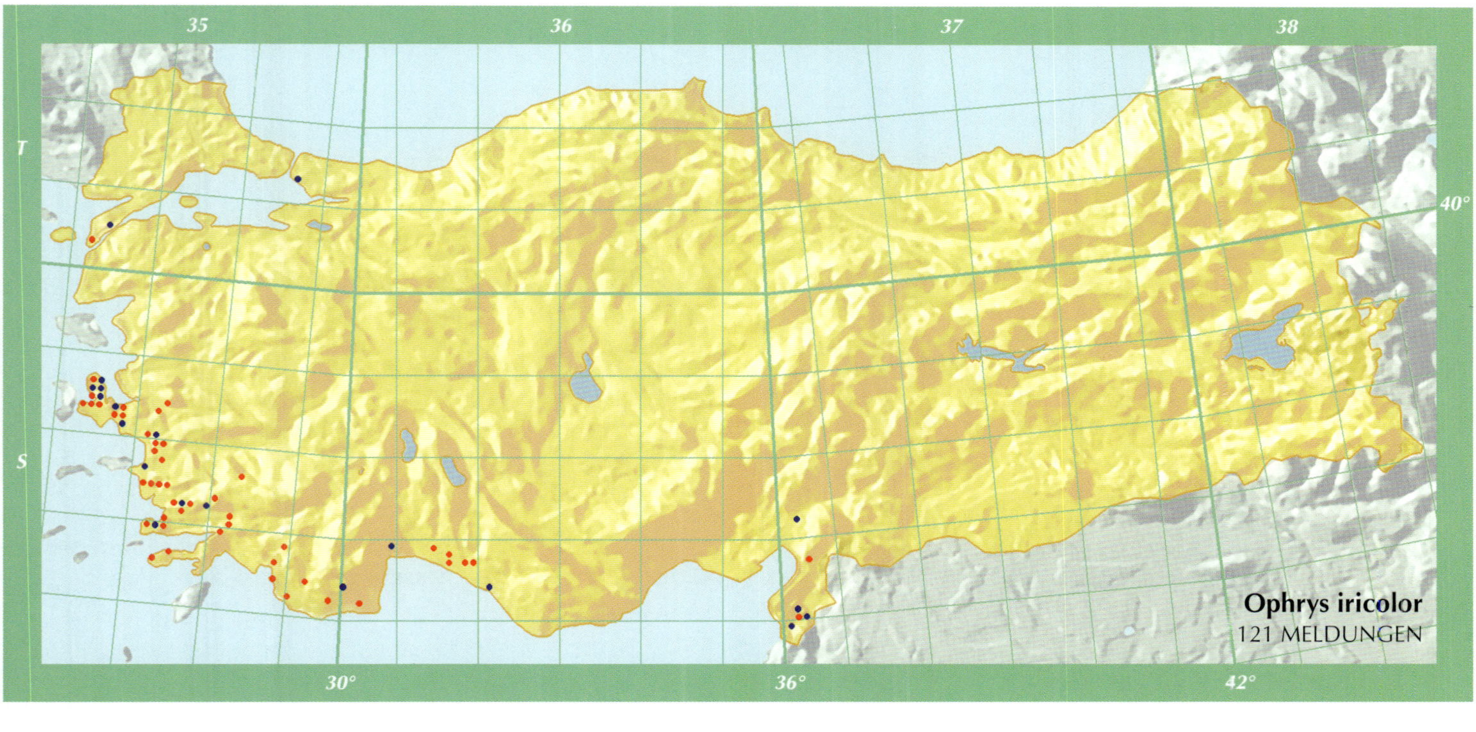

91 Ophrys israelitica

H. Baumann & Künkele

Israelische Ragwurz

(Mitt. Bl. Arbeitskr. Heim. Orch. Baden-Württ. 20 (3): 612, 1988)

BESCHREIBUNG

Kleine bis mittelgroße, schlanke und gedrungene Pflanze, mit 2 bis 11 Blüten. Blüten mittelgroß und fast horizontal von der Blütenstandsachse abstehend. Sepalen länglich-eiförmig, grünlichgelb bis hellgrün gefärbt, die beiden seitlichen abstehend, das mittlere stark nach vorne gebogen. Petalen lanzettlich, meist etwas dunkler als die Sepalen, gewellt und an den Rändern violett überlaufen. Lippe am Grunde schwach gewölbt, in der Mitte dreilappig, dunkelbraun, schwarzbraun bis violettbraun, oft mit gelbem Rand; Mittellappen am Grunde meist gekerbt, die beiden Seitenlappen flach und an den Außenseiten schwach violett behaart. Malzeichnung zwischen der basalen und apikalen Lippenhälfte beschränkt 'omega'-förmig und bleigrau bis weißlich.

ABGRENZUNG ZU ÄHNLICHEN ARTEN

Ähnelt *Ophrys omegaifera*, unterscheidet sich von dieser Art durch die flache Lippe, die im unteren Teil meist dunkelbraun bis violettbraun gefärbt ist und im basalen Teil violettbläulich. Außerdem sind beide Teile bei *Ophrys omegaifera* durch eine bleigraue bis weißliche 'omega'-förmige Linie begrenzt.

STANDORT

Ödland, lichte Kiefernwälder, Macchien, Phrygana und Gebüsch, häufig auch auf aufgelassenen Kulturflächen, wie ehemaligen Weinbergterrassen; auf kalkreichen Böden.

BLÜTEZEIT

Früh, von Anfang März bis Anfang April.

HÖHENVERBREITUNG

Von der Küste bis etwa 500 m.

GESAMTVERBREITUNG

Östliches Mittelmeergebiet, nämlich die Südtürkei, Israel, Libanon, Jordanien und Zypern. Auch auf Naxos, Paros und Siros (Paulus & Gack, 1990a; Delforge, 1995b; Kretzschmar, 1996). Wahrscheinlich auch in Westsyrien. Mit Ausnahme von Zypern ist *Ophrys israelitica* im ganzen Verbreitungsgebiet selten. In Israel kommt diese Art als einziger Vertreter aus dem *Ophrys omegaifera*-Aggregat und ohne andere Arten aus dem *Ophrys fusca*-Formenkreis vor (Baumann & Künkele, 1988b).

VERBREITUNG IN DER TÜRKEI

Nur in der mittleren und östlichen Mittelmeer-Region. Das Hauptverbreitungsgebiet erstreckt sich von Serik (Antalya) über Silifke (İçel), Adana (Adana) und Osmaniye (Adana) bis zur syrischen Grenze (Hatay).

NOTIZEN ZU EINIGEN FUNDORTEN

Ophrys israelitica ist in der mittleren Südosttürkei selten. In letzter Zeit wurden Vorkommen von *Ophrys israelitica* in den Provinzen Hatay und Adana bestätigt. Die größten Vorkommen besitzt *Ophrys israelitica* im Ziyaretgebirge südlich Antakya (Hatay). Die Art wächst hier hauptsächlich in Olivenhainen auf grasigem Untergrund. In der Macchia, in Phryganaflächen und in Eichengebüsch ist sie sehr selten. Sie wird hier oft begleitet von *Ophrys iricolor, Ophrys sicula, Ophrys speculum, Ophrys transhyrcana, Orchis anatolica, Orchis simia, Orchis syriaca* und *Orchis tridentata*. Sie blüht in diesem Gebiet schon ab Mitte März und ist Anfang April weitgehend verblüht.

Bei Karatepe (Adana), sowie in der weiteren Umgebung des Ausgrabungsgeländes ist *Ophrys israelitica* immer wieder vereinzelt anzutreffen. Auch in diesem Gebiet liegt die Blütezeit sehr früh, nämlich Mitte März. Anfang April sind die Pflanzen restlos verblüht.

◄ **Harbiye (Hatay), 13.4.1996,** C. A. J. Kreutz

Harbiye (Hatay), 1.4.1997, C. A. J. Kreutz

Reyhanlı (Hatay), 1.4.1997, C. A. J. Kreutz

Harbiye (Hatay), 1.4.1997, C. A. J. Kreutz

Harbiye (Hatay), 1.4.1997, C. A. J. Kreutz

Altan & Hoffman (1986) berichten von zwei fast verblühten Exemplaren im Kleingebüsch über einer Wegböschung in der Umgebung der Çukurova-Universität (Adana), dort zusammen mit *Ophrys transhyrcana, Ophrys umbilicata, Orchis collina* und *Orchis italica*, und von Harbiye (Hatay), wo einzelne Pflanzen in ost- bis nordostexponierten Terrassen mit niedriger Macchia wachsen, hier mit *Anacamptis pyramidalis, Cephalanthera longifolia, Ophrys sicula, Ophrys transhyrcana* und *Orchis pinetorum*.

Lange Zeit waren die Angaben aus der Provinz Antalya zweifelhaft. 1998 hat sich jedoch ergeben, das *Ophrys israelitica* im Gebiet tatsächlich vorkommt. In der Umgebung von Taşağıl (östlich von Antalya) wurde vom Verfasser Anfang März eine große Population dieser Art nachgewiesen. Die Pflanzen wachsen in diesem Gebiet in einer mäßig feuchten, grasigen Wiese, die mit einzelnen Bäumen bestanden ist. Die Pflanzen waren zu dieser Zeit schon am Abblühen. Am gleichen Standort kommen auch noch *Ophrys sicula* und *Ophrys iricolor* reichlich vor. Dieser Biotop entspricht somit die Standorte in der Provinz Hatay.

Auch in den weitläufigen Macchien und Phrygana an der Straße Manavgat - Akseki, sowie am Standort bei Buçakseyhler (Antalya) wurde *Ophrys israelitica* 1998 gefunden. Diese Art blüht hier sehr früh, schon ab Ende Februar/Anfang März. Vereinzelt kommen hier auch *Ophrys iricolor, Ophrys speculum* und *Ophrys tenthredinifera* vor. Auch Rückbrodt wies *Ophrys israelitica* im gleichen Jahr an diesen beiden Standorte nach.

BEMERKUNGEN

Früher wurden Funde von *Ophrys israelitica* noch unter *Ophrys fleischmannii* Hayek (Feddes Repert. 22: 388, 1926) aufgeführt, so bei Renz & Taubenheim (1984) und bei Altan & Hoffmann (1986). Bei Sundermann & Taubenheim (1978) wird sie unter *Ophrys fusca* subsp. *omegaifera* behandelt.

Morphologische und arealökologische Untersuchungen wurden unter anderem von Baumann & Dafni (1981b) gemacht. Die Neubeschreibung von *Ophrys israelitica* erfolgte erst 1988 von Baumann & Künkele (1988b).

Ophrys fleischmannii kommt, soweit bekannt, nur auf Kreta und Hydra sowie an einigen isolierten Stellen auf dem griechischen Festland bei Attica vor. Nach Delforge (1995b) auch auf Paros.

HYBRIDEN

Nicht nachgewiesen.

Bucakşeyhler (Antalya), 9.3.1998, C. A. J. Kreutz

Taşağıl (Antalya), 14.3.1998, C. A. J. Kreutz

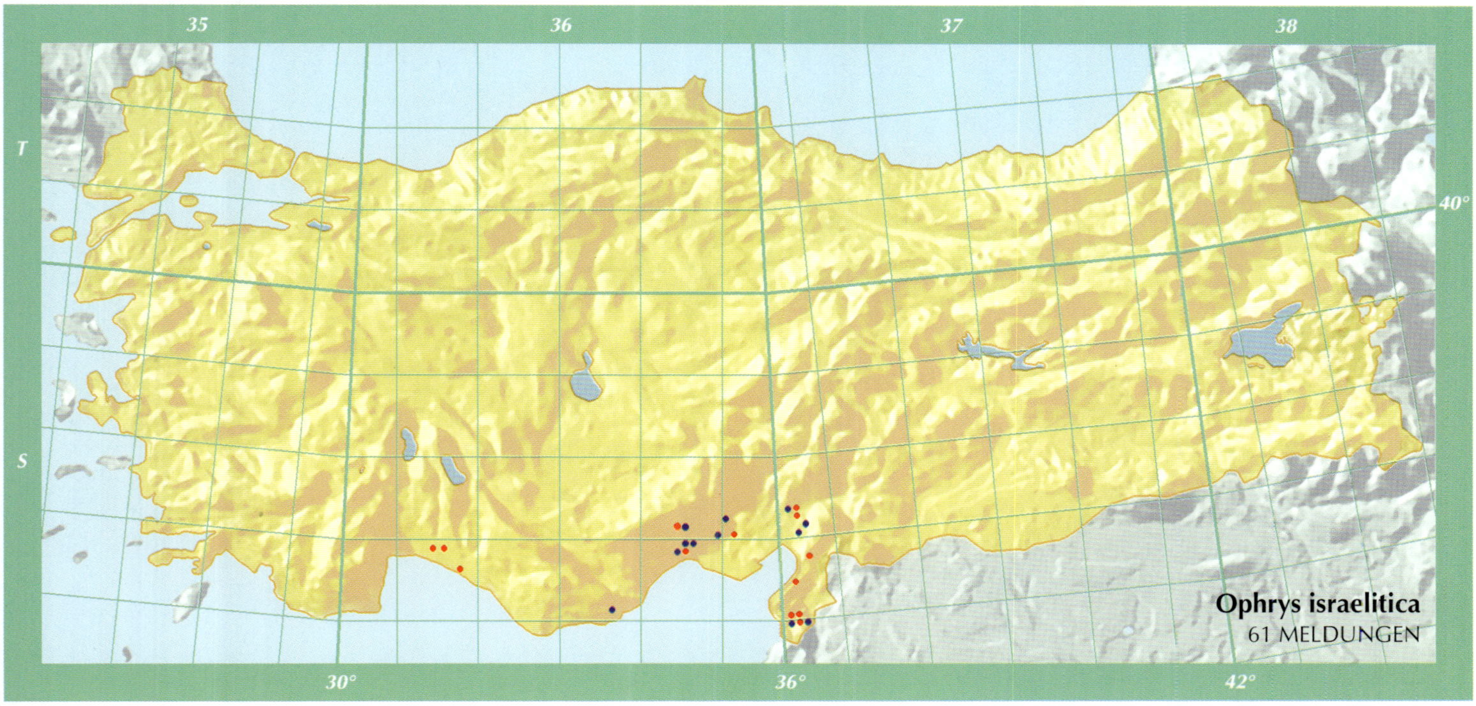

92 Ophrys leucadica

RENZ (pro hybr.)

Leukas-Ragwurz

(Feddes Repert. 25: 265, 1928)

BESCHREIBUNG

Schlanke, mittelgroße Pflanze. Blütenstand ziemlich locker, durchschnittlich mit nur wenigen Blüten, diese mittelgroß und mit leicht geknickter Lippe. Sepalen eiförmig-lanzettlich bis breit-eiförmig, gelblichgrün gefärbt, das mittlere Sepal stark vornübergebeugt, die beiden seitlichen abstehend bis wenig nach vorne geneigt. Petalen länglich-lanzettlich, gelblichgrün, am Rande gewellt und meist gelblichbraun überlaufen, stumpf. Lippe dunkelbraun, schwach gebogen, dreilappig, an der Basis eingekerbt (V-förmiger Einschnitt), im apikalen Teil ziemlich dicht behaart, ungehöckert. Mal vom Grunde her aus zwei geteilten, eiförmigen Flächen bestehend, meist blau oder braun, öfter auch silbrig oder weißlich mit braunen Punkten oder Flecken, etwa über zwei Drittel des basalen Teils der Lippe ausgebreitet.

ABGRENZUNG ZU ÄHNLICHEN ARTEN

Diese Art ist leicht mit den anderen Vertretern aus dem *Ophrys fusca*-Komplex zu verwechseln, vor allem mit *Ophrys cinereophila*. Die charakteristischen Merkmale von *Ophrys leucadica* im Vergleich zu *Ophrys cinereophila* sind die größeren Blüten, die relativ späte Blütezeit und die schwach gebogene, dreilappige Lippe mit V-förmigem Einschnitt an der Lippenbasis.

STANDORT

Kiefernwälder, Macchien, Olivenhaine, Magerrasen und Affodilfluren; auf kalkhaltigen Böden.

BLÜTEZEIT

Früh, in der Türkei ab Anfang März bis Mitte April.

HÖHENVERBREITUNG

Von Meereshöhe bis 500 m.

GESAMTVERBREITUNG

Nordafrika, Südspanien, Portugal, Südfrankreich, Italien, Griechenland, einschließlich der Peloponnes, Korfu, Leukas, Kephalenia, Zante, Karpathos, Rhodos, Lesbos, und die Westtürkei. Vermutlich in der gesamten Ägäis verbreitet. Sie wurde aber bislang von Naxos, Kreta und Zypern nicht erwähnt.

VERBREITUNG IN DER TÜRKEI

Bisher nur aus den Provinzen Aydın, Muğla und Antalya bekannt.

NOTIZEN ZU EINIGEN FUNDORTEN

Ophrys leucadica ist in der Türkei sehr selten und es sind nur wenige Standorte bekannt, die meisten davon in der Provinz Muğla.

An der Straße von Bodrum nach Karaova (Muğla) befindet sich gegenüber einem großen Holzlagerplatz eine ziemlich große gerodete Fläche, wo am Rande noch Gebüsch und einige Kiefern erhalten geblieben sind. An diesem Standort findet man noch einige Exemplare dieser Art, übrigens zusammen mit *Ophrys cinereophila*, einer anderen Art aus dem *Ophrys fusca*-Formenkreis. An weiteren Arten wurden hier noch *Barlia robertiana, Neotinea maculata, Ophrys bombyliflora, Ophrys heterochila, Ophrys oestrifera, Ophrys sicula, Ophrys umbilicata, Orchis papilionacea* subsp. *heroica* und *Spiranthes spiralis* beobachtet.

In den Kiefernwäldern und Waldlichtungen entlang der Straße von Yatagan nach Kavaklıdere (Muğla) ist *Ophrys leucadica* immer wieder vereinzelt anzutreffen. An einigen Stellen bildet sie kleinere Gruppen, meistens aber findet man nur Einzelexemplare. In diesen Kiefernwäldern, die manchmal mit Eichenunterwuchs bestanden sind, kommen weitere besondere Orchideen vor, wie zum Beispiel die kräftige *Comperia comperiana* und die großblütige *Ophrys tenthredinifera*. In einem Friedhof etwa 8 km nordöstlich von Yatağan entfernt, kommt *Ophrys leucadica* in großer Anzahl vor. Auf frischen Gräbern sowie links und rechts der Wanderwege blühen Mitte April schöne und vor allem typische Exemplare dieser Art. Dieser Friedhof ist besonders interessant, weil hier auch die seltenen Arten *Comperia comperiana, Ophrys reinholdii* und *Ophrys tenthredinifera* vorkommen.

Ziemlich weit im Landesinneren kommt *Ophrys leucadica* in einem lichten Kiefernwald bei Karacasu (Aydın) vor. Dieser Wald ist von besonderer botanischer Bedeutung, weil hier viele seltene Orchideenarten (*Barlia robertiana, Ophrys speculum* und *Ophrys tenthredinifera*) vorkommen, die sonst nur im Küstenbereich wachsen.

Der zur Zeit östlichste Standort liegt bei Çavus (Antalya), südlich der Ausgrabungsstätte Olympos. Hier wurde 1995 ein Ex-

◀ **Kavaklıdere (Muğla), 7.4.1996,** C. A. J. KREUTZ

Kavaklıdere (Muğla), 7.4.1996, C. A. J. KREUTZ

Kavaklıdere (Muğla), 7.4.1996, C. A. J. Kreutz

Olympos (Antalya), 5.4.1997, C. A. J. Kreutz

Yatağan-Kavaklıdere (Muğla), 15.4.1997, C. A. J. Kreutz

Yatağan-Kavaklıdere (Muğla), 15.4.1997, C. A. J. Kreutz

emplar in einem Kiefernwald gefunden (Rückbrodt, Fundliste 1996). Während eines Besuches im Jahre 1997 stellte sich aber heraus, daß *Ophrys leucadica* in dieser Umgebung nicht selten ist. Sie wächst in diesem Gebiet in Einzelexemplaren oder in kleineren Gruppen, sehr oft zusammen mit *Ophrys phaseliana*, die etwa einen Monat später blüht.

BEMERKUNGEN

Die mit mittelgroßen Blüten ausgestattete *Ophrys leucadica* ist - wie die beobachteten Bestäuber beweisen - von Nordafrika, Südspanien über Frankreich, Italien, wohl ganz Griechenland, einschließlich des Peloponnes und Karpathos, Rhodos, Lesbos und von der Südwesttürkei bekannt. Auf Naxos, Kreta und Zypern fehlt sie. Dort ist diese Art durch andere Sippen ersetzt oder verdrängt.

Ophrys leucadica blüht von Anfang/Mitte März bis höchstens Mitte April und ist oft die dominierende *Ophrys fusca*-Form (Paulus & Gack, 1990a). Sie wird durch *Andrena flavipes* bestäubt.

Ophrys leucadica wurde von Renz 1928 als vermeintliche Hybride zwischen einer Form von *Ophrys lutea* s. l. und *Ophrys fusca* s. l. aus Korfu, Leukas, Kephallenia und Zante beschrieben. Er schreibt: "Tracht, Perigon sowie Lippenform ganz wie bei var. *funerea*; Lippe bis auf die Makel stark samtig grauviolett behaart, mit deutlichem, glänzenden, gelben Rand und regelmäßigen, gelben, kahlen Flecken in der Behaarung. Die Zeichnung besitzt dunklere Flecken und Striche". Nach Renz ist es eine Mittelform, die leicht am scharf gezeichneten, gelben Rand und den abstechenden, gelben Lücken in der Behaarung zu erkennen ist. Weiter schreibt er, daß sie in Westgriechenland verbreitet und dort stellenweise die vorherrschende Form ist.

PROBLEMATIK

Früher wurden Funde von *Ophrys leucadica* manchmal mit *Ophrys funerea* verwechselt. Das Aussehen von *Ophrys funerea* weicht vom Aussehen typischer *Ophrys leucadica*, wie sie in Südfrankreich, Spanien oder in Italien überall vorkommt, ab. Die Blüten von *Ophrys funerea* sind dunkler gefärbt und sehr viel zierlicher gestaltet (Paulus & Gack, 1995). Diese Art ist nach Paulus & Gack (1995) eine endemische, gut abgrenzbare, eigene Art, die nur auf den beiden Inseln Korsika und Sardinien vorkommt.

Delforge vertritt die Meinung, daß die westliche *Ophrys leucadica* richtig *Ophrys bilunulata* Risso heißen soll. Überprüfungen der Risso'schen Originalbeschreibung von Paulus zufolge (briefl. Mittlg., 1996) ist dies nicht richtig. Risso beschreibt aus der Umgebung von Nizza ausdrücklich eine sehr kleinblütige Form mit weit nach unten geschlagenen Lippenseitenrändern. Dies alles trifft auf *Ophrys leucadica* nicht zu, aber auf die kleinblütige *Ophrys funerea*.

Yatağan-Kavaklıdere (Muğla), 15.4.1997, C. A. J. Kreutz

HYBRIDEN

Nicht eindeutig nachgewiesen.

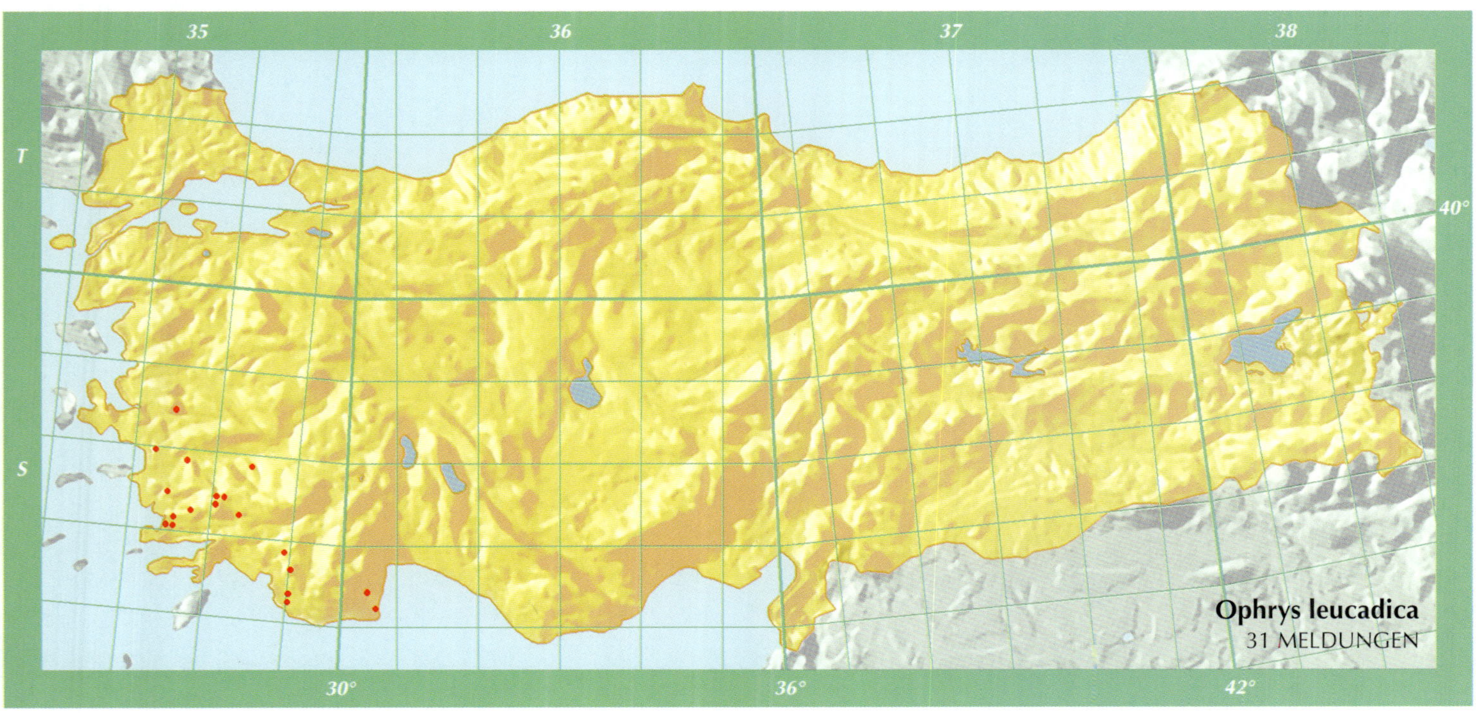

93 Ophrys omegaifera

H. Fleischmann

Omega-Ragwurz

(Österr. Bot. Zeitschr. 74: 184, 1925)

SYNONYME

Ophrys lutea subsp. *omegaifera* (H. Fleischmann) Soó, *Ophrys fusca* subsp. *omegaifera* (H. Fleischmann) E. Nelson

BESCHREIBUNG

Schlanke und gedrungene Pflanze, die nur wenige Blüten trägt (etwa 1 bis 3). Blüten mittelgroß und fast horizontal von der Blütenstandsachse abstehend. Sepalen eiförmig, grünlichgelb bis grün, die beiden seitlichen abstehend, das mittlere stark vornübergebeugt. Petalen lanzettlich, meist etwas dunkler als die Sepalen gefärbt, gewellt und purpurn überlaufen. Lippe stark knieförmig gebogen, stark gewölbt, in der Mitte dreilappig, hellbraun bis kastanienbraun, Mittellappen am Grunde meist schwach gekerbt, die beiden Seitenlappen flach, stark zurückgeschlagen und an den Außenseiten dicht pelzig behaart. Die Malzeichnung stellt eine 'omega'-förmige Umrandung dar und ist bläulich gefärbt.

ABGRENZUNG ZU ÄHNLICHEN ARTEN

Ophrys omegaifera ähnelt vor allem *Ophrys israelitica* und *Ophrys sitiaca*. Sie unterscheidet sich von *Ophrys israelitica* durch die knieförmige und stark gewölbte Lippe, die im unteren Teil meist hellbraun und im oberen Teil bläulich ist. Beide Teile sind außerdem durch eine 'omega'-förmige Linie begrenzt.

Ophrys sitiaca unterscheidet sich von *Ophrys omegaifera* vor allem durch eine kleine Längskerbe in der Mitte der Lippenbasis (Paulus & Gack, 1990a).

STANDORT

Lichte Kiefernwälder, Ödland, Olivenhaine, Macchien, Phrygana, und in Gebüschen; hauptsächlich auf trockenen, kalkhaltigen Böden.

BLÜTEZEIT

Früh, von Mitte März bis Mitte April.

HÖHENVERBREITUNG

Von der Küste bis etwa 500 m.

GESAMTVERBREITUNG

Östliches Mittelmeergebiet: Ägäische Inseln (Karpathos, Kos, Paros, Naxos, Skyros, Andros, Kreta und Rhodos) und die Südwesttürkei. Auf Kreta ist *Ophrys omegaifera* weit verbreitet und nicht selten, auch auf Rhodos kommt sie an vielen Stellen vor.

VERBREITUNG IN DER TÜRKEI

Ophrys omegaifera war bis vor kurzem in der Türkei nur von einem kleinen Gebiet im Südwesten, östlich von Bodrum (Muğla) bekannt. Gügel, Rückbrodt & Zaiss konnten neuere Nachweise für die Provinzen Antalya und Muğla erbringen (Rückbrodt, 1996). Die Angaben auf der Halbinsel Çesme (İzmir) sind fraglich.

NOTIZEN ZU EINIGEN FUNDORTEN

Ophrys omegaifera gehört in der Türkei zu den seltenen Orchideenarten. Östlich von Bodrum gibt es nur wenige Standorte, an denen lediglich einzelne Exemplare vorkommen.

An der Straße von Bodrum nach Karaova (Muğla) wurden 1996 in einem lichten Kiefernwald mit Unterwuchs einige Exemplare gefunden. An diesem Standort blühen die Pflanzen sehr früh und sind Anfang April meist schon verblüht. In diesem Wald wurden außerdem noch viele andere Orchideenarten gefunden, nämlich *Anacamptis pyramidalis, Neotinea maculata, Ophrys blitopertha, Ophrys iricolor, Ophrys sicula, Orchis collina, Orchis morio* subsp. *picta, Orchis papilionacea* subsp. *heroica, Serapias bergonii* und *Serapias orientalis* subsp. *carica*, die meisten Arten aber nur mit sehr geringer Individuenzahl.

Anfang April wurde *Ophrys omegaifera* etwa 10 km östlich Bodrum in einem steinigen Kiefernwald gefunden. Die Pflanzen waren hier schon weitgehend verblüht.

Eine weitere aktuelle Standortangabe liegt von einem alten Friedhof an der Straße Bodrum - Karaova, östlich von Bodrum vor. Hier wächst die Art zusammen mit *Neotinea maculata, Ophrys heterochila, Ophrys reinholdii, Ophrys umbilicata, Orchis provincialis, Serapias bergonii* und *Serapis orientalis* subsp. *carica* (Rückbrodt & Hansen, 1992).

Schließlich hat auch Redl (Fundliste 1992) *Ophrys omegaifera* in der Umgebung von Bodrum an zwei anderen Stellen ge-

◀ **Karaova (Muğla), 4.4.1996,** C. A. J. Kreutz

Karaova (Muğla), 4.4.1996, C. A. J. Kreutz

Karaova (Muğla), 4.4.1996, C. A. J. KREUTZ

Karaova (Muğla), 4.4.1996, C. A. J. KREUTZ

Karaova (Muğla), 7.4.1997, C. A. J. KREUTZ

Karaova (Muğla), 4.4.1996, C. A. J. KREUTZ

funden. In den neunziger Jahren wurde *Ophrys omegaifera* dann an weiteren Stellen in der Umgebung von Bodrum nachgewiesen.

Der vermutlich östlichste Standort befindet sich in der Provinz Antalya nördlich von Yanartas in Richtung auf Chimaera in der Umgebung der Ausgrabungsstätte Olympos (Antalya). In einem lichten Kiefernwald wurden hier Ende März 1993 etwa 10 Exemplare beobachtet (Gügel, Rückbrodt & Zaiss, 1993).

BEMERKUNGEN

Bei Sundermann & Taubenheim (1978) wird *Ophrys omegaifera* unter *Ophrys fusca* Link subsp. *omegaifera* aufgeführt. Später werden die Pflanzen von südwestlichen Vorkommen jedoch bei *Ophrys omegaifera* eingeordnet und die südöstlichen (Antalya bis Hatay) Populationen unter *Ophrys fleischmannii* (Renz & Taubenheim, 1984). Nach der Neubeschreibung von *Ophrys israelitica* durch Baumann & Künkele (1988b) wurden die Funde von *Ophrys fleischmannii* aus der südöstlichen Türkei zu dieser neuen Art gestellt. Weitere morphologische und arealökologische Ergebnisse wurden von Baumann & Dafni (1981b) veröffentlicht.

Paulus & Gack (1990b) meinen, daß die Pflanzen aus der Gegend von Bodrum zu *Ophrys israelitica* gehören (Rückbrodt & Hansen, 1992). Buttler (1986) bildet jedoch eine Pflanze aus der Provinz Muğla ab, die in allen Merkmalen mit *Ophrys omegaifera* übereinstimmt. Auch die anderen Pflanzen vom Standort bei Bodrum zeigen deutliche Merkmale von *Ophrys omegaifera* und sind daher bei dieser Art einzuordnen.

Hirth & Spaeth (1997) haben von der Insel Chios *Ophrys basilissa* Alibertis & H.R. Reinhard nachgewiesen. *Ophrys omegaifera* haben sie auf dieser der Türkei vorgelagerten Insel nicht gefunden. Es wäre demnach zu klären, ob die Pflanzen der Insel Chios nicht mit *Ophrys omegaifera* übereinstimmen oder ob *Ophrys basilissa* auch in der Türkei in der Provinz İzmir (Halbinsel Çeşme) vorkommt. Ein wichtiges Merkmal von *Ophrys basilissa* ist ihre sehr frühe Blütezeit, die Mitte Februar liegt. Zur Blütezeit von *Ophrys omegaifera* ist sie völlig verblüht.

PROBLEMATIK

Von der Halbinsel Çeşme liegen Angaben aus der Umgebung von Karaburun und Urla vor. Nachdem in diesem Gebiet *Ophrys sitiaca* nachgewiesen wurde und außerdem an vielen Stellen *Ophrys attaviria* vorkommt, besteht die Möglichkeit, daß diese Pflanzen mit einer dieser beiden Arten verwechselt wurde.

Karaova (Muğla), 7.4.1997, C. A. J. Kreutz

HYBRIDEN

Keine Nachweise bekannt.

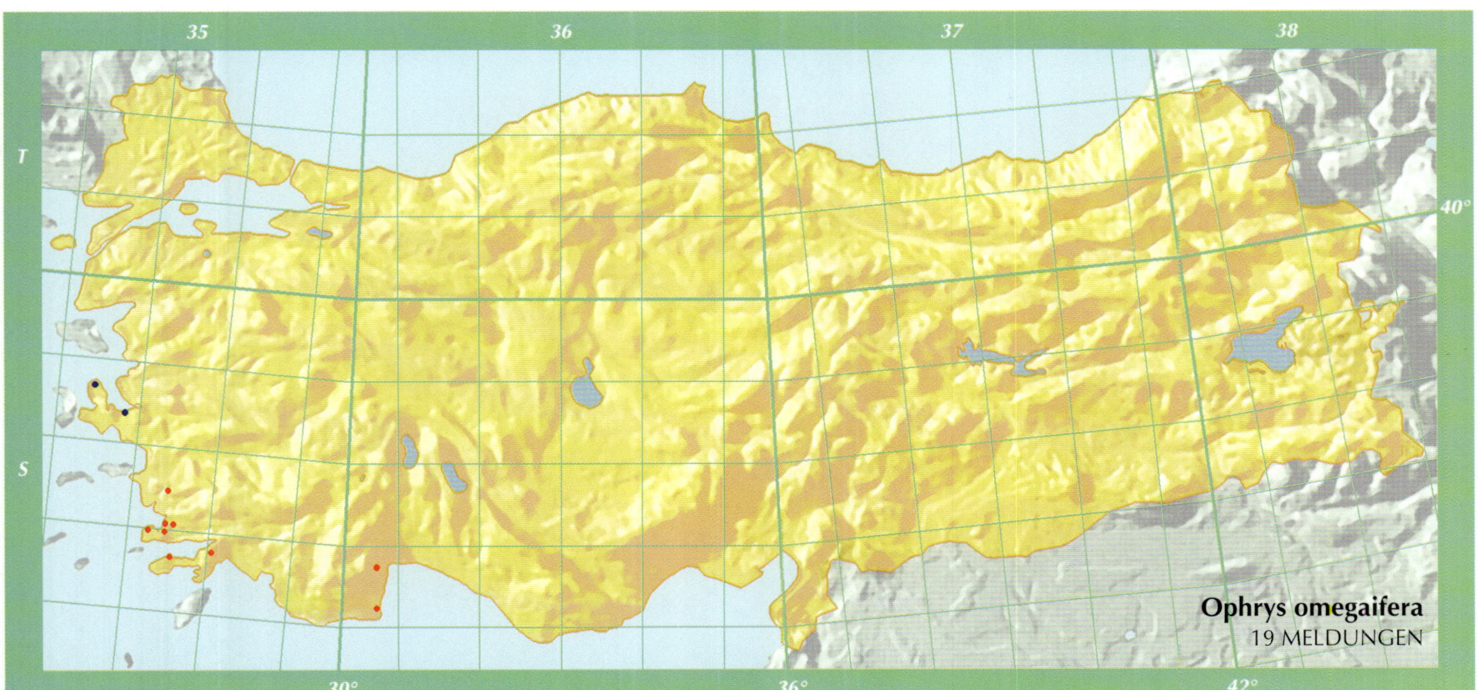

94 Ophrys phaseliana

D. & U. RÜCKBRODT

Phaselis-Ragwurz

(Jour. Eur. Orch. 28 (2): 395, 1996)

BESCHREIBUNG

Ziemlich kräftige, mittelgroße Pflanze. Blütenstand locker, 1- bis 5-blütig. Blüten groß, anfangs waagrecht, später schräg von der Blütenstandsachse abstehend. Sepalen länglich-eiförmig bis elliptisch, mittleres Sepal weit über die Säule geneigt und etwas kleiner als die beiden seitlichen Sepalen, hellgrün bis grün gefärbt. Petalen spatelförmig, am Rande gewellt, an der Spitze meist ausgerandet, grün bis gelblichgrün. Lippe dreilappig; die Seitenlappen mehr oder weniger nach hinten gebogen; Mittellappen ziemlich breit, an der Spitze ausgerandet, meist abwärts gekrümmt, gelblich-bräunlich, stark braun behaart, gelb umrandet. Lippenbasis am Grunde mit tiefer, weißbehaarter V-förmiger Längsfurche. Lippenzeichnung bläulich-rötlich punktiert-marmoriert mit hellerem blaugrauem Rand.

ABGRENZUNG ZU ÄHNLICHEN ARTEN

Ophrys phaseliana besitzt sehr große Blüten. Weiter unterscheidet sie sich von den nahe verwandten Arten *Ophrys israelitica* und *Ophrys omegaifera* durch den V-förmigen Einschnitt an der Lippenbasis.

Von *Ophrys iricolor* ist sie durch die mehr oder weniger rötliche beziehungsweise rötlich-bräunliche Lippenzeichnung abgegrenzt.

Ophrys attaviria unterscheidet sich von *Ophrys phaseliana* neben den kleinere Blüten durch den starken Knick der Lippe nahe der Lippenbasis und die Färbung der Lippenbehaarung. Bei *Ophrys sitiaca* ist außerdem der Vorderrand des Mals in der Regel durch ein weißliches bis weißlich-bläuliches omegaförmiges Band begrenzt.

Ophrys blitopertha, *Ophrys cinereophila* und *Ophrys leucadica* haben wesentlich kleinere Blüten und sind zur Blütezeit von *Ophrys phaseliana* fast völlig verblüht (RÜCKBRODT, 1996).

STANDORT

Lichte Kiefernwälder, Phrygana, Gebüsche und Straßenböschungen; auf trockenen, mäßig feuchten, kalkreichen Böden.

BLÜTEZEIT

Mitte April bis Anfang Mai. Eine spät blühende Art aus dem *Ophrys fusca*-Formenkreis.

HÖHENVERBREITUNG

Von Meereshöhe bis etwa 400 m.

GESAMTVERBREITUNG

Endemische Art der Südwesttürkei.

VERBREITUNG IN DER TÜRKEI

Von Fethiye (Muğla) bis Phaselis (Antalya). Vermutlich auch bei Ortaca (Muğla).

NOTIZEN ZU EINIGEN FUNDORTEN

In der Nähe von Olympos (Antalya), südlich Phaselis, liegen zwei Friedhöfe dicht nebeneinander, die stark verbuscht sind. Auf beiden Friedhöfen, sowie in der weiteren Umgebung, kommt *Ophrys phaseliana* in mehreren Exemplaren vor. Dieses Gebiet steht unter Naturschutz, daß heißt, daß es von Parkwächtern kontrolliert wird. Trotzdem aber dürfen Orchideen hier ausgegraben und große Teile beweidet werden. Ein weiterer Standort, ein offenes Wiesengelände mit Kiefern, befindet sich gegenüber den beiden Friedhöfen. Hier kommen die gleichen Arten vor. In diesem Gebiet wurde *Ophrys phaseliana* inzwischen an vielen neuen Standorten gefunden, aber immer nur in kleineren Gruppen oder Einzelexemplaren. Eine Fundstelle mit Pflanzen mit besonders schön gefärbten Blüten liegt an der Straße Çavus - Yenice. Die Pflanzen blühen hier Ende April und wachsen direkt an einem Bachrand an mäßig feuchten Stellen.

An der Straße von Kumluca nördlich nach Altinyaka (Antalya), befindet sich ein weiterer Standort. Links und rechts der Straße wurden hier 1995 etwa 30 blühende Exemplare dieser Art, zusammen mit *Barlia robertiana*, *Limodorum abortivum*, *Ophrys bremifera*, *Ophrys cinereophila*, *Ophrys mammosa*, *Ophrys sicula*, *Orchis fragrans* und *Serapias bergonii* gefunden.

◄ **Olympos (Antalya), 19.4.1997,** C. A. J. KREUTZ

Olympos (Antalya), 20.4.1997, C. A. J. KREUTZ

Olympos (Antalya), 19.4.1997, C. A. J. Kreutz

Kumluca (Antalya), 19.4.1997, C. A. J. Kreutz

Kumluca (Antalya), 20.4.1997, C. A. J. Kreutz

Olympos (Antalya), 19.4.1997, C. A. J. Kreutz

den. Diese Fundstelle konnte 1997 bestätigt werden. Auf engem Raum wuchsen etwa 25 Exemplare von *Ophrys phaseliana* in einem lichten Kiefernwald mit Phryganaunterwuchs. Die ersten Pflanzen öffnen ihre untersten Blüten in der dritten April-Woche. In der weiteren Umgebung wurden trotz längerer Suche keine anderen Exemplare mehr gefunden.
Weitere Standorte befinden sich in den Kiefernwäldern nördlich Kaş und in der Umgebung von Kasaba (Rückbrodt, 1996), beide in der Provinz Antalya.
Schönfelder (mündl. Mittlg., 1996) fand 1996 etwa 30 Exemplaren an der Straße von Kumluca nach Mavikent (Antalya). *Ophrys phaseliana* blüht hier früher, nämlich schon ab der zweiten April-Woche.
Von Hahn & Passin (Fundliste 1997) wurden bei Çaykenarı und Pınara in der Umgebung von Eşen (Muğla) neue Standorte gefunden. Mit diesen Funden ist das Verbreitungsgebiet ein großes Stück nach Westen ausgedehnt worden.

BEMERKUNGEN

Jansen berichtet erstmals in seinen Fundortangaben über diese Art, die er mit dem Arbeitsnamen '*Ophrys fusca* spec. nov.' versieht. Er besuchte das Gebiet in der Nähe von Olympos relativ spät und fand diese großblütige, spätblühende *Ophrys fusca*-Sippe an mehreren Stellen.
Ophrys phaseliana ist eine Art mit besonders schön gelblich-bräunlich gefärbten Blüten und einer bläulich-rötlichen Lippenzeichnung.

PROBLEMATIK

In der Provinz Muğla kommen an zwei Standorten (bei Ortaca und an der Straße Köyceğiz - Gürköy) Pflanzen vor, die große Ähnlichkeit mit *Ophrys phaseliana* aufweisen. Die Blüten sind ziemlich groß und stehen waagrecht bis schräg von der Blütenstandsachse ab. Auch die Gestaltung der Lippe und die späte Blütezeit stimmen mit *Ophrys phaseliana* überein. Nur die Lippenzeichnung entspricht nicht ganz der von *Ophrys phaseliana*; die 'gelblich-rote' Farbe fehlt. Trotzdem wurden diese Pflanzen vorläufig zu *Ophrys phaseliana* gestellt.

Olympos (Antalya), 20.4.1997, C. A. J. Kreutz

HYBRIDEN

Nicht nachgewiesen.

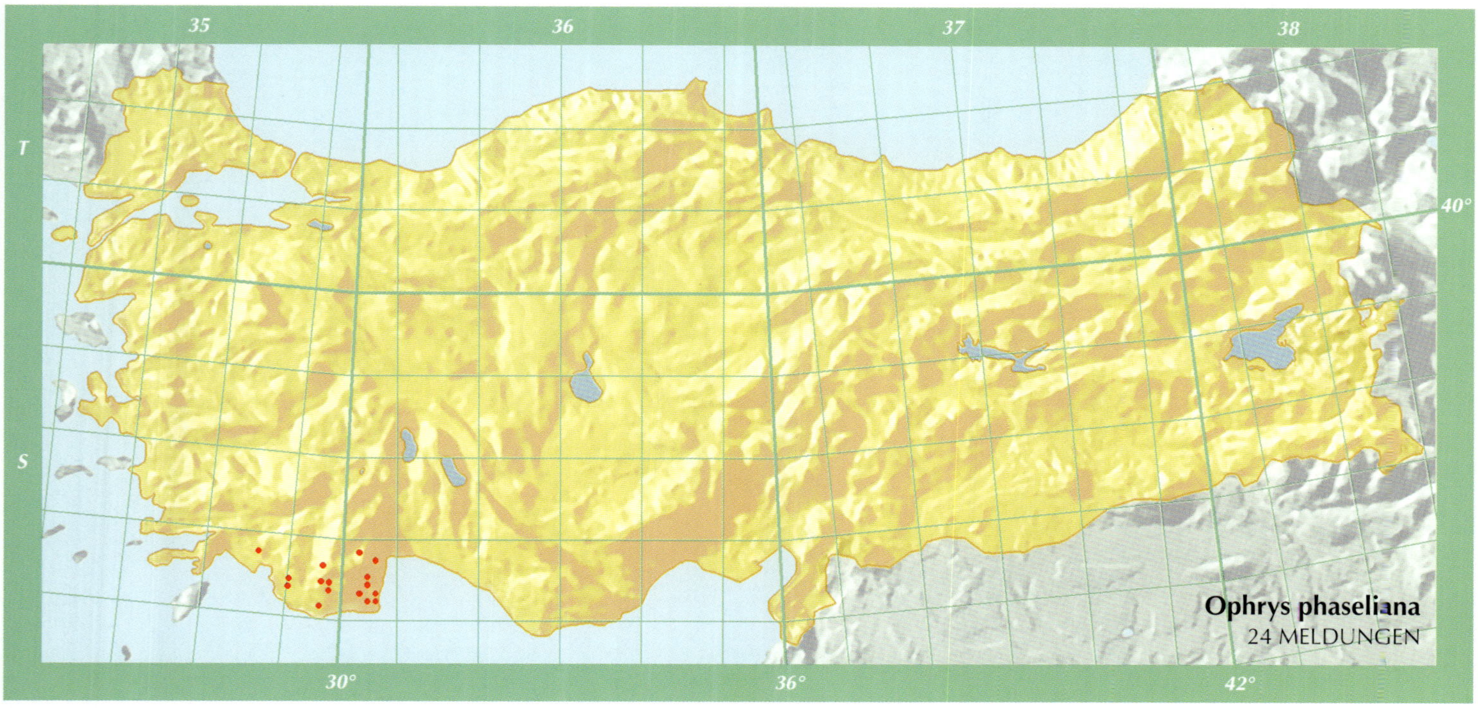

95 Ophrys sitiaca

H. F. PAULUS & C. & A. ALIBERTIS

Sitia-Ragwurz

(Mitt. Bl. Arbeitskr. Heim. Orch. Baden-Württ. 20 (4): 840, 1988)

BESCHREIBUNG

Schlanke und kleine Pflanze. Blütenstand ziemlich locker, gewöhnlich mit nur wenigen Blüten. Blüten relativ groß und variabel in der Form und Gestalt. Sepalen eiförmig-lanzettlich bis breit-eiförmig, grün bis gelblichgrün gefärbt, das mittlere Sepalblatt stark vornübergebeugt. Petalen länglich-lanzettlich, am Rande gewellt, grün mit einem rötlichbraunen Saum. Lippe schwarzbraun bis graubraun, selten bläulich, relativ flach (an der Basis leicht, selten stärker gekrümmt), dreilappig, am Grunde eingekerbt, an den Lippenrändern kurz behaart und ungehöckert; Seitenlappen zurückgeschlagen; die Lippe erinnert an *Ophrys omegaifera*. Mal vom Grunde aus zwei geteilten, eiförmigen Flächen bestehend, meist blaßbraun oder blau, selten mit einem bläulichen Schimmer mit hellem Rand, wobei der Vorderrand des Mals durch ein weißliches oder weißbläuliches omegaförmiges Band unscharf begrenzt wird.

ABGRENZUNG ZU ÄHNLICHEN ARTEN

Ähnelt vor allem *Ophrys israelitica*, unterscheidet sich von dieser durch größere Blüten und vor allem durch eine kleine Längskerbe in der Mitte der Lippenbasis (PAULUS & GACK, 1990a).

STANDORT

Lichte Kiefernwälder, Macchien und Phrygana; auf frischen, basischen oder kalkhaltigen Böden.

BLÜTEZEIT

Früh, von Anfang März bis Mitte April.

HÖHENVERBREITUNG

Von der Küste bis etwa 900 m.

GESAMTVERBREITUNG

Soweit jetzt bekannt nur auf Kreta, Chios, Rhodos, Lesbos, Samos, Phournoi, Arkoi, Patmos, Leros, Kalymnos und in der Türkei. Möglicherweise auch auf anderen Ägäischen Inseln.

VERBREITUNG IN DER TÜRKEI

Südwest- und Westtürkei (İzmir, Aydın, Muğla und Antalya).

NOTIZEN ZU EINIGEN FUNDORTEN

RÜCKBRODT hat *Ophrys sitiaca* erstmals für die Türkei nachgewiesen. In der Provinz Antalya nördlich Kalkan (zwischen Kaş und Fethiye), wurde sie Anfang April an zwei Standorten gefunden und zwar im Gebüsch zusammen mit *Ophrys cinereophila* und *Orchis sezikiana* und jenseits eines Baches etwa 500 Meter vom anderen Standort entfernt. Der Standort nördlich Kalkan war 1996 noch vorhanden. An steinigen Stellen im dichten Eichengebüsch wurden etwa 10 blühende Exemplare festgestellt. Während eines zweiten Besuchs 1997 wurden 20 blühende Pflanzen beobachtet. Anfang April waren die meisten Pflanzen schon weitgehend abgeblüht. Das ganze Gelände ist stark überweidet und *Ophrys sitiaca* kann nur im Schutz des Gebüsches überleben. In der Umgebung sind aber mit Sicherheit weitere Standorte dieser Art vorhanden. Eine weitere Fundstelle wurde 1996 südlich Urla auf der Halbinsel Çeşme (İzmir) beobachtet. Anfang April waren die meisten Exemplare jedoch schon fast verblüht. *Ophrys sitiaca* wächst hier in der Macchia und im lichten Kiefernwald, zusammen mit *Aceras anthropophorum, Neotinea maculata, Ophrys cinereophila, Ophrys ferrum-equinum, Ophrys iricolor, Orchis papilionacea* subsp. *heroica, Orchis anatolica* und *Orchis italica*.

HERTEL (briefl. Mittlg., 1996) berichtet über einen möglichen Fund im Dilek Nationalpark (= Dilek Yarımadası-Milli Park) südwestlich Aydın (in Sichtweite der vorgelagerten Insel Samos), wo er *Ophrys sitiaca* auf einer kleinen Weidefläche in einem lichten Kiefernwald zusammen mit *Aceras anthropophorum, Ophrys fusca* s. l., *Ophrys holoserica, Orchis italica* und *Orchis sancta* fand.

KALTEISEN (Fundliste, 1989) berichtet über einen Fund dieser südägäischen Art im Gebiet der Halbinsel Resadiye (Muğla) im Südwesten der Türkei. Dieser Standort ist sehr interessant, weil hier außerdem noch viele andere Orchideen vorkommen (*Barlia robertiana, Neotinea maculata, Ophrys fusca* s. l., *Ophrys heterochila, Ophrys iricolor, Ophrys mammosa, Ophrys omegaifera, Ophrys sicula, Ophrys speculum, Orchis anatolica, Orchis italica, Orchis papilionacea* subsp. *heroica, Serapias bergonii* und *Serapias orientalis* subsp. *carica*).

◀ Kalkan (Antalya), 8.4.1996, C. A. J. KREUTZ

Kalkan (Antalya), 8.4.1996, C. A. J. KREUTZ

Kalkan (Antalya), 8.4.1996, C. A. J. Kreutz

Kalkan (Antalya), 6.4.1997, C. A. J. Kreutz

Kalkan (Antalya), 8.4.1996, C. A. J. Kreutz

Kalkan (Antalya), 8.4.1996, C. A. J. Kreutz

Von mehreren Orchideenfreunden wurde *Ophrys sitiaca* nordöstlich Bodrum an der Straße Çamlık - Karaova nachgewiesen. Sie wächst hier an verschiedenen Stellen in lichten Kiefernwäldern und in felsigen Hängen, die mit Gebüsch und Olivenbäumen bestanden sind, hier in Gesellschaft von vielen anderen Orchideenarten. Auch WAGNER (Fundliste, 1997) hat Pflanzen dieser Art bei Çamlık (Muğla) gefunden. Die Bestimmung dieser Pflanzen konnte anhand fotografischer Belege einwandfrei bestätigt werden.

HAHN & PASSIN (1997) berichten von einem Standort am östlichen Ortsende von Dalaman (Muğla), wo sie zusammen mit *Ophrys fusca* s. l., *Orchis fragrans, Orchis sancta* und *Serapias bergonii* vorkommt.

BEMERKUNGEN

Ophrys sitiaca wurde 1988 von PAULUS & ALIBERTIS von Ostkreta (obere Waldzone der Triphti-Alm) beschrieben (PAULUS, 1988). Die Art wirkt wie ein Hybridisierungsprodukt zwischen *Ophrys omegaifera* und *Ophrys fusca* s. l.; sie weist eine große Ähnlichkeit mit *Ophrys israelitica* auf. Sie gehört zu den sehr früh blühenden *Ophrys*-Sippen.

PROBLEMATIK

Das *Ophrys fusca*-Aggregat ist sehr vielgestaltig und komplex. PAULUS (1988), PAULUS & GACK (1980, 1981, 1983, 1986, 1990abcd, 1992, 1994, 1995) und PAULUS & ALIBERTIS (1990) haben gezeigt, daß *Ophrys fusca* s. str. aus einem Konglomerat von mehreren Biospezies besteht und haben verschiedene Sippen neu beschrieben, andere mit vorläufigen Namen versehen. Inzwischen wurden viele neue Arten und Unterarten abgetrennt. Einige davon sind nur an ihrem Bestäuber zu erkennen, andere unterscheiden sich morphologisch nur wenig von anderen Arten aus dem *Ophrys fusca*-Formenkreis und sind schwierig einzuordnen.

Einige Angaben von *Ophrys sitiaca* nordöstlich von Bodrum sind mit gewisser Vorsicht zu interpretieren. An diesen Standorten kommt auch *Ophrys omegaifera* vor. Möglicherweise liegen hier Verwechslungen mit dieser Art vor.

Kalkan (Antalya), 6.4.1997, C. A. J. KREUTZ

HYBRIDEN

Keine Nachweise bekannt.

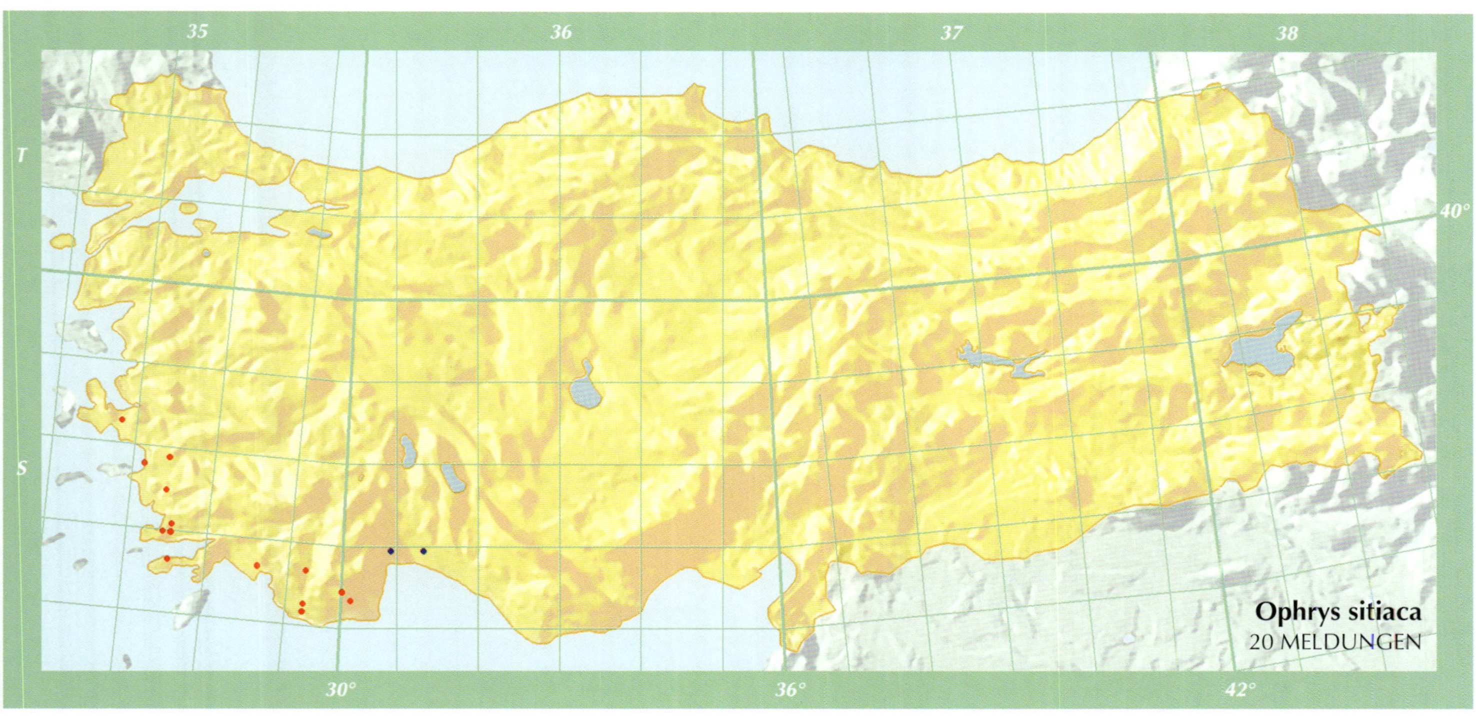

96 Ophrys phryganae

J. & P. Devillers-Terschuren

Phrygana-Ragwurz

(Natural. belges, 72 (3): 100, 1991)

BESCHREIBUNG

Schlanke Pflanze mit 2 bis 6 (8) Blüten; diese ziemlich locker am Stengel angeordnet und fast waagrecht oder schräg abstehend, klein bis mittelgroß. Sepalen eiförmig bis breit-lanzettlich, stumpf, grünlich, grünlichgelb bis bräunlichgrün gefärbt, das mittlere vornübergeneigt. Petalen viel kleiner, länglich-lanzettlich, gelblichgrün bis gelblich, an den Rändern oft wellig. Petalen und das mittlere Sepal einen lockeren Helm bildend. Lippe mittelgroß, dreilappig, meist schwach gewölbt, breit eiförmig-lanzettlich bis oval, im unteren Teil ziemlich ausgebreitet und leicht nach vorne gebogen, eine Längsfurche am Grunde (am Übergang vom stielförmigen Grund zur rundlichen Fläche nach unten geknickt), dunkelbraun bis schwarzviolett mit einem breiten und ausgebreiteten oder hochgebogenen, gelben Rand. Malzeichnung auf die obere Hälfte der Lippe beschränkt, braun bis bläulich oder dunkelviolett punktiert-marmoriert. Die Blüten von *Ophrys phryganae* sind deutlich kleiner als bei *Ophrys lutea* aber größer als bei *Ophrys sicula*.

ABGRENZUNG ZU ÄHNLICHEN ARTEN

Ähnelt *Ophrys sicula*, unterscheidet sich von dieser Art einerseits in der Lippenkrümmung und andererseits in der Form der Narbengrube. Bei *Ophrys phryganae* ist, außer der häufig (keinesweg immer) vorhandenen basalen Krümmung der Lippe, fast stets ein ziemlich breiter gelber Lippensaum vorhanden. Die Narbengrube ist meist höher und schmaler als bei *Ophrys sicula* und der mediane Längsschlitz ist tiefer eingekerbt. Außerdem sind die Blüten von *Ophrys phryganae* größer als die von *Ophrys sicula*.

STANDORT

Magerrasen, Olivenhaine, lichte Kiefernwälder, ehemaliges Kulturland, Ödland, Phrygana und Macchien; auf kalkhaltigen Böden.

BLÜTEZEIT

Anfang bis Ende April, etwas später als *Ophrys sicula*.

HÖHENVERBREITUNG

Von der Küste bis 500 m.

GESAMTVERBREITUNG

Vor allem im östlichen Mittelmeergebiet verbreitet. Von der Balkanhalbinsel, den Ionischen Inseln bis zur Ägäis (unter anderem Kreta, Rhodos, Samos, Karpathos, Südwesttürkei). Wahrscheinlich auch in Süditalien, Korsika, Sardinien und Sizilien.

VERBREITUNG IN DER TÜRKEI

Nur von zwei Standorten in der Mittelmeer-Region (Muğla und Antalya) bekannt.

NOTIZEN ZU DEN BEIDEN FUNDORTEN

Nördlich von Marmaris fand Hahn (Hahn & Passin, 1997) einen Fundort mit ca. 50 Pflanzen aus dem *Ophrys lutea*-Komplex. Diese Pflanzen hoben sich durch die an der Lippenbasis abgeknickte, relativ große Lippe sowie den breiten gelben Rand von der ansonsten in den anderen Biotopen immer einwandfrei bestimmbaren, kleinblütigen *Ophrys sicula* ab. Hahn & Passin (1997) schreiben, daß es also durchaus möglich ist, daß *Ophrys lutea* in der Südwesttürkei vorkommt, auch wenn die Pflanzen zum Beispiel in der Großblütigkeit nicht so ausgeprägt sind wie im zentralen Mittelmeerraum. Sie stellen aufgrund der obengenannten morphologischen Unterschiede, eventuell unter Berücksichtigung der 1991 beschriebenen Art *Ophrys phryganae* J. & P. Devillers-Terschuren, die nördlich von Marmaris gefundenen Pflanzen bis zur weiteren Klärung zu *Ophrys lutea*. Im vorliegenden Buch werden diese Pflanzen aber zu *Ophrys phryganae* gestellt, da diese Art vor allem im östlichen Mittelmeerraum vorkommt und *Ophrys lutea* dort nur von sehr wenigen Standorten bekannt ist. Außerdem liegen von der Türkei auch keine anderen Angaben von *Ophrys lutea* vor. Während eines Besuchs im Jahre 1997 war die Fundstelle durch Bauarbeiten verschwunden. Die Pflanzen konnten daher leider nicht mehr untersucht werden.

Der zweite Standort befindet sich bei Çavus in der Provinz Antalya. Auf einem Friedhof, etwa 500 m vor dem Abzweig zu der antiken Stätte Olympos, wurde *Ophrys phryganae* 1997 in etwa 20 Exemplaren gefunden. Deutlich ist zu sehen, daß die Blüten dieser Pflanzen sich deutlich von *Ophrys lutea* und *Ophrys sicula* unterscheiden. Die Pflanzen blühen an diesem Standort relativ spät, nämlich Anfang bis Mitte April, was auch mit den Beobachtungen von Hahn & Passin (1997) am Standort nördlich von Marmaris übereinstimmt. Auf diesem Friedhof kommen außer *Ophrys phryganae* auch noch *Barlia robertiana, Limodorum abortivum, Ophrys ferrum-equinum, Ophrys heterochila, Orchis italica, Orchis syriaca* und *Spiranthes spiralis* vor.

BEMERKUNGEN

Bevor *Ophrys phryganae* 1991 beschrieben wurde, wurden immer wieder Funde von *Ophrys lutea* aus dem östlichen Mittelmeergebiet gemeldet. So waren die Autoren der gängigen Bestimmungswerke sowie diverser Veröffentlichungen der letzten Jahre bei der Festlegung der östlichen Arealgrenze von *Ophrys lutea* unterschiedlicher Auffassung. Für das nur wenige Kilometer von der türkischen Küste entfernte Rhodos gibt zum Beispiel Peter (1989) *Ophrys lutea* an; Rückbrodt & Wenker (1990) sind gegensätzlicher Meinung. Für Kos nennen Stern & Dostmann (1989) *Ophrys lutea* subsp. *minor* (= *Ophrys sicula*). Für einige nordwestlich von Kos liegende Inseln nennen Hirth & Spaeth (1994) auch wieder Vorkommen von *Ophrys lutea*. Rückbrodt & Hansen (1992) geben *Ophrys lutea* für die Türkei nicht an. Alle obengenannten Funde gehören vermutlich zu *Ophrys phryganae*.

So schrieben Paulus & Gack (1992): "Die Verbreitung beider Sippen (*Ophrys lutea* und *Ophrys sicula*) in der Ägäis ist bei weitem noch nicht geklärt. Dies liegt daran, daß beide Arten nicht im-

◄ **Çavus (Antalya), 5.4.1997,** C. A. J. Kreutz

Çavus (Antalya), 5.4.1997, C. A. J. Kreutz

Çavus (Antalya), 5.4.1997, C. A. J. Kreutz

Çavus (Antalya), 5.4.1997, C. A. J. KREUTZ

Çavus (Antalya), 5.4.1997, C. A. J. KREUTZ

mer zweifelsfrei zu trennen sind, wenn man sich auf die Blütengröße und das Vorhandensein beziehungsweise Fehlen der Lippenzeichnung im Labellumzipfel bezieht. Speziell das letzte Merkmal kommt im östlichen Areal bei beiden Arten vor und keineswegs nur bei *Ophrys sicula*. Einigermaßen zuverlässig für eine Trennung beider Arten ist die Lippenkrümmung und die Form der Narbengrube. So kann eine zweifelsfreie Zuordnung von *Ophrys lutea* in der Türkei wahrscheinlich nur auf Grund des Bestäubers, nämlich *Andrena cinerea*, erfolgen".

Mit der Beschreibung von *Ophrys phryganae* durch DEVILLERS-TERSCHUREN im Jahre 1991 wurde dieses Problem gelöst. Alle Pflanzen, die sich deutlich von *Ophrys lutea* und *Ophrys sicula* unterscheiden (vor allem Pflanzen mit mittelgroßen Blüten), sind wahrscheinlich zu *Ophrys phryganae* zu stellen.

HYBRIDEN

Nicht nachgewiesen.

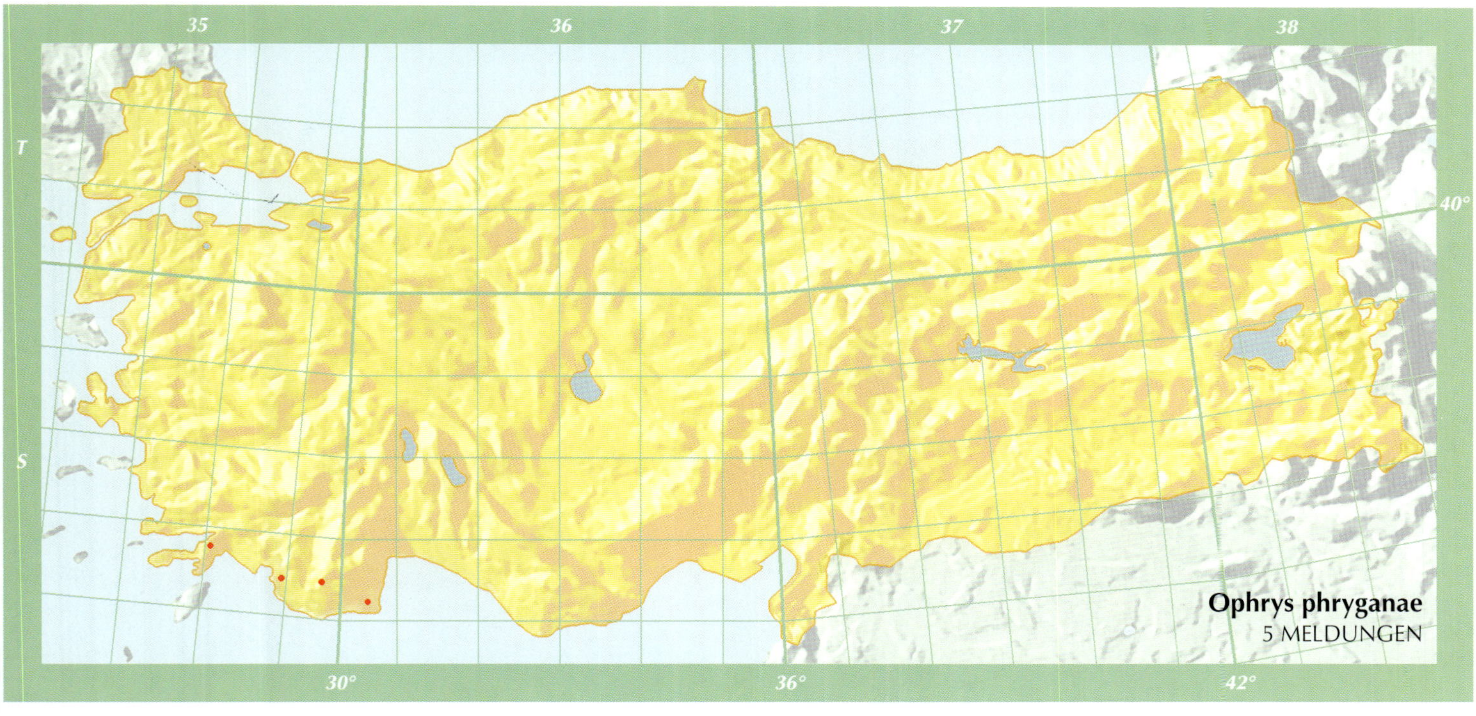

97 Ophrys sicula

TINEO

Kleinblütige Gelbe Ragwurz

(Pl. rar. sicul.: 13, 1846)

SYNONYME

Arachnites lutea var. *minor* TODARO, *Ophrys lutea* var. *minor* (TODARO) GUSSONE, *Ophrys lutea* subsp. *minor* (TODARO) O. & E. DANESCH, *Ophrys minor* (TODARO) H. F. PAULUS & GACK, *Ophrys galilaea* H. FLEISCHMANN & BORNMÜLLER, *Ophrys minor* subsp. *galilaea* (H. FLEISCHMANN & BORNMÜLLER) H. F. PAULUS & GACK, *Ophrys lutea* subsp. *galilaea* (H. FLEISCHMANN & BORNMÜLLER) SOÓ, *Ophrys sicula* subsp. *galilaea* (H. FLEISCHMANN & BORNMÜLLER) H. F. PAULUS & GACK, *Ophrys galilaea* H. FLEISCHMANN & BORNMÜLLER

BESCHREIBUNG

Schlanke, kleine bis mittelgroße Pflanze mit 3 bis 7 Blüten. Blüten locker am Stengel angeordnet und fast waagrecht abstehend, klein. Sepalen eiförmig-lanzettlich, stumpf, grünlich, grünlichgelb bis bräunlichgrün gefärbt, das mittlere vornübergeneigt. Petalen kleiner, länglich-lanzettlich, gelblichgrün bis gelblich, an den Rändern meist gewellt. Petalen und das mittlere Sepal einen ziemlich lockeren Helm bildend. Lippe sehr klein, eiförmig-lanzettlich bis oval, im unteren Teil dreilappig mit einem kleinen Einschnitt, flach, nicht oder kaum nach unten geknickt, dunkelbraun bis schwarzviolett mit einem schmalen gelben Rand; Seitenlappen etwas nach oben gebogen. Malzeichnung auf die obere Hälfte der Lippe beschränkt, braun bis bläulich oder dunkelviolett. Typisch sind die braunen Flecken auf den Zipfeln des Lippenmittellapens.

ABGRENZUNG ZU ÄHNLICHEN ARTEN

Sieht *Ophrys phryganae* ähnlich, unterscheidet sich von dieser Art einerseits in der Lippenkrümmung und anderseits in der Form der Narbengrube. *Ophrys sicula* hat eine flache Lippe, die an der Basis nicht nach unten geknickt ist. Die Basis der Lippe jeweils neben der medianen Längskerbe wulstig abgesetzt. Am distalen Ende des Mals ist die Lippe oft dichter behaart und steiler zum Außensaum abfallend, abgesetzt. Die Narbengrube ist meist kurz und breit (PAULUS & GACK, 1992). Darüberhinaus ist der gelbe Lippenrand bei *Ophrys sicula* schmaler als bei *Ophrys phryganae*.

STANDORT

Magerrasen, Olivenhaine, Affodilfluren, lichte Kiefernwälder, ehemaliges Kulturland, Ödland, Phrygana und Macchien; auf basischen oder kalkhaltigen Böden.

BLÜTEZEIT

Mitte März bis Ende April.

HÖHENVERBREITUNG

Von der Küste bis 600 m.

GESAMTVERBREITUNG

Von Korsika und Sardinien, Süditalien und Sizilien über die Balkanhalbinsel, die Ägäischen Inseln, die Türkei bis in den Libanon und nach Israel.

VERBREITUNG IN DER TÜRKEI

Marmara-, Ägäis- und Mittelmeer-Region, östlich bis in die Provinzen Hatay und Gaziantep.

NOTIZEN ZU EINIGEN FUNDORTEN

In der Südwesttürkei ist *Ophrys sicula* häufig. Fast an jedem Standort sind meist viele Exemplare zu finden. Sie ist fast immer von vielen anderen Orchideenarten begleitet.

Reichhaltige Standorte liegen in der weiteren Umgebung von Bodrum (Muğla) sowie auf Gelibolu (Çanakkale) und der Çeşme Halbinsel. Aber auch in den Provinzen Antalya und Hatay, hier vor allem im Küstenbereich, ist *Ophrys sicula* stellenweise nicht selten.

Im europäischen Teil der Türkei ist *Ophrys sicula* eine der häufigsten *Ophrys*-Arten. Standorte mit größeren Populationen befinden sich unter anderem bei Çatalca (İstanbul), wo sie in einem Hang mit Phrygana mit *Ophrys mammosa* vorkommt, in einem Kalkmagerrasen mit Wacholdern bei Durusu (İstanbul), wo auch *Ophrys pseudomammosa* zu finden ist und in einem Magerrasen bei Nakkaş (İstanbul) zusammen mit *Ophrys bombyliflora, Ophrys bucephala, Ophrys fusca, Ophrys speculum, Orchis laxiflora, Orchis papilionacea* subsp. *papilionacea* und *Orchis tridentata*.

Auf der Halbinsel Çeşme (İzmir) befinden sich viele Standorte von *Ophrys sicula*. In der weitläufigen Phrygana, in beweidetem Ödland und in Magerrasen ist sie fast überall zu finden. Sie wird hier öfter von *Anacamptis pyramidalis, Ophrys blitopertha, Ophrys iricolor, Ophrys umbilicata, Orchis papilionacea* subsp. *heroica, Orchis anatolica, Orchis fragrans* und *Orchis sancta* begleitet.

Auch bei Soğucak (Aydın) im lockeren Kiefernwald und in Olivenhainen ist *Ophrys sicula* sehr häufig. Die Art besitzt hier mehrere Standorte.

Zwei Standorte mit schönen Exemplaren in typischer Ausprägung liegen am Ortseingang von Güllük (Muğla). Viele Pflanzen wachsen hier in Wiesen- und in grasigen Hangflächen mit Olivenbäumen, zusammen mit *Ophrys blitopertha, Ophrys heterochila, Ophrys iricolor, Ophrys mammosa, Orchis fragrans, Orchis morio* subsp. *picta, Serapias bergonii, Serapias orientalis* subsp. *carica* und *Spiranthes spiralis*.

Im Ziyaretgebirge an der Straße von Antakya nach Yayladağı (Hatay) erreicht *Ophrys sicula* die südöstliche Grenze ihrer Verbreitung in der Türkei. Die Art ist hier nicht mehr so zahlreich vorhanden wie in der Westtürkei. In diesem Gebiet wächst sie in Weiden, die mit Eichengebüsch durchsetzt sind, meist begleitet von *Ophrys bornmuelleri, Ophrys levantina, Ophrys ziyaretiana* und *Orchis anatolica, Orchis simia* und *Orchis tridentata*.

BEMERKUNGEN

Ophrys lutea s. l. ist im Mittelmeerraum durch mehrere Unterarten vertreten.

BUTTLER (1986) gibt *Ophrys lutea* subsp. *galilaea* (H. FLEISCHMANN & BORNMÜLLER) SOÓ für den östlichen Mittelmeerraum an und hat *Ophrys lutea* subsp. *minor* (TODARO) O. & E. DANESCH, *Ophrys lutea* subsp. *murbeckii* (H. FLEISCHMANN) SOÓ und *Ophrys sicula* TINEO in die Synonymie dieser Unterart gestellt.

BAUMANN & KÜNKELE (1988a) geben *Ophrys lutea* subsp. *galilaea* auch für das ostmediterrane Gebiet an, während sie *Ophrys lutea* subsp. *minor* für Nordafrika und das zentrale und ostmediterrane Gebiet nennen; *Ophrys lutea* subsp. *murbeckii* ausschließlich für Nordafrika.

Bei RENZ & TAUBENHEIM (1984) wird nur *Ophrys lutea* subsp. *minor* für die Türkei angegeben.

DELFORGE (1995b) gibt für den östlichen Mittelmeerraum *Ophrys sicula* an und stellt *Ophrys lutea* subsp. *minor, Ophrys lutea* subsp. *galilaea* und *Ophrys galilaea* subsp. *murbeckii* (H. FLEISCHMANN) DEL PRETE in die Synonymie von *Ophrys sicula*. Außerdem gibt er noch *Ophrys phryganae* J. & P. DEVILLERS-TERSCHUREN an, die auf dem südlichen Teil der Balkanhalbinsel, in Griechenland einschließlich ihrer Inseln, in der Südwesttürkei und wahrscheinlich auch in Süditalien, Korsika, Sardinien und Sizilien vorkommt.

PAULUS (1988) ist der Ansicht, daß nur der Artname *Ophrys sicula* für *Ophrys lutea* subsp. *minor* übrigbleibt und daß er

◀ **Nakkas (İstanbul), 28.4.1997,** C. A. J. KREUTZ

Urla (İzmir), 31.3.1996, C. A. J. Kreutz

Urla (İzmir), 31.3.1996, C. A. J. Kreutz

Urla (İzmir), 31.3.1996, C. A. J. Kreutz

Çesme (İzmir), 31.3.1996, C. A. J. Kreutz

Taşağıl (Antalya), 14.3.1998, C. A. J. KREUTZ

Emirasiklar Köyü (Antalya), 17.4.1996, C. A. J. KREUTZ

eine spezifische Trennung von *Ophrys galilaea* H. FLEISCHMANN & BORNMÜLLER (*Ophrys lutea* subsp. *galilaea* (H. FLEISCHMANN & BORNMÜLLER) SOÓ) von *Ophrys lutea* subsp. *minor* nicht für gerechtfertigt hält. PAULUS & GACK (1990a) begründen ihre Meinung damit, daß *Ophrys sicula* als eigenständige Art gelten muß, durch die blütenmorphologischen Differenzen und vor allem durch die spezifischen Bestäuber.

Neben *Ophrys sicula* kommt in der Türkei, soweit bekannt, eine relativ kleinblütige Form von *Ophrys lutea* vor, die bislang nur an einigen Standorten beobachtet wurde. Im vorliegenden Buch wurde diese Sippe zu *Ophrys phryganae* gestellt.

HYBRIDEN

Nicht nachgewiesen.

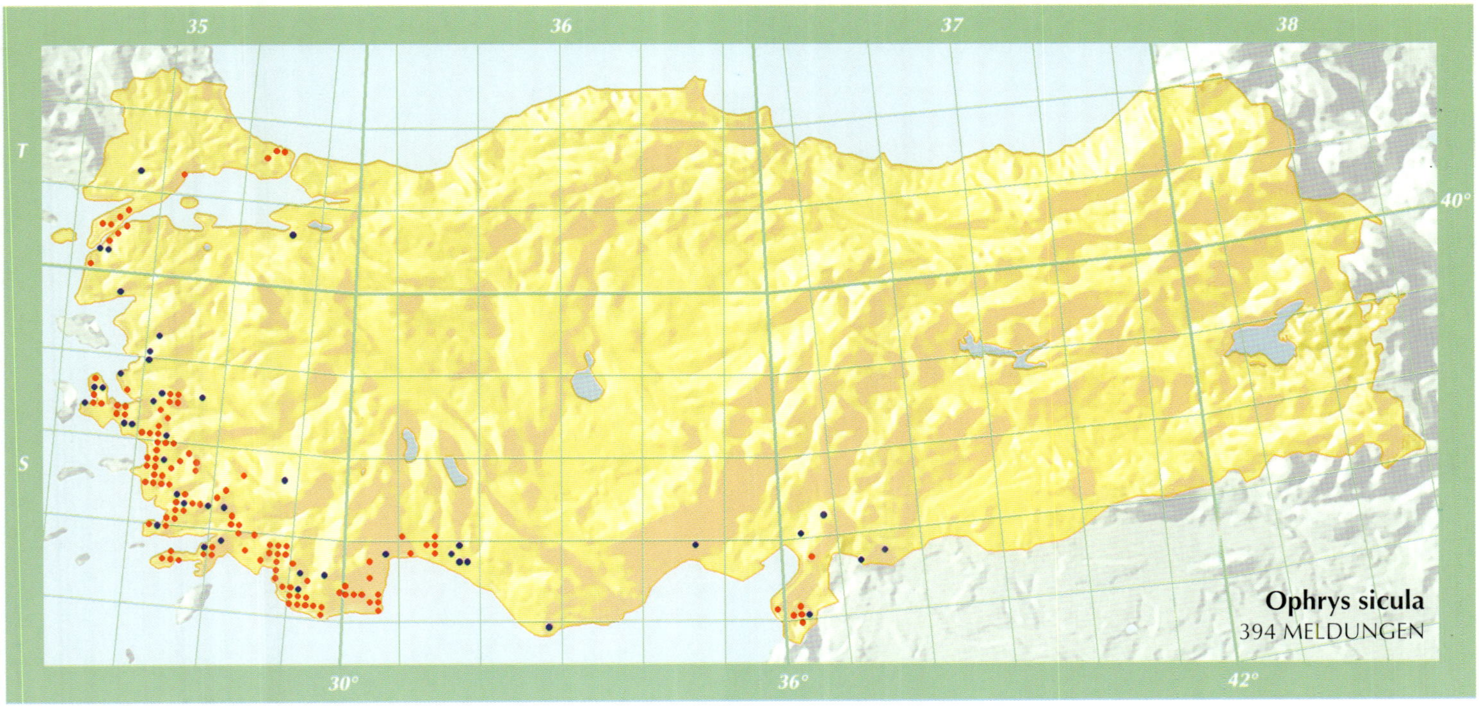

98 Ophrys climacis

HEIMEIER & PERSCHKE

Klimax-Ragwurz

(Jour. Eur. Orch. 30 (1): 205, 1998)

BESCHREIBUNG

Schlanke, mittelgroße Pflanze, 15 bis 35 (40) cm hoch. Blütenstand lockerblütig, mit etwa 4 bis 6 Blüten, diese mittelgroß, variabel in der Form und Größe. Sepalen eiförmig bis länglich-eiförmig, hellolivgrün bis schwach gelblich, bisweilen braunrötlich überlaufen, an den Rändern zurückgerollt, die seitlichen ausgebreitet, das Mittlere nach vorne gebogen. Petalen eiförmig-lanzettlich bis länglich-lanzettlich, gelblichgrün mit gewelltem Rand, seitlich abstehend bis etwas zurückgebogen. Lippe mittelgroß, trapezförmig bis rundlich, ungeteilt oder leicht dreilappig, mehr oder weniger gleichmäßig konvex gewölbt, dunkelbraun bis hellbraun; Rande und Schulterpartien bräunlichgelb bis hellgelb, diese stark bräunlich und kurz behaart. Lippenzeichnung von der Lippenbasis gelöst, in Form und Größe variabel, aus einer hufeisenförmigen Zeichnung bestehend oder linien- beziehungsweise fleckenförmig reduziert, stahlblau, braunviolett oder graubläulich und weißlich umrandet. Anhängsel gelblichbgrün, dreieckig, klein, vorwärts gerichtet.

ABGRENZUNG ZU ÄHNLICHEN ARTEN

Ophrys climacis weist Ähnlichkeit mit *Ophrys lesbis* und *Ophrys lucis* auf. Sie unterscheidet sich von diesen beiden Arten insbesondere durch ihre schmalen und hellolivgrünen Perigonblätter und den hohen, schlanken Wuchs (HEIMEIER & PERSCHKE, 1998).

STANDORT

Lichte Kiefern- und Zypressenwälder und an Gebüschrändern; auf trockenen bis mäßig feuchten, kalkhaltigen Böden. *Ophrys climacis* wächst gerne an steilen Hängen in Kiefernwäldern ohne andere Bodenvegetation. Die Pflanzen wachsen aber auch an grasigen Stellen und in Straßenböschungen.

BLÜTEZEIT

Frühe Blütezeit, je nach Höhenlage von Anfang März bis Anfang April. Bei Cevizli (Antalya) blüht sie bis Anfang Mai.

HÖHENVERBREITUNG

Von Meereshöhe bis etwa 1.200 m.

GESAMTVERBREITUNG

Südwesttürkei.

VERBREITUNG IN DER TÜRKEI

Nur im Südwesten der Türkei: westlich von Kemer (Antalya) und bei Cevizli (Antalya).

NOTIZEN ZU EINIGEN FUNDORTEN

Ophrys climacis ist nach dem heutigen Kenntnisstand nur an wenigen Standorten auf einem eng begrenzten Raum in der Südwesttürkei nachgewiesen. Die Art besitzt dort 2 Verbreitungsschwerpunkte, nämlich im Tal des Kesme Cayi und des Sapandere Tals westlich von Kemer und bei Cevizli, nördlich von Akseki; beide Teilareale in der Provinz Antalya. Von HEIMEIER & PERSCHKE (1998) werden derzeit 5 Standorte aufgelistet, die alle in einem UTM-10 Km Rasterfeld liegen. Die Pflanzen wachsen dort in einem Kiefern-Zypressenwald der durch einen Forstweg durchschnitten wird. Weitere Standorte liegen am Eingang zum Sapandere Tal in der Nähe von Kuzdere Köprü. Der Holotypus stammt vom Standort Karataşlar bei Kuzdere. Die Angaben von HEIMEIER & PERSCHKE wurden 1998 vom Autor überprüft. Dabei stellte sich heraus, daß die Art sehr selten ist und an allen Standorten nur in wenigen Exemplaren vorhanden ist. Außerdem wird *Ophrys climacis*, wenige Ausnahmen dargelassen, nicht durch weitere Orchideen begleitet. In diesem Gebiet wurde ein neuer Standort nachgewiesen. Oberhalb Kuzdere Köprü wurden in einer Straßenböschung, sowie in einem lockeren Kiefernwald, etwa 8 weitere Exemplare gefunden. Diese Pflanzen waren schon Anfang März in Hochblüte. Im Verbreitungsgebiet von *Ophrys climacis* kommt unter anderem auch *Ophrys heterochila* vor, die an einigen Stellen stark ausgegraben war.

Einen weiteren Fund (1 Exemplar) melden KOHLMÜLLER & WAGNER (Fundliste 1997) und zwar bei Olympos (Antalya). Die Pflanze in einem lichten Kiefernwald bei Olympos war bereits im Abblühen begriffen. Ihre typischen Merkmale, die ganzrandige Lippe mit dem hellgelben Rand und das charakteristische Mal waren jedoch noch deutlich zu erkennen. Weitere Exemplare der Art waren trotz intensiver Suche hier nicht mehr zu finden.

Ophrys climacis wurde bereits 1988 vom Autor in der Umgebung von Cevizli (Antalya) an einer Straßenböschung entdeckt. An diesem Standort wurden etwa 10 Pflanzen gefunden, leider bis auf ein Exemplar in fortgeschrittener Anthese. In der näheren Umgebung konnten keine weiteren *Ophrys*-Arten nachgewiesen werden. Bemerkenswert ist, daß *Ophrys climacis* an diesem Standort so weit nördlich von ihrem Hauptvorkommen bei Kemer auftritt.

BEMERKUNGEN

Der Erstnachweis von *Ophrys climacis* stammt vom Autor. Während einer Reise im Jahre 1988, zusammen mit FALLER (†), JANSEN und KAJAN, wurden mehrere Pflanzen in einem Straßenrand bei Cevizli (Antalya) beobachtet. Schon damals wies Jansen auf die Eigenständigkeit dieser Sippe hin. Sie wurde aber nicht beschrieben, weil die Pflanzen zuviel Ähnlichkeiten mit *Ophrys lesbis* aufwiesen. Bei KREUTZ & PETER (1998) wurde diese Sippe dann auch unter *Ophrys lesbis* geführt (Standort Kuyucak, 25 km N Akseki).

◀ **Kuzdere (Antalya), 8.3.1998,** C. A. J. KREUTZ

Karataşlar (Antalya), 7.3.1998, C. A. J. KREUTZ

Aşlanbucak (Antalya), 8.3.1998, C. A. J. KREUTZ

Aşlanbucak (Antalya), 8.3.1998, C. A. J. KREUTZ

Kuzdere (Antalya), 8.3.1998, C. A. J. KREUTZ

Cevizli (Antalya), 8.5.1988, C. A. J. KREUTZ

Kuzdere (Antalya), 8.3.1998, C. A. J. Kreutz

Kuzdere (Antalya), 8.3.1998, C. A. J. Kreutz

Im Jahre 1990 wurde *Ophrys climacis* durch die Eltern von Perschke, westlich von Kemer (Antalya) entdeckt und bei weiteren Reisen 1995, 1996 und 1997 von Heimeier, Gassner, Perschke, Baumgartner, Gembardt und Mark wurde klar, daß diese Sippe genügend eigenständige Merkmale aufweist, um sie sowohl von *Ophrys lucis* als auch von anderen Taxa mit von der Lippenbasis losgelöstem hufeisenförmigem oder aus zwei getrennten Flecken bestehendem Mal abtrennen zu können (Heimeier & Perschke, 1998).

Nach Heimeier & Perschke (1998) ist *Ophrys climacis* vor allem durch ihren hohen, schlanken Wuchs von naheverwandten Arten zu unterscheiden. Dies trifft aber nicht bei allen Pflanzen zu. Viele zeigen einen normalen Blütenstand, der manchmal etwa zwei Drittel der gesamten Pflanze einnimmt.

HYBRIDEN

Nicht nachgewiesen.

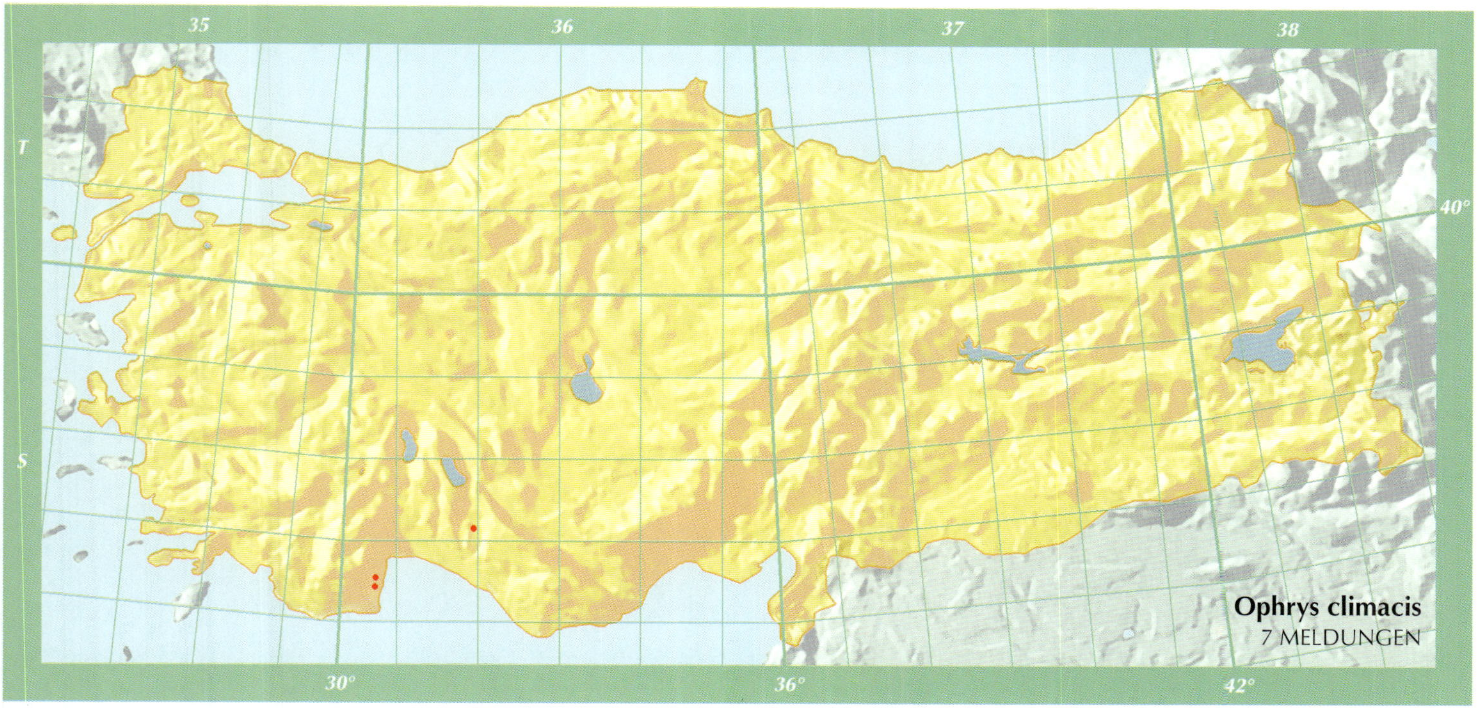

99 Ophrys lesbis

GÖLZ & H. R. REINHARD

Lesbos-Ragwurz

(Mitt. Bl. Arbeitskr. Heim. Orch. Baden-Württ. 21 (1): 18, 1989)

BESCHREIBUNG

Relativ schlanke, aber kräftige Pflanze, durchschnittlich 10 bis 20 (40) cm hoch. Blütenstand ziemlich locker- und kurzblütig, mit etwa 2 bis 12 Blüten, diese groß, ziemlich variabel in der Form und Größe. Sepalen eiförmig bis eiförmig-lanzettlich, nicht abstehend, weißlich, rosa oder rotviolett mit manchmal ausgeprägten, grünlichen Adern. Petalen eiförmig-lanzettlich bis länglich dreieckig, hell bis dunkelrot, oft mit hellerem, gelblichem Rand. Lippe groß, trapezförmig, ungelappt, selten ganz schwach gehöckert, mehr oder weniger gleichmäßig konvex gewölbt, orange bis olivbraun; Rand und Schulterpartien grünlichgelb bis hellgelb. Lippenzeichnung von der Lippenbasis gelöst, in Form und Größe sehr variabel, aber in der Regel aus einer hufeisenförmigen Zeichnung bestehend, stahlblau, blauviolett, rotbraun oder rot und weißlich umrandet. Anhängsel gelblichbgrün bis rötlich, ziemlich groß, abwärts bis vorwärts gerichtet.

ABGRENZUNG ZU ÄHNLICHEN ARTEN

Ophrys lesbis könnte mit *Ophrys lucis* oder mit *Ophrys labiosa* verwechselt werden, ist aber durch die frühere Blütezeit, eine andere Lippenfarbe und eine andere Malgestaltung leicht von diesen zwei Arten zu unterscheiden. Vor allem aber weist *Ophrys lesbis* Ähnlichkeit mit *Ophrys climacis* auf. Letztgenannte Art unterscheidet sich von *Ophrys lesbis* insbesondere durch ihre schmalen und hellolivgrünen Perigonblätter und den hohen, schlanken Wuchs.

STANDORT

Ophrys lesbis wächst in grasiger Phrygana, in Macchien, in lockeren Flaumeichenhainen, an Wiesenhängen und auf grasigem Untergrund in Olivenhainen; auf trockenen bis mäßig feuchten, überwiegend kalkreichen Böden.

BLÜTEZEIT

Je nach Höhenlage zwischen Mitte März und Mitte April.

HÖHENVERBREITUNG

Von Meereshöhe bis etwa 200 m.

GESAMTVERBREITUNG

Lesbos, Samos und die Südwesttürkei, vermutlich weiter verbreitet.

VERBREITUNG IN DER TÜRKEI

Nur im Südwesten: südlich Söke (Aydın) über Bodrum (Muğla) bis nach Olympos (Antalya).

NOTIZEN ZU EINIGEN FUNDORTEN

Ophrys lesbis ist nach dem heutigen Kenntnisstand nur von wenigen Standorten in der Südwesttürkei nachgewiesen.
Ein aktueller Standort liegt nordwestlich von Bodrum (Muğla), wo über 100 Pflanzen vorkommen. Der Biotop, in dem die Art wächst, ist ein Olivenhain mit grasigem Unterwuchs auf Kalkboden. Außerdem findet man sie hier auch an grasigen, mäßig feuchten Stellen unweit eines Baches. *Ophrys lesbis* blüht hier in der ersten Aprilhälfte und bildet an einigen Stellen größere Gruppen. Dieser Standort ist besonders interessant, weil hier auch die seltenen *Ophrys homeri* und *Ophrys omegaifera* vorkommen. Der Standort von *Ophrys lesbis* ist gefährdet, weil nur eine kleine Population besteht und außerdem die Pflanzen von weidenden Rindern abgefressen oder zertrampelt werden. Es ist allerdings bemerkenswert, daß die meisten Pflanzen in einer ruderalen Vegetation wachsen und dort sehr kräftig und reichblütig sind. Im Jahre 1997 und 1998 wurde auch ein apochromes Exemplar beobachtet. In der weiteren Umgebung wurden trotz intensiver Kartierung keine weiteren Exemplare mehr gefunden. Am Standort von *Ophrys lesbis* kommen auch noch *Barlia robertiana, Ophrys ferrum-equinum, Ophrys heterochila, Ophrys iricolor, Ophrys mammosa, Ophrys oestrifera, Ophrys reinholdii, Ophrys sicula, Ophrys speculum, Ophrys tenthredinifera, Ophrys umbilicata, Orchis fragrans, Orchis papilionacea* subsp. *heroica* und *Serapias politisii* vor. Ein anderer Standort befindet sich am Çamicisee (Bafasee) südlich Söke in der Provinz Aydın. Trotz längerer Suche wurden 1996 an diesem Standort nur wenige Exemplare gefunden. An weiteren Orchideen wurden außer *Ophrys lesbis* noch *Barlia robertiana, Neotinea maculata, Ophrys ferrum-equinum, Ophrys fusca* s. l., *Ophrys iricolor, Ophrys mammosa, Ophrys sicula, Ophrys speculum, Ophrys umbilicata, Orchis italica, Serapias bergonii* und *Serapias orientalis* subsp. *carica* beobachtet. Der ganze Hang wies sehr viele frische Grablöcher auf,

◄ **Torba (Muğla), 12.3.1998,** C. A. J. KREUTZ

Torba (Muğla), 7.4.1993, H.-W. ZAISS

Torba (Muğla), 7.4.1997, C. A. J. KREUTZ

Torba (Muğla), 7.4.1997, C. A. J. KREUTZ

Torba (Muğla), 12.3.1998, C. A. J. KREUTZ

Torba (Muğla), 12.3.1998, C. A. J. KREUTZ

Torba (Muğla), 12.3.1998, C. A. J. Kreutz

Torba (Muğla), 12.3.1998, C. A. J. Kreutz

Torba (Muğla), 12.3.1998, C. A. J. Kreutz

Torba (Muğla), 7.4.1997, C. A. J. Kreutz

Torba (Muğla), 12.3.1998, C. A. J. Kreutz

wobei besonders *Barlia robertiana* und *Ophrys ferrum-equinum* ausgegraben worden waren.
Einen weiteren Fund mit drei Exemplaren melden KOHLMÜLLER & WAGNER (Fundliste 1997) von Çamlık zwischen Bodrum und Karaova (Muğla). Am Rande eines Phryganastreifens in der weiteren Umgebung eines Friedhofs fanden sich drei sehr typische Pflanzen von *Ophrys lesbis*. Eine in Hochblüte, die restlichen zwei am Verblühen. Anhand der vorgelegten Dias wurden die Angaben zweifelsfrei bestätigt. In diesem Gebiet wies 1982 auch Baumann *Ophrys lesbis* nach (HEIMEIER & PERSCHKE, 1998). Dieser Standort wurde vermutlich bereits 1979 von TAUBENHEIM erwähnt und ist nunmehr nach 18 Jahren erneut nachgewiesen worden.
In den Jahren 1995, 1996 und 1997 wurden weitere Funde dieser Art aus der Südwesttürkei gemeldet.

BEMERKUNGEN

Ophrys lesbis wurde 1989 von GÖLZ & REINHARD als Endemit der ostägäischen Insel Lesbos beschrieben; von dieser Art waren nur wenige Populationen mit kleiner Individuenzahl bekannt. Überraschend ist deshalb das Vorkommen der Art mehrere hundert Kilometer südlich in der Südwesttürkei. Es handelt sich um Pflanzen in typischer Ausprägung. Eine Verbindung zwischen dem Vorkommen auf Lesbos und in der Türkei bildet der Fund einiger Pflanzen auf der Insel Samos (KREUTZ & PETER, 1997).
Der erste sichere Nachweis von *Ophrys lesbis* in der Türkei stammt von RENZ & TAUBENHEIM (1984), die sie damals noch als *Ophrys argolica* bestimmten. Etwa 10 km östlich von Bodrum wurden Anfang April 1979 mehrere Pflanzen in etwa 200 Meter Meereshöhe gefunden. Diese Angabe konnte durch fotografisches Bildmaterial bestätigt werden.
Wahrscheinlich ist *Ophrys lesbis* weiter in der Südwesttürkei verbreitet. Vermutlich wurde sie nicht immer erkannt und als *Ophrys aegaea* oder *Ophrys lucis* bestimmt.
Ophrys lesbis gehört mit Sicherheit zum Verwandtschaftskreis von *Ophrys lycia*. Verschiedene Merkmale sprechen dafür, nämlich die frühe Blütezeit, die großen Blüten, der kräftige Habitus und die Form und Gestaltung der Blüten. Auch PAULUS & GACK (1990c) bemerken, daß *Ophrys lesbis* vielleicht näher mit der südwestanatolischen *Ophrys lycia* verwandt ist.

Torba (Muğla), 7.4.1997, C. A. J. KREUTZ

HYBRIDEN

Nur mit *Ophrys reinholdii* nachgewiesen.

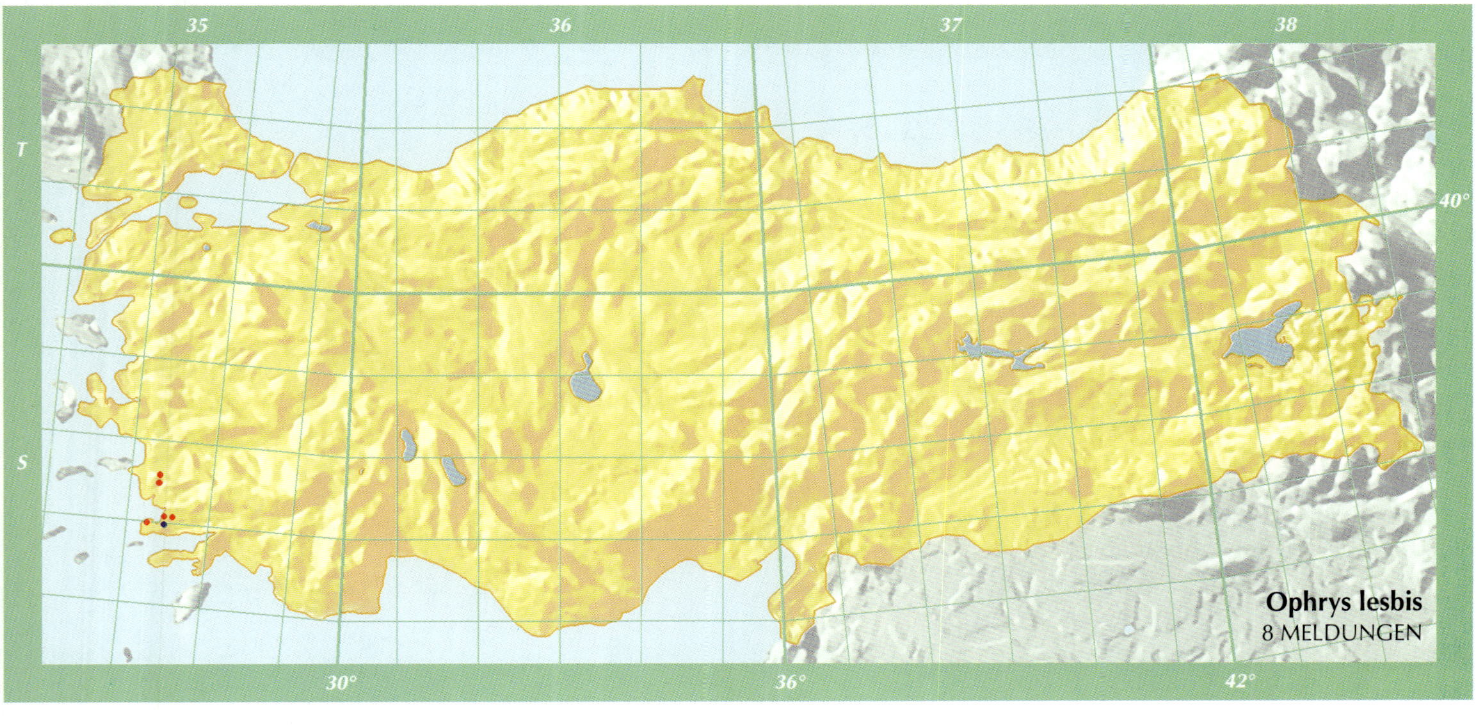

100 Ophrys lucis

(Kalteisen & H. R. Reinhard) H. F. Paulus & Gack

Rhodische Ragwurz

(Israel Journ. Bot. 39: 78, 1990)

BASIONYM

Ophrys aegaea subsp. *lucis* Kalteisen & H. R. Reinhard (Mitt. Bl. Arbeitskr. Heim. Orch. Baden-Württ. 19 (4): 922, 1987)

BESCHREIBUNG

Kleine aber kräftige Pflanze. Blütenstand arm-, meist 2- bis 4-blütig. Sepalen lanzettlich, weißlich, rosa oder hellrot gefärbt, abstehend bis leicht zurückgeschlagen, das mittlere manchmal nach vorne gebogen. Petalen lanzettlich bis eiförmig-lanzettlich, an den Rändern gewellt, stumpf, rötlich, mehr oder weniger kräftig behaart. Lippe groß, dreilappig, gleichmäßig gewölbt, rundlich bis breit elliptisch, hellorangebraun, olivbraun oder graubraun (häufig mit deutlichen Grüntönen), oft gelbrandig. Lippenschultern und Seitenlappen mehr oder weniger kräftig hell- bis dunkelpurpurbraun behaart. Malgestaltung querorientiert, von der Lippenbasis abgelöst und aus zwei isolierten, häufig durch ein Querband verbundenen länglichen Flecken bestehend. Anhängsel klein und spitz (teils nach Kalteisen & Reinhard, 1987).

ABGRENZUNG ZU ÄHNLICHEN ARTEN

Ophrys lucis kann mit *Ophrys labiosa*, *Ophrys lesbis* oder mit *Ophrys climacis* verwechselt werden, unterscheidet sich jedoch von erstgenannter Art unter anderem durch die dreilappige, hellorange- bis olivbraune, rundliche bis breit elliptische Lippe. Außerdem sind die Lippenschultern und Seitenlappen von *Ophrys lucis* mehr oder weniger kräftig hell- bis dunkelpurpurbraun behaart. *Ophrys lesbis* ist durch die frühere Blütezeit und eine andere Malgestaltung leicht von *Ophrys lucis* zu unterscheiden. *Ophrys climacis* unterscheidet sich durch ihre schmalen und hellolivgrünen Perigonblätter und den hohen, schlanken Wuchs.

STANDORT

Lichte Kiefern-, Eichen- und Zypressenwälder, selten in Macchien oder Phrygana; auf kalkreichen Böden. Die Standorte dieser Art sind fast alle auf alte (verlassene) Friedhöfe beschränkt.

BLÜTEZEIT

Ophrys lucis blüht früh, von Mitte März bis Anfang April im Küstenbereich bis Mitte April in höheren Lagen.

HÖHENVERBREITUNG

Von der Küste bis etwa 1.000 m.

GESAMTVERBREITUNG

Ägäische Inseln (Rhodos, Tilos und Nisyros) und die Süd- und Südwesttürkei.

VERBREITUNG IN DER TÜRKEI

Südwest- und Südtürkei (Muğla, Antalya und İçel).

NOTIZEN ZU EINIGEN FUNDORTEN

Ophrys lucis ist im Südwesten und Süden der Türkei eine ziemlich seltene Art und meist sind wenige Exemplare vorhanden. Aus der Türkei liegen nur sehr wenige Angaben vor, wie zum Beispiel aus den Provinzen Muğla (Bodrum), Antalya (Bucakkişla, Büyükalan, Fersinalanı, Emirasiklar Köyü, Oymapınar, Phaselis, Sarılacihar, Yakarikaraman, Termessos) und İçel (Demircili, Diocaesarea Olba, Limankalesi, Çamlıyayla).

In den Provinzen Antalya und Muğla kommt *Ophrys lucis* auf verlassenen Friedhöfen vor. Einige Standorte dieser Art befinden sich um Akseki (Antalya), dort bevorzugt in und am Rande von Gebüsch, zusammen mit *Anacamptis pyramidalis, Comperia comperiana, Himantoglossum affine, Himantoglossum montis-tauri, Ophrys mammosa, Ophrys phrygia, Ophrys straussii, Orchis anatolica* und *Orchis simia*.

Ein seit längerer Zeit bekannter Standort befindet sich auf einem alten und verlassenen Friedhof an der Straße von Akseki nach Ibrâdı (Aydınkent), östlich des Dorfes Emiraşiklar Köyü. Hier wächst *Ophrys lucis* in etwa 30 Exemplaren auf einem sehr eng begrenzten Raum in einem lichten Kiefernwald mit Unterwuchs. *Ophrys lucis* blüht hier in einer Höhe von 940 m sehr früh, nämlich von Ende März bis Mitte April. Dieser Friedhof ist ein sehr guter Orchideenstandort. Wenn dieser Mitte Mai zur Blütezeit von *Comperia comperiana* oder von *Ophrys straussii* besucht wird, ist *Ophrys lucis* restlos verblüht und nur noch schwer zu finden. Bis vor einigen Jahren wurden die Orchideenknollen in diesem Friedhof, der bisher als heilig galt, nicht ausgehackt. In letzter Zeit werden die Pflanzen leider auch hier nicht mehr von Ausgräbern verschont. 1988 wurde beobachtet, daß viele Orchideen auf dem Friedhofsgelände verstreut lagen.

Weitere Standorte befinden sich westlich und südlich Akseki, sowie an der Abzweigung nach Bucakkişla (Antalya), wo eine schöne Gruppe in einer Hecke unmittelbar am Straßenrand stand.

Die zwei schönsten Standorte von *Ophrys lucis* befinden sich ohne Zweifel auf den beiden Friedhöfen nördlich und südlich des Ortes Demircili (İçel). Auf beiden Friedhöfen wachsen viele großblütige Pflanzen in grasigen, mäßig feuchten Wiesenflächen. Die Pflanzen sind besonders reichblütig und kräftig. Ihre Hauptblütezeit liegt hier Mitte bis Ende März, genau wie von *Ophrys levantina*, die nur am südlichen Standort vorkommt und zur gleichen Zeit blüht. Einige dieser Pflanzen weisen bei flüchtiger Betrachtung Merkmale von *Ophrys argolica* oder von *Ophrys aegaea* auf, gehören aber doch einwandfrei zu *Ophrys lucis*.

Im Ausgrabungsgelände von Phaselis, südlich Kemer (Antalya), wurden 1990 zwei Pflanzen in einem lichten Kiefernwald gefunden. 1997 waren beiden Pflanzen noch vorhanden, aber schon Anfang April weitgehend abgeblüht. Diese Pflanzen sind sehr hochwüchsig und ihre Blüten ziemlich klein. Nach Heimeier & Perschke (1998) teilen sie diese Eigenschaft mit *Ophrys climacis*. Sie wurden von Hansen & Rückbrodt (1992) und Gügel & Zaiss (Fundliste 1995) als *Ophrys aegaea* bestimmt. Sie stellen aber kleinblütige Exemplare von *Ophrys lucis* dar. Unweit der Fundstelle von *Ophrys lucis* kommt auch *Ophrys minoa* vor, die zur Blütezeit von *Ophrys lucis* erst am Aufblühen ist.

Kalteisen (Fundliste 1989) beobachtete *Ophrys lucis* an mehreren Stellen in der Umgebung von Turgut, südwestlich Marmaris (Muğla) in lichten Kiefernwäldern und an felsigen Stellen in der Phrygana, sowie in einem Kiefernwald an der Straße Yatağan - Milas und in Phryganaflächen an der Straße Bodrum - Mumcular.

Redl (Fundliste 1992) fand *Ophrys lucis* in einem lockeren Kiefernwald oberhalb einer Böschung an der Straße von Finike nach Elmalı (Antalya), hier zusammen mit *Ophrys sicula, Orchis anatolica* und *Orchis syriaca*.

Überraschend war 1997 der Fund von einem einzigen Exemplar auf dem Friedhof von Oymapınar (Antalya). Trotz längerer Suche wurden keine weiteren Pflanzen mehr gefunden.

In ihrer Arbeit über die Türkei geben Rückbrodt & Hansen (1992) *Ophrys lucis* nur vom Friedhof bei Büyükalan, südlich Akseki und bei der Abzweigung nach Bucakkisla, westlich Akseki, an.

◀ **Demircili (İçel), 31.3.1997,** C. A. J. Kreutz

Demircili (İçel), 31.3.1997, C. A. J. Kreutz

Emirasiklar Köyü (Antalya), 17.4.1996, C. A. J. Kreutz

Phaselis (Antalya), 10.4.1996, C. A. J. Kreutz

Bucakkişla (Antalya), 17.4.1996, C. A. J. Kreutz

BEMERKUNGEN

Ophrys aegaea subsp. *lucis* wurde 1987 von KALTEISEN & REINHARD aus der Ägäischen Archipel (Rhodos) beschrieben. Mit *Ophrys labiosa* gehört *Ophrys lucis* in den Verwantschaftskreis von *Ophrys aegaea, Ophrys argolica, Ophrys elegans, Ophrys climacis* und *Ophrys lesbis*.

Bevor 1987 *Ophrys aegaea* subsp. *aegaea* (*Ophrys aegaea*) und *Ophrys aegaea* subsp. *lucis* (*Ophrys lucis*) beschrieben wurden, wurden Funde von *Ophrys lucis* vielfach als *Ophrys argolica* (endemische Art Südgriechenlands) oder als *Ophrys elegans* (endemische Art der Insel Zypern) bestimmt. So beschreibt VÖTH (1967) zwei Funde von *Ophrys argolica* subsp. *elegans*-ähnlichen Pflanzen aus Südanatolien (İçel). SUNDERMANN & TAUBENHEIM (1978) geben einige Fundorte von *Ophrys argolica* subsp. *elegans* von İçel und Hatay an. Überprüfung der Angaben von VÖTH (1967) und von SUNDERMANN & TAUBENHEIM (1978) haben ergeben, daß diese Pflanzen zu *Ophrys lucis* gehören (KREUTZ & PETER, 1997).

Im Jahre 1987 wurden im Bereich der südlichen Abdachung des westlichen Taurus-Massivs an einigen Stellen Orchideen gefunden, die weitgehend mit *Ophrys lucis* übereinstimmen. KALTEISEN & REINHARD (1987), die von diesen Pflanzen gutes fotografisches Belegmaterial gesehen haben, geben an, daß einige dieser Pflanzen aus der Südwesttürkei möglicherweise zu *Ophrys aegaea*, andere zu *Ophrys lucis* gehören. Es hat sich aber ergeben, daß auch diese Pflanzen alle zu *Ophrys lucis* gehören.

Bei RÜCKBRODT & HANSEN (1992) wurden alle abweichenden Exemplare von *Ophrys argolica* zu *Ophrys lucis* gestellt.

Weitere Untersuchungen haben gezeigt, daß *Ophrys argolica* nicht in der Türkei vorkommt und daß alle Angaben aus diesem Formenkreis entweder zu *Ophrys lesbis*, *Ophrys climacis* oder zu *Ophrys lucis*, eventuell zu *Ophrys labiosa* gehören.

Die meisten Standorte von *Ophrys lucis* sind nur mit wenigen Individuen besetzt. Sie sind durch ihre typischen Merkmale: große Blüten mit meist dreilappiger Lippe, rötllich hellbraune Lippenfarbe mit leicht grünlichem Zentrum, meist sicher zu bestimmen (KREUTZ & PETER, 1997).

GEFÄHRDUNG

Das Ausgraben von Orchideen, in letzter Zeit auch auf Friedhöfen, wo *Ophrys lucis* ihre Hauptvorkommen hat, läßt für die Zukunft wenig Hoffnung für das Entdecken neuer Standorte. Vor allem am Standort bei Ibrâdı (westlich Akseki) ist die Art stark gefährdet und Schutzmaßnahmen wären dringend erforderlich.

Bucakkişla (Antalya), 17.4.1996, C. A. J. KREUTZ

HYBRIDEN

Nicht nachgewiesen.

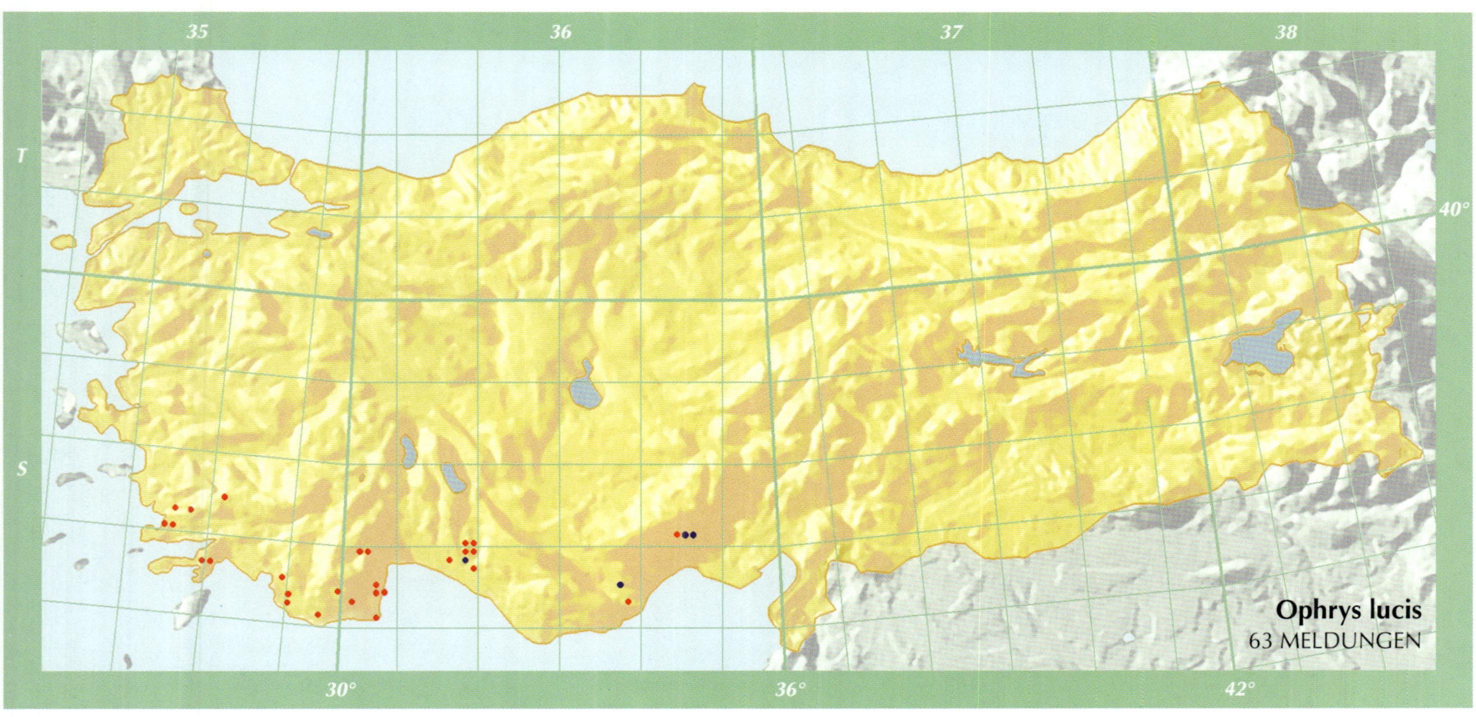

101 Ophrys lycia

RENZ & TAUBENHEIM

Lykische Ragwurz

(Die Orchidee 31 (6): 237, 1980)

BESCHREIBUNG

Ziemlich kräftige, mittelgroße Pflanze, bis 60 cm hoch. Laubblätter lanzettlich, an der Basis des Stengels gehäuft sowie einige stengelumfassende Hochblätter. Blütenstand meist lang, dicht- und reichblütig. Blüten groß, schräg abstehend. Sepalen (hell)rosa bis purpurviolett, lanzettlich, stumpflich, die beiden seitlichen waagrecht abstehend, diese oft dunkler gefleckt, das mittlere leicht vornübergebogen. Petalen rosa bis rosaviolett, lanzettlich, kürzer und schmaler als die Sepalen. Lippe groß, rundlich bis elliptisch-eiförmig oder regelmäßig oval, sehr flach, ganzrandig, ohne Höcker, dunkelbraun bis hellbraun oder braunviolett. Mal von H-förmiger Gestaltung (von der Basis bis über die Mitte der Lippe), in der Mitte oft mit zwei Querverbindungen, dunkelviolett oder graulila mit einem helleren Rand. Anhängsel klein, gelblich und spitz.

ABGRENZUNG ZU ÄHNLICHEN ARTEN

Ähnelt *Ophrys lesbis, Ophrys lucis, Ophrys climacis* oder *Ophrys labiosa*, eventuell Arten aus dem *Ophrys mammosa*-Formenkreis. Durch den gedrungenen und verkürzten Blütenstand, die rosavioletten Perigonblätter, die auffallend flache, große, ungeteilte, höckerlose und regelmäßig geformte Lippe, den stark ins Braune spielenden Lippensamt und die breitschenkelige, im Grundzug H-förmige Zeichnung unterscheidet sich *Ophrys lycia* deutlich von den obengenannten Arten (RENZ & TAUBENHEIM, 1980b). Hier soll aber hinzugefügt werden, daß der Blütenstand von *Ophrys lycia* außerdem meist sehr lang und reichblütig ist. Er nimmt oft die Hälfte der gesamten Pflanze ein.

STANDORT

Macchien, Magerwiesen, gerne an Gebüschrändern; auf kalkreichen Böden.

BLÜTEZEIT

Ophrys lycia blüht früh, von Mitte März bis Mitte April, manchmal noch bis Ende April.

HÖHENVERBREITUNG

Von 400 bis 600 m.

GESAMTVERBREITUNG

Endemische Art der Türkei.

VERBREITUNG IN DER TÜRKEI

Nur von wenigen Standorten im Südwesten der Türkei (Antalya) bekannt.

NOTIZEN ZU EINIGEN FUNDORTEN

Am *locus classicus* bei Ağullu (Antalya) wurden Anfang April 1980 mehrere Pflanzen gefunden, zusammen mit *Ophrys ferrum-equinum, Ophrys mammosa, Ophrys sicula* und *Orchis sezikiana*. Inzwischen ist der *locus classicus* erloschen, aber vor einigen Jahren wurde ein neuer Standort, auch in der direkten Umgebung von Ağullu, östlich Kaş (Antalya) entdeckt. An diesem Standort wachsen Anfang bis Mitte April mehrere Exemplare an verschiedenen Stellen in und am Rande von größeren und dichten Buschgruppen, die durch Weiden, Ackerland und Terrassen mit Weinanbau begrenzt sind. Anfang April 1990 wurden hier von HERTEL (briefl. Mittl, 1996) 30 blühende Exemplare gefunden. Auf einer kleinen Lichtung wurde eine kleine Gruppe beobachtet, sonst nur Einzelpflanzen. An weiteren Orchideen ließen sich *Ophrys holoserica, Ophrys reinholdii* und *Orchis sezikiana* finden. 1996 konnten in dem relativ gut geschützten Gelände wiederum viele Exemplare der Art festgestellt werden, davon einige in Gruppen. Die meist sehr kräftigen Pflanzen wachsen hier zusammen mit *Ophrys minoa* in und an den Gebüschrändern eines kleinen Ackers, der durch eine ziemlich hohe Mauer und mit einem dornigen Reisigzaun vor Schafen und Ziegen gesichert ist. Interessant ist, daß dieser Standort bereits 1987 von KERP & VAN DEN BRINK (Fundliste, 1987) besucht wurde.

Unweit dieses Standortes befindet sich eine weitere Stelle, wo in hoher Macchie Einzelpflanzen von *Ophrys lycia* zu finden sind. 1995 standen hier neben drei sterilen Exemplaren 24 blühende Pflanzen, davon drei riesige mit einer Höhe von bis zu 54 cm. Sieben weitere waren ausgegraben (mündl. Mittlg. JANSEN, 1995).

Etwa 1 - 2 km nördlich von Ağullu, an der Straße nach Akçay, befinden sich weitere Standorte mit einzelnen *Ophrys lycia*-Pflanzen neben größeren Beständen von *Ophrys minoa* und *Orchis sezikiana*.

1996 schien das an den Nordrand des Ortes Ağullu anschließende orchideenreiche Gebiet, das vorwiegend aus kleinen Ackerflächen und Gebüsch besteht, nicht akut gefährdet zu sein. 1997 war jedoch ein ansehnlicher Teil des Geländes gerodet und glich einer Geröllhalde. Die schönsten Biotope von *Ophrys lycia* waren bereits zerstört. Ursache dieser Zerstörung ist nach Aussage eines Anwohners die großflächige Erweiterung des Ortes Ağullu nach Norden hin. Einige Rohbauten sind bereits errichtet und für eine geschlossene Siedlung die Grundplatten betoniert. Durch diese Maßnahme wurde ein Schwerpunkt des ohnehin kleinen Verbreitungsgebietes von *Ophrys lycia* unwiederbringlich vernichtet.

Vor etwa 10 Jahren wurde *Ophrys lycia* unweit des *locus classicus* an der Küstenstraße Kale (Myra) - Kaş, etwa 10 km östlich Kaş (Antalya), in einem ziemlich dichten Gebüsch gefunden (briefl. Mittlg. NÜRK, 1996). Im Jahre 1990 wurde *Ophrys lycia* außerdem noch etwa 1 km vor Ağullu gefunden (briefl. Mittlg. LÜDERS, 1996).

Weiterhin sollen Einzelpflanzen zusammen mit *Orchis sezikiana* auch auf benachbarten Friedhöfen vorkommen (briefl. Mittlg. PETER, 1996). Diese Angabe konnte unabhängig davon 1997 bestätigt werden. Der individuenreichste Standort mit 40 Exemplaren dürfte derzeit auf dem Friedhof in Ağullu zu finden sein (KOHLMÜLLER & WAGNER, Fundliste 1997). Die zum Teil sehr stattlichen Pflanzen mit den hier auffallend vielgestaltigen Blütenformen stehen meist einzeln zwischen den ungepflegten Gräbern im hohen Gras, auf einigen Gräbern auch in Gruppen. Der Rest verteilt sich auf die anschließenden vegetationsärmeren Flächen, die mit einigen Bäumen und Sträuchern aufgelockert sind. Das gesamte Areal ist mit einer Mauer umgeben und wird nicht beweidet. Auch die Knollensammler halten sich hier offensichtlich noch an die alte islamische Tradition, nach der ein Friedhof als heiliger, unantastbarer Ort zu betrachten ist.

Ein weiterer Friedhof des Ortes, der etwas außerhalb liegt, ist weniger orchideenreich. Hier wurde 1993 neben einer *Orchis sezikiana* lediglich eine *Ophrys lycia* festgestellt (GÜGEL & ZAISS, Fundliste 1993). 1997 wurde hier die Art, wie leider an verschiedenen anderen Stellen auch, nicht mehr beobachtet.

An der Straße von Ağullu nach Kale befinden sich über eine Länge von einigen Kilometern potentielle Biotope, in denen *Ophrys lycia* noch vorkommen könnte.

BEMERKUNGEN

Ophrys lycia ist ebenso wie *Ophrys isaura* eine endemische

◄ **Ağullu (Antalya), 6.4.1997,** C. A. J. KREUTZ

Ağullu (Antalya), 9.4.1996, C. A. J. Kreutz

Ağullu (Antalya), 9.4.1996, C. A. J. Kreutz

Ağullu (Antalya), 9.4.1996, C. A. J. Kreutz

Ağullu (Antalya), 9.4.1996, C. A. J. Kreutz

Ağullu (Antalya), 9.4.1996, C. A. J. KREUTZ

Ağullu (Antalya), 9.4.1996, C. A. J. Kreutz

Ağullu (Antalya), 9.4.1996, C. A. J. Kreutz

türkische Art mit einer äußerst eng begrenzten Verbreitung. Die Art wurde von Renz & Taubenheim (1980b) von einem Standort bei Ağullu (Antalya), zwischen Kaş und Finike (Lykien) in einer Höhe von 500 m beschrieben.

Ophrys lycia gehört vermutlich zum Verwandtschaftskreis von *Ophrys lesbis* (frühe Blütezeit, große Blüten und kräftiger Habitus).

Gefährdung

Außer den Standorten in den Friedhöfen sind viele Fundorte der Art gefährdet. Insbesondere gilt dies für die an das ausgewiesene Baugebiet anschließenden Standorte nördlich von Ağullu. Der Bauer, dem die Flächen gehören, versucht zwar in Kenntnis der Gefährdung der Art, sein Weidevieh während der Blütezeit von den Standorten fernzuhalten. Nachdem aber auch hier Orchideenknollen zur Salepgewinnung ausgegraben werden, ist zu bezweifeln, ob dies zum Überleben der Art ausreichend ist.

Es wäre also dringend erforderlich alles Mögliche zu unternehmen (vielleicht zusammen mit türkischen Orchideenfreunden), um die Unterschutzstellung der wenigen noch verbliebenen Standorte von *Ophrys lycia* zu erreichen.

Hybriden

Mit *Ophrys minoa* bekannt.

Ağullu (Antalya), 9.4.1996, C. A. J. Kreutz

Ağullu (Antalya), 9.4.1996, C. A. J. Kreutz

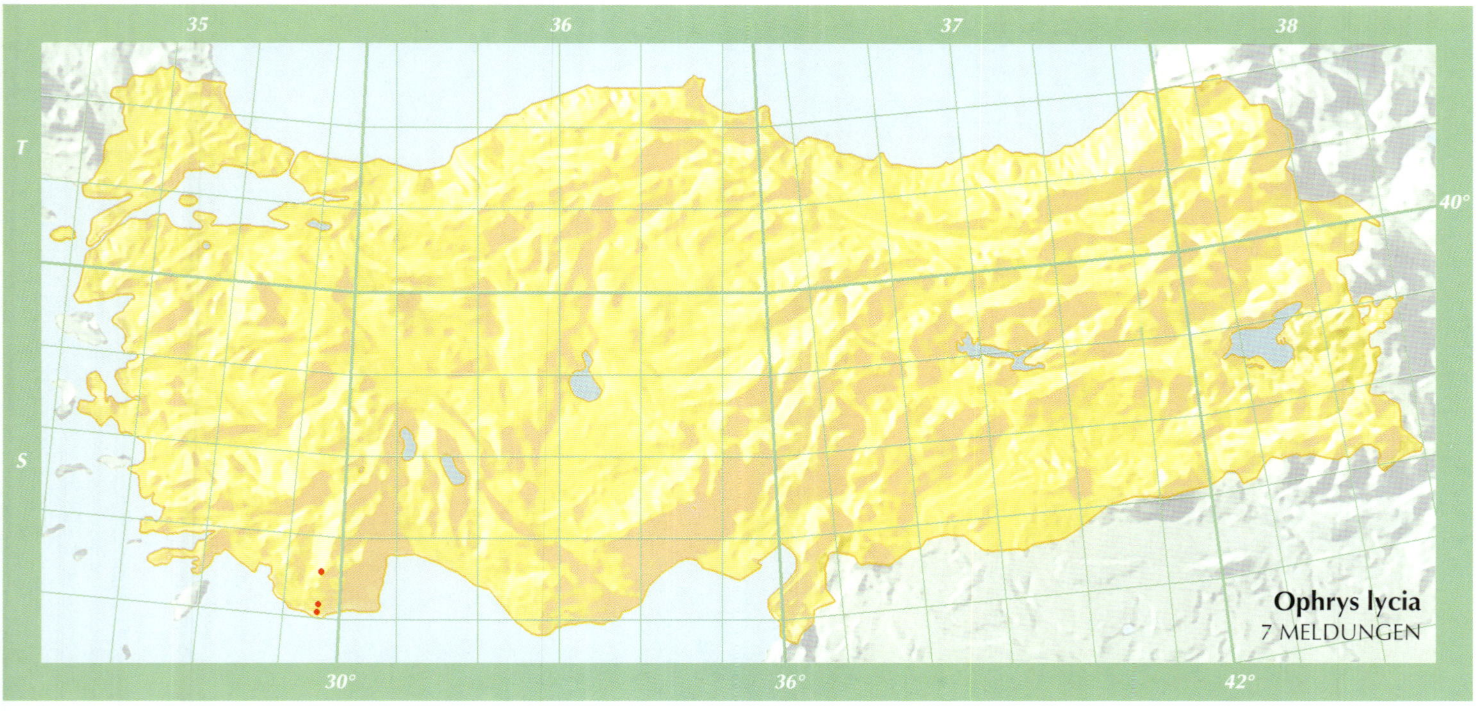

102

Ophrys schulzei

Bornmüller & H. Fleischmann

Schulzes Ragwurz

(Mitt. Thür. Bot. Ver. N.F. 28: 60, 1911)

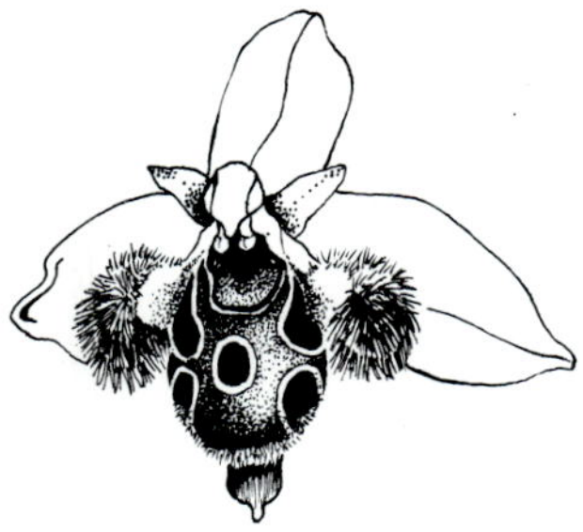

SYNONYM

Ophrys luristanica Renz

BESCHREIBUNG

Hochwüchsige, schlanke Pflanze. Blütenstand langgestreckt, sehr lockerblütig und mit durchschnittlich 6 bis 10 Blüten. Blüten sehr klein (gehören zu den kleinsten der Gattung *Ophrys*), waagrecht bis schräg abstehend. Sepalen eiförmig-dreieckig oder eiförmig-lanzettlich bis breit-lanzettlich, stark zurückgeschlagen (das mittlere oft gerade), hell(rosa) oder rötlich mit grünem Mittelnerv. Petalen sehr klein, dreieckig, rötlich bis rosa gefärbt. Lippe tief dreilappig, der Mittellappen stark gewölbt, rundlich bis eiförmig, kastanienbraun bis gelblichbraun; die beiden sehr großen und auffäligen Seitenlappen an der Innenseite grünlichgelb und kahl, an der Außenseite braun und stark behaart. Malzeichnung bräunlich mit weißlicher Umrandung und über den ganzen Mittellappen verteilt. Anhängsel grünlichgelb, groß, abwärts gerichtet.

ABGRENZUNG ZU ÄHNLICHEN ARTEN

Die Art ist kaum mit anderen *Ophrys*-Arten zu verwechseln. Sie ist vor allem an ihren sehr kleinen Blüten und der stark dreilappigen Lippe zu erkennen.

STANDORT

Ophrys schulzei bevorzugt offene Stellen, manchmal aber auch im Halbschatten, sowie an Gebüschrändern, Magerwiesen und lichten Eichenwäldern; meist an feuchten Standorten (Bachufern); auf frischen, kalkhaltigen Böden.

BLÜTEZEIT

Anfang Mai bis Anfang Juni.

HÖHENVERBREITUNG

Vor allem in den höheren Lagen, von 500 bis 1.500 m.

GESAMTVERBREITUNG

Das Verbreitungsgebiet von *Ophrys schulzei* umfaßt den Südosten der Türkei, westwärts bis zum Amanusgebirge (im türkischen und syrischen Teil) und in der Provinz Hatay. Ferner im Libanon. Außerdem durch Nordirak bis Westiran (Buttler, 1986).

VERBREITUNG IN DER TÜRKEI

Östliche Mittelmeer-Region, Ost- und Südostanatolien, westwärts bis zum Amanusgebirge (Hatay), östlich bis in die Provinz Hâkkari. Isolierte Vorkommen nördlich Pazarcık (Kahramanmaraş).

NOTIZEN ZU EINIGEN FUNDORTEN

In der Türkei hat *Ophrys schulzei* zwei Verbreitungsschwerpunkte, nämlich in der Provinz Hatay (Ziyaretgebirge) und in Ostanatolien.

Im Ziyaretgebirge wächst *Ophrys schulzei* noch an wenigen Stellen in mit Eichen- und Lorbeergebüsch bestandenen Weiderasen, aber auch an Straßengräben. Sie gedeiht hier im Schutz der dichtesten Eichengebüsche, in welche Weidetiere nur schwerlich einzudringen vermögen, manchmal aber auch im offenen Gelände. An einigen Standorten findet man sie zusammen mit *Ophrys antiochiana* und *Ophrys bornmuelleri*. Davies & Norman (Fundliste 1987) haben *Ophrys schulzei* in diesem Gebiet an zwei Standorten gefunden, an beiden zusammen mit *Ophrys straussii* (= vermutlich *Ophrys antiochiana*) und *Ophrys transhyrcana*. Auch Chambers (Fundliste 1995, 1996) berichtet von aktuellen Vorkommen in diesem

◄ **Lice (Diyarbakır), 14.5.1988,** C. A. J. Kreutz

Lice (Diyarbakır), 14.5.1988, C. A. J. Kreutz

Lice (Diyarbakır), 14.5.1988, C. A. J. Kreutz

Senköy (Hatay), 22.5.1997, C. A. J. Kreutz

Lice (Diyarbakır), 14.5.1988, C. A. J. Kreutz

Lice (Diyarbakır), 14.5.1988, C. A. J. Kreutz

Lice (Diyarbakır), 14.5.1988, C. A. J. KREUTZ

Lice (Diyarbakır), 14.5.1988, C. A. J. KREUTZ

Lice (Diyarbakır), 14.5.1988, C. A. J. KREUTZ

Senköy (Hatay), 22.5.1997, C. A. J. KREUTZ

Teil der Türkei. Im Jahre 1997 wurden in diesem Gebiet viele blühende Pflanzen gefunden, vor allem an Standorten wo in früheren Jahren kaum mehr als zwei bis drei Exemplare zu finden waren.

GÜGEL & ZAISS (Fundliste 1995) berichten von einem Vorkommen nördlich Pazarcık (Kahramanmaraş). An einer feuchten, grasigen Stelle mit markantem Buschwerk, unmittelbar an einem Bach auf lemigen Untergrund, wurden 1995 neun Exemplare nachgewiesen, zusammen mit *Ophrys bremifera*, *Orchis fragrans* und *Orchis pseudolaxiflora*. Der Standort zwischen Pazarcık und Gölbaşı (Kahramanmaraş) wurde von GÜGEL & NEUMAYR 1983 (Fundliste 1983) entdeckt. Die Pflanzen blühen hier etwa Ende Mai. Möglicherweise kommen hier auch noch Hybriden zwischen *Ophrys bremifera* und *Ophrys schulzei* vor.

Die meisten Standorte, die außerdem mit größeren Populationen besetzt sind, liegen in Ostanatolien. Vor allem zwischen Lice und Kulp (Diyarbakır) findet man diese Art an trockenen Standorten in und am Rande von Eichengebüsch, aber auch an feuchten Stellen und in Wiesenflächen. Ein Massenstandort befindet sich nordöstlich Diyarbakır, direkt an der Straße von Diyarbakır nach Silvan (Diyarbakır). In einer Feuchtwiese entlang eines Bachs blüht Mitte Mai eine große Population (NORMAN, Fundliste 1987). Auch befindet sich etwa 12 km vor dem Abzweig nach Lice an der Straße Diyarbakır - Bingöl ein Massenstandort. *Ophrys schulzei* kommt hier zusammen mit *Ophrys cilicica* in einer Feuchtwiese im Bachtal in mehreren hundert Exemplaren vor.

BEMERKUNGEN

Ophrys schulzei wurde 1911 von BORNMÜLLER & H. FLEISCHMANN beschrieben. RENZ (1973) beschrieb die Art als *Ophrys luristanica* aus dem südwestlichen Iran. Sie wurde 1970 erstmals für die Türkei im Amanusgebirge von LEEP & PACHE nachgewiesen (SUNDERMANN, 1973b).

GEFÄHRDUNG

In der Provinz Hatay im Süden der Türkei sind die Standorte von *Ophrys schulzei* durch übermäßige Beweidung, Ausgraben der Knollen und landwirtschaftliche Nutzung stark reduziert.

Senköy (Hatay), 22.5.1997, C. A. J. KREUTZ

HYBRIDEN

In der Provinz Diyarbakır wächst *Ophrys schulzei* meistens mit anderen *Ophrys*-Arten zusammen und bildet hier Bastarde, unter anderem mit *Ophrys carduchorum*, *Ophrys holoserica* und *Ophrys phrygia*.

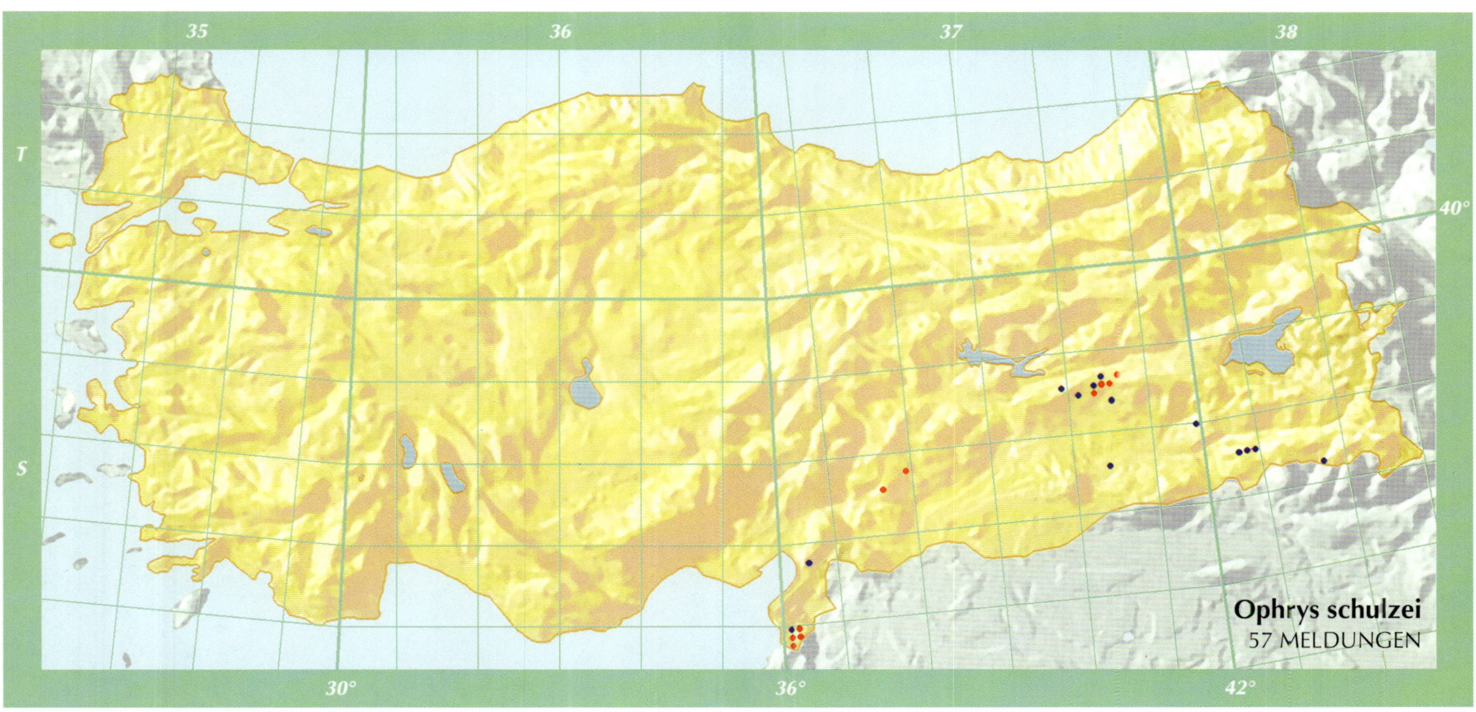

103 Ophrys speculum

LINK

Spiegel-Ragwurz

(in Schrader: Jour. für die Bot. 1799 (2): 324, 1800)

SYNONYME

Ophrys ciliata BIVONA-BERNARDI, *Ophrys vernixia* subsp. *ciliata* (BIVONA-BERNARDI) DEL PRETE, *Ophrys vernixia* subsp. *ciliata* KERGUELEN, *Ophrys vernixia* BROTERO, *Arachnites speculum* TODARO

BESCHREIBUNG

Gedrungene bis schlanke Pflanze. Blütenstand ziemlich lokker mit 2 bis 9 Blüten. Blüten mittelgroß, schräg abstehend. Sepalen länglich-eiförmig, hellgrün gefärbt, in der Mitte und in der unteren Hälfte braun gestreift oder braunrot überlaufen, die seitlichen Sepalen leicht nach vorne gebogen, das mittlere stark nach vorne gekrümmt. Petalen klein, eiförmig, nach vorne gebogen und dunkelbraun. Lippe eiförmig, im oberen Teil stark dreilappig, schwach gewölbt und am Rande stark dunkelbraun oder rotbraun behaart; Seitenlappen breit lanzettlich bis eiförmig. Lippenfarbe leuchtend dunkelblau gefärbt mit einem gelbgrünlichen Rand.

ABGRENZUNG ZU ÄHNLICHEN ARTEN

Ähnelt *Ophrys regis-ferdinandii*, unterscheidet sich aber von dieser durch die breitere und schwächer gewölbte Lippe und die kürzeren, breiteren Seitenlappen.

STANDORT

Olivenhaine, offene Macchien, Phrygana, Wiesenflächen, lichte Kiefernwälder, Ödland und im Gebüsch; auf trockenen bis mäßig feuchten, basenreichen Böden.

BLÜTEZEIT

Mitte März bis Ende April.

HÖHENVERBREITUNG

Von der Küste bis etwa 500 m.

GESAMTVERBREITUNG

Fast das ganze mediterrane Gebiet; von Portugal bis zur Levante. *Ophrys speculum* ist stellenweise sehr häufig, fehlt aber auch in größeren Gebieten im ostmediterranen Raum. Im Bereich der Ägäis und auf dem italienischen Festland ist sie weit verbreitet und an vielen Stellen nicht selten.

VERBREITUNG IN DER TÜRKEI

Vor allem in der Marmara- und Ägäis-Region. Sehr selten in der Mittelmeer-Region mit Ausnahme der Provinz Hatay, wo sie stellenweise häufig ist.

NOTIZEN ZU EINIGEN FUNDORTEN

Nach SUNDERMANN & TAUBENHEIM (1978) ist *Ophrys speculum* im Südwesten der Türkei sehr häufig und weit verbreitet, im Nordwesten und Südosten ist sie seltener.

Durch Ausgraben der Knollen und Überweidung ihrer Standorte ist *Ophrys speculum* jedoch relativ selten geworden. Viele Standorte sind schwach besetzt, nur selten kann man in der Türkei größere Populationen beobachten.

Vor allem im Westen des Landes ist sie noch stellenweise weit verbreitet.

In den Provinzen Çanakkale und İzmir ist *Ophrys speculum* durch landwirtschaftliche Nutzung ihrer Standorte stark zurückgegangen. Hier findet man sie oft zusammen mit *Anacamptis pyramidalis, Cephalanthera epipactoides, Ophrys fusca* s. l., *Ophrys mammosa, Ophrys oestrifera, Ophrys sicula, Orchis fragrans, Orchis papilionacea* subsp. *heroica, Orchis simia, Orchis tridentata*, selten mit *Orchis punctulata* oder *Ophrys tenthredinifera*.

Auch im europäischen Teil der Türkei kommt *Ophrys speculum* vor. Zu nennen wäre hier eine Fundstelle bei Nakkaş (İstanbul), wo viele Pflanzen zusammen mit *Ophrys bombyliflora, Ophrys bucephala, Ophrys fusca, Ophrys sicula, Orchis laxiflora, Orchis papilionacea* subsp. *papilionacea* und *Orchis tridentata* zu finden sind.

Sehr schöne und kräftige Exemplare wachsen südwestlich Selçuk an der Auffahrt nach Meryemana (İzmir) in grasigen Wiesenflächen. Die Pflanzen sind an diesem Standort großblütig und die Lippen königsblau gefärbt. In der direkten Umgebung wurden noch viele andere Orchideen gefunden. An diesem Standort kommt die Hybride mit *Ophrys regis-ferdinandii* vor.

Bei Çiçekli (Muğla) in der Umgebung von Karaböğürtlen und Urla bildet *Ophrys speculum* Massenbestände. Wegen der Höhenlage blüht sie hier erst Mitte April auf. Mehrere hundert Exemplare wurden hier 1997 gefunden. Interessant ist das Vorkommen von zwei Exemplaren mit einer stark reduzierten Malzeichnung. Bei zwei weiteren Pflanzen waren die Blütenlippen sogar ohne Spiegel ausgestattet (völlig schwarzbraune, stark behaarte Lippe).

Nördlich Karacasu (Aydın) befindet sich wahrscheinlich der am weitesten im Landesinneren gelegene Standort. Hier wachsen viele Pflanzen in einem ausgedehnten, lockeren Kiefernwald.

Im mittleren Südosten der Türkei an der Straße Antakya - Altınözü (Hatay) bildet sie in einem Olivenhain und in einem Straßengraben mehrere individuenreiche Populationen. Anfang April 1997 wurde dort eine Gruppe von 30 Exemplaren gefunden. Weitere Vorkommen von *Ophrys speculum* sind in dieser Umgebung vorhanden.

Reyhanlı (Hatay), 1.4.1997, C. A. J. KREUTZ

◄ Selçuk (İzmir), 7.4.1996, C. A. J. KREUTZ

Selçuk (İzmir), 7.4.1996, C. A. J. Kreutz

Selçuk (İzmir), 7.4.1996, C. A. J. Kreutz

Selçuk (İzmir), 7.4.1996, C. A. J. Kreutz

Reyhanlı (Hatay), 1.4.1997, C. A. J. Kreut[z]

Bucakşeyhler (Antalya), 9.3.1998, C. A. J. Kreutz

Çiçekli (Muğla), 11.4.1997, C. A. J. Kreutz

BEMERKUNGEN

Im Laufe der Zeit wurde diese Sippe mit vielen Namen versehen. Baumann & Künkele (1982a, 1986) und Renz & Taubenheim (1984) verwenden *Ophrys vernixia* Brotero; Buttler (1986) *Ophrys ciliata* Bivona-Bernardi; Paulus & Gack (1990a) und Delforge (1994) *Ophrys speculum* Link. Genau wie bei Rückbrodt & Hansen (1992), Paulus & Gack und Delforge wird in diesem Buch der Name *Ophrys speculum* verwendet.

Von Buttler (1983) wurde die *Ophrys speculum*-Gruppe taxonomisch, nomenklatorisch, arealökologisch und morphologisch ausführlich untersucht.

Die Pflanzen in der Türkei zeigen sich im allgemeinen durch eine breitere Lippe und einen blaueren Spiegel aus.

HYBRIDEN

Mit *Ophrys regis-ferdinandii*.

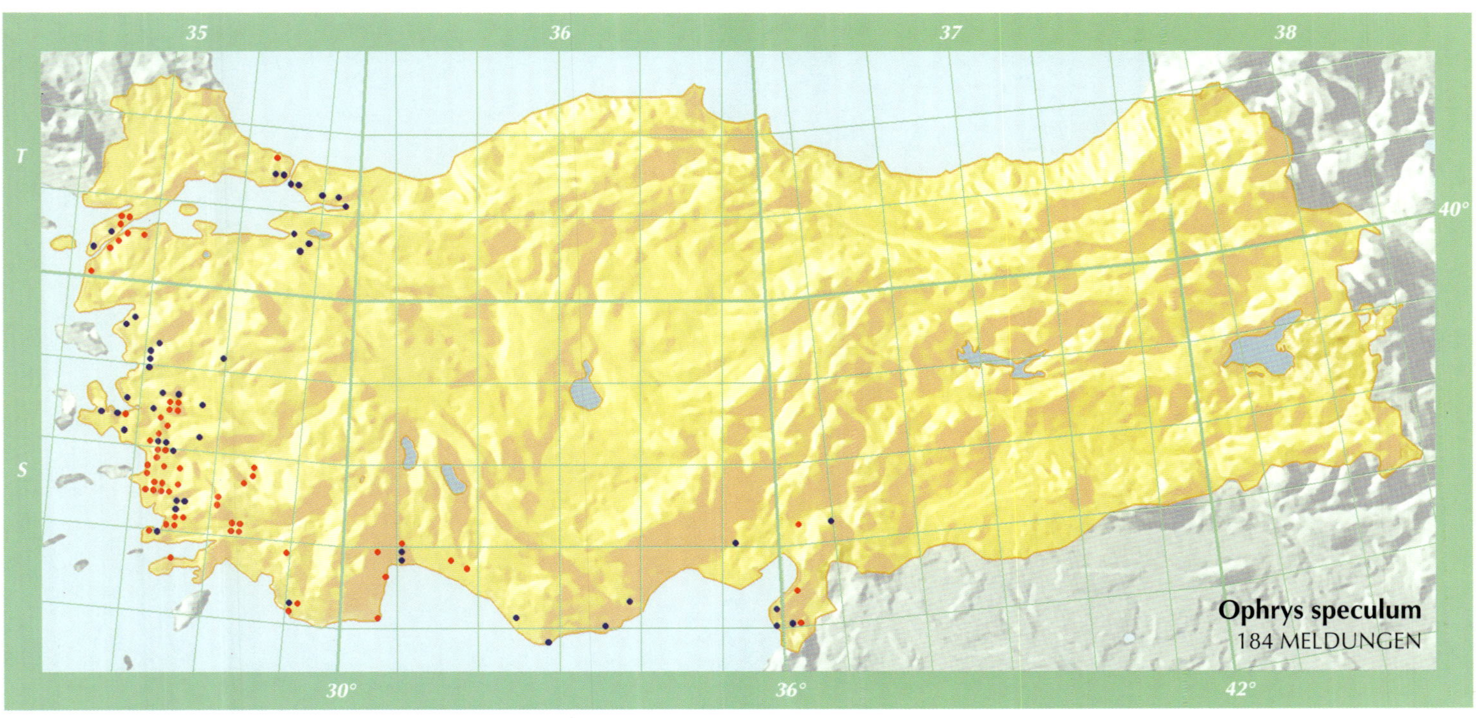

104 Ophrys regis-ferdinandii (RENZ) BUTTLER

König-Ferdinand-Ragwurz

(Jahresber. Naturwiss. Ver. Wuppertal 36: 47, 1983)

BASIONYM

Ophrys speculum LINK f. *regis-ferdinandii* (RENZ in RECHINGER, Denkschr. Akad. Wiss. Wien, math. - naturwiss. Cl. 105 (1) 819, 1943)

SYNONYME

Ophrys speculum subsp. *regis-ferdinandii-coburgii* ACHTAROFF & KELLERER, *Ophrys speculum* subsp. *regis-ferdinandii* RENZ, *Ophrys speculum* subsp. *regis-ferdinandii* KUZMANOV, *Ophrys vernixia* subsp. *regis-ferdinandii* (KUZMANOV) RENZ & TAUBENHEIM, *Ophrys speculum* var. *regis-ferdinandii* (RENZ) SOÓ, *Ophrys speculum* subsp. *regis-ferdinandii* ACHTAROFF & KELLERER ex KUZMANOV

BESCHREIBUNG

Schlanke, mittelgroße Pflanze. Blütenstand locker mit etwa 2 bis 12 Blüten. Blüten klein und schmal, waagrecht bis schräg abstehend. Sepalen länglich-eiförmig, hellgrün bis rötlich gefärbt oder kräftig braunrot überlaufen, oft violettrot gestreift, die seitlichen leicht nach hinten gebogen, das mittlere stark nach vorne gekrümmt. Petalen klein, eiförmig, nach vorne gebogen und dunkelbraun. Lippe sehr schmal und im oberen Teil stark dreilappig, stark gewölbt mit gelbem Rand mit rotbrauner Behaarung; Seitenlappen schmal-lanzettlich. Lippenfarbe dunkelblau bis violettblau, glänzend mit einem gelbbraunen bis orangefarbenen Rand.

ABGRENZUNG ZU ÄHNLICHEN ARTEN

Ähnelt *Ophrys speculum*, unterscheidet sich aber von dieser Art durch die schmalere, stark gewölbte Lippe und die schmal-lanzettlichen Seitenlappen.

STANDORT

Macchien, Phrygana, Olivenhaine, Affodilfluren, Wiesenflächen, offene Kiefernwälder, Ödland und im Gebüsch; auf mäßig trokkenen, basenreichen Böden.

BLÜTEZEIT

Ende März bis Mitte April. *Ophrys regis-ferdinandii* blüht etwa zwei bis drei Wochen später als *Ophrys speculum*.

HÖHENVERBREITUNG

Von der Küste bis 200 m.

GESAMTVERBREITUNG

Die Verbreitung von *Ophrys regis-ferdinandii* ist auf ein kleines Gebiet in der Ostägäis beschränkt, nämlich die griechischen Inseln Rhodos, Simi, Tilos, Samos und Chios und auf ein kleines Gebiet in der Südwesttürkei.

VERBREITUNG IN DER TÜRKEI

Nur in der Ägäis-Region, nämlich auf der Halbinsel Çeşme (İzmir), in der Umgebung von Kuşadası (Aydın) und auf der Halbinsel Resadiye (Muğla).

NOTIZEN ZU EINIGEN FUNDORTEN

Ophrys regis-ferdinandii ist in der Türkei außerordentlich selten und nur von wenigen Standorten bekannt.

In der Provinz İzmir wurde sie bis heute nur auf der Halbinsel Çeşme, gegenüber der griechischen Insel Chios, gefunden. Die meisten Standorte befinden sich nördlich der Stadt Çeşme, wo die Art zerstreut im Gebiet vorkommt. Die Blütezeit liegt hier, je nach Witterung, durchschnittlich Mitte April. Im allgemeinen sind die Pflanzen hier ziemlich kräftig und vielblütig. Die Art ist stark bedroht, da an diesem Standort jedes Jahr viele Pflanzen ausgegraben werden. Außerdem wurde 1997 beobachtet, daß bereits große Teile des Standortes durch Neubauten zerstört waren. Durch diese Bauarbeiten wird der Standort von *Ophrys regis-ferdinandii* innerhalb kurzer Zeit erloschen sein.

An der Auffahrt von Selçuk nach Meryemana (İzmir) wachsen wenige Exemplare links und rechts der Straße in der Phrygana, hier zusammen mit *Anacamptis pyramidalis, Barlia robertiana, Dactylorhiza romana, Neotinea maculata, Ophrys ferrum-equinum, Ophrys fusca* s. l., *Ophrys iricolor, Ophrys mammosa, Ophrys sicula, Ophrys speculum, Ophrys umbilicata, Orchis anatolica, Orchis italica, Orchis morio* subsp. *morio, Orchis papilionacea* subsp. *heroica, Orchis provincialis, Orchis simia* und *Orchis tridentata*. An diesem Standort kommen auch Hybriden mit *Ophrys speculum* vor. Auch LINKER (Fundliste 1995) fand in einem lichten Kiefernwald an dieser Straße einige Exemplare.

TODT (Fundliste 1983) berichtet auch von einem Standort im Gebiet zwischen Kuşadası und Selçuk (Aydın) mit drei verblühten Exemplaren in einem Wald aus jungen Kiefern.

An der Straße von Kuşadası nach Söke (Aydın) findet man sie Anfang bis Mitte April in den lockeren Macchien und in lichtem Kiefernwald zusammen mit *Ophrys candica, Ophrys heterochila* und *Ophrys holoserica*. Später, Anfang bis Mitte Mai, blühen hier *Orchis sancta, Orchis fragrans* und deren Hybriden. Dieser Standort ist leider durch Verbuschung und Beweidung stark bedroht.

Neu ist der Fund von *Ophrys regis-ferdinandii* auf der Halbinsel Resadiye. SCHÖNFELDER (Fundliste, 1997) hat diese Art 2 km vor Knidos (Muğla) auf einem extrem trockenen Geröllhang gefunden. Am gleichen Standort kommen auch noch *Ophrys iricolor* und *Ophrys umbilicata* vor. Ein zuschauender Hirtenjunge erzählte, daß es *Ophrys regis-ferdinandii* auch in vielen Exemplaren in den Bergen bei Yazıköy geben soll. Dieses Gebirge liegt etwa 15 km östlich von Knidos.

◀ **Çesme (İzmir), 31.3.1996,** C. A. J. KREUTZ

Çesme (İzmir), 31.3.1996, C. A. J. KREUTZ

Çesme (İzmir), 31.3.1996, C. A. J. KREUT.

Çesme (İzmir), 31.3.1996, C. A. J. Kreutz

Söke (Aydın), 2.4.1996, C. A. J. Kreutz

Mit weiteren Funden kann vor allem in der küstennahen Westtürkei gerechnet werden, wo die Art auf den zahlreichen, teils schlecht zugänglichen Halbinseln vorkommen kann (Buttler, 1983).

Bemerkungen

Im Laufe der Zeit ist diese Sippe mit verschiedenen Namen versehen worden. Renz & Taubenheim (1983a, 1984) und Baumann & Künkele (1986) verwenden *Ophrys vernixia* subsp. *regis-ferdinandii* (Kuzmanov) Renz & Taubenheim; Buttler (1986), Paulus & Gack (1990a) und Delforge (1994) *Ophrys regis-ferdinandii* (Renz) Buttler.

Bemerkungen zu der Verbreitungskarte

Die Angabe bei Yeşilköy (İstanbul) von Renz & Taubenheim (1984) betrifft höchstwahrscheinlich eine Verwechslung mit *Ophrys speculum* und wurde nicht in der Verbreitungskarte eingetragen.

Hybriden

Mit *Ophrys mammosa* und *Ophrys speculum*.

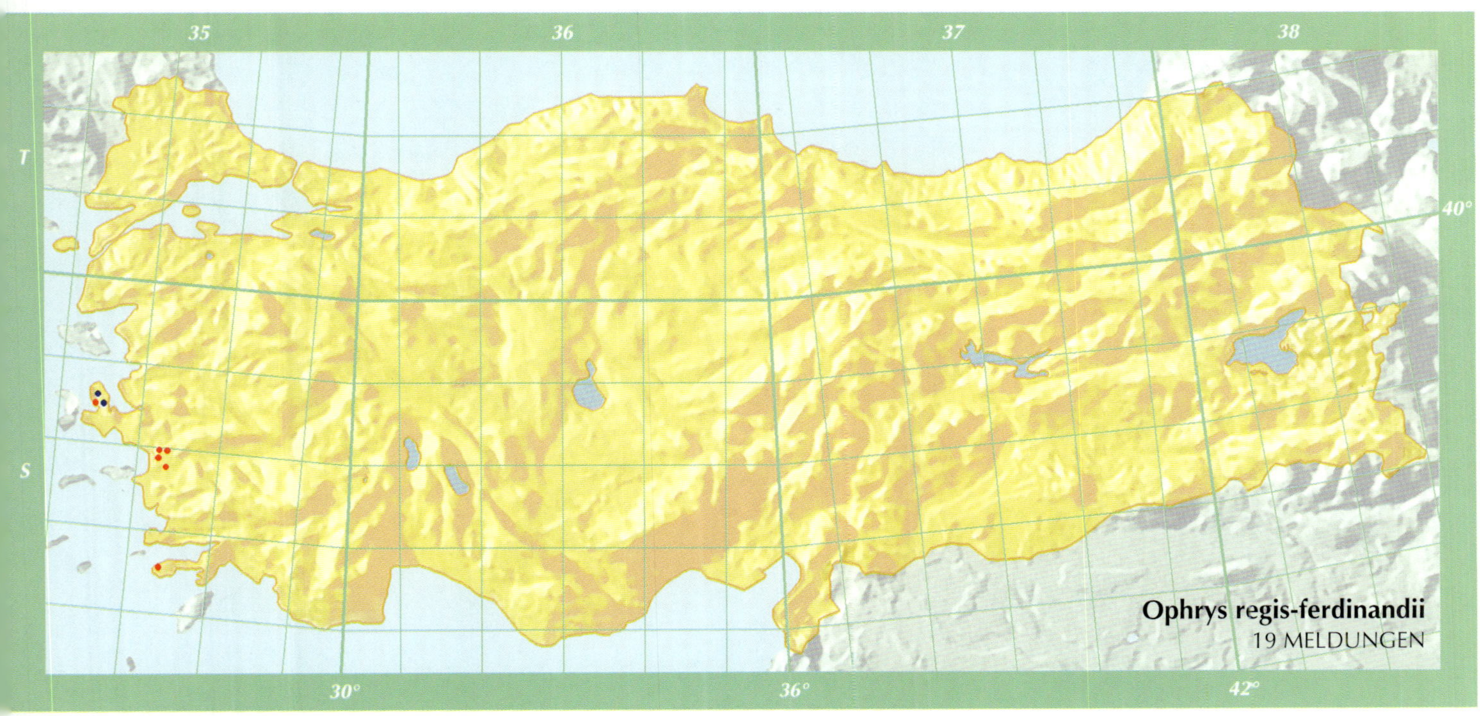

Ophrys regis-ferdinandii
19 Meldungen

105

Ophrys tenthredinifera

WILLDENOW

Wespen-Ragwurz

(Spec. Plant. 4: 67, 1805)

SYNONYME

Ophrys grandiflora TENORE, *Ophrys tenoreana* LINDLEY, *Ophrys limbata* LINK, *Ophrys neglecta* PARLATORE, *Ophrys ficalhoana* GUIMARES, *Ophrys villosa* DESFONTAINES, *Ophrys tenthredinifera* subsp. *villosa* (DESFONTAINES) H. BAUMANN & KÜNKELE

BESCHREIBUNG

Kräftige, mittelgroße Pflanze. Blütenstand locker und mit 2 bis 9 Blüten besetzt. Blüten mittelgroß bis groß, abstehend. Sepalen breit-eiförmig bis länglich-lanzettlich, aufrecht oder schwach rückwärts gerichtet, hell- bis dunkelrosa oder violett. Petalen dreieckig, kurz, und dunkler als die Sepalen gefärbt. Lippe breit-trapezförmig bis verlängert-quadratisch, ungeteilt, am Grunde schwach gehöckert, konvex, im Zentrum rotbraun bis schwarzbraun und an den Rändern von einer breiten gelben bis hellbraunen Zone umgeben; in der Mitte der Lippe schwach und an den Rändern dicht behaart. Malzeichnung auf den basalen Teil der Lippe beschränkt, klein, graulila bis stahlblau mit weißlichem Rand. Anhängsel klein, gelblich und aufwärts gerichtet.

ABGRENZUNG ZU ÄHNLICHEN ARTEN

Unverwechselbar.

STANDORT

Lichte Kiefernwälder, Macchien, Phrygana, Ödland, Olivenhaine, Affodilfluren und Magerrasen; auf basischen oder kalkhaltigen Böden.

BLÜTEZEIT

Früh, von Anfang März bis Mitte April.

HÖHENVERBREITUNG

Von der Küste bis 500 m.

GESAMTVERBREITUNG

Mittelmeergebiet; von Portugal bis Kleinasien. Auch in Nordafrika und auf Zypern. In der Ägäis ist *Ophrys tenthredinifera* auf Kreta und Rhodos verbreitet und häufig, während sie auf Karpathos und Lesbos nur sehr lokal vorkommt (PAULUS & GACK, 1990c). Auf Zypern ist sie nur von einem Standort bekannt (MORSCHEK, 1996).

VERBREITUNG IN DER TÜRKEI

Marmara-, Ägäis- und Mittelmeer-Region. Östlich bis die Provinz Hatay. *Ophrys tenthredinifera* ist besonders auf den westlichen Teil der Türkei beschränkt und dort selten. Wegen ihrer frühen Blütezeit wurde sie relativ wenig beobachtet.

NOTIZEN ZU EINIGEN FUNDORTEN

In der Umgebung von Kuşadası (Aydın), südlich İzmir und bei Bodrum (Muğla) wächst *Ophrys tenthredinifera* in lichten Kiefernwäldern und auf alten, verlassenen Friedhöfen. In der Provinz Antalya an verschiedenen Standorten in der Umgebung von Manavgat auf Kalkhügeln und in lockerer Macchia. An diesen Stellen wächst sie oft zusammen mit vielen anderen Orchideenarten.

Einer der schönsten und reichhaltigsten Standorte befindet sich auf einem Friedhof an der Straße von Bodrum nach Karaova (Muğla). Ende März bis Anfang April blüht sie hier an Gebüschrändern und in grasigen Wiesenflächen. An einem Standort nordöstlich Bodrum (Muğla) wächst sie in mehreren hundert Exemplaren in einem Olivenhain auf feuchtem Boden. In der näheren Umgebung sind noch weitere Fundstellen vorhanden, meist nur mit wenigen Exemplaren besetzt.

Vier Exemplare wurden 1997 auf einem Friedhof an der Stra-

◀ **Dörttepe (Muğla), 6.4.1993,** H.-W. ZAISS

Kavaklıdere (Muğla), 15.4.1997, C. A. J. KREUTZ

Bucakşeyhler (Antalya), 9.3.1998, C. A. J. KREUTZ

Karacasu (Aydın), 6.4.1996, C. A. J. KREUTZ

Karaova (Muğla), 4.4.1996, C. A. J. KREUTZ

ße Yatağan - Kavaklıdere (Muğla) gefunden. Wegen der Höhenlage blühen sie hier erst Anfang April auf. Dieser Standort ist interessant wegen des Vorkommens von *Ophrys leucadica* und *Ophrys reinholdii*.

KALTEISEN (Fundliste 1989) beschreibt Fundorte auf der Halbinsel bei Datça (Muğla), wo *Ophrys tenthredinifera* in einem lockeren Kiefernwald vorkommt. Ferner an der Straße von Bodrum nach Milas (Muğla) und in einer Zistrosenmacchia in der Umgebung von Akköy (Aydın). Auch auf der Halbinsel Çeşme wies KALTEISEN (Fundliste 1989) diese Art in der Umgebung von Doğanbey nach.

HAHN & PASSIN (1997) berichten von einem Fund von *Ophrys tenthredinifera* auf der vorgelagerten Insel Kedreae, nordwestlich von Marmaris (Muğla).

In der Umgebung von Karacasu (Aydın, Denizli) wächst *Ophrys tenthredinifera* vereinzelt an grasigen Stellen in den lockeren Kiefernwäldern, hier von *Anacamptis pyramidalis, Cephalanthera epipactoides, Limodorum abortivum, Ophrys speculum, Orchis italica* und *Orchis simia* begleitet. Die Pflanzen sind an diesem Standort sehr kräftig und reichblütig.

Der östlichste Standort (mit Ausnahme vom Standort in der Provinz Hatay) dürfte in der Nähe von Sorgun bei Manavgat (Antalya) liegen. LORENZ (Fundliste 1982) hat diese Art in einem Kiefernwald, durchsetzt mit Wiesenflächen, gefunden.

BEMERKUNGEN

Im westlichen mediterranen Gebiet ist die Nominatform häufig, im östlichen Mittelmeergebiet wird sie öfter durch *Ophrys tenthredinifera* subsp. *villosa* (DESFONTAINES) H. BAUMANN & KÜNKELE (1986) ersetzt. *Ophrys tenthredinifera* subsp. *villosa* ist eine frühblühende Unterart, die eine schmälere und längere, rechteckige bis fächerförmige Lippe hat, die im Zentrum dunkelbraun und an den Rändern hellbraun gefärbt ist (BAUMANN & KÜNKELE, 1988a). Es gibt nur wenige Angaben von *Ophrys tenthredinifera* subsp. *villosa* in der Türkei. So wurden zum Beispiel manchmal Pflanzen aus der Umgebung von Bodrum und Karaova zu dieser Unterart gestellt. Leider konnten diese Angaben nicht bestätigt werden, da keine Herbar- oder Fotobelege vorliegen. Im vorliegenden Buch wurde diese Unterart nicht berücksichtigt, weil keine aktuellen Meldungen vorliegen. Darüberhinaus ist die Trennung wegen der sehr geringen blütenmorphologischen Unterschiede der beiden Sippen, nicht sinnvoll. Wahrscheinlich kommt die Unterart *villosa* überhaupt nicht in der Türkei vor. Auch auf der der Türkei vorgelagerten Insel Chios wurde nur die Nominatform gefunden (HIRTH & SPAETH, 1997).

HYBRIDEN

Keine Nachweise bekannt.

Karacasu (Aydın), 6.4.1996, C. A. J. KREUTZ

Bucakşeyhler (Antalya), 9.3.1998, C. A. J. KREUTZ

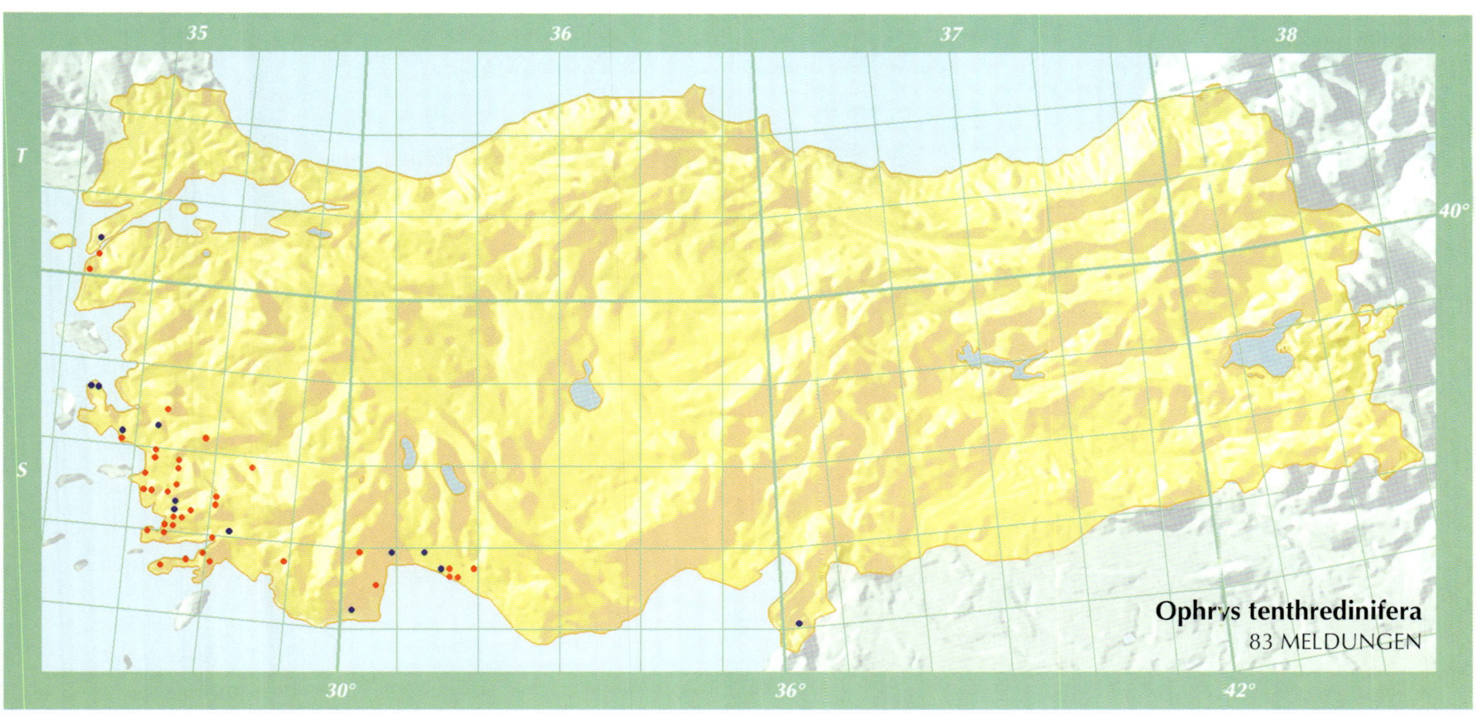

106 Orchis anatolica

BOISSIER

Anatolisches Knabenkraut

(Diagn. Pl. Orient. Nov. 1 (5): 56, 1844)

SYNONYME

Orchis anatolica var. *taurica* REICHENBACH. fil., *Orchis anatolica* var. *kochii* BOISSIER, *Orchis rariflora* C. KOCH

BESCHREIBUNG

Schlanke, mittel- bis hochwüchsige Pflanze. Stengel meist rötlich überlaufen. Laubblätter lanzettlich, zugespitzt, leicht bis stark gefleckt, die unteren in einer Rosette, die oberen in scheidige Stengelblätter übergehend. Blütenstand sehr locker und langgestreckt. Tragblätter zugespitzt, kürzer wie die Fruchtknoten. Blüten ziemlich groß, rosa bis purpurrot gefärbt. Sepalen oft mit deutlichen grünen Nerven, seitliche Sepalen eiförmig-lanzettlich, abstehend bis leicht zurückgeschlagen, das mittlere über die beiden Petalen gebogen. Petalen schmal-lanzettlich, spitz. Lippe breiter als lang, dreilappig, die beiden Seitenlappen mehr oder weniger stark zurückgeschlagen, (hell)rosa bis purpurrot, an der Basis weißlich. Die hellere Lippenbasis ist mit dunkelroten Streifen oder purpurnen Punkten besetzt. Sporn gerade oder gebogen, meist aber steil aufwärts gerichtet und fast doppelt so lang wie der Fruchtknoten.

VARIABILITÄT

Aus Zypern wurde *Orchis anatolica* var. *troodi* RENZ beschrieben, die sich von der Nominatform durch eine sehr lockere und armblütige Infloreszenz und viel größere Blüten unterscheidet. Das Vorkommen dieser Sippe in der Türkei ist möglich, sie wurde aber noch nicht nachgewiesen.

ABGRENZUNG ZU ÄHNLICHEN ARTEN

Verwechslungen mit *Orchis sezikiana*, einer weitgehend stabilisierten Hybridsippe zwischen *Orchis anatolica* und *Orchis quadripunctata*, sind möglich. *Orchis sezikiana* wurde erst 1991 von B. & H. BAUMANN beschrieben (BAUMANN, 1991).

STANDORT

Orchis anatolica bevorzugt schattige Standorte in lichten Kiefernwäldern, Ödland, Gebüsch und Macchien; meist auf trokkenen, basischen oder schwach sauren Böden.

BLÜTEZEIT

Je nach Höhenlage von Ende März bis Ende Mai.

HÖHENVERBREITUNG

Von der Ebene bis in die niedrige montane Stufe (bis 1.600 m).

GESAMTVERBREITUNG

Das Areal von *Orchis anatolica* reicht von Kreta über die Ägäischen Inseln, die Türkei bis nach Iran, Syrien, Libanon und Nordisrael (KREUTZ, 1993a). Auch auf Zypern.

VERBREITUNG IN DER TÜRKEI

Vor allem in der Ägäis-, Mittelmeer- und Ostanatolischen Region.

NOTIZEN ZU EINIGEN FUNDORTEN

Im Südwesten der Türkei ist *Orchis anatolica* nicht selten und wahrscheinlich sogar die häufigste *Orchis*-Art Kleinasiens. Sie wächst oft zusammen mit *Anacamptis pyramidalis, Cephalanthera epipactoides, Cephalanthera kurdica, Comperia comperiana, Epipactis microphylla, Epipactis helleborine, Himantoglossum affine, Limodorum abortivum, Neotinea maculata* und *Ophrys straussii*. Ihre Vorkommen sind reichlich mit blühenden Pflanzen besetzt, die meist in kleinen Beständen zerstreut auf dem stellenweise steinigen Waldboden wachsen. Selbst auf intensiv beweideten Flächen, wo andere Orchideenarten nicht anzutreffen sind, finden sich vereinzelt Exemplare dieser Art (SUNDERMANN, 1972a).

Viele Pflanzen wurden bei Osmaniye (Muğla) an der Straße von Marmaris nach Bozburun gefunden. Auf einem Kalkfelsen, bestanden mit Eichengestrüpp, blühten Mitte April 1997 etwa 400 Exemplare; andere Orchideenarten wurden an diesem Standort nicht gefunden.

In der Mittelmeer-Region (Muğla, Antalya, İçel und Hatay) ist sie stellenweise besonders häufig, und man findet immer wieder Pflanzen in lichten Kiefern-, in Mischwäldern und an rasigen Stellen an Gebüschrändern, vielfach auch auf Friedhöfen. In der Umgebung von Cevizli (Antalya) ist *Orchis anatolica* reichlich vertreten. In den ausgedehnten Kiefernwäldern mit Eichenunterwuchs blühen Anfang Mai viele Pflanzen; sie werden hier von *Cephalanthera damasonium, Cephalanthera kurdica, Comperia comperiana, Epipactis microphylla, Himantoglossum montis-tauri, Neotinea maculata, Ophrys straussii* und *Orchis tridentata* begleitet.

Besonders schöne und dunkelrot gefärbte Exemplare gibt es auf einem Friedhof, etwa 12 km südlich Antakya (Hatay). *Orchis anatolica* wächst hier im Eichengebüsch und im lockeren Pinienwald mit vielen anderen Orchideen zusammen.

HYBRIDEN

Möglicherweise mit *Orchis mascula*.

Yayladağı (Hatay), 13.4.1996, C. A. J. KREUTZ

◀ Milas (Muğla), 5.5.1988, C. A. J. KREUTZ

Yayladağı (Hatay), 13.4.1996, C. A. J. Kreutz

Kuyuçak (Antalya), 8.5.1988, C. A. J. Kreutz

Yayladağı (Hatay), 13.4.1996, C. A. J. Kreutz

Ibrâdı (Antalya), 8.5.1988, C. A. J. Kreutz

Selçuk (İzmir), 14.4.1997, C. A. J. Kreutz

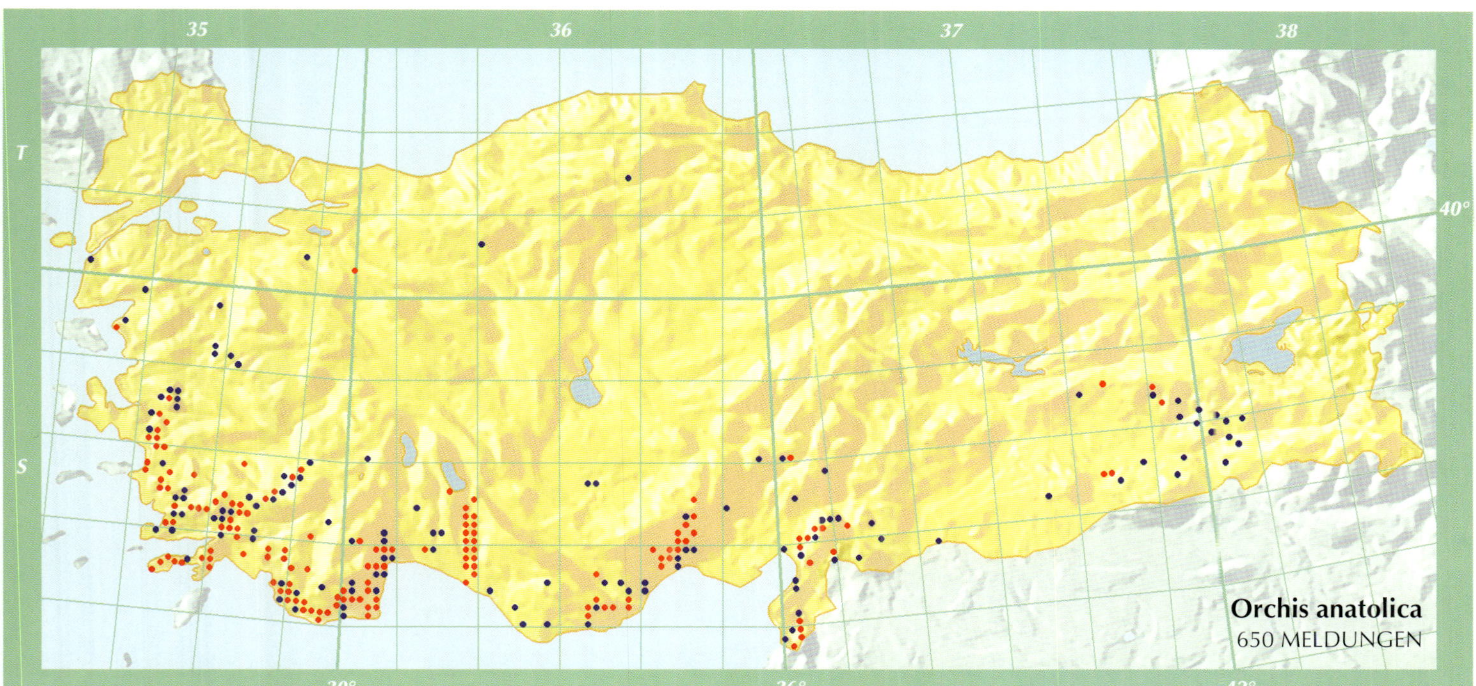

107 Orchis quadripunctata

Cyrillo ex Tenore

Vierpunkt-Knabenkraut

(Prodr. Fl. Nap.: 53, 1811)

SYNONYME

Orchis hostii Trattinnick, *Anacamptis quadripunctata* Lindley

BESCHREIBUNG

Zierliche kleine bis mittelgroße Pflanze. Laubblätter lanzettlich bis schmal-lanzettlich, die unteren in einer Grundrosette, die oberen in scheidige Stengelblätter übergehend, ungefleckt oder gefleckt. Der Blütenstand ist zylindrisch, dicht bis lockerblütig. Tragblätter breit-lanzettlich, etwa so lang wie die Fruchtknoten. Blüten klein, hellrosa bis dunkelrot. Sepalen eiförmig-lanzettlich bis breit-lanzettlich, seitlich abstehend. Petalen lanzettlich, helmförmig zusammenneigend. Lippe ziemlich variabel, tief dreilappig bis fast ungeteilt, flach ausgebreitet, alle Lappen etwa gleich groß, an der Basis hell gefärbt mit 2 bis 5 dunkelpurpurnen Punkten an der Lippenbasis und 2 (bis 4) weiteren Punkten am Sporneingang besetzt. Sporn sehr dünn und relativ lang, waagrecht bis abwärts gerichtet.

ABGRENZUNG ZU ÄHNLICHEN ARTEN

Orchis quadripunctata könnte mit *Orchis anatolica* verwechselt werden, unterscheidet sich von ihr durch die folgenden Merkmale: Die Pflanzen sind kleiner und der Spornansatz ist an der Lippenbasis kaum verdickt. Der Sporn ist mehr oder weniger waagrecht von der Lippe abstehend, bisweilen aber auch abwärts gerichtet, sich zum Ende kaum verjüngend, kürzer und dünner. Die Lippenzeichnung besteht aus wenigen Punkten an der Lippenbasis und dem Sporneingang (B. & H. Baumann, 1991).

STANDORT

Orchis quadripunctata besiedelt offene und sonnige Standorte, wie Macchien, Phrygana, Gebüschränder und Felsfluren, selten in lichten Kiefernwäldern; auf kurzrasigen, kalkhaltigen Böden. Die Art ist in ihrem Verbreitungsgebiet nicht selten.

BLÜTEZEIT

Die Art blüht relativ früh, von Ende März bis Juni, auf Zypern schon ab Anfang März.

HÖHENVERBREITUNG

Von der Ebene bis etwa 1.400 m.

GESAMTVERBREITUNG

Mittleres Mittelmeergebiet (Süditalien, Kroatien, südwestlicher Teil von Bosnien-Herzegowina, Jugoslawien und Mazedonien, Albanien, Griechenland, Kreta, Lesbos und Zypern). Vermutlich auch in der Türkei. Besonders auf Kreta bildet sie Massenpopulationen.

VERBREITUNG IN DER TÜRKEI

Orchis quadripunctata ist äußerst selten und wurde nur von einem Standort in der Südlichen Marmara-Subregion in der Provinz Balıkesir (Südküste des Marmara-Meeres) angegeben.

NOTIZEN ZUR EINZIGEN FUNDORT

Die Art ist nur von einem Standort in der Provinz Balıkesir bekannt geworden (Renz & Taubenheim, 1984). Diese Pflanzen bedürfen aber weiterer Untersuchungen, da es sich hier vermutlich um *Orchis sezikiana* handelt. Leider ist es nicht mehr möglich, diesen Standort zu besuchen, weil er inzwischen als ein militärisches Sperrgebiet ausgewiesen ist.

Die Pflanzen aus der Südwesttürkei gehören einwandfrei zu *Orchis sezikiana*.

BEMERKUNGEN

Renz & Taubenheim (1984) geben für *Orchis quadripunctata* zwei kleine Teilareale in der Türkei an, nämlich die südliche Marmara-Subregion in der Provinz Balıkesir (Südküste des Marmara-Meeres), wo sie nur an einem Standort gefunden wurde und das Gebiet zwischen Finike und Kaş in der Provinz Antalya.

B. & H. Baumann haben 1991 *Orchis sezikiana*, eine weitgehend stabilisierte Hybridsippe zwischen *Orchis anatolica* und *Orchis quadripunctata*, beschrieben. Dabei wurde nachgewiesen, daß es sich bei den für die West- und Südwesttürkei angegebenen Vorkommen um *Orchis sezikiana* handelt.

Das Vorkommen von *Orchis quadripunctata* in der Türkei konnte leider noch nicht einwandfrei bestätigt werden. Es wurde deshalb Fotomaterial von Kreta, wo diese Art in ihrer typischen Erscheinungsform vorkommt, und von Lesbos abgebildet.

PROBLEMATIK

Im April 1996 wurden auf der Halbinsel Çeşme (İzmir), einem Gebiet, das südlich der griechischen Insel Lesbos liegt, an mehreren Stellen Pflanzen gefunden, deren Habitus starke Ähnlichkeit mit *Orchis quadripunctata* aufweist, wobei die Blüten intermediäre Merkmale von *Orchis quadripunctata* und *Orchis anatolica* (besonders in der Gestalt der Lippenform und

◄ **Gerakarion (Kreta), 2.4.1989,** C. A. J. Kreutz

Gerakarion (Kreta), 2.4.1989, C. A. J. Kreutz

Spili (Kreta), 16.4.1989 (mit *Orchis pauciflora*), C. A. J. Kreutz

Spili (Kreta), 16.4.1989, C. A. J. Kreutz

dem Vorhandensein von mehr als vier Punkten auf der Lippenbasis) zeigen. Diese Pflanzen stellen Übergangsformen zwischen den beiden Arten dar, die als *Orchis sezikiana* beschrieben wurden. Die Vorkommmen auf der Halbinsel Çeşme tendieren aber bedeutend mehr zu *Orchis quadripunctata* als die Populationen an der türkischen Südküste, die *Orchis anatolica* näher stehen.

Auf der griechischen Insel Lesbos, die der türkischen Westküste vorgelagert ist, kommen Pflanzen vor, die trotz eines minimal erkennbaren Einflusses von *Orchis anatolica* eindeutig zu *Orchis quadripunctata* gehören. Nachdem die Insel lediglich etwa 200 km vom angeblichen türkischen Standort von *Orchis quadripunctata* an der Südküste des Marmara-Meeres entfernt liegt, ist nicht auszuschließen, daß die hier vorkommenden Pflanzen typische *Orchis quadripunctata* sein könnten. Zu berücksichtigen ist jedoch, daß die Pflanzen auf der nur einige hundert Kilometer südlich des Marmara-Meeres gelegenen Halbinsel Çeşme zwar auch mehr zu *Orchis quadripunctata* tendieren, aber *Orchis sezikiana* zuzurechnen sind.

Konkret stellt sich deshalb die Frage, ob die Pflanzen an der Südküste des Marmara-Meeres mit denen der Insel Lesbos übereinstimmen, also zu *Orchis quadripunctata* gehören, oder ob sie mit den Pflanzen der Halbinsel Çeşme identisch und somit zu *Orchis sezikiana* zu stellen sind. Bei Annahme der zweiten Möglichkeit käme *Orchis quadripunctata* nach dem bisherigen Stand der Erkenntnisse in der Türkei nicht vor.

Fest steht allerding nur, daß die Pflanzen im Süden der Türkei mehr zu *Orchis anatolica* tendieren, während die Pflanzen im Nordwesten des Landes fast mit *Orchis quadripunctata* übereinstimmen.

Taubenheim (mündl. Mittlg., 1996) konnte inzwischen bestätigen, daß er keine anderen Standorte von typischen *Orchis quadripunctata* in der Türkei gefunden hat.

Hybriden

Nur mit *Orchis anatolica* nachgewiesen. Die Hybride (*Orchis sezikiana*) wird als eine weitgehend stabilisierte Hybridsippe zwischen beiden Eltern betrachtet. Hybriden mit anderen Arten sind nicht bekannt geworden.

Plomari (Lesbos), 8.4.1992, H. -W. Zaiss

Plomari (Lesbos), 8.4.1992, H. -W. Zaiss

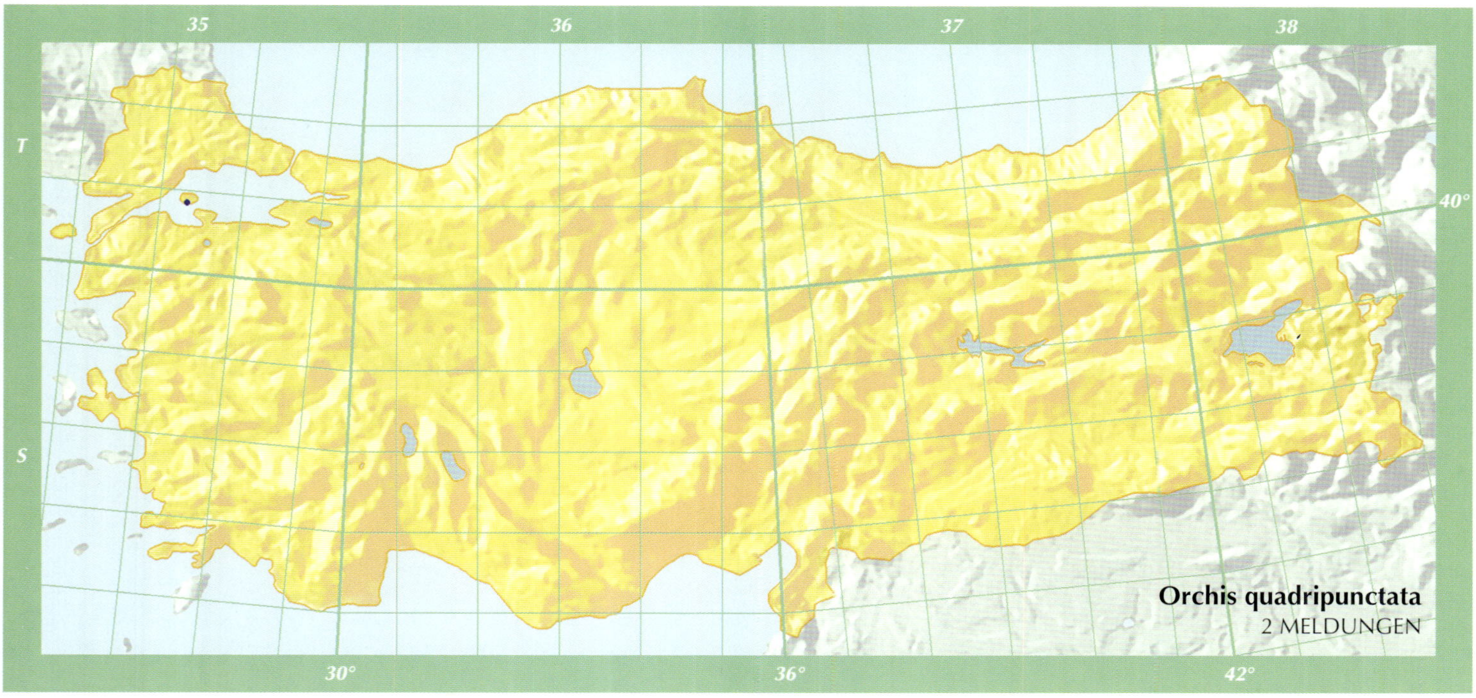

108 Orchis sezikiana

B. & H. BAUMANN (pro hybr.)

Seziks Knabenkraut

(Mitt. Bl. Arbeitskr. Heim. Orch. Baden-Württ. 23 (1): 215, 1991)

BESCHREIBUNG

Relativ kleine bis mittelgroße Pflanze. Laubblätter lanzettlich bis breit-lanzettlich, die unteren in einer grundständigen Rosette angeordnet, die oberen in scheidige Stengelblätter übergehend, ungefleckt oder gefleckt. Der Blütenstand ist zylindrisch, locker- und meist armblütig. Tragblätter schmal-lanzettlich, kurzer wie die Fruchtknoten. Blüten mittelgroß, rosa, dunkelrot bis hellrot gefärbt, die Perigonblätter zusätzlich mit grünen Nerven. Sepalen eiförmig-lanzettlich bis lanzettlich, seitlich abstehend, das mittlere über die beiden Petalen gebogen. Petalen lanzettlich bis eiförmig-lanzettlich, helmförmig zusammenneigend. Lippe tief dreilappig, der Mittellappen vom Sporneingang bis zum unteren Teil weißlich mit vielen dunkelpurpurnen Punkten in zwei Reihen besetzt, die Seitenlappen flach ausgebreitet bis zurückgeschlagen. Sporn dünn und lang, waagrecht abstehend bis aufwärts gerichtet. Die Art stellt eine Übergangsform zwischen *Orchis anatolica* und *Orchis quadripunctata* dar.

VARIABILITÄT

Die Variationsbreite kann innerhalb einer Population beträchtlich sein und je nach standörtlichen Voraussetzungen fast das gesamte Spektrum zwischen den beiden Elternarten abdecken (B. & H. BAUMANN, 1991). Typische intermediäre Exemplare zwischen *Orchis anatolica* und *Orchis quadripunctata* findet man eigentlich nur auf der Halbinsel Çeşme, obwohl einige davon mehr zu *Orchis quadripunctata* tendieren. Im Süden der Türkei, wie zum Beispiel in der Umgebung von Ağullu, sind die Pflanzen stärker von *Orchis anatolica* beeinflußt.

ABGRENZUNG ZU ÄHNLICHEN ARTEN

Orchis sezikiana nimmt eine Mittelstellung zwischen den beiden Elternarten *Orchis quadripunctata* und *Orchis anatolica* ein, wobei Form, Länge der Perigonblätter und Lippe besonders wichtige feldbotanische Merkmale sind. Außerdem ist die Zahl und Lage der Saftmale und die Form und Länge des Sporns von wichtiger Bedeutung. Die Saftmale zeigen eine deutliche Häufung an der Lippenbasis und am Sporneingang (*Orchis quadripunctata*) und ziehen sich nur noch spärlich beidseitig der gekielten Lippe zum freien Ende der Lippe hin (*Orchis anatolica*).

STANDORT

Offene und sonnige Standorte; kurzrasige Böden, lichte Wälder, Phrygana und Macchien; an steinigen und felsigen Stellen, meist auf kalkhaltigen Böden.

BLÜTEZEIT

April bis Mitte Mai.

HÖHENVERBREITUNG

In niedrigen Höhenlagen (Meereshöhe bis 600 m).

GESAMTVERBREITUNG

Das Areal von *Orchis sezikiana* umfaßt soweit jetzt bekannt die West- und Südwesttürkei, die Ägäischen Inseln Ikaria, Samos und Kreta. Auch auf Zypern.

VERBREITUNG IN DER TÜRKEI

Ägäis- und Westliche Mittelmeer-Region.

NOTIZEN ZU EINIGEN FUNDORTEN

Orchis sezikiana ist nur von der West- und Südwesttürkei bekannt. Standorte befinden sich in den Provinzen Antalya (Lykien), Muğla (unter anderem bei Pınara) und İzmir (Halbinsel Çeşme).

Sehr typische Exemplare wurden 1996 an mehreren Stellen in der Umgebung von Urla (Çeşme, İzmir) gefunden, hier zusammen mit *Neotinea maculata*, *Ophrys ferrum-equinum*, *Ophrys minutula* und *Orchis lactea*. Im Habitus hat diese Art manches gemein mit *Orchis quadripunctata*, die Blüten weisen aber intermediäre Merkmale der beiden Eltern auf.

An der Straße von Pınara zur gleichnamigen Ruinenstätte (Muğla) befinden sich oberhalb des Dorfes einige Felsfluren, die stark mit Macchien und einem anschließenden Kiefernwald bewachsen sind. An diesem Standort wurden viele Exemplare von *Orchis sezikiana* gefunden, außerdem noch besonders viele andere Orchideenarten. *Orchis sezikiana* tendiert hier (im Vergleich zum Bestand zwischen Kaş und Finike) noch mehr zu *Orchis anatolica*, weist jedoch an einzelnen Pflanzen deutliche Anzeichen von *Orchis quadripunctata* auf. Zwischen Kaş und Fethiye (Antalya), kommt *Orchis sezikiana* an einigen Stellen in Macchien, beziehungsweise im Gebüsch vor, zusammen mit *Ophrys cinereophila* und *Ophrys sitiaca*. Am Standort von *Ophrys lycia* bei Ağullu (Antalya) ist *Orchis sezikiana* ziemlich verbreitet und häufig. Anfang bis Mitte April blüht sie hier zusammen mit *Ophrys ferrum-equinum*, *Ophrys lycia*, *Ophrys mammosa* und *Ophrys sicula*. Die Pflanzen an dieser Stelle tendieren aber stark zu *Orchis anatolica*.

◀ **Urla (İzmir), 2.4.1996,** C. A. J. KREUTZ

Urla (İzmir), 2.4.1996, C. A. J. KREUTZ

Ağullu (Antalya), 9.4.1996, C. A. J. KREUTZ

Urla (İzmir), 2.4.1996, C. A. J. KREUTZ

BEMERKUNGEN

Diese erst kürzlich bekannt gewordene hybridogen entstandene *Orchis*-Sippe zwischen *Orchis anatolica* und *Orchis quadripunctata* wurde 1991 von B. & H. BAUMANN als *Orchis sezikiana* beschrieben.

In vielen Standortangaben verschiedener Orchideenforscher wurde immer wieder von Hybriden zwischen *Orchis anatolica* und *Orchis quadripunctata* in der Südwesttürkei berichtet, vor allem aus dem Gebiet westlich von Antalya bei Kaş-Finike (Antalya). Diese Pflanzen haben im Vergleich zu *Orchis quadripunctata* unter anderem größere Blüten und Lippen mit mehr als vier Punkten.

Bevor *Orchis sezikiana* beschrieben wurde, wurde angenommen, daß das östliche Areal von *Orchis quadripunctata* von Griechenland über die Ägäischen Inseln entlang der türkischen West- und Südwestküste bis nach Zypern verlief, wobei es im Bereich der Ägäis, der Türkei und Zypern eine Arealüberschneidung mit *Orchis anatolica* gab. Inzwischen hat sich aber herausgestellt, daß in der Ägäis, der Türkei und Zypern Übergangspopulationen zwischen beiden Arten vorkommen (KREUTZ, 1985ab; HANSEN, et al., 1990), wobei *Orchis quadripunctata* praktisch vollständig in dieser Hybridsippe aufgegangen ist (B. & H. BAUMANN, 1991).

Auch RENZ & TAUBENHEIM (1984) berichten, daß *Orchis quadripunctata* sehr in der Lippenform variiert, haben aber in der Flora of Turkey diese Pflanzen noch als *Orchis quadripunctata* aufgeführt.

PROBLEMATIK

Die Angaben für die Nordwesttürkei (Provinz Balıkesir) an der Südküste des Marmara-Meeres (RENZ & TAUBENHEIM, 1984) beziehen sich höchstwahrscheinlich auf *Orchis sezikiana,* da diese Art auch auf der nahegelegenen Halbinsel Çeşme vorkommt. Es ist jedoch nicht gänzlich auszuschließen, daß die Pflanzen der Nordwesttürkei mit der *Orchis quadripunctata* auf der Insel Lesbos übereinstimmen (Entfernung zwischen der Insel Lesbos und dem Standort in der Provinz Balıkesir ca. 200 km).

GEFÄHRDUNG

Durch Beweidung und Ausgraben der Knollen werden die Pflanzen stark dezimiert, so daß diese meist nur noch in eingezäunten Grundstücken oder im Schutz von Steineichen zu finden sind (B. & H. BAUMANN, 1991).

HYBRIDEN

Nicht nachgewiesen.

Urla (İzmir), 2.4.1996, C. A. J. Kreutz

Ağullu (Antalya), 9.4.1996, C. A. J. Kreutz

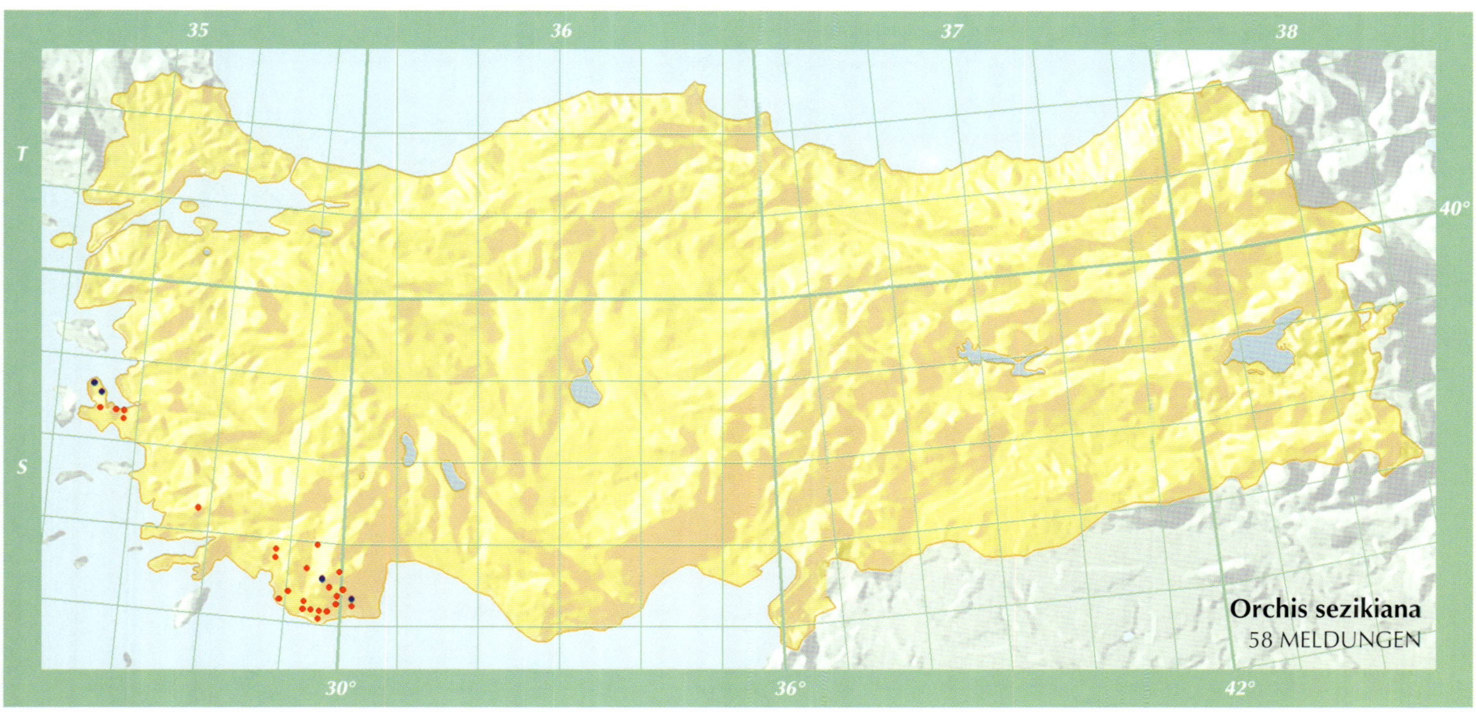

109 Orchis caucasica

REGEL

Kaukasisches Knabenkraut

(Suppl. Ind. Sem. 1868 Hort. Bot. Petrop.: 22 1869)

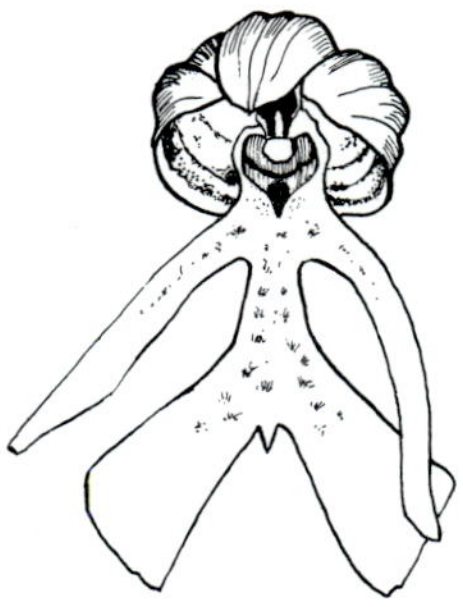

SYNONYM

Orchis maxima C. KOCH

BESCHREIBUNG

Kräftige bis sehr kräftige Pflanze, bis 80 cm hoch. Laubblätter rosettig angeordnet, die oberen in scheidige Stengelblätter übergehend, breit-lanzettlich, hellgrün, ungefleckt. Blütenstand zylindrisch, viel- und dichtblütig. Tragblätter klein, etwa ein Drittel so lang wie die Fruchtknoten. Den Blüten entströmt ein zarter Waldmeisterduft. Blüten mittelgroß, schräg bis horizontal abstehend, heller gefärbt und kleiner als bei *Orchis purpurea*. Sepalen eiförmig bis eiförmig-lanzettlich, an der Außenseite blaßrosa bis blaßpurpurn, im basalen Bereich bisweilen grünlich, mit violetten bis purpurvioletten Flecken und Strichen gezeichnet, die Innenseite weißlich-grünlich. Petalen lanzettlich, kürzer als die Sepalen, innen spärlich purpurviolett bis purpurbräunlich punktiert. Perigonblätter helmförmig zusammenneigend. Lippe weiß bis blaßpurpurn, tief dreilappig; Seitenlappen sehr schmal linealisch; Mittellappen tief zweispaltig, schmal, mit einem kleinen Zähnchen versehen, hellrosa bis weißlich mit spärlich verteilten rosa- oder blaßpurpurfarbenen Papillenbüscheln besetzt. Sporn etwa halb so lang wie der Fruchtknoten, abwärts gebogen (teils nach KÜMPEL, 1988a).

VARIABILITÄT

Am Yalnızçam-Paß an der Straße von Ardanuç nach Ardahan (Artvin) und oberhalb Artvin sowie am Standort bei Refahiye (Erzincan) wachsen Exemplare mit fast ungeteiltem Lippenmittellappen.

ABGRENZUNG ZU ÄHNLICHEN ARTEN

Ähnelt *Orchis purpurea,* unterscheidet sich von dieser Art durch einige geringfügige Abweichungen in den Blütenmerkmalen. So sind die Pflanzen von *Orchis caucasica* im allgemeinen etwas kräftiger als die von *Orchis purpurea*, die Laubblätter hellgrün und nicht kräftig dunkelgrün, wie es für *Orchis purpurea* typisch ist und die Blüten um ein Drittel kleiner (BAUMANN, 1987). Außerdem bestehen Abweichungen insbesondere in der Länge des Helms (der meist kleiner ist als bei *Orchis purpurea*), der Lippenbreite, der Breite des Mittellappens und der Seitenlappen der Lippe. Die Perigonblätter sind nicht schwärzlich purpurn gefärbt, wie es für *Orchis purpurea* typisch ist, sondern leuchtend (hell)violett bis purpurviolett gesprenkelt. Der Mittellappen der Lippe ist schmaler und an der Spitze am Rande leicht gekerbt. Zudem stehen die Blüten von *Orchis caucasica* schräg ab und sind nicht hängend wie bei *Orchis purpurea*.

STANDORT

Mäßig feuchte, schattige Haselnußpflanzungen, Ränder sommergrüner Wälder und Lichtungen in Laub- und Mischwäldern; auf mäßig trockenen, kalkhaltigen Böden. Im angrenzenden Kaukasus ist *Orchis caucasica* in den Waldregionen hauptsächlich auf Wiesen und an Waldrändern zu finden.

◄ **Maçka (Trabzon), 19.5.1996,** C. A. J. KREUTZ

BLÜTEZEIT

Anfang Mai bis Mitte Juni.

HÖHENVERBREITUNG

Von 500 bis 1.800 m.

GESAMTVERBREITUNG

Nordöstliche Türkei und der Kaukasus bis zum Kaspischen Meer.

VERBREITUNG IN DER TÜRKEI

Östliche Schwarzmeer-Region von der Provinz Giresun bis an die Grenze von Georgien; südlich bis in die Provinz Erzincan. Zwischen Samsun und Giresun liegt eine Lücke zwischen den Arealen der nahe verwandten Arten *Orchis purpurea* und *Orchis caucasica*. Nur an zwei Fundorten in diesem Gebiet, südlich von Fatsa und bei Ünye (Ordu), wurden Übergangsformen zwischen beiden Arten gefunden.

NOTIZEN ZU EINIGEN FUNDORTEN

Im Değirmental im Pontusgebirge (Trabzon) ist *Orchis caucasica* weit verbreitet und stellenweise häufig. Die meisten Standorte liegen hier an schattigen Stellen in Haselnußpflanzungen und in Gebüschrändern auf meist südexponierten Kalkmagerrasen. Sehr oft ist sie von vielen anderen Orchideenarten begleitet. Besonders *Orchis simia* und einige Arten aus der Gattung *Cephalanthera*, *Ophrys caucasica* und *Ophrys oestrifera* sind fast immer in ihrer Nähe zu finden. *Orchis caucasica* blüht südlich von Maçka Mitte bis Ende Mai.

Auch in der Provinz Artvin ist sie an vielen Stellen zu finden. Hier liegen aktuelle Angaben aus dem Gebiet entlang der Straße von Ardanuç nach Ardahan vor. Besonders in der Umgebung von Yeni Rabat ist *Orchis caucasica* an vielen Standorten vertreten (ZAISS & GÜGEL, Fundliste 1994). 543

Oberhalb Artvin, an der Straße nach Kafkasör, kommt *Orchis caucasica* an vielen Stellen vor. Sie blüht hier Mitte Mai in den ausgedehnten Magerrasen, bevorzugt an den Gebüschrändern, ist aber auch immer wieder in Einzelexemplaren an den Straßenböschungen zu finden. Auf den Kalkmagerrasen in der Umgebung von Artvin wird sie öfter von *Cephalanthera kurdica, Coeloglossum viride, Dactylorhiza flavescens, Orchis morio* subsp. *morio, Platanthera chlorantha* und sehr selten von *Orchis punctulata* begleitet. Oberhalb Artvin wurden auch Bastarde zwischen *Orchis caucasica* und *Orchis punctulata* beobachtet (DAVIES & NORMAN, Fundliste 1987). Auch ZAISS & GÜGEL (Fundliste 1994) konnten einige dieser seltenen Hybriden in der Nähe von Artvin beobachten.

Westlich Refahiye bei Akarsu (Erzincan) wurde ein nach Westen vorgeschobenes Vorkommen in einem Eichengebüsch, unweit der Straße Erzincan - Sivas wiedergefunden und somit konnte die Angabe von BAUMANN (1982) 1996 und 1997 bestätigt werden. Die wenigen Pflanzen sind schwierig zu finden, weil sie tief im Eichengebüsch wachsen, wo sie vor Schafen und Ziegen weitgehend geschützt sind. Die Standorte liegen in dieser Umgebung in etwa 1.500 m Höhe. Dementsprechend ist auch die Blütezeit spät, nämlich erst Anfang Juni. Im gleichen Gebiet wurden weitere Orchideen gefunden, wie *Cephalanthera damasonium, Cephalanthera kotschyana, Cephalanthera rubra, Epipactis helleborine, Orchis pinetorum* (auch mit gefleckten Laubblättern) und *Platanthera chlorantha.* Auch CHAMBERS (Fundliste 1995, 1996) beobachtete an diesem Standort einige Exemplare von *Orchis caucasica*.

Weitere Fundstellen an der westlichen Grenze ihres Verbreitungsgebietes liegen bei Yavuzkemal, südlich von Dereli, an der Straße von Giresun nach Şebinkarahisar (Giresun). Ca. 35 - 40 km südlich Giresun und südlich der Paßhöhe in 1.200 m Höhenlage

Akarsu (Erzincan), 27.5.1997, C. A. J. Kreutz

Mezra (Artvin), 28.5.1997, C. A. J. Kreutz

Maçka (Trabzon), 19.5.1996, C. A. J. Kreutz

Akarsu (Erzincan), 27.5.1997, C. A. J. Kreutz

Akarsu (Erzincan), 27.5.1997, C. A. J. Kreutz

Maçka (Trabzon), 19.5.1996, C. A. J. Kreutz

Mezra (Artvin), 28.5.1997, C. A. J. Kreutz

Mezra (Artvin), 28.5.1997, C. A. J. Kreutz

Akarsu (Erzincan), 27.5.1997, C. A. J. Kreutz

wachsen in einer trockenen Bergwiese viele Exemplare von *Orchis caucasica*. An anderen Orchideenarten kommen hier auch noch vor: *Anacamptis pyramidalis, Cephalanthera longifolia, Cephalanthera rubra, Dactylorhiza ilgazica, Ophrys oestrifera, Orchis tridentata* und *Steveniella satyrioides*. Diese westlichen Standorte südlich von Dereli (Giresun) liegen übrigens genau nördlich der Standorte von Akarsu (Erzincan).

Nach den Angaben von SCHÖNFELDER (Fundliste, 1997) wurde *Orchis purpurea* oder *Orchis caucasica* 1997 erstmals in der Provinz Ordu nachgewiesen. Es ist aber schwierig diese Pflanzen zu einer der beiden Arten zu stellen, möglicherweise stellen sie Übergangsformen zwischen *Orchis purpurea* und *Orchis caucasica* dar. Ein Standort befindet sich im Tal von Fatsa nach Kumru am Ortseingang von Yalnızdam, etwa 10 km nordöstlich von Kumru (Ordu). In einer Haselnußkultur, beziehungsweise in einem Gebüschstreifen wurden mehrere Exemplare gefunden, begleitet von *Cephalanthera damasonium, Ophrys karadenizensis* und *Orchis tridentata*.

BEMERKUNGEN

Im Kaukasus und in der Nordosttürkei wird *Orchis purpurea* durch *Orchis caucasica* ersetzt. Auch NEVSKI (1935) gibt für die Südostküste des Schwarzen Meeres allgemein nicht *Orchis purpurea*, sondern stellvertretend dafür *Orchis caucasica* (*Orchis maxima* C. KOCH in Linnaea 19, S.14, 1847) an, wobei nicht ausgeschlossen ist, daß NEVSKI *Orchis adenocheilae* (fleischfarbenes gelbliches Perigon) gemeint hat (BAUMANN, 1982), die nach dem heutigen Kenntnisstand nicht in der Türkei vorkommt.

Südlich Trabzon wird *Orchis caucasica* oft von *Orchis simia* und *Orchis stevenii* begleitet, hier wurden auch Bastarde nachgewiesen (KAJAN et al., 1992). Die Hybriden zeichnen sich durch hellere Perigonfärbung und verschmälerte Seitenlappen der Lippe aus. Es ist auffallend, daß einige *Orchis*-Arten im Nordosten der Türkei schlankere, verlängerte Blütenlippen aufweisen. Dies ist vor allem bei *Orchis punctulata, Orchis tridentata* und *Orchis caucasica* der Fall. *Orchis stevenii*, die ebenfalls im Nordosten der Türkei vorkommt, hat auch eine sehr schmale Blütenlippe, ein Merkmal das sie von *Orchis militaris* unterscheidet.

PROBLEMATIK

Von vielen Autoren wird das Vorkommen von *Orchis caucasica* bei Maçka im Bereich der Südostküste des Schwarzen Meeres in der Türkei bezweifelt oder, daß *Orchis caucasica* eine eigenständige Art ist. NIESCHALK & NIESCHALK (1976) betrachteten die nordostanatolischen Pflanzen unter Berücksichtigung der für *Orchis purpurea* hinlänglich bekannten Variabilität, besonders in der Form der Lippe, als *Orchis purpurea*. BAUMANN (1982) berichtet von einem Fund aus der Gegend zwischen Erzincan und Sivas bei Refahiye (bildet eine Pflanze und Blütenanalysen ab), die er anfangs als *Orchis adenocheilae* bestimmte, später jedoch zu *Orchis caucasica* stellte (BAUMANN, 1987). KÜMPEL (1988a) berichtet, daß BAUMANNS Blütenanalysen weitgehend mit bestimmten Lippenformen von *Orchis caucasica* (*Orchis maxima*) aus dem Gebiet um Sotschi (Georgien) übereinstimmen. Nach KÜMPEL (1988a) ist die Abbildung von *Orchis purpurea* in BUTTLER (1986) aus der Provinz Artvin, zweifelsfrei zu *Orchis caucasica* zu stellen. RÜCKBRODT & HANSEN (1992) haben nur Bildmaterial von Pflanzen aus den Provinzen Artvin und Trabzon mit kräftig dunkelgrünen Laubblättern gesehen, die ihrer Ansicht nach zu *Orchis purpurea* gehören.

Die Abgrenzung der Pflanzen der Nordosttürkei als *Orchis caucasica* bleibt problematisch, nachdem im Verbreitungsgebiet auch Pflanzen vorkommen, die morphologisch unseren mitteleuropäischen *Orchis purpurea* entsprechen oder Merkmale beider Arten aufweisen, und *Orchis purpurea* selber in der Blütengröße, Lippengestalt, Wuchshöhe und Blütenfarbe stark variiert.

Die Aufnahmen in diesem Buch zeigen Pflanzen von Fundstellen südlich Maçka im Değirmental (Trabzon), oberhalb Artvin bei Mezra (Artvin) und bei Akarsu (Erzincan), die unter Berücksichtigung der vorher genannten Merkmale zu *Orchis caucasica* gestellt wurden.

GEFÄHRDUNG

In der Provinz Trabzon sind die Bestände von *Orchis caucasica* kastastrophal zurückgegangen. Wo sie vor einigen Jahren noch an vielen Stellen, vor allem in Haselnußflanzungen, vorkam, ist sie heute durch übermäßige Beweidung und Düngung fast völlig verschwunden. Die wenigen noch übergebliebenen Populationen sind heute stark gefährdet.

BEMERKUNGEN ZU DER VERBREITUNGSKARTE

Die Pflanzen am westlichsten Verbreitungspunkt, südlich Fatsa in der Provinz Ordu, stellen vermutlich Übergangsformen zwischen *Orchis caucasica* und *Orchis purpurea* dar.

HYBRIDEN

Nachgewiesen mit *Orchis punctulata* und *Orchis simia*.

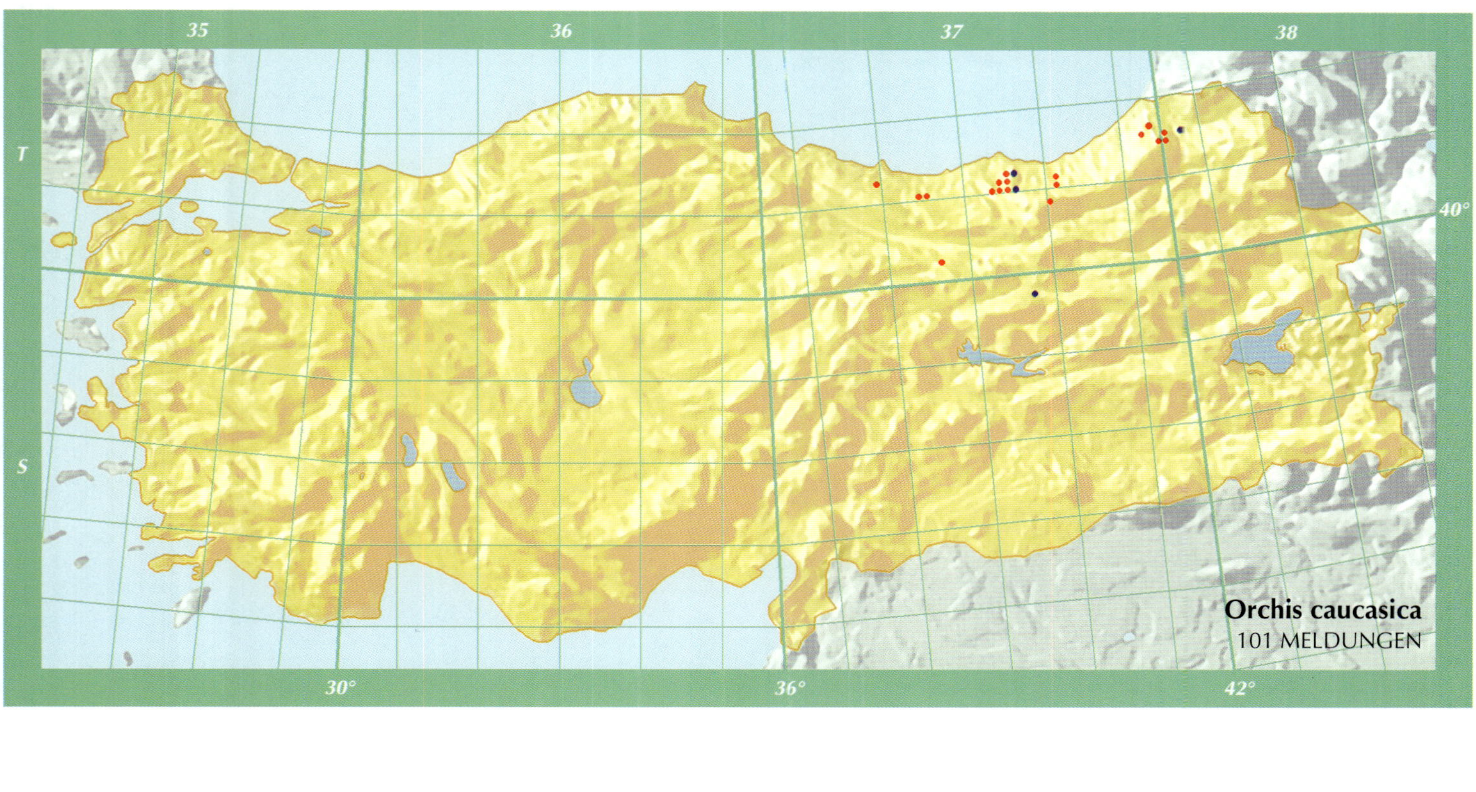

110
Orchis purpurea HUDSON

Purpur-Knabenkraut

(Fl. Angl.: 334, 1762)

SYNONYME

Orchis moravica JACQUIN, *Orchis fusca* JACQUIN

BESCHREIBUNG

Kräftige, stattliche Pflanze, bis 70 cm hoch. Laubblätter am Grunde rosettig angeordnet, die oberen in scheidige Stengelblätter übergehend, breit-lanzettlich bis lanzettlich, dunkelgrün, glänzend, ungefleckt. Blütenstand zylindrisch, viel- und dichtblütig. Tragblätter klein, etwa ein Drittel so lang wie die Fruchtknoten. Blüten groß, hängend. Sepalen eiförmig bis eiförmig-lanzettlich. Petalen lanzettlich, kürzer als die Sepalen. Perigonblätter helmförmig zusammenneigend, an der Außenseite braunrot bis purpurn gefärbt, die Innenseite heller. Lippe tief dreiteilig; die beiden Seitenlappen abstehend; Mittellappen tief zweispaltig, ziemlich breit, zusätzlich mit einem kleinen Zähnchen versehen, weißlich bis blaßpurpurn mit roten Haarbüscheln besetzt. Sporn etwa halb so lang wie der Fruchtknoten, abwärts gerichtet.

VARIABILITÄT

Orchis purpurea gehört zu den stattlichsten Orchideen Europas und Vorderasiens. Sie variiert in der Blütengröße, Lippengestaltung und Wuchshöhe (BUTTLER, 1986).

ABGRENZUNG ZU ÄHNLICHEN ARTEN

Ähnelt *Orchis caucasica*. Diese Art unterscheidet sich von *Orchis purpurea* durch die Laubblätter, die bei *Orchis purpurea* kräftig dunkelgrün gefärbt sind und nicht hellgrün, wie es bei *Orchis caucasica* typisch ist. Außerdem sind bei *Orchis purpurea* der Mittellappen und die beiden Seitenlappen der Lippe breiter und die Perigonblätter schwärzlich purpurn gefärbt, und nicht leuchtend (hell)violett bis purpurviolett gesprenkelt, wie bei *Orchis caucasica* üblich. Zudem hängen die Blüten von *Orchis purpurea* und stehen nicht schräg ab wie bei *Orchis caucasica*.

STANDORT

Ränder sommergrüner Wälder, gern im Schutz von Gebüsch und auf Lichtungen in Laub-, Misch- und Kiefernwäldern; auf mäßig trockenen bis feuchten, kalkhaltigen Böden, entsprechend den bekannten mitteleuropäischen Biotopen dieser Art.

BLÜTEZEIT

Mitte April bis Mitte Mai.

HÖHENVERBREITUNG

Von 50 bis über 1.700 m.

GESAMTVERBREITUNG

Den größten Teil Europas umfassend mit Ausnahme der Skandinavischen Länder und südlicher Teile von Spanien, Portugal, Italien und Griechenland. Im Mittelmeergebiet ist sie ziemlich selten. Auch in Vorderasien.

VERBREITUNG IN DER TÜRKEI

Fast im ganzen Land verbreitet, mit Ausnahme von Ostanatolien. In der Inneranatolischen Region ist diese Art nur von wenigen Einzelvorkommen bekannt. Das Areal von *Orchis purpurea* erreicht die östliche Grenze bei Çayırkent (Samsun). In der Nordosttürkei ab Giresun (Giresun) wird die Art durch *Orchis caucasica* ersetzt. Zwischen Çayırkent und Giresun besteht eine Lücke zwischen den beiden naheverwandten Arten. Nur an zwei Fundorten in diesem Gebiet, südlich von Fatsa und südlich Ünye (Ordu), wurden vermutlich Übergangsformen zwischen beiden Arten gefunden.

NOTIZEN ZU EINIGEN FUNDORTEN

Orchis purpurea ist in der Türkei selten. Sie ist vor allem eine schattenliebende Pflanze lichter Laubwälder.

Zahlreiche Vorkommen hat die Art in der Nördliche Marmara-Subregion. Sie ist dort zwar selten, aber weit verbreitet. Vor allem im europäischen Teil besitzt *Orchis purpurea* viele Vorkommen und sie wächst in diesem Gebiet gerne auf Kalkmagerrasen, in Flaumeichenwäldern und in der Phrygana. In diesem hügeligen Teil der Türkei wechseln sich Landwirtschaftsflächen mit kleinen Magerrasen ab, die botanisch von großer Bedeutung sind. Während eines Besuchs im Jahre 1997 wurden in dieser Region viele neue Fundstellen nachgewiesen. Zu nennen wären die Vorkommen an der Straße Saray - Çatalca und bei Tayakadın (İstanbul), nahe Alicköy und Meriç (Edirne) und bei İnecik, bei Nusratfakı, Yenice und Yeniköy (Tekirdağ) und nahe Pınarhisar (Kırklareli). In diesen Magerrasen wird sie öfter von anderen *Orchis*-Arten begleitet (*Orchis morio* subsp. *morio, Orchis provincialis, Orchis punctulata, Orchis simia, Orchis tridentata*). Auch auf der Gelibolu-Halbinsel wurde *Orchis purpurea* beobachtet, nämlich bei Tayfur und in dessen Umgebung (Çanakkale).

In der westlichen Schwarzmeer-Region um Kastamonu (vielfach in der Umgebung von Küre, Araç, Azdavay und Daday) ist *Orchis purpurea* relativ häufig und hier an lichten Stellen in Laubwäldern und am Rande von Kiefern-Eichenwäldern meist in Begleitung von seltenen Orchideenarten, wie *Cepha-*

Araç (Kastamonu), 17.5.1996, C. A. J. KREUTZ

◄ **Araç (Kastamonu), 17.5.1996,** C. A. J. KREUTZ

Daday (Kastamonu), 16.5.1996, C. A. J. Kreutz

Daday (Kastamonu), 16.5.1996, C. A. J. Kreutz

Nusratfakı (Tekirdağ), 30.4.1997, C. A. J. Kreutz

Meriç (Edirne), 27.4.1997, C. A. J. Kreutz

lanthera epipactoides und *Epipactis persica*, zu finden. Vor allem in der Umgebung des Sanatoriums am Ballıdağ-Paß, nordwestlich Daday (Kastamonu) ist *Orchis purpurea* ziemlich häufig und wächst hier am Rande der ausgedehnten Flaumeichen-Kiefernwälder und in offenen grasigen Kalkmagerrasen, die mit Eichengebüsch und Wacholdern durchsetzt sind. Ferner westlich Kastamonu, wo viele kräftige und vielblütige Pflanzen Mitte Mai im lockeren Kiefernwald zu finden sind.

Aus der Provinz Bolu liegen mehrere aktuelle Angaben von *Orchis purpurea* vor (SCHÖNFELDER, Fundliste 1997). Nördlich von Düzce und an der Strecke Düzce - Akcahoça wurden in einem mit Eichengebüsch durchsetzten Phryganahang und in einer Haselnußkultur mehrere blühende Pflanzen gefunden. An beiden Standorten begleitet von *Orchis pinetorum* und *Orchis simia* und in der Haselnußkultur zusätzlich von *Dactylorhiza romana* und *Platanthera chlorantha*. Auch in den ausgedehnten Kiefernwäldern am Abantsee ist *Orchis purpurea* anzutreffen, wenn auch nur sehr selten.

Im Süden der Türkei ist *Orchis purpurea* äußerst selten. Aus diesem Gebiet liegen nur wenige Angaben vor. Verschiedene Fundstellen liegen an der Straße Muğla - Kale (Muğla), wo sie zusammen mit *Cephalanthera epipactoides* und *Comperia comperiana* in lichten Kiefernwäldern und im Eichengebüsch vorkommt. So berichtet ETTLINGER (Fundliste 1993) von einem Standort mit acht Exemplaren in einem Straßengraben bei Golhisar (Antalya).

Der östlichste Fundort liegt wahrscheinlich bei Çayırkent (Samsun). In einer Haselnußpflanzung und in ihrer Umgebung bildet *Orchis purpurea* kleine Populationen, hier mit *Orchis papilionacea* subsp. *papilionacea, Orchis tridentata* und *Steveniella satyrioides* vergesellschaftet.

PROBLEMATIK

In der Nordosttürkei wird *Orchis purpurea* durch *Orchis caucasica* ersetzt, die eine kaukasische Verbreitung hat. Von einigen Autoren (unter anderem NIESCHALK & NIESCHALK, 1976; RÜCKBRODT & HANSEN, 1992) wird bezweifelt, ob *Orchis caucasica* überhaupt von *Orchis purpurea* zu trennen und als eigene Art zu bewerten ist. Andere Autoren, wie zum Beispiel BAUMANN (1987) und KÜMPEL (1988a) haben festgestellt, daß die Pflanzen aus dem Nordosten der Türkei durchaus von *Orchis purpurea* zu unterscheiden sind, und daß die nordostanatolischen Pflanzen mit denen aus dem Kaukasus übereinstimmen, also zu *Orchis caucasica* zu stellen sind.

Nusratfakı (Tekirdağ), 30.4.1997, C. A. J. KREUTZ

BEMERKUNGEN ZU DER VERBREITUNGSKARTE

Die Pflanzen am östlichsten Verbreitungspunkt, südlich Ünye in der Provinz Ordu, stellen vermutlich Übergangsformen zwischen *Orchis purpurea* und *Orchis caucasica* dar.

HYBRIDEN

Nachgewiesen mit *Orchis simia*

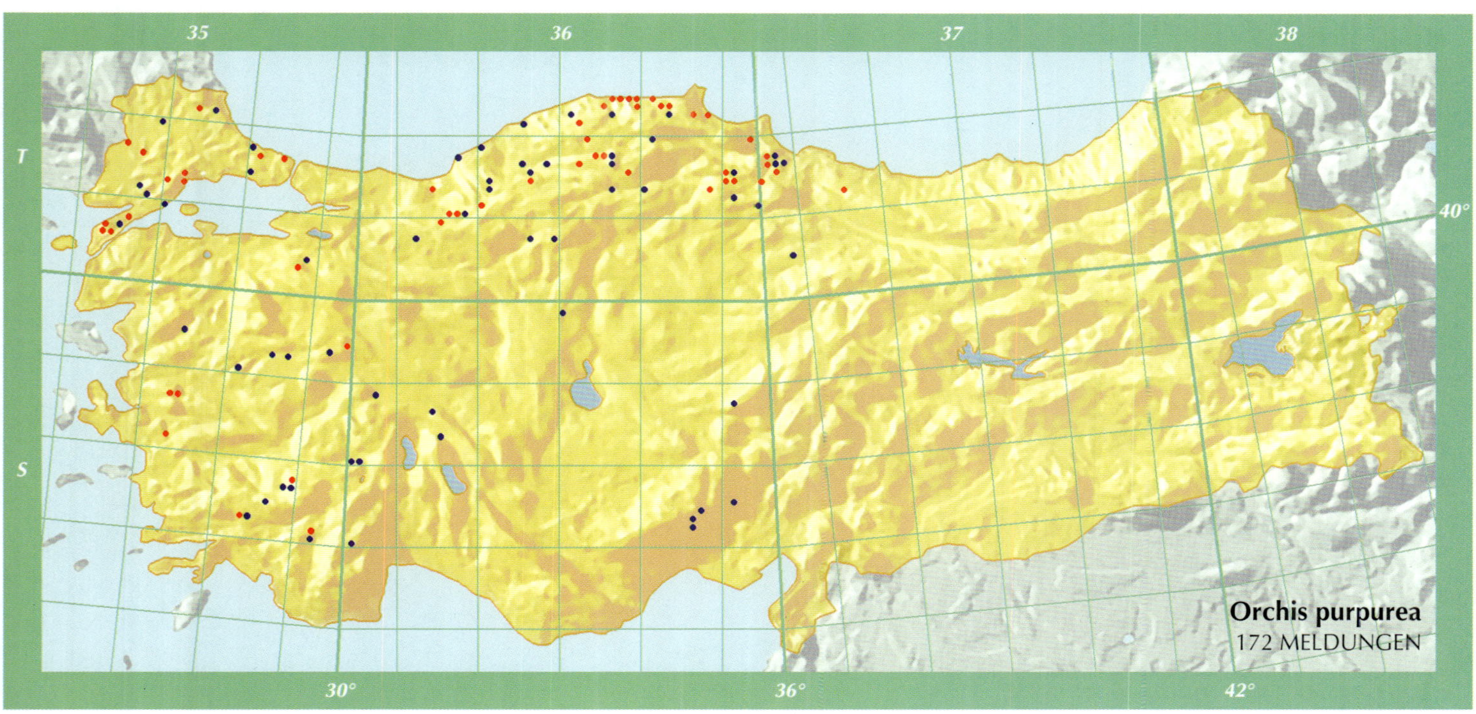

111 Orchis collina

Banks & Solander

Hügel-Knabenkraut

(in Russell: The Nat. Hist. Aleppo ed. 2,2: 264, 1794)

Karaova (Muğla), 4.4.1996, C. A. J. Kreutz

Karaova (Muğla), 4.4.1996, C. A. J. Kreutz

SYNONYME

Orchis saccata Tenore, *Orchis fedtschenkoi* Czerniakovska, *Orchis leucoglossa* O. Schwarz, *Orchis chlorotica* Woronow

BESCHREIBUNG

Kleine bis mittelgroße, meist kräftige Pflanze mit relativ dikkem Stengel. Untere Laubblätter eine Rosette bildend, die oberen den Stengel scheidig umhüllend, ungefleckt. Blütenstand zylindrisch, meist vielblütig. Es kommen aber auch sehr kleine, wenigblütige Pflanzen vor. Tragblätter groß, lanzettlich, dunkelbraun bis rötlichbraun gefärbt, die unteren länger wie die Fruchtknoten, die oberen etwa so lang wie diese. Blüten mittelgroß und locker am Stengel angeordnet. Perigonblätter bräunlich bis rötlichbraun gefärbt, länglich-lanzettlich bis eiförmig-lanzettlich, die beiden seitlichen abstehend bis zurückgeschlagen, das mittlere mit den Petalen helmförmig zusammenneigend. Lippe trapezförmig, ungeteilt, an den Rändern zurückgeschlagen und kaum gewellt, rot bis rotbraun, selten auch grünlich, an der Lippenbasis weißlich. Sporn kurz und dick, schräg abwärts gebogen.

ABGRENZUNG ZU ÄHNLICHEN ARTEN

Unverwechselbar.

STANDORT

Wächst bevorzugt an trockenen, grasigen und steinigen Stellen in Ödland, in Magerrasen, in Macchien und Phrygana, selten in lichten Kiefernwäldern; auf kalkreichen Böden.

BLÜTEZEIT

Die Art blüht sehr früh, von Anfang März bis Anfang April, manchmal schon ab Mitte Februar.

HÖHENVERBREITUNG

Von der Küste bis etwa 1.200 m.

GESAMTVERBREITUNG

Mittelmeergebiet. Von Portugal im Südwesten bis zur Levante im Osten. Außerdem in Kleinasien, den Kaukasusländern, Turkmenistan bis in den Iran. Im ganzen mediterranen Raum ist die Art selten. Nur auf Kreta und Zypern ist sie häufig.

VERBREITUNG IN DER TÜRKEI

In der Marmara-, Agäis-, Östliche Mittelmeer- und in der Südostanatolischen Region. Auch von einem Standort in der Umgebung von Ermenek (Konya) bekannt.

NOTIZEN ZU EINIGEN FUNDORTEN

Orchis collina ist in der Türkei sehr selten. Nach Erscheinen der umfangreichen Arbeit von Renz & Taubenheim (1984) lagen Rückbrodt & Hansen (1992) nur von vier 50-km-Quadranten neuere Fundmeldungen vor.

Die meisten Standorte liegen entlang des Bosporus bei İstanbul. Renz & Taubenheim (1984) wiesen diese Art an vielen Stellen nach. Heute sind viele dieser Standorte durch das sehr schnelle Wachstum der Stadt İstanbul verschwunden. Auch während einer Reise im Jahre 1997 wurden keine Standorte von *Orchis collina* bei İstanbul wiedergefunden.

Salkowski (Fundliste 1976) hat *Orchis collina* an einem Standort bei Yukarıkızılca, östlich İzmir (İzmir) gefunden, jedoch nur in einem einzigen Exemplar.

Kalteisen (Fundliste 1989) berichtet von einem Fundort an der Straße von Kuşadası nach Söke (Aydın), wo einige Pflanzen in einem Olivenhain mit grasigem Unterwuchs vorkommen, hier zusammen mit *Barlia robertiana, Ophrys fusca* s. l., *Ophrys mammosa, Ophrys sicula, Ophrys speculum* und *Ophrys umbilicata*. In der Umgebung von Kuşadası befinden sich wei-

◀ **Karaova (Muğla), 4.4.1996,** C. A. J. Kreutz

Karaova (Muğla), 4.4.1996, C. A. J. Kreutz

Kuşadası (Aydın), 31.3.1980, G. Taubenheim

tere Standorte. Auch Taubenheim (mündl. Mittlg., 1996) hat während seiner vielen Türkei-Reisen mehrere Exemplare in dieser Umgebung gefunden.

Südlich İzmir (vor allem in Ausgrabungsgeländen) findet man *Orchis collina* an grasigen Stellen in lichten Kiefernwäldern, auf Trockenrasen oder auf alten, verlassenen Friedhöfen, oft zusammen mit vielen anderen Orchideenarten.

Altan & Hoffman (1986) berichten von einem Standort in der Umgebung der Çukurova-Universität (Adana) und von einem Fundort in der Provinz Konya beim Dorf Güneyyurt, wo sie in einem Eichenwald in einer Höhe von 830 m wächst. Einige Jahre später beobachtete auch Peter (Fundliste 1993) *Orchis collina* auf dem Gelände der Çukurova-Universität.

Im Jahre 1997 wurde ein weiterer Standort im Osten der Türkei gefunden. Auf einem Friedhof an der Straße von Osmaniye nach Karatepe blühten Anfang April etwa 40 Pflanzen. Die seltene *Orchis collina* wächst hier in ziemlich ruderalen, kurzrasigen Wiesenflächen zusammen mit *Ophrys attica*.

Der nördlichste Standort im südlichen Verbreitungsgebiet dürfte östlich Gölbaşı (Adıyaman) liegen. Schmidt (Fundliste 1984) beobachtete einige verwelkte Exemplare in Eichenbuschwald und Eichengestrüpp zusammen mit *Cephalanthera kurdica*, *Himantoglossum affine*, *Limodorum abortivum* und *Ophrys transhyrcana*.

HYBRIDEN

Nicht nachgewiesen.

Karaova (Muğla), 4.4.1996, C. A. J. Kreutz

Osmaniye (Adana), 3.4.1997, C. A. J. Kreutz

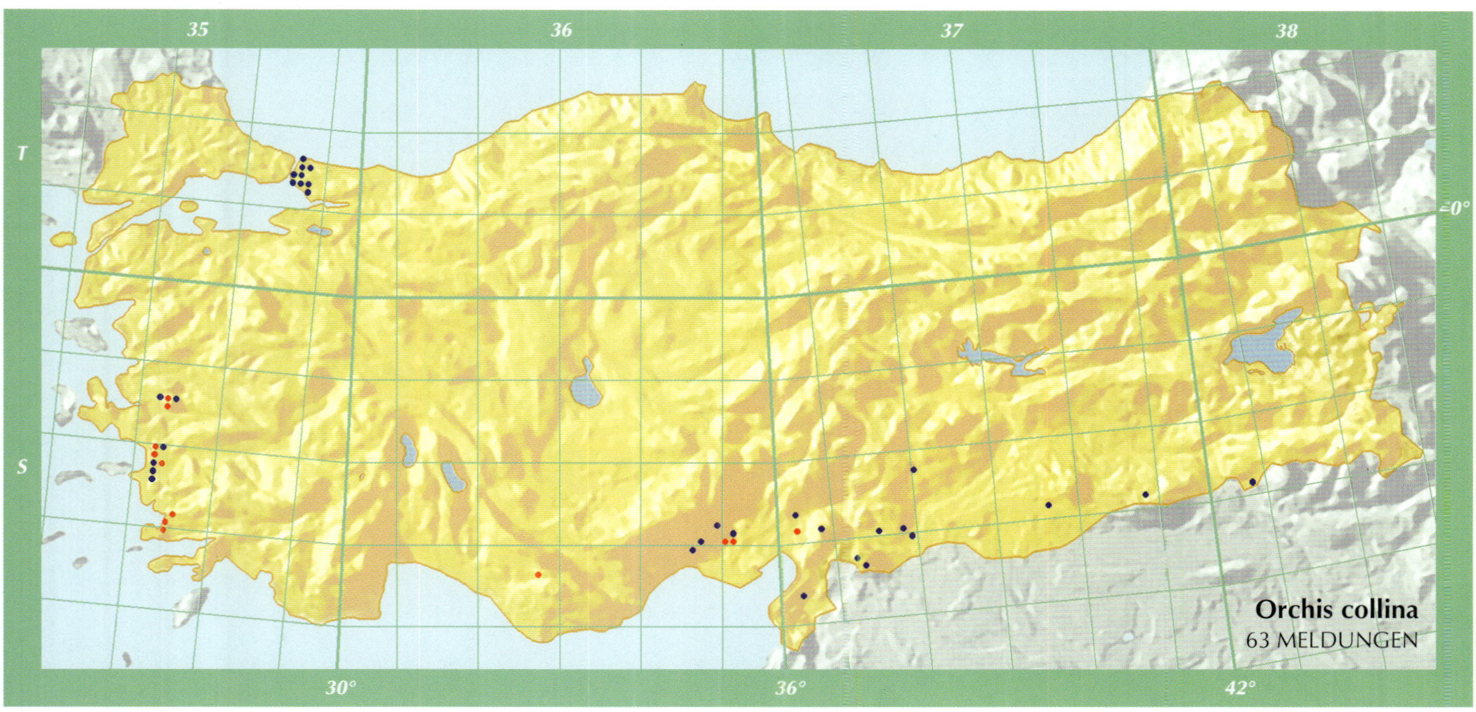

112. Orchis spitzelii

SAUTER ex W. D. J. KOCH

Spitzels Knabenkraut

(Syn. Fl. Germ. et Helvet.: 686, 1837)

SYNONYME

Orchis viridifusca ALBOFF, *Orchis patens* subsp. *orientalis* (REICHENBACH fil.) K. RICHTER, *Orchis patens* subsp. *orientalis* (REICHENBACH fil.) ASCHERSON & GRÄBNER, *Orchis orientalis* (REICHENBACH fil.) K. RICHTER, *Orchis patens* subsp. *spitzelii* (SAUTER ex W. D. J. KOCH) LÖVE & KJELLQVIST, *Orchis patens* var. *asiatica* RENZ, Orchis *patens* var. *atlantica* BATTANDIER & TRABUT, *Orchis viridi-fusca* ALBOFF

BESCHREIBUNG

Mittelgroße, ziemlich kräftige Pflanze. Laubblätter schmal-lanzettlich bis lanzettlich, hellgrün bis grün, am Grunde rosettig angeordnet, die oberen in scheidige Stengelblätter übergehend, glänzend, ungefleckt. Blütenstand breit-zylindrisch, meist dichtblütig. Tragblätter rötlichbraun, etwa so lang wie die Fruchtknoten. Blüten mittelgroß und locker am Stengel angeordnet. Perigonblätter (hell)grün bis olivgrün, eiförmig, meist rötlich überlaufen und mit rotbraunen Punkten besetzt, die beiden seitlichen Sepalen abstehend bis leicht nach vorne gekrümmt, das mittlere Sepal mit den beiden Petalen helmförmig zusammenneigend. Petalen eiförmig-lanzettlich, kürzer als die Sepalen. Lippe ziemlich lang und trapezförmig, tief dreilappig, die beiden Seitenlappen kürzer als der Mittellappen, rosa bis rot und meist mit dunkelroten Punkten oder Strichen besetzt. Sporn etwa halb so lang wie der Fruchtknoten, kegelförmig, schräg abwärts gerichtet.

VARIABILITÄT

Eine sehr vielgestaltige Art, die selten in individuenreichen Beständen vorkommt. In der Provinz Bolu (Abantsee und bei Mengen) und im Sipil Dağı (Manisa) sind die Blüten dunkelrosa gefärbt, an anderen Stellen hellrosa bis weißlich (zum Beispiel am Kazıkbeli-Paß, Denizli).

ABGRENZUNG ZU ÄHNLICHEN ARTEN

Kaum verwechselbar.

STANDORT

Lockere, montane Mischwälder, hauptsächlich in Kiefernwäldern, dort bevorzugt an mäßig feuchten Stellen. Ferner in Mager- und Bergwiesen; auf frischen, basenreichen Böden.

BLÜTEZEIT

Anfang Mai bis Ende Juni.

HÖHENVERBREITUNG

Von 500 bis etwa 2.100 m.

GESAMTVERBREITUNG

Sehr zerstreut durch Mittel- und Südeuropa, wobei die Teilareale durch große Lücken getrennt sind (Spanien, Südfrankreich, Schweiz, Österreich, Italien, Kroatien, Bosnien-Herzegowina, Jugoslawien, Mazedonien, Griechenland, Bulgarien und Kleinasien bis nach Transkaukasien). Auch auf Gotland (Schweden) und in Nordafrika. *Orchis spitzelii* ist im ganzen Areal selten.

VERBREITUNG IN DER TÜRKEI

In subalpinen und alpinen Lagen in der westlichen und mittleren Türkei. Auch in Ostanatolien an der Grenze mit Irak und Iran und im mittleren Pontusgebirge.

NOTIZEN ZU EINIGEN FUNDORTEN

Orchis spitzelii ist in der Türkei zwar weit verbreitet, aber äußerst selten. RENZ & TAUBENHEIM (1984) beschreiben 15 Fundorte.

TAUBENHEIM (1975a) berichtet unter anderen von einem Standort in der Provinz Burdur, wo er einige blühende Exemplare in unbeweideten Kiefernwäldern nördlich des Dörfchens Dirmil fand. Auch nordöstlich Muğla wies TAUBENHEIM (Diaarchiv) viele Exemplare von *Orchis spitzelii* nach.

Nach der umfangreichen Arbeit zur Erforschung der türkischen Orchideen von RENZ & TAUBENHEIM (1984) wurde *Orchis spitzelii* nur noch an wenigen Standorten beobachtet. Aktuelle Angaben liegen bisher nur vor aus der Umgebung des Abantsees (Bolu), bei Tavas (Honazdağ, Denizli), an der Straße zur Kırkpınar Schlucht in den Ilgaz-Dağları (Kastamonu), im Sipil Dağı (Milli Parkı) in der Provinz Manisa, bei Kuyucak (Antalya) und südlich Akşehir (Konya).

SEZIK (briefl. Mittlg., 1996), RÜCKBRODT (Fundliste 1996) sowie SCHÖNFELDER (mündl. Mittlg., 1996) wiesen einen großen Bestand typischer Pflanzen in der Provinz Manisa nach. Die Pflanzen wachsen hier in Waldlichtungen und direkt an der Straße im Milli Park Sipil Dağı. Morphologisch weisen sie die gleichen Merkmale auf wie die Pflanzen am Abantsee. Dies ist vor allem in der Blütenform und -farbe deutlich zu sehen. Die Hauptblütezeit liegt hier etwa Anfang Mai. Vor allem in der weiteren Umgebung des Picknickplatzes wachsen viele Pflanzen, begleitet von *Cephalanthera rubra*, *Comperia comperiana* und *Ophrys phrygia*.

In den ausgedehnten Kiefernwäldern am Kazıkbeli-Paß (Denizli) in einer Höhe von 1.200 m kommt *Orchis spitzelii* auch vor. Sie wächst hier an mehreren Stellen zusammen mit *Cephalanthera damasonium*, *Cephalanthera rubra*, *Comperia comperiana*, *Epipactis helleborine*, *Epipactis microphylla*, *Neotinea maculata*, *Orchis anatolica*, *Orchis laxiflora*, *Orchis purpurea* und *Orchis simia*. In diesem Gebiet ist auch die seltene *Epipactis condensata* zu finden, die etwa sechs Wochen später blüht. Mitte Mai 1996 wurde dieser Standort vom Verfasser besucht, und im lockeren Kiefernwald wurden etwa 30 Exemplare von *Orchis spitzelii* gezählt. Während viele Exemplare in Hochblüte standen, waren andere noch knospig. 557

In den ausgedehnten Kiefernwäldern nördlich des Abantsees (Bolu) wurde *Orchis spitzelii* Mitte Mai 1988 in einigen Exemplaren an einer feuchten Stelle an einem Bachrand gefunden. Es waren schöne, relativ kräftige Pflanzen mit einheitlich rötlich gefärbten Blüten. Ende Mai 1995 konnten in diesem Waldbereich trotz längerer Suche keine blühenden Pflanzen mehr festgestellt werden, lediglich einige Exemplare von *Orchis mascula* und *Orchis pallens* waren zu finden. Mitte Mai 1996 wurde vom Verfasser wieder ein Exemplar dieser sehr schönen Pflanze beobachtet. Etwa 10 Jahre vorher wurden hier noch 27 blühende Exemplare gezählt (GÜGEL & NEUMAYR, Fundliste 1985).

FELDWEG (Fundliste 19?) berichtet von einem weiteren Fundort in der Provinz Bolu, wo *Orchis spitzelii* in einem Kiefernwald am Akyarna-Paß etwa 20 km westlich Gerede vorkommt. Eine weitere aktuelle Angabe liegt von CHAMBERS (Fundliste 1995, 1996) vor. In der Nähe von Kuyucak (Antalya), einem Gebiet, in dem sehr viele Orchideenarten vorkommen, wurden zwei Pflanzen in Hochblüte zusammen mit *Dactylorhiza romana*, *Ophrys isaura* und *Orchis morio* subsp. *picta* gefunden.

Ein weiterer Standort existiert in der Provinz Konya, wo *Orchis spitzelii* an zwei Stellen mit nur vier Exemplaren südlich Akşehir in den Sultan-Dağları in einem Eichenwald mit Gestrüpp-Unterwuchs in 1.200 m Höhe zusammen mit *Cephalanthera damasonium*, *Dactylorhiza romana*, *Epipactis helleborine*, *Epipactis microphylla* und *Limodorum abortivum*

◀ **Abantsee (Bolu), 21.5.1996,** C. A. J. KREUTZ

Honazdağ (Denizli), 12.5.1996, C. A. J. Kreutz

Honazdağ (Denizli), 12.5.1996, C. A. J. Kreutz

Sipil Dağı (Manisa), 1.5.1994, D. Rückbrodt

Süvarihalıl-Paß (Hâkkari), 3.6.1982, G. Taubenheim

Honazdağ (Denizli), 12.5.1996, C. A. J. KREUTZ

Honazdağ (Denizli), 12.5.1996, C. A. J. KREUTZ

var. *rubrum* vorkommt (PETER, briefl. Mittlg., 1996).
In Ostanatolien in der Provinz Hâkkari ist *Orchis spitzelii* in der Nähe der irakischen Grenze weit verbreitet. Von TAUBENHEIM (Diaarchiv) wurde sie zum Beispiel am Süvarihalıl-Paß und am Tanintanin-Paß gefunden. Beide Pässe liegen an der Straße Uludere - Hâkkari. Die Bilder zeigen typische Exemplare.

BEMERKUNGEN ZU DER VERBREITUNGSKARTE

Der Standort an der Straße zur Kırkpınar Schlucht in den Ilgaz-Dağları (Kastamonu) wurde wegen der Ungenauigkeit nicht in der Verbreitungskarte eingetragen.

HYBRIDEN

Nicht nachgewiesen.

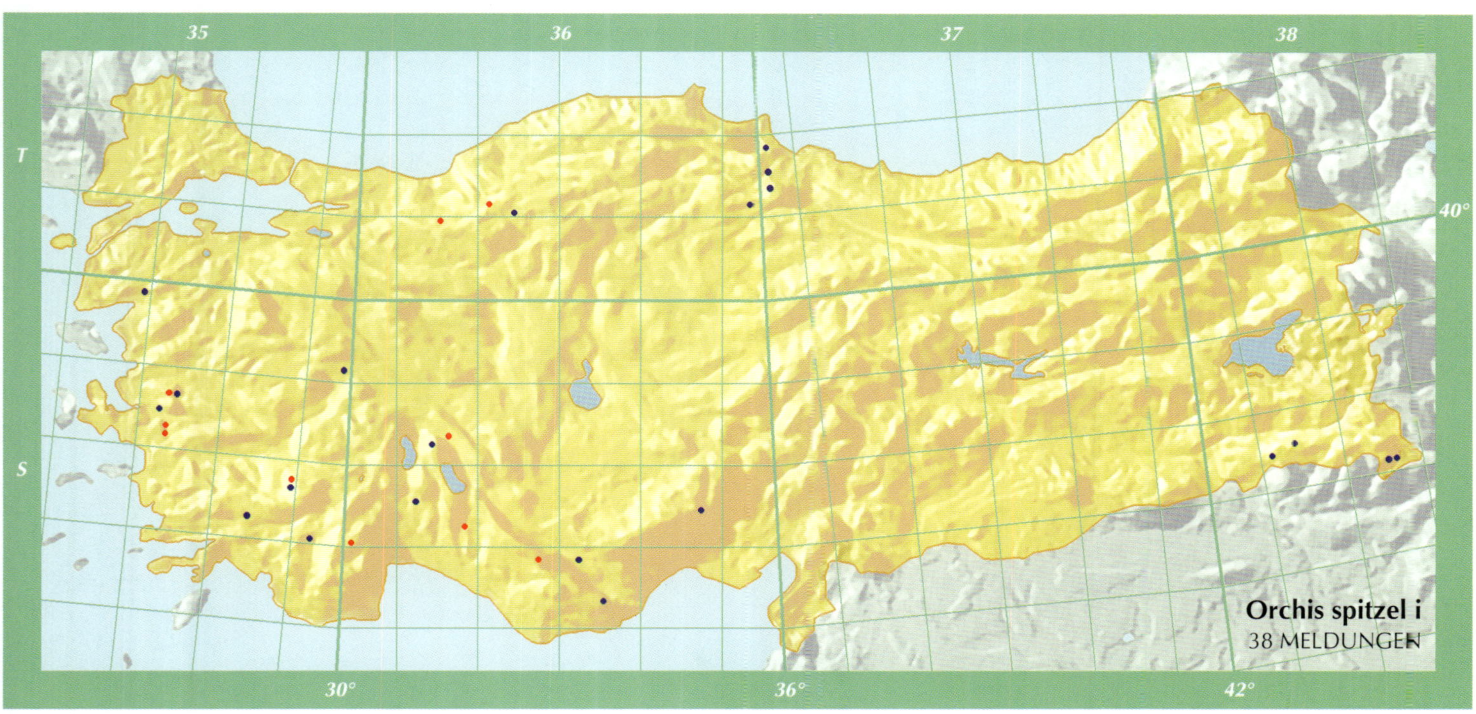

113 Orchis coriophora L.

Wanzen-Knabenkraut (Spec. Plant. 2: 940, 1753)

SYNONYM

Anteriorchis coriophora (L.) Klein & Strack

BESCHREIBUNG

Kräftige, mittelgroße Pflanze. Laubblätter linealisch bis lanzettlich, aufrecht, ungefleckt, am Grunde rosettig angeordnet, die oberen in scheidige Stengelblätter übergehend. Blütenstand zylindrisch, dicht- und vielblütig. Tragblätter lanzettlich, etwa so lang wie die Fruchtknoten. Blüten mittelgroß bis klein, dunkelrot bis bräunlichrot gefärbt, nach Blattwanzen duftend. Sepalen und Petalen helmförmig zusammenneigend, verklebt bis verwachsen. Sepalen eiförmig-lanzettlich, zugespitzt, die seitlichen etwas länger als das mittlere. Petalen linealisch und kürzer als die Sepalen. Lippe dreilappig (die beiden Seitenlappen kürzer als der Mittellappen), Mittellappen ungeteilt, die unterste Hälfte stark zurückgeschlagen, rötlichbraun oder dunkelrot, an der Lippenbasis etwas heller gefärbt. Sporn kurz, kegelförmig, abwärts gerichtet.

ABGRENZUNG ZU ÄHNLICHEN ARTEN

Ähnelt *Orchis fragrans* und *Orchis sancta*.

Orchis coriophora unterscheidet sich von *Orchis fragrans* durch einen meist kräftigeren Wuchs, kleinere und dunkelrote bis braunrot gefärbte Blüten und einen dichteren und reichblütigen Blütenstand. Außerdem wächst *Orchis coriophora* in Feucht- und Bergwiesen, während *Orchis fragrans* meist in Macchien, in lichten Kiefernwäldern, in Phrygana und in Gebüsch vorkommt.

Orchis coriophora unterscheidet sich von *Orchis sancta* durch einen dichteren und kürzeren Blütenstand (mit kleineren Blüten), eine im unteren Teil meist zurückgeschlagene Lippe, wobei die Lippenbasis dunkelrot bis bräunlichrot ist. Ferner hat *Orchis sancta* eine rosa Lippe ohne Flecken und ist nach vorne gebogen, ebenso der Sporn. Außerdem blüht *Orchis coriophora* meist etwa zwei bis drei Wochen früher, duftet nach Blattwanzen und ihre Laubblätter sind zur Blütezeit nicht verwelkt.

STANDORT

Feuchtwiesen, Magerwiesen und Feuchtstellen an Fluß- und Bachufern; auf feuchten, basischen Böden.

BLÜTEZEIT

Anfang Juni bis Mitte Juli, im Süden ab Ende Mai.

HÖHENVERBREITUNG

Von 500 bis etwa 2.000 m.

GESAMTVERBREITUNG

Fast ganz Europa und Vorderasien. Nördlich bis Nordfrankreich, Mitteldeutschland, die Baltischen Staaten, östlich bis zum Kaukasus, Nordirak und Iran. Auch in Nordafrika.

VERBREITUNG IN DER TÜRKEI

Hauptsächlich im Norden verbreitet, seltener in der Südtürkei.

NOTIZEN ZU EINIGEN FUNDORTEN

Orchis coriophora gehört in der Türkei zu den seltenen Orchideen. Stellenweise bildet sie aber große Bestände.

An der Schwarzmeerküste ist *Orchis coriophora* ziemlich häufig. In der Provinz Bolu wurden aktuelle Vorkommen von *Orchis coriophora* an zwei Stellen nachgewiesen, nämlich am Abantsee, wo sie in mäßig feuchten Wiesen am Westufer vorkommt, hier mit *Coeloglossum viride* und *Dactylorhiza incarnata* und in einigen ausgedehnten Feuchtwiesen östlich Bolu, dort auch begleitet von beiden obengenannten Arten und außerdem noch von *Orchis palustris*. An diesen beiden Standorten wächst *Orchis coriophora* nur an mäßig feuchten Stellen, die gleichmäßig in Naßwiesen übergehen, wo dann wieder *Dactylorhiza iberica* und *Dactylorhiza nieschalkiorum* vorkommen. Am Abantsee werden diese Wiesen intensiv von Rindern beweidet, die aber die Pflanzen von *Coeloglossum viride* und *Orchis coriophora* verschmähen. Diese stehen dann zertreut in dem kurzrasigen Gelände und fallen sofort auf.

Bei Abana (Kastamonu) befindet sich ein Standort mit vielen Pflanzen. In einem aufgelassenen Weinberg findet man sie dort zusammen mit *Cephalanthera damasonium*, *Cephalanthera epipactoides*, *Ophrys oestrifera*, *Orchis purpurea*, *Orchis tridentata*, *Serapias feldwegiana* und *Spiranthes spiralis*.

Weitere interessante und reiche Populationen gibt es auch am Ladiksee (Amasya), wo sie zusammen mit *Dactylorhiza iberica*, *Dactylorhiza incarnata*, *Dactylorhiza osmanica* und *Orchis palustris* vorkommt.

Schöne Populationen gibt es in den Almwiesen westlich von Ardahan am Çam-Paß (Artvin). *Orchis coriophora* blüht hier in hochgelegenen Bergwiesen und bildet Massenbestände in den ausgedehnten und wunderschönen Feucht- und Mähwiesen. An vielen Stellen kommt sie zusammen mit *Orchis pseudolaxiflora* vor, mit der sie öfter bastardiert. Weiter wurden in diesen Almwiesen noch *Gymnadenia conopsea* und *Platanthera chlorantha* beobachtet, in nahegelegenen Quellmooren *Dactylorhiza urvilleana* und *Dactylorhiza euxina* und deren Bastarde. Diese Bergwiesen sind sehr reich an vielen Pflanzenarten (unter anderem Arten der Familien Primulaceae, Violaceae, Campanulaceae, Liliaceae, Gentianaceae, Scrophulariaceae, Orobanchaceae, Ranunculaceae, Labiatae) und sind vielleicht schöner und botanisch noch interessanter als mitteleuropäische Almwiesen, die durch intensive Beweidung meist in einheitliche grüne Flächen verändert worden sind.

Auch im Süden der Türkei in der Provinz Antalya kommt *Orchis coriophora* vor. Gügel (Fundliste 1983) berichtet von Massenvorkommen mit vielen tausenden von Exemplaren der typischen *Orchis coriophora* im Süden, nämlich westlich Seydişehir (Konya) an der Straße von Cevizli nach Beysehir, auf der Höhe von Uğurlu und in einer feuchten Talsenke an der Straße von Finike nach Elmalı (Antalya). Die Standorte an der Straße Cevizli - Beyşehir waren 1997 noch vorhanden. *Orchis coriophora* blüht hier zu Hunderten, unter anderem bei Bademli und Bakaran (Antalya/Konya), in Feuchtwiesen und an feuchten grasigen Stellen im Eichengebüsch. Die Pflanzen blühen etwa Anfang Juni auf, zusammen mit *Orchis elegans*, die hier auch in ziemlich großer Anzahl auftritt.

Ein anderer schöner Standort im Süden des Landes befindet sich in der Umgebung von Sonlı (Şanlıurfa), wo viele Pflanzen in einer kleinen Feuchtwiese an einem Bach zusammen mit *Orchis pseudolaxiflora* vorkommen und schon Ende Mai blühen.

BEMERKUNGEN

Von vielen Autoren werden *Ophrys coriophora* und *Orchis fragrans* zusammengefaßt. Beide Arten sind aber klar voneinander zu unterscheiden (siehe bei Abgrenzung zu ähnlichen Arten) und sind in der Türkei durch das Vorkommen in völlig unterschiedlichen Biotopen getrennt. Deshalb haben auch Gügel & Neumayr zum Beispiel in ihrer Fundliste von 1985 beide Sippen separat aufgeführt. Nur an sehr wenigen Stellen sind *Orchis coriophora* und *Orchis fragrans* in der Türkei durch Übergangsformen miteinander verbunden.

Auf Grund chemischer Untersuchungen der Blütenfarbstoffe haben Strack, Busch & Klein (1989) die Abtrennung von *Orchis coriophora* von der Gattung *Orchis* vorgenommen und diese als *Anteriorchis coriophora* (L.) Klein & Strack (1989) beschrieben. Reinhard, Gölz, Peter & Wildermuth (1991) haben dies mit weiteren Un-

◀ **Abantsee (Bolu), 19.6.1996,** C. A. J. Kreutz

Gerede (Bolu), 19.6.1996, C. A. J. Kreutz

Abantsee (Bolu), 19.6.1996, C. A. J. Kreutz

Çam-Paß (Artvin), 26.6.1996, C. A. J. Kreutz

Çam-Paß (Artvin), 26.6.1996, C. A. J. Kreutz

Abantsee (Bolu), 19.6.1996, C. A. J. Kreutz

Bakaran (Antalya/Konya), 1.6.1997, C. A. J. Kreutz

terscheidungsmerkmalen begründet und übernommen. Andere Autoren (vergleiche Rückbrodt & Hansen, 1992; Delforge, 1994) haben die Abtrennung nicht übernommen. Schließlich hat Jacquet (Engel, et al., 1997) *Orchis coriophora* zu der neuen Gattung umkombiniert und als Unterart von *Anteriochis coriophora* bewertet, nämlich als *Anteriochis coriophora* subsp. *coriophora* (L.) Klein & Strack. Im vorliegenden Buch wurde der altbekannte Name *Orchis coriophora* beibehalten.

BEMERKUNGEN ZU DER VERBREITUNGSKARTE

Auf der Verbreitungskarte sind nur die Rasterpunkte eingezeichnet, bei denen mit Sicherheit nachgewiesen wurde, daß es sich an diesen Standorten um typische Exemplare von *Orchis coriophora* handelt.

HYBRIDEN

Mit *Orchis palustris* und *Orchis pseudolaxiflora*.

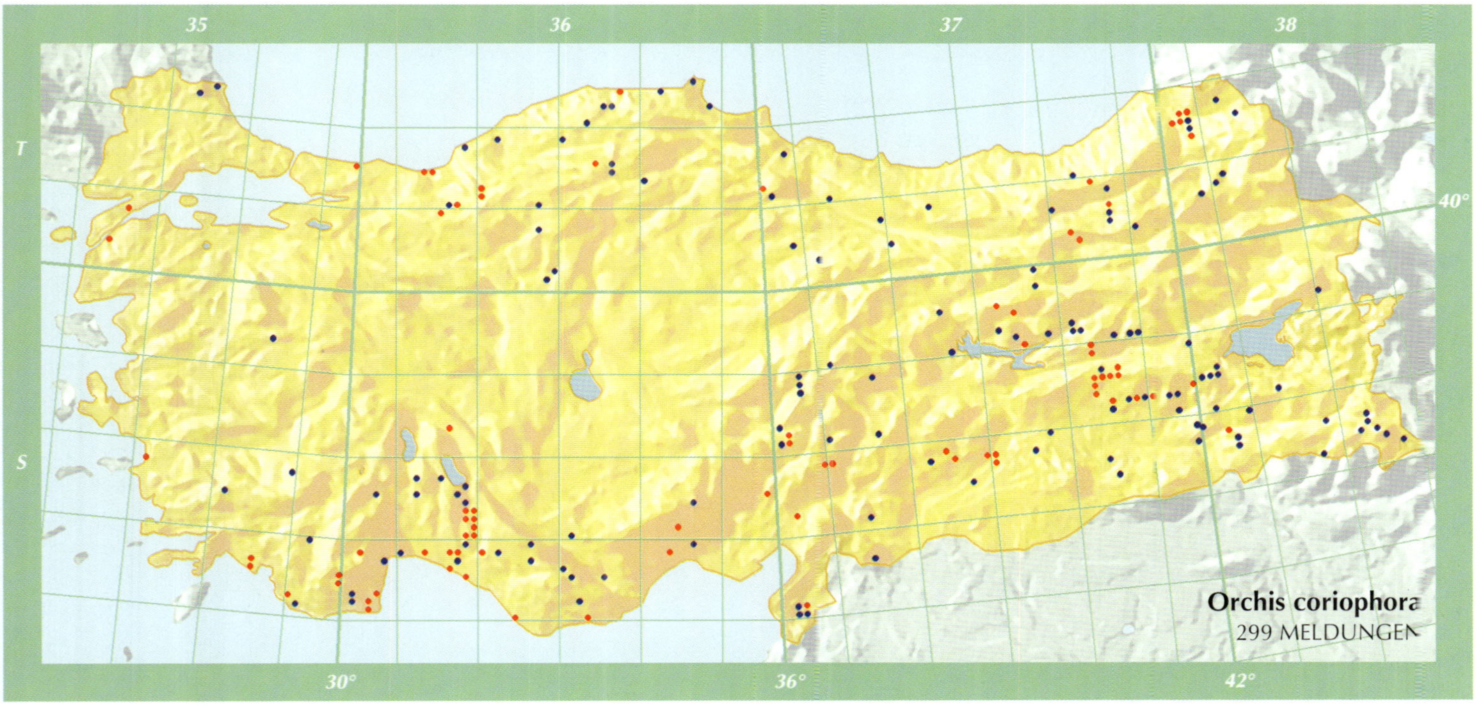

114 Orchis fragrans

POLLINI

Wohlriechendes Wanzen-Knabenkraut

(Elem. Bot. Comp. 2: 155, 1811)

SYNONYM
Orchis coriophora subsp. *fragrans* (POLLINI) K. RICHTER, *Orchis cassidea* M. F. A. VON BIEBERSTEIN, *Anteriochis coriophora* (L.) KLEIN & STRACK subsp. *fragrans* (POLLINI) JACQUET

BESCHREIBUNG
Kräftige, schlanke Pflanze. Laubblätter linealisch bis lanzettlich, aufrecht, ungefleckt, am Grunde rosettig angeordnet, die oberen in scheidige Stengelblätter übergehend. Blütenstand zylindrisch, ziemlich dicht- bis lockerblütig, vielblütig. Tragblätter zugespitzt, etwa so lang wie die Fruchtknoten. Blüten mittelgroß, grünlich bis grünlichweiß gefärbt, nach Vanille duftend. Sepalen und Petalen helmförmig zusammenneigend. Sepalen eiförmig-lanzettlich, zugespitzt, die seitlichen etwas länger als das mittlere. Petalen lineal und kürzer als die Sepalen. Lippe dreilappig (die beiden Seitenlappen kürzer als der Mittellappen), breit eiförmig, im unteren Teil meist stark zurückgebogen, (hell)grün bis grünlichweiß, die Lippenbasis weißlich, mit rosa Punkten oder Strichen besetzt. Sporn kurz, kegelförmig, abwärts gerichtet.

ABGRENZUNG ZU ÄHNLICHEN ARTEN
Ähnelt *Orchis coriophora* und *Orchis sancta*.
Orchis fragrans unterscheidet sich von *Orchis coriophora* durch größere und heller gefärbte Blüten, einen zierlichen Habitus, einen lockeren Blütenstand und einen angenehmen Duft (Vanille). Außerdem wächst *Orchis fragrans* meist in Macchien, in lichten Kiefernwäldern, Phrygana und Gebüsch, während *Orchis coriophora* in Feucht- und Bergwiesen vorkommt.
Orchis fragrans unterscheidet sich von *Orchis sancta* durch einen dichteren und kürzeren Blütenstand, eine im unteren Teil meist zurückgeschlagene Lippe, wobei die Lippenbasis weißlich und mit rosa Punkten oder Strichen besetzt ist. Außerdem blüht *Orchis sancta* zwei bis drei Wochen später, duftet nicht, ihre Blüten sind größer und die Laubblätter zur Blütezeit meist verwelkt.

STANDORT
Lichte Kiefernwälder, Macchien, Phrygana, Gebüsche; auf trokkenen, basischen Böden.

BLÜTEZEIT
Relativ spät, von Mitte April bis Mitte Juni.

HÖHENVERBREITUNG
Von der Küste bis etwa 1.000 m.

GESAMTVERBREITUNG
Fast im ganzen Mittelmeergebiet und Vorderasien verbreitet. Die nördlichsten Standorte liegen am Gardasee in Italien; östlich bis in den Kaukasus, Nordirak und Iran. Auch in Nordafrika.

VERBREITUNG IN DER TÜRKEI
Von der Marmara- bis zur Mittelmeer-Region. In der Inneranatolischen Region, ist sie nur von wenigen Fundstellen bekannt. Häufig im Süden in der Ägäis- und in der Mittelmeer-Region.

NOTIZEN ZU EINIGEN FUNDORTEN
Orchis fragans gehört in der Türkei zu den am weitesten verbreiteten und häufigsten Orchideen. Stellenweise bildet sie große Populationen.
Im Nordwesten des Landes, wie zum Beispiel in der Provinz Çanakkale wächst *Orchis fragrans* in Kiefernwäldern und auf Wiesenflächen. Die Blütezeit liegt hier etwa Mitte April bis Mitte Mai. In dieser Umgebung ist sie meist von vielen anderen Orchideenarten begleitet, unter anderem von *Anacamptis pyramidalis, Cephalanthera epipactoides, Limodorum abortivum, Ophrys fusca, Ophrys sicula, Ophrys oestrifera* und *Orchis tridentata*.
Auch im Westen der Türkei ist *Orchis fragrans* stellenweise häufig und wächst hier sehr oft mit *Orchis sancta* zusammen, mit der sie Hybriden bildet. Vor allem in der Umgebung von Kuşadası (Aydın) findet man sie öfter in kleineren Wiesenflächen und Affodilfluren. Leider sind diese Restflächen stark durch Bauarbeiten im Rahmen der Ausbreitung von Kuşadası bedroht.
Auf einem großen Friedhof, südlich der Straße Gazipaşa - Anamur (Antalya), blühen Mitte Mai hunderte von Exemplaren dieser Art. Die Fundstelle liegt im Osten des Friedhofs auf einem ziemlich großen Stück Brachland. An diesem Standort kommt auch die nahe verwandte *Orchis sancta* vor, mit der sie auch hier einige Hybriden bildet (*Orchis* x *kallithea*).

◄ **Söke (Aydın), 13.5.1996,** C. A. J. KREUTZ

Senköy (Hatay), 22.5.1995, C. A. J. KREUTZ

Söke (Aydın), 13.5.1996, C. A. J. Kreutz

Gazipaşa (Antalya), 20.5.1997, C. A. J. Kreutz

Besonders reichblütige Exemplare wurden auf einem verlassenen Friedhof südlich Antakya (Hatay) gefunden. Sie blüht hier von Mitte bis Ende Mai.

BEMERKUNGEN

Von wenigen Autoren wird *Ophrys coriophora* in zwei Sippen aufgegliedert, nämlich in die mitteleuropäische *Ophrys coriophora* und die mediterrane *Orchis fragrans*. Vor allem in Mitteleuropa wird die typische *Orchis coriophora* gefunden, die dort fast ausschließlich in trockenen bis frischen Wiesen vorkommt und an vielen Stellen vom Aussterben bedroht ist. *Orchis fragrans* besiedelt hauptsächlich trockene Standorte in Macchien und Phrygana im Mittelmeergebiet. In der Türkei kommen beide Arten in unterschiedlichen Biotopen vor, nämlich *Orchis fragrans* in lichten Kiefernwäldern, Macchien und Phrygana, während *Orchis coriophora* auf Feucht- und Bergwiesen wächst.

In der Türkei gibt es zwischen *Orchis fragrans* und *Orchis coriophora* selten Übergangsformen, wobei Variationen im Geruch und in der Blütenform und -farbe auftreten.

Auf Grund chemischer Untersuchungen der Blütenfarbstoffe haben Strack, Busch & Klein (1989) die Abtrennung von *Orchis coriophora* und *Orchis sancta* von der Gattung *Orchis* vorgenommen und diese als *Anteriorchis coriophora* (L.) Klein & Strack und *Anteriorchis sancta* (L.) Klein & Strack (1989) beschrieben. Schließlich hat Jacquet (Engel, et al., 1997) *Orchis fragrans* auch zur neuen Gattung umkombiniert und als Unterart von *Orchis coriophora* bewertet, nämlich als *Anteriochis coriophora* (L.) Klein & Strack subsp. *fragrans* (Pollini) Jacquet. Andere Autoren (vergleiche Rückbrodt & Hansen, 1992; Delforge, 1994) haben die Abtrennung der neuen Gattung nicht übernommen. Auch im vorliegenden Buch wurde der altbekannte Name *Orchis fragrans* beibehalten.

HYBRIDEN

Mit der nahe verwandten Art *Orchis sancta* nachgewiesen. Bei gemeinsamen Vorkommen gibt es Hybridpopulationen. Beide Arten kommen in der Türkei jedoch sehr selten am gleichen Standort vor. Auch Hybriden mit *Orchis dinsmorei* sind bekannt.

Söke (Aydın), 13.5.1996, C. A. J. Kreutz

Karaova (Muğla), 7.4.1997, C. A. J Kreutz

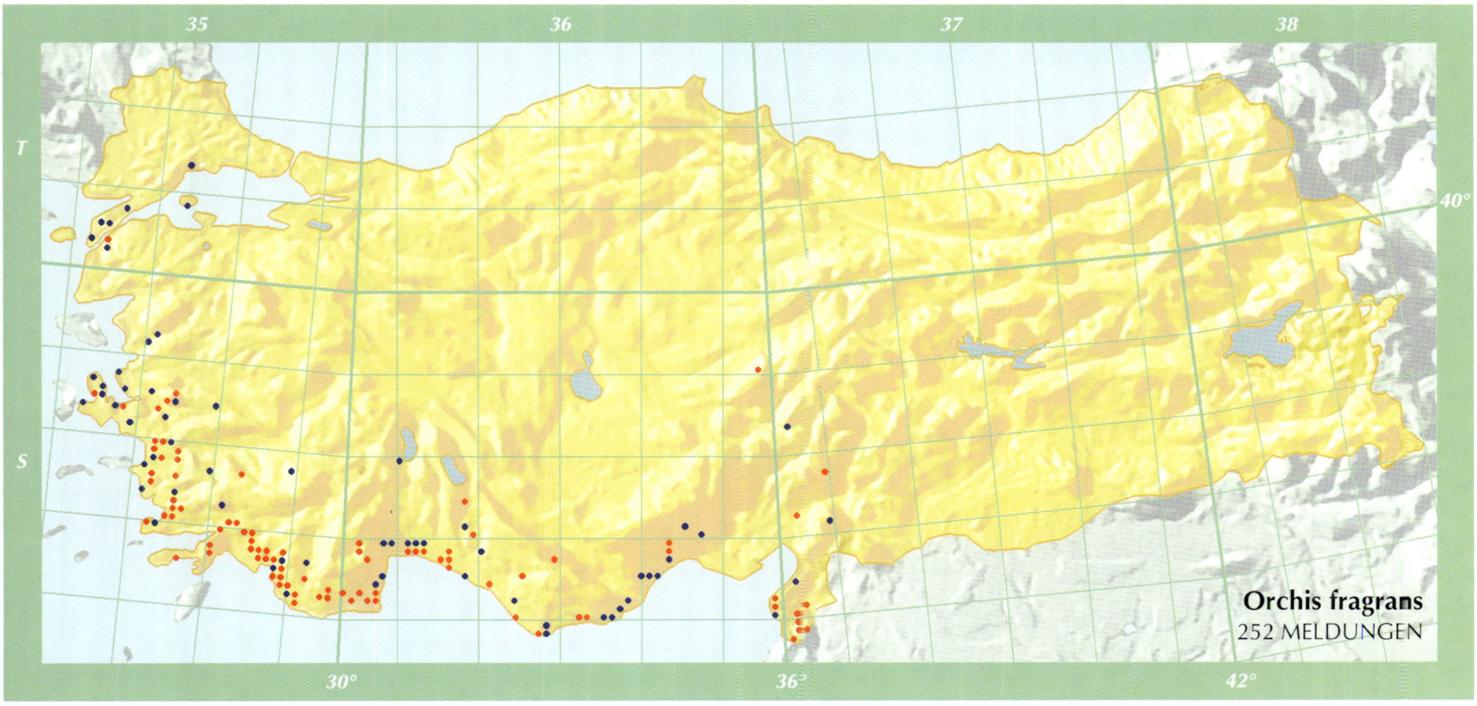

115 Orchis sancta L.

Heiliges Knabenkraut (Syst. Nat. ed. 10, 2: 1242, 1759)

SYNONYME

Orchis coriophora var. *sancta* (L.) REICHENBACH fil., *Orchis coriophora* subsp. *sancta* (L.) HAYEK, *Anteriorchis sancta* (L.) KLEIN & STRACK

BESCHREIBUNG

Kleine bis mittelgroße Pflanze. Laubblätter linealisch bis lanzettlich, aufrecht bis abstehend, die oberen in scheidige Stengelblätter übergehend, ungefleckt, zur Blütezeit meist verwelkt. Blütenstand zylindrisch, ziemlich locker- und vielblütig, langgestreckt. Tragblätter lanzettlich, etwa so lang wie die Fruchtknoten. Blüten klein bis mittelgroß, rosa bis dunkelrot gefärbt. Sepalen und Petalen bilden einen lang geschnäbelten (verklebten bis verwachsenen) Helm. Sepalen eiförmig-lanzettlich, zugespitzt, die seitlichen etwas länger als das mittlere, an der Außenseite oft grünlich überlaufen. Petalen lanzettlich und kürzer als die Sepalen. Lippe dreilappig (der Mittellappen länger als die beiden breiteren, grob gezähnten Seitenlappen), länglich-eiförmig, im unteren Teil meist etwas nach vorne gebogen, rosa bis dunkelrot. Sporn etwa so lang wie der Fruchtknoten, abwärts gerichtet und im unteren Teil nach vorne gekrümmt.

ABGRENZUNG ZU ÄHNLICHEN ARTEN

Ähnelt *Orchis fragrans*, beziehungsweise *Orchis coriophora*. *Orchis sancta* unterscheidet sich von diesen beiden Arten durch einen lockereren und langgestreckten Blütenstand, die im unteren Teil nach vorne gebogene Lippe, den nach vorne gebogenen Sporn und die rosa Lippenbasis, die keine Punkte oder Striche besitzt. Ferner blüht *Orchis sancta* in der Türkei zwei bis drei Wochen später, duftet nicht und ihre Laubblätter sind zur Blütezeit bereits verwelkt.

STANDORT

Gebüsche, Magerwiesen, Olivenhaine, Affodillfluren, Macchien und Phrygana; mit Vorliebe in Wiesengelände in ziemlich hohem vertrocknetem Gras; auf trockenen, kalkreichen Böden.

BLÜTEZEIT

Anfang bis Ende Mai, manchmal auch noch Anfang Juni. *Orchis sancta* blüht etwa zwei bis drei Wochen später als *Orchis fragrans*. Bei Kuşadası (Aydın) und bei Gazipaşa (Antalya) jedoch etwa eine Woche früher als diese.

HÖHENVERBREITUNG

Von der Küste bis etwa 500 m.

GESAMTVERBREITUNG

Östliches Mittelmeergebiet, Ägäische Inseln und die Türkei bis nach Israel. Auch auf Zypern und im Kaukasusgebiet.

VERBREITUNG IN DER TÜRKEI

Ägäis- und Mittelmeer-Region.

NOTIZEN ZU EINIGEN FUNDORTEN

Orchis sancta ist in der Südwesttürkei nicht selten und bildet dort oft größere Populationen. Vor allem in der Provinz Muğla bildet sie häufig Hybriden mit *Orchis fragrans* (*Orchis* x*kallithea*).

An grasigen Stellen am Rande der Kiefernwälder in der Umgebung von Yukarıkızılca (İzmir), südöstlich Kemalpaşa, blüht *Orchis sancta* Mitte Mai in großer Zahl. Sie bildet hier Gruppen mit bis zu sieben Exemplaren. Zu dieser Zeit sind die meisten anderen Orchideen, die in diesem Gebiet reichlich vorkommen, schon völlig verblüht.

In der Umgebung von Kuşadası und Söke (Aydın) wachsen Mitte Mai schöne Gruppen in Wiesenflächen, in dichten Macchien und in Olivenhainen zusammen mit *Anacamptis pyramidalis*, *Ophrys candica*, *Orchis fragrans*, *Serapias bergonii* und einigen sehr schönen intermediären Hybriden zwischen *Orchis sancta* und *Orchis fragrans*. Etwa einen Monat früher blüht an diesem Standort die sehr seltene *Ophrys regis-ferdinandii*.

Orchis sancta besiedelt bevorzugt auch grasige Flächen in Ausgrabungsstätten. So wächst sie in Aspendos (Antalya) im Ausgrabungsgelände des Stadions und oberhalb des Theaters in der Phrygana und in den weitläufigen Rasenflächen. Ferner in Priene (Aydın), bei Olympos (Antalya) und im Mamure Kalesi bei Anamur (İçel), wo viele Pflanzen in den Steinfluren und Trockenrasen im Ausgrabungsgelände wachsen. Südwestlich Kemer (Antalya) in der Umgebung der Ausgrabungsstätte Olympos kommt *Orchis sancta* sehr reichlich vor.

Auf einem großen Friedhof, südlich der Straße Gazipaşa - Anamur (Antalya), blühen Mitte Mai viele hundert Exemplare. An diesem Standort kommt auch die naheverwandte *Orchis fragrans* vor, mit der sie einige Hybriden bildet.

BEMERKUNGEN

Auf Grund chemischer Untersuchungen der Blütenfarbstoffe

◄ **Kuşadası (Aydın), 14.5.1996,** C. A. J. KREUTZ

Kuşadası (Aydın), 14.5.1996, C. A. J. KREUTZ

Yukarıkızılca (İzmir), 14.5.1996, C. A. J. Kreutz

Kuşadası (Aydın), 5.5.1988, C. A. J. Kreutz

Söke (Aydın), 13.5.1996, C. A. J. Kreutz

Gazipaşa (Antalya), 20.5.1997, C. A. J. Kreutz

Söke (Aydın), 13.5.1996, C. A. J. KREUTZ

Kuşadası (Aydın), 5.5.1988, C. A. J. KREUTZ

haben STRACK, BUSCH & KLEIN (1989) die Abtrennung von *Orchis sancta* von der Gattung *Orchis* vorgenommen und diese als *Anteriorchis sancta* (L.) KLEIN & STRACK (1989) beschrieben. REINHARD, GÖLZ, PETER & WILDERMUTH (1991) haben dies mit weiteren Unterscheidungsmerkmalen begründet. Andere Autoren (vergleiche RÜCKBRODT & HANSEN, 1992; DELFORGE, 1994) haben die Abtrennung nicht übernommen. Auch im vorliegenden Buch wurde der altbekannte Name *Orchis sancta* beibehalten.

GEFÄHRDUNG

Orchis sancta kommt hauptsächlich im Küstenbereich vor. Durch die sich immer weiter ausbreitenden Hotelanlagen und die starke landwirtschaftliche Nutzung ist die Art stark gefährdet.

HYBRIDEN

Orchis sancta bildet mit *Orchis fragrans* oft reiche Hybridschwärmen.

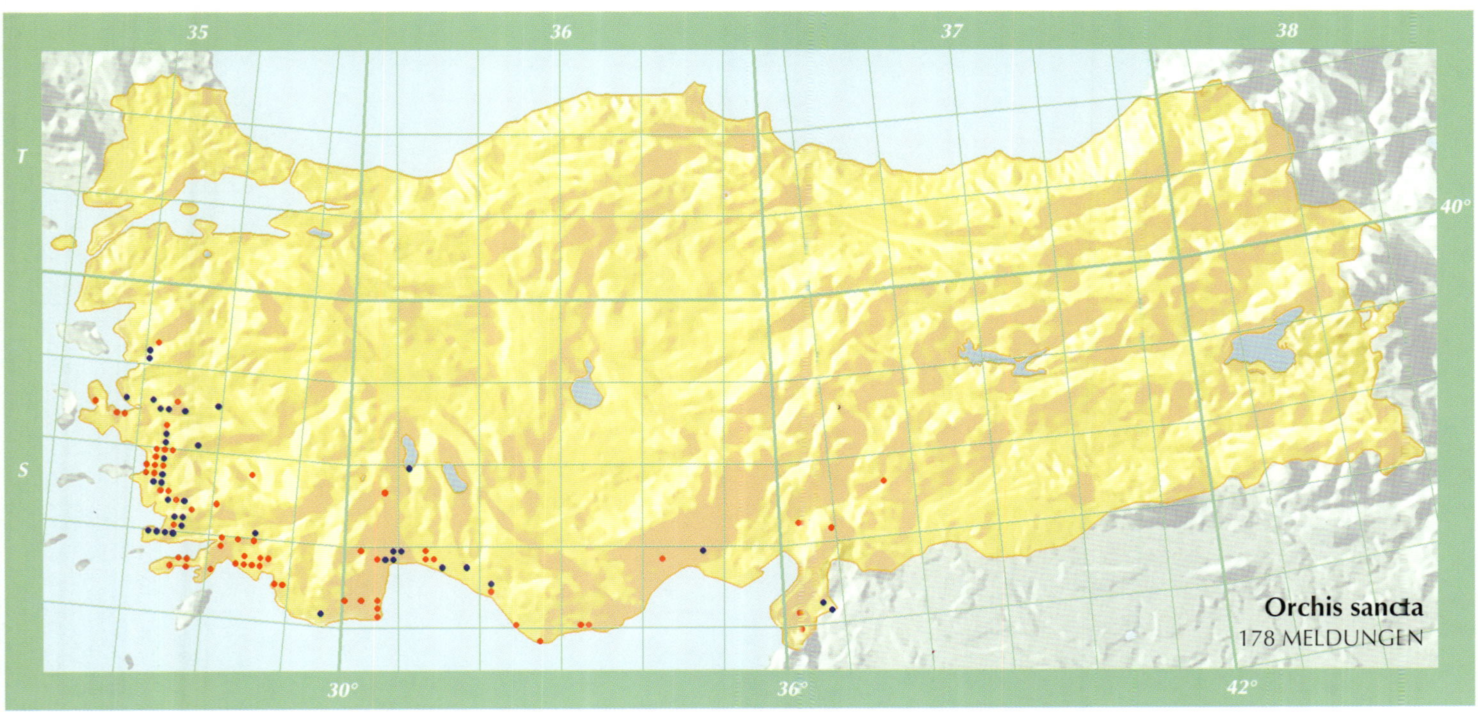

116 Orchis dinsmorei

(SCHLECHTER) H. BAUMANN & DAFNI

Dinsmores Knabenkraut

(Mitt. Bl. Arbeitskr. Heim. Orch. Baden-Württ. 13: 323, 1981)

BASIONYM

Orchis laxiflora var. *dinsmorei* SCHLECHTER (Monogr. Icon. Orch. Eur. 1: 191, 1927)

SYNONYM

Orchis platychila C. KOCH

BESCHREIBUNG

Zierliche, meist hochwüchsige Pflanze. Laubblätter lanzettlich bis schmal-lanzettlich, schräg aufwärts gerichtet, ungefleckt. Blütenstand zylindrisch, manchmal verlängert, dicht- bis lockerblütig, vielblütig, rötlich gefärbt. Tragblätter schmal-lanzettlich, etwa so lang wie die Fruchtknoten. Blüten mittelgroß, rotviolett bis purpurviolett. Sepalen eiförmig bis eiförmig-lanzettlich, die beiden seitlichen aufgerichtet bis vollständig zurückgeschlagen, das mittlere Sepal über die beiden Petalen gebogen. Petalen schmal-lanzettlich bis eiförmig, zusammenneigend. Lippe fast ungeteilt, ziemlich klein, die Seitenränder stark rückwärts geschlagen, purpurrot bis rotviolett mit weißlicher Lippenbasis, diese mit purpurvioletten Punkten oder Strichen besetzt. Sporn zylindrisch, aufwärts gerichtet.

ABGRENZUNG ZU ÄHNLICHEN ARTEN

Orchis dinsmorei weist Ähnlichkeit mit *Orchis elegans, Orchis laxiflora, Orchis palustris* und *Orchis pseudolaxiflora* auf. Sie ist aber einwandfrei von diesen vier Arten durch ihre frühe Blütezeit, ihre kleinen Blüten, die violette Blütenfarbe und die kurze Lippe mit zurückgeschlagenen Seitenlappen zu erkennen.

STANDORT

Die Art wächst hauptsächlich in Sumpf- und Feuchtwiesen und an Quellsümpfen. An vielen Standorten wächst sie aber auch direkt am Ufer kleiner Tümpel, dort meist im Schilf. Hier erreichen die Pflanzen meist eine Höhe von fast einem Meter.

BLÜTEZEIT

Orchis dinsmorei ist eine frühblühende Art; ihre Hauptblütezeit liegt in der südlichen Türkei Mitte April bis Anfang (Mitte) Mai, in Israel noch früher, nämlich von Mitte März bis Anfang April (KREUTZ, 1993b).

HÖHENVERBREITUNG

Von der Ebene bis 1.000 m.

GESAMTVERBREITUNG

Orchis dinsmorei besiedelt ein kleines Areal im Nahen Osten. Ihr Verbreitungsgebiet reicht von der südlichen Türkei über den westlichen Teil von Syrien, Libanon bis nach Nordisrael.

VERBREITUNG IN DER TÜRKEI

Südliche Türkei (Provinzen Adana, Gaziantep und Hatay).

NOTIZEN ZU EINIGEN FUNDORTEN

Bei Reyhanlı, nordöstlich Antakya an der syrischen Grenze, liegen noch ausgedehnte Quellsümpfe und nasse Hangwiesen, in denen Ende April viele tausend Exemplare von *Orchis dinsmorei* zur Blüte kommen. Die Hänge sind zur Blütezeit purpurrot gefärbt. Leider sind diese Biotope durch übermäßige Beweidung, vor allem durch Rinder, die außerdem den Boden stark beschädigen, ziemlich bedroht. Anfang Mai 1988 wurde hier ein Exemplar der Hybride *Orchis fragrans* mit *Orchis dinsmorei* gefunden. Einige Wochen später findet man hier viele stattliche Pflanzen von *Orchis palustris*, die Blütezeiten beider Arten (*Orchis dinsmorei* und *Orchis palustris*) überschneiden sich jedoch nicht. Übergangsformen konnten deswegen nicht beobachtet werden.

Der nordöstlichste Fundort befindet sich wahrscheinlich in der Provinz Gaziantep, wo sie mit *Dactylorhiza osmanica* und *Orchis palustris* in einer Feuchtwiese an der Straße von İslahiye nach Kahramanmaraş in der Umgebung von Nurdos vorkommt. In dieser Umgebung befindet sich ein weiterer Standort an der Straße von Kozdere nach Kahramanmaraş. Leider wird dieser Standort entwässert (KRETZSCHMAR, et al., Fundliste 1988).

Schließlich hat CHAMBERS (Fundliste 1995, 1996) einen Standort an der Straßengabelung Osmaniye - Gaziantep - İslahiye auf der Höhe von Nurdağı (Gaziantep) gefunden. *Orchis dinsmorei* blüht an diesem Standort Ende April/Anfang Mai. Dieser Standort wurde Mitte Mai 1997 vom Verfasser besucht und in verschiedenen kleinen Sumpfwiesen wurden etwa 30 Pflanzen gefunden, die bereits im Abblühen waren. Die Pflanzen an diesem Standort sind hochwüchsig und sehr schlank, die Blüten klein bis mittelgroß mit zurückgeschlagenen Seitenlappen. Leider sind diese Sumpfwiesen ganz von Acker-

◀ **Nurdağı (Gaziantep), 23.5.1997,** C. A. J. KREUTZ

Nurdağı (Gaziantep), 23.5.1997, C. A. J. KREUTZ

Nurdağı (Gaziantep), 23.5.1997, C. A. J. Kreutz

Nurdağı (Gaziantep), 23.5.1997, C. A. J. Kreutz

Hagoscherim (Israel), 28.4.1992, C. A. J. Kreutz

Binyamina (Israel), 2.4.1992, C. A. J. Kreutz

land eingeschlossen und es ist damit zu rechnen, daß auch diese Sümpfe innerhalb kurzer Zeit landwirtschaftlich genutzt werden. In der gleichen Sumpfwiese kommt auch *Orchis palustris* vor, die etwa einen Monat später blüht.

BEMERKUNGEN

Sie wurde 1927 von SCHLECHTER von Israel als eine Varietät von *Orchis laxiflora* beschrieben und von BAUMANN & DAFNI (1981a) in den Artrang erhoben.

BAUMANN & DAFNI (1981a) geben *Orchis dinsmorei* von zwei Standorten in der Türkei an, nämlich bei Kagırakı (Adana), wo sie in Nadelwäldern (600 m) vorkommt und von feuchten Stellen bei Giorna (Adana) auf 1.000 m Höhe. Beide Angaben stammen von Herbarbelegen die von SIEHE 1895, beziehungsweise 1896, in der Türkei gesammelt wurden. Auch HAYEK (1914) gibt diese Art aus der Umgebung der Kilikische Pforte in Feuchtwiesen an. Eine exakte Lokalisierung dieser nördlichsten Fundorte war bislang nicht möglich. Deswegen wurden von BAUMANN & DAFNI (1981a) diese Fundorte nur mit Vorbehalt in die Verbreitung aufgenommen und mit entsprechenden Höhenlage angenommen.

PROBLEMATIK

Es sollte darauf hingewiesen werden, daß die türkischen Populationen zu *Orchis laxiflora* tendieren. Die nordisraelischen Pflanzen (KREUTZ, 1993a) unterscheiden sich durch einen dichteren und reich besetzten Blütenstand. Außerdem sind die Blüten etwas kleiner und farbiger (purpurn) und die Seitenlappen der Lippe sind nicht so stark zurückgeschlagen. Ferner sind die türkischen Pflanzen an der Lippenbasis weniger stark eingeschnürt als die Pflanzen von Israel. Es ist noch nicht mit Sicherheit festgestellt worden, ob die türkischen Pflanzen zu *Orchis dinsmorei* gehören. Das Vorkommen von *Orchis dinsmorei* in der Türkei bleibt also umstritten. Zum Vergleich wurden zwei Aufnahmen aus Israel abgebildet, wo die Art in typischer Ausprägung vorkommt.

GEFÄHRDUNG

Viele Biotope bestehen aus Restflächen ehemaliger ausgedehnter Sumpfgebiete und sind durch Düngung besonders gefährdet. Außerdem wurden in letzter Zeit viele dieser Feuchtbiotope in der Türkei trockengelegt. Dadurch gehört *Orchis dinsmorei* in der Türkei zu den gefährdetsten Orchideen. So wurde 1993 ein schöner Bestand bei Altınözü, nordöstlich Antakya (Hatay) fast vollständig umgeackert, und nur wenige Exemplare von *Orchis dinsmorei* haben diesen Eingriff überlebt.

HYBRIDEN

Mit *Orchis fragrans*.

Nurdağı (Gaziantep), 23.5.1997, C. A. J. KREUTZ

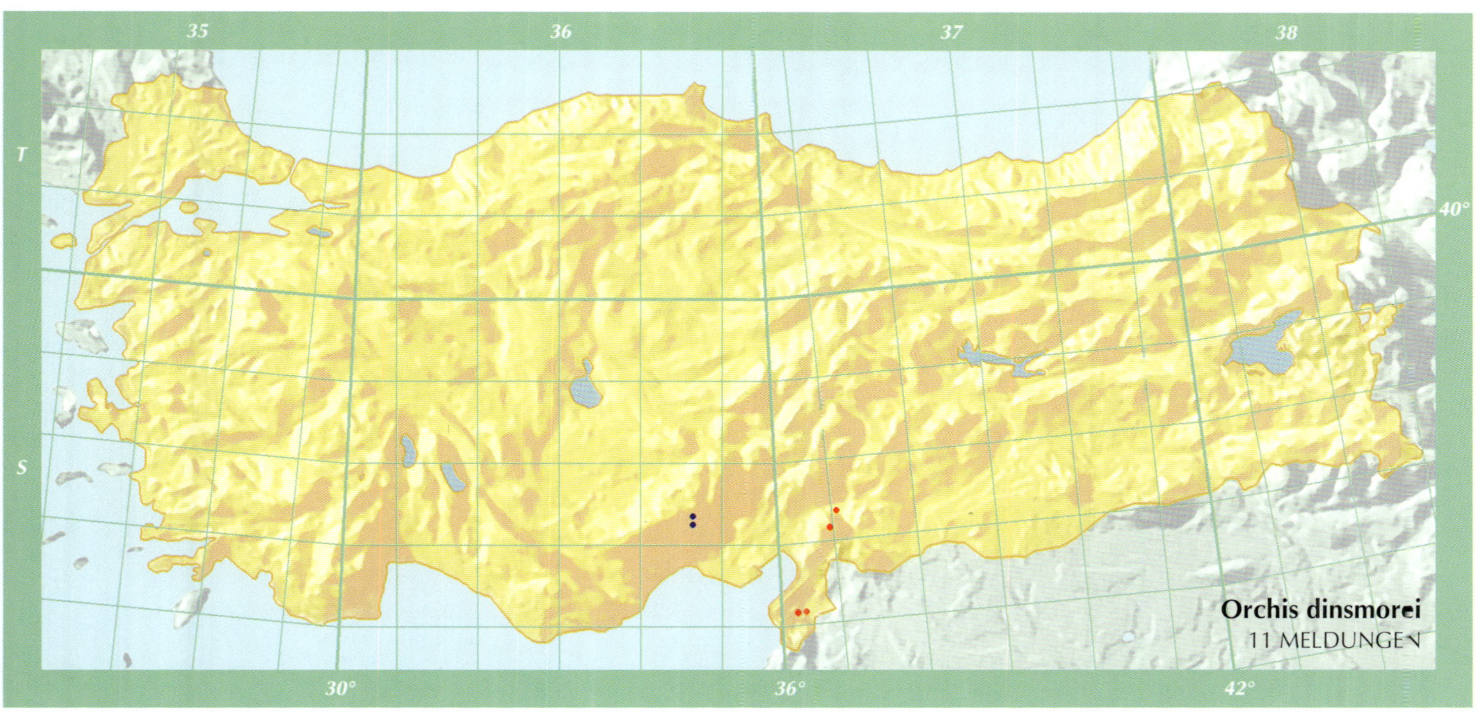

117 Orchis elegans

HEUFFEL

Zierliches Sumpf-Knabenkraut

(in Hoppe: Flora (Regensburg) 18 (1): 250, 1835)

SYNONYME

Orchis laxiflora var. *elegans* (HEUFFEL) ASCHERSON & GRÄBNER, *Orchis laxiflora* subsp. *elegans* (HEUFFEL) SOÓ, *Orchis palustris* subsp. *elegans* (HEUFFEL) NYÁRADY

BESCHREIBUNG

Kräftige, schlanke und hochwüchsige Pflanze, durchschnittlich 50 bis 80 cm hoch. Laubblätter schmal-lanzettlich bis lanzettlich, aufrecht stehend, ungefleckt, die unteren Laubblätter sind sehr lang. Blütenstand zylindrisch bis sehr langgestreckt, ziemlich locker- bis dichtblütig, vielblütig (30 bis 40 Blüten). Tragblätter linealisch und zugespitzt, etwa doppelt so lang wie die Fruchtknoten. Blüten mittelgroß, rotviolett, rötlich bis dunkelrot gefärbt. Sepalen kürzer als bei *Orchis palustris*, eiförmig-lanzettlich, die beiden seitlichen schräg seitwärts oder nach oben gerichtet, das mittlere über die beiden Petalen gebogen, stumpf. Petalen lanzettlich, zusammengeneigt. Lippe 9 bis 13 mm lang, 8 bis 15 mm breit, meist flach ausgebreitet, ungeteilt bis schwach dreilappig, der Mittellappen sehr klein und meist nur etwas länger als die beiden Seitenlappen, violett, rötlich bis dunkelrot, die weißliche Lippenbasis mit Strichen oder kurzen Linien besetzt. Sporn zylindrisch, dünn, aufwärts gebogen, 12 bis 18 mm lang.

ABGRENZUNG ZU ÄHNLICHEN ARTEN

Orchis elegans weist Ähnlichkeit mit *Orchis dinsmorei, Orchis laxiflora, Orchis palustris* und *Orchis pseudolaxiflora* auf. Sie ist meist nur schwierig von diesen Arten zu unterscheiden. Wichtig ist ihre flache, ungeteilte oder mehr oder weniger undeutlich dreilappige Lippe, der sehr kleine Mittellappen, der so lang ist wie beide Seitenlappen und ihr aufwärts gebogener Sporn. Ferner besitzt *Orchis elegans* breitere Laubblätter, längere Tragblätter und spitzere Petalen. Im allgemeinen sind die Pflanzen von *Orchis elegans* viel kräftiger und reichblütiger als die von *Orchis palustris* (LANDWEHR, 1977). Die Pflanzen, gefunden von HAHN & PASSIN (1997), sind im Habitus sehr kräftig und hochwüchsig, die Laubblätter sind breit, aufrecht und erreichen den Blütenstand, der Blütenstand ist sehr langgestreckt und vielblütig (oft 30-40 Blüten). Sie unterscheiden sich damit im Habitus eindeutig von mitteleuropäischen *Orchis palustris*.

STANDORT

Orchis elegans wächst hauptsächlich in Sumpf- und Feuchtwiesen, in Flachmooren; selten in Quellsümpfen. Auch in feuchten Straßengräben, auf basenreichen bis leicht sauren Böden.

BLÜTEZEIT

Ende April bis Mitte Juni, in den höheren Gebirgslagen um Akseki noch Ende Juni.

HÖHENVERBREITUNG

Von der Ebene bis etwa 1.200 m.

GESAMTVERBREITUNG

Das Verbreitungsgebiet ist nicht vollständig bekannt; die meisten Standorte befinden sich in Kroatien, Jugoslawien und Mazedonien. Das Areal reicht vermutlich von Slowenien und Ungarn im Norden über die Balkanhalbinsel (ehemaliges Jugoslawien, Rumänien, Bulgarien, Albanien und Griechenland) bis in die Türkei. Wahrscheinlich auch auf Lesbos. Aktuelle Angaben im östlichen Mittelmeerraum liegen vor von Malia auf Kreta (KREUTZ, 1990), Zakinthos (mündl. Mittlg. ESSINK, 1996), von der Halbinsel Akrotiri auf Zypern (mündl. Mittlg. MORSCHECK, 1996) und der Türkei (HAHN & PASSIN, 1997). Auch auf der ostägäischen Insel Samos wurden von SECKEL (1987) Pflanzen gefunden, die *Orchis elegans* sehr ähnlich sehen. Die Dias zeigen typische Merkmale dieser Art.

VERBREITUNG IN DER TÜRKEI

Im Westen und im Südwesten verbreitet (Aydın, Muğla, Antalya, Konya).

NOTIZEN ZU EINIGEN FUNDORTEN

Soweit bekannt, gibt es in der Türkei sieben Fundstellen von *Orchis elegans*. Drei davon wurden von HAHN & PASSIN (1997) ge-

Bakaran (Antalya/Konya), 1.6.1997, C. A. J. KREUTZ

Kuşadası (Aydın), 14.5.1996, C. A. J. KREUTZ

◄ **Bakaran (Antalya/Konya), 1.6.1997,** C. A. J. KREUTZ

Bakaran (Antalya/Konya), 1.6.1997, C. A. J. Kreutz

Bakaran (Antalya/Konya), 1.6.1997, C. A. J. Kreutz

Ortaca (Muğla), 4.5.1996, J. Passin

meldet, die vierte von Jansen (Fundliste 1996), die fünfte von Poot (briefl. Mittlg., 1996) und die sechste von Hacking (mündl. Mittlg., 1995). Der Verfasser hat 1996 die Pflanzen am Standort von Poot studiert und wies die Art bei Bakaran (Antalya/Konya) nach.
Orchis elegans wurde erstmals 1993 für die Türkei nachgewiesen. In einem küstennahen Sumpfgebiet bei Kemer (Antalya) wurden damals einige sehr kräftige und hochwüchsige Pflanzen beobachtet, die mit den Merkmalen von *Orchis elegans* übereinstimmen (mündl. Mittlg., Hacking, 1995).
Zwei Jahre später, 1995, wurden auch nördlich Kuşadası (Aydın) Ende Mai etwa 25 Exemplare in einer Feuchtwiese direkt an der Küste gefunden. Die durchschnittliche Höhe der Pflanzen variierte in diesem Jahr von 80 bis 100 cm. Die größte Pflanze war etwa 130 cm hoch mit einem Blütenstand von 35 cm (briefl. Mittl,. Poot, 1996). Ein Jahr später, 1996, wurde dieser Standort vom Verfasser besucht und es stellte sich heraus, daß ein großer Teil dieser ausgedehnten Küstensümpfe bereits trockengelegt worden war. Außerdem war genau an der größten Fundstelle ein großes Hotel gebaut worden. In der direkten Umgebung wurden nur noch drei Exemplare beobachtet. Es ist aber nicht ausgeschlossen, daß in der weiteren Umgebung noch mehr Exemplare zu finden sind.
Am westlichen Nordufer des Köyceğizsees (Muğla) befindet sich ein großflächiges Flachmoor, in dem *Orchis elegans* mit etwa 500 blühenden Exemplaren vorkommt. Nördlich dieses Standorts wächst auf einer Kopfbinsenwiese auch *Orchis laxiflora*, mit der *Orchis elegans* einige Hybriden bildet.
Südlich und südöstlich von Ortaca (Muğla) befindet sich ein weiterer Standort. Am Standort südlich Ortaca, hier in mehreren kleinen Feuchtwiesen, wurden 1996 etwa 30 blühende Exemplare gezählt. Die Pflanzen sind im Habitus sehr kräftig und hochwüchsig (80-100 cm), wobei eine Pflanze sogar 160 cm hoch war!

Die dritte Fundstelle, die von HAHN & PASSIN (1997) gefunden wurde, befindet sich an der Straße von Ortaca nach Dalaman (Muğla). Hinter einem Acker befindet sich eine ausgedehnte Feuchtwiesenfläche, welche durch einen nassen Graben unterteilt ist. Dieses Gelände ist mit ca. 1.000 blühenden Pflanzen sehr gut besetzt. Auch an diesem Standort ist *Orchis elegans* begleitet von *Orchis laxiflora* und bildet Hybriden mit dieser. *Orchis elegans* blüht an diesem Standort etwa 10 Tage später als *Orchis laxiflora*.

In der äußeren Erscheinung ähneln die von HAHN & PASSIN (1997) gefundenen Pflanzen auf den ersten Blick ganz auffällig der von Mallorca bekannten, westeuropäischen *Orchis robusta*, unterscheiden sich aber deutlich von dieser Art, besonders durch die kleinere, purpurn gefärbte Lippe und den langen, dünnen, aufwärts gerichteten Sporn. An weiteren Orchideen wurden hier noch *Ophrys apifera* und *Serapias bergonii* gefunden.

JANSEN (Fundliste 1996) hat *Orchis elegans* an der Straße von Manavgat nach Beyşehir, nördlich Bademli (Konya) gefunden. In feuchten Straßengräben und an Bachrändern, sowie in den anliegenden Feuchtwiesen fand er die Art zu Tausenden, zusammen mit *Orchis coriophora*. In dieser Umgebung, bei Bakaran östlich der Straße Cevizli - Beyşehir (Antalya/Konya), befinden sich immer wieder Restflächen von ehemaligen, ausgedehnten Sumpfwiesen. In diesen kleinen Sumpfwiesen wachsen, öfter direkt am Bachrand, zahlreiche Exemplare von *Orchis elegans*. Die Pflanzen blühen Anfang Juni auf, ihre Hauptblütezeit liegt durchschnittlich Mitte bis Ende Juni. Die Standorte von *Orchis elegans* sind leider durch Aufforstung mit Pappeln und landwirtschaftliche Nutzung bedroht. *Orchis elegans* ist hier fast immer mit *Orchis coriophora* vergesellschaftet.

BEMERKUNGEN

In letzter Zeit wurde *Orchis elegans* unter anderem von Kreta, Samos und Zypern nachgewiesen. Ein Vorkommen an der türkischen West- und Südküste ist auf Grund dieser Funde, davon einige auf den der türkischen Küste vorgelagerten Inseln, nicht auszuschließen. So liegen die Fundstellen auf Samos genau gegenüber denjenigen von Kuşadası und die von Kemer, Ortaca und vom Köyceğizsee nördlich gegenüber Zypern.

Nach der Verbreitungskarte in LANDWEHR (1977) kommt *Orchis elegans* im nördlichen und östlichen Balkan vor, sowie im südlichen Teil der ehemaligen Sowjetunion und in der Türkei.

Es muß darauf hingewiesen werden, daß in der Türkei fast alle Arten aus dem *Orchis palustris/laxiflora*-Komplex vorkommen und daß eine Bestimmung der einzelnen Arten manchmal problematisch ist, auch weil sie durch zahlreiche Übergangsformen miteinander verbunden sind. Sowohl HAHN & PASSIN (1997) als JANSEN sind überzeugt, daß *Orchis elegans* in der Türkei vorkommt. Die Pflanzen nördlich von Kuşadası stehen *Orchis elegans* sehr nahe und werden hier zu dieser gestellt. Die Pflanzen vom Standort bei Bakaran sind *Orchis elegans* zuzuordnen. Vermutlich gehören auch die Pflanzen der anderen genannten Standorte zu *Orchis elegans*. Diese Fundstellen wurden nicht vom Verfasser gesehen.

GÖLZ & REINHARD (1986) ermitteln zwischen *Orchis palustris* aus der Schweiz und *Orchis elegans* aus dem östlichen und nördlichen Balkan eine Gesamtsippendifferenz von 52 und erklären *Orchis elegans* zu einer guten Art. Eine Stichprobe von BUTTLER aus Nordgriechenland stellen GÖLZ & REINHARD (1986) intermediär zwischen *Orchis elegans* und *Orchis palustris*. In ihren nach Stichproben-Mittelwerten konstruierten Lippen- und Spornformen sind die Pflanzen der Türkei, unter Berücksichtigung einer gewissen Bandbreite, als am nächsten verwandt zu *Orchis elegans* zu rechnen. Auch HAHN & PASSIN (1997) kommen zu diesem Ergebnis.

PROBLEMATIK

Die taxonomische Gliederung der Arten aus dem Formenkreis *Orchis dinsmorei, Orchis elegans, Orchis laxiflora, Orchis palustris, Orchis pseudolaxiflora* und *Orchis robusta* ist umstritten. Auch BUTTLER & NIESCHALK (1979) berichten von Schwierigkeiten bei diesem Formenkreis. SCHÄFER (1971) hat die zahlreichen Probleme, die es so schwer machen, den Formenkreis zu verstehen und zu gliedern, ausführlich dargestellt.

Bei GÖLZ & REINHARD (1986), LANDWEHR (1977) und DELFORGE (1994) wird *Orchis elegans* als separate Art aufgeführt, während BAUMANN & KÜNKELE (1982a, 1988a) und BUTTLER (1986) *Orchis elegans* in die Synonymie von *Orchis palustris* stellen. Weil *Orchis elegans* morphologisch *Orchis palustris* sehr nahesteht, könnte man sie taxonomisch vielleicht besser als Unterart dieser Art bewerten (*Orchis palustris* subsp. *elegans* (HEUFFEL) NYÁRADY).

HYBRIDEN

An zwei Standorten in der direkten Umgebung von *Orchis elegans* kommt auch *Orchis laxiflora* vor. Vermutlich bildet sie mit dieser Art Bastarde.

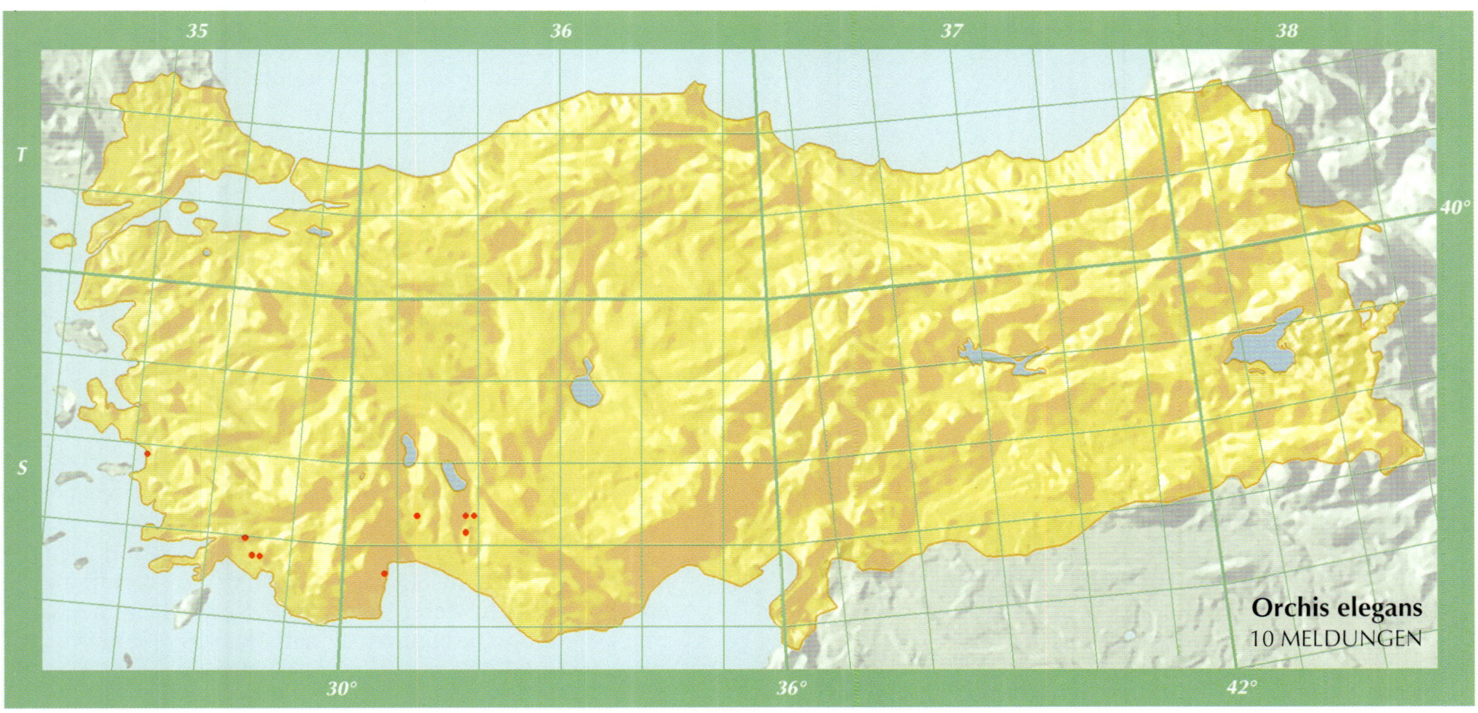

118 Orchis laxiflora

LAMARCK

Lockerblütiges Knabenkraut

(Fl. Franç. ed. 1, 3: 504, 1779)

SYNONYME

Orchis palustris var. *laxiflora* FRIEDRICHSTHAL, *Orchis ensifolia* VILLARS, *Orchis laxiflora* subsp. *ensifolia* (VILLARS) ASCHERSON & GRÄBNER

BESCHREIBUNG

Schlanke, meist ziemlich hochwüchsige Pflanze, Stengel im oberen Teil purpurn überlaufen. Laubblätter schmal-lanzettlich bis lanzettlich, schräg aufwärts gerichtet, ungefleckt. Blütenstand lockerblütig und langgestreckt, vielblütig. Tragblätter lang zugespitzt, die unteren etwas länger, die oberen so lang wie die Fruchtknoten. Blüten mittelgroß, dunkelviolett bis rötlichviolett gefärbt, an der Lippenbasis weiß. Sepalen eiförmig bis eiförmig-lanzettlich, die beiden seitlichen aufgerichtet bis zurückgeschlagen, das mittlere Sepal über die beiden Petalen gebogen. Petalen schmal-lanzettlich bis eiförmig, zusammenneigend. Lippe undeutlich dreilappig, die Seitenlappen stark rückwärts geschlagen und länger als der Mittellappen, purpurrot bis rotviolett mit einer weißlichen Lippenbasis ohne Malzeichnung. Sporn zylindrisch, aufwärts gerichtet.

VARIABILITÄT

In der Türkei kommen auch weißblütige Exemplare vor. LINKER (Fundliste 1995) berichtet von einem Standort an der Straße von Marmaris nach Datça (Muğla), wo diese Farbvariante zusammen mit typisch gefärbten Exemplaren wächst.

ABGRENZUNG ZU ÄHNLICHEN ARTEN

Ähnelt vor allem *Orchis pseudolaxiflora* und *Orchis dinsmorei*, die beide in der Türkei vorkommen. Während *Orchis laxiflora* eine mehr westliche Verbreitung hat, kommt *Orchis dinsmorei* im Südwesten des Landes in den Provinzen Adana, Gaziantep und Hatay vor, *Orchis pseudolaxiflora* im mittleren und östlichen Teil des Landes.

Orchis laxiflora unterscheidet sich von *Orchis dinsmorei* durch die dunklere (violette) Blütenfarbe (vor allem der Labellseitenlappen), die zurückgeschlagenen Seitenlappen der Lippe und eine kürzere (gestutzte) Blütenlippe, die deutlich breiter als lang ist und einen ausgerandeten Mittellappen (BAUMANN & DAFNI, 1981a) besitzt. BAUMANN & DAFNI (1981a) geben frühere Blütezeiten an, vermutlich bezogen auf Israel. In der Türkei blüht *Orchis dinsmorei* Mitte April bis Anfang (Mitte) Mai, während *Orchis laxiflora* in der Türkei öfter noch bis in die erste Junihälfte blühend anzutreffen ist.

Gegenüber *Orchis laxiflora* hat *Orchis pseudolaxiflora* einen kräftigeren Wuchs, einen länger gestreckten Blütenstand und sie trägt zahlreiche locker angeordnete Blüten. Außerdem ist die Lippe von *Orchis pseudolaxiflora* schwach dreilappig und flach ausgebreitet und die Seitenlappen sind nicht oder sehr schwach zurückgeschlagen.

STANDORT

Die Art bevorzugt Feucht- und Sumpfwiesen. Vielfach auch an feuchten Stellen in Wiesen, Flußufern und Quellgebieten; auf kalkhaltigen Böden.

BLÜTEZEIT

Anfang April in Meereshöhe bis Mitte Juni in den höheren Lagen.

HÖHENVERBREITUNG

Von der Küste bis 1.500 m.

GESAMTVERBREITUNG

Fast das ganze Mittelmeergebiet umfassend, nördlich bis Nordwestfrankreich und die Kanalinseln und östlich bis in den mittleren Teil der Türkei, Zypern, Nordisrael und die Kaukasusländer. Im Südwesten des Verbreitungsgebiets ist die Art in manchen Gebieten, wie zum Beispiel im südfranzösischen Departement Var, relativ häufig.

VERBREITUNG IN DER TÜRKEI

Vor allem im westlichen Teil des Landes verbreitet, dort hauptsächlich im Küstenbereich. Klingt im kontinentalen Osten der Türkei aus.

NOTIZEN ZU EINIGEN FUNDORTEN

Bei Yukarıkızılca, südlich Kemalpaşa (İzmir) findet man *Orchis laxiflora* immer wieder zusammen mit vielen anderen Orchideenarten. Sie wächst in diesem ausgedehnten Biotop am Rande kleiner Tümpel oder an den Ufern kleiner Bäche. In

◄ **Kemalpaşa (İzmir), 4.5.1988,** C. A. J. KREUTZ

Ortaca (Muğla), 16.4.1997, C. A. J. KREUTZ

Ortaca (Muğla), 16.4.1997, C. A. J. Kreutz

Reyhanlı (Hatay), 14.4.1996, (mit *Orchis fragrans*), C. A. J. Kreutz

Nakkas (İstanbul), 28.4.1997, C. A. J. Kreutz

Çetibeli (Muğla), 11.4.1997, C. A. J. Kreutz

ihrer Nähe ist oft *Ophrys apifera* zu finden. Leider wird dieses Gebiet stark durch eine intensive Landwirtschaft bedroht. Am Çetibeli-Paß, nördlich Marmaris (Muğla) wachsen viele Pflanzen in einer Sumpfwiese und am Bachufer. Die Pflanzen sind hier besonders kräftig und erreichen fast 90 cm Höhe. Der Standort wird innerhalb einiger Jahre verschwunden sein, weil die Straße an dieser Stelle ausgebaut wird.
Am westlichen Nordufer des Köyceğizsees (Muğla) befindet sich eine großflächige Kopfbinsenwiese in der *Orchis laxiflora* einen Massenbestand von etwa 2.000 Exemplaren bildet. Ein weiterer Massenbestand mit über 20.000 Exemplaren befindet sich in der Umgebung von Karaböğürtlen (Muğla). Leider werden die ausgedehnten Feuchtwiesen mit Eukalyptusbäumen aufgeforstet, so daß ein großer Teil der Blütenpracht wohl verschwinden wird (Hahn & Passin, 1997).
In der Provinz İstanbul im europäischen Teil der Türkei wurde 1997 ein sehr schöner Standort direkt an der Schwarzmeerküste bei Yeniköy gefunden. In einer ziemlich kleinen Feuchtwiese südlich des Ortes blühten Anfang Mai viele Pflanzen auf. Während der Fotoarbeiten wurde leider beobachtet, daß innerhalb 20 Minuten fast der gesamte Bestand abgepflückt wurde. Außerdem werden in der direkten Umgebung der Feuchtwiese Häuser gebaut. Es ist also damit zu rechnen, daß der Standort innerhalb absehbarer Zeit verschwinden wird.
In einer großen Haselnußpflanzung an der Straße Ünye - Akkuş/Niksar (Ordu) wurde 1997 an einem Standort, wo auch tausende Pflanzen von *Serapias feldwegiana* vorkommen, viele Exemplare beobachtet. Intergenerische Hybriden wurden leider nicht angetroffen.

GEFÄHRDUNG

In der Türkei sind durch Trockenlegung und Düngung viele ehemalige, ausgedehnte Feuchtgebiete verschwunden. Viele Standorte von *Orchis laxiflora* bestehen zur Zeit nur noch aus Restflächen, wodurch die Art ziemlich gefährdet ist. Dadurch sind von den früheren Populationen nur noch Restbestände übriggeblieben.

BEMERKUNGEN ZU DER VERBREITUNGSKARTE

Rückbrodt & Hansen (1992) geben auf der Verbreitungskarte Fundorte in der Osttürkei an. Zu vermuten ist, daß zumindest die Pflanzen einige dieser Funde, die auch in der vorliegenden Verbreitungskarte eingezeichnet wurden, mit *Orchis pseudolaxiflora* verwechselt wurden.

Ersizledere (Kastamonu), 17.5.1996, C. A. J. Kreutz

HYBRIDEN

Mit *Serapias feldwegiana*.

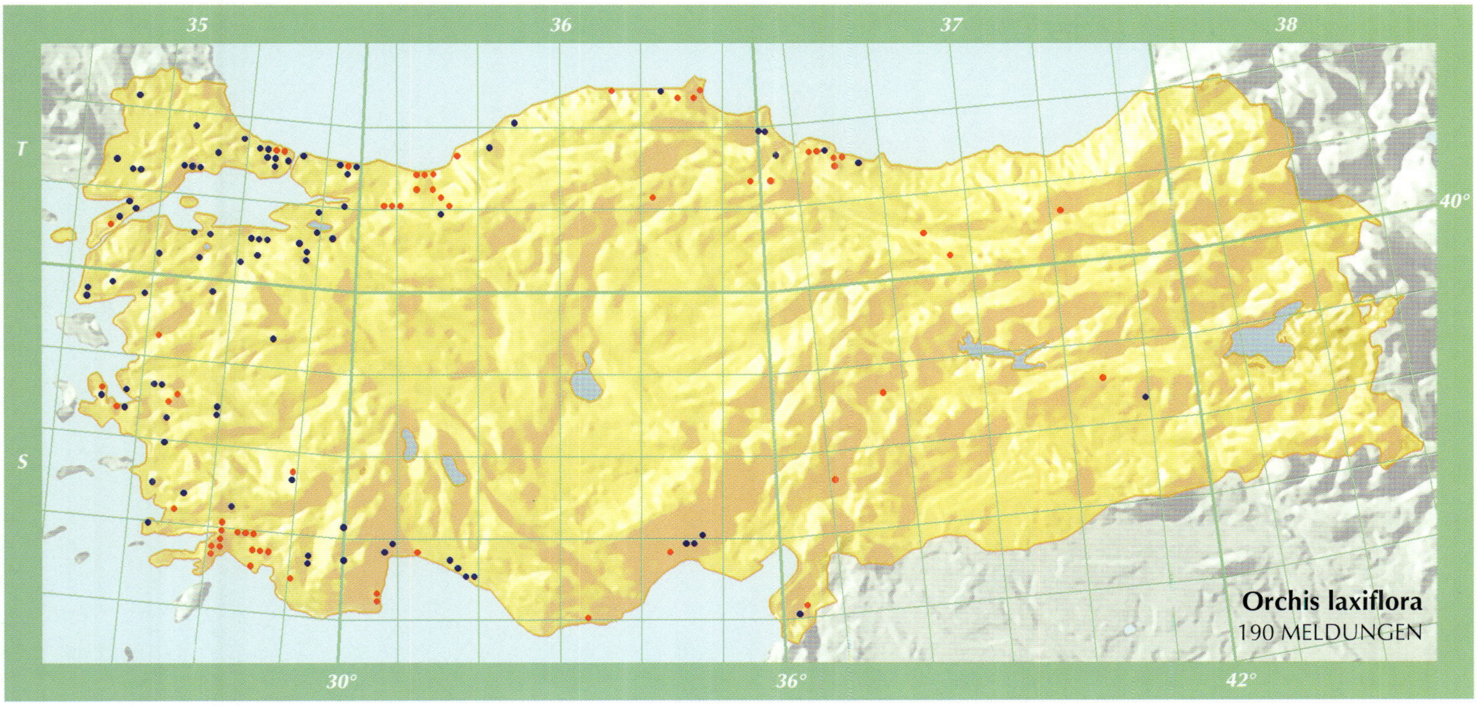

119 Orchis palustris

JACQUIN

Sumpf-Knabenkraut

(Collect. Bot. 1: 75, 1786)

SYNONYME

Orchis laxiflora subsp. *palustris* (JACQUIN) BONNIER & LAYENS, *Orchis michaelis* SENNEN, *Orchis mediterranea* GUSSONE

BESCHREIBUNG

Kräftige, schlanke, mittelgroße Pflanze, durchschnittlich bis 50 cm hoch. Laubblätter schmal-lanzettlich, schräg aufgerichtet, ungefleckt. Blütenstand zylindrisch bis langgestreckt, ziemlich locker- und vielblütig, selten armblütig. Tragblätter linealisch, meist so lang wie die Fruchtknoten. Blüten mittelgroß bis groß, rotviolett, rötlich bis rosa. Sepalen eiförmig-lanzettlich, die beiden seitlichen schräg seitwärts gerichtet oder zurückgeschlagen, das mittlere über die beiden Petalen gebogen, stumpf. Petalen lanzettlich, zusammengeneigt. Lippe im unteren Teil dreilappig, die Seitenlappen flach ausgebreitet oder schwach zurückgeschlagen und etwas kürzer als der Mittellappen, violett, rötlich bis rosa gefärbt, die weißliche Lippenbasis mit Strichen oder kurzen Linien besetzt. Sporn zylindrisch, waagrecht oder aufwärts gebogen, so lang oder wenig kürzer als der Fruchtknoten.

VARIABILITÄT

RENZ & TAUBENHEIM (1984) schreiben: "In der Türkei variiert *Orchis palustris* stark in der Größe, Form und Lippenfarbe. In Zentralanatolien wachsen oft tausende Exemplare zusammen, wobei die Form der Lippe ziemlich variiert. Es ist schwierig die einzelnen Pflanzen einer bestimmten Art zuzuordnen". Durch intensive Kartierung hat sich inzwischen ergeben, daß in der Türkei fast alle Arten aus dem *Orchis palustris/laxiflora*-Komplex (*Orchis dinsmorei, Orchis elegans, Orchis laxiflora, Orchis palustris, Orchis pseudolaxiflora*) vorkommen. Durch Hybridisation ist eine Bestimmung machmal problematisch.

ABGRENZUNG ZU ÄHNLICHEN ARTEN

Ähnelt hauptsächlich *Orchis pseudolaxiflora* und *Orchis elegans*. *Orchis palustris* unterscheidet sich von *Orchis pseudolaxiflora* durch den robusteren Wuchs und den kürzeren Blütenstand. Außerdem ist bei *Orchis palustris* die helle Lippenbasis meist mit Strichen oder kurzen Linien besetzt, während diese bei *Orchis pseudolaxiflora* mit dunkleren Punkten gezeichnet ist (vielfach auch ohne Malzeichnung). Ferner ist bei *Orchis palustris* der Sporn halb so lang wie der Fruchtknoten, bei *Orchis pseudolaxiflora* nur etwas kürzer als der Fruchtknoten.

Orchis elegans ist nahe verwandt mit *Orchis palustris*. Sie unterscheidet sich von ihr durch die flache und ungeteilte Lippe, den aufwärts gebogenen Sporn und den sehr kleinen Mittellappen der Lippe, der so lang ist wie beide Seitenlappen. Ferner besitzt *Orchis elegans* breitere Laubblätter, längere Tragblätter und spitzere Petalen und eine mehr oder weniger undeutlich dreilappige Lippe. Im allgemeinen sind die Pflanzen von *Orchis elegans* viel kräftiger und reichblütiger als jene von *Orchis palustris* (LANDWEHR, 1977).

Orchis palustris weist in der Türkei eine gewisse Ähnlichkeit mit *Orchis robusta* auf, einer südwesteuropäischen Art, die bislang noch nicht in der Türkei nachgewiesen wurde. Trotzdem werden immer wieder angebliche Funde dieser Art aus der Türkei gemeldet. *Orchis robusta* ist eine sehr stattliche Pflanze. Sie könnte mit *Orchis palustris* verwechselt werden, unterscheidet sich aber von dieser Art durch den robusteren Wuchs, größere Laubblätter, einen verlängerten Blütenstand, die riesigen Blüten und einen kürzeren, konischen Sporn. Außerdem kommt *Orchis robusta* fast ausschließlich in Küstensümpfen vor.

◄ **Yeniçağa (Bolu), 19.6.1996,** C. A. J. KREUTZ

STANDORT

Orchis palustris wächst meist in größeren Beständen in Flachmooren, in Sumpfwiesen und an feuchten Stellen in der Nähe von Bächen und Quellen; auf basenreichen Böden.

BLÜTEZEIT

Mitte Mai bis Mitte Juli.

HÖHENVERBREITUNG

Von etwa 300 bis 1.800 m.

GESAMTVERBREITUNG

Mittlerer Teil Europas mit einzelnen Vorkommen in Spanien und Gotland (Schweden). Außerdem in der Türkei und den Kaukasusländern.

VERBREITUNG IN DER TÜRKEI

Fast im ganzen Land verbreitet; sehr selten in der Marmara- und Ägäis-Region.

NOTIZEN ZU EINIGEN FUNDORTEN

Standorte dieser stattlichen Art wurden 1996 in der Provinz Bolu an der Straße Bolu - Yeniçağa beobachtet. In zwei kleinen Feuchtwiesen am Rande eines Baches wurden insgesamt sieben Pflanzen gefunden, einige davon sehr groß (67 cm hoch). In der direkten Umgebung wurden auch noch *Coeloglossum viride, Dactylorhiza incarnata* und *Orchis coriophora* gefunden; in einer angrenzende Naßwiese außerdem noch viele Exemplare von *Dactylorhiza iberica*. Leider sind diese Standorte durch Trockenlegung und landwirtschaftliche Nutzung stark gefährdet.

Am Ladiksee (Samsun) wachsen in einer Feuchtwiese am südlichen Seeufer viele Exemplare. Die Hauptblütezeit liegt hier etwa Mitte Juni. Die Pflanzen sind hier sehr typisch, sie weisen keinen Einfluß anderer Arten aus dem *Orchis laxiflora-palustris*-Formenkreis auf. An weiteren Orchideen kommen hier noch *Dactylorhiza iberica, Dactylorhiza incarnata, Dactylorhiza osmanica* und *Orchis laxiflora* vor.

Schöne Bestände von *Orchis palustis* wurden nahe der syrischen Grenze bei Reyhanlı, nordöstlich Antakya (Hatay), beobachtet.

Reyhanlı (Hatay), 12.5.1988, C. A. J. KREUTZ

Reyhanlı (Hatay), 12.5.1988, C. A. J. Kreutz

Reyhanlı (Hatay), 12.5.1988, C. A. J. Kreutz

Yeniçağa (Bolu), 19.6.1996, C. A. J. Kreutz

Ladiksee (Samsun), 31.5.1997, C. A. J. Kreutz

In den Quellsümpfen und nassen Hangwiesen, wo Ende April viele tausend Exemplare von *Orchis dinsmorei* zur Blüte kommen, wuchsen viele stattliche Pflanzen von *Orchis palustris*, sowie *Orchis fragrans* und Bastarde von *Orchis dinsmorei* und *Orchis fragrans*. Der Standort ist durch übermäßige Beweidung durch Rinder gefährdet. Von den früheren Beständen sind jetzt nur noch wenige Pflanzen vorhanden, die in einem kleinen Streifen am Bachrand wachsen. Innerhalb einiger Jahre werden hier auch die letzten Exemplare verschwunden sein.
Eine Pflanze mit weißen Blüten und roten Punkten und Linien auf der Lippe wurde in einer ausgedehnten Feuchtwiese beim Ort Fıraktın an der Straße Develi - Kahramanmaraş gefunden (Hertel, Fundliste 1990).
Auch in Südost- und Ostanatolien bildet *Orchis palustris* große Populationen. In den ausgedehnten Feuchtwiesen am Vansee, wo Mitte Mai zehntausende Exemplare von *Dactylorhiza umbrosa* blühen, findet man einen Monat später tausende *Orchis palustris*. Über den Wiesen liegt dann ein rötlicher Schimmer.

Yeniçağa (Bolu), 19.6.1996, C. A. J. Kreutz

BEMERKUNGEN

Die taxonomische Gliederung der Arten aus dem Formenkreis *Orchis dinsmorei, Orchis elegans, Orchis laxiflora, Orchis palustris, Orchis pseudolaxiflora* und *Orchis robusta* ist seit langem umstritten. Auch Buttler & Nieschalk (1979) berichten von den Schwierigkeiten mit diesem Formenkreis und Schäfer (1971) hat die zahlreichen Probleme, die es so schwer machen, den Formenkreis zu verstehen und zu gliedern, ausführlich dargestellt.
Auch wenn die Unterschiede zwischen den Sippen durch Übergangspopulationen in den Gebieten in denen sich die Areale überlappen, verwischt werden, sind typische Pflanzen meist einwandfrei den einzelnen Taxa zuzuordnen. Auch bei Delforge (1994) wurden alle Taxa als selbständige Arten aufgeführt, während Baumann & Künkele (1982a, 1988a) *Orchis elegans* und *Orchis robusta* in die Synonymie von *Orchis palustris* gestellt haben. Durch weitere Untersuchungen hat sich inzwischen herausgestellt, daß *Orchis palustris* in der mittleren und östlichen Türkei allmählig durch *Orchis pseudolaxiflora* ersetzt wird, wobei im mittleren Teil der Türkei Übergangsformen vorkommen.

BEMERKUNGEN ZU DER VERBREITUNGSKARTE

Bei Rückbrodt & Hansen (1992) wurden entsprechend der vorliegenden Fundmeldungen getrennte Verbreitungskarten für *Orchis palustris* und *Orchis pseudolaxiflora* erstellt, während bei Buttler & Nieschalk (1979) und bei Renz & Taubenheim (1984) beide Arten zusammengefaßt wurden, wobei die Angaben von *Orchis pseudolaxiflora* zu *Orchis palustris* gestellt wurden. Bei Rückbrodt & Hansen (1992) und auf der Verbreitungskarte im vorliegenden Buch sind die östlichen Funde auf der Verbreitungskarte von *Orchis palustris* (hohler Kreis) vermulich alle zu *Orchis pseudolaxiflora* zu stellen.

HYBRIDEN

Mit *Orchis coriophora* und *Orchis pseudolaxiflora*.

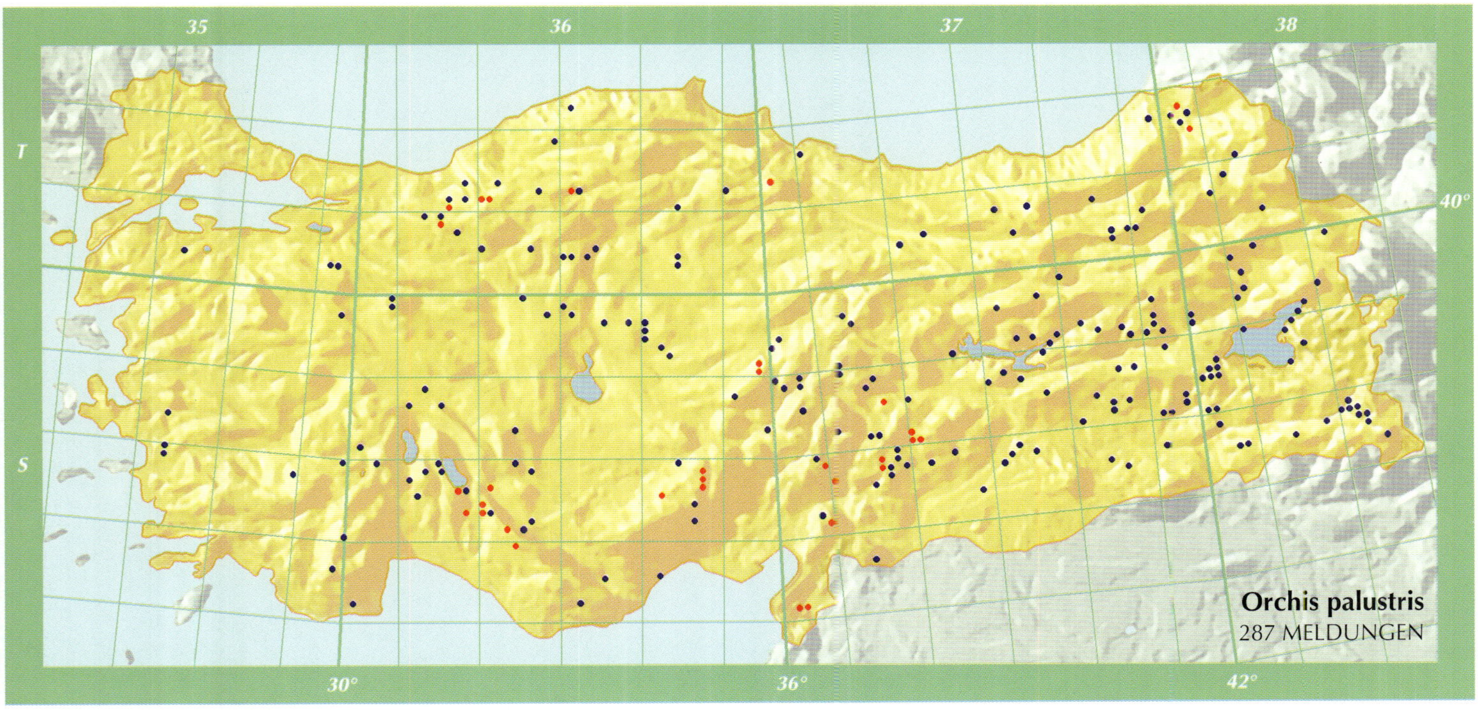

120

Orchis pseudolaxiflora

CZERNIAKOVSKA

Reichblütiges Knabenkraut

(in Schreder: Fl. Uzbekist. 1: 525, 545, 1941)

SYNONYME

Orchis laxiflora subsp. *dielsiana* Soó

BESCHREIBUNG

Kräftige, schlanke und hochwüchsige Pflanze, manchmal bis 90 cm hoch. Laubblätter schmal-lanzettlich, schräg aufgerichtet, ungefleckt. Blütenstand langgestreckt, locker- und vielblütig. Tragblätter schmal-lanzettlich, etwas länger wie die Fruchtknoten. Blüten mittelgroß bis groß, purpur- bis rotviolett, selten rosa. Sepalen eiförmig-lanzettlich, die beiden seitlichen schräg seitwärts gerichtet oder zurückgeschlagen, das mittlere über die beiden Petalen gebogen, stumpf oder spitz. Petalen lanzettlich, zusammengeneigt. Lippe im unteren Teil schwach dreilappig, die Seitenlappen flach ausgebreitet bis schwach zurückgeschlagen, purpur- bis rotviolett, die weißliche Lippenbasis mit dunkleren Punkten besetzt oder ohne Malzeichnung. Sporn zylindrisch, aufwärts gebogen, etwas kürzer als der Fruchtknoten.

ABGRENZUNG ZU ÄHNLICHEN ARTEN

Orchis pseudolaxiflora weist Ähnlichkeit mit *Orchis palustris* und *Orchis elegans* auf, vor allem aber auch mit *Orchis laxiflora*. Sie unterscheidet sich von diesen Arten durch den schlankeren Wuchs und den langgestreckten und vielblütigen Blütenstand. Die Blüten nehmen eine Mittelstellung zwischen denen von *Orchis palustris* und von *Orchis laxiflora* ein. Außerdem ist bei *Orchis pseudolaxiflora* die Lippe flacher ausgebreitet und die helle Lippenbasis mit dunkleren Punkten besetzt (vielfach auch ohne Malzeichnung), während bei *Orchis palustris* diese meist aus Strichen oder kurzen Linien besteht. Außerdem ist bei *Orchis pseudolaxiflora* der Sporn etwas kürzer als der Fruchtknoten, bei *Orchis palustris* halb bis so lang wie der Fruchtknoten.

STANDORT

Sumpfwiesen, Feuchtwiesen und Kalkquellsümpfe; meist auf kalkreichen oder basischen Böden.

BLÜTEZEIT

Anfang Mai bis Mitte Juli.

HÖHENVERBREITUNG

Von 700 bis 2.200 m.

GESAMTVERBREITUNG

Östliche Türkei bis in die Kaukasusländer. Außerdem im nördlichen Teil von Syrien, Irak und Iran. Auch in der Ukraine.

VERBREITUNG IN DER TÜRKEI

Östlicher Teil, von Sivas bis Ostanatolien.

NOTIZEN ZU EINIGEN FUNDORTEN

Orchis pseudolaxiflora ist nicht selten, und in den ausgedehnten Sumpfwiesen der Ostanatolischen Region kommen stellenweise große Bestände vor, hier oft zusammen mit *Dactylorhiza osmanica*, *Dactylorhiza umbrosa* oder *Orchis coriophora*.

Vor allem an der Straße Sivas - Erzurum, auf der Höhe von Aşkale und Tercan (Erzurum) und an der Straße Erzurum - Ağrı (Ağrı), kommen in den ausgedehnten, hochgelegenen Feuchtwiesen Mitte Mai zehntausende Pflanzen zur Blüte. Über weite Strecken sind die Wiesen intensiv rot gefärbt, in denen außerdem noch *Dactylorhiza umbrosa*, selten auch *Dactylorhiza osmanica* vorkommt.

In den Provinzen Adıyaman, Kahramanmaraş, Şanlıurfa und Diayarbakir in der Osttürkei ist *Orchis pseudolaxiflora* weit verbreitet. Vor allem entlang der Straße Pazarcık - Gölbaşı sowie an der Straße Şanlıurfa - Diyarbakır bildet sie in vielen Sumpfwiesen und in feuchten Wiesenflächen, vielfach an Bächen und Flüssen, Massenpopulationen. Die Bestände sind dort noch nicht gefährdet, obwohl einige Biotope schon in Ackerland umgewandelt wurden.

Typische hochwüchsige und reichblütige Exemplare wachsen östlich von Kâhta (Adıyaman) in feuchten Wiesenflächen am Bachrand, hier zusammen mit *Orchis coriophora*. Ferner gibt es auch bei Sonlı (Şanlıurfa) schöne Bestände von *Orchis pseudolaxiflora*. Westlich Diyarbakır wurde 1997 eine weißblühende Pflanze gefunden.

In der Provinzen Elazığ und Erzincan kommt sie mehrfach in kleinen Feuchtwiesen, direkt an der Straße vor. Vor allem an der landschaftlich schönen Verbindungsstraße Elazığ - Erzincan bildet *Orchis pseudolaxiflora* immer wieder kleinere Populationen. Diese Standorte sind leider durch Erweiterung von Agrargebieten stark gefährdet.

◀ **Lice (Diyarbakır), 14.5.1988,** C. A. J. KREUTZ

Çam-Paß (Artvin), 26.6.1996, C. A. J. KREUTZ

Tercan (Erzurum), 24.6.1996 (mit *Dactylorhiza umbrosa*), C. A. J. Kreutz

Balaban (Kahramanmaraş), 24.5.1997, B. J. Seckel

Gölbaşı (Adıyaman), 21.5.1995, C. A. J. Kreutz

Kâhta (Adıyaman), 14.5.1988, C. A. J. Kreutz

Auch im botanisch interessanten Gebiet bei Lice-Kulp (Diyarbakır) ist *Orchis pseudolaxiflora* nicht selten. Aber große Populationen, wie sie entlang der Straße von Sivas nach Ağrı vorkommen, sind hier nicht zu finden.

Im Nordosten der Türkei in den Almwiesen westlich von Ardahan am Çam-Paß (Artvin) blühen Mitte Juni viele Exemplare von *Orchis pseudolaxiflora*. Mit *Orchis coriophora* bildet sie hier an einigen Stellen Hybriden.

BEMERKUNGEN

Die taxonomische Stellung von *Orchis pseudolaxiflora* ist umstritten. Buttler & Nieschalk (1979) haben unter anderem *Orchis pseudolaxiflora* und *Orchis palustris* in der Türkei gründlich untersucht und beide Arten zusammengefaßt. Renz & Taubenheim (1984) und Buttler (1986) haben *Orchis pseudolaxiflora* in die Synonymie von *Orchis palustris* gestellt. Delforge (1994) und Baumann & Künkele (1982a, 1988a) führen beide als getrennte Arten auf.

Orchis pseudolaxiflora ist durch verschiedene Merkmale morphologisch deutlich von *Orchis palustris* getrennt und ihr Status als eigenständige Art ist gerechtfertigt. Nach Baumann & Künkele (1982a) kommt *Orchis palustris* etwa bis zur 'Anatolischen Diagonalen' vor, *Orchis pseudolaxiflora* erst östlich davon.

Orchis pseudolaxiflora ersetzt *Orchis palustris* im mittleren und östlichen Teil der Türkei. In der Inneranatolischen Region überlappen sich beide Areale. In diesem Gebiet findet man an vielen Stellen Übergangspopulationen, die intermediäre Merkmale beider Arten aufweisen. Ein solcher Standort liegt zum Beispiel an der Straße Kayseri - Malatya auf der Höhe von Balaban (Kahramanmaraş). Nördlich der Straße befindet sich eine besonders schöne und großflächige Feuchtwiese, die während der Blütezeit einen purpurnen Schimmer aufweist. Hier wachsen tausende von Pflanzen, manchmal 20 Exemplare auf einem Quadratmeter.

BEMERKUNGEN ZU DER VERBREITUNGSKARTE

Bei Rückbrodt & Hansen (1992) liegen die westlichsten Vorkommen von *Orchis pseudolaxiflora* in der Provinz Çankırı, wo sie östlich Çerkes in einer Feuchtwiese in 1.150 m Höhe wächst. Dieser 'vorgeschobene' Posten wurde nicht in der Verbreitungskarte eingetragen, da die Pflanzen an diesem Standort mit *Orchis palustris* übereinstimmen.

Kâhta (Adıyaman), 14.5.1988, C. A. J. Kreutz

HYBRIDEN

Mit *Orchis coriophora* nachgewiesen.

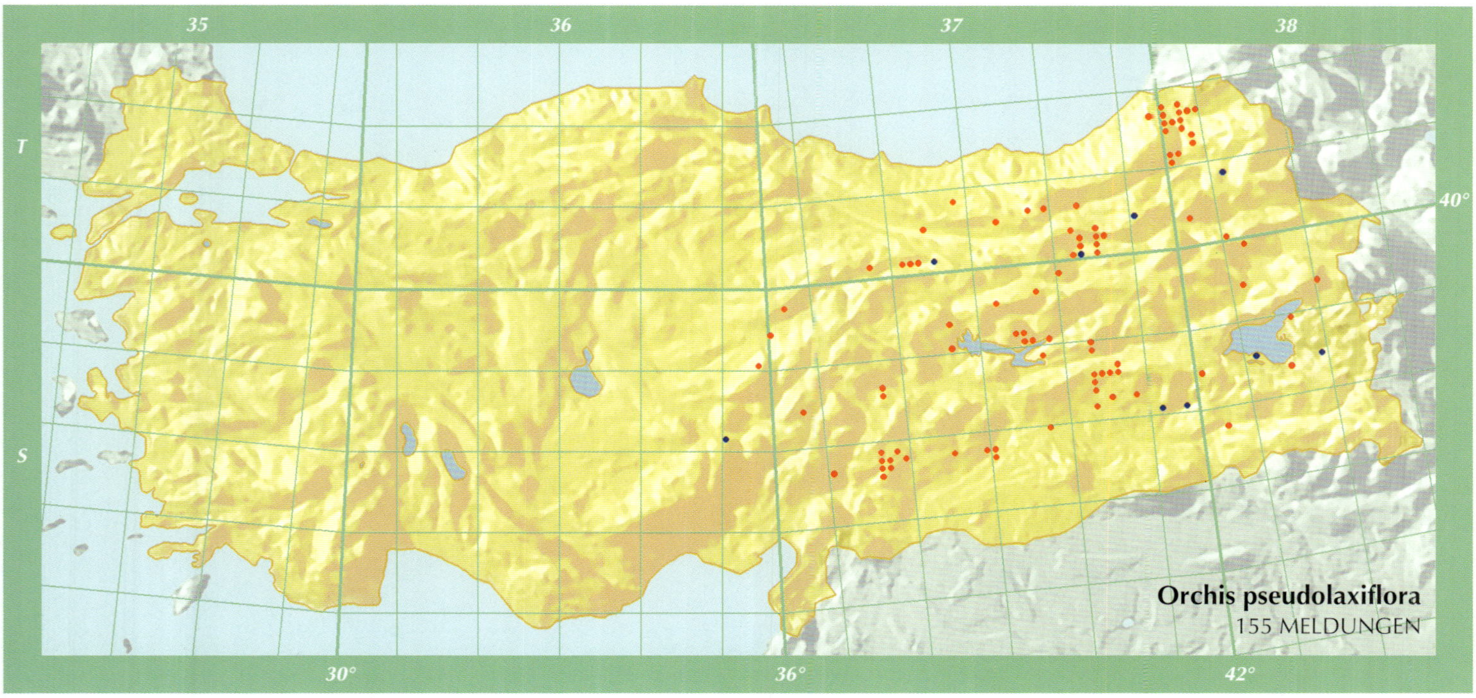

Selçuk (İzmir), 3.4.1996, C. A. J. Kreutz

Çavuş (Antalya), 18.4.1997, C. A. J. Kreutz

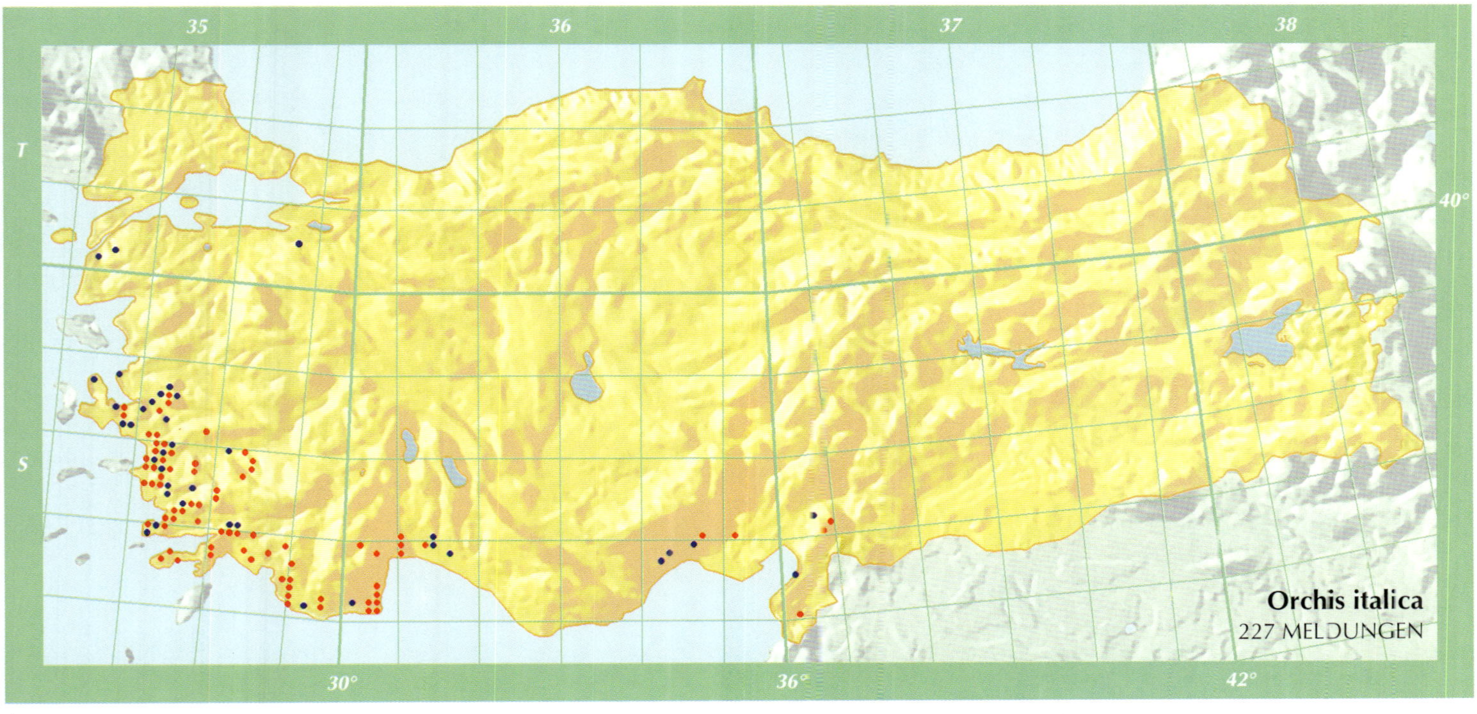

122

Orchis lactea

Poiret

Milchweißes Knabenkraut

(in Lamarck: Encycl. méth. Bot. 4 (2): 594, 1798)

SYNONYME

Orchis acuminata Desfontaines, *Orchis tenoreana* Gussone, *Orchis hanrii* Jordan, *Orchis lactea* var. *hanrii* (Jordan) E. G. Camus, Bergon & A. Camus, *Orchis tridentata* subsp. *lactea* (Poiret) K. Richter

BESCHREIBUNG

Kleine, gedrungene Pflanze mit eiförmig-lanzettlichen, mattgrün gefärbten, ungefleckten Blättern, von denen die unteren eine Grundrosette bilden, die oberen in scheidige Stengelblätter übergehend. Blütenstand zylindrisch bis halbkugelig, kurz, arm- bis vielblütig. Tragblätter zugespitzt, etwa so lang wie die Fruchtknoten. Blüten mittelgroß, eine dichte Infloreszenz bildend. Perigonblätter einen lockeren bis dichten, (hell)rosa bis weißlichen Helm bildend, die lang zugespitzten Enden nach außen umgebogen. Sepalen eiförmig-lanzettlich mit grünen Nerven. Petalen schmal-lanzettlich, kürzer als die Sepalen. Lippe tief dreilappig mit zweispaltigem Mittellappen, die beiden Seitenlappen kleiner und kürzer als der Mittellappen und an den Rändern leicht nach hinten gebogen; Mittellappen weißlich bis hellrosa gefärbt, mit roten Punkten oder Flecken besetzt; die beiden Seitenlappen rosa bis violett. Sporn zylindrisch, abwärts gebogen.

ABGRENZUNG ZU ÄHNLICHEN ARTEN

Ähnelt *Orchis tridentata*. *Orchis lactea* ist jedoch kleiner und gedrungener, der Blütenstand zylindrisch (nicht halbkugelig) und die Sepalen meist mit grünen Nerven versehen. Außerdem sind die Blüten von *Orchis lactea* größer, weißlich bis hellrosa und die Blütezeit liegt etwa einen Monat früher.

STANDORT

Lichte Wälder, Magerrasen, Macchien und Phrygana; auf trockenen bis mäßig feuchten, kalkreichen Böden.

BLÜTEZEIT

Sehr früh, von Mitte Februar bis Ende März, manchmal auch noch Anfang April.

HÖHENVERBREITUNG

Von der Küste bis etwa 500 m.

GESAMTVERBREITUNG

Mittelmeergebiet, von Südfrankreich bis zur Westtürkei. Auch in Nordafrika. Nicht auf Zypern. Auf der Iberischen Halbinsel wird sie durch *Orchis conica* Willdenow ersetzt.

VERBREITUNG IN DER TÜRKEI

Nur im Westen und Nordwesten (İzmir, Balıkesir, Manisa und İstanbul).

NOTIZEN ZU EINIGEN FUNDORTEN

Rückbrodt & Hansen (1992) beschreiben zwei Standorte in der Provinz İzmir: Auf der Halbinsel Çeşme, wo sie in einer Strandwiese zusammen mit *Orchis fragrans*, *Orchis laxiflora* und *Serapias orientalis* subsp. *carica* vorkommt und südlich İzmir bei Torbalı, wo einige Pflanzen in einem lockeren Kiefernwald wachsen, vergesellschaftet mit *Anacamptis pyramidalis*, *Cephalanthera epipactoides*, *Cephalanthera longifolia*, *Limodorum abortivum*, *Ophrys bombyliflora*, *Ophrys fusca* s. l., *Ophrys iricolor*, *Ophrys mammosa*, *Ophrys oestrifera*, *Ophrys sicula*, *Ophrys speculum*, *Orchis anatolica*, *Orchis fragrans*, *Orchis italica* und *Serapias bergonii*. Einen dritten Standort geben Rückbrodt & Hansen (1992) aus der Provinz Manisa an. Dieser befindet sich an der Straße İzmir - Uşak bei Derbent.

Auf der Halbinsel Çeşme (İzmir), nördlich von Urla, wurden

Urla (İzmir), 31.3.1996, C. A. J. Kreutz

Karaburun (İzmir), 31.3.1996, C. A. J. Kreutz

◄ Urla (İzmir), 31.3.1996, C. A. J. Kreutz

Karaburun (İzmir), 31.3.1996, C. A. J. Kreutz

Karaburun (İzmir), 31.3.1996, C. A. J. Kreutz

1996 zwei Vorkommen von *Orchis lactea* bestätigt. Der erste Standort befindet sich etwa 2 km nordwestlich von Urla, wo mehrere Exemplare in einer Steinflur in der Macchia am Rande eines kleinen Steinbruchs beobachtet wurden. Sie wächst hier zusammen mit *Neotinea maculata, Ophrys ferrum-equinum, Ophrys minutula* und *Orchis sezikiana*. Der zweite Standort liegt an der Straße von Urla nach Çeşmealtı, wo *Orchis lactea* an grasigen, beweideten Stellen im Schutz der Macchien wächst, hier zusammen mit *Serapias orientalis* subsp. *carica*.

Renz & Taubenheim (1984) berichten über Funde in der Provinz İstanbul, wo sie schon früher (1890 und 1895), von Aznavour gefunden wurde.

Hertel (briefl. Mittlg., 1996) beschreibt einen Fundort von der Insel Alibey Adaşı, nordwestlich von Ayvalık (Balıkesir), wo er 1995 etwa 20 Pflanzen beobachtete.

Bemerkungen

Orchis lactea gehört in der Türkei zu den seltenen Arten. Sie erreicht in der Provinz Manisa ihre östliche Verbreitungsgrenze. Die Art ist in der Türkei mit Sicherheit weiter verbreitet als heute angenommen wird. Weil die Art sehr früh blüht und eine gewisse Ähnlichkeit mit *Orchis tridentata* aufweist, wird sie nicht immer richtig erkannt.

Bemerkungen zu der Verbreitungskarte

Sezik (1984) bildet zwei Exemplare aus der Provinz Kastamonu (Yozgat) aus der Schwarzmeer-Region ab, eine mit rosa und eine mit weißgefärbten Blüten. Diese Pflanzen gehören vermutlich zu *Orchis tridentata* und wurden deshalb nicht in der Verbreitungskarte eingezeichnet.

Hybriden

Keine Nachweise bekannt.

Urla (İzmir), 31.3.1996, C. A. J. KREUTZ

Urla (İzmir), 31.3.1996. C. A. J. KREUTZ

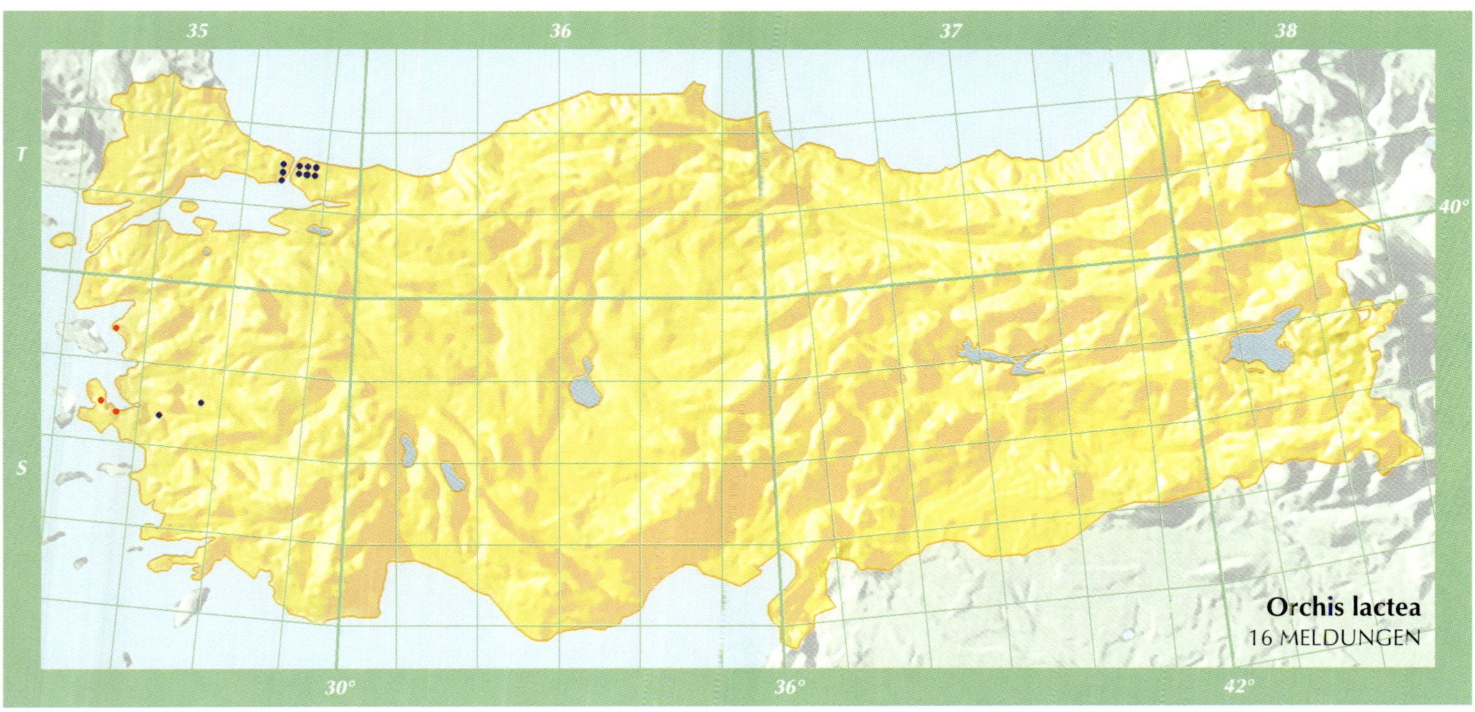

123 Orchis tridentata

SCOPOLI

Dreizähniges Knabenkraut

(Fl. Carn. ed. 2, 2: 190, 1772)

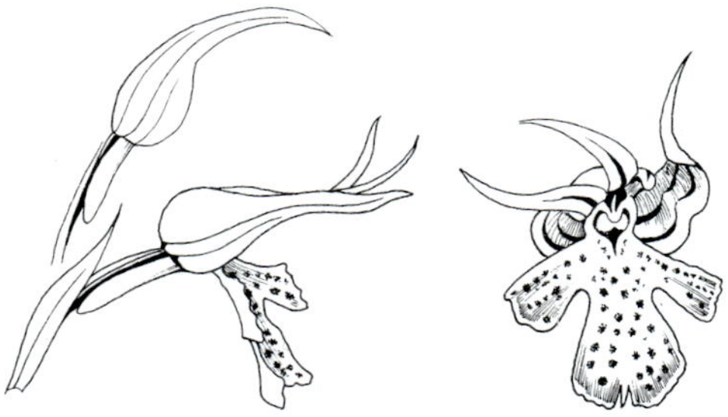

SYNONYME

Orchis tridentata var. *variegata* REICHENBACH fil., *Orchis tridentata* subsp. *commutata* (TODARO) NYMAN, *Orchis commutata* TODARO, *Orchis tridentata* var. *commutata* (TODARO) REICHENBACH fil.

BESCHREIBUNG

Mittelgroße, kräftige, meist niederwüchsige Pflanze. Laubblätter lanzettlich bis schmal-lanzettlich, bläulichgrün gefärbt, ungefleckt, die unteren eine Grundrosette bildend, die oberen in scheidige Stengelblätter übergehend. Blütenstand kugelig, selten zylindrisch, dicht- und vielblütig. Tragblätter schmal und zugespitzt, etwa so lang wie die Fruchtknoten. Blüten mittelgroß. Perigonblätter einen lockeren Helm bildend, die lang zugespitzten Enden zurückgebogen, (hell)rosa bis fast rein weiß oder hellviolett. Sepalen eiförmig-lanzettlich mit meist violetten Nerven. Petalen schmal-lanzettlich, kürzer als die Sepalen. Lippe tief dreilappig mit zweispaltigem Mittellappen, flach ausgebreitet, die beiden Seitenlappen kleiner und kürzer als der Mittellappen; Mittellappen zusätzlich mit einem kleinen Zähnchen ausgebildet; Mittellappen und Seitenlappen an den Rändern leicht aufwärts gebogen; weißlich bis hellrosa oder violett gefärbt und dicht mit roten Punkten oder Flecken besetzt. Sporn zylindrisch, abwärts gebogen.

VARIABILITÄT

Orchis tridentata ist eine ziemlich variable Art, wobei Blütengröße, Kelchblattform und Lippengestalt sehr veränderlich sind. Sie ist vor allem am kugeligen Blütenstand zu erkennen, außerdem an den Laubblättern, die am Grunde rosettig gehäuft sind und an der dreilappigen Blütenlippe, derer Mittellappen nochmals geteilt und flach ausgebreitet oder an den Rändern leicht aufwärts gebogen ist. Die Blüten sind hellrosa bis fast reinweiß und mit purpurroten Punkten dicht besetzt (BAUMANN & KÜNKELE, 1982a).

Von *Orchis tridentata* wurde die Sippe '*commutata*' (*Orchis tridentata* subsp. *commutata* (TODARO) NYMAN; *Orchis tridentata* var. *commutata* (TODARO) REICHENBACH fil.; *Orchis commutata* TODARO) beschrieben, die in ihrer typischen Ausprägung vor allem auf Sizilien vorkommt. Nach DELFORGE (1994) tritt sie aber auch im östlichen Mittelmeerraum auf. Pflanzen dieser Unterart sind zierlicher und der Blütenstand ist lockerer, die Blüten meist größer. Außerdem unterscheidet sie sich vom Typus durch die sehr lang ausgezogenen Sepalspitzen. VÖTH (1967) und SUNDERMANN (1969b) erwähnen das Vorkommen dieser Sippe in Südanatolien. NIESCHALK & NIESCHALK (1976) haben Pflanzen mit extrem fadenförmig langausgezogenen und gekräuselten Sepalspitzen auch im Küstengebiet Westanatoliens gefunden, wobei aber die Nominatform mit der Sippe '*commutata*' durch Zwischenformen fließend ineinander übergingen. Es ist deswegen auch fraglich, ob die Sippe '*commutata*' einen separaten Status verdient, und ob die geringen Unterscheidungsmerkmale und die vielen Übergänge mit der typischen Form überhaupt für eine Trennung ausreichen.

ABGRENZUNG ZU ÄHNLICHEN ARTEN

Orchis tridentata könnte mit *Orchis lactea* verwechselt werden. *Orchis tridentata* ist eine schlanke und meist hochwüchsige Pflanze, der Blütenstand ist kugelig, ihre Sepalen sind meist mit dunkerpurpurnen Adern durchsetzt. Außerdem sind die Blüten etwas kleiner und rosa bis violett gefärbt. Die Art blüht etwa einen Monat später als *Orchis lactea*.

STANDORT

Macchien, Phrygana, Wiesenflächen, Ödland, Hangwiesen, lichte Kiefern- und Laubwälder, (Eichen)gebüsch, Olivenhaine

◀ **Maçka (Trabzon), 26.5.1995,** C. A. J. KREUTZ

Sofular (Hatay), 14.4.1996, C. A. J. KREUTZ

Sofular (Hatay), 14.4.1996, C. A. J. Kreutz

Tayfur (Çanakkale), 2.5.1988, C. A. J. Kreutz

Karatepe (Adana), 3.4.1997, C. A. J. Kreutz

Tayfur (Çanakkale), 2.5.1988, C. A. J. Kreutz

und Haselnußpflanzungen; auf basenreichen oder kalkhaltigen Böden.

BLÜTEZEIT

Anfang April in Meereshöhe bis Mitte Juni in montanen Lagen des Pontusgebirges.

HÖHENVERBREITUNG

Von der Küste bis etwa 1.700 m.

GESAMTVERBREITUNG

Vor allem im mittleren und östlichen Mittelmeerraum verbreitet, wobei sie in Mitteleuropa inselartig in Hessen und Thüringen vorkommt. Außerdem in der Türkei, Kaukasus, Nordsyrien, Nordirak und Nordiran.

VERBREITUNG IN DER TÜRKEI

Schwarzmeer-, Marmara-, Ägäis-, Mittelmeer- und Ostanatolische Region. Ihr Verbreitungsgebiet umfaßt fast das ganze Land, mit Ausnahme von Zentralanatolien und Südostanatolien, wo sie fehlt. Die meisten Standorte befinden sich in der Ägäis- und in der Östlichen Mittelmeer-Region, außerdem an der Schwarzmeerküste.

NOTIZEN ZU EINIGEN FUNDORTEN

Orchis tridentata ist in der Türkei die häufigste und am weitesten verbreitete Orchideenart. Sie wächst in vielen unterschiedlichen Biotopen. Während sie im Süden relativ kleinwüchsig ist, wachsen im Pontusgebirge kräftige und hochwüchsige Exemplare. Vor allem auf kalkhaltigen Böden an feuchten Stellen in Haselnußplantagen und in den Halbtrockenrasen im Değirmental, südlich Trabzon, wachsen besonders kräftige und reichblütige Pflanzen. *Orchis tridentata* wächst an diesen Standorten mit vielen anderen Orchideenarten zusammen. Durch Düngung und Beweidung sind ihre früher reich besetzten Populationen zahlenmäßig stark zurückgegangen.

Südlich Antakya entlang der Straße nach Yayladağı (Hatay) ist *Orchis tridentata* sehr verbreitet und zählt in diesem Gebiet zu den häufigsten Orchideenarten. In Wiesenflächen, Steineichen-Felsfluren und am Rande von Eichengebüsch ist sie hier an fast jedem Standort zu finden.

Auch in Ostanatolien ist *Orchis tridentata* weit verbreitet, aber seltener als in anderen Teilen des Landes. Ein Vorkommen hat sie bei Resadiye an der Straße von Tatvan nach Van (Bitlis). In einem Eichenbuschwald blüht sie dort Mitte Mai zusammen mit *Cephalanthera kotschyana*.

Maçka (Trabzon), 26.5.1995, C. A. J. KREUTZ

Im europäischen Teil ist *Orchis tridentata* auch häufig. Sie bildet hier keine Massenpopulationen, ist aber in vielen Kalkmagerrasen und in Phryganastreifen immer wieder vorhanden. Sie blüht gleichzeitig mit *Orchis punctulata* und *Orchis purpurea*, etwas später als *Orchis simia*.

HYBRIDEN

Keine Nachweise bekannt.

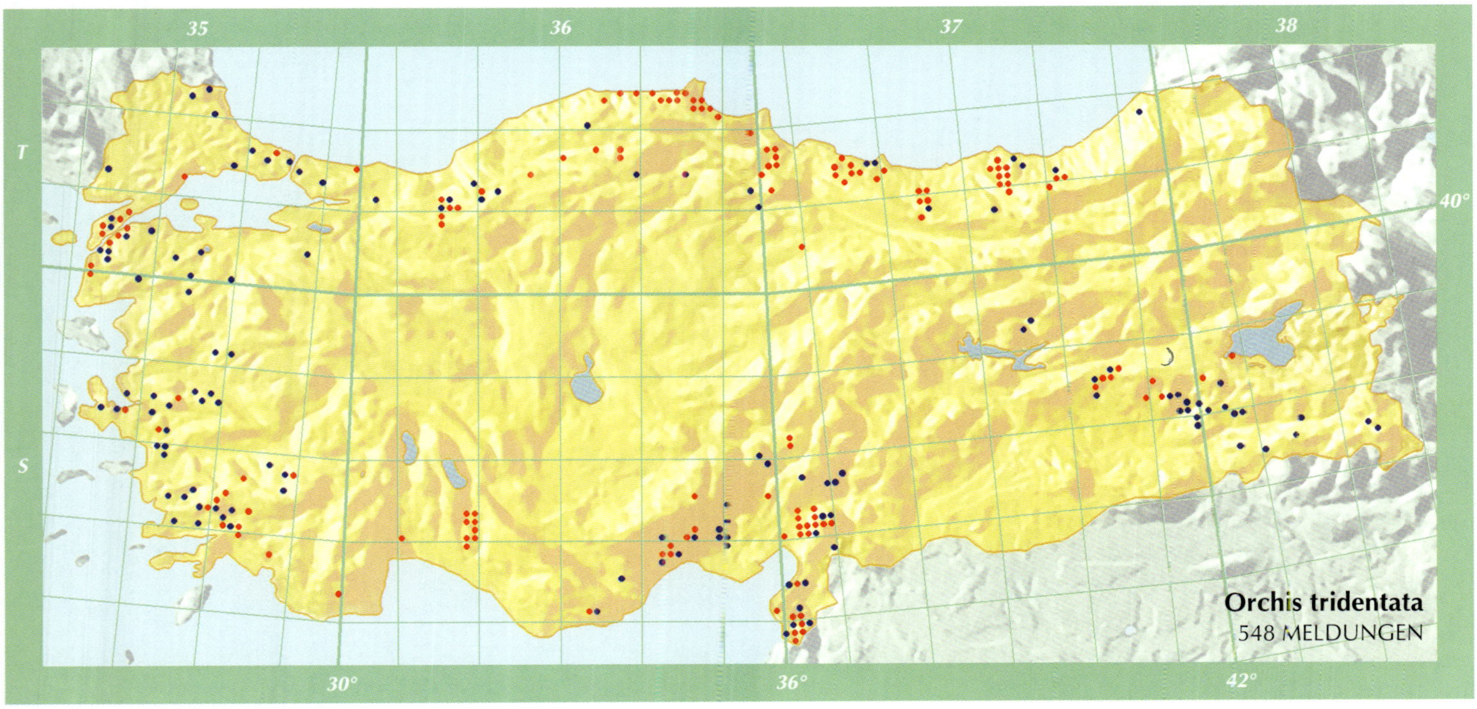

124
Orchis mascula (L.) L.

Männliches Knabenkraut

(Fl. Suec. ed. 2: 310, 1755)

SYNONYME

Orchis stabiana TENORE, *Orchis vernalis* SALISBURY

BESCHREIBUNG

Kräftige, schlanke, meist hochwüchsige Pflanze. Untere Laubblätter lanzettlich bis eiförmig-lanzettlich, am Grunde rosettenartig gehäuft, die oberen in scheidige Stengelblätter übergehend, glänzend, gefleckt oder ungefleckt. Blütenstand zylindrisch, locker- bis dichtblütig, reichblütig. Tragblätter breit-lanzettlich, etwa so lang wie die Fruchtknoten. Blüten mittelgroß, purpurn bis purpurviolett gefärbt, selten rosa, die hellere Lippenbasis mit violetten Punkten besetzt. Sepalen eiförmig bis eiförmig-lanzettlich, die seitlichen aufrecht bis vollständig zurückgeschlagen, das mittlere über die beiden Petalen gebogen, spitz bis stumpf. Petalen schmal-lanzettlich, zusammengeneigt. Lippe im unteren Teil dreilappig, die Seitenlappen kürzer als der Mittellappen, flach ausgebreitet oder zurückgeschlagen. Sporn zylindrisch, aufwärts gebogen.

ABGRENZUNG ZU ÄHNLICHEN ARTEN

In einigen Merkmalen gleicht die mitteleuropäische *Orchis mascula* der orientalischen *Orchis pinetorum*. Die wichtigsten Unterschiede zwischen beiden Arten sind einerseits die Laubblätter, die bei *Orchis mascula* meist stark und grob gefleckt sind und andererseits der dichte, ziemlich kurze, zylindrische und reichblütige Blütenstand. Außerdem sind die Blüten von *Orchis mascula* heller gefärbt (von hellrosa bis purpurviolett) wobei die hellere Lippenbasis mit purpurnen Punkten besetzt ist. Die Pflanzen von *Orchis mascula* sind auch überwiegend kleiner als *Orchis pinetorum*. Ferner besiedelt *Orchis mascula* bevorzugt Laubwälder, während *Orchis pinetorum* überwiegend in Kiefern- und Tannenwäldern vorkommt.

STANDORT

Laubwälder, Mager- und Trockenrasen; auf frischen bis mäßig trockenen, basenreichen Böden.

BLÜTEZEIT

Mitte Mai bis Anfang Juni.

HÖHENVERBREITUNG

Von Meereshöhe bis in die höheren Gebirgslagen aufsteigend bis etwa 2.100 m.

GESAMTVERBREITUNG

Das Verbreitungsgebiet von *Orchis mascula* umfaßt fast ganz Europa mit Ausnahme des Ostens von Skandinavien, von Süditalien (Sizilien) und von Südgriechenland. Außerdem kommt die Art im Norden der Türkei und im Kaukasus vor.

VERBREITUNG IN DER TÜRKEI

Westliche und Östliche Schwarzmeer-Region, von Bolu bis Artvin, schwerpunktmäßig im Nordosten der Türkei (Ardahan, Artvin, Erzurum, Rize und Trabzon).

NOTIZEN ZU EINIGEN FUNDORTEN

In den ausgedehnten Mischwäldern nördlich des Abantsees (Bolu) kommen Pflanzen vor, die fast mit *Orchis mascula* übereinstimmen. Auch PETER (briefl. Mittlg., 1996), SALKOWKSI (Fundliste 1981) und ZAISS & GÜGEL (Fundliste 1993) haben diese Pflanzen als *Orchis mascula* bestimmt. In der weiteren Umgebung des Abantsees wachsen aber auch viele Übergangsformen zwischen *Orchis mascula* und *Orchis pinetorum*. Typische Exemplare von *Orchis pinetorum* wurden hier noch nicht beobachtet. In der weiteren Umgebung des Abantsees findet man diese Pflanzen zusammen mit *Neottia nidus-avis, Orchis pallens, Orchis spitzelii* und *Steveniella satyrioides*.

Typische Exemplare wurden am Ovitdağı-Paß (Erzurum) nachgewiesen. In den ausgedehnten Almwiesen oberhalb Sivrikaya wachsen mehrere Exemplare an ziemlich unzugänglichen Stellen, wo sie vor Rindern und Schafen weitgehend geschützt sind. POOT (briefl. Mittlg., 1996) berichtet auch von *Orchis mascula*-Funden am Ovitdağı-Faß bei Sivrikaya, sowie auch ZAISS & GÜGEL (Fundliste 1993). In der direkten Umgebung finden sich auch noch viele Pflanzen von *Gymnadenia conopsea* und *Traunsteinera sphaerica*.

◄ **Sivrikaya (Erzurum), 25.6.1996,** C. A. J. KREUTZ

Sivrikaya (Erzurum), 25.6.1996, C. A. J. KREUTZ

Sivrikaya (Erzurum), 25.6.1996, C. A. J. Kreutz

İkizdere (Rize), 18.5.1988, C. A. J. Kreutz

Abant (Bolu), 21.5.1996, C. A. J. Kreutz

Sivrikaya (Erzurum), 25.6.1996, C. A. J. Kreutz

An der Straße zwischen Rize und İkizdere (Rize) befinden sich in den weitläufigen Laubwäldern immer wieder vereinzelte Exemplare von *Orchis mascula*, dort meist zusammen mit *Listera ovata*.
Weiter östlich findet man *Orchis mascula* in den Almwiesen am Yalnızçam-Paß (Artvin), wo die Art von Gügel & Neumayr (Fundliste 1985) beobachtet wurde.
Oberhalb Artvin wurde *Orchis mascula* von Davies & Norman (Fundliste 1987) gefunden.
Schließlich berichten auch Kretzschmar, Gembardt & Baumgartner (Fundliste 1988) über Vorkommen von *Orchis mascula* am Zigana-Paß (Trabzon).

BEMERKUNGEN

Nach Baumann & Künkele (1982a) ist *Orchis mascula* in der Türkei auf einen kleinen Randstreifen des ägäischen Küstengebietes beschränkt. Nach Renz & Taubenheim (1984) kommt in der Türkei nur *Orchis pinetorum* vor. Sie merken jedoch an, daß Pflanzen von Nordostanatolien (Trabzon, Artvin), die einen dichten und reichblütigen Blütenstand mit purpurvioletten Blüten und eine punktierte Malzeichnung haben, *Orchis mascula* in einigen Merkmalen ziemlich nahestehen. Buttler (1986) schreibt, daß die Angaben für Ost- und Südeuropa, Kaukasus und Iran unsicher sind. Rückbrodt & Hansen (1992) berichten von Aufnahmen aus dem Nordosten der Türkei, die dichtblütige Pflanzen zeigen, bei denen die Sepalen nach außen gedreht sind. Merkmale also, die für *Orchis mascula* sprechen. Delforge (1994) gibt auch *Orchis mascula* für die Türkei an.

PROBLEMATIK

In der Türkei sind *Orchis mascula* und *Orchis pinetorum* manchmal durch viele Übergangsformen verbunden, wodurch beide Arten nicht immer einwandfrei zu trennen sind.

BEMERKUNGEN ZU DER VERBREITUNGSKARTE

Auf der Verbreitungskarte sind nur die Rasterpunkte aufgenommen worden, von denen mit Sicherheit nachgewiesen wurde, daß es sich an diesen Standorten um typische Exemplare von *Orchis mascula* handelt.

Abant (Bolu), 24.5.1988, C. A. J. Kreutz

HYBRIDEN

Mit *Orchis pinetorum* (Übergangsformen) und möglicherweise mit *Orchis anatolica*.

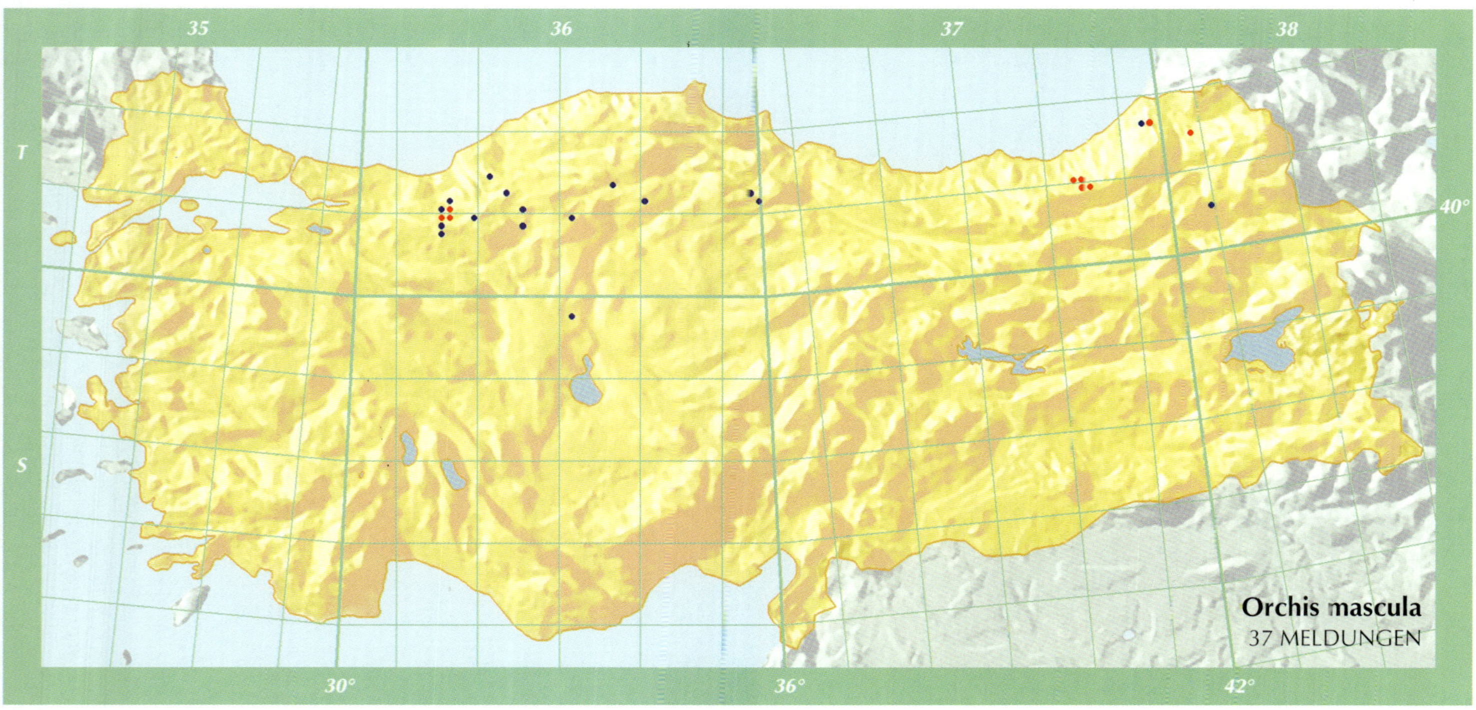

125 Orchis pinetorum

BOISSIER & KOTSCHY

Kiefernwald-Knabenkraut

(in BOISSIER: Fl. Orient. 5: 68, 1882)

SYNONYME

Orchis mascula subsp. *pinetorum* (BOISSIER & KOTSCHY) E. G. CAMUS, A. CAMUS & BERGON

BESCHREIBUNG

Kräftige, schlanke, hochwüchsige Pflanze. Untere Laubblätter lanzettlich bis eiförmig-lanzettlich, am Grunde rosettenartig zusammengedrängt, die oberen in scheidige Stengelblätter übergehend, glänzend, ungefleckt (selten gefleckt), bisweilen braun gestrichelt. Blütenstand zylindrisch bis verlängert, lokker- und reichblütig. Tragblätter schmal und zugespitzt, etwa so lang wie die Fruchtknoten. Blüten mittelgroß bis groß, hellrot bis purpurviolett, die hellere Lippenbasis meist spärlich mit violetten Punkten besetzt. Sepalen eiförmig bis eiförmig-lanzettlich, die beiden seitlichen aufrecht bis schräg seitwärts gerichtet, das mittlere über die beiden Petalen gebogen, stumpf bis leicht zugespitzt. Petalen schmal-lanzettlich, zusammengeneigt. Lippe im unteren Teil dreilappig, schafsnasenförmig gewölbt (von der Seite gesehen), die Seitenlappen kürzer als der Mittellappen, flach ausgebreitet oder zurückgeschlagen; Mittellappen nierenförmig. Sporn zylindrisch, waagrecht bis aufwärts gebogen.

ABGRENZUNG ZU ÄHNLICHEN ARTEN

Sieht *Orchis mascula* ähnlich. *Orchis pinetorum* unterscheidet sich von *Orchis mascula* durch den grazilen Wuchs, die meist ungefleckten oder höchstens braun gestrichelten, breiten Laubblätter und den langen, zylindrischen, ziemlich lockeren Blütenstand. Die Blüten sind meist ziemlich groß und dunkelpurpurn gefärbt (es gibt auch kleinblütige Pflanzen); die seitlichen Sepalen stehen ausgebreitet und aufrecht, sind aber nicht vollständig zurückgeschlagen. Die Lippe ist dreilappig mit vorgezogenem Mittellappen und von der Seite gesehen schafsnasenartig gewölbt. Die hellere Lippenbasis ist meist spärlich mit roten Punkten besetzt (BAUMANN & KÜNKELE, 1982a). Pflanzen mit einheitlich purpurn gefärbter und nicht punktierter Lippe kommen auch vor.

STANDORT

Orchis pinetorum wächst vor allem in lichten Kiefernwäldern, in Zedernwäldern die mit Kiefern und Tannen durchsetzt sind, in Gebüsch und an Waldrändern, in Kastanienwäldern mit sommergrünen Gehölzarten, seltener auch in Laub-, Buchen- und Mischwäldern; auf mäßig trockenen, wahrscheinlich leicht sauren Böden.

BLÜTEZEIT

Sie blüht je nach Höhenlage von Anfang Mai bis Ende Juni.

HÖHENVERBREITUNG

Vorzugsweise in Waldgebieten höherer Lagen bis 2.400 m. In Westanatolien auch in niederen Lagen.

GESAMTVERBREITUNG

Orchis pinetorum hat eine orientalische Verbreitung. Ihr Areal umfaßt die Türkei, die angrenzenden Kaukasusländer und den nördlichen Teil von Syrien, Irak und Iran. Nach BUTTLER (1986) auch in Mazedonien und im Pindusgebirge in Nordgriechenland. Außerdem wiesen GÖLZ & REINHARD (1981) die Art auf der ägäischen Insel Samos nach, wo sie in den Kiefernwäldern sehr zahlreich vorkommt (mündl. Mittlg., SECKEL, 1997).

VERBREITUNG IN DER TÜRKEI

Fast im ganzen Land verbreitet mit Ausnahme von Südostanatolien.

◀ **Daday (Kastamonu), 16.5.1996,** C. A. J. KREUTZ

Daday (Kastamonu), 16.5.1996, C. A. J. KREUTZ

Akarsu (Erzincan), 27.5.1997, C. A. J. Kreutz

Abant (Bolu), 21.5.1996, C. A. J. Kreutz

Araç (Kastamonu), 22.5.1988, C. A. J. Kreutz

Korkuteli (Antalya), 12.5.1996, C. A. J. Kreutz

NOTIZEN ZU EINIGEN FUNDORTEN

Orchis pinetorum ist in den ausgedehnten Wäldern in den Ilgaz-Dağları (Kastamonu) weit verbreitet. Dort kommt sie häufig zusammen mit *Dactylorhiza romana, Limodorum abortivum* und *Platanthera chlorantha* vor. Auch in der Umgebung von Kastamonu ist *Orchis pinetorum* häufig anzutreffen, wie zum Beispiel in den lockeren Kiefernwäldern an der Straße Daday - Azdavay östlich Araç (Kastamonu). In diesen Wäldern bildet sie manchmal Massenpopulationen. Am Ballıdağ-Paß, nordwestlich Daday (Kastamonu), wächst *Orchis pinetorum* zusammen mit *Orchis purpurea, Orchis simia* und *Platanthera chlorantha* in Magerrasen, die mit Wacholdern durchsetzt sind.

Am Uludağ bei Bursa findet man viele Exemplare zerstreut in den Buchen- und Kiefernwäldern mit *Cephalanthera damasonium, Cephalanthera rubra, Epipactis bithynica, Epipactis microphylla, Epipactis persica, Limodorum abortivum, Limodorum abortivum* var. *rubrum* und *Platanthera chlorantha*.

Zahlreiche große, gut entwickelte Pflanzen wachsen in den lichten Kiefernwäldern, sowie an Rändern von Eichengebüsch und in Straßenböschungen in der Umgebung von Cevizli (Antalya), zusammen mit *Dactylorhiza romana, Himantoglossum montistauri* und *Orchis anatolica*.

Selten findet man auch Exemplare mit stark gefleckten Laubblättern. Standorte mit solchen Pflanzen befinden sich in der Umgebung von Akarsu an der Straße von Erzincan nach Sivas (Erzincan). In den Kiefernwäldern und im Eichengebüsch blühen hier Mitte Mai viele solcher Pflanzen, begleitet von *Cephalanthera kotschyana, Cephalanthera rubra, Epipactis helleborine, Orchis caucasica* und *Platanthera chlorantha*. Die Laubblätter sind entweder purpurviolett gefleckt oder gestrichelt. Exemplare mit fast ganz purpurviolett überlaufenen Laubblättern kommen in diesem Gebiet auch vor.

Akarsu (Erzincan), 27.5.1997, C. A. J. KREUTZ

PROBLEMATIK

Das Areal von *Orchis pinetorum* in der Türkei ist ungenügend bekannt, weil die Art manchmal von *Orchis mascula* schwierig zu unterscheiden ist oder Übergangspopulationen mit dieser bildet. Im Norden der Türkei findet man auch *Orchis mascula*, so zum Beispiel in der Umgebung des Abantsees (Bolu) und an der östlichen Schwarzmeerküste (Trabzon, Erzurum, Rize, Ardahan, Artvin).

HYBRIDEN

Mit *Orchis mascula* (Übergangsformen).

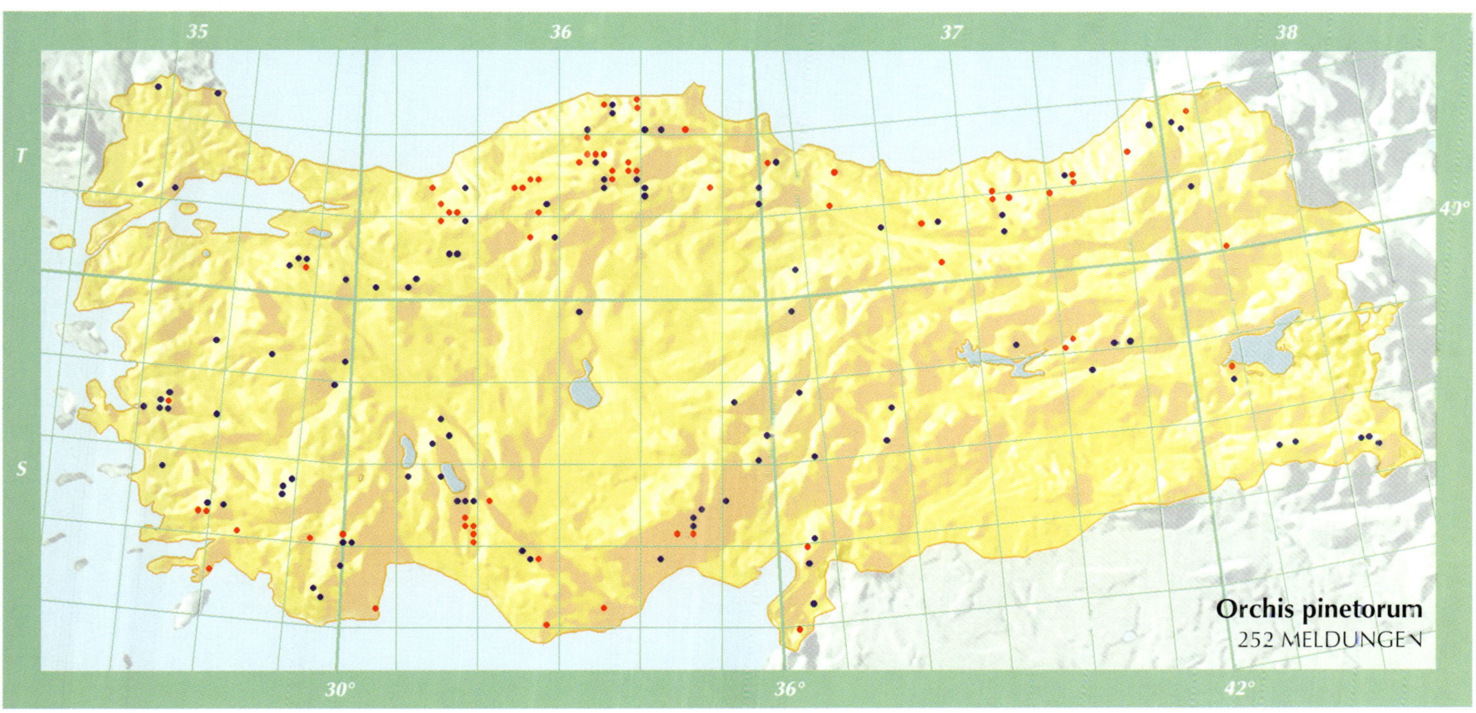

126 Orchis morio L. subsp. morio

Kleines Knabenkraut

(Spec. Plant. 2: 940, 1753)

BESCHREIBUNG

Kleine aber robuste Pflanze. Laubblätter am Grunde rosettig angeordnet, die oberen in scheidige Stengelblätter übergehend, schmal-lanzettlich bis lanzettlich, grün, ungefleckt. Blütenstand zylindrisch, kurz, dicht- und armblütig. Tragblätter lanzettlich, etwa so lang wie die Fruchtknoten. Blüten mittelgroß, meist intensiv violett gefärbt, oft auch heller bis ganz weiß oder rosa. Perigonblätter helmförmig zusammenneigend, die Nerven der Perigonblätter deutlich grün. Sepalen eiförmig bis eiförmig-lanzettlich. Petalen lanzettlich. Lippe dreilappig, die beiden Seitenlappen etwas kürzer und größer als der Mittellappen und zurückgeschlagen, Lippenschultern oft hochgezogen, meist intensiv violett bis purpurrot gefärbt, machmal auch (hell)rosa bis weiß, Lippenbasis weißlich, mit violetten Flecken besetzt. Sporn zylindrisch, mehr oder weniger stark aufwärts gebogen.

ABGRENZUNG ZU ÄHNLICHEN (UNTER)ARTEN

Kann mit *Orchis morio* subsp. *picta* verwechselt werden, unterscheidet sich jedoch von dieser durch den niedrigen und robusteren Wuchs. Zudem ist der Blütenstand kurz- und armblütig und die Blüten sind etwas größer und meist intensiv violett gefärbt. Außerdem sind bei *Orchis morio* subsp. *morio* die beiden Seitenlappen der Lippe etwas kürzer als der Mittellappen.

Sieht außerdem *Orchis syriaca* ähnlich, die aber von dieser Art abweicht durch die hellere Blütenfarbe, einen kürzeren und ziemlich lockeren Blütenstand, kleinere Blüten und eine Lippe ohne jede Malzeichnung

STANDORT

Magerrasen, lichte Wälder, Trockenrasen und an grasigen Hängen; auf mäßig trockenen bis feuchten, basenreichen Böden.

BLÜTEZEIT

Relativ früh, von Ende März bis Anfang Juni in höheren Gebirgslagen.

HÖHENVERBREITUNG

Von der Küste bis etwa 1.900 m.

GESAMTVERBREITUNG

Fast ganz Europa, nördlich bis Schottland, Dänemark und Südschweden. Östlich bis Vorderasien, Irak und Iran, klingt im kontinentalen Osteuropa aus. Nicht auf Kreta und Zypern. Auch in Georgien, wo die Pflanzen denen der mitteleuropäischen *Orchis morio* sehr nahe stehen (RÜCKBRODT, GÜGEL & ZAISS, 1997).

VERBREITUNG IN DER TÜRKEI

Weit verbreitet, vor allem in höheren Lagen in den küstennahen Gebieten Südwestanatoliens und im Pontusgebirge. Sehr selten im Küstenbereich in der Marmara-, Ägäis- und Mittelmeer-Region, dort wird sie meist durch *Orchis morio* subsp. *picta* ersetzt. Fehlt in der Inneranatolischen, Ostanatolischen und Südostanatolischen Region.

Die Möglichkeit besteht, daß *Orchis morio* subsp. *morio* in der Türkei weit häufiger verbreitet ist. Bei vielen Standortangaben wurde der taxonomische Unterschied zwischen den beiden Unterarten nicht berücksichtigt.

NOTIZEN ZU EINIGEN FUNDORTEN

In der Provinz Kastamonu, an der Straße İnebolu - Kastamonu, ist *Orchis morio* subsp. *morio* an einigen Stellen zu finden, zum Beispiel auf der Höhe von Ersizledere. An einem ziemlich steilen Hang, einem Magerrasen mit Feuchtstellen, wurden Mitte Mai 1996 viele typische Exemplare nachgewiesen. An anderen Orchideen wachsen hier *Ophrys oestrifera* und *Orchis laxiflora*. Die Blütezeit liegt in diesem Gebiet etwa Ende März bis Anfang Mai; Mitte Mai sind die meisten Pflanzen schon weitgehend verblüht.

Im botanisch sehr wertvollen Gebiet um den Abantsee (Bolu) kommt auch *Orchis morio* subsp. *morio* vor. In einem feuchten Wiesengelände bei der Abzweigung nach Abant beobachtete LÜDERS (Fundliste 1988) etwa 100 Exemplare.

◄ **Nusratfakı (Tekirdağ), 30.4.1997,** C. A. J. KREUTZ

Barbaros (Tekirdağ), 26.4.1997, C. A. J. KREUTZ

Ersizledere (Kastamonu), 17.5.1996, C. A. J. Kreutz

Barbaros (Tekirdağ), 26.4.1997, C. A. J. Kreutz

Ersizledere (Kastamonu), 17.5.1996, C. A. J. Kreutz

Göcek (Muğla), 6.4.1997, C. A. J. Kreutz

Im Osten der Türkei, wie zum Beispiel an der Straße von Artvin nach Kafkasör (Artvin), kommt *Orchis morio* subsp. *morio* in grasigen Wiesenhängen und in Haselnußkulturen vor. Sie bildet an einigen Stellen Massenbestände, in denen auch rosa Farbvarianten vertreten sind. In diesen Wiesen wird sie oft von *Coeloglossum viride, Dactylorhiza flavescens, Dactylorhiza urvilleana, Orchis caucasica* und *Platanthera chlorantha* begleitet.

Im Südwesten der Türkei bildet *Orchis morio* subsp. *morio* an einigen Stellen Massenbestände. So befinden sich mehrere Standorte bei Göcek (Muğla) an der Straße nach Gökceovacik und Karacaören. In einer Höhenlage von durchschnittlich 600 m Höhe wächst die Unterart auf Wiesenterrassen, in grasigen Olivenhainen, an Gebüschrändern und in großflächigen Wiesen. Es kommen hier auch viele weißblütige Exemplare vor. Die Standorte nördlich von Göcek, die zum größten Teil aus Eichengebüsch und feuchten Wiesenterrassen bestehen, stellen die schönsten der Türkei dar, weil hier auf kleinem Raum sehr viele Orchideen in großer Anzahl wachsen, insbesondere *Anacamptis pyramidalis, Barlia robertiana, Ophrys bombyliflora, Ophrys heterochila, Ophrys labiosa, Ophrys reinholdii, Ophrys sicula, Orchis anatolica, Orchis papilionacea* subsp. *heroica, Orchis simia* und *Serapias bergonii*. In der weiteren Umgebung lassen sich bestimmt noch viele Vorkommen von *Orchis morio* subsp. *morio* auffinden.

Auch im europäischem Teil der Türkei ist *Orchis morio* subsp. *morio* weit verbreitet. Vor allem in der Provinz Tekirdağ ist sie häufig in Magerrasen, die manchmal mit Eichen- oder Flaumeichengebüsch bestanden sind, anzutreffen, öfter von *Dactylorhiza romana, Ophrys mammosa, Orchis simia, Orchis tridentata*, selten von *Ophrys bucephala, Ophrys sicula* und *Orchis purpurea* begleitet.

PROBLEMATIK

In einigen Gebieten sind beide Sippen (*Orchis morio* subsp. *morio* und *Orchis morio* subsp. *picta*) oft schwierig voneinander zu trennen. Außerdem sind beide Unterarten durch Übergangsformen miteinander verbunden. *Orchis morio* subsp. *morio* kommt hauptsächlich an der Schwarzmeerküste sowie in den höheren Lagen des Taurusgebirges vor, während *Orchis morio* subsp. *picta* hauptsächlich in Meereshöhe in der Ägäis-Region bis etwa 700 m Höhe anzutreffen ist.

Mezra (Artvin), 28.5.1997, C. A. J. KREUTZ

BEMERKUNGEN ZU DER VERBREITUNGSKARTE

Bei RÜCKBRODT & HANSEN (1992) wurden auf der Verbreitungskarte die Fundmeldungen von *Orchis morio* subsp. *picta* und von *Orchis morio* subsp. *morio* zusammengefaßt.

HYBRIDEN

Mit *Orchis papilionacea* subsp. *heroica*. Übergangspopulationen mit *Orchis syriaca*.

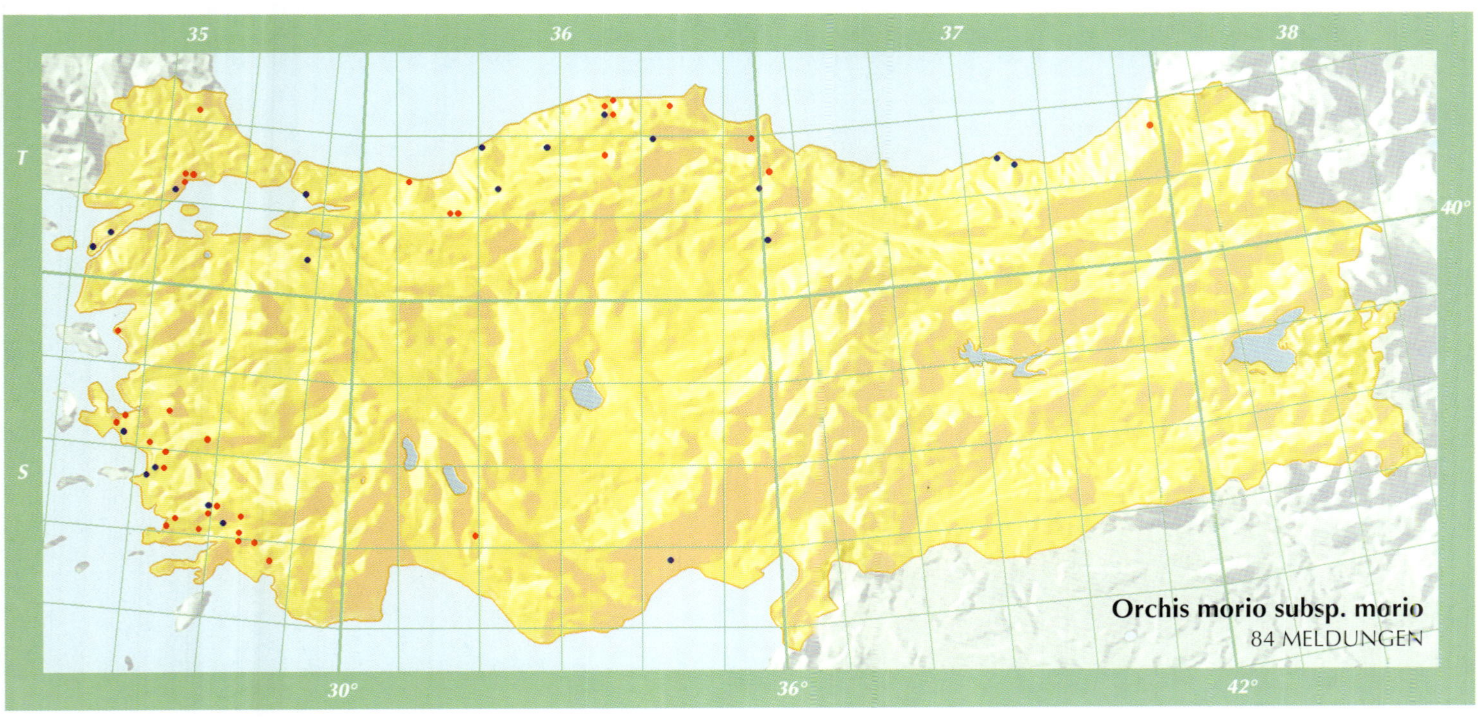

127 Orchis morio L. subsp. picta (LOISELEUR) K. RICHTER

Lockerblütiges kleines Knabenkraut

(Pl. Eur. 1: 265, 1890)

Selçuk (İzmir), 3.4.1996, C. A. J. KREUTZ

BASIONYM
Orchis picta LOISELEUR in Mém. Soc. Linn. Paris 6: 431, 1827

SYNONYME
Orchis morio var. *picta* (LOISELEUR) REICHENBACH fil.

BESCHREIBUNG
Bis 30 cm hohe, schlanke Pflanze. Laubblätter am Grunde rosettig angeordnet, die oberen in scheidige Stengelblätter übergehend, schmal-lanzettlich bis lanzettlich, grün, ungefleckt. Blütenstand zylindrisch, locker- und armblütig. Tragblätter lanzettlich, etwa so lang wie die Fruchtknoten. Blüten klein bis mittelgroß, meist intensiv rosa bis hellviolett. Perigonblätter helmförmig zusammenneigend, die Nerven der Perigonblätter deutlich grün. Sepalen eiförmig bis eiförmig-lanzettlich. Petalen lanzettlich. Lippe dreilappig, die beiden Seitenlappen zurückgeschlagen und meist länger als der Mittellappen; Lippenschultern leicht abfallend, meist intensiv rosa bis hellviolett; Lippenbasis weißlich, spärlich mit violetten Flecken besetzt. Sporn zylindrisch, stark aufwärts gebogen.

ABGRENZUNG ZU ÄHNLICHEN (UNTER)ARTEN
Ähnelt *Orchis morio* subsp. *morio*, unterscheidet sich jedoch von dieser durch den höheren und grazileren Wuchs. Außerdem ist der Blütenstand von *Orchis morio* subsp. *picta* arm- und lockerblütiger und ihre Blüten sind etwas kleiner und meist intensiv rosa bis hellviolett gefärbt. Ferner ist bei *Orchis morio* subsp. *picta* der Mittellappen der Lippe kürzer als die beiden Seitenlappen.
Sieht außerdem *Orchis syriaca* ähnlich, die aber von dieser Art abweicht durch die hellere Blütenfarbe, einen kürzeren und ziemlich lockeren Blütenstand, kleinere Blüten und eine Lippe ohne jede Malzeichnung.

STANDORT
Macchien, Phrygana, lichte Kiefern- und Mischwälder, in und am Rande von Gebüschen; auf trockenen bis mäßig feuchten, basenreichen oder schwach kalkhaltigen Böden.

BLÜTEZEIT
Relativ früh, von Mitte März bis Ende Mai.

HÖHENVERBREITUNG
Von der Küste bis etwa 700 m.

GESAMTVERBREITUNG
Mittelmeergebiet, östlich bis in die Kaukasusländer, Nordsyrien, Türkei, Nordirak und Nordwestiran. Die Verbreitung ist nicht genau bekannt, weil sie oft mit *Orchis morio* subsp. *morio* verwechselt oder vereinigt wurde. In Südeuropa wird *Orchis morio* subsp. *morio* meist durch *Orchis morio* subsp. *picta* ersetzt.

VERBREITUNG IN DER TÜRKEI
Selten in den küstennahen Gebieten der Marmara-, Ägäis- und Mittelmeer-Region.
Nach RENZ & TAUBENHEIM (1984) ist sie in Nordanatolien von wenigen Standorten in der Provinz Kastamonu bekannt. Es ist aber nicht auszuschließen, daß diese Angaben die Nominatform *Orchis morio* subsp. *morio* betreffen.

NOTIZEN ZU EINIGEN FUNDORTEN
Orchis morio subsp. *picta* ist vor allem in der Südwesttürkei weit verbreitet, aber selten. Zerstreut und manchmal in größeren Populationen wächst sie hier bevorzugt in lichten Kiefernwäldern südlich İzmir bis Fethiye (İzmir, Aydın und Muğla), öfter zusammen mit *Anacamptis pyramidalis, Cephalanthera epipactoides, Limodorum abortivum, Neotinea ma-*

Karaböğürtlen (Muğla), 6.5.1988, C. A. J. KREUTZ

◄ Selçuk (İzmir), 3.4.1996, C. A. J. KREUTZ

Kuşadası (Aydın), 3.4.1996, C. A. J. Kreutz

Kuşadası (Aydın), 3.4.1996, C. A. J. Kreutz

culata, Orchis anatolica, Orchis simia, Serapias bergonii und *Serapias orientalis* subsp. *carica*.

An der Auffahrt nach Meryemana (İzmir) ist *Orchis morio* subsp. *picta* zwar selten, aber doch immer zu finden. In den grasigen, felsigen Wiesenflächen, sowie in den Kiefernwäldern und in der Phrygana blüht sie Ende März bis Mitte April.

Viele Pflanzen wurden nördlich von Kuşadası (Aydın) in einem lockeren Kiefernwald beobachtet. An diesem Standort waren leider sehr viele Pflanzen ausgegraben.

Vor allem in der Umgebung von Karaböğürtlen-Ula (Muğla) wächst sie vielfach an feuchten Stellen in lichten, unterwuchsreichen Kiefernwäldern, hier öfter zusammen mit *Anacamptis pyramidalis, Cephalanthera epipactoides, Limodorum abortivum, Neotinea maculata, Orchis anatolica, Orchis provincialis, Orchis simia, Serapias bergonii* und *Serapias orientalis* subsp. *carica*.

Im mittleren Süden der Türkei ist sie zum Beispiel am Friedhof bei Sofular (Hatay) zu finden. Im Eichengebüsch, sowie an grasigen Wiesenflächen wachsen viele Exemplare, hier unter anderem begleitet von der nahe verwandten *Orchis syriaca*.

PROBLEMATIK

In einigen Gebieten sind beide Sippen (*Orchis morio* subsp. *morio* und *Orchis morio* subsp. *picta*) oft schwierig voneinander zu trennen. Außerdem sind sie durch Übergangsformen miteinander verbunden.

BEMERKUNGEN ZU DER VERBREITUNGSKARTE

Bei Rückbrodt & Hansen (1992) wurden die Fundmeldungen von *Orchis morio* subsp. *picta* und die Angaben von *Orchis morio* subsp. *morio* auf der Verbreitungskarte zusammengefaßt.

Die Angaben von Renz & Taubenheim (1984) aus der Provinz Kastamonu in Nordanatolien wurden nicht auf der Karte eingezeichnet, da diese Funde höchstwahrscheinlich die Nominatform *Orchis morio* subsp. *morio* betreffen.

HYBRIDEN

Keine eindeutigen Nachweise bekannt. Übergangspopulationen mit *Orchis syriaca*.

Karaböğürtlen (Muğla), 6.5.1988, C. A. J. Kreutz

Selçuk (İzmir), 3.4.1996, C. A. J. Kreutz

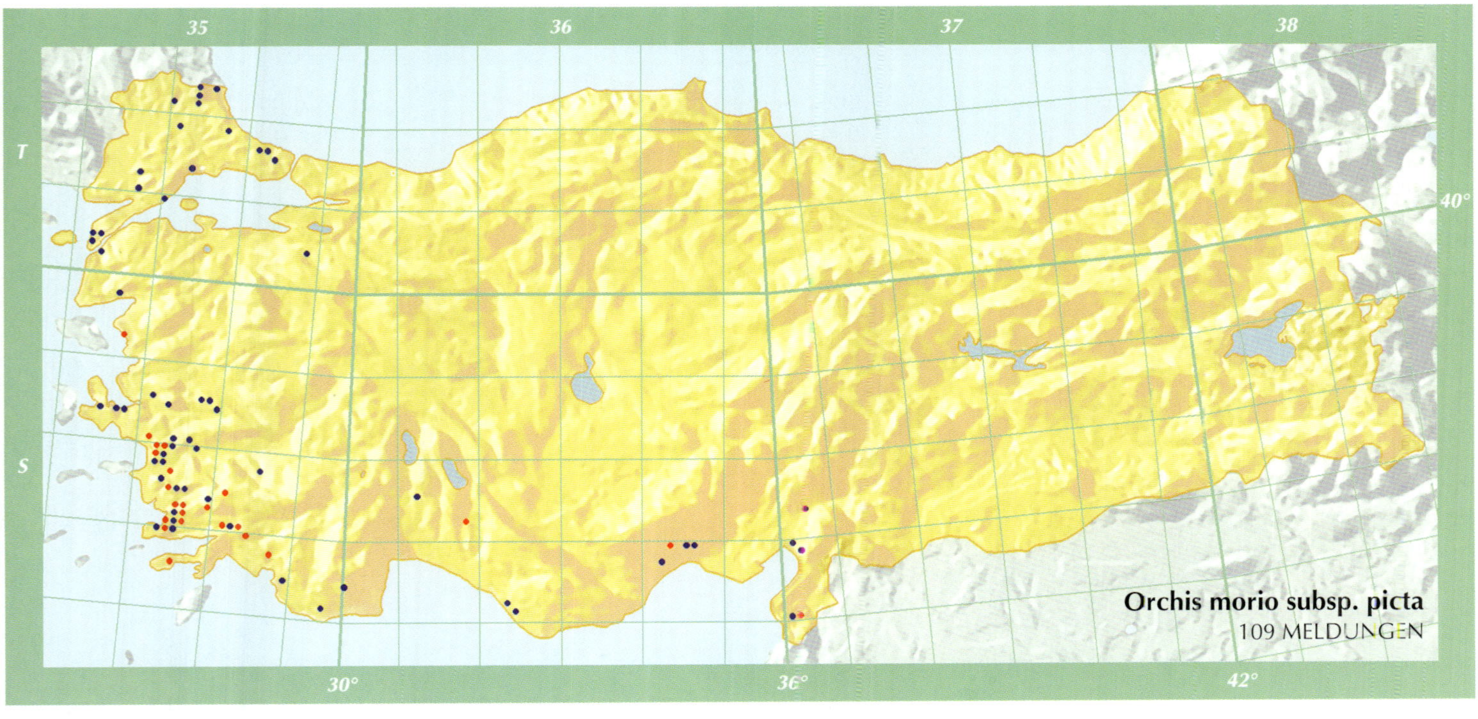

128

Orchis syriaca

BOISSIER ex H. BAUMANN & KÜNKELE

Syrisches Knabenkraut

(Mitt. Bl. Arbeitskr. Heim. Orch. Baden-Württ. 13 (3): 351, 1981)

BASIONYM

Orchis syriaca BOISSIER (Fl. orient. 5: 60, 1884)

SYNONYM

Orchis morio subsp. *syriaca* E. G. & A. CAMUS & BERGON, *Orchis picta* subsp. *libani* RENZ

BESCHREIBUNG

Kleine, schlanke, niedrige Pflanze. Laubblätter am Grunde rosettig angeordnet, die oberen in scheidige Stengelblätter übergehend, schmal-lanzettlich bis linealisch-lanzettlich, grün, ungefleckt. Blütenstand kurz, ziemlich locker- und armblütig. Tragblätter breit-lanzettlich, etwa 3 Viertel mal so lang wie die Fruchtknoten. Blüten klein bis mittelgroß, lokker am Stengel angeordnet. Perigonblätter einen lockeren Helm bildend, violett bis grünlichviolett gefärbt, die Nerven der Perigonblätter deutlich grün. Sepalen eiförmig bis eiförmig-lanzettlich. Petalen lanzettlich. Lippe schwach dreilappig, die beiden Seitenlappen etwas kürzer und größer als der Mittellappen und zurückgeschlagen, meist weiß, (hell)gelb bis rosa gefärbt. Lippenbasis meist weißlich, ohne jede Malzeichnung. Sporn zylindrisch, waagrecht, schwach aufwärts gebogen.

ABGRENZUNG ZU ÄHNLICHEN ARTEN

Orchis syriaca teilt gewisse Merkmale mit *Orchis morio* subsp. *morio* und *Orchis morio* subsp. *picta*, weicht aber von diesen Arten durch die helle Blütenfarbe ab, die zwischen weiß bis ganz hellgelb und einem schwachen Rosa variiert. Der Blütenstand von *Orchis syriaca* ist meist kurz und ziemlich lokker. Die Blüten sind kleiner. Die Lippe ist ohne jede Malzeichnung (bei *Orchis morio* s.l ist der hellere Mittelteil der Lippe mit purpurroten Punkten besetzt) und schwach dreilappig. Außerdem ist der Sporn hellviolett bis hellrosa.

STANDORT

Orchis syriaca besiedelt lichte Kiefernwälder, Eichengebüsch, Macchien und Phrygana; auf kalkhaltigen Böden.

BLÜTEZEIT

Anfang April in küstennahen Gebieten bis Ende Mai in höheren Gebirgslagen.

HÖHENVERBREITUNG

Von Meereshöhe bis 1.300 m.

GESAMTVERBREITUNG

Orientalische Art. Ihr kleines Areal reicht von der Südwest- und Südtürkei über Zypern und Westsyrien bis nach Libanon. Auch auf Rhodos (RIECHELMANN, 1997). In Israel wurde sie noch nicht gefunden, sie wird dort durch *Orchis israelitica* H. BAUMANN & DAFNI ersetzt.

VERBREITUNG IN DER TÜRKEI

Mittelmeer-Region.

NOTIZEN ZU EINIGEN FUNDORTEN

Orchis syriaca gehört in der Türkei zu den seltenen Orchideen. Sie ist im Süden des Landes, nur im Mittelmeergebiet, ziemlich verbreitet. Viele Standorte liegen in den Provinzen Antalya (Kaş bis Antalya), Adana (Osmaniye) und Hatay (Nähe der syrischen Grenze).

In der weiteren Umgebung des Ausgrabungsgeländes von Olympos (Antalya) ist *Orchis syriaca* reichlich vertreten und sie bildet hier reiche Bestände. Die Blütezeit liegt in diesem Gebiet etwa Anfang April.

Zwischen Kumluca und Kemer (Antalya) ist *Orchis syriaca* an vielen Stellen vorhanden. Sie blüht hier Anfang bis Mitte April

◀ **Samandağı (Hatay), 1.4.1997,** C. A. J. KREUTZ

Kuyucak (Antalya), 18.5.1995, C. A. J. KREUTZ

Çavus (Antalya), 5.4.1997, C. A. J. Kreutz

Samandağı (Hatay), 1.4.1997, C. A. J. Kreutz

Kuyucak (Antalya), 18.5.1995, C. A. J. Kreutz

Çavus (Antalya), 5.4.1997, C. A. J. Kreutz

in offenem Wiesengelände mit Kiefern, selten auch in lichten Kiefernwäldern.
In den ausgedehnten Laub- und Kiefernwäldern nördlich Cevizli (1.250 m) in der Provinz Antalya ist sie immer wieder an felsigen Stellen am Rande von Eichengebüschen und an Straßenböschungen zu finden. Sie blüht hier bis Ende Mai. Es kommen hier auch Zwischenformen zu *Orchis morio* subsp. *picta* vor.
Ein schöner Bestand befindet sich auf einem Friedhof bei Gözne (İçel). *Orchis syriaca* wächst hier in einem felsigen Eichengebüsch, mit einzelnen Kiefern durchsetzt, in einigen hundert Exemplaren, zusammen mit *Anacamptis pyramidalis, Himantoglossum affine, Ophrys holoserica, Ophrys episcopalis, Ophrys phrygia, Ophrys straussii, Orchis anatolica* und *Orchis tridentata*.
In der antiken Stätte von Karatepe (Adana) blüht *Orchis syriaca* je nach Witterung etwa Anfang bis Mitte April. Sie ist hier nicht selten und bildet hier auf einer kleinen Fläche sogar eine sehr große Population.
In der Provinz Hatay nahe Samandağı bildet *Orchis syriaca* an vielen Stellen Massenpopulationen. Vor allem in mäßig feuchten Wiesen und an trockenen Stellen in den Steineichen-Felsfluren blühen Anfang April manchmal bis zu Tausend Exemplare, begleitet von der zu dem Zeitpunkt noch knospigen *Orchis tridentata*, und der in diesem Gebiet seltenen *Dactylorhiza romana*.

BEMERKUNGEN

Nach Baumann & Künkele (1981b) hat sich *Orchis syriaca* am Arealrand von *Orchis morio* s. l. arealökologisch und morphologisch klar abgespalten und besiedelt von der östlichen Türkei bis zum Libanon, als alleiniger Vertreter des *Orchis morio*-Komplexes, ein eigenständiges Areal. In letzter Zeit wurde *Orchis syriaca* auch in der Südwesttürkei nachgewiesen, wo auch beide Unterarten von *Orchis morio* vorkommen.

GEFÄHRDUNG

Die Art ist durch übermäßige Beweidung und Rodung ihrer Standorte ziemlich gefährdet. Vor allem die küstennahen Kiefernwälder sind durch Tourismus bedroht (Baumann & Künkele, 1982a). So sind in der Mittelmeer-Region viele Standorte durch den Bau neuer Straßen und Hotels verschwunden.

Kuyucak (Antalya), 18.5.1995, C. A. J. Kreutz

HYBRIDEN

Mit *Orchis papilionacea* subsp. *heroica* und Übergangformen zu *Orchis morio* s. l.

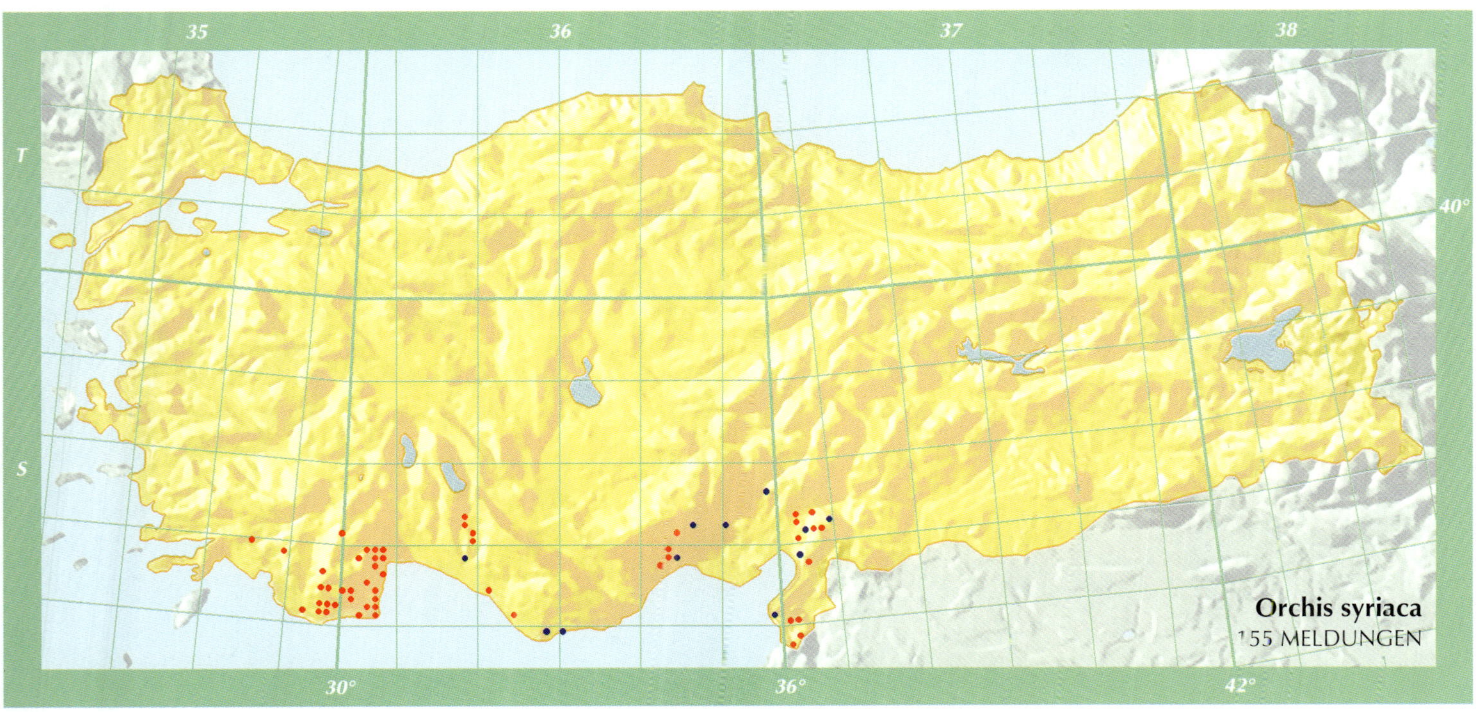

129 Orchis pallens L.

Blasses Knabenkraut (Mantis. Alt.: 292, 1771)

SYNONYM

Orchis sulphurea Sims

BESCHREIBUNG

Stattliche, ziemlich kräftige, mittelgroße Pflanze. Laubblätter eiförmig-lanzettlich, am Grunde rosettig gehäuft, die oberen in scheidige Stengelblätter übergehend, glänzend, ungefleckt. Blütenstand zylindrisch, dicht- und reichblütig. Tragblätter lanzettlich, etwa so lang wie die Fruchtknoten. Blüten mittelgroß bis groß, hellgelb bis gelblich gefärbt. Sepalen eiförmig bis breit-eiförmig, die beiden seitlichen aufgerichtet bis zurückgeschlagen, das mittlere Sepal über die beiden Petalen gebogen. Petalen lanzettlich bis eiförmig, zusammenneigend. Lippe im unteren Teil dreilappig, flach ausgebreitet, breiter als lang; Mittellappen länger als die beiden Seitenlappen, zweispaltig, ohne jede Zeichnung. Sporn zylindrisch, aufwärts gerichtet.

ABGRENZUNG ZU ÄHNLICHEN ARTEN

Orchis pallens ist eine wenig veränderliche Art; die türkischen Pflanzen zeigen keine morphologischen Abweichungen gegenüber den mitteleuropäischen Exemplaren. Sie ist eine leicht zu erkennende Art, obwohl sie machmal mit *Orchis provincialis* und *Orchis pauciflora* (beide gefleckte Laubblätter) verwechselt wurde. *Orchis pauciflora* wurde aber bisher noch nicht in der Türkei nachgewiesen.

STANDORT

Buchen-, Tannen- , Kiefern- und Laubmischwälder (vor allem in Lichtungen) und auf frischen Bergwiesen in der montanen und subalpinen Zone; auf kalkhaltigen Böden.

BLÜTEZEIT

Orchis pallens blüht von Anfang Mai im Mittelgebirge bis Anfang Juni in den höheren Gebirgslagen.

HÖHENVERBREITUNG

Von etwa 950 bis 2.400 m.

GESAMTVERBREITUNG

Hauptsächlich in mittleren und höheren Gebirgslagen Europas. Ihre Nordgrenze verläuft durch Nordhessen und Thüringen in Deutschland. In Asien ist sie in der Türkei, im angrenzenden Kaukasus und auf der Krim nachgewiesen.

VERBREITUNG IN DER TÜRKEI

In der Türkei kommt *Orchis pallens* bevorzugt im Norden des Landes (Pontusgebirge) vor, nämlich von Bursa über Bolu (unter anderen Abantsee), Kastamonu bis nach Trabzon und Artvin. Außerdem im Westen (zum Beispiel in den Provinzen İzmir und Eskişehir) und im Süden des Landes (Isparta, İçel, Kayseri). Fehlt im europäischen Teil.

NOTIZEN ZU EINIGEN FUNDORTEN

In der weiteren Umgebung des Abantsees ist *Orchis pallens* in niederschlagsreichen Jahren nicht selten. Viele Exemplare wachsen hier an lichten Stellen in Buchen- und Buchen-Tannen-Wäldern an Nordhängen oder in gebüschreichen Waldrändern. In dieser Vegetation findet man sie oft zusammen mit *Cephalanthera damasonium, Cephalanthera longifolia, Neottia nidus-avis, Orchis mascula, Orchis purpurea* und sehr selten mit *Orchis spitzelii*.

In der Umgebung von Kastamonu wächst sie in lichten Stellen in Tannenwäldern nördlich und südlich der Ilgaz-Paßhöhe. Sie kommt dort zerstreut vor, meist nur in Einzelexemplaren.

Standorte mit relativ vielen Exemplaren gibt es ferner an der

Zigana-Paß (Trabzon), 26.5.1995, C. A. J. Kreutz

Abant (Bolu) 24.5.1988, C. A. J. Kreutz

◀ Zigana-Paß (Trabzon), 26.5.1995, C. A. J. Kreutz

Daday (Kastamonu), 16.5.1996, C. A. J. Kreutz

Zigana-Paß (Trabzon), 26.5.1995, C. A. J. Kreutz

Straße Daday - Azdavay (Kastamonu). So wächst *Orchis pallens* in der Umgebung des Sanatoriumsgeländes südlich vom Ballıdağ-Paß. In Flaumeichen-Kiefernwäldern und in Kalkmagerrasen, die mit Eichengebüsch und Wacholdern durchsetzt sind, blühen Anfang bis Mitte Mai viele stattliche Exemplare. Sie wächst hier zusammen mit *Cephalanthera longifolia, Dactylorhiza romana, Orchis pinetorum, Orchis purpurea, Orchis simia* und *Platanthera chlorantha*.

Im östlichen Pontus findet man sie sowohl in der sich am Schwarzen Meer hinziehenden Hauptkette als auch in den sich nach Süden in das Landesinnere erstreckenden Vorgebirgsketten (Nieschalk & Nieschalk, 1976). So auch südlich Maçka, in den Provinzen Trabzon und Gümüşhane, wo *Orchis pallens* weit verbreitet ist. Vor allem im Değirmental in den höheren Gebirgslagen am Südabfall des Ziganapasses, öfter zusammen mit *Dactylorhiza flavescens*, findet man vereinzelt immer wieder Exemplare dieser Art. An nord- und nordwestexponierten Hanglagen ist sie an mehreren Stellen sogar zahlreich. In der direkten Umgebung des Ziganapasses, in einer Höhe von 2.000 m, besiedelt sie hauptsächlich Tannen-Kiefern-Wälder und frische Bergwiesen. *Orchis pallens* blüht in diesen Höhenlagen Mitte bis Ende Mai.

HYBRIDEN

Keine Nachweise bekannt.

Daday (Kastamonu), 16.5.1996, C. A. J. Kreutz

Zigana-Paß (Trabzon), 26.5.1995, C. A. J. Kreutz

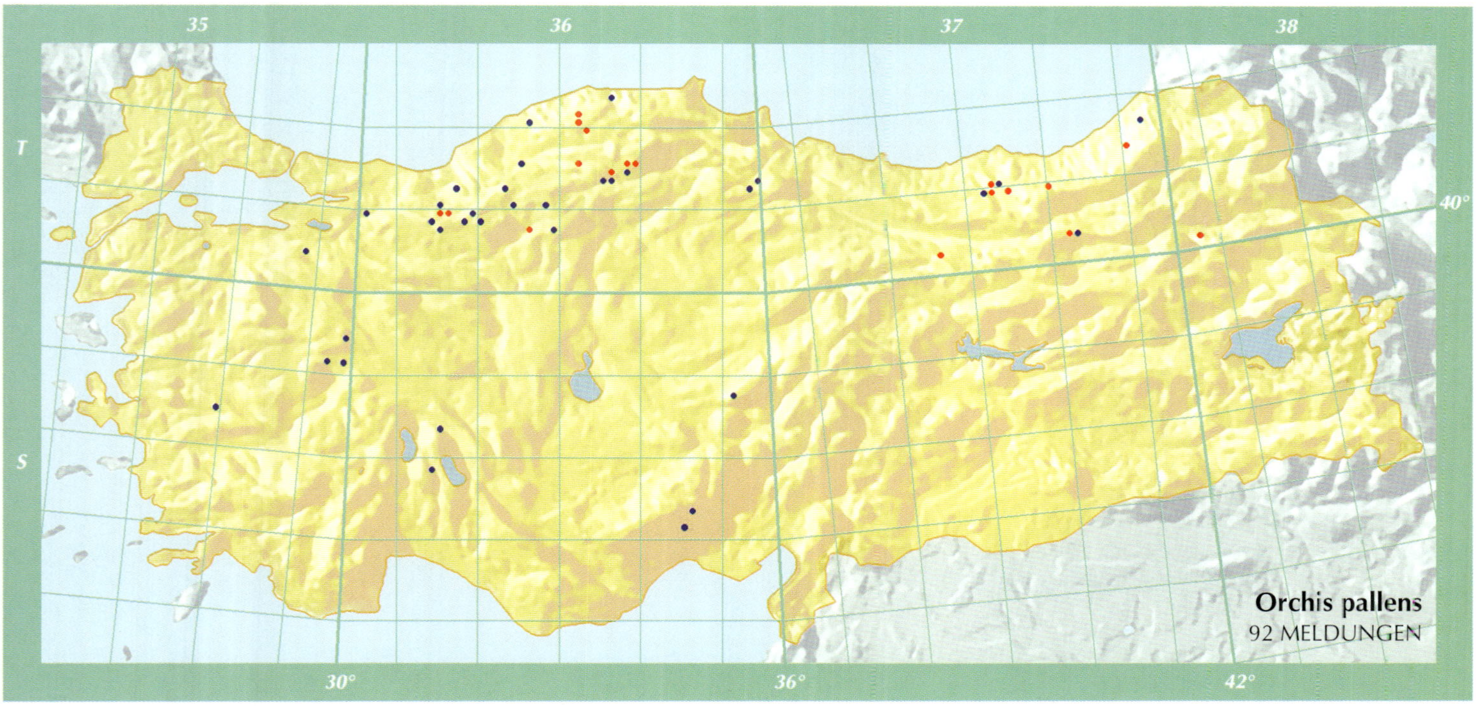

130 Orchis provincialis

Balbis ex Lamarck & de Candolle

Provence-Knabenkraut

(in Lamarck & de Candolle: Syn. Pl. Fl. Gall. 169, 1806)

SYNONYME

Orchis leucostachys Grisebach, *Orchis cyrilli* Tenore

BESCHREIBUNG

Mittelgroße und schlanke Pflanze. Laubblätter länglich-lanzettlich, am Grunde in einer Rosette, die oberen scheidenartig, mattgrün, kräftig gefleckt. Blütenstand zylindrisch, lockerblütig. Tragblätter breit-lanzettlich und zugespitzt, so lang oder etwas länger wie die Fruchtknoten. Blüten mittelgroß, mit 5 bis 20 locker angeordneten Blüten, schwefel- bis hellgelb gefärbt, der zentrale Teil der Lippe mit roten Punkten besetzt. Sepalen eiförmig bis eiförmig-lanzettlich, die beiden seitlichen aufrecht bis schräg seitwärts gerichtet oder zurückgeschlagen, das mittlere über die beiden Petalen gebogen, stumpf. Petalen eiförmig-lanzettlich, zusammengeneigt. Lippe im unteren Teil schwach dreilappig, schafsnasenförmig gewölbt (von der Seite gesehen); Mittellappen zweispaltig; Seitenlappen kürzer als der Mittellappen, zurückgeschlagen. Sporn lang, zylindrisch, aufwärts gebogen.

ABGRENZUNG ZU ÄHNLICHEN ARTEN

Ähnelt *Orchis pallens*, die ebenfalls gelbe Blüten hat und die in den Provinzen Trabzon, Rize und Artvin im gleichen Verbreitungsgebiet vorkommt, aber ungefleckte Laubblätter und eine Lippe ohne Malzeichnung besitzt.

Sieht außerdem *Orchis pauciflora* ähnlich, unterscheidet sich von *Orchis provincialis* durch ihren niedrigen Habitus und den kurzen Blütenstand, der nur 2 bis 8 (bis 15) Blüten trägt. Die Laubblätter sind immer ungefleckt und die Blüten ziemlich groß. Die Malzeichnung besteht aus kleinen, braunen Punkten.

STANDORT

Grasige Stellen in Laub- und Nadelwäldern, Macchien, Phrygana und Gebüsch; bevorzugt mäßig sauren Boden.

BLÜTEZEIT

Anfang April bis Mitte Mai.

HÖHENVERBREITUNG

Von Meereshöhe bis 1.300 m.

GESAMTVERBREITUNG

Von Portugal bis in die Türkei, Transkaukasien und die Krim. Es ist eine typische Vertreterin der Mittelmeerflora, die im ganzen Bereich, mit Ausnahme von Südfrankreich und Italien, selten ist.

VERBREITUNG IN DER TÜRKEI

Vor allem in der Ägäis-Region verbreitet. Einzelne Standorte befinden sich auch in der Marmara- und Schwarzmeer-Region.

NOTIZEN ZU EINIGEN FUNDORTEN

In der Südwesttürkei ist *Orchis provincialis* nicht selten. Zerstreut wächst sie dort vielfach in den Kiefernwäldern in der Umgebung von Muğla und Karaböğürtlen (Muğla), zusammen mit *Anacamptis pyramidalis*, *Cephalanthera epipactoides*, *Limodorum abortivum*, *Neotinea maculata*, *Ophrys heterochila*, *Orchis anatolica*, *Orchis morio* subsp. *picta*, *Orchis simia*, *Serapias bergonii* und *Serapias orientalis* subsp. *carica*. An der Straße von Bodrum nach Karaova (Muğla) bildet *Orchis provincialis* schöne, reichblütige Bestände. Sie blüht hier Anfang bis Mitte April in den grasigen Kiefernwäldern.

Auch östlich von Bodrum und bei Ağla, nördlich von Köyceğiz (Muğla) wurde *Orchis provincialis* in mehreren Kiefernwäldern beobachtet, zusammen mit seltenen Orchideenarten wie

Selçuk (İzmir), 3.4.1996, C. A. J. Kreutz

Çiçekli (Muğla), 11.4.1997, C. A. J. Kreutz

◄ **Çiçekli (Muğla), 11.4.1997,** C. A. J. Kreutz

Selçuk (İzmir), 3.4.1996, C. A. J. Kreutz

Yeniköy (Tekirdağ), 30.4.1997, C. A. J. Kreutz

Ophrys bombyliflora, *Ophrys bremifera* und *Ophrys omegaifera*.

Schöne, reichblütige Exemplare wachsen in großer Zahl südwestlich Selçuk an der Auffahrt nach Meryemana (İzmir) in der Phrygana auf mäßig trockenen, sauren Böden. In der direkten Umgebung kommen auch alle Farbvarianten von *Dactylorhiza romana* vor.

Im europäischen Teil der Türkei wurde *Orchis provincialis* vom Verfasser erstmals nachgewiesen. In der Provinz Tekirdağ, nahe Yeniköy, wurde 1997 eine kräftige, reichblütige Pflanze gefunden. Der Standort ist ein Kalkhügel mit einzelnen Gebüschzonen, wo auch *Orchis purpurea*, *Orchis simia* und *Orchis tridentata* vorkommen. In der direkten Umgebung wurden trotz längerer Suche keine weiteren Exemplare mehr entdeckt.

Orchis provincialis ist auch an der Schwarzmeerküste ziemlich verbreitet. Vor allem im Tal von Ünye - Akkuş (Ordu) ist sie stellenweise häufig. Oberhalb dieser Ortschaft wurde *Orchis provincialis* zusammen mit *Cephalanthera damasonium*, *Cephalanthera kurdica*, *Cephalanthera longifolia*, *Cephalanthera rubra*, *Dactylorhiza urvilleana*, *Limodorum abortivum*, *Orchis caucasica*, *Orchis mascula* und *Orchis punctulata* gefunden (Davies & Norman, Fundliste 1987). Die nordöstlichsten Vorkommen dürften bei Artvin liegen.

BEMERKUNGEN

Aus der Umgebung von İzmir und Muğla wurden von Sezik Funde von *Orchis pauciflora* Tenore gemeldet. Die Herbarexemplare konnten auf Grund ihrer geflecken Laubblätter einwandfrei als *Orchis provincialis* bestimmt werden (Renz & Taubenheim, 1984). Das Verbreitungsgebiet von *Orchis pauciflora* umfaßt das mittlere und östliche Mittelmeergebiet. Ein Vorkommen von *Orchis pauciflora* in der Südwesttürkei ist jedoch nicht ausgeschlossen, da die östlichsten Vorkommen im griechischen Thrakien und auf Kreta liegen.

Die Angaben von *Orchis pauciflora* für die ostägäischen Inseln Samos und Lesbos sind fraglich (Gölz & Reinhard, 1981); diese Pflanzen gehören höchstwahrscheinlich auch zu *Orchis provincialis*.

HYBRIDEN

Nicht bekannt.

Yeniköy (Tekirdağ), 30.4.1997, C. A. J. Kreutz

Selçuk (İzmir), 3.4.1996, C. A. J. Kreutz

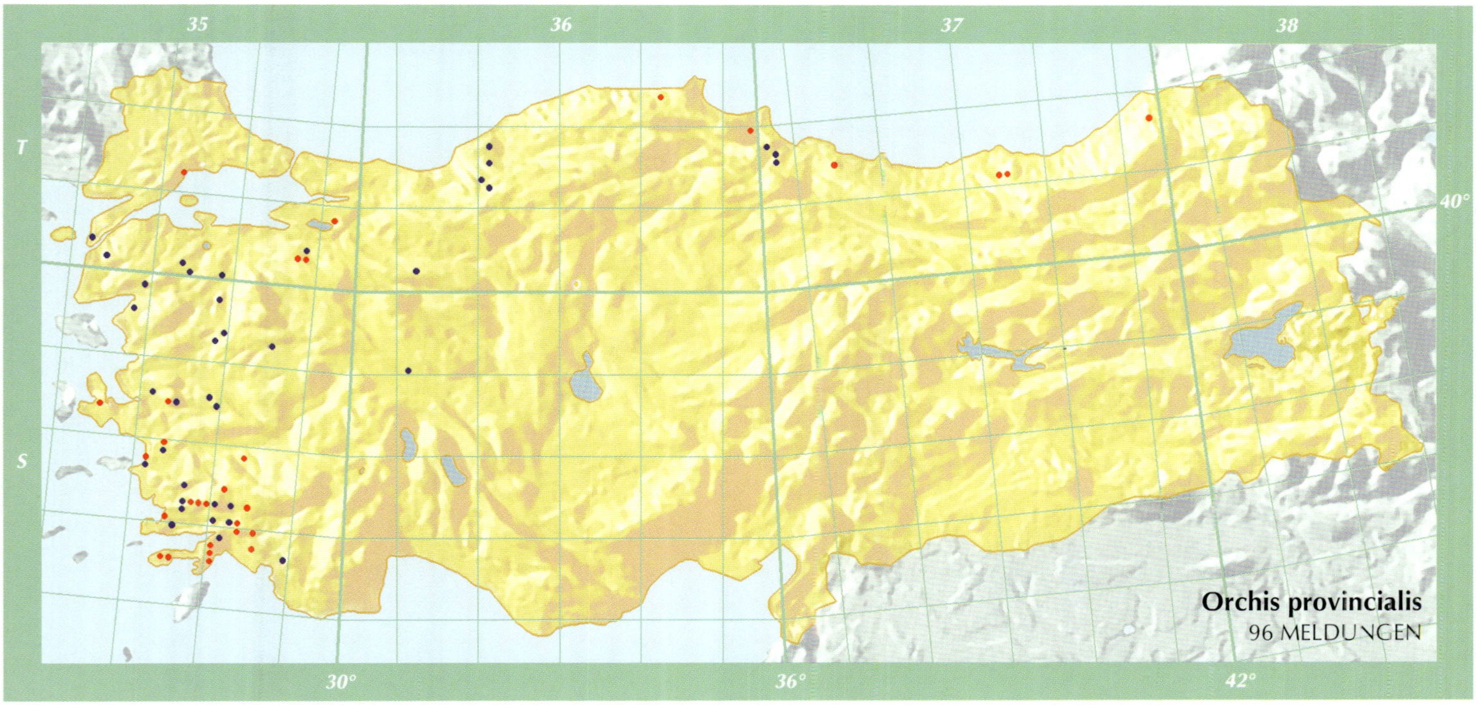

131

Orchis punctulata

STEVEN ex LINDLEY

Punktiertes Knabenkraut

(Gen. Spec. Orchid. Pl. 273, 1835)

SYNONYME

Orchis sepulchralis BOISSIER & HELDREICH, *Orchis schelkownikowii* WORONOW?, *Orchis punctulata* subsp. *sepulchralis* (BOISSIER & HELDREICH) SOÓ

BESCHREIBUNG

Kräftige, mittelgroße bis große Pflanze, bis 90 cm hoch. Laubblätter am Grunde rosettig angeordnet, die oberen in scheidige Stengelblätter übergehend, breit-lanzettlich bis lanzettlich, grün, glänzend, ungefleckt. Blütenstand zylindrisch bis verlängert, reich- und dichtblütig. Tragblätter klein, etwa halb so lang wie die Fruchtknoten. Blüten mittelgroß, intensiv gelb bis grünlichgelb gefärbt. Sepalen eiförmig bis eiförmig-lanzettlich. Petalen lanzettlich, kürzer als die Sepalen. Perigonblätter helmförmig zusammenneigend, an der Außenseite grünlichgelb, an der Innenseite heller mit bräunlichen Nerven. Lippe tief dreiteilig; die beiden Seitenlappen abstehend bis nach unten gerichtet; Mittellappen zweispaltig, ziemlich breit, in der Einbuchtung mit einem kleinen Zähnchen, (hell)gelb bis grünlichgelb und mit bräunlichen Haarbüscheln besetzt; die Ränder des Mittellappens und der beiden Seitenlappen mehr oder weniger braunrot überlaufen. Sporn zylindrisch, abwärts gebogen.

VARIABILITÄT

Die Art weist eine große Variationsbreite in der Färbung der äußeren Lippensegmente auf, die von einem fahlen Gelbgrün bis zu einem kräftigen Rotbraun reicht (RÜCKBRODT & HANSEN, 1992).

Besonders kräftige, großblütige Pflanzen, bei denen die äußeren Lippensegmente kräftig dunkelbraun sind, werden manchmal zu *Orchis sepulchralis* BOISSIER & HELDREICH (in BOISSIER, Diagn. ser. 1 (13): 10, 1854) gerechnet, die aber in die Synonymie von *Orchis punctulata* gestellt wurde.

ABGRENZUNG ZU ÄHNLICHEN ARTEN

Unverwechselbar.

STANDORT

Orchis punctulata ist vor allem eine schattenliebende Waldpflanze und wächst bevorzugt in sehr lockeren Kiefernwäldern und in Eichengebüsch, aber auch an sonnigen Stellen wie in Phrygana, in Macchien, in Wiesenflächen, auf Ödland; auf trockenen oder auch feuchten, kalkhaltigen Böden.

BLÜTEZEIT

Die Art blüht relativ früh, von Anfang April bis Ende Mai, bei Kuşadası (Aydın) schon ab Mitte März.

HÖHENVERBREITUNG

Von der Küste bis etwa 1.350 m.

GESAMTVERBREITUNG

Orchis punctulata ist in Vorderasien verbreitet (Thrakien, Türkei, Rhodos?, Zypern, Westsyrien, Libanon, Israel, Kaukasus, Aserbaidschan und auf der Krim).

◀ **Karatepe (Adana), 15.4.1996,** C. A. J. KREUTZ

VERBREITUNG IN DER TÜRKEI

Hauptsächlich in der Marmara-Region (vor allem südlich des Marmara-Meeres), in der Mittelmeer-Region und in Ostanatolien verbreitet. Selten in der Schwarzmeer-Region und in der Ägäis.

NOTIZEN ZU EINIGEN FUNDORTEN

In der Periode 1988 bis 1996 konnten an vielen Stellen aktuelle Vorkommen bestätigt werden. 1988 (KAJAN, et al., 1992) in der Provinz Çanakkale bei İntepe (zwei blühende Exemplare in der Phrygana) und in der Umgebung von Tayfur (drei blühende Pflanzen im Gebüsch) zusammen mit *Orchis purpurea*, und zwischen Lice und Kulp in der Provinz Diyarbakır (acht Pflanzen am Rande von Eichengebüsch) und einige Jahre später, 1995, in der Provinz Adana bei Karatepe (19 sehr kräftige, verblühte Exemplare auf einer kleinen Wiesenfläche in der Nähe eines Laubwaldes). Die Pflanzen bei Lice und bei İntepe weisen an den äußeren Lippensegmenten eine dunkle, rotbraune Farbe auf, wie diese bei *Orchis sepulchralis* üblich ist. Eine taxonomische Berücksichtigung dieses Taxons erscheint aber nicht gerechtfertigt.

Während einiger Türkeireisen 1996 und 1997 wurden weitere Fundorte von *Orchis punctulata* entdeckt. Bei Soğucak, südlich Kuşadası (Aydın) waren sieben sehr schöne, stattliche Pflanzen mit zitronengelben Blüten schon Anfang April voll erblüht. Ferner auf einem Hügel, etwa 10 km südlich von Kuşadası, wo 13 blühende Exemplare von *Orchis punctulata* gezählt wurden. Die Pflanzen wachsen hier vor allem im dichten Eichengebüsch. Wie an vielen Stellen in der Türkei sind die Pflanzen auch an dieser Fundstelle stark gefährdet. Beobachtet wurde, daß vier Pflanzen ausgegraben, drei abgepflückt und zwei von einem Esel abgefressen wurden. Nur vier weit im Gebüsch versteckte Exemplare konnten überleben. In der Umgebung von Kuşadası sind weitere Fundorte von *Orchis punctulata* bekannt. PIEPER (Fundliste 1975) wies dort weitere Standorte nach.

Im Jahre 1996 und 1997 wurde *Orchis punctulata* auch auf einem Friedhof an der Straße von Manavgat nach Oymapınar (Antalya) beobachtet. In einer Wiesenfläche, im Schatten eines Kiefernwaldes, wachsen dort jährlich etwa 10 Exemplare. Die Fundstelle südlich Karatepe wurde 1996 Mitte April nochmals besucht. Etwa 25 Exemplare wurden in voller Blüte beobachtet. In der weiteren Umgebung wurden noch drei Standorte dieser Art entdeckt, nämlich wenige Pflanzen in einem Wiesenstück, ein Exemplar in einem Kiefernwald und viele in einer jungen Kiefernaufforstung auf feuchtem, mergeligem Boden, zusammen mit *Ophrys apifera* var. *flavescens* und *Ophrys apifera* var. *trollii*.

In der Provinz Elazığ ist *Orchis punctulata* nicht selten, stellenweise bildet sie dort sogar größere Populationen. Ein guter Standort liegt am Övledik-Paß bei Arapkir. Zusammen mit besonders schönen, kräftigen und sehr reichblütigen Exemplaren von *Cephalanthera kotschyana* blüht sie hier in den weitläufigen Magerrasen im Schatten von Eichengebüsch.

Im europäischen Teil der Türkei ist *Orchis punctulata* sehr selten. Wie oben schon erwähnt, kommt sie auf der Gelibolu-Halbinsel an einigen Stellen vor. Neu nachgewiesen wurde sie 1997 in der Provinz Tekirdağ bei Yeniköy. Ende April wurde in einem Gebüschstreifen eine aufblühende Pflanze beobachtet, begleitet von *Ophrys mammosa, Orchis purpurea* und *Orchis tridentata*.

Im westlichen Pontusgebirge ist *Orchis punctulata* sehr selten.

Araç (Kastamonu), 17.5.1996, C. A. J. Kreutz

Soğucak (Aydın), 2.4.1996, C. A. J. Kreutz

Kafkasör (Artvin), 13.5.1994, H. -W. Zaiss

Tayfur (Çanakkale), 2.5.1988, C. A. J. Kreutz

Karatepe (Adana), 15.4.1996, C. A. J. Kreutz

Soğucak (Aydın), 2.4.1996, C. A. J. Kreutz

Soğucak (Aydın), 2.4.1996, C. A. J. Kreutz

Soğucak (Aydın), 2.4.1996, C. A. J. Kreutz

Kulp (Diyarbakır), 14.5.1988, C. A. J. Kreutz

Sie wurde in diesem Gebiet wenig beobachtet. So wurde Mitte Mai 1996 nur ein Exemplar dieser Art an einem Standort gefunden. Dieser befindet sich etwa 16 km westlich Kastamonu bei Araç, in einem Magerrasen, der mit Eichengebüsch und Wacholdern durchsetzt ist. In diesem wunderschönen Gelände wachsen auch *Orchis purpurea*, *Orchis simia* und *Orchis tridentata*, Hybriden wurden leider nicht gefunden.

Im gleichen Jahr beobachtete sie SCHÖNFELDER (mündl. Mittlg., 1996) an zwei weiteren Standorten im Nordwesten, nämlich an zwei Stellen bei Cumayani in der Umgebung von Safranbolu (Karabük), wo jeweils nur ein einziges Exemplar gefunden wurde und bei Merzifon (Amasya), wo auch nur ein Exemplar in einem lichten Kiefernwald stand.

Ein weiteres isoliertes Vorkommen besitzt *Orchis punctulata* an der Straße Dokurcun - Mudurnu, südlich des Abantsees, in der Provinz Bolu. Auf einem Hügel mit lockerem Eichenwald wurden 1985 (GÜGEL & NEUMAYR, Fundliste 1985) einige Exemplare angetroffen, zusammen mit *Cephalanthera epipactoides* und *Comperia comperiana*, wobei die letzte Art in diesem Gebiet einen vorgeschobenen Posten besitzt.

Im östlichen Pontus ist *Orchis punctulata* äußerst selten. Südlich Maçka (Trabzon), am gleichen Standort wo die Hybride zwischen *Orchis stevenii* und *Orchis simia* vorkommt, wurde 1996 eine Pflanze festgestellt (mündl. Mittlg. SCHÖNFELDER, 1996).

Ein größeres Vorkommen befindet sich bei Kafkasör und Mezra (Artvin), wo sie an einigen Stellen Hybriden mit *Orchis caucasica* bildet.

BEMERKUNGEN

Orchis punctulata gehört zweifellos zu den schönsten und stattlichsten Orchideenarten Europas. Im Habitus gleicht sie der mitteleuropäischen *Orchis purpurea*, weicht aber deutlich von ihr ab durch die intensiv gelb bis grüngelb gefärbten und bräunlich punktierten Blüten, die etwa halb so groß sind wie bei *Orchis purpurea*. Bei stattlichen Exemplaren ist der Blütenstand außergewöhnlich langgestreckt und sehr reichblütig (manchmal zwei Drittel der Länge der gesamten Pflanze).

Orchis punctulata ist selten und tritt meistens ziemlich zerstreut und in wenigen Exemplaren auf. Auch auf der Verbreitungskarte bei RÜCKBRODT & HANSEN (1992) sind nur wenige aktuelle Punkte eingezeichnet.

PROBLEMATIK

Im Nordosten der Türkei, bei Artvin, wachsen Pflanzen mit schmaleren und heller gefärbten Lippen, die dadurch an *Orchis adenocheilae* CZERNIAKOVSKA oder *Orchis schelkownikowii* WORONOW erinnern. Leider ist von *Orchis schelkownikowii* kein fotografisches Bildmaterial vom *locus classicus* vorhanden, wodurch eine einwandfreie Bestimmung schwierig ist. RENZ (1978), der den Isotypus von *Orchis schelkownikowii* von Transkaukasien im Herbar Haussknecht in Jena gesehen hat ist überzeugt, daß *Orchis schelkownikowii* mit *Orchis punctulata* übereinstimmt. *Orchis schelkownikowii* weicht in der Form und Farbe der Lippe kaum ab von *Orchis punctulata* und die kleinblütigen, in den Lippenabmessungen sehr schmalen und in der Lippenmitte nach vorne durchgebogenen Formen, gehören in die Variationsbreite von *Orchis punctulata*.

RÜCKBRODT, GÜGEL & ZAISS, die *Orchis adenocheilae* an einem Standort in Aserbaidschan gesehen haben und 1997 vermutlich auch dort *Orchis schelkownikowii* gesehen haben, sind der Meinung, daß die Pflanzen oberhalb Artvin keine *Orchis adenocheilae* oder *Orchis schelkownikowii* darstellen, sondern zu *Orchis punctulata* gehören (mündl. Mittlg., 1996).

Der Standort nördlich Artvin wurde 1997 vom Verfasser beobachtet und es stellte sich tatsächlich heraus, daß die Pflanzen dort auffallend kleine und schmalere Lippen haben, die heller gefärbt sind. Es ist bemerkenswert, und im vorliegenden Buch wurde schon mehrmals darauf hingewiesen, daß einige Arten aus der Gattung *Orchis* in der Nordosttürkei solch schmale und verlängerte Lippen aufweisen. Im gleichen Gebiet kommen auch Hybriden mit *Orchis caucasica* vor, die für weitere Bestimmungsprobleme sorgen.

GEFÄHRDUNG

In der Türkei ist *Orchis punctulata* stark bedroht. An vielen Standorten ist diese orientalische Art inzwischen erloschen, vor allem durch Überweidung und durch Ausgraben der Knollen. Auf Zypern, wo sie schon ab Anfang Februar blüht, sind nur wenige Standorte bekannt (KREUTZ, 1985ab; HANSEN, et al., 1990; KRETZSCHMAR, 1995). In Israel ist sie im Norden stellenweise noch häufig (KREUTZ, 1993a).

HYBRIDEN

Orchis punctulata bildet mit *Orchis caucasica* (*Orchis* x *wulffiana*) und mit *Orchis simia* (*Orchis* x*calliantha*) wunderschöne Hybriden (RENZ & TAUBENHEIM, 1983b).

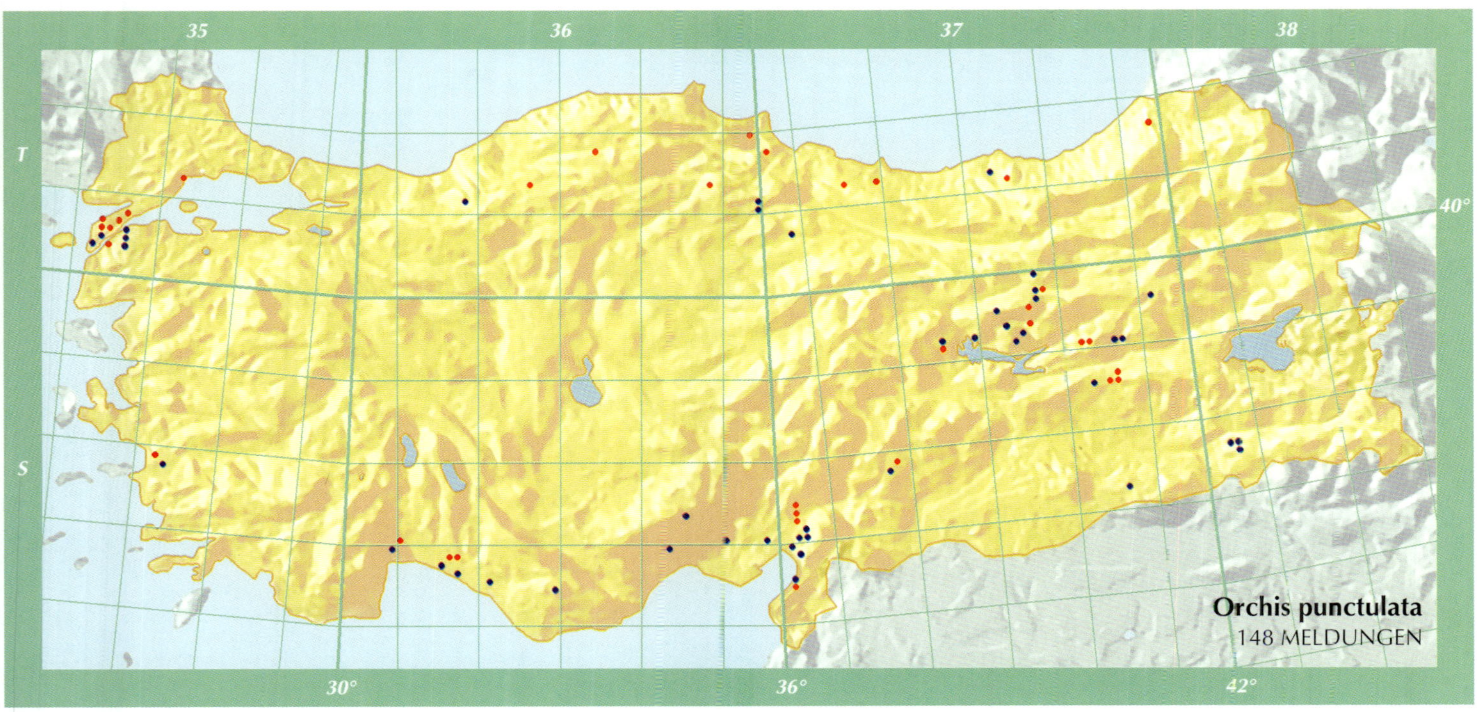

132

Orchis papilionacea L. subsp. papilionacea

Gewöhnliches Schmetterlings-Knabenkraut

(Syst. Nat., ed. 10, 2: 1242, 1759)

BESCHREIBUNG

Schlanke und relativ niedrigwüchsige Pflanze (15 bis 40 cm) mit am Grunde rosettig gehäuften, ungefleckten, lineal-lanzettlichen Laubblättern. Stengel im oberen Teil braunrot überlaufen. Blütenstand köpfig. Tragblätter ziemlich breit und zugespitzt, etwa so lang wie die Fruchtknoten. Blüten relativ locker am Blütenstand angeordnet, mittelgroß, rötlich bis braunrot gefärbt. Sepalen und Petalen zu einem geöffneten Helm nach vorne gerichtet, wobei die Nerven deutlich hervortreten. Sepalen länglich-eiförmig, zugespitzt. Petalen etwas kürzer als die Sepalen. Lippe ungeteilt, flach bis seitlich aufgerichtet, die Ränder gezähnelt und schwach wellig, ziemlich breit, rotviolett, mit rötlichen bis purpurnen Strichen gezeichnet, im mittleren Teil (Lippenbasis) meist weiß. Sporn am Ansatz horizontal, dann abwärts gerichtet.

ABGRENZUNG ZU DEN ANDEREN UNTERARTEN

Ähnelt *Orchis papilionacea* subsp. *schirwanica*, unterscheidet sich von dieser Unterart durch den ziemlich lockeren Blütenstand, den geschlossenen Helm und eine andere Lippenzeichnung (reichlich rötlich bis purpurn gestrichelt). Außerdem ist die Lippe von *Orchis papilionacea* subsp. *papilionacea* breiter und größer.

Sieht auch *Orchis papilionacea* subsp. *heroica* ähnlich, die vor allem einen kurzen und breiten eiförmigen Blütenstand hat, außerdem größere Blüten und eine ziemlich flache, breit-eiförmige, hellrosa gefärbte Lippe.

STANDORT

Trockenrasen, Phrygana, Gebüschränder; auf trockenen bis mäßig feuchten, basenreichen oder kalkreichen Böden.

BLÜTEZEIT

Spät, in der Provinz İstanbul, sowie im europäischen Teil der Türkei von Ende April bis Mitte Mai; im mittleren und östlichen Pontus von Ende Mai bis Mitte Juni, in höheren Lagen manchmal noch bis Ende Juni.

HÖHENVERBREITUNG

Von der Küste bis etwa 1.100 m.

GESAMTVERBREITUNG

Von Südostfrankreich über Italien, den nördlichen Teil der Balkanhalbinsel bis zum Norden der Türkei. Die Unterart wurde kürzlich noch in Nordgriechenland, zum Beispiel bei Igoumenitsa, beobachtet (Kretzschmar, mündl. Mittlg., 1997). Ferner berichtet auch Delforge (1997) über Vorkommen von *Orchis papilionacea* subsp. *papilionacea* in der Ostägäis (Kykladen) und bildet eine typische Pflanze dieser Unterart ab.

VERBREITUNG IN DER TÜRKEI

Im Norden (europäischer Teil) und entlang eines schmalen Saumes von der westlichen bis zur östlichen Schwarzmeerküste.

NOTIZEN ZU EINIGEN FUNDORTEN

Orchis papilionacea subsp. *papilionacea* ist eine Pflanze, die in der Türkei ausschließlich im Norden vorkommt. Angaben liegen vor aus dem europäischen Teil, dort vor allem aus der Provinz İstanbul, und aus den Provinzen Bolu, Sinop, Samsun und Trabzon.

Bei Renz & Taubenheim (1984) liegen vom europäischen Teil viele Angaben vor, vor allem aus den Provinzen İstanbul und Kırklareli. Während sie in İstanbul in niedrigen Lagen vorkommt, liegen ihre Standorte in der Provinz Kırklareli hauptsächlich im Yıldızgebirge im Grenzbereich von Bulgarien.

Ein reichbesetzter Standort liegt westlich der Stadt İstanbul, bei Nakkaş. *Orchis papilionacea* subsp. *papilionacea* bildet auf einem Kalkmagerrasen, der mit einzelnen Gebüschzonen durchsetzt ist, schöne Bestände. Ihre Hauptblütezeit liegt hier etwa Ende April. Dieser Standort ist von großer botanischer Bedeutung wegen des Vorkommens von *Ophrys bombyliflora, Ophrys bucephala* und *Ophrys speculum*. In der Umgebung befinden sich mit Sicherheit weitere Fundstellen von *Orchis papilionacea* subsp. *papilionacea*, da in diesem Gebiet viele kleine potientielle Biotope eingeschlossen zwischen landwirtschaftlich genutzten Flächen liegen.

Entlang der Schwarzmeerküste ist sie jedoch sehr selten, und es sind nur wenige Standorte bekannt.

Ein interessanter Standort liegt vor aus der Umgebung von Düzce (Bolu). Schönfelder (Fundliste 1996) fand dort viele Pflanzen in den weitläufigen Magerwiesen, vergesellschaftet mit *Limodorum abortivum* und *Serapias bergonii*.

Eine weitere Angabe von *Orchis papilionacea* subsp. *papilionacea* befindet sich hier an der Straße von Havza nach Samsun (Samsun), wo sie auf einem Friedhof gemeinsam mit *Anacamptis pyramidalis, Cephalanthera damasonium, Cephalanthera rubra, Comperia comperiana, Epipactis microphylla* und *Himantoglossum affine* vorkommt (Gügel & Neumayr, Fundliste 1985).

Weitere Standorte im Pontusgebirge befinden sich unter anderem an der Straße Çayırkent - Kavak (Samsun) südlich von Samsun. So wachsen oberhalb von Sarıbıyık viele tausende von Exemplaren in den ausgedehnten Kalkmagerrasen und in offenen Haselnußpflanzungen zusammen mit *Orchis tridentata* und *Serapias feldwegiana* und anderen botanischen Kostbarkeiten. *Orchis papilionacea subsp. papilionacea* ist hier sehr einheitlich in Form und Farbe der Blüten. Entsprechend der Blütezeit in Südwesteuropa blüht sie auch hier erst Ende Mai/Anfang Juni.

An der gleichen Straße liegt in einer sehr großen nordexponierten Haselnußplantage ein weiterer interessanter Standort der Art. Infolge der Höhen- und Hanglage beginnen die Pflanzen Anfang Juni zu blühen, also noch etwas später als in den vorigen Biotopen. An gleicher Stelle sind zusätzlich *Orchis purpurea, Orchis tridentata* und die sehr seltene *Steveniella satyrioides* zu finden.

BEMERKUNGEN

Baumann (1986) hat die Polymorphie von *Orchis papilionacea* gründlich untersucht. Das Gesamtareal läßt sich in vier räumlich weitgehend getrennte Teilareale aufspalten, nämlich *Orchis papilionacea* subsp. *grandiflora* (Portugal bis Sizilien und Nordwestafrika), *Orchis papilionacea* subsp. *papilionacea* (Korsika bis in die Nordtürkei), *Orchis papilionacea* subsp. *heroica* (Griechenland bis die West- und Südtürkei) und *Orchis papilionacea* subsp. *schirwanica* (Südosttürkei bis nach Israel und Transkaukasien).

Im südlichen Teil von Mitteleuropa kommt noch eine weitere Sippe aus dem *Orchis papilionacea*-Formenkreis vor, nämlich *Orchis papilionacea* var. *rubra* (Jacquin ex Murray) Brotero (*Orchis papilionacea* subsp. *rubra* (Murray) Sundermann, *Orchis rubra* Murray). Bei Delforge (1994) wird diese Sippe, die kleinere und einheitlich rotgefärbte Blüten besitzt, als Varietät zu *Orchis papilionacea* subsp. *papilionacea* gestellt, bei Buttler (1986) und bei Baumann & Künkele (1988a) wird sie in die Synonymie von *Orchis papilionacea* subsp. *papilionacea* gestellt. Soweit bekannt umfaßt das Areal von *Orchis papi-*

◄ **Çayırkent (Samsun), 31.5.1997,** C. A. J. Kreutz

Çayırkent (Samsun), 31.5.1997, C. A. J. Kreutz

Nakkaş (İstanbul), 28.4.1997, C. A. J. Kreutz

Çayırkent (Samsun), 31.5.1997, C. A. J. Kreutz

Çayırkent (Samsun), 31.5.1997, C. A. J. Kreutz

lionacea subsp. *rubra* Mittel- und Süditalien, den westlichen Teil von Kroatien und Bosnien-Herzegowina, Jugoslawien und Mazedonien.

RENZ & TAUBENHEIM (1984) haben in ihrer Arbeit über die Orchideen der Türkei *Orchis papilionacea* in zwei Varietäten aufgeteilt, nämlich *Orchis papilionacea* var. *papilionacea* und *Orchis papilionacea* var. *rubra*. Unter *Orchis papilionacea* var. *papilionacea* führen sie *Orchis papilionacea* var. *grandiflora* BOISSIER als Synonym auf, eine Varietät die von BAUMANN (1986) als Unterart von *Orchis papilionacea* bewertet wurde. Diese Unterart hat jedoch eine westmediterrane Verbreitung (von Portugal bis Sizilien und Nordwestafrika) und wird manchmal mit *Orchis papilionacea* subsp. *heroica* verwechselt. Bei RENZ & TAUBENHEIM (1984) ist aber unklar, zu welcher der drei Unterarten, die im vorliegenden Buch für die Türkei aufgelistet sind, *Orchis papilionacea* var. *papilionacea* und *Orchis papilionacea* var. *rubra* gehören, da sich die Areale beider Sippen auf der Verbreitungskarte bei RENZ & TAUBENHEIM (1984) im europäischen Teil und bei Samsun überschneiden und die Sippen in diesen Gebieten sogar gemeinsame Vorkommen haben.

Bei RÜCKBRODT & HANSEN (1992) wurden alle Unterarten von *Orchis papilionacea* in eine gemeinsame Verbreitungskarte aufgenommen, da ihre Fundmeldungen keine Angaben im Unterartrang enthalten.

Soweit jetzt bekannt ist, kommen in der Türkei drei Unterarten von *Orchis papilionacea* vor, deren Areale sich nicht überschneiden. Es sind dies *Orchis papilionacea* subsp. *papilionacea* im Norden der Türkei (europäischen Teil und im Pontusgebirge), *Orchis papilionacea* subsp. *heroica* (West- und Südwesttürkei bis Antalya) und *Orchis papilionacea* subsp. *schirwanica* nördlich von Manavgat (Antalya) und im Südosten der Türkei (Adana, Kilis, Gaziantep, Diyarbakır, Batman und Siirt).

Nakkaş (İstanbul), 28.4.1997, C. A. J. KREUTZ

PROBLEMATIK

BUTTLER (1986) schreibt, daß *Orchis papilionacea* s. l. sehr vielgestaltig ist und daß sie mehrere morphologische Rassen umfaßt, die auch eigene Areale zu besiedeln scheinen. Nur nach einer umfassenden Bearbeitung, bei der das Verbreitungsgebiet insgesamt berücksichtigt wird, kann entschieden werden, ob der Formenkreis in verschiedene Unterarten oder gar selbständige Arten differenziert werden müßte.

HYBRIDEN

Keine Nachweise bekannt.

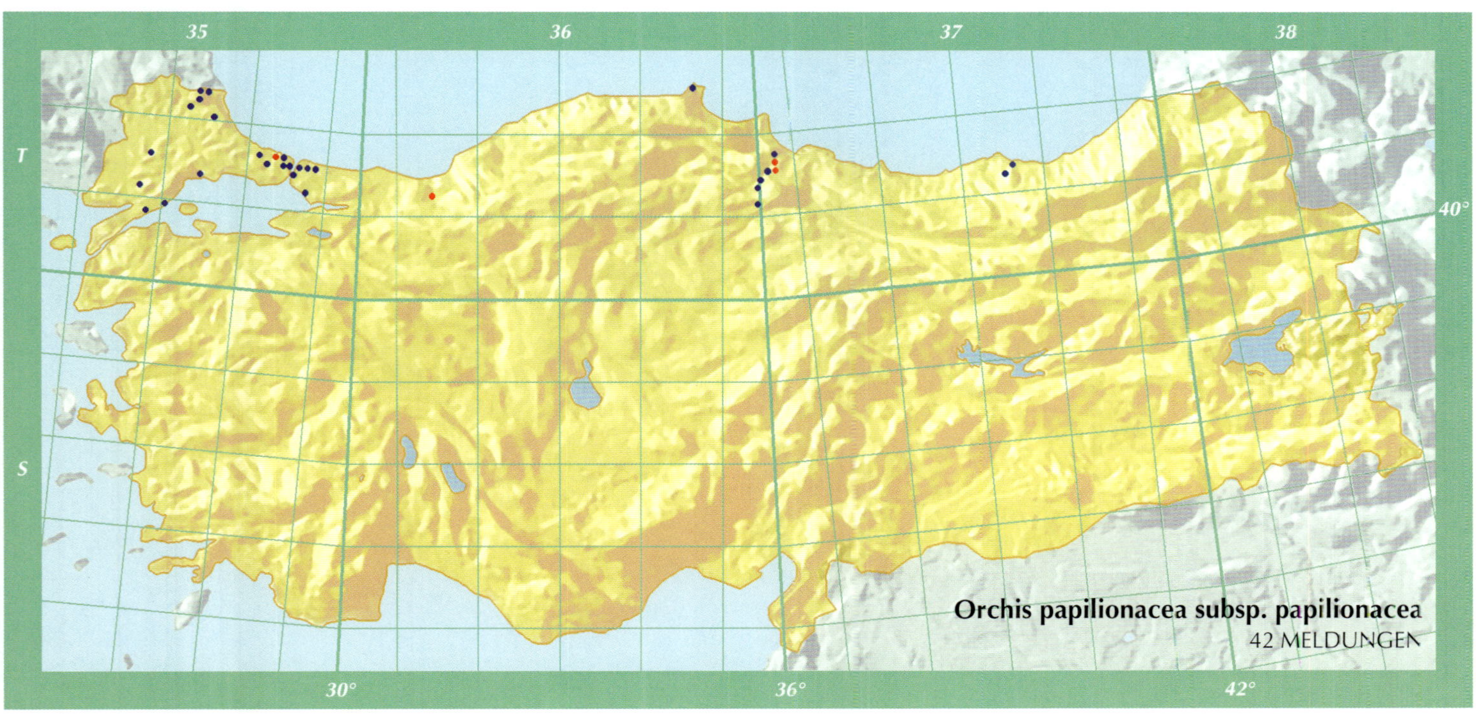

133

Orchis papilionacea L. subsp. heroica (E. D. Clarke) H. Baumann

Trojanisches Schmetterlings-Knabenkraut

(Jahresb. Naturwiss. Ver. Wuppertal 39: 95, 1986)

BASIONYM

Orchis heroica E. D. Clarke (Travel var. countries Eur., Asia and Africa 2 (1): 117, 1812)

SYNONYM

Orchis papilionacea var. *heroica* (E. D. Clarke) P. Delforge

BESCHREIBUNG

Kräftige und relativ niederwüchsige Pflanze mit am Grunde rosettig gehäuften, ungefleckten Laubblättern. Stengel im oberen Teil rötlich überlaufen. Blütenstand kurz und breit eiförmig. Tragblätter ziemlich breit und zugespitzt, etwa so lang wie die Fruchtknoten. Blüten ziemlich locker am Blütenstand angeordnet, mittelgroß bis groß, rosa, rötlich bis purpurn gefärbt. Sepalen und Petalen helmförmig zusammenneigend, wobei die Nerven deutlich sichtbar sind. Sepalen eiförmig-lanzettlich, das mittlere etwas kürzer. Petalen kürzer als die Sepalen, zugespitzt. Lippe ungeteilt, flach, die Ränder oft etwas aufgerichtet, gezähnelt, breit-eiförmig, hellrosa bis weiß mit rötlichen bis purpurnen Strichen oder Punkten gezeichnet. Sporn zylindrisch, abwärts gerichtet.

ABGRENZUNG ZU DEN ANDEREN UNTERARTEN

Ähnelt *Orchis papilionacea* subsp. *schirwanica* und *Orchis papilionacea* subsp. *papilionacea*. Sie unterscheidet sich jedoch von *Orchis papilionacea* subsp. *schirwanica* durch den ziemlich lockeren Blütenstand, den geschlossenen Helm und eine andere Lippenzeichnung (reichlich rötlich bis purpurn gestrichelt). Außerdem ist die Lippe von *Orchis papilionacea* subsp. *heroica* breiter und größer.

Orchis papilionacea subsp. *papilionacea* hat vor allem einen köpfigen und lockeren Blütenstand, außerdem kleinere Blüten und eine ziemlich schmale, rotviolett gefärbte Lippe mit seitlich aufgerichteten Rändern.

STANDORT

Lichte Kiefernwälder, Trockenrasen, Macchien, Phrygana, Gebüschränder; auf trockenen bis mäßig feuchten, basenreichen oder kalkreichen Böden.

BLÜTEZEIT

Früh, von Mitte März bis Anfang April, in höheren Lagen manchmal noch bis Mitte April.

HÖHENVERBREITUNG

Von der Küste bis etwa 900 m.

GESAMTVERBREITUNG

Griechenland, Ägäische Inseln, Kreta und Westtürkei.

VERBREITUNG IN DER TÜRKEI

Weit verbreitet in der Ägäis-Region, auch in der Marmara- und der westlichen Mittelmeer-Region.

NOTIZEN ZU EINIGEN FUNDORTEN

Orchis papilionacea subsp. *heroica* ist vor allem in der Südwesttürkei ziemlich häufig. In den weitläufigen Kiefernwäldern und in der Phrygana findet man immer wieder blühende Pflanzen. So wächst sie in der Umgebung von Selçuk und Kemalpasa (İzmir) und auf der Halbinsel Çeşme (İzmir) an vielen Stellen, aber auch bei Kuşadası (Aydın) und in der Umgebung von Datça (Muğla). An der Straße von Selçuk nach Meryemana (İzmir) ist *Orchis papilionacea* subsp. *heroica* zwar selten, bildet hier aber sehr stattliche, großblütige und wunderschöne Exemplare. Sie wächst hier bevorzugt in grasigen, felsigen Wiesenflächen, sowie in lichten Kiefernwäldern, und in der Phrygana. Sie blüht hier Anfang April zusammen mit *Anacamptis pyramidalis, Barlia robertiana, Dactylorhiza*

Soğuçak (Aydın), 2.4.1996, C. A. J. Kreutz

Göcek (Muğla), 6.4.1997, C. A. J. Kreutz

◄ **Selçuk (İzmir), 3.4.1996,** C. A. J. Kreutz

Göcek (Muğla), 6.4.1997, C. A. J. KREUTZ

Göcek (Muğla), 6.4.1997, C. A. J. KREUTZ

romana, Neotinea maculata, Ophrys ferrum-equinum, Ophrys fusca s. l., *Ophrys iricolor, Ophrys mammosa, Ophrys sicula, Ophrys speculum, Orchis italica, Orchis morio* subsp. *picta* und *Orchis provincialis*.

Bei Kadıköy (Muğla) wächst sie auf einem Friedhof mit Kiefern, zusammen mit *Anacamptis pyramidalis, Barlia robertiana, Limodorum abortivum, Neotinea maculata, Ophrys bombyliflora, Ophrys cinerophila, Ophrys iricolor, Ophrys sicula, Orchis fragrans, Serapias bergonii* und *Serapias politisii*.

Mehrere Standorte liegen in der Umgebung von Göcek (Muğla). Eine Fundstelle mit vielen Exemplaren liegt an der Straße von Göcek nach Gökceovacik und Karacaören. In einer Höhenlage von durchschnittlich 600 m über dem Meer wächst *Orchis papilionacea* subsp. *heroica* an Gebüschrändern, in großflächigen Wiesen und in Wiesenterrassen. Bemerkenswert ist, daß an diesem Standort bereits Anfang April fast alle Pflanzen verblüht waren und am gleichen Standort etwa einen Monat später ein zweiter Schub blühender Pflanzen beobachtet werden konnte. Etwas weiter kommen auch noch sehr schöne Hybriden mit *Orchis morio* subsp. *morio* vor. Dieser Standort ist besonders reich an Orchideen, weil der ganze Biotop mit Holzzäunen abgesichert ist und Schafe und Ziegen keinen Zutritt haben.

BEMERKUNGEN

Am Standort nördlich von Göcek (Muğla) wurde beobachtet, daß *Orchis papilionacea* subsp. *heroica* in zwei morphologisch mehr oder weniger deutlich unterscheidbaren Schüben blüht. Auch auf Kreta wurden diese zwei Blütezeiten beobachtet. Von Mitte Januar bis Ende März blüht dort die frühblühende Sippe, die einen niedrigen Wuchs und recht große Blüten hat und von Mitte April bis Ende Mai die spätblühende Sippe, die hochwüchsiger ist und in der Regel kleinere Blüten besitzt. Dabei überschneiden sich die Blütezeiten kaum. Da die Sippendifferenzen zwischen der früh- und spätblühenden *Orchis papilionacea* subsp. *heroica* sehr gering sind, sind die beiden jahreszeitlich bedingten Erscheinungsformen taxonomisch kaum zu bewerten und zu benennen (GÖLZ & REINHARD, 1996).

HYBRIDEN

Mit *Orchis morio* subsp. *morio* und *Orchis syriaca*.

Göcek (Muğla), 6.4.1997, C. A. J. Kreutz

Göcek (Muğla), 6.4.1997, C. A. J. Kreutz

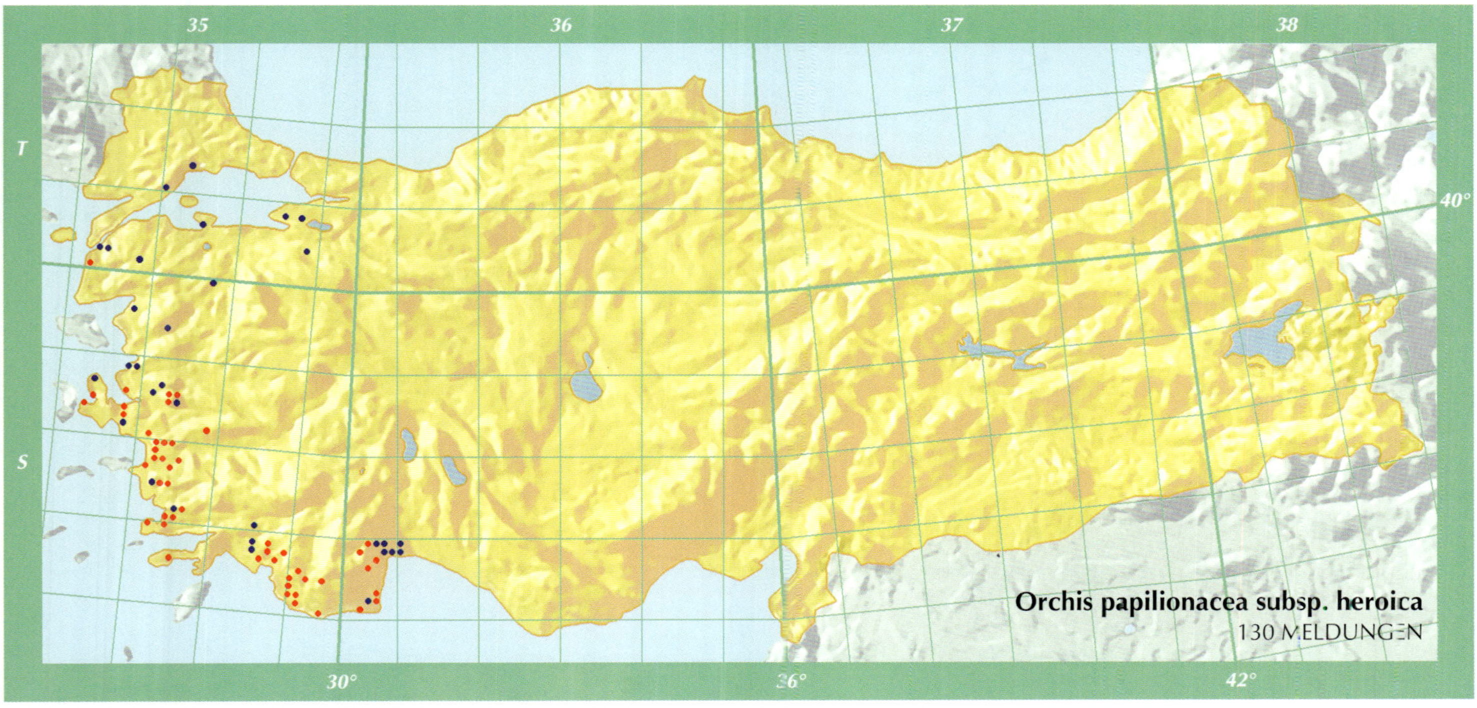

134

Orchis papilionacea L. subsp. schirwanica (Woronow) Soó

Schirwans Schmetterlings-Knabenkraut

(Feddes Repert. 24: 28, 1927)

BASIONYM

Orchis schirwanica Woronow (Isv. Kavkas. Mus. Tiflis 4: 263, 1909)

SYNONYME

Orchis caspia Trautvetter, *Orchis bruhnsiana* (Gruner) Majorow, *Orchis papilionacea* subsp. *bruhnsiana* (Gruner) Soó, *Orchis papilionacea* var. *bruhnsiana* Gruner

BESCHREIBUNG

Kräftige, kleine bis mittelgroße Pflanze mit am Grunde rosettig gehäuften, ungefleckten Laubblättern. Stengel im oberen Teil rötlich überlaufen. Blütenstand länglich bis zylindrisch und reichblütig. Tragblätter sehr breit und zugespitzt, etwa so lang wie die Fruchtknoten. Blüten ziemlich dicht am Blütenstand angeordnet, mittelgroß, rötlich bis rötlichviolett gefärbt. Sepalen und Petalen einen lockeren (geöffneten) Helm bildend, die dunkler gefärbten Nerven deutlich hervortretend. Sepalen länglich-lanzettlich, das mittlere etwas kürzer. Petalen kürzer und zugespitzt. Lippe ziemlich klein, ungeteilt und flach, die Ränder schwach gezähnelt, länglich-eiförmig, im Zentrum hellrosa bis weiß, am Rande mit rötlichen bis purpurnen Strichen oder Punkten gezeichnet, vor allem im unteren Teil und an den Seitenrändern der Lippe. Sporn leicht abwärts gerichtet.

ABGRENZUNG ZU DEN ANDEREN UNTERARTEN

Sieht *Orchis papilionacea* subsp. *heroica* und *Orchis papilionacea* subsp. *papilionacea* ähnlich, unterscheidet sich jedoch von diesen zwei Unterarten durch den ziemlich dichten Blütenstand, den lockeren, nicht geschlossenen Helm und eine andere Lippenzeichnung (spärlich rötlich bis purpurn punktiert). Außerdem ist die Lippe schmaler und kleiner.

STANDORT

Lichte Kiefernwälder, Macchien, Phrygana, Gebüschränder; auf trockenen bis mäßig feuchten, kalkreichen Böden.

BLÜTEZEIT

Früh, von Anfang März bis Anfang (Mitte) April. Genau wie in Israel blüht diese Unterart auch in der Türkei sehr früh.

HÖHENVERBREITUNG

Von der Küste bis etwa 700 m.

GESAMTVERBREITUNG

Ostmediterran: Südtürkei, Westsyrien, Libanon, Israel, im östlichen Bereich des Kaukasusgebietes und in Nordiran.

VERBREITUNG IN DER TÜRKEI

Wahrscheinlich nur in der mittleren Südtürkei, nämlich in den Provinzen Antalya und Adana (Mittelmeer-Region) und in Ostanatolien (Kilis, Gaziantep, Diyarbakır, Batman und Siirt). Das Areal von *Orchis papilionacea* subsp. *schirwanica* schließt an das Verbreitungsgebiet von *Orchis papilionacea* subsp. *heroica* an. Auch nach Baumann (1986) kommt in diesem Gebiet nur *Orchis papilionacea* subsp. *schirwanica* vor.

NOTIZEN ZU EINIGEN FUNDORTEN

Aus dem türkischen Verbreitungsgebiet lagen seit längerer Zeit keine aktuellen Angaben vor. Nur Renz & Taubenheim (1984) berichten über Funde in der Provinz Siirt (2 - 3 km östlich der Straßenkreuzung Batman/Bitlis bei Malabadı) und in der Provinz Gaziantep (5 km westlich Tahtaköprü in Richtung Kilis). Zwei aktuelle Angaben gibt es aus der Provinz Antalya. In einem lichten Kiefernwald mit Unterwuchs an der Straße von Manavgat nach Akseki wurden 1996 beiderseits der Straße etwa 15 Exemplare gefunden (Eckert, briefl. Mittlg., 1996). Diese Angabe konnte mit fotografischem Belegmaterial einwandfrei bestätigt werden. Dieser Standort ist wohl der bisher westlichste dieser Sippe. Während eines Besuchs des Verfassers Anfang April 1997 konnte diese Angabe bestätigt werden. Leider waren die meisten Exemplare schon restlos verblüht, aber ihre Merkmale waren noch deutlich zu erkennen.

◄ **Kilis (Gaziantep), 2.4.1997**, C. A. J. Kreutz

Kilis (Kilis), 2.4.1997, C. A. J. Kreutz

Kilis (Kilis), 2.4.1997, C. A. J. Kreutz

Kilis (Kilis), 2.4.1997, C. A. J. Kreutz

Kilis (Gaziantep), 2.4.1997, C. A. J. Kreutz

Bucakşeyhler (Antalya), 9.3.1998, C. A. J. Kreutz

An weiteren Orchideen wurden noch *Ophrys iricolor, Ophrys mammosa, Ophrys speculum* und *Orchis anatolica* beobachtet. In dieser Umgebung liegt ein weiterer Standort von *Orchis papilionacea* subsp. *schirwanica*, der ebenfalls von ECKERT entdeckt wurde. Nördlich Oymapınar bei Manavgat befindet sich ein eingezäunter Kiefernwald und weitere kleinere Restflächen. In diesen Waldabschnitten ist die Unterart in sehr wenigen Exemplaren vereinzelt anzutreffen. Auch hier ist die Blütezeit sehr früh, nämlich schon Mitte März. Anfang April sind die Pflanzen an diesem Standort restlos verblüht. An anderen Orchideen kommen hier noch *Ophrys blitopertha, Ophrys iricolor, Ophrys lapethica* und *Ophrys speculum* vor. Die Standorte östlich von Antalya wurden 1998 nochmals besucht. Außerdem wurden zwei weitere Fundstellen entdeckt, nämlich bei Çolakli und bei Titreyengöl.
Die Angabe von RENZ & TAUBENHEIM (1984) aus der Provinz Gaziantep konnte 1997 bestätigt werden. Östlich der Straße Kırıkhan - Islahiya auf Kilis (Kilis) zu fanden sich vier blühende Exemplare in einem unterwuchsarmen lockeren Kiefernwald mit Feuchtstellen. Sie waren von den Merkmalen her identisch mit denen von Israel und waren vermutlich infolge des langen und strengen Winters erst Anfang April am Aufblühen. Etwa einen Kilometer weiter in der Provinz Gaziantep wurde ein weiteres Exemplar der Art in Begleitung von *Orchis anatolica* festgestellt. Trotz langer und gründlicher Durchsuchung der beiden großflächigen Gebiete ließen sich weder weitere *Orchis papilionacea* subsp. *schirwanica* noch andere Orchideenarten nachweisen.
HERTEL (briefl. Mittlg., 1996) berichtet von einem Fund in Ostanatolien, wo wenige Pflanzen bei Kozluc (Batman) in einem Hang mit Bäumen und Rasen, zusammen mit *Ophrys transhyrcana* und *Orchis tridentata* gefunden wurden. Die Aufnahmen von HERTEL zeigen einige Pflanzen aus dieser Population, die deutlich die Merkmale von *Orchis papilionaceae* subsp. *schirwanica* aufweisen.
In der Provinz Siirt wurde *Orchis papilionacea* subsp. *schirwanica* Mitte April 1980 in einer Höhe von 600 m in einem Quellsumpf, umgeben mit Kulturland, gefunden. Auch an diesem Standort wurden nur wenige Exemplare beobachtet. An weiteren Orchideen wurden hier noch *Ophrys cilicica* und *Orchis fragrans* gesehen. Die Bestimmung konnte durch Fotobelege (TAUBENHEIM, Diaarchiv) einwandfrei bestätigt werden.

Çolakli (Antalya), 8.3.1998, C. A. J. KREUTZ

In RENZ & TAUBENHEIM (1984) wurden diese Angaben noch unter 'Problematische Funde' publiziert.

BEMERKUNGEN

Die Pflanzen in der Provinz Antalya dienen weiterer Überprüfung. Sie stellen möglicherweise Übergangsformen mit *Orchis papilionacea* subsp. *heroica* dar.

HYBRIDEN

Keine Nachweise bekannt.

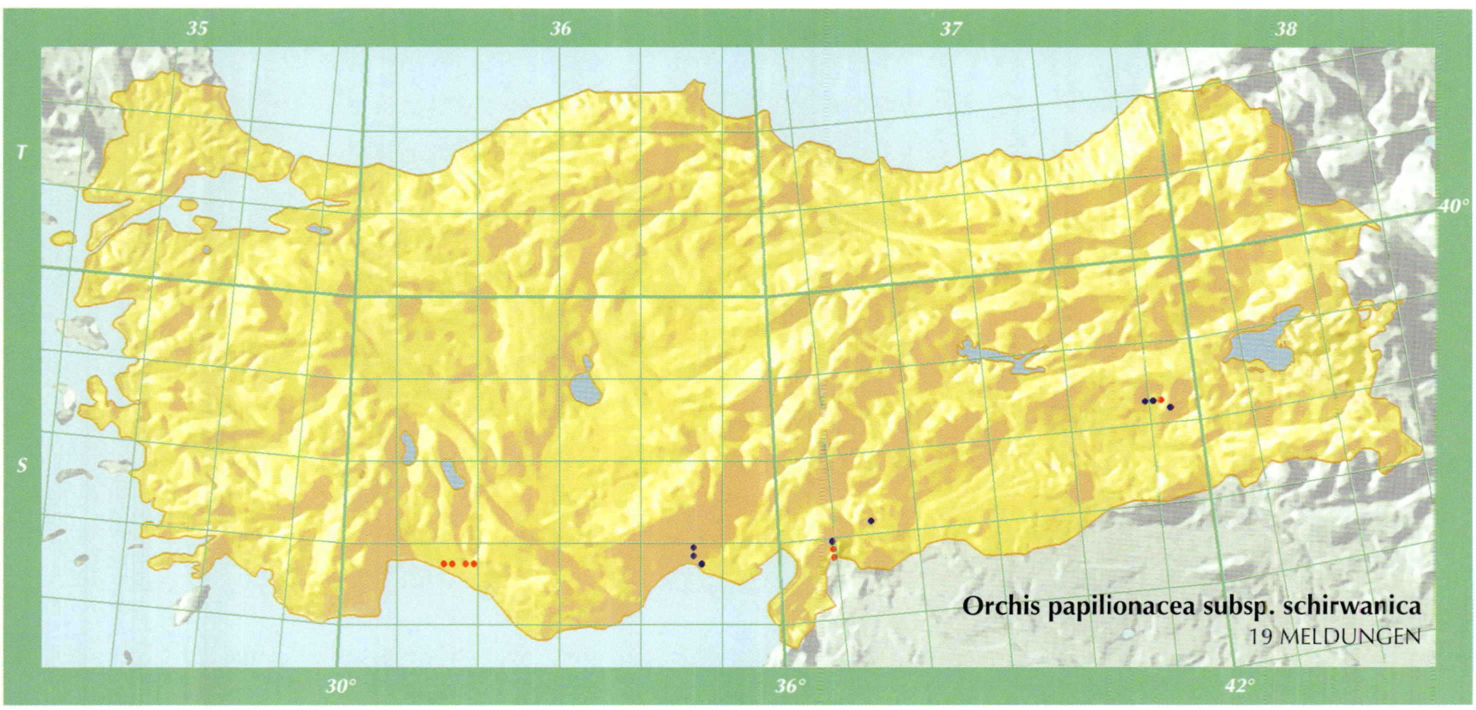

Orchis papilionacea subsp. schirwanica
19 MELDUNGEN

135 Orchis simia

LAMARCK

Affen-Knabenkraut

(Fl. Franç. 3: 507, 1779)

SYNONYM

Orchis macra LINDLEY

BESCHREIBUNG

Mittelgroße, relativ kräftige Pflanze. Laubblätter eiförmig-lanzettlich bis lanzettlich, hellgrün bis grün, am Grunde rosettig angeordnet, die oberen in scheidige Stengelblätter übergehend, glänzend, ungefleckt. Blütenstand rundlich, eiförmig bis zylindrisch, dicht- und reichblütig. Tragblätter klein und zugespitzt, etwa halb so lang wie die Fruchtknoten. Blüten mittelgroß, von oben nach unten aufblühend. Perigonblätter einen lockeren bis dichten Helm bildend, die Spitzen nach außen umgebogen, an der Außenseite weißlich bis (hell)rosa gefärbt, an der Innenseite mit lila Nerven. Sepalen eiförmig-lanzettlich. Petalen schmal-lanzettlich, kürzer als die Sepalen. Lippe tief dreilappig mit zweispaltigem Mittellappen, in der Mitte weißlich, sonst (hell)rosa; die beiden Seitenlappen schmaler als der Mittellappen, an den Spitzen aufwärts gebogen und dunkelrot bis purpurn gefärbt; Mittellappen weißlich bis hellrosa, mit roten Punkten besetzt, die Spitzen der beiden Seitenlappen aufwärts gebogen, dunkelrot bis purpurn gefärbt. Sporn zylindrisch, abwärts gerichtet.

VARIABILITÄT

Orchis simia variiert ziemlich stark in der Türkei. Im westlichen Pontus um Kastamonu sind die Pflanzen kräftig, sehr dicht- und reichblütig. Südlich Antakya (Hatay) im Ziyaretgebirge findet man zierliche und lockerblütige Exemplare. In der weiteren Umgebung von Maçka (Trabzon) bildet *Orchis simia* sehr kräftige und hochwüchsige Pflanzen, die oft eine verlängerte, sehr lockere und reichblütige Infloreszenz besitzen. Außerdem sind in diesem Gebiet die Blüten sehr groß (fast doppelt so groß wie bei den mitteleuropäischen Pflanzen) und der Mittellappen der Lippe ist schmaler und verlängert.

ABGRENZUNG ZU ÄHNLICHEN ARTEN

Orchis simia kann eigentlich nur mit *Orchis italica* oder mit *Orchis stevenii* verwechselt werden, ist von *Orchis italica* einfach durch die Laubblätter zu unterscheiden. *Orchis simia* hat glänzend hellgrüne Laubblätter, während *Orchis italica* mattgrüne, gewellte Laubblätter besitzt. Ferner öffnen sich die Blüten von *Orchis simia* von oben nach unten.

Orchis stevenii besitzt einen viel lockereren Blütenstand als *Orchis simia* und die Blüten von *Orchis stevenii* öffnen sich von unten nach oben.

STANDORT

Lichte Kiefernwälder, Magerrasen, Macchien, Phrygana und Haselnußkulturen, seltener in Eichengebüsch; auf kalkhaltigen Böden.

BLÜTEZEIT

Die Art blüht ziemlich früh; von Mitte April bis Ende Mai, etwa zwei Wochen später als *Orchis italica*.

HÖHENVERBREITUNG

Von der Ebene bis 1.200 m.

GESAMTVERBREITUNG

Die Art ist hauptsächlich in Südeuropa weit verbreitet; das Verbreitungsgebiet erstreckt sich von Südengland über Frankreich, Italien, den Balkan, Kleinasien, Kaukasus, Nordirak, Iran bis Turkmenistan. Auch auf Kreta, Rhodos, Zypern und in Nordafrika.

VERBREITUNG IN DER TÜRKEI

Fast im ganzen Land, mit Ausnahme der Inneranatolischen Region.

NOTIZEN ZU EINIGEN FUNDORTEN

Zahlreiche Vorkommen hat die Art im europäischen Teil der Türkei. *Orchis simia* wächst in diesem Gebiet gerne in Kalkmagerrasen, in Flaumeichenwäldern, in Phrygana und an Gebüschrändern. Während eines Besuchs im Jahre 1997 wurden in diesem Gebiet viele neue Standorte entdeckt. Vor allem in der Provinz Tekirdağ ist die Art nicht selten und stellenweise sogar häufig. In diesen Biotopen wächst sie bevorzugt mit *Ophrys pseudomammosa, Ophrys sicula, Orchis morio* subsp. *morio, Orchis provincialis, Orchis punctulata, Orchis purpurea, Orchis simia* und *Orchis tridentata*.

◀ **Antakya-Yayladağı (Hatay), 13.4.1996,** C. A. J. KREUTZ

Araç (Kastamonu), 17.5.1996, C. A. J. KREUTZ

Daday (Kastamonu), 16.5.1996, C. A. J. Kreutz

Maçka (Trabzon), 19.5.1996, C. A. J. Kreutz

Nusratfakı (Tekirdağ), 30.4.1997, C. A. J. Kreutz

Araç (Kastamonu), 17.5.1996, C. A. J. Kreutz

In der Ägais und in Ostanatolien besitzt *Orchis simia* in lichten Kiefernwäldern viele zerstreute Vorkommen, die meist nur mit wenigen Exemplaren besetzt sind, vielfach begleitet von *Anacamptis pyramidalis, Cephalanthera epipactoides, Limodorum abortivum, Neotinea maculata, Orchis anatolica, Orchis italica, Orchis morio* subsp. *picta, Orchis papilionacea* subsp. *heroica* und *Orchis provincialis*. Stellenweise finden sich auch größere Populationen.
Besonders kräftige Exemplare wurden in der Umgebung von Karacasu (Aydın) in den nahegelegenen, ausgedehnten, lokkeren Kiefernwäldern gefunden. Leider waren in diesen Wäldern viele Pflanzen von *Orchis simia* und *Orchis italica* ausgegraben.
Auf einem Friedhof etwa 8 km nordöstlich von Yatağan (Muğla), kommt *Orchis simia* in großer Anzahl vor. Auf frischen Gräbern sowie links und rechts der Wanderwege blühen Mitte April schöne und ziemlich kräftige Exemplare dieser Art. Auf diesem Friedhof kommen auch die seltenen Arten *Comperia comperiana, Ophrys leucadica, Ophrys reinholdii* und *Ophrys tenthredinifera* vor.
Schöne und kräftige Exemplare gibt es südlich von Antakya (Hatay) in mit Gebüschinseln durchsetzten, felsigen Hängen. Besonders kräftige Exemplare wachsen bei Araç (Kastamonu) in einem Magerrasen, der mit Eichengebüsch, Flaumeichen und Wacholdern durchsetzt ist.
In der östlichen Schwarzmeer-Region (Pontusgebirge) ist *Orchis simia* nicht selten. Häufig wächst sie hier von niederen montanen Lagen um 400 m Höhe bis in die Tannenregion, wo sie allerdings nur noch sehr zerstreut vorkommt.
Viele Standorte befinden sich nördlich der Zigana-Paßhöhe (Trabzon), wo sie an grasigen, mäßig feuchten Standorten, vielfach in Trockenfluren, in Halbtrockenrasen und in Haselnußkulturen vorkommt, oft zusammen mit *Orchis caucasica, Orchis stevenii* und *Orchis tridentata*. In diesem Gebiet sind in den letzten Jahren leider viele Standorte von *Orchis simia* durch Düngung und Überweidung erloschen.

HYBRIDEN

In der Türkei wurden Bastarde mit *Orchis stevenii* (*Orchis* x*mackaensis*), *Orchis punctulata* (*Orchis* x*calliantha*), *Orchis purpurea* (*Orchis* x*angusticruris*) und mit *Orchis caucasica* gefunden (KREUTZ, 1989a; RENZ & TAUBENHEIM, 1983b; KAJAN, et al., 1992).

Nusratfakı (Tekirdağ), 30.4.1997, C. A. J. KREUTZ

653

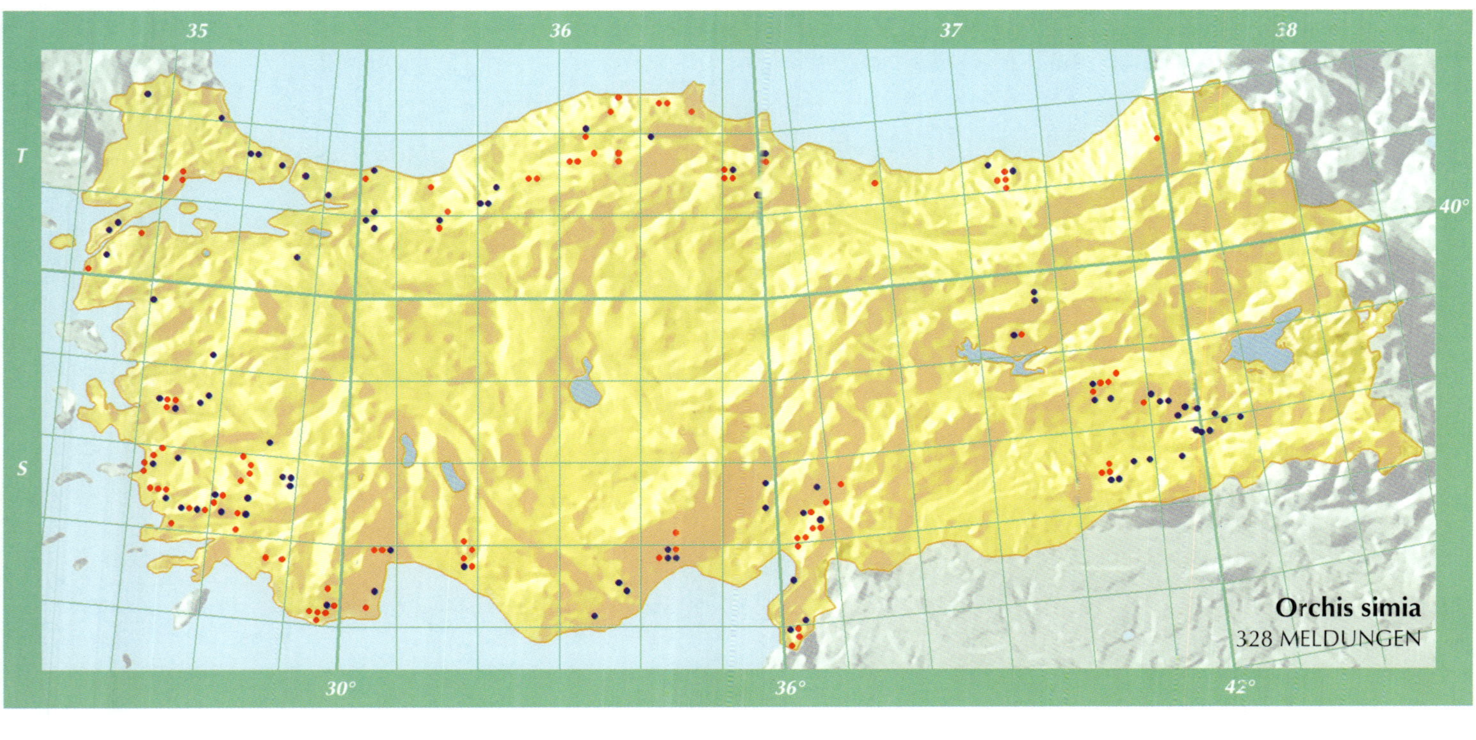

136
Orchis stevenii

REICHENBACH fil.

Stevens Knabenkraut

(Bot. Zeitung 7: 892, 1849)

SYNONYME

Orchis raddeana REGEL, *Orchis simia* subsp. *stevenii* (REICHENBACH fil.) E. G. CAMUS, *Orchis punctulata* subsp. *stevenii* (REICHENBACH fil.) SUNDERMANN

BESCHREIBUNG

Stattliche, ziemlich kräftige Pflanze. Laubblätter lanzettlich, stark rinnig gefaltet, hellgrün bis grün, am Grunde rosettig angeordnet, die oberen in scheidige Stengelblätter übergehend, aufrecht, glänzend, ungefleckt, spitz. Blütenstand zylindrisch bis langgestreckt, locker- und reichblütig. Tragblätter sehr kurz, dreieckig, etwa ein Viertel mal so lang wie die Fruchtknoten. Blüten mittelgroß, fast waagrecht abstehend, kaum geöffnet. Perigonblätter einen ziemlich dichten, langgestreckten Helm bildend, die Spitzen leicht zurückgebogen, an der Außenseite weißlich bis (hell)rosa gefärbt, an der Innenseite purpurn geadert. Sepalen eiförmig-lanzettlich. Petalen schmal-lanzettlich, kürzer als die Sepalen. Lippe sehr schmal, relativ lang und horizontal vorgestreckt, tief dreilappig mit zweispaltigem Mittellappen, die beiden Seitenlappen linealisch, blaßviolett bis purpurviolett; Mittellappen mit einem kleinen Zähnchen ausgebildet, in der Mitte weißlich mit purpurnen Haarbüscheln, sonst blaßviolett bis purpurviolett. Sporn zylindrisch, abwärts gerichtet.

ABGRENZUNG ZU ÄHNLICHEN ARTEN

In vielen Merkmalen steht *Orchis stevenii* der mitteleuropäischen *Orchis militaris* am nächsten, weicht aber von ihr durch mehrere Merkmale ab. *Orchis stevenii* hat einen schlankeren und hochwüchsigeren Habitus, viel aufrechter stehende Laubblätter, die außerdem stark rinnig gefaltet, lanzettlich und spitz sind, einen viel lockereren und langgestreckteren Blütenstand und fast waagrecht abstehende Blüten, die größer sind und sich kaum öffnen. Außerdem ist die Lippe von *Orchis stevenii* länger, sehr schmal und horizontal vorgestreckt, wobei der Mittellappen einen kleinen gespaltenen Vorderteil hat und die Seitenlappen klein und schmal sind. Die Lippe von *Orchis stevenii* liegt dem Helm eng an, so daß der Winkel zwischen Helm und Lippe sehr klein ist. Die Perigonblätter sind an den Spitzen leicht zurückgebogen. Auch in den Standortansprüchen bestehen Abweichungen zwischen beiden Arten. So ist *Orchis militaris* eine wärmeliebende Art, die vor allem auf Halbtrockenrasen vorkommt, während *Orchis stevenii* hauptsächlich auf mäßig feuchten Fettwiesen wächst bei gemäßigten Temperaturen und viel Niederschlägen.

STANDORT

Rasige, mäßig trockene bis feuchte, ungedüngte Fettwiesen, selten in lichten Wäldern; auf frischen bis feuchten (selten an den Rändern kleiner Wasserläufe), basenreichen oder kalkhaltigen Böden. Südlich von Maçka vor allem an rasigen Stellen in Haselnußkulturen. Die einzelnen Standorte sind meistens von nur wenigen Pflanzen besetzt.

BLÜTEZEIT

Mitte Mai bis Ende Juni.

HÖHENVERBREITUNG

Von 500 bis 1.900 m.

GESAMTVERBREITUNG

Die Nordosttürkei und im Kaukasus (kaukasischer Endemit). Die Art besiedelt ein sehr kleines Areal.

VERBREITUNG IN DER TÜRKEI

Beschränkt auf ein relativ kleines Areal, das von Nordostanatolien bis nach Aserbaidschan reicht. Früher auch in der Provinz Niğde bei Thyanitis. Ihre Hauptverbreitung liegt in der Provinz Trabzon. Selten werden auch Pflanzen bei Ovacık (Tunceli) und südlich Ulubey (Ordu) gefunden.

◄ **Bağisli (Trabzon), 10.6.1986,** H. -W. ZAISS

NOTIZEN ZU EINIGEN FUNDORTEN

Wie viele andere türkische Orchideen besiedelt *Orchis stevenii* fast ausschließlich den Nordosten. Sie gehört zu den seltensten Orchideen Vorderasiens. Die Art ist oft von mitteleuropäischen Orchideenarten begleitet, wie zum Beispiel von *Anacamptis pyramidalis, Cephalanthera damasonium, Cephalanthera longifolia, Epipactis microphylla, Gymnadenia conopsea, Listera ovata, Ophrys apifera, Orchis simia* und *Orchis tridentata*.

Orchis stevenii hat heute in der Türkei drei Verbreitungsschwerpunkte, nämlich südlich Maçka (Trabzon), südlich Ulubey (Ordu) und bei Ovacık (Tunceli).

Südlich von Maçka ist die Art wegen Überweidung oder zu früher Mahd bereits an mehreren Stellen verschwunden. 1988 (KAJAN et al., 1992) wurde am südlichen Ortsende von Maçka ein reichhaltiger Standort entdeckt. Während eines erneuten Besuches 1995 war die erkennbar stark gedüngte Fläche vollständig abgeweidet. Seither konnte hier *Orchis stevenii* leider nicht mehr festgestellt werden. Die äußerst seltene Art ist in der Gegend lediglich noch auf einigen wenigen Magerwiesen oberhalb von Maçka an der alten Straße zum Zigana-Paß zu finden. CHAMBERS (Fundliste 1995, 1996) hat hier an einem schon länger bekannten Standort über 50 Exemplare gezählt. Das ist seit langem der reichhaltigste Fund in der Türkei. An gleicher Stelle sind noch *Cephalanthera damasonium, Cephalanthera longifolia, Dactylorhiza urvilleana, Gymnadenia conopsea, Listera ovata, Ophrys caucasica, Ophrys oestrifera, Orchis tridentata* und *Steveniella satyrioides* anzutreffen. Auch der Verfasser hat die Fundstelle schon mehrere Male besucht und jeweils nur wenige Exemplare von *Orchis stevenii* gefunden. Ende Mai 1997 beobachtete er dort erfreulicherweise mehr als 30 Exemplare zusammen mit *Ophrys apifera* und *Orchis caucasica*. Wegen des langen und strengen Winters waren die Pflanzen erst im Aufblühen begriffen. Es bleibt zu hoffen, daß dieser sehr interessante Biotop erhalten bleibt, obwohl schon große Teile der Fettwiese mäßig gedüngt werden und aus diesen Teilen die düngermeidenden Orchideen bereits jetzt verschwunden sind.

WAGNER (Fundliste 1997) fand an der gleichen Strecke an drei Stellen 26, 12 beziehungsweise 25 (auf)blühende Exemplare, an einer Stelle zusammen mit erstaunlich vielen Jungpflanzen. Auch an diesen Fundorten war die Anzahl der Pflanzen erfreulicherweise wesentlich höher als in den zurückliegenden Jahren. Die westlichsten Standorte von *Orchis stevenii* liegen überwiegend in den Haselnußpflanzungen und Phryganaflächen an der Nebenstrecke von Ulubey nach Gölköy (Ordu), etwa 150 km westlich von Maçka (Trabzon). Südlich von Ulubey, an der Nebenstrecke Ulubey - Özlü (Ordu), wurde *Orchis stevenii* mehrfach in Halbtrockenrasen, bestanden mit Wacholdern, beobachtet. So standen in einem steil abfallenden Gebiet mit Trockenrasen, Gebüsch und Haselnußkulturen vier Exemplare von *Orchis stevenii*. Weitere 70 Pflanzen konnten in einem ausgedehnten, mit Wacholdern durchsetzten Trockenrasenhang, gezählt werden (SCHÖNFELDER & SCHÖNFELDER 1998). Bemerkenswert ist, daß die Pflanzen in diesen Trockenrasen zwar sehr kräftig sind, aber nicht so kräftig wie in den Haselnußkulturen. Die Hauptblütezeit liegt hier etwa Ende Mai, die ersten Blüten öffnen sich in der dritten Mai-Woche. Die Standorte in diesem Gebiet sind äußerst interessant weil hier auch die seltenen Arten *Cephalanthera epipactoides, Orchis punctulata, Serapias*

Maçka (Trabzon), 19.5.1988, C. A. J. Kreutz

Maçka (Trabzon), 20.5.1989, W. Lüders

Ulubey (Ordu), 20.5.1997, M. Schönfelder

Maçka (Trabzon), 20.5.1989, W. Lüders

Maçka (Trabzon), 19.5.1988, C. A. J. Kreutz

Bağisli (Trabzon), 26.5.1995, C. A. J. Kreutz

Bağisli (Trabzon), 26.5.1995, C. A. J. Kreutz

Ovacık (Tunceli), 10.6.1989, G. Taubenheim

Maçka (Trabzon), 19.5.1988, C. A. J. Kreutz

feldwegiana und *Steveniella satyrioides* vorkommen. An weiteren Arten findet man in diesem Gebiet noch *Anacamptis pyramidalis, Cephalanthera longifolia, Epipactis turcica, Limodorum abortivum, Listera ovata, Ophrys oestrifera, Ophrys karadenizensis, Orchis simia* und *Orchis tridentata*.

Östlich Ovacık (Tunceli) wurde *Orchis stevenii* von TAUBENHEIM (Diaarchiv) 1981 und SCHMIDT (Fundliste 1984) beobachtet. *Orchis stevenii* wächst hier an einer steilen Böschung in und am Rande von Eichengebüsch, zusammen mit *Anacamptis pyramidalis, Himantoglossum affine, Ophrys oestrifera* und *Ophrys straussii*. In einer angrenzenden, feuchten Wiese blühen zur gleichen Zeit *Dactylohiza umbrosa, Orchis coriophora, Orchis pseudolaxiflora* und *Platanthera chlorantha*. Einen weiteren, sicheren Nachweis von Ovacık (Tunceli) gibt es von KRETZSCHMAR, GEMBARDT & BAUMGARTNER (Fundliste 1988). Einige austreibende Exemplare wurden in einem Eichenwald an der Straße Ovacık - Tunceli beobachtet.

BEMERKUNGEN

AVERYANOV (1995) berichtet, daß *Orchis stevenii* eine zweifelhafte Art ist, die morphologisch eine intermediäre Stellung zwischen *Orchis militaris* und *Orchis simia* einnimmt und möglicherweise den stabilisierten natürlichen Bastard beider Arten darstellt. Diese Bemerkung ist sicherlich nicht richtig. *Orchis stevenii* ist eine gut getrennte Art, die deutlich von *Orchis militaris* und von *Orchis simia* zu unterscheiden ist.

Im mittleren Kaukasus, in der weiteren Umgebung von Schowi, besiedelt *Orchis stevenii*, recht vereinzelt, sonnige bis halbschattige Standorte in ungefähr 2.000 m Höhe, wo der Wald aufreißt und allmählich in die Wiesen- und Mattenzone übergeht (JÄGER, 1988).

In der Flora Iranica (RENZ, 1978) wurde auf Tab. 45 und Tab. 46 (linkes Foto) *Orchis adenocheilae* und nicht wie angegeben *Orchis stevenii* abgebildet. Nach RÜCKBRODT (briefl. Mittlg., 1997) stellt diese Pflanze eine *Orchis adenocheilae* mit ungewöhnlich stark gefärbten und mit sehr dunklen Punkten besetzte Lippen dar.

GEFÄHRDUNG

Vor einiger Zeit befanden sich noch viele Standorte im Değirmental bei Maçka und oberhalb dieses Ortes entlang der alten Straße zum Zigana-Paß (Trabzon) am Nordabfall des Pontischen Gebirges. Im Jahre 1988 (KAJAN, et al., 1992) wurde *Orchis stevenii* auf mehreren Hangwiesen beobachtet. In den Jahren 1994 (KREUTZ, 1995), 1995, 1996 und 1997 waren die meisten Pflanzen durch übermäßige Beweidung, Düngung und eine viel zu frühe Mahd fast völlig verschwunden. Nach längerer Suche konnten trotzdem noch einige Vorkommen an alt bekannten Fundstellen bestätigt werden. Es wäre dringend erforderlich, daß für diese Art wirksame Schutzmaßnahmen getroffen werden.

Maçka (Trabzon), 19.5.1988 (mit *Orchis tridentata*), C. A. J. KREUTZ

HYBRIDEN

Nur mit *Orchis simia* (*Orchis* x*mackaensis*) nachgewiesen (KREUTZ, 1989a).

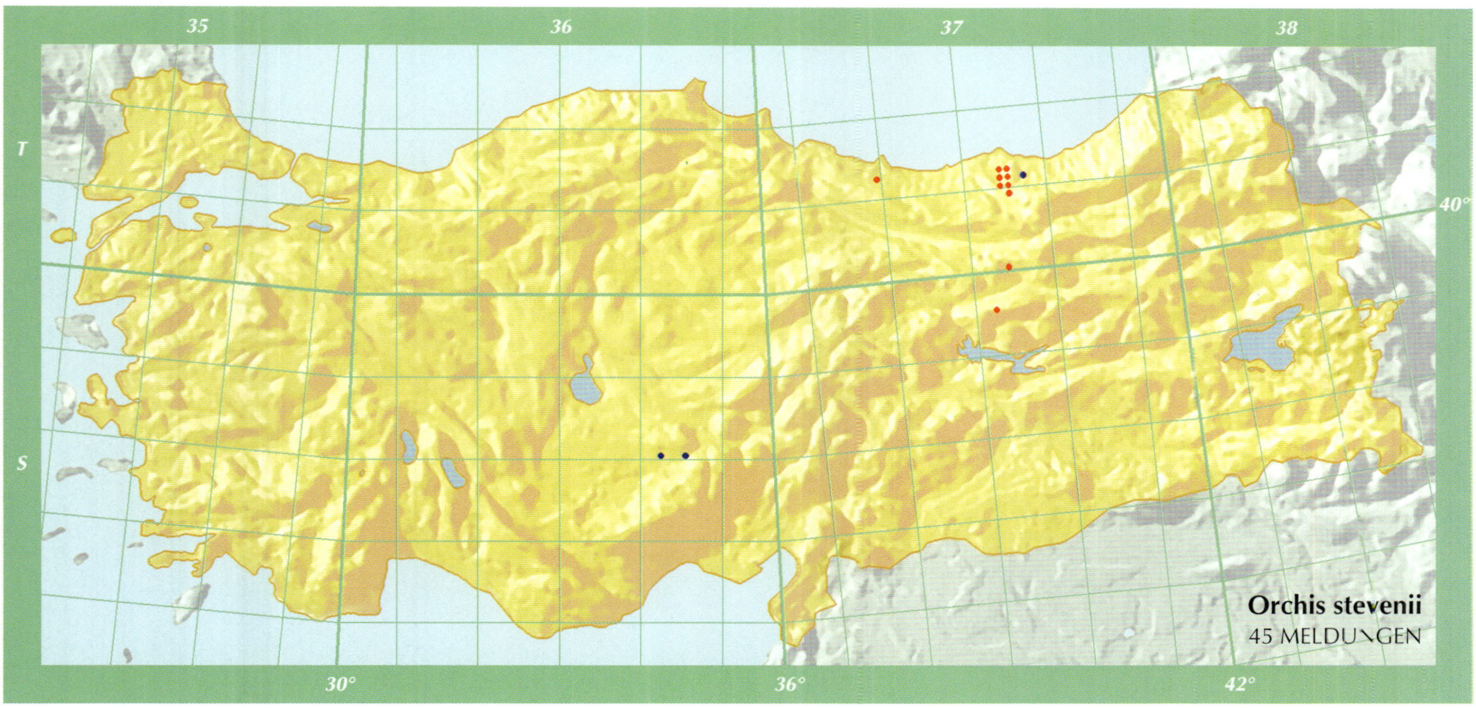

137

Platanthera bifolia

(L.) L. C. M. RICHARD

Zweiblättrige Waldhyazinthe

(Orchid. Eur. Annot. 35, 1817)

İnuk (Ordu), 30.5.1997, C. A. J. KREUTZ

BASIONYM

Orchis bifolia L. (Spec. Plant. 2: 939, 1753)

SYNONYME

Platanthera solstitialis BÖNNINGHAUSEN

BESCHREIBUNG

Schlanke und ziemlich hochwüchsige Pflanze mit zwei, selten bis vier, großen, grundständigen, lanzettlichen Laubblättern. Blütenstand reichblütig und gestreckt. Blüten ziemlich locker am Stengel angeordnet, mittelgroß, weiß gefärbt, selten schwach gelblich. Seitliche Sepalen verlängert-eiförmig, abstehend, das mittlere mit den beiden Petalen helmförmig zusammenneigend. Petalen schmal lanzettlich. Lippe zungenförmig, abwärts gerichtet, nach der Spitze zu allmählich verschmälert, im unteren Teil grünlich. Staubbeutelfächer parallel verlaufend und nahe beieinander stehend. Sporn fadenförmig und nicht verdickt, waagrecht abstehend, die Spitze abwärts gebogen, grünlichgelb.

ABGRENZUNG ZU ÄHNLICHEN ARTEN

Ähnelt *Platanthera chlorantha* und *Platanthera holmboei*, unterscheidet sich jedoch von diesen Arten durch den schlankeren und zierlichen Wuchs, weißlich gefärbte Blüten und durch die parallel verlaufenden Staubbeutelfächer.

STANDORT

Buchen-, Kiefern- und Mischwälder, Waldränder, Magerwiesen, Haselnußpflanzungen; auf trockenen bis mäßig feuchten, sauren Böden; in der Türkei vor allem in montanen Lagen (des Pontusgebirges) verbreitet.

BLÜTEZEIT

Mitte Mai bis Mitte Juli, etwa zwei Wochen später als *Platanthera chlorantha*.

HÖHENVERBREITUNG

Von der Küste bis 2.000 m.

GESAMTVERBREITUNG

Fast in ganz Europa verbreitet. Nördlich bis Lappland und östlich bis Sibirien. Außerdem in der Türkei, im Kaukasus, in Nordsyrien und in Nordiran, wo die Art äußerst selten ist. Nicht auf Kreta und Zypern.

VERBREITUNG IN DER TÜRKEI

Hauptsächlich in der Schwarzmeer-Region verbreitet. In der Ägäis-Region und in Südanatolien hat sie nur sehr wenige Vorkommen.

NOTIZEN ZU EINIGEN FUNDORTEN

Platanthera bifolia ist äußerst selten in der Türkei. Während *Platanthera chlorantha* häufig im Pontusgebirge anzutreffen ist, bleibt *Platanthera bifolia* eine seltene Erscheinung.

Die meisten Vorkommen besitzt die Art im Pontusgebirge, dort besonders in den Provinzen Kastamonu, Sinop, Samsun und Ordu. Sie wächst in diesem Gebiet an humosen Stellen in Mischwäldern, oft zusammen mit *Cephalanthera damasonium, Dactylorhiza romana, Orchis pinetorum, Orchis simia* und *Platanthera chlorantha*.

In den feuchten Wiesen an der Straße von Azdavay nach Cide (Kastamonu) kommt *Platanthera bifolia* reichlich vor. Mitte Juni 1974 hat TAUBENHEIM (Diaarchiv) hier viele Pflanzen dieser Art gefunden und fotografiert.

Zwischen Trabzon und Maçka (Trabzon) wächst *Platanthera bifolia* mehrfach in grasigen Haselnußkulturen, sowie auf grasigen Triften im Küstenbereich des Schwarzen Meeres östlich von Ordu (NIESCHALK & NIESCHALK, 1976).

◀ **İnuk (Ordu), 30.5.1997,** C. A. J. KREUTZ

İnuk (Ordu), 30.5.1997, C. A. J. KREUTZ

İnuk (Ordu), 30.5.1997, C. A. J. Kreutz

İnuk (Ordu), 30.5.1997, C. A. J. Kreutz

Zaiss & Gügel haben 1993 zwei Exemplare an der alten Zigana-Paßstraße von Maçka nach Gümüşhane gefunden. Einen zweiten Standort fanden sie auf einem Friedhof und in einer Haselnußplantage an der Straße von Ünye nach Akkuş (Ordu). Entlang dieser Straße wurden 1997 vom Verfasser einige neue Standorte gefunden, unter anderem bei der Ortschaft İnuk. In einer Haselnußplantage mit Farnunterwuchs, etwa 10 km südwestlich von Ünye, waren Ende Mai einige Pflanzen im Aufblühen, die meisten Blütenstände waren jedoch noch knospig. Hier kommt auch *Serapias feldwegiana* vor. In einem angrenzenden Buchenhochwald ist auch *Platanthera chlorantha* zu finden, die etwa zwei Wochen früher blüht. Dort wurden auch einige Hybriden zwischen den beiden *Platanthera*-Arten beobachtet.

Im Gebiet Ünye-Akkuş (Ordu) kommt *Platanthera bifolia* mehrfach vor. Sie wächst dort hauptsächlich in Haselnußpflanzungen und in den angrenzenden Wäldern auf sauren Böden, öfter begleitet von *Anacamptis pyramidalis, Cephalanthera damasonium, Ophrys karadenizensis* und *Serapias feldwegiana*.

Weitere aktuelle Angaben liegen vor aus einer Haselnußkultur bei Karasu (Sakarya) und einer Feuchtwiese östlich Düzçe (Bolu), an beiden Standorten zusammen mit *Orchis laxiflora*, ferner von einer Haselnußkultur bei Uzunisa in der Provinz Ordu und von einer Haselnußplantage bei Dereli (Giresun).

In der Provinz İzmir, im Gebirge bei Kemalpaşa, wurde 1988 nur eine Pflanze in einem lockeren Kiefernwald nachgewiesen (Kajan, et al., 1992).

BEMERKUNGEN

Platanthera bifolia ist in der Türkei sehr selten. Die Art wurde in letzter Zeit wenig beobachtet, möglicherweise infolge ihrer späten Blütezeit. Im Pontusgebirge kommen beide *Platanthera*-Arten gemeinsam vor. Übergangsformen, die in Zentraleuropa stellenweise häufig sind, sind in der Türkei sehr selten.

HYBRIDEN

Mit *Platanthera chlorantha* nachgewiesen.

Maçka (Trabzon), 30.6.1993, H.-W. Zaiss

İnuk (Ordu), 30.5.1997, C. A. J. Kreutz

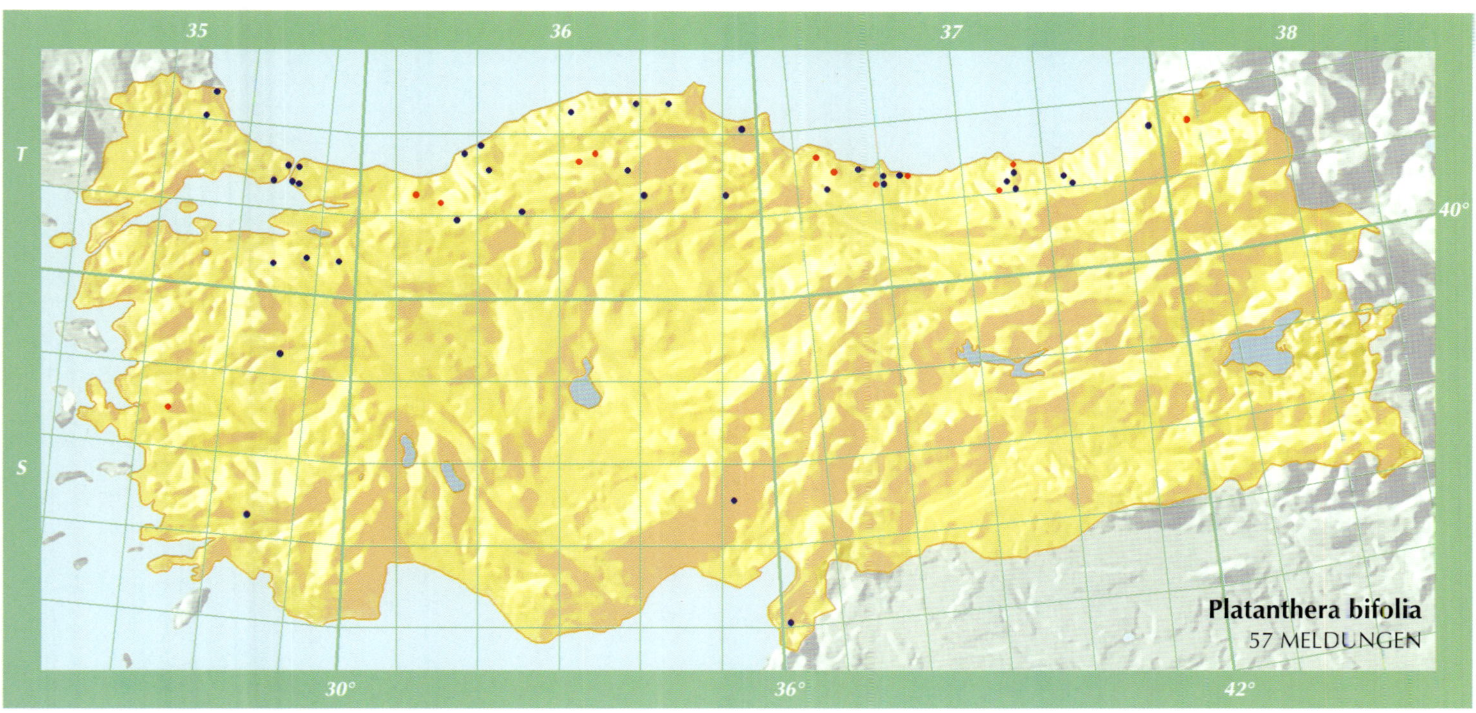

138 Platanthera chlorantha

(CUSTER) REICHENBACH

Grünliche Waldhyazinthe

(in Mössler: Handb. ed. 2,2: 1565, 1828)

BASIONYM

Orchis chlorantha CUSTER (in STEINMÜLLER, Neue Alp. 2: 401, 1827)

SYNONYM

Platanthera montana REICHENBACH fil.

BESCHREIBUNG

Kräftige und meist ziemlich hochwüchsige Pflanze mit am Grunde zwei bis drei großen elliptischen bis eiförmigen Laubblättern. Blütenstand zylindrisch und reichblütig. Blüten ziemlich locker am Stengel angeordnet, ziemlich groß, grünlichweiß oder weiß gefärbt, selten schwach gelblich. Seitliche Sepalen schief eiförmig, abstehend, das mittlere mit den beiden Petalen helmförmig zusammenneigend. Petalen schmal lanzettlich. Lippe zungenförmig, schwach bis stark rückwärts gebogen, nach der Spitze zu verschmälert, im mittleren und unteren Teil grünlich. Staubbeutelfächer trapezförmig auseinanderspreizend. Sporn keulig verdickt, nach der Spitze zu mehr oder weniger gebogen.

ABGRENZUNG ZU ÄHNLICHEN ARTEN

Sieht *Platanthera holmboei* und *Platanthera bifolia* ähnlich. Von *Platanthera holmboei* unterscheidet sich *Platanthera chlorantha* durch den meist dichten Blütenstand, grünlichweiß gefärbte, größere Blüten und einen keulig verdickten, mehr oder weniger gebogenen Sporn.

Von *Platanthera bifolia* durch den kräftigeren Wuchs, größere, grünlichweiße Blüten und durch die trapezförmig auseinanderspreizenden Staubbeutelfächer.

STANDORT

Kiefern-, Buchen- und Mischwälder, Gebüsch, Mager- und Naßwiesen; auf trockenen bis feuchten, kalkreichen Böden; in der Türkei vor allem in montanen Lagen verbreitet.

BLÜTEZEIT

Ende Mai bis Ende Juli.

HÖHENVERBREITUNG

Von der Küste bis 2.200 m.

GESAMTVERBREITUNG

In Europa, Nordafrika und Vorderasien (Kaukasus, Türkei, Nordsyrien, Nordirak und Nordiran) von der meridionalen zur gemäßigten Zone verbreitet, im ozeanischen Teil Skandinaviens auch in der borealen Zone; ostwärts im sarmatischen Gebiet ausklingend (BUTTLER, 1986).

VERBREITUNG IN DER TÜRKEI

Fast im ganzen Land verbreitet. In der Schwarzmeer-Region hat sie ihre größten Vorkommen, im Süden ist sie nur von wenigen Standorten bekannt.

NOTIZEN ZU EINIGEN FUNDORTEN

Viele Standorte von *Platanthera chlorantha* liegen im Pontusgebirge, wo sie in ausgedehnten Buchenwäldern vorkommt, hier meist begleitet von *Cephalanthera damasonium, Cephalanthera rubra, Dactylorhiza romana, Epipactis persica, Limodorum abortivum, Listera ovata, Neottia nidus-avis* und *Orchis pinetorum*.

Schöne und reichbesetzte Standorte gibt es zum Beispiel in den Mischwäldern nordwestlich Daday (Sanatoriumsgelände und der weiteren Umgebung) und südlich vom Ballıdağ-Paß (Kastamonu). In diesem Gebiet wachsen viele kräftige Exemplare zusammen mit *Cephalanthera longifolia, Orchis pinetorum, Orchis purpurea* und *Orchis simia*, vorzugsweise in Flaumeichen-Kiefernwäldern und auf Kalkmagerrasen, die mit Eichengebüsch und Wacholdern bewachsen sind.

◀ **Araç (Kastamonu), 17.5.1996,** C. A. J. KREUTZ

Mezra (Artvin), 28.5.1997, C. A. J KREUTZ

Akkaya (Kastamonu), 22.6.1996, C. A. J. KREUTZ

Araç (Kastamonu), 17.5.1996, C. A. J. Kreutz

Akkaya (Kastamonu), 22.6.1996, C. A. J. Kreutz

Am Çam-Paß in der Provinz Kars kommt *Platanthera chlorantha* in den weitläufigen Almwiesen immer wieder vereinzelt vor, dort öfter begleitet von der zierlichen *Gymnadenia conopsea*.

Oberhalb Artvin (Artvin) ist *Platanthera chlorantha* eine recht häufige Erscheinung. Vor allem in den Almwiesen wächst sie immer wieder vereinzelt in Begleitung von *Cephalanthera damasonium, Cephalanthera kurdica, Coeloglossum viride, Dactylorhiza flavescens, Dactylorhiza urvilleana, Orchis caucasica* und *Orchis morio* subsp. *morio*.

Am Uludağ bei Bursa wurde *Platanthera chlorantha* 1994 nachgewiesen. Mitte Juni wuchsen hier in einer Höhe von 1.385 m einige Exemplare im Schatten eines Kiefernwaldes im Straßengraben. Diese Pflanzen zeigen einige Merkmale von *Platanthera holmboei*, nur steht der Sporn nicht waagrecht ab und die Blütenfärbung ist hellgrün statt dünkelgrün. In der direkten Umgebung wurden noch *Cephalanthera rubra, Epipactis bithynica, Epipactis microphylla, Epipactis persica* und *Limodorum abortivum* gefunden.

In Ostanatolien wird *Platanthera chlorantha* allmählich seltener. So wurde die Art einige Kilometer westlich Refahiye (Erzincan) in einem lockeren Kiefernwald in einer Höhe von 1.500 m gefunden, zusammen mit *Dactylorhiza romana* und *Orchis pinetorum* (Kajan, et al., 1992).

HYBRIDEN

Mit *Platanthera bifolia*.

Uludağ (Bursa), 20.6.1994, C. A. J. KREUTZ

Akkaya (Kastamonu), 22.6.1996, C. A. J. KREUTZ

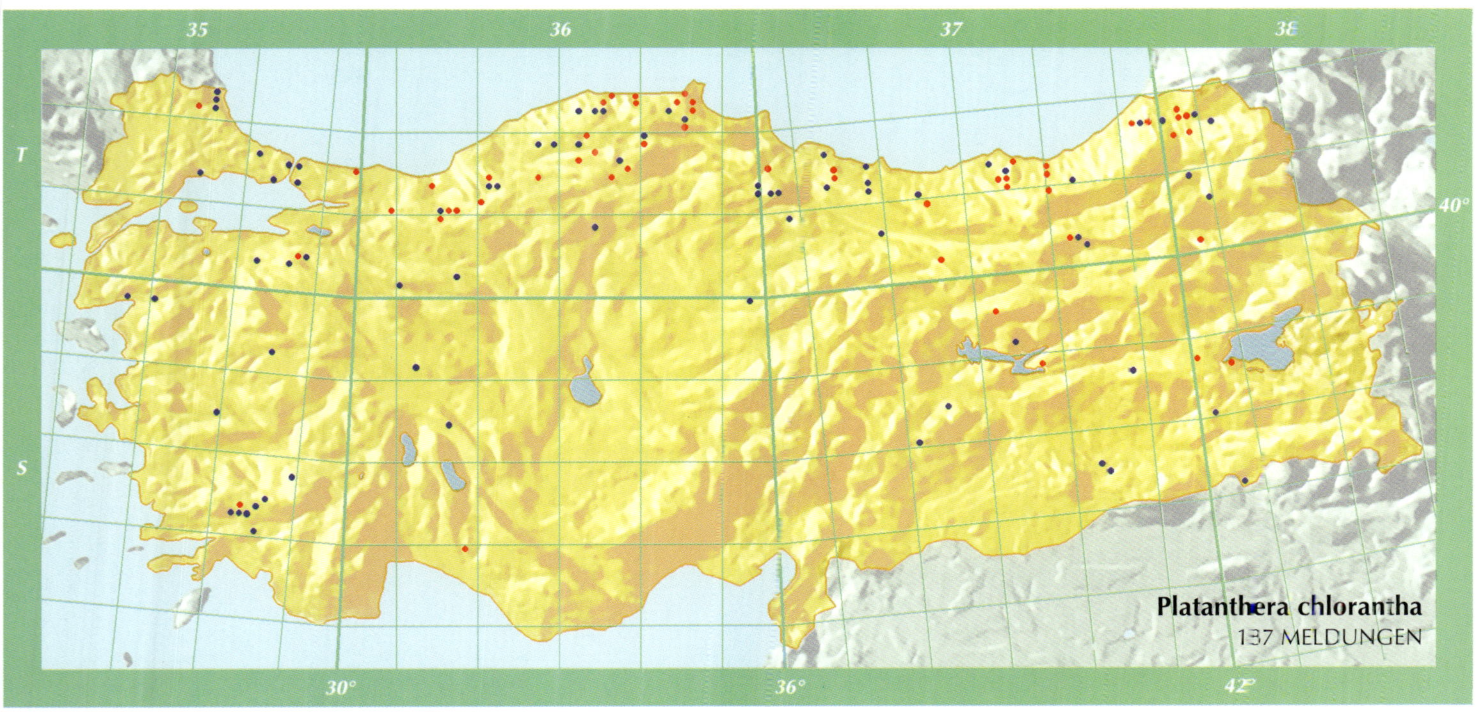

139

Platanthera holmboei

H. LINDBERG

Holmboes Waldhyazinthe

(Soc. Scient. Fenn. Arsbok, 20B (7): 5, 1942)

SYNONYM

Platanthera chlorantha subsp. *holmboei* (H. LINDBERG) J. J. WOOD

BESCHREIBUNG

Kräftige und meist relativ gedrungene Pflanze mit am Grunde ein oder zwei großen, breiten, elliptischen bis eiförmigen Laubblättern. Blütenstand zylindrisch und meist reichblütig, manchmal aber auch armblütig. Blüten locker am Stengel angeordnet, ziemlich klein bis mittelgroß, grün bis grünlichgelb gefärbt. Seitliche Sepalen schief eiförmig, abstehend. Petalen schmal lanzettlich. Die beiden Petalen und das mittlere Sepal helmförmig zusammenneigend. Lippe zungenförmig, zurückgebogen oder herabhängend und zur Spitze hin nicht verschmälert, grün. Staubbeutelfächer trapezförmig auseinanderspreizend. Sporn dünn, fadenförmig, waagrecht abstehend.

ABGRENZUNG ZU ÄHNLICHEN ARTEN

Ähnelt *Platanthera chlorantha* und *Platanthera bifolia*. Von *Platanthera chlorantha* unterscheidet sie sich durch den lokkeren Blütenstand, die grün bis grünlichgelb gefärbten, kleineren Blüten und einen fadenförmigen, waagrecht abstehenden Sporn. Von *Platanthera bifolia* durch den kräftigeren Wuchs, grünliche bis grünlichgelbe Blüten und durch die trapezförmig auseinanderspreizenden Staubbeutelfächer.

STANDORT

Lockere Kiefern- und Mischwälder, Macchien und Phrygana; auf trockenen bis wechselfeuchten, basenreichen Böden; in der Türkei vor allem in montanen Lagen verbreitet.

BLÜTEZEIT

Ende April bis Mitte Juli.

HÖHENVERBREITUNG

Von 300 bis etwa 1.900 m.

GESAMTVERBREITUNG

Östliches Mittelmeergebiet, Lesbos, Türkei, Israel, Libanon, Westsyrien und Zypern. Lange Zeit galt die Art als endemisch für Zypern.

Aktuelle Angaben liegen von Israel (KREUTZ, 1993a), Zypern (MORSCHEK, 1996), Lesbos (BIEL, 1998) und der Türkei vor.

VERBREITUNG IN DER TÜRKEI

BUTTLER (1986) gibt als Verbreitung das küstennahe Gebirge des Festlandes der Südtürkei nördlich Zypern, an. Nach SUNDERMANN (1969b) auch in der Südwesttürkei. Aktuelle Standorte liegen unter anderem vom Ziyaretgebirge (Hatay) und bei Zorkun (Hatay) vor.

NOTIZEN ZU EINIGEN FUNDORTEN

SUNDERMANN (1969b) berichtet von einer Population in einem Kiefernwald in etwa 1.000 m Höhe nordöstlich von Muğla, mit Pflanzen, die sehr kräftig entwickelte Grundblätter aufweisen. Er stellte fest, daß diese Pflanzen in ihren Merkmalen mit denen von Zypern übereinstimmen (kräftige Laubblätter, geringere Höhe, kleinere Blüten mit intensiver Grünfärbung und eine stärkere Krümmung der Staubbeutel nach außen). Der Abbildung in seinem Artikel und den oben aufgelisteten Merkmalen zufolge gehören diese Pflanzen einwandfrei zu *Platanthera holmboei*.

BIRKEDAL et al. (Fundliste 1995) berichten von einem Standort von *Platanthera holmboei* in der antiken Stätte Termessos (Antalya), nordwestlich Antalya. Mitte Mai wurde hier ein Exemplar in Hochblüte in der Nähe der Zisternen entdeckt, zusammen mit *Ophrys straussii*.

Yayladağı (Hatay), 22.5.1997, C. A. J. KREUTZ

Zorkun (Hatay), 23.5.1997, C. A. J. KREUTZ

◄ **Yayladağı (Hatay), 22.5.1997,** C. A. J. KREUTZ

Zorkun (Hatay), 23.5.1997, C. A. J. Kreutz

Yayladağı (Hatay), 22.5.1997, C. A. J. Kreutz

Peter (briefl. Mittlg., 1996) berichtet von zwei Funden. Der erste Standort befindet sich westlich Yayladağı (Hatay), wo er zwei Pflanzen in einem Kiefernwald zusammen mit *Limodorum abortivum* var. *rubrum* fand. Der zweite südöstlich Osmaniye bei Zorkun (Hatay), wo *Platanthera holmboei* zusammen mit *Cephalanthera rubra* und *Cephalanthera longifolia* vorkommt. An diesem Standort wachsen besonders viele Exemplare. Die Pflanzen wurden hier von Peter (Fundliste 1992) an zwei Stellen vor allem in Knospe beobachtet. Durch Öffnen einiger Blüten konnte festgestellt werden, daß es sich hier tatsächlich um *Platanthera holmboei* handelte.

Beide Angaben von Peter konnten 1997 bestätigt werden. Südlich Yayladağı wurde nach intensiver Suche eine sehr kräftige, besonders hochwüchsige und reichblütige Pflanze entdeckt. Der Standort, an dem das einzig blühende Exemplar vorkommt, liegt unweit einer Wasserstelle im trockenen Bachbett in einem lichten Kiefernwald. Weitere blühende Exemplare wurden nicht gefunden, dafür aber viele sterile Pflanzen. An weiteren Orchideen kommen hier noch *Cephalanthera longifolia, Cephalanthera rubra, Epipactis helleborine, Limodorum abortivum* und *Orchis anatolica* vor. Auch Gügel & Zaiss (Fundliste 1995), sowie Hansen & Rückbrodt (1992) fanden eine Pflanze bei Yayladağı unweit der syrischen Grenze.

Platanthera holmboei wurde auch von Hertel (briefl. Mittlg., 1996) südlich Antakya (Hatay) nachgewiesen. Er berichtet über einen Standort nördlich von Harbiye.

Bei Zorkun wurden in einer Höhenlage von 1.250 m Ende Mai 1997 einige aufblühende Exemplare beobachtet. Die Pflanzen wachsen bevorzugt an feuchten Stellen am Bachrand, meist unter Farnbewuchs. An diesem Standort wurde außerdem noch *Epipactis helleborine* gefunden.

BEMERKUNGEN

Platanthera holmboei, damals noch *Platanthera chlorantha*, wurde zuerst von Kotschy im Jahre 1859 auf Zypern gefunden (Unger, et al., 1865). Lange Zeit galt sie als endemische Art Zyperns, bis sie dann auch in Israel nachgewiesen wurde (Dafni, 1973). Später wurden im östlichen Mittelmeergebiet weitere Fundstellen bekannt.

Wegen der relativ späten Blütezeit wurde *Platanthera holmboei* in der Türkei selten beobachtet. Auch bei Rückbrodt & Hansen (1992) liegen keine weiteren Angaben aus der Türkei vor. Rückbrodt & Hansen haben sie aber später auch an den Standorten bei Zorkun und Yayladağı gefunden.

HYBRIDEN

Keine Nachweise bekannt.

Zorkun (Hatay), 23.5.1997, C. A. J. Kreutz

Zorkun (Hatay), 23.5.1997, C. A. J. Kreutz

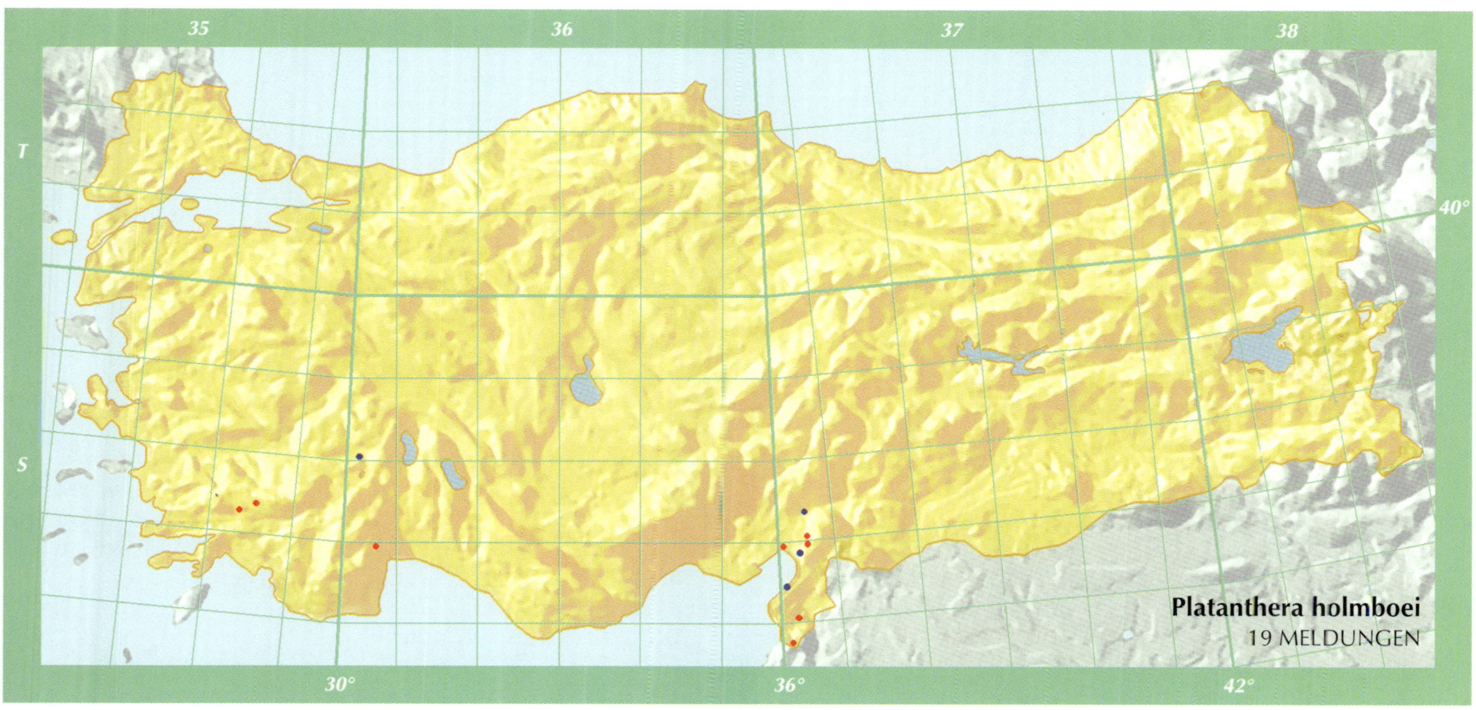

140

Serapias bergonii

E. G. CAMUS (pro hybr.)

Bergons Zungenständel

(Monogr. orchid.: 61, 1908)

SYNONYME

Serapias cordigera subsp. *laxiflora* (SOÓ) SUNDERMANN, *Serapias vomeracea* subsp. *laxiflora* (SOÓ) GÖLZ & H. R. REINHARD, *Serapias columnae* auct. non. REICHENBACH fil., *Serapias wettsteinii* H. FLEISCHMANN, *Serapias parviflora* subsp. *laxiflora* SOÓ, *Serapias laxiflora* CHAUBARD

BESCHREIBUNG

Schlanke, meist hochwüchsige, zierliche Pflanze. Stengel relativ kräftig mit wenigen Schuppenblättern, grün, im Bereich des Blütenstandes rötlich überlaufen. Laubblätter lanzettlich, grün bis bläulichgrün gefärbt, schräg aufrecht bis gebogen, rinnig, die oberen in brakteenartige Laubblätter übergehend und violett überlaufen. Blütenstand ziemlich locker- und vielblütig, später verlängert, gewöhnlich eine bis zu 20 cm lange Ähre mit 5 bis 10 Blüten; diese mittelgroß, schräg aufgerichtet. Brakteen lanzettlich, den Sepalhelm meist überragend, purpurn überlaufen. Perigonblätter lanzettlich, zugespitzt, genervt, helmförmig zusammenneigend, außen graulila, innen purpurviolett, steil bis schräg aufwärts gerichtet. Lippe zweigliedrig, mit 2 bräunlichen, parallelen Schwielen. Hypochil am Grund keilförmig, Seitenlappen aufrecht und im Helm verborgen, schwarzpurpurn bis purpurn. Epichil verschmälert bis länglich-lanzettlich, rötlichbraun, an der Basis nur schwach behaart (selten fast kahl), etwa 1,5-mal so lang wie das Hypochil, fast immer deutlich zurückgeschlagen.

ABGRENZUNG ZU ÄHNLICHEN ARTEN

In typischer Ausprägung kaum verwechselbar. *Serapias bergonii* ist meistens am lockerblütigen und sehr langen Blütenstand zu erkennen. Die Pflanzen sind sehr schlank und die Vorderlippe ist schmal-lanzettlich und zurückgekrümmt.

STANDORT

Trockene bis feuchte Standorte in grasigen Wiesenflächen, Macchien, Phrygana, Ödland, Felsfluren, lichten Kiefernwäldern und in Feuchtwiesen; auf kalkhaltigen bis schwach sauren Böden.

BLÜTEZEIT

Anfang April bis Ende Mai.

HÖHENVERBREITUNG

Von der Küste bis 1.000 m.

GESAMTVERBREITUNG

Das Areal reicht von Italien (von Parma im Norden bis Süditalien und Sizilien) via der griechischen Insel Korfu über das Festland von Griechenland und Kreta, die Ägäischen Inseln bis in die südöstliche Provinz Hatay in der Türkei und Zypern.

VERBREITUNG IN DER TÜRKEI

In der Türkei ist sie die häufigste *Serapias*-Art und bildet im Süden teilweise Massenbestände. Ihr Verbreitungsgebiet umfaßt den Westen (Marmara-Region, Ägäis-Region) und den Süden (Mittelmeer-Region und die Ostanatolische Region).

NOTIZEN ZU EINIGEN FUNDORTEN

Serapias bergonii ist vor allem in der Südwesttürkei stellenweise häufig und weit verbreitet. An küstennahen Standorten wachsen ziemlich große Populationen.

Bei Torba (Muğla) wächst sie bevorzugt in Olivenkulturen mit grasigem Unterwuchs auf Kalk. Am Standort von *Ophrys lesbis* ist sie immer wieder vereinzelt anzutreffen, dort von *Barlia robertiana, Neotinea maculata, Ophrys heterochila, Ophrys homeri, Ophrys reinholdii, Ophrys sicula* und *Orchis italica* begleitet.

Auch auf der Resadiye Halbinsel, wie zum Beispiel westlich von Marmaris (Muğla), wächst *Serapias bergonii* gesellig in den lockeren Kiefernwäldern, hier meist von *Limodorum abortivum, Serapias cordigera* und *Spiranthes spiralis* begleitet. Sehr selten bildet sie hier mit *Serapias cordigera* Hybriden.

Auch im Ausgrabungsgelände von Euromos (Muğla) ist *Serapias bergonii* nicht selten. In den Affodil- und Steinfluren

Karaova (Muğla), 4.4.1996, C. A. J. KREUTZ

◄ Bafasee (Aydın), 11.4.1996, C. A. J. KREUTZ

Ortaca (Muğla), 16.4.1997, C. A. J. Kreutz

Anamur (İçel), 11.4.1996, C. A. J. Kreutz

Anamur (İçel), 11.4.1996, C. A. J. Kreutz

Karaova (Muğla), 4.4.1996, C. A. J. Kreutz

kommen viele Pflanzen vor, die etwa Anfang bis Mitte Mai zur Blüte gelangen.

Besonders in der Umgebung von Yatağan, Kavaklıdere, Ula und Karaböğürtlen (Muğla) ist die Sippe immer wieder vereinzelt in den lockeren Kiefernwäldern anzutreffen, zusammen mit *Anacamptis pyramidalis, Cephalanthera epipactoides, Comperia comperiana, Limodorum abortivum, Neotinea maculata, Ophrys apifera, Ophrys iricolor, Ophrys leucadica, Ophrys speculum, Ophrys tenthredinifera* und *Orchis simia*.

Bemerkenswerte Standorte liegen vor allem in der Umgebung von Antalya. An vielen Stellen wachsen hier größere Gruppen von Pflanzen zusammen. Westlich von Side (Antalya) bildet *Serapias bergonii* auf einem alten Friedhof sehr kräftige Pflanzen. Im hohen Gras kommt sie hier gemeinsam mit *Ochis fragrans* vor.

Sehr kräftige und hochwüchsige Exemplare wurden im Schloß von Anamur (İçel) gefunden, hier im Ausgrabungsgelände innerhalb der riesigen Mauern.

Bei Kocahasanlı (İçel) kommt *Serapias bergonii* im lockeren Kiefernwald, in dichten Macchien und in kleineren Wiesenflächen vor. Die Pflanzen sind hier ziemlich niedrig und armblütig.

BEMERKUNGEN

Serapias bergonii ist eine im ostmediterranen Raum häufige und weit verbreitete Sippe. Von BAUMANN & KÜNKELE (1988b) wurde begründet, warum der Name *Serapias bergonii* prioritätsberechtigt ist.

PROBLEMATIK

Diese Art ist in der Türkei vor allem an mediterranes Klima gebunden. Eine Ausnahme bilden die Standorte bei Diyarbakır im Südosten, wo sie vereinzelt auf feuchten Hangwiesen wächst. Diese Pflanzen entsprechen in einigen Merkmalen nicht der Charakterisierung der Sippe und könnten ein eigenständiges Taxon repräsentieren (SUNDERMANN & TAUBENHEIM, 1981b). Im vorliegenden Buch wurden sie zu *Serapias levantina* gestellt.

Zuweilen kann die Bestimmung Schwierigkeiten bereiten, da *Serapias bergonii* zahlreiche Hybriden und Übergangspopulationen mit anderen *Serapias*-Arten bildet. Auf diese Probleme haben auch SUNDERMANN & TAUBENHEIM (1981b) hingewiesen, wobei es Ihnen oftmals völlig unmöglich erschien,

Karaova (Muğla), 4.4.1996, C. A. J. KREUTZ

eine befriedigende Zuordnung in den Merkmalskomplexen *laxiflora/vomeracea* und *vomeracea/orientalis* zu erreichen. In der Türkei wurden aber nie einheitlich ausgeprägte, größere Populationen, die sich zweifelsfrei als *Serapias vomeracea* identifizieren ließen, nachgewiesen.

HYBRIDEN

Mit *Serapias cordigera*.

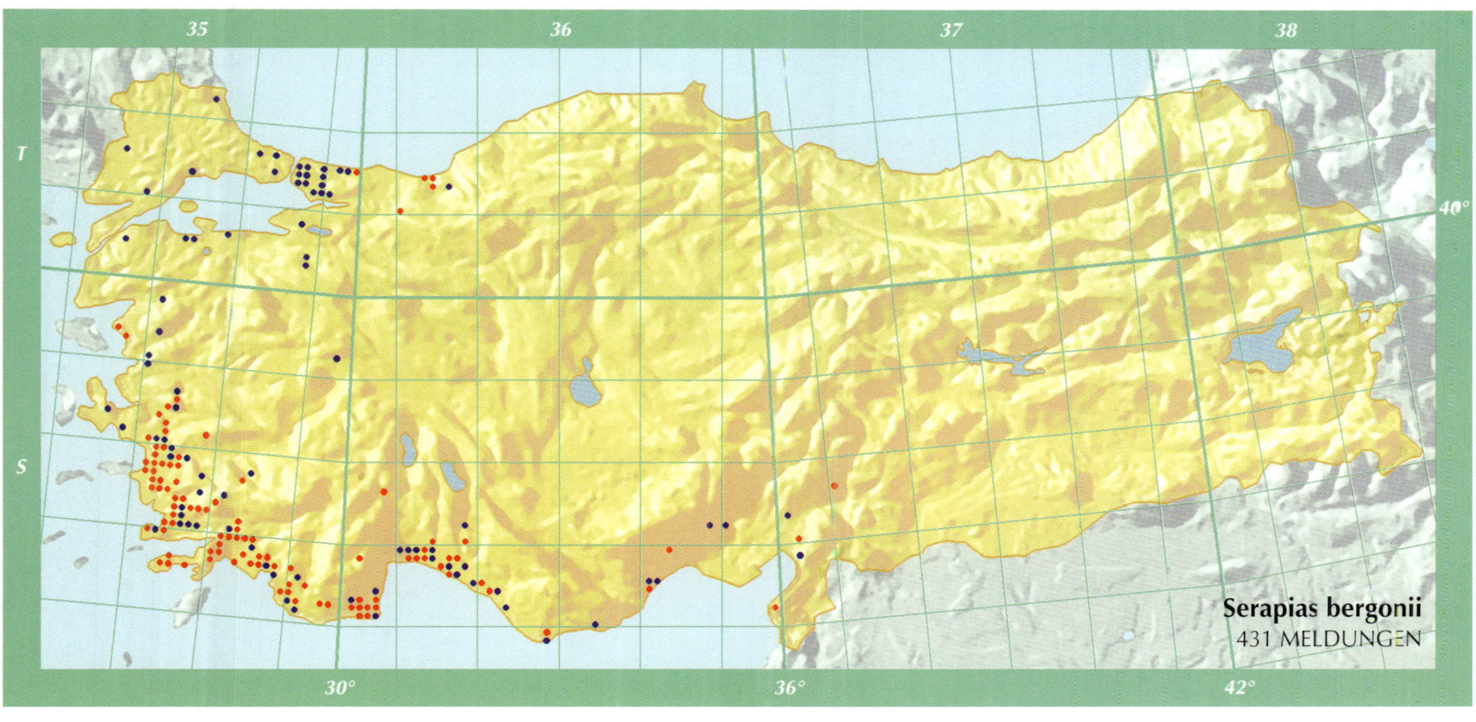

141 Serapias politisii

RENZ (pro hybr.)

Politis-Zungenständel

(Feddes Repert. 25: 239, 1928)

SYNONYME

Serapias hellenica RENZ, *Serapias aphroditae* P. DELFORGE

BESCHREIBUNG

Schlanke, meist niedrige, zierliche Pflanze. Stengel dünn, im unteren Teil purpurn gestrichelt, über dem Boden mit wenigen Schuppenblättern, grün, im Bereich des Blütenstandes rötlich überlaufen. Laubblätter linealisch-lanzettlich, grün bis rötlichgrün gefärbt, die unteren abstehend bis überhängend, die mittleren aufgerichtet, rinnig, die oberen in brakteenartige Laubblätter übergehend und rotviolett überlaufen. Blütenstand ziemlich lockerblütig, gewöhnlich bis zu 5 bis 10 cm lang, mit 2 bis 6 Blüten; diese klein, schräg aufgerichtet, am Grunde der Lippe mit 2 parallelen Schwielen. Brakteen breit-lanzettlich, den Sepalhelm wenig überragend, purpurn überlaufen. Perigonblätter zugespitzt, genervt, helmförmig zusammenneigend, hellgraugrünlich bis weißlichgrün oder rötlichviolett, schräg aufwärts gerichtet. Lippe zweigliedrig, bräunlichrot. Hypochil am Grunde keilförmig, die Seitenlappen aufrecht und im Helm verborgen, rötlichviolett bis schwarzviolett. Epichil schmal-lanzettlich bis länglich-lanzettlich, ziemlich kurz und klein, herabhängend bis stark zurückgeschlagen, rötlichbraun, an der Basis schwach behaart.

ABGRENZUNG ZU ÄHNLICHEN ARTEN

Ähnelt *Serapias parviflora*, die vor allem an ihrer kurzen und lockerblütigen Infloreszenz zu erkennen ist, an ihren sehr kleinen und der Blütenachse mehr oder weniger anliegenden steil aufwärts gerichteten Blüten, und der sehr kurzen Vorderlippe, die stark zurückgeschlagen ist und der Hinterlippe anliegt. Ferner ist *Serapias parviflora* autogam, bereits im Knospenstadium ist der Fruchtknoten deutlich angeschwollen. *Serapias parviflora* wurde noch nicht in der Türkei gefunden, kommt aber im Norden von Rhodos vor, so daß ein Fund in der Südwesttürkei möglich ist.

STANDORT

Lockere Kiefernwälder, Macchien, Phrygana, Wiesenflächen und Gebüsch; auf basenreichen Böden.

BLÜTEZEIT

Anfang bis Ende April.

HÖHENVERBREITUNG

Von Meereshöhe bis etwa 700 m.

GESAMTVERBREITUNG

Von Süditalien (Apulien), Montenegro, Albanien und Griechenland, über die Ionischen und Ägäischen Inseln bis in die Südwesttürkei.

VERBREITUNG IN DER TÜRKEI

Südwesttürkei: von der Provinz İzmir über Aydın und Muğla bis nach Antalya.

NOTIZEN ZU EINIGEN FUNDORTEN

Der nördlichste Standort befindet sich wahrscheinlich im botanisch sehr wertvollen Gebiet um Kemalpaşa (İzmir). LÜDERS (Fundliste) fand die Art dort 1991.

Im Ausgrabungsgelände von Priene (Aydın) wurde *Serapias politisii* in den Stein- und Affodillfluren mehrmals nachgewiesen. Hier kommt auch *Serapias bergonii* vor.

Weiter wurde die Art südöstlich Fethiye (Muğla) auf einem Friedhof bei Kadıköy gefunden. Auf diesem mit Kiefern und stellenweise mit Phryganaunterwuchs bewachsenen Friedhof kommen viele Pflanzen vor, zusammen mit *Anacamptis pyramidalis, Barlia robertiana, Limodorum abortivum, Neotinea maculata, Ophrys bombyliflora, Ophrys cinereophila, Ophrys iricolor, Ophrys sicula, Orchis fragrans, Orchis papilionaceae* subsp. *heroica* und *Serapias bergonii*.

HAHN & PASSIN (1997) berichten von Pflanzen auf einer ausgedehnten Weideflur mit Schopflavendel (*Lavandula stoechas*) in der Umgebung des kleinen Flugplatzes von Bodrum (Muğla) mit Lippengrößen, die stark an *Serapias parviflora* erinnern. Inzwischen hat RÜCKBRODT (Fundliste 1996) die Art an vielen anderen Fundstellen in der Provinz Muğla nachgewiesen.

Südwestlich Kemer (Antalya) in der Umgebung der Ausgrabungsstätte Olympos kommt *Serapias politisii* an vielen Stellen reichlich vor. Die Art blüht hier Mitte bis Ende April in offenem Wiesengelände oder in lichten Kiefernwäldern. Andere Orchideenarten, die diese Art meist begleiten sind *Ophrys cinereophila, Ophrys heterochila, Ophrys minoa, Ophrys phaseliana, Ophrys sicula, Orchis syriaca, Orchis sancta* und *Spiranthes spiralis*. Die meisten Arten sind in diesem Gebiet noch reichlich vorhanden, wenngleich auch hier die Orchideen intensiv ausgehackt werden.

BEMERKUNGEN

In letzter Zeit hat eine ganze Reihe von Autoren und Orchideenforschern immer wieder von kleinblütigen *Serapias*-Pflanzen berichtet, die auch im Südwesten der Türkei gefunden wurden. So erwähnt JANSEN (briefl. Mittlg., 1996) mehrere Standorte von *Serapias parviflora* in der Umgebung von Olympos (Antalya). RÜCKBRODT berichtet von weiteren Funden dieser Sippe und hat ihnen in seinen Standortangaben den Arbeitsnamen 'Serapias parvilax' gegeben.

Weitgehende Untersuchungen in diesem Gebiet, wobei diese Sippe an vielen neuen Standorten nachgewiesen wurde, haben ergeben, daß es sich hier höchstwahrscheinlich um eine Art handelt, die eine intermediäre Stellung zwischen *Serapias*

Kadıköy (Muğla), 10.4.1996, C. A. J. KREUTZ

◀ Priene (Aydın), 3.4.1996, C. A. J. KREUTZ

Kadıköy (Muğla), 10.4.1996, C. A. J. Kreutz

Priene (Aydın), 3.4.1996, C. A. J. Kreutz

Kemalpaşa (İzmir), 4.5.1988, C. A. J. Kreutz

Kadıköy (Muğla), 10.4.1996, C. A. J. Kreutz

parviflora und *Serapias bergonii* einnimmt und mit der von RENZ beschriebenen *Serapias politisii* identisch ist. REINHARD (briefl. Mittlg., 1996) schreibt, daß die Pflanzen der Südwesttürkei dem Komplex von '*Serapias politisii/Serapias aphroditae*' angehören. Auch BAUMANN & KÜNKELE (1989) schreiben, daß *Serapias politisii* eine gut charakterisierte Art darstellt; nach ihrer Meinung handelt es sich um eine stabilisierte Hybridsippe zwischen *Serapias bergonii* und *Serapias parviflora*.

RENZ (1928) hat *Serapias politisii* als Hybride zwischen *Serapias bergonii* und *Serapias parviflora* beschrieben. Er beschreibt die Pflanzen wie folgt: "Pflanzen fein gebaut, in der Tracht einer *parviflora* ähnlich (nicht der var. *eu-parviflora* oder var. *laxiflora*); Ähre locker und wenig-blütig; Blüten klein; Hypochil ziemlich in der Perigonhülle versteckt; Epichil lang, sehr schmal (13 mm lang, 4-5 mm breit), mit langer, oft etwas gedrehter Spitze. Konnektiv ca. 2 mm lang. In der Flora von Korfu (Umgebung der Stadt), spät-blühend (Anfang Juni)".

Die Bestimmung von *Serapias politisii* hat oft zu Fehlbestimmungen geführt. Sie wurde vielfach als *Serapias parviflora* angesehen.

Nach Beobachtungen von RÜCKBRODT (briefl. Mittlg., 1997) und des Verfassers sind die Pflanzen in der Türkei allogam, weshalb sie auch nicht *Serapias parviflora* zuzuordnen sind.

Aus dem kleinblütigen Segment von *Serapias bergonii* wurden von verschiedenen Autoren weitere eigenständige Taxa beschrieben, wie *Serapias hellenica* RENZ und *Serapias aphroditae* P. DELFORGE, die einander nach GÖLZ & REINHARD (1994b) offensichtlich ausgesprochen nahestehen. Bei BAUMANN & KÜNKELE (1989) wird *Serapias hellenica* als Synonym zu *Serapias bergonii* gestellt.

Wie oben schon erwähnt, gibt JANSEN (briefl. Mittlg., 1996) aus dem Gebiet zwischen Kumluca und Antalya für mehrere Standorte *Serapias parviflora* an, die in den weitläufigen Kiefernwäldern zahlreich vorkommt. Diese Pflanzen, die auch auf einem Friedhof bei Kadıköy (Muğla) wachsen und außerdem auch im Ausgrabungsgelände von Milet (Muğla) vorkommen, gehören zu *Serapias politisii*. Die Pflanzen sind ziemlich klein und ihre Blüten nehmen eine intermediäre Form zwischen *Serapias bergonii* und *Serapias parviflora* ein. Besonders das Epichil ist sehr klein und kurz und erinnert stark an *Serapias parviflora*. In dieser Umgebung kommt auch *Serapias bergonii* in größeren Populationen vor.

Söğütköy (Muğla), 10.4.1997, C. A. J. KREUTZ

PROBLEMATIK

Es kommen auch Übergangspopulationen zwischen *Serapias politisii* und *Serapias bergonii* vor, die manchmal schwierig von *Serapias bergonii*, beziehungsweise von *Serapias politisii* zu unterscheiden sind.

HYBRIDEN

Nicht nachgewiesen.

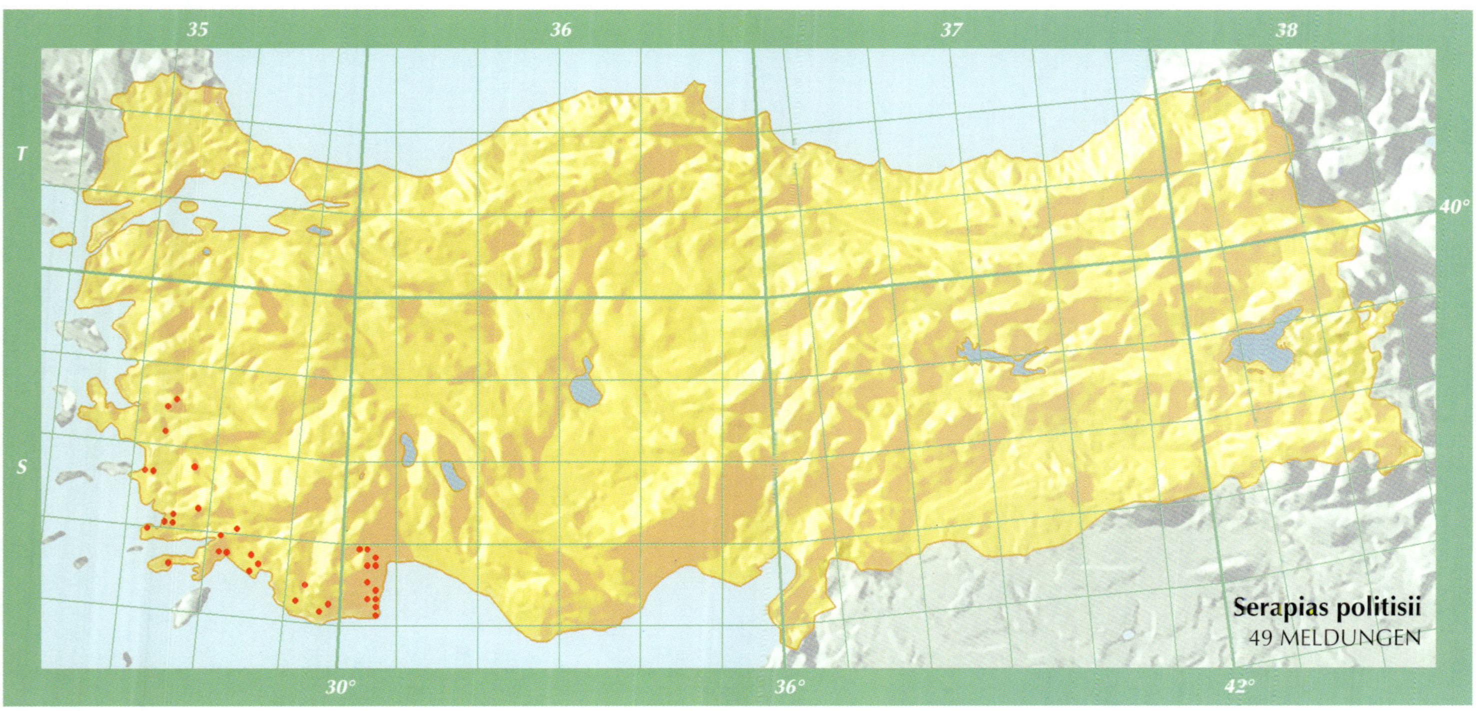

142. Serapias cordigera L.

Herzförmiger Zungenständel

(Spec. Plant. ed. 2,2: 1345, 1763)

SYNONYME

Serapias ovalis L. C. M. Richard

BESCHREIBUNG

Kräftige, mittelgroße Pflanze. Stengel relativ kräftig und dünn, (hell)grün, im Bereich des Blütenstandes meist rötlich überlaufen. Laubblätter lanzettlich bis breit-lanzettlich, die Blattscheiden im unteren Teil oft rotbraun gestreift bis dicht gefleckt, grün bis gelblichgrün gefärbt, schräg aufrecht bis überhängend, rinnig, die oberen in brakteenartige Laubblätter übergehend und violett überlaufen. Blütenstand ziemlich dicht, kurz, eiförmig, meist wenigblütig, gewöhnlich bis zu 10 cm lang und mit 2 bis 10 Blüten. Blüten groß, dunkelrötlichbraun bis schwarzpurpurn. Brakteen eiförmig-lanzettlich bis elliptisch, meist kürzer als oder so lang wie die Blüten, vielnervig, hellrotviolett bis violett gefärbt. Perigonblätter lanzettlich, zugespitzt, genervt, helmförmig zusammenneigend, außen hellgraulila, innen dunkler gefärbt, waagrecht bis leicht schräg aufwärts gerichtet. Lippe zweigliedrig, am Grunde mit zwei schwärzlichen trapezförmigen, auseinanderlaufenden Schwielen. Hypochil am Grunde herzförmig, die Seitenlappen aufgerichtet und wenig aus dem Sepalhelm hervortretend, dunkelrotbraun gefärbt. Epichil herzförmig, dunkel- bis schwarzrot, an den Rändern oft gewellt, stark behaart, meist abwärts oder leicht rückwärts gerichtet. Die Ränder der Hinterlippe überlappen im ausgebreiteten Zustand den oberen Rand der Vorderlippe.

ABGRENZUNG ZU ÄHNLICHEN ARTEN

Serapias cordigera kann mit *Serapias orientalis* subsp. *carica*, *Serapias feldwegiana* oder *Serapias levantina* verwechselt werden. *Serapias cordigera* ist morphologisch von diesen Arten durch ihren ziemlich dichten und kurzen Blütenstand und die großen, rötlichbraunen bis schwarzpurpurn gefärbten Blüten gut zu unterscheiden. Außerdem sind *Serapias feldwegiana* und *Serapias levantina* geografisch von *Serapias cordigera* und *Serapias orientalis* subsp. *carica* getrennt.

STANDORT

Serapias cordigera besiedelt kurzrasige Wiesenflächen, Phrygana, Macchien und Ödland, selten in lichten Kiefern- und Eichenwäldern; an mäßig feuchten bis trockenen Stellen auf kalkhaltigen bis basischen Böden.

BLÜTEZEIT

Anfang April bis Ende Mai.

HÖHENVERBREITUNG

Vom Meereshöhe bis etwa 400 m.

GESAMTVERBREITUNG

Den westlichen und mittleren mediterranen Raum umfassend. Gölz & Reinhard (1989a) berichten von einem Fund auf der Insel Lesbos (Ostägäis). Außerdem in der Westtürkei.

VERBREITUNG IN DER TÜRKEI

Umgebung von İstanbul und im Südwesten des Landes (von Datça bis Fethiye). Möglicherweise auch im Bereich des Marmara-Meeres (siehe bei Problematik). Diese westlichen Vorkommen sind aber noch zu überprüfen.

NOTIZEN ZU EINIGEN FUNDORTEN

Standorte von *Serapias cordigera* waren lange Zeit nur vom Nordwesten des Landes (Provinzen İstanbul und Kocaeli) bekannt. So berichten Rückbrodt & Hansen (1992) von einem Standort nordöstlich von İstanbul, wo sie an der Küste in der Umgebung von Sile in der Macchia wächst, zusammen mit *Anacamptis pyramidalis, Ophrys apifera, Ophrys bombyliflora, Ophrys oestrifera, Orchis fragrans* und *Platanthera chlorantha*. Auch Gügel & Neumayr (Fundliste 1985) haben diese Art dort an einer Feuchtstelle gefunden, zusammen mit *Serapias bergonii*. Blütezeit etwa Mitte bis Ende Mai.

Serapias cordigera ist auf der Resadiye Halbinsel ziemlich verbreitet. Vöth berichtet 1969 von zwei Funden aus der Umgebung von Marmaris (Muğla). Er wies die Art an einem Fußweg südöstlich der Stadt und auf dem Weg von Marmaris nach Datça nach (Sundermann & Taubenheim (1981a). Auch Sundermann (1969b, 1972b) soll in der Umgebung von Marmaris einige Exemplare gefunden haben, die er als Neufund für die Türkei meldete. Renz & Taubenheim (1984) haben diese Funde in die 'Flora of Turkey' aufgenommen.

Hertel (briefl. Mittlg., 1996) berichtet von aktuellen Standorten in der Südwesttürkei, nämlich von zwei Stellen an der Straße von Marmaris nach Datça (Muğla), wo sie in lockerem Kiefernwald und in grasiger Phrygana in einigen hundert Exemplaren vorkommt und von einem Kiefernwald nordwestlich von Fethiye (Muğla). Diese Angaben konnten 1996 überprüft werden und es stellte sich heraus, daß diese Pflanzen einwandfrei zu *Serapias cordigera* zu stellen sind. Der Standort an der Straße von Marmaris nach Datça ist ein Südhang, an dem viele Pflanzen an grasigen Stellen in der Phrygana und am Rande eines Kiefernwaldes mit Unterwuchs Mitte April zur Blüte kommen. Rückbrodt (Fundliste 1996) hat *Serapias cordigera* ebenfalls an dieser Straße gefunden, nämlich bei Emecik.

Linker (Fundliste 1995) fand *Serapias cordigera* an weiteren Stellen an der Straße Datça - Marmaris (Muğla), sowie auf dem Yuvacık Friedhof bei Marmaris. Ferner hat er diese Pflanzen in einem Kiefernwald entlang der Straße von Marmaris nach İçmeler, zusammen mit einer weißblühenden *Limodorum abortivum* gefunden und an der Straße Marmaris - Ortaca auf der Höhe von Köyceğiz. Linker hat diese Pflanzen damals als '*Serapias orientalis*-herzlippige Art' bestimmt aber seine fotografischen Belege zeigen eindeutig *Serapias cordigera*. In einem lockeren Kiefernwald an der Straße von Marmaris nach Datça, an der Abzweig nach Hisarönu (Muğla)

◄ **Degirmenyani (Muğla), 7.4.1996,** C. A. J. Kreutz

Datça (Muğla), 9.4.1997, C. A. J. Kreutz

Günlükbaşı (Muğla), 8.4.1996, C. A. J. Kreutz

Degirmenyani (Muğla), 7.4.1996, C. A. J. Kreutz

Sile (İstanbul), 25.5.1985, E. Gügel

Günlükbaşı (Muğla), 8.4.1996, C. A. J. Kreutz

wurde 1997 eine weitere Fundstelle von *Serapias cordigera* gefunden. An diesem Standort war auch *Serapias bergonii* vorhanden, sowie Hybriden beider Sippen. SCHÖNFELDER (Fundliste, 1997) konnte sie an weiteren Stellen, auch ganz im Westen bei Knidos, nachweisen. Mit Sicherheit sind weitere Standorte an der Straße Marmaris - Datça zu finden.

Einige Kilometer westlich Fethiye (Muğla) wurde auch der zweite Standort von HERTEL bestätigt. In einem Kiefernwald mit lichter Phrygana mit westlicher Exposition wurden Mitte April 1996 viele aufblühende Pflanzen gefunden, unter ihnen auch einige weißblühende Exemplare. An beiden Fundstellen bildet *Serapias cordigera* sehr typische Bestände, die nicht von den westmediterranen Populationen zu unterscheiden sind.

BEMERKUNGEN

Serapias cordigera wurde mehrmals für die Türkei nachgewiesen. So gibt es zahlreiche Hinweise in der Literatur über das Vorkommen der Sippe in der Nordwesttürkei (Marmara-Region: Thrakien und İstanbul), wobei aber auch viele Belege nicht einwandfrei als *Serapias cordigera* bestimmt werden konnten. So schreiben SUNDERMANN & TAUBENHEIM (1981a): "Nur wenige Belege, die glaubhaft sind oder wo wir das entsprechende Material gesehen haben, konnten übernommen werden". Aufnahmen von TAUBENHEIM aus der Umgebung von İstanbul, die sich auf diese Populationen beziehen, zeigen sehr reichblütige und hochwüchsige Pflanzen mit mittelgroßen Blüten. Diese Pflanzen stehen *Serapias cordigera* zwar nahe, unterscheiden sich aber deutlich durch die kleineren Blüten und den Blütenstand, der fast die Hälfte der gesamten Pflanze einnimmt (TAUBENHEIM, Diaarchiv).

Auch NELSON (1968) hat für die Nordwesttürkei (İstanbul) ein Vorkommen von *Serapias cordigera* angegeben. Die Pflanze wird auf tab. 9, fig. 3 abgebildet. BAUMANN & KÜNKELE (1989) widersprechen dieser Aussage, weil die zugehörigen Blütenanalysen (l.c.: tab. 33, fig. 82-84) nicht mit denen typischer *Serapias cordigera* übereinstimmen.

Bei GÖLZ & REINHARD (1981) gibt es eine Angabe von *Serapias cordigera*, die TOZER auf dem Festland (Aydın) gegenüber Samos gesammelt hat. Diese Fundstelle wurde nicht auf der Verbreitungskarte eingezeichnet, da diese Pflanzen vermutlich *Serapias orientalis* subsp. *carica* angehören.

RÜCKBRODT & HANSEN (1992) berichten von einem Fotobeleg von GÜGEL, der eine Pflanze mit den Merkmalen von *Serapias cordigera* zeigt. Leider erwähnen sie nicht woher dieses Foto stammt.

Degirmenyani (Muğla), 7.4.1996, C. A. J. KREUTZ

PROBLEMATIK

HIRTH & SPAETH (1994) haben von der ostägäischen Insel Patmos *Serapias patmia* beschrieben. Es handelt sich hier um kleine Pflanzen, die *Serapias cordigera* sehr nahestehen. Es bleibt zu überprüfen ob *Serapias patmia* eine gute Art ist und ob sie auch in der Südwesttürkei vorkommt.

HYBRIDEN

Mit *Serapias bergonii*.

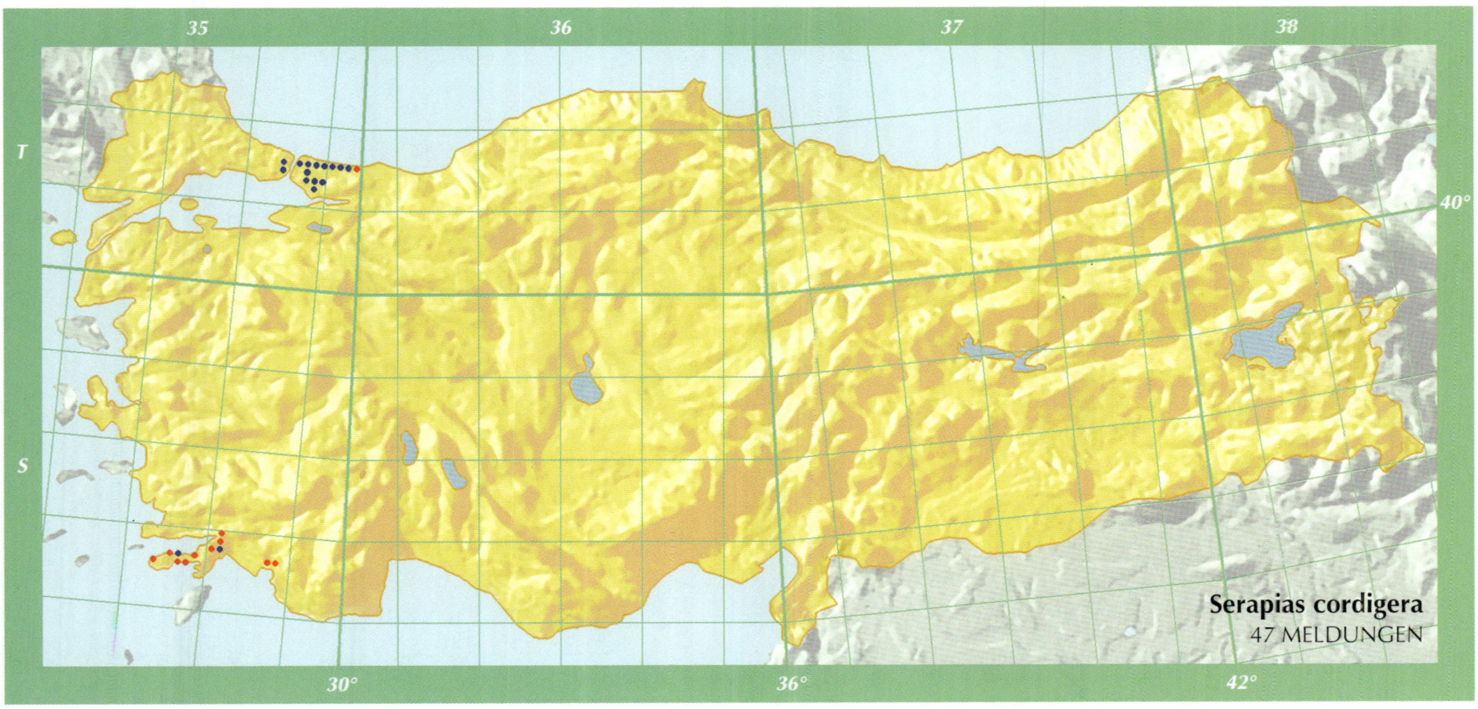

143 Serapias feldwegiana

H. BAUMANN & KÜNKELE

Feldwegs Zungenständel

(Mitt. Bl. Arbeitskr. Heim. Orch. Baden-Württ. 21 (3): 760, 1989)

BESCHREIBUNG

Kräftige, mittelgroße Pflanze. Stengel aufrecht, hellgrün, im Bereich des Blütenstandes rötlich überlaufen. Laubblätter lanzettlich bis breit-lanzettlich, am Grunde rosettig gehäuft, (hell)grün gefärbt, schräg aufrecht bis abstehend; die oberen Laubblätter scheidenförmig und den Beginn des Blütenstandes gerade erreichend. Blütenstand kurz bis stark verlängert oder eiförmig, gewöhnlich 10 bis 15 cm lang, gedrängt, arm- bis reichblütig, mit 3 bis 15 ziemlich locker angeordneten Blüten; diese groß, rötlichbraun bis dunkelrot. Brakteen oval, die unteren die Blüten deutlich überragend, die oberen nur wenig länger als die Blüten, grünlichrotbraun bis dunkelbraun. Perigonblätter lanzettlich, zugespitzt, vielnervig, helmförmig zusammenneigend, außen hellviolett, entlang den Nerven dunkelviolett, waagrecht oder schräg aufwärts gerichtet. Lippe zweigliedrig, an der Lippenbasis mit zwei Schwielen, deren Ränder nach unten divergieren. Hypochil nierenförmig, die Seitenlappen kaum aus dem Sepalhelm hervortretend, dunkelviolett. Epichil eiförmig, dunkelrot gefärbt, in der Mitte mit zahlreichen gelblichen Haaren besetzt.

ABGRENZUNG ZU ÄHNLICHEN ARTEN

Serapias feldwegiana hat einige Merkmale mit *Serapias orientalis* subsp. *carica* gemein, unterscheidet sich jedoch von dieser durch die stark verlängerte Infloreszenz (oft mehr als 10-blütige Ähre), wobei das oberste Stengelblatt den Blütenstand erreicht. Im Vergleich zu *Serapias orientalis* subsp. *carica* überragen die unteren Tragblätter deutlich die Blüten, die oberen sind nur wenig länger als die Blüten. Die Vorderlippe von *Serapias feldwegiana* ist eiförmig und dunkelrot gefärbt, die Seitenlappen der Hinterlippe treten kaum aus dem Sepalhelm hervor.

STANDORT

Serapias feldwegiana bevorzugt mäßig feuchte, grasige, frische und kurzrasige Standorte, vielfach in nordexponierten Lagen. Außerdem in meeresnahen Naßwiesen, Haselnußkulturen, Feuchtwiesen, auf montanen staudenreichen Mähwiesen, seltener in Phrygana, Macchien und in lichten Kiefernwäldern; auf neutralen bis basischen Böden.

BLÜTEZEIT

Mitte Mai bis Mitte Juli.

HÖHENVERBREITUNG

Von der Ebene bis etwa 1.000 m im nordöstlichen Teil der Türkei.

GESAMTVERBREITUNG

Von der nordwestlichen Türkei (asiatischer Teil) bis in die westkaukasische Provinz Abchasien im Osten. Auch im West-Transkaukasien (RÜCKBRODT et al., 1997).

VERBREITUNG IN DER TÜRKEI

Das Areal erstreckt sich in einem relativ schmalen Randstreifen entlang der Schwarzmeerküste von Bolu im Westen bis in die Provinz Artvin im Osten.

NOTIZEN ZU EINIGEN FUNDORTEN

Entlang der Schwarzmeerküste ist *Serapias feldwegiana* stellenweise häufig.

Im mittleren Schwarmeergebiet bildet *Serapias feldwegiana* des öfteren Massenpopulationen. Vor allem in der weiteren Umgebung von Abana (Kastamonu) bildet sie an vielen Stellen größere Populationen. Ein schöner Standort von *Serapias feldwegiana* wurde östlich İnebolu (Kastamonu) gefunden. Viele Pflanzen wachsen hier in aufgelassenen Weinbergen, zusammen mit *Cephalanthera damasonium, Cephalanthera epipactoides, Ophrys oestrifera, Orchis fragrans, Orchis purpurea, Orchis tridentata* und *Spiranthes spiralis*. Die Exemplare sind hier besonders kräftig und dunkelrot gefärbt. SCHÖNFELDER (Fundliste 1997) fand die Art auch östlich von İnebolu (Kastamonu) an einem Massenstandort direkt am Meer, hier zusammen mit *Anacamptis pyramidalis, Ophrys apifera* und *Ophrys oestrifera*. Leider waren an diesem Standort viele Pflanzen ausgegraben. Auch in den Provinzen Sinop und Samsun kommt die Art reichlich vor. Am Standort von *Orchis papilionacea* subsp. *papilionacea* an der Straße Samsun - Asarcık bei Sarıbıyık wachsen in einer Haselnußplantage einige Exemplare. Sie blühen hier Ende Mai/Anfang Juni.

In der Provinz Ordu ist *Serapias feldwegiana* nicht selten und bildet hier zum Teil große Populationen. An der Straße von Ünye nach Akkuş befinden sich viele Fundstellen. Ein reichhaltiger Standort befindet sich etwa 2 km südwestlich Ünye. In einer Haselnußplantage wachsen hier einige tausend Exemplare. Die Pflanzen sind sehr kräftig und vielblütig. Am gleichen Standort kommt auch *Orchis laxiflora* vor. Hybriden zwischen beiden Arten wurden nicht gefunden. Bei Caybaşı kommt sie auch vielfach in den weitläufigen Haselnußkulturen vor, hier zusammen mit *Anacamptis pyramidalis*. Auch in den Haselnußpflanzungen an der Küstenstraße Samsun - Ordu ist sie stellenweise häufig, hier öfter mit *Listera ovata, Ophrys apifera* und *Platanthera bifolia* vergesellschaftet. Die Pflanzen werden in den Haselnußplantagen stellenweise ausgegraben oder von Rindern abgefressen.

Im Değirmental, südlich Maçka (Trabzon), ist *Serapias feldwegiana* sehr selten. In diesem Gebiet, wo sich sehr viele Haselnußpflanzungen und Kalkmagerrasen befinden, blühen Mitte Mai nur wenige Exemplare. Oft wird sie dort von *Cephalanthera damasonium, Cephalanthera longifolia, Listera ovata, Ophrys caucasica, Ophrys oestrifera* und *Orchis tridentata* begleitet. Auch wächst sie bei İkizdere (Rize) in einem Quellhang, zusammen mit *Dactylorhiza saccifera* und *Dactylorhiza urvilleana*. Der vermutlich östlichste türkische Standort wurde vom Verfasser 1996 südlich Murgul (Artvin) am Gül Dağı nachgewiesen. Der Standort ist eine sehr steile südostexponierte Feuchtwiese, in der neben *Serapias feldwegiana* viele hundert Exemplare von *Dactylorhiza urvilleana* vorkommen.

BEMERKUNGEN

BAUMANN & KÜNKELE (1989) haben in ihrer taxonomischen Übersicht der Gattung *Serapias* die Situation in Kleinasien weitgehend beschrieben und aus arealökologischen Gründen einige Sippen abgetrennt. Vor allem bei den großblütigen Sippen bestanden Lücken, was sowohl die Taxonomie als auch die Verbreitung betrifft.

Serapias feldwegiana kommt im größten Teil des Verbreitungsgebietes als alleiniger Vertreter der Gattung *Serapias* vor und nur im äußersten Westen kommt als zweiter Vertreter *Serapias bergonii* hinzu (BAUMANN & KÜNKELE, 1989).

Bei SUNDERMANN & TAUBENHEIM (1981a) wird *Serapias feldwegiana* als *Serapias cordigera* subsp. *orientalis* (*Serapias orientalis*) aufgeführt und bei RENZ & TAUBENHEIM (1984) als *Serapias vomeracea* subsp. *orientalis* (*Serapias orientalis*). In diesen beiden Veröffentlichungen werden Fundortangaben aus der Umgebung von İstanbul, von der Schwarzmeerküste, der Südwesttürkei (İzmir und Muğla) und aus der Provinz Hatay aufgelistet. Die Angaben aus der Umgebung von İstanbul beziehen sich vermutlich auf *Serapias cordigera*. Nach BAUMANN & KÜNKELE (1989) beziehen sich die Angaben der mittleren und östlichen Schwarzmeerküste auf *Serapias feldwegiana*. Die Angaben aus der Südwesttürkei ge-

◄ **Abana (Kastamonu), 18.5.1996,** C. A. J. KREUTZ

Abana (Kastamonu), 18.5.1996, C. A. J. Kreutz

Mataracı (Trabzon), 19.5.1996, C. A. J. Kreutz

Murgul (Artvin), 24.6.1996, C. A. J. Kreutz

Abana (Kastamonu), 18.5.1996, C. A. J. Kreutz

Ünye (Ordu), 30.5.1997, C. A. J. Kreutz

Abana (Kastamonu), 18.5.1996, C. A. J. Kreutz

hören entweder zu *Serapias cordigera* oder zu *Serapias orientalis* subsp. *carica*; *Serapias orientalis* subsp. *carica* ersetzt hier die im ostmediterranen Mittelmeergebiet vorkommende *Serapias orientalis* subsp. *orientalis*. Die Angaben aus der Provinz Hatay beziehen sich auf *Serapias levantina*, die 1989 (Baumann & Künkele 1989) von *Serapias orientalis* abgetrennt wurde.

Sundermann & Taubenheim (1981a) berichten von Abgrenzungsschwierigkeiten, insbesondere in den westlichen Schwarzmeerprovinzen, wo häufig Pflanzen mit beträchtlich verlängerter und reichblütiger Infloreszenz vorkommen und sich möglicherweise Einflüsse von *Serapias bergonii* (*Serapias vomeracea* subsp. *laxiflora*) und *Serapias vomeracea* erkennen lassen. Diese Merkmale gehören aber zum typischen Erscheinungsbild von *Serapias feldwegiana*.

HYBRIDEN

Mit *Orchis laxiflora*.

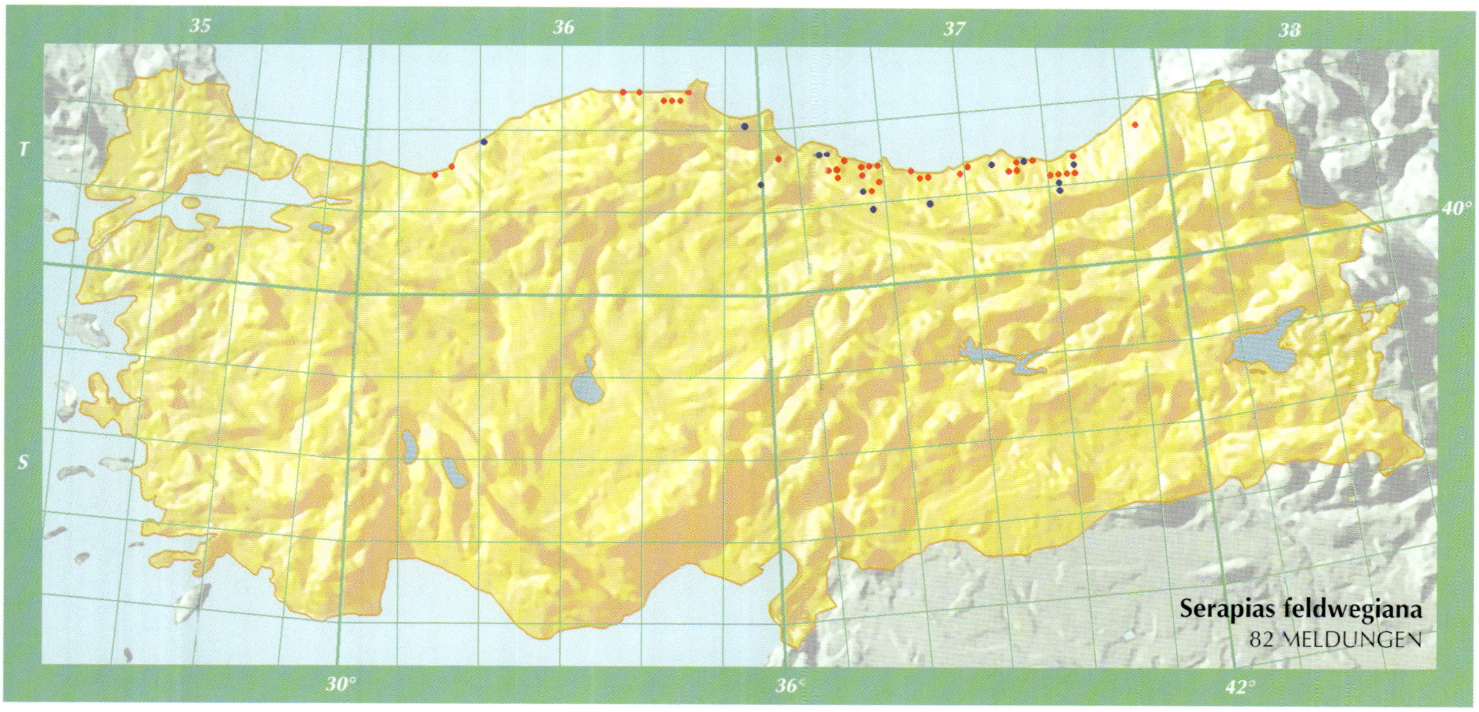

Serapias feldwegiana
82 MELDUNGEN

144 Serapias levantina

H. BAUMANN & KÜNKELE

Levante-Zungenständel

(Mitt. Bl. Arbeitskr. Heim. Orch. Baden-Württ. 21 (3): 766, 1989)

BESCHREIBUNG

Kräftige, mittel- bis hochwüchsige Pflanze. Stengel hellgrün, im Bereich des Blütenstandes rötlich überlaufen. Laubblätter lanzettlich bis breit-lanzettlich, lang zugespitzt, am Grunde rosettig gehäuft, (hell)grün gefärbt, schräg aufrecht bis abstehend; die oberen Laubblätter scheidenförmig und den Beginn des Blütenstandes nicht erreichend. Blütenstand relativ kurz oder verlängert, gewöhnlich bis zu 15 cm lang, arm- bis reichblütig, mit 3 bis 14 ziemlich locker angeordneten Blüten; diese groß, dunkelbraun bis rötlichbraun. Brakteen lanzettlich bis breit-lanzettlich, vielnervig, rötlichbraun, die unteren Tragblätter deutlich die Blüten überragend. Perigonblätter lanzettlich, zugespitzt, genervt, helmförmig zusammenneigend, außen hellviolett, entlang der Nerven dunkelviolett, waagrecht oder schräg aufwärts gerichtet. Lippe zweigliedrig, am Grunde mit zwei Schwielen, deren Ränder nach unten divergieren. Hypochil herzförmig, die Seitenlappen kaum aus dem Sepalhelm hervortretend, braunrot gefärbt. Epichil schmal-lanzettlich bis eiförmig, dunkelrot, im Zentrum mit zahlreichen violetten Haaren besetzt.

ABGRENZUNG ZU ÄHNLICHEN ARTEN

Nahe verwandt mit *Serapias feldwegiana*. *Serapias feldwegiana* ist aber deutlich von *Serapias levantina* zu unterscheiden durch die größere Blattzahl, breitere Grundblätter, ein längeres oberstes Stengelblatt, das den Beginn des Blütenstandes deutlich überragt, einen kürzeren, aber reichblütigeren Blütenstand, breitere Sepalen und Petalen und eine kürzere und schmalere Vorderlippe (BAUMANN & KÜNKELE, 1989).

STANDORT

Serapias levantina besiedelt lichte Kiefernwälder, Macchien, Phrygana und feuchte Wiesen; auf basischen oder kalkhaltigen Böden.

BLÜTEZEIT

Mitte April bis Anfang Juni.

HÖHENVERBREITUNG

Von Meereshöhe bis etwa 600 m.

GESAMTVERBREITUNG

Von der mittleren Südtürkei über Syrien und Libanon bis nach Israel. In Israel bildet *Serapias levantina* in der Umgebung von Binyamina und im Nahal Poleg Naturschutzgebiet im Norden, beziehungsweise in der Mitte des Landes Massenbestände, wo sie zusammen mit *Orchis dinsmorei* und *Ophrys flavomarginata* (RENZ) H. BAUMANN & KÜNKELE vorkommt (KREUTZ, 1993a).

VERBREITUNG IN DER TÜRKEI

Nach dem derzeitigen Kenntnisstand vor allem in der mittleren Südtürkei in der Provinz Hatay. Außerdem isolierte Vorkommen nördlich Diyarbakır.

NOTIZEN ZU EINIGEN FUNDORTEN

Die westlichsten Vorkommen dieser Art liegen in der Provinz Hatay, wo sie südlich Antakya nicht selten ist. GÜGEL & ZAISS (Fundliste 1995) berichten über reiche Vorkommen an der Straße Antakya - Samandağı und entlang der Straße Antakya - Reyhanlı.

Viele Standorte befinden sich entlang der Straße von Antakya nach Senköy (Hatay). Einen schönen Biotop gab es bei Yayladagi, unmittelbar an der syrischen Grenze. Hier wuchs *Serapias levantina* in Massenbeständen auf einer ziemlich großen Feuchtwiese und in lichten Kiefernwäldern, zusammen mit *Cephalanthera longifolia, Epipactis helleborine, Limodorum*

◀ Yayladağı (Hatay), 11.5.1988, C. A. J. KREUTZ

Yayladağı (Hatay), 22.5.1995, C. A. J. KREUTZ

Yayladağı (Hatay), 11.5.1988, C. A. J. Kreutz

Yayladağı (Hatay), 22.5.1995, C. A. J. Kreutz

abortivum und *Limodorum abortivum* var. *rubrum*. Während eines Besuchs 1997 stellte sich leider heraus, daß diese reiche Fundstelle umgeackert war. Es konnten nur noch wenige Pflanzen festgestellt werden.

BEMERKUNGEN

Serapias levantina weist Merkmale einer Übergangsform zwischen *Serapias vomeracea* und *Serapias orientalis* subsp. *carica* auf. Auch nach Delforge (1994) ist *Serapias levantina* wahrscheinlich eine intermediäre Sippe zwischen *Serapias orientalis* und *Serapias vomeracea*. Sie wurde 1989 von Baumann & Künkele von *Serapias orientalis* abgetrennt. Beide Arten, *Serapias vomeracea* und *Serapias orientalis* subsp. *carica*, sowie *Serapias orientalis* subsp. *orientalis*, kommen aber im Verbreitungsgebiet von *Serapias levantina* nicht vor.

Nach Gölz & Reinhard (1994b) ist die Abtrennung von *Serapias levantina* von *Serapias orientalis* vertretbar, aber nicht nötig, keinesfalls zwingend.

Bei Sundermann & Taubenheim (1981b) und Renz & Taubenheim (1984) wurde *Serapias levantina* zu *Serapias cordigera* subsp. *orientalis* (*Serapias orientalis*), beziehungsweise zu *Serapias vomeracea* subsp. *orientalis* (*Serapias orientalis*) gestellt.

PROBLEMATIK

Nach Sundermann & Taubenheim (1981b) entsprechen die Exemplare aus der Gegend nördlich von Diyarbakır im Südosten der Türkei in einigen Merkmalen *Serapias bergonii* und stellen möglicherweise ein eigenes Taxon dar. Sie sind auf der Verbreitungskarte als *Serapias levantina* aufgenommen, weil die Pflanzen dieser Art am nächsten stehen. Es bedarf weiterer Untersuchungen, um den endgültigen Status dieser Pflanzen festzustellen. Bei Rückbrodt & Hansen (1992) wurden sie als *Serapias vomeracea* subsp. *orientalis* in die Verbreitungskarten aufgenommen. Ebbens (Fundliste 1988) bestimmte diese Pflanzen als *Serapias vomeracea* subsp. *vomeracea*, andere Exemplare in der gleichen Population als *Serapias vomeracea* subsp. *orientalis*. Schließlich haben Kretzschmar, Gembardt & Baumgartner (Fundliste 1988) diese Pflanzen als *Serapias vomeracea* subsp. *orientalis* bestimmt.

HYBRIDEN

Nicht nachgewiesen.

Yayladağı (Hatay), 11.5.1988, C. A. J. Kreutz

Yayladağı (Hatay), 11.5.1988, C. A. J. Kreutz

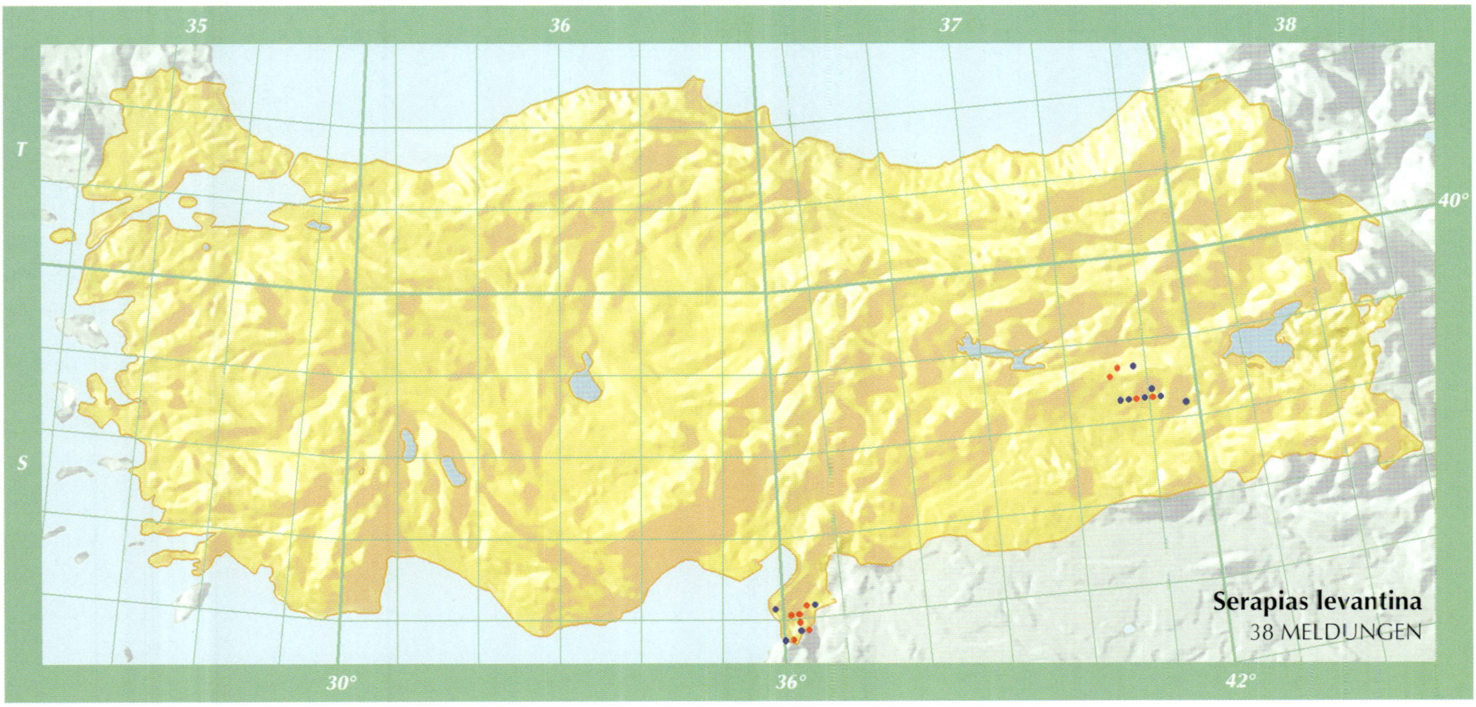

145 Serapias orientalis (Greuter) H. Baumann & Künkele subsp. carica H. Baumann & Künkele

Karien-Zungenständel

(Mitt. Bl. Arbeitskr. Heim. Orch. Baden-Württ. 21 (3): 782-783, 1989)

SYNONYM

Serapias carica (H. Baumann & Künkele) P. Delforge

BESCHREIBUNG

Kräftige, ziemlich niedrige Pflanze. Stengel relativ kräftig und dick, hellgrün, im Bereich des Blütenstandes rötlich überlaufen. Laubblätter lanzettlich bis breit-lanzettlich, am Grunde rosettig gehäuft, (hell)grün gefärbt, schräg aufrecht bis abstehend; die oberen Laubblätter scheidenförmig und den Beginn des Blütenstandes deutlich überragend, rotviolett bis braunrot überlaufen. Blütenstand dicht, kurz, verlängert oder eiförmig, gedrängt, arm- bis ziemlich reichblütig, gewöhnlich bis zu 10 cm lang mit 3 bis 8 ziemlich dicht angeordneten Blüten; diese groß, rötlichbraun bis dunkelviolettrot. Brakteen lanzettlich bis breit-lanzettlich, kürzer als die Blüten, vielnervig, rötlichbraun, die unteren Tragblätter meist die Blüten überragend. Perigonblätter lanzettlich, zugespitzt, genervt, helmförmig zusammenneigend, außen hellviolett, entlang den Nerven dunkelrotviolett gefärbt, waagrecht oder steil bis schräg aufwärts gerichtet. Lippe zweigliedrig, am Grunde mit zwei Schwielen, deren Ränder nach unten divigieren. Hypochil deutlich aus dem Sepalhelm hervortretend, dunkelrotbraun, an den Rändern dunkelviolett. Epichil breit-lanzettlich bis eiförmig, zurückgekrümmt, dunkelviolettrot, im Zentrum hell behaart.

ABGRENZUNG ZU ÄHNLICHEN ARTEN

Serapias orientalis subsp. *carica* erinnert stark an *Serapias orientalis* subsp. *orientalis* und an *Serapias apulica* (H. Baumann & Künkele) Delforge. Die Pflanzen sind kräftig und haben einen dichten und kurzen oder verlängerten Blütenstand. Die Blüten sind groß und rötlichbraun bis dunkelviolettrot, wobei die unteren Tragblätter die Blüten meistens überragen. Die Hinterlippe (Hypochil) tritt deutlich aus dem Sepalhelm hervor. Die Vorderlippe (Epichil) ist breit-lanzettlich bis eiförmig und zurückgekrümmt.

An gemeinsamen Merkmalen mit *Serapias orientalis* subsp. *orientalis* sind hervorzuheben: frühe Blütezeit, große, bauchige Tragblätter und große Blütendimensionen mit breiten Petalen. Unterschiede bestehen jedoch in der dunkelroten Blütenfarbe von *Serapias orientalis* subsp. *carica*, die bei *Serapias orientalis* subsp. *orientalis* durchweg heller ist. Außerdem ist die Breite der Kronblätter bei *Serapias orientalis* subsp. *carica* geringer und die Vorderlippe ist deutlich breiter als bei *Serapias orientalis* subsp. *orientalis* (Baumann & Künkele, 1989).

STANDORT

Macchien, Phrygana, bevorzugt in Kalkmagerrasen und in Steinfluren, selten findet man sie in feuchten Wiesen und in lichten Kiefernwäldern; auf basischen oder kalkhaltigen Böden.

BLÜTEZEIT

Die Art blüht früh, von Ende März bis Ende April.

HÖHENVERBREITUNG

Von Meereshöhe bis etwa 400 m.

GESAMTVERBREITUNG

Es ist eine Art mit einem kleinen Areal in der Südwesttürkei, sowie den vorgelagerten Inseln Lesbos, Samos und Rhodos und den Kykladen.

VERBREITUNG IN DER TÜRKEI

Auf den Südwesten beschränkt, wo sie in einer schmalen Randzone von Ayvalık (Balıkesir) über der Halbinsel Çeşme (İzmir), Kuşadası (Aydın) und Bodrum bis Fethiye (Muğla) vorkommt. Es ist nicht ausgeschlossen, daß die Art weiter nördlich in der Ägäis-Region verbreitet ist.

NOTIZEN ZU EINIGEN FUNDORTEN

Hertel (briefl. Mittlg., 1996) berichtet von Standorten mit tausenden von Exemplaren auf der Insel Alibey Adaşı, nordwestlich Ayvalık (Balıkesir).

In den letzten Jahren wurde die Art an mehreren Stellen auf der Halbinsel Dilek (Milli Park) südöstlich Söke (Aydın) gefunden. In diesem Nationalpark bei Davutlar wächst *Serapias orientalis* subsp. *carica* in lockeren Kiefernwäldern und in grasigen, mäßig feuchten Wiesenflächen. Die Pflanzen sind hier kräftig und öfter von *Anacamptis pyramidalis*, *Ophrys umbilicata* und *Orchis anatolica* begleitet.

Weitere, aber schwach besetzte Stellen befinden sich am

◀ **Gündogan (Muğla), 8.4.1997,** C. A. J. Kreutz

Karaova (Muğla), 4.4.1996, C. A. J. Kreutz

Gündogan (Muğla), 8.4.1997, C. A. J. Kreutz

Gündogan (Muğla), 8.4.1997, C. A. J. Kreutz

Karaova (Muğla), 4.4.1996, C. A. J. Kreutz

Dilek (Aydın), 2.4.1996, C. A. J. Kreutz

Bafasee (Aydın) und auf der Halbinsel Çeşme (İzmir).
Viele Standorte liegen aber in der Provinz Muğla. In den ausgedehnten Kiefernwäldern, in Straßengräben, in Macchien und in der Phrygana, aber auch auf Friedhöfen findet man immer wieder einzelne Exemplare von *Serapias orientalis* subsp. *carica*, meist zusammen mit *Neotinea maculata, Orchis anatolica, Orchis tridentata* und sehr selten auch mit *Himantoglossum affine*. Weitere aktuelle Angaben aus dieser Provinz liegen vor aus der Umgebung von Eskihisar, wo sie in einem Kiefernwald, durchsetzt mit Eichengebüsch zusammen mit *Himantoglossum affine, Neotinea maculata, Orchis anatolica* und *Orchis tridentata* wächst und entlang der Straße Karaböğürtlen - Ula, wo *Serapias orientalis* subsp. *carica* an feuchten Stellen in einem Kiefernwald mit Unterwuchs, zusammen mit *Anacamptis pyramidalis, Cephalanthera epipactoides, Limodorum abortivum, Neotinea maculata, Orchis anatolica, Orchis morio* subsp. *picta, Orchis provincialis, Orchis simia* und *Serapias bergonii* vorkommt.
Westlich von Bodrum (Muğla) kommt *Serapias orientalis* subsp. *carica* reichlich vor. Zu nennen wären hier zwei Standorte, einer in der Umgebung von Gümüslük, der zweite bei Gündogan. An der Fundstelle bei Gümüslük wachsen mehr als tausend Exemplare in einer Feuchtwiese, durch die ein Bach fließt. Hier wachsen besonders kräftige Exemplare, die die typischen Merkmale dieser Art zeigen. Am zweiten Standort, der unweit der Fundstelle von *Ophrys lesbis* und *Ophrys homeri* liegt, wurden Anfang April etwa 400 blühende Pflanzen in einer kleinen Feuchtwiese gefunden. Diese Wiese ist wegen Bauaktivitäten stark gefährdet und wird wohl innerhalb eines Jahres verschwunden sein. Andere Orchideenarten wurden an beiden Standorten nicht gefunden.
Östlich Bodrum (Muğla), nämlich bei Güllük und bei Karaova, kommen in einem Kiefernwald weitere Exemplare vor, die dort von vielen anderen Orchideenarten begleitet sind.

BEMERKUNGEN

Serapias orientalis subsp. *carica* wurde 1989 von BAUMANN & KÜNKELE von *Serapias orientalis* abgetrennt. Nach GÖLZ & REINHARD (1994b) ist die Aufgliederung in die subsp. *orientalis* und subsp. *carica* überflüssig und sie haben dies auch ausführlich begründet. DELFORGE (1994) hat sie schließlich ohne Begründung in den Artrang erhoben.

Gümüslük (Muğla), 8.4.1997, C. A. J. KREUTZ

Bei SUNDERMANN & TAUBENHEIM (1981b) und RENZ & TAUBENHEIM (1984) wurde *Serapias orientalis* subsp. *carica* als *Serapias cordigera* subsp. *orientalis* (*Serapias orientalis*) beziehungsweise als *Serapias vomeracea* subsp. *orientalis* (*Serapias orientalis*) eingeordnet.

HYBRIDEN

Nicht nachgewiesen.

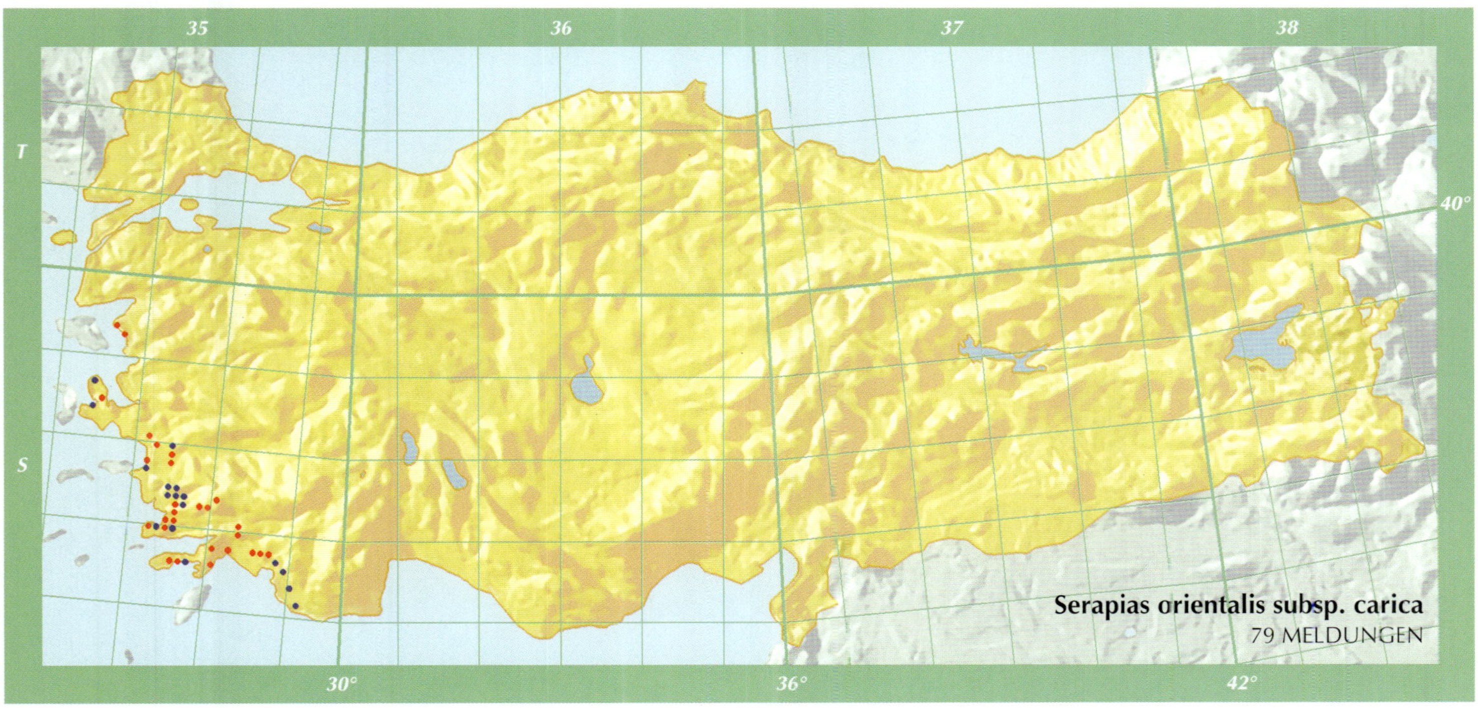

146

Spiranthes spiralis (L.) CHEVALLIER

Herbst-Drehwurz (Fl. Gén. Env. Paris 2: 330, 1827)

BASIONYM

Ophrys spiralis L. (Spec. Plant. 2: 945, 1753)

SYNONYM

Spiranthes autumnalis L. C. M. RICHARD

BESCHREIBUNG

Kleine, zierliche Pflanze, öfter in Gruppen von mehreren Exemplaren. Stengel weißlich drüsig behaart, im unteren Teil mit 3 bis 8 eiförmigen bis elliptischen, ungefleckten Laubblättern, die eine Grundrosette bilden. Die Rosette des nächsten Jahres wird während der Blütezeit direkt neben der diesjährigen Pflanze entwickelt und überwintert. Blütenstand ziemlich dicht, lang- und reichblütig. Blüten sehr klein, spiralförmig angeordnet, horizontal abstehend, überwiegend grünlichweiß bis weiß. Sepalen länglich-lanzettlich bis eiförmig-lanzettlich, die beiden seitlichen waagrecht abstehend, das mittlere mit den Petalen röhrig zusammenneigend. Petalen länglich-lanzettlich; alle Perigonblätter außen drüsig behaart. Lippe grünlichweiß bis gelblichgrün, innen (hell)grün, der Vorderteil an den Rändern gekerbt und nach unten gebogen, mit den beiden Petalen und dem mittleren Sepal eine Röhre bildend.

ABGRENZUNG ZU ÄHNLICHEN ARTEN

Unverwechselbar.

STANDORT

Magerrasen, lichte Kiefernwälder (bevorzugt an grasigen Stellen), Macchien und Phrygana und beweidetes Ödland; auf frischen, basischen bis leicht sauren Böden.

BLÜTEZEIT

September bis Anfang Oktober; die am letzten blühende Orchideenart in der Türkei.

HÖHENVERBREITUNG

Von der Ebene bis etwa 500 m.

GESAMTVERBREITUNG

Fast ganz Europa mit Ausnahme des Nordens, nördlich bis Nordirland, Zentralengland, Dänemark und Nordpolen. Auch in Nordafrika und Kleinasien; östlich bis zum Kaukasus und bis zum Nordiran; südlich bis zur Levante (auch auf Zypern).

VERBREITUNG IN DER TÜRKEI

Schwerpunktmäßig im Südwesten verbreitet, weiter in der Marmara-, Ägäis-, Mittelmeer- und Schwarzmeer-Region.

NOTIZEN ZU EINIGEN FUNDORTEN

Spiranthes spiralis ist vor allem in der Südwesttürkei weit verbreitet und stellenweise häufig. Im Frühjahr, wenn die meisten Botaniker unterwegs sind, werden die nichtblühenden Pflanzen an ihrer mittelgroßen Rosette erkannt; sie wachsen an moosigen, mäßig feuchten Stellen in der Phrygana oder in lockeren Kiefernwäldern.

Südlich Kuşadası (Aydın) sind viele Standorte von *Spiranthes spiralis* zu finden. Die Art wächst hier in lockeren Kiefernwäldern oft zusammen mit *Ophrys attaviria, Ophrys cinereophila, Ophrys heterochila, Ophrys holoserica, Ophrys mammosa, Orchis papilionacea* subsp. *heroica, Orchis sancta* und *Serapias bergonii*.

Stellenweise häufig kommt sie auch in der Umgebung von Bodrum und Karaova (Muğla) vor, wo viele Exemplare in den Gebüschen, in lichten Kiefernwäldern und auf Friedhöfen wachsen, zusammen mit vielen anderen Orchideenarten.

RÜCKBRODT (briefl. Mittlg., 1996) berichtet von mehreren Standorten an der Küstenstraße von Fethiye nach Kemer (Antalya),

◀ Olympos (Antalya), 13.9.1997, C. A. J. KREUTZ

Olympos (Antalya), 13.9.1997, C. A. J. KREUTZ

Olympos (Antalya), 13.9.1997, C. A. J. KREUTZ

Olympos (Antalya), 13.9.1997, C. A. J. Kreutz

Olympos (Antalya), 13.9.1997, C. A. J. Kreutz

wo sie in Ausgrabungsgeländen und an grasigen Stellen in lichten Kiefernwäldern vorkommt, hier begleitet von vielen anderen Arten, nämlich von *Limodorum abortivum, Neotinea maculata, Ophrys ferrum-equinum, Ophrys fusca* s. l., *Ophrys mammosa, Ophrys oestrifera, Ophrys sicula, Ophrys speculum, Orchis anatolica, Orchis fragrans, Orchis italica, Orchis papilionacea* subsp. *heroica, Orchis syriaca* und *Serapias bergonii*. Westlich Antalya in der Umgebung der Ausgrabungsstätte Olympos (Yenice) kommt *Spiranthes spiralis* zu Tausenden vor. Außerdem wachsen zahlreiche Exemplare auf zwei in der Umgebung liegenden alten Friedhöfen, die mit lichten Kiefernwäldern bestanden sind.

Die südöstlichsten Vorkommen liegen nördlich von Mersin (İçel) und im Ziyaretgebirge südlich Antakya in der Provinz Hatay (Gügel & Zaiss, Fundliste 1995).

Spiranthes spiralis wurde auch mehrmals in der Schwarzmeer-Region nachgewiesen, wie zum Beispiel an mehreren Stellen in Eichengestrüpp und in Kiefernwäldern in der Provinz Artvin (Zaiss & Gügel, Fundliste 1994) und 1996 östlich İnebolu (Kastamonu) in einem aufgelassenen Weinberg.

BEMERKUNGEN

Im Mittelmeerraum sind die Pflanzen überwiegend viel größer als in Mitteleuropa. Die Blütenstände erreichen oft eine Höhe von 40 cm mit mehreren Dutzend Blüten. Außerdem sind die Blüten größer und die beiden seitlichen Sepalen stehen meist waagrecht ab (Kreutz, 1994c). Die Pflanzen an den Standorten südlich von Antalya entsprechen in ihren Merkmalen größtenteils den mitteleuropäischen Pflanzen.

Die Art hat ein sehr schnelles Wachstum. Die Pflanzen blühen innerhalb drei Wochen, nachdem die Knospe über dem Boden erschienen ist.

HYBRIDEN

Nicht nachgewiesen.

Olympos (Antalya), 13.9.1997, C. A. J. Kreutz

Olympos (Antalya), 13.9.1997, C. A. J. Kreutz

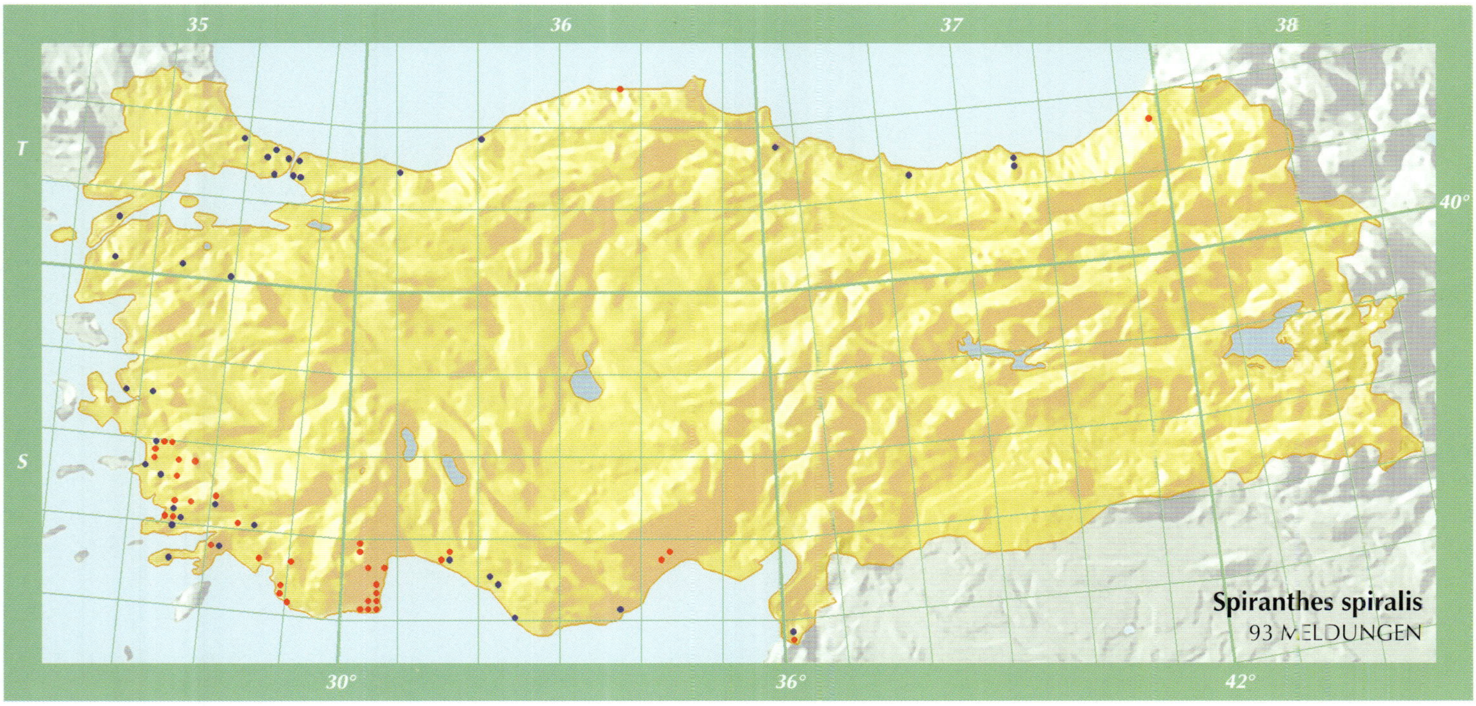

147 Steveniella satyrioides

(SPRENGEL) SCHLECHTER

Kappenwurz

(Feddes Repert. 15: 295, 1918)

BASIONYM

Himantoglossum satyrioides SPRENGEL (Syst. Veg., ed. 16, 3: 694, 1826)

SYNONYME

Orchis satyrioides STEVEN

BESCHREIBUNG

Pflanze mittelgroß, schlank, kräftig. Nur ein länglich-lanzettliches bis eiförmig-lanzettliches Laubblatt, schräg abstehend bis zurückgeschlagen, dunkelgrün, mehr oder weniger rot überlaufen, teilweise auch rot gestreift. Blütenstand zylindrisch, ziemlich dicht- und meist vielblütig. Blüten klein, schräg abstehend, die Lippe zurückgeschlagen. Perigonblätter helmförmig zusammenneigend, an der Außenseite rotbraun bis grünlichbraun gefärbt, innen (hell)grün bis gelblichgrün. Der Sepalhelm ist, bis auf die freien Spitzen, völlig verwachsen. Petalen lanzettlich, stark reduziert, mitunter sogar fehlend. Lippe tief dreilappig, flach ausgebreitet, die beiden Seitenlappen kürzer als der Mittellappen, olivgrün bis gelblich, an der Basis rotbraun. Sporn, konisch, am Ende deutlich zweigeteilt.

ABGRENZUNG ZU ÄHNLICHEN ARTEN

Sie ist leicht zu erkennen und nicht mit anderen Orchideenarten zu verwechseln.

STANDORT

Buschige Hänge, in und am Rande von lichten Nadel- und Laubwäldern, in Wegböschungen, grasigen und feuchten kurzwüchsigen Bergwiesen und in Haselnußkulturen; meist auf kalkreichen Böden.

BLÜTEZEIT

Mitte April bis Ende Mai, je nach Höhenlage.

HÖHENVERBREITUNG

Von der Ebene bis etwa 2.000 m.

GESAMTVERBREITUNG

Außerhalb der Türkei erstreckt sich das Verbreitungsgebiet von der Krim über den Kaukasus bis Nordiran.

VERBREITUNG IN DER TÜRKEI

Auf einen schmalen Streifen entlang der Schwarzmeerküste beschränkt. Der Verbreitungsschwerpunkt liegt im östlichen Pontusgebirge.

NOTIZEN ZU EINIGEN FUNDORTEN

Die Art ist entlang des gesamten Küstenbereiches äußerst selten, vielleicht mit Ausnahme von der Umgebung von Maçka südlich Trabzon. Dort wachsen große Populationen in Haselnußpflanzungen, manchmal mit bis zu mehreren hundert Exemplaren.

Die westlichsten Vorkommen befinden sich östlich İstanbul (Sakarya) und in der Umgebung des Abantsees (Bolu). *Steveniella satyrioides* wurde südöstlich Akyazı (Sakarya) in einem Laubmischwald bei Kuzuluk gefunden (FELDWEG, Fundortangaben).

Weiter östlich wächst *Steveniella satyrioides* an mehreren Standorten entlang der Auffahrt zum Abantsee (Bolu). Hier findet man am Rande von Nadel- und Buchenwäldern, aber auch an grasigen Stellen, etwa hundert Exemplare.

In der Umgebung von Araç (Kastamonu) ist sie zwar selten, doch immer wieder lassen sich vereinzelt Exemplare finden. So auch an einem wunderschönen Standort, etwa 16 km westlich Kastamonu, wo viele kräftige und vielblütige Pflanzen Mitte Mai in einem Magerrasen mit Eichengebüsch, Flaumeichen und Wacholdern wachsen, zusammen mit *Cephalanthera epipactoides, Epipactis helleborine, Orchis punctulata, Orchis purpurea, Orchis simia* und *Orchis tridentata.*

Im mittleren Pontusgebirge an der Straße Çayırkent - Kavak (Samsun) kommt *Steveniella satyrioides* oberhalb Sarıbıyık in einer großen, nordexponierter Haselnußplantage vor. Wegen der Höhen- und Hanglage liegt die Blütezeit hier relativ spät und zwar Mitte Mai. Am gleichen Standort kommen noch *Orchis purpurea, Orchis tridentata* und die sehr seltene *Orchis papilionacea* subsp. *papilionacea* vor.

Steveniella satyrioides wurde 1997 von SCHÖNFELDER (Fundliste, 1997) auch in mehreren Haselnußpflanzungen im Tal von Ordu - Gölköy (Ordu), sowie aus dem Gebiet Fatsa - Kocaman - Çvencik - Çamaş (Ordu) und in den Haselnußpflanzungen an der Straße Ünye - Akkuş (Ordu) gefunden.

Im Değirmental im östlichen Pontusgebirge (Trabzon) ist *Steveniella satyrioides* weit verbreitet und stellenweise häu-

◀ **Araç (Kastamonu), 17.5.1996,** C. A. J. KREUTZ

Maçka (Trabzon), 20.5.1988, C. A. J. KREUTZ

Araç (Kastamonu), 17.5.1996, C. A. J. Kreutz

Abant (Bolu), 27.5.1995, C. A. J. Kreutz

Maçka (Trabzon), 20.5.1988, C. A. J. Kreutz

Maçka (Trabzon), 29.5.1997, C. A. J. Kreutz

Araç (Kastamonu), 17.5.1996, C. A. J. KREUTZ

Araç (Kastamonu), 17.5.1996, C. A. J. KREUTZ

fig. Die meisten Standorte liegen hier an schattigen Stellen in Haselnußpflanzungen und in Gebüschrändern auf meist süd- bis westexponierten Kalkmagerrasen. Sehr oft ist sie von vielen anderen Orchideenarten begleitet. *Steveniella satyrioides* blüht in diesem Gebiet Mitte Mai.
Bei İkizdere, am Standort von *Dactylorhiza saccifera*, wurden 1996 mehrere Pflanzen gefunden (mündl. Mittlg. SCHÖNFELDER, 1996).

BEMERKUNGEN

Steveniella satyrioides gehört zu den schönsten aber auch zu den seltensten Orchideen Vorderasiens. Die Pflanze mit ihrem besonderen Habitus, wurde von vielen Autoren den verschiedensten Gattungen zugeordnet bis SCHLECHTER für sie 1918 eine eigene Gattung aufstellte (SCHLECHTER, 1918).

GEFÄHRDUNG.

Steveniella satyrioides ist südlich Maçka (Trabzon) besonders stark gefährdet und zählenmäßig katastrophal zurückgegangen. So wurden in den achtziger Jahren südlich Maçka in fast jeder Haselnußkultur viele blühende Pflanzen gefunden (KAJAN, et al., 1992). In den neunziger Jahren stellte sich leider heraus, daß viele Standorte dieser seltenen und außergewöhnlichen Art durch Düngung und Beweidung durch Schafe und Ziegen erloschen waren. Auch an anderen Standorten, zum Beispiel in feuchten Bergwiesen und in Mischwäldern nimmt die Zahl der blühenden Pflanzen rapide ab.

HYBRIDEN

Keine Nachweise bekannt.

Araç (Kastamonu), 17.5.1996, C. A. J. Kreutz

Maçka (Trabzon), 20.5.1988, C. A. J. Kreutz

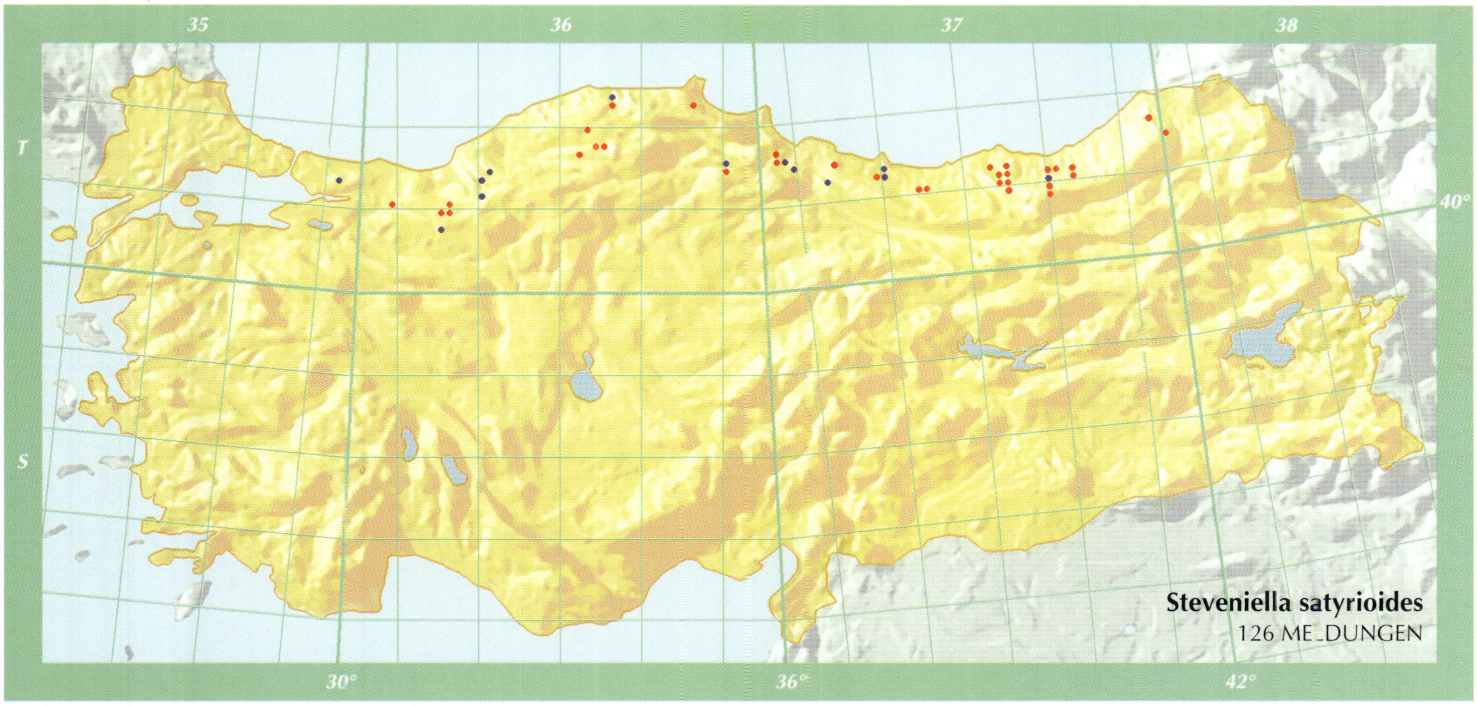

148

Traunsteinera sphaerica (M. F. A. von Bieberstein) Schlechter

Gelbe Kugelorchis

(Monogr. Icon. Orch. Europ. I: 227, 1928)

BASIONYM
Orchis sphaerica M. F. A. von Bieberstein (in Fl. Taur.- Cauc. 2: 362, 1808)

SYNONYME
Traunsteinera globosa subsp. *sphaerica* (M. F. A. von Bieberstein) Soó

BESCHREIBUNG
Schlanke, hochwüchsige Pflanze. Laubblätter schmal-lanzettlich bis lanzettlich, bläulichgrün, aufrecht, gleichmäßig am Stengel verteilt, ungefleckt, nach oben kleiner werdend und in bracteenähnliche Laubblätter übergehend. Blütenstand anfangs pyramidenförmig, später kugelig, beim Abblühen verlängert, dicht- und vielblütig. Blüten ziemlich klein, weiß bis blaßgelb. Perigonblätter einen lockeren Helm bildend, fadenförmig verlängert, an den Spitzen verdickt. Sepalen eiförmig-lanzettlich, die beiden seitlichen schwach nach vorne geneigt. Petalen lanzettlich, mit dem mittleren Sepal zusammengeneigt. Lippe tief dreilappig, flach ausgebreitet, die beiden Seitenlappen etwa so lang oder etwas kürzer als der Mittellappen, an den Rändern meist gezähnt; Mittellappen an der Spitze fadenförmig verlängert, ohne Malzeichnung. Sporn zylindrisch, abwärts gebogen.

ABGRENZUNG ZU ÄHNLICHEN ARTEN
Traunsteinera sphaerica unterscheidet sich habituell nicht von *Traunsteinera globosa*, deutlich jedoch in Blütenform und -farbe. Die Blüten von *Traunsteinera sphaerica* sind weiß bis blaßgelb und größer und schlanker, die Lippe ist ohne Punkte, der Mittellappen ist fast immer ausgeprägt zugespitzt, die Kelchblätter sind länger und der Sporn ist kürzer als bei *Traunsteinera globosa*.

STANDORT
Genau wie die mitteleuropäische *Traunsteinera globosa* bevorzugt sie sonnige, feuchte, warme Gras- und Staudenfluren, ungedüngte Fettwiesen in der montanen und subalpinen Stufe; auf basenreichen Böden. Selten kommt sie auch in lichten Kiefernwäldern vor.

BLÜTEZEIT
Mitte Juni bis Ende Juli.

HÖHENVERBREITUNG
Von 1.600 bis 2.400 m.

GESAMTVERBREITUNG
Das Hauptareal befindet sich in den Kaukasusländern einschließlich der Türkei.

VERBREITUNG IN DER TÜRKEI
Nur im östlichen Schwarzmeergebiet (Pontusgebirge). In der Provinz Giresun befinden sich die westlichsten Vorkommen. Im östlichen Teil ist sie vor allem im Gebiet östlich Maçka/Zigana-Paß (Trabzon) bis Batumı (Artvin) nicht selten und auf vielen alpinen Matten zu finden.

NOTIZEN ZU EINIGEN FUNDORTEN
In der Provinz Giresun bei Kümbet wächst sie in einer Höhe von 1.750 m auf frischen, alpinen Bergwiesen und in lichten Kiefernwäldern in nordostexponierten Hanglagen, dort meistens zusammen mit *Dactylorhiza euxina* und *Dactylorhiza urvilleana*. In diesem Gebiet findet man sie an verschiedenen Stellen, aber immer nur in wenigen Exemplaren und sehr zerstreut.

Südlich Maçka und nördlich des Zigana-Passes (1.700 m) in der Provinz Trabzon sind mehrere Standorte dieser Art. Auf kurzrasigen, alpinen Bergwiesen, selten auch in hochwüchsigen Staudenfluren, ist sie hier an einigen Stellen zahlreich. Auffallend ist, daß die Pflanzen in dieser Gegend ziemlich kleinwüchsig sind. Wegen der niedrigen Lage und südexponierten Hanglage der Standorte blüht sie hier schon ab Mitte Juni. Auf den Almwiesen im Bereich des Sumela-Klosters, südlich Maçka (Trabzon) kommt *Traunsteinera sphaerica* auch vor, hier zusammen mit *Anacamptis pyramidalis* und *Coeloglossum viride*.

Direkt unterhalb des Soğanlı-Passes in einer Höhe von 2.200 m, nördlich Bayburt (Trabzon/Bayburt), ist sie relativ häufig. Sie besiedelt hier vor allem grasige, felsige Bergwiesen und staudenreiche Mähwiesen in südwestexponierten Hanglagen, öfter in der Nähe von Quellwasser. Sie wächst hier zusammen mit *Dactylorhiza euxina, Dactylorhiza urvilleana* und *Gymnadenia conopsea*. Weiter unterhalb der Paßhöhe sind weitere reichhaltige Standorte dieser zierlichen Art vorhanden, wo sie zusammen mit *Coeloglossum viride* und *Dactylorhiza urvilleana* vorkommt.

Weitere Standorte mit großen und vielen Exemplaren befinden sich am Ovitdağı-Paß auf der Höhe von Sivrikaya (Erzurum). In den weitläufigen Almwiesen mit *Rhododendron*-Gebüsch, sowie in bachbegleitenden Staudenfluren wächst sie öfter zusammen mit *Dactylorhiza euxina* und *Dactylorhiza urvilleana*.

Am Yalnızçam-Paß an der Straße Ardanuç - Ardahan (Artvin) kommt *Traunsteinera sphaerica* in den weitläufigen Almwiesen vor. Wie auch an vielen anderen Standorten bevorzugt sie hier nicht die kurzrasigen Fettwiesen, sondern mäßig feuchte, ziemlich hochwüchsige Gras- und Staudenfluren. In der direkten Umgebung der Paßhöhe blühen an anderen Orchideenarten noch

◀ **Soğanlı-Paß (Bayburt), 29.6.1994,** C. A. J. Kreutz

Kümbet (Giresun), 27.6.1994, C. A. J. Kreutz

Zigana-Paß (Trabzon), 1.7.1994, C. A. J. Kreutz

Zigana-Paß (Trabzon), 1.7.1994, C. A. J. Kreutz

Kümbet (Giresun), 27.6.1994, C. A. J. Kreutz

Soğanlı-Paß (Bayburt), 29.6.1994 (mit *Dactylorhiza urvilleana*), C. A. J. Kreutz

Soğanlı-Paß (Bayburt), 29.6.1994, C. A. J. Kreutz

Kümbet (Giresun), 27.6.1994, C. A. J. Kreutz

Zigana-Paß (Trabzon), 1.7.1994, C. A. J. Kreutz

Soğanlı-Paß (Bayburt), 29.6.1994, C. A. J. Kreutz

Sivrikaya (Erzurum), 25.6.1996, C. A. J. Kreutz

Soğanlı-Paß (Bayburt), 29.6.1994, C. A. J. Kreutz

Cephalanthera damasonium, Cephalanthera longifolia, Cephalanthera rubra, Dactylorhiza urvilleana, Orchis pseudolaxiflora und *Platanthera chlorantha* (Davies & Norman, Fundliste 1987). Auch Sischka (Fundliste 1994) konnte *Traunsteinera sphaerica* am Yalnızçam-Paß (Artvin) nachweisen.

BEMERKUNGEN

Traunsteinera sphaerica gehört zu den seltensten Orchideenarten Vorderasiens. Wegen Ihrer späten Blütezeit und der meist schwierig zu erreichenden Standorte wurde sie in ihren natürlichen Vorkommen bisher nur wenig beobachtet. Dort ist sie in der zumeist hohen und leicht ruderalen Vegetation auch leicht zu übersehen. Bei der standortbedingten starken Sonneneinstrahlung und der hohen Luftfeuchtigkeit verblüht *Traunsteinera sphaerica* gewöhnlich sehr schnell.

HYBRIDEN

Keine Nachweise bekannt.

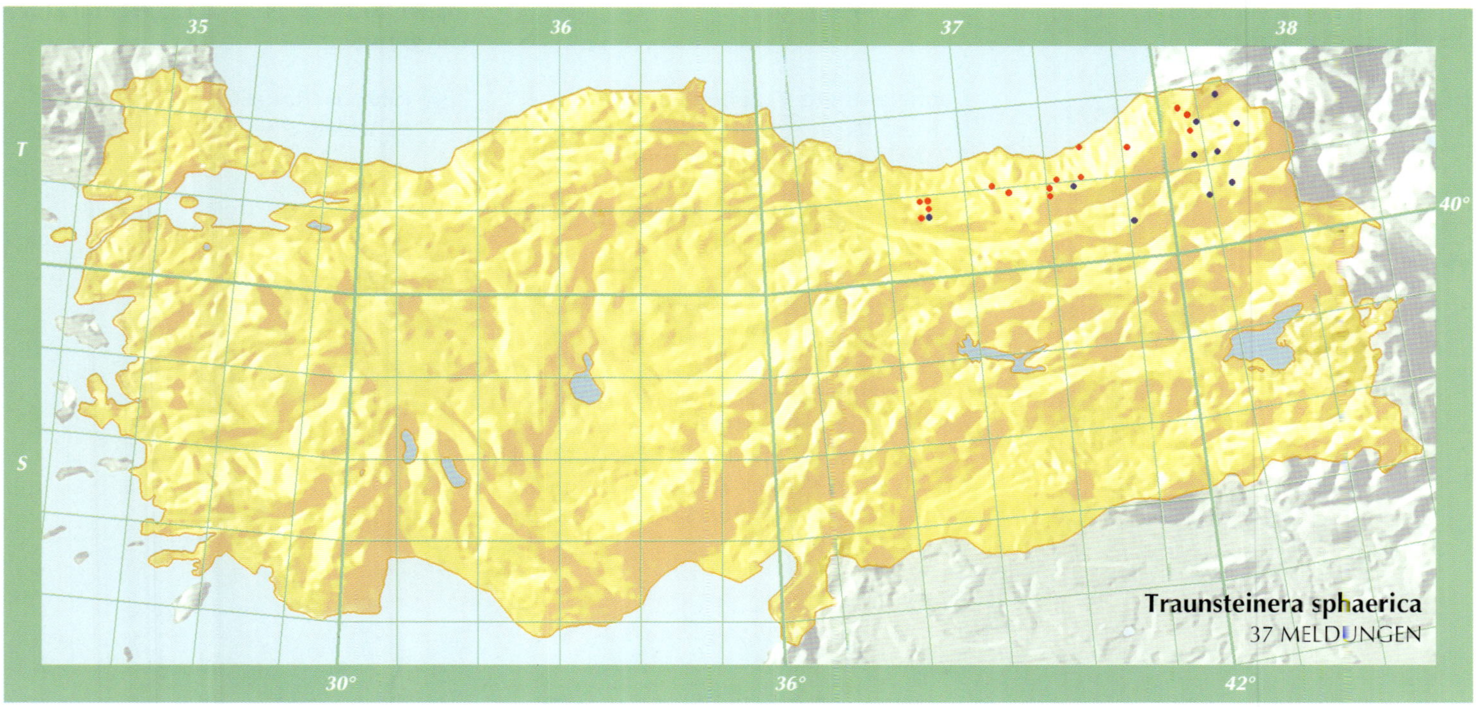

Hybriden

Wo immer Arten derselben Gattung oder Arten nahverwandter Gattungen eng benachbart vorkommen und nicht durch ihre Blütezeit getrennt sind, kann man mit Bastarden rechnen. Gewarnt sei aber davor, jede nicht eindeutig bestimmbare Pflanze voreilig zum Bastard zu erklären. Stets ist zu überprüfen, ob man nicht eine stark abweichende Variante vor sich hat (BUTTLER, 1986). Bastarde treten meist als Einzelpflanzen auf und sind dann gut zu erkennen; nur selten kommen sie in größerer Zahl vor. In wenigen Fällen gibt es völlig stabilisierte Hybridpopulationen, die einen eigenständigen Eindruck erwekken und ein relativ großes Areal besiedeln, wobei eine oder sogar beide Elternarten völlig verschwunden sein können (BAUMANN & KÜNKELE, 1982a). In der Türkei trifft dies zum Beispiel für *Ophrys antiochiana*, *Orchis sezikiana* und vermutlich auch für *Himantoglossum montis-tauri* zu.

In einem so ausgedehnten Land wie der Türkei mit ihrer großen Artenfülle (mitteleuropäische, ostmediterrane und orientalische Arten und Unterarten) bilden sich auch viele Hybriden, jedoch weniger häufig als zum Beispiel auf den Ägäischen Inseln, dem griechischen Festland oder in Italien.

Es ist nicht möglich, alle Orchideen-Hybriden der Türkei in diesem Buch vorzustellen. Es werden daher nur die Bastarde aufgeführt, die der Autor selbst gesehen hat oder von denen ihm zuverlässige Angaben vorliegen. Hybriden von schwierigen *Ophrys*- und *Serapias*-Komplexen oder anderer schwer zu bestimmenden Pflanzen, wie zum Beispiel *Orchis laxiflora* x *Orchis palustris*, wurden mit gewisser Vorsicht behandelt und im Zweifelsfalle nicht in die Übersicht aufgenommen.

Intragenerische Hybriden (Artbastarde)

Cephalanthera damasonium x Cephalanthera epipactoides

Dieser äußerst schwierig zu identifizierende Bastard wurde 1996 in einem aufgelassenen Weinberg bei Abana, nahe İnebolu (Kastamonu), gefunden. Nur ein Exemplar wurde beobachtet inmitten vieler Pflanzen von *Cephalanthera damasonium* und *Cephalanthera epipactoides*. RÜCKBRODT, GÜGEL und ZAISS konnten diesen Fund bestätigen.

1 **Abana (Kastamonu), 18.5.1996,** C. A. J. KREUTZ

2 **Abana (Kastamonu), 18.5.1996,** C. A. J. KREUTZ

Cephalanthera x schulzei

E. G. CAMUS, BERGON & A. CAMUS
(*Cephalanthera damasonium* x *Cephalanthera longifolia*)
(Monogr. Orch.: 439, 1908)

Im Değirmental südlich Maçka (Trabzon) kommen beide Arten, *Cephalanthera damasonium* und *Cephalanthera longifolia*, reichlich vor. In diesem Gebiet ist daher auch mit Bastarden zwischen beiden Arten zu rechnen. Im Jahre 1994 wurde ein Exemplar in einer Haselnußpflanzung gefunden.

3 **Maçka (Trabzon), 8.5.1994,** E. GÜGEL

Cephalanthera x taubenheimii

H. BAUMANN
(*Cephalanthera damasonium* x *Cephalanthera kotschyana*)
(Mitt. Bl. Arbeitskr. Heim. Orch. Baden-Württ. 15 (2): 220, 1983)

Beschrieben aus der Provinz Tunçeli, zwischen Tunçeli und Erzincan, nördlich Pülümür.

Vermutlich kommt sie auch auf dem Friedhof bei Karasinir, östlich Belören (Konya) vor. Auf diesem Friedhof findet man beide Eltern in großer Zahl. Bastarde sind aber an diesem Standort schwer zu erkennen.

4 **Belören (Konya), 22.5.1996,** H.-W. ZAISS

5 **Karasinir (Konya), 19.5.1995,** C. A. J. KREUTZ

Cephalanthera x schaberi

H. BAUMANN
(*Cephalanthera epipactoides* x *Cephalanthera longifolia*)
(Mitt. Bl. Arbeitskr. Heim. Orch. Baden-Württ. 12 (2): 116, 1980)

Beschrieben aus der Provinz Çanakkale von der Gelibolu Halbinsel. Ferner wurde auch ein Exemplar auf einem Friedhof in der Nähe von Yapildak (Çanakkale) gefunden.

6 **Yapildak (Çanakkale), 28.4.1988,** W. LÜDERS

7 **Gelibolu (Çanakkale), 9.5.1980,** H. BAUMANN

Cephalanthera epipactoides x Cephalanthera kurdica

Nach SUNDERMANN (1975a) kann man diese Hybride dort erwarten, wo beide Elternarten zusammen vorkommen. Besonders in der mittleren Südtürkei gibt es Mischpopulationen, die sich durch eine rosa Blütenfarbe auszeichnen (BAUMANN, 1983b). Weil sich beide Blütezeiten kaum überschneiden, ist dieser Bastard doch äußerst selten. Bei Angaben dieser Hybride kann es sich auch um weißblütige Exemplare von *Cephalanthera kurdica* handeln, die zum Beispiel in der Umgebung von Akseki (Antalya) vorkommen.

Cephalanthera kotschyana x Cephalanthera longifolia

Einige dieser schwierig zu erkennenden Hybriden wurden in den Eichengebüschen nördlich Pülümür in der Provinz Tunçeli, an der Straße zwischen Tunçeli und Erzincan gefunden.

8 **Pülümür (Tunçeli), 21.5.1988,** C. A. J. KREUTZ

1

2

3

4

5

6

7

8

9

Cephalanthera kurdica x Cephalanthera rubra

Am *locus classicus* von *Ophrys isaura*, südlich Gülnar (İçel) wurde 1988 von KAJAN et al. (1992) diese sehr seltene Hybride gefunden. An weiteren Orchideen wachsen hier *Cephalanthera damasonium, Cephalanthera kurdica, Cephalanthera rubra, Epipactis helleborine, Limodorum abortivum, Ophrys isaura* und *Orchis anatolica*. Auch PETER (briefl. Mittlg., 1996) berichtet von einem Exemplar am Holzlagerplatz, wenige Kilometer südlich Gülnar. Die Angabe von PETER konnte 1997 bestätigt werden. In diesem Jahr wurden unweit des Standorts von *Ophrys isaura* zwei Exemplare gefunden. CHAMBERS (Fundliste 1995, 1996) hat diesen sehr seltenen Bastard südlich Pozantı (İçel) gefunden, hier zusammen mit beiden Elternarten und *Limodorum abortivum*. Auch GÜGEL & ZAISS (Fundliste 1995) haben mehrere Exemplare dieser seltenen Hybride festgestellt. Ihr Standort befindet sich an der Straße von Pozantı nach Tarsus, südlich Gülek (İçel), wo sie zusammen mit *Cephalanthera kurdica, Cephalanthera rubra, Epipactis helleborine, Limodorum abortivum* und *Orchis anatolica* in einem abfallenden Waldgelände (Kiefern) mit kleinen, grasigen Stellen vorkommt.

9 **Gülnar (İçel), 9.5.1988,** C. A. J. KREUTZ

10 **Gülnar (İçel), 20.5.1997,** C. A. J. KREUTZ

Dactylorhiza bithynica x Dactylorhiza ilgazica

Nördlich und südlich von Kastamonu (Kastamonu) wachsen an mehreren Stellen Pflanzen, die sich nicht einwandfrei den bislang bekannten *Dactylorhiza*-Arten zuordnen lassen. Diese Pflanzen zeigen starke verwandtschaftliche Beziehungen zu *Dactylorhiza bithynica* und *Dactylorhiza ilgazica* und stellen Übergangsformen dieser beiden Sippen dar. Vor allem am Ilgaz Dağı, südlich Kastamonu, sind diese Pflanzen nicht selten.

11 **Ilgaz (Kastamonu), 21.6.1996,** C. A. J. KREUTZ

12 **Ilgaz (Kastamonu), 21.6.1996,** C. A. J. KREUTZ

Dactylorhiza x boluiana

H. BAUMANN

(*Dactylorhiza bithynica* x *Dactylorhiza nieschalkiorum*)

(Mitt. Bl. Arbeitskr. Heim. Orch. Baden-Württ. 15 (1): 77, 1983)

Beschrieben von BAUMANN aus der Provinz Bolu.

ZAISS & GÜGEL (Fundliste 1993) haben diesen Bastard an einer Straßenböschung entlang der Zufahrtsstraße zum Abantsee gesehen.

13 **Abant (Bolu), 14.6.1986,** H. -W. ZAISS

14 **Abant (Bolu), 9.7.1982,** H. BAUMANN

Dactylorhiza euxina x Dactylorhiza iberica

Sehr seltene Hybride. Wurde in Feuchtwiesen entlang der Straße zwischen Çıldır und Ardahan (Artvin) gefunden.

Dactylorhiza euxina x Dactylorhiza saccifera

Eine Angabe liegt vor von SCHÖNFELDER, der diese Pflanze Anfang Mai 1996 in einem Quellmoor an der Straße von İkizdere zum Ovidağı-Paß (Rize) gefunden hat.

15 **Ovidağı-Paß (Rize), 4.5.1996,** M. SCHÖNFELDER

Dactylorhiza x bayburtiana

H. BAUMANN

(*Dactylorhiza euxina* x *Dactylorhiza umbrosa*)

(Mitt. Bl. Arbeitskr. Heim. Orch. Baden-Württ. 15 (1): 76, 1983)

Beschrieben von Kop Dağı zwischen Bayburt und Kale in der Provinz Gümüşhane. Dieser Bastard ist vor allem im Osten der Türkei nicht selten und ist zum Beispiel bei Süzüsli (Artvin) in höheren Lagen in Feuchtwiesen zu finden.

16 **Süzüsli (Artvin), 15.5.1994,** C. A. J. KREUTZ

17 **Kop-Paß, Kopdağı (Erzurum), 14.7.1982,** H. BAUMANN

10

11

12

13

16

19

14

17

20

15

18

21

Dactylorhiza x rizeana

RENZ & TAUBENHEIM
(*Dactylorhiza euxina* x *Dactylorhiza urvilleana*)
(Notes Roy. Bot. Garden Edinb. 41 (2): 269, 1983)

Beschrieben von RENZ & TAUBENHEIM (1983a) vom Ovitdağı-Paß (Rize).
Im östlichen Pontus wächst *Dactylorhiza euxina* an vielen Stellen zusammen mit *Dactylorhiza urvilleana*, wobei Übergangspopulationen häufig zu finden sind. Größere Bestände gibt es vor allem in den ausgedehnten Wiesenhängen am Ovitdağı-Paß (Rize), bei Kümbet (Giresun) und bei Tamdere (Giresun).

18 **Tamdere (Giresun),**
28.6.1994, C. A. J. KREUTZ
19 **Zigana-Paß (Trabzon),**
1.7.1994, C. A. J. KREUTZ
20 **Kümbet (Giresun),**
27.6.1994, C. A. J. KREUTZ

Dactylorhiza flavescens x Dactylorhiza urvilleana

Diese äußerst seltene Hybride wurde von GÜGEL, RÜCKBRODT & ZAISS Mitte Mai 1994 in der Umgebung von Artvin (Artvin) in einem Straßengraben, zusammen mit beiden Eltern, gefunden.

21 **Kafkasör (Artvin),**
13.5.1994, H.-W. ZAISS
22 **Kafkasör (Artvin),**
13.5.1994, E. GÜGEL

Dactylorhiza x vogtiana

H. BAUMANN
(*Dactylorhiza iberica* x *Dactylorhiza incarnata*)
(Mitt. Bl. Arbeitskr. Heim. Orch. Baden-Württ. 15 (1): 80, 1983)

Beschrieben vom Abantsee (Bolu).
Eine aktuelle Angabe liegt vor vom Ladiksee (Samsun) von GÜGEL (Fundliste 1993).

23 **Ladiksee (Samsun),**
8.7.1993, E. GÜGEL

Dactylorhiza x abantiana

H. BAUMANN & KÜNKELE
(*Dactylorhiza iberica* x *Dactylorhiza nieschalkiorum*)
(Mitt. Bl. Arbeitskr. Heim. Orch. Baden-Württ. 13 (2): 261, 1981)

Diese Hybride ist in den ausgedehnten Feuchtwiesen und an trockenen Übergangszonen am Abantsee (Bolu), vor allem am Südwestufer, nicht selten.

24 **Abantsee (Bolu),**
5.7.1996, C. A. J. KREUTZ
25 **Abantsee (Bolu),**
5.7.1996, C. A. J. KREUTZ
26 **Abantsee (Bolu),**
18.7.1982, H. BAUMANN

Dactylorhiza iberica x Dactylorhiza osmanica

Einige Exemplare dieser sehr zierlichen Hybride wachsen in den ausgedehnten Feuchtwiesen am Ladiksee (Samsun) (ZAISS & GÜGEL, Fundliste 1993).

27 **Ladiksee (Samsun),**
7.7.1993, E. GÜGEL
28 **Ladiksee (Samsun),**
7.7.1993, E. GÜGEL

Dactylorhiza x sultandagi

RENZ & TAUBENHEIM
(*Dactylorhiza iberica* x *Dactylorhiza saccifera*)
(Notes Roy. Bot. Garden Edinb. 41 (2): 270, 1983)

Beschrieben von den Sultan-Dağları, südlich Akşehir (Konya).
TAUBENHEIM hat einige Exemplare dieses Bastards bei Şebinkarahisar, ca. 25 km vor Kümbet in einem Hangsumpf in der Provinz Giresun gefunden.

29 **Şebinkarahisar (Giresun),**
1.6.1975, G. TAUBENHEIM

22

23

24

25

26

27

28

29

30

31

32

33

Dactylorhiza x kopdagiana
H. BAUMANN
(*Dactylorhiza iberica* x *Dactylorhiza umbrosa*)
(Mitt. Bl. Arbeitskr. Heim. Orch. Baden-Württ. 15 (1): 78, 1983)

Beschrieben vom Kop Dağı zwischen Bayburt und Kale (Gümüşhane).
Außerdem in der Provinz Bitlis nachgewiesen (RENZ & TAUBENHEIM, 1984).
Ferner haben ZAISS & GÜGEL sie in einem Feuchtgebiet an der Straße von Erzurum nach Aşkale gefunden.

30 **Askale (Erzurum),**
29.6.1993, E. GÜGEL
31 **Kop-Paß, Kopdağı (Erzurum),**
14.7.1982, H. BAUMANN

Dactylorhiza x balabaniana
H. BAUMANN
(*Dactylorhiza iberica* x *Dactylorhiza urvilleana*)
(Mitt. Bl. Arbeitskr. Heim. Orch. Baden-Württ. 15 (1): 76, 1983)

Beschrieben von einem prächtigen Hangquellmoor im Pontusgebirge zwischen Şebinkarahisar und Dereli (Giresun).
Dieser Bastard wurde an der Straße von Kümbet nach Şebinkarahisar in der Provinz Giresun gefunden (RENZ & TAUBENHEIM, 1984).

32 **Dereli (Giresun),**
12.7.1982, H. BAUMANN

Dactylorhiza x renzii
H. BAUMANN & KÜNKELE
(*Dactylorhiza incarnata* x *Dactylorhiza nieschalkiorum*)
(Mitt. Bl. Arbeitskr. Heim. Orch. Baden-Württ. 13 (2): 261, 1981)

Beschrieben vom Abantsee (Bolu). Dieser Bastard kommt in einigen Exemplaren an zwei Stellen am Abantsee vor. Auch ZAISS & GÜGEL (Fundliste 1986) haben sie dort beobachtet.

33 **Abantsee (Bolu),**
19.6.1996, C. A. J. KREUTZ
34 **Abantsee (Bolu),**
14.6.1986, H.-W. ZAISS
35 **Abantsee (Bolu),**
6.6.1990, P. DELFORGE

Dactylorhiza incarnata x Dactylorhiza osmanica

Einige Exemplare kommen in den ausgedehnten Feuchtwiesen am Ladiksee (Samsun) an der Straße von Ladik nach Taşova vor (ZAISS & GÜGEL, Fundliste 1993).

36 **Ladik-Tasova (Samsun),**
30.5.1985, E. GÜGEL

Dactylorhiza x nevskii
H. BAUMANN & KÜNKELE
(*Dactylorhiza osmanica* x *Dactylorhiza umbrosa*)
(Mitt. Bl. Arbeitskr. Heim. Orch. Baden-Württ. 13 (2): 262, 1981)

Von einem Standort zwischen İmranlı und Akarsu (Sivas/Erzincan) beschrieben.
Dieser Bastard ist relativ selten, doch wo beide Eltern zusammen vorkommen, findet man öfter einige Exemplare.
Standorte befinden sich zum Beispiel kurz hinter Ovaçik (Tunçeli) in den ausgedehnten Wiesen zusammen mit *Dactylorhiza osmanica*, *Dactylorhiza umbrosa* und *Orchis coriophora*. Außerdem bei Refahiye (Erzincan) und bei Yozgat (Yozgat) (TAUBENHEIM, Diaarchiv) und bei Askale (Erzurum).
Im Nordosten der Türkei kommt dieser Bastard an mehreren Feuchtstellen am Yalnızçam-Paß und am Çam-Paß (Artvin) vor.

37 **Askale (Erzurum),**
29.6.1994, C. A. J. KREUTZ
38 **Askale (Erzurum),**
29.6.1994, C. A. J. KREUTZ

Dactylorhiza x breviceras
RENZ & TAUBENHEIM
(*Dactylorhiza osmanica* x *Dactylorhiza urvilleana*)
(Notes Roy. Bot. Garden Edinb. 41 (2): 269, 1983)

Aus der Umgebung von Akdağ bei Amasya in der Provinz Amasya beschrieben.

Dactylorhiza saccifera x Dactylorhiza urvilleana

Im östlichen Pontus, dort wo beide Arten gemeinsam vorkommen, wachsen an einigen Standorten Exemplare dieses seltenen Bastards. Eine schöne Fundstelle liegt wenige Kilometer südlich İkizdere (Rize). Auf einem ziemlich großen Quellhang wachsen hier wenige Pflanzen von *Dactylorhiza saccifera* und viele hundert Exemplare von *Dactylorhiza urvilleana* und *Serapias feldwegiana*.
Wurde außerdem von GÜGEL (Fundliste 1993) am Çam-Paß an der Straße Savşat - Ardahan (Artvin) gefunden.

39 **İkizdere (Rize),**
18.5.1988, C. A. J. KREUTZ
40 **İkizdere (Rize),**
18.5.1988, C. A. J. KREUTZ

Dactylorhiza x sivasiana
RENZ & TAUBENHEIM
(*Dactylorhiza umbrosa* x *Dactylorhiza urvilleana*)
(Notes Roy. Bot. Garden Edinb. 41 (2): 270, 1983)

Relativ seltene Hybride. Wächst vor allem im östlichen Pontus, zum Beispiel in den Wiesen entlang der Straße zum Çam-Paß in den Provinzen Kars und Artvin, zusammen mit *Dactylorhiza umbrosa*, *Dactylorhiza urvilleana* und *Orchis pseudolaxiflora*. Auch RENZ & TAUBENHEIM (1983a) haben diesen Bastard zwischen Ardahan und Şavşat (Artvin) gefunden.
BAUMANN (RENZ & TAUBENHEIM, 1983a) berichtet von einem Fund an der Straße von Sivas nach Erzincan (Sivas).
GÜGEL (Fundliste 1994) beobachtete diesen Bastard bei Yusufeli (Artvin).

Epipactis bithynica x Epipactis helleborine

Am Uludağ (Bursa), dem *locus classicus* von *Epipactis bithynica*, wachsen an verschiedenen Stellen auch Exemplare von *Epipactis helleborine*. In einer Höhe von etwa 1.500 m über dem Meer wachsen viele Hybriden in den lockeren Kiefernwäldern. Vor allem an etwas feuchteren Bachufern sind viele Exemplare zu finden. Auch ROBATSCH (briefl. Mittlg., 1993) berichtet darüber.

41 **Uludağ (Bursa),**
3.7.1994, C. A. J. KREUTZ
42 **Uludağ (Bursa),**
3.7.1994, C. A. J. KREUTZ
43 **Uludağ (Bursa),**
3.7.1994, C. A. J. KREUTZ

34

35

36

37

38

39

40

41

42

Epipactis condensata x Epipactis helleborine

Zwei sehr schöne und kräftige Exemplare wurden Ende Juni 1988 in einer orchideenreichen Haselnußkultur bei Uzunisa (Ordu) gefunden. Diese Pflanzen wurden in Eurorchis 7 (Kreutz, 1995) irrtümmlicherweise als *Epipactis persica* bestimmt. Die Orchideen sind an diesem Standort durch Düngung und intensive Beweidung stark gefährdet.

44 **Uzunisa (Ordu), 27.6.1994,** C. A. J. Kreutz
45 **Uzunisa (Ordu), 27.6.1994,** C. A. J. Kreutz

Epipactis x soguksuensis

C. A. J. Kreutz
(*Epipactis helleborine* x *Epipactis turcica*)
(Eurorchis 9: 71, 1997)

An Stellen wo *Epipactis helleborine* und *Epipactis turcica* gemeinsam vorkommen, kann man mit Übergangsformen rechnen. So auch bei Kizilcahamam (Ankara) im Soğuksu Milli Park. Am Rand von Eichengebüsch im Halbschatten kann man immer wieder einzelne Exemplare finden. Die Blütezeit liegt genau zwischen der beider Elternarten.

46 **Kizilcahamam (Ankara), 30.6.1996,** C. A. J. Kreutz
47 **Kizilcahamam (Ankara), 30.6.1996,** C. A. J. Kreutz

Epipactis helleborine x Epipactis persica

Von Taubenheim (Diaarchiv) wurden Mitte Juli 1975 einige Pflanzen am Yalnızçam-Paß an der Straße Ardanuç - Ardahan (Artvin) in einem lichten Kiefernwald gefunden.

48 **Ardanuç - Ardahan (Artvin), 12.7.1975,** G. Taubenheim

Epipactis persica x Epipactis pontica

Am Kocayayla-Paß bei Domaniç (Bursa) wachsen in einem Buchenhochwald viele Exemplare von *Epipactis persica* und *Epipactis pontica*. An zwei Stellen wurden einige Exemplare gefunden, die intermediäre Merkmale von beiden Arten aufwiesen. Ob es sich hier um Bastarde zwischen diesen Arten handelt, konnte nicht einwandfrei festgestellt werden.

Ophrys x skopelii

Renz
(*Ophrys apifera* x *Ophrys oestrifera*)
(Feddes Rep. 25: 264, 1928)

Dieser Bastard wurde 1974 von Rückbrodt im Değirmental, südlich Maçka (Trabzon), gefunden. Damals wurde nur ein Exemplar beobachtet.
Auch Gügel & Neumayr (Fundliste 1985) wiesen diesen Bastard südlich Maçka nach.

49 **Maçka (Trabzon), 26.5.1974,** D. Rückbrodt

Ophrys x adelphica

Renz & Taubenheim
(*Ophrys bombyliflora* x *Ophrys umbilicata*)
(Notes Roy. Bot. Garden Edinb. 41 (2): 275, 1983)

Beschrieben von einem Standort in der Umgebung von Kemalpaşa (İzmir). An diesem Standort kommen beide Eltern reichlich vor.
Im Jahre 1997 auch von Kohlmüller & Wagner (Fundliste 1997) auf einem Friedhof bei Karaova (Muğla) gefunden.

50 **Kemalpaşa (İzmir), 20.4.1982,** H. Baumann
51 **Kemalpaşa (İzmir), 28.4.1979,** G. Taubenheim

Ophrys x liceana

Renz & Taubenheim
(*Ophrys bornmuelleri* x *Ophrys khuzestanica*)
(Notes Roy. Bot. Garden Edinb. 41 (2): 275, 1983)

Von einem Standort bei Lice (Diyarbakır) beschrieben. Möglicherweise handelt es sich hier um die Hybride zwischen *Ophrys carduchorum* und *Ophrys khuzestanica*, die von Renz & Taubenheim als *Ophrys* x *macrostachys* beschrieben wurde.

43

44

45

46

49

52

47

50

53

48

51

54

Ophrys bornmuelleri x Ophrys ziyaretiana?

Südlich Antakya (Hatay) im Ziyaretgebirge kommt eine kleinblütige Sippe vor, die möglicherweise einen Bastard zwischen *Ophrys bornmuelleri* und *Ophrys ziyaretiana* darstellt und dadurch eine gewisse Ähnlichkeit mit einer kleinblütigen Form von *Ophrys holoserica* zeigt. Diese Pflanzen wurden an zwei Standorten an der Straße von Antakya nach Yayladağı (Hatay) beobachtet. Sie wachsen dort, zusammen mit *Ophrys bornmuelleri, Ophrys sicula, Ophrys ziyaretiana, Orchis anatolica, Orchis simia* und *Orchis tridentata*, in mit Eichengebüsch durchsetztem Weideland. Auserdem in der Phrygana am Rande eines kleinen Kiefernwäldchens auf einem Friedhof, zusammen mit *Anacamptis pyramidalis, Epipactis turcica, Ophrys cilicica, Ophrys episcopalis, Ophrys holoserica, Ophrys mammosa, Orchis fragrans, Orchis italica, Orchis morio* subsp. *picta, Orchis syriaca* und *Orchis tridentata*.

52 **Senköy (Hatay),**
13.4.1996, C. A. J. Kreutz

Ophrys bremifera x Ophrys phrygia

Einige Exemplare im Friedhof bei Sorgun (Antalya). Die Pflanzen wachsen in einen Kiefernwald, vergesellschaftet mit *Ophrys bremifera, Ophrys phrygia* und *Serapias bergonii*.

53 **Sorgun (Antalya),**
18.5.1997, C. A. J. Kreutz
54 **Sorgun (Antalya),**
18.5.1997, C. A. J. Kreutz

Ophrys calypsus x Ophrys minoa

Zwei Exemplaren bei Soguçak (Aydın).

55 **Soguçak (Aydın),**
14.4.1997, C. A. J. Kreutz
56 **Soguçak (Aydın),**
14.4.1997, C. A. J. Kreutz

Ophrys candica x Ophrys calypsus

Wurde in einigen Exemplaren an einem Standort bei Soguçak (Aydın) gefunden. Dieser Standort wird wegen Bauarbeiten 1998 verschwunden sein.

57 **Soguçak (Aydın),**
14.4.1997, C. A. J. Kreutz
58 **Soguçak (Aydın),**
14.4.1997, C. A. J. Kreutz

Ophrys x sivana nsubsp. sivana

H. Baumann & Künkele
(*Ophrys candica* x *Ophrys episcopalis*)
(Mitt. Bl. Arbeitskr. Heim. Orch. Baden-Württ. 18 (3): 446, 1986)

Östlich İzmir in den ausgedehnten Kiefernwäldern um Kemalpaşa (İzmir), wo stellenweise viele Exemplare von *Ophrys candica* und *Ophrys holoserica*-ähnlichen Pflanzen vorkommen, findet man in bestimmten Waldabschnitten Bastarde zwischen beiden Arten.
Außerdem wurden einige Exemplare 3 km vor Söke (Aydın), zusammen mit *Ophrys candica, Ophrys episcopalis* und *Ophrys regis-ferdinandii* gefunden (Lüders, briefl. Mittlg. 1988).
Diese Hybride wurde von Baumann & Künkele (1986) als Kombination von *Ophrys candica* und *Ophrys holoserica* subsp. *maxima* beschrieben. Es wird darauf verzichtet den Hybridnamen neu zu kombinieren.

Ophrys candica x Ophrys heterochila

In den ausgedehnten Kiefernwäldern um Kemalpaşa (İzmir), wo Exemplare von *Ophrys candica* und *Ophrys heterochila* vorkommen, findet man sehr selten Bastarde zwischen beiden Arten.

59 **Kemalpaşa (İzmir),**
4.5.1991, W. Lüders

Ophrys candica x Ophrys oestrifera

In den ausgedehnten Kiefernwäldern um Kemalpaşa (İzmir), wo Exemplare von *Ophrys oestrifera* und *Ophrys candica* vorkommen, findet man in bestimmten Waldabschnitten Bastarde zwischen beiden Arten.

60 **Kemalpaşa (İzmir),**
4.5.1988, C. A. J. Kreutz
61 **Kemalpaşa (İzmir),**
4.5.1988, C. A. J. Kreutz

Ophrys x notabilis

Renz & Taubenheim
(*Ophrys carduchorum* x *Ophrys holoserica*)
(Notes Roy. Bot. Garden Edinb. 41 (2): 275, 1983)

Beschrieben von einem Standort zwischen Siirt und Eruh (Siirt).

Ophrys x macrostachys

Renz & Taubenheim
(*Ophrys carduchorum* x *Ophrys khuzestanica*)
(Notes Roy. Bot. Garden Edinb. 41 (2): 275, 1983)

Beschrieben von einem Eichenwald bei Üzümlük, zwischen Siirt und Eruh (Siirt). Auch Lüders (Fundliste 1989, 1990) und Kreutz (Fundliste 1988) fanden einige Exemplare dieses Bastards im botanisch sehr wertvollen Gebiet zwischen Lice und Kulp (Diyarbakır).

62 **Kulp (Diyarbakır),**
14.5.1988, C. A. J. Kreutz
63 **Lice-Kulp (Diyarbakır),**
13.5.1990, W. Lüders

Ophrys x inceburumensis

C. A. J. Kreutz
(*Ophrys carduchorum* x *Ophrys phrygia*)
(Ber. Arbeitskrs. Heim. Orchid. 9 (1): 147, 1992)

Dieser Bastard wurde 1988 etwa 3 km östlich Lice (Diyarbakır) gefunden. Im Schatten eines Eichengebüsches wurden damals drei Pflanzen beobachtet. Möglicherweise ist hier nicht *Ophrys phrygia* eingekreuzt, sondern *Ophrys oestrifera* oder *Ophrys khuzestanica*.
Ein weiteres Exemplar wurde unweit Bitlis (Bitlis) zwischen Feldern, in denen noch vereinzelt einige Phryganaflächen vorkommen, gefunden.

Ophrys carduchorum x Ophrys schulzei

Wenige Exemplare an der Straße von Lice nach Kulp (Diyarbakır), in einer Mähwiese mit wenigen Eichen und in einer Magerwiese im feuchten Talgrund, durchsetzt mit Eichen

64 **Lice (Diyarbakır),**
9.5.1990, R. Peter

Ophrys caucasica x Ophrys oestrifera

Dieser Bastard ist im östlichen Pontus, nördlich und südlich Maçka (Trabzon) nicht selten. In fast jedem Kalkmagerrasen und jeder Haselnußkultur, wo beide Elternarten zusammen vorkommen, findet man immer wieder einige Exemplare dieser Hybride.

65 **Bagisli (Trabzon),**
26.5.1995, C. A. J. Kreutz

55

58

61

56

59

62

57

60

63

Ophrys cilicica x 'Ophrys straussii var. leucotaenia'

LÜDERS (Fundliste 1990) hat vermutlich einige Exemplare dieses schwierig zu erkennenden Bastards in der Umgebung von Cevizli (Antalya), sowie bei Fındıkpınarı (İçel) gefunden. Auch ZAISS (Fundliste 1989) beobachtete ein Exemplare dieser Hybride bei Cevizli.

66 **Fındıkpınarı (İçel), 14.5.1990,** W. LÜDERS
67 **Cevizli (Antalya), 17.5.1989,** H.-W. ZAISS

Ophrys cilicica x Ophrys phrygia

Bei Lice (Diyarbakır) hat KRETZSCHMAR 1988 Pflanzen fotografiert, die Merkmale von *Ophrys cilicica* und *Ophrys phrygia* aufweisen.

68 **Kulp (Diyarbakır), 18.5.1988,** H. KRETZSCHMAR

Ophrys episcopalis x Ophrys heterochila

Schwierig zu identifizierender Bastard. Einen sicheren Nachweis gibt es von der Gegend zwischen Datça und Marmaris (Muğla). Ein Exemplar wurde dort in einem Kiefernwald mit grasigen Stellen und in den Randbereichen im Übergang zur Phrygana gefunden, außerdem noch *Ophrys episcopalis* und *Ophrys heterochila*.

Ophrys episcopalis x Ophrys levantina

Von SCHÖNFELDER (mündl. Mittlg., 1996) in der Umgebung von Osmaniye bei Düziçi (Adana) gefunden. In einem lichten Kiefernwald beobachtete er einige Exemplare, sowie etwa 30 Exemplare von *Ophrys levantina* und *Ophrys holoserica*. Neben den beiden Eltern kommen am Standort auch noch *Orchis syriaca*, *Orchis simia* und *Orchis tridendata* vor.

69 **Düziçi (Adana), 28.4.1996,** M. SCHÖNFELDER

Ophrys episcopalis x Ophrys phrygia

Sichere Standorte gibt es in der Umgebung von Yeniköy und Gözne (İçel), wo mehrere Exemplare in feuchten Rinnen, mit Büschen und grasigen Stellen durchsetzt, wachsen. Im gleichen Gebiet, ebenfalls in einem mit Phrygana und Kiefern bedeckten Hang an der Straße von Mersin nach Gözne, bei der Abzweigung nach Arslanköy. An beiden Standorten zusammen mit *Ophrys amanensis*, *Ophrys episcopalis* und *Ophrys phrygia*. Am letzten Standort kommen besonders großblütige Pflanzen vor.
Außerdem an mehreren Stellen in der Umgebung von Siirt (Siirt) und in der Umgebung von Lice und Kulp (Diyarbakır).

70 **Soğuçak (İçel), 10.5.1988,** C. A. J. KREUTZ
71 **Yeniköy (İçel), 21.5.1997,** C. A. J. KREUTZ
72 **Soğuçak (İçel), 10.5.1988,** C. A. J. KREUTZ
73 **Yeniköy (İçel), 21.5.1997,** C. A. J. KREUTZ

Ophrys x carica nsubsp. carica

H. BAUMANN & KÜNKELE
(*Ophrys ferrum-equinum* x *Ophrys heterochila*)
(Mitt. Bl. Arbeitskr. Heim. Orch. Baden-Württ. 18 (3): 458, 1986)

Aus der Umgebung von Bodrum (Muğla) beschrieben.
Diese Hybride wurde von BAUMANN & KÜNKELE (1986) als Kombination von *Ophrys ferrum-equinum* und *Ophrys holoserica* subsp. *heterochila* beschrieben. Es wird darauf verzichtet, den Hybridnamen neu zu kombinieren.

74 **Bodrum (Muğla), 9.4.1982,** H. BAUMANN

Ophrys x kalteiseniana

B. & H. BAUMANN
(*Ophrys ferrum-equinum* x *Ophrys reinholdii*)
(Mitt. Bl. Arbeitskr. Heim. Orch. Baden-Württ. 16 (1): 127, 1984)

In der Umgebung der Ortschaft Göcek, westlich Fethiye (Muğla), wurde von HAHN & PASSIN (1997) ein Exemplar nachgewiesen. Dieser Standort ist ein sehr schöner und artenreicher Biotop mit vielen Orchideenarten.

64

65

66

67

70

73

68

71

74

69

72

75

Ophrys holoserica nsubsp. halicarnassia

H. Baumann & Künkele

(*Ophrys heterochila* x *Ophrys holoserica*)

(Mitt. Bl. Arbeitskr. Heim. Orch. Baden-Württ. 18 (3): 478, 1986)

Beschrieben aus der Umgebung von Bodrum (Muğla).
Dieser schwierig zu identifizierende Bastard kommt vor allem im Südwesten der Türkei vor.
Lüders (briefl. Mittlg., 1996) wies mehrere Pflanzen am besonders reichhaltigen Standort bei Yukarıkızılca (İzmir) nach.
Diese Hybride wurde von Baumann & Künkele (1986) als Kombination von *Ophrys holoserica* subsp. *heterochila* und *Ophrys holoserica* subsp. *holoserica* beschrieben.
Es wird darauf verzichtet, den Hybridnamen neu zu kombinieren.

75 **Bodrum (Muğla),**
10.4.1982, H. Baumann

Ophrys heterochila x Ophrys oestrifera

Wenige Exemplare nordöstlich Serik (Antalya) in einem Pinuswald mit Wiese und Macchienunterwuchs. Weitere Arten: *Ophrys heterochila, Ophrys mammosa, Ophrys oestrifera* und *Ophrys sicula*.
Außerdem am Standort bei Çiçekli (Muğla).
Es kommen dort wenige Pflanzen in einem Friedhof und im agrenzenden Kiefernwald vor.

76 **Çiçekli (Muğla),**
11.4.1997, C. A. J. Kreutz
77 **Çiçekli (Muğla),**
11.4.1997, C. A. J. Kreutz
78 **Beskonak (Antalya),**
2.4.1993, R. Peter

Ophrys hittica x Ophrys transhyrcana

Südlich Karatepe (Adana) wurde ein einziges Exemplar dieses Bastards gefunden.
Diese Pflanze wächst in einem Kiefernwald mit Macchienunterwuchs zusammen mit unter anderem *Ophrys amanensis, Ophrys apifera, Ophrys hittitica, Ophrys transhyrcana* und *Ophrys ziyaretiana*.

79 **Karatepe (Adana),**
11.4.1996, C. A. J. Kreutz
80 **Karatepe (Adana),**
11.4.1996, C. A. J. Kreutz

Ophrys x perspicua

Renz & Taubenheim

(*Ophrys holoserica* x *Ophrys phrygia*)

(Notes Roy. Bot. Garden Edinb. 41 (2): 276, 1983)

Beschrieben von einem Standort zwischen Pervari und Siirt (Siirt).
Diese Hybride ist in der Türkei recht selten und wurde nur sehr wenig gefunden.

81 **Kulp (Diyarbakır),**
14.5.1988, C. A. J. Kreutz
82 **Kulp (Diyarbakır),**
14.5.1988, C. A. J. Kreutz

Ophrys holoserica x Ophrys schulzei

Wenige Exemplare an der Straße von Lice nach Kulp (Diyarbakır), in einer Mähwiese mit wenigen Eichen und in einer mit Eichen durchsetzen Magerwiese im feuchten Talgrund. An weiteren *Ophrys*-Arten wurden *Ophrys cilicica, Ophrys holoserica* und *Ophrys oestrifera* beobachtet.
Weitere Exemplare dieser Hybride wurden in der Umgebung von Gölbasi (Adıyaman) gefunden.

83 **Kulp (Diyarbakır),**
18.5.1988, H. Kretzschmar
84 **Kulp (Diyarbakır),**
9.5.1990, R. Peter
85 **Gölbasi (Adıyaman),**
4.6.1983, E. Gügel

76

77

78

79

80

81

82

83

84

85

86

87

Ophrys holoserica x Ophrys ziyaretiana

In der Umgebung von Osmaniye (Adana) und Antakya (Hatay) wachsen Pflanzen, deren Perigonblätter intensiv rosa gefärbt sind und die eine Malzeichnung besitzen, die der von *Ophrys holoserica* ähnelt. Diese Pflanzen stellen Übergangsformen von *Ophrys ziyaretiana* mit *Ophrys holoserica* dar.

86 **Senköy (Hatay),**
13.4.1996, C. A. J. KREUTZ

Ophrys homeri x Ophrys heterochila

Nordwestlich von Bodrum (Muğla), wo viele Exemplare von *Ophrys homeri* und etwa 20 von *Ophrys heterochila* vorkommen, findet man an einigen Stellen auch Übergangspopulationen beider Arten. Die Pflanzen wachsen hier in einem Olivenhain mit grasigem Unterwuchs und in der Nähe eines Phryganastreifens.

87 **Bodrum (Muğla),**
7.4.1993, H. -W. ZAISS
88 **Bodrum (Muğla),**
7.4.1993, H. -W. ZAISS

Ophrys antalyensis x Ophrys minoa ?

Nördlich Demirtaş (nördlich der Straße Alanya - Gazipaşa in der Provinz Antalya) wurde am Standort von *Ophrys antalyensis* ein Exemplar gefunden. *Ophrys minoa* kommt an diesem Standort auch vor.

89 **Demirtaş (Antalya),**
20.5.1997, C. A. J. KREUTZ
90 **Demirtaş (Antalya),**
20.5.1997, C. A. J. KREUTZ

Ophrys isaura x Ophrys ?

Ein sehr kleiner aber schöner Bestand schwierig einzuordnender *Ophrys*-Pflanzen wurde 1996 im Westen der Türkei an der Straße Kale - Muğla (Muğla) entdeckt. Mitte Mai waren diese Pflanzen in Hochblüte. Ob diese Pflanzen zu *Ophrys isaura* gehören, konnte nicht mit Sicherheit festgestellt werden. Möglicherweise stellen diese Pflanzen Hybriden zwischen *Ophrys isaura* und einer anderen nicht zu bestimmenden *Ophrys*-Art dar.

91 **Kale (Muğla),**
13.5.1996, C. A. J. KREUTZ
92 **Kale (Muğla),**
13.5.1996, C. A. J. KREUTZ

Ophrys lesbis x Ophrys reinholdii

Dieser Bastard wurde am Standort von *Ophrys lesbis*, nordwestlich von Bodrum (Muğla) gefunden. Auf dem Bild sind deutlich die schmale Lippe und die Malzeichnung von *Ophrys reinholdii* zu erkennen.

93 **Bodrum (Muğla),**
7.4.1993, H. -W. ZAISS

Ophrys lycia x Ophrys minoa

In der direkten Umgebung von Ağullu, östlich Kaş (Antalya) am Standort von *Ophrys lycia* entdeckt.

94 **Ağullu (Antalya),**
19.4.1996, B. J. SECKEL

Ophrys x lydia nsubsp. lydia
H. BAUMANN & KÜNKELE
(*Ophrys mammosa* x *Ophrys regis-ferdinandii*)
(Mitt. Bl. Arbeitskr. Heim. Orch. Baden-Württ. 18 (3): 511, 1986).

Aus der Umgebung von Selçuk (İzmir) beschrieben.
Diese Hybride wurde von BAUMANN & KÜNKELE (1986) als Kombination von *Ophrys mammosa* und *Ophrys vernixia* subsp. *regis-ferdinandii* beschrieben. Es wird darauf verzichtet, den Hybridnamen neu zu kombinieren.

95 **Selçuk (İzmir),**
18.4.1982, H. BAUMANN

Ophrys x kulpensis
C. A. J. KREUTZ
(*Ophrys phrygia* x *Ophrys schulzei*)
(Ber. Arbeitskrs. Heim. Orchid. 9 (1): 148, 1992)

Im Jahre 1988 15 km westlich Kulp (Diyarbakır) gefunden. Der Standort von *Ophrys xkulpensis*, ein ausgedehnter Hangsumpf mit einigen Quellen, ist offensichtlich eine der seltenen Mähwiesen zur Gewinnung von Winterfutter (RENZ & TAUBENHEIM, 1983a). Hier können die Orchideen zur Blüte kommen. In den feuchten Niederungen eines Bachtälchens und in einer teils feuchten Wiese (Quellhang) und an trockenen Stellen im Eichengebüsch wurden außerdem noch viele Orchideen nachgewiesen.
Diese Hybride wurde auch von HERTEL (briefl. Mittlg., 1996) in der Umgebung von Kuzluç (Diyarbakır) gefunden. In einer Weide mit vielen Baum- und Buschinseln, die an eine Parklandschaft erinnert, wurde ein einziges Exemplar, begleitet von *Ophrys carduchorum, Ophrys cilicica, Ophrys levantina* und *Ophrys phrygia* beobachtet.
Möglicherweise ist hier nicht *Ophrys phrygia* eingekreuzt sondern die kleinblütige Form von *Ophrys holoserica*.

96 **Kulp (Diyarbakır),**
14.5.1988, C. A. J. KREUTZ
97 **Kulp (Diyarbakır),**
14.5.1988, C. A. J. KREUTZ
98 **Kulp (Diyarbakır),**
17.5.1990, P. DELFORGE

Ophrys vernixia nsubsp. buttleri
H. BAUMANN & KÜNKELE
(*Ophrys regis-ferdinandii* x *Ophrys speculum*)
(Mitt. Bl. Arbeitskr. Heim. Orch. Baden-Württ. 18 (3): 530, 1986)

Beschrieben aus der Umgebung von Selçuk (Aydın).
An der Auffahrt zum Haus der Maria (Meryemana, İzmir) kommen beide Elternarten in den weitläufigen Macchien vor. In diesem Gebiet wurden einige dieser Hybriden gefunden.
Sie wurde von BAUMANN & KÜNKELE (1986) als Kombination von *Ophrys vernixia* subsp. *regis-ferdinandii* und *Ophrys vernixia* subsp. *vernixia* beschrieben. Es wird darauf verzichtet, den Hybridnamen neu zu kombinieren.

99 **Selçuk (İzmir),**
8.4.1982, H. BAUMANN

88

89

90

91

92

93

94

95

96

Ophrys reinholdii x Ophrys straussii

Wo sich beide Areale überlappen, bilden *Ophrys reinholdii* und *Ophrys straussii* Übergangsformen. Im Ausgrabungsgelände von Termessos (Antalya) kommt eine Population dieser Übergangsformen mit etwa 30 Exemplaren in der Nähe der fünf Wasserzisternen vor.

100 Termessos (Antalya), 18.5.1997, C. A. J. Kreutz
101 Termessos (Antalya), 18.5.1997, C. A. J. Kreutz

Orchis x fitzii
Hautzinger
(*Orchis anatolica* x *Orchis mascula*)
(Ann. Naturh. Mus. Wien 84b: 2, 1983)

Beschrieben aus der Provinz Zonguldak.

Orchis x wulffiana
Soó
(*Orchis caucasica* x *Orchis punctulata*)
(Feddes Repert. 99: 94, 1988)

Diese Hybride wurde 1971 von Sundermann, Gumprecht & Taubenheim entdeckt. Sie fanden damals mehrere dieser stattlichen und besonders attraktiven Pflanzen im östlichen Teil der türkischen Schwarzmeer-Region in der Nähe von Artvin nahe der Grenze zu Georgien (Artvin).
Auch Davies & Norman (Fundliste 1987), sowie Rückbrodt, Gügel & Zaiss (Fundliste 1994) berichten von Bastarden zwischen *Orchis caucasica* und *Orchis punctulata* oberhalb Artvin.
Die Blüten dieser Hybriden sind besonders schön gefärbt. Die Lippe ist hell- bis schwefelgelb und mit purpurfarbenen Papillenbüscheln besetzt. Die Außenseiten sowie die Hinterseite der Lippe weist eine dunkelrote Färbung auf, die den Einfluß von *Orchis caucasica* deutlich erkennen läßt. Der Helm ist gelblich und entlang der Nerven dunkelviolett gefärbt.

102 Mezra (Artvin), 13.5.1994, D. Rückbrodt
103 Kafkasör (Artvin), 8.5.1971, G. Taubenheim
104 Kafkasör (Artvin), 8.5.1971, G. Taubenheim

Orchis caucasica x Orchis simia

Wurde bereits 1971 von Sundermann, Gumprecht & Taubenheim im östlichen Pontus (Maçka, Trabzon) gefunden.
Im Jahre 1988 (Kajan, et al., 1992) wurden an verschiedenen Stellen hinter der südlichen Brücke von Maçka (Trabzon), auf einem mäßig bewachsenen, kalkigen Steilhang mehrere Exemplare dieser stattlichen Hybride nachgewiesen. Bei einem erneuten Besuch 1995 war der ganze Hang, an dem damals die meisten Pflanzen gefunden wurden, restlos abgeweidet. Nicht eine einzige Orchidee war hier noch zu sehen. Auch an einem anderen Standort wurden keine Exemplare der Hybriden mehr beobachtet.
Im Jahre 1995 fand Hertel (briefl. Mittlg., 1996) dann wieder einige Exemplare auf dem gegenüberliegenden Hang, und etwa 5 km nördlich der Brücke über den Fluß Altındere in Maçka in einer großen Haselnußplantage.

105 Maçka (Trabzon), 9.5.1994, H.-W. Zaiss
106 Maçka (Trabzon), 20.5.1988, C. A. J. Kreutz

Orchis x timbalii
Velenovský
(*Orchis coriophora* x *Orchis palustris*)
(Sitzb. Böhm. Ges. Wiss., Prag: 254, 1882).

Gefunden zwischen Muş und Tatvan (Muş) und an zwei Standorten in der Provinz Hâkkari (Ortseingang von Hâkkari und bei Yüksekova), auch an der Straße von Ardahan nach Artvin, in der Umgebung von Şavşat (Artvin), sowie in einigen Feuchtwiesen entlang der Straße von Baykan nach Kurtalan (Siirt).

107 Baykan-Kurtalan (Siirt), 18.5.1982, G. Taubenheim

97

98

99

100

101

102

103

104

105

106

107

108

Orchis coriophora x Orchis pseudolaxiflora

Am Çam-Paß, südlich der Straße Ardahan - Şavşat (Artvin) befinden sich ausgedehnte Almwiesen mit feuchten Stellen. Neben vielen anderen Orchideen wachsen hier sehr große Populationen von *Orchis coriophora* und *Orchis pseudolaxiflora*. Inmitten dieser Populationen wurden Anfang Juni 1996 etwa acht Bastarde zwischen diesen beiden Arten beobachtet.

108 **Çam-Paß (Artvin), 6.6.1996,** C. A. J. Kreutz
109 **Çam-Paß (Artvin), 6.6.1996,** C. A. J. Kreutz
110 **Çam-Paß (Artvin), 6.6.1996,** C. A. J. Kreutz

Orchis dinsmorei x Orchis fragrans

Im Jahre 1988 (Kajan, et al., 1992) wurde südlich Antakya (Hatay) ein Exemplar dieser sehr seltenen Hybride in einem ausgedehnten Quellsumpf gefunden. An weiteren Orchideen fanden sich tausende Exemplare von *Orchis dinsmorei*, einige Pflanzen von *Orchis fragrans* und fast 50 aufblühende Exemplare von *Orchis palustris*.

111 **Reyhanlı (Hatay), 12.5.1988,** C. A. J. Kreutz
112 **Reyhanlı (Hatay), 12.5.1988,** C. A. J. Kreutz

Orchis x kallithea

Klein
(*Orchis fragrans* x *Orchis sancta*)
(Die Orchidee 24 (5): 211, 1973)

Wo beide Arten zusammen vorkommen, trifft man immer wieder Exemplare dieser Hybride an. Vor allem in der Provinz Muğla ist dieser Bastard nicht selten.
Standorte befinden sich zum Beispiel in der weiteren Umgebung von Kuşadaşı und Söke (Aydın), im Süden der Türkei bei Anamur und Silifke (İçel) und in der Umgebung von Köyceğiz (Muğla). Vor allem westlich Söke und südwestlich Kuşadaşı wachsen einige sehr schöne Hybriden in der dichten Macchia, in grasigen Wiesen und in Olivenhainen.

113 **Söke (Aydın), 13.5.1996,** C. A. J. Kreutz
114 **Kuşadaşı (Aydın), 14.5.1996,** C. A. J. Kreutz
115 **Kuşadaşı (Aydın), 14.5.1996,** C. A. J. Kreutz

Orchis morio subsp. morio x Orchis papilionacea subsp. heroica

Renz & Taubenheim (1984) berichten von einem Fund bei Arslanköy (İçel).
Außerdem bei Göçek (Muğla) in Wiesenterrassen und in einem grasigen Olivenhain.

116 **Göçek (Muğla), 6.4.1997,** C. A. J. Kreutz
117 **Göçek (Muğla), 6.4.1997,** C. A. J. Kreutz

Orchis palustris x Orchis pseudolaxiflora

Orchis palustris kommt in der westlichen und mittleren Türkei vor, während *Orchis pseudolaxiflora* im östlichen Teil des Landes wächst und dort *Orchis palustris* ersetzt. In der Inneranatolischen Region überlappen sich beide Areale. In diesem Gebiet findet man an vielen Stellen Übergangspopulationen, die intermediäre Merkmale beider Arten aufweisen. Viele Standorte dieser Übergangspopulationen liegen an der Straße von Pazarcık nach Gölbaşı (Adıyaman), wo viele tausende Exemplare in kleinen und größeren Sümpfen wachsen.
Östlich Balaban (Kahramanmaraş) befindet sich ein Standort wo Tausende von Pflanzen vorkommen. Während der Blütezeit weist die Feuchtwiese einen purpurnen Schimmer auf.

118 **Pazarcık (Adıyaman), 12.5.1988,** C. A. J. Kreutz
119 **Pazarcık (Adıyaman), 12.5.1988,** C. A. J. Kreutz
120 **Balaban (Kahramanmaraş), 24.5.1997,** C. A. J. Kreutz

Orchis papilionacea subsp. heroica x Orchis syriaca

Wurde in einem Kiefernwald an der Straße von Kumluca nach Altinyaka (Antalya) gefunden. An diesem Standort wurde nur ein einziges Exemplar beobachtet.

121 **Kumluca-Altinyaka (Antalya), 11.4.1993,** H.-W. Zaiss

109

110

111

112

113

114

115

116

117

118

119

120

Orchis x calliantha

Renz & Taubenheim
(*Orchis punctulata* x *Orchis simia*)
(Die Orchidee 34 (3): 95, 1983)

Beschrieben wurde dieser Bastard von einem Fundort zwischen den Orten Lice und Kulp (Diyarbakır) in Ostanatolien, in einem Gebiet, in dessen stark gegliederter und gebirgiger Landschaft die Eichen die Grundlage der hier vorherrschenden Weidewirtschaft bilden. An diesem Standort wurde nur am Rande einer Feuchtwiese ein einziges Exemplar beobachtet.
An der Straße von Tunceli in Richtung Pülümür (Tunceli) liegen viele Standorte, an denen *Orchis punctulata* und *Orchis simia* gemeinsam vorkommen. Der Bastard *Orchis* x*calliantha* wurde hier mehrmals an den Hängen im Eichenbuschwald gefunden. Schmidt (Fundliste 1984) berichtet von einem Fund in diesem Gebiet. Er fand vier Exemplare an einem Hang mit Gebüsch und Bäumen, die durch ihre Farbe sofort auffielen. An weiteren Orchideen wurden hier *Cephalanthera kotschyana, Himantoglossum affine, Ophrys oestrifera, Orchis simia* (auch weißblütige Exemplare) und *Orchis tridentata* gefunden. Während eines erneuten Besuchs 1986 war von *Orchis simia* und den Bastarden nichts mehr zu sehen (auch keine verwelkten oder fruchtenden Pflanzen). Obwohl sich das Gelände überhaupt nicht verändert hatte (Schmidt, briefl. Mittlg., 1988).

122 **Lice-Kulp (Diyarbakır), 13.5.1982,** G. Taubenheim
123 **Lice-Kulp (Diyarbakır), 13.5.1982,** G. Taubenheim

Orchis x angusticruris

Franchet
(*Orchis purpurea* x *Orchis simia*)
(in: Humnicki, Cat. Pl. Orléans: 27, 1876)

An mehreren Stellen zwischen Kastamonu und Araç (Kastamonu) gefunden, wie zum Beispiel in der Umgebung des Sanatoriums am Ballıdağ-Paß, nordwestlich Daday (Kastamonu). Einige Exemplare wurden hier in verschiedenen Jahren am Rande von ausgedehnten Flaumeichen-Kiefernwäldern und in offenen, grasigen Kalkmagerrasen beobachtet.

124 **Daday (Kastamonu), 16.5.1996,** C. A. J. Kreutz
125 **Daday (Kastamonu), 16.5.1996,** C. A. J. Kreutz

Orchis x mackaensis

C. A. J. Kreutz
(*Orchis simia* x *Orchis stevenii*)
(Orchideeën 51 (3): 72, 1989)

Über diese Hybride wurde erstmals 1989 berichtet (Kreutz, 1989a). Die Pflanze wuchs am Rande einer Haselnußkultur im Schatten eines Gebüsches. In der direkten Umgebung, vor allem in der darüber liegenden Haselnußplantage, wurden noch viele andere Orchideenarten beobachtet, wie zum Beispiel *Orchis stevenii, Orchis simia* und *Steveniella satyrioides*. Bei verschiedenen erneuten Besuchen konnte diese Hybride nicht mehr festgestellt werden. Einige Jahre später wurde der Standort nochmals besucht und es stellte sich heraus, daß der ganze Hang von Schafen und Ziegen restlos abgefressen war und daß fast alle Orchideen verschwunden waren.

126 **Maçka (Trabzon), 20.5.1988,** C. A. J. Kreutz
127 **Maçka (Trabzon), 20.5.1988,** C. A. J. Kreutz

Platanthera x hybrida

Brügger
(*Platanthera bifolia* x *Platanthera chlorantha*)
(Jahresb. Naturforsch. Ges. Graubündens 25: 107, 1882)

Bei der Ortschaft İnuk (Ordu), an der Straße von Ünye nach Akkuş/Niksar, wurden in einem Buchenhochwald einige Exemplare gefunden. In diesem Wald kommt auch *Platanthera chlorantha* vor, während *Platanthera bifolia* in der angrenzenden Haselnußplantage wächst.

128 **Ünye-Akkuş (Ordu), 30.5.1997,** C. A. J. Kreutz

Serapias x halacsyana

Renz ex Soó
(*Serapias bergonii* x *Serapias cordigera*)
(Renz (in: Feddes Rep. 25: 235/268, 1928) ex Soó in G. Keller: Monogr. Iconogr. Orchid. Eur. 2: 97, 1931)

An der Straße von Marmaris nach Datça, an der Abzweigung nach Hisarönu (Muğla) wurden 1997 in einem lockeren Kiefernwald mehrere Exemplare dieses Bastards gefunden. Beide Eltern waren ebenfalls am Standort vertreten.

129 **Marmaris (Muğla), 10.4.1997,** C. A. J. Kreutz
130 **Marmaris (Muğla), 10.4.1997,** C. A. J. Kreutz

121

122

123

124

125

126

127

128

129

130

131

132

Intergenerische Hybriden (Gattungsbastarde)

X Orchiserapias anatolica
Renz & Taubenheim
(*Orchis laxiflora* x *Serapias feldwegiana*)
(Die Orchidee 32 (4): 148, 1981)

Wie schon Renz & Taubenheim (1981) schreiben, gehören intergenerische Bastarde zwischen den Gattungen *Serapias* und *Orchis* im Mittelmeergebiet zwar zu den seltenen, aber auch zu den besonders ästhetischen Erscheinungen. Der Fundort (westlich Terme) in der Provinz Samsun, an dem die Hybride in mehreren Exemplaren über Jahre beobachtet wurde, liegt in einer Mähwiese in der großen Schwemmlandebene, die der Yeşilirmak hier an der Küste des Schwarzen Meeres gebildet hat. Die eingestreuten feuchten Mähwiesen bilden ideale Wuchsbedingungen für die beiden Elternarten. Leider aber wird das außerordentlich fruchtbare Gebiet landwirtschaftlich intensiv genutzt und gedüngt.
Der Standort konnte während eines Besuches 1996 nicht mehr lokalisiert werden. Die Pflanzen sind infolge obengenannter Eingriffe vermutlich verschwunden.

131 **Terme (Samsun), 14.5.1978,** G. Taubenheim
132 **Terme (Samsun), 29.5.1974,** D. Rückbrodt

Kappadokische Tufflandschaft bei Kayseri (Kayseri), 25.6.1994, C. A. J. Kreutz

Verzeichnis/Übersicht der vom Verfasser während seiner 13 Reisen (1988-1998) beobachteten Standorte

Anfangs wollte ich alle bekannten türkischen Standorte in dieses Verzeichnis aufnehmen. Aus Platz- und Kostengründen habe ich jedoch darauf verzichtet und nur die eigenen Angaben verwendet. Sie umfassen die bekanntesten und interessantesten Standortangaben der Türkei, beruhen zum größten Teil auf aktuellen Beobachtungen und zeigen am kompaktesten die Artenvielfalt und die Zusammenhänge zwischen den Standorten und Arten auf, die in diesem Buch beschrieben sind. Ein weiterer Grund dieses Vorgehens war, daß bereits in der Arbeit von RÜCKBRODT & HANSEN (1992) viele Fundorte (bis 1992) ausführlich vorgestellt wurden.

Im folgenden Verzeichnis sind die Standorte nach UTM-1 km Quadranten und deren alphabetischer Reihenfolge aufgelistet, um die einzelnen Fundorte schnell und zuverlässig finden zu können ohne die gesamte Liste durchsuchen zu müssen.

BA30.16: Karacay (Hatay); Terrassen, Phrygana; 1.4.1997; 230 m (14 km SSW Antakya). *Ophrys israelitica, Ophrys transhyrcana.*

BA30.35: Karacay (Hatay); Terrassen, Phrygana; 1.4.1997; 200 m (14 km SSW Antakya). *Ophrys transhyrcana.*

BA30.44: Karacay (Hatay); Sumpfwiese, Phrygana; 1.4.1997; 200 m (10 km SW Antakya). *Orchis syriaca.*

BA30.53: Samandağı (Hatay); Phryganahang; 1.4.1997; 180 m (5 km NE Samandağı). *Dactylorhiza romana* (gelb), *Orchis syriaca.*

BA40.51: Harbiye (Hatay); Olivenhain mit Ödlandstreifen; 13.4.1996, 1.4.1997; 450 m (11 km SSE Antakya). *Ophrys israelitica, Ophrys sicula, Ophrys transhyrcana, Orchis syriaca, Orchis tridentata.*

BA40.56: Sofular (Hatay); Friedhof mit Phrygana, Eichengebüsch und einzelnen Kiefern; 11.5.1988, 22.5.1995, 14.4.1996, 1.4.1997; 500 m (10,5 km S Antakya). *Anacamptis pyramidalis, Epipactis turcica, Ophrys cilicica, Ophrys episcopalis, Ophrys holoserica, Ophrys transhyrcana, Ophrys bornmuelleri* x *Ophrys ziyaretiana, Orchis fragrans, Orchis morio* subsp. *picta, Orchis syriaca, Orchis tridentata.*

BA40.57: Antakya-Reyhanlı, 'Kalesi' (Hatay); Olivenhain, Phrygana; 14.4.1996, 1.4.1997; 200 m (1 km SSE Antakya). *Ophrys speculum, Ophrys transhyrcana.*

BA40.66: Antakya-Reyhanlı, 'Kalesi' (Hatay); grasige Phrygana, Kiefernwald; 13.4.1996, 1.4.1997; 290 m (2 km SSE Antakya). *Cephalanthera longifolia, Epipactis helleborine, Ophrys bornmuelleri, Ophrys hittitica, Ophrys iricolor, Ophrys israelitica, Ophrys levantina, Ophrys sicula, Ophrys speculum, Orchis anatolica, Orchis fragrans, Orchis syriaca, Orchis tridentata.*

BA40.75: Antakya-Reyhanlı, 'Kalesi' (Hatay); Kiefernwald, Phrygana; 14.4.1996; 250 m (4 km SE Antakya). *Orchis tridentata.*

BA51.33: Antakya-Reyhanlı, Altınözü (Hatay); Quellsumpf am Bach, Hangsumpf; 12.5.1988, 14.4.1996; 200 m (10 km ENE Antakya). *Orchis dinsmorei, Orchis fragrans, Orchis dinsmorei* x *Orchis fragrans, Orchis palustris.*

BA97.58: Kilis (Gaziantep); lichter Kiefernwald (unterwuchsarm); 2.4.1997; 460 m (35 km WSW Kilis). *Orchis papilionacea* subsp. *schirwanica.*

BA97.77: Kilis (Kilis); lichter Kiefernwald mit Feuchtstellen; 2.4.1997; 480 m (36 km WNW Kilis). *Orchis anatolica, Orchis papilionacea* subsp. *schirwanica.*

BB51.05: Osmaniye (Adana); Wiesenflächen mit Phrygana; 3.4.1997; 110 m (8 km NW Osmaniye). *Ophrys attica, Ophrys umbilicata, Orchis collina.*

BB52.35: Yeniköy-Karatepe (Adana); lockerer Kiefernwald, Ackerrand, Waldlichtung, Wiese mit Eichengestrüpp; 21.5.1995, 15.4.1996, 3.4.1997; 250 m (18 km N Osmaniye). *Ophrys apifera, Ophrys holoserica, Ophrys phrygia Orchis punctulata, Orchis tridentata.*

BB52.37: Karatepe (Adana); lockerer Kiefernwald; 21.5.1995, 11.4.1996, 3.4.1997, 23.5.1997; 300 m (19 km N Osmaniye). *Anacamptis pyramidalis, Ophrys amanensis, Ophrys apifera. Ophrys hittitica, Ophrys hittitica* x *Ophrys transhyrcana, Ophrys israelitica, Orchis punctulata, Orchis syriaca, Orchis tridentata.*

BB53.31: Karatepe (Adana); Kiefernaufforstung, grasige Wiesenflächen, Quellhang; 15.4.1996; 300 m (1 km SW Karatepe). *Ophrys apifera* var. *flavescens, Ophrys apifera* var. *trollii, Orchis punctulata.*

BB53.42: Karatepe (Adana); lockerer Kiefernwald; 11.4.1996; 300 m (22 km N Osmaniye). *Epipactis helleborine, Limodorum abortivum, Ophrys bornmuelleri, Ophrys episcopalis, Ophrys israelitica, Ophrys levantina, Ophrys transhyrcana.*

BB53.52: Karatepe, antike Stätte (Adana); lockerer Kiefernwald, grasige Wiesenflächen; 15.4.1996, 3.4.1997; 300 m (22 km N Osmaniye). *Limodorum abortivum, Ophrys bornmuelleri, Ophrys episcopalis, Ophrys israelitica, Ophrys levantina, Ophrys transhyrcana, Orchis syriaca, Orchis tridentata.*

BB60.13: Zorkun (Hatay); lockerer Kiefernwald mit Phrygana-Unterwuchs; 3.4.1997; 550 m (3 km SE Osmaniye). *Epipactis helleborine, Ophrys amanensis, Orchis anatolica, Orchis tridentata.*

BB60.13: Zorkun (Hatay); lockerer Kiefernwald mit Phrygana-Unterwuchs; 23.5.1997; 550 m (3 km SE Osmaniye). *Epipactis helleborine, Ophrys amanensis, Ophrys episcopalis, Orchis tridentata.*

BB60.70: Zorkun (Hatay); Kiefernwald; 3.4.1997, 23.5.1997; 1250 m (8 km SE Osmaniye). *Cephalanthera longifolia, Epipactis helleborine, Platanthera holmboei.*

BB71.36: Osmaniye-Gaziantep, Nurdağı-Paß (Adana); Kiefernwald, Phrygana; 15.4.1996; 550 m (26 km NE Osmaniye). *Epipactis helleborine, Orchis anatolica, Orchis syriaca.*

BB91.96: Nurdağı (Gaziantep); feuchte Restflächen; 23.5.1997; 400 m (49 km SSW Kahramanmaraş). *Orchis dinsmorei.*

BC76.81: Yedioluk (Kayseri); feuchter Straßengraben; 24.5.1997; 1490 m (22 km SSE Pınarbaşı). *Dactylorhiza osmanica.*

BC89.67: Pınarbaşı (Kayseri); Feuchtstreifen am Bach; 24.5.1997; 1605 m (17 km NE Pınarbaşı). *Dactylorhiza osmanica.*

BF53.42: Ladiksee (Samsun); Sumpfwiese; 31.5.1997; 930 m (10,5 km E Ladik). *Dactylorhiza iberica, Dactylorhiza incarnata, Dactylorhiza osmanica, Orchis laxiflora, Orchis palustris.*

BF53.42: Ladiksee (Samsun); Sumpfwiese; 31.5.1997; 930 m (10 km E Ladik). *Dactylorhiza incarnata, Orchis laxiflora.*

BF75.35: Çayırkent (Samsun); Haselnußplantage mit großen, offenen, grasigen Wiesenflächen; 31.5.1997; 770 m (15 km S Samsun). *Orchis papilionacea* subsp. *papilionacea, Orchis purpurea, Orchis tridentata, Steveniella satyrioides.*

BF76.62: Sarıbıyık (Samsun); offene Haselnußplantage mit schöner Flora; 31.5.1997; 330 m (8 km S Samsun). *Orchis papilionacea* subsp. *papilionacea, Orchis tridentata, Serapias feldwegiana.*

BV37.52: Antakya-Yayladağı (Hatay); Weide mit Eichengestrüpp; 11.5.1988, 22.5.1995; 500 m (3 km E Yayladağı). *Anacamptis pyramidalis, Ophrys antiochiana, Ophrys episcopalis.*

BV37.53: Yayladağı (Hatay); Kiefernwald, Bachrand; 22.5.1997; 440 m (1,5 km W Yayladağı). *Cephalanthera longifolia, Cephalanthera rubra, Epipactis helleborine, Limodorum abortivum, Orchis anatolica, Platanthera holmboei.*

BV37.54: Yayladağı (Hatay); lockerer Kiefernwald, Feuchtstellen, Straßenböschung; 11.5.1988, 22.5.1995, 13.4.1996; 400 m (0,5 km W Yayladağı). *Cephalanthera longifolia, Epipactis helleborine, Limodorum abortivum, Limodorum abortivum* var. *rubrum, Serapias levantina.*

BV37.96: Antakya-Yayladağı (Hatay); Wiesenflächen, Steineichen-Felsflur; 14.4.1996; 850 m (19 km NNE Yayladağı). *Orchis simia, Orchis syriaca, Orchis tridentata.*

BV48.03: Antakya (Hatay); Kalkmagerrasen mit Gebüsch; 22.5.1995; 830 m (17 km SSW Antakya). *Ophrys antiochiana.*

BV48.17: Senköy (Hatay); Steineichen-Felsflur; 22.5.1997; 930 m (17 km SSW Antakya). *Ophrys antiochiana.*

BV48.18: Antakya (Hatay); Kalkmagerrasen mit Gebüsch; 11.5.1988; 850 m (21 km SSW Antakya). *Ophrys antiochiana, Orchis tridentata.*

BV48.18: Senköy (Hatay); kleine Rasenfläche; 22.5.1997; 920 m (16 km SSW Antakya). *Ophrys antiochiana, Ophrys schulzei.*

BV49.34: Antakya-Yayladağı (Hatay); Steineichen-Felsflur mit grasigem Gelände und Eichengebüsch; 22.5.1995, 13.4.1996, 22.5.1997; 950 m (15 km SSW Antakya). *Ophrys antiochiana, Ophrys schulzei, Orchis anatolica, Orchis simia, Orchis tridentata.*

BV49.67: Antakya-Yayladağı (Hatay); Weide mit Eichengebüsch; 13.4.1996, 14.4.1996; 830 m (25 km NNE Yayladağı). *Ophrys bornmuelleri, Ophrys levantina, Ophrys sicula, Ophrys ziyaretiana, Ophrys holoserica* x *Ophrys ziyaretiana, Orchis anatolica, Orchis simia, Orchis tridentata.*

CB67.90: Gaziantep-Gölbaşı (Adıyaman); Feuchtwiese zwischen Äckern; 12.5.1988; 960 m (21 km NNE Pazarcık). *Orchis palustris, Orchis palustris* x *Orchis pseudolaxiflora.*

CB88.15: Gölbaşı (Adıyaman); Feuchtwiesen; 21.5.1995; 900 m (3 km NE Gölbaşı). *Orchis pseudolaxiflora, Orchis palustris* x *Orchis pseudolaxiflora.*

CC29.43: Kaynarca (Sivas); Feuchtwiesen am Bach; 24.5.1997; 1625 m (48 km ENE Pınarbaşı). *Dactylorhiza umbrosa.*

CC29.43: Kaynarca (Sivas); Feuchtwiese am Flußufer; 24.5.1997; 1650 m (48 km ENE Pınarbaşı). *Dactylorhiza umbrosa.*

CC75.79: Balaban (Kahramanmaraş); ausgedehnte Feuchtwiesen; 24.5.1997; 970 m (65 km WNW Malatya). *Orchis palustris, Orchis pseudolaxiflora, Orchis palustris* x *Orchis pseudolaxiflora.*

CD00.65: Zıyarettepesi (Sivas); Feuchtwiesen; 24.5.1997; 1710 m (40 km NE Pınarbaşı). *Dactylorhiza umbrosa.*

CE71.34: Kavak, Yozgat-Sivas (Sivas); ausgedehnte Feuchtwiesen beiderseits der Straße; 24.6.1996; 1350 m (60 km W Sivas). *Orchis pseudolaxiflora.*

CF31.23: Akkuş (Ordu); Buchen-Mischwald; 23.6.1994; 1210 m (4 km SE Akkuş). *Cephalanthera kotschyana.*

CF31.28: Akkuş (Ordu); Buchenwald, Buchen-Mischwald; 23.6.1994; 1260 m (1 km NNW Akkuş). *Cephalanthera kotschyana, Neottia nidus-avis.*

CF32.29: Akkuş (Ordu); Buchenwald; 23.6.1994; 1200 m (2 km NNW Akkuş). *Cephalanthera kotschyana, Cephalanthera rubra, Neottia nidus-avis.*

CF32.68: Dumantepe (Ordu); Feuchtwiesen und Feuchtrinne am Bachrand; 30.5.1997; 1185 m (31 km SSW Ünye). *Dactylorhiza ilgazica.*

CF32.79: Dumantepe (Ordu); feuchte Böschung; 30.5.1997; 1165 m (30 km SSW Ünye). *Dactylorhiza ilgazica.*

CF33.20: Akkuş (Ordu); Buchen-Mischwald; 23.6.1994; 1260 m (4 km NNW Akkuş). *Epipactis persica.*

CF34.53: Caybaşı (Ordu); Haselnußpflanzung; 26.6.1994; 200 m (3 km S Caybaşı). *Anacamptis pyramidalis, Serapias feldwegiana.*

CF44.50: Ünye-Akkuş (Ordu); Buchenhochwald und Haselnußplantage; 30.5.1997; 450 m (15 km SSW Ünye). *Cephalanthera rubra, Platanthera bifolia* x *Platanthera chlorantha.*

CF44.62: Ünye-Akkuş (Ordu); Friedhof mit großen, alten Bäumen, Mischwald; 30.5.1997; 340 m (12 km SSW Ünye). *Platanthera chlorantha.*

CF44.73: İnuk (Ordu); Haselnußplantage mit Farnunterwuchs; 30.5.1997; 290 m (10 km SSW Ünye). *Platanthera bifolia, Serapias feldwegiana.*

CF55.44: Ünye (Ordu); Haselnußplantage; 30.5.1997; 140 m (2 km SSW Ünye). *Orchis laxiflora, Serapias feldwegiana.*

CF95.12: Çaka (Ordu); Haselnußkultur; 30.5.1997; 20 m (21 km NW Ordu). *Listera ovata, Ophrys apifera, Serapias feldwegiana.*

DB48.10: Kâhta (Adıyaman); überrieselter Sinterhang mit Binsen; 12.5.1988, 25.5.1997; 650 m (5 km E Adıyaman). *Epipactis veratrifolia.*

DB57.48: Kâhta (Adıyaman); feuchte Wiesenflächen am Bachrand; 14.5.1988; 800 m (29 km ESE Kâhta). *Orchis coriophora, Orchis pseudolaxiflora.*

DD51.66: Övledik-Paß (Elazığ); Eichengebüsch mit Wiesenflächen; 26.5.1997; 1460 m (70 km WNW Elazığ). *Cephalanthera kotschyana, Orchis punctulata.*

DD60.27: Arapkir (Elazığ); Feuchtwiese am Bach; 26.5.1997; 1140 m (65 km WNW Elazığ). *Orchis pseudolaxiflora.*

DD63.62: Dutluça (Erzincan); Eichengebüsch und Feuchtstreifen am Bach; 26.5.1997; 1160 m (72 km NW Elazığ). *Cephalanthera kotschyana, Ophrys oestrifera, Orchis pseudolaxiflora.*

DD64.02: Kemaliye (Malatya); Feuchtstreifen am Bachrand; 26.5.1997; 990 m (88 km NW Elazığ). *Dactylorhiza ilgazica.*

DE48.53: Tamdere (Giresun); Quellmoor am Bach; 28.6.1994; 1850 m (25 km NNW Şebinkarahisar). *Dactylorhiza euxina, Dactylorhiza euxina* x *Dactylorhiza urvilleana.*

DE48.55: Tamdere (Giresun); feuchter Schutthang, Quellsumpf; 28.6.1994; 1900 m (27 km NNW Şebinkarahisar). *Dactylorhiza urvilleana.*

DE48.88: Kümbet (Giresun); kurzrasige Almwiese mit Quellhang und Bach; 27.6.1994; 1900 m (29 km NNE Şebinkarahisar). *Dactylorhiza euxina.*

DE49.92: Kümbet (Giresun); Bergwiese (ziemlich hohe Vegetation) mit einzelnen Gebüschen und Feuchtstellen; 27.6.1994; 1650 m (30 km N Şebinkarahisar). *Anacamptis pyramidalis, Dactylorhiza euxina, Dactylorhiza urvilleana, Dactylorhiza euxina* x *Dactylorhiza urvilleana, Traunsteinera sphaerica.*

DE51.27: Kızıldağ-Paß (Erzincan); Quellhang, Bachufer; 28.6.1994; 2100 m (25 km W Refahiye). *Dactylorhiza iberica, Dactylorhiza osmanica* x *Dactylorhiza umbrosa.*

DE51.32: Erzincan-Sivas, Kızıldağ-Paß (Erzincan); feuchter Straßengraben; 28.6.1994; 1670 m (37 km WSW Refahiye). *Dactylorhiza osmanica* x *Dactylorhiza umbrosa.*

DE51.37: Kızıldağ-Paß (Erzincan); Quellhang, Straßenrand; 28.6.1994, 24.6.1996; 1900 m (27 km W Refahiye). *Dactylorhiza iberica, Dactylorhiza osmanica.*

DE51.57: Sakaltutan-Paß (Erzincan); ausgedehnte Feuchtwiesen; 28.6.1994; 1820 m (20 km E Refahiye). *Dactylorhiza iberica, Dactylorhiza umbrosa.*

DE59.30: Kümbet (Giresun); kurzrasige Bergwiese mit einzelnen Gebüschen und Feuchtstellen; 27.6.1994; 1750 m (31 km NNE Şebinkarahisar). *Dactylorhiza euxina, Traunsteinera sphaerica.*

DE62.43: Refahiye (Erzincan); Feuchtwiese; 21.5.1988; 1700 m (7 km E Refahiye). *Dactylorhiza umbrosa, Dactylorhiza osmanica* x *Dactylorhiza umbrosa*

DE62.61: Refahiye (Erzincan); aufgelockerter Buschwald; 21.5.1988; 1800 m (13 km W Refahiye). *Dactylorhiza romana* (gelb), *Orchis pinetorum, Platanthera chlorantha.*

DE62.81: Akarsu, Erzincan-Sivas (Erzincan); Kiefernwald mit Eichengebüsch; 23.6.1996, 29.6.1996, 27.5.1997; 1520 m (14 km W Refahiye). *Cephalanthera kotschyana, Cephalanthera rubra, Epipactis helleborine, Orchis caucasica, Orchis pinetorum, Platanthera chlorantha.*

DE62.91: Akarsu, Erzincan-Sivas (Erzincan); Kiefernwald mit offenen Stellen; 23.6.1996, 29.6.1996, 27.5.1997; 1510 m (13 km W Refahiye). *Cephalanthera damasonium, Cephalanthera kotschyana, Cephalanthera rubra, Orchis caucasica, Orchis pinetorum, Platanthera chlorantha.*

DF03.31: Uzunisa (Ordu); Haselnußpflanzung; 27.6.1994; 210 m (11 km SW Ordu). *Anacamptis pyramidalis, Cephalanthera damasonium, Epipactis condensata* x *Epipactis helleborine, Epipactis microphylla, Ophrys oestrifera.*

DF41.50: Dereli (Giresun); Hangmoor; 27.6.1994; 1800 m (16 km SSE Giresun). *Dactylorhiza urvilleana.*

DF50.46: Dereli (Giresun); Haselnußplantage bei Wasserbrunnen; 29.5.1997; 340 m (21,5 km SSE Giresun). *Cephalanthera rubra, Ophrys caucasica.*

DF50.57: Dereli (Giresun); Haselnußplantage; 29.5.1997; 320 m (21 km SSE Giresun). *Ophrys karadenizensis.*

EB06.88: Sonlı (Şanlıurfa); Feuchtwiesen; 14.5.1988; 780 m (22 km SW Siverek). *Orchis pseudolaxiflora.*

EB79.21: Siverek (Diyarbakır); Feuchtwiese am Bach; 25.5.1997; 1025 m (30 km SW Diyarbakır). *Orchis pseudolaxiflora, Orchis pseudolaxiflora* (weiß).

EC25.31: Güneyköy (Elazığ); Eichengebüsch; 26.5.1997; 1200 m (23 km SSE Elazığ). *Comperia comperiana, Limodorum abortivum.*

EC25.71: Güneköy (Elazığ); Eichengebüsch; 26.5.1997; 1220 m (22 km SSE Elazığ). *Cephalanthera kotschyana, Himantoglossum affine.*

ED78.51: Pülümür (Tunceli); Bachufer; 21.5.1988; 1300 m (9 km NNW Pülümür). *Dactylorhiza osmanica.*

ED78.60: Pülümür (Tunceli); Flaumeichengebüsch; 21.5.1988; 1350 m (8 km NNW Pülümür). *Cephalanthera kotschyana, Cephalanthera longifolia, Cephalanthera kotschyana* x *Cephalanthera longifolia.*

ED97.59: Demirkapi (Erzincan); Feuchtstreifen; 27.5.1997; 1440 m (60 km ESE Erzincan). *Dactylorhiza euxina.*

EE39.27: Zigana-Paß (Trabzon); Almwiesen mit Gebüsch; 25.5.1995; 1400 m (6,5 km S Zigana-Paß). *Orchis pallens.*

EE39.38: Zigana-Paß (Trabzon); lockerer Kiefernwald; 26.5.1995; 1900 m (4,0 km S Zigana-Paß). *Dactylorhiza flavescens* (rot und gelb), *Orchis pallens.*

EF30.40: Zigana-Paß (Trabzon); Wiesen und Waldränder; 21.5.1988, 26.5.1995; 1790 m (44 km SSW Trabzon). *Dactylorhiza flavescens* (rot und gelb).

EF30.51: Zigana-Paß (Trabzon); Wiese mit Feuchtstellen; 21.5.1988; 1620 m (6 km S Zigana-Paß). *Dactylorhiza urvilleana.*

EF30.81: Zigana-Paß (Trabzon); Almwiesen mit Feuchtstellen, Quellsumpf; 1.7.1994; 1620 m (45 km SSW Trabzon). *Dactylorhiza euxina, Dactylorhiza urvilleana, Dactylorhiza euxina* x *Dactylorhiza urvilleana, Gymnadenia conopsea, Traunsteinera sphaerica.*

EF30.82: Zigana-Paß (Trabzon); Almwiesen mit Feuchtstellen, Quellsumpf; 1.7.1994; 1620 m (46 km SSW Trabzon). *Dactylorhiza euxina, Dactylorhiza urvilleana, Gymnadenia conopsea, Traunsteinera sphaerica.*

EF40.48: Bagişli (Trabzon); Hangwiese; 30.6.1994, 26.5.1995, 29.5.1997; 870 m (37,5 km SSW Trabzon). *Cephalanthera damasonium, Cephalanthera longifolia, Gymnadenia conopsea, Ophrys apifera, Ophrys caucasica, Ophrys oestrifera, Ophrys caucasica* x *Ophrys oestrifera, Orchis stevenii, Orchis tridentata, Steveniella satyrioides.*

EF40.48: Trabzon-Zigana-Paß (Trabzon); Hangwiese; 26.5.1995; 880 m (37 km SSW Trabzon). *Listera ovata, Ophrys caucasica, Orchis tridentata.*

EF40.56: Maçka/Zigana-Paß (Trabzon); Quellhang, Feuchtwiese im Wald; 30.6.1994; 860 m (36 km SSW Trabzon). *Dactylorhiza urvilleana, Gymnadenia conopsea.*

EF40.58: Maçka/Zigana-Paß (Trabzon); Fettwiese, Kalkmagerrasen, Gebüsche; 30.6.1994; 860 m (38 km SSW Trabzon). *Dactylorhiza urvilleana, Epipactis turcica, Gymnadenia conopsea, Orchis stevenii.*

EF41.55: Maçka (Trabzon); Haselnußpflanzung, Kalkmagerrasen mit Gebüschinseln; 19.5.1996; 350 m (27 km SSW Trabzon). *Cephalanthera damasonium, Cephalanthera longifolia, Ophrys caucasica, Ophrys oestrifera, Ophrys caucasica* x *Ophrys oestrifera, Orchis caucasica, Orchis simia, Orchis tridentata, Steveniella satyrioides.*

EF41.62: Maçka/Zigana-Paß (Trabzon); grasiger Hang, Kalkofen; 20.5.1988, 26.5.1995; 860 m (37 km SSW Trabzon). *Cephalanthera damasonium, Cephalanthera longifolia, Epipactis helleborine, Gymnadenia conopsea, Ophrys apifera, Ophrys caucasica, Ophrys oestrifera, Orchis stevenii, Orchis tridentata, Steveniella satyrioides.*

EF41.95: Maçka/Zigana-Paß (Trabzon); Haselnußpflanzung, Fettwiese; 20.5.1988; 500 m (31 km SSW Trabzon). *Cephalanthera damasonium, Cephalanthera longifolia, Listera ovata, Ophrys caucasica, Orchis provincialis, Orchis simia, Orchis tridentata, Steveniella satyrioides.*

EF51.07: Maçka (Trabzon); Haselnußpflanzung; 20.5.1988, 26.5.1995; 380 m (29 km SSW Trabzon). *Anacamptis pyramidalis, Cephalanthera damasonium, Cephalanthera longifolia, Listera ovata, Ophrys caucasica, Ophrys oestrifera, Orchis caucasica, Orchis provincialis, Orchis simia, Orchis caucasica* x *Orchis simia, Orchis tridentata, Steveniella satyrioides.*

EF51.17: Maçka (Trabzon); Haselnußpflanzung mit grasigem Untergrund; 20.5.1988; 370 m (27 km SSW Trabzon). *Cephalanthera damasonium, Cephalanthera longifolia, Listera ovata, Ophrys caucasica, Ophrys oestrifera, Orchis caucasica, Orchis simia, Orchis caucasica* x *Orchis simia, Orchis tridentata, Steveniella satyrioides.*

EF51.18: Maçka (Trabzon); Haselnußkultur mit Trockenrasenflächen, Kiefernwald; 20.5.1988, 26.5.1995, 29.5.1997; 350 m (27 km SSW Trabzon). *Cephalanthera damasonium, Cephalanthera longifolia, Dactylorhiza urvilleana, Epipactis microphylla, Listera ovata, Ophrys bremifera, Ophrys caucasica, Ophrys oestrifera, Ophrys caucasica* x *Ophrys oestrifera, Orchis caucasica, Orchis simia, Orchis stevenii, Orchis simia* x *Orchis stevenii, Orchis tridentata, Steveniella satyrioides.*

EF51.20: Maçka (Trabzon); Haselnußkultur mit Trockenrasenflächen und Gebüschen; 19.5.1988; 320 m (26 km SSW Trabzon). *Cephalanthera damasonium, Cephalanthera longifolia, Epipactis turcica, Limodorum abortivum, Ophrys apifera, Ophrys caucasica, Ophrys oestrifera, Orchis caucasica, Orchis simia, Orchis caucasica* x *Orchis simia, Orchis tridentata.*

EF51.32: Maçka (Trabzon); Haselnußpflanzung, Kalkmagerrasen; 30.6.1994; 300 m (27 km SSW Trabzon). *Anacamptis pyramidalis, Cephalanthera damasonium, Cephalanthera longifolia, Orchis stevenii.*

EF51.34: Maçka (Trabzon); Haselnußpflanzung, Kalkmagerrasen mit Gebüschinseln; 19.5.1988, 26.5.1995; 300 m (25 km SSW Trabzon). *Epipactis turcica, Gymnadenia conopsea, Ophrys oestrifera, Orchis caucasica, Orchis simia, Orchis caucasica* x *Orchis simia, Orchis tridentata.*

EF51.36: Maçka-Sumela Kloster (Trabzon); Haselnußkultur mit Kalkmagerrasen; 19.5.1988; 350m (2 km S Maçka). *Anacamptis pyramidalis, Cephalanthera damasonium, Cephalanthera longifolia, Listera ovata, Ophrys caucasica, Ophrys oestrifera, Orchis caucasica, Orchis simia, Orchis tridentata.*

EF51.45: Maçka (Trabzon); Haselnußpflanzung; 26.5.1995, 19.5.1996; 400 m (28 km SSW Trabzon). *Anacamptis pyramidalis, Cephalanthera damasonium, Cephalanthera longifolia, Ophrys caucasica, Orchis caucasica, Orchis simia, Orchis tridentata.*

EF52.63: Mataracı (Trabzon); Haselnußpflanzung, Straßenböschung; 19.5.1996; 200 m (19 km SSW Trabzon). *Cephalanthera damasonium, Listera ovata, Ophrys bremifera, Ophrys oestrifera, Orchis tridentata, Serapias feldwegiana.*

FC34.33: Bingöl-Diyarbakır (Diyarbakır); Feuchtwiesen, Eichengestrüpp; 14.5.1988; 900 m (49 km NNE Diyarbakır). *Ophrys cilicica, Ophrys schulzei.*

FC45.58: Lice (Diyarbakır); Bachufer, Wiesenflächen, Eichengebüsch, Eichen-Buschwald, Feuchtstellen; 14.5.1988; 900 m (3 km E Lice). *Anacamptis pyramidalis, Cephalanthera longifolia, Epipactis helleborine, Himantoglossum affine, Ophrys carduchorum, Ophrys cilicica, Ophrys khuzestanica, Ophrys phrygia, Ophrys carduchorum* x *Ophrys khuzestanica, Ophrys schulzei, Orchis anatolica, Orchis fragrans, Orchis pseudolaxiflora, Orchis tridentata.*

FC66.20: Lice-Kulp (Diyarbakır); Feuchtwiese, Quellhang, Eichengebüsch, Magerwiese mit Eichen; 14.5.1988; 880 m (21 km E Lice). *Anacamptis pyramidalis, Ophrys cilicica, Ophrys holoserica, Ophrys holoserica* x *Ophrys phrygia, Ophrys khuzestanica, Ophrys phrygia, Ophrys schulzei, Ophrys phrygia* x *Ophrys schulzei, Orchis fragrans, Orchis pseudolaxiflora, Orchis punctulata, Orchis simia.*

FE08.59: Soğanlı-Paß (Bayburt); Straßenböschung, Magerrasen, Almwiesen; 29.6.1994; 2150 m (45 km S Of). *Gymnadenia conopsea, Traunsteinera sphaerica.*

FE20.35: Cayköy, Erzincan-Erzurum vor Brücke über den Serçemefluß (Erzincan); ausgedehnte Feuchtwiesen; 24.6.1996; 1780 m (80 km ENE Erzincan). *Dactylorhiza umbrosa, Orchis pseudolaxiflora.*

FE23.83: Kopdağı-Paß (Erzurum); Quellhang, Sumpfwiese; 29.6.1994; 2400 m (23 km NW Aşkale). *Dactylorhiza umbrosa, Dactylorhiza euxina* x *Dactylorhiza umbrosa.*

FE31.94: Tercan, Erzincan-Erzurum (Erzurum); Feuchtwiesen; 24.6.1996; 1960 m (25 km E Tercan). *Dactylorhiza umbrosa, Orchis pseudolaxiflora.*

FE52.11: Aşkale (Erzurum); ausgedehnte Feuchtwiesen; 29.6.1994; 1700 m (5 km NE Aşkale). *Dactylorhiza osmanica, Dactylorhiza umbrosa, Orchis pseudolaxiflora.*

FF30.78: İkizdere/Ovitdağı-Paß (Rize); Feuchtwiese und Mischwald; 18.5.1988; 1150 m (34 km SSE Of). *Dactylorhiza euxina, Dactylorhiza urvilleana, Listera ovata, Orchis mascula.*

FF31.21: İkizdere (Rize); Quellhang mit einzelnen Gebüschen, Straßenböschung; 18.5.1988; 870 m (32 km SSE Of). *Dactylorhiza saccifera, Dactylorhiza urvilleana, Dactylorhiza saccifera* x *Dactylorhiza urvilleana, Serapias feldwegiana.*

FF40.52: Sivrikaya, Ovitdağı-Paß (Erzurum); Feuchtwiesen, bachbegleitende Staudenfluren; 25.6.1996; 1800 m (7 km NNW Ovitdağı-Paß). *Dactylorhiza euxina, Dactylorhiza euxina* var. *markowitschii, Dactylorhiza urvilleana, Traunsteinera sphaerica.*

FF40.72: Sivrikaya, Ovitdağı-Paß (Erzurum); Almwiesen mit *Rhododendron*-Gebüsch; 25.6.1996; 1950 m (8 km NNW Ovitdağı-Paß). *Coeloglossum viride, Dactylorhiza euxina, Dactylorhiza euxina* var. *markowitschii, Gymnadenia conopsea, Orchis mascula.*

FF69.31: Ovitdağı-Paß/Pazaryola (Erzurum); Feuchtwiesen, bachbegleitende Staudenfluren; 25.6.1996; 1700 m (15 km E Ovitdağı-Paß). *Dactylorhiza euxina, Dactylorhiza euxina* var. *markowitschii.*

GF16.43: Gül Dağı, Murgul (Artvin); Buchen-Mischwald mit einzelnen Fichten; 24.6.1996; 1300 m (18 km SSW Borçka). *Cephalanthera longifolia, Epipactis pontica, Platanthera chlorantha.*

GF16.45: Gül Dağı, Murgul (Artvin); Feuchtwiesen, Quellhang; 24.6.1996; 1200 m (15 km SSW Borçka). *Dactylorhiza urvilleana, Serapias feldwegiana.*

GF33.00: Zeytinlik (Artvin); Sinterhang; 17.5.1988, 27.6.1996; 450 m (11 km SSW Artvin). *Epipactis veratrifolia.*

GF34.48: Yusufeli (Artvin); überrieselter Sinterhang mit Binsen; 17.05.1988, 27.6.1996; 550 m (28 km SSW Artvin). *Epipactis veratrifolia.*

GF36.31: Kafkasör (Artvin); Magerrasen; 28.5.1997; 1150 m (5 km SW Artvin). *Cephalanthera longifolia, Coeloglossum viride, Dactylorhiza flavescens* (rot und gelb), *Orchis caucasica.*

GF36.52: Kafkasör (Artvin); Wiese mit Obstbäumen und Haselnußbüschen; 28.5.1997; 840 m (3 km SW Artvin). *Dactylorhiza flavescens* (rot und gelb), *Dactylorhiza urvilleana, Orchis morio* subsp. *morio.*

GF36.63: Kafkasör (Artvin); Wiesenhang, Magerrasen; 28.5.1997; 690 m (2 km SW Artvin). *Orchis punctulata, Orchis caucasica* x *Orchis punctulata.*

GF36.73: Mezra (Artvin); Quellwiese; 28.5.1997; 800 m (5 km W Artvin). *Dactylorhiza urvilleana.*

GF36.83: Mezra (Artvin); Straßenböschung; 28.5.1997; 900 m (5,5 km W Artvin). *Cephalanthera damasonium, Dactylorhiza flavescens* (gelb), *Orchis caucasica.*

GF36.84: Mezra (Artvin); Wiesenhang mit Gebüschrand; 28.5.1997; 870 m (4 km W Artvin). *Cephalanthera kurdica, Coeloglossum viride, Epipactis helleborine, Platanthera chlorantha.*

GF36.85: Mezra (Artvin); Hangwiese mit Feuchtstellen; 28.5.1997; 950 m (3 km W Artvin). *Dactylorhiza flavescens* (rot und gelb), *Dactylorhiza urvilleana, Orchis morio* subsp. *morio.*

GF36.85: Mezra (Artvin); Wiesenhang mit Feuchtstellen; 28.5.1997; 940 m (3 km W Artvin). *Coeloglossum viride, Dactylorhiza urvilleana, Orchis caucasica, Platanthera chlorantha.*

KH47.80: Kolbaşı (Bitlis); lichter Eichen-Buschwald, Eichengebüsch; 15.5.1988; 1800 m (16 km N Bitlis). *Dactylorhiza flavescens* (gelb).

KH86.41: Resadiye, Tatvan-Van (Bitlis); Eichen-Buschwald; 15.5.1988; 1700 m (20 km ESE Tatvan). *Cephalanthera kotschyana, Orchis tridentata.*

KH95.22: Gevaş (Van); ausgedehnte Feuchtwiesen; 15.5.1988; 1900 m (38 km WNW Gevaş). *Dactylorhiza umbrosa, Dactylorhiza umbrosa* (weiß).

KL55.32: Yalnizçam-Paß/Ardanuç (Artvin); Feuchtwiese; 26.6.1996; 1500 m (25 km ESE Ardanuç). *Epipactis palustris.*

KL75.38: Çam-Paß, Ardahan-Şavşat (Artvin); ausgedehnte Feucht- und Mähwiesen; 26.6.1996; 1700 m (6 km SE Şavşat). *Dactylorhiza euxina, Dactylorhiza urvilleana, Dactylorhiza euxina* x *Dactylorhiza urvilleana, Orchis coriophora, Orchis pseudolaxiflora, Platanthera chlorantha.*

KL85.39: Çam-Paß, Ardahan-Şavşat (Artvin); Mähwiesen; 26.6.1996; 1520 m (5 km ESE Şavşat). *Gymnadenia conopsea, Platanthera chlorantha.*

KL85.49: Çam-Paß, Ardahan-Şavşat (Artvin); Almwiesen mit Quellhängen; 26.6.1996; 1575 m (6 km ESE Şavşat). *Dactylorhiza euxina, Dactylorhiza urvilleana, Dactylorhiza euxina* x *Dactylorhiza urvilleana, Gymnadenia conopsea, Orchis coriophora, Orchis pseudolaxiflora, Orchis coriophora* x *Orchis pseudolaxiflora, Platanthera chlorantha.*

KL85.49: Çam-Paß, Ardahan-Şavşat (Artvin); Fichtenwald; 26.6.1996; 1590 m (6 km ESE Şavşat). *Cephalanthera longifolia, Dactylorhiza urvilleana, Platanthera chlorantha.*

KL95.41 Çam-Paß, Ardahan-Şavşat (Artvin); Fichtenwald unmittelbar an der Paßhöhe; 26.6.1996; 2500 m (12 km ESE Şavşat). *Cephalanthera longifolia, Cephalanthera rubra, Epipactis helleborine.*

LH25.31: Reşadiye (Van); feuchter Straßengraben, Bachrand, Feuchtwiese; 15.5.1988; 2.000 m (27 km WNW Gevaş). *Dactylorhiza umbrosa.*

LH59.71: Tarmalı-Paß (Van); kurzrasige, ausgedehnte Feuchtwiesen; 16.5.1988; 1800 m (24 km NNW Van). *Dactylorhiza umbrosa, Dactylorhiza umbrosa* (weiß).

LJ17.18: Hamur, Tutak-Ağrı (Ağrı); Quellhang; 24.6.1996; 1650 m (22 km SSW Ağrı). *Dactylorhiza umbrosa, Dactylorhiza umbrosa* var. *chuhensis.*

LJ29.90: Hamur (Ağrı); Feuchtwiesen; 16.5.1988; 1700 m (2 km NNE Hamur). *Dactylorhiza umbrosa.*

LK00.56: Ağrı-Erzurum (Ağrı); Feuchtwiese; 24.6.1996; 1550 m (110 km E Erzurum). *Orchis pseudolaxiflora.*

LL18.28: Damal, Ardahan-Posof (Ardahan); Feuchtwiesen; 24.6.1996; 2300 m (55 km NE Ardahan). *Dactylorhiza euxina* var. *markowitschii.*

LL18.64: Damal, Ardahan-Posof (Ardahan); Feuchtwiesen; 24.6.1996; 2400 m (52 km NE Ardahan). *Dactylorhiza euxina* var. *markowitschii.*

MC43.22: Halbinsel Çeşme (İzmir); Phrygana, Affodillflur, beweidetes Ödland, Magerrasen, Gebüsch; 31.3.1996; 100 m (8 km SW Çeşme). *Ophrys cinereophila, Ophrys iricolor, Ophrys mammosa, Ophrys sicula, Ophrys umbilicata, Orchis anatolica.*

MC43.34: Halbinsel Çeşme (İzmir); Phrygana, Ödland, Kiefernwald, Wiese; 31.3.1996; 50 m (2,5 km SW Çeşme). *Ophrys blithopertha, Ophrys iricolor, Ophrys sicula, Ophrys umbilicata.*

MC44.01: Halbinsel Çeşme (İzmir); Phrygana, beweidetes Ödland; 31.3.1996; 20 m (1 km E Çeşme). *Barlia robertiana, Ophrys iricolor, Ophrys sicula.*

MC44.07: Halbinsel Çeşme (İzmir); Phrygana, beweidetes Ödland, Magerrasen; 31.3.1996, 12.4.1997; 100 m (2 km NW Çeşme). *Anacamptis pyramidalis, Ophrys blithopertha, Ophrys iricolor, Ophrys regis-ferdinandii, Ophrys sicula, Ophrys umbilicata, Orchis fragrans, Orchis papilionacea* subsp. *heroica, Orchis sancta.*

MC64.92: Urla, Halbinsel Çeşme (İzmir); Phrygana, Wiesen; 31.3.1996; 20 m (6 km N Urla). *Ophrys sicula, Orchis lactea, Serapias orientalis* subsp. *carica.*

MC65.45: Karaburun (İzmir); Phrygana, Wiesenflächen; 12.4.1997; 10 m (20 km NNW Urla). *Anacamptis pyramidalis, Ophrys attaviria, Ophrys minutula, Ophrys oestrifera.*

MC66.45: Mordogan (İzmir); Oliventerrassen; 12.4.1997, 40 m (26 km NNW Urla). *Anacamptis pyramidalis, Ophrys attaviria, Ophrys cinereophila, Ophrys iricolor, Ophrys sicula.*

MC74.63: Urla, Halbinsel Çeşme (İzmir); Macchien, Phrygana, Steinflur; 2.4.1996, 12.4.1997; 150 m (2 km NW Urla). *Neotinea maculata, Ophrys blithopertha, Ophrys ferrum-equinum, Ophrys minutula, Ophrys sicula, Orchis lactea, Orchis sezikiana.*

MC82.18: Yağcılar (İzmir); Macchien; 12.4.1997, 120 m (8 km SW Urla). *Ophrys attaviria, Ophrys sicula.*

MC83.48: Urla, Halbinsel Çeşme (İzmir); lockerer Kiefernwald; 2.4.1996; 80 m (2 km SW Urla). *Aceras anthropophorum, Neotinea maculata, Ophrys attaviria, Ophrys ferrum-equinum, Ophrys iricolor, Ophrys sitiaca, Orchis anatolica, Orchis italica, Orchis papilionacea* subsp. *heroica.*

MC83.56: Yağcılar, Halbinsel Çeşme (İzmir); Macchien, Kiefernwald; 2.4.1996; 100 m (6 km SW Urla). *Ophrys attaviria, Ophrys sicula.*

ME43.31: İntepe (Çanakkale); Phrygana, Wiesenflächen und Kiefernwald; 3.5.1988; 100 m (15 km SW Çanakkale). *Cephalanthera epipactoides, Ophrys fusca, Ophrys mammosa, Ophrys oestrifera, Ophrys sicula, Ophrys speculum, Orchis fragrans, Orchis punctulata, Orchis tridentata.*

ME43.31: Güzelyalı, Tusan Motel (Çanakkale); Kiefernwald, Phrygana; 3.5.1988; 50 m (12 km SW Çanakkale). *Anacamptis pyramidalis, Cephalanthera epipactoides, Ophrys fusca, Ophrys oestrifera, Ophrys sicula, Orchis fragrans, Orchis tridentata.*

ME43.31: Güzelyalı (Çanakkale); Kiefernwald und Wiesenflächen; 3.5.1988; 50 m (12 km SSW Çanakkale). *Anacamptis pyramidalis, Cephalanthera epipactoides, Limodorum abortivum, Ophrys fusca, Ophrys sicula, Orchis fragrans, Orchis tridentata.*

ME66.12: Tayfur (Çanakkale); Kiefernwald; 2.5.1988; 100 m (16 km SW Gelibolu). *Cephalanthera epipactoides.*

ME66.16: Tayfur (Çanakkale); Macchien, Flaumeichenwald; 2.5.1988, 13.4.1997, 26.4.1997; 100 m (13 km SSW Gelibolu). *Ophrys apifera, Ophrys bucephala, Ophrys fusca, Ophrys pseudomammosa, Ophrys sicula, Orchis punctulata, Orchis purpurea, Orchis tridentata.*

ME66.36: Tayfur (Çanakkale); Macchien, Wiesenflächen; 2.5.1988; 150 m (14 km SSW Gelibolu). *Ophrys fusca, Ophrys mammosa, Orchis tridentata.*

MF56.53: Meriç (Edirne); Flaumeichengebüsch und Wacholderhang; 27.4.1997; 140 m (17 km WSW Üzünköprü). *Orchis purpurea.*

MF75.14: Alıcöy (Edirne); Wiesen, Macchien; 2.5.1988; 100 m (48 km SSW Havsa). *Orchis purpurea.*

MF87.07: Yeniköy (Edirne); Flaumeichengebüsch mit Kalkmagerrasen (Friedhof); 27.4.1997; 120 m (41 km SE Edirne). *Ophrys mammosa.*

MJ36.36: Doğubayazıt (Ağrı); Quellhang; 25.6.1996; 2150 m (13 km SW Doğubayazıt). *Dactylorhiza umbrosa, Dactylorhiza umbrosa* var. *chuhensis.*

NA29.46: Gümüslük (Muğla); Feuchtwiesen und Bachränder; 8.4.1997; 40 m (8 km WSW Bodrum). *Serapias orientalis* subsp. *carica.*

NA66.06: Datça (Muğla); Phrygana, grasige Stellen; 9.4.1997; 20 m (4 km NE Datça). *Ophrys blithopertha, Ophrys calypsus, Orchis fragrans.*

NA66.67: Datça (Muğla); kalkrücken mit Phrygana; 9.4.1997; 70 m (10 km ENE Datça). *Barlia robertiana, Ophrys calypsus, Ophrys episcopalis, Serapias cordigera.*

NB17.94: Dilek Yarımadası (Milli Park), Davutlar (Aydın); lichter Kiefernwald, Strandwiese, Phrygana; 2.4.1996; 10 m (30 km WSW Davutlar). *Anacamptis pyramidalis, Ophrys umbilicata, Orchis anatolica, Serapias orientalis* subsp. *carica.*

NB25.40: Akköy (Aydın); grasige Phrygana; 5.5.1988; 100 m (3 km SW Akköy). *Anacamptis pyramidalis, Ophrys fusca* s. l., *Ophrys oestrifera, Orchis fragrans, Serapias bergonii.*

NB26.79: Priene (Aydın); Ausgrabungsgelände, Trockenrasen, Steinfluren, Affodillflur; 5.5.1988, 3.4.1996; 150 m (15 km SSW Söke). *Ophrys sicula, Orchis italica, Orchis sancta, Serapias bergonii, Serapias politisii.*

NB27.12: Dilek Yarımadası (Milli Park), Davutlar (Aydın); Kiefernwald, Wiesenflächen; 2.4.1996; 250 m (22 km WSW Davutlar). *Ophrys mammosa, Ophrys sicula.*

NB27.22: Dilek Yarımadası (Milli Park), Davutlar (Aydın); Mischwald; 2.4.1996; 250 m (18 km WSW Davutlar). *Neotinea maculata.*

NB28.43: Soğucak (Aydın); lockerer Kiefernwald, Macchien, Wiesen, Gebüsche, Olivenhain; 2.4.1996, 14.4.1997; 150 m (8 km SSE Kusadaşı). *Limodorum abortivum, Ophrys attaviria, Ophrys bucephala, Ophrys calypsus, Ophrys mammosa, Ophrys sicula, Ophrys umbilicata, Ophrys calypsus* x *Ophrys minoa, Orchis morio* subsp. *picta, Orchis papilionacea* subsp. *heroica, Orchis punctulata, Serapias bergonii, Spiranthes spiralis.*

NB28.44: Kusadaşı-Söke (Aydın); grasige Flächen, einzelne Büsche; 14.5.1996, 15.4.1997; 50 m (6 km SE Kusadaşı). *Anacamptis pyramidalis, Ophrys sicula, Orchis fragrans, Orchis sancta, Orchis fragrans* x *Orchis sancta, Orchis punctulata.*

NB28.45: Kusadaşı (Aydın); Wiesenflächen, Affodilflur; 5.5.1988; 250 m (2 km SSE Kusadaşı). *Anacamptis pyramidalis, Orchis fragrans, Orchis sancta.*

NB29.32: Gökdiken (Muğla); Wiesenflächen mit einzelnen Kiefern; 8.4.1997; 50 m (11 km WSW Bodrum). *Serapias bergonii, Serapias orientalis* subsp. *carica.*

NB29.46: Kusadaşı-Selçuk (Aydın), Phrygana, lichter Kiefernwald mit grasigen, feuchten Stellen; 3.4.1996; 100 m (5 km N Kusadaşı). *Ophrys sicula, Orchis morio* subsp. *picta, Orchis papilionacea* subsp. *heroica.*

NB29.46: Kusadaşı (Aydın); küstennahes Sumpfgebiet; 14.5.1996; 1 m (5 km N Kusadaşı). *Orchis elegans.*

NB30.06: Gündogan (Muğla); Feuchtwiese; 8.4.1997; 30 m (6,5 km NNW Bodrum). *Serapias orientalis* subsp. *carica.*

NB30.45: Torba (Muğla); Olivenkulturen mit grasigem Unterwuchs auf Kalk; 7.4.1997, 12.3.1998; 50 m (7 km N Bodrum). *Barlia robertiana, Neotinea maculata, Ophrys heterochila, Ophrys homeri, Ophrys lesbis, Ophrys lesbis* (gelb), *Ophrys bremifera, Ophrys reinholdii, Ophrys sicula, Ophrys umbilicata, Orchis italica, Orchis papilionacea* subsp. *heroica, Serapias bergonii.*

NB35.22: Bafasee (Aydın); grasige Hänge mit Macchien; 11.4.1996, 8.4.1997; 70 m (27 km SSW Söke). *Barlia robertiana, Ophrys ferrum-equinum, Ophrys lesbis, Ophrys mammosa, Ophrys sicula, Ophrys umbilicata, Orchis italica, Serapias bergonii.*

NB37.19: Söke (Aydın); Macchien, Phrygana, Olivenhain; 2.4.1996, 13.5.1996; 80 m (3 km W Söke). *Anacamptis pyramidalis, Ophrys candica, Ophrys regis-ferdinandii, Orchis fragrans, Orchis sancta, Orchis fragrans* x *Orchis sancta, Serapias bergonii.*

NB39.08: Selçuk-Meryemana (İzmir); grasige, felsige Wiesenflächen, Kiefernwald, Phrygana; 4.5.1988, 3.4.1996, 14.4.1997; 200-500 m (4 km SSW Selçuk). *Anacamptis pyramidalis, Barlia robertiana, Dactylorhiza romana* (rot, gelb und Mischfarbe), *Neotinea maculata, Ophrys ferrum-equinum, Ophrys fusca* s. l., *Ophrys iricolor, Ophrys mammosa, Ophrys sicula, Ophrys speculum, Orchis anatolica, Orchis italica, Orchis morio* subsp. *picta, Orchis papilionacea* subsp. *heroica, Orchis provincialis.*

NB40.21: Bodrum-Karaova (Muğla); steiniger Kiefernwald; 4.4.1996; 220 m (8,5 km E Bodrum). *Limodorum abortivum, Neotinea maculata, Ophrys heterochila, Ophrys sicula.*

NB40.21: Bodrum-Karaova (Muğla) Kiefernwald mit Unterwuchs; 4.4.1996, 7.4.1997; 200 m (4 km E Bodrum). *Anacamptis pyramidalis, Neotinea maculata, Ophrys blithopertha, Ophrys cinereophila, Ophrys homeri, Ophrys iricolor, Ophrys labiosa, Ophrys omegaifera, Ophrys sicula, Ophrys sitiaca, Orchis collina, Orchis italica, Orchis morio* subsp. *picta, Orchis papilionacea* subsp. *heroica, Serapias bergonii, Serapias orientalis* subsp. *carica.*

NB40.42: Bodrum-Karaova (Muğla); grasiger Kiefernwald; 4.4.1996; 180 m (10,5 km E Bodrum). *Limodorum abortivum, Neotinea maculata, Ophrys bombyliflora, Ophrys bremifera, Ophrys heterochila, Ophrys omegaifera, Ophrys reinholdii, Ophrys sicula, Ophrys umbilicata, Orchis provincialis.*

NB49.34: Çamicisee/Bafasee (Aydın); grasige Phrygana mit Felsen und Wiesenflächen; 7.4.1996; 200 m (8 km NW Çamici). *Barlia robertiana, Neotinea maculata, Ophrys ferrum-equinum, Ophrys fusca* s. l., *Ophrys iricolor, Ophrys lesbis, Ophrys mammosa, Ophrys sicula, Ophrys speculum, Ophrys umbilicata, Orchis italica, Serapias bergonii, Serapias orientalis* subsp. *carica.*

NB50.34: Çamlık (Muğla); Kiefernwald, Wiese, Gebüsch; 4.4.1996; 90 m (17 km ENE Bodrum). *Ophrys sicula, Serapias bergonii.*

NB50.66: Karaova (Muğla); Friedhof mit Gebüsch, einzelnen Pinien und grasigen Wiesenflächen; 4.4.1996, 7.4.1997; 20 m (20 km ENE Bodrum). *Barlia robertiana, Ophrys bombyliflora, Ophrys sicula, Ophrys speculum, Ophrys tenthredinifera, Ophrys umbilicata, Orchis fragrans, Orchis papilionacea* subsp. *heroica, Serapias bergonii.*

NB51.71: Kuzyaka (Muğla); Friedhof mit Wiese und einzelnen Kiefern; 5.4.1996; 70 m (19,5 km SSW Milas). *Ophrys tenthredinifera, Serapias bergonii.*

NB52.32: Güllük (Muğla); Wiesen, Kiefern, Phrygana, grasige Hangfläche mit Olivenbäumen; 5.4.1996; 70 m (25 km SSW Bodrum). *Ophrys blithopertha, Ophrys heterochila, Ophrys iricolor, Ophrys mammosa, Ophrys sicula, Orchis fragrans, Orchis morio* subsp. *picta, Serapias bergonii, Serapias orientalis* subsp. *carica, Spiranthes spiralis.*

NB53.87: Euromos (Muğla); Ausgrabungsgelände, Affodilfluren, Steinfluren; 5.5.1988; 90 m (11 km NW Milas). *Serapias bergonii.*

NB72.97: Milas-Yatağan (Muğla); Kiefernwald mit Freiflächen; 5.5.1988, 5.4.1996; 400 m (5 km ESE Milas). *Aceras anthropophorum, Limodorum abortivum, Neotinea maculata, Ophrys labiosa, Ophrys iricolor, Ophrys leucadica, Ophrys sicula, Orchis anatolica, Orchis italica.*

NB92.09: Eskihisar (Muğla); Kiefernwald, Waldrand; 5.4.1996; 330 m (10 km WSW Yatağan). *Orchis simia.*

NB92.09: Eskihisar (Muğla); Kiefernwald mit Eichengebüsch, Waldrand, rasige Weideflächen; 5.5.1988; 350 m (12 km WSW Yatağan). *Himantoglossum affine, Neotinea maculata, Orchis anatolica, Orchis tridentata, Serapias orientalis* subsp. *carica.*

NC34.84: Dağkızılca (İzmir); Kiefernwald; 4.5.1988, 6.4.1996; 450 m (9 km S Kemalpaşa). *Cephalanthera epipactoides, Cephalanthera longifolia, Epipactis helleborine, Limodorum abortivum, Ophrys apifera, Ophrys fusca* s. l., *Ophrys iricolor, Ophrys mammosa, Ophrys sicula, Ophrys speculum, Ophrys umbilicata, Orchis italica, Serapias bergonii, Serapias politisii.*

NC45.11: Yukarıkızılca (İzmir); lichte Kiefernwälder; 4.5.1988, 6.4.1996, 14.5.1996; 400 m (2 km SE Kemalpaşa). *Anacamptis pyramidalis, Cephalanthera epipactoides, Limodorum abortivum, Ophrys apifera, Ophrys bombyliflora, Ophrys bremifera, Ophrys candica, Ophrys candica* x *Ophrys oestrifera, Ophrys fusca* s. l., *Ophrys heterochila, Ophrys holoserica, Ophrys mammosa, Ophrys speculum, Orchis fragrans, Orchis laxiflora, Orchis papilionacea* subsp. *heroica, Orchis sancta, Serapias bergonii, Serapias politisii.*

NF02.96: Yenice (Tekirdağ); Kalkmagerrasen mit Flaumeichengebüsch; 26.4.1997; 450 m (38 km WSW Tekirdağ). *Ophrys pseudomammosa, Orchis purpurea, Orchis simia.*

NF22.35: Nusratfakı (Tekirdağ); Kalkmagerrasen mit Gebüsch; 30.4.1997; 110 m (18 km SW Tekirdağ). *Ophrys sicula, Orchis morio* subsp. *morio, Orchis simia, Orchis tridentata.*

NF22.36: Nusratfakı (Tekirdağ); Kalkmagerrasen mit Gebüsch; 30.4.1997; 120 m (20 km SW Tekirdağ). *Orchis morio* subsp. *morio, Orchis purpurea, Orchis simia.*

NF22.42: Yeniköy (Tekirdağ); Gebüschhang; 30.4.1997; 90 m (19 km SW Tekirdağ). *Orchis provincialis, Orchis purpurea, Orchis simia, Orchis tridentata.*

NF22.44: Yakarikilicli (Tekirdağ); Kalkmagerrasen mit Gebüsch; 26.4.1997; 165 m (14 km WSW Tekirdağ). *Ophrys sicula, Orchis simia, Orchis tridentata.*

NF22.51: Yeniköy (Tekirdağ); Kalkmagerrasen mit Gebüschstreifen; 30.4.1997; 80 m (16 km SW Tekirdağ). *Ophrys mammosa, Orchis punctulata, Orchis purpurea, Orchis tridentata.*

NF23.22: İnecik (Tekirdağ); Kalkmagerrasen mit Wacholdern; 30.4.1997; 160 m (17 km WSW Tekirdağ). *Ophrys bucephala, Orchis purpurea.*

NF23.83: İnecik (Tekirdağ); Kalkmagerrasen mit Gebüsch; 30.4.1997; 160 m (11 km WSW Tekirdağ). *Orchis morio* subsp. *morio, Orchis simia.*

NF32.74: Barbaros (Tekirdağ); Magerrasen mit Eichengebüsch; 26.4.1997; 40 m (14 km SSW Tekirdağ). *Dactylorhiza romana* (rot, gelb und Mischfarben), *Ophrys mammosa, Orchis morio* subsp. *morio.*

NF33.24: İnecik (Tekirdağ); Kalkmagerrasen; 30.4.1997; 130 m (8 km WSW Tekirdağ). *Ophrys bucephala, Ophrys mammosa, Orchis morio* subsp. *morio.*

NG31.43: Pınarhisar (Kırklareli); Wiesenflächen mit Eichengebüsch; 28.4.1997; 195 m (20 km SE Kırklareli). *Ophrys mammosa, Orchis morio* subsp. *morio, Orchis purpurea, Platanthera chlorantha.*

PA06.30: Armelli (Muğla); Kiefernwald mit Feuchtstellen; 10.4.1997; 60 m (19 km SSW Marmaris). *Limodorum abortivum, Neotinea maculata, Ophrys ferrum-equinum, Ophrys sicula, Orchis fragrans, Orchis laxiflora, Serapias bergonii.*

PA06.78: Osmaniye (Muğla); Kalkfelsen mit Eichengestrüpp; 10.4.1997; 270 m (7 km S İçmeler). *Orchis anatolica.*

PA07.04: Marmaris (Muğla); Feuchtwiese; 10.4.1997; 40 m (12 km SW Marmaris). *Orchis laxiflora.*

PA07.12: Değirmenyanı (Muğla); Macchien, Phrygana, Kiefernwald mit Unterwuchs; 7.4.1996; 350 m (8 km WSW Marmaris). *Serapias cordigera.*

PA07.12: Değirmenyanı (Muğla); Kiefernwald mit grasigen Stellen und Randbereichen im Übergang zur Phrygana; 7.4.1996, 9.4.1997; 300 m (7 km WSW Marmaris). *Ophrys episcopalis.*

PA07.34: Marmaris (Muğla); Kiefernwälder; 10.4.1997; 30 m (9 km SW Marmaris). *Limodorum abortivum, Serapias bergonii, Serapias cordigera, Serapias bergonii* x *Serapias cordigera, Spiranthes spiralis.*

PA07.60: Torunc (Muğla); lichter Kiefernwald; 10.4.1997; 430 m (6 km S İçmeler). *Limodorum abortivum, Orchis italica.*

PA09.83: Taşbükü (Muğla); Phrygana, Wegränder; 11.4.1997; 5 m (13 km NW Marmaris). *Ophrys holoserica, Ophrys phryganae, Orchis fragrans.*

PA17.04: Marmaris (Muğla); Kiefernwald; 10.4.1997; 40 m (6 km SW Marmaris). *Limodorum abortivum.*

PA18.22: Marmaris (Muğla); lichter Kiefernwald mit grasigen Feuchtstellen; 11.4.1997; 20 m (2 km N Marmaris). *Limodorum abortivum, Ophrys apifera* var. *bicolor, Serapias bergonii.*

PA18.39: Çetibeli (Muğla); bewaldetes Feuchtgebiet; 11.4.1997; 320 m (11 km N Marmaris). *Ophrys apifera.*

PA19.41: Çetibeli, Çetibeli-Paß (Muğla); Feuchtwiese am Bach; 8.4.1996; 550 m (9 km N Marmaris). *Orchis laxiflora.*

PA39.29: Gökova (Muğla); ausgedehnte Feuchtwiesen; 15.4.1997; 15 m (23 km SSE Muğla). *Orchis laxiflora.*

PA39.49: Karaböğürtlen (Muğla); Wiesenhang mit Gebüsch; 15.4.1997; 30 m (21 km SSE Muğla). *Neotinea maculata, Ophrys holoserica, Ophrys sicula, Ophrys umbilicata, Orchis italica, Serapias bergonii.*

PA58.34: Ortaca (Muğla); lockerer Kiefernwald; 16.4.1997; 160 m (4 km NW Ortaca). *Anacamptis pyramidalis, Limodorum abortivum, Orchis fragrans.*

PA59.59: Agla (Muğla); Phrygana, Eichengebüsch; 16.4.1997; 725 m (9 km NNE Köyceğiz). *Barlia robertiana, Ophrys oestrifera, Orchis laxiflora, Orchis morio* subsp. *morio, Orchis syriaca.*

PA66.39: Dalaman (Muğla); lockerer Kiefernwald; 16.4.1997; 170 m (2 km E Dalaman). *Limodorum abortivum, Ophrys blithopertha, Ophrys sicula.*

PA67.40: Ortaca (Muğla); ausgedehnte Feuchtwiesen; 16.4.1997; 5 m (5 km NE Dalaman). *Orchis laxiflora, Serapias bergonii, Serapias vomeracea* subsp. *vomeracea*?.

PA67.41: Ortaca (Muğla); teilweise mit Kiefern verbuschter Weiderasen; 16.4.1997; 40 m (12 km SE Ortaca). *Anacamptis pyramidalis, Ophrys blithopertha, Ophrys bombyliflora, Ophrys holoserica, Ophrys mammosa, Ophrys minoa, Ophrys phaseliana, Orchis fragrans, Serapias bergonii.*

PA67.62: Köyceğiz (Muğla); Kiefernwald; 16.4.1997; 90 m (13 km SE Ortaca). *Limodorum abortivum, Ophrys blithopertha, Ophrys phaseliana, Serapias bergonii.*

PA77.13: Göçek (Muğla); lockerer Kiefernwald; 17.4.1997; 165 m (14 km E Dalaman). *Limodorum abortivum, Limodorum abortivum* var. *rubrum, Ophrys blithopertha, Ophrys heterochila, Orchis anatolica.*

PA77.51: Göçek (Muğla); Friedhof mit Phrygana; 17.4.1997; 350 m (16 km E Dalaman). *Ophrys heterochila, Orchis italica.*

PA77.55: Göçek (Muğla); lichter Kiefernwald; 6.4.1997; 665 m (16 km E Dalaman). *Limodorum abortivum, Neotinea maculata, Ophrys blithopertha, Ophrys heterochila, Orchis anatolica.*

PA77.66: Göçek (Muğla); Wiesenterrassen, grasiger Olivenhain, Gebüsch, Kiefernwald; 6.4.1997; 670 m (17 km E Dalaman). *Anacamptis pyramidalis, Barlia robertiana, Ophrys bombyliflora, Ophrys heterochila, Ophrys labiosa. Ophrys reinholdii, Ophrys sicula, Orchis anatolica, Orchis morio* subsp. *morio, Orchis morio* var. *alba, Orchis morio* subsp. *morio* x *Orchis papilionacea* subsp. *heroica, Orchis papilionacea* subsp. *heroica, Serapias bergonii.*

PA77.87: Göçek (Muğla); mit Kiefern bestandener Hügel sowie dahinter großflächige Weideflächen mit Buschwerk durchsetzt; 17.4.1997; 610 m (18 km E Dalaman). *Anacamptis pyramidalis, Ophrys heterochila, Ophrys reinholdii, Ophrys sicula, Orchis anatolica, Orchis morio* subsp. *morio, Orchis morio* var. *alba, Orchis simia.*

PA86.33: Günlükbaşı (Muğla); Kiefernwald mit lichter Phrygana; 8.4.1996; 100 m (9 km NNW Fethiye). *Orchis fragrans, Serapias cordigera.*

PA97.70: Incirköy (Muğla); terrassierter Weiderasen mit Eichengebüsch; 18.4.1997; 720 m (19 km NNE Fethiye). *Neotinea maculata, Ophrys heterochila, Ophrys labiosa, Ophrys reinholdii, Orchis anatolica.*

PB03.35: Kavaklıdere (Muğla); Friedhof mit dichtem Baumbestand; 15.4.1997; 405 m (3 km N Yatağan). *Anacamptis pyramidalis, Comperia comperiana.*

PB03.46: Yatağan-Kavaklıdere (Muğla); Kiefernwald mit Eichenunterwuchs; 5.5.1988, 7.4.1996, 13.5.1996; 600 m (5 km NE Yatağan). *Anacamptis pyramidalis, Cephalanthera epipactoides, Comperia comperiana, Limodorum abortivum, Neotinea maculata, Ophrys apifera, Ophrys iricolor, Ophrys leucadica, Ophrys speculum, Ophrys tenthredinifera, Orchis simia, Serapias bergonii.*

PB03.87: Kavaklıdere (Muğla); Phrygana, grasige Wiesenflächen, Kiefernwald; 15.4.1997; 595 m (8 km NE Yatağan). *Ophrys leucadica, Ophrys mammosa, Ophrys reinholdii, Ophrys sicula, Ophrys tenthredinifera, Orchis simia.*

PB14.22: Kavaklıdere (Muğla); Kiefernwald mit Unterwuchs; 7.4.1996, 13.5.1996; 700 m (13 km NE Yatağan). *Limodorum abortivum, Neotinea maculata, Ophrys leucadica, Ophrys mammosa, Ophrys sicula, Orchis morio* subsp. *picta, Orchis provincialis.*

PB30.18: Çiçekli (Muğla); lockerer Kiefernwald mit grasigen Freiflächen; 11.4.1997; 630 m (18 km SE Muğla). *Cephalanthera epipactoides, Ophrys speculum, Ophrys speculum* ohne 'Spiegel'.

PB30.34: Karaböğürtlen-Ula (Muğla); lockerer Kiefernwald; 6.5.1988; 600 m (18 km SE Muğla). *Cephalanthera epipactoides, Ophrys cinereophila, Orchis fragrans.*

PB30.34: Karaböğürtlen-Ula (Muğla); Kiefernwald mit Unterwuchs; 6.5.1988; 650 m (19 km SE Muğla). *Anacamptis pyramidalis, Cephalanthera epipactoides, Limodorum abortivum, Ophrys blithopertha, Ophrys candica, Orchis morio* subsp. *picta, Serapias bergonii.*

PB30.34: Çiçekli (Muğla); Friedhof mit südlich anschließendem Kiefernwald; 11.4.1997; 560 m (16 km SE Muğla). *Barlia robertiana, Limodorum abortivum, Ophrys heterochila, Ophrys oestrifera, Ophrys heterochila* x *Ophrys oestrifera, Ophrys reinholdii, Ophrys sicula, Orchis morio* subsp. *morio, Orchis provincialis.*

PB30.35: Çiçekli (Muğla); Affodillflur mit Kiefernwald; 11.4.1997; 600 m (17 km SE Muğla). *Ophrys heterochila, Orchis anatolica, Orchis provincialis.*

PB30.65: Karaböğürtlen-Ula (Muğla); Kiefernwald mit Unterwuchs, Feuchtstellen; 6.5.1988; 670 m (16 km SE Muğla). *Anacamptis pyramidalis, Cephalanthera epipactoides, Limodorum abortivum, Neotinea maculata, Orchis anatolica, Orchis morio* subsp. picta, *Orchis provincialis, Orchis simia, Serapias bergonii, Serapias orientalis* subsp. *carica.*

PB30.75: Karaböğürtlen-Ula (Muğla); Kiefernwald; 6.5.1988; 550 m (17 km SE Muğla). *Cephalanthera epipactoides, Limodorum abortivum, Ophrys cinereophila, Orchis fragrans.*

PB39.90: Karacasu (Aydın); Kiefernwald, Straßenböschung; 6.4.1996; 500 m (1,5 km E Karacasu). *Cephalanthera epipactoides, Limodorum abortivum, Orchis italica, Orchis simia.*

PB42.03: Kale-Muğla (Muğla); Feuchtstreifen entlang der Straße; 13.5.1996; 850 m (20 km E Muğla). *Ophrys isaura* x ?

PB42.44: Kale-Muğla (Muğla); lockerer Kiefernwald; 13.5.1996; 1400 m (20 km SW Kale). *Cephalanthera epipactoides, Epipactis microphylla.*

PB43.01: Karacasu (Aydın); Kiefernwald, Waldlichtungen; 6.4.1996; 370 m (5,5 km N Karacasu). *Anacamptis pyramidalis, Barlia robertiana, Cephalanthera epipactoides, Limodorum abortivum, Ophrys cinereophila, Ophrys leucadica, Ophrys mammosa, Ophrys speculum, Ophrys tenthredinifera, Orchis italica, Orchis simia.*

PB53.43: Kale-Muğla (Muğla); Kiefernwald; 13.5.1996; 1300 m (10 km SW Kale). *Cephalanthera epipactoides, Limodorum abortivum.*

PB64.22: Kale-Muğla (Muğla); lockerer Kiefernwald, Ödland; 13.5.1996; 1060 m (2 km SW Kale). *Cephalanthera epipactoides, Comperia comperiana, Neotinea maculata.*

PB96.59: Kazıkbeli-Paß (Denizli); lockerer Kiefernwald, Sumpfwiese; 12.5.1996; 1200 m (15 km SE Denizli). *Cephalanthera epipactoides, Dactylorhiza iberica.*

PB97.45: Kazıkbeli-Paß (Denizli); lockerer Kiefernwald; 12.5.1996; 1200 m (17 km SE Denizli). *Neotinea maculata, Orchis spitzelii.*

PB97.50: Kazıkbeli-Paß (Denizli); steiniger, lockerer Kiefernwald; 4.7.1996; 1250 m (18 km SE Denizli). *Cephalanthera epipactoides, Cephalanthera rubra, Comperia comperiana, Epipactis condensata, Epipactis microphylla, Epipactis turcica.*

PB97.50: Kazıkbeli-Paß (Denizli); lockerer Kiefernwald mit Freistellen; 4.7.1996; 1150 m (16 km SE Denizli). *Cephalanthera damasonium, Cephalanthera epipactoides, Cephalanthera rubra, Comperia comperiana, Epipactis microphylla, Epipactis turcica.*

PE73.79: Uludağ (Bursa); lockerer Kiefernwald; 20.6.1994; 1290 m (10 km S Bursa). *Epipactis microphylla, Epipactis persica, Limodorum abortivum* var. *rubrum.*

PE74.42: Uludağ (Bursa); Kiefernwald mit Farnunterwuchs, Bachrand; 3.7.1994, 7.8.1996; 1390 m (8 km SSE Bursa). *Cephalanthera rubra, Epipactis bithynica, Epipactis microphylla, Epipactis persica, Limodorum abortivum, Platanthera chlorantha.*

PE74.62: Uludağ (Bursa); Kiefernwald; 20.6.1994; 1320 m (8,5 km S Bursa). *Epipactis bithynica, Epipactis persica, Limodorum abortivum* var. *rubrum.*

PE74.71: Uludağ (Bursa); Kiefernwald; 20.6.1994, 3.7.1994; 1280 m (9 km S Bursa). *Cephalanthera damasonium, Cephalanthera rubra, Epipactis bithynica, Epipactis helleborine, Epipactis bithynica* x *Epipactis helleborine, Epipactis microphylla, Limodorum abortivum.*

PE74.72: Uludağ (Bursa); lockerer Kiefernwald mit Farnunterwuchs; 20.6.1994, 7.8.1996; 1300 m (7 km S Bursa). *Epipactis persica.*

PE74.80: Uludağ (Bursa); Kiefernwald; 20.6.1994; 1320 m (9,5 km S Bursa). *Epipactis microphylla, Epipactis persica, Limodorum abortivum.*

PE74.92: Uludağ (Bursa); Kiefernwald mit Unterwuchs; 7.8.1996; 1450 m (9 km SSE Bursa). *Epipactis bithynica, Epipogium aphyllum.*

PF17.36: Saray-Çatalca (İstanbul); Eichengebüsch; 28.4.1997, 145 m (38 km SE Saray). *Ophrys mammosa, Orchis purpurea.*

PF25.33: Çatalca (İstanbul); Wiesenhang mit Phrygana; 28.4.1997; 160 m (1 km S Çatalca). *Ophrys mammosa, Ophrys sicula.*

PF36.05: Nakkaş (İstanbul); Kalkmagerrasen mit Gebüsch; 28.4.1997, 29.4.1997; 120 m (12 km NE Çatalca). *Ophrys bombyliflora, Ophrys bucephala, Ophrys fusca, Ophrys pseudomammosa, Ophrys sicula, Ophrys speculum, Orchis laxiflora, Orchis papilionacea* subsp. *papilionacea, Orchis tridentata.*

PF37.71: Durusu (İstanbul); Kalkmagerrasen mit Wacholdern; 29.4.1997; 90 m (22 km NE Çatalca). *Ophrys pseudomammosa, Ophrys sicula.*

PF47.31: Tayakadın (İstanbul); Kalkmagerrasen mit Gebüsch; 29.4.1997; 70 m (24 km NE Çatalca). *Ophrys pseudomammosa, Ophrys sicula, Orchis laxiflora, Orchis purpurea.*

PF47.36: Yeniköy (İstanbul); Feuchtwiese; 29.4.1997; 10 m (30 km NE Çatalca). *Orchis laxiflora.*

QA02.78: Kınıklı (Muğla); Kiefernwald, Steinfluren, Gebüsch, Phrygana; 8.4.1996; 90 m (8 km SE Eşen). *Neotinea maculata, Ophrys cinereophila, Ophrys ferrum-equinum, Ophrys minoa, Ophrys sicula, Orchis italica.*

QA03.05: Pınara (Muğla); Macchien, lockerer Kiefernwald; 8.4.1996; 300 m (19 km SE Fethiye). *Limodorum abortivum, Neotinea maculata, Ophrys cinereophila, Ophrys ferrum-equinum, Ophrys holoserica, Ophrys sicula, Orchis italica, Orchis sezikiana, Orchis sezikiana* (weiß).

QA22.22: Kalkan (Antalya); Steinflur, dichter Eichengebüsch; 8.4.1996, 6.4.1997; 790 m (24 km WNW Kaş). *Neotinea maculata, Ophrys cinereophila, Ophrys sitiaca, Orchis sezikiana.*

QA24.33: Kadıköy (Muğla); Friedhof mit Kiefernwald, stellenweise mit Phrygana unterwuchs, Gebüschränder; 10.4.1996; 160 m (25 km ESE Fethiye). *Anacamptis pyramidalis, Barlia robertiana, Limodorum abortivum, Neotinea maculata, Ophrys bombyliflora, Ophrys cinereophila, Ophrys iricolor, Ophrys sicula, Orchis fragrans, Orchis papilionaceae* subsp. *heroica, Serapias bergonii, Serapias politisii.*

QA41.21: Ağullu (Antalya); Kalkhügel mit Eichengebüsch und Macchia; 9.4.1996; 420 m (6,5 km NE Kaş). *Ophrys minoa, Orchis sezikiana.*

QA41.21: Ağullu (Antalya); terrassen, dichtes Gebüsch, Gebüschränder; 9.4.1996, 6.4.1997; 400 m (6 km NE Kaş). *Ophrys lycia, Ophrys minoa, Orchis sezikiana.*

QA41.22: Ağullu (Antalya); Eichengebüsch zwischen Ackerland und Macchia; 9.4.1996; 450 m (7 km NE Kaş). *Ophrys lycia, Ophrys minoa, Ophrys sicula, Orchis sezikiana.*

QA41.28: Kasaba (Antalya); Kiefernwald, 5.4.1997, 240 m (4,8 km SSW Kasaba). *Ophrys cinereophila, Orchis anatolica, Orchis syriaca.*

QA41.32: Ağullu (Antalya); dichte Eichengebüschgruppen und Macchia zwischen Ackerland und Weiden; 9.4.1996; 440 m (7 km NE Kaş). *Ophrys lycia, Ophrys minoa, Ophrys sicula, Orchis sezikiana.*

QA51.43: Davazlar (Antalya); Friedhof mit Eichengebüsch und einzelnen Kiefern; 9.4.1996; 550 m (10 km WNW Kale). *Orchis simia.*

QD34.44: Efendiköprüsü, Gediz-Kütahya (Kütahya); lockerer Kiefernwald; 3.7.1996; 1100 m (50 km SW Kütahya). *Cephalanthera damasonium, Epipactis helleborine, Limodorum abortivum.*

QE61.46: Kocayayla-Paß, Domaniç (Kütahya); Buchenwald mit einzelnen Kiefern; 8.8.1996; 1350 m (32,5 km SSE İnegöl). *Epipactis persica.*

QE61.47: Kocayayla-Paß, Domaniç (Bursa); Buchenhochwald mit einzelnen Kiefern; 8.8.1996; 1320 m (31 km SSE İnegöl). *Epipactis persica, Epipactis pontica, Epipogium aphyllum, Neottia nidus-avis.*

QE61.58: Kocayayla-Paß, Domaniç (Kütahya); Buchenwald mit einzelnen Kiefern; 8.8.1996; 1400 m (31,5 km SSE İnegöl). *Dactylorhiza nieschalkiorum, Epipactis persica, Neottia nidus-avis.*

QE62.92: Kocayayla-Paß, Domaniç (Kütahya); Buchenwald; 8.8.1996; 1300 m (30 km SSE İnegöl). *Cephalanthera rubra, Epipactis helleborine, Epipactis persica, Epipactis pontica, Epipactis persica* x *Epipactis pontica, Neottia nidus-avis.*

TF53.62: Kumluca (Antalya); Kiefernwald mit grasigen Stellen; 5.4.1997, 19.4.1997; 170 m (4 km NNE Kumluca). *Barlia robertiana, Limodorum abortivum, Ophrys bremifera, Ophrys cinereophila, Ophrys mammosa, Ophrys phaseliana, Ophrys sicula, Orchis fragrans, Serapias bergonii.*

TF72.08: Yenice, Olympos (Antalya); Friedhöfe mit lichtem Kiefernbestand; 11.4.1996; 80 m (14 km W Kumluca). *Ophrys cinereophila, Ophrys heterochila, Ophrys minoa, Ophrys phaseliana, Ophrys sicula, Orchis sancta, Orchis syriaca, Serapias politisii.*

TF72.09: Yenbey (Antalya); Straßenböschung; 10.3.1998; 200 m (13 km NE Kumluca). *Ophrys bremifera, Ophrys labiosa.*

TF72.35: Olympos (Antalya); wiesengelände mit Kiefernwäldern; 18.4.1997, 10.3.1998; 235 m (14 km E Kumluca). *Limodorum abortivum, Ophrys cinereophila, Ophrys heterochila, Ophrys minoa, Ophrys phaseliana, Ophrys sicula, Orchis anatolica, Orchis sancta, Orchis syriaca, Serapias bergonii, Spiranthes spiralis.*

TF72.35: Çavuş (Antalya); lockerer Kiefernwald mit Feuchtstellen; 19.4.1997; 200 m (14 km E Kumluca). *Ophrys phaseliana, Spiranthes spiralis.*

TF72.36: Çavuş (Antalya); lichter Kiefernwald; 5.4.1997; 320 m (3 km SSW Olympos). *Ophrys leucadica, Orchis sancta, Orchis syriaca.*

TF72.36: Çavuş (Antalya); lockerer Kiefernwald (Friedhof); 5.4.1997; 290 m (13,5 km ENE Kumluca). *Barlia robertiana, Limodorum abortivum, Ophrys labiosa, Ophrys heterochila, Ophrys phryganae, Orchis italica, Orchis syriaca, Orchis syriaca* (weiß), *Spiranthes spiralis.*

TF72.44: Çavuş-Olympos (Antalya); Kiefernwald mit grasigen Freiflächen; 5.4.1997, 10.3.1998; 260 m (13,0 km ENE Kumluca). *Barlia robertiana, Ophrys leucadica, Ophrys minoa, Orchis syriaca.*

TF72.46: Olympos (Antalya); steiler Kiefernwald hinter Acker; 5.4.1997; 230 m (4 km SW Olympos). *Ophrys leucadica, Ophrys minoa, Ophrys sicula.*

TF72.92: Yenice, Olympos (Antalya); offenes Wiesengelände mit Kiefern; 11.4.1996; 80 m (14 km W Kumluca). *Ophrys phaseliana, Ophrys sicula, Orchis syriaca, Orchis sancta, Serapias politisii, Spiranthes spiralis.*

TF73.01: Çavuş (Antalya); offenes Wiesengelände mit Kiefern; 18.4.1997; 280 m (4 km WNW Olympos). *Ophrys heterochila, Orchis anatolica, Orchis italica, Orchis sancta, Orchis syriaca, Spiranthes spiralis.*

TF75.35: Kuzdere, Sapandere Tal (Antalya); Kiefern-Zypressenwald; 8.3.1998, 200 m (5 km W Kemer). *Ophrys climacis.*

TF75.36: Kuzdere, Sapandere Tal (Antalya); Kiefern-Zypressenwald; 8.3.1998, 260 m (6 km W Kemer). *Ophrys climacis.*

TF75.37: Kuzdere, Sapandere Tal (Antalya); Kiefern-Zypressenwald; 8.3.1998, 300 m (8 km W Kemer). *Ophrys climacis.*

TF75.44: Aşlanbucak (Antalya); lockerer Kiefernwald mit feuchten, grasigen Stellen; 8.3.1998; 410 m (5 km W Kemer). *Limodorum abortivum, Ophrys climacis, Orchis anatolica.*

TF75.80: Kuzdere, Karataşlar (Antalya); Kiefernwald mit grasigen, feuchten Stellen; 8.3.1998, 70 m (5 km SW Kemer). *Limodorum abortivum, Ophrys climacis, Ophrys heterochila.*

TF79.34: Termessos Milli Park (Antalya); Mischwald, Macchien; 18.4.1996; 600 m (21 km NW Antalya). *Limodorum abortivum, Orchis anatolica.*

TF79.78: Termessos (Antalya); lichter Kiefernwald und Eichengebüsch; 18.5.1997; 1015 m (20 km NW Antalya). *Himantoglossum montis-tauri, Ophrys minoa, Ophrys straussii, Ophrys reinholdii* x *Ophrys straussii, Orchis anatolica.*

TF84.04: Phaselis (Antalya); Ausgrabungsgelände, grasige Wiesenflächen, Straßenrand, Kiefernwald; 10.4.1996; 10 m (45 km SSW Antalya). *Cephalanthera epipactoides, Limodorum abortivum, Ophrys minoa.*

TF84.04: Phaselis (Antalya); Ausgrabungsgelände, Straßenrand, Kiefernwald; 10.4.1996, 19.4.1997; 30 m (45 km SSW Antalya). *Limodorum abortivum, Ophrys lucis, Ophrys minoa.*

TF89.52: Yukarıkaraman (Antalya); Friedhof mit lichtem Kiefernwald und Freiflächen; 10.4.1996, 18.4.1996; 50 m (15 km NW Antalya). *Barlia robertiana, Limodorum abortivum, Ophrys labiosa, Orchis simia.*

TG31 66: Sülekler (Antalya); lichter Kiefernwald, Gebüsch, offene, grasige Stellen; 12.5.1996, 7.8.1996; 1200 m (15 km NW Korkuteli). *Cephalanthera rubra, Epipactis helleborine, Orchis pinetorum, Orchis syriaca.*

TK55.06: Bilecık-Gölpazarı (Bilecık); lockerer Kiefernwald; 3.7.1996; 800 m (20 km NE Bilecık). *Epipactis helleborine, Epipactis persica.*

UF33.79: Aspendos (Antalya); Ausgrabungsgelände, Phrygana, Rasenflächen; 22.5.1995; 80 m (8 km ENE Serik). *Himantoglossum affine, Orchis sancta.*

UF43.38: Taşağil (Antalya); grasiges Ödland mit einzelnen Kiefern; 14.3.1998; 50 m (13 km E Serik). *Ophrys iricolor, Ophrys israelitica, Ophrys sicula.*

UF57.06: Çolakli (Antalya); Friedhof mit Kiefern und Gebüsch; 8.3.1998, 10 m (10 km NW Manavgat). *Orchis papilionacea* subsp. *schirwanica.*

UF57.63: Titreyengöl (Antalya); hügelige Dünenlandschaft mit einzelnen Kiefern; 9.3.1998, 20 m (3 km W Manavgat). *Ophrys heterochila.*

UF65.19: Sorgun (Antalya); dichter Kiefernwald mit lichten Stellen; 30.3.1997, 18.5.1997; 60 m (5 km W Manavgat). *Ophrys bremifera, Ophrys heterochila, Ophrys phrygia, Ophrys bremifera* x *Ophrys phrygia, Serapias bergonii.*

UF65.77: Side (Antalya); Friedhof mit lichtem Kiefernwald und Gebüsch; 17.5.1995; 50 m (21 km NE Antalya). *Orchis fragrans, Serapias bergonii.*

UF63.10: Bucakşeyhler (Antalya); lockerer Kiefernwald; 9.3.1998; 80 m (6 km NW Oymapinar). *Ophrys bremifera, Ophrys iricolor, Ophrys israelitica, Ophrys speculum, Ophrys tenthredinifera*, Übergänge zwischen *Ophrys mammosa* und *Ophrys transhyrcana, Orchis papilionacea* subsp. *schirwanica.*

UF63.32: Oymapınar (Antalya); lockerer Kiefernwald; 29.3.1997; 170 m (3 km NW Oymapınar). *Ophrys blithopertha, Ophrys iricolor, Ophrys lapethica, Ophrys speculum.*

UF63.97: Oymapinar (Antalya); Friedhof mit Kiefern- und Zypressenwald, Gebüsch und Wiesenflächen; 17.4.1996, 29.4.1997; 180 m (14 km NNE Manavgat). *Ophrys heterochila, Ophrys lucis*, Übergänge zwischen *Ophrys mammosa* und *Ophrys transhyrcana, Orchis punctulata, Serapias bergonii.*

UF86.19: Manavgat-Akseki (Antalya); lockerer Kiefernwald; 9.3.1998; 320 m (17 km E Manavgat). Übergänge zwischen *Ophrys mammosa* und *Ophrys transhyrcana*, *Ophrys israelitica*.

UF87.31: Gençler (Antalya); lockerer Kiefernwald; 18.5.1997; 300 m (27 km E Manavgat). *Cephalanthera kurdica*, *Limodorum abortivum*, *Ophrys antalyensis*.

UF87.61: Manavgat-Akseki (Antalya); Phrygana und Eichengebüsch mit Kiefern; 30.3.1997; 280 m (20 km E Manavgat). *Ophrys phrygia*, *Ophrys israelitica*, *Ophrys speculum*, *Orchis anatolica*.

UF89.72: Geriş (Antalya); Eichengebüsch mit grasigen Flächen; 18.5.1997; 960 m (10 km SW Akseki). *Anacamptis pyramidalis*, *Ophrys phrygia*, *Ophrys straussii*, *Ophrys straussii* var. *leucotaenia*.

UF89.88: Ibrâdı (Aydınkent) (Antalya); Friedhof mit sehr dichtem Mischwald (hohe Eichen) mit Eichenunterwuchs und Gestrüpp; 8.5.1988, 17.4.1996; 950 m (4 km W Akseki). *Anacamptis pyramidalis*, *Cephalanthera longifolia*, *Epipactis bithynica*, *Ophrys phrygia*, *Ophrys straussii* (var. *leucotaenia*?), *Orchis anatolica*.

UF97.06: Akseki (Antalya); lockerer Kiefernwald mit Waldlichtungen; 7.5.1988, 18.5.1995; 850 m (24 km S Akseki). *Cephalanthera kurdica*, *Epipactis microphylla*, *Limodorum abortivum*, *Ophrys straussii* (var. *leucotaenia*?), *Orchis anatolica*.

UF97.13: Manavgat-Akseki (Antalya); kleine mit Kiefern und verschiedenen Sträuchern bestandene Kuppe; 30.3.1997, 9.3.1998; 330 m (28 km ENE Manavgat). *Ophrys iricolor*, Übergänge zwischen *Ophrys mammosa* und *Ophrys transhyrcana*, *Orchis papilionacea* subsp. *schirwanica*.

UF97.19: Murtici (Antalya); junger, dichter, felsiger Kiefernwald, Straßenböschung; 17.4.1996; 600 m (1 km S Murtici). *Cephalanthera kurdica*, *Neotinea maculata*, *Ophrys heterochila*, Übergänge zwischen *Ophrys mammosa* und *Ophrys transhyrcana*, *Orchis anatolica*, *Orchis simia*.

UF98.00: Akseki (Antalya); steiniger Kiefernwald; 7.5.1988; 890 m (23 km S Akseki). *Cephalanthera kurdica*, *Epipactis helleborine*, *Orchis anatolica*.

UF98.00: Akseki (Antalya); Kiefernwald mit Eichenunterwuchs; 7.5.1988; 880 m (23 km S Akseki). *Cephalanthera kurdica*, *Epipactis helleborine*.

UF98.01: Akseki (Antalya); Kiefernwald mit grasigen Freiflächen; 7.5.1988; 900 m (21 km S Akseki). *Cephalanthera kurdica*, *Limodorum abortivum*, *Ophrys heterochila*, *Orchis anatolica*.

UF99.06: Büyükalan (Antalya); Friedhof mit Eichenwald, Ödland und Gestrüpp; 17.4.1996; 950 m (5 km SW Akseki). *Ophrys lucis*.

UF99.06: Akseki (Antalya); Friedhof mit Kiefernwald und Wiesenflächen; 17.4.1996; 900 m (6 km S Akseki). *Comperia comperiana*.

UF99.36: Sarilaçihar (Antalya); nördlicher Friedhof mit dichtem bis lokkerem Kiefernwald, Waldlichtungen, Eichengestrüpp, Weideflächen; 8.5.1988, 18.05.1995, 17.4.1996; 950 m (6 km W Akseki). *Anacamptis pyramidalis*, *Comperia comperiana*, *Ophrys phrygia*.

UG76.65: Beyşehir (Konya); Feuchtwiesen, Schilfgürtel; 1.6.1997; 1130 m (8 km WSW Beyşehir). *Orchis palustris*.

UG80.42: Emiraşiklar Köyü (Antalya); südlicher Friedhof mit lockerem Mischwald und grasigen Flächen; 8.5.1988, 18.05.1995, 17.4.1996; 940 m (6 km W Akseki). *Anacamptis pyramidalis*, *Comperia comperiana*, *Ophrys lucis*, *Ophrys phrygia*, *Ophrys straussii*, *Orchis anatolica*, *Orchis simia*, *Orchis tridentata*.

UG80.51: Ibrâdı (Aydınkent) (Antalya); Hang mit Felsbändern und Gebüsch mit grasigen Flächen; 19.5.1997, 1.6.1997; 750 m (9 km W Akseki). *Comperia comperiana*, *Himantoglossum montis-tauri*, *Orchis anatolica*.

UG80.51: Ibrâdı (Aydınkent) (Antalya); steiler Hang mit Felsbändern, Gebüsch, lockerem Kiefernwald, grasigen Flächen; 8.5.1988, 18.5.1995; 750 m (9 km W Akseki). *Ophrys straussii* (var. *leucotaenia*?).

UG80.61: Bucakkisla (Antalya); dichte Hecke am Straßenrand, Gebüschrand; 17.4.1996; 900 m (7 km W Akseki). *Ophrys lucis*, *Ophrys straussii* (var. *leucotaenia*).

UG80.61: Bucakkisla (Antalya); lockerer Kiefernwald; 17.4.1996; 880 m (7,5 km W Akseki). *Ophrys lucis*.

UG82.35: Kuyucak (Antalya); lichter Kiefernwald; 1.6.1997; 1150 m (45 km SSW Beyşehir). *Limodorum abortivum*.

UG82.63: Kuyucak (Antalya); lockerer Kiefernwald mit Feuchtstellen am Bach; 18.5.1998, 1120 m (15 km NNW Akseki). *Ophrys isaura*.

UG82.75: Bademli-Kuyucak (Antalya); lockerer Kiefernwald; 19.5.1997, 1.6.1997; 1240 m (45 km S Beyşehir). *Epipactis helleborine*, *Ophrys cilicica*, *Orchis tridentata*.

UG82.76: Bademli (Antalya); Eichengebüsch und feuchte, grasige Stellen; 19.5.1997, 1.6.1997; 1280 m (41 km S Beyşehir). *Ophrys hygrophila*, *Orchis coriophora*.

UG82.96: Kuyucak (Antalya); lockerer Kiefernwald, grasige Flächen mit Gebüschinseln; 8.5.1988; 1200 m (25 km N Akseki). *Dactylorhiza romana* (gelb), *Himantoglossum montis-tauri*, *Ophrys cilicica*, *Orchis anatolica*, *Orchis pinetorum*, *Orchis syriaca*, *Orchis tridentata*.

UG83.35: Ugurlu (Antalya); Feuchtwiese mit Pappeln; 1.6.1997; 1350 m (32 km S Beyşehir). *Orchis coriophora*.

UG83.45: Bakaran (Antalya); ausgedehnte Feuchtwiesen; 1.6.1997; 1400 m (36 km S Beyşehir). *Orchis coriophora*, *Orchis elegans*.

UG90.31: Akseki (Antalya); Friedhof mit lockerem Kiefernwald und grasigen Flächen, Eichengebüsch, Wiese; 19.5.1995, 19.5.1997; 1050 m (0,5 km S Akseki). *Anacamptis pyramidalis*, *Cephalanthera damasonium*, *Cephalanthera kurdica*, *Cephalanthera kurdica* (weiß), *Cephalanthera kurdica* (chlorotisch), *Comperia comperiana*, *Epipactis microphylla*, *Epipactis microphylla* (rot), *Ophrys phrygia*, *Ophrys straussii*, *Ophrys straussii* var. *leucotaenia*, *Orchis anatolica*.

UG90.49: Cevizli (Antalya); lichter Kiefernwald mit Eichenunterwuchs; 18.5.1995; 1200 m (1 km SE Cevizli). *Cephalanthera damasonium*, *Cephalanthera kurdica*, *Comperia comperiana*, *Neotinea maculata*, *Orchis anatolica*.

UG91.36: Cevizli (Antalya); lockerer Kiefernwald mit Eichenunterwuchs; 8.5.1988; 1150 m (1 km SE Cevizli). *Limodorum abortivum*, *Ophrys climacis*, *Orchis anatolica*.

UG92.21: Sülemaniye (Antalya); frische Wiesen mit Gebüschinseln; 19.5.1997; 1200 m (26 km N Akseki). *Ophrys hygrophila*, *Orchis coriophora*.

UG92.30: Cevizli (Antalya); lichter Kiefernwald, Straßenrand; 18.5.1995, 1.6.1997; 1140 m (2 km NNE Cevizli). *Cephalanthera damasonium*, *Cephalanthera rubra*, *Comperia comperiana*, *Epipactis microphylla*, *Himantoglossum montis-tauri*, *Ophrys straussii* (var. *leucotaenia*?), *Orchis anatolica*, *Orchis tridentata*.

UK58.67: Mudurnu (Bolu); Feuchtwiese; 19.6.1996; 720 m (11 km SW Mudurnu). *Dactylorhiza iberica*, *Epipactis palustris*.

UK59.31: Abant (Bolu); Sumpfwiese; 9.8.1996; 1500 m (5 km S Abant). *Dactylorhiza iberica*.

UK59.35: Abant (Bolu); lichter, humoser Kiefernwald; 24.5.1988; 1350 m (9 km SE Abant). *Dactylorhiza bithynica*, *Orchis pallens*.

UK59.35: Abant (Bolu); Abantsee, Westufer, feuchte Uferwiesen; 19.6.1996; 1300 m (1 km S Abant). *Coeloglossum viride*, *Dactylorhiza iberica*, *Dactylorhiza incarnata*, *Dactylorhiza nieschalkiorum*, *Dactylorhiza incarnata* x *Dactylorhiza nieschalkiorum*, *Orchis coriophora*.

UK59.36: Abant (Bolu); Abantsee, feuchter Straßengraben und Kalkmagerrasen am Rande von Kiefernwald; 19.6.1996; 1300 m (2 km S Abant). *Coeloglossum viride*, *Dactylorhiza nieschalkiorum*.

UK59.36: Abant (Bolu); Abantsee, Südufer, feuchte Uferwiesen; 23.5.1988, 21.6.1994, 21.5.1996, 19.6.1996, 5.7.1996; 1300 m (2 km S Abant). *Dactylorhiza iberica*, *Dactylorhiza incarnata*, *Dactylorhiza iberica* x *Dactylorhiza nieschalkiorum*, *Epipactis palustris*.

UK59.36: Abant (Bolu); lichter Kiefernwald am Bachrand; 27.5.1995, 21.5.1996; 1350 m (3 km W Abant). *Orchis mascula* (*Orchis pinetorum*), *Orchis pallens*, *Orchis spitzelii*.

UK59.36: Abant (Bolu); Abantsee, Südwestufer, ausgedehnte, nasse Uferwiesen; 23.5.1988, 21.6.1994, 21.5.1996; 1300 m (26 km WSW Bolu). *Dactylorhiza iberica*, *Dactylorhiza nieschalkiorum*.

UK59.36: Abant (Bolu); Abantsee, Südufer, trockene Übergangszone zwischen See und Sumpfwiese; 24.5.1988, 19.6.1996; 1300 m (5 km SE Abant). *Coeloglossum viride*, *Dactylorhiza iberica*, *Dactylorhiza incarnata*, *Dactylorhiza nieschalkiorum*, *Dactylorhiza iberica* x *Dactylorhiza nieschalkiorum*, *Epipactis palustris*.

UK59.37: Abant (Bolu); Abantsee, Ostufer, Uferwiesen; 19.6.1996; 1300 m (26 km WSW Bolu). *Dactylorhiza iberica*, *Dactylorhiza incarnata*.

UK59.37: Abant (Bolu); Abantsee, Nordufer, Sumpfwiesen zwischen See und Umgehungsstraße; 23.6.1994; 1300 m (6 km SE Abant). *Dactylorhiza iberica*, *Dactylorhiza nieschalkiorum*, *Dactylorhiza iberica* x *Dactylorhiza nieschalkiorum*.

UK59.49: Abant (Bolu); Auffahrt zum Abantsee, Buchenwald am Bachrand; 21.5.1996; 1100 m (11 km NE Abant). *Neottia nidus-avis*.

UK59.49: Abant (Bolu); Auffahrt zum Abantsee, Feuchtstelle am Straßenrand; 21.5.1996, 19.6.1996; 1050 m (10 km NE Abant). *Dactylorhiza iberica*, *Ophrys apifera*.

UK59.54: Abant (Bolu); Auffahrt zum Abantsee, Magerwiese, Waldlichtungen, Quellflur; 23.5.1988, 21.5.1996; 1020 m (12 km NE Abant). *Cephalanthera damasonium*, *Neottia nidus-avis*, *Orchis mascula* (*Orchis pinetorum*), *Orchis tridentata*, *Steveniella satyrioides*.

UK59.56: Abant (Bolu); Buchen-Mischwald; 27.5.1995; 1050 m (11 km NE Abant). *Orchis mascula* (*Orchis pinetorum*), *Steveniella satyrioides*.

UK59.59: Abant (Bolu); Auffahrt zum Abantsee, Lockerer Kiefernwald; 23.5.1988; 1180 m (8 km NE Abant). *Orchis mascula* (*Orchis pinetorum*).

UK59.79: Abant (Bolu); Auffahrt zum Abantsee, Schutthang, Waldrand; 22.6.1994; 1150 m (12 km NE Abant). *Cephalanthera damasonium*, *Dactylorhiza bithynica*, *Steveniella satyrioides*.

UL60.49: Abant (Bolu); Auffahrt zum Abantsee, Magerwiese, lockerer Mischwald, Quellflur; 23.5.1988; 980 m (15 km NE Abant). *Cephalanthera epipactoides*, *Himantoglossum caprinum*, *Ophrys oestrifera*, *Orchis tridentata*, *Steveniella satyrioides*.

UL60.57: Abant (Bolu); Auffahrt zum Abantsee, Feuchtstellen, Waldrand; 22.6.1994; 1200 m (16 km W Bolu). *Dactylorhiza bithynica*, *Neottia nidus-avis*.

UL60.59: Abant (Bolu); Auffahrt zum Abantsee, Magerwiese, Waldrand, Straßenböschung; 23.6.1994; 1100 m (17 km W Bolu). *Anacamptis pyramidalis*, *Ophrys oestrifera*.

UL60.59: Abant (Bolu); Auffahrt zum Abantsee, Straßengraben, Feuchtstellen; 23.5.1988; 950 m (16 km NE Abant). *Cephalanthera damasonium*, *Epipactis palustris*.

UL70.06: Abant (Bolu); Auffahrt zum Abantsee, Magerwiese, Eichengebüsch; 23.6.1994; 850 m (21 km NE Abant). *Anacamptis pyramidalis*, *Himantoglossum caprinum*.

UL91.42: Gerede-Bolu (Bolu), Yeniçağa; Magerrasen mit Eichengebüsch und lockerem Kiefernwald; 20.5.1996, 19.6.1996; 900 m (19 km E Bolu). *Cephalanthera epipactoides*, *Cephalanthera longifolia*, *Himantoglossum caprinum*.

VE89.93: Anamur, Mamure Kalesi (İçel); Wiesen, Ödland; 11.4.1996; 10 m (3 km E Anamur). *Serapias bergonii*.

VF14.45: Alanya (Antalya); grasige Rasenflächen mit einzelnen Kiefern (Friedhof); 4.4.1997; 20 m (2 km NE Alanya). Übergänge zwischen *Ophrys mammosa* und *Ophrys transhyrcana*.

VF23.92: Demirtas (Antalya); lockerer Kiefernwald; 20.5.1997; 140 m (22 km SE Alanya). *Ophrys antalyensis*, *Ophrys minoa*, *Ophrys antalyensis* x *Ophrys minoa*, *Ophrys phrygia*.

VF40.53: Gazipaşa (Antalya); Friedhof mit ziemlich dichtem Kiefernwald und Brachland; 20.5.1997; 185 m (10 km SE Gazipaşa). *Epipactis turcica*, *Limodorum abortivum*, *Orchis fragrans*, *Orchis sancta*, *Orchis fragrans* x *Orchis sancta*.

VG51.52: Yeniköy (Konya); Friedhof mit Eichenwald, Waldrand, Ödland; 19.5.1995; 1450 m (8 km SSW Belören). *Cephalanthera kotschyana*, *Cephalanthera longifolia*, *Comperia comperiana*, *Epipactis condensata*, *Himantoglossum affine*, *Ophrys reinholdii* x *Ophrys straussii* var. *leucotaenia*? (=Sippe Belören).

VG61.59: Belören-Karasinir (Konya); Friedhof mit Eichen-Zypressenwald mit Freiflächen; 19.5.1995; 1350 m (8 km ENE Belören). *Cephalanthera damasonium, Cephalanthera kotschyana, Cephalanthera damasonium* x *Cephalanthera kotschyana, Cephalanthera kurdica, Comperia comperiana, Epipactis bithynica, Himantoglossum affine.*

VK67.67: Kizilcahamam, Soğuksu Milli Park (Ankara); Eichengebüsch mit einzelnen Kiefern, Ödland, Schutthänge; 20.6.1996, 30.6.1996; 1300 m (3 km SW Kizilcahamam). *Cephalanthera damasonium, Cephalanthera epipactoides, Epipactis helleborine, Epipactis turcica, Epipactis helleborine* x *Epipactis turcica, Himantoglossum caprinum, Limodorum abortivum.*

VL01.32: Gerede-Bolu (Bolu), Yeniçağa; Feucht- und Naßwiesen mit Trokkenstellen, Bachränder; 19.6.1996; 960 m (23 km E Bolu). *Dactylorhiza iberica, Dactylorhiza incarnata, Orchis coriophora, Orchis palustris.*

VL01.43: Gerede-Bolu (Bolu), Yeniçağa; Wiesengelände mit Eichengebüsch; 19.6.1996; 930 m (21 km E Bolu). *Cephalanthera epipactoides, Cephalanthera rubra, Himantoglossum caprinum, Ophrys apifera, Platanthera chloranta.*

VL01.53: Gerede-Bolu (Bolu), Yeniçağa; Feuchtwiese; 19.6.1996; 990 m (25 km E Bolu). *Dactylorhiza iberica, Orchis coriophora.*

VL01.72: Gerede-Bolu (Bolu), Yeniçağa; Feucht- und Naßwiese am Bach, Quellwiese; 19.6.1996; 1080 m (27 km E Bolu). *Coeloglossum viride, Dactylorhiza iberica, Dactylorhiza incarnata, Orchis coriophora, Orchis palustris.*

VL06.14: Sakallar, Devrek-Ereğli (Zonguldak); Buchen-Eichenwald; 7.8.1996; 650 m (31 km E Ereğli). *Epipactis pontica.*

VL06.14: Babadağ-Paß, Devrek-Ereğli (Zonguldak); Buchen-Mischwald; 7.8.1996; 700 m (34 km E Ereğli). *Epipactis pontica, Neottia nidus-avis.*

VL12.46: Gökçesu-Mengen (Bolu); Wiese, Kiefernwald, Eichengebüsch mit Wacholdern; 23.6.1994, 20.6.1996, 5.7.1996; 900 m (20 km NE Bolu). *Cephalanthera damasonium, Cephalanthera epipactoides, Cephalanthera rubra, Epipactis microphylla, Epipactis turcica, Himantoglossum caprinum, Ophrys apifera.*

VL12.68: Gökçesu-Mengen (Bolu); Eichengebüsch mit Wacholdern; 20.6.1996; 850 m (23 km NE Bolu). *Himantoglossum caprinum.*

VL14.82: Dorukhan-Paß, Yeniçaga-Mengen-Devrek (Zonguldak); Buchenschluchtwald; 20.6.1996, 9.8.1996; 900 m (8 km NNW Mengen). *Cephalanthera rubra, Epipactis helleborine, Epipactis persica, Epipactis pontica, Neottia nidus-avis.*

VL14.93: Mengen-Devrek (Zonguldak); Buchen-Mischwald; 20.6.1996; 800 m (11 km NNW Mengen). *Cephalanthera rubra, Epipactis persica.*

VL23.00: Gökçesu-Mengen (Bolu); Feuchtwiese mit Pappeln; 20.6.1996; 800 m (25 km NE Bolu). *Anacamptis pyramidalis, Ophrys oestrifera.*

WF31.36: Gülnar (İçel); Phrygana und Quellhang mit Feuchtstreifen am Bach; 20.5.1997; 895 m (4 km S Gülnar). *Dactylorhiza osmanica, Ophrys isaura.*

WF31.48: Aydıncık-Gülnar (İçel); steiler mergeliger Hang mit Eichengebüsch, Perückensträuchern und einzelnen Kiefern; 9.5.1988; 850 m (4 km SW Gülnar). *Cephalanthera damasonium, Cephalanthera kurdica, Cephalanthera rubra, Epipactis turcica, Limodorum abortivum, Ophrys isaura, Orchis anatolica.*

WF32.50: Gülnar (İçel); kalkfelsen mit einigen Kiefern; 9.5.1988; 880 m (1,5 km SW Gülnar). *Cephalanthera kurdica, Cephalanthera rubra, Cephalanthera kurdica* x *Cephalanthera rubra, Epipactis turcica, Limodorum abortivum.*

WF32.52: Aydıncık-Gülnar (İçel); Eichengebüsch, Ackerrand; 20.5.1995, 20.5.1997; 890 m (1,5 km SW Gülnar). *Cephalanthera kurdica, Epipactis turcica, Ophrys isaura.*

WF32.60: Gülnar (İçel); Holzlagerplatz, lockerer Kiefernwald, Gebüsch, Phrygana, Ödland; 20.5.1995, 20.5.1997; 900 m (1 km SW Gülnar). *Cephalanthera kurdica, Cephalanthera kurdica* (weiß), *Cephalanthera rubra, Cephalanthera kurdica* x *Cephalanthera rubra, Epipactis turcica, Ophrys isaura.*

WF42.32: Gülnar-Silifke (İçel); Kiefernwald, Staßenböschung; 9.5.1988; 500 m (6 km NW Silifke). *Cephalanthera kurdica, Limodorum abortivum.*

WF83.63: Demircili (İçel); grasige Weidenflächen mit einzelnen Kiefern; 31.3.1997; 500 m (11 km NNE Silifke). *Ophrys levantina, Ophrys lucis.*

WF83.64: Demircili (İçel); grasige Restflächen mit einzelnen Kiefern; 31.3.1997; 560 m (11 km NNE Silifke). *Ophrys lucis.*

WL26.65: Araç (Kastamonu); Magerrasen mit Wacholdern und Eichengebüsch; 16.5.1996; 800 m (2 km E Araç). *Cephalanthera damasonium, Cephalanthera epipactoides.*

WL26.96: Araç (Kastamonu); Magerrasen mit einzelnen Kiefern, Eichengebüsch; 16.5.1996, 17.5.1996; 800 m (1 km E Araç). *Cephalanthera epipactoides, Ophrys pseudomammosa, Ophrys sintenisii, Orchis pinetorum, Platanthera bifolia, Platanthera chlorantha.*

WL39.15: Daday, südlich Sanatoriumsgelände (Kastamonu); Kiefernwald mit grasigen Flächen; 16.5.1996; 1200 m (7,5 km NW Daday). *Orchis purpurea, Orchis simia, Orchis purpurea* x *Orchis simia, Platanthera chlorantha.*

WL39.16: Daday, Sanatoriumsgelände südlich Ballıdağ-Paß (Kastamonu); Flaumeichen-Kiefernwald, Kalkmagerrasen mit Eichengebüsch und Wacholdern; 16.5.1996; 1200 m (8 km NW Daday). *Cephalanthera longifolia, Orchis pallens, Orchis pinetorum, Orchis purpurea, Orchis simia.*

WL39.17: Daday, nördlich Sanatoriumsgelände (Kastamonu); lockerer Kiefernwald; 16.5.1996; 1200 m (8,5 km NW Daday). *Dactylorhiza romana* (rot und gelb), *Orchis pinetorum, Orchis purpurea, Orchis simia.*

WL39.34: Daday-Azdavay (Kastamonu); lockerer Kiefernwald; 16.5.1996; 1100 m (5,5 km NW Daday). *Dactylorhiza romana* (rot und gelb), *Orchis pinetorum.*

WL39.37: Daday-Azdavay, Ballıdağ-Paß (Kastamonu); Fichtenwald; 11.8.1996; 1550 m (11,5 km NW Daday). *Cephalanthera rubra, Epipactis helleborine, Epipactis persica, Neottia nidus-avis.*

WL47.32: Kastamonu-Araç (Kastamonu); Magerrasen mit lockerem Kiefernwald; 17.5.1996; 1200 m (15,5 km WSW Kastamonu). *Cephalanthera epipactoides.*

WL47.42: Karabük-Kastamonu (Kastamonu); lockerer Kiefernwald; 17.5.1996; 900 m (20 km W Kastamonu). *Orchis pinetorum, Orchis simia.*

WL47.42: Kastamonu-Araç (Kastamonu); Magerrasen mit Eichengebüsch, Flaumeichen und Wacholdern, lockerer Kiefernwald; 17.5.1996; 1200 m (16 km WSW Kastamonu). *Cephalanthera epipactoides, Epipactis helleborine, Orchis punctulata, Orchis purpurea, Orchis simia, Orchis tridentata, Steveniella satyrioides.*

WL47.63: İhsangazı (Kastamonu); lockerer Kiefernwald mit grasigem Unterwuchs; 22.5.1988; 1130 m (21 km WSW Kastamonu). *Cephalanthera damasonium, Dactylorhiza romana* (gelb), *Orchis pinetorum, Orchis simia, Platanthera bifolia, Platanthera chlorantha.*

WL47.73: Karabük-Kastamonu (Kastamonu); lockerer Kiefernwald mit grasigen Weideflächen; 15.5.1996; 1120 m (25 km WSW Kastamonu). *Dactylorhiza romana* (rot, gelb und Mischfarben), *Orchis pinetorum, Platanthera chlorantha.*

WL64.27: Ilgaz-Paß, Paßhöhe an der Zufahrtsstraße zu den Wintersporthotels, Ilgaz-Kastamonu (Kastamonu); Fichtenwald; 10.8.1996, 11.8.1996; 1800 m (39 km S Kastamonu). *Corallorrhiza trifida, Epipogium aphyllum.*

WL64.36: Ilgaz-Paß, Ilgaz-Kastamonu (Kastamonu); Fichtenwald mit Kiefern; 21.6.1996, 11.8.1996; 1650 m (34 km S Kastamonu). *Corallorrhiza trifida, Dactylorhiza romana* (rot und gelb), *Goodyera repens, Orchis pallens, Orchis pinetorum, Platanthera chlorantha.*

WL65.11: Ilgaz-Paß, Ilgaz-Kastamonu (Kastamonu); Straßenböschung mit Feuchtstellen; 11.8.1996; 1350 m (36 km S Kastamonu). *Dactylorhiza ilgazica, Dactylohiza bithynica* x *Dactylohiza ilgazica.*

WL65.30: Ilgaz-Paß, Paßhöhe, Ilgaz-Kastamonu (Kastamonu); Fichtenwald; 9.8.1996, 10.8.1996; 1720 m (40 km S Kastamonu). *Epipactis pontica, Epipogium aphyllum.*

WL65.43: Ilgaz-Paß, Ilgaz-Kastamonu (Kastamonu); Fichtenwald, Feuchtstelle im Wald; 21.6.1996, 11.8.1996; 1700 m (35 km S Kastamonu). *Corallorrhiza trifida, Dactylorhiza iberica, Dactylorhiza ilgazica, Dactylorhiza bithynica* x *Dactylorhiza ilgazica, Epipogium aphyllum, Goodyera repens, Neottia nidus-avis, Orchis pinetorum.*

WL75.79: Ilgaz-Paß, Tosya-Kastamonu (Kastamonu); Sumpfgebiet am Bach; 10.8.1996; 1380 m (34 km SE Kastamonu). *Dactylorhiza bithynica, Dactylorhiza iberica.*

WL84.57: Tosya-Kastamonu (Kastamonu); Feuchtstelle, Sumpfwiese; 22.5.1988; 1200 m (20 km SE Kastamonu). *Dactylorhiza iberica.*

WL85.09: Ilgaz-Paß, Tosya-Kastamonu (Kastamonu); Fichtenwald; 10.8.1996; 1540 m (37 km SE Kastamonu). *Cephalanthera longifolia, Goodyera repens, Neottia nidus-avis.*

WL85.19: Akkaya, Tosya-Kastamonu (Kastamonu); Kiefernwald mit Eichengebüsch; 22.6.1996; 1350 m (23 km SE Kastamonu). *Cephalanthera damasonium, Cephalanthera epipactoides, Cephalanthera longifolia, Cephalanthera rubra, Dactylorhiza bithynica, Dactylorhiza romana* (gelb), *Neottia nidus-avis, Neotinea maculata, Orchis purpurea, Platanthera chlorantha.*

WL85.29: Ilgaz-Paß, Tosya-Kastamonu (Kastamonu); Fichtenwald; 10.8.1996; 1300 m (36 km SE Kastamonu). *Cephalanthera longifolia, Cephalanthera rubra, Goodyera repens, Neottia nidus-avis.*

WL85.36: Akkaya, Tosya-Kastamonu (Kastamonu); Fichtenwald mit einzelnen Kiefern und Eichengebüsch; 22.6.1996, 30.6.1996, 4.7.1996; 1500m (25 km SE Kastamonu). *Cephalanthera longifolia, Cephalanthera rubra, Dactylorhiza bithynica, Dactylorhiza romana* (rot und gelb), *Epipactis pontica, Goodyera repens, Neottia nidus-avis, Orchis pinetorum, Platanthera chlorantha.*

WL85.66: Ilgaz-Paß, Tosya-Kastamonu (Kastamonu); Fichten-Buchenwald mit Feuchtstellen; 29.6.1996, 11.8.1996; 1580 m (38 km SE Kastamonu). *Corallorrhiza trifida, Dactylorhiza ilgazica, Dactylorhiza romana* (gelb), *Epipactis pontica, Epipactis turcica, Epipogium aphyllum, Goodyera repens, Listera cordata, Orchis pinetorum.*

WL85.94: Tosya-Kastamonu (Kastamonu); lockerer Kiefernwald; 22.5.1988; 900 m (9 km N Tosya). *Dactylorhiza romana* (rot und gelb), *Limodorum abortivum, Orchis pinetorum, Platanthera chlorantha.*

WL95.06: Tosya-Kastamonu (Kastamonu); Straßengraben, Feuchtstellen am Waldrand; 22.5.1988; 1200 m (22 km SE Kastamonu). *Cephalanthera epipactoides, Dactylorhiza bithynica, Ophrys sintenisii, Orchis pinetorum.*

WM20.42: Ballıdağ-Paß (Daday-Azdavay, Kastamonu); Buchenhochwald; 16.5.1996; 1400 m (10 km NW Daday). *Epipactis pontica, Orchis pallens.*

WM52.83: Küre, Masruf-Paß (Kastamonu); Fichten-Kiefernwald mit offenen Stellen; 11.8.1996; 1250 m (1 km S Küre). *Epipactis condensata, Epipactis pontica, Neottia nidus-avis.*

WM53.88: Küre (Kastamonu); feuchte Straßenböschung im Eichen-Buchenwald; 26.6.1994, 17.5.1996; 300 m (9 km SSW İnebolu). *Dactylorhiza ilgazica, Epipactis helleborine, Epipactis persica, Platanthera chlorantha.*

WM54.13: Ersizledere (İnebolu-Kastamonu) (Kastamonu); Magerrasen mit Feuchtstellen; 17.5.1996; 500 m (8 km S İnebolu). *Ophrys oestrifera, Orchis laxiflora, Orchis morio* subsp. *morio.*

WM74.27: Abana (İnebolu-Çatalzeytin) (Kastamonu); aufgelassene Weinberge; 18.5.1996; 200 m (11 km E İnebolu) *Cephalanthera damasonium, Cephalanthera epipactoides, Cephalanthera damasonium* x *Cephalanthera epipactoides, Ophrys oestrifera, Ophrys oestrifera* (gelb), *Orchis fragrans, Orchis purpurea, Orchis tridentata, Serapias feldwegiana, Spiranthes spiralis.*

WM93.44: Karamanlar (Kastamonu-Çatalzeytin) (Kastamonu); Buchenhochwald, Waldlichtungen; 18.5.1996; 750 m (14 km SW Çatalzeytin). *Cephalanthera damasonium, Cephalanthera rubra, Epipactis helleborine, Limodorum abortivum, Neottia nidus-avis, Orchis pinetorum, Orchis purpurea.*

WM93.59: Çatalzeytin-Devrekâni (Kastamonu), Buchenwälder, am Rande mit *Rhododendron* durchsetzt; 23.6.1994; 700 m (6 km SW Çatalzeytin). *Cephalanthera damasonium, Cephalanthera rubra, Epipactis persica, Limodorum abortivum, Listera ovata, Neottia nidus-avis, Platanthera chlorantha.*

XF05.83: Erdemli (İçel); Steinfluren, Phrygana, beweidetes Ödland, Eichengebüsch; 12.4.1996; 400 m (5 km W Erdemli). *Ophrys phrygia.*

XF14.49: Kocahasanlı (İçel); lockerer Kiefernwald, Macchien, Wiesenflächen; 11.4.1996, 31.3.1997; 10 m (5 km SW Erdemli). *Ophrys levantina, Serapias bergonii.*

XF27.55: Fındıkpınarı (İçel); Kiefernwald mit grasigen Freiflächen, Steinfluren; 20.5.1995; 550 m (17 km WNW Mersin). *Ophrys phrygia.*

XF38.05: Yeniköy (İçel); lichter Kiefernwald; 21.5.1997; 840 m (22 km NW Mersin). *Aceras anthropophorum, Cephalanthera kurdica, Limodorum abortivum, Ophrys phrygia, Ophrys straussii* var. *leucotaenia.*

XF38.14: Yeniköy (İçel); lichter Kiefernwald mit feuchten, grasigen Stellen; 21.5.1997; 840 m (21 km NW Mersin). *Anacamptis pyramidalis, Ophrys amanensis* x *Ophrys transhyrcana?, Ophrys episcopalis, Ophrys straussii* var. *leucotaenia, Orchis anatolica, Orchis laxiflora, Orchis syriaca.*

XF38.31: Mersin-Yeniköy (İçel); Macchien und Wiesenflächen; 21.5.1997; 420 m (14 km NNW Mersin). *Ophrys amanensis, Ophrys episcopalis, Ophrys phrygia, Ophrys episcopalis* x *Ophrys phrygia, Orchis anatolica.*

XF38.65: Mersin-Arslanköy (İçel); kalkfelsen, Wiesen und Eichengestrüpp; 10.5.1988; 650 m (8 km N Mersin). *Epipactis helleborine, Ophrys phrygia, Orchis anatolica.*

XF38.72: Mersin-Yeniköy (İçel); felsiges Ödland mit Eichengebüsch; 21.5.1997; 640 m (15 km NW Mersin). *Ophrys phrygia.*

XF38.76: Mersin-Arslanköy (İçel); ansteigendes felsiges Gelände mit Eichengebüsch, Eichen-Macchia; 21.5.1995, 22.5.1995; 750 m (15 km NNW Mersin). *Ophrys cilicica, Ophrys phrygia, Orchis anatolica, Orchis syriaca.*

XF38.89: Soğuçak, Gözne (İçel); Friedhof mit lockerem Kiefernwald, niederem Laubwald und grasigen Freiflächen; 10.5.1988, 21.5.1995, 21.5.1997; 850 m (15 km N Mersin). *Anacamptis pyramidalis, Himantoglossum affine, Ophrys caucasica* x *Ophrys transhyrcana?, Ophrys episcopalis, Ophrys holoserica, Ophrys phrygia, Ophrys straussii, Ophrys straussii* var. *leucotaenia, Orchis anatolica, Orchis syriaca, Orchis tridentata.*

XG53.90: Akçatekır (Adana); feuchte Stellen am Bach, lichter Kiefernwald; 21.5.1997; 1050 m (52 km N Tarsus). *Cephalanthera kurdica, Dactylorhiza osmanica, Limodorum abortivum.*

XG63.26: Pozantı (Adana); feuchtstelle, Quellhang mit Baumbewuchs (Steilhang); 21.5.1997; 990 m (7 km SSW Pozantı). *Cephalanthera kurdica, Dactylorhiza osmanica.*

XL08.66: Köçekli (Kastamonu); lockerer Kiefernwald; 22.6.1996; 1100 m (8 km E Taşköprü). *Dactylorhiza romana* (gelb), *Limodorum abortivum, Listera ovata.*

XL08.84: Köçekli (Kastamonu); lockerer Kiefernwald; 22.6.1996; 1050 m (12 km E Taşköprü). *Dactylorhiza romana* (gelb), *Platanthera chlorantha.*

XM14.04: Türkeli (Sinop); Straßenböschung, Phrygana, Macchien; 18.5.1996; 10 m (5 km W Türkeli). *Ophrys sintenisii, Orchis purpurea.*

XM73.15: Kabalı (Sinop); Friedhof mit Wiese und einzelnen Kiefern; 23.6.1994; 300 m (21 km SSW Sinop). *Anacamptis pyramidalis, Himantoglossum caprinum.*

XM91.86: Sinop-Samsun (Sinop); Straßenböschung mit einzelnen Kiefern; 18.5.1996; 100 m (38 km SE Sinop). *Cephalanthera damasonium, Ophrys oestrifera, Ophrys sintenisii, Orchis tridentata.*

YL04.99: Köprübaşı (Samsun); Friedhof mit Kiefernwald mit Eichenunterwuchs, Wiese mit Gebüsch; 24.6.1994; 720 m (16 km NW Havza). *Anacamptis pyramidalis, Cephalanthera damasonium, Cephalanthera rubra, Epipactis persica, Limodorum abortivum.*

YL05.58: Vezirköprü (Samsun); Friedhof mit Kiefernwald und rasigen Weideflächen, Eichengebüsch; 24.6.1994; 700 m (5 km SE Vezirköprü). *Anacamptis pyramidalis, Epipactis persica, Himantoglossum affine.*

Ophrys antalyensis C. A. J. Kreutz & B. J. Seckel spec. nov.

DIAGNOSIS:

Gracilis, procera, 20—35 cm alta. Inflorescentia laxa vulgo floribus 4—8(—10). Sepala 10—12 mm longa 2—5 mm lata albida vel albo-viridia vel clare rosea ad atro-purpurea vel bicoloria patentia, mediano parum prorsum curvato. Petala 5—7 mm longa ca. 1 mm lata elongate triangularia rosea ad purpurea margine plerumque leniter undulato. Labellum 12—15 mm longum angustum ad longe ovata integrum fornicatissimum marginibus reflexis valdissime callosum atro-castaneum ad rubello-brunneum. Delineatio lineis duabus paralellis saepe distaliter anastomosantibus pallide caeruleis ad purpureis zona clare alba circumdatis. Appendicula satis minuta lutea vel brunnescentia parum prorsum curvata.

HOLOTYPUS:

Turcia, Provinz Antalya, Gençler, 27 km E Manavgat, UTM UF87.31, lockerer Kiefernwald, alt. 300 m, 18.5.1997, leg. C. A. J. Kreutz in herbario Leiden (L.), NL

ICON.: Abb. auf Seite 280 (Holotypus), Abb. Seiten 281, 282, 283.

ETYMOLOGIE:

Der Artname bezieht sich auf die Provinz Antalya in der alle bisher bekannten Fundorte liegen.

Literaturverzeichnis

Akeroyd, J. (1996): Spotligt on Turkey's Important Plant Areas. - Plant Talk 5: 20-23.

Akman, Y. (1973): Contribution à l'Étude de la Flore des Montagnes de l'Amanus (I). - Comm. Fac. Sci. Ankara Sér. C. 17C: 1-70. Ankara.

Akman, Y. & E. Sezik (1976): A new Orchid for Turkish Flora, *Corallorhiza trifida* (L.) Châtel. - Communic. Fac. Sci. Univ. Ankara, Sér. C2, 20: 41-44.

Alibertis, Ch. & A. (1989a): La Crète n'a pas fini de livrer ses secrets aux orchidophiles 2. - L'Orchidophile 20 (87): 108-112.

Alibertis, Ch. & A. (1989b): Die wilden Orchideen Kretas. Iraklion, Kreta.

Alibertis, Ch. & A. & H. R. Reinhard (1990): Untersuchungen am *Ophrys omegaifera*-Komplex Kretas. - Mitt. Bl. Arbeitskr. Heim. Orch. Baden-Württ. 22 (1): 181-236.

Altan, T. & V. Hoffmann (1986): Ein Beitrag zur Orchideenkartierung in der Südost-Türkei. - Mitt. Bl. Arbeitskr. Heim. Orch. Baden-Württ. 18 (2): 254-277.

Anonymus (1993): Turkey. Office of the Prime Minister, Directorate General of Press and Information. - Ankara.

Anonymus (1994): Press Release. FFPS appeals to growers for help to save millions of rare Orchids. - Orchid Review 102 (1197): 160.

Arditti, J. (1972): Über das Vorkommen von *Loroglossum calcaratum* (Beck) Beck in Jugoslawien. - Die Orchidee 23 (5): 209-211.

Arnold, H. J. & N. Arnold (1985): L'utilisation du sahlep en Syrie aujourd'hui. - Coll. Soc. Franç. Orchidophilie 8: 143-154.

Averyanov, L. (1995): Orchids of the Caucasus. - Ber. Arbeitskrs. Heim. Orchid. 11 (2): 4-45.

Aznavour, G. V. (1902): Énumeration d'espèces nouvelles pour la Flore de Constantinople. - Mag. Bot. Lap. 1: 292-304. Budapest.

Baedekers Autoreiseführer (1967/1968): Türkei. 2. Aufl. - Stuttgart.

Barla, J.-B. (1868): Flore Illustrée de Nice et des Alpes-Maritimes - Iconographie des Orchidées. Nice.

Baumann, H. (1982): *Orchis lokiana* H. Baumann spec. nov. - Eine neue endemische Art aus Nordostalgerien. - Mitt. Bl. Arbeitskr. Heim. Orch. Baden-Württ. 14 (3): 241-260.

Baumann, H. (1983a): Die balkanisch-orientalischen *Dactylorhiza*-Arten - ein Vergleich. - Mitt. Bl. Arbeitskr. Heim. Orch. Baden-Württ. 15 (1): 43-108.

Baumann, H. (1983b): *Cephalanthera* x*taubenheimii* hybr. nat. nov. - ein neuer *Cephalanthera*-Bastard aus der Osttürkei. - Mitt. Bl. Arbeitskr. Heim. Orch. Baden-Württ. 15 (2): 217-226.

Baumann, H. (1986): Zur Polymorphie von *Orchis papilionacea* L. - Jahresb. Naturwiss. Ver. Wuppertal 39: 87-97.

Baumann, H. (1987): Zur Taxonomie einiger orientalischer Orchideen. - Mitt. Bl. Arbeitskr. Heim. Orch. Baden-Württ. 19 (1): 119-130.

Baumann, B. & H. (1991): Hybridogene Populationen zwischen *Orchis anatolica* Boiss. und *Orchis quadripunctata* Cyr. ex Ten. in der Ostmediterraneis. - Mitt. Bl. Arbeitskr. Heim. Orch. Baden-Württ. 23 (1): 203-242.

Baumann, H. & A. Dafni (1979): *Orchis israelitica* spec. nov. - eine neue endemische *Orchis*-Art aus Israel. - Mitt. Bl. Arbeitskr. Heim. Orch. Baden-Württ. 11 (4): 249-282.

Baumann, H. & A. Dafni (1981a): *Orchis dinsmorei* (R. Schlechter) comb. et stat. nov. - eine eigenständige Art aus dem *Orchis laxiflora*-Komplex. - Mitt. Bl. Arbeitskr. Heim. Orch. Baden-Württ. 13 (3): 311-336.

Baumann, H. & A. Dafni (1981b): Differenzierung und Arealform des *Ophrys omegaifera*-Komplexes im Mittelmeergebiet. - In: OPTIMA-Projekt 'Kartierung der mediterranen Orchideen' - Orchideenforschung und Naturschutz im Mittelmeergebiet. - Internationales Artenschutzprogramm 2: 129-153. - Beihefte zu den Veröffentlichungen für Naturschutz und Landschaftspflege in Baden-Württemberg 19, Karlsruhe.

Baumann, H. & S. Künkele (1979): Das Optima-Projekt zur Kartierung mediterraner Orchideen. - Mitt. Bl. Arbeitskr. Heim. Orch. Baden-Württ. 11 (1): 12-53.

Baumann, H. & S. Künkele (1981a): Beiträge zur Taxonomie orientalischer *Dactylorhiza*-Arten. - Mitt. Bl. Arbeitskr. Heim. Orch. Baden-Württ. 13 (2): 220-266.

Baumann, H. & S. Künkele (1981b): Beiträge zur Taxonomie europäischer Orchideenarten. - Mitt. Bl. Arbeitskr. Heim. Orch. Baden-Württ. 13 (3): 337-373.

Baumann, H. & S. Künkele (1982a): Die wildwachsenden Orchideen Europas. - Kosmos Naturführer, Franckh'sche Verlagshandlung, Stuttgart.

Baumann, H. & S. Künkele (1982b): Beiträge zur Taxonomie von *Ophrys oestrifera* M.-Bieb. und *Ophrys scolopax* Cav. - Mitt. Bl. Arbeitskr. Heim. Orch. Baden-Württ. 14 (2): 204-240.

Baumann, H. & S. Künkele (1983): Beiträge zur Taxonomie europäischer und orientalischer Orchideen. - Jahresb. Naturwiss. Ver. Wuppertal 36: 12-16.

Baumann, H. & S. Künkele (1986): Die Gattung *Ophrys* L. - eine taxonomische Übersicht. - Mitt. Bl. Arbeitskr. Heim. Orch. Baden-Württ. 18 (3): 305-688.

Baumann, H. & S. Künkele (1988a): Die Orchideen Europas. - Kosmos Naturführer, Franckh'sche Verlagshandlung, Stuttgart.

Baumann, H. & S. Künkele (1988b): Neue Beiträge zur Taxonomie europäischer und mediterraner Orchideen. - Mitt. Bl. Arbeitskr. Heim. Orch. Baden-Württ. 20 (3): 610-651.

Baumann, H. & S. Künkele (1989): Die Gattung *Serapias* L. - eine taxonomische Übersicht. - Mitt. Bl. Arbeitskr. Heim. Orch. Baden-Württ. 21 (3): 701-946.

Baumann, H. & S. Künkele (1994): *Ophrys kotschyi* H. Fleischmann & Soó, eine gefährdete und endemische Orchidee von Zypern. - Jour. Eur. Orch. 26 (3/4): 317-364.

Bayer, M. (1982): Anleitung zur Praxis der Orchideen-Kartierung. - Mitt. Bl. Arbeitskr. Heim. Orch. Baden-Württ. 14 (1): 125-137.

Baytop, A. (1962): Contribution a la Florule d'Aydos et de Kayisdağ. - Türk. Biol. Derg. 12 (3): 75-112. - İstanbul.

Baytop, T. & E. Sezik (1968): Türk Salep Çeşitleri Üzerinde Araştirmalar (Recherches sur les Saleps de Turquie). - J. Fac. Pharm. İstanbul 4 (61): 61-68.

Bergel, G. (1987): Transkaukasische Ragwurz-Beobachtungen. - Die Orchidee 38 (4): 187-191.

Bianco, P., S. D'Emerico, P. Medagli, L. Ruggiero & P. Liverani (1992): Serapias politisii Renz (Orchidaceae), nuova per la Flora Italiana. - Webbia 46 (2): 219-223.

Bieberstein, M. F. A. von (1808): Flora taurico-caucasica, exhibens Stirpes phaenogamas in Chersoneso taurica et Regionibus caucasis sponte crecentes 2. Charkoviae.

Biel, B (1998): Die Orchideenflora der Insel Lesvos (Griechenland). - Jour. Eur. Orch. 30 (2): 251-443.

Birken, S. (1994): Die botanische und kulturhistorische Schutzwürdigkeit eines Denkmalbereichs, dargestellt am jüdischen Friedhof in Lengerich. - Natur- und Landschaftskunde 30: 7-12.

Blanchon, C. (1989): Voyage d'études de la S. F. O. en Turquie, 10 au 24 avril 1988. - L'Orchidophile 87: 119-126.

Bockhorni, R. (1995): Polyglott-Reiseführer Türkei. - Polyglott-Verlag München.

Bodegom, J. van (1974): Orchideeën in Z. O.-Europa en West-Turkije (4). - Orchideeën 36 (2): 36-42.

Boerner, F. (1966): Taschenwörterbuch der botanischen Pflanzennamen. - Berlin (Parey).

Boissier, E. (1884): Flora Orientalis 5: 51-94 (Orchidaceae). - Genevae & Basileae.

Bornmüller, J. F. N. (1908). Florulae Lydiae. - Mitt. Thür. Bot. Ver. N. F. 24: 1-140. Weimar.

Bornmüller, J. F. N. (1917): Zur Flora des nördlichen Syriens. - Notizbl. Königl. Bot. Gart. Mus. Berlin-Dahlem 63: 1-44.

Bournerias, J. (1997): Ou l'on reparle du Salep... - L'Orchidophile (28) 127: 130-132.

Brummitt, R. K. & C. E. Powell (1992): Authors of Plant Names. - Royal Botanic Gardens, Kew.

Buttler, K. P. (1983): Die *Ophrys-ciliata* (*speculum*)-Gruppe, eine Neubewertung (Orchidaceae: Orchideae). - Jahresb. Naturwiss. Ver. Wuppertal 36: 37-57.

Buttler, K. P. (1986): Orchideen. - Die wildwachsenden Arten und Unterarten Europas, Vorderasiens und Nordafrikas. - Steinbachs Naturführer, Mosaik Verlag München.

Buttler, K. P. & C. Nieschalk (1979): Morphologische und geographische Differenzierung bei *Orchis palustris*. - Bot. Jahrb. Syst. 101: 91-134.

Camus, E. G., P. Bergon & A. Camus (1908): Monographie des Orchidées de l'Europe, de l'Afrique septentrionale, de l'Asie Mineure et des provinces russes transcaspiennes. - Paris.

Camus, E. G. & A. Camus (1921-1928): Iconographie des Orchidées d'Europe et du Bassin Méditerranéen. - Paris.

Candargy, P. C. (1897): Flore de l'ile de Lesbos. - Bull. Soc. Bot. France 44: 140-162, 369-373, 449-462.

Cingel, N. A., van der (1997): *Ophrys reinholdii* (ssp. *straussii*) op Cyprus, een uitbreiding van het bekende areaal. - Eurorchis 9: 81-82.

Cortesi, F. (1910): Studii critici sulle Orchidacee romane V. Le specie del genere Ophrys II. - Ann. di Bot. 8 (2): 191-221.

Cullen, J. (1963): The Turkish collections of Paul Sintenis. - Notes Roy. Bot. Garden 25 (1): 31-39. Edinburgh.

Czeczott, H. (1939): A Contribution to the Knowledge of the Flora and Vegetation of Turkey. - Feddes Repert. Beiheft 107. Berlin.

Czerepanov, S. K. (1981): Plantae vasculares URSS. - Leningrad. Orchidaceae: 306-314.

Czerniakovska, E. (1923): De generis Ophrydis specie nova ex Turkestanica. - Not. syst. Herb. Horti Bot. Petropolitani 4 (1): 1-4.

Dafni, A. (1973): Analytical key to the Orchids of Israel. - Teva Váaretz 16.

Dafni, A. (1981): Orchids of Israel. - Massada LTD. Israel.

Dafni, A., Y. Talmon & Y. Gertmann (1987): Updated list of the Orchids of Israel. - Israel Journal of Botany 36: 145-157.

Danesch, O. & E. (1969): Orchideen Europas - Südeuropa. - Hallwag, Bern & Stuttgart.

Danesch, O. & E. (1972): Orchideen Europas - *Ophrys* Hybriden. - Hallwag, Bern & Stuttgart.

Darke, D. (1996): Reisgids Turkije. - Van Reemst Uitgeverij bv Houten/ Standaard Uitgeverij Antwerpen.

Davidov, B. (1915): Izv. cvetnicata iztoana Trakija (Flora von Ost-Trakien). - Spis. Bulg. Akad. Nauk 12: 61-126. Sofia.

Davies, P. H., J. A. Davies & A. Huxley (1983): Wild Orchids of Britain and Europe. - Chatto & Windus, The Hogarth Press, London.

Davies, P. & J. (1990): Flower power. - Turquoise, The International Magazine of the Turkisch World: 55-61.

Davies, P. H. (1996): Orchids of Turkey - 1. A tale of two species... - The Orchid Review 104 (1): 50-53.

Davis, P. H. (1958): Old and new place names used in studies on the Turkish Flora. - Notes Roy. Bot. Garden 22 (6): 587-591. Edinburgh.

Davis, P. H. (1965): Introduction. - In: P. H. Davis: Flora of Turkey and the East Aegean Islands 1: 1-28. - Edinburgh.

Davis, P. H. (1971): Distribution Patterns in Anatolia with Particular References to Endemism. - In: P. H. Davis, P. C. Harper & I. C. Hedge, Plant life of South-West Asia: 15-27. - Aberdeen.

Davis, P. H., R. R. Mill & K. Tan (1988): Supplement. - In: P. H. Davis: Flora of Turkey and the East Aegean Islands 10: 288-289. - Edinburgh.

Delforge, P. (1990): Contribution à la connaissance des orchidées du sud-ouest de Chypre et remarques sur quelques espèces méditerranéennes. - Les Naturalistes Belges (Orchidées 4) 71 (4): 103-144.

Delforge, P. (1992): Contribution à l'étude de trois espèces d'*Ophrys* récemment décrites: *Ophrys cephalonica*, *Ophrys herae* et *Ophrys minoa* (Orchidaceae). - Les Naturalistes Belges (Orchidées 5) 73 (3): 71-106.

Delforge, P. (1994): Guide des Orchidées d'Europe, d'Afrique du Nord et du Proche-Orient. - Delachaux et Niestlé S. A. Lausanne (Switzerland).

Delforge, P. (1995a): Orchids of Britain & Europe. Collins Guide. - Harper Collins Publishers. - London.

Delforge, P. (1995b): Les Orchidées des îles de Paros et Antiparos (Cyclades, Grèce). - Observations, cartographie et description d'*Ophrys parosica*, une nouvelle espèce du sous-groupe d'*Ophrys fusca*. - Les Naturalistes Belges (Orchidées 8) 76 (3): 144-221.

Delforge, P. (1997): Les Orchidées de l'îles d'Amorgos (Cyclades, Grèce). - Les Naturalistes Belges (Orchidées 10) 78 (3): 103-152.

Delforge, P., J. Devillers-Terschuren & P. Devillers (1991): Contributions taxonomiques et nomenclaturales aux Orchidées d'Europe (Orchidaceae). - Les Naturalistes Belges 72 (3): 99-101.

Demiriz, H. (1993): An annotated bibliography of turkish flora and vegetation. - The scientific and technical research council of Turkey. Ankara.

Devillers, P. & J. Devillers-Terschuren (1994): Essai d'analyse systématique du genre *Ophrys*. - Les Naturalistes Belges 75, hors-série - special 'Orchidées' 7, supplement: 273-400.

Dietrich, H. (1970): *Cephalanthera epipactoides* in der südöstlichen Türkei. - Die Orchidee 21 (3): 182-183.

Engel, R., P. Jacquet & P. Quentin (1997): Combinaisons nouvelles pour les Orchidaceae de la flora de France. - L'Orchidophile (28) 127: 133-134.

Ekim, T. (1997): Seed Collection Project of Turkish Endemics. - OPTIMA Newsletter 31: 7-8.

Erinc, S. (1969): Klimatoloji ve metodlar1. - İstanbul Üniv. Coğr. Enst. Yay. 35.

Erol, O. (1983): Die naturräumliche Gliederung der Türkei. - Beihefte zum Tübinger Atlas des Vorderen Orients, Reihe A (13). - Wiesbaden.

Ertem, G. (1976): Three new records from european Turkey. - Bijoloji Dergesi 26; 57-58.

Finkl, A. (1961/1962): Beiträge zur Kenntnis der Flora der Insel Rhodos. - Sond. Acta Albert. Ratisb. 24: 101-120. Regensburg.

Fleischmann, H. (1923): Neue *Ophrys*-Arten aus Asien. Ann. Naturhist. - Museum Wien 36: 7-14.

Fredriks, H. (1983): Naamswijzigingen en nieuwe soorten bij de Mediterrane en Kleinaziatische orchideeën. - Orchideeën 45 (1): 15-17.

Freidinger, L. & K. Robatsch (1989): Beiträge zur Kenntnis autogamer *Epipactis*-Sippen in Österreich. - Ber. Arbeitskrs. Heim. Orchid. 6 (2): 19-21.

Godfery, M. J. (1917): The genus *Ophrys*. Jour. Bot. 55: 329-332. - London.

Gölz, P. & H. R. Reinhard (1975): *Orchis robusta* (Stephenson) Gölz et Reinhard stat. nov. (Ein Beitrag zur Kenntnis der Orchideenflora Mallorcas). - Ber. Schweiz. Bot. Ges. 85 (4): 288.

Gölz, P. & H. R. Reinhard (1977a): Statistische Untersuchungen über einige Arten der Gattung *Serapias*. - Die Orchidee 28 (3): 108-116.

Gölz, P. & H. R. Reinhard (1977b): *Orchis robusta* (Stephenson) Gölz et Reinhard. - Ber. Schweiz. Bot. Ges. 86 (3/4): 136-151.

Gölz, P. & H. R. Reinhard (1978): Orchideen auf Kos, Samos und Chios. - Ein Beitrag zur Kenntnis der Orchideenflora der Ägäis. - Die Orchidee 29 (3): 103-106.

Gölz, P. & H. R. Reinhard (1980): *Serapias* (Orchidaceae). - Ergebnisse statistischer und chorologischer Untersuchungen. - Mitt. Bl. Arbeitskr. Heim. Orch. Baden-Württ. 12 (3): 123-189.

Gölz, P. & H. R. Reinhard (1981): Die Orchideenflora der ostägäischen Inseln Kos, Samos, Chios und Leswos (Griechenland). - In: OPTIMA-Projekt 'Kartierung der mediterranen Orchideen' - Orchideenforschung und Naturschutz im Mittelmeergebiet. - Internationales Artenschutzprogramm 2: 5-127. - Beihefte zu den Veröffentlichungen für Naturschutz und Landschaftspflege in Baden-Württemberg 19, Karlsruhe.

Gölz, P. & H. R. Reinhard (1983): Orchideen in Nordwestgriechenland. - Mitt. Bl. Arbeitskr. Heim. Orch. Baden-Württ. 15 (2): 161-216.

Gölz, P. & H. R. Reinhard (1984): Die Orchideenflora Albaniens. - Mitt. Bl. Arbeitskr. Heim. Orch. Baden-Württ. 16 (2): 193-394.

Gölz, P. & H. R. Reinhard (1985): Statistische Untersuchungen an *Ophrys bornmuelleri* M. Schulze und *Ophrys kotschyi* H. Fleischmann & Soó. - Mitt. Bl. Arbeitskr. Heim. Orch. Baden-Württ. 17 (3): 446-491.

Gölz, P. & H. R. Reinhard (1986): Orchideen in Jugoslavien. - Mitt. Bl. Arbeitskr. Heim. Orch. Baden-Württ. 18 (4): 689-827.

Gölz, P. & H. R. Reinhard (1989a): Zur Orchideenflora von Lesvos. - Mitt. Bl. Arbeitskr. Heim. Orch. Baden-Württ. 21 (1): 1-87.

Gölz, P. & H. R. Reinhard (1989b): Über einige Besonderheiten im ostmediterranen *Ophrys scolopax*-Komplex. - Mitt. Bl. Arbeitskr. Heim. Orch. Baden-Württ. 21 (4): 1040-1067.

Gölz, P. & H. R. Reinhard (1993): *Serapias*-Probleme unter besonderer Berücksichtigung der *Serapias*-Flora der Insel Kerkira (Korfu) 1. - Mitt. Bl. Arbeitskr. Heim. Orch. Baden-Württ. 25 (1): 1-58.

Gölz, P. & H. R. Reinhard (1994a): Welche Aussagen kann die Chaostheorie der Mathematik über die Populationsdynamik von Pflanzenkollektiven und über die Problematik der Anwendung des traditionellen Artbegriffes bei einigen Orchideengattungen machen? - Jour. Eur. Orch. 26 (1): 110-132.

Gölz, P. & H. R. Reinhard (1994b): *Serapias*-Probleme unter besonderer Berücksichtigung der *Serapias*-Flora der Insel Kerkira (Korfu), ergänzt durch Untersuchungen an der *Serapias*-Flora Zyperns 2. - Jour. Eur. Orch. 26 (3/4): 365-425.

Gölz, P. & H. R. Reinhard (1995): Die Orchideenflora der ionischen Inseln Kefallinia und Zakinthos: - Neue Beobachtungen und Erkenntnisse. Jour. Eur. Orch. 27 (4): 555-621.

Gölz, P. & H. R. Reinhard (1996): Gestaltwandel innerhalb kretischer Orchideenaggregate im Verlaufe der Monate Januar bis Mai. - Jour. Eur. Orch. 28 (4): 641-701.

Grisebach, A. (1843): Spicilegium Florae rumelicae et bithynicae 1. - Braunschweig.

Grossheim, A. A. (1940): Flora Kavkasa. Akad. Nauk Asserbeidjan SSR 2 (2). - Baku.

Grossheim, A. A. (1949): Opredelitel Rastenij Kavkaza - Bestimmungsbuch zur Flora des Kaukasus. - Moskau.

Güldali, N. (1979): Geomorphologie der Türkei. - Beihefte zum Tübinger Atlas des Vorderen Orients, Reihe A (4). - Wiesbaden.

Guyot, H. (1937): Akdenizin Sark havzasinda bir nebatat seyyahati (Voyage botanique dans le bassin oriental de la Méditerranée). - Ist. Üniv Fen. Fak. Mecm. 2 (3/4): 1-120. İstanbul.

Hágsater, E & V. Dumont (1996): Orchids. - Status Survey and Conservation Action Plan. - IUCN/SSC Orchid Specialist Group. Gland, Switzerland & Cambridge, UK.

Hahn, W & J. Passin (1997): Orchideenfunde in Karien (Südwesttürkei). - Ber. Arbeitskrs. Heim. Orchid. 14 (1): 41-61.

Handel-Mazzetti, H. Freih. Von (1909): Ergebnisse einer botanischen Reise in das Pontische Randgebirge im Sandschak Trapezunt, unternommen im Jahre 1907 im Auftrag des Naturwissenschaftlichen Orientvereines in Wien. - Ann. Nat. Hofmuseums Wien 23: 6-212.

Hansen, A. (1980): Eine Liste der Flora der Inseln Kos, Kalymnos, Pserimos, Tellendos und Nachbarinseln (Ostägäis, Griechenland). - Biologia Gallo-Hellenica 9 (1): 3-105.

Hansen, R. -B., C. A. J. Kreutz & U. & D. Rückbrodt (1990): Beitrag zur Kenntnis und Verbreitung der Orchideenflora von Zypern mit Interims-Verbreitungskarten. - Mitt. Bl. Arbeitskr. Heim. Orch. Baden-Württ. 22 (1): 73-171.

Hautzinger, L. (1978): Genus *Orchis* L. (Orchidaceae); Sectio *Robustocalcare* Hautz. - Ann. Naturhist. Mus. Wien 81: 31-73. Wien.

Hayek, A. (1914): Plantae Sieheanae. - Ann. Nat. Hofmuseums Wien 28: 150-188.

Heimeier, H. & T. Perschke (1998): Zur Verbreitung einiger *Ophrys*-Taxa in der Süd- und Südwest-Turkei. *Ophrys climacis* spec nov., eine bisher übersehene Art. - Jour. Eur. Orch. 30 (1): 202-229.

Herrmann, F. (1932): Pflanzen aus Ost-Trakien. - Izv na Bulgarskoto Botaničesko Druzestvo Sofia 5: 132-142.

Hervouet, J.-M. (1984): *Ophrys bornmuelleri* à Rhodos. - L'Orchidophile 15 (64): 710.

Hesselbarth, G, Oorschot, H. van & S. Wagener (1995): Die Tagfalter der Türkei unter Berücksichtigung der angrenzenden Länder. - Selbstverlag Sigbert Wagener, Bocholt.

Heuffel, M. D. (1835): Plantarum Hungariae novarum vel non rite cognitarum Decas II. - Flora 18 (1): 241-256.

Hirth, M. & H. Spaeth (1989): Die Orchideen der Insel Samos. - Ein Beitrag zur Kartierung des Mittelmeerraumes. - Mitt. Bl Arbeitskr. Heim. Orch. Baden-Württ. 21 (4): 1068-1135.

Hirth, M. & H. Spaeth (1992): Zur Orchideenflora von Samos. - Mitt. Bl. Arbeitskr. Heim. Orch. Baden-Württ. 24 (1): 1-51.

Hirth, M. & H. Spaeth (1994): Beitrag zur Orchideenflora der ostaegaeischen Inseln Arkoi, Kalymnos, Leipsoi, Leros, Patmos, Phournoi, Telendos: *Ophrys calypsus* - eine neue *Ophrys*-Art, *Serapias patmia* - eine neue *Serapias*-Art. - Jour. Eur. Orch. 26 (3/4): 426-621.

Hirth, M. & H. Spaeth (1998): Zur Orchideenflora von Chios - *Ophrys homeri*, eine neue *Ophrys*-Art. - Jour. Eur. Orch. 30 (1): 3-80. (Vorausabdruck: 30.9.1997)

Hütteroth, W.-D. (1982): Türkei. Wissenschaftliche Länderkunden 21. - Wissenschaftliche Buchgesellschaft, Darmstadt.

Jäger, M. (1988): Orchideenexkursionen im mittleren Kaukasus. - Mitt. Arbeitskrs. Heim. Orchideen DDR 17: 39-46.

Kajan, E., C. A. J. Kreutz & H. Jansen (1992): Mit dem Reisemobil durch die Türkei. Tagebuchaufzeichnungen einer Orchideen-Exkursion im Mai 1988. - Ber. Arbeitskrs. Heim. Orchid. 9 (1): 104-152, 161-176.

Kalteisen, M. & E. Willing (1981): Verbreitungskarten der Orchideen von Rhodos. - Mitt. Bl. Arbeitskr. Heim. Orch. Baden-Württ. 13 (4): 377-446.

Kalteisen, M. & H. R. Reinhard (1987): Zwei neue *Ophrys*-Taxa (Orchidaceae) aus dem Ägäischen Archipel. - Mitt. Bl. Arbeitskr. Heim. Orch. Baden-Württ. 19 (4): 895-938.

Kapteyn den Boumeester, D. W. & E. Willing (1988): Aktuelle Verbreitung der Orchideen auf Kerkira (Korfu - Griechenland). - Ber. Arbeitskrs. Heim. Orchid. Beiheft 2: 1-128.

Karsten, G., U. Weber & E. Stahl (1962): Lehrbuch der Pharmakognosie (9. Auflage): 167-169. - Stuttgart.

Kasparek, A. & M. (1990): Reiseführer Natur Türkei. - München (BLV).

Keller, G. & R. Schlechter (1928): Monographie und Iconographie der Orchideen Europas und des Mittelmeergebietes. Bd. 1: Monographie der Gattungen und Arten (mit Blütenanalysen). - Feddes Repert. Sonderbeiheft A. Dahlem bei Berlin.

Keller, G., R. Schlechter & R. von Soó (1930-1940): Monographie und Iconographie der Orchideen Europas und des Mittelmeergebietes. - Bd. 2: Kritische Monographie, enthaltend die Beschreibung der Arten und Unterarten, Rassen, Varietäten, Formen und Bastarde, nebst Literaturangaben und biologischen Anmerkungen. Feddes Repert. - Sonderbeiheft A. Dahlem bei Berlin.

Kocatepe Rotary Kulübü (?): Türkiye orkideleri ve tahribinin önlenmesi.

Koch, K. (1847): Beiträge zur Flora des nördlichen Küstenlandes von Kleinasien. - Linnaea 3: 1-67. - Halle/S.

Koch, K. (1849): Beiträge zu einer Flora des Orientes. - Linnaea 6 (3): 177-338. Halle/S.

Koenen, P. H. Neumann, D. Rückbrodt, H.-E. Salkowski & Ch. Stark (1990): Verbreitung und Gefährdung der Orchideen in Rheinland-Pfalz und im Saarland. - Arbeitskreis Heimische Orchideen Rheinland-Pfalz/Saarland e. V. Koblenz.

Komarov, V. L. (1935): Flora of the U. S. S. R. 4. - Leningrad (englische Übersetzung).

Kotschy, Th. (1858): Reise in den Cilicischen Taurus über Tarsus. - Gotha.

Kränzlin, F. (1931): Orchidearum Sibiriae Enumeratio. - Feddes Repert. - Beiheft 65: 45-47. - Berlin.

Krause, K. (1926): Beiträge zur Flora Kleinasiens I. - Feddes Repert. 22 (12-21): 293-303. - Berlin.

Krause, K. (1928): Beiträge zur Flora Kleinasiens III. - Feddes Repert. 25 (4-6): 86-95. - Berlin.

Kretzschmar, G. & H. (1995): Zum Beginn der Blütezeit von Orchideen auf Zypern. - Ber. Arbeitskrs. Heim. Orchid. 12 (1): 65-68.

Kretzschmar, G. & H. (1996): Orchideen der Insel Naxos. - Ber. Arbeitskrs. Heim. Orchid. 13 (1): 4-30.

Kretzschmar, H., E. Willing & D. Wenker (1985): Orchideenkartierung der Insel Rhodos - aktuelle Übersicht. - Ber. Arbeitskrs. Heim. Orchid. 1 (2): 130-146.

Kreutz, C. A. J. (1985a): Bijdrage tot de kennis van de verspreiding en beschrijving van de orchideeën op Cyprus (Griekse gedeelte) 1. - Orchideeën 47 (2): 42-48.

Kreutz, C. A. J. (1985b): Bijdrage tot de kennis van de verspreiding en beschrijving van de orchideeën op Cyprus (Griekse gedeelte) 2. - Orchideeën 47 (4): 127-132.

Kreutz, C. A. J. (1989a): *Orchis* x*mackaensis* C. A. J. Kreutz, hybr. nat. nov. - Orchideeën 51 (3), 65-73.

Kreutz, C. A. J. (1989b): Beitrag zur Erforschung und Kenntnis einiger Orchideenarten der Balearen-Insel Mallorca. - Ber. Arbeitskrs. Heim. Orchid. 6 (1): 115-128.

Kreutz, C. A. J. (1990): Beitrag zur Orchideenflora Kretas. - Mitt. Bl. Arbeitskr. Heim. Orch. Baden-Württ. 22 (2): 358-384.

Kreutz, C. A. J. (1993a): Orchideeën in Israël. - Eurorchis 5: 7-36.

Kreutz, C. A. J. (1993b): *Orchis galilaea* (Bornm. & Schulze) Schltr. in Israël. - Orchideeën 55 (3): 4-5.

Kreutz, C. A. J. (1994a): *Anacamptis pyramidalis* (L. Rich.) var. *tanayensis* Chen. - Orchideeën (5): 8-9.

Kreutz, C. A. J. (1994b): Verslag van een orchideeënreis naar Noord-Griekenland. - Eurorchis 6: 81-99.

Kreutz, C. A. J. (1994c): Sierlijke bloeiwijzen bij mediterrane exemplaren van *Spiranthes spiralis* Chevall. - Eurorchis 6: 79-80.

Kreutz, C. A. J. (1995): Orchideeën in Turkije. - Eurorchis 7: 46-66.

Kreutz, C. A. J. (1997a): Zwei neue Orchideenarten aus der Türkei, *Dactylorhiza ilgazica* und *Epipactis turcica*. - Eurorchis 9: 48-76.

Kreutz, C. A. J. (1997b): *Ophrys rhodia* (H. Baumann & Künkele) P. Delforge in Israel?! - Ber. Arbeitskrs. Heim. Orchid. 14 (1): 69-74.

Kreutz, C. A. J. (1997c): Drei neue Orchideenarten aus der Südwesttürkei: *Himantoglossum montis-tauri*, *Ophrys hygrophila* und *Ophrys labiosa*. - Jour. Eur. Orch. 29 (4): 653-698.

Kreutz, C. A. J. (1998): Neue Funde von *Dactylorhiza ilgazica* in der Türkei. - Ber. Arbeitskrs. Heim. Orchid. 14 (2): 26-29.

Kreutz, C. A. J. & R. Peter (1998): Untersuchungen an *Ophrys*-Arten der Süd- und Osttürkei 2. - Jour. Eur. Orch. 30 (1): 81-156. (Vorausabdruck: 30.9.1997)

Kreutz, C. A. J. & R. Peter (1998): Untersuchungen an *Ophrys*-Arten der Süd- und Osttürkei - Berichtigung zu Teil 2 - Jour. Eur. Orch. 30 (in Vorb.)

Krey, W. -D., K. Heise, W. Seiz & E. Rapp (1989): Tagebuch einer Mai-Reise zu den Orchideen auf Lesbos. - Mitt. Bl. Arbeitskr. Heim. Orch. Baden-Württ. 21 (1): 88-102.

Kümpel, H. (1980): Über *Ophrys caucasica* Woronow ex Grossheim. - Feddes Repert. 91 (7/8): 409-414.

Kümpel, H. (1988a): Über *Orchis maxima* C. Koch und ihre Hybride mit *Orchis punctulata* Stev. ex Lindl. - Feddes Repert. 99 (3/4): 87-95.

Kümpel, H. (1988b): Über neue Orchideen aus dem Gebiet des Schwarzmeer-Kaukasus. - Ber. Arbeitskrs. Heim. Orchid. 5 (1/2): 24-37.

Kümpel, H. (1996): Die wildwachsenden Orchideen der Rhön. - Lebensweise, Verbreitung, Gefährdung, Schutz. - Gustav Fischer Verlag Jena.

Kündig-Steiner, W. (1974): Die Türkei. Raum und Mensch, Kultur und Wirtschaft in Gegenwart und Vergangenheid. - Tübingen und Basel (Erdmann).

Kürschner, H. (1982): Vegetation und Flora der Hochgebirge der Aladagları und Erciyes Dağı, Türkei. - Beihefte zum Tübinger Atlas des Vorderen Orients, Reihe A (10). Wiesbaden.

Kürschner, H. (1984): Der östliche Orta Toroslar (Mittlerer Taurus) und angrenzende Gebiete. - Beihefte zum Tübinger Atlas des Vorderen Orients, Reihe A (15). - Wiesbaden.

Kürschner, H., T. Raus & J. Venter (1995): Pflanzen der Türkei. - Ägäis-Taurus-Inneranatolien. - Quelle & Meyer Verlag, Wiesbaden.

Landwehr, J. (1977): Wilde Orchideëen van Europa 1 & 2. - Vereniging tot Behoud van Natuurmonumenten in Nederland, 's-Graveland.

Markgraf, F. (1928): Plantae anatolicae Nowackianae. - Notizbl. Bot. Garten Berlin 10: 359-377.

Mehling, M. (1987): Knaurs Kulturführer in Farbe Türkei. - Droemer Knaur, München.

Meikle, R. D. (1955): A Survey of the Flora of Chios. - Kew Bull. 1954: 85-200. London.

Meikle, R. D. (1985): Flora of Cyprus 2. - Edinburgh, London, Melbourne.

Meusel, H., E. Jäger, & E. Weinert (1965): Vergleichende Chorologie der zentral-europäischen Flora. - Jena.

Meusel, H. & H. D. Knapp (1983): Ökogeographische Analyse der Areale einiger mediterraner und mediterran-mitteleuropäischer Orchideen. - Jahresb. Naturwiss. Ver. Wuppertal 36: 80-94.

Morschek, G. & K. (1996): Orchids of Cyprus/Zyperns Orchideen. - Selbstverlag, Moers.

Mouterde, P. (1966): Nouvelle Flore du Liban et de la Syrie. - Beyrut.

Nabelek, F. (1923/1924): Iter Turcico-Persicum. Fac. Sci. Univ. Masaryk, Brno 35.

Nelson, E. (1962): Gestaltwandel und Artbildung, erörtert am Beispiel der Orchidaceen Europas und der Mittelmeerländer insbesondere der Gattung *Ophrys* mit einer Monographie und Iconographie der Gattung *Ophrys*. - Verlag E. Nelson, Chernex- Montreux.

Nelson, E. (1968): Monographie und Iconographie der Orchidaceen-Gattungen *Serapias, Aceras, Loroglossum, Barlia*. - Verlag E. Nelson, Chernex-Montreux.

Nelson, E. (1976): Monographie und Ikonographie der Orchidaceen-Gattung *Dactylorhiza*. - Verlag E. Nelson, Chernex-Montreux.

Nevskii, S. A. (1935): Orchidaceae. In: V. L. Komarov, Flora SSSR 4: 589-730. Leningrad.

Nieschalk, A. & C. (1975): Orientalische *Dactylorhiza*-Arten (Knabenkräuter, Orchideengewächse) in der Türkei. - Philippia 2 (4): 221-235.

Nieschalk, A. & C. (1976): Beiträge zur Kenntnis der Orchideenflora der Türkei. - Philippia 3 (2): 98-121.

Nieschalk, A. & C. (1977): *Orchis stevenii* Rchb. f. in der Türkei. - Die Orchidee 28 (4): 141-143.

Nieschalk, A. & C. (1983): Ergänzende Mitteilungen zu *Dactylorhiza umbrosa* (Kar. & Kir.) Nevski in der Türkei. - Die Orchidee 34 (3): 117-118.

Paulus, H. F. (1988): Beobachtungen und Experimente zur Pseudokopulation auf *Ophrys*-Arten (Orchidaceae) Kretas (II) - mit einer Beschreibung von *Ophrys Sitiaca* H. F. Paulus & C. A. Alibertis nov. spec. aus dem *Ophrys fusca-omegaifera*-Formenkreis. - Mitt. Bl. Arbeitskr. Heim. Orch. Baden-Württ. 20 (4): 817-882.

Paulus, H. F. (1994): Untersuchungen am *Ophrys cretica*-Komplex mit Beschreibung von *Ophrys ariadne* H. F. Paulus spec. nov (Orchidaceae). - Ber. Arbeitskrs. Heim. Orchid. 26 (3/4)629-643.

Paulus, H. F. (1996): Zur Bestäubungsbiologie und Artberechtigung von *Ophrys tetraloniae* Teschner 1987 und *Ophrys elatior* Gumprecht ex H. F. Paulus spec. nov (Orchidaceae). - Ber. Arbeitskrs. Heim. Orchid. 13 (2): 4-13.

Paulus, H. F. (1998): Der *Ophrys fusca* s. str. - Komplex auf Kreta und anderer Ägäisinseln mit Beschreibungen von *O. blitopertha, O. creberrima, O. cinereophila, O. cressa, O. triptiensis* und *O. creticola* spp. nov. (Orchidaceae). - Jour. Eur. Orch. 30 (1): 157-201.

Paulus, H. F. & C. A. Alibertis (1990): *Ophrys mesaritica* H. F. Paulus & C. & A. Alibertis spec. nov. aus Kreta, eine neue Art aus dem *Ophrys fusca-iricolor*-Artenkreis. - Mitt. Bl. Arbeitskr. Heim. Orch. Baden-Württ. 22 (4): 772-787.

Paulus, H. F. & C. Gack (1980): Beobachtungen und Untersuchungen zur Bestäubungsbiologie spanischer *Ophrys*-Arten. - Jahresb. Naturwiss. Ver. Wuppertal 33: 55-68.

Paulus, H. F. & C. Gack (1981): Neue Beobachtungen zur Bestäubung von *Ophrys* (Orchidaceae) in Südspanien, mit besonderer Berücksichtigung des Formenkreises *Ophrys fusca* agg. - Plant. Syst. Evol. 137: 241-258.

Paulus, H. F. & C. Gack (1983): Untersuchungen zur Bestäubung des *Ophrys fusca*-Formenkreises in Südspanien. - Jahresb. Naturwiss. Ver. Wuppertal 36: 65-79.

Paulus, H. F. & C. Gack (1986): Neue Befunde zur Pseudokopulation und Bestäuberspezifität in der Orchideengattung *Ophrys* - Untersuchungen in Kreta, Süditalien und Israel. - Jahresb. Naturwiss. Ver. Wuppertal 39: 48-86.

Paulus, H. F. & C. Gack (1990a): Pollination of *Ophrys* (Orchidaceae) in Cyprus. - Plant Syst. Evol. 169: 177-207.

Paulus, H. F. & C. Gack (1990b): Pollinators as prepollinating isolation factors: Evolution and speciation in *Ophrys* (Orchidaceae). - Israel Journal of Botany 39: 43-79.

Paulus, H. F. & C. Gack (1990c): Untersuchungen zur Pseudokopulation und Bestäuberspezifität in der Gattung *Ophrys* im östlichen Mittelmeergebiet (Orchidaceae, Hymenoptera, Apoidea). - Jahresb. Naturwiss. Ver. Wuppertal 43: 80-118.

Paulus, H. F. & C. Gack (1990d): Untersuchungen zur Pseudokopulation und Bestäuberspezifität der Gattung *Ophrys* in Sizilien und Süditalien. - Jahresb. Naturwiss. Ver. Wuppertal 43: 119-141.

Paulus, H. F. & C. Gack (1992): Die Gattung *Ophrys* (Orchidaceae) auf der Kykladeninsel Naxos: Daten zur Bestäubungsbiologie und zur Floristik. - Mitt. Bl. Arbeitskr. Heim. Orch. Baden-Württ. 24 (3): 403-449.

Paulus, H. F. & C. Gack (1995): Zur Pseudokopulation und Bestäubung in der Gattung *Ophrys* (Orchidaceae) Sardiniens und Korsikas. - Jahresb. Naturwiss. Ver. Wuppertal 48: 188-227.

Peter, R. (1989): Ergänzungen zur Orchideenflora von Rhodos. - Mitt. Bl. Arbeitskr. Heim. Orch. Baden-Württ. 21 (2): 279-350.

Peter, R. (1992): Untersuchungen an *Ophrys*-Arten der Süd- und Osttürkei 1. - Mitt. Bl. Arbeitskr. Heim. Orch. Baden-Württ. 24 (4): 547-610.

Peter, R. (1994): Untersuchungen an *Ophrys*-Arten der Süd- und Osttürkei - Nachtrag zu Teil 1. - Jour. Eur. Orch. 26 (1): 133-143.

Post, G. E. & J. E. Dinsmore (1933): Flora of Syria, Palestine and Sinai. - Beyrut.

Quentin, P. (1995a): Synopsis des Orchidées Européennes. - Edition no. 2 revue et corrigée. - Cahiers de la Société Française d'Orchidophile 2: 1-141.

Rechinger, K. H. (1938): Enumeratio Florae Constaninopolitanae. - Feddes Repert. Beiheft 98: 1-73. Berlin.

Rechinger, K. H. (1939): Zur Flora von Armenien und Kurdistan. - Ann. Nat. Hofmuseums Wien 54: 262-282.

Rechinger, K. H. (1952): Pflanzen aus Kurdistan und Armenien, gesammelt von Prof. Frödin. - Symb. Bot. Ups. 11 (5): 1-50. - Uppsala.

Rechinger, K. H. (1953): Zur Flora der Türkei (Reliquiae Samuelssonianae IV). - Arkiv för Botanik 1 (15): 513-543. Uppsala.

Rechinger, K. H. (1959): Zur Flora von Syrien, Libanon und den angrenzenden türkischen Gebieten. - Arkiv för Botanik ser. 2,5 (1): 97.

Reese, H. (1940): Botanische Reise im westlichen Kleinasien. - Verh. Naturf. Ges. Basel 51 (2): 139-157.

Reinhard, H. R., P. Gölz, R. Peter & H. Wildermuth (1991): Die Orchideen der Schweiz und angrenzender Gebiete. - Egg/Schweiz (Fotorotar).

Renz, J. (1928): Zur Kenntnis der griechischen Orchideen. - Feddes Repert. 25 (19-26): 225-270.

Renz, J. (1929-1930): Uber neue Orchideen von Rhodos, Cypern und Syrien. - Feddes Repert. 27 (1-3): 193-222.

Renz, J. (1943): Orchidaceae. - In: K. H. Rechinger, Flora Aegaea, Denkschr. Akad. Wiss. Wien, Math.-Nat. Kl. 105 (1): 809-843.

Renz, J. (1973): Orchidaceae aus dem südwestlichen Iran - *Ophrys luristanica* Renz spec. nov. - Die Orchidee 24 (2): 46-50.

Renz, J. (1974): Epipactis-Arten des Kaspischen Waldgebietes. - Die Orchidee 25 (1): 5-7.

Renz, J. (1978): Orchidaceae. - In: Rechinger (ed.), K. H., Flora Iranica: 126. Flora des iranischen Hochlandes und der umrahmenden Gebirge Persiens, Afganistans, Teile von West-Pakistan, Nord-Irak, Azerbaidjan, Turkmenistan. - Akademische Druck- und Verlagsanstalt Graz-Austria.

Renz, J. & G. Taubenheim (1980a): *Cephalanthera kotschyana*, a new orchid from Turkey. - Notes Roy. Bot. Garden 38 (1): 96-101. Edinburgh.

Renz, J. & G. Taubenheim (1980b): Neue *Ophrys*-Taxa aus der Türkei. - Die Orchidee 31 (6): 235-243.

Renz, J. & G. Taubenheim (1981): X*Orchiserapias anatolica* Renz & Taubenheim hybr. nat. nov. - Die Orchidee 32 (4): 146-149.

Renz, J. & G. Taubenheim (1983a): Materials for a flora of Turkey XXXIX: Orchidaceae. - Notes Roy. Bot. Garden 41 (2): 269-277. Edinburgh.

Renz, J. & G. Taubenheim (1983b): *Orchis xcallianthe* Renz & Taubenheim, hybr. nat. nov. - Die Orchidee 34 (3): 91-95.

Renz, J. & G. Taubenheim (1984): Orchidaceae. - In: P. H. Davis, Flora of Turkey and the East Aegean Islands 8: 450-552, 587-599. - Edinburgh.

Riechelmann, A. (1997): Einige Anmerkungen zur Orchideenflora von Rhodos. -Ber. Arbeitskrs. Heim. Orchid. 14 (1): 68-69.

Robatsch, K. (1978): Beiträge zur Orchideenflora Österreichs (mit besonderer Berücksichtigung Kärntens) und des Mittelmeergebietes. - Carinthia II 168/88: 321-338.

Robatsch, K. (1980a): *Epipactis cretica* Kalopissis et Robatsch, spec. nov., ein neuer kretischer Endemit. - Die Orchidee 31 (4): 141-143.

Robatsch, K. (1980b): Beiträge zur Verbreitung und Taxonomie der zyprischen Bergorchideen. - Die Orchidee 31 (5): 195-200.

Robatsch, K. (1991): *Epipactis bithynica* K. Robatsch, spec. nova, eine neue *Epipactis*-Art aus der Türkei. - Ber. Arbeitskrs. Heim. Orchid. 8 (1): 61-63.

Rückbrodt, D. & U. (1975): Eine neue *Ophrys* aus der südöstlichen Türkei: *Ophrys kurdica*. - Die Orchidee 26 (4): 164-167.

Rückbrodt, D. & U. (1976): Eine neue *Ophrys* aus der südöstlichen Türkei. - Tagungsbericht der 8. Welt-Orchideen-Konferenz Palmengarten Frankfurt 10-17. April 1975. - Frankfurt.

Rückbrodt, D. & U. (1987): *Himantoglossum affine* (Boiss.) Schltr. auf Kreta? - Ber. Arbeitskrs. Heim. Orchid. 4 (2): 314-321.

Rückbrodt, D. & U. (1990): *Ophrys transhyrcana* Czerniak., Neufund für Rhodos. - Mitt. Bl. Arbeitskr. Heim Orch. Baden-Württ. 22 (4): 736-739.

Rückbrodt, D. & U. (1996): *Ophrys phaseliana*, eine neue *Ophrys* aus dem Komplex *Ophrys fusca* s. str. aus der südwestlichen Türkei. - Jour. Eur. Orch. 28 (2): 391-403.

Rückbrodt, U. & D. und K. & R.-B. Hansen (1992): Bemerkungen zu den in der Türkei vorkommenden Orchideenarten und ihrer Verbreitung. - Ber. Arbeitskrs. Heim. Orchid. 9 (1): 4-103, 161-176 (66 Abb.).

Rückbrodt, D. & U. und D. & S. Wenker (1990): Versuch einer Gliederung des *Ophrys fusca*-Komplexes auf Rhodos und Beschreibung von *Ophrys attaviria* Rückbrodt & Wenker spec. nov. - Ber. Arbeitskrs. Heim. Orchid. 7 (2): 7-17.

Rückbrodt, D. & U., E Gügel & H.-W. Zaiss (1994): Bemerkungen zu den Orchideen des Kaukasusgebietes. - Ber. Arbeitskrs. Heim. Orchid. 11 (2): 46-56.

Rückbrodt, D. & U., E Gügel & H.-W. Zaiss (1997): Orchideen-Exkursionen in die Kaukasusländer Aserbaidschan und Georgien. - Ber. Arbeitskrs. Heim. Orchid. 14 (1): 4-40.

Salkowski, H.-E. (1988): Salep im Basar von Kahraman Maras oder Haben die Orchideen in der Türkei noch eine Überlebenschance? - Ber. Arbeitskrs. Heim. Orchid. 5 (1/2): 41-46.

Schäfer, P. A. (1971): Vorläufiger Beitrag zur *Orchis laxiflora*-Gruppe. - Die Orchidee 22 (5): 200-205.

Schlechter, R. (1918): Mitteilungen über einige europäische und mediterrane Orchideen 1 (Die Gattungen *Aceras*, *Himantoglossum* und *Anacamptis*). - Feddes Repert. 15 (18/19): 273-290. Berlin.

Schödlbauer, A. (1982): Rechenformeln und Rechenbeispiele zur Landesvermessung. - In: H. Draheim, Wichmann-Skripten 2. - Karlsruhe.

Schwarz, O. (1934a): Additamentum ad florulam Lydiae I. - Feddes Repert. 36 (1-6): 65-96. Berlin.

Schwarz, O. (1934b): Additamentum ad florulam Lydiae II. - Feddes Repert. 36 (7-11): 129-150. - Berlin.

Schönfelder, M. & H. (1998): Türkische Schwarzmeerküste - Eine neue *Ophrys*-Art sowie interessante Funde aus der Provinz Ordu. - Ber. Arbeitskrs. Heim. Orchid. 14 (2): 16-25.

Seckel, B. J. (1987): Laat bloeiende orchideeën op Lesbos. - Orchideeën 49 (5): 168-170.

Senghas, K.-H. (1968): Taxonomische Übersicht der Gattung *Dactylorhiza* Necker ex Nevski. - Jahresb. Naturwiss. Ver. Wuppertal 21/22: 32-67.

Senghas, K.-H. (1973): In: R. Schlechter, Die Orchideen 3 (4). - Berlin.

Sezik, E. (1967a): Researches on the Orchids of Turkey and Turkish Saleps. - Ph. D. Thesis, İstanbul.

Sezik, E. (1967b): Türkiye'nin salepgilleri Ticara Salep Çeşitleri ve Özellikle Muğla Salebi Üzerinde Araştirmalar. - Ist. Üniv. Ecz. Fak. Doktora Tezi. Diss. - İstanbul.

Sezik, E. (1969): Muğla Civarinda Salep Elde Edilen Bitkilerin Mahalli Isimleri (The Native Names of Salep Producing Plants Around Muğla). - J. Fac. Pharm. İstanbul 5 (77): 77-79.

Sezik, E. (1982): Türkiye'de Orchidaceae Familyasi. - IV Bitkisel Ilaç Hammaddeleri Toplantisu - Eskişehir 27-29: 77-83.

Sezik, E. (1984): Orkidelerimiz, Türkiye'nin Orkideleri. - Sandoz Kültür Yayinları 6, Ali Riza Baskan-Güzel Sanatlar Matbaasi A. S.

Sezik, E. (1988): An Unknown Side Of Turkey: An Orchid Paradise. - Image 12: 11-15.

Sezik, E. (1989): Turkish Orchids and Salep. - Orchidées Botaniques du Monde entier. - Société Française d'Orchidophilie, Colloque 11: 181-189. Paris.

Sezik, E. (1990): Türkiye'nin Orkideleri. - Bilim ve Teknik. - Aylik Popüler Dergi 23: 5-8.

Sezik, E. & T. Baykal (1988): Maras Salebi'nin Menşei ve Maras Civarinin Orkideleri (The origin of Maraş Salep and the orchids of Maraş.). - Project of Turkish Research Council NO. TBAG 664; Ankara.

Sezik, E. & T. Baykal (1991): Maras Salebi'nin Menşei (The origin of Maraş Salep). - Doğa - Tr. J. of Pharmacy 1: 10-16.

Sezik, E. & Y. B. Özer (1983): Kastamonu Salebinin Mensei ve Kastamonu Civarinin Orkideleri (The origin of Kastamonu Salep and the Orchids of Kastamonu). - Project of Turkish Research Council NO. TBAG 424; Ankara.

Shifman, A. (1989): The Wild Orchids of Israel. - Israel.

Siehe, W. (1898): *Aceras bolleana*. Gardeners' Chronicle XXIII (3): 365.

Soó, R. von (1926): Additamenta orchideologica. - Notizbl. Bot. Garten u. Mus. Berlin-Dahlem 9 (89): 901-911.

Soó, R. von (1927/1928): Orchidaea novae europeae et mediterraneae. - Feddes Rep. 24: 25-37.

Soó, R. von (1929): Revision der Orchideen Südosteuropas und Südwestasiens. - Bot. Arch. 23: 1-196. - Leipzig.

Soó, R. von (1929): Orchideologische Mitteilungen I-III. - Feddes Rep. 26: 273-280.

Soó, R. von (1932): Die Orchideen Europas und des Mittelmeergebietes. - Die Pflanzenareale 3 (7): 73-81. - Jena.

Soó, R. von (1969): Nomina Nova Generis *Dactylorhiza*. 1-11. - Budapest.

Soó, R. von (1972): Die Arten und Unterarten der Gattung *Orchis* s. str. - Jahresb. Naturwiss. Ver. Wuppertal 25: 37-48.

Speta, F. & M. Forster (1994): Blumen der Türkei. - Stapfia 34, zugleich Kataloge des Österr. Landesmuseums 76. Linz.

Spratt, T. A. B., & F. R. S. Forbes (1847): Travels in Lycia, Milyas and the Cibyratis 2: 129-163. - London.

Stanislawa, W. & J. Zurka (?): Europejska czerwona lista zwierzat i roslin zagrozonych wyginieciem w skali swiatowej. - Instytut ochrony srodowiska, Warszawa.

Stapf, O. (1885): Beiträge zur Flora von Lycien, Carien und Mesopotamien L. - Denkschr. Kaiserl. Akad. d. Wiss. Wien Math.-Nat. Kl. 50: 1-48. - Wien.

Stern, W. & H. Dostmann (1989): Kos - der Orchideen wegen? - Ber. Arbeitskrs. Heim. Orchid. 6 (1): 63-84.

Steven, Chr. von (1809): *Orchis satyrioides* Steven. - Mem. Acad. Imp. Natur. Moscou II: 176-177.

Stewart, J. (1992): The conservation of European orchids. - Nature and environment 57: 1-64. Council of Europe Press.

Strack, D., E. Busch & E. Klein (1989): Anthocyanin patterns in european orchids and their taxonomic and phylogenetic relevance. - Phytochemistry 28 (8): 2127-2139.

Ströhle, W. (1990): Das geodätische Netz der topographischen Karten der BRD und der Universalen Transversalen Mercator-Projektion. - Mitt. Bl. Arbeitskr. Heim. Orch. Baden-Württ. 22 (3): 511-527.

Sulyok, J. & A. Molnar (1996): *Epipactis pontica* Taubenheim in Ungarn. - Jour. Eur. Orch. 28 (4): 755-760.

Sundermann, H. (1964): Zum Problem der Artabgrenzung innerhalb der Gattung *Ophrys*. - Jahresb. Naturwiss. Ver. Wuppertal 19: 9-17.

Sundermann, H. (1969a): Über einige ostmediterrane Orchideen. - Die Orchidee 20 (2): 79-83.

Sundermann, H. (1969b): Die Orchideen im südwestlichen Kleinasien. - Die Orchidee 20 (6): 309-317.

Sundermann, H. (1972a): *Steveniella satyrioides* (Steven) Schlechter. - 'Eine der seltensten Pflanzen der Welt'. - Die Orchidee 23 (6): 247-250.

Sundermann, H. (1972b): Ergänzungen zum Verbreitungsgebiet einiger Orchideenarten. - Die Orchidee 23 (5): 211.

Sundermann, H. (1972c): Die spezifisch ostmediterranen Arten der Gattung *Orchis*. - Jahresb. Naturwiss. Ver. Wuppertal 25: 59-60.

Sundermann, H. (1973a): Ergänzungen zum Aufsatz von W. Vöth. - Die Orchidee 24 (1): 31-32.

Sundermann, H. (1973b): Ergänzungen zu *Ophrys luristanica* Renz spec. nov. - Die Orchidee 24 (2): 50-51.

Sundermann, H. (1975a): Europäische und mediterrane Orchideen. - Eine Bestimmungsflora. ed. 2. Hildesheim.

Sundermann, H. (1975b): Zum Problem der Definition taxonomischer Kategorien (Spezies, Subspezies, Präspezies, Varietät) - dargestellt am Beispiel des Sippenkomplexes *Ophrys fuciflora* (Crantz) Moench - *Ophrys scolopax* Cav. - Taxon 24: 615-627.

Sundermann, H. (1976): *Ophrys kurdica* Rückbrodt - auch im westlichen Taurus. - Die Orchidee 27 (5): 202-203.

Sundermann, H. (1977): Neue Beiträge zur Zytotaxonomie der Erdorchideen II (*Ophrys, Orchis, Neotinea, Steveniella* und *Gennaria*). - Die Orchidee 28 (4): 146-147. - Hannover.

Sundermann, H. (1978): *Himantoglossum* (*Loroglossum*) *hircinum, caprinum, calcaratum, affine*. - Acta Bot. Acad. Scient. Hungar. 19: 367-374.

Sundermann, H. (1980): Europäische und mediterrane Orchideen. - Eine Bestimmungsflora mit Berücksichtigung der Ökologie, 3. Auflage. - Brücke Verlag Kurt Schmersow, Hildesheim.

Sundermann, H. (1987): Kritische Bemerkungen zum Konzept von Baumann & Künkele mit Diskussionsbeitrag. - Mitt. Bl. Arbeitskr. Heim. Orch. Baden-Württ. 19 (1): 97-111.

Sundermann, H. & G. Taubenheim (1978): Die Verbreitung der Orchideen in der Türkei I: 0. Allgemeine Gesichtspunkte und Verfahrenweise, 1. Die Gattung *Ophrys*. - Die Orchidee 29 (4): 172-179.

Sundermann, H. & G. Taubenheim (1981a): Die Verbreitung der Orchideen in der Türkei II/1. Ein Beitrag zur 'Flora of Turkey': 2. Die Gattung *Serapias* L. - Die Orchidee 32 (5): 202-207.

Sundermann, H. & G. Taubenheim (1981b): Die Verbreitung der Orchideen in der Türkei II/1. Ein Beitrag zur 'Flora of Turkey': 2. Die Gattung *Serapias* L. - Die Orchidee 32 (6): 214-219.

Sundermann, H. & G. Taubenheim (1982): Die Verbreitung der Orchideen in der Türkei II/2, 3, 5, 6. - Ein Beitrag zur 'Flora of Turkey': Die Gattungen *Anacamptis, Barlia* und *Aceras*. - Die Orchidee 33 (6): 222-227.

Tanoglu, A., Erinç, S., & E. Tümertekin (1961): Türkiye atlasi, İstanbul, Üniv. - Edeb. Fakül, Yagin. 903.

Taubenheim, G. (1975a): Ein neuer Fundort von *Epipactis condensata* Boiss. ex Young in Kleinasien. - Die Orchidee 26 (1): 16-17.

Taubenheim, G. (1975b): *Epipactis pontica* Taubenheim spec. nov., eine neue Stendelwurz aus Kleinasien. - Die Orchidee 26 (2): 68-74.

Taubenheim, G. (1977): Die Verbreitung der Gattung *Epipactis* in der Türkei. - Jahresb. Naturwiss. Ver. Wuppertal 29: 78-88.

Taubenheim, G. (1979): Die Verbreitung der Orchideen in der Türkei IV/1. - Ein Beitrag zur 'Flora of Turkey': 8-11. - Die Gattungen *Traunsteinera, Neotinea, Comperia* und *Steveniella*. - Die Orchidee 30 (6): 223-228.

Taubenheim, G. (1980): Die Verbreitung der Orchideen in der Türkei IV/2. - Ein Beitrag zur 'Flora of Turkey': 8-11. - Die Gattungen *Traunsteinera, Neotinea, Comperia* und *Steveniella*. - Die Orchidee 31 (1): 5-10.

Taubenheim, G. & H. Sundermann (1974): *Epipactis*arten in Kleinasien. - Die Orchidee 25 (1): 7-13.

Tausch, F. (1995): *Limodorum abortivum* (L.) Swartz var. *rubrum* auf Rhodos. - Ber. Arbeitskrs. Heim. Orchid. 12 (2): 60 (publ. 1996).

Tchihatcheff, P. (1860): Asie Mineure 3(2). - Paris.

Tölg, F. (1919): Eine Naturwissenschaftliche Studienreise in das Amanus-Gebirge (Alman Dagh). - Arch. Naturgesch. 85 (8): 88-130. Berlin.

Trautvetter, E. R. (1876): Plantarum messes anno 1874 in Armenia a Dre. G. Radde et in Daghestania ab A. Becker commentatus est. Acta Horti Petrop. 4: 98-192. Petersburg.

Tyteca, D. (1988): Orchidées du Portugal. - *Epipactis lusitanica* sp. nov. - L'Orchidophile 84: 217-222.

Unger, F. & Th. Kotschyi (1865): Die Insel Zypern, ihren physischen und organischen Natur nach, mit Rücksicht auf ihre frühere Gestalt. - Wien.

Uysal, L. (1997): MADO Maraş Dondurmasi - Icecream Supreme. - Skylife, Turkish Airlines 6: 120-132.

Vermeulen, P. (1972): Übersicht zur Systematik und Taxonomie der Gattung *Orchis* s. str. - Jahresb. Naturwiss. Ver. Wuppertal 25: 22-36.

Vlcko, J. (1995): *Epipactis pontica* Taubenheim, a new species of the Slovak flora. - Biologia Bratislava 50 (4): 329-330.

Vöth, W. (1967): Orchideen der türkischen Mittelmeerküste. - Die Orchidee 18 (7): 360-364.

Vöth, W. (1970): *Loroglossum* (*Himantoglosum*) *calcaratum* in der Türkei. - Die Orchidee 21 (3): 179-180.

Vöth, W. (1973): Salep im türkischen Speiseeis. - Die Orchidee 24 (1): 29-31.

Vöth, W. (1981): Fundorte griechischer Orchideen. - Mitt. Bl. Arbeitskr. Heim. Orch. Baden-Württ. 13 (1): 1-89.

Vöth, W. (1985): Ermittlung der Bestäuber von *Ophrys fusca* ssp. *funerea* (VIV.) G. Camus, Bergon & A. Camus und von *Ophrys lutea* Cav. ssp. *melena* Renz. - Mitt. Bl. Arbeitskr. Heim. Orch. Baden-Württ. 17 (3): 417-445.

Wasslander, C. & P. Homan (1993): Türkiye, hoş geldiniz! - Meppel.

Webb, D. A. (1966): The Flora of European Turkey. Proc. Roy. - Irish Acad. 65 (B) 1: 1-100. - Dublin.

Weyland, H. (1987): Orchideenbeobachtungen am Vitosgebirge und in der Türkei. - Die Orchidee 38 (1): 29-31.

Wildhaber, J. W. (1976): Samenstruktur von *Epipactis condensata, E. persica* und *E. pontica*. - Jahresb. Naturwiss. Ver. Wuppertal 29: 153-154.

Willing, B. & E. (1975): Diskussionsbeiträge zur Orchideenflora Zyperns 1. - Die Orchidee 26 (2): 74-79.

Willing, B. & E. (1976): Diskussionsbeiträge zur Orchideenflora Zyperns 2. - Die Orchidee 27 (3): 112-116.

Willing, B. & E. (1979): Optima-Projekt 'Kartierung der mediterranen Orchideen'. - Beih. Veröff. Naturschutz Landschaftspflege Baden-Württemberg 14: 1-163.

Willing, B. & E. (1985): Beitrag zur Orchideenkartierung NW-Griechenlands - Kartierungsergebnisse 1984/85. - Mitt. Bl. Arbeitskr. Heim. Orch. Baden-Württ. 17 (4): 508-628.

Wood, J. J. (1980): Contributions to the orchid flora of Cyprus. - Orchid Review 88 (1042): 121-122.

Wood, J. J. (1984): Notes on *Himantoglossum* (Orchidaceae). - Kew Bulletin 38 (1): 75-78.

Wood, J. J. (1985): Orchidaceae. - In: C. C. Townsend & E. Guest, Flora of Iraq 8. Ministry of Agriculture and Agrarian Reform, Bagdad, Republic of Iraq.

Woronow, G. N. (1909): Über drei neue kaukasische Orchideen. - Mitteilungen des Kaukasichen Museums IV, Lief. 4: 263-268, Tiflis.

Wulff, E. (1926): Entwicklungsgeschichte der Flora der Krim. - Bot. Jahrb. Syst. 60: 406-438. - Leipzig.

Young, D. P. (1970): Notizen über einige südwestasiatische *Epipactis*-Arten. - Jahresb. Naturwiss. Ver. Wuppertal 23: 106-108.

Kabalı (Sinop), 23.6.1994

Inhaltsverzeichnis

Verzeichnis der wissenschaftlichen Orchideennamen

Kümbet (Giresun), 27.6.1994

Özet

Güneydoğu Avrupa ile Güneybatı Asya arasında bir köprü konumunda olan Türkiye, bitki coğrafyasını incelemek isteyen bilim adamlarının ilgi duyduğu bir ülkedir. Şkliminin çeşitliliği, toprak yapısı ve doğal güzellikleri ile bu büyüleyici ülke bitki dünyası bakımından oldukça geniş bir çok zenginlik oluşturmaktadır. Bu bitki dünyasına, soyu tükenme tehlikesiyle karşı karşıya kalan birçok endemik bitki türü de dahildir. Türkiye, botanikle ilgilenenlerin, özellikle yabani orkidelerle tanışmak isteyenlerin seyehat ettiği çok sevilen bir ülkedir.
Bu kitapta, çok genç bir bitki familyası olan, güzelliği ve ilginç döllenme biyolojisi ile özel bir önem taşıyan orkideler üzerine yapılan bilimsel araştırmaların en son durumu anlatılmaktadır.

Son yıllarda Türkiye'nin ulaşım olanaklarının oldukça gelişmesi, şüphesiz birçok botanikçinin ve orkide uzmanının bu ülkeyi ziyaret etmesine kolaylık sağladı. Bu sayede birçok yeni orkide türü tespit edildi veya Türkiye'de ilk defa belgelendi ve diğer türlerin yeni çevreleri bulundu. Bu arada üzülerek belirtmek gerekir ki; orkide yumrularının salep tozu kazanmak için kazılıp, toplanması sonucu birçok orkide yetişme alanı imha edildi veya epeyce zarara uğratıldı. Bu nedenle bu yerler tür ve özellikle de bu türlere ait bitki sayısı bakımından fakir kalmışlardır.

Bu kitabın yazarı 1973 yılından beri, özellikle Avrupa ve Yakın-Doğu orkideleri üzerine araştırmalar yapmaktadır. Kendisi o zamandan beri yaptığı seyehatlerde bu güzel ve biraz da esrarengiz çiçekli bitki familyasının doğal yetişme yerlerini bulup inceledi ve fotoğraflarını çekti. Bu araştırmaların sonuçları ile ilgili sayısız makaleler Hollanda ve Almanya'da çıkan botanikle ilgili çeşitli dergilerde yayınlandı; yazarın ayrıca Hollanda'da bulunan orkideler üzerine de iki kitabı vardır. Özellikle Hollanda'da ve Almanya'da Doğayı Koruma Makamları ile yapılan çalışmalar neticesinde bu ülkelerdeki birçok yetişme yeri koruma altına alındı. Yazarın ayrıca tüm Orta ve Kuzey Avrupa'da bulunan canavarotu türleri ile ilgili bir kitabı da vardır. Türler bu kitapta birçok renkli fotoğraf, şekil ve yayılma kartları ile anlatılmaktadır.

Yazar 1988 yılından beri orkide florası üzerinde incelemelerde bulunmak üzere Türkiye'yi defalarca ziyaret etti. Bu ziyaretlerinde türlerin yayılması ve ekolojisi üzerine malzeme topladı. Bu çalışmalar esnasında birçok yeni yetişme alanı ortaya çıkarıldı ve o zamana kadar bilinmeyen soylar bulundu ve yeniden tasvir edildi. Bu seyahatlerde Türkiye'de yetişen tüm orkide türleri tespit edildi ve 60.000'e yakın fotoğraf çekildi. Bu fotoğraflardan 1.300 kadarı ise bu kitapta yayınlandı. Yazar Türkiye'de yaklaşık 70.000 km yol katetti. Kitapta bulunan detaylı UTM-10 tramlı yayılma kartları Türkiye'de şimdiye kadar tanınan 148 orkide türünün yayılması hakkında bilgi vermektedir.

Burada şunu belirtmek gerekir ki; bu seyehatlerde Türk halkı yazara karşı çoğunlukla misafirperver ve yardımsever bir tutum gösterdi. Türkler'in genelde Almanca ve Şngilizce lisanlarını konuşabildiklerinden dil konusunda bir sorun olmadı.

Bu kitap sadece orkide uzmanlarına değil, ilgi duyan amatörlere de orkide türleri hakkında kapsamlı bir tasvir sunuyor ve onlara Türkiye'deki orkide florasını tanıma fırsatı sağlıyor. Bu nedenle kitabın büyük bir kısmı geniş açıklamalı ve herkesin anlayabileceği bir dille yazıldı. Fakat bu kitabın değerinin azaldığı anlamına gelmez.

Yazar bu kitabın yayınlanması ile Türkiye'de özellikle geleneksel (salep yapımı) ve ekonomik (turizm, nüfus artışı, aşırı otlatma,(yayma)) nedenlerden dolayı aşırı derecede tehlikeye uğrayan bu bitki familyasına dikkat çekmek istiyor. Yazar dramatik bir şekilde ilerleyen biyotop tahribinin ve bu biyotop içerisinde bulunan türlerin yok olmasının önlenmesi için etkili bir Doğayı Koruma Yasası gerektiği görüşündedir.

Bu kitabın yazarı Türkiye'de bulunan orkide türlerine genel bir bakış ve tanınmaları konusunda önemli katkılarda bulunduğunu umar, yapılacak her türlü öneriyi ve diğer kaynak bildirimlerini memnuniyetle karşılar.

Landgraaf, Nisan 1998.

C. A. J. KREUTZ

Summary

To many scientists Turkey, forming the link between South-East Europe and South-West Asia, has been a subject matter for the study of phytogeography. By its varying climate, the condition of the soil and by its landscape this fascinating country offers an extremely divers view of the world of plants.
Here we think particularly of many indigenous species, not a few of which are regrettably threatened by extinction.
For many botanists, intent on studying the wild orchids in the first place, Turkey is a favourite destination. In this book you will find a description of the state of affairs regarding the investigation of the orchid species in Turkey, a still rather young plant family of special significance on account of its beauty and its interesting pollination.

Without a doubt the traffic-technical unfolding of Turkey has contributed to an increasing number of visits to this country by many botanists and orchid specialists during the last few years. As a result many new Turkish orchid species could be spotted or registered as Turkish for the first time. Of other species many new localities were discovered. Alas, it has to be stated again and again, that by digging up orchid tubers in considerable amounts for the use of salep, many orchid localities have been destroyed or at least severely damaged. This is the cause of the fact that at these localities often few species and even less specimens are to be found.

Since 1973 the author has occupied himself with the orchids of Europe and the Near East especially. On numerous voyages during these years he found, examined and photographed almost all species, sub-species and varieties of this beautiful plant family with their wonderful and sometimes even mysterious blossoms at their natural habitats.
The results of these studies have been published in numerous articles in Dutch and German botanical periodicals. He has, moreover, written two books about the orchids of the Netherlands. Especially in the Netherlands and in Germany many localities have been placed under protection in cooperation with the nature-preserve authorities.
Furthermore, the author has published a book about all the Orobanche species of Middle and North-Europe, in which all species are described with several colour photographs, drawings and maps showing their places of occurrence.

Since 1988 the author has regularly visited Turkey to make a special study of the orchid flora in that country and particularly to collect data about the rate of occurrence and the ecology of the species. During these visits numerous new localities were discovered and at the same time some species not known until now were found and described.
During these voyages all orchid species occurring in Turkey were registered on about 60,000 diapositives, more than 1,300 of which have been inserted in this book. The taking of diapositives took some 70,000 kilometres. Besides, by means of detailed maps of the localities on a scale of UTM-10 Km a survey has been made of the occurrence of the 148 orchid species that are known at this moment.

We also want to mention the fact that during all these voyages the Turkish people as a rule have been very hospitable and helpful. Many Turks speak German or English, so that there is no serious communication problem.

It is not only to orchid specialists that this book offers a comprehensive representation of the Turkish species: it should also enable interested amateurs to get to know the orchid flora of Turkey. It is therefore on purpose that many passages have been written in great detail and in very comprehensible language, however, without doing any harm to the objectivity.

By the publication of this book the author wants to draw the attention to this family of plants that is so much threatened in Turkey by traditional (fabrication of salep) and economic causes (tourism, growing population, overgrazing), the more so as to him it is clear that the dramatically growing destruction of biotopes and the accompanying disappearance of the species to be found there can only be mastered by a more active reglementation in the field of nature preservation in future than it is now.

The author hopes to have contributed substantially to the knowledge of the orchids of Turkey and to a general survey of these plants.
He would enjoy suggestions and further information about localities.

Landgraaf, april 1998.

C. A. J. Kreutz

Résumé

La Turquie, pont entre le sud-est de L'Europe et le sud-ouest de l'Asie, était pour beaucoup de scientifiques l'objet de l'étude de la phytogéographie.
C'est par la variation du climat, de la nature du sol et du paysage que ce pays fascinant offre une diversité énorme de façons de voir le monde végétal. Nous pensons plus spécialement à pas mal d'espèces végétales endémiques, dont malheureusement plusieurs sont menacées d'extinction.
Pour beaucoup de botanistes, qui aimeraient connaître surtout les orchidées sauvages, la Turquie est un but de voyage recherché.
Dans ce livre vous trouverez la description de l'état actuel des recherches relatives aux espèces d'orchidées de la Turquie: une famille de plantes relativement jeune, qui est d'une signification spéciale par sa beauté et sa pollinisation intéressante.

C'est sans doute aussi par le désenclavement routier de la Turquie que beaucoup de botanistes et de spécialistes d'orchidées ont visité ce pays pendant ces dernières années.
C'est ainsi que pas mal de nouvelles espèces d'orchidées turques ont pu être attestées ou pour la première fois être établies pour la Turquie. Pour d'autres espèces beaucoup de nouvelles stations végétales ont été trouvées.
Malheureusement on a dû constater sans cesse que beaucoup d' habitats d'orchidées ont été détruits ou bien fortement endommagés par le déterrement considérable de tubercules(bulbes) d'orchidées pour l'exploitation de salep. C'est pourquoi on ne trouve souvent que peu d'espèces ou d'individus dans ces stations végétales.

Depuis 1973 l'auteur s'occupe spécialement des orchidées de l'Europe et du Proche-Orient. Dans cette période et pendant de nombreux voyages il a trouvé, étudié et photographié dans les stations végétales naturelles presque toutes les espèces, sous-espèces et variétés de cette belle famille avec ses fleurs superbes et en partie mystérieuses .
Les résultats de ces études ont été publiés dans de nombreux articles dans des périodiques botaniques néerlandais et allemands. En outre il a écrit deux livres sur les orchidées des Pays-Bas. C'est surtout aux Pays-Bas et en Allemagne et en coopération avec les autorités concernées que beaucoup de stations végétales ont été proclamées sites protégés.
En outre l'auteur a publié un livre sur toutes les espèces de l'Orobanche du centre et du nord de l'Europe. Dans ce livre il a décrit toutes les espèces avec plusieurs photos en couleurs, dessins et cartes de répartition.

Depuis 1988 l'auteur a visité régulièrement la Turquie pour étudier spécialement la flore des orchidées du pays et pour y rassembler avant tout du matériel sur la répartition et l'écologie des espèces. Pendant ces visites de nombreuses stations nouvelles ont été découvertes et en même temps il a trouvé et décrit des espèces qui étaient inconnues jusque là.
Pendant ces voyages toutes les espèces d'orchidées qu'on trouve en Turquie ont été enregistrées par environ 60.000 diapositives, dont plus de 1.300 ont été insérées dans ce livre. Pour faire ces diapositives on a dû couvrir environ 70.000 kilomètres.
Et puis des plans de répartition dans une définition UTM-10 km donnent une vue d'ensemble de la répartition des 148 espèces d'orchidées de la Turquie qui sont connues jusqu'ici.

Il faut mentionner aussi que pendant tous ces voyages la population turque était en général très hospitalière et serviable.
Beaucoup de Turcs parlent allemand ou anglais, si bien que la compréhension n'a pas non plus donné de gros problèmes.

Ce n'est pas seulement aux spécialistes des orchidées que le livre présent offrira une présentation des espèces de la Turquie, mais il permettra aussi aux profanes intéressés de connaître la flore des orchidées de la Turquie. C'est pourquoi à plusieurs endroits le livre a été écrit d'une façon très détaillée et très compréhensible sans nuire par là à la valeur objective.

Par la publication de ce livre l'auteur veut attirer l'attention sur cette famille de plantes qui en Turquie est menacée si fortement par des raisons traditionnelles (fabrication du salep) et économiques (tourisme, croissance démographique, surpaissance) d'autant plus qu'il lui est évident que la destruction croissante des biotopes et la disparition progressive des espèces qu'on y trouve ne peuvent être maîtrisées que par une réglémentation en matière de la conservation de la nature qui doit être plus active dans l'avenir.

L'auteur espère avoir contribué à la connaissance des orchidées de la Turquie et à une vue générale de ces plantes et se réjouirait d'initiatives et d'informations ultérieures sur des habitats naturels.

Landgraaf, avril 1998

C. A. J. Kreutz

Danksagung

Herzlich danken möchte ich:

- H. W. E. van Bruggen (Heemskerk, NL), Dr. H. Kretzschmar (Bad Hersfeld, D), R. Peter (Olten, CH), U. & D. Rückbrodt (Lampertheim, D), B. J. Seckel (Raalte, NL) und M. Wagner (Reisbach, D) für die kritische Durchsicht des Manuskriptes,
- B. Biel (Hochberg, D), Dr. K.-P. Buttler (Frankfurt am Main, D), E. Gügel (München, D), H. Jansen (Essen, D), Dr. H. Kretzschmar (Bad Hersfeld, D), W. Lüders (Hersberg, D), R. Peter (Olten, CH), H. R. Reinhard (Zürich, CH), U. & D. Rückbrodt (Lampertheim, D), Dr. M. Schönfelder (Leverkusen, D), G. Taubenheim (Erkelenz, D), Dr. E. Sezik (Ankara, TR) und H.-W. Zaiss (Marloffstein, D) für Anregungen, Bemerkungen und wertvolle Diskussionsbeiträge,
- Dr. H. Kretzschmar (Bad Hersfeld, D) für die Herstellung der türkischen UTM-Rasterverbreitungskarte, seine unermüdliche Unterstützung zu dem EDV-Kartierungsprogramm INKA, sowie das Programmieren von Konvertierungsroutinen der verschiedenen Datenbanken,
- Mein leider verstorbener Freund H. Kümpel (Wernshausen/Werra, D) für das Anfertigen von Illustrationen verschiedener Orchideenblüten,
- M. Caillieau ('s-Gravenvoeren, B) für die Kontrolle der Nomenklatur,
- Prof. Dr. E. Sezik (Ankara, TR), für wichtige Hinweise und Beschaffung von türkischer Literatur,
- Prof. Dr. H. Paulus (Wien, A) für die Bestimmung einiger *Ophrys*-Arten, insbesondere des *Ophrys fusca*-Formenkreises,
- F. Erfiliz von der Hürriyet Zeitung (Frankfurt, D) für die zur Verfügungstellung der neuen Provinzkarte der Türkei,
- G. Taubenheim (Erkelenz, D) für die Überlassung seiner (unveröffentlichten) Fundortangaben der Türkei und der Rasterverbreitungskarten,
- Dr. H. Baumann (Böblingen, D), B. Biel (Höchberg, D), J. Bournerias (Asnières, F), P. Delforge (Rhode-Saint-Genèse, B), O. Eckert (Fürth, D), G. Ferrari (Quorn, UK), E. Gügel (München, D), K. & R.-B. Hansen (Tübingen, D), S. Hertel (Haag, D), H. Jansen (Essen, D), R. Kohlmüller (Erlangen, D), Dr. H. Kretzschmar (Bad Hersfeld, D), H. Läpple (Rastatt, D), K. Linker (Schadenbach, D), W. Lüders (Hersberg, D), K. Morschek (Moers, D), J. Passin (Langenfeld, D), R. Peter (Olten, CH), R. Poot (Vlaardingen, NL), H. R. Reinhard (Zürich, CH), U. & D. Rückbrodt (Lampertheim, D), Dr. M. Schönfelder (Leverkusen, D), B. J. Seckel (Raalte, NL), N. Sischka (Germersheim, D), G. Taubenheim (Erkelenz, D), M. Wagner (Niederhausen-Reisbach, D) und H.-W. Zaiss (Marloffstein, D) für das zur Verfügung stellen von Bildmaterial,
- M. J. J. Kreutz (Landgraaf, NL) für die Sortierung der vielen zehntausenden Dias von türkischen Orchideen,
- M. J. J. Kreutz (Landgraaf, NL) und M. E. Seckel (Raalte, NL) für die elektronische Datenverarbeitung der Standortangaben von G. Taubenheim,
- D. Kolner (Raalte, NL) für das Anfertigen einiger Federzeichnungen,
- P. Brederoo (Leiden, NL), S. Faller (Freiburg, D), H. Jansen (Essen, D), E. Kajan (Duisburg, D), W. J. P. Meijs (Limbricht, NL), B. J. Seckel (Raalte, NL) und Dr. E. Sezik (Ankara, TR) für die Begleitung auf meinen Türkeireisen,
- Vertaalbureau Dönmez (Amsterdam, NL), A. Keskin (Groningen, NL) für die Übersetzung der Zusammenfassung in die türkische Sprache,
- die Raalter Apotheke (Raalte, NL), Circle Software B. V. (Eindhoven, NL) und Van Heek (Losser) für Ihren finanziellen Beitrag

und nicht zuletzt H. F. A. Boymans (Landgraaf, NL), A. W. Karel (Raalte, NL) und B. J. Seckel (Raalte, NL) für ihre finanziellen Unterstützung, die dieses Buch möglich gemacht haben.

Dieses Buch wäre nicht möglich gewesen ohne die Verwendung einer großen Anzahl von (unveröffentlichten) Fundlisten und Reiseberichten, die ich von vielen Orchideenfreunden persönlich erhalten habe. Durch ihre Mitwirkung konnte ich viele Standorte in der Türkei untersuchen und die Verbreitungskarten dementsprechend erweitern. Folgenden Orchideenfreunden bin ich zum Dank verpflichtet:

H. Baumgartner (Kehl-Kork, D), C. J. v.d. Berg (Huissen, NL), Dr. H. Binder (Bielefeld, D), S. Birkedal (Ahus, S), L. Blom (Le Montat, F), Dr. R. Breiner (Neusäss, D), W. v. d. Brink (Utrecht, NL), B. Chambers (Melton Mowbray, GB), P. Davies (Bath, UK), E. Demut (Zürich, CH), M. & B. Ebbens (Haren, NL), O. Eckert (Fürth, D), D. M. Ettlinger (Cliftonville, GB), S. Faller (Freiburg, D), O. Feldweg (Tübingen, D), G. Ferrari (Quorn, UK), H. Fredriks (Haarlem, NL), Dr. Ch. F. Gembardt (Weinheim-Ho., D), E. Gügel (München, D), W. Hahn (Koblenz, D), K. & R.-B. Hansen (Tübingen, D), S. Hansson (Täby, S), S. Hertel (Haag, D), H. Jansen (Essen, D), E. Kajan (Duisburg, D), M. Kalteisen (Blaustein, D), H. Kerp (Münster, D), R. Kohlmüller (Erlangen, D), Dr. H. Kretzschmar (Bad Hersfeld, D), H. Läpple (Rastatt, D), K. Linker (Schadenbach, D), Dr. R. Lorenz (Weinheim, D), W. Lüders (Hersberg, D), U. Lünsmann (Wuppertal, D), J. Mulder (Leek, NL), H. Neumayr, G. Nürk (Göttingen, D), J. Passin (Langenfeld, D), R. Peter (Olten, CH), R. Poot (Vlaardingen, NL), K. Redl (Unterlaussa, A), K. Robatsch (Klagenfurt, A), E. & A. Robertz (Viersen, D), D. & U. Rückbrodt (Lampertheim, D), V. Sahlfrank (Bielefeld, D), H.-E. Salkowski (Neuwied, D), F. Schmidt (Schwaikheim, D), W. Schmidt (Reutlingen, D), Dr. M. Schönfelder (Leverkusen, D), B. J. Seckel (Raalte, NL), W. Seiz (Zierenberg, D), Prof. Dr. E. Sezik (Ankara, TR), N. Sischka (Germersheim, D), Dr. S. Skrede (Oslo, N), P. Spreuwenberg (Landgraaf, NL), P. Stein (Hilversum, NL), Prof. Dr. H. Sundermann (Wuppertal, D), A. Svensson (Ahus, S), G. Taubenheim (Erkelenz, D), R. & M. Wagner (Niederhausen-Reisbach, D), J. Wakely (Maülden, UK) und H.-W. & U. Zaiss (Marloffstein, D).

Weiterhin möchte ich nicht versäumen, allen Personen und Institutionen, die in irgendeiner Form am Gelingen dieses Buches beteiligt waren, für ihre Unterstützung zu danken.

KOLOPHON

Autor: C. A. J. Kreutz, Landgraaf
Grafische Gestaltung: S. Graatsma, Maastricht
Produktion: Bureau van de Manakker, Grafische produkties bv, Maastricht
Lithografien: Image Studio, Nuth
Druck: Valkenburg Printers Echt, Echt
Bindung: B.V. Boekbinderij Spiegelenberg, Zoetermeer
Buchleinen: Van Heek Scholco International bv, Losser

Gedruckt auf: Magno Star (135 Gramm),
SAPPI Europe

Ausgabe: © Selbstverlag
H. F. A. Boymans, Landgraaf
A. W. Karel, Raalte
C. A. J. Kreutz, Landgraaf
B. J. Seckel, Raalte

Printed in The Netherlands

ISBN: 90-9011307-X

NUGI: 824